Julius Victor Carus

Handbuch der Zoologie

Erster Band, 1. Hälfte: Wirbeltiere

Julius Victor Carus

Handbuch der Zoologie
Erster Band, 1. Hälfte: Wirbeltiere

ISBN/EAN: 9783743674363

Hergestellt in Europa, USA, Kanada, Australien, Japan

Cover: Foto ©berggeist007 / pixelio.de

Weitere Bücher finden Sie auf **www.hansebooks.com**

HANDBUCH
DER
ZOOLOGIE

VON

J. V. CARUS, UND C. E. E. HOFFMANN,
PROF. DER ANATOMIE IN LEIPZIG   DOCENT DER ZOOLOGIE

ERSTER BAND.
I. HALFTE.
(Bogen 1—27.)

WIRBELTHIERE, bearbeitet von J. V. CARUS.

LEIPZIG,
VERLAG VON WILHELM ENGELMANN.
1868.

Die **II. Hälfte des ersten Bandes**, den Schluss der Wirbelthiere und der Mollusken, sowie Titel, Vorrede und Register enthaltend, erscheint im Herbste dieses Jahres.
Band II. Arthropoden, bearbeitet von A. GERSTAECKER. **Räderthiere, Würmer, Echinodermen, Coelenteraten** und **Protozoen**, bearbeitet von J. V. CARUS. Preis 3 Thlr. 20 Ngr.

Bei **Wilhelm Engelmann** in Leipzig ist ferner erschienen

Reisen
im Archipel der Philippinen.
Von
Dr. C. Semper
in Würzburg.

Zweiter Theil: **Wissenschaftliche Resultate.**
Erster Band.

Holothurien.
1—4. Heft.
Mit 38 Kupfertafeln, wovon 22 in Farbendruck.
gr. 4. 1867, 68. br. 27 Thlr. 10 Ngr.

...NES ZOOTOMICAE.
Mit Originalbeiträgen
der Herren
...burg, **C. Gegenbaur** in Jena, **Th. H. Huxley** in London, **Alb. Kölliker** ...ller in Würzburg, **M. S. Schultze** in Halle, **C. Th. v. Siebold** in München und **F. Stein** in Prag.
Herausgegeben von
Julius Victor Carus,
Professor der vergleichenden Anatomie in Leipzig.

...te oder Taf. I—XXIII: **Die wirbellosen Thiere.**
gr. Fol. cart. 14 Thlr.

...rei lebenden Copepoden.
Mit besonderer Berücksichtigung
der
...tschlands, der Nordsee und des Mittelmeeres
von
Dr. C. Claus,
a. d. Zool. und Director des zool. Museums a. d. Univ. Marburg.
Mit 37 Tafeln. gr. 4. br. 8 Thlr.

Der Organismus
...r Infusionsthiere
...n Forschungen in systematischer Reihenfolge
bearbeitet von
Dr. Friedrich Stein,
Prof. d. Zool. a. d. Univ. Prag.
I. Abtheilung.
...emeiner Theil und Naturgeschichte der hypotrichen Infusorien.
Mit 14 Kupfertafeln. gr. Fol. 1859. geb. 16 Thlr.
II. Abtheilung.
1) Darstellung der neuesten Forschungsergebnisse über Bau, Fortpflanzung und Entwicklung der ...thiere. 2) Naturgeschichte der heterotrichen Infusorien.
Mit 16 Kupfertafeln. gr. Fol. 1867. geb. 22 Thlr.

		Seite
Einleitung		1
ebrata		26
I. Classe. Mammalia		39
1. Ordnung. Primates		66
2. Ordnung. Chiroptera		77
3. Ordnung. Insectivora		86
4. Ordnung. Rodentia		93
5. Ordnung. Prosimii		113
6. Ordnung. Carnivora		118
7. Ordnung. Pinnipedia		131
8. Ordnung. Lamnunguia		135
9. Ordnung. Proboscidea		137
10. Ordnung. Artiodactyla		140
11. Ordnung. Perissodactyla		156
12. Ordnung. Natantia		163
13. Ordnung. Bruta		172
14. Ordnung. Marsupialia		179
15. Ordnung. Monotremata		187
II. Classe. Aves		191
1. Ordnung. Psittaci		219
2. Ordnung. Coccygomorphae		227
3. Ordnung. Pici		242
4. Ordnung. Macrochires		249
5. Ordnung. Passerinae		258
6. Ordnung. Raptatores		300
7. Ordnung. Gyrantes		311
8. Ordnung. Rasores		317
9. Ordnung. Brevipennes		326
10. Ordnung. Grallae		334
11. Ordnung. Ciconiae		342
12. Ordnung. Lamellirostres		347
13. Ordnung. Steganopodes		353
14. Ordnung. Longipennes		357
15. Ordnung. Urinatores		362
16. Ordnung. Saururae		367

III. Classe. **Reptilia**. . . . . Seite 368
   1. Ordnung. Cheloniae.   391
   2. Ordnung. Anomodontia   400
   3. Ordnung. Pterosauria   402
   4. Ordnung. Dinosauria   403
   5. Ordnung. Crocodilina   404
   6. Ordnung. Sauropterygia   410
   7. Ordnung. Ichthyopterygia   413
   8. Ordnung. Ophidia   414
   9. Ordnung. Sauria   432
IV. Classe. **Amphibia**.

Die allgemein angenommene Eintheilung der gesammten irdischen Körperwelt (der Natur) in drei grosse Reiche, Steinreich, Pflanzenreich, Thierreich, und dieser in zwei grosse Abtheilungen, anorganische und organische Körper, beruht auf der Voraussetzung, dass sich an den Grundstoffen und den Verbindungsweisen dieser ein die beiden Abtheilungen characterisirender Unterschied nachweisen lasse. Da jedoch ein solcher Unterschied nicht besteht, da sowohl die Elemente, welche in die Zusammensetzung der Körper eintreten, in beiden Reichen identisch sind, als auch die Verbindungsweise derselben untereinander und ihre wechselseitigen Beziehungen in beiden Classen von Naturkörpern von denselben Gesetzen beherrscht werden, so können wir jene Unterscheidung nur insofern beibehalten, als wir diejenigen Körper orga‐ nische nennen, welche die zusammengesetzten Bewegungserscheinungen zeigen, welche wir Leben nennen.

Zu einer wissenschaftlichen Erklärung des Lebens wird nun nicht bloss die genaueste Kenntniss der lebenden Wesen im Allgemeinen, sondern vor allem auch eine Einsicht in die, die einzelnen Lebenserscheinungen bedingenden molecularen Vorgänge, sowie die Zurückführung derselben auf das Gesetz der Erhaltung der Kraft gehören. Da jedoch hierzu selbst die nöthigten Vorarbeiten fehlen, so müssen wir uns auf eine Betrachtung der Lebenserscheinungen und einen Hinweis darauf beschränken, von welcher Seite überhaupt ein Eindringen in das Dunkel des organischen Lebens möglich ist. Häufig genug kennen wir aber noch nicht einmal genau die Form der Erscheinung; wir sehen nur deren äusseres Bild. So wenig der Physiker die molecularen Zustände eines Drahtes kennt, den der galvanische Strom meilenweit mit fast zeitloser Geschwindigkeit durchläuft, so sehr entzieht sich der Zustand einer als Willensleiter benutzten Nervenfaser unserer Kenntniss. Ja, wir wissen nicht einmal von irgend einer organischen chemischen Verbindung der lebenden Körper, wie sich die complexen Atome derselben während des Lebens verhalten, wie sich z. B. das Wasser in ihnen verhält, ob nur als Lösungsmittel oder als integrirender Theil ihrer Atome u. s. f. Und doch muss das Verständniss der Vorgänge von dieser Kenntniss ausgehen. Wir geben daher nur eine kurze **Uebersicht über die Erscheinungen des Lebens.**

Einleitung.

Obschon die einfachsten Formen der belebten Wesen kaum etwas andere darstellen, als individuell begrenzte Massen einer im Allgemeinen homogene eiweissartigen Substanz (Protoplasma), so treten doch die dem Leben eigenthümlichen Erscheinungen an diesen Gebilden ebenso vollständig auf, wie a complicirteren Organismen. Wir haben daher von jenen auszugehen.

Die merkwürdigste, bei der ersten Beobachtung lebender Wesen auf fallende Thatsache ist die bestimmte Form, die ihre Substanz annimmt Während die durch ebne Flächen, Kanten und Winkel begrenzte Form de Krystalls dadurch entsteht, dass seine Molecüle stets in gewissen Richtunge mit grösserer oder geringerer Kraft starr aneinander gehalten werden, ge stattet beim lebenden Protoplasmaklümpchen ein complicirteres System vo Centralkräften den Molecülen trotz ihres Zusammenhaltes eine gewisse Beweg lichkeit, wodurch die individuelle Gestalt eine häufig veränderliche ist. Wäh rend ferner ein Krystall bei seiner Vergrösserung doch immer eine continüir liche compacte Masse bildet, treten bei allen höheren Organismen klein Protoplasmatheilchen mit einem überall gleichen Entwicklungsprincip al Elementartheile in deren Zusammensetzung ein. Diese Grundformen nenne wir Zellen. Sie bilden die Substrate der nachher zu schildernden Vorgäng (Ernährung, Bewegung u. s. f.) und gleichzeitig die dem Organismus sein Form gebenden Elemente. Das erstre hängt von einer sich jeder Analys entziehenden molecularen Constitution des Protoplasma ab; das letztre füh auf verschiedne Entwicklungsrichtungen. Während da, wo eine freie Proto plasmamasse allein Träger der vitalen Erscheinungen ist, oder wo eine solch an Stellen in höhern Organismen auftritt, welche eine ihre Form schützend und ihre Function unterstützende Umgebung bilden, wird die in ähnliche Weise schon an einem Wassertropfen auftretende Dichteverschiedenheit zwi schen Rinde und Innern hinreichen, den Elementartheil formell zu begren zen. In den meisten übrigen Fällen umgibt er sich mit einer Hülle. Bei de Pflanzenzellen wird das hüllenlose Protoplasma von einer starren Cellulosen haut eingekapselt, welche zwar auch Verwandlungsproduct der äusserste Protoplasmaschicht ist, sich aber durch ihre Stickstofflosigkeit weit vom Pro toplasma entfernt; bei den Thieren verdichtet sich meist die Rindenschich des Protoplasma selbst zu einer die Zelle begrenzenden stickstoffhaltige Membran. In diesem Falle haben wir bläschenförmige Zellen mit Membra und Inhalt. Bei allen einer weiteren Entwickelung unterliegenden Zellen tri nun im Inhalt noch ein andres Körperchen von sehr wechselnder Beschaffen heit auf, der Kern, welcher nicht bloss als Vegetationsmittelpunct der Zell angesehen werden muss, sondern von dem auch die Leistungen der specifisc functionirenden Zellen und die Zellenvermehrung abhängt. Bei Pflanze kommen Fälle vor, wo der Kern nichts anderes ist, als ein hüllenloses Tröpf chen einer sogar minder dichten Substanz als das Protoplasma; bei Thiere sind die Kerne ursprünglich hüllenlos und solid und umgeben sich erst b weiterer Entwickelung und Verflüssigung ihres Inhaltes mit einer Membra Die Zellen treten nun entweder als solche oder in ihren Derivaten (Plättche Fasern, Netze, Röhren u. s. w.) in die Zusammensetzung der Organisme rungsproducte, wie Intercellularmassen, membranöse Schichten u. s. f. zwischen sich nehmen. Hierdurch bilden sich Organe, welche in Bezug auf ihre Leistungen von der Entwickelungsweise der in ihre Bildung eingehenden Zellen abhängen; und diese ordnen sich endlich nach den, den verschiedenen Pflanzen- und Thierformen zu Grunde liegenden allgemeinen Bildungsgesetzen.

Es ist ferner allgemeiner Character der belebten Körper, dass sie durch die constant vorhandenen Einflüsse der umgebenden Natur, wie Licht, Wärme, Luft, Wasser u. s. f., sowie durch ihre eignen Thätigkeitsäusserungen zersetzt werden, daher abstürben, wenn sie nicht gleichzeitig, entsprechend der vorhandnen Summe molecularer Spannkräfte die Fähigkeit besässen, in der mit ihnen in Berührung kommenden Substanz chemische Veränderungen hervorzurufen und dabei Producte zu bilden, welche in ihre eigne Zusammensetzung eintreten und hierdurch ihr äusserst labiles moleculares Gleichgewicht erhalten. Man nennt diesen Vorgang Assimilation, das Resultat derselben, welches je nach den Organisationsverhältnissen direct oder auf Umwegen erreicht wird, Ernährung. Schwann nennt jene Fähigkeit die metabolische Kraft der Zellen, welche Bezeichnung als einfacher Ausdruck für die Summe der vorhandnen moleculären Spannkräfte beibehalten werden kann. Die Ernährung dauert nur so lange fort, bis aus noch unbekannten Ursachen die das Leben ermöglichende Anordnung der Molecule nicht mehr aufrecht erhalten werden kann und der Tod eintritt. Es leuchtet ein, dass bei der Ernährung ein Stoffaustausch zwischen Organismus und Umgebung eintritt. Je nach dem Aggregatzustand der getauschten Stoffe trennt sich der im Grunde einfache Process in Athmung und Ernährung im engern Sinne. Durch das Einschieben eines Reservoirs für nährende und verbrauchte Substanz (Blutsystem) zwischen die die Nahrung aufnehmende Oberfläche und die zu ernährenden Gewebe spaltet sich der Process weiter in Secretion und Excretion, welche aber mit der Assimilation und Athmung nur Theilformen eines und desselben von der metabolischen Fähigkeit der Zellen abhängigen Processes sind.

Versteht man unter Wachsthum nur Grössenzunahme, dann wächst auch der Krystall. Doch geht der Anlagerung neuer Substanz bei den organischen Körpern eine Umwandlung voran, die wie wir sahen zur Ernährung führt. Da ferner mit dieser ein Stoffaustausch verbunden war, so können wir Wachsthum diejenige Form der Ernährung nennen, wo mehr Substanz aufgenommen als abgegeben wird. Dabei wächst das lebende Protoplasma nicht wie der Krystall durch Anlagerung neuer Substanz an die bereits gebildeten Flächen, Kanten u. s. f., sondern es wächst in Folge von Bedingungen, von denen wir sagen können, dass sie in das Bereich der Molecularwirkungen gehören werden, bis zur Erlangung einer typischen Form. Da ferner mit der Ernährung ein Stoffaustausch des ganzen Protoplasma, nicht bloss der Oberfläche, verbunden ist, so wächst dasselbe nicht bloss durch Apposition, sondern auch durch Intussusception. Da sich alle höheren Organismen als aus einer Mehrheit von Elementartheilen zusammengesetzt ergeben, so wird bei ihnen das Wachsthum bis zur Erlangung einer typischen Form, d. h. ihre Entwickelung, sich in ähnlicher Weise compliciren, wie die Ernährung. Das

Wesen des Vorgangs bleibt aber auch hier dasselbe. Nur tritt zur Hervorbringung jener Mehrheit von Zellen im Bereich dieser ein weiterer Proces hinzu, der der Zeugung.

Da wie erwähnt alles Leben einmal mit dem Tode endet, so würde da organische Leben der Erde bald zum völligen Stillstand gelangen, wenn nich fortwährend Substanz neu belebt würde, wenn nicht an Stelle der absterbenden neue Wesen träten. Die Thätigkeit belebter Körper, Multipla ihre selbst zu bilden, nennt man Zeugung, von welcher sich in der unbelebte Natur nichts streng vergleichbares findet. Gehen wir hier von einem einfache Protoplasmaklümpchen oder einer Zelle aus, so sehen wir, dass die Substan nach vorausgegangner Theilung der Kerne in zwei Hälften zerfällt, welche nac und nach zur Grösse des ursprünglichen Körpers heranwachsen und zwe neue Individuen darstellen. Wahrscheinlich sind hier in Folge eines mit de Ernährung verbundnen Spannungsgrades die Attractionscentren nicht meh im Stande, den ganzen Moleculencomplex vereint zu halten. Dieser elementare Zeugungsprocess wiederholt sich beim Wachsthum jedes mehrzellige Organismus. Hier führt dann das Wachsthum entweder an gewissen Puncte direct zur Bildung eines neuen Individuum (Knospung, Theilung), oder e lösen sich gewisse Theile aus dem Verbande mit den übrigen, denen dan wieder entweder unmittelbar die Fähigkeit innewohnt, sich in die zeugend Form zu entwickeln (Keime), oder welche zur Entwickelung des Zutritts eine zweiten Zeugungselements in der Regel bedürfen (Eier). Bezeichneten wi das Wachsthum als die Form der Ernährung, wo mehr Substanz aufgenommen als abgegeben wird, so können wir auch die Zeugung als die Form de Wachsthums bezeichnen, wo dasselbe über das Bedürfniss der individuelle Körpergestalt hinausgehend zur nothwendigen Trennung des Ueberschusse führt, welcher aber, als von gleicher molecularer Constitution, sich in di gleiche Form weiter entwickelt. Hierdurch wird im Allgemeinen das Wesen de Erblichkeit erklärt. Da aber in allen Fällen das Zeugungsproduct in Folge eine Störung des molecularen Zusammenhangs von der zeugenden Form sich löst so wird dasselbe, unbeschadet der gleichen typischen Richtung der Entwickelungsbewegungen, doch eine gewisse Abweichungsfähigkeit erlangen welche die überall thatsächlich nachweisbare Variabilität aller belebten Wesen erklärt.

Ausser den bisher betrachteten treten bei belebten Körpern noch zahlreich andere Erscheinungen auf, welche sich einerseits als Bewegungen darstellen, — welche in beiden organischen Reichen gleichmässig und nur secundä verschieden entwickeln, — andrerseits von der nur bei Thieren organologisch differenzirte Substrate erhaltenden Empfindung ausgehen. Versuche wir auch hier eine physikalische Analyse, so haben wir wieder von der Ernährung auszugehen. Bei diesem Processe traten Elemente der umgebende Substanz in neue Verbindungen ein. Dadurch wird eine gewisse Summe von Spannkräften vernichtet, dagegen lebendige Kraft frei. Diese gibt das Protoplasma aus theils direct als Wärme theils als mechanische Arbeit. Die mechanische Arbeit des Protoplasma dürfte zunächst darin bestehen, dass die durc die freiwerdende Wärme in Ausdehnung begriffenen Theile den äusser

·uck und die Schwere überwinden, was in Folge des successiven Vorschrei-
ns des chemischen Processes nach einander die einzelnen Protoplasmatheil-
en thun werden. Es treten also Lagenveränderungen der Substanz ein.
ese werden je nach der Umgebung als Gestaltsveränderung, Ausstrecken
n Fortsätzen, Fliessen des Protoplasma und Körnchenströmung erscheinen,
obei die Berührung mit einem weniger dichten Medium, die oben erwähnte
chteverschiedenheit der Oberfläche und des Innern, sowie die Capillar-
raction der Erscheinung besondre Charactere verleihen. Was man sonst
ch Contraction nennt, ist kein activer Vorgang des lebendigen Zelleninhalts
er Muskels, sondern nur eine Aenderung in der Anordnung der Molecüle.
e contractile Zelle in dem Staubfaden der Cynareen wird in dem Maasse
cker als sie kürzer wird; ein sich contrahirender Muskel wird breiter und kür-
r, aber nicht dichter oder specifisch schwerer. Wird sich auch die Contraction
ihrer elementaren Form bei höhern Thieren dem Gesagten entsprechend ver-
lten, so tritt doch ein ziemlicher Unterschied auf, der um so auffallender
rd, als man die molecularen Verhältnisse des Protoplasma noch nicht hin-
ichend übersehen kann. Allgemein bleibt nur ein Theil des ursprünglich
eichen Protoplasma im Zustand leichter Verschiebbarkeit seiner Molecüle,
ährend der Rest in die specifische Gewebsentwickelung eingeht, und hier
e bei der Ernährung frei werdende Wärme entweder als freie Wärme abgibt
er zu weitern chemischen Umwandlungen benutzt. Die Lageverschiebungen
r Muskelmolecüle sind aber wieder an andre moleculare Bewegungserschei-
ingen gebunden. Mit dem Muskel entwickelt sich der Nerv, als dessen
ussenmechanisch wirkenden Endapparat man den Muskel zu betrachten hat.
on dem Vorgange beim einfachen Protoplasma weichen beide dadurch ab,
ss sie deutlich zwei verschiedne Zustände besitzen, den ruhigen und thätigen,
elche sich in ihrem chemischen und physikalischen Verhalten verschieden
igen. — Was die Empfindung betrifft, so hat man hier stets eine Empfin-
ng im Allgemeinen mit einer bewussten Empfindung verwechselt. Die
öglichkeit der letztern hängt aber nur von der weitern Entwickelung des
ie Empfindung überhaupt bedingenden Mechanismus ab. Da Empfindung
chts andres ist, als die Wirkung eines Actes, wodurch das Protoplasma von
was ausser ihm Liegenden afficirt wird, so muss ihr Wesen eine Molecular-
wegung sein. Jede Bewegung, welche ausserhalb der mit der Ernährung
ftretenden Bewegungen (und allgemein selbst dieser) auftritt, und nur eine
wegung ist das einzige Symptom einer Empfindung. Die Complication des
ocesses bei höheren Thieren hängt nun wie leicht zu sehen mit dem Be-
egungsloswerden der specifischen andern Gewebe zusammen, so dass dann
r Reiz nur auf Umwegen zu den Muskeln geführt wird. Für specifische Reize
eten specifische Perceptionsorgane auf; und zwischen Nerv und Muskel
hieben sich Theile ein, welche die Molecularbewegung nur dann zu den
uskeln leiten, wenn es die moleculare Spannung, das Bedürfniss innerer
beit u. s. f. gestattet. Dann sagt man, die Bewegung erfolge willkürlich.
rbinden sich mehrere solcher Theile (Ganglienzellen) mit einander zu Cen-
ilorganen, dann bleibt die Summe der nicht sofort in Muskelbewegungen

...it der Entwickelung derselben immer deutlicher die Formen der einzelne[n] [E]mpfindungen aufbewahrt. Hiermit ist der Ausgangspunct der psychische[n] [T]hätigkeit gegeben.

Sind nun auch die vorstehend geschilderten Erscheinungen allen bele[bten] [i]n Wesen eigen, so unterscheiden wir doch Thiere und Pflanzen. Ve[r]gleichen wir die Summe der im Naturhaushalt vom Pflanzenreich geleistete[n] [A]rbeit mit der des Thierreichs, so stellt sich ein sehr scharfer Gegensa[tz h]eraus. Verfolgen wir aber beide Reiche zu ihren ersten Anfängen, so wi[rd] [d]ie Unterscheidung unsicher, da wir auf Formen stossen, denen die Lebens[er]scheinungen nur in der oben geschilderten allgemeinen Weise eigen sin[d, m]an hat daher von manchen Seiten es ganz aufgeben wollen, zwischen b[eid]en zu unterscheiden. Dies ist aber logisch unstatthaft, wenn wir überhau[pt P]flanzen und Thiere begrifflich zu trennen Grund haben. Die Unterscheidu[ng b]eider Reiche wird leicht, der Streit über ihre Grenzen beigelegt, wenn w[ir u]ns auszusprechen entschliessen, dass die Bestimmung der wesentliche[n C]haractere Sache der Uebereinkunft ist, und dass nur ein Mangel dies[er U]ebereinkunft nicht bloss einen Streit möglich machte, sondern auch d[en U]mstand übersehen liess, wie ja ein durch characteristische Merkmale ausg[eze]ichnetes Ding aufhört dasselbe zu sein, wenn diese Merkmale fehlen. D[er ei]nzig mögliche Weg, die Frage zu lösen, ist hiernach der, dass wir gewiss[e E]igenthümlichkeiten für pflanzlich, andre für thierisch erklären. Wir müsse[n fe]rner auch angeben können, wenn an dem homogenen Protoplasma die Chara[cte]re einer Pflanze oder eines Thieres auftreten. Wir schicken also beid[en R]eichen noch indifferente Formen voraus. So wenig wir eine logische Nöth[ig]ung haben, uns das Protoplasma entweder als pflanzlich oder als thieris[ch z]u denken, so sehr es im Gegentheil der Forderung strenger Methodik en[ts]pricht, die Möglichkeit offen zu lassen, dass der Differenzirung der beid[en a]useinandergehenden Reiche Formen vorausgehen, welche weder schon Pfla[nz]en noch schon Thiere sind, so finden wir in der That lebende Wesen, welc[he w]eder die eigenthümliche Entwickelung des pflanzlichen, noch die charact[er]istischen Eigenschaften des thierischen Protoplasma zeigen. Wir rechnen [zu d]iesem, den beiden Reichen der Pflanzen und Thiere vorausgehenden Reic[h d]er Protorganismen*) alle jene Wesen, deren Protoplasma, ohne not[hw]endig in einer der pflanzlichen oder thierischen Zelle völlig vergleichbar[er W]eise individualisirt zu sein, im Ganzen metabolisch (im angeführten Sinn[e) w]irkt und irritabel ist, und deren Ernährung weder zur Bildung ternär[er]

---

*) Owen wendet den Ausdruck Protozoa in ähnlicher Weise an, nimmt jedoch [die] flanzlichen Gregarinen und die Mehrzahl der Ehrenberg'schen Polygastren in dies Reich a[uf (]Palaeontology, 1862, p. 4). Hogg's Regnum primigenum oder das Protoctista sind synony[m] mit Owen's Protozoa (Edinb. new Philos. Journ. N. Ser. Vol. 12. 1860. p. 216). Die »Primal[ia« v]on Wilson und Cassin sollen ein den Animalia und Vegetabilia paralleles Naturreich b[ild]en. Die dahin gerechneten Formen sind aber mit Ausnahme der Spongien lauter Pflanz[en (]Proceed. acad. nat. sc. Philad. March 1863). Haeckel's Protistea sind jedenfalls schär[fer g]efasst, doch ist es unserer Ansicht nach nicht consequent, die Gregarinen, Flagellat[en,] Myxomyceten (Pflanzen) und die Myxocystoden (Thiere) dahin zu rechnen (Generelle M[orp]hologie 1866. Bd. 1. p. 215. Bd. 2. p. XX).

Substanzen noch zur Differenzirung des Protoplasma in verschieden functionirende Theile führt (also vorläufig: Moneren Hckl., Protoplasten Hckl., Diatomeen, Spongien und Rhizopoden). Hauptcharacter der Pflanzen ist ferner, dass entweder sofort nach erfolgter Individualisirung oder in späteren Stadien eine ternäre Cellulosenkapsel auftritt, wodurch die Lebensthätigkeit in der Weise modificirt wird, dass mit dem Wegfall der freien Beweglichkeit besonders die chemische innere Arbeit in den Vordergrund tritt. Bei Thieren endlich tritt schon mit dem Erscheinen der Zellenmembran eine Arbeitstheilung im Protoplasma selbst auf, welche später dem Aufbau des Thierkörpers aus besondern Organen und Systemen zu Grunde liegt. Da ferner die Oberfläche vorzüglich den Verkehr mit der Aussenwelt zu vermitteln hat, so wird die Assimilation ins Innere verlegt, d. h. es wird eine Nahrungsaufnahme erfolgen. Da hierbei und besonders bei den die Bewegungen unterstützenden Wachsthumserscheinungen an der Membran u. a. die Wirkung der Sonne, des Mediums, Luft, Wasser u. s. f. zum grossen Theil verloren geht oder wesentlich alterirt wird, so wird die chemische Umwandlungsfähigkeit des Protoplasmarestes sich nicht mehr in der Weise äussern können, dass die zusammengesetzten Substanzen direct aus den Elementen gebildet werden; es wird vielmehr hier schon vorbereitete Nahrung aufgenommen werden müssen.

Alle Organe der Thiere lassen sich, wie aus der vorstehend gegebenen Uebersicht hervorgeht, in drei Gruppen ordnen: Organe der Ernährung, Organe der Fortpflanzung und Organe der Empfindung und Bewegung; die ersten beiden sind die sogenannten vegetativen Organe, da die ihnen eigene Thätigkeit auch den Pflanzen zukömmt; die letzteren sind die animalen, da sie bei den Thieren besonders differenzirte Träger erhalten.

Organe der Ernährung. Zur Aufnahme und Assimilation der Nahrung ist der Thierkörper (mit wenig Ausnahmen) entweder einfach ausgehöhlt und die Leibeshöhle ist gleichzeitig verdauende Höhle, oder in die Leibeshöhle ist ein mit besonderen Wandungen versehener Darm aufgehängt. In beiden Fällen ist ein Mund zum Eintritt der Nahrung vorhanden. Ist die Eingangsöffnung in den Darm von der Körperoberfläche in das Innere einer anderen Höhle zurückgezogen, so bezeichnet man sie auch noch besonders als Darmmund (*Ascidiae*). Meist findet sich am andern Ende des Darms zum Austritt der unverdauten Nahrungsreste eine zweite Oeffnung, der After, wie auch zuweilen bei den darmlosen Thieren eine zweite, dem Munde gegenüberliegende verschliessbare Oeffnung die Leibeswand durchbohrt. In der Nähe des Mundes oder in ihm sind bei grösserer Complication des Baues Organe zur Erfassung oder Zerkleinerung der Nahrung angebracht, Kiefer und Zähne; in ihn ergiessen die Speicheldrüsen ihr, besonders zur Bissenbildung und zur Erleichterung des Schlingens dienendes Secret. Häufig ist der Darm im Anfange seines Verlaufs in einen Magen erweitert, dessen Wandungen den hauptsächlich lösenden Verdauungssaft absondern. Ursprünglich sondern die den Darm auskleidenden Zellen die verschiedenen Darmsäfte oder accessorischen Secrete, wie Galle u. s. w., ab. Allmählich lösen sich dieselben aber zu Drüsen, welche mit ihren Ausführungsgängen in die Darmhöhle sich öffnend sich immer schärfer als selbständige Organe entwickeln. So ergiesst meist in das hintere Ende des Magens oder unmittelbar hinter ihm in den Darm die Leber die Galle, welche, falls keine gesonderte Leber vorhanden ist (Würmer, Insecten) von den Wandungen des zunächst auf den Magen folgenden Darmtheiles abgeschieden wird; überhaupt ist dieser der Sitz verschiedener die Verdauung fördernder Secretionen (Pancreas, Darmdrüsen). Ist kein Darm vorhanden, so durchtränkt die Nahrungsflüssigkeit die Körpersubstanz von der inneren Oberfläche der Leibeshöhle aus. Ist dagegen ein Darm vorhanden, so tritt zwischen die Darmwand und die Organe ein System von Röhren, welches die aus dem Darme empfangene Nährflüssigkeit den übrigen Körpertheilen zuführt. Die Nährflüssigkeit wird Blut, die Röhren bilden das Gefässsystem. Die grösseren Gefässe sind meist contractil und bewirken hierdurch die Fortbewegung des Blutes; bei höheren Thieren ist aber eine Stelle des Gefässsystems durch das Auftreten grösserer Muskelmassen zu einem contractilen Centralorgan geworden, Herz. Das Blut wird durch die Arterien vom Herzen weg, durch die Venen zum Herzen zurückgeführt; zwischen beiden liegen die Capillargefässe. Erlangt das Blut durch das Auftreten specifischer Zellen eine grössere Selbständigkeit, so entwickelt sich ein Theil des Gefässsystems zu aufsaugenden Gefässen, in denen, zuletzt mit Hülfe besonderer Drüsen, das nun im engeren Sinne so zu nennende Blut seine Entwickelung durchläuft, Chylus- und Lymphgefässe, Lymphdrüsen, sogenannte Blutgefässdrüsen. In den Respirationsorganen gibt das venöse Blut seine Kohlensäure gegen eintretenden Sauerstoff ab. Stellen diese Organe Ausstülpungen der respirirenden Hautfläche in das zu respirirende Medium dar, so heissen sie Kiemen, stellen sie hingegen Einstülpungen dar, in welche das zu respirirende Medium eindringt, so heissen sie Lungen (Wasserlungen, Luftlungen) oder, wenn sie gefässartig sind, Tracheen (Insecten, Spinnen). Zu den gefässartigen Respirationsorganen gehören auch gewisse Formen der Wassergefässe niederer Thiere (die morphologischen Vorläufer der Tracheen). Der Harn wird in eignen Organen, den Nieren, zuweilen wohl auch im Endstück des Darms abgeschieden.

Organe der Fortpflanzung. Die Zeugung eines Thieres ist an die Bildung einer besonderen Zelle gebunden, welche in ihrer weiteren Entwickelung zu einem Gebilde eigenthümlicher Art wird, Ei. Die Entwickelung des Eies in das junge Thier geht in der Regel nicht von statten (Ausnahmen bilden die Fälle von sogenannter Parthenogenesis), wenn es nicht mit dem befruchtenden Elemente, dem Samen, in Berührung gekommen ist, dessen wesentliche Theile, die Samenkörper, gleichfalls aus Zellen ihren Ursprung nehmen. Eierstock und Hoden sind entweder an einem Individuum gleichzeitig vorhanden (Zwitterbildung ☿, ⚥) oder auf verschiedene Individuen vertheilt (männliche, ♂, und weibliche, ♀, Individuen). Beiderlei Organe sind bis auf die ersten Entwickelungszustände ihrer Producte gleich gebaut und weichen nur bei höheren Thieren in ihrer endlichen Form von einander ab. Ausführende Canäle, Ei- und Samenleiter, Anhangs-Drüsen und Behälter, sowie Begattungsapparate compliciren allmählich den Bau der Generationsorgane. Das neu gezeugte Individuum entwickelt sich in die elterliche

Form entweder in der Weise, dass der im Ei sich bildende Embryo einfach durch Wachsthum aller in der Anlage schon an ihm vorhandenen Organe die Form des reifen Thieres erhält: oder es treten mit der Verschiedenheit in der Lebensweise der früheren und späteren Entwickelungszustände an den ersteren Organe oder Eigenthümlichkeiten in Bau und Form auf, welche den letzteren fremd, für sie also provisorisch sind. Das Abwerfen dieser heisst **Metamorphose**. Es geht hierbei nur ein Theil des ursprünglichen Bildungsmaterials in die fertige Thierform über. Wird dieser Theil durch Vergrösserung solcher vorübergehender Einrichtungen so weit verkleinert, dass er als Keim oder eiartiger Körper (Pseudovum) im Jugendzustande erscheint, dann haben wir in der Geschichte des ursprünglichen Eies zwei (oder mehrere) Entwickelungsreihen, deren zweite (oder letzte) erst in die fertige Thierform führt. Die Entwickelung verläuft dann mit **Generationswechsel** oder **Metagenese**. Hierbei kann der keimartige Rest einfach oder mehrfach sein; in letztem Falle wird also die Zahl der Individuen während der Entwickelung vermehrt. Da hierdurch die Fortpflanzung, die Erzielung einer Nachkommenschaft gesichert wird, betrachtet man den Vorgang auch als eine Form von **Brutpflege**, **Neomelie**; andere neomeletische Erscheinungen kommen in der verschiedensten Weise vor. Bei niederen Thieren gehören hierher zwei, häufig mit Metagenese gleichzeitig auftretende Erscheinungen. Die einzelnen Individuen, welche nach der für die betreffende Thiergruppe characteristischen Form gebaut sind, erhalten nicht die für sämmtliche Lebensfunctionen nöthigen Organe, vielmehr sind die Functionen auf mehrere, hiernach zuweilen verschieden erscheinende Individuen vertheilt, **Polymorphismus**; — neben der geschlechtlichen Zeugung durch Ei und Samen tritt noch ungeschlechtliche Vermehrung auf, welche nach der verschiedenen Form der ihr zu Grunde liegenden Wachsthumseigenthümlichkeit als **Theilung** oder **Knospen- und Sprossenbildung** erscheint.

<small>Steenstrup, J. J. S., Ueber den Generationswechsel oder die Fortpflanzung und Entwickelung durch abwechselnde Generationen. Aus d. Dän. von Lorenzen, Kopenhagen, 1842.

Owen, R., On Parthenogenesis or the successive production of procreating individuals from a single ovum. London, 1849.

Carus, J. V., Einige Worte über Metamorphose und Generationswechsel; in: v. Siebold u. Kölliker's Zeitschr. f. wissensch. Zool. Bd. 3. 1851. p. 359. u. System d. thier. Morph. p. 251—283.

Leuckart, R., Ueber den Polymorphismus der Individuen. Giessen, 1851, und Ueber Metamorphose etc. in: v. Sieb. u. Köll. Zeitschr. Bd. 3. 1851. p. 170.</small>

Organe der Empfindung. Vermittler der organischen oder systemischen und sensuellen Empfindungen ist das **Nervensystem**, dessen beide Elementartheile, Fasern und Zellen, in der Weise vertheilt sind, dass erstere die **Nervenstämme** und **-zweige**, letztere, allein oder bei grösserer Complication mit Formen der ersteren, die **Nervenknoten** oder **Ganglien** und grösseren Centralorgane bilden. Meist nennt man von letzteren diejenigen **Gehirn**, welche in dem die hauptsächlichsten Sinnesorgane tragenden Vorderende oder Kopfe des Thieres liegen. **Sinnesorgane** sind Apparate, durch welche die specifische Form äusserer Reize in einen den Nerven adaequaten Reiz umgesetzt wird. Fehlt auch für einige der hierzu nöthige Nachweis besonderer organischer Vorrichtungen, so unterscheidet man doch physiologisch folgende. Das Gefühl, vorzüglich für mechanische und thermische Reize, hat seinen Sitz in der Haut, entweder gleichmässig verbreitet, oder wo dieselbe in grösserer oder geringerer Ausdehnung erhärtet, an besonderen Hervorragungen, die sich zu Fühl- und Tastorganen entwickeln können. Der Geruch, dessen specifische Reizform man ebensowenig genau kennt, wie die des Geschmacks, hat wie letzterer eine feuchte Schleimhautfläche als Träger; die des letzteren liegt wohl stets am Anfang des Verdauungsapparates oder im Munde. Die für beide characteristische specifische Nervenendigungsweise ist wenigstens für alle Thiere noch nicht sicher ermittelt. Das Gehör ist gleichfalls nur bei Anwesenheit eines specifischen Gehörorgans möglich; als die elementare Form desselben betrachtet man ein mit Flüssigkeit gefülltes Bläschen, an dessen Wand sich der Nerv ausbreitet. Apparate zum Tragen der Nervenendigungen in der den Schall empfangenden Flüssigkeit, sowie Leitapparate für den Schall compliciren das Organ. Das Gesicht wird in der einfachsten Form auf die Unterscheidung von Hell und Dunkel reducirt sein, und hierzu genügt vielleicht schon die thermische Wirkung eines Lichtstrahles auf einen der Oberfläche nahen Nervenfaden; sollen Bilder gesehen werden, so muss ein vorzüglich mit lichtbrechenden Medien und specifischer Nervenendigung versehenes Auge vorhanden sein.

Organe der Bewegung. Dieselben sind theils active, Muskeln, welche durch ihre Contraction entferntere Theile einander nähern, theils passive, Hartgebilde, durch deren Verbindungen ein in verschiedener Weise entwickelter Hebelapparat im oder am Körper gebildet wird. Erstere bilden entweder allein Bewegungsorgane (Fuss der Actinien, der Mollusken, Schirm der Quallen) oder sie vereinigen sich mit den letzteren, welche dann als Skelet auch noch zur Stütze der übrigen Weichtheile des Körpers dienen. Das Skelet ist ein äusseres oder Hautskelet, wenn es von der erhärteten und meist aus beweglich mit einander verbundenen Theilen bestehenden Haut gebildet wird. Es ist ein inneres, wenn es aus Theilen besteht, die sich innerhalb der Muskelmasse entwickeln. In der ersten Form heften sich die Muskeln an die innere Fläche der Hartgebilde, in letzterer stets an die äussere Fläche derselben; Knorpel und aus solchem sich entwickelnder Knochen sind ausschliesslich der letzteren Skeletform eigen.

Die in vorstehender Uebersicht aufgezählten Organe sind in den verschiedenen Thiergruppen in mannichfachen, jedoch auf wenig Grundformen zurückzuführenden Weisen angeordnet. Allgemein nennt man die Thiere, deren in Mehrzahl vorhandene Theile symmetrisch um einen Mittelpunct oder um eine lineare Axe angeordnet sind, strahlige Thiere, diejenigen, deren in Mehrzahl vorhandene Theile symmetrisch zu beiden Seiten einer Linie oder einer Ebne gelagert sind, bilaterale Thiere. Weitaus die Mehrzahl der Thiere gehören der letzten Form an; selbst viele, welche ihrer Organisation wegen den Strahlthieren zugerechnet werden, können als bilaterale aufgefasst werden. Die allgemeine Form, sowie das relative Lagerungsverhältniss der Organe, sowie ihr Auftreten überhaupt, bestimmen den, der Eintheilung zu Grunde liegenden morphologischen **Typus**, in welchem sich die Verwandtschaft zusammengehöriger Formen ausspricht.

Die gleichem Typus angehörenden Thiere bilden die Hauptgruppen des Thierreichs (auch Unterreiche genannt). Innerhalb dieser werden dann Classen und Ordnungen unterschieden nach den für mehrere Formen gemeinschaftlichen Merkmalen, innerhalb dieser ebenso Familien, dann weiter Gattungen, endlich Arten, Unterarten und Varietäten. Da alle Theile des Thierkörpers untereinander, und zwar stets gewisse Organisationseigenthümlichkeiten zu anderen in einer Wechselbeziehung stehen (Correlation), so kann man von einzelnen Merkmalen auf Gruppen von anderen schliessen. Welche Merkmale oder Merkmalsgruppen in jeder Classe, Ordnung u. s. w. bei der Eintheilung oder Gruppirung der Thiere zu benutzen, welchen ein entscheidender Werth beizulegen ist, wird vom Typus und dessen in der Ordnung, Familie u. s. w. vorliegenden Modification bestimmt. Während daher in den grösseren Gruppen mit Recht meist solche Merkmale benutzt werden, welche die ihnen eigene Modification des Classentypus ausdrücken, sollten die gleichen Beziehungen auch bei den kleineren Gruppen berücksichtigt werden. Die Merkmale der kleineren und kleinsten Abtheilungen werden indess häufig arbiträre Bezeichnungen zur Unterscheidung von sonst als verwandt erkannten Formen.

Den Abtheilungen: Ordnung, Familie, Gattung, Art als Gliedern eines natürlichen Systems liegt, wie mehrfach erwähnt, Verwandtschaft der Thierformen zu Grunde. Ausgangspuncte der Classification wären hiernach die nächst verwandten Thiere. Solche sind aber die Abkömmlinge eines Paares. Da für diese Abstammung der Nachweis fehlt, wenigstens für die ganze Erscheinungszeit der betreffenden Formen, so glaubte man in der gleichartigen Fortpflanzung oder in der Möglichkeit einer fruchtbaren Begattung einen Ersatz für jenen Nachweis zu finden und hielt die aus gleichartiger Zeugung entspringenden Formen für Repräsentanten der von der Natur selbst gegebenen **Art, species**. In geringerem oder bedeutenderem Grade von einander abweichende Formen, welche sich nichtsdestoweniger fruchtbar begatten könnten, bilden Unterarten und Varietäten. So wenig nun auch die Thatsache bestritten werden kann, dass eine gewisse Anzahl von Thieren sich nur mit Individuen der gleichen Art fruchtbar begatten kann und dass hier sogenannte Kreuzungen höchstens unfruchtbare **hybride** Formen zur Folge haben, so ist doch der hieraus gezogene Schluss unzulässig, dass sämmtliche Thiere in dieser Weise characterisirte Arten bilden, und dass die Art etwas von der Natur gegebenes sei. Einmal sind nämlich nur äusserst wenig Arten darauf untersucht, dass sie sich nur durch specifisch gleiche Individuen fortpflanzen; auch sind die Versuche über Bastardzeugung im Thierreich noch zu keinem Abschluss gelangt; und dann sind gerade jene wenigen Arten durchaus nicht geeignet, Schlüsse von ihnen auf das ganze Thierreich zu gestatten. Sie gehören fast ohne Ausnahme den höchsten Classen an, deren ungleich weiter, als in den niederen, differenzirte Organisation auch zwischen nahe verwandten Formen scharfe sexuelle Unterschiede bedingt, welche zuweilen selbst die Begattung unmöglich machen. Es ist hier auch darauf aufmerksam zu machen, dass bei domesticirten Thieren zuweilen bei identischen Formen ein geringer Grad von Unfruchtbarkeit auftritt, während umgekehrt im Verlauf der Domestication die ursprüngliche Sterilität verschiedener sogenannter Arten allmählich beseitigt wird. Und was sich bei einigen Thieren, wenn auch dieselben besonderen Verhältnissen ausgesetzt sind, als ein so fluctuirendes Merkmal herausstellt, kann doch nicht als principiell für das ganze Thierreich geltend angesehen werden. Was ferner die Bastardzeugung betrifft, so sind zwar in niederen Classen (Insecten) durchaus nicht selten Hybridationen zwischen nahe verwandten Arten verschiedener Gattungen (*Deilephila*, *Zygaena*, *Saturnia* u. a.) beobachtet worden; doch treten hier auch zuweilen mechanische Einrichtungen auf, durch welche eine Bastardzeugung verhindert wird. Die Formbeständigkeit dieser Einrichtungen, welche nichts für irgendwelche von der Natur gegebene Arten beweist, hängt nur davon ab, dass bei der Erblichkeit der Organisationseigenthümlichkeiten diejenigen Individuen, deren Sexualorgane durch Abweichungen von der elterlichen Form eine Begattung unmöglich machen, steril zu Grunde gehen, die Abweichungen daher nicht weiter vererben können; es müssten denn zufällig sich entsprechende Varietäten in beiden Geschlechtern auftreten, wo dann die Varietät constant vererbt werden kann und dann sicher häufig genug als besondere Art aufgeführt wird.

Die Natur gibt uns nur Individuen; diese vereinigen wir künstlich zu Arten, diese zu Gattungen u. s. f. So verschwindend gering der praktische Nutzen war, den die wissenschaftliche Zoologie der Lehre von der gleichartigen Zeugung verdankt, so vergebens es wäre, hoffen zu wollen, dass die Wissenschaft je für sämmtliche lebende Arten diesen Nachweis und damit die im Sinne der Lehre einzig sichere Begründung der Art liefern könne, so gross ist der Schaden, welchen diese Lehre der Entwickelung der zoologischen Wissenschaft zugefügt hat. An ihrer Hand lernte man sich mit häufig nur oberflächlichen Beschreibungen begnügen und den eigentlichen Nachweis der in der Organisation ausgesprochenen Verwandtschaft der Formen vernachlässigen, da man immer hoffen durfte, durch den einstigen Nachweis der gleichartigen Fortpflanzung die Echtheit der Art bestätigt oder widerlegt zu sehen. Bei der häufig nur nach einzelnen Exemplaren erfolgten Beschreibung neuer Thiere ist aber die Praesumption, dass man es mit einer guten Art zu thun habe, schon deshalb von Einfluss, als man häufig gar nicht in der Lage ist, die Verwandtschaft der neuen mit bereits bekannten nachzuweisen, sondern sie nach gewissen Merkmalen nur erschliessen kann. Es kommt hier nur darauf an, den diagnostischen Werth der specifischen Merkmale zu prüfen. Eine solche Untersuchung über die Werthbestimmung zoologischer Merkmale ist eins der wichtigsten Erfordernisse der allgemeinen Zoologie, für dessen Ausführung nur Anfänge vorliegen. Sie allein macht es möglich, an die Stelle des unhaltbaren Begriffs einer von der Natur gegebenen Art wissenschaftlich genau umgrenzte Arten zu setzen. Wie sie einerseits von den grösseren Gruppen ausgehend die typischen Charactere der kleineren feststellen wird, so wird sie auch das Verhältniss der Arten zu einander und der Varietäten zu den Arten aufklären.

CARUS, J. V., Ueber die Werthbestimmung zoologischer Merkmale. (Gratulations-Progr.) Leipzig, 1854.

Von der grössten Wichtigkeit ist nun die Betrachtung, dass wir in dem Thierreiche kein fertig abgeschlossenes, in seinen Formen starres Ganze, sondern im Gegentheil ein in der Entwickelung und steten, wenn auch langsamen Umwandlung begriffenes vor uns haben. Es soll damit nicht gesagt werden, dass sich die einzelnen Formen der sichern Beschreibung entziehen; die letztere muss vielmehr sicherer werden, als sie jetzt in vielen Fällen ist, und zwar sicherer mit Rücksicht gerade auf jene Wandelbarkeit der Formen. Wie man nicht anders kann, als zur vollständigen Darstellung des Thiersystems auch die fossilen Reste in den Kreis der Untersuchung zu ziehen, so drängen sich damit zwei Gesichtspuncte auf: einmal sieht man, dass je älter die fossilen Formen sind, sie sich desto weniger in die Familien und Gattungen des Systems jetzt lebender Thiere einordnen lassen, dass sie vielmehr neue Ordnungen und Unterclassen darstellen. Dann fällt es aber gleichzeitig auf, dass jene ausgestorbenen Formen sich doch dem Typus nach an jetzt noch lebende Typen anschliessen. Man war nun im Allgemeinen der Ansicht, dass jene älteren Formen Lücken ausfüllen, welche die jetzt lebende Thierwelt in Bezug auf die Vollständigkeit ihres Systems zeige, ohne jedoch in allen Fällen angeben zu können, an welcher Stelle und in welchem Sinne derartige Lücken beständen. Durch die Annahme einer streng genealogischen Zusammengehörigkeit aller, lebenden wie fossilen, Thierformen fällt nicht bloss die Schwierigkeit der Einordnung jener »aberranten« Formen weg, sondern es findet auch eine Masse, sonst nur durch Wunder und Zuhülfenahme geheimnissvoll wirkender typischer Kräfte erklärlicher, zoologischer wie morphologischer Thatsachen ihre befriedigende Erklärung. Es ist das grosse Verdienst CHARLES DARWIN'S, das vorhandene empirische Material über Züchtungsresultate, Variabilität und geographische Verbreitung zur Aufstellung einer Theorie der Entstehung der Arten in der eben angeführten Weise zusammengebracht und damit den ganzen systematischen Bestrebungen einen neuen Ausgangspunct verschafft zu haben. Nach ihm bildet das erst entstandene Thier die Stammart aller jetzt lebenden; die verschiedenen Formen der letzteren, sowie das Auftreten neuer Arten überhaupt, sind in den beiden Eigenschaften der Erblichkeit und Variabilität aller Thierformen begründet, welche bei der gleichzeitigen Entwickelung der Pflanzenwelt, wie die Formen dieser, bei der stetig fortschreitenden Divergenz des Characters immer verschiednere Gestalten erhielten. Das System müsste daher, wenn wir es vollständig darzustellen versuchten, einem Stammbaum gleichen, dessen Aeste, grössere und kleinere Zweige, die Classen, Ordnungen, Familien u. s. f. der Thiere darstellen; oder: die Grade der Verschiedenheiten, in welche die einzelnen Verzweigungen auseinanderlaufen, werden dann mit den Ausdrücken Varietäten, Arten, Gattungen, Familien, Ordnungen und Classen bezeichnet.

CH. DARWIN, On the Origin of Species by means of Natural Selection. London, 1859. 4. ed. 1867. Deutsch: Ueber die Entstehung der Arten durch natürliche Zuchtwahl, übers. von BRONN, 3. Aufl. besorgt von V. CARUS, Stuttgart, 1867. — DARWIN hatte zwar in

Lamarck's und Etienne Geoffroy St. Hilaire's Ansichten Vorläufer, ist diesen aber durch Sicherheit, Abgeschlossenheit und thatsächliche Begründung weit überlegen.

Ist auch das System des Thierreichs in seiner heutigen Anordnung die Frucht der letzten sechszig Jahre, so war dasselbe doch durch Arbeiten früherer Zeit vorbereitet. Die Geschichte der Zoologie zeigt, dass sie von ihrer ersten Bearbeitung an das Glück hatte, wissenschaftlich erfasst zu werden. Zwar liegen zwischen Aristoteles und Cuvier und K. E. von Baer auch für die Entwickelung der Thierkunde Zeiten tiefer Verkommenheit, wie sich ja noch in neuerer Zeit manche Verschrobenheit gezeigt hat; indessen zieht sich die Auffassungsweise des Stagiriten wie ein rother Faden durch sterile Jahrhunderte, bis am Ende des vorigen und Anfang dieses Jahrhunderts unsere Wissenschaft Fortschritte machte, die sich unmittelbar an jenen anschliessen. Will man für die Geschichte der Zoologie Perioden bezeichnen, so können es nur folgende vier sein: Aristoteles bis Wotton (1552), Wotton bis Linné, Linné bis Cuvier und Baer, und von den letzteren beiden bis jetzt. Linné's Ausspruch: »divisio naturalis animalium ab interna structura indicatur« findet schon bei Aristoteles seine Anwendung. Seine Hauptgruppen oder Classen waren folgende neun: die lebendig gebärenden vierfüssigen Säugethiere, die eierlegenden mit Hornschuppen versehenen vierfüssigen oder fusslosen Reptilien, die eierlegenden zweifüssigen gefiederten Vögel, die lebendig gebärenden lungenathmenden Wallfische, die beschuppten, fusslosen kiementragenden Fische, die ihre Füsse am Kopfe tragenden Weichthiere (Cephalopoden), die vielfüssigen Schal- oder Krustenthiere, die fusslosen Schalthiere und die vielfüssigen Insecten. Hier nicht aufgeführte niedere Thiere, wie gewisse Würmer, Echinodermen, Medusen kannte er wohl, wusste sie aber nicht scharf genug zu characterisiren; daher gibt er ihnen keine Classenbezeichnung, sondern bespricht sie nur unter Collectivbenennungen mit anderen Thieren, welche gewisse einzelne Merkmale wie das Leben im Wasser u. s. w.) mit ihnen gemeinsam haben. Ein Hauptfehler bei Beurtheilung des Aristoteles liegt darin, dass man nicht zwischen diesen Collectivbezeichnungen und seinen Gattungen, unseren Classen, unterschied. So bespricht er die Fledermäuse zwar bei den »fliegenden Thieren« (nicht Vögeln, wie man gewöhnlich sagt, bezeichnet sie aber als oben und unten mit Zähnen versehene lebendiggebärende, behaarte Thiere; das sind seine Säugethiere. Aehnliches gilt für seine Anordnung der Wallfische; und selbst sein Ausdruck $ἄναιμα$ ist nur ein Collectivname, wie unsre Bezeichnung »wirbellose Thiere«.

Meyer, Jürgen Bona, Aristoteles Thierkunde. Berlin, 1855.

Nach Aristoteles Tode trat ein Stillstand in der Entwickelung der Zoologie ein, der weder durch den Einfluss der Ptolemäer noch durch die Bemühungen Roms, wissenschaftliche Metropole zu werden, noch durch das nun reichlicher zuströmende Material unterbrochen wurde. Des älteren Plinius Naturgeschichte erlangte allerdings einen bis an das Mittelalter heranreichenden Einfluss; derselbe wird aber nur dadurch erklärlich, dass man es bequemer fand, alles Bekannte compilatorisch in einem scheinbar neuen Lichte darzustellen, als der realen inductiven, sich auf strenges Beobachten und

Untersuchung stützenden Richtung des ARISTOTELES zu folgen. Des PLINIUS Werk ist für Zoologie nichts als eine kritiklose Compilation. Man sieht daraus, dass man zu seiner Zeit mehr Thiere kannte, als 400 Jahre früher, aber auch, dass des ARISTOTELES Auffassung den Römern unverständlich geblieben war. Das ihm gewöhnlich zugeschriebene System ist kein solches; seine Abtheilungen: Landthiere, Wasserthiere u. s. w. entsprechen nur den Collectivbenennungen des ARISTOTELES. Er beanspruchte indess gar nicht die Bedeutung eines Zoologen, sondern sammelte encyclopädisch alles, was man über die verschiedensten Dinge zu seiner Zeit wusste. Ebensowenig ist die zweite Hälfte seines elften Buches als eine vergleichende Anatomie zu bezeichnen. Er trägt hier, nach den Gegenden des menschlichen Körpers geordnet, das nach, was er vorher, ohne den Zusammenhang zu stören, nicht gut anbringen konnte. Ungleich wichtiger war GALEN, dem wenigstens die Anatomie der Säugethiere manche Aufklärung verdankte. Man liest nun überall, dass es bekannt sei, wie sich ARISTOTELES und PLINIUS während des Mittelalters in die Herrschaft über die Zoologie hätten theilen müssen. Der geschichtliche Wendepunct zum Fortschritt in der Zoologie liegt entschieden da, wo zuerst wieder mit Bewusstsein auf ARISTOTELES zurückgegangen wurde. Und dass PLINIUS vor diesem Zeitpuncte nicht in gleichem Ansehn mit ARISTOTELES stand, lässt sich nachweisen. PLINIUS Werk ist nie in das Arabische übersetzt worden, während die mit einem Commentar versehene Paraphrase der Schrift des ARISTOTELES von den Thieren durch AVICENNA für abendländische Gelehrte eine Quelle wurde. Sie verräth sich z. B. bei ALBERTUS MAGNUS und VINCENZ VON BEAUVAIS durch die von dem arabischen Uebersetzer übernommenen Fehler in den Thiernamen. Und gerade die Schriften dieser Beiden hatten einen ungleich stärkeren und länger anhaltenden Einfluss, als die, sich allerdings mehr an PLINIUS haltenden Compilatoren des 14. Jahrhunderts, wie MATTHAEUS FARINATOR und BARTHOLOMAEUS VON GLANVILLA. Die wissenschaftliche Erhebung, welche die Umschiffung des Cap, die Entdeckung von Amerika u. a. nothwendig nach sich ziehen musste, wurde vorbereitet durch das Erscheinen der nach dem Original bearbeiteten Uebersetzung der Thiergeschichte des ARISTOTELES von THEODOR GAZA. Sie war so verbreitet, dass sie vor 1500 allein in Venedig fünfmal gedruckt wurde (s. a., 1476, 92, 97, 98). — Ist nun auch des ARISTOTELES Einfluss auf die Werke von ULYSSES ALDROVANDI, CONRAD GESNER, JONSTON u. a. nicht zu verkennen, so sind diese doch nur Compilationen, häufig mit Nebenzwecken. Der Erste, welcher mit Bewusstsein an ARISTOTELES anknüpfte, Lücken ausfüllte und überhaupt seiner Zeit Rechnung trug, war EDWARD WOTTON, der die Classen des ARISTOTELES schärfer umgrenzte, ihnen noch die der »Zoophyten« zufügte, und zwar in einer der CUVIER'schen Classe fast genau entsprechenden Weise. Es bildet für die Entwickelung der Zoologie die Brücke von ARISTOTELES zur neueren Zeit, und gibt durch sein Werk den Anstoss zur weiteren Ausbildung des zoologischen Systems, welches, schon des grösseren nun zu bewältigenden Materials wegen, eines immer sicherern Abschlusses bedurfte.

WOTTON, EDW., De differentiis animalium. Lutetiae Parisiorum, 1552. Fol.

Der letzterwähnte Umstand war es hauptsächlich, welcher den Schriften der Nachfolger Wotton's ihren Character verlieh. Man wollte sich in der Thierwelt leicht orientiren lernen und dies führte zur Ausbildung der künstlichen Systematik. John Ray machte den ersten Versuch, wenigstens für die höheren Classen handliche Uebersichten zu schaffen. Er erweiterte die durch Wotton überlieferte Aristotelische Eintheilung, legte Structurverhältnisse zu Grunde und wäre jedenfalls von mehr als vorbereitender Bedeutung gewesen, hätte ihm nicht zur Aufstellung eines scharf gegliederten Systems eine Handhabe gefehlt, welche sich Linné erst schaffte, die systematische Nomenclatur. Schon dadurch, dass Linné für die kurzen Beschreibungen der Thiere terminologische Regeln gab, und dass er für die Thiere selbst die binäre Nomenclatur einführte, wonach jede Art gewissermaassen einen Familien- und Taufnamen, den Gattungs- und Artnamen erhielt, schon hierdurch wurde er gesetzgebender Reformator für die Zoologie. Ebenso wichtig, wie diese formelle Seite, waren die in dem System selbst eingeführten Verbesserungen. Sein unmittelbarer Vorgänger, Klein, der später noch durch seine Angriffe und Einwendungen auf die Ausbildung des Linné'schen Systems einwirkte, war durch die Einseitigkeit seines Systems befangen. Er theilte die Thiere ein in solche mit Füssen und ohne Füsse, innerhalb dieser Abtheilungen wieder je nach der Zahl der Füsse, bei den Fusslosen nach Flossen, Haut, Körperform u. s. w. Dagegen führte Linné sein System mit dem schon oben angeführten Ausspruch ein, dass die innere Structur die Eintheilung begründe. Sein System war folgendes:

Cor biloculare, biauritum; sanguine calido, rubro:	viviparis	*Mammalibus.*
	oviparis	*Avibus.*
Cor uniloculare, uniauritum; sanguine frigido, rubro:	pulmone arbitrario	*Amphibiis.*
	branchiis externis	*Piscibus.*
Cor uniloculare, uniauritum; sanie frigida, albida:	antennatis	*Insectis.*
	tentaculatis	*Vermibus.*

Die Schwächen dieses Systemes liegen in der einseitigen Benutzung eines aus dem Organisationsverbande herausgenommenen Organes als Eintheilungsprincip, welcher Umstand ihm jedoch weniger als Vorwurf angerechnet werden kann, da die Zootomie noch nicht geeignet war, allgemeine Schlüsse aus ihren Thatsachen ziehen zu lassen. Linné ist dadurch sehr wichtig geworden, dass er eine grosse Anzahl von Arten wiedererkennbar gemacht hat, so dass die Geschichte dieser Arten von ihm datirt.

Ray, John, Synopsis methodica animalium Quadrupedum et Serpentini generis. Londini, 1693. 8. und Synopsis methodica Avium et Piscium. ibid. 1713. 8.

Linné, Carolus a, Systema naturae, sive regna tria naturae systematice proposita. (Ed. I.) Lugduni Bat., 1735. Fol. — idem, ed. XIII. 3. Tom. in IV Voll. Vindobonae, 1767—70. 8. Die letztere Ausgabe wird gewöhnlich citirt.

War dem praktischen Bedürfniss durch Linné's Systema naturae einigermaassen Genüge gethan, so forderte das anwachsende zootomische Material immer dringender zu einer Verwerthung auf. Die ursprünglich sich auf die höheren Thiere beschränkenden Untersuchungen wurden allmählich immer weiter über niedere Classen ausgedehnt. Perrault, Tyson, Malpighi, Swammerdam,

ROESEL und andere Namen bezeichnen den Aufschwung, welchen die Anatomie der Thiere im 17. und 18. Jahrhundert erhielt. Der Erste, welcher eine Eintheilung der Thiere nach ihrer Organisation, und zwar unter Berücksichtigung des Organisationsgrades, vornahm, war LAMARCK, welcher schon 1801 die »Wirbelthiere« den »Wirbellosen« gegenüberstellte und noch ausführlicher 1809 das Thierreich in 6 Organisationsgrade eintheilte, von denen die ersten 4 die Wirbellosen, die letzten 2 die Wirbelthiere umfassten. Die weitere und glücklichste Ausbildung erhielt diese anatomische Basis des Systems durch GEORG CUVIER. In seinem ersten Werke (1798) spricht er noch von rothblütigen und weissblütigen Thieren, theilt erstere in vier (Säugethiere, Vögel, Reptilien, Fische), letztere in drei Classen (Mollusken, Insecten und Würmer, Zoophyten); aber im Jahre 1812 stellt er nach der Gesammtorganisation der Thiere die vier Gruppen auf, welche als Bezeichnungen der anatomischen Baupläne die Grundlagen unsres heutigen Systemes bilden: Wirbelthiere, Mollusken, Gliederthiere, Strahlthiere oder Zoophyten. Hiermit genügte er der von ihm selbst erhobenen Anforderung an die Methode der Eintheilung, dass sie der Ausdruck der Wissenschaft selbst, auf wenig Worte reducirt, sein müsse. So scharf die ersten drei Gruppen characterisirt sind, so ist doch die der Strahlthiere noch ziemlich willkürlich umgrenzt, da sie nicht bloss die strahlig gebauten, sondern überhaupt alle niedrig organisirten Thiere umfasst. Es lag dies daran, dass CUVIER »von den Mollusken und Gliederthieren ausser dem Typus ihrer Organisation auch einen gewissen Grad der Ausbildung verlangte, eine Forderung, die man nur an die einzelnen Classen machen sollte«. K. E. VON BAER hob dies hervor; er gab dem auf die gegenseitige Verwandtschaft der Thiere gegründeten Systeme dadurch einen Abschluss, dass er die Forderung stellte, man müsse die verschiedenen Organisationstypen von den verschiedenen Stufen der Ausbildung unterscheiden, jede Classe repräsentire gewissermaassen einen Entwickelungszustand des Typus.

LAMARCK, Système des animaux sans vertèbres. Paris, 1801. — Philosophie zoologique. Tom. 1. 2. Paris, 1809.
CUVIER, G., Tableau élémentaire de l'histoire naturelle des animaux. Paris, an 6 (1798). — Sur un nouveau rapprochement à établir entre les classes qui composent le Règne animal; in: Annales du Muséum. Tom. 19. 1812. p. 73. — Le Règne animal distribué d'après son organisation. 4 Tom. Paris, 1817. — 2. éd. 5 Tom. ibid. 1829. — éd. accompagnée de planches, publiée par une réunion des disciples de G. CUVIER. 11 Vols. de texte et 11 Vols. de pl. Paris, 1849.
BAER, K. E. VON, Beiträge zur Kenntniss der niedern Thiere; in: Nova Acta Acad. Leop. Carol. Nat. Curios. Vol. XIII. P. II. 1827. p. 739, 745, u. s. f.

In dem Systeme LINNÉ's war die Classe Vermes der bequeme Ort, alle niedern, nicht genau untersuchten Thiere unterzubringen; CUVIER's Strahlthiere waren nicht viel besseres; er entfernte die Mollusken daraus, liess aber die Eingeweidewürmer, Echinodermen ruhig neben den Polypen, Medusen, Räderthieren und Infusorien. Die grössten Verbesserungen, welche in den Jahren seit CUVIER und v. BAER an dem Systeme vorgenommen wurden, bestanden in der Auflösung der Strahlthiere CUVIER's. So führte C. TH. E. VON SIEBOLD 1843 die Protozoen in der jetzt gebräuchlichen Umgrenzung ein, vereinigte die Würmer, trennte diese von den Arthropoden, so dass unter den

Zoophyten nur noch vorwaltend strahlig gebaute Thiere blieben. Die letzteren trennte Rud. Leuckart 1848 in Coelenteraten und Echinodermen. Die Polyzoen hatte schon 1838 Milne Edwards von den Polypen entfernt; die Räderthiere brachte Burmeister 1837 zu den Krustern, nachdem Nitzsch schon 1824 ihre Aehnlichkeit mit diesen ausgesprochen hatte. Während auf diese Weise die wirbellosen Thiere auf ein immer naturgemässeres System gebracht wurden, erhielten auch die Classen der Wirbelthiere eine schärfere gegenseitige Begrenzung.

In der jetzt zu gebenden Uebersicht des Systems folgen wir dem natürlichen Gange vom einfachen zum zusammengesetzteren, den schon Lamarck (Philos. zool. Vol. I. p. 269. Hist. nat. des anim. sans vert. 1. éd. Vol. I. p. 371.) als den einzig natürlichen und instructiven hinstellt. Jedenfalls wird auf diese Weise die allmähliche Complication des thierischen Baues am klarsten. Es wäre entschieden unnatürlich, sich das Thierreich in einer grossen ununterbrochenen Reihe angeordnet vorzustellen, und mit Recht hat man sich schon oft dagegen ausgesprochen. Noch eher lassen sich die Hauptgruppen mit grossen Kreisen vergleichen. Jedoch auch hier schleicht sich leicht noch die Idee ein, als lägen diese Kreise in einer Reihe. Die gegenseitigen Verwandtschaftsverhältnisse würden sich am besten überblicken lassen, wenn wir die Classen, Ordnungen u. s. w. des Thierreichs nach Art eines Stammbaums zu ordnen versuchten, was jedoch bei der Unvollständigkeit unsrer Kenntniss über die geologische Aufeinanderfolge vorläufig nur im Grossen und Ganzen ausführbar ist.*)

Den Ausgangspunct bilden jene Organismen, deren Körper noch keine Sonderung in die den höheren Thieren eigenen Gewebe und Organe erkennen lässt. Es sind dies die Protozoen. Da es einzellige Pflanzen gibt, glaubte man auch das Thierreich mit einzelligen Formen beginnen lassen zu müssen und hielt dann, da manche Protozoen das Schema einer Zelle darzubieten scheinen, diese für einzellig. Da aber bei einigen eine Mehrzelligkeit, bei andern Andeutungen einer zusammengesetzten Structur beobachtet worden sind, bleiben nur Formen übrig, die mit grösserem Rechte zu den Pflanzen oder zu den Protorganismen zu rechnen sind. Dass wir dieselben hier noch aufführen geschieht nur mit Vorbehalt und aus vorwiegend praktischen Gründen. Den nächsten Grad der Differenzirung ihres Körpers bieten die Coelenteraten dar. Während den Protozoen eine Leibeshöhle fehlt, der Körper vielmehr aus einem weichen Parenchym besteht, besitzen zwar die Coelenteraten eine Leibeshöhle, dieselbe ist jedoch gleichzeitig verdauende Höhle; ihre Wandungen vertreten die Rolle der Darmwand. Die einen von ihnen sind mehr oder weniger streng strahlig gebaut, die andern (*Ctenophora*) seitlich symmetrisch. Die Organisation der letzteren und der Anthozoen steht insofern über der der Hydrozoen, als bei ihnen regelmässig ein mit der Leibeshöhle communicirender Magenschlauch (die erste Anlage eines Darms) vorhanden ist. Bei den

---

*) Es verdient Anerkennung, dass E. Haeckel in seiner Generellen Morphologie, Bd. 2 eine streng durchgeführte genealogische Anordnung des Thierreichs zu geben und Stammbäume der einzelnen Classen aufzustellen wenigstens den ersten Versuch gemacht hat.

Anthozoen findet sich häufig eine Absonderung kalkiger Gehäuse oder Zellen, in welche die Weichtheile des Thieres zurückgezogen werden; das Ausstrecken der Tentakeln geschieht dann durch Schwellung ihrer mit der Leibeshöhle communicirenden Höhlen mit der in letzterer circulirenden Flüssigkeit. Bei den Echinodermen, welche sich durch den strahligen Bau an die Anthozoen zwar anschliessen, indess schon vielfach seitlich symmetrische Beziehungen erkennen lassen, ist ein besonderer, Mund und After besitzender Darm vorhanden, die Verkalkung ist auf die Haut reducirt, der Schwellapparat der Hautanhänge zu einem besonderen, geschlossenen, meist nur an einer oder wenigen Stellen mit dem umgebenden Wasser communicirenden Canalsystem entwickelt. Durch die gestreckten, häufig eine Bauch- und Rückenseite zeigenden Formen weisen die Echinodermen auf ihre Verwandtschaft mit den Würmern. Der ursprünglich ungegliederte, häufig platte Körper dieser zeigt bei grösserer Streckung eine deutliche Gliederung, an welcher die sämmtlichen Organe theilnehmen. Die einzelnen Segmente des Körpers sind noch gleichwerthig (homonom), noch nicht zu besonderen Körperabschnitten vereinigt, und die Hautanhänge bilden noch keine gegliederten Bewegungswerkzeuge. In weiterer Entwickelung dieses, mit einem gestreckten Körper überall auftretenden, gegliederten Bauplanes verbinden sich bei den Arthropoden einzelne Segmente zu bestimmten Körperabschnitten, wie Kopf, Thorax u. s. w. Die Hautanhänge bilden stets gegliederte, Fortsätze des Muskelsystems einschliessende Bewegungsorgane, durch deren Entwickelung und Reduction auf bestimmte Körperabschnitte die einzelnen Classen characterisirt werden.

Während wir hier von den Coelenteraten aus eine Reihe von Thieren sich entwickeln sehen, welche wegen der allmählich immer ausgesprocheneren Streckung des Körpers und der damit auftretenden Segmentirung desselben als *Annulosa* zusammengefasst werden können, nimmt von demselben Puncte ein anderer Typus seinen Ausgang, dessen Repräsentanten allgemein als Mollusken bezeichnet werden. Im Gegensatz zu den Annulosen ist hier der Körper nur selten gestreckt und nicht eigentlich gegliedert; wohl aber tritt bei den echten Mollusken ein neues Moment der Complication auf: die einseitige Entwickelung functionell verschiedener Körpertheile. Allgemein herrscht seitliche Symmetrie bei den Mollusken; nur bei Molluscoiden erinnert die häufig unterbrochen kreisförmige Anordnung der Tentakeln an die strahligen Polypen, von denen sie aber, wie die Echinodermen, durch das Vorhandensein eines besonderen Darms abweichen. Durch die Bildung einer zuweilen gedeckelten Kalkschale führen die Polyzoen zu den Brachiopoden, während sie durch die respiratorischen Beziehungen ihrer Tentakeln zu den Tunicaten hinleiten. Waren bei den segmentirten Annulosen die vegetativen wie animalen Organe in gleichmässiger Ausführung der Gliederung unterworfen, so tritt bei den eigentlichen Mollusken eine einseitige Entwickelung der beiden Organgruppen auf. An dem wesentlich von der Eingeweidemasse gebildeten weichhäutigen Körper tritt ein besonderer musculöser (animaler) Körpertheil auf, der in seiner ausgebildeten Form zu einem die Centraltheile des Nervensystems einschliessenden und die Sinnesorgane tragenden Kopfe und einem besonderen Locomotionsorgane, dem Fusse wird. Es ist die Entwickelungsart des letzteren, sowie die Form und Bildung jener Hautfalte, die als sogenannter Mantel zu den Respirationsorganen in gewissen Beziehungen steht, welche die Characteristik der einzelnen Classen des Molluskentypus bestimmen. Die Gruppe, welche diese Theile in der gleichmässigsten Ausbildung zeigt, wird daher mit Recht als die Mittelform des Typus betrachtet, und aus ihr lassen sich morphologisch die übrigen Formen desselben ableiten.

Der letzte Typus, welchem wir im Thierreich begegnen und welcher durch die getrennt gehaltene Entwickelung der vegetativen und animalen Organgruppen die grösstmögliche Entfaltung der letzteren gestattet, ist der Typus der Wirbelthiere. Er schliesst sich durch jene Trennung an den der Mollusken; da der Körper jedoch hier wieder gestreckt ist, wird er auch wieder gegliedert. Hiernach sagt man, dass er aus der Vereinigung der bei den Mollusken und Arthropoden getroffenen Typen hervorgehe; es ist auch sonst nicht uneben, das Endglied der Thierreihe aus einer Verschmelzung der beiden Reihen hervorgegangen zu betrachten, in welche das Thierreich von den Coelenteraten aufsteigend zerfiel. Will man aber nicht den Wirbelthiertypus aus den unter allen übrigen Thieren bestehenden Verwandtschaftsverhältnissen herausreissen und ihm eine besondere, durch eine eklektisch das Beste der übrigen Typen benutzende Bildungsweise zu Stande gekommene Stellung anweisen, so kann es auch für ihn nur einen einfachen (genealogischen) Anschluss an andere Typen geben. Die Möglichkeit, diesen Anschluss nachzuweisen, wurde hier durch jenen häufig begangenen Fehler vereitelt, dass man die niederen Formen eines höheren Typus an die höchsten Formen des nächst niederen Typus anreihen zu müssen glaubte. So unmöglich es ist, ein Wirbelthier aus einem Cephalopoden zu erklären, ebenso unmöglich ist es, den Wirbelthiertypus aus irgend einer Form des Annulosentypus zu entwickeln; dagegen schliesst sich der Wirbelthiertypus eng an den der Mollusken an und ist aus ihm entstanden. Unter den niederen Mollusken sind es die Tunicaten, welche wohl am leichtesten zu den Wirbelthieren führen. Die Form ihrer die Seiten des Pharynx einnehmenden Respirationsorgane, ihr häufig gegliedertes, dem Rücken inserirtes, ein gegliedertes Nervensystem tragendes, aus Stützapparat und Muskeln bestehendes Locomotionswerkzeug, welches freilich hier nur Anhangsgebilde ist, sind die einzigen Erscheinungen unter den wirbellosen Thieren, an welche sich ohne der Natur irgend welche Gewalt anzuthun die Wirbelthiere anfügen lassen. Der Uebergang von jenen Formen zu *Amphioxus*, den man oft als eine noch einfachere Form von den Fischen hat trennen wollen, ist durchaus nicht so schwierig; und wenn auch viele einzelne Glieder hier noch fehlen, so ist der Anschluss jedenfalls an dieser Stelle zu suchen. Diese Beziehungen zu den niedern Typen geben bei der Characterisirung der Wirbelthiergruppen der Entwickelungsweise und dem Verhalten des Respirationsapparates eine vorwiegende Bedeutung.

In Bezug auf allgemeine Literatur ist zu erwähnen:
Bibliotheca historico-naturalis von W. ENGELMANN. Leipzig, 1846. 8.
Bibliotheca zoologica von J. V. CARUS und W. ENGELMANN. 2 Bde. Leipzig, 1860, 61. 8., ein Werk, welches in streng systematischer Folge auch die periodische Literatur umfasst.

Ausser den in WIEGMANN's (TROSCHEL's) Archiv für Naturgeschichte enthaltenen Jahresberichten führen wir noch besonders an:
The Record of Zoological Literature. Edited by ALB. GÜNTHER. Vol. 1. 1864. Vol. 2. 1865. Vol. 3. 1866. London, 1865—67. 8.

Von allgemeinen Darstellungen ausser den bereits früher citirten:
VOGT, C., Zoologische Briefe. Naturgeschichte der lebenden und untergegangenen Thiere. 2 Bde. Frankfurt a. M., 1851. 8.
HOEVEN, J. VAN DER, Handbuch der Zoologie. Nach der 2. holländ. Ausgabe übersetzt. 2 Bde. Leipzig, 1850—56. 8.
SCHLEGEL, H., Handleiding tot de Beoefening der Dierkunde. 2 Deele. Mit Atlas. Breda, 1858. 8.
BRONN, H. G., Die Klassen und Ordnungen des Thierreichs, wissenschaftlich dargestellt in Wort und Bild. (T. 1. Amorphozoa. T. 2. Actinozoa. T. 3. Malacozoa.) Mit lith. Tafeln. Leipzig und Heidelberg, 1859—1862. 8. (Wird von KEFERSTEIN fortgesetzt.)

Von Atlanten sind die von OKEN, GOLDFUSS, BURMEISTER, und als wichtige Hülfsquellen die allgemeinen Reisen zu erwähnen. Als zootomische Hülfsmittel sind hervorzuheben: die Hand- und Lehrbücher von R. WAGNER, V. SIEBOLD und STANNIUS, GEGENBAUR, die Icones zootomicae von R. WAGNER und von J. V. CARUS.

Unter Berücksichtigung der gesammten Organisationsverhältnisse der im Vorstehenden nach ihrem verwandtschaftlichen Zusammenhange kurz geschilderten Typen erhalten wir für die Hauptgruppen des Thierreichs folgende Characteristiken, wobei wir die Annulosen gleich in die drei Gruppen der Echinodermen, Würmer und Gliederthiere aufgelöst haben (s. p. 19):

I. Protozoa.

Meist mikroskopisch kleine Thiere, deren Körper weder eine durchgreifend typische Form, noch eine Zusammensetzung aus Geweben und Organen erkennen lässt.

II. Coelenterata.

Thiere von seitlich symmetrischer oder radiärer Gestalt, in letzterem Falle mit vorherrschender Vierzahl oder deren Multiplis. Die meist flimmernde Leibeshöhle, welche entweder mit gefässartigen Fortsetzungen das Parenchym durchzieht oder durch vorspringende Scheidewände gekammert erscheint, ist gleichzeitig verdauende Höhle, und zwar an ihrem dem Munde näher liegenden Theile, entweder direct oder durch Einführung eines frei mit ihr communicirenden Magenschlauchs; im übrigen Theile ist sie Behälter der Nährflüssigkeit. Meist ist die Mundöffnung von einem Kranze hohler mit der Leibeshöhle communicirender Tentakeln umgeben.

III. Echinodermata.

Thiere von radiärer Gestalt mit vorherrschender Fünfzahl, durch welche letztere (zwei Paar paariger Abschnitte und ein unpaarer) eine seitliche Symmetrie oft in sehr auffallender Weise ausgesprochen ist. Die äussere Haut (*Perisom*) des stern-, kugel-, walzenförmigen oder platten Körpers verkalkt von der Einlagerung zerstreuter Kalkkörperchen bis zur Bildung einer unbeweglichen Kalkschale. Es findet sich ein besonderer, mit Mund und meist auch After sich öffnender Darm, ein Blutgefässsystem mit gefässförmigem Herzen und ein Wassergefässsystem, dessen schwellbare Anhänge (Füsschen) meist Bewegungsorgane sind. Centraltheile des Nervensystems fünf in den Radien liegende Ganglien.

IV. Vermes.

Thiere mit seitlich symmetrischem, gestrecktem, plattem oder cylindrischem, meist weichhäutigem Körper, ohne oder mit homonomer Gliederung, an welcher dann alle Systeme theilnehmen; ohne Bewegungsorgane oder mit Borsten oder Saugnäpfen. Centraltheil des Nervensystems ein praeorales Ganglion oder Ganglienpaar mit sich daran schliessenden seitlichen, häufig in der Mittellinie der Bauchfläche sich vereinigenden Längsstämmen. Mund bauchständig; Darm afterlos oder mit meist rückenständigem After. Gefässsystem zuweilen geschlossen, zuweilen doppelt, stets ohne schwellbare locomotive Anhänge.

V. Arthropoda.

Thiere mit seitlich symmetrischem, gestrecktem, heteronom gegliedertem Körper, dessen einzelne Segmente meist zu formell unterschiedenen Körperabschnitten vereinigt sind und an dessen Gliederung nicht mehr alle Systeme gleichmässig theilnehmen. Die Körperbedeckung (durch Chitin) zu einem Hautskelet erhärtet. Bewegungsorgane sind meist deutlich gegliederte (fussartige) Anhänge, welche stets Fortsätze der Körpermusculatur in sich aufnehmen. Centraltheil des Nervensystems ein gegliederter Bauchstrang, meist mit Schlundring und Gehirn. Darm mit bauchständigem Mund und meist endständigem After. Geschlechter fast durchweg getrennt. Entwickelung häufig über das Eileben hinaus verlängert oder mit Metamorphose.

VI. Molluscoidea.

Thiere mit gedrungenem oder gestrecktem, ungegliedertem Körper, welcher die nach einem seitlich symmetrischen Plane geordneten Organe in einer weichen, zuweilen kalkige Schalen absondernden oder durch Cellulosenschichten verdickten Haut eingeschlossen trägt. Vor dem Munde entweder eine die respiratorischen Gefässströme in verschiedner Anordnung tragende Einstülpung der sackartig den ganzen Körper umhüllenden Haut oder ein Paar, tentakelartige Fortsätze tragender Arme. Herz, welches selten fehlt, einkammerig und rückenständig. Centralnervensystem ein einfaches bauchständiges (zwischen Mund und After liegendes) Ganglion.

VII. Mollusca.

Thiere mit seitlich symmetrischem, gedrungenem Körper ohne Segmentirung, häufig in einer einfachen (dann meist spiral gewundenen) oder paarigen Kalkschale eingeschlossen. Animale Organe räumlich von der Eingeweidemasse getrennt und an die Bauchseite des Thieres gebracht (Kopf und Fuss). Centraltheile des Nervensystems sind symmetrische Oesophageal-, Fuss- und Kiemenganglien. Eine Duplicatur der stets weichen Haut umschliesst häufig (als Mantel) die Respirationsorgane, zuweilen das ganze Thier, fehlt auch zuweilen. Mund mit Kauwerkzeugen oder ohne solche, dann meist mit Fangorganen. Darm mit einem meist rückenständigen After. Respirationsorgane (Kiemen, seltner Lungen) an der Umschlagsstelle des Mantels; fehlen zuweilen mit letzterem. Geschlechter getrennt oder vereinigt. Entwickelung häufig mit Metamorphose.

VIII. Vertebrata.

Thiere mit seitlich symmetrischem, gestrecktem, äusserlich ungegliedertem Körper. Die gegliederten animalen Organe werden von einem inneren knorpligen oder knöchernen Axenskelet gestützt, um welches sie sich nach einem doppelt symmetrischen Plane ordnen und an dessen Rückenseite die Centraltheile des Nervensystems (Gehirn und Rückenmark), an dessen Bauchseite die nie an der Gliederung theilnehmenden vegetativen Centralorgane (Herz, Athem-, Verdauungs-, Harn- und Geschlechtsorgane) von animalen Theilen umschlossen liegen. Nie mehr als zwei Paar, von Anhängen des Skelets gestützter Gliedmassen. Nahrungsrohr stets mit Mund und After; sein Anfangstheil stets für die Athemorgane, Lungen oder Kiemen, durchbrochen. Ein geschlossenes Blutgefässsystem und Lymphgefässe; Blut mit farblosem Plasma und (mit einer einzigen Ausnahme) rothen Körperchen. Geschlechter (mit einer einzigen Ausnahme) getrennt.

Wie uns bei der systematischen Anordnung des Thierreichs der oben ausgeführte Gedanke leiten musste, dass dasselbe ein sich allmählich entwickelndes ist, so tritt uns bei einem Ueberblick über die geographische Verbreitung der Thiere über die Erdoberfläche die ähnliche, mit jenem zusammenhängende Betrachtung nahe, dass diese Verbreitung, wie sie jetzt vorliegt, keine ursprüngliche, sondern eine nach und nach entstandne ist. Auch die Palaeontologie lehrt, dass die Verbreitung der Thiere in früheren Epochen eine allgemeinere, die Erdtemperatur eine gleichmässigere war und die klimatische Sonderung der jetzigen Faunen eine spätere ist. Hält man die constante Vertheilung bestimmter Thierformen auf die verschiednen Continente, Inseln und Meere für eine fest gegebne, von dem Entstehn dieser Thierformen an ihren jetzigen Fundorten abhängige, dann wird der eigenthümliche Character einer jeden Fauna kaum anders erklärt werden können, als durch die Annahme so vieler einzelner Schöpfungsacte, als Thierarten vorhanden sind; und das Uebergreifen einzelner Arten in benachbarte Faunen, oder das Auftreten derselben Art in weit, oder sonst scharf geographisch von einander getrennten faunistischen Gebieten wird nur so zu erklären sein, dass die Arten entweder einfache oder mehrfache Schöpfungscentren hätten, von denen aus sie sich verbreiteten, — eine Erklärung, bei der man sich auch wirklich eine Zeit lang beruhigte. Als etwas unerklärliches und der wissenschaftlichen Untersuchung völlig entrücktes blieb aber hierbei stets die Verwandtschaft sämmtlicher, an den verschiedensten, von einander entlegensten Puncten geschaffenen Thierformen bestehn. Den Character der, einer bestimmten Gegend eigenthümlichen Thierwelt macht man gewöhnlich abhängig von dem Klima des Ortes im weiteren Sinne, das heisst von seiner geographischen Lage, seiner Jahreswärme, der Luftfeuchtigkeit, dem Lichte u. s. w. Dies ist auch insofern richtig, als das Klima jedenfalls einen der Factoren bildet, deren Product der faunistische Character ist. Ein andrer wichtiger Factor ist jedenfalls der Reichthum oder die Armuth an organischen Wesen überhaupt, welche an einem gegebnen Orte zu leben bestimmt sind. In Folge der gegenseitigen Abhängigkeit aller Geschöpfe von einander wird sich in artarmen Gegenden eine Art ganz anders entwickeln können, sie wird vielleicht zu einer dominirenden werden, während in einem sehr artenreichen Gebiete dieselbe Art gegen andere zurücktreten muss, von ihnen allmählich ganz verdrängt werden kann. Daher rührt der verschiedne Habitus, welchen ein und dieselbe Art oft in zwei nahe benachbarten Faunen zeigt. Den wichtigsten Factor bildet aber die Möglichkeit einer Einwanderung. Daher sind benachbarte Faunen ähnlich, und wo geographische Trennungen stattfinden, wie bei Inseln und ähnlichen Fällen, ist die Fauna der desjenigen Landes am ähnlichsten, von wo Ein- oder Auswanderungen am leichtesten möglich waren. Dasselbe gilt auch von der geographischen Vertheilung der Thiere im Meere, wo dieselbe im Allgemeinen viel weiter ist. Schmale Landengen trennen oft verschiedne Faunen. So hat das rothe Meer wenig Thiere mit dem mittelländischen gemein; die marine Fauna der Ost- und Westküste Amerika's sind verschiedener von einander, als die Faunen der Ostküste Nord-Amerika's und der Westküste Europa's. Alles weist auf eine allmähliche Bevölkerung hin.

Die thatsächlich vorliegende Ausbreitung der Thierformen auf der Erdoberfläche erlaubt uns, einige allgemeine Sätze aufzustellen. Von den Wendekreisen nach den Polen hin nimmt die Zahl der Landthiere an Arten allmählich ab; die reichste Bevölkerung findet sich zwischen den Wendekreisen; auch in Bezug auf die Meeres-Fauna stehen an Artenreichthum die Polargegenden den Aequatorialgegenden nach; dagegen prävaliren erstere durch Individuenzahl der einzelnen Arten. Die tropischen Faunengebiete sind einander durch eine gewisse Entwickelungsart der ihnen zugehörigen Formen ähnlich; indess ist jeder Continent durch den Besitz ihm eigenthümlicher Formen ausgezeichnet. Die Faunen der gemässigten Erdstriche erhalten dadurch eine grosse Mannichfaltigkeit, als sie sowohl nördlich als südlich vom Aequator, in der östlichen und westlichen Hemisphäre, bei continentalem und insularem Klima, bei dichter und spärlicher Bevölkerung sich entwickeln. Die Aehnlichkeit der Formen hängt auch hier wieder allein von der Möglichkeit einer Ein- und Auswanderung ab. Das Vorkommen einzelner europäischer Arten an Puncten der entgegengesetzten Hemisphäre liefert hierfür, sowie für jetzt noch wirksame und vorhistorische, aber nachweisbare Verbreitungsmittel genügende Beweise. Die Fauna Europa's, Asiens, zum Theil sogar Afrika's sind einander ähnlicher, als die von Theilen Europa's und Amerika's, welche unter gleichen Breitegraden liegen. Nach den Polen hin stossen die Continente an einander; es ist daher auch die arktische Fauna gleichartiger. Wo inmitten der andern Zonen durch die Bodenerhebung das Klima kalt, dem der Polargegenden ähnlich wird, treten überall eigenthümliche Formen, sogenannte »alpine« auf, indess in jedem Gebiete mit Beibehaltung des allgemeinen faunistischen Characters. So haben die alpinen Formen der alten Continente eine grössere Aehnlichkeit mit arktischen Formen als die alpinen Formen Amerika's, die überall ihren eigenthümlichen amerikanischen Character bewahren. Das Vorkommen derselben wird durch die Eiszeit erklärt, welche nach Allem, was man neuerdings aus eingehenden Untersuchungen schliessen durfte, keine locale Erscheinung war, sondern eine nahezu mundane Ausdehnung hatte. Wie die Bezeichnung dieser drei Hauptgruppen faunistischer Bezirke auf die in ihnen herrschende Temperatur hinweist, so hat man noch weiter die unter gleichen Isothermen liegenden Gegenden, d. h. die welche eine gleiche mittlere Jahrestemperatur haben, verglichen. Da es indessen für die Entwickelung des thierischen Lebens wichtiger ist, dass die Temperatur eines Ortes nicht zu tief sinkt, als wenn sie vorübergehend ein paar Grade höher steigt, so ist es besser, nach Dana die Isokrymen, d. h. Linien, welche Orte von gleicher niedrigster Temperatur verbinden, zu berücksichtigen. Besonders gilt dies von den marinen Faunen. Wie auf dem Festlande der Character der Thierformen mit der verschiednen Erhebung des Bodens wechselt, so sind verschiedne Tiefen des Meeres von verschiednen Formen bewohnt. Nähe der Küsten und Strömungen des Meeres haben aber hier einen bedeutenden Einfluss. Eine Gliederung der Küstenfaunen in Regionen kann schon wegen des Umstandes, dass die höchsten von ihnen zur Ebbezeit trocken liegen, nicht auf das offne Meer angewendet werden; auch ist die Temperatur des Meerwassers in der Regel in der Nähe der Küste geringer, die Erwärmung des Wassers in offner See gleichmässiger. Immerhin wird die Bevölkerung an seichten Stellen des offnen Meeres eine andre sein, als an tiefen. Was das Vorkommen von Thieren in grossen Tiefen betrifft, so ist allerdings ein physikalischer Grund gegen ein solches nicht vorhanden, da der Druck nur einen sehr geringen Einfluss äussern wird, die Absorptionskraft des Wassers für Luft mit dem Druck wächst und das Licht keine absolute Nothwendigkeit zur Entwickelung des thierischen Lebens ist. Indessen sind hier die in ausgedehntester Weise auftretenden unterseeischen Strömungen des kalten Wassers von den Eismeeren nach dem Aequator hin zu berücksichtigen.

Schmarda, L. K., Die geographische Verbreitung der Thiere. Wien, 1853. 8. — Reiche Sammlung von Listen.
Ch. Darwin, On the origin of species. 11. und 12. Kapitel. — Geistvolle Zusammenstellung der zu berücksichtigenden ursächlichen Verhältnisse.
Rütimeyer, L., Ueber die Herkunft unsrer Thierwelt. Eine zoogeographische Skizze. Basel und Genf, 1867. 4. — Ein vorzügliches Schriftchen.

Vertebrata.

Thiere mit seitlich symmetrischem, gestrecktem, äusserlich ungegliedertem Körper. Die gegliederten animalen Organe werden von einem innern knorpligen oder knöchernen Axenskelet gestützt, um welches sie sich nach einem doppelt symmetrischen Plane ordnen und an dessen Rückenseite die Centraltheile des Nervensystems (Gehirn und Rückenmark), an dessen Bauchseite die nie an der Gliederung theilnehmenden vegetativen Centralorgane (Herz, Athem-, Verdauungs-, Harn- und Geschlechtsorgane) von animalen Theilen umschlossen liegen. Nie mehr als zwei Paar, von Anhängen des Skelets gestützter Gliedmaassen. Nahrungsrohr stets mit Mund und After, sein Anfangstheil stets für die Athemorgane, Lungen oder Kiemen, durchbrochen. Ein geschlossenes Blutgefässsystem und Lymphgefässe; Blut mit farblosem Plasma und (mit einer einzigen Ausnahme) rothen Körperchen. Geschlechter (mit einer einzigen Ausnahme) getrennt.

Müssen wir auch den Typus der Wirbelthiere den andern, in der Einleitung übersichtlich angeführten Typen coordiniren, so zeichnet er sich doch vor ihnen durch eine ungleich schärfer in die Augen springende Uebereinstimmung des in seinen einzelnen Gruppen in verschiedner Weise dargestellten Bauplanes aus. Die einzelnen Wirbelthierclassen können, was in den andern Typen wenigstens nicht in ähnlicher Weise möglich ist, als Entwickelungszustände einer gemeinsamen Grundform aufgefasst werden, welche allerdings durch ihre Classencharactere auf specielle Richtungen hinweisen, die die Entwickelung genommen hat, welche aber doch eine so strenge Vergleichung unter einander zulassen, dass wir hier morphologisch von wirklich homologen Theilen sprechen können. Während die für die andern Hauptgruppen des Thierreichs und ihre Classen aufgestellten Grundformen mehr oder weniger schematische Abstractionen sind, repräsentiren die einzelnen Wirbelthierclassen gewissermaassen die verschiednen Entwickelungsstufen des von den Fischen bis zu den Säugethieren immer differenzirter auftretenden Wirbelthiertypus.

Hauptcharacter der Wirbelthiere ist das in den meisten Fällen durch seine Verknöcherung zu einem vielfach gegliederten passiven Bewegungsapparat werdende innere Skelet. Von seinem Axentheil, dem sogenannten Rückgrat, gehen nach oben und nach unten Fortsätze ab, welche oben einen Canal zur Aufnahme des meist in Gehirn und Rückenmark geschiednen Centralnervensystems, unten einen Canal zur Aufnahme von Blutgefässen (Schwanz) oder von sämmtlichen vegetativen Centralorganen, die Eingeweidehöhle, bilden. — Am Körper der Wirbelthiere, welcher seitlich symmetrisch ist und eine von der Rückenseite verschiedne Bauchseite hat, unterscheidet man den Kopf, mit den höheren Sinnesorganen und dem Munde, und den durch die Eingeweidehöhle als solchen characterisirten Rumpf. Zwischen beide schiebt sich in vielen Fällen der Hals ein, während die Verlängerung des Stammes über die Eingeweidehöhle hinaus den Schwanz bildet. Anfang und Ende des bei höheren Thieren in Brust und Bauch zerfallenden Rumpfes nehmen in den meisten Fällen die von Fortsetzungen des Skelets gestützten zwei Gliedmaassenpaare ein, welche je nach ihrer gesammten Entwickelung oder der Bildung ihres Endabschnittes Flossen, Füsse, Flügel oder Hände darstellen.

Während bei wirbellosen Thieren das Muskelsystem überall in der Form eines Hautmuskelschlauches erscheint, welcher bei eintretender Segmentirung an der Bildung der Abschnitte theilnimmt und bei Entwickelung eines Hautskelets an die innere Fläche der als Ringe oder Cylinder erscheinenden Stücke desselben sich ansetzt, ist die Haut der Wirbelthiere von dem Muskelsystem vollständig getrennt und nur durch das, eine mehr oder weniger grosse Beweglichkeit derselben gestattende, lockere Unterhautzellgewebe an dasselbe geheftet. Die hier noch vorkommenden Hautmuskeln und die kleinen in der Haut selbst liegenden, zur Bewegung der Hautanhänge, Federn, Haare u. s. f., dienenden Muskelbündel können mit Resten eines Hautmuskelschlauchs nicht verglichen werden. Die Haut besteht aus einem inneren bindegewebigen Theile, der Lederhaut, Cutis, Corium, Derma, und einem äussern zelligen, epidermoidalen, dem Oberhäutchen, Epidermis. Selten bleibt die letztere weich und schleimig, meist erhärtet sie in verschiedenem Grade zu der, den Wirbelthieren eignen Hornsubstanz und bildet als solche mannichfache Verdickungen und Anhänge der Haut. Auch von der Cutis geht die Bildung von Hartgebilden aus, welche der bindegewebigen Natur der Lederhaut entsprechend, mehr oder weniger zu wirklichen Knochen werden. Allgemein vertheilen sich die verschiednen Formen der in und an der Haut auftretenden Anhänge und Hartgebilde (Schuppen, Schilder, Federn, Haare) ziemlich scharf auf die einzelnen Classen der Wirbelthiere. Nur ausnahmsweise nehmen Theile des innern Skelets an einer von der Haut ausgehenden Panzerbildung theil. Die Haut wird ferner häufig durch das Auftreten von mannichfachen Drüsenformen zu einem Absonderungsorgan und stellt endlich durch die zuweilen mit besonderen Apparaten versehenen Nerven, welche wie die Gefässe der Cutis angehören und besonders in die warzenartigen Erhebungen derselben, die sogenannten Hautpapillen eintreten, den Träger des Gefühls dar.

Das Muskelsystem der Wirbelthiere ist ursprünglich in regelmässig hinter einander liegende Abschnitte getheilt, welchen bei der Verknöcherung des Skelets ebensoviele Abschnitte dieses entsprechen. Hierin und in der damit gegebnen Segmentirung des Haupttheils der animalen Organe, während die von Muskeln und Knochen umschlossnen vegetativen Organe nie an dieser Gliederung theilnehmen, liegt ein weiteres wesentliches Merkmal der Wirbelthiere. Jene Muskelabschnitte sind durch sehnige, in verschiedner Weise gebogne Scheidewände von einander getrennt. Aus dieser nur bei den Fischen und dem Jugendzustand einiger höheren Gruppen mehr oder weniger ungestört vorhandenen ursprünglichen Form des Muskelsystems geht die ungleich vieltheiligere Anordnung, wie sie höheren Wirbelthieren zukömmt, dadurch hervor, dass theils in gleicher Höhe am Körper liegende Theile benachbarter Muskelabschnitte mit einander zur Bildung distincter Längsmuskeln verschmelzen, theils einzelne Theile sich schichtenweise selbständig lösen. So kann man dann ausser den eigentlichen Rumpfmuskeln, den von J. MÜLLER sogenannten Seitenrumpfmuskeln, Mm. laterales, noch die Seitenbauchmuskeln (die Mm. obliqui abdominis) und die zwischen den in jenen Scheidewänden auftretenden Rippen verlaufenden Intercostalmuskeln, zu denen auch der gerade Bauchmuskel gehört, unterscheiden. Die Muskeln der Gliedmaassen endlich gehen aus dem Systeme der Seitenrumpfmuskeln hervor.

Das innere Skelet, welches die Wirbelthiere ganz besonders vor allen übrigen Abtheilungen des Thierreichs auszeichnet, stellt in seiner einfachen und den höheren Formen als Ausgangspunct der Entwickelung dienenden Gestalt einen in der Mittellinie des Körpers unter dem Centralnervensystem liegenden ungegliederten Knorpelstab dar, die sogenannte Rückensaite, Chorda dorsalis. Bei einigen niederen Fischen und bei den Embryonen aller andern Wirbelthiere ist diese der einzige Repräsentant des Skelets. An ihr und ihren membranösen Scheiden tritt die Entwickelung der allmählich, je nach den einzelnen Classen in verschiedner Weise verknöchernden Wirbel auf; an die Stelle der Chorda, die häufig in bestimmten Resten noch bestehen bleibt, tritt somit die Reihe der Wirbelkörper, von denen nach oben knorplige oder knöcherne Bogen zur Umschliessung des Rückenmarks, nach unten Bogentheile zur Bildung des entweder nur Blutgefässe oder die Eingeweidemasse aufnehmenden untern Wirbelcanals abgehn. Die obern Bogen werden durch das Dazwischentreten medianer, die Muskelmasse in eine rechte und linke Hälfte trennender oberer Dornfortsätze, am Schwanze ebenso die untern Bogen durch untere Dornfortsätze geschlossen. Von der Basis der obern Dornen oder den Wirbelkörpern selbst gehn mehr oder weniger horizontal nach rechts und links sogenannte Querfortsätze ab, welche die Theilung der Muskelmasse in eine obere und untere Hälfte bewirken. Da wo sich der untere Wirbelcanal durch Einlagerung der Eingeweidemasse zur Rumpfhöhle erweitern muss, treten entweder knöcherne mit den Querfortsätzen oder den Wirbelkörpern verbundne selbständige Bogentheile, die Rippen, auf, oder der seitliche und untre Verschluss der Eingeweidehöhle wird nur durch Muskeln und die Haut bewirkt. An das peripherische Ende der Rippen setzen sich dann entweder besondre, den eigentlichen untern Bogen entsprechende knorplige oder knöcherne Elemente, Rippenknorpel,

Sternocostalknochen, welche dann häufig ein medianes Schlussstück, das Brustbein, Sternum, zwischen sich nehmen, oder letztere fehlen. Hiernach unterscheidet man wahre und falsche Rippen. Umgekehrt können aber auch die Rippen fehlen, und nur die untern Bogenelemente liegen, ohne mit der Wirbelsäule in Verbindung zu stehn, in der Muskelmasse, Fleisch- oder Bauchrippen. Durch bogenförmige Knochenstücke stehn auch die zwei Gliedmaassenpaare mit der Wirbelsäule in Verbindung; für die vordern sind dies die als Scapula, Schulterblatt, Coracoid, und Clavicula, Schlüsselbein bezeichneten, für die hintern die Ossa ilium, ischii und pubis, Darm-, Sitz- und Schambeine genannten Knochen. Erstere bilden den Schultergürtel, letztere das Becken. Die Gliedmaassen selbst stellen entweder eine Anzahl fächerförmig angeordneter gegliederter Strahlen, Flossenstrahlen, dar (Fische), oder sie gliedern sich in einzelne Abschnitte, welche als Oberarm und Oberschenkel, Unterarm und Unterschenkel, Hand- und Fusswurzel, Mittelhand und Mittelfuss, Finger und Zehen bekannt sind.

Während das Hinterende der Chorda bis an das Schwanzende reicht, setzt sich das Vorderende derselben nur in einem Falle bis an das vordere Körperende fort und überragt hier selbst das Vorderende des Centralnervensystems (*Amphioxus*). In allen übrigen Fällen reicht sie nur eine Strecke weit in die Basis des zur Aufnahme des Gehirns erweiterten, nun Schädel genannten vordern Abschnitts des obern Wirbelcanals. Wie letzterer in seiner einfachsten Form ein ungegliedertes Rohr ist, zu welchem erst in höheren Wirbelthieren die Körper und Bogentheile der Wirbel hinzutreten, so ist auch der Schädel in seiner einfachsten Gestalt eine knorplige, ungegliederte Kapsel, welche sich in gleicher Weise bei den Embryonen der höheren Wirbelthiere wiederholt, das sogenannte Primordialcranium. An dieser Kapsel ist constant der Kiefergaumenapparat beweglich angeheftet, dessen obere Theile allmählich in eine immer festere Verbindung mit dem Schädel treten. Bei der Entwickelung eines knöchernen, aus einzelnen Knochen zusammengesetzten Schädels verknöchern nun theils Stücke dieses Primordialcranium selbst (sogenannte primäre Knochen), theils bilden sich aus dem dasselbe überziehenden Perichondrium nicht knorplig vorgebildete Knochentheile, sogenannte Deckknochen; letztere sind zuweilen innig mit Hautknochen verbunden. Die Anordnung der Schädelknochen folgt zwar durch alle Wirbelthierclassen einem bestimmten Typus; doch ist damit noch nicht gesagt, dass derselbe eine Wiederholung der Wirbelbildung sein müsse. Abschnitte sind jedenfalls am Schädel zu erkennen, und das hinterste, aus dem Basilartheil, den Seitentheilen und der Schuppe des Hinterhauptbeines bestehende Segment entspricht noch sicher einem Wirbel. Zweifelhaft ist dies aber von den darauf nach vorn folgenden, in ihren Basilartheilen allerdings häufig noch Chorda zeigenden beiden Segmenten, dem sogenannten Parietal- und Frontalsegment, von denen das erstere aus dem hintern Keilbeinkörper, den grossen Keilbeinflügeln und den Scheitelbeinen, das letztere aus dem vordern Keilbeinkörper, den kleinen Keilbeinflügeln und den Stirnbeinen besteht. Noch unsicherer ist die Deutung der noch weiter nach vorn liegenden Schädelknochen, des Vomer, der Siebbeine und der Nasenbeine. Die Bildung des Schädels wird noch weiter dadurch complicirt, dass Kapseln für die höheren Sinnesorgane in seine Zusammensetzung eintreten. Endlich schliessen sich ihm lockrer oder inniger Hartgebilde an, welche in den Wandungen des Nahrungsrohrs gelegen oder von ihm ausgehend sich als Eingeweideskelet darstellen. Es ist nämlich ein die Wirbelthiere gleichfalls durchgreifend auszeichnender Character, dass der unmittelbar auf die Mundöffnung folgende Abschnitt der Körperwand eine Anzahl bogenförmiger Verdickungen erhält, deren Zwischenräume allmählich dünner werdend endlich durchbrechen und Spalten darstellen, Visceralbogen und Visceralspalten. Während die vordern Bogen zur Bildung des Zungenbeinapparates, zum Theil selbst des Unterkiefers benutzt werden, dienen die hintern Bogen bei niederen Wirbelthieren durch Entwickelung gefässhaltiger Fortsätze der Athmung, die Bogen selbst werden Kiemenbogen. Wenn aber auch bei höheren Formen die Bogen und Spalten nie respiratorische Gefässe tragen, so ist doch die Anlage und Form der Bogen überall ursprünglich dieselbe. — Das innere Skelet wird nach alle dem theils zu einem Stütz- beziehentlich Hüllapparate für Weichtheile, theils und vorzüglich zu einem passiven vielgegliederten Bewegungsapparat. Die Form der Bewegungen der Wirbelthiere ist, abgesehn vom Medium, in welchem sie zu leben bestimmt sind, besonders von der Entwickelung der Gliedmaassen und der Betheiligung des Stammes selbst an den Bewegungen abhängig.

Das Nervensystem der Wirbelthiere ist dadurch von dem Nervensystem aller übrigen Thierclassen unterschieden, dass sein Centraltheil, das mit einer einzigen Ausnahme (*Amphioxus*) vorn zum Gehirn anschwellende Rückenmark, in einem oberhalb der Chorda oder auf den Wirbelkörpern liegenden Canale, in besondere Membranen eingehüllt, eingeschlossen ist. Das Rückenmark ist rundlich oder platt und enthält einen Centralcanal, welcher durch das Erheben und den endlichen Schluss der embryonalen Medullarplatten entstanden ist. Es zeigt zuweilen hintereinanderliegende gangliöse Anschwellungen, und ist entweder so lang wie der Wirbelcanal oder verkürzt sich, so dass die von ihm abgehenden Nerven als sogenannte Cauda equina im Wirbelcanal bis zu ihren Austrittsstellen vereinigt liegen. Von ihm gehen der Zahl der Wirbel entsprechend und mit einer obern sensiblen und untern motorischen Wurzel entspringend die Rückenmarksnerven (Spinalnerven) ab, welche sich bald nach ihrem Austritt symmetrisch in einen obern und untern Ast theilen. Das Gehirn besteht constant aus mehreren hintereinanderliegenden Abschnitten, welche nicht überall leicht zu deuten und noch am ehesten mit den bei Embryonen höherer Wirbelthiere auftretenden Hirntheilen zu vergleichen sind. Von vorn nach hinten folgen sich: Vorderhirn (die Hemisphaeren des bei höherer Wirbelthieren sogenannten grossen Gehirns, Cerebrum), Zwischenhirn (die Umgebung der dritten Hirnhöhle, stets auf der untern Fläche den Hirnanhang tragend), Mittelhirn (Vierhügel), Hinterhirn (das kleine Gehirn, Cerebellum) und Nachhirn (das durch Aufnahme besondrer Ganglienmassen und Offenwerden seines Centralcanals vom Stammtheile unterschiedne vordre Ende des Rückenmarks, das sogenannte verlängerte Mark, Medulla oblongata). Grosse Mannichfaltigkeiten treten besonders durch theilweise Verschmelzung einzelner Hirntheile und allmähliches

Ueberwiegen einzelner hervor. Ausgezeichnet ist das Gehirn endlich noch durch die Abgabe der drei höheren Sinnesnerven (Geruchs-, Seh- und Hörnerv), welche sich am Schädel selbst in die hier befindlichen Sinnesorgane begeben. Die übrigen Gehirnnerven entspringen wenigstens zum Theil nach Analogie der Rückenmarksnerven. Der für die Eingeweidemasse bestimmte und wie diese selbst asymmetrisch angeordnete Theil des Nervensystems, der sympathische Nerv, besitzt meist eine Anzahl kleinerer Ganglien als Centralorgane, welche in der Regel mit Zweigen der Spinalnerven und durch Längscommissuren untereinander in Verbindung stehn. Der hierdurch gebildete Strang, welcher gewöhnlich jederseits der untern Fläche der Wirbelsäule anliegt, ist der sogenannte Grenzstrang des Sympathicus. Bei einigen Fischen wird er durch Aeste andrer Nerven ersetzt. Endlich ist noch der einigen Fischen zukommenden Organe zur Erregung von Electricität zu gedenken, welche sich als mächtige Endapparate meist besondrer Nerven darstellen.

Wie bei den höheren Formen der niedern Typen sind bei den Wirbelthieren überall die höheren Sinnesorgane am Kopfe angebracht. Träger des Gefühls ist dagegen zwar ursprünglich die durch die Nerven der Cutis empfindende Haut; doch treten hier häufig Einrichtungen an den Nerven auf, wodurch nicht sowohl besondre Anhänge als besondre Theile des Integuments zu Tastempfindungen vermittelnden Organen werden. Es ist sogar nicht unmöglich, dass in später besonders zu erwähnenden Vorrichtungen die sonst in der Gefühlsempfindung vereinten Qualitäten der Reize getrennt aufgenommen werden. Sitz des Geschmackes ist wenigstens bei den meisten höheren Wirbelthieren die Zunge, in welcher sich meist ein als specifischer Sinnesnerv zu betrachtender Gehirnnerv verbreitet. Doch wird die Geschmacksempfindung häufig durch Entwickelung eines harten Ueberzugs der Zunge unmöglich gemacht, so dass man wohl daran denken darf, in diesem Falle die weichere Schleimhaut des Schlundes als schmeckend anzusehn. Der häufig aus besondern, vor den Hemisphaeren liegenden Riechkolben entspringende Riechnerv tritt bei allen Wirbelthieren in die am Vorderende des Kopfes liegenden, mit Ausnahme der niedersten Fische überall paarig vorhandnen Geruchsorgane. Dieselben stellen mit einer flimmernden Schleimhaut versehene flachere oder tiefer eindringende Gruben dar, welche bei allen luftathmenden Wirbelthieren sich in die Mund- oder Schlundhöhle öffnen. Ueberall ist dabei durch Faltungen der Schleimhaut, welche bei höheren Formen durch vielfach gewundne Knochenplatten gestützt werden, für eine möglichste Vergrösserung der Oberfläche gesorgt. Die Gehörorgane sind (mit Ausnahme von *Amphioxus*) überall paarig vorhanden und liegen den Seitenwandungen des Schädels an oder sind in diese durch besondre Entwickelung knöcherner Umhüllungen des Organs selbst aufgenommen. Der Haupttheil des Gehörorgans ist das sogenannte Labyrinth, welches eine mit Flüssigkeit und darin eingeschlossnen kalkigen Concretionen erfüllte Blase darstellt, an welche sich die halbkreisförmigen Canäle und in den höheren Classen die Schnecke anschliessen, welche Theile Träger der Ausbreitungen des Gehörnerven sind. In diesen tritt dann bei weiterer Entwickelung eine von der

Rachenhöhle ausgehende Einstülpung als mittleres Ohr auf, Paukenhöhle, in welcher aus Theilen der Visceralbogen sich entwickelnde Knochenstücke, die sogenannten Gehörknöchelchen, eine schallleitende Verbindung zwischen dem äussern Medium und dem Labyrinth darstellen. Bei den höheren Wirbelthieren tritt endlich noch ein nach innen durch das Trommelfell von der Paukenhöhle abgegrenzter äusserer Gehörgang und ein äusseres Ohr hinzu. Die Sehorgane sind (wieder mit Ausnahme des *Amphioxus*) gleichfalls überall paarig vorhanden und stellen Kapseln, die sogenannten Augäpfel, dar, welche von einer derben, vorn durchsichtigen Faserhaut, Sclerotica und Hornhaut, Cornea, umhüllt sind und die die lichtbrechenden Medien umgebende Nervenausbreitung enthalten. Innen liegt der Sclerotica zunächst eine Gefässhaut an, Chorioidea, welche vorn mit einem einspringenden Faltenkranz, Corpus ciliare, die lichtbrechenden Medien an ihrem äussern Rande schirmartig bedeckt und meist noch einen freien in der Regel kreisförmigen Fortsatz, die Iris, abgibt, deren innerer Rand die zum Eintritt der Lichtstrahlen bestimmte Pupille umgibt. An der Innenfläche der Chorioidea liegt die Nervenausbreitung, die sogenannte Netzhaut, Retina, welche die Endigungen des an der hintern Seite in das Innre des Auges eindringenden Sehnerven enthält. Die lichtbrechenden Medien bestehen überall aus einem den ganzen hintern Abschnitt des Auges erfüllenden, von der Hyaloidea umhüllten Glaskörper, in dessen vordrer Einsenkung die je nach den Medien, in welchen die Thiere zu sehen bestimmt sind, verschieden gestaltete Linse liegt. Hierzu kommt noch die die vordre Augenkammer zwischen Hornhaut und Iris erfüllende wässrige Feuchtigkeit, Humor aqueus. Muskeln zur Bewegung des Augapfels, Hautfalten, Lider, zu seinem Schutze, sowie Drüsen, von denen die Thränendrüsen die constantesten sind, stellen die zuweilen in characteristischer Weise entwickelten Anhangsgebilde der Sehorgane dar.

Die vegetativen Organe der Wirbelthiere gliedern sich mannichfaltiger, als in irgend einem andern Typus. Einerseits tritt neben das blutführende Gefässsystem noch ein besonderes zur Blutbildung in enger Beziehung stehendes Lymphgefässsystem mit fast überall vorhandenen Drüsen; andrerseits wird das Gefässsystem, welches hier überall durch wirkliche Capillargefässe geschlossen ist, durch Abzweigung eines selbständigen für die Athemorgane bestimmten Kreislaufs in den höheren Classen in eigenthümlicher Weise complicirt. Es bringt aber auch die Entwickelungsweise der Athemorgane, welcher in Bezug auf niedere Vertebraten bereits gedacht wurde, endlich die mannichfache Bildung der die Verdauung vorbereitenden Organe eine grosse Mannichfaltigkeit hervor.

Der Darmcanal, welcher sich überall in Mund und After öffnet, lässt sich seiner Entwickelung gemäss am besten in Mund-, Mittel- und Enddarm theilen. Nach der Entwickelung der Visceralbogen bietet die Mund- und Schlundhöhle wesentliche Verschiedenheiten dar, indem beim Vorhandensein von Kiemen ihre Wandungen spaltenförmig durchbrochen werden. Bei den lungenathmenden Wirbelthieren münden die Luftwege in die ventrale Wand des Schlundes, so dass bei der gleichzeitigen Oeffnung der Nasenhöhle in den Schlund der Luftweg den Weg, welchen die Nahrung nimmt, kreuzt. Der ursprünglich bauchständige, oft von häutigen Lippen umgebene Mund wird meist von zwei Kiefern begrenzt, welche quer auf die Medianebne des Thieres stehend sich von hinten nach vorn auf einander bewegen. Zum Erfassen oder Zerkleinern der Nahrung sind sie entweder mit hornigen Scheiden oder Platten bedeckt oder sie tragen wirkliche, aus Cement, Zahnbein und Schmelz bestehende **Zähne**, welch' letztere Bewaffnung bei niedern Wirbelthieren nicht bloss die eigentlichen Kiefer sondern eine grössere oder geringere Zahl andrer die Mundhöhle umfassender Knochen besitzt. Der ursprünglich einfache, fast gleichweite **Munddarm** zerfällt durch Verengung seines Mittelstücks und Erweiterung seines Endtheils in Schlund, Speiseröhre, Oesophagus, und Magen. Aussackungen an der Speiseröhre werden als Kropf, Ingluvies, bezeichnet. Der Magen selbst bietet dadurch grosse Formverschiedenheiten dar, dass der, der Oeffnung des Oesophagus, Cardia, näher liegende und der an den Dünndarm grenzende und von diesem meist durch eine ringförmige Einschnürung, Pförtner, Pylorus, geschiedne Theil besondre Magenabschnitte darstellen, welche einerseits zur Bildung eines Drüsen- oder Vormagens und Kaumagens (Vögel), andrerseits zu den zusammengesetzten Formen des Magens führen, wie sie besonders pflanzenfressende Säugethiere besitzen. Der **Mitteldarm** ist der besonders bei Pflanzennahrung sehr lange Dünndarm und der Anfangstheil des Dickdarms, Colon. An der Grenze zwischen beiden finden sich häufig ein oder zwei **Blinddärme**, deren Entwickelung gleichfalls mit der Art der Nahrung zusammenhängt. Der häufig durch besondre Schleimhautfalten ausgezeichnete **Enddarm**, Mastdarm, Rectum, mündet entweder getrennt oder mit den Ausführungsgängen der Harn- und Geschlechtsorgane in eine Cloake vereinigt überall bauchständig. Von Anhangsdrüsen finden sich häufig in der Mundhöhle **Speicheldrüsen**, constant eine unmittelbar hinter dem Pylorus in den Anfangstheil des Dünndarms mit ihrem Gallengang mündende **Leber** und meist eine **Bauchspeicheldrüse**, Pancreas. Ausserdem sind aber die Wandungen des ganzen Tractus selbst mit Drüsen versehn, welche besonders in dem die eigentliche Verdauung bewirkenden Magen und Dünndarm eine beträchtliche Entwickelung zeigen. Der ganze Tractus hat nach aussen von seiner Schleimhaut eine die peristaltischen Bewegungen ausführende Muskelhaut, welche dann wieder von einer serösen Hülle, dem Peritoneum, überzogen wird, deren plattenartige Verlängerungen, Mesenterium, den Darm befestigt halten und zuweilen durch Einlagerungen von Muskelfasern Verschiebungen desselben veranlassen können.

Die beiden Formen der **Athemorgane**, welche bei Wirbelthieren vorkommen, Kiemen und Lungen, stehen ihrer Ausbildung nach in umgekehrtem Verhältniss zu einander. Während wie erwähnt die **Kiemen** sich als Visceralbogen in der Schlundwand entwickeln, treten die **Lungen** zwar gleichfalls an der Schlundwand auf, indess hinter den Visceralbogen und als Ausstülpungen nach der Eingeweidehöhle hin. Wie mit dem Auftreten der Lungen die Visceralbogen ihre Bedeutung als Träger respiratorischer Gefässe verlieren, so ist umgekehrt die später zu Lungen sich entwickelnde Anlage bei Fischen, wo die Kiemenbogen während des ganzen Lebens als Athemorgane functioniren, entweder gar nicht vorhanden oder sie wird **Schwimmblase**. Dieselbe ist entweder geschlossen, oder sie öffnet sich mit ihrem Luftgang entweder dorsal, oder lateral oder ventral in den Schlund. Letztre Insertionsart entspricht völlig der Mündungsweise des Kehlkopfs und der Luftröhre bei lungenathmenden Vertebraten, welche allein in diesen Theilen **Stimmorgane** besitzen. Das Athmen selbst wird bei Fischen so ausgeführt, dass das in den Mund aufgenommene Wasser durch die Schlundspalten aus- und bei den Kiemenbogen vorbeigedrückt wird, während bei den lungenathmenden Thieren durch Erweiterung des Brustkorbes Luft durch den Nasengaumengang in die Lungen eingesogen wird. Das Athembedürfniss ist geringer da, wo die beiden Blutarten wegen noch nicht erfolgter Trennung der beiden Blutbahnen sich noch mischen; mit der minder activen Respiration hängt zusammen, dass die Temperatur des Körpers nicht constant auf einem über dem des umgebenden Medium liegenden Temperaturgrade erhalten werden kann. Die Thiere heissen daher kaltblütige (Fische, Amphibien, Reptilien) im Gegensatz zu den warmblütigen Vögeln und Säugethieren.

Das **Gefässsystem** der Wirbelthiere ist ein doppeltes, indem hier wie erwähnt neben das Blutgefässsystem noch ein Lymphgefässsystem tritt. Die von den Darmsäften gelösten Nährsubstanzen werden von den in der Darmschleimhaut wurzelnden **Lymph-** (hier Chylus-) **Gefässen** aufgenommen, während die die sämmtlichen übrigen Organe des Körpers durchtränkende Nährflüssigkeit das Verbrauchte, welches durch den beständig nachrückenden Capillarstrom erneuert wird, gleichfalls Lymphgefässen übergibt. Die in ihrem Verlaufe häufig Lymphdrüsen bildenden Lymphgefässe vereinigen sich allmählich zu grösseren, zuweilen die Blutgefässe umgebenden oder weite Räume bildenden Stämmen, welche entweder an mehreren Stellen, dann zuweilen contractile Lymphherzen darstellend, oder (wie bei den Säugethieren) in einen Stamm, den Ductus thoracicus, vereinigt in das Venensystem sich ergiessen. Von den Drüsen des Lymphsystems sind die **Milz** und die **Thymus** die constantesten, welche beide nur *Amphioxus* fehlen. Die sich aus den Blutcapillaren des Körpers sammelnden **Venen** haben ein verschiedenes Verhalten, je nachdem sie von animalen Theilen oder den Eingeweiden herkommen. Im erstern Falle sammeln sie sich ursprünglich in zwei vordre und hintre, oft durch spätere Entwickelungszustände verschobne Hauptvenen, welche zu einem gemeinschaftlichen Venensinus zusammentreten, der ins Herz führt. Bei den niederen vier Vertebratenclassen treten die Venen der hintern Körpertheile zu den Nieren, um sich hier nochmals in Capillaren aufzulösen (Nierenpfortader). Die Venen der Eingeweide bilden dagegen überall einen in die Leber tretenden und sich hier wieder capillar vertheilenden Stamm, die Leberpfortader, während die aus der Leber zurückführende Lebervene mit den untern Hauptvenen vereinigt und zum Herzen tritt. Ein eigentliches schlauchförmiges **Herz** fehlt nur bei *Amphioxus*, bei dem alle Hauptstämme contractil sind und rhythmisch pulsiren. In allen übrigen Fällen findet sich ein solches am vordern Eingang in die Rumpfhöhle, der untern Körperwand anliegend; es nimmt eine dünnwandigere **Vorkammer**, Atrium, das Venenblut auf und treibt es in die **Kammer**, Ventriculus, welche von der Vorkammer sowie vom Aortenanfang, in den das Blut nun tritt und welcher zuweilen zu einem Bulbus anschwillt, durch Klappen, die den Rücklauf des Blutes hindern, abgetrennt ist. Das Wirbelthierherz ist ursprünglich ein respiratorisches. Vom Aortenstamm gehen an die Visceralbogen Aortenbogen ab, welche bei den niedern Vertebraten sich als Kiemenarterien verzweigen und dann als Kiemenvenen nach oben fortsetzen, bei höheren in verschiedner Weise später obliteriren, überall aber auf dem Rücken der Eingeweidehöhle zur Bildung der Körperaorta sich vereinigen. Der doppelte Kreislauf, welchen die höheren Wirbelthiere besitzen, kommt dadurch zu Stande, dass zunächst Venen aus den Respirationsorganen, also mit arteriellem Blute, zur Vorkammer zurückgehn, welche nun in eine rechte und linke sich theilt. Ein Theil der aus dem Aortenstamme abgehenden Bogen tritt zu den Athemorganen, ein andrer direct zum Rücken zur Bildung der Körperaorta. Die Theilung der Vorkammer schreitet nun auch auf die Kammer und den Aortenstamm fort; die zu den Lungen gehenden Aortenbogen werden zu der aus dem rechten Ventrikel entspringenden Lungenarterie, die andern zu der vom linken Ventrikel ausgehenden Aorta. Die Arterien folgen in ihrer Verbreitung und allmählichen Verästelung den Haupteingeweiden und den Haupttheilen des Skelets. Eine besondre Erwähnung verdienen nur noch die sogenannten Wundernetze. Statt sich allmählich zu Capillaren zu verästeln lösen sich zuweilen Venen oder Arterien plötzlich in eine Anzahl feinerer Aeste auf, aus denen dann entweder erst die Capillaren hervorgehen (unipolare Wundernetze) oder welche sich wieder zu grösseren Stämmen vereinigen (bipolare Wundernetze). Die in allen Wirbelthierclassen an verschiednen Stellen vorkommenden Wundernetze verlangsamen den Blutstrom und beeinflussen dadurch in einer nicht genügend gekannten Weise die Spannungs- und Ernährungszustände der betreffenden Theile. Das Blut der Wirbelthiere ist roth in Folge der im farblosen Plasma suspendirten rothen Blutkörperchen. Nur *Amphioxus* hat farbloses Blut.

Die Harn- oder Geschlechtsorgane der Wirbelthiere sind dadurch ausgezeichnet, dass sie schon bei ihrem ersten Auftreten in einer sehr innigen Beziehung zu einander stehn und später sogar die ursprünglichen Harngänge zur Bildung ausleitender Theile der Geschlechtsorgane benutzt werden. Wesentliche Verschiedenheiten bedingt das Auftreten einer Allantois, wodurch die Art der Ausmündung sowie deren Verhältniss zur Darmöffnung bedeutend modificirt wird. Hier ist es noch nothwendiger, als bei andern Systemen, auf die Entwickelungsverhältnisse der betreffenden Theile zurückzugreifen. Der Bildung der Nieren geht, wie es scheint ganz allgemein, die Anlage von Ur- oder Primordialnieren, der sogenannten Wolff'schen Körper voraus, welche in den drei höheren Wirbelthierclassen wieder verschwinden, bei Fischen und Amphibien aber zum Theil persistiren. Ueberall bleibt ihr Ausführungsgang beim männlichen Geschlecht bestehen, jedoch nur bei Fischen als Harngang, bei Amphibien als Harnsamengang, bei den höhern Vertebraten als Nebenhode und Vas deferens, wogegen sich ein selbständiger Harngang, der Ureter, neu bildet. Beim weiblichen Geschlecht bleibt der Wolff'sche Gang bei Amphibien und Fischen als Harngang bestehn, während er bei den höheren Classen bis auf unbedeutende Reste (Gartner'sche Canäle, Nebeneierstock) verschwindet. Die Anlagen der Geschlechtsdrüsen, welche wahrscheinlich überall Elemente beider Geschlechter ursprünglich enthalten, entstehen vor den Nieren und benutzen zum Theil einen zweiten an den Wolff'schen Körpern auftretenden Gang, den sogenannten Müller'schen Gang, als Ausführungsapparat. Derselbe fehlt bei manchen Fischen völlig; hier treten die Geschlechtsproducte bei ihrer Reife in die Leibeshöhle und gelangen dann aus dieser durch die Pori genitales (hinter dem After gelegene, direct in die Bauchhöhle führende Oeffnungen) nach aussen; bei andern münden die Genitalgänge entweder getrennt oder an ihrem hintern Theil mit den Harngängen vereint hinter dem After. Bei Amphibien wird der Müller'sche Gang bei Weibchen zum Oviduct, beim Männchen verkümmert er und wird höchstens in seinem hinteren Theil Samenbehälter. Bei den höheren Wirbelthieren wird der Müller'sche Gang bei Weibchen zu Eileiter und Uterus, bei den Männchen schwindet er bis auf Reste, welche besonders bei Säugethieren die Form der weiblichen Ausführapparate im Kleinen wiederholen und als männlicher Uterus oder Vesicula prostatica bekannt sind. Erscheint hiernach die Verschiedenheit der Anordnung der Genitaldrüsen und ihrer Ausführungsgänge als durch allmähliche Modification eines Entwickelungsplanes bedingt und aus diesem erklärbar, so sind die verschiedenen Arten der Ausmündung zum Theil durch die bei den höheren Vertebraten während der Entwickelung auftretende embryonale Hülle, die Allantois, zu erklären, deren hinterer in der Bauchhöhle gelegner Theil sich zur Harnblase gestaltet, zum Theil durch die hiermit in Verbindung stehende Bildung eines Sinus urogenitalis. Ursprünglich und bei den meisten Fischen sich so erhaltend ist die Anordnung derartig, dass der Lage der betreffenden Organe in der Bauchhöhle entsprechend der Harngang hinter dem After, der Genitalgang zwischen beiden sich öffnet; oder der Harngang mündet zwischen den paarigen Genitalporen oder in die Hinterwand der Cloake. Tritt bei Fischen eine Harnblase auf, so ist es das hintre erweiterte Ende des Harngangs, der entweder paarig oder wie es meist der Fall ist median verschmolzen ist. Bei Amphibien ist die Harnblase eine ventrale Ausstülpung der Cloake, vielleicht als das erste die Bauchhöhle nie verlassende Rudiment einer Allantois zu betrachten. Während bei Reptilien und Vögeln noch Harn- und Geschlechtsgang getrennt in die Cloake münden, jedoch allmählich immer weiter nach vorn, der Harnblase näher rücken, verschmelzen beide bei den Säugethieren zu einem Sinus urogenitalis, der vor dem Mastdarm gelegen sich durch eine immer weiter entwickelnde Scheidewand von diesem trennt und die bei Vögeln und Reptilien nur gefurchten Copulationsorgane mit aufnimmt. Unter den Fischen und Amphibien kommt eine Copulation nur einzelnen Gruppen zu.

Die Entwickelung der Wirbelthiere erfolgt entweder innerhalb oder ausserhalb des mütterlichen Körpers. Eierlegend sind die meisten Fische, Amphibien, Reptilien und alle Vögel. Der wichtigste Unterschied, welchen die Wirbelthiere während ihrer Entwickelung darbieten, ist das Auftreten der beiden embryonalen Hüllen, des Amnion und der Allantois. Erstre, eine Duplicatur der äussern Haut über den Rücken des Embryo und auf diese

Weise eine mit dem sogenannten Schafwasser, Liquor amnii, gefüllte Blase darstellend, dient gewissermaassen passiv als Träger für die von der Allantois an die Oberfläche des Eies getragnen embryonalen Gefässe. Beide vermitteln daher die embryonale Respiration; sie fehlen den Fischen und Amphibien. Bei Reptilien und Vögeln liegt die embryonale Gefässausbildung der Allantois unter der Schale des Eies, bei den höheren Säugethieren legt sie sich zur Bildung einer Placenta der gefässreichen Uteruswand an. Die Anlage des Embryo erfolgt meist in der Form dreier Keimblätter, von denen das obre das Centralnervensystem und die Gebilde der Oberhaut, das mittlere das Skelet, die Muskeln, Gefässe, das untre das Darmepithel und die davon ausgehenden Darmdrüsen liefert. Das obre und untre schliessen, sich nach oben und unten einbiegend, Canäle ein, Rückenmarksrohr, Darm, denen entsprechend das Muskel- und Knochensystem den obern und untern Wirbelcanal nach- und umbildet. Eine eigentliche Metamorphose kommt nur bei einigen Amphibien vor, bei denen die hier überall in der Jugend auftretenden Kiemen später verloren gehn. Eine Reproduction ganzer Körpertheile (Gliedmaassen?, Schwanz) ist nur bei einzelnen Amphibien und Reptilien beobachtet worden.

In Bezug auf die geographische Verbreitung der Wirbelthiere verweisen wir auf das in der Einleitung mitgetheilte Allgemeine, so wie auf die einzelnen Classen. Geologisch erscheinen die Vertebraten schon in der silurischen Formation, jedoch erst in den die untern Silurschichten überlagernden Bildungen. Hier sind es Fische, welche zuerst den Wirbelthiertypus repräsentiren. In der Steinkohle und dem Zechstein, in der permischen Formation, treten Amphibien und Reptilien hinzu. Von den beiden oberen Classen erscheinen zuerst Fussspuren, schon in der Trias; Vögelreste kommen einzeln im Oolith, häufiger in der Kreide vor. Die ältesten Säugethierreste stammen aus dem Jura oder der obern Trias.

Linné theilte die Wirbelthiere, wie wir gesehn haben, nach dem Bau des Herzens und der Temperatur des Blutes in zwei grössere Gruppen, von denen jede zwei seiner Hauptclassen enthielten. Säugethiere und Vögel waren warmblütige Thiere mit zweikammerigem und zweivorkammerigem Herzen, Amphibien und Fische kaltblütige Thiere mit einkammerigem und einvorkammerigem Herzen. Ihm folgte noch Cuvier. Doch schon 1818 trennte Blainville wegen des Baues des Herzens und der Haut die Batrachier als Nudipellifères oder Amphibien von den beschuppten Reptilien. H. Milne Edwards behielt diese Trennung bei und gab ihr durch Hinweis auf die verschiedne Entwickelungsweise der Fische und Amphibien einer- und andrerseits der Reptilien, Vögel und Säugethiere eine noch sicherere Begründung, welche durch die Untersuchungen Joh. Müller's, welcher gleichfalls die Gruppen der nackten Amphibien als »Ordnungen« den Ordnungen der beschuppten Reptilien gegenüberstellte, weitere Bestätigung fand. Ebenso trennten Agassiz, C. Vogt, Huxley u. a. die Amphibien als Classe von den Reptilien. Die Wirbelthiere sind daher in folgende zwei Hauptkreise, diese in die fünf Classen zu theilen:

I. Allantoidica M. Edw. (Abranchiata Hxl. Höhere Wirbelthiere C. Vogt, Amniota Haeck.)

Entwickelung mit Amnion und Allantois. Schädelbasis mit Kopfbeuge; Basilartheil des Hinterhaupts stets verknöchert; kein die Schädelbasis von unten deckender Belegknochen (Parasphenoid Hxl.). Rippen meist ventral durch ein Sternum vereinigt. Herz nie mit einem Bulbus arteriosus. Respiration durch Lungen, auf keiner Entwickelungsstufe durch Kiemen (Visceralbogen tragen nie respiratorische Fortsätze oder Gefässe).

1. *Mammalia* L. Haut meist mit Haaren bedeckt (die zuweilen durch Horn- oder Knochenplatten verdrängt werden oder zeitig schwinden); Gliedmaassen sind Füsse, selten Hände oder Flossen; Hinterhaupt mit doppeltem Condylus; Kinnladen mit Zähnen, die nur selten fehlen oder durch Horngebilde ersetzt werden; der aus einem Stück bestehende Unterkiefer articulirt mit dem Schläfenbein. Herz mit doppelten Kammern und doppelten Vorkammern; ein vollständiges musculöses Zwerchfell; Becken meist geschlossen. Milchdrüsen, mit deren Secret die lebendig gebornen Jungen eine Zeit lang ernährt werden.

2. *Aves* L. Haut mit Federn bekleidet; Vordergliedmaassen sind Flügel; Fusswurzel und Mittelfuss zu einem Stück verschmolzen; Hinterhaupt mit einfachem Condylus; Kinnladen mit Hornscheiden, bilden einen Schnabel; der Unterkiefer besteht aus mehreren Stücken und articulirt mit dem beweglich mit dem Schädel verbundnen Quadratbein. Herz mit doppelten Kammern und doppelten Vorkammern. Mit den Lungen stehen meist Luftsäcke in Verbindung; das Skelet mehr oder weniger lufthaltig. Zwerchfell unvollkommen. Becken meist offen. Legen mit einer Kalkschale versehene Eier.

3. *Reptilia* (Blainv.) M. Edw. Haut mit Horn- oder Knochenschildern bedeckt; Gliedmaassen sind Füsse, fehlen zuweilen; Sternum fehlt nur den Schlangen. Hinterhaupt mit einfachem Condylus; Kinnladen mit Zähnen oder Hornscheiden; der Unterkiefer besteht aus mehreren Stücken und articulirt mit dem Quadratbein, das beweglich oder unbeweglich mit dem Schädel verbunden ist. Herz mit doppelter Vorkammer und unvollständig getheilter Kammer. Ein musculöses Zwerchfell fehlt bis auf Rudimente. Meist eierlegend.

II. Anallantoidica M. Edw. (Branchiata Hxl. Niedere Wirbelthiere C. Vogt, Anamniota Haeck.)

Entwickelung ohne Amnion und Allantois (zuweilen vermitteln Dottersackgefässe eine embryonale Respiration). Schädelbasis ohne Kopfbeuge; an der Basis der primordialen Schädelkapsel tritt beim Vorhandensein eines knöchernen Schädels ein Deckknochen (Parasphenoid) auf. Rippen nie durch ein Sternum vereinigt. Herz stets mit einem Bulbus arteriosus. Bei allen tragen die Visceralbogen respiratorische Fortsätze oder Gefässe und zwar entweder nur in der Jugend oder während des ganzen Lebens, Respiration daher stets durch Kiemen, welche nur bei einigen später durch Lungen ersetzt werden, bei andern neben diesen bestehn bleiben.

4. *Amphibia* (Blainv.) M. Edw. Haut nackt, selten mit Schuppen oder Verknöcherungen; Gliedmaassen sind Füsse mit denselben Abschnitten wie

bei den höheren Wirbelthieren, fehlen selten; nie mediane von Strahlen gestützte Hautflossen; Hinterhaupt mit doppeltem Condylus, Basilartheil desselben nicht verknöchert; echte Rippen fehlen oder sind nur rudimentär vorhanden. Athmen in der Jugend durch Kiemen, später durch Lungen, neben welchen bei einigen die Kiemen bestehn bleiben. Herz mit einfacher Kammer und vollständig oder unvollständig getheilter (äusserlich stets einfacher) Vorkammer. Meist eierlegend.

5. *Pisces* L. Haut mit Schuppen oder Platten bedeckt, selten nackt; Gliedmaassen, welche zuweilen fehlen, sind Flossen mit meist zahlreichen neben einander stehenden Flossenstrahlen, die vordern häufig am Schädel befestigt; ausser diesen fast stets noch mediane unpaare von Strahlen gestützte Hautflossen. Hinterhaupt nur selten durch ein Gelenk (am Basilartheil) mit der Wirbelsäule verbunden. Athmen stets, und meist nur, durch Kiemen. Herz (welches nur in einem Falle fehlt) mit einfacher Kammer und (mit einer einzigen Ausnahme) einfacher Vorkammer. Meist eierlegend.

BAER, C. E. VON, Ueber Entwickelungsgeschichte der Thiere. Beobachtung und Reflexion. Th. 1. 2. Königsberg, 1828, 1837.
RATHKE, H., Entwickelungsgeschichte der Wirbelthiere. Leipzig, 1861.
— —, Vorträge zur vergleichenden Anatomie der Wirbelthiere. Leipzig, 1862.
Von desselben Verfassers einzelnen Arbeiten verweisen wir nur auf die über den Kiemenapparat und das Zungenbein, das Venensystem, den Schädel der Wirbelthiere und die Geschlechtsorgane.
REICHERT, C. B., Das Entwickelungsleben im Wirbelthierreich. Berlin, 1840.
REMAK, ROB., Untersuchungen über die Entwickelung der Wirbelthiere. Berlin, 1855—58.
MÜLLER, JOH., Vergleichende Anatomie der Myxinoiden. Abhandlung. der Berl. Akad. Phys. Cl. 1834, 37, 38, 39, 43.
STANNIUS, H., Zootomie der Fische. Berlin, 1854. Zootomie der Amphibien. ebd. 1856.
HUXLEY, TH. H., Lectures on the elements of comparative Anatomy. On the Classification of Animals and on the vertebrate Skull. London, 1864.
OWEN, RICH., On the Anatomy of Vertebrates. Vol. I. II. London, 1866.
GEGENBAUR, C., Untersuchungen zur vergleichenden Anatomie der Wirbelthiere. 1. Heft. Carpus u. Tarsus. Leipzig, 1864. 2. Heft. Schultergürtel der Wirbelthiere. Brustflosse der Fische. ebenda 1865.
AGASSIZ, L., An essay on classification. London, 1859.
CUVIER, GEO., Recherches sur les ossemens fossiles. 5 Vols. Paris, (2. éd.) 1821—24. (3. éd.) 1825—26. 4°, (4. éd.) 1835—37. 8°.
OWEN, RICH., Palaeontology or a systematic summary of extinct animals. Edinburgh, 1860.
— —, Odontography. 2 Vols. London, 1840—45. gr. 8.
GIEBEL, C. G., Odontographie. Leipzig, 1854. 4°.

I. Classe. Mammalia, Säugethiere.

Haut meist mit Haaren bedeckt (die zuweilen durch Horn- oder Knochenplatten verdrängt werden oder zeitig schwinden); Gliedmaassen sind Füsse, selten Hände und Flossen. Hinterhaupt mit doppeltem Condylus; Kinnladen mit Zähnen, die nur selten fehlen oder durch Horngebilde ersetzt werden; der aus einem Stück bestehende Unterkiefer articulirt mit dem Schläfenbein. Herz mit doppelter Kammer und doppelter Vorkammer; ein vollständiges, musculöses Zwerchfell. Becken meist geschlossen. Milchdrüsen, mit deren Secret die lebendig gebornen Jungen eine Zeit lang ernährt werden.

Man pflegt die Classe der Säugethiere schon des Umstands wegen, dass der Mensch zu ihr gehört, an die Spitze des ganzen Thierreichs zu stellen. Es gebührt ihr aber auch diese Stellung in Folge ihrer ganzen Organisation. Die Functionen sind hier specialisirter, die Sinnesorgane entwickelter, das Bewegungsvermögen mannichfaltiger, als in irgend einer andern Classe. Und wie der Körper der Säugethiere bildsamer ist und sich leichter verschiednen äussern Verhältnissen accommodirt als der andrer Wirbelthiere, so führt auch die weitere Entwickelung des Centralnervensystems nur hier zu einer psychischen Perfectibilität, welche sich bei vielen höheren Formen als Erziehbarkeit bekundet.

Die Säugethiere unterscheiden sich besonders dadurch von den übrigen Vertebraten, dass sie lebendige Junge gebären, welche während der ersten Zeit nach der Geburt durch die Absonderungsflüssigkeit besondrer Drüsen, Milch, Milchdrüsen, ernährt werden. Sie besitzen daher allgemein Zitzen. Die Brusthöhle, in welcher die Lungen frei aufgehängt sind, ist durch eine vollständige musculöse Scheidewand, das Zwerchfell, von der Bauchhöhle getrennt. Der nur aus zwei seitlichen Hälften bestehende Unterkiefer articulirt durch einen vorspringenden Gelenkkopf mit der untern Fläche des Schläfenbeins, und trägt meist wirkliche Zähne, an deren Stelle nur selten Hornplatten oder Barten auftreten. Die Haut ist in der Regel mit Haaren bedeckt, nur selten nackt oder mit Knochenschildern bedeckt. Die allgemeine Form des Körpers entspricht der den meisten eignen Bewegungsart mittelst der vier zu Geh-, selten zu Greifwerkzeugen entwickelten Gliedmaassen. Nur bei den Walthieren wird der Hinterkörper wegen des Mangels der Hintergliedmaassen zu einem fischschwanzähnlichen Ruderorgane umgewandelt. Ueberall folgt auf den Kopf ein Hals, wenn auch derselbe (wie bei den Walen) nicht überall äusserlich bemerkbar ist. Der Rumpf zerfällt in Brust und Bauch. Das Becken, welches bei den Walen rudimentär wird, schliesst mit dem Gesäss den Rumpf ab. Häufig ist ein Schwanz vorhanden, der dann meist mit behaarter Haut bedeckt ist. Alle männlichen Säugethiere besitzen eine entwickelte Ruthe. Allen ist eine wirkliche Begattung mit Immission eigen.

Die Haut der Säugethiere ist durch den Besitz der Haare und zweier verschiedner Drüsenformen ausgezeichnet. Erstere entstehen in sackförmigen Einstülpungen der Cutis, von deren Grunde sich eine gefässführende Papille erhebt. Die zellige, sich in diese Vertiefungen fortsetzende Epidermis bildet durch Wucherung und später Verhornung ihrer Elemente von der Papille aus das Haar. Die deshalb vom Grund aus nachwachsenden Haare sind bald kürzer, bald länger, bald weicher, bald härter. Sind sie im letzten Falle dünn und biegsam, so werden sie Borsten genannt, sind sie dick, steif und spitz, so heissen sie Stacheln. Die Walthiere haben nur an den Lippen einzeln stehende Spuren kurzer Haare. An diesem Orte haben die meisten Säugethiere längere und steifere Haare mit sehr nervenreichen Papillen. Sie stellen die wichtigsten Tastorgane vieler Säugethiere dar und heissen Bart- oder Tasthaare, Vibrissae. Am übrigen Körper sind häufig zweierlei Haare vorhanden: weichere, kürzere, flockige, oft verfilzte Haare, welche der Haut unmittelbar aufliegen, Wollhaare, Lana, und längere, derbere und steifere, Licht- oder Contourhaare, Grannen- oder Stichelhaare, Pili. Nach Jahreszeit und Klima ändert das jährlich wechselnde Haarkleid, Winter- und Sommerpelz, ersterer mit längeren und dichten, letzterer mit kürzeren und weniger dichten Haaren; auch wechselt dabei meist die Farbe. Häufig kommen an einzelnen Stellen besonders verlängerte Haare vor, die dann Mähne, Bart, Schweif, Bürsten, Büschel u. s. w. genannt werden. Ist auch die Epidermis häufig (Pachydermen) in grösserer Ausdehnung schwielig verdickt, so bildet sie doch nur in seltnen Fällen hornige Platten (*Manis*); bei den Gürtelthieren treten dagegen in der Cutis knöcherne Platten auf, welche nach aussen noch von einem Hornüberzuge bedeckt werden. Ueberall sind die Endglieder der Finger und Zehen von Horngebilden bedeckt, welche, im Allgemeinen Nägel genannt, nach ihrer Form verschiedne Bezeichnungen erhalten. Ist der Nagel flach, breit, nur die Oberfläche des Nagelgliedes bedeckend, so heisst er Plattennagel, Lamna (Mensch); ist er länger, schmal, zwar auch der Oberfläche des Nagelgliedes aufliegend, aber nach beiden Richtungen etwas gewölbt, so heisst er Kuppennagel, Unguis tegularis; ist er dem Nagelgliede oben oder auf der Spitze aufgesetzt, gekrümmt und seitlich zusammengedrückt, so heisst er Kralle, Falcula (Raubthiere); ist er endlich kurz, stumpf, das ganze Nagelglied schuhartig umgebend, so heisst er Huf, Ungula (Wiederkäuer, Pferd etc.). Ausser diesen überall vorhandnen Anhängen sind noch einzelne Gruppen durch besondere Horngebilde ausgezeichnet. Zu diesen gehören das Horn der Rhinocerosarten und die, knöchernen Zapfen aufsitzenden, von Hornsubstanz gebildete Scheiden darstellenden Hörner der hohlhornigen Wiederkäuer (Rind, Schaf u. s. w.). Das sich periodisch erneuernde Gehörn der Hirsche besteht dagegen aus Knochensubstanz. Es sitzt auf einem kürzeren oder längerem Knochenzapfen, dem sogenannten Rosenstock, von ihm sich durch einen Wulst, die Rose, abgrenzend, ist anfangs kolbig und von weicher Haut, dem Bast, überzogen und wird jährlich im Winter abgeworfen. Meist fehlt es den Weibchen. — Von drüsigen Organen kommen der Säugethierhaut zweierlei distincte Formen zu: Schweissdrüsen und Talgdrüsen. Erstere bilden einen knäuelartig aufgewundenen Canal, welcher in der Cutis liegt und sein freies Ende meist leicht gewunden durch die Epidermis an die Oberfläche sendet. Letztere sind kürzer, schlauch-, flaschen- oder birnförmig und münden meist in die Haarbälge. Oft kommen an einzelnen Stellen besondere Drüsen vor, welche nur stark entwickelte Talgdrüsengruppen sind; so die Analdrüsen vieler Raubthiere, die sogenannten Zibethdrüsen, die auf dem Rücken der Schwanzwurzel liegenden Vioidrüsen mehrerer Arten *Canis*, die Seitendrüsen der Spitzmäuse, die Leistendrüsen der Hasen, die Klauendrüsen der Wiederkäuer, endlich die Drüsen der Vorhaut, welche bei der Gattung *Moschus* ein besondres taschenförmiges Organ, den Moschusbeutel, bilden. Auch gehören die **Milchdrüsen** hierher.

Das **Skelet** der Säugethiere ist vollständig verknöchert. Auf den **Schädel** folgt die **Wirbelsäule**, an welcher sich mit Ausnahme der Walthiere überall fünf Abschnitte unterscheiden lassen: **Halstheil**, **Brusttheil** mit Rippen, Brustbein mit Schultergürtel, **Lendentheil**, **Kreuzbein** mit dem Beckengürtel, und **Schwanz**. Die Verbindung der Wirbelkörper erfolgt in der Regel nicht durch Gelenke, sondern durch zwischengelagerte Knorpelscheiben. Nur der Schädel ist constant mit dem ersten Halswirbel, dem Atlas, durch ein doppeltes Gelenk verbunden, meist auch letzterer mit dem zweiten, dem Epistropheus. Bei langhalsigen Pachydermen und Wiederkäuern findet aber auch zwischen den übrigen Halswirbeln Gelenkverbindung der Körper statt. Obere Bogen fehlen nur an den letzten Schwanzwirbeln, obere Dornfortsätze sind meist am Anfang des Brusttheils stärker entwickelt, in der Regel proportional der Grösse und Schwere des Kopfes, am Hals und Schwanz fehlen sie häufig. Die an den obern Bogen befindlichen Gelenkfortsätze werden an den hintern Brustwirbeln der Walthiere zu Muskelfortsätzen, während umgekehrt bei *Dasypus* und *Myrmecophaga* am Lendentheil jederseits noch eine doppelte accessorische Gelenkentwickelung auftritt. Untere Bogen kommen nur am Schwanztheil vor. Die von den Körpern oder den obern Bogen entspringenden Querfortsätze sind nur selten verkümmert (Rumpftheil der Monotremen), am längsten bei den Walthieren. Die meist früh erfolgende Verschmelzung der Bogentheile mit den Körpern unterscheidet die Säugethierwirbel von den ihnen oft sehr ähnlichen Reptilienwirbeln. Die einzelnen Abschnitte der Wirbelsäule zeigen nach Zahl und Form ihrer Wirbel mehrfache Verschiedenheiten. Die Zahl der **Halswirbel** ist fast überall sieben. Nur bei *Manatus* sind in der Regel sechs (ebensoviel nach PETERS bei *Choloepus Hoffmanni*), bei *Bradypus torquatus* acht, bei *Bradypus tridactylus* neun vorhanden. Die Länge des Halses beruht in allen übrigen Fällen auf einer Längenzunahme der einzelnen Wirbel, nie auf einer Vermehrung ihrer Zahl. Je länger der Hals ist, desto freier wird die Beweglichkeit der Wirbel, desto flacher die Fortsätze. Durch Verwachsung von Rippenrudimenten mit den Querfortsätzen erhalten letztere eine doppelte Wurzel, zwischen denen ein Loch zum Durchtritt der Arteria vertebralis offen bleibt. Meist sind die beiden ersten Halswirbel characteristisch entwickelt. Der erste, **Atlas**, zeichnet sich durch das Fehlen des obern Dornes und die starke Breitenentwickelung seiner Querfortsätze aus, an deren Basis nach vorn die concaven Gelenkflächen für die beiden Gelenkhöcker des Hinterhauptes, nach hinten die flachen Gelenkflächen zur Articulation mit dem Epistropheus sich finden. Der zweite Halswirbel, **Epistropheus**, trägt auf der vordern Fläche seines Körpers einen starken, zwischen die seitlichen Hälften des Atlas hineinragenden Zahnfortsatz, der sich durch die Entwickelungsgeschichte als der eigentliche Körper des Atlas darstellt. Seine Querfortsätze fehlen, dagegen ist der Dornfortsatz sehr stark entwickelt. Bei den Walthieren verwachsen die Halswirbel entweder einzeln oder sämmtlich untereinander, der Hals wird dadurch kurz und unbeweglich. Eine merkwürdige Verwachsung der Halswirbel ebenso wie der Rückenwirbel zeigt die fossile Gattung *Glyptodon*, wie Huxley und Burmeister beschreiben. Die im Allgemeinen schmäleren, durch die Anheftung der Rippen und die damit in Verbindung stehende Verkümmerung ihrer Querfortsätze characterisirten B r u s t w i r b e l sind der Zahl nach viel weniger constant, als die Halswirbel. Erster Brustwirbel ist derjenige, dessen Rippen das Sternum erreichen. Meist sind 12—15 (am häufigsten 13) vorhanden. Einige *Chiroptera* haben aber weniger, *Dasypus niger* nach Cuvier nur 10. Bei andern steigt die Zahl; so hat das Pferd 18, Rhinoceros 19—20, Elephant 19—21, *Bradypus tridactylus* und *Choloepus Hoffmanni* 23—24. Ihre Grösse nimmt in der Regel von vorn nach hinten ab, im hintern Theil aber wieder zu. Gleichzeitig sind die Dornfortsätze in dem vordern Theil zur Insertion des Ligamentum nuchae von vorn nach hinten gerichtet, nehmen an Höhe nach hinten ab, und werden dann wieder höher und nach vorn gerichtet. Dadurch entsteht ein Punct an dem Brusttheil der Wirbelsäule, welcher durch den kleinsten Wirbel, den niedrigsten Dornfortsatz und den Umstand bezeichnet ist, dass von ihm aus die Wirbel nach beiden Richtungen an Grösse zunehmen. Man bezeichnet diesen Wirbel als den antiklinischen oder diaphragmatischen, und Giebel will nach ihm die Grenze zwischen Brust- und Lendengegend bestimmen. Es hängt aber diese bloss bei nur horizontal sich bewegenden Thieren vorkommende Bildung von der Grösse und Schwere des Kopfes, der Lebensart, den Functionen und der Entwickelung des Schwanzes ab, wogegen ihr kein morphologisches Moment zu Grunde liegt. Ein solches ist indessen in der Anheftung der Rippen gegeben, welche die Brust- oder Rückenwirbel als solche kennzeichnet. Der L e n d e n t h e i l besteht meist aus wenigen nie freie Rippen tragenden Wirbeln, meist 6—7; nur selten (*Stenops*) finden sich 8—9 oder gar nur zwei (*Myrmecophaga didactyla*, *Bradypus didactylus*). Die Wirbel sind die grössten der Wirbelsäule mit den stärksten Querfortsätzen, deren Grösse zum Theil auf der Verschmelzung mit Rippenrudimenten beruht. Das K r e u z b e i n entsteht durch Verschmelzung mehrerer Wirbel, meist 3—4, welcher Process bald früher bald später, bald sich auf die Dornfortsätze erstreckend (Rind z. B.) bald nicht (Pferd z. B.), eintritt. Die Zahl der Sacralwirbel sinkt zuweilen auf zwei (*Marsupialia*) oder einen (*Perameles*), zuweilen steigt sie auf 7 (*Phascolomys*) oder 8—9 (*Edentata*), wobei in der Regel die Sitzbeine die Kreuzbeinbildung mit bedingen helfen. Am meisten Schwankungen in Bezug auf Zahl, Form und Entwickelung der Wirbel unterworfen ist die S c h w a n z w i r b e l s ä u l e. Die Zahl variirt von 4—46 Wirbeln, erstere bieten der Mensch und einige Affen, letztere *Manis macrura* dar. Die Grösse und Entwickelung der Wirbel und ihrer Fortsätze steht in keinem directen Verhältniss zur Länge des Schwanzes. Meist sind die ersten Wirbel noch vollständig. Allmählich verschwinden aber obere Bogen und Fortsätze und es bleiben nur gestreckte mit niedrigen Leisten versehne Körper übrig, an deren untere Fläche sich dann V-förmige untere Bogen ansetzen. Bei den Walthieren fällt wegen des Fehlens der Hinterextremitäten und der Trennung der Beckenrudimente von der Wirbelsäule der Unterschied zwischen Lenden-, Kreuz-

und Schwanztheil weg; es stellt vielmehr der auf die Brustwirbel folgende Theil der Wirbelsäule unmittelbar einen durch das allmähliche Einfachwerden seiner Wirbel characterisirten Schwanz dar. Wenn auch an andern Abschnitten der Wirbelsäule Rippenrudimente vorkommen, so tragen doch nur die Brustwirbel freie, beweglich mit den Wirbeln verbundne Rippen. Es sind dies lange, meist etwas abgeplattete, bogenförmig gekrümmte Knochen, welche entweder durch das Köpfchen mit je zwei Wirbelkörpern und durch das Tuberculum mit den Querfortsätzen, oder nur mit den Wirbelkörpern (Monotremen) oder nur mit den Querfortsätzen (Walthiere) articuliren. An das untere Ende der Rippen setzen sich meist knorplige, in einzelnen Fällen auch verknöchernde Skelettheile, die Rippenknorpel. Bei den vordern Rippen erreichen diese das Brustbein, die Rippen heissen dann wahre, während an den hintern die Knorpel sich entweder an die vorhergehenden anlegen oder frei in den Muskeln liegen, ohne an das Sternum zu reichen. Diese sind die falschen Rippen. Die Zahl der Rippen entspricht der der Brustwirbel; meist sind mehr wahre als falsche vorhanden, doch findet sich auch (z. B. Walthiere) das umgekehrte Verhältniss. Die Zahl der das Brustbein bildenden Stücke schwankt zwischen 4 und 13. Sie sind platt, schmal, länglich, nur bei den Walen sehr breit. Einen vorspringenden Kamm zur Insertion starker Brustmuskeln besitzt nur das Sternum grabender Säugethiere und der Chiropteren.

Von den Knochen des Schultergürtels ist überall das Schulterblatt vorhanden. Es stellt einen meist dreikantigen platten Knochen dar, dessen obere Fläche durch die Schultergräte in zwei, zuweilen sehr ungleiche Abschnitte getheilt ist. Meist läuft diese Spina scapulae in einem frei das Schultergelenk überragenden Fortsatz aus, das Acromion. Ein Schlüsselbein findet sich nicht immer. Bei den Primaten, Chiropteren, Insectivoren und vielen Nagern ist es mit Schulterblatt und Sternum in Verbindung, während es bei den meisten Carnivoren und einigen Nagern nur als Rudiment in den Muskeln liegt, selten noch am Schulterblatt befestigt ist, wohl auch zuweilen ganz fehlt oder höchstens als sehnige Inscription vorhanden ist. Bei den Walthieren, den Ungulaten und einigen Bruten fehlt es gänzlich. Episternalknochen, welche die Verbindung der Schlüsselbeine mit dem Sternum vermitteln, finden sich bei den Unguiculata in meist verkümmerter Form vor. Ausser dem eigentlichen Schlüsselbein haben die Monotremen noch ein Coracoid, welches sonst meist mit dem Schulterblatt verwachsen als ein blosser Fortsatz desselben erscheint und dessen Sternalende nur selten als eine dem vordern Ende des Sternum angefügte paarige Knorpelplatte vorkommt. Das Becken der Säugethiere wird mit Ausnahme der Walthiere überall aus den drei in der Gelenkpfanne für den Oberschenkel zusammenstossenden, früh verschmelzenden Knochen gebildet, den Hüft-, Scham- und Sitzbeinen. Bei den Walthieren sind bloss ein oder zwei jederseits in der Muskelmasse der Bauchseite liegende Knochenrudimente als Reste des Beckens vorhanden. Die Verbindung mit der Wirbelsäule geschieht durch die meist von vorn nach hinten, nur bei den Primaten in die Breite entwickelten Hüftbeine. Zuweilen legen sich auch die Sitzbeine an die Wirbelsäule. Die untere Verschliessung des Beckens erfolgt durch die faserknorplige oder knöcherne Verbindung der Schambeine, selten auch der Sitzbeine, während bei einigen Chiropteren der Verschluss fehlt. Die implacentalen Säugethiere haben vor der Schambeinsymphyse jederseits noch einen platten nach vorn gerichteten Knochen, den sogenannten Beutelknochen. Von den Extremitäten fehlt die vordere niemals, die hintere nur bei den Walthieren. Den Abschnitten beider Gliedmaassenpaare liegen Knochen zu Grunde, welche sich genau entsprechen und nur durch die verschiedne Beziehung der Vorder- und Hinterextremitäten zur Locomotion eine verschiedne Anordnung erfahren. Es entsprechen sich: Humerus und Femur, Radius und Tibia, Ulna und Fibula, und den Verbindungen mit den letztgenannten Knochen entsprechend Hand- und Fusswurzelknochen. Es ist jedoch für den Fuss characteristisch, dass von den drei Knochen der ersten Fusswurzelknochenreihe zwei überall verschmelzen zum Astragalus, während sich an dem dritten, dem Calcaneus, häufig der Fersenfortsatz entwickelt. Das Oberarmbein, welches sich bei den Ungulaten stark verkürzt, trägt oben den schräg und ohne Hals aufsitzenden Gelenkkopf, unter welchem durch eine Sehnenrolle getrennt die beiden Höcker stehen, am untern Ende die quere Gelenkrolle für die Vorderarmknochen. Ueber derselben findet sich hinten eine Grube zur Aufnahme des Olecranon, welche bei einigen Primaten, Carnivoren u. a. durchbohrt ist. Mehrere Säugethiere haben über dem innern Condylus ein Loch zum Durchtritt der Mediannerven und der Ulnararterie. Während bei Carnivoren, Nagern und Primaten Radius und Ulna getrennt bleiben, bei letztern mit freier Pronation und Supination (welche etwas beschränkt auch manchen Carnivoren zukommen), wird bei den übrigen Säugethieren der Radius zum Hauptknochen des Vorderarms. Von der Ulna bleibt bei den Ungulaten nur das obere Ende mit dem überall vorhandnen Olecranon, das untre Ende wird dünn, verschmilzt mit dem Radius und reicht zuweilen nicht einmal bis an das Carpalende. Die Knochen der Handwurzel, Carpus, sind in zwei Reihen geordnet, von denen meist die erste drei, die zweite vier enthält. Zwischen beide tritt bei den Affen und vielen Nagern noch ein centrales Carpalstück. Bei den Chiropteren, Carnivoren, Insectivoren, vielen Nagern und den Monotremen finden sich in der ersten Reihe nur zwei Knochen. In der zweiten Reihe haben die meisten Ordnungen vier Knochen, indem der vierte und fünfte Mittelhandknochen mit einem Stück der zweiten Reihe articulirt. Bei den Hufthieren liegen hier indessen nur drei Knochen. Als accessorische Knochen, Sesambeinen entsprechend, kommt meist am Ulnarrand der ersten Reihe das Os pisiforme, welches sich häufig fersenartig entwickelt (z. B. Affen), beim Maulwurf am Radialrand das sichelförmige Os falcatum vor. Die normale Fingerzahl ist fünf, vier Finger mit in der Regel je drei, der Daumen mit drei Phalangen; diesem entsprechen die fünf Mittelhandknochen. Bekanntlich sinkt dieselbe aber, indem erst der Daumen, dann der fünfte, dann der vierte und endlich auch der zweite Finger verkümmert, wo dann (Einhufer) nur der dritte Finger übrig bleibt. Mit dieser Reduction der Phalangen tritt auch eine Verkümmerung der Metacarpalknochen ein; bei den Wiederkäuern verschmelzen das 2. und 3. Metacarpale zum sogenannten Os du canon, während das 1. und 4. oder nur letzteres an den Seiten dieses Knochenstückes als stiletförmige Knochenreste liegen, ebenso wie bei den Einhufern das 2. und 4. Auch das Oberschenkelbein wird bei den Carnivoren, Ungulaten kürzer im Verhältniss zum Unterschenkel als beim Menschen. Bei den Robben fehlt das Mittelstück fast ganz. Der Gelenkkopf sitzt auf dem unter einem stumpfen oder rechten Winkel abgehenden Halse, unter welchem auch hier zwei, zuweilen sogar drei Muskelhöcker, Trochanteren sitzen. Das untre Ende trägt den Gelenkkopf für das Knie, an dessen Bildung seitens der Unterschenkelknochen meist nur die Tibia Theil hat. Bedeckt wird das Kniegelenk nach vorn von einem nur selten fehlenden, in der Strecksehne des Unterschenkels liegenden Sesamknochen, der Kniescheibe, Patella. Die Fibula wird häufig rudimentär, und zwar entweder besonders in der untern Hälfte, Einhufer, oder in der obern, Ruminantia. Häufig verwächst sie dabei zum Theil mit der Tibia. Bei mehreren Beutelthieren trägt ihr obres Ende einen starken, dem Olecranon entsprechenden Fortsatz, während umgekehrt ein der Patella entsprechendes Sesambein zuweilen in der Sehne des Unterarmbeugers vorkommt. Die Fusswurzelknochen, Tarsus, bilden wie die des Carpus zwei Reihen, von denen jedoch die erste constant nur zwei Knochen enthält, auch bei der sogenannten Hinterhand der Affen. Vor dieser liegt hier überall ein centrales Stück, welches jedoch, da das erste Glied der zweiten Reihe von seiner innern Seite meist nach vorn rückt, den innern Fussrand bildet. Auch hier articulirt der vierte und fünfte Mittelfussknochen mit nur einem Fusswurzelknochen. Während bei Nagern meist am Innenrande noch zwei accessorische Knochenstücke vorkommen, tritt bei den Ungulaten dadurch eine Reduction der Zahl ein, dass auch die innern drei Stücke der zweiten Reihe unter einander, zuweilen auch das äussere mit dem centralen verschmelzen. Bei *Bradypus tridactylus* verschmelzen die erstern unter einander und mit den Metatarsalknochen. Die Verhältnisse der Zehen und ihre Verkümmerung entsprechen völlig denen der Finger.

Die allgemeine Gestalt des Schädels schwankt bedeutend, indem in keiner andern Classe die Entwickelung des vom Schädel eingeschlossnen Gehirns und die Bildung des Gesichts, besonders der Kiefer, ähnliche Verschiedenheiten darbietet. Auch hat die Entwickelung grosser luftführender Zellen in der Diploë der Stirnbeine im Anschluss an die Stirnhöhlen, andrerseits das Auftreten starker Knochenkämme zur Insertion der Kau- und Nackenmuskeln grossen Einfluss auf die Schädelform. Besonders characterisirt ist der stets vollständig verknöchernde Säugethierschädel im Verhältniss zum Fisch- und Reptilienschädel durch die geringere Zahl der einzelnen Knochen, gegenüber dem Vogelschädel durch die seltner (Monotremen) eintretende völlige Verschmelzung sämmtlicher Schädelknochen, durch die unbewegliche Verbindung des Oberkiefers und die Einlenkung des aus jederseits nur einem Stück bestehenden Unterkiefers direct mit dem Schädel, endlich durch die nur noch den Amphibien eignen doppelten Condyli des Hinterhauptbeins. Stets fehlt der die Schädelbasis von unten stützende Deckknochen, das Parasphenoid Huxley (Basilarknochen J. Müller). Von den das Occipitalsegment bildenden vier Knochen tragen die seitlichen jeder einen Condylus, und nach aussen und unten von diesem den besonders bei Ungulaten stark entwickelten

1. Mammalia.

Processus jugularis oder paramastoideus. Der Basilartheil ist breit, aber flach, selten sehr schmal. Das grosse Hinterhauptsloch schliesst in der Regel oben die **Hinterhauptsschuppe**; doch wird es bei den Einhufern, vielen Wiederkäuern und Nagern oben von den Seitentheilen allein begrenzt. An das Basilarstück stösst nach vorn, oft mit ihm verwachsend, das **hintere Keilbein**, dem nach vorn das **vordre Keilbein**, welches häufig das grössere ist, folgt. Zu ihnen gehören die hintern und vordern Keilbeinflügel und, das Schädeldach oben schliessend, die **Scheitelbeine** und die **Stirnbeine**. Zwischen erstere und Hinterhauptsschuppe tritt sehr häufig ein mittleres unpaares Stück, das **Interparietale**, welches entweder mit letzterer (einige Carnivoren) oder mit den Scheitelbeinen verwächst (Wiederkäuer) oder als besondres Stück getrennt bleibt (einige Nager). Während beim Menschen die **Stirnbeine** früh mit einander verwachsen, bleiben sie bei den Säugethieren wo sie bei den Wiederkäuern die als Hörnerzapfen und Rosenstöcke bezeichneten Auswüchse tragen, häufig getrennt, wogegen die **Scheitelbeine** meist verwachsen. Letztere werden aber bei den Delphinen durch die Hinterhauptschuppe von einander getrennt. Zwischen die hintern Keilbeinflügel und das Hinterhauptbein schieben sich die **Schläfenbeine** ein, zu deren Bildung jederseits das **Felsenbein**, das **Paukenbein**, die **Schuppe** und oft noch das **Zitzenbein** zusammentreten. Die Verbindung dieser Stücke untereinander ist zuweilen nur durch Naht, zuweilen (Cetaceen, Chiropteren) nur durch Bandmasse hergestellt. Die Schuppe, welche bei den Primaten die Seitenwand der Gehirnkapsel bilden hilft, liegt bei Wiederkäuern den Scheitelbeinen zum Theil auf und wird bei den Cetaceen am kleinsten. Sie trägt unten die Gelenkgrube für den Unterkiefer, wogegen der bei den Vögeln die gelenkige Verbindung des Unterkiefers mit dem Schädel vermittelnde Theil, das Quadrato-jugale, hier zum mittleren Gehörknöchelchen, dem Ambos, geworden ist. Nach vorn sendet die Schuppe den **Jochfortsatz**, welcher bei *Bradypus* das Jochbein nicht erreicht, bei *Myrmecophaga* fast ganz fehlt. Vorn setzt sich an das vordre Keilbein der, wohl auch als Basilarstück eines vierten Schädelsegments betrachtete **Vomer**, welcher bei den Delphinen mit einer kleinen Fläche den Boden der Gehirnkapsel bilden hilft. Den vordern Schluss dieser letztern bildet das **Siebbein** mit seiner Siebplatte, welche jedoch bei *Ornithorhynchus* nur ein, bei den Delphinen gar kein Loch besitzt. Eine seitlich die Orbita begrenzende Lamina papyracea haben nur die Primaten und einige *Bruta*. Die **Nasenbeine** verwachsen bei den *Catarrhini* unter den Primaten und einigen andern; sie nehmen meist mit der Entwickelung der Kiefer an Länge zu. Bei den echten Walthieren werden sie sehr klein und liegen, die Nasenöffnung hinten begrenzend, den Stirnbeinen auf. Ein **Thränenbein** ist vorzüglich bei den Ungulaten entwickelt, fehlt dagegen den Delphinen, Pinnipedien, während es bei den Walfischen vorhanden ist. Der **Oberkiefer** bestimmt durch seine Form und Grösse die Gestalt des Gesichts. Ueberall stark entwickelt ist der Stirnfortsatz desselben, welcher bei Delphinen das Stirnbein fast ganz bedeckt, bei den Walfischen von ihm zum Theil bedeckt wird. **Zwischenkiefer** fehlen nirgends; am grössten sind sie bei Walfischen, Nagern und den Elephanten. Das **Jochbein** fehlt den

Monotremen, Soricinen u. a., bei andern (einige *Bruta*) ist es rudimentär. Meist bildet es einen vollständigen Jochbogen. Eine Verbindung des Stirnfortsatzes mit dem Jochfortsatz des Stirnbeins kommt zwar bei einigen Ungulaten vor, eine Scheidewand zwischen Orbita und Schläfengrube wird dadurch aber nur bei Primaten gebildet. Die häufig mit den Keilbeinen verwachsenden **Flügelbeine** verlängern bei *Ornithorhynchus*, *Myrmecophaga* und einigen Cetaceen die Nasenhöhle oder den knöchernen Gaumen nach hinten dadurch, dass sie mit ihren untern entgegenkommenden Rändern zusammenstossen. Den Marsupialien eigen ist die unvollständige Verknöcherung des harten Gaumens, welcher an trocknen Schädeln mehrfache Lücken zeigt. Die beiden seitlichen Hälften des **Unterkiefers** verwachsen häufig mit einander (Primaten, Pachydermen). Ein aufsteigender Ast fehlt den Cetaceen und Ameisenfressern. Bei den Marsupialien ist der Kieferwinkel beständig nach innen gebogen.

Die innere Fläche des Schädels liegt dem Gehirn dicht an. Aus ihrer Betrachtung lässt sich also auf Form und Grösse des Gehirns schliessen. Die Insertion des Tentorium cerebelli (welches bei vielen Carnivoren und Cetaceen, den Einhufern und Kameelen verknöchert), hinten am obern Rand des grossen seitlichen Sinus, vorn und seitlich an der obern Kante des Felsenbeins, gibt die Grösse des Kleinhirns und sein Verhältniss zum Grosshirn. Es ist von vielfachem Interesse und kann von systematischem Nutzen werden, das Verhältniss des Gehirntheils oder des eigentlichen Schädels zu dem Gesichtstheil schärfer zu bestimmen. Im Allgemeinen nennt man nun einen Schädel **orthognath**, dessen Gesichtstheil mehr oder weniger senkrecht abfallend sich abwärts an den vordern Theil der Schädelbasis anlehnt (Kaukasier u. a.), **prognath** einen solchen, dessen Gesicht, besonders der Kieferapparat, schnauzenartig vorspringt. Zur schärferen Bestimmung dieses Prognathismus diente der von Camper angegebne Gesichtswinkel. Dieser Winkel wurde gebildet von einer von der Oeffnung des äussern Gehörgangs nach dem vordersten Puncte des Oberkieferzahnrandes oder dem untern Rand der Nasenöffnung gezognen Linie und einer zweiten von einem der letztgenannten Puncte nach der Stirn gezogenen. Da indessen diese an der äussern Fläche des Schädels gelegnen Puncte vielfach von der Bildung der Knochen, z. B. stärkere Entwickelung der Stirnhöhlen, Dickenwachsthum oder Richtungsänderungen, beeinflusst werden, so wird der Winkel grosse zufällige Schwankungen darbieten, die Bestimmung des wirklichen Grades der Prognathie also unsicher. Um zuverlässigere Anhaltspuncte zu gewinnen, schlug Cuvier vor, jene Linie an senkrecht durchsägten Schädeln zu bestimmen. Nun kommt es aber nicht bloss darauf an, den Gesichtswinkel durch einen schärferen Ausdruck bezeichnen zu können. Es bietet vielmehr ein senkrechter Schädelschnitt alle Momente zur Bestimmung der Form des Gehirns und des Verhältnisses der Hirntheile zu einander. Zu diesem Zweck schlägt Huxley die Ermittelung folgender Linien und Winkel vor. Eine durch das Basilarstück des Hinterhaupts, hinteres und vorderes Keilbein gezogne Linie, Basicraniallinie, bildet mit einer von den Zwischenkiefern durch die Verbindung des Vomer mit dem Siebbein gezognen Basifaciallinie den Craniofacialwinkel. Die grösste Länge

I. Mammalia.

der das Grosshirn enthaltenden Höhle gibt das Maass für dieses, welches bei den höheren Säugethieren immer länger im Verhältniss zur Basicraniallinie wird. Eine durch die Insertionspuncte des Tentorium gezogne Linie bildet mit der Basicraniallinie den Tentorialwinkel; auch ersieht man aus ihr, ob und wie stark das Grosshirn das Kleinhirn nach hinten überragt. Auch wird bei höheren Säugethieren der Winkel, den die Ebne des grossen Hinterhauptloches mit der Basicraniallinie bildet, immer stumpfer, da letzteres immer weiter an die untre Fläche des Schädels rückt. Endlich gibt die Ebne des Siebbeins und der von dieser mit der Basicraniallinie gebildete Siebbeinwinkel einen Hinweis auf die Entwickelung des vordern Theils des Grosshirns. Der Craniofacialwinkel gibt den Grad der Prognathie; er ist nach unten offen, während der Camper'sche Gesichtswinkel nach oben offen ist. Letzterer gibt die Neigungsverhältnisse des Gesichts und Schädels, während ersterer die Lage der Axen der beiden Theile bestimmt.

Das Muskelsystem der Säugethiere entspricht im Allgemeinen dem des Menschen. Eine wesentliche Modification bedingt eigentlich nur das Fehlen der Hinterextremität bei den Cetaceen. Denn die besondre Entwickelung einzelner musculöser Theile hängt nur mit der Ausbildung besondrer Abschnitte des Muskelsystems zusammen. Während bei den luftathmenden Wirbelthieren der Bauchtheil der Seitenrumpfmuskeln wegfällt, besteht er in gleicher Ausbildung wie der Rückentheil am Lendenschwanztheil der Walthiere fort; bei den übrigen erhält er sich nur in einzelnen Muskeln am Hals-, Lenden- und Schwanztheil. Bei der Vorderextremität bringt die verschiedne Entwickelung des Schultergürtels, das Vorkommen oder Fehlen einer Clavicula mehrere Eigenthümlichkeiten hervor, während an der hintern nur die, in gleicher Weise auch an der vordern auftretende Reduction der Fingerzahl Modificationen in der Musculatur der untern Abschnitte bewirkt. Nur den Säugethieren kommt ein vollständig entwickeltes Zwerchfell zu mit einer selten (Delphinen) fehlenden centralen Aponeurose. In ihr treten bei Kameelen und Lamas Ossificationen auf, wie beim Igel. im Aortenschlitz. Eine besondere Entwickelung erhält endlich das Hautmuskelsystem. Vorzüglich ist der Rückenhautmuskel bei den Thieren entwickelt, welche einer Zusammenkugelung fähig sind.

Entsprechend der Entwickelung der Extremitäten zu Beinen ist die Hauptbewegungsart der Säugethiere der Gang. Nur die ganz im Wasser lebenden, schwimmenden Pinnipedien und Wale und die fliegenden Chiropteren machen hiervon eine Ausnahme. Bei den Pinnipedien sind die Extremitäten verkürzt, die Endabschnitte gleichmässig von Haut überzogen, die hintern einander genähert und nach hinten gerichtet. Den Walen fehlt die Hinterextremität ganz; statt deren trägt das Schwanzende eine horizontal stehende Hautflosse. Ihre Vorderextremität ist gleichfalls platt, ruderartig, von einer die Finger mit einander verbindenden Hautscheide umhüllt. Die übrigen Säugethiere können, mit Ausnahme des Menschen und weniger andern, leicht schwimmen. Einige haben zu diesem Zwecke zwischen den Fingern und Zehen Hautfalten. Man nennt die Füsse dann Schwimmfüsse. Das Flugvermögen der Chiropteren beruht darauf, dass zwischen den sehr verlängerten Mittelhandknochen und Phalangen eine weite von der Vorderextremität auf die Seitentheile des Rumpfes übergehende Hautfalte (Patagium) ausgespannt ist, zu welcher häufig noch eine zwischen den Schenkeln ausgebreitete, oft den Schwanz einschliessende Haut (Interfemoralhaut) hinzukommt. Einige andre Säugethiere (*Galeopithecus*, *Pteromys*, *Petaurista*) besitzen eine solche, aber mit Haaren beiderseits dicht überzogne Hautfalte an den Seitentheilen des Körpers, zuweilen vom Kopf bis zur Schwanzspitze reichend und die Extremitäten verbindend (Pedes dermopteri). Sie dient als Fallschirm bei weiten Sprüngen. Bei manchen Säugethieren sind die Hinterbeine ungleich länger als die vordern, Sprungbeine. Die eigentlich gehenden Säugethiere treten entweder mit der ganzen Sohle auf, plantigrada, oder mit den Köpfchen der Mittelhand- oder Mittelfussknochen, digitigrada. Wird endlich der innere Finger oder die Innenzehe freier beweglich und den übrigen gegenüberstellbar (Daumen), dann nennt man den Fuss Hand, wie bei den menschlichen Vorderextremitäten, bei allen vier Füssen der Affen und den Hinterbeinen einiger Marsupialien.

Das Centralnervensystem der Säugethiere zeichnet sich dadurch aus, dass das Rückenmark dem Gehirn an Masse immer mehr nachsteht. Die von ihm abgehenden Nerven entsprechen der Zahl nach der der Wirbel. Doch ist es nicht so lang, als der Wirbelcanal, zuweilen sogar auffallend verkürzt. Die an den betreffenden Wirbeln den Rückenmarkscanal verlassenden Nerven liegen daher büschelartig zusammen und bilden die sogenannte Cauda equina. An der Ursprungsstelle der Extremitätennerven besitzt es Anschwellungen. Das kleine Gehirn besteht bei den Implacentalen, Nagern, Bruta vorzüglich aus dem Mittelstück, welches erst bei den höheren Ordnungen gegen die, sich zu den Kleinhirnhemisphären entwickelnden Seitentheile als sogenannter Wurm zurücktritt. In gleichem Maasse wird auch die bei den erstgenannten Formen nur wenig entwickelte Varolsbrücke stärker. Das Mittelhirn (Corpora quadrigemina) ist stets sehr klein und wird von den Hemisphären ganz bedeckt. Bei den Monotremen kaum gefurcht erhält es allmählich die ihm characteristische Theilung. Das Zwischenhirn wird hier von den Thalami optici und den vor ihnen liegenden Corpora striata (Seh- und Streifenhügel) gebildet, und umgibt den dritten Ventrikel. Die mittlere Commissur der Sehhügel ist besonders da stärker entwickelt, wo der Balken nicht stark ausgebildet ist. Das Vorderhirn oder grosse Gehirn bedeckt durch die Entwickelung seiner mit Seitenventrikeln versehenen Hemisphären Zwischen- und Mittelhirn, bei den höheren Ordnungen selbst das Kleinhirn, welches bei vielen Affen selbst völlig von ihm überragt wird. Die Verbindung zwischen beiden Hemisphären wird bei den Säugethieren durch eine grosse weisse Commissur, den Balken, Corpus callosum, hergestellt, welche bei den Implacentalen nur schwach entwickelt, bei den Placentalen meist viel stärker ist und an ihrer untern Fläche den Fornix und zwischen den Schenkeln dieses das Septum pellucidum trägt. Die Oberfläche der Hemisphären zeigt wie das Kleinhirn Windungen, deren Ausbildung man vielfach mit der Entwickelung höherer psychischer Functionen in Verbindung bringen zu können versucht hat. Dareste hat indessen nachgewiesen, dass die Entwickelung der Windungen des Gehirns im Verhältniss zur Grösse des Thieres steht. Innerhalb einer und derselben Ordnung haben kleine Formen (z. B. *Tragulus*) fast glatte Hemisphären, die grösseren windungsreichere. Ausserdem befördert die Domestication die Entwickelung der Uebergangswindungen, wie auch die intelligentesten Menschen die windungsreichsten Gehirne haben. Im Allgemeinen haben nach LEURET und DARESTE die Hauptgruppen der Säugethiere besondre Typen der Hirnwindungen, und zwar entsprechen diese Typen ziemlich genau den Abtheilungen, welche man nach der Placentarbildung aufstellt. Die vor den Hemisphären liegenden Riechkolben treten mit der Entwickelung jener zurück, verlieren ihre Höhlung und werden zu platten, auf den Siebbeinen liegenden Hirntheilen, aus denen die Nerven direct in die Riechschleimhaut eintreten. Das peripherische Nervensystem verhält sich im Wesentlichen wie das des Menschen.

Der Gefühlsinn ist bei den Säugethieren meist localisirt, indem die Haarbekleidung der Haut oder deren Horn- oder Knochenplatten seine Ausbreitung auf ihr beschränken. Nur bei den Primaten sind die Hände Tastorgane und zwar um so feinere, je mehr die Entwickelung und Beweglichkeit des Daumens ein wirkliches Betasten ermöglicht. Bei den meisten übrigen Säugethieren sind die Lippen und die Barthaare Tastorgane. Letztere, besonders bei nächtlichen Thieren sehr entwickelt, zeichnen sich durch ihre Länge und Stärke aus und werden besonders durch den Nervenreichthum ihrer Wurzeln zu empfindungsreichen Organen. Auch wirkt wohl das nervenreiche Patagium der Chiropteren nach Art eines Tastorgans. Besonders entwickelt ist endlich der Tastsinn in der rüsselartigen Verlängerung mehrerer Pachydermen, vorzüglich im Rüssel des Elephanten, der nicht mit Unrecht mit einer Hand verglichen worden ist. Träger des Geschmacksinnes ist überall die Zunge, ein auf dem Boden der Mundhöhle liegendes, aus dicht verwobenen Muskelfasern bestehendes gefäss- und nervenreiches Organ. An ihrem hintern Ende trägt die Zunge stets eine oder zwei oder mehrere in einer wallartig umgebnen Vertiefung gelegene Papillen, welche vorzugsweise Sitz des Geschmacks sind. Die übrige Schleimhaut ist meist mit noch anders geformten Papillen bedeckt, von denen die conisch sich erhebenden zuweilen einen hornigen stachligen Ueberzug erhalten. Befestigt ist die Zunge an dem Zungenbein, einem meist gebognen Knochenstück, von dem nach vorn ein Bandstreifen in die Zunge eintritt. (Der Zungenfortsatz am Zungenbeinkörper des Pferdes ist die verknöcherte Basis dieser Fasermasse.) Selten ist der Zungenbeinkörper seitlich comprimirt oder in eine resonirende Knochenblase umgewandelt (*Mycetes seniculus*). Die Befestigung des Zungenbeins an der untern Fläche des Felsenbeins vermitteln die sogenannten vordern Hörner, Bandstreifen, in welchen sich meist jederseits zwei oder mehrere Ossificationen finden. Beim Menschen, höheren Affen, mehreren Artiodactylen und Perissodactylen verwächst das oberste Knochenstück mit dem Felsenbein und bildet den Processus styloideus. Die hintern Hörner vermitteln die Verbindung mit dem Kehlkopf, sind meist kürzer und einfach und fehlen vielen Nagern, den *Sirenia*, *Bruta*. Die Geruchsorgane der Säugethiere besitzen in der bedeutenden Flächenvergrösserung ihrer Schleimhaut, sowie in den mit der

Nasenhöhle in Verbindung stehenden Nebenhöhlen ihre specielle Function wesentlich unterstützende Einrichtungen. Träger der Schleimhaut sind die Muscheln, von denen die zwei obern, im obern Theile der Nasenhöhle liegenden dem Siebbein angehören. Die untern Muscheln sind als besondre Knochen der Innenfläche der Oberkiefer angeheftet. Sämmtliche Muscheln, die besonders bei Carnivoren, vielen Nagern, Pinnipedien u. a. sehr entwickelt sind, bestehen aus dünnen, leicht zerbrechlichen, vielfach gewundenen, aufgerollten Knochenlamellen, auf welchen die dünne Schleimhaut befestigt ist. An die vom Vomer und der mittleren Siebbeinplatte gebildete knöcherne setzt sich nach vorn eine knorplige Nasenscheidewand, welche in der Regel die Form der äussern Nase zum Theil bedingt. In andern Fällen treten besondre Knorpelstücke auf, welche besonders bei Rüsselbildungen (Maulwurf, Schwein, Tapir, Elephant) eine mannichfache Entwickelung zeigen und bei den Robben einen klappenartigen Verschluss der Nasenöffnungen bilden. Zuweilen finden sich Ossificationen hier vor, wie das Os praenasale einiger *Bruta*, das Os praemaxillare des *Ornithorhynchus*, der Rüsselknochen bei *Sus, Talpa, Perameles*. Mit der Nasenhöhle stehen in der Regel zellige Höhlen (Sinus) benachbarter Knochen, meist der Stirn-, Keil- und Oberkieferbeine in Verbindung, welche besonders bei den scharfriechenden Säugethieren entwickelt sind. Beim Elephanten erstrecken sie sich vom Stirnbein aus durch die Scheitelbeine bis in das Hinterhauptsbein. Bei den Walthieren fehlen diese Nebenhöhlen, wie überhaupt hier die Nasenhöhle eine eigenthümliche Bildung zeigt. Es stellt dieselbe einen senkrechten, eine bald einfache bald doppelte Oeffnung besitzenden Canal, den sogenannten Spritzcanal dar, an dessen vorderer Wand den Zwischenkiefern anliegend die rudimentären unteren Muscheln sich finden und dessen unteres Ende durch einen sphincterartig wirkenden Muskel von der Schlundhöhle getrennt wird. Seitlich münden besondre Spritzsäcke in die Nasenhöhle. Am Boden der Nasenhöhle, häufig im Scheidewandknorpel eingeschlossen liegt bei manchen Säugethieren (Wiederkäuer, Nager) ein drüsiges, das sogenannte Jacobson'sche Organ, welches mit seinen Gängen in den die Zwischenkiefer durchbohrenden Canalis incisivus eintritt. Dieser ist meist von Schleimhaut überzogen und geschlossen, bleibt aber bei Wiederkäuern offen und wird dann Stenson'scher Gang genannt. Das Gehörorgan der Säugethiere hat in der Regel drei Abschnitte, das innere, mittlere und äussere Ohr. Ersteres ist im Felsenbeine eingeschlossen und besteht aus dem Vestibulum, der $1\frac{1}{2}$ bis 5, meist $2\frac{1}{2}$ Windungen zeigenden Schnecke, welche nur bei den Monotremen eine rudimentäre Bildung hat, ähnlich dem Schneckenfortsatz der Vögel, und den drei halbzirkelförmigen Canälen. Form, Grösse und gegenseitiges Verhalten dieser Theile zeigen gewisse, den Säugethierfamilien im Allgemeinen entsprechende Modificationen.[*] Das mittlere Ohr bildet die nach aussen vom Trommelfell verschlossne, in die Rachenhöhle durch die Tuba Eustachii mündende Paukenhöhle, in welche als schallleitender Apparat die Kette der Gehörknöchelchen eingefügt ist. Der im Trommelfell

---

[*] Vgl. M. Claudius, Das Gehörlabyrinth von Dinotherium giganteum nebst Bemerkungen über den Werth der Labyrinthformen für die Systematik der Säugethiere. Cassel, 1865.

I. Mammalia.

befestigte Hammer articulirt mit dem Amboss, dieser mit dem das ovale Fenster deckenden Steigbügel. Der letztere ist nicht immer durchbohrt, sondern zuweilen (Monotremen, einige *Marsupialia* und *Bruta*) durch ein in einer Basalplatte endendes Stäbchen repräsentirt. Besonders bei den Monotremen erinnert diese Bildung an die Columella der Vögel, da sich auch hier statt des Hammers und Ambosses nur ein Knochen findet. Bei einigen Insectivoren und Nagern tritt zwischen den Schenkeln des Steigbügels ein knöchernes Stäbchen, bei andern eine Arterie hindurch. Ein früher vermutheter Zusammenhang des letztern Verhaltens mit dem Winterschlaf bestätigt sich nicht, da die Arterie bei mehreren winterschlafenden Thieren fehlt. Ein äusseres Ohr, in der verschiedenartigsten Weise von bogen- und muschelförmigen Knorpelstücken gebildet und dann in der Regel durch besondere Muskeln beweglich, fehlt nur den im Wasser und in der Erde lebenden Thieren (Cetaceen, Pinnipedien, Talpa, Monotremen). Sehorgane besitzen alle Säugethiere, indem selbst bei den wühlenden Formen, wie *Talpa* und *Spalax*, Augäpfel vorhanden sind, welche allerdings sehr klein sind und von der Haut ohne Spaltbildung bedeckt werden. Die Grösse der Augen steht nicht im Verhältniss zur Körpergrösse, indem beim Elephanten und den Cetaceen die Augen absolut zwar die grössten, aber relativ die kleinsten sind, während einige kleine nächtliche Formen relativ sehr grosse Augen haben. Die Stellung der Augen ist nur bei den Primaten so, dass die Sehaxen parallel stehen. Die Form des Augapfels ist meist kuglig; doch ist er bei den Cetaceen und vielen Ungulaten platt, bei vielen Primaten länger als breit. Die zuweilen sehr verdickte Sclerotica entbehrt stets knöcherner Einlagerungen. Am hintern Theile der Chorioidea tritt bei vielen Säugethieren an die Stelle der Pigmentzellen eine eigenthümliche meist metallisch glänzende Schicht, das sogenannte Tapetum (Cetaceen, Ruminantien, Carnivoren u. a.). Die Form der Linse ändert nach dem Medium, in welchem die Thiere leben. Bei den Wasserthieren mehr kuglig, ist sie bei den in der Luft lebenden stets mehr oder weniger platt. Bewegt wird der Augapfel von vier geraden und zwei schiefen Muskeln. Hierzu kommt bei vielen Ungulaten, Pinnipedien u. a. ein trichterförmig den Bulbus unter den geraden Muskeln umfassender Rückzieher. Ausser den beiden, nur den oben erwähnten Formen fehlenden Augenlidern haben die Säugethiere eine, die Nickhaut niederer Wirbelthiere repräsentirende Falte, welche nur selten das ganze Auge bedecken kann, aber als Plica semilunaris selbst beim Menschen noch andeutungsweise vorhanden ist. Ueberall liegen an der Aussenseite der Augäpfel die Thränendrüsen, deren Secret von den Thränenpuncten am innern Augenspaltenrand aufgenommen und durch den Thränencanal in die Nasenhöhle geleitet wird.

Die Verdauungsorgane der Säugethiere sind sowohl durch die schärfere Sonderung und verschiedenartigere Entwickelung ihrer einzelnen Abschnitte, als durch den grösseren Drüsenreichthum vor denen andrer Wirbelthiere ausgezeichnet. Der Mund ist, mit Ausnahme der Cetaceen und des *Ornithorhynchus*, stets von weichen Lippen umgeben. Die Mundhöhle hat eine häufig faltige, auch wie die Zunge Epithelialanhänge tragende Schleimhaut und wird gegen die Rachen- oder Schlundhöhle durch den weichen

Gaumen getrennt. Ein von dessen Mitte herabhängendes Zäpfchen haben nur die Primaten. Die seitlich die Mundhöhle schliessenden musculösen Backen enthalten zuweilen Ausstülpungen, die Backentaschen, welche in einzelnen Fällen bis hinter den Schädel zurückreichen. Für die Systematik von grösster Bedeutung sind die, in ihrem Vorkommen bei den Säugethieren auf die Kiefer beschränkten Zähne. Völlig zahnlos sind nur die Ameisenfresser: *Echidna, Manis, Myrmecophaga*. *Ornithorhynchus* und *Rytina* haben Hornplatten statt der Zähne, erster auf den Kiefern, letztere an Zunge und Gaumen, wo sich auch bei *Echidna* hornige Fortsätze der Schleimhaut finden. Bei den Bartenwalen bilden sich zwar im Embryonalleben in beiden Kiefern verkalkte Zahnkeime, doch verschwinden dieselben schon früh; an ihre Stelle treten die Barten, Fischbein. Es sind dieselben schräg vier- oder dreiseitige quer in einer Reihe hintereinander jederseits am Oberkiefer stehende Platten von Hornsubstanz, welche, an ihrem äussern Rande länger, am innern und untern sich in Fasern auflösen. Nach innen von ihnen am Gaumen stehen ähnliche, aber kleinere und weichere Platten. Beim Schliessen des Mundes werden dieselben vom Unterkiefer umfasst. Die eigentlichen Zähne bestehen allgemein aus Zahnbein, Dentinum, welches an dem freien Kauende meist von Schmelz, Encaustum, Adamas, bedeckt wird. Als äussere, besonders die Wurzel bedeckende Schicht kommt noch das Cement, Caementum, Crusta petrosa, hinzu. Zähne mit beschränktem Wachsthum stecken mit einer oder mehreren Wurzeln in der Alveole, über deren Rand die Zahnkrone hervorragt. Zwischen beiden liegt der Hals, Cervix s. Collum. Wächst aber der Zahn unbeschränkt fort, ist sein untres Ende nicht geschlossen, dann heisst er wurzellos, d. h. der in der Zahnhöhle steckende Theil weicht in Bildung und Form nicht von dem kauenden äussern Theile ab. Die Zähne heissen einfach (Dentes simplices s. obducti), wenn ihre Krone gleichmässig von Schmelz überzogen ist (z. B. Backzähne der Primaten), schmelzfaltig (D. complicati), wenn der Schmelz faltenartige Fortsätze in die Zahnsubstanz bildet, die dann wieder mit Cement ausgefüllt sein können (z. B. Schneidezähne des Pferdes, Backzähne der Wiederkäuer), endlich zusammengesetzt oder blättrig (D. lamellosi s. compositi), wenn die Zähne aus einzelnen, durch Cement verkitteten mit Schmelz überzognen Platten bestehen (Backzähne des Elephanten). Nach ihrer Stellung in der obern Kinnlade werden die Zähne als Schneide-, Eck- und Backzähne bezeichnet; und zwar sind die Zähne im Zwischenkiefer Schneidezähne (D. incisores s. incisivi s. primores), der an der Verbindung des Oberkiefers mit dem Zwischenkiefer stehende Zahn heisst Eckzahn (D. caninus s. laniarius), die übrigen sind Backzähne (D. molares). Die gleiche Bezeichnung erhalten diejenigen Zähne des Unterkiefers, welche bei geschlossenen Kinnladen den obern entsprechen, wobei der Eckzahn des Unterkiefers stets vor dem des Oberkiefers in die Zahnreihe greift. Eine Unterbrechung der Zahnreihe, wie sie z. B. zwischen dem äussern Schneide- und dem Eckzahn des Oberkiefers bei den höheren Affen vorkommt, heisst Diastema. Der Bildungsweise ihres bleibenden Gebisses nach kann man die Säugethiere mit Owen in Monophyodonten und Diphyodonten theilen. Die ersteren bilden nur einmal Zähne, ihre erstge-

I. Mammalia.

bildeten Zähne bleiben bestehen; hierher die Monotremen, Bruta und echten Cetaceen. Die andern bilden ein vorübergehendes, sogenanntes Milchgebiss (D. decidui), an dessen Stelle erst die zweite bleibende Zahnfolge rückt. Da von den Backzähnen nur die vordern gewechselt werden, so unterscheidet man sie als falsche, Praemolares, von den echten Backzähnen, Molares. Bei einigen Carnivoren (besonders den Felinen) entwickeln sich meist ein oder zwei Backzähne zu scharfkantigen zackigen Werkzeugen, welche mit den entsprechenden der andern Kinnlade scheerenartig aufeinander greifen. Man nennt diese dann Fleischzähne (D. lacerantes, dents carnassières), die vor ihnen stehenden Lückzähne (D. molares spurii), die hinter ihnen befindlichen Höcker- oder Kauzähne (D. tuberculati). In andern Fällen entwickeln sich Schneidezähne zu grossen Stosszähnen, wie beim Elephant, Narwal, Walross, Dugong. Bezeichnet man die Schneidezähne mit i, die Eckzähne mit c, die Backzähne mit m (d Praemolares decidui, p Praemolares, m Molares), so lässt sich, wenn durch die Stellung der Zahl über oder unter dem Strich die Zahl der Zähne im Ober- und Unterkiefer ausgedrückt wird, der Bestand sowohl des Milch- als des bleibenden Gebisses durch eine Formel bezeichnen, wobei nach Blainville's Vorgang, da beide Kieferhälften symmetrisch sind, nur eine berücksichtigt wird. Der typische Bestand des bleibenden Gebisses ist: $i\frac{3}{3}$, $c\frac{1}{1}$, $m\frac{7}{7}$. Bei den Marsupialien wird diese Zahl zuweilen überschritten, bei den Placentalen tritt dagegen häufiger eine Verkümmerung ein. Die Backzahnformel bei Marsupialien ist $p\frac{3}{3}$ $m\frac{4}{4}$, bei Placentalen $p\frac{4}{4}$ $m\frac{3}{3}$ (hiervon macht nur *Otocyon Lichtst.* eine Ausnahme). Zählt man nun, wie es Owen vorgeschlagen hat[*]), die Molares von vorn nach hinten, die Praemolares ebenso von vorn nach hinten, so lässt sich jedes Gebiss, selbst bis auf seinen Bestand an bestimmten Zähnen, in kurzen Formeln ausdrücken. Das Gebiss des erwachsenen Menschen ist hiernach: $i\frac{2}{2}$ ($i^1 + i^2$) $c\frac{1}{1}$, $p\frac{2}{2}$ ($p^3 + p^4$) $m\frac{3}{3}$ ($m^1 + m^2 + m^3$), der Gattung Felis: $i\frac{3}{3}$, $c\frac{1}{1}$, $p\frac{3}{2}\left(\frac{p^{2+3+4}}{p^{3+4}}\right)$, $m\frac{1}{1}$ (m^1); in letzterem Falle ist $\frac{p^4}{m^1}$ Fleischzahn, $\underline{m^1}$ der kleine Höckerzahn der Oberkinnlade (daher, wenn man p für Lückzahn, s für Fleischzahn, m für Höckerzahn setzt: $p\frac{2}{2}$, $s\frac{1}{1}$, $m\frac{1}{0}$).

Die von der Mundhöhle durch den weichen Gaumenvorhang getrennte Schlund- oder Rachenhöhle, Pharynx, geht nach hinten in die engere, gleichweite Speiseröhre, Oesophagus, über, welcher kropfartige Erweiterungen oder Anhänge fast ausnahmslos fehlen. Durch das Zwerchfell getreten führt sie in den Magen, Ventriculus. Wie im Allgemeinen der Darm bei Fleischfressern im Verhältniss zur Körperlänge kürzer ist (3:1, Löwe), als bei Pflanzenfressern (20—28:1, letzteres Verhältniss beim Schaf), so zeigt der Magen je nach der Nahrung eine solche Mannichfaltigkeit in seiner Bildung, dass er auf der einen Seite eine einfache Erweiterung des Darms darstellt, auf

---

[*]) Owen, On the development and homologies of the molar teeth of the Wart-Hogs, with illustrations of a system of notation for the teeth in the class Mammalia. Philos. Transact. 1850. p. 481. — s. auch Article »Teeth« in Todd's Cyclopaedia of Anatomy. Vol. IV. P. II. 1849. p. 903.

der andern einen zusammengesetzten, aus mehreren einzelnen Abschnitten bestehenden Apparat bildet. Die Oeffnung der Speiseröhre in den Magen, der obre Magenmund, Cardia, welche beim Pferd durch eine Spiralfalte der Schleimhaut nach oben verschliessbar ist, führt zunächst in den Cardiatheil des Magens, welcher eine Formenreihe von einer seichten Ausbuchtung (Mensch, Carnivoren) bis zu einem grossen Blindsack bietet. Andrerseits grenzt sich der am untern Magenmund, Pförtner, Pylorus, gelegne Theil, das Antrum pylori, von dem vordern Abschnitt häufig so scharf ab, dass er als besondrer Magenabschnitt erscheint (*Phoca*). Tritt nun noch eine schärfere Grenze zwischen Cardiatheil und eigentlichem Magen hinzu, so hat in diesem Falle der Magen schon drei Abschnitte (*Phocaena*). Auch entwickelt zuweilen der mittlere Theil noch besondre Blindsäcke (*Manatus*), oder es treten zellige Auftreibungen, Haustra, wie sie die zwischen den kürzeren Muskelbändern faltige Schleimhaut des Dickdarms zeigt, auf (herbivore Marsupialen, *Semnopithecus*, Pansen der Kameele, wo sie die fälschlich sogenannten Wasserzellen bilden). Die zusammengesetzteste Form haben die Wiederkäuer. Der Cardiablindsack wird hier zum ersten grössten Magen, Pansen, Rumen, in welchen das Futter zunächst eintritt. Neben der Cardia mündet er in den zweiten viel kleineren Abschnitt, den nach der Oberflächenbeschaffenheit seiner Schleimhaut sogenannten Netzmagen oder die Haube, Reticulum, Ollula. Ebenfalls der Cardiamündung nahe führt dieser Abschnitt in den dritten, in Folge seiner Schleimhautfalten sogenannten Blättermagen oder Psalter, Psalterium, Omasus, einen Abschnitt, welcher den Kameelen fehlt. Die Absonderung des eigentlich verdauenden Magensaftes erfolgt erst in dem vierten Magen, dem Labmagen, Abomasus, der dem Antrum pylori entspricht. Von der Cardia aus geht eine verschliessbare Rinne nach der Oeffnung des Psalters, so dass ein aus dem Pansen zum Wiederkauen in den Mund beförderter Bissen feiner zertheilt nun gleich in den dritten und aus diesem in den vierten Magen übergehen kann. Aehnliche Einrichtungen zum Wiederkauen haben *Myoxus*, *Bradypus*, *Macropus*. Der Darm selbst ist bei Fleischfressern kürzer als bei Pflanzenfressern; bei ersteren ist er 4—5mal so lang als der Körper, bei Früchtefressern 6—9mal, beim Rind 22mal, beim Schaf 28mal. Der zunächst auf den Magen folgende Abschnitt des Darms, das Duodenum, ist durch den Besitz besondrer Drüsen, der Brunner'schen Drüsen ausgezeichnet. Sein Anfangsstück sondert sich zuweilen schärfer als Antrum duodeni ab und zählt dann wohl als besondrer Magentheil mit (*Phocaena*). An dem Uebergange des Dünndarms, welcher stets den längsten Darmtheil bildet, in den Dickdarm, den kürzern, bei den Säugethieren aber im Verhältniss zu den andern Vertebraten immer noch längeren Endtheil des Tractus, findet sich ein bei Carnivoren sehr kleiner, bei Pflanzenfressern sehr entwickelter, zuweilen doppelter Blinddarm. Die Afteröffnung liegt bei den Monotremen mit den Mündungen des Urogenitalapparats in einer Cloake, bei den Marsupialien in unmittelbarer Nähe derselben, bei den placentalen Säugethieren getrennt von ihnen. — Von drüsigen Anhängen des Darmcanals fehlen die Speicheldrüsen nur den ächten Cetaceen. Bei den übrigen Säugethieren sind sie in zuweilen beträchtlicher Entwickelung vorhanden, und zwar dieselben drei

Paare, wie beim Menschen; am stärksten sind sie bei Pflanzenfressern. Das Secret der Leber, welche meist zweilappig, seltner mehrlappig ist, die Galle, wird entweder direct in den Darm geführt, ohne in eine Gallenblase gesammelt zu werden (Cetaceen, mehrere Pachydermen, Kameele, Hirsche, einige Nager), oder sie tritt aus dem Lebergange in eine Gallenblase ein, zuweilen auch noch direct aus der Leber in die Gallenblase (Rind). Dicht neben dem Gallengange, zuweilen in sein unteres Ende mündet der Ausführungsgang der Bauchspeicheldrüse, Pancreas. In den Darmwandungen selbst liegen ferner sowohl schlauchförmige Drüsen, die bereits erwähnten BRUNNER'schen und die LIEBERKÜHN'schen, als auch geschlossene, dem Lymphsystem angehörige (solitäre und PEYER'sche) Follikel, von denen die in den Seiten der Rachenhöhle im Gaumensegel liegenden Tonsillen die beträchtlichsten sind. Befestigt wird endlich der Darmcanal in der Bauchhöhle von einer serösen Haut, dem Bauchfell, Peritoneum, dessen Duplicaturen Aufhängeplatten des Darmes bilden, Mesenterien, deren freie Endplatten das sogenannte Netz, Omentum bilden.

Die Respirationsorgane der Säugethiere bestehen aus den frei in der Brusthöhle liegenden Lungen und den Luftwegen. Erstere sind von der Pleura umhüllt, welche durch Einsenkungen in die Lungensubstanz die Bildung der Lungenlappen bedingt. Während solche bei mehreren Pachydermen und den Sirenien fehlen, finden sich bei den übrigen an der stets grösseren rechten Lunge 4—7, an der linken 2—3 Lappen. Durch fortgesetzte Theilung der feinsten Bronchialästchen werden die letzten Abtheilungen der Lunge zu wahren Endbläschen, welche nach Art einer traubigen Drüse jenen aufsitzen. Mit den Lungen in Verbindung stehende Luftsäcke finden sich nirgends. Die Luftwege zerfallen in Kehlkopf, Larynx, und Luftröhre, Trachea. Letztere wird durch Knorpelbogen offen gehalten, welche in der Regel hinten, bei vielen Walen vorn, durch eine Membran geschlossen werden. Bei andern Cetaceen sind die Knorpel spirale Streifen. Die Länge der Luftröhre richtet sich meist nach der des Halses, eine Windung derselben, hinab bis zum Zwerchfell und wieder zurück zur Theilung, findet sich nur bei *Bradypus tridactylus*. Der Kehlkopf ist Stimmorgan. Von den in seine Bildung eingehenden Theilen setzt sich der Schildknorpel durch obre und untre Hörner an das Zungenbein und an den zweiten Knorpel, den Ringknorpel, an; zwischen den Giessbeckenknorpeln und der innern Fläche des Schildknorpels liegt die von den Stimmbändern eingeschlossene Stimmritze, Glottis. Stimmbänder fehlen den Cetaceen; dagegen kommen häufig untere und obere vor. Bedeckt wird die Stimmritze von einem zungenförmigen, meist durch ein Knorpelstück gestützten Kehldeckel, Epiglottis. Mit dem Kehlkopf stehen bei Walthieren und einigen Affen Luftsäcke in Verbindung.

Das Herz der Säugethiere besteht aus zwei vollständig getrennten Hälften, jede mit Kammer und Vorkammer. Die Klappen verhalten sich wie beim Menschen; nur bei den Monotremen treten an der rechten Atrioventricularklappe neben den häutigen Theilen noch zwei musculöse Blätter auf, ähnlich wie bei den Vögeln. Eine Klappe an der Mündung der untern Hohlvene, Valvula Eustachii findet sich nur bei den Primaten und dem Elephant. Bei einigen

Säugethieren (Rind, Hirsch, Elephant) tritt im Alter in der Kammerscheidewand eine Verknöcherung, der Herzknochen, auf. Die Aorta bildet einen über den linken Bronchus nach und hinten verlaufenden Bogen, aus welchem die Gefässe für den Kopf und die Vorderextremitäten (Carotis und Subclavia) in verschiedner Weise abgehen. Bald ist nur ein Truncus brachiocephalicus vorhanden, welcher aber vier vordere Arterien abgibt (Pferd, Wiederkäuer), bald entspringt die linke Subclavia allein, die rechte und die beiden Carotiden aus einem gemeinschaftlichen Stamm, Arteria anonyma (Beutelthiere, Nager, Carnivoren, Schwein, Lama, Lemuriden, viele Affen), oder es sind zwei Arteriae anonymae vorhanden (*Chiroptera*), oder Carotis und Subclavia entspringen links getrennt, rechts vereinigt (Monotremen, Bruta, Affen, Mensch), oder endlich die beiden Subclavien entspringen einzeln, die Carotiden gemeinschaftlich (Elephant). Das Venensystem der Säugethiere zeichnet sich dadurch aus, dass meist nur eine obere Hohlvene in das Herz mündet, während das Vorkommen zweier vorderer Hauptvenen, wie es bei Vögeln constant ist, nur bei den *Monotremen, Marsupialien*, vielen Nagern und einzelnen andern, zu finden ist. In diese obere Hohlvene münden auch die Reste der untern Cardinalvenen, die Azygos und Hemiazygos, welche das Blut von den Rumpfwandungen sammeln. Ein Nierenpfortaderkreislauf fehlt überall; dagegen tritt das Blut der Eingeweide stets durch die Pfortader in die Leber. Die Lebervenen münden dann einzeln oder vereinigt in die untere Hohlvene, an welcher sich bei den tauchenden Formen ein Apparat zum Verschluss gegen das Herz hin findet. Wundernetze kommen vielfach vor; so an den Intercostales der Cetaceen und Phoken, an den Extremitäten der Bruta, an der Hypophysis cerebri, an der Arteria ophthalmica im Grunde der Orbita. Die Blutkörperchen sind verhältnissmässig klein, rund, nur bei den *Cameliden* oval. Das Lymphgefässsystem mündet durch den Ductus thoracicus in die obere Hohlvene. Es ist durch die Anwesenheit vieler Lymphdrüsen ausgezeichnet, welche zum Theil in den Mesenterien, zum Theil an den peripherischen Lymphstämmen auftreten. Zu diesem System gehörig sind auch die sogenannten Blutgefässdrüsen: Thymus, Thyreoidea und Milz. Letztere liegt stets am Cardiatheil des Magens und ist entweder einfach oder in kleine Abtheilungen zerfallen (Delphine).

Während in Bezug auf die Entwickelung der Urogenitalorgane auf das bei den Wirbelthieren allgemein Mitgetheilte verwiesen wird, ist hier noch zu bemerken, dass die Verbindung der Ausführungsgänge beider Systeme auch hier insofern statt hat, als die Ausführungsgänge der Nieren, die Ureteren, stets in die Harnblase münden, diese aber, mit Ausnahme der Monotremen, wo eine Cloake vorhanden ist, in den Canalis urogenitalis sich öffnet, welcher bei den Weibchen das flache Vestibulum, den Scheidenvorhof, bildet, bei den Männchen den Penis durchbohrt. Die Nieren liegen hinter dem Bauchfell in der Lendengegend und sind meist compacte Organe; nur bei Cetaceen und Pinnipedien sind sie gelappt, bei vielen Carnivoren höckrig. Die Harnleiter entspringen mit einer Erweiterung, dem Nierenbecken, und verlaufen nach hinten, um sich in oder an dem Hals der Blase zu öffnen.

Die Eierstöcke, welche in eine Peritonealfalte eingehüllt den Eileitern anliegen, sind nur bei den Monotremen und in geringerem Grade auch bei den Marsupialien gelappt wie bei den Vögeln, sonst durch stärkere Entwickelung des die Eichen aufnehmenden Zwischengewebes glatt und compact. Auch ist bei ersteren der linke Eierstock, wie bei Vögeln, verkümmert. Die in Eileiter, Tuba Falloppii, Gebärmutter, Uterus, und Scheide, Vagina, zerfallenden ausführenden Apparate zeigen ein verschiedenes Verhalten. Bei den Monotremen bleiben die Gänge beider Seiten selbständig und münden getrennt in den Sinus urogenitalis. Bei den Marsupialien und mehreren Nagern legen sich die Uteri beider Seiten mit ihrem untern Ende an einander und münden mit besondern Oeffnungen in die Scheide, welche dabei meist doppelt bleibt und bei Marsupialien noch einen eigenthümlichen medianen Blindsack nach hinten abgibt. Bei andern Nagern wird die Uterusmündung einfach, die Höhle desselben bleibt aber getrennt (Uterus bipartitus). Die meisten Säugethiere haben einen einfachen aber in zwei lange Hörner auslaufenden Uterus (Uterus bicornis). Schwinden bei stärkerer Entwickelung der Musculatur die Hörner, so bildet sich der einfache Uterus der Primaten. Den Eingang in die Scheide verengt eine in verschiednen Theilen derselben auftretende Falte, das Hymen. Die Hoden bleiben bei den Cetaceen, mehreren Bruta, dem Elephanten stets in der Bauchhöhle. Bei andern rücken sie durch den Leistencanal unter die äussere Haut, von wo sie, wie bei mehreren Nagern, Chiroptera, zur Brunstzeit in die Bauchhöhle zurücktreten. Bei den Marsupialien werden sie hier von einer häutigen Tasche aufgenommen, die vor der Penisöffnung liegt. Bei andern endlich rücken sie in die den grossen Schamlippen entsprechenden Hautfalten, welche das eigentliche Scrotum bilden. Die Samenleiter, Vasa deferentia, münden in den zur Urethra umgewandelten Sinus urogenitalis. In diesen öffnet sich auch der früher erwähnte Uterus masculinus, welcher in seiner Form dem wirklichen Uterus entspricht, oft aber auf ein kleines in die Prostata eingebetetes Bläschen reducirt ist. Von Anhangsdrüsen mündet beim Weibchen nur ein Drüsenpaar, die BARTHOLIN'schen Drüsen, in den Scheidenvorhof. Bei den Männchen sind dagegen ausser den jenen entsprechenden COWPER'schen Drüsen häufig noch zweierlei Drüsen vorhanden. Die einen nennt man Samenbläschen, Vesiculae seminales; doch haben sie nicht die Bedeutung solcher, sondern sind nur Secretionsorgane. Sie fehlen den Implacentalen, Cetaceen und Carnivoren. Fast überall sind aber Drüsengruppen vorhanden, welche die Urethra in der Regel in der Nähe der Ausmündung der Samenleiter umgeben, die Prostata. Die Begattungsorgane der Säugethiere sind in beiden Geschlechtern wesentlich nach demselben Plane gebaut, indem beim Weibchen nur die Kürze und der nicht erfolgende Verschluss des Sinus urogenitalis, sowie die rudimentäre Form der Organe Modificationen bedingen. Bei den Monotremen sind nur zwei getrennte Schwellkörper vorhanden, welche in der Cloake liegend den Samenleiteröffnungen genähert werden; sie dienen nur dem Samenabfluss. Bei allen übrigen Säugethieren kommen noch zwei Corpora cavernosa penis hinzu, welche sich aneinander legen und in einer an ihrer untern Seite befindlichen Furche den Harnröhrenschwellkörper aufnehmen; letzterer bildet vorn die Eichel, Glans penis. In dieser, die verschieden geformt, zuweilen mit hornigen Anhängen besetzt ist, liegt bei vielen Säugethieren ein sich nach hinten in das Corpus cavernosum urethrae verlängernder Knochen, der Ruthenknochen. Die Ruthe hängt entweder frei herab, oder ist in der Bauchhaut oder ganz in der Bauchhöhle eingeschlossen. Der Kitzler, Clitoris, des Weibchens ist nie durchbohrt und liegt stets vor der Urethralöffnung. Im weitern Sinne als zu den Generationsorganen gehörig sind endlich noch die Milchdrüsen zu erwähnen, von deren Secret die Jungen in der ersten Zeit nach der Geburt ernährt werden. Während sie bei den Walthieren in der Nähe der Genitalöffnung liegen, rücken sie bei andern an die Bauch- oder Brustfläche. Die Milchgänge treten meist in eine Warze, Zitze, ein, an der das Junge saugt. Dieselbe fehlt den *Monotremen*. Die Zahl und Lage der auch den Männchen in rudimentärer Form zukommenden Milchdrüsen und Zitzen schwankt vielfach.

Die Lösung der Eier erfolgt von der Begattung unabhängig und ist wohl meist von einem Congestivzustand der Genitalien begleitet, welcher aber nur beim Menschen zu der periodisch eintretenden Menstruation führt. Die Dauer der Trächtigkeit steht im Verhältniss zur Körpergrösse. Nur machen hiervon die *Implacentalen* eine Ausnahme, da hier die Jungen auf einer sehr frühen Entwickelungsstufe geboren und in der Bruttasche, Marsupium, an den Zitzen hängend weiter entwickelt werden. Auch die Zahl der auf einmal geworfenen Jungen, welche von 1—20 schwankt, richtet sich zum Theil nach der Körpergrösse. Doch finden sich hier vielfache Ausnahmen; auch thut die Zuchtwahl sehr viel. Die Brunst tritt nach der kalten Jahreszeit ein; die Befruchtung erfolgt dann bei kleinen Formen zuweilen mehrmals des Jahrs. In Bezug auf die Entwickelung ist hier nur der merkwürdigen Unterschiede zu gedenken, welche die Entwickelung der Allantois darbietet, sowie des verschiednen Verhaltens der Uterinschleimhaut bei der Bildung des Mutterkuchens oder der Placenta. Bei den *Monotremen* und *Marsupialien* bleibt die Allantois klein, erreicht die Uterinwand nicht; die auf ihr ausgebreiteten Nabelgefässe können daher auch nicht mit mütterlichen Gefässen in Berührung treten; — es wird keine Placenta gebildet: **Implacentalia**. Bei allen übrigen Säugethieren erreicht die Allantois die Gebärmutterwand, die Embryonalgefässe treten zu den mütterlichen in lockere oder engere Beziehung, es bildet sich eine Placenta: **Placentalia**. Die Placenta zeigt nun wieder wesentliche Unterschiede der Structur und der Form. Nach dem Eintritt des Eies in den Uterus bildet sich durch Wucherung der Schleimhaut auf dieser eine neue Schicht, die im allgemeinen die hinfällige Haut, Decidua, heisst, da sie nach der Geburt wieder schwindet. Die in zottenförmigen Verlängerungen der Eihaut liegenden Allantoidalgefässe treten nun bei den *Cetaceen*, *Sirenien*, *Artiodactylen* und *Perissodactylen* (nach der früheren Systematik *Ruminantien*, *Pachydermen* mit Ausnahme von *Hyrax* und *Elephas*) und *Bruta* nur locker in entsprechende Vertiefungen der Uterinschleimhaut ein, wobei sie entweder einen breiten, nur die Pole des Eies frei lassenden Gürtel um das Ei bilden, Placenta diffusa, (*Pachydermen*), oder auf besondern platten oder becherförmigen Wülsten, Cotyledones, sitzen (*Ruminantien*). Aus dieser Verbindung können sie ohne Zerreissung von mütterlichen Gefässen gelöst werden; es geht kein Theil des mütterlichen Antheils an der Placenta bei der Geburt verloren (Placenta non cohaerens, non caduca, Mammalia non-deciduata Huxley). Bei *Hyrax*, *Elephas*, den Nagern, *Insectivoren*, *Carnivoren*, *Chiroptern* und *Primaten* dagegen tritt durch stärkere Wucherung der Decidua und der mütterlichen Gefässe in derselben eine solche Verwebung der embryonalen und mütterlichen Gefässe ein, dass bei der Geburt ein Theil des mütterlichen Placentarantheils mit entfernt wird (Placenta cohaerens, caduca, Mammalia deciduata). Dabei ist sie entweder gürtelförmig, Placenta zonaria (*Carnivoren*), oder scheibenförmig, Placenta discoidea (Nager, *Insectivoren*, *Chiroptern*, *Primaten*).*)

Die Lebensweise und der Aufenthalt der Säugethiere steht in innigem Verhältniss zu der Bildung ihres Körpers, besonders der Extremitäten. Die *Cetaceen*, *Sirenien* und *Pinnipedien* sind Wasserbewohner, und zwar fast constant marine. Von den übrigen sind die *Chiroptera* Flatterthiere, da sie nicht nach Art der Vögel, sondern mittelst ihrer Patagien fliegen oder flattern. Viele Säugethiere können geschickt klettern, wobei sie ihre Krallen, seltner die Daumen oder den zu einem Greiforgan gewordnen Schwanz benutzen. Die grabenden und wühlenden Formen sind meist durch besondere Bildung ihrer Vorderfüsse dazu geschickt gemacht. Eigentliche Kunsttriebe sind aber selten zu beobachten, wie überhaupt die instinctiven Formen der Seelenthätigkeit bei den Säugethieren in Wegfall kommen, um den höheren Formen einer auf Erfahrung gegründeten Ueberlegung Platz zu machen. Die Säugethiere sind meist Tagthiere und schlafen bei Nacht, selten wachen sie zur Nachtzeit. Mehrere Arten, wie *Chiroptera*, einige Insectivoren, Carnivoren, Nager, haben einen Winterschlaf, d. h. sie fallen mit Eintritt der kältern Jahreszeit in einen scheintodähnlichen Zustand, in welchem die Temperatur ihres Körpers sinkt, Athem- und Blutbewegung sich verlangsamen, die Vegetation auf eine Resorption des vor dem Eintritt des Winterschlafs angehäuften Fettvorraths reducirt wird. Dies Fett sammelt sich besonders am untern Theile des Halses in den sogenannten (nicht mit der Thymus zu verwechselnden) Winterschlafdrüsen an. Einige Säugethiere leben in Monogamie, andere in Polygamie; im ersteren Falle meist einzeln, nur zur Brunstzeit einander aufsuchend, im letzteren gesellig. Die Männchen unterscheiden sich häufig im Aeussern von den Weibchen durch den Besitz von Hörnern, stärkeren Eckzähnen u. s. w. Alte Weibchen nehmen zuweilen den Habitus der Männchen an. Regelmässige Wanderungen unternehmen nur wenige Formen der Polargegenden (Wale, Lemminge u. a.).

Von fossilen und lebenden Säugethieren sind gegen 3000 Arten beschrieben (800 fossile, 2100 lebende). Das Verhältniss der einzelnen Ordnungen zu einander hat sich im Laufe der Zeiten wesentlich geändert, indem in den älteren Schichten mehr Pflanzen- als Fleischfresser vorkommen, während jetzt beide Gruppen sich ziemlich das Gleichgewicht halten. Säugethiere sind über die ganze Erde verbreitet; doch nimmt auch hier die Zahl der Gattungen und Arten nach den Polen hin ab. Mehreren Südseeinseln fehlen Säugethiere.

---

*) C. E. von Baer, Untersuchungen über die Gefässverbindung zwischen Mutter und Frucht. Leipzig, 1828. p. 26. Eschricht, De organis, quae respirationi et nutritioni foetus Mammalium inserviunt. Hafniae, 1837. p. 30.

Kosmopoliten sind nur einige Seesäugethiere. Die circumpolaren Länder haben viele Formen gemein. Doch unterscheiden sich sehr die gemässigten, mehr noch die tropischen Striche beider Hemisphären durch ihre Säugethiere, haben aber häufig vertretende Arten. Eigenthümlich sind die Faunen Australiens und Madagascars. Mit Ausnahme der Gattung *Didelphis*, welche amerikanisch ist, sind die *Implacentalia* auf Australien (und einige benachbarte Molukken) beschränkt. *Lemuriden* leben fast nur auf Madagascar. Unter den *Pachydermen* sind *Sus*, *Phacochoerus*, *Rhinoceros*, *Elephas*, *Hippopotamus* auf die östliche, *Dicotyles* auf die westliche Hemisphäre gewiesen, Tapire sind durch je eine Art in beiden vertreten. Von *Ruminantien* sind Giraffe, Kameele und die meisten Antilopen afrikanisch, Lama's amerikanisch. Von den *Bruta* kommen *Manis* und *Orycteropus* in Afrika und Südasien, *Bradypus*, *Dasypus* und *Myrmecophaga* nur in Südamerika vor. Die catarrhinen Affen der alten Welt sind in der neuen durch die platyrrhinen vertreten. Aehnliche Verhältnisse finden sich auch bei Chiropteren, Insectivoren und Nagern. Die Ausbreitung des Menschen über die Erde und die fortschreitende Cultur hat die Verhältnisse der geographischen Verbreitung mancher Arten völlig geändert. In Bezug auf die geologische Verbreitung der Säugethiere ist zu bemerken, dass die ältesten Formen Marsupialien waren; und zwar hat man auf der Grenze zwischen Keuper und Lias in Deutschland und England (*Microlestes Plien.*) und in der nordamerikanischen Trias (*Dromatherium Emmons*) Reste gefunden. Noch im Oolith finden sich Beutelthiere. Mit der Tertiärperiode treten nun vorzüglich viel pflanzenfressende Ungulaten, im Verhältniss wenig Carnivoren, Chiropteren u. a. auf. Gegen das Ende der Tertiärzeit sind die unterdessen aufgetretenen wiederkauenden Artiodactylen zahlreicher als die Perissodactylen geworden, während gleichzeitig carnivore Formen an Grösse und Zahl zugenommen haben. Auch finden sich hier zuerst noch jetzt lebende Arten. Im Diluvium endlich findet sich der Bestand der jetzigen Fauna wenigstens in den Gattungen, oft auch in denselben Arten repräsentirt. Während der jetzigen Erdperiode ist dadurch eine Aenderung eingetreten, dass viele Arten auf ein immer kleineres Gebiet beschränkt worden sind (Wolf, Bär, Löwe u. a.), andre bereits ausgestorben oder am Aussterben sind. Der im Nibelungenliede noch erwähnte Schelch ist der *Cervus euryceros*, der Wisent oder Auerochs lebt nur noch in einer gehegten Herde. Die STELLER'sche Seekuh (*Rytina*) lebte noch im vorigen Jahrhundert, ist aber jetzt ganz verschwunden. Bei noch andern endlich ist an die Stelle früherer Arten eine Zahl von Rassen getreten, welche nicht mehr auf eine Stammart zurückgeführt werden können (vergl. das unten bei den *Ovina* Bemerkte).

LINNÉ gründete die drei Gruppen, in welche er die Säugethiere theilte, auf die Bekleidung der Zehen, *Unguiculata*, *Ungulata* und *Mutica*. Zu den ersten rechnete er die vier Ordnungen der *Primates*, *Bruta*, *Ferae* und *Glires* und unterschied diese sowie die beiden Ordnungen der *Ungulata*, die *Pecora* und *Belluae* nach der Beschaffenheit des Gebisses, während die *Mutica* nur die Ordnung der *Cete* ausmachte. Im Allgemeinen sind diese Abtheilungen noch jetzt als natürlich anzuerkennen, obschon durch die Kenntniss der Zeugungsweise und das Bekanntwerden der fossilen Formen manche Umgestal-

tungen mit seiner Anordnung vorgenommen werden müssen. In Bezug auf
das erste Moment that BLAINVILLE einen entscheidenden Schritt, indem er die
Säugethiere in *Ornithodelphia, Didelphia* und *Monodelphia* eintheilte, für
welche Gruppen Owen die Namen *Implacentalia* (Ornitho- und Didelphia) und
Placentalia aufstellte, veranlasst durch Untersuchung der Verbindung zwischen
Mutter und Frucht bei Marsupialien. Die weiteren Aufschlüsse über die Placentarbildung der verschiedenen Formen haben ergeben, dass die *Unguiculata*
mit den beiden Ungulatengattungen *Hyrax* und *Elephas* echte »deciduirte«
Placenten besitzen, während die *Ungulata* und *Mutica*, sowie die unguiculir-
ten *Bruta* sich ohne Substanzverlust seitens der Mutter lösende »indeciduirte«
Placenten haben. Ferner haben die palaeontologischen Entdeckungen dazu
genöthigt, die beiden Gruppen der *Pecora* oder *Ruminantia* und *Belluae* oder
Pachydermata anders zu ordnen. Musste schon *Elephas* den übrigen Dickhäu-
tern gegenüber eine andere Stellung einnehmen, so ergab sich andrerseits
eine grössere Annäherung des *Hippopotamus*, *Sus* u. a. an die echten Wiederkäuer, welche, wie schon CUVIER andeutete, mit jenen in eine grössere
Gruppe vereinigt und der andern Reihe mit Rhinoceros und Pferd gegenüber
gestellt werden müssen. Der immer noch hier und da befolgte Schlendrian, die
Marsupialia als Ordnung zwischen die Placental-Ordnungen einzuschieben
und die *Monotremen* als »zahnlos« den *Bruta* einzuverleiben, beruht auf einer
völligen Verkennung der Aufgaben einer natürlichen Systematik. Unter gleichzeitiger Berücksichtigung der oben geschilderten Verschiedenheiten der Placentarbildung, welche früher schon MILNE-EDWARDS, neuerdings besonders
HUXLEY betont hat, ergibt sich folgende Reihenfolge der

Ordnungen der Säugethiere.

A. Monodelphia DE BL. (Placentalia OWEN.)

Entwickelung vollständig intrauterin mit Placentarbildung; keine Bruttasche und Beutelknochen; liegen die Testikel in einem Scrotum, so findet
sich dies hinter dem Penis; Vagina nie vollständig doppelt.

I. *Deciduata* HXL. Foetalplacenta mit der mütterlichen so verwachsen,
dass ein Theil der letztern bei der Geburt sich löst.

* *Unguiculata*. Endglieder der Finger mit, ihrer obern Fläche angefügten
Nägeln oder Krallen.

a) *Discoplacentalia*. Placenta scheibenförmig.

1. Ordnung. *Primates* L. Schneidezähne jederseits $\frac{2}{2}$. Endabschnitte
der freien Vorderextremitäten sind Hände, Innenzehe der Hintergliedmaassen
meist gegenüberstellbar. Endglieder der Finger mit Nägeln, selten mit Krallen
bedeckt. Augenhöhlen geschlossen, nach vorn gerichtet. Wenigstens das Gesicht kahl. Zwei Zitzen an der Brust.

2. Ordnung. *Chiroptera* BLUMENB. Gebiss verschieden, doch mit allen
drei Arten von Zähnen. Zwischen den verlängerten Knochen der Vorderextremitäten und dem Rumpfe, meist auch zwischen den Hinterextremitäten ist
eine Flughaut ausgespannt. An der Vorderextremität trägt meist nur das Endglied des Daumens eine Kralle. Zwei Zitzen an der Brust.

3. Ordnung. *Insectivora* Cuv. Alle drei Arten von Zähnen; Eckzähne oft kleiner als die Schneidezähne; die Praemolaren ein-, die Molaren mehrspitzig. Sie treten mit der ganzen Sohle auf. Ueberall ein vollständiges Schlüsselbein. Zitzen in mehrfacher Zahl abdominal.

4. Ordnung. *Rodentia* aut. (Glires L.). Schneidezähne jederseits nur $\frac{1}{1}$ (selten oben. 2), wurzellos; Eckzähne fehlen; Backzähne in verschiedner Zahl, mit queren Schmelzfalten. Gelenkhöhle für den Unterkiefer diesem kaum eine Seitwärtsbewegung gestattend. Extremitäten meist fünfzehig, die Endglieder der Zehen meist mit Krallen.

5. Ordnung. *Prosimii* (Briss.) Illig. Schneidezähne jederseits $\frac{2}{2}$, oder $\frac{2}{1}$ oder $\frac{1}{1}$; Backzähne spitzhöckerig. Innenzehen meist gegenüberstellbar. Der vierte Finger ist vorn und hinten der längste. Endglieder der Zehen mit Nägeln, der zweite hinten, selten alle mit Krallen. Augenhöhlen nach den Schläfengruben offen. Zitzen pectoral oder abdominal. (Clitoris von der Urethra durchbohrt, Uterus zweihörnig.)

b) *Zonoplacentalia*. Placenta gürtelförmig.

6. Ordnung. *Carnivora* Cuv. Schneidezähne jederseits $\frac{3}{3}$; Eckzähne gross, vorspringend; unter den Praemolaren meist einer als Reisszahn scharf schneidend, seitlich comprimirt. Endglieder der Zehen mit Krallen; die Extremitäten zum Gang, die vordern zum Ergreifen geschickt.

7. Ordnung. *Pinnipedia* Illig. Schneidezähne verschieden, $\frac{3}{2}$, $\frac{2}{2}$, $\frac{2}{1}$ jederseits, zuweilen bald ausfallend; Eckzähne weniger oder mehr vorragend, selten ausserordentlich entwickelt. Extremitäten kurz, flossenartige Schwimmfüsse, die hintern nach rückwärts gewandt. Zwei oder vier abdominale Zitzen.

** *Ungulata*. Endglieder der Zehen rings von Hufen eingehüllt (Placenta gürtelförmig).

8. Ordnung. *Lamnungia* Illig. Schneidezähne $\frac{1}{2}$ jederseits, keine Eckzähne; Backzähne $\frac{6}{6}$ oder $\frac{7}{7}$; deren Krone mit zwei am Aussenrande von einer überragenden Criste verbundenen Höckern; Endglieder der Zehen mit flachen, platten Hufen, das der hintern Innenzehe mit Kralle.

9. Ordnung. *Proboscidea* Illig. Schneidezähne nur jederseits ein sehr verlängerter im Zwischenkiefer (seltener im Unterkiefer oder in beiden); keine Eckzähne, Backzähne mit queren Schmelzhöckern oder faltig zusammengesetzt. Zehen vollständig verwachsen, mit platten Hufen. Nase in einen langen Rüssel ausgezogen.

II. *Indeciduata* Hxl. Foetaler und mütterlicher Theil ohne Entwickelung eines cavernösen Zwischengewebes nur locker in einander gefügt.

* *Ungulata*.

10. Ordnung. *Artiodactyla* Owen (Pachydermes à doigts paires et Ruminans Cuv.). Zahnsystem verschieden: Schneidezähne bald in beiden Kinnladen vorhanden, bald nur in der untern; Eckzähne häufig fehlend; Backzähne zusammengesetzt oder schmelzfaltig. Die Gliedmaassen mit paarigen Zehen, die innere und äussere sind oft Afterzehen. Zitzen inguinal. (Stets normal 19 Dorsolumbarwirbel, Magen häufig zusammengesetzt. Blinddarm einfach.)

11. Ordnung. *Perissodactyla* Owen (Pachydermes à doigts impaires Cuv.). Schneidezähne in beiden Kinnladen (fallen zuweilen später aus); Eckzähne

I. Mammalia.

fehlen zuweilen; Backzähne zwei- oder mehrhöckrig mit einer, aussen die Höcker verbindenden Leiste oder ohne solche. Zehen zu 5, 3 oder 1, vorn zuweilen vier. Zitzen inguinal. (Stets 22 oder mehr Dorsolumbarwirbel, Femur mit einem dritten Trochanter; Magen einfach; Blinddarm gross, sacculirt.)

12. Ordnung. *Natantia* Illig. Gebiss sich an die typische Form anschliessend oder sehr unregelmässig (monophyodont) oder durch Barten ersetzt. Hinterextremitäten fehlen; die vordern ruderartig, die Zehen ganz in derbe Haut eingehüllt. Schwanz mit horizontaler Flosse.

** *Unguiculata.*

13. Ordnung. *Bruta* L. Die wurzel- und schmelzlosen Zähne werden nur einmal erzeugt, wechseln nicht; Schneidezähne fehlen fast stets, ebenso Eckzähne; zuweilen fehlen alle Zähne. Endglieder der Zehen von grossen seitlich comprimirten Krallen bedeckt. Haut mit Haaren, Schuppen oder Knochenschildern bedeckt. Zitzen pectoral oder abdominal. (Uterus fast stets einfach.)

B. Didelphia de Bl. (Implacentalia Owen, p.)

Entwickelung ohne Placentarbildung, wird in einer von Beutelknochen gestützten Bruttasche vollendet, welche beim Männchen nach aussen gestülpt die vor dem Penis liegenden Hoden enthält. Die Vagina fast stets vollständig in zwei Gänge gespalten.

14. Ordnung. *Marsupialia* Illig. Gebiss vom typischen der Monodelphia abweichend, aber wechselnd. Winkel des Unterkiefers nach innen gebogen. Zitzen im Brutbeutel.

C. Ornithodelphia de Bl. (Implacentalia Owen, p.)

Die untern, zu Uteris erweiterten Enden der Oviducte münden getrennt in den Urogenitalcanal, der sich mit dem Endstück des Darms zu einer wahren Cloake vereint. Aehnlich münden die Ausführungsgänge der stets abdominal bleibenden Hoden.

15. Ordnung. *Monotremata* Geoffr. Zahnlos oder nur mit Hornplatten statt wahrer Zähne. Unterkieferwinkel nicht eingebogen. Coracoid, zwar mit dem Schulterblatt verwachsend, verbindet sich mit dem Sternum.

Literatur.

Terminologie und Systematik.

Illiger, J. C. W., Prodromus systematis Mammalium et Avium additis terminis etc. Berolini, 1811. 8⁰.

Geoffroy St. Hilaire, Ét., et G. Cuvier, Mém. sur une nouvelle classification des Mammifères, in: Millin, Magas. encycl T. 2. 1795. p. 164.

Milne Edwards, H., Considérations sur quelques principes relatifs à la classification des Animaux etc., in: Ann. Scienc. nat. 3. Sér. Zool. T. I. 1844. p. 65. (Placentareintheilung.)

Waterhouse, G. R., On the classification of the Mammalia, in: Ann. of nat. hist. Vol. 12. 1843. p. 399.

Owen, R., Article »Mammalia«, in: Todd's Cyclopaedia. Vol. 3. 1841. p. 234. — On the characters, principles of division and primary groups of the class Mammalia, in: Journ. Proceed. Linn. Soc. Vol. 2. 1858. Zool. p. 1. (Cerebraleintheilung in Archencephala [Mensch], Gyrencephala, Lissencephala und Lyencephala.)

HUXLEY, TH. H., Lectures etc. p. 87.
ROLLESTON, G., On the placental structures of the Tenrec etc. with remarks on the value of the placental system of classification, in: Trans. Zool. Soc. Vol. V. (1865.) p. 285—316.

Sammel- und Kupferwerke.

SCHREBER, JOH. CHR. DAN. VON, Die Säugethiere in Abbildungen nach der Natur mit Beschreibungen. Fortgesetzt von AUG. GOLDFUSS und (vom 70. Hefte an von) ANDR. WAGNER. 7 Bde. und 5 Suppltbde. Erlangen und Leipzig, 1775—1855. 4⁰.
GEOFFROY ST. HILAIRE, ÉT., u. FR. CUVIER, Histoire naturelle des Mammifères. 3 Vols (mit 360 Tfln.). Paris, 1819—35. Fol.
WATERHOUSE, G. R., A natural history of the Mammalia. Vol. I. Marsupiata. Vol. II. Rodentia. London, 1846, 48. 8⁰.
FISCHER, J. B., Synopsis Mammalium. Stuttgart, 1829. Addenda etc. ibid. 1830. 8⁰.
SCHINZ, H. R., Systematisches Verzeichniss aller bis jetzt bekannten Säugethiere oder Synopsis etc. Solothurn, 1844—45. 2 Bde. 8⁰.
GIEBEL, C. G., Die Säugethiere etc. Leipzig, 1855. 8⁰.

Skelet und Zahnbau.

PANDER und D'ALTON, Die Skelete des Riesenfaulthiers, — der Pachydermata, — der Raubthiere, — der Wiederkäuer, — der Nagethiere, (1. 2.) — der Vierhänder, — der zahnlosen Thiere, — der Robben und Lamantine, — der Cetaceen, — der Beutelthiere, — der Chiropteren und Insectivoren. Bonn, 1821—31. 12 Hefte. qu. Fol.
BLAINVILLE, H. DUCR. DE, Ostéographie. Livr. 1—27. Paris, 1839—1851. Fol.
CUVIER, FRÉD., Des dents des Mammifères considérées comme charactères zoologiques. Paris, 1825. 8⁰.

Faunen und geographische Verbreitung.

POMPPER, H., Die Säugethiere, Vögel und Amphibien nach ihrer geographischen Verbreitung tabellarisch zusammengestellt. Leipzig, 1841. 4.
WAGNER, A., Die geographische Verbreitung der Säugethiere. Aus den Abhandl. der Münchn. Akad. Bd. 4. (1844—50). München, 1851. 4.
BURMEISTER, HERM., Systematische Uebersicht der Thiere Brasiliens. 1. Theil. Säugethiere. Berlin, 1854. 8.
BAIRD, SP. F., Mammals of North America. With 87 plates. Philadelphia, 1859. 4.
(Ueber Einzelnes hierüber, sowie die Prachtwerke von AUDUBON, GOULD, BAIRD u. s. w. siehe CARUS-ENGELMANN, Biblioth. zool. p. 1284 sq.)

A. Monodelphia DE BL.

I. Deciduata.

1. Ordnung. Primates L.

(excl. Chiropteris et Prosimiis. *Pollicata* ILLIG.)

Schneidezähne jederseits $\frac{2}{2}$. Endabschnitte der freien Vorderextremitäten sind Hände; Innenzehe der Hintergliedmaassen meist gleichfalls gegenüberstellbar. Endglieder der Finger mit Nägeln, selten mit Krallen bedeckt. Augenhöhlen

1. Primates.

geschlossen, nach vorn gerichtet. Wenigstens das Gesicht kahl. Zwei Zitzen an der Brust.

Wir fassen hier die Ordnung der Primaten in einem ähnlichen Sinne wie Linné, nur mit Entfernung der Halbaffen und Fledermäuse, aber mit Einschluss des Menschen. In der That sind dessen anatomische Eigenthümlichkeiten der Art, dass er in einem rein zoologischen Sinne nicht von den höheren Säugethieren getrennt werden kann. Die ihn auszeichnenden Verhältnisse des Skelets, Gehirns u. s. f. sind nur gradweise von denen der nächsten höhern Primaten, und zwar in einem mindern Grade als die Familiencharactere dieser von einander, verschieden, so dass man ihn nur als besondre Familie den platyrrhinen Affen gegenüberstellen kann.

Während die niedrigsten hierher gehörigen Formen noch entschieden an carnivore Säugethiere erinnern, wird von ihnen aus der ganze Bau immer menschenähnlicher. Die Organisation bereitet sich allmählich zu dem den Menschen vorzüglich auszeichnenden aufrechten Gang vor. Der Schädel wird durch die Volumszunahme des Gehirns runder und gewölbter, das Verhältniss zwischen Hirn- und Gesichtstheil gleicht sich immer mehr aus, bis endlich beim Menschen der Hirntheil überwiegt. Das grosse Hinterhauptsloch rückt dabei von der hintern Fläche des Schädels an die untere, bis der Schädel beim Menschen in den zwei Gelenkhöckern auf der Wirbelsäule balancirt wird. Damit hängt eine Verkürzung der Basis cranii und eine Vergrösserung des Gesichtswinkels zusammen. Am Schultergürtel hat das Schulterblatt einen breiten hintern Rand und ist im Ganzen kürzer geworden, seine hintere Fläche durch eine Spina in zwei ungleiche Abschnitte getheilt. Ueberall ist ein entwickeltes Schlüsselbein vorhanden. Die Unterarmknochen sind getrennt und frei um einander drehbar. Im Carpus ist das (auch den Nagern zukommende) Centrale meist noch vorhanden, welches nur dem Gorilla, Chimpanze und Menschen fehlt. Der Daumen ist zuweilen verkümmert, doch findet sich stets sein Carpal- und meist noch sein Metacarpalstück. Das Becken ist bei den niedrigeren Formen lang und schmal, wird aber bei den Anthropomorphen kürzer und geschweifter. Die Unterschenkelknochen bleiben stets getrennt. Die Stücke des Tarsus sind in gleicher Zahl und Bildung wie beim Menschen vorhanden. Der Hallux, der auch beim Menschen eine gewisse freie Beweglichkeit hat (man beobachte nur ganz junge Kinder), ist bei den übrigen Primaten auch mit seinem Metatarsale von den übrigen Fingern gelöst und als hinterer Daumen gegenüberstellbar. Auf das hieraus folgende Verhältniss, dass auch der Hinterfuss die physiologische Bedeutung einer Hand erhält, gründete man die Bezeichnung Quadrumana für die niederen Primaten. Das Gehirn aller Primaten ist zwar in den Verhältnissen seiner Masse zu der der austretenden Nerven, in der Zahl und Entwickelung seiner Windungen mehreren Schwankungen unterworfen; in den Hauptzügen seiner Bildung stimmt es aber bei allen völlig überein. Namentlich ist der Hinterlappen des grossen Gehirns so entwickelt, dass er das kleine Gehirn von oben völlig deckt; ferner hat der Seitenventrikel, jedoch in verschiednem Grade der Entwickelung, ein hinteres Horn und einen Hippocampus minor; dann findet sich stets eine Sylvische Spalte mit einem darin eingeschlossnen Central- oder Stammlappen; endlich ist der Riechkolben, der bei andern Säugethieren sehr entwickelt ist, hier rudimentär. Gemeinsame Eigenthümlichkeiten im Bereiche der vegetativen Organe, welche die Primaten von den andern Säugethieren unterscheiden, ist zunächst das Vorhandensein einer Valvula Eustachii im Herzen (nur noch beim Elephant vorhanden), die starke Entwickelung einer Vena jugularis interna und die Einfachheit des gegen die Oviducte scharf abgesetzten Uterus mit stets einfachem Muttermund. In Bezug auf die Placentarbildung ist zu bemerken, dass die Umbilicalgefässe auf die Placenta beschränkt sind, dass die embryonalen Capillaren in weite Bluträume des mütterlichen Placentartheils tauchen, und dass die Decidua reflexa vollständig ist.

1. Familie. **Erecti** ILLIG. Gebiss $i\frac{2}{2} c\frac{1}{1} p\frac{2}{2} m\frac{3}{3}$; alle Zähne in ununterbrochner Reihe in jeder Kinnlade; Eckzahn nicht vorragend. Endabschnitt der Hinterextremität ist ein mit platter Sohle auftretender Fuss. Gang aufrecht. Körper nur am Gehirntheil des Schädels, den Kinnladen (beim männlichen Geschlecht) und der Schamgegend dicht, sonst nur äusserst dünn und kurz behaart; Hand- und Sohlenfläche, obrer Theil des Gesichts und Hals kahl. Sprache.

Einzige Gattung Homo. Wenn auch die geistige Entwickelung des Menschen denselben hoch über die Affen erhebt, so wäre doch diese nicht möglich ohne eine besondere Organisation. Diese weist ihn aber unwiderleglich in die Nähe der übrigen Primaten. Statt sich daher ausschliesslich mit der intellectuellen Fortbildung des Menschen zu beschäftigen, hat die Naturgeschichte schon längst begonnen, bei Beurtheilung der körperlichen Grundlage jener denselben Maassstab anzulegen, wie bei Erforschung andrer Wesen der belebten Natur. Fassen wir die gesammten Lebenserscheinungen der einzelnen Wesen als Leistungen ihrer, nach bestimmten Plänen geordneten Organisation, so muss auch die ganze Reihe der geistigen Erscheinungen in einem gewissen Abhängigkeitsverhältniss von einer Organisation stehen, welche uns einen gleichen Plan schon bei den niedern Primaten darbietet. Manche Anatomen erklären es für äusserst schwierig, eine scharfe anatomische Grenze zwischen den Menschen und den anthropomorphen Affen zu ziehen. Wenn wir Einzelheiten vergleichen, ist dies vollkommen richtig, wie es richtig sein muss für die allerdings erst noch aufzufindenden Uebergangsformen aus niedern Formen zum Menschen. Hier liegt ja, wie bei allen Entwickelungserscheinungen die Unmöglichkeit vor, einen einzelnen Punct zu bestimmen, wo aus Etwas ein Andres geworden ist; wir vergleichen auch hier immer nur sprungweise. Für das Gesammtbild des Menschen als zoologischen Objects und für die in der (geologischen) Jetztzeit lebenden Menschen trennt aber die oben gegebne Characteristik den Menschen scharf von den Anthropomorphen.

Bei der Vergleichung des Körperbaues des Menschen mit den nächststehenden Primaten ist das erste Auffallende die Befähigung und Nöthigung zum aufrechten Gang. Die hintern Extremitäten sind länger (das Femur ist der längste und stärkste Knochen des ganzen Skelets) als die vordern, welche in aufrechter Stellung herabhängend bis mehrere Zoll oberhalb der Kniescheibe reichen (bei Negern oft bis zum Knie). Das Becken ist dem entsprechend breit, oben offen ausgeschweift zum Tragen der Eingeweide. Dagegen ist die Breite der Schultern und die freiere Beweglichkeit des Schultergelenkes dem Gehen auf den Händen hinderlich, wozu noch kommt, dass wegen der schwachen Entwickelung des Nackenbandes der an sich schon verhältnissmässig schwerere Schädel nicht lange horizontal getragen werden kann. Den Verhältnissen des Skelets entsprechend ist die Musculatur der untern Extremitäten viel stärker entwickelt als bei den andern Primaten. Am Schädel des Menschen schwankt der Gesichtswinkel zwischen $80-85^0$ bei hoch intellectuell entwickelten Europäern und $64-68^0$ bei Negern und Buschmännern, während er beim jungen Orang und Chimpanze nur 60^0, bei erwachsenen $30-35^0$ erreicht (dagegen beträgt er bei der platyrrhinen Gattung *Callithrix* 65^0). Das Gehirn bietet in seinen Windungen bei allen

Primaten einen gleichen Typus dar; doch sind die des menschlichen Gehirns zahlreicher und tiefer als die der nächststehenden Affen. Auf der andern Seite muss aber hervorgehoben werden, das sdas Gehirn des Menschen weniger von dem des Chimpanze und Orang abweicht, als das dieser Arten von dem der andern Catarrhinen. Zu diesen beiden Merkmalgruppen tritt nun noch zunächst die freie Benutzbarkeit und völlige Unabhängigkeit der menschlichen Hand. Während dieselbe bei den übrigen Primaten, besonders den Catarrhinen, zwar als Vertheidigungsorgan und überall als das Organ, welches die Nahrung dem Munde zuführt, benutzt wird, so bleibt doch die Vorderextremität in der Regel noch Locomotionsorgan. Endlich besitzt der Mensch in der articulirten Sprache ein Mittel, die Weiterentwickelung seines Stammes zu einer continuirlichen zu machen. Durch die »wunderbare Gabe verständlicher und vernünftiger Rede« ist der Mensch im Stande, seine geistige Erfahrung zu vererben, so dass sich dieselbe in aufeinanderfolgenden Generationen langsam häufen und als Grundlage zu immer weiterer Entwickelung dienen kann. Nur der Mensch schreibt seine Geschichte.

Homo sapiens L. Die Frage, ob die verschiedenen Formen, welche die jetzt lebenden Menschen darbieten, nur als Varietäten (Rassen) oder als Arten anzusehen sind, würde sich nur dann entschieden beantworten lassen, wenn sich allgemein scharf bestimmen liesse, was man als Art im naturhistorischen Sinne ansehen muss. Einerseits sind nun Fälle sicher nachgewiesen, dass sich mit Recht als Arten characterisirte Formen in eine artlose Menge blosser Rassen aufgelöst haben. Andrerseits muss man jede Varietät als unter Umständen zur Bildung einer wirklichen Art führend betrachten. Es folgt daraus, dass wir ohne eine vollständige geschichtliche Einsicht in die sich allmählich folgenden Veränderungen der einzelnen Formen die Frage, ob Rasse oder Art, nicht sicher entscheiden können. Nach Analogie mit andern Fällen ist es jedenfalls sicherer, die ursprünglichen Formen der Menschen als Arten anzusehen, die sich aber in Folge der immer gleichmässiger sich verbreitenden Cultur und der damit Hand in Hand gehenden Kreuzungen allmählich in eine Menge nur noch als Rassen zu unterscheidender Formen aufgelöst haben oder aufzulösen im Begriffe sind. Bei der Frage, welche Merkmalgruppe wir der Eintheilung der verschiedenen menschlichen Formen zu Grunde legen sollen, ist neuerdings oft die Sprache als die sicherste bezeichnet worden. Doch hat bereits Max Müller mit Recht darauf aufmerksam gemacht*), dass sowohl Linguistik als Ethnographie darunter leiden müssen, wenn man eine Classification der Sprachen und der Rassen, welche sich historisch wie geographisch ganz verschieden entwickeln können, zur gegenseitigen Deckung bringen will. Sicherer, als auf eine solche Functionsgruppe gründet sich die Eintheilung auf Organisationsverschiedenheiten. Nun sind wir zwar noch sehr weit davon entfernt, das zu besitzen, was man gewöhnlich eine Rassenanatomie nennt. Doch bieten sich im Skelet, und namentlich im Schädel ziemlich sichere Anhaltpuncte, die jedoch hier wie überall nicht ausschliesslich benutzt werden sollten. Nach Linné, welcher die Menschen nach Farbe und Temperament in americanische, europäische, asiatische und africanische theilte, benutzte zuerst Blumenbach Schädelbildung und Hautfarbe zur Characterisirung der »Varietäten« und unterschied die weisse kaukasische, die braune mongolische und die schwarze äthiopische. Als Zwischenvarietäten nahm er noch eine zwischen der kaukasischen und mongolischen stehende americanische, zwischen der kaukasischen und äthiopischen die malayische an. Mehr oder weniger eng an Blumenbach sich anschliessend sind die Eintheilungen von Ch. Hamilton Smith (kaukasisch, mongolisch, tropisch), J. G. Latham (Japetiden, Mongoliden und Atlantiden) und Pickering (weisse, braune, schwarze). Auch sie nehmen Zwischenformen an zwischen den Hauptrassen: Pickering nimmt für die Papuas, Negritos, Indianer und Aethiopier noch eine schwarzbraune Rasse an. Strenger von der Schädelform ausgehend theilt Prichard die von ihm geschilderten Rassen in drei Gruppen: solche mit elliptischem oder ovalem Schädel (Blumenbach's Kaukasier), mit pyramidalem Schädel und durch die Weite der abstehenden Jochbogen rautenförmigem Gesichte (Blumenbach's Mongolen) und solche mit vorspringenden Kinnladen (Blumenbach's Aethiopier), für welche er die Bezeichnung prognath einführte. Geoffroy St. Hilaire stellt eine Reihe von Formen auf, bei

---

*) Max Müller, Lectures on the Science of Language. (1. Series.) 4th edit. London, 1861. p. 340.

deren einem Endgliede der Schädeltheil vorwiegt (Kaukasier), bei deren andern der Gesichtstheil mit vorspringenden Kinnladen überwiegt (Hottentotten). Dazwischen stehen die Mongolen mit grossem Schädel und breitem entwickelten Gesicht (eurygnath) und die Aethiopier mit prognathem Schädel. Eine sicherere Basis gab diesen auf Schädelformen gegründeten Eintheilungsversuchen A. Retzius. Er nannte die Schädel, deren Längsdurchmesser den Querdurchmesser bedeutend überwiegt (wie 100:65 im Extrem) Dolichocephalen, die, deren Längs- und Querdurchmesser sich mehr nähern (100:85) Brachycephalen. Ferner bezeichnet er die Schädel, bei denen die Kinnladen nicht vorspringen, die Zähne senkrecht stehen, als orthognathe, während er die mit vorspringenden Kinnladen und mehr oder weniger schiefen Zähnen mit Prichard prognath nennt. Es ergeben sich hieraus vier Combinationen. Davon entsprechen die orthognathen Dolichocephalen Blumenbach's Kaukasiern im Allgemeinen, während die prognathen Dolichocephalen ziemlich genau Blumenbach's Aethiopier decken. Wegen der massenhaften Verschiebung ganzer Stämme ist die Unterscheidung und Grenzbestimmung der Zwischenformen äusserst schwierig. Doch lässt sich noch folgendes anführen. Slaven und Finnen sind orthognathe Brachycephalen, die Mongolen und Malayen sind prognathe Brachycephalen. In America sind die Urstämme prognath; es vertheilen sich aber die Stämme rücksichtlich ihres Schädeltheils so, dass an der Ostküste (vorzüglich Südamerica's) Dolichocephalen, an der ganzen Westküste Brachycephalen vorherrschen, so dass man wohl an eine Einwanderung von Africa und Asien her zu denken veranlasst werden kann. So viel man bis jetzt mit Sicherheit beobachtet hat, sind zwar sämmtliche Menschenrassen bei Kreuzungen unter einander fruchtbar, aber doch in verschiedenem Grade, was zum Theil schon, bei oberflächlicher Betrachtung, durch das Fehlen besonderer Bezeichnungen für Bastarde, deutlicher noch durch den Mangel einer Mischlingsrasse an Puncten, wo Europäer längst schon mit Eingebornen anderer Stämme in Berührung gekommen sind, bewiesen wird. So hat sich in America eine Mischlingsrasse aus der Verbindung der Europäer mit andern Stämmen gebildet, die allgemein als Creolen bezeichnet wird. Die Bastarde zwischen Weissen und Neger heissen Mulatten. Ob Mulatten bei reiner Inzucht unbegrenzt fruchtbar sind, weiss man nicht. Bastarde von Europäern und Mulatten heissen Terceronen, von Weissen mit Terceronen Quarteronen. Bastarde von Weissen mit americanischen Indianern sind Mestizen, von Negern und Americanern Sambo's oder Zambo's. Während nun aber Verbindungen von Europäern mit malayischen Frauen fruchtbar sind, so haben sich doch die Producte derselben, die Lipplappen, zu keiner Mischlingsrasse entwickeln können; und die Verbindungen zwischen Weissen und Australierinnen scheinen nur äusserst selten überhaupt fruchtbar zu sein.

In Bezug auf den Anschluss des Menschen an das Thierreich lässt sich weder irgend eine bestimmte jetzt lebende Thierform als die bezeichnen, aus welcher der Mensch hervorgegangen ist, noch ist die Frage überhaupt der Entscheidung nahe. Die Aehnlichkeiten im Bau mit gewissen Affen vertheilen sich, wie Schröder van der Kolk und Vrolik zeigen, auf vier Arten: das Gehirn ist dem des Orangs am ähnlichsten, die Hand der des Gorilla (Chimpanze), der Schädel dem gewisser americanischen Arten, der Thorax und das Becken den gleichen Theilen des *Hylobates syndactylus* (Siamang). Eine parallele Beobachtung hat Gratiolet gemacht, welcher nachweist, dass die drei menschenähnlichsten Affen aus drei verschiedenen Typen hervorgegangen sind, der Chimpanze aus den Makaken, namentlich dem stummelschwänzigen Hundsaffen, der Orang durch die Gibbons aus den Semnopitheken, der Gorilla aus den Cynocephalen. Vielleicht häufiger als allgemein angeführt wird, kommen Erscheinungen von Ererbung vor. So z. B. sah Sömmering beim Neger sechs Backzähne im Unterkiefer, wie es auch J. C. Mayer beim Orang fand. (Sömmering, Von der körperl. Verschiedenheit des Negers vom Europäer. p. 28. Mayer in Wiegmann's Archiv 1849. p. 352.)

Die Frage nach dem Alter des Menschengeschlechts hat in neuerer Zeit dadurch einige Aufklärung, freilich noch lange keine entscheidende Antwort gefunden, dass man an verschiedenen Puncten Europa's entweder fossile Reste des menschlichen Skelets selbst oder ebenso deutlich für seine Anwesenheit sprechende Zeugnisse seiner einfachsten Kunstthätigkeit an Werkzeugen und ähnlichen in pleistocenen Schichten gefunden hat. Es hat sich dadurch zur Evidenz herausgestellt, dass der Mensch bereits ein Zeitgenosse des Mammuth, des wolligen Rhinoceros, des Höhlenbären und andrer jetzt fossiler Thiere war. Da der Mensch muthmaasslich in Europa zu jener Zeit eingewandert ist und die genealogische Entwickelung der Sprachen (wenn es hier erlaubt ist, an diese anzuknüpfen) wenigstens für den grössten Theil derselben auf Asien weist, so dürften die nächsten die Lösung der hier vorliegenden Aufgaben fördernden Entdeckungen von dortigen Diluvial- und Tertiärschichten zu erwarten sein. Pictet glaubt, dass die Inder, in deren Kosmogonie eine Riesenschildkröte eine so wichtige Rolle spielt, schon früh mit den fossilen Resten der tertiären *Colossochelys* bekannt geworden seien. Wir möchten eher vermuthen, dass das Vorkommen jener Thierformen in dergleichen Mythen auf die sagenhafte Erinnerung an eine Coexistenz zu beziehen ist.

BLUMENBACH, J. F., De generis humani varietate nativa. Ed. 3. Göttingen, 1795. — Collectio craniorum diversarum gentium illustr. c. fig. Dec. I — VII. Göttingen, 1790 — 1828. (Die siebente ist eine Pentas).

SÖMMERRING, S. TH., Ueber die körperliche Verschiedenheit des Negers vom Europäer. Neue Aufl. Frankfurt a. M., 1785.

PRICHARD, JAMES COWLES, Researches into the physical history of Mankind. 4. edit. 5 Vols. London, 1851. — Deutsch von R. WAGNER u. WILL. Leipzig, 1840—1848. — The natural history of Man. 4. ed. by E. NORRIS. 2 Vols. London, 1855.

RETZIUS, A., Ueber die Form des Knochengerüstes des Kopfes bei verschiedenen Völkern, in: MÜLLER's Archiv f. Anat. 1848. p. 263. — Blick auf den gegenwärtigen Standpunct der Ethnologie in Bezug auf die Gestalt des knöchernen Schädelgerüstes (deutsch von W. PETERS). Ebenda 1858. p. 106.

NOTT, J. C., and G. R. GLIDDON, Types of Mankind; or ethnological researches etc. London, 1854. 8°. — Indigenous Races of the earth, or new chapters of ethnological inquiry etc. London u. Philadelphia, 1857. 4°.

HUXLEY, TH. H., Evidence as to Man's place in nature. London, 1863. — Deutsch von J. V. CARUS. Braunschweig, 1863.

VOGT, C., Vorlesungen über den Menschen, seine Stellung in der Schöpfung und in der Geschichte der Erde. 2 Bde. Giessen, 1863.

ROLLE, FRDR., Der Mensch, seine Abstammung und Gesittung im Lichte der DARWIN'schen Lehre. Frankfurt a. M., 1866.

2. Familie. **Catarrhini** GEOFFR. (*Heopitheci* v. D. HOEV.). Gebiss wie beim Menschen: $i\frac{2}{3} c \frac{1}{1} p\frac{2}{2} m\frac{3}{3}$; zwischen dem obern äussern Schneidezahn und dem längeren Eckzahn eine Lücke (Diastema) für den untern Eckzahn. Nasenscheidewand schmal, Nasenlöcher mehr nach vorn gerichtet. Knöcherner Gehörgang sehr lang. Schwanz nie zum Greifen, häufig kurz oder fehlt. An allen Fingern Nägel. Häufig Backentaschen und Gesässschwielen.

Die Arten dieser Familie bewohnen sämmtlich die tropischen und gemässigten Gegenden der östlichen Hemisphäre vom Cap der guten Hoffnung und den Felsen von Gibraltar bis nach Japan. Ihr Gebiss, ihre allmähliche Erhebung, das bei den höchsten Formen auftretende Fehlen des Schwanzes, der Backentaschen, der Gesässschwielen nähern sie dem Menschen. Wie bei den niederen Menschenrassen zur Zeit der Geschlechtsreife die anatomischen Charactere sich schärfer in der specifischen Richtung entwickeln, bei Negern z. B. mit dem Aufhören der früheren Docilität der Gesichtstheil stärker fortwächst als der Hirntheil des Schädels, so sind auch bei den Catarrhinen die Jugendformen entschieden anthropomorpher, das Naturell ist leitsamer, das Verständniss selbst für die menschliche Sprache offner, als bei Erwachsnen, bei denen mit einem, nicht mehr gleichen Schritt mit dem übrigen Schädel haltenden Wachsthum des Hirntheils Ausdruck, Gesichtswinkel und relatives Gehirnvolumen immer thierischer werden.

Wir verweisen hier zunächst auf die die sämmtlichen Affen betreffende Literatur:

AUDEBERT, J. B., Histoire naturelle des Singes, des Makis et des Galéopithèques. Paris, 1800. Fol.

LATREILLE, P. A., Histoire naturelle des Singes, faisant partie de celle des Quadrupèdes de BUFFON. 2 Vols. Paris, 1801. 8⁰.

GEOFFROY ST. HILAIRE, ISID., Catalogue méthodique de la Collection du Muséum. P. 1. Catalogue des Primates. Paris, 1851. 8.

VROLIK, W., Article »Quadrumana«, in: TODD's Cyclopaedia of Anat. Vol. 4. 1847. p. 194—214.

GRATIOLET, P., Mémoire sur les plis cérébraux de l'Homme et des Primates. Av. atlas. Paris, 1854. 4⁰.

MIVART, ST. GEORGE, Contributions towards a more complete knowledge of the axial skeleton in the Primates, in: Proceed. Zool. Soc. 1865. p. 545—592.

1. Unterfamilie. **Anthropomorpha** L. (*Pithecina s. Simiina* Is. GEOFFR.). Das völlige Fehlen des Schwanzes und der Backentaschen, der gewölbtere, nur im Alter und besonders bei Männchen oft hohe Muskelcristen darbietende Schädel, sowie die grössere Länge der Vorderextremitäten unterscheiden die hierher zu zählenden Formen von den übrigen und nähern sie (besonders die ersten Merkmale) dem Menschen. Sie haben meist zwei in die Seitenventrikel des Larynx mündende Säcke und treten mit dem äussern Fussrand auf.

a) **Dasypyga**, keine Gesässschwielen; Körper auf der Beugeseite des Rumpfes und der Glieder weniger dicht behaart; Haare am Unterarm nach oben, am Oberarm nach unten gerichtet.

1. Gatt. Simia L. ERXL. WAGN. (*Troglodytes* GEOFFR.). Dolichocephal; letzter untrer Backenzahn mit vier Höckern und einem hintern Talon. Kehlsäcke in den Körper des Zungenbeins eindringend. Vorderextremitäten bis wenig unter das Knie reichend, Hinterdaumen bis zum zweiten Gliede der zweiten Zehe. — Eine Art: S. troglodytes BLUMENB. (*Troglod. niger* GEOFFR.), Chimpanze. Pelz fast ganz schwarz. Küstengegenden von Guinea. (Nach Färbung und Verschiedenheiten des Schädels, die sich vielleicht auf Geschlecht und Alter beziehen, sind mehrere Arten aufgeführt worden; so Tr. Tschego DUV. und Tr. Aubryi GRATIOLET. Ungenügend beschrieben sind Tr. calvus und Tr. koulou-kamba DU CHAILLU; nur nach einem Balg Tr. vellerosus GRAY.)

2. Gatt. Gorilla Is. GEOFFR. Dolichocephal; letzter untrer Backzahn mit drei äussern und zwei innern Höckern und hinterem Talon. Vorderextremitäten bis unter das Knie reichend. Hinterdaumen erweitert; die drei mittleren Zehen durch Hautbrücken vereinigt. — Eine Art: G. gina Is. GEOFFR. Engé-ena. Inneres von Nieder-Guinea. Der grösste anthropomorphe Affe, bis 7 Fuss hoch.

3. Gatt. Pithecus GEOFFR. Brachycephal; letzter untrer Backzahn mit nur vier Höckern. Vorderextremitäten bis zu den Knöcheln reichend. Hinterdaumen kurz, dünn, zuweilen ohne Nagel. — Eine Art: P. satyrus GEOFFR. (*Simia satyrus* L.), Orang-utang. Braun, das Männchen mit Backenschwielen und Bart. Borneo und Sumatra. Bis 5 Fuss hoch. (Alter- und Geschlechtsverschiedenheiten, sowie Differenzen der Färbung veranlassten früher zur Aufstellung besonderer Arten: Simia morio, Wurmbii, Abelii, bicolor, Brookei, Owenii, welche indess wie die Bezeichnungen Mias Rambi, Mias Kassa, Mias Pappan höchstens Varietäten darstellen.)

VROLIK, WILL., Recherches d'anatomie comp. sur le Chimpanzé. Amstelod. 1841. Fol.

DUVERNOY, G. L., Des caractères anatomiques des grands Singes pseudo-anthropomorphes, in: Archiv. du Muséum. T. 8. 1855. p. 1—248.

GEOFFROY ST. HILAIRE, ISID., Description des Mammifères nouveaux du Muséum. 4. Mém. 2. Suppl. in: Archiv. du Muséum. T. 10. p. 1—102.

OWEN, RICH., Vier Abhandlungen über die Osteologie der Anthropomorphen in den Transact. Zool. Soc. Vol. I. 1835. p. 343—380. Vol. II. 1841. p. 165—172.

Vol. III. 1849. p. 381—422. Vol. IV. 1853. p. 75—88. — Ferner: on the external characters of the Gorilla. ebend. Vol. V. 1859. p. 243—284. MÜLLER, SAL., und H. SCHLEGEL, Bijdragen tot de natuurlijke geschiedenis van den Orang-Oetan, in: Verhandlg. over d. natuurl. Gesch. d. nederl. overzee. Bezitt. Zool. Mamm. 1841. p. 1—28.

b) **Tylopyga**, Gesässschwielen; Körper dicht behaart.

1. Gatt. Hylobates ILLIG., Gibbon. Schädel klein, rund; Augenhöhlen gross, seitlich vorspringend. Sitzknorren flache Scheiben bildend. Arme von Körperlänge, den Boden erreichend. Vorder- und Hinterindien, sowie der ostindische Archipel. — Arten: a) mit Kehlsack, zweiter und dritter Finger der Hinterhand verbunden; Hinterdaumen bis zum zweiten Glied der zweiten Zehe reichend. Haare am Unterarm nach oben, am Oberarm nach unten gerichtet. H. syndactylus WAGN. (*Simia syndactyla* RAFFL.), Siamang. Schwarz. Bis 3½' lang. Sumatra. b) ohne Kehlsack; Zehen meist frei. Haare am Unterarm nach unten gerichtet. H. lar KUHL (*Simia lar* GMEL., *S. longimana* SCHREB., *H. albimanus* Is. GEOFFR.). Weissgelblich bis schwarzbraun, Hände weiss. Bis 2½' lang. Hinterindisches Festland. H. variegatus KUHL (*Pithecus variegatus* GEOFFR., *P. Rafflesii* GEOFFR., *H. agilis* F. CUV.), Ungko. Einförmig heller oder dunkler braun mit weissen Streifen über den Augen. Sumatra und Hinterindien. H. leuciscus WAGN., Oa. Bis 3' lang. Java. H. concolor HARLAN, Kalawet. Dem vorigen sehr nahe stehend. Borneo. H. funereus Is. GEOFFR. Insel Solo. H. Hulok HARLAN, Hulok. Indisches Festland. H. pileatus GRAY. Cambogia.

Fossil: Dryopithecus LARTET. Miocen. Nach den fragmentären Resten dieses Affen (Kieferbruchstücke und ein Theil des Humerus) lässt sich die genaue Beziehung zu den übrigen Anthropomorphen noch nicht sicher feststellen. Die Prämolaren gleichen mehr denen des *Hylobates*, die senkrechte Stellung der Eckzähne erinnert mehr an den Menschen.

2. Unterfamilie. **Cynopithecini** Is. GEOFFR. Das stärkere Vorspringen der Schnauze, die geringere Länge der Vorderextremitäten, das häufige Vorkommen von Backentaschen, das constante Auftreten von Gesässschwielen unterscheiden die hierher gehörigen Affen von den echten Simiinen, und nähern sie den übrigen Säugethieren. Die meist vorhandenen Kehlsäcke münden direct in die Laryngealhöhle, hinter der Epiglottis. Sie treten mit der ganzen Sohle auf.

5. Gatt. Presbytis ESCHSCH. (*Semnopithecus* aut. p. p.). Keine Backentaschen; letzter untrer Backenzahn mit vier Höckern. Vorderextremitäten bis zum Knie reichend. Schwanz lang. Magen zusammengesetzt. — Arten: Pr. comata DESM. (*Pr. mitrata* ESCHSCH.), Siliri. Haarwirbel an der Stirn. Färbung oben grauschwarz, unten weisslich. Java (*Semnopith. siamensis* MÜLL. aus Siam wohl nur locale Varietät). Pr. leucoprymnus OTTO (*Semnopith. leucopr.* WAGN.). Rücken schwarz, Oberkopf rostbraun, Unterseite weiss. Ceylon. — u. m. a.

6. Gatt. Nasalis GEOFFR. (*Rhynchopithecus* DAHLBOM). Keine Backentaschen. Nase über die Lippen weit vorspringend, Nasenlöcher noch unten gerichtet. Letzter untrer Backzahn mit fünf Höckern. Vorderdaumen stärker als bei den folgenden. Magen zusammengesetzt. — Einzige Art: N. larvatus GEOFFR. (*Simia nasica* AUDEB. *Semnopith. nasicus* CUV.), Kahau. Borneo.

7. Gatt. Semnopithecus CUV., Schlankaffe. Backentaschen. Letzter untrer Backzahn mit fünf Höckern. Augenhöhlen gross, genähert. Schädel rundlich, platt. Vorderdaumen kurz, die übrigen Finger verlängert. Behaarung reichlich. Magen zusammengesetzt. Ost-Indien. — Arten: S. maurus DESM., Lutong. Ganz schwarz. Auf Java gemein (*S. pruinosus* DESM. nur Localvarietät hiervon.). S. entellus WAGN. (*Simia entellus* L.). Hell bräunlichgelb, die vier Hände schwarz. Der heilige Affe der Hindu's (Hanuman). S. nemaeus WAGN. (*Simia nemaea* L., als Gattung: Pygathrix von GEOFFROY, Lasiopyga von ILLIGER aufgeführt, da sie die Gesässschwielen übersehen hatten.), Duk. Robust, aschgrau weissgesprenkelt, eine Binde von den Schultern über die Achseln und Brust

schwarz, ein Ringkragen vor ihr roth. Finger und Sohlen schwarz; Gesicht röthlich. Cochinchina. — u. m. a.

8. Gatt. **Colobus** Illig., Stummelaffe. Gleich den Semnopitheken, hat aber an den Vorderhänden nur Daumenrudimente. Auf Africa beschränkt. — Arten: C. guereza Rüpp. Schwarz, mit langen, seitlichen, von den Schultern bis zu den Lenden reichenden weissen Mähnen; um das Gesicht eine weisse Binde. Abyssinien. C. polycomos Wagn. Goldküste. C. verus van Ben. ebenda. — u. m. a.

In die Nähe dieser Gattungen scheinen die fossilen Affen der Tertiärbildungen zu gehören: Pithecus maritimus Christol, Semnopithecus monspessulanus Gerv., beide aus tertiären marinen Bildungen Südfrankreichs, Pliopithecus Gerv., mitteltertiär, von Sarsans, Semnopithecus subhimalayanus H. v. M., tertiär, Himalaya, Mesopithecus pentelicus Wagn., pleistocen aus Griechenland.

9. Gatt. **Cercopithecus** Erxl., Meerkatzen. Extremitäten von mässiger Länge und Stärke; Vorderdaumen gross. Backentaschen und Gesässschwielen. Schwanz lang. Magen einfach, wie bei den folgenden. Africanisch. — a) Letzter untrer Backzahn mit nur drei Höckern: Miopithecus Is. Geoffr. Art: M. talapoin Is. Geoffr. (*Simia talapoin* Schreb.). — b) Letzter untrer Backzahn mit vier Höckern: Cercopithecus Is. Geoffr. Arten: C. cynosurus Wagn., Malbruk. Grünlich, Kinn weiss, Scrotum blau. Westküste von Africa. C. sabaeus F. Cuv. Is. Geoffr. Olivenfarben, Extremitäten grau; Gesicht, Ohren und Hände schwarz, Scrotum grün. Ost-Africa; häufig in Menagerien. u. v. a. — c) Letzter untrer Backzahn mit fünf Höckern: Cercocebus Is. Geoffr. (Ét. Geoffroy hatte diesen Namen ursprünglich einer Gruppe von Arten der folgenden Gattung gegeben.). Arten: C. fuliginosus Geoffr. Oben tief schieferfarbig, unten gelblichgrau; Gesicht dunkel, oberes Augenlid weiss. Westküste von Africa. C. aethiops Geoffr. mit weissem Halsband. Ebendaher. — u. v. a.

10. Gatt. **Inuus** Geoffr. Extremitäten gedrungner, als bei vorigen, Schnauze stärker vorspringend, Nasenbeine kurz. Letzter untrer Backzahn fünfhöckrig. Backentaschen und Gesässschwielen. Schwanz verschieden. Meist asiatisch (eine Ausnahme). — a) Schwanz fast so lang oder länger als der Körper: Macacus Desm. (*Cercocebus* Ét. Geoffr.). Arten: M. cynomolgus (L.) Desm. Oben grünlichbraun, unten graulichweiss, Hände schwarz. Indischer Archipel. M. sinicus Is. Geoffr. (*Simia sinica* L.). Schmutzig grünlichbraun, unten weisslich. Wirbel auf dem Scheitel, von dem die Kopfhaare strahlig ausgehen. Ost-Indien. u. a. — b) Schwanz nur halb so lang als der Körper: Rhesus Wagn. Arten: Rh. erythraeus Wagn., Bangur. Oben grünlichgrau, unten weiss; Gesicht, Ohren und Hände kupfrig, Gesässschwielen roth. Ost-Indien. Rh. nemestrinus (L.) Wagn. Oben dunkelolivenbraun, unten gelblich. Gesicht, Ohren und Hände fleischfarben. Sumatra, Borneo. — u. m. a. — c) Schwanz äusserst kurz: Inuus Wagn. Arten: I. ecaudatus Geoffr. (*Simia Inuus* und *S. sylvanus* L.). Schwanz nur durch ein Hautläppchen vertreten; oben graugelblich, unten heller; Gesicht fleischfarbig. Nordwestküste Africa's. Früher auch auf den Felsen Gibraltars häufig, jetzt nur noch in einzelnen Exemplaren, die sich nicht mehr begatten. Häufig in Menagerien und bei Bärenführern. Dies ist der πίθηκος der Griechen und der Affe, welchen Galen zergliedert hat.

Fossil: Macacus eocenus Owen (*Eopithecus* Owen), aus dem Eocen von Kyson in Suffolk.

11. Gatt. **Cynocephalus** Briss. (*Papio* Erxl.), Paviane. Schnauze stark verlängert; die breite Oberfläche rechtwinklig nach den Seiten abfallend; Nasenbeine lang; Schwanz, wenn vorhanden, in eine Quaste endigend. — a) Körper graciler als bei folgenden; Nasenlöcher nicht terminal; Schwanz rudimentär: Cynopithecus Is. Geoffr. Art: C. niger Desm. Ganz schwarz. Celebes. — b) Körper robuster: Nasenlöcher nicht terminal. Schwanz mittellang: Theropithecus Is. Geoffr. Arten: Th. Gelada Is. Geoffr. (*Cynocephalus Gelada* Rüpp.). Bräunlich, Kopf und Rücken mit langer Mähne. Abyssinien. Th. silenus Wagn. (*Simia silenus* L.). Schwarz mit rings das Gesicht einfassendem grauem Bart. Cochinchina. — c) Körper robust, Nasenlöcher terminal: Cynocephalus Is. Geoffr. Arten: mit längerem Schwanze (*Papio* Wagn.). C. Hamadryas (L.) Wagn. Grau, Backen stark behaart, Gesicht fleischfarben, Brust mit langer Mähne, das ♀ ohne dieselbe. Abyssinien. C. Babuin Desm. Grünlichbraun, Haare breit geringelt,

1. Primates.   75

Backenbart grau, nach hinten gerichtet; Gesicht schwarz. Ebenda. C. sphinx (L. WAGN.).
Vom vorigen durch die rothfahle Färbung und dichte Ringelung der Haare unterschieden.
Westküste von Africa. C. ursinus WAGN. (Mit porcarius SCHREB.), Schwärzlich, Gesicht
dunkelviolett. Süd-Africa. — Mit rudimentärem Schwanze (*Mormon* WAGN.): C. mormon
WAGN. (*Simia mormon* L.), Mandrill. Backenwülste blau, Nase und Gesässschwielen roth.
Guinea. C. leucophaeus (F. CUV.) WAGN., Drill. Gesicht einförmig schwarz. Ebenda.

3. Familie. **Platyrrhini** GEOFFR. (*Cebina* Is. GEOFFR., *Hesperopitheci* v. D. HOEV.).
Gebiss $i\frac{2}{2} c\frac{1}{1} p\frac{3}{3} m\frac{3}{3}$, in der Oberkinnlade ein Diastema für den unteren Eckzahn.
Nasenscheidewand vorn breit, Nasenlöcher daher seitlich gerichtet. Knöcherner
Gehörgang sehr kurz. Schwanz häufig Greifschwanz. An allen Fingern Nägel.
Backentaschen und Gesässschwielen fehlen stets.

Diese nur auf dem neuen Continent und zwar ungefähr innerhalb des 29. Grades nördlicher und südlicher Breite vorkommenden Affen weichen von denen der
alten Welt nicht bloss durch das Gebiss, sondern auch durch die ganze Form des
Schädels ab. Derselbe ist durchschnittlich nicht so prognath, der Gesichtswinkel
also im Verhältniss grösser, als bei den *Catarrhini*. Die Entwickelung desselben
geht überhaupt mehr in die Höhe als in die Länge. Der Kehlkopfeingang wird durch
eigenthümliche Verdickung der WRISBERG'schen Knorpel verengt. Ein wahrer mit
plattem Nagel versehener Daumen kommt nur an der Hinterhand vor. Ist auch die
Musculatur des Vorderdaumens bei den Affen der alten wie neuen Welt dieselbe,
so ist derselbe doch bei letzteren viel mehr fingerartig, als bei den ersteren. Die
Affen der neuen Welt sind im Ganzen kleiner; ihr Naturell ist milder, als das der
bis jetzt behandelten altweltlichen.

GEOFFROY ST. HILAIRE, ÉT., in den Annales des Muséum. T. 19. 1812. p. 105.
SLACK, in: Proceed. Acad. nat. scienc. Philadelphia, 1862. p. 507.,

1. Unterfamilie. **Gymnurae** SPIX (*Helopitheci* p. p. GEOFFR., *Lagothrices* SLACK).
Greifschwanz, Spitzentheil desselben unten nackt; letzte Schwanzwirbel, die sehr
allmählich an Länge abnehmen, breit.

1. Gatt. **Mycetes** ILLIG. (*Stentor* GEOFFR., *Alouata* LACEP.), Brüllaffe. Körper dick,
gedrungen; Kopf pyramidal hoch, mit Bart; das blasig aufgetriebene Zungenbein, in welches die zu dreien vorhandnen Kehlsäcke eintreten, ist äusserlich bemerkbar; Vorderdaumen dünn, bis zum ersten Glied des zweiten Fingers reichend. — Arten: M. seniculus
(L.) KUHL (mit *M. ursinus*, *chrysurus* und *fuscus* GEOFFR., welche wohl nur locale Farbenvarietäten darstellen). Auf der Rückseite dichter, unten dünner behaart, roth ins
rothbraune und schwärzliche übergehend; die nackten Theile schwärzlich. Brasilien,
Guiana, Columbien. M. niger WAGN. (*Stentor niger* GEOFFR., *Caraya* v. HUMB., *Simia
Beelzebuth* L., *S. flavicaudata* v. HUMB.), Caraya, Choro. Im Alter glänzendschwarz,
in der Jugend und die Weibchen mehr oder weniger röthlich, die nackten Theile röthlichbraun. Paraguay und westliche Provinzen von Brasilien u. a.

2. Gatt. **Lagothrix** GEOFFR. (*Gastrimargus* SPIX). Körper mässig dick, Kopf rundlich, ohne Bart, Zungenbein ohne Auftreibung, Haare weich, etwas wollig. Vorderdaumen deutlich. — Art: L. Humboldtii GEOFFR. (*Simia lagotricha* und *cana* v. HUMB.,
L. cana GEOFFR., *olivacea* und *infumata* [SPIX] WAGN.). Rücken in verschiedenen Schattirun-
gen braungrau, nach dem Bauche, den Händen und Füssen zu schwarz werdend. Brasilien,
Bolivia, Venezuela, Peru.

3. Gatt. **Ateles** GEOFFR., Klammeraffe. Kopf rundlich, Extremitäten lang, gracil, Vorderdaumen ist ganz rudimentär oder fehlt; alle Nägel kuppig. Schwanz sehr lang. a) Nasenscheidewand breit, Haare auf dem Kopf von vorn und von hinten zu einem Kamme zusammentretend; innere Schneidezähne grösser; Pelz rauh, langhaarig: Ateles Is. GEOFFR.
Arten: A. paniscus (L.) GEOFFR., Coaita. Ganz schwarz, das nackte Gesicht rothbräunlich;

76 1. Mammalia. A. Monodelphia.

Metacarpalknochen des Daumens vorhanden, aber höchstens ein Phalangenrudiment (bei A. pentadactylus GEOFFR. kommt zuweilen noch ein nagelloses Rudiment vor, wonach die sonst ganz mit paniscus übereinstimmenden Exemplare als Art getrennt wurden). A. Beelzebuth GEOFFR. Schwarz, aber Kopfseiten, Bauch und Innenseite der Gliedmassen weiss. Am Orinoco und in Guiana u. a. — b) Nasenscheidewand verschmälert, ohne Haarkamm, Schneidezähne gleich, Pelz wollig: Eriodes Is. GEOFFR. (*Brachyteles* SPIX). Art: E. arachnoides GEOFFR. Rostbraun, Gesicht röthlich bis schwärzlich. Am Vorderdaumen ist der Metacarpalknochen und die erste Phalanx vorhanden, die zweite Phalanx nur selten; diese löst sich dann frei ab. (E. hypoxanthus KUHL, tuberifer und hemidactylus Is. GEOFFR.). Südbrasilien.

 2. Unterfamilie. **Cebidae** WAGN. (*Cebi* SLACK). Greifschwanz, aber rings behaart, mit breiten letzten Wirbeln.

 4. Gatt. Cebus ERXL., Rollaffe (Sapajou). Kopf rundlich, verlängert (dolichocephal); Extremitäten kräftig, von mittler Länge. — Arten: C. fatuellus WAGN. (*Simia Apella* u. *fatuellus* L. etc.). Braun bis schwarz, die vier Hände und Schwanz schwarz; bei Erwachsenen zwei Haarbüschel an der Stirn. Von Paraguay bis Guiana. C. capucinus (L.) GEOFFR. Im ganzen kleiner, dunkelbraun mit schwarzer Kopfplatte, Unterseite gelblichweiss. Guiana, Venezuela, Peru. Beide häufig in Menagerien u. a.

 3. Unterfamilie. **Aneturae** WAGN. (*Geopitheci* GEOFFR., *Pitheciae* SLACK). Schwanz schlaff, nicht greifend, überall behaart, letzte Wirbel immer dünner werdend.

 5. Gatt. Pithecia DESM. Schwanz buschig behaart; Schädel gewölbt, hoch. Schneidezähne vorwärts und gegeneinander gerichtet; Eckzähne stark. — Arten: P. leucocephala (AUDEB.) WAGN. Schwarz mit lichterem Vorderkopf, Weibchen und Junge bräunlich. Nördlich vom Amazonenstrom. P. satanas HOFFMSEGG. Schwarz oder dunkelbraun mit schwarzem Bart und Schwanze. Von Peru bis zum atlantischen Ocean, am Amazonenstrom und Orinoco. — Bei einigen andern Formen ist der Schwanz sehr kurz; für diese stellte SPIX die Gattung Brachyurus auf.

 6. Gatt. Nyctipithecus SPIX (*Aotus* v. HUMB., *Nocthora* F. CUV.). Augen sehr gross, der Schädel am breitesten zwischen den äussern Augenhöhlenrändern. Nasenscheidewand verschmälert, Nasenlöcher nach unten gerichtet. — Art: N. trivirgatus (v. HUMB.) GRAY, Mirikina. Graubraun, von der Stirn und den Mundwinkeln gehen drei sich auf dem Scheitel vereinigende schwarze Streifen aus. Im mittleren Südamerica vom Paraguay bis zum Cassiquiare. (N. vociferans SPIX mit wolligem Pelz vielleicht verschieden.)

 7. Gatt. Callithrix ERXL., Sagouin, Marmoset. Schädel hoch, pyramidal; Unterkieferäste hoch, breit, auseinandergerückt. Schneidezähne ziemlich senkrecht, Eckzähne klein; Schwanz dünn, lang. — Arten: C. personata (v. HUMB.) GEOFFR. Dicht und lang behaart, rostroth, Gesicht und Hände schwarz. Ostküste Brasiliens. — u. a.

 8. Gatt. Chrysothrix KAUP. Schädel rundlich, sehr verlängert, so dass das Hinterhaupt weit über das an der untern Fläche liegende Hinterhauptsloch hinausragt. Unterkieferäste gestreckt, aufsteigender Theil niedrig. Eckzähne kurz. — Art: Ch. sciurea (L.) KAUP, Saimiri. Bräunlichgrau, Rückseite orangegelblich, Vorderarm und Hände rostgelb (mit Abänderungen). Guiana und Nordbrasilien.

 Fossil hat LUND in den brasilianischen Höhlen einige zu den Platyrrhinen gehörige Reste gefunden, von denen der eine einem Cebus (macrognathus LUND), ein andrer einer Callithrix (primaevus LUND), ein fernerer auf eine ausgestorbene Gattung bezogen wird, Protopithecus brasiliensis LUND.

 4. Familie. **Arctopitheci** GEOFFR. (*Hapalini* Is. GEOFFR., *Hemipitheci* v. D. HOEV.). Gebiss $i \frac{2}{2} c \frac{1}{1} p \frac{3}{3} m \frac{2}{2}$, Backzähne spitzhöckerig. Daumen der Vorderhand kaum gegenüberstellbar. An allen Fingern Krallen, nur am Daumen der Hinterhand ein Plattnagel. Kein Greifschwanz.

2. Chiroptera.

Diese gleichfalls auf Süd-America beschränkten Affen weichen durch ihren Schädel wie durch ihr Gebiss wesentlich von den andern Affen der neuen Welt ab. Der Schädel ist gestreckt, der Hirntheil gewölbt, die Stirn flach und breit, Augenhöhlen nicht genähert; Hinterhauptsloch mehr nach hinten. Die Zähne stimmen zwar der Zahl nach mit denen der altweltlichen Affen überein, es sind hier aber zwei wahre und drei falsche Backzähne vorhanden, welche alle spitz- und nicht stumpfhöckerig sind. Der Endabschnitt der Vorderextremität ist keine Hand, der Daumen nicht gegenüberstellbar, und wie die übrigen Finger mit einer Kralle versehen.

Einzige Gatt. Hapale ILLIG. (Sahui, Ouistiti.). Die einzige Gattung dieser Gruppe zeichnet sich durch einen seidenartigen Pelz, schlaffen Schwanz und viel geringere Körpergrösse vor den andern americanischen Affen aus. Die zahlreichen Arten sind nach Is. GEOFFROY ST. HILAIRE in zwei Untergattungen zu ordnen: a) untere Schneidezähne lang, cylindrisch, stehen in einem Bogen: Iacchus Is. GEOFFR. Arten: α) mit Ringelschwanz und Ohrpinsel: I. Iacchus (L.) Is. GEOFFR. Ostküste Brasiliens. β) mit Ohrpinseln, ohne Ringelschwanz: I. chrysoleucos (NATT.) WAGN. Brasilien u. a. m. b) Untere Schneidezähne meiselförmig in gerader Linie stehend: Midas GEOFFR. α) Ohne Mähne (*Liocephalus* WAGN.): M. rufimanus TSCHUDI (*H. midas* L.) u. a. β) Mit erectiler Mähne (*Leontocebus* WAGN., *Leontopithecus* LESS.): M. Rosalia (L.) GEOFFN. Goldgelb. Südlicher Theil der Ostküste Brasiliens. M. Oedipus (L.) GEOFFR. Mit weisser Mähne. Im nördlichen Theil der tropischen Zone.

Fossil hat auch von dieser Familie LUND Reste in Höhlen Brasiliens gefunden: Iacchus grandis LUND und eine an I. Iacchus (penicillatus) anschliessende Form.

2. Ordnung. **Chiroptera** BLUMEND.
(*Volitantia* ILLIG.)

Gebiss verschieden, doch alle drei Arten von Zähnen. Zwischen den verlängerten Knochen der Vorderextremitäten und dem Rumpfe, meist auch zwischen den Hinterextremitäten ist eine Flughaut ausgespannt. An den Vorderextremitäten trägt meist nur das Endglied des Daumens eine Kralle. Zwei Zitzen an der Brust.

Die Ordnung der Chiropteren ist vor allen übrigen Säugethieren durch die Entwickelung ihrer Vorderextremitäten zu wirklichen Flugorganen ausgezeichnet. Es stellen dieselben nicht bloss fallschirmartige Hautausbreitungen dar, welche zwischen den in gewöhnlicher Weise entwickelten Extremitäten ausgespannt sind, sondern es betheiligen sich die Knochen der Arme und Hände in characteristischer Art an der Bildung eines dem Vogelflügel völlig analogen Organs. Dem entsprechend zeigt auch der Knochenbau des Rumpfes mehrere Eigenthümlichkeiten. Was zuvörderst den Schädel betrifft, so ist derselbe durch eine fast überall mehr oder weniger scharf ausgesprochene Verschmälerung in der Postorbitalgegend dem der Carnivoren ähnlich. Ein Jochbogen fehlt nur einer einzigen Gattung (*Phyllonycteris* GUNDL.). Die Zwischenkiefer vereinigen sich häufig nicht in der Mittellinie (*Vespertilionina*), sondern legen sich nur aussen an die Oberkiefer an, so dass die Reihe der Schneidezähne durch eine tiefe Lücke unterbrochen wird. In andern Fällen

(*Rhinolophus*) stellen sie zwei kleine frei zwischen den Oberkiefern liegende Knöchelchen dar, welche in dem Nasenknorpel befestigt eine gewisse Beweglichkeit besitzen; zuweilen fehlen sie ganz. Die Wirbel sind im Ganzen breit, auch wenig zahlreich, die Fortsätze niedrig. Das Brustbein ist durch einen mittleren Kamm und durch ein sehr starkes Manubrium ausgezeichnet, mit welchem die nirgends so stark wie hier entwickelten Schlüsselbeine verbunden sind. Der Episternalapparat ist nur durch ein Band vertreten. Die Vorderextremitäten sind ausserordentlich verlängert; die einzelnen Abschnitte sind mit Aufhebung der Rotation im Elbogengelenk so angeordnet, dass sie sich wie bei Vögeln in einer Ebene gegeneinander beugen. Der Oberarm ist der stärkste Knochen am Körper, oft von Länge des Rumpfes. Der Vorderarm besteht fast nur aus der Ulna, indem der Radius nur am distalen Ende derselben als dünner Knochenstiel vorhanden ist. Ersterer fehlt ein Olecranon, wogegen häufig in der Sehne des Triceps eine Verknöcherung vorkommt. Stets sind fünf Metacarpalknochen vorhanden, von denen der des Daumens kurz bleibt, während die übrigen vier ausserordentlich verlängert und ausgebreitet in die Flughaut eintreten. Der Daumen hat meist zwei, der vierte und fünfte Finger constant nur zwei Phalangen; die Zahl derselben an den übrigen Fingern ist verschieden; doch ist der Mittelfinger stets der längste. Eine Kralle kommt constant nur am Daumen, am Zeigefinger nur bei den meisten frugivoren Fledermäusen vor. Zwischen und um diese Knochen ist nun die Flughaut, Patagium, ausgespannt. Dieselbe stellt eine unbehaarte dünne Duplicatur der Haut dar, welche von den Vorderextremitäten sich auf die Seiten des Rumpfes (hier zuweilen mit ihrem Ursprung nahe der Rückenmittellinie hinaufrückend) und auf die Hinterextremitäten erstreckt, und auch diese einhüllend zwischen ihnen sich ausbreitet, dabei den etwa vorhandenen Schwanz aufnehmend. Nach den verschiedenen Befestigungspuncten nennt man die Theile der Flughaut Patagium humerale, digitale, lumbare, interfemorale (oder caudale oder anale). Das Becken hat lange schmale Darmbeine, eine nur lockere Schambeinsymphyse und wird häufig durch eine Verbindung der Sitzbeine mit den Wirbeln noch vogelähnlicher. An der Hinterextremität verkümmert die Fibula ähnlich wie vorn der Radius. Vom Fersenbein geht meist ein knöcherner Fortsatz, Sporn, Calcar, in die Flughaut ab. Sämmtliche fünf Zehen sind mit Krallen versehen. Der Verschiedenheit der Nahrung entsprechend ist der Bau der Verdauungsorgane etwas abweichend. Bei den vorzüglich frugivoren Formen ist der Magen gestreckt, bei den insectenfressenden rundlich, der Darm bei erstern etwas länger als bei den letzten. Die häufig mit einem Os penis versehene Ruthe hängt frei von der Schambeinsymphyse herab. Der Uterus ist einfach, nur bei den Frugivoren in zwei kurze Hörner verlängert. Die beiden Zitzen finden sich an der Brust oder seitlich unter der Achselhöhle. Zuweilen finden sich in den Inguinalgegenden zitzenartige Warzen, die indessen nicht Milchdrüsen angehören. Das Gehirn ist glatt, die Hinterlappen bedecken das kleine Gehirn nicht. Das Gesicht ist stumpfer als die andern Sinne, von denen vorzüglich das Gefühl ausserordentlich entwickelt ist.

Die *Chiroptera* der gemässigten Klimate halten einen regelmässigen

2. Chiroptera.

Winterschlaf, wobei die Temperatur ihres Blutes langsam sinkt. Fällt diese unter 0°, so erfrieren sie. In Bezug auf die geographische Verbreitung der Ordnung ist erwähnenswerth, dass *Chiroptera* auf oceanischen Inseln vorkommen, wo keine andern Säugethiere (ausser eingeführten) sich finden. Die *Pteropi* sind auf Asien und Africa beschränkt, die *Phyllostomen* auf America, die *Rhinolophinen* auf die alte Welt. Von den übrigen Familien finden sich einzelne auf bestimmte Erdtheile beschränkte Gattungen; in allen finden sich Arten der *Vespertilioninen*. Fossil kommen Reste der *Chiroptera* von den eocenen Tertiärschichten an vor, keine *Pteropen*, aber *Dysopes, Phyllostoma, Rhinolophus* und am zahlreichsten *Vespertilioninen*. Wie bei den Affen sind auch hier die in beiden Continenten gefundenen Reste den jetzt da lebenden entsprechend.

TEMMINCK, C. J., Monographies de Mammologie. T. I. II. Leiden, 1827, 1835—41. 4°.
KEYSERLING, A. Graf von, und J. H. BLASIUS, Uebersicht der Gattungs- und Artcharactere der europäischen Fledermäuse, in: WIEGM. Arch. 1839. I. p. 293—331. 1840. I. p. 1—12. — Die Wirbelthiere Europa's. Braunschweig, 1840.
PETERS hat nach zahlreichen Einzeldarstellungen eine Uebersicht des Systems gegeben: Berlin. Monatsber. 1865. p. 256.
GERVAIS, P., Documents zoologiques pour servir à la monographie des Cheiroptères Sud-Américains, in: Annal. d. Scienc. nat. 4. Sér. T. 5. p. 204.
BELL, TH., Article »Chiroptera«, in: TODD's Cyclopaedia of Anat. Vol. I. 1835. p. 594—600.

1. Unterordnung. **Frugivora** WAGN. Schnauze meist spitz, gestreckt. Backzähne mit platter Krone und mittlerer Längsfurche. Zeigefinger mit drei Phalangen, meist mit Kralle. Aeusseres Ohr klein. Schwanz in der Regel kurz. Heisse Gegenden der alten Welt.

1. Familie. **Pteropina** BON. Character der Unterordnung.

a) Zeigefinger mit Kralle. Zwischenkiefer deutlich, knöchern.

1. Gatt. Pteropus (GEOFFR.) PET. Gebiss $i\frac{2}{2} c\frac{1}{1} m\frac{5}{5}$. Kein Schwanz. Daumen frei. Zitzen axillar. Ein Ruthenknochen. Schädel hinter dem Jochfortsatz des Stirnbeins am schmälsten. — Arten: Pt. edulis GEOFFR. (Kalong). Schwarz; Hinterkopf, Nacken und Unterseite rostroth. Die grösste Art: Rumpf 15", Spannweite 4' 10". Ostindien und indischer Archipel. Pt. poliocephalus TEMM. Aschgrau, Nacken, Schultern und Vorderhals rothbraun. Neu-Holland. — u. v. a.

2. Gatt. Cynonycteris PET. (Hierher als Synon. *Xantharpyia* und *Eleutherura* GRAY). Gebiss wie Pteropus. Ein kurzer Schwanz. Daumen von der Flughaut umhüllt. Zitzen pectoral. Kein Ruthenknochen. Schädel vor dem Jochfortsatz am schmälsten. — Arten: C. Geoffroyi (TEMM.) PET. (*Pteropus aegyptiacus* GEOFFR.). Graubraun, unten weisslich. Aegypten. — u. m. a.

Hierher noch die Gattung Pterocyon PET. Gebiss $i\frac{2}{2} c\frac{1}{1} m\frac{3}{3}$, Schnauze lang; Flügel wie Epomophorus. Eine Art (palcaceus PET.).

3. Gatt. Cynopterus F. Cuv. (*Pachysoma* GEOFFR.). Gebiss $i\frac{2}{2} c\frac{1}{1} m\frac{3}{3}$, letztere dicht an einander stehend. Schnauze kurz. Daumen umhüllt. Schwanz rudimentär. Zitzen pectoral. — Arten: C. marginatus F. Cuv. In Färbung verschieden, graubraun bis roth, die Alten alle mit weiss gesäumten Ohren. Ost-Indien u. a. — Als Untergattungen werden noch aufgeführt: Ptenochirus PET. Nur $\frac{2}{2}$ Schneidezähne, von denen der obere äussere sehr klein, der innere lang (Pt. Jagorii PET. von Luzon) und Uronycteris GRAY. Gebiss?, Schwanz sehr lang, Nasenlöcher röhrenförmig. (U. albiventer GRAY von der Morty-Insel.)

4. Gatt. Epomophorus BENNETT. Gebiss $i\frac{2}{2} c\frac{1}{1} m\frac{3}{3}$, die letztern einzeln stehend. Schnauze kurz. Erstes Daumenglied lang. Flughaut dünn und breit. — Arten: E. Whi-

tei Benn. (*Pteropus epomophorus* Benn. früher. Braunröthlich, unten graulich. Auf der Brust jederseits ein Büschel langer weisser Haare. Westküste Africa's u. a. — Untergattung: Hypsignathus Allen (*Sphyrocephalus* Murray). H. monstrosus All. (*Sph. labrosus* Mur.). West-Africa.

5. Gatt. Megaerops Pet. (*Megaera* Temm.). Gebiss $i\frac{2}{3} c\frac{1}{1} m\frac{2}{3}$. Kein Schwanz. Schnauze sehr kurz, stumpf. Nasenlöcher röhrig vorspringend. Flügel sehr kurz. — Art: M. ecaudatus Temm. Sumatra.

6. Gatt. Macroglossus F. Cuv. Gebiss $i\frac{2}{3} c\frac{1}{1} m\frac{2}{3}$. Schnauze rüsselförmig, Zunge wurmförmig vorstreckbar; Schwanz kurz, aus der Interfemoralhaut vorragend. — Art: M. minimus (Geoff.) Temm. (Kiodote). Ostindischer Archipel.

7. Gatt. Harpyia Illig. (*Cephalotes* Geoffr. p. p.). Gebiss $i\frac{1}{0}$, $c\frac{1}{1} m\frac{2}{3}$. Kopf fast rund, Schnauze kurz und breit. Nasenlöcher röhrenförmig. Flughaut mehr nach dem Rücken hin angeheftet. — Art: H. cephalotes Pall. (*P. Pallasii* Temm. *Vespertilio cephalotes* Pall.). Amboina und Celebes.

b) Zeigefinger ohne Kralle.

8. Gatt. Hypoderma Geoffr. (*Cephalotes* Geoffr. p. p.). Gebiss in der Jugend $i\frac{2}{3}$, später $\frac{1}{1}$, im Alter $\frac{1}{0}$, $c\frac{1}{1}$, $m\frac{2}{3}$; Flughaut nahe der Rückenmittellinie angeheftet. Zwischenkiefer knorplig rudimentär. Schwanz kurz. — Art: H. Peronii Geoffr. Molukken.

9. Gatt. Notopteris Gray. Gebiss $i\frac{1}{1} c\frac{1}{1} m\frac{2}{3}$. Schnauze lang. Flughaut wie bei Hypoderma. Zwischenkiefer mit dem Oberkiefer verwachsen. Schwanz lang, aus der Interfemoralhaut frei vorragend. — Art: N. Macdonaldii Gray. Feejee-Inseln.

2. Unterordnung. **Insectivora** Wagn. Schnauze kurz. Backzähne spitzhöckerig oder schneidend, meist aus dreiseitigen Pyramiden zusammengesetzt, so dass auf der Kaufläche eine W-förmige (oben und unten einander entgegengesetzte) Zeichnung entsteht. Nur der Daumen mit einer Kralle.

1. Tribus. **Istiophora** Spix. Nase mit einem mehr oder weniger entwickelten, die Nasenlöcher umgebenden häutigen Besatze versehen. Ist derselbe vollständig, so besteht er aus einem hufeisenförmigen nach der Schnauzenspitze convexen Stück (Ferrum equinum), in dessen Concavität sich ein zweites sattelförmiges nach hinten häufig sich in einen Fortsatz erhebendes Stück findet (Sella). Ueberragt wird dies durch ein mit breiter Basis entspringendes, lanzettförmig zugespitztes Nasenblatt (Prosthema). Nähren sich von Insecten, saugen aber auch Blut.

1. Familie. **Desmodina** Wagn. Backzähne bilden mit ihren Kronen eine Längsschneide. Dem Nasenbesatz fehlt das Prosthema. Kein Schwanz.

1. Gatt. Desmodus Prinz Neuw. (*Edostoma* d'Orb.). Gebiss $i\frac{2}{4}$, im Alter $\frac{1}{1}$, $c\frac{1}{1} m\frac{2}{3}$, die untern Schneidezähne zweilappig. Interfemoralhaut saumartig verkürzt. — Art: D. rufus Neuw. Nördliches Süd-America. (Ueber den merkwürdigen blinddarmartigen Cardiatheil des Magens dieser Form s. Huxley, Th. H., in den Proceed. Zool. Soc. 1865. p. 386.)

Bei Diphylla Spix sind die untern Schneidezähne breit, kammförmig gezähnt; Backzähne $\frac{4}{4}$; Interfemoralhaut fehlt. D. ecaudata Sp. Brasilien.

2. Familie. **Phyllostomata** Wagn. Pet. Nasenbesatz meist mit aufrechter Lanzette. Ohren fast stets getrennt, mit Ohrklappe (Tragus). Mittelfinger mit drei knöchernen Phalangen (nach Tomes' Zählung vier). Bewohner des neuen Continents und seiner Inseln.

1. Unterfamilie. **Stenodermata** Gerv. Die Schmelzfalten der Backzähne bilden kein W, ihre Oberfläche ist spitzhöckerig, später quadratisch, mit dem äussern Rande oft schneidig. Die obern und untern Schneidezähne berühren sich bei

2. Chiroptera.

geschlossenem Munde nicht. Schwanz äusserst kurz oder fehlt. Interfemoralhaut tief ausgeschnitten.

SAUSSURE, H. DE, Note sur quelques Mammifères du Mexique. 6. Article, in: Revue et Mag. de Zool. 1860. p. 425.

1. Gatt. Stenoderma GEOFFR. Schnauze kurz und stumpf, Gesicht sehr warzig; Nasenblatt lanzettförmig. Gebiss i$\frac{2}{2}$ c$\frac{1}{1}$, die Backzähne schwanken in der Zahl. Schwanz fehlt. — Untergattungen: a) Stenoderma GEOFFR. Backzähne $\frac{4}{4}$, Interfemoralhaut rudimentär. St. toltecum DE SAUSS. Mexico. — b) Dermanura GERV. Backzähne $\frac{4}{4}$, Interfemoralhaut mässig entwickelt. D. cinereum GERV. Süd-America. — c) Artibeus LEACH (Pteroderma GERV., ? Madataeus LEACH). Backzähne $\frac{4}{4}$, Interfemoralhaut ausgeschnitten. A. perspicillatus (Stenoderma persp. D'ORB., Süd-America. — d) Platyrhinus DE SAUSS. (Artibeus GERV. früher, Vampyrops PET.) Backzähne $\frac{5}{5}$; Interfemoralhaut ausgeschnitten. Pl. lineatus (GEOFFR.); Paraguay und südwestliches Brasilien.

Zu den Stenodermen mit $\frac{4}{4}$ Backzähnen gehört noch Pygoderma PET., zu denen mit $\frac{5}{5}$ Backzähnen Uroderma PET. und Phyllops GERV. — $\frac{4}{4}$ Backzähne, eine behaarte Interfemoralhaut und einen tief zwischen den Augenhöhlen eingeschnittenen Schädel hat Chiroderma PET. — Hierher gehört noch: Pygoderma und Ariteus GRAY.

2. Gatt. Sturnira GRAY (Nyctiplanus GRAY). Schnauze weniger stumpf; Backzähne $\frac{5}{5}$. Interfemoralhaut und Schwanz fehlen. (GRAY gibt nur i$\frac{4}{4}$ an; die innern Schneidezähne sind in der ganzen Gruppe grösser.) Arten: St. chilensis GERV.). Chile. St. rotundata (GRAY). Brasilien.

3. Gatt. Centurio GRAY. Gebiss i$\frac{2}{2}$ c$\frac{1}{1}$ m$\frac{4}{4}$. Kopf ziemlich gross, Gesicht flach mi verschiedenen symmetrisch gestellten Blättchen bedeckt. Das Nasenblatt unten ohne Rand, klein. — Arten: C. senex GRAY. ?Süd-America. C. flavigularis PET., Cuba.

Hierher noch: Trichocorytes GRAY.

4. Gatt. Brachyphylla GRAY. Gebiss i$\frac{2}{2}$ c$\frac{1}{1}$ m$\frac{5}{5}$. Nasenblatt oval, hinten von einer Grube umgeben. Unterlippe mit einer dreieckigen Spalte. Zunge lang. Schwanz rudimentär. — Art: Br. cavernarum GRAY. St. Vincent, Cuba, Süd-Carolina.

2. Unterfamilie. **Glossophagina** GERV. Schnauze lang und dünn; Unterlippe gespalten. Zunge lang, wurmförmig vorstreckbar. Schneidezähne klein, hinfällig. Schmelzfalten der Backzähne eng W-förmig. Nasenblatt klein, lanzettförmig.

5. Gatt. Glossophaga GEOFFR. Gebiss mit $\frac{5}{5}$ Backzähnen. Zunge jederseits bewimpert, oben platt. Interfemoralhaut breit, Schwanz ganz kurz, eingeschlossen. — Art: Gl. amplexicauda GEOFFR. Süd-America u. m. a. (Hierher wohl nur als Synonym: *Phyllophora* GRAY.)

Für eine kurze, gedrungene Form mit $\frac{5}{5}$ Backzähnen, ohne Schwanz mit winklig ausgeschnittener Interfemoralhaut stellt DE SAUSSURE die Gattung Ischnoglossa auf; I. nivalis de S. Mexico.

6. Gatt. Anura GRAY (Choeronycteris LICHTST.). Gebiss mit $\frac{6}{6}$ Backzähnen. Schwanz fehlt; Interfemoralhaut bildet nur einen Saum an den Schenkeln. — Arten: A. ccaudata (GEOFFR.) DE SAUSS. Brasilien, Mexico u. m. a.

7. Gatt. Monophyllus LEACH (Nicon GRAY?). Gebiss mit $\frac{5}{5}$ Backzähnen, die W-förmigen Leisten undeutlich. Schwanz kurz, mit der obern Hälfte der Interfemoralhaut angeschlossen, mit der untern frei vorragend. — Arten: M. Redmanii LEACH. Jamaica u. a.

8. Gatt. Phyllonycteris GUNDLACH. $\frac{5}{5}$ Backzähne. Nasenblatt verkümmert. Untere Schneidezähne gleich gross. Interfemoralhaut tief ausgeschnitten, der sehr kurze Schwanz ragt hervor. (Kein Jochbogen.) — Arten: Ph. Poeyi und Sczekorni GDL. Aus Cuba.

3. Unterfamilie. **Vampyrina** GERV. Schmelzfalten der Backzähne bilden ein mehr oder weniger deutliches W. Schneidezähne beider Kinnladen berühren sich beim Schluss des Mundes; die obern mittleren sehr gross. Unterlippe warzig, aber nicht gespalten.

SAUSSURE, H. DE, Note sur quelques Mammifères etc. in: Revue et Mag. de Zool. 1860. p. 430 und p. 479—489.

PETERS, W., Ueber die zu den Vampyri gehörigen Flederthiere, in: Monatsber. d. Berl. Akad. 1865. p. 503—524.

1. Gruppe. Schwanz viel kürzer als die Interfemoralhaut oder fehlend. Ohren stets getrennt.

9. Gatt. **Vampyrus** GEOFFR. Gebiss $i\frac{2}{2}$ (oder $\frac{2}{3}$, $c\frac{1}{1}$ $m\frac{3}{3}$. Nase mit Hufeisen und Nasenblatt; Unterlippe mit Warzenreihen, die häufig durch eine Furche getrennt sind. Flughäute bis zum Tarsus oder selbst den Zehen reichend. Die zahlreichen Arten werden von PETERS in Untergattungen, von denen Vampyrus s. str., Chrotopterus PET. und Schizostoma GERV. in dem wohlentwickelten Hufeisen, den durch eine mittlere Furche getrennten Warzen der Unterlippe und darin übereinstimmen, dass das erste Glied des Mittelfingers länger als der halbe Metacarpus ist. Arten: V. spectrum GEOFFR. Guiana und Central-America u. a. Bei Lophostoma D'ORB. GERV. und Trachyops GRAY (*Tylostoma* GERV.) ist das Hufeisen abgesetzt, das erste Glied des Mittelfingers kürzer als der halbe Metacarpus. Arten: V. bidens SPIX u. a.

Eine weitere Untergattung führt PETERS noch auf: Phylloderma, sich äusserlich an Phyllostoma s. str. anschliessend, hat aber einen Lückzahn mehr. — Hierher gehört noch Micronycteris GRAY.

10. Gatt. **Phyllostoma** GEOFFR. s. str. Backzähne $\frac{5}{5}$. Hufeisen wohl entwickelt. Unterlippe mit einer V-förmigen Furche, deren Rand von Warzen besetzt ist. Flughäute bis zum Tarsus reichend, Schwanz vorhanden. — Arten: Ph. hastatum PALL., Ph. elongatum GEOFFR. Brasilien. Als Untergattungen, die indess kaum wesentlich abweichen, sind Mimon GRAY und Tylostoma GERV. anzuführen. Schwanzlos ist Ametrida GRAY.

11. Gatt. **Carollia** GRAY (*Hemiderma* GERV.). $m\frac{5}{5}$. Hufeisen in der Mitte kaum von der Oberlippe getrennt; Unterlippe mit V-förmigem Warzenbesatz. Flughäute bis zur Mitte der Tibia. — Art: C. brevicauda (NEUWIED) PET. (*C. verrucata* GRAY, *C. azteca* DE SAUSS.) u. a. Brasilien, Mexico.

Rhinophylla PET. weicht nur dadurch ab, dass die Flughäute bis auf die Zehen herabgehen und ein Schwanz ganz fehlt. Ph. pumilio PET. — Hierher gehören noch: Guandira, Alectops und Rhinops GRAY.

2. Gruppe. Schwanz wenigstens so lang oder länger als die Interfemoralhaut. Ohren getrennt oder verbunden.

12. Gatt. **Macrophyllum** GRAY. Gebiss $i\frac{2}{2}$ $c\frac{1}{1}$ $m\frac{5}{5}$. Hufeisen wohl entwickelt. Schwanz bis an den Rand der abgesetzten Interfemoralhaut. Art: M. Neuwiedii GRAY. Brasilien.

Bei Lonchorhina TOMES ist der Nasenbesatz complicirt, das Hufeisen undeutlich. Interfemoralhaut verlängert, Schwanz bis an ihren Rand reichend. L. aurita TOMES. (Westindien?) s. TOMES in: Proceed. Zool. Soc. 1863. p. 81.

13. Gatt. **Macrotus** GRAY. Gebiss $i\frac{2}{2}$ $c\frac{1}{1}$ $m\frac{5}{5}$; Ohren an ihrer Basis durch eine Membran verbunden. Interfemoralhaut bogig ausgeschnitten, Schwanz mit dem letzten Gliede daraus hervorragend. — Arten: M. Waterhousii GRAY. Jamaica. M. californicus BAIRD.

3. Familie. **Megadermata** WAGN. Backzähne besitzen deutliche W-förmige Falten. Ohren gross, mit Tragus, verbunden. Mittelfinger mit einer oder zwei Phalangen. Bewohner der alten Welt.

1. Gatt. **Megaderma** GEOFFR. Gebiss $i\frac{2}{2}$ $c\frac{1}{1}$ $m\frac{5}{5}$ oder $\frac{5}{6}$. Nasenbesatz bedeutend entwickelt, aus drei Stücken bestehend. Ohren sehr gross. Flughäute sehr gross; in der Interfemoralhaut findet sich kein Schwanz. Zwischenkiefer, weit getrennt, bilden früh mit dem Oberkiefer verwachsende Knochenleisten. — Arten: $m\frac{5}{5}$. Megaderma s. str. GRAY: M. lyra GEOFFR. Indien u. a. — $m\frac{5}{6}$. Livia GRAY (Oberlippe vom Nasenanhang bedeckt): M. frons GEOFFR. West-Africa.

2. Gatt. **Rhinopoma** GEOFFR. Gebiss $i\frac{2}{2}$ $c\frac{1}{1}$ $m\frac{5}{5}$. Zwischenkiefer vollständig (wie bei Pteropus). Ohren mässig, Nasenrücken lang, conisch, oben concav. Sporen knorplig. Arten: Rh. microphyllum GEOFFR. Aegypten. Rh. lepsianum PET. vom blauen Nil.

3. Gatt. **Nycteris** GEOFFR. Gebiss $i\frac{2}{3}$ $c\frac{1}{1}$ $m\frac{5}{5}$ oder $\frac{5}{6}$. Schnauzenrücken bis zur Stirn

2. Chiroptera.

von einer tiefen Längsfurche ausgehöhlt. Ohren gross. Interfemoralhaut gross, den langen, mit einem T-förmigen Wirbel endenden Schwanz umhüllend. — Arten: M. thebaica Geoffr. Tropisches Africa u. a. — Hierher noch Petalia Gray.

4. Gatt. **Nyctophilus** Leach. Gebiss $i\frac{1}{1} c\frac{1}{1} m\frac{3}{3}$. Nase mit zwei aufrechten Querblättern. Schwanz ganz in die Interfemoralhaut eingehüllt, einfach endigend. — Art: N. Geoffroyi Leach. Australien u. a. Die Gattung nähert sich den Vespertilioniden, zu denen sie Tomes ganz rechnet, s. dessen Monograph of the genus Nyctophilus, in: Proceed. Zool. Soc. 1858. p. 25—37.

Neben Nyctophilus stellt Peters auch die Gattung Antrozous Allen (*Vespertilio pallidus* Le Conte), welche von ersterer durch die geringere Zahl Schneidezähne $\frac{1}{1}$ abweicht.

4. Familie. **Rhinolophina** Wagn.
Backzähne mit deutlichen W-förmigen Falten. Nasenbesatz vollständig. Ohren getrennt, ohne Tragus. Mittelfinger mit zwei Phalangen. Oestliche Hemisphäre.

1. Gatt. **Rhinolophus** (Geoffr.) Boxap. Gebiss $i\frac{1}{2} c\frac{1}{1} m\frac{3}{3}$. Nasenbesatz mit aufrechtem, lanzettförmigem Prostheima. Ohren mit deutlichem Basallappen. Hallux mit zwei, die übrigen Zehen mit drei Phalangen. — Arten: Rh. ferrum-equinum Keys. u. Blas. Schreb.,. Mittel-Europa bis Algier und dem Libanon. Rh. hippocrepis Boxap. (Herm.). Von Süd-England bis zum Kaukasus. Rh. Euryale Blas. Süd-Europa u. a. asiatische.

2. Gatt. **Phyllorhina** Boxap. (*Hipposideros* Gray). Gebiss $i\frac{1}{2} c\frac{1}{1} m\frac{3}{3}$. Das Prostheim niedrig einfach hufförmig. Ohren kaum ausgerandet. Alle Zehen mit zwei Phalangen. — Arten: Ph. gigas Wagn. Guinea. Rh. tridens Geoffr. Aegypten. Rh. murinus Elliot. Süd-Indien u. a.

3. Gatt. **Coelops** Blyth. Gebiss $i\frac{1}{2} c\frac{1}{1} m\frac{3}{3}$; vor den Nasenlöchern noch ein eigenes queres Blatt. Ohren gross gerundet, ganzrandig. Interfemoralhaut ausgeschnitten, Schwanz rudimentär. — Art: C. Frithi Bl. Java.

5. Familie. **Mormopes** Pet. (subfam.).
Backzähne mit W-förmigen Schmelzleisten. Nasenbesatz rudimentär, dafür Nase und Kinn mit Hautfalten besetzt. Interfemoralhaut gross. (Bilden den Uebergang zu den *Noctilionen*, zu denen sie de Saussure bringt.)

Peters, W., Ueber die Chiropterengattungen Mormops und Phyllostoma, in: Abhandlg. d. Berl. Akad. 1856. p. 287—310.

1. Gatt. **Mormops** Leach. Gebiss $i\frac{2}{2} c\frac{1}{1} m\frac{3}{3}$. Nase oben abgerundet, mit mittlerer Längsrippe und gezähnter Querrippe zwischen dem Rand und den Nasenlöchern. Ohren nicht über $2/3$ der Kopflänge, ihr vorderer Rand durch eine über das Gesicht gehende Querleiste vereinigt. Schwanz so lang wie das Femur, die letzten Glieder ragen aus der Rückenfläche der Interfemoralhaut hervor. — Art: M. Blainvillei Leach. Jamaica und Cuba.

2. Gatt. **Chilonycteris** Gray (*Lobostoma* Gundlach). Gebiss wie Mormops. Nase schief abgestutzt; Nasenlöcher an der untern Fläche. Ohren schmal spitz, getrennt, am Aussenrande gekerbt. Schwanz lang, aber kürzer als die abgestutzte Interfemoralhaut. — Arten: Ch. quadridens (Gundl.) Wagn. Cuba. Unterlippe mit doppeltem Querblatte u. a. — Ch. Parnellii Gray; mit einfachem Querblatte der Unterlippe, ist die Gattung Phyllodia Gray. Jamaica.

Hierher noch Pteronotus Gray. Flughaut längs der Rückenmittellinie angeheftet. Schwanz länger als die Interfemoralhaut. Ph. Davyi Gray. Trinidad.

Aello Leach ist entweder ein Mormops oder Chilonycteris.

2. Tribus. **Gymnorhina** Wagn. Nase einfach, ohne blättrigen Anhang; Backzähne spitzhöckerig, stets W-förmige Leisten tragend. Ohr stets mit Tragus.

6. Familie. **Brachyura** Wagn.
Schwanz kürzer als die Interfemoralhaut und mit seinem Ende aus ihr hervorragend; Daumen an seiner Basis von der Flughaut eingehüllt.

84   I. Mammalia.   A. Monodelphia.

a Mittelfinger mit drei Phalangen.

1. Gatt. Mystacina Gray. Gebiss $i\frac{1}{1}$ $c\frac{1}{1}$ $m\frac{3}{3}$, die obern Schneidezähne stark wie Eckzähne, sich einander berührend. Körper kurz, dick. Schnauze verlängert, Nasenlöcher von einem dicken vorspringenden Rand umgeben. Füsse kurz, stark. Schwanz sehr kurz, mit seinem Ende an der Rückenseite der Interfemoralhaut vorragend, welche letztere wie die Flughäute an den Seiten des Körpers und des Oberarms im Basaltheil lederartig runzlig ist. — Art: M. tuberculata Gray. Neu Seeland.

b) Mittelfinger mit zwei Phalangen.

2. Gatt. Noctilio (L.) Geoffr. Gebiss $i\frac{2}{1}$ (die obern klein, leicht ausfallend) $c\frac{1}{1}$ $m\frac{4}{1}$. Schnauze kurz, geschwollen, Nasenlöcher röhrig vorragend, die Oberlippe spaltend, welche zu deren Seiten herabhängt. Interfemoralhaut gross, abgestutzt. Tragus zackig. Süd-America. — Art: N. unicolor Geoffr. u. a.

3. Gatt. Taphozous Geoffr. Gebiss $i\frac{2}{2}$ (die beiden obern fallen sehr früh aus) $c\frac{1}{1}$ $m\frac{3}{3}$. Schnauze conisch, zwischen den Augen eine quere Grube. Interfemoralhaut ausgeschnitten, durch lange Sporen unterstützt. Schwanz nur am Wurzeltheil umhüllt. — Arten: T. nudiventris Rüpp. Aegypten und Nubien. T. leucopterus Temm. Süd-Africa u. a.

4. Gatt. Emballonura Temm. (Proboscidea Spix. Gebiss $i\frac{2}{3}$ (später $\frac{1}{3}$. $c\frac{1}{1}$ $m\frac{3}{3}$. Schnauze conisch, ohne Grube. Nasenlöcher röhrig. Interfemoralhaut und Schwanz wie bei Taphozous. — Arten: E. monticola Temm. Java; E. calcarata Neuw. Brasilien u. a. Mehrere Arten (E. leptúra Wagn., E. canina Temm. u. a.) haben am Elbogen in der Flughaut eine sackartige Oeldrüse. Aus diesen bildete Illiger die Gattung Saccopteryx. Zu Emballonura gehören auch noch die Gattungen Centronycteris, Saccolaimus Gray und Urocryptus Temm.

Die Gattung Celaeno Leach wird als gymnorhin und schwanzlos beschrieben, soll aber im Mittelfinger drei Phalangen haben.

5. Gatt. Diclidurus Prinz Neuw. Gebiss $i\frac{1}{1}$ $c\frac{1}{1}$ $m\frac{3}{3}$. Nase abgerundet, behaart. Schwanz bis zur Mitte der Interfemoralhaut normal, dann folgt ein queres mit hornigen, halbmondförmig den Flughautabschnitt stützenden Seitentheilen versehenes Glied, in welches das letzte dreieckig herzförmige Stück einpasst. — Art: D. albus Neuw. Central-America.

Rhogëessa Allen ist eine die Noctilionen mit den Vespertilionen verbindende Form.

7. Familie. **Molossi** Pet. (Macrura Wagn.). Körper plump, gedrungen, Schwanz dick, den Rand der Interfemoralhaut überragend. Hinterextremitäten kurz, dick, Fibula vollständig, zuweilen so stark als die Tibia.

1. Gatt. Dysopes Illig. Gebiss $i\frac{2}{3}$ bis $\frac{1}{0}$ (je nach dem Alter) $c\frac{1}{1}$ $m\frac{4}{4}$ oder $\frac{3}{3}$. Ohren mehr oder weniger einander genähert. Grosse Zehe den andern nicht gegenüberstellbar. — Arten: Nyctinomus Geoffr. Oberlippe quergefaltet, Ohren genähert oder verwachsen. Zwischenkiefer von einander getrennt. a) $m\frac{3}{3}$. Nyctinomus Pet. subgen. N. brasiliensis Geoffr. 'rugosus d'Orb. u. a. b) $m\frac{4}{4}$. Mormopterus Pet. subgen. M. jugularis Pet. Madagascar. — Molossus Geoffr. Oberlippe dick ohne Querfalten. Zwischenkiefer mit einander verbunden. a) $m\frac{3}{3}$. Ohren gross, durch eine Hautfalte vereinigt. Promops Gerv. subgen. M. ursinus Spix. M. perotis Neuw. u. a. b) $m\frac{4}{4}$. Ohren gross, durch eine Hautfalte vereinigt: Molossus s. str. Pet. M. rufus Geoffr. u. a. c) $m\frac{4}{4}$. Ohren mässig, deutlich von einander getrennt: Molossops Pet. subgen. M. Temminckii Burm. — Zu Nyctinomus gehört noch die für die einzige europäische Form aufgestellte Gattung Dinops Savi. D. Cestonii Savi. Süd-Italien, Aegypten; ferner die Untergattung Tadarida Gray.

Myopterus Geoffr. $i\frac{1}{1}$ $c\frac{1}{1}$ $m\frac{3}{3}$. Obere Schneidezähne gross wie die anstossenden Eckzähne (M. Daubentonii); und Mops F. Cuv. $i\frac{1}{2}$ $c\frac{1}{1}$ $m\frac{4}{4}$ mit kleinen, von einander und von den Eckzähnen getrennten obern Schneidezähnen gehören noch als Subgenera wohl hierher.

2. Gatt. Chiromeles Horsf. Gebiss $i\frac{1}{1}$ $c\frac{1}{1}$ $m\frac{3}{3}$. Körper fast ganz nackt, Ohren getrennt. Grosse Zehe den übrigen gegenüberstellbar mit einem Plattnagel versehen. — Arten: Ch. caudatus Temm. Java u. s. w., Ch. torquatus Horsf. Siam.

2. Chiroptera.

8. Familie. **Vespertilionina** WAGN. Schwanz lang und dünn, ganz in die winklig vorspringende Interfemoralhaut eingeschlossen.

1. Section. **Nycticeina** GERV. Zwischenkiefer getrennt. Schneidezähne $\frac{1}{1}$ jederseits. Schädel ohne Postorbitalfortsatz, daher hinter den Orbiten schmal, am Oberkiefer-Gaumentheil breit.

1. Gatt. Nycticejus RAFIN. *(Scotophilus LEACH)*. $m\frac{5}{5}$. Ohren mässig, abgerundet, Tragus kurz, stumpf. Asiatisch. — Arten: N. Temminckii HORSF. Ost-Indien u. a.
2. Gatt. Atalapha RAFIN. '*Lasiurus* GRAY). $m\frac{5}{5}$. Interfemoralhaut behaart. Amoricanisch. — Arten: A. rufa (*Lasiurus* GRAY. Vereinigte Staaten.
Wo Hypexodon RAFIN. hin gehört, ob hierher, ist nicht zu ermitteln.
3. Gatt. Otonycteris PET. $m\frac{5}{5}$. Ohren sehr lang, einander genähert; Tragus sehr lang. Nasenlöcher sichelförmig nach vorn gerichtet. — Art: O. Hemprichii PET. ? Aegypten.

2. Section. **Vespertilionina** GERV. Zwischenkiefer meist getrennt. Schneidezähne $\frac{2}{3}$ jederseits. Schädel mit Postorbitalfortsatz.

a) Ohren auf der Mitte des Scheitels mit einander verwachsen; Nasenlöcher öffnen sich oben auf der Nasenspitze.

4. Gatt. Plecotus GEOFFR. $m\frac{5}{5}$. Ohren sehr gross; der Aussenrand endet unter dem Tragus in gleicher Höhe mit dem Mundwinkel; die Innenränder an der Basis durch ein Band vereinigt. Sporn ohne lappenförmigen Anhang. — Arten: Pl. auritus (L.) KEYS und BL. Europa bis zum Kaukasus u. a.
Pl. velatus GEOFFR. ist Typus der Gattung Histiotus GERV.
5. Gatt. Synotus KEYS. u. BL. '*Barbastellus* BONAP.). $m\frac{5}{5}$. Ohren gross; der Aussenrand zieht sich oberhalb des Mundwinkels nach vorn bis zwischen Auge und Oberlippe. Sporn mit abgerundeten Hautlappen. — Arten: S. barbastellus (SCHREB. KEYS. u. BL. Ganz Europa und Mittel-Asien bis zum Himalaya (u. a. ?).

b) Ohren von einander getrennt, Nasenlöcher öffnen sich unter oder an der Schnauzenspitze.

Vergl. die Monographien von R. F. TOMES in den Proceed. Zool. Soc. über Furipterus, Natalus und Hyonycteris. 1856. p. 172. Miniopteris. 1858. p. 112. Kerivoula. 1858. p. 322.

6. Gatt. Furipterus BONAP. (*Furia* F. Cuv., *Mosia* GRAY). $m\frac{5}{5}$. Schädel hoch, Schnauze niedrig, kurz, gerade abgestutzt, fast scheibenförmig. Zwischenkiefer in der Mittellinie vereinigt. Schneidezähne jederseits dicht bei einander, von denen der andern Seite, wie von den Eckzähnen durch einen Zwischenraum getrennt. Tragus gestielt. Flughäute dicht mit warzigen Linien besetzt. Daumen ausserordentlich kurz, ebenso die erste Phalanx des Mittelfingers. — Arten: F. horrens F. Cuv. Süd-America. F. caerulescens TOMES. St. Catharina, Brasilien.
Bei Natalus GRAY sind die Zwischenkiefer in der Mitte durch eine Knorpelplatte verbunden. Schädel und Flughäute, so wie Schneidezähne wie bei Furipterus. N. stramineus GRAY. Americanisch.
7. Gatt. Thyroptera SPIX (*Hyonycteris* PET.). $m\frac{5}{5}$. Schädel hoch, Schnauze niedrig verlängert. Flughäute bis zu den Zehennägeln reichend, mit warzigen Linien. Daumen mit Haftscheibe. Zehen alle mit zwei Phalangen und Haftscheiben. Nägel platt, nicht zum Ankrallen geeignet. — Arten: Th. tricolor SP. Brasilien u. a.
Hierher gehören noch die Gattungen Spectrellum und Nyctiellus GERV.
8. Gatt. Kerivoula GRAY. $m\frac{5}{5}$. Schädel hoch. Zwischenkiefer sehr gestreckt, so dass die Schneidezähne in einer Linie mit den Backzähnen stehen, nicht quer. Tragus lang und schmal. Flughäute bis zur Zehenbasis, mit Warzenlinien. — Arten: K. picta PALL. GRAY. Ost-Indien u. a.
In der Gattung Murina GRAY (Vesp. suillus TEMM., Gatt. *Ocypetes* LESS. mit $m\frac{5}{5}$), sind die Flughäute nur in der Nähe des Körpers mit warzigen Linien versehen.

86 I. Mammalia. A. Monodelphia.

9. Gatt. Miniopteris Bonap. (*Trilatitius* und *Capacinus* Gray ex p. $m\frac{6}{6}$. Schadel hoch, Schnauze kurz, längsconcav. Zwischenkiefer einander sehr genähert. Nasenlöcher halbmondförmig, seitlich. Ohren rundlich, klein; Tragus gleichbreit abgerundet. Flughäute bis zum Ende der Tibia. Erste Phalanx des zweiten und dritten Fingers sehr kurz. — Arten: M. Schreibersii Keys. u. Bl. Süd-Europa und Africa u. a.

Für Vespertilio noctivagus Le Conte stellt Peters die Gattung Lasionycteris auf (zwischen Miniopteris und Vesperugo).

10. Gatt. Vesperugo Keys. u. Bl. *'Scotophilus* [Leach.] Gray, Tomes,. Schädel flach, Schnauzentheil wenig abfallend. Der Aussenrand des Ohres endet vor dem Tragus in der Nähe des Mundwinkels. Sporn mit einem Lappen. a) $m\frac{5}{5}$. Vesperugo s. str. Keys. u. Bl. — Arten: V. noctula (Schreb.) Keys. u. Bl., Flughäute 14''. Europa, Africa und Asien. V. pipistrellus (Schreb.) Keys. u. Bl. Körper $2\frac{1}{2}''$, Flugweite 6'' 8'''. Europa, Nord- und Mittel-Asien. u. a. — b) $m\frac{4}{5}$. Vesperus Keys. u. Bl. — Arten: V. Nilssonii Keys. u. Bl. Körper 3'' 10''', Flugweite 10''. Scandinavien, nördliches Russland, südlich bis zum Harz. V. serotinus (Schreb.) Keys. u. Bl. Körper $4\frac{1}{2}''$, Flugweite 13''. Frankreich bis Sibirien. — (*Romicia calcarata* Gray ist Vesperugo Kuhlii teste Pet.)

Vespertilio Harpyia Temm. (*Vesperugo* Wagn.) mit behaarten warzigen Linien an den Flughäuten ist Harpiocephalus Gray. — Hierher gehört ferner Pachyomus Gray. Wohin Noctulinia Gray gehört, ist nicht sicher. —

11. Gatt. Vespertilio (L.) Keys. u. Bl. (*Myotis* Kaup). $m\frac{6}{6}$. Schädel flach, hinten gewölbt, nach der Schnauze abschüssig. Der Aussenrand des Ohres endet unter dem Ohrläppchen; Innenrand springt an der Basis winklig vor. Sporn ohne Lappen. — Arten: V. murinus Schreb. Körper 4'' 8''', Flugweite 14''. Mittel- und Süd-Europa, Nord-Africa, Asien. V. Nattereri Kuhl. Körper 3'' 4''', Flugweite $9\frac{1}{2}'''$. Schenkelflughaut gewimpert. V. mystacinus Leisl. Körper 3'', Flugweite 8'''. Mittel-Europa. — und viele andere, aus allen Welttheilen bekannt gewordene Arten. (Die Wasserfledermäuse, mystacinus u. s. w., vereinigt Boie zu einer besonderen Gattung Leuconoe.) — Hierher gehört noch Chalinolobus Pet.

3. Ordnung. Insectivora Cuv.

(*Bestiae* L., *Falculata* Illig. p. p.)

Alle drei Arten von Zähnen; Eckzähne oft kleiner als die Schneidezähne; die Praemolaren ein-, die Molaren mehrspitzig. Die Thiere treten mit der ganzen Sohle auf. Ueberall ein vollständiges Schlüsselbein. Zitzen in mehrfacher Zahl, abdominal.

Die häufig irrigerweise mit den *Carnivoren* vereinigten Thiere dieser Gruppe weichen von ihnen viel mehr als von den Nagern und *Chiropteren* ab. Besonders haben sie mit ersteren viel Uebereinstimmendes. Es sind discoplacentale Säugethiere, deren Gebiss sich in der Form der Backzähne eng an die insectivoren *Chiropteren*, in der Form und besonders der Einpflanzung der untern Schneidezähne an die Nager anschliesst. Die Bestimmung der Arten der Zähne ist oft sehr schwierig, da sich der seiner Stellung nach als Eckzahn zu bezeichnende Zahn nicht immer durch seine Form auszeichnet und der Zwischenkiefer bald mit dem Oberkiefer verwächst. Der Schädel ist im Hirntheil nicht gewölbt, meist gestreckt, kegel- oder pyramidenförmig; die Orbita ist nur bei *Cladobates* und *Ptilocercus* rings geschlossen. Ein Jochbogen fehlt den madecassischen *Centetes* und Verwandten und *Solenodon*, sowie den *Soricinen* mit Ausnahme von *Myogale*. Die Schädelbasis ist zuweilen ganz eben, zuweilen stellenweise häutig. Die Gelenkgruben für den Unterkiefer stehen nicht quer in einer Linie, sondern mit ihrem innere Ende mehr nach vorn gerichtet, so dass beide zusammengenommen Theile eines nach vorn convexen Bogens bilden. Das, das mittlere Ohr umschliessende Os tympanicum ist zuweilen zu einer hervorragenden Bulla ossea entwickelt (Igel), zuweilen ist es einfach ringförmig. Ueberall ist ein entwickeltes Schlüsselbein vorhanden, welches sich aussen mit dem Schulterblatt, innen mit dem Brustbein verbindet, mit letzterem aber nicht direct, sondern unter Dazwischenkunft eines mehr oder weniger stark entwickelten Episternalapparates. Das Brustbein ist platt (Igel) oder seitlich zusammengedrückt (*Sorex*, *Talpa*), bei letztgenannten Thieren mit einem vorspringenden Kamme versehen. Tibia und Fibula sind mit Ausnahme der *Tupayae* und *Macroscelides* im untern Ende verwachsen. Meist sind an allen Extremitäten fünf Finger vorhanden. Vorzüglich bei den Grabenden ist die Hand sehr verbreitert, beim Maulwurf durch das Auftreten eines besondern sichelförmigen Knochens am Radialrande. Oft ist das centrale Handwurzelstück vorhanden. Bei den kletternden und springenden Formen (*Tupayae*, *Macroscelides*) sind die Füsse lang und schmal. Vom Muskelsystem ist besonders der grosse Hautmuskel des Rückens zu erwähnen, welcher bei allen Igeln vorhanden ist. Eine Zusammenkugelung ist aber nur bei *Erinaceus*, *Ericulus*, *Echinogale* möglich. Das Gehirn erinnert an das der *Chiropteren*; die Grosshirnhemisphären bedecken das kleine Gehirn nicht und sind windungslos. Die Sinnesorgane sind oft ausserordentlich reducirt. Bei den *Talpinen* liegen die kleinen Augen zuweilen ganz unter der undurchbrochenen äussern Haut. Ebenso rudimentär wird zuweilen das äussere Ohr. Bei sehr vielen ist dagegen die Nase rüsselartig verlängert. Der Darm ist verhältnissmässig am längsten beim Igel und *Macroscelides*. Ein Blinddarm findet sich nur bei den *Tupayae* und *Macroscelides*. Bei *Myogale* besitzt die Vena cava inferior eine Erweiterung, wie bei vielen andern tauchenden Säugethieren Vom Genitalapparat ist zu erwähnen, dass bei *Myogale* und *Talpa* die Clitoris von der Urethra durchbohrt wird. Die Hoden liegen in der Bauchhöhle und treten zur Brunstzeit, wo sie oft ausserordentlich schwellen, nur unter der Schwanzwurzel etwas hervor. Der Penis ist nicht frei, hat zuweilen einen Knochen. Meist sind grosse Samenblasen vorhanden, wie bei vielen Nagern aber bei keinem *Carnivoren* (es sind dies die Drüsen, welche Leydig als eine Form der Prostata beschreibt). In der Placenta kommen die Embryonalgefässe nur in Berührung mit mütterlichen, ohne in Sinus eingetaucht zu sein; die Reflexa ist unvollständig.

Die *Insectivoren* sind der Mehrzahl nach kleine, sehr häufig unterirdisch lebende, nächtliche Säugethiere, welche, wie schon Lichtenstein hervorhob, gewisse Formen von Nagern wiederholen (Abhandlg. d. Berl. Akad. 1831. p. 345). So entsprechen die *Soricinen* den *Muriden*, die *Tupayae* den *Sciuriden*, die *Erinacei* den *Hystriciden*, die *Talpinen* den Spalax u. s. f. Einige leben ganz unterirdisch, wie *Talpa*, *Scalops* u. a., andere bauen nur unterirdisch, gehen aber in die selbst erbauten oder zufällig sich bietenden Höhlen nur zum Schutz. Nur wenige klettern, die *Tupayae*, oder erhaschen ihre Beute im Sprunge, die *Macroscelides*. Die Formen der gemässigten Zonen halten sämmtlich einen Winterschlaf. Einige Formen der heissen Climate sollen die Regenzeit in ihren Schlupfwinkeln verschlafen. Sie finden sich nur in der alten Welt und Nord-America. Merkwürdig ist, dass die einzige Cubanische Form, *Solenodon*, am meisten Uebereinstimmendes mit den madecassischen Arten *Centetes*, *Ericulus* und *Echinogale* hat. Australien und Süd-America haben keine *Insectivoren*. *Pachyura*, *Crocidura*, *Myogale*, *Erinaceus* und *Talpa* sind altcontinentale Formen, die einzige ausschliesslich europäische Gattung ist *Myogale*; die springenden Formen sind auf Africa, ebenso *Chrysochloris*, die kletternden sowie *Gymnura*, *Urotrichus* und *Diplomesodon* auf Asien beschränkt; *Solenodon*, *Scalops* und *Condylura* sind nur americanisch. Auf beiden Continenten kommen nur Arten von *Sorex* und *Crossopus* vor. Fossil sind Insectenfresser in den Tertiärbildungen häufig. Die älteste Form, welche (nach Unterkieferresten) nicht mit Sicherheit in eine der jetzt lebenden Gattungen und selbst Familien eingereiht werden kann, vermuthlich eine Zwischenform zwischen *Talpinen* und *Soriciden* darstellt, ist Spalacotherium Owen aus dem obern Oolith von Purbeck. Es waren zehn Backzähne vorhanden mit mehreren spitzen Höckern; nach vorn folgte noch ein kleiner Eckzahn und Schneidezähne. Ist dies *Spalacotherium tricuspidens* Ow. auch ohne Zweifel ein *Insectivor*, so lässt sich dies nicht mit derselben Sicherheit von Galerix Pomel sagen, welche Gattung in zwei Arten aus den miocenen Schichten Frankreichs bekannt geworden ist. Gebiss $i\frac{3}{3} c\frac{1}{1} m\frac{7}{7}$, G. viverroides Pomel (*Viverra exilis* de Blainv.) und G. magnus Pomel.

    Bell, Th., Article »Insectivora«, in: Todd's Cyclopaedia of Anat. Vol. 2. 1839. p. 994—1006.
    Pomel, A., Sur la distribution géographique des Mammifères insectivores, in: Bull. Soc. géol. de France. 2. Sér. T. 6. 1849. p. 56—64.
    Brandt, J. F., Bemerkungen über die Verwandtschaften der biologischen Haupttypen der Insectivoren, in: Bull. phys. math. Acad. St. Pétersbg. T. 16. 1858. p. 17—29.

    1. Familie. **Erinacei** aut. (*Aculeata* Wagn. p. p.). Körper am Rücken mit Stacheln oder steifen Borsten bedeckt zwischen den mehr oder weniger dichten Wollhaaren. Schädel mit vollständigem Jochbogen; das Os tympanicum bildet eine Bulla ossea. Backzähne mit rundlichen Höckern, die hintern quadratisch. Augen und äussere Ohren deutlich. Beine kurz, nicht abweichend gebildet. Tibia und Fibula verwachsen. Becken nicht fest geschlossen. Darm einfach, ohne Blinddarm.

    1. Gatt. Erinaceus L. 36 Zähne: $i\frac{3}{2}$, der innere oben und unten sehr lang, $m\frac{3}{3}$, oben die fünf, unten die vier letzten mehrspitzig; der Form nach fehlen Eckzähne. Kopf nicht sehr lang, mit kurzer spitzer Schnauze. Körper einrollbar. Schwanz kurz, behaart. — Arten: a) Hinterfüsse mit 5 Zehen: E. europaeus L., Igel. Ohren kürzer, Schwanz länger als der halbe Kopf; Stacheln einfach gefurcht. Ganz Europa bis Palaestina. (Der fossile Höhlenigel, E. fossilis Schmerl., ist kaum vom lebenden zu unterscheiden.) E. auritus Pall. Ohren länger, Schwanz kürzer als der halbe Kopf. Stacheln gefurcht und granulirt. Mittelasien des Wolga bis zum Baikal u. a. — b) Hinterfüsse mit 4 Zehen: E. Pruneri Wagn. Sennaar und am Senegal u. a.

    Fossil kommen mehrere Arten in miocenen Tertiärbildungen vor. Aymard hat für derartige Reste die Gattungen Amphechinus und Tetracus aufgestellt. Im Diluvium der Auvergne fand sich ein E. priscus Pomel, wie europaeus, aber viel grösser.

3. Insectivora.

2. Gatt. **Gymnura** Horsf. Vig. 44 Zähne: $i\frac{3}{3} c\frac{1}{1} m\frac{3}{3}$. Der erste Schneidezahn viel stärker als die andern; der obere Eckzahn (spurius) zweiwurzlig, aber der Form nach wie die untern eckzahnähnlich. Backzähne fast ganz wie die des Igels. Kopf mit langer Schnauze. Körper nicht einrollbar, am Rücken mit einzelnen Borsten besetzt. Schwanz lang, rund, schuppig. — Art: G. Rafflesii Vig. Horsf. Sumatra, Borneo, Malacca. 14".

2. Familie. **Centetina** Pomel. Rücken mit Stacheln oder Borsten besetzt. Schädel ohne Jochbogen; Os tympanicum bildet keine Bulla ossea. Backzähne schmäler und spitzer als beim Igel. Augen und äussere Ohren deutlich. Beine kurz, normal, fünfzehig. Unterschenkelknochen getrennt. Becken mehr oder weniger offen. Darm einfach, ohne Blinddarm.

a Schwanz fehlt oder ist ganz kurz. Heimath Madagascar.

1. Gatt. **Centetes** Illig. *Centenes* Desm., *Setiger* Geoffr.;. Gebiss $i\frac{3}{3} c\frac{1}{1} m\frac{3}{3}$. Die im Verhältniss zu den übrigen ausserordentlich grossen, und in eine Grube des Oberkiefers aufgenommenen untern Eckzähne unterscheiden diese Gattung scharf von den übrigen Insectivoren. Schnauze spitz und lang. Unterkieferwinkel eingebogen. Schwanz fehlt. Körper nicht einrollbar. — Arten: C. ecaudatus Wagn., Tanrec. Körper 10" lang. Auf Isle de France eingeführt und verwildert.
Ueber die merkwürdige Placentarbildung des Tanrecs vgl. Rolleston, G., On the placental structures of the Tanrec, in: Trans. Zool. Soc. Vol. V. P. 4. 1865. p. 285.

2. Gatt. **Ericulus** Is. Geoffr. Gebiss $i\frac{2}{2} c\frac{1}{1}$ (spurii, $m\frac{3}{3}$). Schnauze langgestreckt. Schnauze, Füsse, Ohren und Schwanz wie beim Igel. Krallen stark. Körper einrollbar. — Art: E. spinosus (Desm.) Is. Geoffr., Tendrac. Körper 6—7".

3. Gatt. **Echinogale** Wagn. *Echinops* Martin. Gebiss $i\frac{2}{2} c\frac{1}{1}$ spurii; $m\frac{3}{3}$. Schnauze kürzer als bei Centetes. Schwanz, Füsse, Ohren und Stacheln wie beim Igel. Körper einrollbar. Krallen schwächer als bei Ericulus. — Art: E. Telfairii (Mart. Wagn. Körper 5".

Pomel beschreibt Insectivorenreste als **Echinogale Laurillardii** aus dem Miocen der Auvergne.

b) Schwanz so lang oder länger als der Körper.

4. Gatt. **Solenodon** Brandt. Gebiss $i\frac{2}{2} c\frac{1}{1} m\frac{3}{3}$. Oben der erste, unten der zweite Schneidezahn verlängert. Schnauze bildet einen an der Spitze nackten Rüssel. Körper mit Borsten bedeckt. Kruppe und Gesäss nackt, am letztern die zwei Zitzen. Schwanz von Körperlänge, schuppig und mit spärlichen Haaren. Krallen der Vorderfüsse viel stärker. — Arten: S. paradoxus Brdt. Haiti. 13—16". S. Cubanus Pet. Cuba.

Peters, W., Die Säugethiergattung Solenodon. Aus den Abhandl. d. Berl. Akad. 1863., Berlin, 1863.

5. Gatt. **Potamogale** Du Chaillu (*Cynogale* Du Chaillu, *Mythomys* Gray, *Bayonia* Du Bocage., 40 Zähne, ähnlich angeordnet wie bei Solenodon. Schnauze rundlich, mit tief gespaltener, nackter, kahler Rüsselspitze. Schwanz so lang als der Körper mit dem Kopf, an seiner Basis lang-, an seiner letzten Hälfte kurzanliegend behaart. Zwei abdominale Zitzen. — Art: P. velox Du Chaillu. Nieder-Guinea. 11—12".

3. Familie. **Tupajae** Pet. (Scandentia Brandt, *Hylogalea* Pomel.). Habitus der Eichhörnchen, aber mit längerer, viel spitzerer Schnauze. Eckzähne abgerückt und einwurzelig. Pelz weichhaarig. Schädel lang, Jochbogen vollständig, mit einer Oeffnung. Unterschenkelknochen getrennt. Darm mit grossem Blinddarm. Krallen stark gekrümmt. Leben auf Bäumen von Insecten und Früchten.

1. Gatt. **Cladobates** Cuv. *Tupaja* Raffl., *Hylogale* Temm., *Sorexglis* Diard u. Duvauc., *Glisorex* Desm. Gebiss $i\frac{2}{3} c\frac{1}{1} m\frac{3}{3}$; Jochbogen mit längerem Schlitz. Ohren mässig, abgerundet. Augen gross, vorspringend; Augenhöhlen von einem Knochenring geschlossen. Schwanz lang, zweizeilig behaart. — Arten: Cl. Tana Wagn. *Tupaia Tana* Raffl. Körper 8—9". Schwanz deutlich zweizeilig. Sumatra, Borneo. Ch. ferrugineus Raffl.

I. Mammalia. A. Monodelphia.

Wagn. Körper 7³/₄″. Ostindischer Archipel und malayische Halbinsel u. a. — Bei der Untergattung Dendrogale Gray ist die untere Fläche des Schwanzes mit sehr kurzen, seitwärts und oben mit längeren Haaren besetzt. Cl. murinus Müll. Schleg. Wagn. Borneo. Fossil: Oxygomphius H. v. Meyer. Aus den Tertiärgebilden von Weisenau, nach Kieferfragmenten.

2. Gatt. Ptilocercus Gray. Gebiss wie Cladobates. Kopf weniger gestreckt. Jochbogen bloss mit rundem Loche. Schwanz lang, cylindrisch, an der Basis behaart, dann nackt, schuppig mit einzelnen Haaren, im letzten Drittel mit zweizeilig gestellten Haaren. — Art: Pt. Lowii Gray. 5½″. Borneo.

3. Gatt. Hylomys S. Müll. u. Schleg. Gebiss $i\frac{3}{3}\;c\frac{1}{1}\;m\frac{4}{4}$. Schädel flach, Jochbogen mit kleiner Spalte. Schnauze in einen langen beweglichen Rüssel ausgehend. Augenhöhle nicht geschlossen. Schwanz ganz kurz und nackt. — Art: H. suillus Müll. Schleg. 5″. Java und Sumatra.

4. Familie. **Macroscelides** Pet. (*Salientia* Brandt, *Dipogalea* Pomel). Rüssel lang und dünn, an der Spitze nackt. Augen gross. Jochbogen vollständig. Ohren frei abstehend. Hinterbeine im Metatarsus sehr verlängert, mit verwachsenen Unterschenkelknochen. Innenzehe abgerückt oder fehlend. Darm mit Blinddarm.

1. Gatt. Macroscelides Smith (*Rhinomys* Lichtst.). Gebiss $i\frac{3}{3}\;c\frac{1}{1}\;m\frac{8}{8}$, der obere Eckzahn zweiwurzlig. Schädel im Hirntheil breit; knöcherner Gaumen mehrfach durchlöchert. Daumen und grosse Zehe hoch hinaufgerückt. Krallen kurz, scharf, stark gekrümmt. Schwanz von Körperlänge oder kürzer, dünn, kurz behaart. — Arten: M. typicus A. Smith. Körper 5″. Ostküste Africa's u. a. Bei der Untergattung Petrodromus Pet. sind die Hinterfüsse nur vierzehig. M. tetradactylus Pet. Wagn. 8″. Mozambique.

2. Gatt. Rhynchocyon Pet. Gebiss $i\frac{1}{1}$ (im Alter $\frac{0}{1}$) $c\frac{1}{1}\;m\frac{6}{6}$. Rüssel unten mit einer behaarten Furche. Knöcherner Gaumen nicht durchlöchert. Füsse vierzehig. Krallen stärker. Schwanz geringelt und kurz behaart. — Art: Rh. Cirnei Pet. 6″. Mozambique.

5. Familie. **Soricidea** Gerv. Habitus der Ratten und Mäuse. Rüssel verlängert, spitz auslaufend. Augen und Ohren meist klein. Ohren mit deutlicher Muschel. Füsse normal, zuweilen die hintern grösser als die vordern. An den Seiten des Körpers oder an der Schwanzwurzel eigenthümliche Drüsen. Haare kurz, weich. Darm ohne Blinddarm.

1. Unterfamilie. **Soricina** Gerv. (Baird u. a.) 28—32 Zähne, oben mehr als unten; der innere Schneidezahn verlängert. Die auf diesen folgenden bis zum ersten Backzahn heissen Lückzähne, da die Bestimmung ihrer Art nicht sicher ist. Schädel lang und schmal, jederseits an der Basis eine häutig verschlossene Stelle. Kein Jochbogen. Os tympanicum ringförmig. Vorderfüsse kaum breiter als die hintern, an allen Zehen Krallen, keine Schwimmhäute zwischen ihnen. Unterschenkelknochen verwachsen.

Duvernoy, G. L., Notice pour servir à la monographie du genre Sorex Cuv., in: Magas. de Zool. 1842.
Baird, Sp. F., in: Report on the Zoology of the Railroad-Route-Explorations. Vol. VIII. 1857. p. 7—56.

1. Gatt. Crocidura Wagl. *Sorex* Duv. 28—30 Zähne, alle wenigstens mit weisser Spitze, die untern Schneidezähne ganzrandig. Schwanz kurz anliegend behaart, meist mit einzelnen abstehenden längeren Haaren. Oestliche Hemisphäre. — Untergattungen: a) Pachyura Selys. Oben 4 Lückzähne, Schwanz an der Wurzel verdickt. Cr. myosura (*Sorex* Pall.) Wagn. 5″. Schwanz 2½″. Ganz Ost-Indien. Cr. etrusca *Sorex* Savi). Wagn. 1½—2″. Schwanz 1″. Süd-Europa u. a. — b) Crocidura Wagl. s. str. Oben 3 Lückzähne, Schwanz dünn, linear. Cr. aranea *Sorex araneus* Schreb.) Wagn. 3″—3½″, Schwanz 1½″, oben rostbraun, unten grau. Mitteleuropäisches Festland.

Cr. leucodon (HERM. BONAP. 5". Schwanz 1", rothlichbraun, unten scharf abgesetzt weiss. Verbreitung wie aranea. u. a. — c) Myosorex GRAY. Oben 3 Lückzähne. Schwanz ohne die längern Haare. Cr. varia (SMUTS) GRAY. Capcolonie. — d, Diplomesodon BRANDT. Nur 2 obere Lückzähne. Cr. pulchella LICHTST., WAGN. 2". Schwanz 9'''. Kirgisensteppe.

Bei der Untergattung Paradoxodon BLYTH sind die Zähne schwarz, nur an der Spitze weiss, sonst wie bei Crocidura. — Bei Feroculus BLYTH sind die untern Schneidezähne gesägt, oben 4 Lückzähne. F. macropus Sorex feroculus KELAART. Ceylon.

2. Gatt. Blarina GRAY 'Brachysorex DUV., Talpasorex LESS., Cryptotis POMEL, Anotus WAGN... 30—32 Zähne, oben 4—5 Lückzähne, unten nur 2, $m\frac{3}{4}$; die Spitze gefärbt. Oberer Schneidezahn ohne inneren Lobus. Ohrmuschel klein, nach vorn gerichtet, den Meatus deckend, innen nackt, äusserlich nicht sichtbar. Schädel kurz und breit. Schwanz von Kopflänge und kürzer. Nord-America. — Arten: a 32 Zähne: Bl. talpoides (GAPPER) GRAY. $3\frac{1}{2}$", Kopf 1", Schwanz 1". Bl. brevicauda (SAY) BAIRD. $3\frac{1}{2}$", Schwanz 10''' u. a. — b) 30 Zähne: Bl. cinerea (BACHM.) BAIRD. $2\frac{1}{2}$", Schwanz $\frac{3}{4}$". — u. a.

3. Gatt. Sorex (L.) WAGL. (Corsira GRAY, Amphisorex DUV., Otisorex DE KAY). 30—32 Zähne, oben 4—5 Lückzähne, auch sonst wie Blarina. Doch hat der obere innere Schneidezahn einen basalen Höcker und nahe der Spitze einen scharfen Fortsatz. Ohren gross, Ohrmuschel nach hinten gerichtet, zum Theil auf beiden Seiten behaart. Schwanz von Rumpflänge oder länger, am Ende mit längeren Haaren. Schädel schlank verlängert. Füsse nicht gewimpert. Beide Continente. — Arten: S. vulgaris L. $2^{3}/_{4}$", Schwanz $1\frac{2}{4}$", röthlich- bis schwarzbraun, unten grau. Mittel- und Nord-Europa. S. pygmaeus PALL., röthlichgrau, unten grau. $1\frac{3}{4}$", Schwanz 1" 4'''. Mittel-Europa, Jenisey, Oran in Algier. S. personatus GEOFFR. $1^{3}/_{4}$", Schwanz 1" 2'''. Kastanienbraun. Nord-America u. a.

Untergatt. Soriculus BLYTH hat das Gebiss von Crossopus, stimmt aber im Uebrigen mit Sorex überein. Eine Art aus Sikkim.

4. Gatt. Neosorex BAIRD. Auf den vordern Schneidezahn folgen $\frac{3}{4}$ Lückzähne und $\frac{4}{4}$ Mahlzähne. Oberer Schneidezahn mit einem Basalhöcker, unterer mit zwei Tuberkeln und einem Einschnitt. Alle Zähne an der Spitze braun. Ohren kurz, klappig. Schwanz so lang oder länger als der Körper, mit einem terminalen Büschel längerer Haare. Füsse mit steifem Wimperbesatz. Nord-America. — Art: N. navigator BAIRD.

5. Gatt. Crossopus WAGL. (Hydrosorex DUV.). Zähne wie Neosorex, doch nur $m\frac{3}{4}$ und unterer Schneidezahn nur mit einem Tuberkel. Ohren klein. Untere Fläche des Schwanzes mit einem Streifen längerer Haare. Europäisch. — Art: Cr. fodiens PALL.) WAGN. 3" 4''', Schwanz $2\frac{1}{4}$". Europa und Sibirien. (Crossopus palustris WAGN. vom nördlichen Nord-America bringt BAIRD zu Sorex s. str.)

Fossil sind Reste aus dem Miocen als Mysarachne und Plesiosorex POMEL beschrieben worden; andere als Sorex-Arten. Im Diluvium und in Knochenhöhlen ist S. araneus und fodiens gefunden worden.

2. Unterfamilie. **Myogalina** GEnv. 44 Zähne. Der vordere obere Schneidezahn sehr gross, dreiseitig, senkrecht gestellt, die zwei untern stabförmig, abgestutzt, schief nach vorn geneigt. Aeussere Ohren sehr klein, äusserlich nicht sichtbar, aber vollständig mit Muschel. Schädel rings knöchern geschlossen, Jochbein in Form eines dünnen Stäbchens vorhanden. Moschusdrüsen an der Schwanzwurzel. Schwimmhäute zwischen den Zehen. Schwanz seitlich zusammengedrückt, nackt oder spärlich behaart. (Bauen sich Gänge, die sich unter dem Wasser öffnen.)

6. Gatt. Myogale CUV. Desmana GÜLDENST., Caprios WAGL.. Character der Unterfamilie. Europa. — Arten: M. moschata BRANDT (Sorex moschatus PALL.. Wuchuchol oder Desman. Schwanz kürzer als der Körper, seitlich comprimirt, nur an der Wurzel verdickt. 8—10", Schwanz 7". Südöstliches Russland. M. pyrenaica GEOFFR. Galemys WAGL.. Schwanz von der Länge des Körpers, nur im letzten Drittel comprimirt. $5\frac{1}{2}$", Schwanz 5". Am Fusse der Pyrenäen bis Tarbes.

In Sansan (Miocen der Auvergne) hat LARTET Reste einer Myogale gefunden, die von der Pyrenaica nicht abweicht (M. antiqua POMEL, ferner M. minuta LART. u. a.

I. Mammalia.   A. Monodelphia.

6. Familie. **Talpina** aut. Körper gestreckt, walzenförmig. Kopf klein, ohne sichtbare Augen und Ohren. Schädel gestreckt, platt, mit dünnem Jochbogen. Ohrmuschel fehlt. Haut über den Augen äusserst eng durchbrochen, nur bei *Chrysochloris* geschlossen. Schnauze rüsselartig. Extremitäten verkürzt; Unterschenkelknochen verwachsen; die Vorderfüsse zu breiten Grabfüssen entwickelt. Haare kurz, seidenartig. Darm ohne Blinddarm. Leben unterirdisch (*Geoscapteres* Brandt) und graben vortrefflich.

1. Gatt. Urotrichus Temm. 36 Zähne; oberer vorderer Schneidezahn stark, dreieckig, dann folgt noch ein stärkerer, eckzahnähnlicher, dann vier Lück- und drei Mahlzähne; unten ist jederseits ein sehr grosser spitzer Schneidezahn, auf welchen nach einer Lücke vier Lück- und drei Mahlzähne folgen. Körper der Maulwürfe, aber der Rüssel spitzer, in einer nackten Kuppe endend. Nasenlöcher seitlich. Hand breit, wie bei Talpa, aber ohne Sichelknochen. Obere und untere Fläche der vier Füsse mit Horntafeln besetzt. Schwanz etwa von halber Körperlänge. — Arten: U. talpoides Temm. Japan. U. Gibbsii Baird. White river, Washington Territory.

2. Gatt. Condylura Illig. *Astromycter* Harris, *Rhinaster* Wagl., *Talpasorex* Schinz,. 44 Zähne. Innerer oberer Schneidezahn gross axtförmig, mit dem dicht anliegenden der andern Seite eine Art Löffel bildend. Dann folgt ein dünner verticaler und ein eckzahnähnlicher Incisor. Nach einem Diastem folgt der einwurzlige kleine Eckzahn, dann 3 Lück- und 3 Mahlzähne. Die drei Schneidezähne des Unterkiefers sind vorwärts gerichtet. Der Eckzahn gross. Lück- und Mahlzähne in gleicher Zahl. Rüsselspitze mit einem Stern beweglicher Knorpelfortsätze umgeben. Nasenlöcher terminal, rundlich. Schwanz fast von Körperlänge. Hände und Füsse oben und unten mit Horntafeln. Nord-America. — Art: C. cristata Desm. (*Sorex crist.* L.. Von Nord-Carolina bis zur Hudsonsbai.

3. Gatt. Scalops Cuv. 36 Zähne. Innerer oberer Schneidezahn stark, gross, die zwei folgenden klein, oft ausfallend; ein eckzahnähnlicher passt in ein Diastem zwischen dem 2. und 3. untern Zahn. Unten fehlt der Eckzahn; alle seitlichen Zähne abgerückt von einander. Schwanz fast nackt. Nasenlöcher am Ende des verlängerten, schräg abgestutzten Rüssels, nach vorn und oben gerichtet, von unten nicht sichtbar. Americanisch. — Arten: Sc. aquaticus Fischer *Sorex aquat.* L.. Ziemlich verbreitet in den americanischen Staaten. Sc. argentatus Aud. Der Prairien-Maulwurf.

4. Gatt. Scapanus Pomel Baird. 44 Zähne. Oberer innerer Schneidezahn breit, gross; dann folgen 7 fast gleich grosse Lück- und 3 Mahlzähne, ohne Lücken neben einander stehend; unten ähnliche. Nasenlöcher am Ende der verlängerten Rüsselspitze, seitwärts oder nach oben gerichtet. Schwanz mehr oder weniger behaart. Americanisch. — Arten: Sc. Townsendii Baird *Scalops latimanus* Bachm., Sc. aeneus Wagn.). Columbiafluss und Oregon. Sc. Brewerii Bachm., Baird. Nördliche Staaten.

5. Gatt. Talpa L. 44 Zähne. Auf drei kleine meiselförmige Zähne folgt oben noch im Zwischenkiefer ein stärker, gebogener, comprimirter, eckzahnähnlicher Zahn mit zwei Wurzeln, dann 4 Lück- und 3 Mahlzähne; unten jederseits 4 kleine meiselförmige nach vorn gerichtete, dann 4 zweiwurzlige Lückzähne, deren vorderster eckzahnähnlich ist, endlich 3 Mahlzähne. Rüsselspitze knorplig gestützt; Nasenlöcher terminal, nach unten gerichtet, von oben nicht sichtbar. Schwanz kurz. — Arten: T. europaea L., Maulwurf. Durch ganz Mittel-Europa, in Sibirien bis zur Lena, fehlt in Irland und Sardinien. (*T. coeca* Savi weicht nur durch bedeutendere Grösse des innern obern Schneidezahns ab. Süd-Europa. Wohl kaum zu trennen. Noch zwei Arten aus Indien und eine von der Insel Formosa: T. insularis Swinhoe.)

T. wogura Temm. Untergatt. Talpops Gerv. hat unten nur 6 meiselförmige Schneidezähne. Japan.

6. Gatt. Chrysochloris Cuv. *Aspalax* Wagl.. 36 oder 40 Zähne. Vorderer oberer Schneidezahn gross, dreiseitig; dann folgen 3 Lück- und 5 oder 6 Mahlzähne. Unten sind die zwei Schneidezähne eckzahnähnlich; dann folgen 3 Lück- und 5 oder 4 Mahlzähne. Rüssel verlängert, knorplig gestützt. Vorderfuss hat nur vier Finger, der innere und äussere

ungemein verkürzt, mit kleinen Krallen, der dritte mit sehr grosser, gekrümmter. Hinterfuss fünfzehig. Schwanz fehlt Africanisch. — Arten: Ch. inaurata LICHTST. SCHREB.'. Capcolonie u. a.

Miocen kommen Arten von Talpa vor. Aus einer macht POMEL die Gattung Hyporyssus; andere bilden die Gattung Geotrypus POMEL. Im Miocen Weisenau's findet sich eine talpine Gattung Dimylus H. v. MEY. Im Diluvium von Norfolk fand sich der Palaeospalax OWEN. Einen Uebergang zwischen den Talpinen und Myogalinen scheint Galeospalax POMEL zu bilden. Endlich hat LE CONTE einen einzelnen an Scalops erinnernden Zahn im Diluvium von Illinois gefunden und darauf die Gattung Anomodon gegründet.

4. Ordnung. Rodentia VICQ D'AZ.

(*Rosores* STOHR., *Glires* L.)

Schneidezähne jederseits $\frac{1}{1}$ (nur bei einer Familie $\frac{2}{1}$), wurzellos; Eckzähne fehlen; Backzähne in verschiedener Zahl, mit queren Schmelzfalten. Gelenkhöhle für den Unterkiefer diesem kaum eine Seitwärtsbewegung gestattend. Extremitäten meist fünfzehig, die Endglieder der Zehen meist mit Krallen.

Die Nagethiere bilden eine der am schärfsten umschriebenen Ordnungen der Säugethiere, da die eigenthümliche, keine einzige Ausnahme darbietende Anordnung ihres Gebisses und die damit zusammenhängende Bildung ihres Schädels einerseits und andererseits ihrer Verdauungsorgane zwar mannichfache Formenmodificationen darbieten, aber in keinem Falle directe Uebergänge zu andern Gruppen. Wenn es auch kletternde und durch die Luft gleitende, laufende, grabende und schwimmende Nager gibt, so entsprechen diesen Verschiedenheiten der Lebensweise doch nur untergeordnete Varietäten in der Bildung und Entwickelung der Extremitäten, des Schwanzes u. s. f. Die Nagernatur ist aber bei allen unverkennbar.

Der Schädel ist im Allgemeinen länglich, oben platt. Das Hinterhauptsloch liegt an der hintern Fläche, die Schuppe steht senkrecht; über ihr, nach vorn gerichtet, findet sich meist ein Interparietalknochen (sogenannter oberer Theil der Schuppe). Die Ossa tympanica bilden häufig grosse Bullae osseae, zuweilen weit nach hinten rückend, zuweilen mit den Schläfenbeinen nicht verwachsend. Die Foramina optica sind bei den *Leporiden* in eins verschmolzen. Der Oberkiefer ist im Allgemeinen kurz und erreicht das Stirnbein nicht. Der Zwischenkiefer mit den hier eingepflanzten obern Schneidezähnen ist bedeutend entwickelt. Das Jochbein legt sich an den breiten Jochbeinfortsatz des Oberkiefers, der häufig zwei Wurzeln darbietet, so dass zwischen ihnen und dem Jochbein eine Lücke zum Durchtritt eines Theiles des Masseter offen bleibt (das erweiterte Infraorbitalloch). Der Jochbogen ist meist breit geschlossen, nur bei den *Saccomyiden* wird er rudimentär oder fehlt er ganz. Ein Postorbitalfortsatz, welcher die offene, hinten mit der kleinern Schläfengrube zusammenfliessende Orbita deckt oder deren Abschluss vorbereiten könnte, findet sich nur bei den *Sciuriden* und *Leporiden*. Am Unterkiefer ist die Kinnfuge häufig fast ganz horizontal; das Eckstück mit dem aufsteigenden Ast legt sich zuweilen an die äussere, statt an die untere Fläche des eigentlichen Zahnstücks an. Die Gelenkgrube für den Unterkiefer ist länglich, von vorn nach hinten, vorn offen und gestattet kaum eine seitliche Ausweichung. Die Lendenwirbel haben meist grosse nach vorn gerichtete Querfortsätze. Das Becken ist lang, schmal, geschlossen. Schlüsselbeine fehlen nur einigen *Hystriciden* (*Caviinen*) und sind bei den *Leporiden* in der Regel klein, in der Muskelmasse steckend. Radius und Ulna sind nur selten anchylosirt, häufig einer Rotation fähig, so dass mit Ausnahme der *Caviiden* und *Leporiden* die Extremitäten dazu benutzt werden, die Nahrung zum Munde zu führen. Tibia und Fibula sind getrennt, nur bei den *Muriden* und *Leporiden* verwachsen. Meist findet sich das Centrale in der Handwurzel.

Vorzüglich characteristisch ist der Zahnbau der Nager. Ueberall findet sich oben und unten jederseits ein grosser, mit der offnen Wurzel oft über oder unter die Backzahnreihe reichender Nagezahn (hinter dem obern finden sich nur bei den *Leporiden* ursprünglich noch zwei kleine Schneidezähne, von denen jedoch der mittlere später schwindet). Dieselben bestehen aus Zahnsubstanz, welche nur an der vordern Fläche mit einer dickern Schicht Schmelz überzogen ist, so dass beim Nagen die Oberfläche stets schräg meiselförmig abgenutzt wird. In der Wurzelhöhle liegt die Zahnpulpe, von welcher aus der Zahn beständig nachwächst. Der Form nach beschreiben die Nagezähne Kreissegmente, und zwar die obern einen grössern Bogen eines kleinern Kreises, die untern einen kürzern Bogen eines grösseren. Mit ähnlichen offenen Wurzeln sind häufig die Backzähne versehen, welche bei dem Mangel von Eck- und Lückzähnen nach einem grossen Zwischenraume auf die Vorderzähne folgen. Bei manchen Nagern erhalten indess die Molaren geschlossene conische Wurzeln oder Fänge. Ihre Oberfläche ist entweder einfach abgerundet oder mit Höckern versehen, welche mit Schmelz überzogen auf den verschiedenen Abnutzungsstufen verschiedene Zeichnungen der Schmelzleisten darbieten. Dabei sind die Höcker oft in quere Reihen gestellt, so dass bei Vergrösserung der hintern Backzähne und Vermehrung dieser lamellösen queren Leisten die Oberfläche des Zahns an die zusammengesetzten lamellösen Zähne der *Proboscidea* erinnert (z. B. *Hydrochoerus*). Die Zahl der Backzähne schwankt zwischen $\frac{2}{2}$ und $\frac{4}{4}$ jederseits. Die Schnauzenspitze bietet ziemlich constante Verschiedenheiten dar. Bei den *Muriden* und *Sciuriden* ist die Oberlippe gespalten, die kurze nackte Schnauzenspitze mit einer senkrechten, die Nasenlöcher trennenden Furche. Bei den *Saccomyinen* ist die Oberlippe nicht gespalten und hat nur dicht über den Schneidezähnen eine seichte Furche. Die *Hystriciden* haben eine stumpfe, sammtartig behaarte Schnauzenspitze mit meist S-förmigen Nasenlöchern, die Oberlippe kaum gespalten. Bei den *Leporiden* wird die Schnauzenspitze von der beweglichen gespaltenen Oberlippe bedeckt. Innere sich in die Mundhöhle öffnende Backentaschen haben viele *Muriden*. Den *Saccomyinen* eigen sind äussere, sich ausserhalb des Mundes öffnende Backentaschen. Der Magen ist häufig in einen Cardia- und Pylorustheil geschieden, und es treten hier zuweilen noch blindsackartige Erweiterungen des einen oder des andern Abschnittes auf. Ein Coecum fehlt nur den

Myoxinen; es ist zuweilen colonartig mit Divertikeln besetzt (Hasen). Eine Gallenblase fehlt zuweilen (Maus, Hamster). Häufig kommt eine doppelte obere Hohlvene vor. Eine Vena jugularis interna ist nur unbedeutend entwickelt. Auch hier kommt bei tauchenden Formen eine Erweiterung der unteren Hohlvene vor (*Castor*). Die Harnleiter münden bei den Hasen oberhalb des Halses in die Blase. Der Uterus ist entweder ein U. duplex, mit zwei in die einfache Scheide mündenden Hörnern, oder ein U. bipartitus, mit zwei in ihrem Endstück zwar vereinten und mit einfacher Oeffnung mündenden, aber im Endstück durch eine Scheidewand getrennten Hörnern. Zuweilen ist auch die Scheide getrennt. Bei manchen *Muriden* durchbohrt die Harnröhre die Clitoris. Die Hoden sind abdominal oder bleiben im Leistencanal und rücken nur zur Zeit der Brunst in das Scrotum. Häufig kommt ein Ruthenknochen vor. Samenblasen sind meist vorhanden, zuweilen sehr entwickelt. In einigen Fällen erlangen die Vorhautdrüsen eine bedeutende Entwickelung (Bibergeildrüsen). Zitzen finden sich 2—14, abdominal, bei grösserer Zahl auch pectoral. Die Verbindung der Eier mit dem Uterus ist dadurch ausgezeichnet, dass das Chorion im nicht placentalen Theile Omphalomesenterialgefässe erhält; die Reflexa ist rudimentär, die Serotina stets distinct; die Placenten sind immer an der Seite des Mesometrium angebracht. — Das Gehirn der Nagethiere ist verhältnissmässig klein, windungslos, nur bei *Hydrochoerus* mit wenig Windungen versehen, die aber dem allgemeinen Typus der Discoplacentalen folgen; das kleine Gehirn ist unbedeckt, sein Mitteltheil stärker als die Seitentheile. Die Sinnesorgane sind stets entwickelt; nur bei den *Spalacinen* (den Repräsentanten der *Talpinen* unter den Nagern), *Bathyergus* und einigen andern grabenden Formen fehlen die äussern Ohren, ebenso wie die Augen äusserst klein sind und bei *Spalax typhlus* von der äussern Haut überzogen werden (doch mit Bildung einer Conjunctivahöhle).

Die Nager sind meist kleine Thiere, die grössten (*Hydrochoerus*) sind kaum 1½′ hoch und 2½′ lang, während die kleinsten mit den Spitzmäusen zu den kleinsten Säugethieren überhaupt gehören. Sie leben alle fast ausschliesslich von Vegetabilien und zwar sowohl von Blättern und Gräsern als Früchten, harten und saftigen; nach der Verschiedenheit der Nahrung wird auch das Gebiss mehr oder weniger modificirt. Viele sammeln Vorräthe ein, und versinken beim Eintritt der kalten Jahreszeit in einen Winterschlaf. Was die geographische Verbreitung betrifft, so sind die *Saccomyina* ganz auf America beschränkt. Von den andern grösseren Gruppen bietet fast jede sowohl ausschliesslich altcontinentale als ebenso americanische Formen dar. So ist unter den *Sciuriden Tamias* fast ganz, *Aplodontia* ganz auf America beschränkt. Unter den *Murinen* sind die *Spalacina* und die eigentlichen *Mures* ganz europäisch, von letzteren sind freilich viele in America eingeführt und dort verwildert. Die *Sigmodonten* sind americanisch. *Leporiden* kommen auf beiden Continenten vor; doch ist America an Artenzahl dem alten Continent überlegen (ebenso bei *Sciurus*). Von den *Hystricinen* sind *Erethizon* und *Cercolabes* americanisch; die übrigen Unterfamilien der *Hystriciden* sind sämmtlich der östlichen Hemisphäre eigen. Dabei ist noch hervorzuheben, dass Süd-America sich von Nord-America sehr bestimmt durch seine Nager unterscheidet. So sind die *Caviina*, *Chinchillina* (*Eriomyina*), *Octodontina*, *Dasyproctina* und *Echimyina* südamericanisch, während *Sigmodon*, *Neotoma*, *Fiber*, *Geomys*, *Meriones*, *Aplodontia* nur in Nord-America vorkommen. Ebenso weicht Africa durch besondere Gattungen (*Pedetes*, *Aulacodon*, *Petromys*, *Ctenodactylus*, *Bathyergus*) von den übrigen Theilen des alten Continents ab. In Australien kommen nur wenig Arten aus den Gattungen *Mus*, *Hapalotis*, *Hydromys* und *Pseudomys* vor. Fossil treten Nager in den ältesten Tertiärschichten auf und zwar in Arten jetzt noch bestehender Gattungen oder nahe verwandter. Manche der fossilen Formen erreichten eine viel bedeutendere Grösse als die jetzt lebenden.

PALLAS, P. S., Novae species Quadrupedum e Glirium ordine. 2 Fasc. Erlangae, 1778—79. 4.

WATERHOUSE, G. R., Observations on the Rodentia, with a view to an arrangement of the group, in: CHARLESWORTH: Magaz. Nat. Hist. N. Ser. Vol. 3. 1839. p. 90. 184. 274. 593. Ann. of nat. hist. Vol. 8. 1842. p. 81. Vol. 10. p. 197. 344.

—— —— On the geographical distribution of the Rodentia, in: Ann. of nat. hist. Vol. 5. 1840. p. 418.

—— —— A natural history of the Mammalia. Vol. II. Rodentia. London, 1848. (Enthält nur Leporiden und Hystrichiden; ist nicht fortgesetzt worden.

JONES, T. RYMER, Article »Rodentia«, in: TODD's Cyclopaedia of Anat. Vol. 4. 1848. p. 368—396.

GERVAIS, P., Article »Rongeurs«, in: Dictionnaire universel d'histoire naturelle réd. par D'ORBIGNY. T. XI. 1848. p. 202. — Description ostéolog. de l'Anomalurus et Remarques sur la classification naturelle des Rongeurs, in: Ann. Scienc. natur. 3. Sér. Zool. T. 20. 1853. p. 238—246.

BRANDT, J. F., Blicke auf die allmählichen Fortschritte in der Gruppirung der Nager. — Untersuchungen über die craniologischen Verschiedenheiten der Nager der Jetztzeit, mit besonderer Beziehung auf Castor. 2 Abhandlungen, in: Mémoir. Acad. St. Pétersbg. 6. Sér. Tom. 9. (Scienc. natur. Tom. 7., 1855. p. 77—336.

BAIRD, SP. F., Report on the Zoology of the Railroad Route Explorations. Vol. VIII. 1857. p. 235 - 620.

1. Unterordnung. **Sciurida** BAIRD. Gebiss $i\frac{1}{1} \ m\frac{4}{4}$ oder $\frac{5}{5}$, letztere meist mit Wurzeln und ziemlich gleich gross, mit Ausnahme des ersten, wo fünf vorhanden sind. Infraorbitalloch meist weiter nach vorn gerückt und von einem unten verdickten Rand begrenzt, selten im Jochfortsatz und dann rund und klein. Foramina incisiva den Schneidezähnen meist genähert. Ueberall ein Schlüsselbein und ein Blinddarm, welcher nur den Myoxinen fehlt.

1. Familie. **Sciurina** (GERV.) BAIRD. $m\frac{4}{4}$. Schädel vorn breit, die Stirnbeine mit einem Postorbitalfortsatz. Jochfortsatz des Oberkiefers ist eine dünne breite, vorn cylindrisch ausgehöhlte Platte. Jochbein gross, hinten bis zur Gelenkhöhle des Unterkiefers reichend. Unterkieferwinkel fast viereckig, aus dem ganzen Unterrand hervorgehend. Tibia und Fibula getrennt. Vorderfüsse in der Regel mit einem Daumenrudiment, das dann meist einen platten Nagel trägt. Hinterfüsse fünfzehig. Schwanz dicht und an den Seiten meist länger behaart. Oberlippe gespalten.

1. Unterfamilie. **Campsiurina** BRANDT (*Sciurina* BONAP.). Erster oberer Backzahn schmal, klein, conisch, oft ausfallend; Oberfläche der andern rhombisch, innen etwas schmäler, mit zwei fast parallelen und zuweilen einer accessorischen äussern

4. Rodentia. 97

Schmelzleiste. Gaumenfalten der Zahl nach der der Backzähne entsprechend. Der vierte Finger ist länger als die andern.

1. Gatt. Sciurus (L.) Cuv. Illig. Schneidezähne seitlich zusammengedrückt. Ohren lang. Schwanz von Körperlänge oder länger. Keine Backentaschen. Vorderer oberer Backzahn ganz rudimentär oder fehlt; die andern einfach, ihre Querleisten springen aussen in zwei Zacken vor. Die Innenränder der Zahnreihen divergiren wenig nach vorn. Meist 4 Zitzenpaare. — Arten: Sc. vulgaris L., Eichhörnchen. Ohren mit Haarbüschel. Rostbis kastanienroth, unten weiss. Europa und Nord-Asien bis zum Altai und Kaukasus. Sc. vulpinus Gm. „Sc. capistratus Bosc'. Länge $14^{1}/_{2}''$. Schwanz ohne Haare kürzer, mit Haaren länger als der Körper; Nase und Ohren weiss, übrige Färbung sehr variabel. Südliche Staaten Nord-America's. Sc. maximus Schreb. Länge 15—16''. Ost-Indien u. a. Eichhörnchen mit mehr cylindrischem, mässig behaartem Schwanze und grossen Hoden vereinigt F. Cuvier zur Gattung Macroxus. Sc. aestuans L. Brasilien und Guiana u. a.

Fossil kommen Arten bereits tertiär, mehrere im Diluvium vor, ebenso in Höhlen Reste des Sc. vulgaris.

2. Gatt. Xerus Hempr. u. Ehbg. (Geosciurus Waterh., Spermosciurus Less.). Gleicht Sciurus; doch sind die Haare weniger dicht und bilden platte gefurchte Borsten. Ohren klein. Schwanz kürzer als der Körper. Africanisch. — Arten: X. setosus Forst. Cap. X. leucoumbrinus Rüpp. Kordofan, Abyssinien u. a.

3. Gatt. Pteromys G. Cuv. Zwischen Vorder- und Hintergliedmaassen ist von der Hand- und Fusswurzel an eine oben und unten dicht behaarte Duplicatur der äussern Haut ausgespannt, die am Aussenrande durch einen vom Carpus entspringenden Knorpel oder Knochen gestützt wird. Stirnbein über der Orbita mit einem Ausschnitt. Keine Backentaschen. — Untergatt.: a) Pteromys F. Cuv. Schwanz rund, Backzähne complicirt. Ost-Indien. Pt. petaurista (Pall.) F. Cuv. Hinter-Indien. Pt. nitidus Desm. Sumatra, Borneo, Java u. a. — b) Sciuropterus F. Cuv. Schwanz platt, zweizeilig behaart, kürzer als der Körper. Backzähne einfach, wie bei Sciurus. Pt. vulgaris Wagn. (Sciurus volans L.). Russland und Sibirien. Pt. volucella (Gm.) Cuv. Nord-America u. a.

4. Gatt. Tamias Illig. (Tenotis Rafin.). Zähne wie Sciurus, der vordere obere Backzahn fehlt beständig. Schnauze gestreckt. Der Jochbogen biegt sich nicht in einem Winkel nach dem Jochfortsatz des Oberkiefers, sondern ist leicht gebogen. Ein rundes Loch im Jochfortsatz. Backentaschen, die bis zum Hinterhaupt reichen. Schwanz kürzer als der Rumpf. Beine kürzer im Verhältniss als bei Sciurus. Graben sich Erdlöcher. — Arten: T. striatus (L.) Wagn. (T. americana Kuhl, Lysteri Richards.). Nord-America. T. Pallasii Baird (Sciurus striatus Pall.). Vom Ural bis Kamtschatka u. a.

2. Unterfamilie. **Arctomyina** Brandt. Erster oberer Backzahn ebenso lang als die folgenden, aber höchstens halb so gross. Kronen der andern keilförmig dreieckig, die vordern und hintern Leisten meist erhöht, spitz. Gaumenfalten fast doppelt so zahlreich als die Backzähne. Dritter Finger länger als die andern.

5. Gatt. Spermophilus Cuv. (Citillus Lichtst.), Ziesel. Schädel oben leicht convex, nicht platt, schmal. Daumen mit Nagel oder sehr kleiner Kralle. Schwanz an der Seite mit längeren Haaren. Backentaschen. — Untergattungen: a) Colobotis Brdt. Erster oberer Backzahn ungefähr ein halbmal so gross, als die folgenden, 3—4 höckerig mit scharfer abgestutzter Kante. Daumen mit kurzer Kralle. Ohren sehr klein. Oestliche Hemisphäre. Sp. citillus (L.) Wagn. Oestliches Europa bis Sibirien. Sp. fulvus Lichtst. Ural u. a. — b) Otospermophilus Brdt. Erster oberer Backzahn um ein Drittel so gross, als die folgenden, conisch, hinten mit einer seichten Grube. Kronen der folgenden rhomboidal, die mittleren Leisten erhaben. Daumen mit plattem Nagel. Ohren ein Drittel so lang als der Kopf. Americanisch. Sp. Beechyi F. Cuv. The ground squirrel. Californien. Sp. mexicanus (Erxl.) Wagn. Central-America bis zum Rio grande u. a.

6. Gatt. Cynomys Rafin. (Anisonyx Rafin.). Schädel sehr breit und kurz. Erster oberer Backzahn fast so gross als die folgenden, aber einwurzelig, die andern und besonders der letzte sehr gross. Die beiden Zahnreihen hinten genähert. Alle Zehen mit deut-

Handb. d. Zool. I. 7

lichen Krallen; Daumenkralle ungewöhnlich gross. Schwanz sehr kurz und nur an den Seiten länger behaart. Backentaschen rudimentär, kaum $1/2''$ tief. Ohren fast rudimentär. Gaumenfalten viel zahlreicher als die Backzähne. — Arten: C. ludovicianus BAIRD 'Arctomys ludov. WAGN., Cynomys socialis RAFIN., Der Prairiehund, dessen an das Bellen eines kleinen Hundes erinnernden Rufs wegen. Graben sich gemeinsame, oft meilenlange Bauten, Prairiehunddörfer. Zwischen dem Missouri und den Felsengebirgen u. a.

7. Gatt. Arctomys GMEL. Schädeloberfläche fast horizontal, concav zwischen den Augenhöhlen. Oberfläche des ersten einwurzeligen Backzahns ungefähr halb so gross als die des zweiten, die folgenden etwas grösser werdend. Ohren deutlich. Schwanz rund, buschig. Daumen rudimentär mit plattem Nagel. Backentaschen fehlen fast ganz. Die Murmelthiere bieten mit ihrem gedrungenen, platten Körper die grössten Formen unter den Sciuriden dar; sie sind auf die nördliche Hemisphäre beschränkt. — Arten: A. marmota SCHREB. Schweizer Alpen bis Karpathen. A. bobac SCHREB. Von Polen bis nach Kamtschatka. A. monax SCHREB. Nord-America u. a.

Plesiarctomys GERV. aus den obern Eocenschichten, von Arctomys wenig abweichend. Arten von Arctomys selbst wurden in Deutschland, Russland und Frankreich in Diluvialschichten oder Höhlen gefunden (so A. primigenius KAUP, spelaeus FISCH. D. W. u. a.); ebenso von Spermophilus. Die miocene Gattung Lithomys H. v. MEY. soll zu den Sciuriden gehören.

2. Familie. **Anomalurina** (GERV.) BRDT. $m\frac{4}{4}$, gleich gross, mit queren Schmelzfalten; Oberfläche eben, nicht höckerig, wie bei den Sciurinen. Schädel ohne Postorbitalfortsatz. Infraorbitalloch gross, in der vordern Wurzel des Jochfortsatzes, lässt einen Theil des Masseter durchtreten. Jochbogen zart. Zahnreihen convergiren vorn. Daumen rudimentär, Hinterfüsse fünfzehig.

Einzige Gatt. Anomalurus WATERH. Zwischen den Extremitäten ist vom Carpus bis zum Oberschenkel eine oben und unten behaarte Hautfalte ausgespannt, die durch einen vom Elbogenfortsatz der Ulna ausgehenden Knorpelbogen gestützt wird. Ohren fast nackt. Schwanz länger als der halbe Körper, mit starren am Ende längeren Haaren, im ersten Drittel an der untern Fläche mit einer doppelten Reihe abwechselnd dachziegelartig sich deckender horniger winklig vorspringender Schuppen besetzt. — Arten: A. Fraseri WATERH., A. Pelii TEMM. u. a. m. West-Asien.

3. Familie. **Myoxina** WAGN. $m\frac{4}{4}$, mit queren Schmelzleisten, Schädel an den Stirnbeinen verschmälert, ohne Postorbitalfortsatz. Infraorbitalloch mässig, länglich, in der Wurzel des Jochfortsatzes. Foramina incisiva grösser als bei den Sciurina, länglich. Bullae osseae der Paukenknochen sehr gross. Daumenrudiment mit plattem Nagel, Hinterfüsse fünfzehig. Schwanz von Körperlänge. Darm ohne Blinddarm. Oestliche Hemisphäre.

1. Gatt. Graphiurus F. Cuv. Backzähne sehr klein, zwar gefurcht, doch kaum gefaltet. Jochbogen fast in der Höhe der Zahnreihen. Schwanz dick, am Ende spitz pinselartig ausgehend. Magen einfach, weit. — Art: Gr. capensis F. Cuv. Cap. u. a.

2. Gatt. Eliomys WAGN. Backzähne klein, aber mit deutlichen Schmelzleisten, die mittleren grösser, als der erste und letzte und breiter als lang, mit drei parallelen Querfurchen. Unterkiefer am Winkeltheil durchbohrt. Ohren gross. Schwanz am Ende länger behaart. — Arten: E. nitela (SCHREB.) WAGN. Gartenschläfer. Mittel-Europa. E. melanurus WAGN. Sinai.

3. Gatt. Myoxus SCHREB. (Glis WAGN.), Siebenschläfer. Backzähne grösser, der vordere kleiner; Oberfläche mit vier gebogenen Schmelzleisten, zwischen denen oben nach aussen, unten nach innen drei halbe liegen. Unterkiefer nicht durchbohrt. Magen einfach. Schwanz gleich lang, unten zweizeilig behaart. — Art: M. glis SCHREB. Mittel- und Süd-Europa.

4. Gatt. Muscardinus WAGN. Backzähne grösser, am regelmässigsten und meisten durch quere Schmelzleisten complicirt. Unterkiefer nicht durchbrochen. Magen mit einer

4. Rodentia.

vordern dickwandigen drusigen Abtheilung. Schwanz zweizeilig behaart. — Art: M. avellanarius (L.) Wagn., Haselmaus. Mittel-Europa, auch England.
Hierher mehrere tertiäre Arten und die Gattung Brachymys H. v. Mey. aus dem Miocen.

4. Familie. **Haplodontina** Brdt. $m\frac{4}{4}$, wurzellos, prismatisch, mit einfachem Schmelzsaum, der erste sehr klein, die andern von hinten nach vorn grösser werdend. Schädel platt, hinten sehr breit (fast wie die Jochbogen), im Stirntheil sehr verschmälert, ohne Postorbitalfortsatz. Foramina incisiva länglich, den Schneidezähnen genähert. Infraorbitalloch nicht gross, oval, im Jochfortsatz. Bullae osseae klein. Unterkieferwinkel bildet eine quere horizontale Leiste. Schnauze wie bei den Sciurinen. Vorderkrallen viel grösser als die hintern, am Daumen eine deutliche Kralle. Schwanz äusserst kurz.
Einzige Gatt. Aplodontia Richards. (*Haplodon* Wagn., *Anisonyx* p. p. Rafin.). Character der Familie. — Art: A. leporina Rich. Der Sewellel oder Showtl der Nord-Americaner. Washington Territory.

5. Familie. **Castorina** Wagn. $m\frac{4}{4}$, wurzellos, sich aber später schliessend, mit queren Schmelzfalten (oben aussen drei, innen eine, unten umgekehrt). Stirnbein ohne Postorbitalfortsatz, zuweilen mit einer Incisur. Untere Fläche des Basilartheils des Hinterhaupts mit einer Grube. Infraorbitalloch spaltenförmig. Jochfortsatz einfach plattenförmig. Unterkieferwinkel abgerundet, aus dem Unterrande hervorgehend. Alle Füsse fünfzehig; die vorderen kleiner. Zweite Hinterzehe mit doppelter Kralle, alle Hinterzehen durch Schwimmhäute verbunden. Ohren kurz. Schwanz breit, platt, zum grossen Theil mit Schuppen bedeckt. Magen eingeschnürt, Blinddarm sehr gross. Zu beiden Seiten der Vorhaut und der Scheide liegen die Bibergeilsäcke, zu beiden Seiten des Afters Oeldrüsen. Bauen am Wasser colonienweise kunstvolle Wohnungen aus Holz, Steinen und Erde.
Einzige Gatt. Castor L. Character der Familie. — Art: C. fiber L., der europäische Biber. Früher sehr verbreitet, jetzt nur in einzelnen Colonien, und in Mittel-Europa wohl nur gehegt. Aus England und Italien ist er verschwunden; in Frankreich findet er sich wohl nur an dem Rhône, in Deutschland an der Elbe. Häufiger in Polen, Russland, Sibirien. — Eine constante Varietät ist der americanische Biber, C. canadensis Kuhl. (*americanus* F. Cuv.). Bei den europäischen liegt die hintere Spitze der Nasenbeine in oder hinter der Mitte des Augenhöhlenumfangs, beim americanischen viel weiter nach vorn, zuweilen gar nicht bis zu den Orbiten reichend. Doch finden sich auch hier Uebergänge. Früher durch ganz Nord-America verbreitet, jetzt nur selten noch östlich vom Missouri.
Castoroides Foster. Im Diluvium Nord-America's. Der Schädel, der im Zahnbau und auch sonst von Castor etwas abweicht, misst über 9''.
Trogontherium Fisch. v. W. ist kaum von Castor verschieden. Fossile Arten von Castor kommen vom Miocen an vor. Geoffroy St. Hilaire stellte die Gattung Steneotherium *Steneofiber*, Kaup die Gattungen Chalicomys, Chelodus und Aulacodon letztere beide mit der ersten synonym für tertiäre Biberreste auf. Ob Palaeomys Kaup und Osteopera Harlan (nur im Schädel bekannt, Zähne denen des Bibers ähnlich) hierher gehören, ist zweifelhaft; Waterhouse bringt die letztere Gattung zu Coelogenys. In noch höherem Grad gilt dies für die Nominalgattung Omegadon Pomel.

2. Unterordnung. **Saccomyida** (Waterh.) Baird (*Pseudostomida* Gerv.). Gebiss $i\frac{1}{1} m\frac{4}{4}$. Umriss des Schädels mit dem Jochbogen fast viereckig, Schläfenbeine ausserordentlich entwickelt; Stirnbein ohne Postorbitalfortsatz; Infraorbitalloch fehlt oder liegt weit vor dem Jochfortsatz. Jochbein reicht vorn bis zum Thrä-

7*

nenbein. Aeussere bis auf den Grund behaarte Backentaschen. Oberlippe behaart, nicht gespalten. Tibia und Fibula verwachsen. Füsse fünfzehig, alle mit Krallen, die vordern stärker als die hintern. Blinddarm entwickelt. Pelz mit straffen, steifen Haaren, ohne Grundhaar. Americanisch.

1. Familie. **Geomyina** BAIRD (*Sciurospalacoides* BRDT.). Körper plump, dick, unbeholfen. Füsse kurz, besonders die hintern; Krallen der fünf Vorderzehen ausserordentlich entwickelt. Schwanz kurz. Schädel zwischen den Augenhöhlen schmäler als die Nase; Infraorbitalloch weit vorn; Zitzentheil des Schläfenbeins bildet keinen Theil der obern Schädelwand; äusserer Gehörgang röhrig.

1. Gatt. Geomys RAFIN. (*Dipodomys* RAF., *Saccophorus* KUHL, *Pseudostoma* SAY, *Ascomys* LICHTST.). Obere Schneidezähne mit einer mittleren Furche, zuweilen mit einer zweiten am inneren Rande; die Schmelzprismen quer elliptisch, abgerundet. Ohren rudimentär, Jochbogen dick. Schwanz kurz, behaart bis auf die nackte Spitze. — Arten: G. bursarius (SHAW) RICH. Obere Schneidezähne mit einer zweiten schmäleren Furche am Innenrande; Körper bis 8" lang. Nord-America. G. hispidus LE CTE. Schneidezähne nur mit einer centralen Furche. Pelz sehr grob und steifhaarig. Mexico u. a.

2. Gatt. Thomomys PRZ. NEUW. (*Oryctomys* EYD. u. GERV.). Vorderfläche der obern Schneidezähne fast plan, nur mit einer seichten Furche am innern Rande; Backzähne mit ovalen nach aussen zugespitzten Schmelzprismen. Jochbogen dünn. Schwanz von halber Körperlänge, das Ende nackt. — Arten: Th. bulbivorus (RICH., BAIRD). Californien. Th. rufescens PRZ. NEUW. Prairien des obern Mississippi bis zum Felsengebirge. u. a.

2. Familie. **Saccomyina** BAIRD. Körper schlank, gracil. Hinterfüsse verlängert; Vorderkrallen mässig, doch grösser als die hintern. Schnauze spitz. Kein Infraorbitalloch, aber eine weite Oeffnung direct in die Seite des Oberkiefers. Zitzentheil des Schläfenbeins bildet einen Theil der obern Schädelwand. Schwanz lang.

1. Gatt. Dipodomys GRAY (*Macrocolus* WAGN.). Kopf gross, breit, platt; Ohren abgerundet; Backzähne wurzellos. Innerer Finger an allen Füssen rudimentär, aber mit Kralle. Schwanz so lang oder länger als der Körper, ganz behaart, pinselartig an der Spitze. Hinterfüsse sehr lang; Sohlen bis zu den Krallen behaart. — Arten: D. Ordii WOODHOUSE. $3^1/_2$—5" lang. Mexico, Texas. u. a.

2. Gatt. Perognathus PRZ. NEUW. (*Cricetodipus* PEALE). Schneidezähne mit einer vordern Längsfurche; Backzähne mit Wurzeln. Daumen rudimentär mit plattem Nagel; innere Hinterzehe rudimentär mit Kralle. Schwanz so lang als der Körper, kurz behaart. Oeffnung der Backentaschen schlitzartig breit, fast bis zur Scapula reichend. — Arten: P. penicillatus WOODHOUSE. Schwanz mit einem Haarkamm. Californien. P. fasciatus PRZ. NEUW. Südliche vereinigte Staaten. u. a.

Nach BAIRD gehören Saccomys F. Cuv. (nach einem Exemplar beschrieben) und Heteromys WATERH. (? DESM.) noch hierher.

3. Unterordnung. **Dipodida** (BONAP.) BRANDT (*Macropoda* ILLIG. e. p.). Gebiss $i + m \frac{3}{4}, \frac{4}{4}$ oder $\frac{4}{4}$. Hirntheil des Schädels hoch, kurz und breit. Stirnbeine breit, ausgeschweift oder breiter als lang. Jochfortsatz des Oberkiefers mit einer hintern obern und einer zweiten weit nach vorn entspringenden Wurzel; zwischen beiden eine grosse Oeffnung, die häufig grösser als die Nasenöffnung ist. Wangentheil des Oberkiefers von kleinen Oeffnungen durchbohrt. Jochbein reicht vorn bis zum Thränenbein. Vorderfüsse verkürzt, fünfzehig, Daumen häufig verkümmert. Hinterfüsse bedeutend verlängert, drei-, vier- oder fünfzehig. Schwanz lang, mehr oder weniger behaart. Blinddarm gross.

BRANDT, J. F., Remarques sur la classification des Gerboises etc. Bull. phys. math. Acad. St. Pétersb. T. 2. 1844. p. 209.

1. Rodentia.

1. Familie. **Jaculina** Brdt. $m\frac{3}{3}$, der obere vordere sehr klein, einwurzlig, die andern von vorn nach hinten an Grösse abnehmend, mit einfachem Schmelzsaum und mehreren Inseln. Infraorbitalloch mässig. Vorderfüsse mit rudimentärem Daumen. Tibia und Fibula verwachsen. Hinterfüsse mit fünf Zehen, die Krallen alle gleichmässig den Boden berührend; Metatarsalknochen getrennt. Sohle nackt, mit Granulis oder Horntäfelchen. Schwanz sehr lang, dünn behaart.

Einzige Gatt. Jaculus Wagl. *Meriones* F. Cuv.), Character der Familie. — Art: J. hudsonianus Baird (*J. labradorius* Wagn.). Nord-America.

2. Familie. **Dipodina** Brdt. (s. *Tylaropoda* Brdt.). $m\frac{3}{3}$ oder $\frac{4}{4}$ mit gebogenen oder gewundenen Schmelzfalten. Infraorbitalfortsatz grösser als die Nasenöffnung, mit besonderem, knöchern gedecktem Canal für den Nerven. Unterkieferwinkel durchbohrt. Vorderdaumen rudimentär, mit oder ohne Plattennagel. Die drei mittelsten Metatarsalknochen verwachsen, deren Zehen allein den Boden berühren, zuweilen noch eine kurze innere oder äussere Zehe. Sohle mit elastischen Springballen. Schwanz lang, ziemlich dicht behaart.

1. Gatt. Dipus Schreb. Obere Schneidezähne mit mittlerer Längsfurche. Vor den drei obern Backzähnen zuweilen ein kleiner einwurzliger. Hinterfüsse dreizehig. Schwanz rund, am Ende flockig und mehr oder weniger deutlich zweizeilig behaart. — Untergatt.: a) Scirtopoda Brdt. $m\frac{3}{3}$, die obern innen und aussen mit zwei, der vordere zuweilen mit drei Schmelzfalten; Schneidezähne weiss. Hintere Mittelzehe den andern gleich, etwas länger. Arten: (Sectio *Halticus* Brdt.). D. halticus Illig., erster oberer Backzahn aussen mit drei Schmelzfalten. Westliches Asien bis zum Caspi-See. — (Sectio *Haltomys* Brdt.) D. aegyptius Hempr. u. Ehbg. Erster oberer Backzahn aussen mit zwei Schmelzfalten. Nordöstliches Africa und Arabien. u. a. b) Dipus Brdt. s. str. $m\frac{4}{4}$, der erste oben äusserst klein; Schneidezähne orange. Hintere Mittelzehe schmäler und eher kürzer als die andern. Arten: D. sagitta Schreb. Steppen Russlands und des nördlichen Asiens bis jenseits des Baikal. u. a.

2. Gatt. Alactaga F. Cuv. (*Scirtetes* Wagn.). $m\frac{3}{3}$; zweiter oberer Backzahn aussen mit vier Falten. Schneidezähne ohne vordere Furche. Hinterfüsse vier- oder fünfzehig; Mittelzehe länger als die andern. Schwanz rund, bis zur zweizeilig flockigen Spitze kurz und dicht behaart. — Untergatt.: a) Scirtomys Brdt. Hinterfüsse vierzehig. Art: A. tetradactyla (Lichtst.) Brdt. Lybische Wüste. b) Scirteta Brdt. Hinterfüsse fünfzehig. Arten: A. acontion (Pall.) Brdt. (*D. pygmaeus* Illig.). Russische und asiatische Steppen. u. a.

3. Gatt. Platycercomys Brdt. $m\frac{3}{3}$, die oberen zwei vorderen mit drei äusseren Falten. Hinterfüsse fünfzehig; verhältnissmässig kürzer, als bei den andern. Schwanz an der Basis rund, nach der Spitze zu platt, oblong, ganz mit kurzen dichten Haaren, an der Spitze mit einem Büschel längerer Haare. — Art: Pl. platyurus (Lichtst.) Brdt. Central-Asien.

3. Familie. **Pedetina** Brdt. $m\frac{4}{4}$, zweilappig. Stirnbein sehr breit, Unterkieferwinkel stumpf. Vorderfüsse fünfzehig mit langen Krallen, Hinterfüsse vierzehig mit hufartig platten, dreiseitigen Nägeln, Metatarsus nicht verwachsen. Alle Zehen berühren den Boden. Schwanz lang, ganz buschig behaart.

Einzige Gatt. Pedetes Illig. (*Helamys* F. Cuv.). Character der Familie. — Art. P. caffer (Pall.) Illig. Süd-Africa.

Ausser einem Dipus platurus Fisch. v. W. aus der Tartarei (diluvial) und einer auf Backzähne aus dem schwäbischen Bohnerz gegründeten Gattung Dipoides Jaeger, die den lebenden Formen nahe stehen, bringt Gervais noch die Gattung Issiodoromys Croizet hierher.

4. Unterordnung. **Murida** v. d. Hoev. (*Myomorpha* Brdt. p. p., *Muridae* Gerv. Baird p. p.). Gebiss $i\frac{1}{1}$, $m\frac{3}{3}$ $m\frac{3}{3}$ oder $\frac{4}{3}$, meist $\frac{3}{3}$; die Backzähne mit meist quer stehenden Höckern und später Schmelzfalten, dann gewurzelt, oder mit Schmelzlamellen, dann meist wurzellos (prismatisch). Schädel in der Regel gestreckt, Stirnbeine vorn etwas verschmälert, häufig mit einer Supraorbitalleiste, ohne Postorbitalfortsatz. Jochfortsatz des Oberkiefers mit zwei Wurzeln, die äussere eine in der Regel fast senkrechte und mit der der andern Seite parallele Platte; das Infraorbitalloch auffallend, meist unten eng und nach oben erweitert. Kronen- und Eckfortsatz des Unterkiefers scharf ausgeprägt. Schlüsselbeine entwickelt. Vorderfüsse meist vierzehig und mit einem Daumenrudiment; Hinterfüsse fünfzehig; Tibia und Fibula unten verwachsen. Ohren und Schwanz in ihrer Entwickelung wechselnd, letzterer nackt, geringelt oder behaart, lang oder sehr kurz. Körper meist schlank gestreckt. Pelz weich, selten borstig.

Arten dieser Gruppe kommen in allen Welttheilen vor, manche sind mit dem Menschen überall hin verbreitet worden. Sie sind meist klein; die Gruppe enthält (neben den Spitzmäusen) die kleinsten Säugethiere.

1. Familie. **Murina** Gerv. Baird. $m\frac{3}{3}$, $\frac{3}{3}$ oder $\frac{4}{3}$, meist $\frac{3}{3}$, mit Wurzeln, von vorn nach hinten an Grösse abnehmend. Gaumen von vorn nach hinten eine Ebene bildend. Unterkieferwinkel tiefer als die Backzahnreihe.

a) Backzähne stets $\frac{3}{3}$, höckerig in der Jugend, im Alter durch Abschleifen Schmelzfalten verschiedener Zeichnung darbietend.

1. Unterfamilie. **Criceti** Brdt. Mit inneren Backentaschen. Oberlippe gespalten. Untere Wurzel des Jochfortsatzes nicht randartig vorspringend, sondern nach aussen gewandt; Unterkieferwinkel hakenförmig nach oben gekrümmt.

1. Gatt. Cricetus Pall. Obere Schneidezähne gelb, ohne Furche. Backzähne mit zwei Höckern in jeder Querreihe, zwischen ihnen eine Furche; die Backzahnreihen nach vorn etwas divergirend. Backentaschen reichen bis an die Mitte der Brust. Körper dick, plump. Schwanz kurz, dünnhaarig. Vorderfüsse mit Daumenwarze. — Arten: Cr. frumentarius Pall. (*Mus cricetus* L.), Hamster. 10″ lang, Schwanz 2½″. Mitteleuropa bis nach Sibirien. Auch diluvial. Cr. phaeus Pall., 3½″ lang, Schwanz 9‴. Süd-Russland bis Persien.

Cricetodon Lartet aus dem Miocen von Sansan. Die vorderen Backzähne haben einen Höcker weniger, als die Hamster; der Humerus wie bei diesen am äussern Condylus durchbohrt.

2. Gatt. Cricetomys Waterh. Schneidezähne breit, stark, mit schwacher Furche nahe dem Aussenrande. Backzähne mit Querwülsten und undeutlicher Höckertheilung, die seitlichen Höcker verkümmert. Schnauze spitz. Schwanz lang, schuppig geringelt. Backentaschen gross. — Art: Cr. gambianus Waterh. 12—16″ lang, Schwanz 12—15″. Senegambien und Mozambique.

3. Gatt. Saccostomus Pet. Nagezähne glatt; Backzähne mit nur schwachen Höckern, am vordersten in drei, an den folgenden in zwei Querreihen. Schwanz kurz, ungeringelt. Backentaschen reichen nur bis unter die Ohren. — Arten: S. lapidarius Pet. und S. fuscus Pet. Beide von Mozambique.

2. Unterfamilie. **Mures** aut. Ohne Backentaschen. Oberlippe gespalten. Flügelfortsätze und Gaumenrinne sehr lang. Unterkieferwinkel aussen platt, kurz, dreieckig, nur wenig nach hinten und oben gewendet.

1. Gruppe. Dendromyes Pet. Schädel ohne Supraorbitalleisten, Infraorbitalloch oben und unten gleich weit. Vorderkrallen verlängert. Schneidezähne vorn abgerundet. Backzähne mit kleinen Höckerpaaren und rudimentären Nebenhöckern.

4. Gatt. **Dendromys** A. Smith. Schneidezähne mit tiefer Längsfurche. Daumen und äusserer Finger der Vorderfüsse rudimentär mit platten Nägeln; am Hinterfusse äussere und innere Zehe auch verkürzt, erstere mit kurzer Kralle, letztere mit Nagel. Schwanz lang, geringelt, kurz behaart. — Arten: D. mesomelas Lichtst. *Mus mesomelas* Brants, *Dendromys typicus* Smith,. Cap. D. melanotis Smith. Süd-Africa.

5. Gatt. **Steatomys** Pet. Schneidezähne gefurcht. Schnauze spitz. Füsse kurz, fünfzehig, die vordern mit Daumenwarze. Schwanz kurz, fast nackt. Wird sehr fett. — Art: St. pratensis Pet. Mozambique.

6. Gatt. **Lasiomys** Pet. Schneidezähne glatt, ohne Furche. Backzähne denen von *Mus* ähnlich. Zehen und Schwanz wie Steatomys. Haarkleid besteht aus platten gefurchten Borsten. — Art: L. afer Pet. Guinea.

Die unvollständig beschriebene Gattung Vandeleuria Gray wird mit Dendromys verglichen und gehört vielleicht hierher.

2. Gruppe. Mures proprii Bndt. (e. p.). Schädel meist mit deutlichen Supraorbitalleisten. Obere Backzähne mit drei Höckern in jedem Querwulst. Tasthaare in fünf Horizontalreihen. Vorderfüsse vierzehig, mit kurzer Daumenwarze. Schwanz schuppig, geringelt. — Oestliche Hemisphäre; einige Arten sind dem Menschen überall hin gefolgt.

7. Gatt. **Mus** L. (s. str. Wagn., Waterh., Bndt.). Schneidezähne glatt; obere Backzähne etwas rückwärts, untere vorwärts geneigt. Stirnbein nicht sehr ausgeschweift. Unterer Theil des Infraorbitallochs durch eine blasige Auftreibung des Oberkiefers schmal verengt. — Arten: Ratten: erwachsen über 4' lang, Gaumenfalten in der Mitte ungetheilt, Füsse plump. Schwanz mit über 200 Ringel. M. decumanus Pall. (*aquaticus* Pall., *norwagicus* Klein, *silvestris* Briss., *hibernicus* Thomps.), Wander- oder Schiffsratte. Körper gestreckt. Das Ohr reicht angedrückt nicht bis zum Auge. Braungrau, unten weiss. Länge 8¾", Schwanz 7". Sie ist nach Pallas 1727 nach einem Erdbeben aus den caspischen Ländern über die Wolga schwimmend in Russland eingerückt, und hat sich allmählich, die Hausratte vor sich hertreibend und vernichtend, über ganz Europa und mit Schiffen nach andern Welttheilen verbreitet. M. alexandrinus Geoffr. (*M. tectorum* Savi, *M. leucogaster* Pictet). Das Ohr bedeckt angedrückt das Auge, Schwanz länger als der Körper. Graubraun, Unterseite deutlich abgesetzt gelblichweiss. Länge 6". Schwanz 7¾". Von Aegypten aus westwärts sich verbreitend. M. rattus L., Hausratte. Ohr und Schwanz wie bei der ägyptischen Ratte. Oben braunschwarz, mit grünlichem Metallschimmer, unten nur wenig heller grauschwarz. Länge 6", Schwanz 7¼". Von der Wanderratte vertrieben ist sie jetzt in America häufiger, weicht aber dort an einzelnen Stellen schon der nachrückenden Wanderratte; und so überall. u. a. — Mäuse: stets kleiner, Gaumenfalten in der Mitte getheilt, Füsse und Schwanz dünn, schlank, letzterer mit bis 480 Ringeln. M. musculus L., Hausmaus. Das Ohr bedeckt angedrückt das Auge; 40 Zitzen; Pelz einfarbig braunschwarz, unten nur heller. Länge 3½", Schwanz 3½". Ueberall verbreitet. M. sylvaticus L. Ohr wie bei der Hausmaus, 6 Zitzen; Pelz oben graurot, unten deutlich abgesetzt weiss. Länge 4½", Schwanz 4½". Europa und Asien. M. agrarius Pall., Brandmaus. Ohr bedeckt angedrückt nicht das Auge; 8 Zitzen; oben braunroth, Seiten heller, unten abgesetzt weiss. Länge gegen 4", Schwanz etwas über 3". M. minutus Pall. (*pendulinus, soricinus* und *parvulus* Herm., *campestris* Cuv. und Geoffr., *messorius* Shaw, *Micromys agilis* Denke), Zwergmaus. Ohr reicht nicht bis ans Auge. Länge 2" 7''', Schwanz 2" 6'''. Ganz Europa und Sibirien.

Gray theilt Mus in drei Untergattungen: Mus, Leggada (z. B. *platythrix* Benn. aus Indien) und Golunda (*Mus barbarus* L. aus Algerien) nach den nicht sichern Merkmalen der Höhe der Backzahnkronen. Zu Mus ist ferner Pseudomys Gray (*Ps. australis* Gray aus Neu Süd-Wales) zu ziehen. Ferner stellt Sundevall die Untergattung Isomys auf: die äussern zwei Zehen der Hinterfüsse gleich lang (bei den andern Arten ist die äussere länger): M. variegatus Brants. Nordost-Africa. I. testicularis Sund. Vom Bahr el Abiad.

Oxyctomys Pictet, die von den Ratten nur durch Detail im Zahnbau und stärkere Krallen an den Vorderfüssen abweichen soll, ist nicht hinreichend beschrieben, sie gehört vermuthlich zu den Sigmodonten.

Myotherium Aymard, aus dem untern Miocen scheint sich den Ratten anzuschliessen. Reste von Mus sind in tertiären und diluvialen Gebilden Europa's häufig gefunden worden. Wohin die auf einen Unterkiefer mit m_3 gegründete Gattung Decticus ATMARD gehört, ist vor der Auffindung weiterer Reste nicht zu bestimmen.

8. Gatt. Pelomys PET. Obere Schneidezähne mit Furche. Vorderdaumen kurz, fünfte aussere ebenso mit plattem Nagel; auch hintere innere und äussere Zehe verkürzt. Haarkleid hart und feinborstig. — Art: P. fallax PET. Mozambique.

9. Gatt. Hapalotis LICHTST. (*Conilurus* OGILBY). Schneidezähne schmal, ohne Furche. Schnauze zugespitzt. Nasenspitze vorragend, ganz behaart. Ohren lang. Kronenfortsatz des Unterkiefers verkümmert. Schwanz lang, dünn behaart, an der Spitze mit Haarpinsel. Neu-Holland. — Arten: H. albipes LICHTST. und H. Mitchellii GRAY.

10. Gatt. Acomys GEOFFR. (*Acanthomys* BRDT.). Schädel sehr gestreckt, Infraorbitalloch verhältnissmässig gross; Kronenfortsatz des Unterkiefers sehr klein. Zwischen dem dichten Wollhaar mit platten gefurchten, am Rücken dicht auftretenden Stacheln bekleidet. — Arten: A. cahirinus GEOFFR. Aegypten. A. spinosissimus PET. Mozambique u. a.

3. Gruppe. Sigmodontes WAGN. Aeussere Gestalt und Schädel ganz wie bei den eigentlichen Mäusen. Backzähne länger und schmäler, mit nur zwei Höckern in jeder Querreihe, nach dem Abnutzen bilden sich nicht querlaufende Leisten, sondern gewundene Furchen. Americanisch.

11. Gatt. Drymomys TSCHUDI. Mausartig. Schnauze ziemlich spitz; Oberlippe gespalten. Ohren gross, Schwanz lang, sparsam behaart. Zähne allmählich nach hinten kleiner werdend; erster und zweiter mit einem innern accessorischen Höckersäulchen. — Art: D. parvulus TSCH. Peru.

12. Gatt. Oxymycterus WATERH. (incl. *Scapteromys* WATERH.). Rattenartig. Lang, weich behaart. Oberlippe gespalten. Der kurze Daumen mit einer deutlichen Kralle. Die Krallen leicht gebogen, zum Graben. Backzähne mit zwei Höckerreihen; abgenutzt mit tief eindringenden Schmelzfalten. — Arten: mit verlängerter spitzer Schnauze (*Oxymycterus*): O. nasutus WATERH. Vom La Plata. u. a. Schnauze kürzer, ebenso der Schwanz (*Scapteromys*): Sc. tumidus WATERH. Ebendaher.

13. Gatt. Myoxomys TOMES. Myoxusartig. Mit kurzer, nicht geschwollener Schnauze. Ohren variabel, nicht versteckt. Füsse sehr kurz. Sohlen mit warzenartigen Schwielen. Krallen kurz. Schwanz lang. Gelenkfortsatz des Unterkiefers grösser als die andern Fortsätze. Backzähne mit sehr zahlreichen Schmelzfalten. — Art: M. Salvinii TOMES. Guatemala. u. a.

14. Gatt. Hesperomys WATERH. Maus- oder Rattenartig. Oberlippe bis zur Nase gespalten. Schädel dem der Mus-Arten ähnlich, gestreckter. Schneidezähne glatt, seitlich comprimirt, rückwärts gerichtet. Backzähne mit abwechselnden Schmelzfalten. Vorderdaumen mit plattem Nagel. Sohlen mit vier bis sechs Schwielen. — Die zahlreichen Arten ordnen sich am besten in folgende, freilich nicht völlig scharf zu trennende Untergattungen:

a) Calomys WATERH. (*Hesperomys* BAIRD, *Eligmodontia* F. CUV., *Rhipidomys* TSCHUDI, *Hesperomys* und *Nyctomys* DE SAUSS.). Mausartig. Sohle bis zur hintersten Schwiele behaart. Schwanz lang, fein behaart, zuweilen mit Endpinsel. H. leucopus (DESM.) LE CONTE. Nord-America. H. typus F. CUV. (sp.) Brasilien. u. a.

b) Phyllotis WATERH. Mausartig. Kopf gross; Ohren gross, behaart. Vorderfüsse klein. Tarsen nackt. Schwanz lang, dichter behaart, als bei den Mäusen. H. Darwinii WATERH. u. a. Südamericanisch.

c) Habrothrix WAGN. Arvicolenartig. Ohren mässig, gut behaart. Schwanz kurz, behaart. Pelz weich, langhaarig. Daumennagel kurz, rund. H. longipilis WATERH. Chili. u. a.

d) Tylomys PET. Ohren kahl, frei vorragend; dritter und vierter Finger vorn und hinten gleich lang und länger als die andern. Sohlen ganz nackt, mit grossen Wülsten. Schwanz nackt, mit sparsamen Haaren, an der Spitze zusammengedrückt. H. nudicaudus PET. Guatemala.

e) Onychomys BAIRD. Arvicolenartig. Schädel mit Supraorbitalleiste. Ohren klein. Vorderfüsse stark im Vergleich zu den hintern, zwei Drittel so lang als diese. Schwanz kaum von halber Körperlänge, an der Basis dick und schnell spitz zulaufend, kurz und weich behaart. Sohlen bis zu den Schwielen behaart. H. leucogaster (*Hypudaeus sp.* PRZ. NEUW.) BAIRD. Nord-America.

4. Rodentia.   105

f. Oryzomys Baird. Rattenartig. Schädel mit Supraorbitalleisten. Ohren im Pelze verborgen; Pelz grobhaarig. Schwanz langer als der Körper, behaart, mit längern Haaren an der Unterseite. Hinterfüsse lang, mit kurzen Schwimmhäuten zwischen den Zehen. Sohlen nackt mit kleinen Schwielen. H. palustris Baird. Südliches Nord-America. — (Die Untergattung Nectomys Pet. scheint dieser äusserst nahe zu kommen.)
    g) Deilemys de Sauss. Schädel ohne Orbitalleisten. Pelz lang und weich. Ohren klein. Sohlen nackt, die Schwielen der Vorderfüsse gross. Tasthaare auffallend kurz. H. toltecus de Sauss. Mexico.
    Die Gattung Acodon Meyer gehört jedenfalls zur Hesperomys-Gruppe.
    Lund hat fossile Hesperomys-Reste in den Knochenhöhlen Brasiliens gefunden.
    15. Gatt. Holochilomys Brdt. (*Holochilus* Wagn.). Mausartig. Oberlippe nicht völlig gespalten, sondern unter den Nasenlöchern noch ein behaarter Streif. Der obere mittlere Backzahn kürzer als die andern, sämmtlich breiter, als in den vorstehenden Gattungen. — Art: H. brasiliensis (Brdt., Wagn. Bahia.
    16. Gatt. Reithrodon Waterh. Mausartig. Schädel verhältnissmässig kurz. Ohren mässig, behaart. Schneidezähne gefurcht. Backzähne mit gewundenen Schmelzfalten. Nägel klein und schwach. Hinterer Theil der Sohle behaart. — Arten: R. humilis Baird (*Mus humilis* Aud. und Bachm.). Südliche Theile Nord-America's. R. typicus Waterh. Maldonado. u. a.
    17. Gatt. Sigmodon Say und Ord. Arvicolenartig. Schnauze stumpf. Ohren und Schwanz mittel, erstere fast ganz im Pelz versteckt. Backzähne mit ebener Oberfläche; die beiden untern hintern mit Sigma-förmigen Schmelzfalten. Sohlen ganz nackt, mit sechs schwarzen Schwielen. — Art: S. hispidus Say und Ord. Südliches Nord-America.
    18. Gatt. Neotoma Say und Ord. Rattenartig. Die gewurzelten Backzähne haben scharfwinklig vorspringende Schmelzfalten (den der Arvicolen ähnlich). Ohren sehr gross, fast nackt. — Arten: mit kurzer Schnauze und kurzem spärlich behaartem Schwanz: N. floridana Say und Ord. Südstaaten Nord-America's. u. a. Mit längerer Schnauze und dicht behaartem Schwanze: N. occidentalis Cooper. Westliche Staaten.
    Fossil: Neotoma magister Baird. Diluvial aus den Knochenhöhlen Pennsylvaniens.

    b) Backzähne mit queren Schmelzlamellen $\frac{3}{3}$ oder $\frac{2}{2}$.
    3. Unterfamilie. **Spalacomyes** Peters. Mausartig. Schädel, Infraorbitalloch, Gliedmaassen wie bei den Mäusen. Die Oberfläche der Backzähne hat keine gewundenen, nach innen vorspringenden oder inselartigen Schmelzfalten, sondern quer durchgehende, zuweilen innen, aussen oder in der Mitte verbundene Lamellen.
    19. Gatt. Spalacomys Pet. Schneidezähne platt, ohne Furche. Erster Backzahn mit drei, die andern mit zwei, auf der einen oder andern Seite verbundenen Schmelzlamellen. Die breite Schnauze und der schmale Gaumen erinnert an die Spalacinen. Schwanz von halber Körperlänge, schuppig geringelt. — Art: Sp. indicus Pet. Ost-Indien. (Nach Peters in den Abhandlg. d. Berlin. Akad. 1860. p. 139 gehört Nesokia Gray hierher.)
    Nach der Form der Backzähne gehören noch folgende zwei Gattungen in die Nähe der Merioniden:
    Phloeomys Waterh. Schädel oval, Stirnbeine bilden mit den Schläfenbeinen einen Orbitalfortsatz. Gliedmaassen wie bei den Mäusen, die hintern Krallen stärker als die vordern. Schwanz buschig behaart. Phl. Cumingii Waterh. Philippinen.
    Platacanthomys Blyth. Myoxusartig. Schneidezähne comprimirt. Foramina incisiva sehr klein und schmal, nur in den Zwischenkiefern. Kronenfortsatz des Unterkiefers sehr kurz. Auf dem Rücken platte gefurchte Borsten zwischen dem Wollhaar. Schwanz gegen das Ende buschig behaart. Pl. lasiurus Blyth. Malabar. (s. Peters, in : Proceed. Zool. Soc. 1865. p. 397.)
    Hapalomys Blyth ist nach der Beschreibung nicht mit Sicherheit unterzubringen. Doch dürfte die Gattung in den vorstehenden die nächsten Verwandten finden.

    4. Unterfamilie. **Merionides** Wagn. Schädel im Allgemeinen dem der Mäuse ähnlich; die Bullae osseae der Paukenknochen sehr gross, Gaumenrinnen daher

sehr kurz; Flügelfortsätze ebenso, fast senkrecht. Backzähne mit queren Lamellen, die elliptisch oder rhombisch oder in der Mitte gebrochen sind. Oberlippe nur seicht eingeschnitten, oben behaart. Ohren stets frei, wenig behaart. Hinterfüsse stärker als die vordern. Schwanz behaart. — Die hierher gehörigen Arten sind auf die östliche Hemisphäre beschränkt.

20. Gatt. **Mystromys** Wagn. Schneidezähne ungefurcht. Lamellen in der Mitte gebrochen und die Hälften etwas hinter einander geschoben. Schwanz mittellang, dicht mit kurzen Haaren besetzt. Ohren gross und breit, auf dem Rücken unten buschig behaart. — Art: M. a l b i p e s Wagn. Süd-Africa.

21. Gatt. **Gerbillus** Desm. F. Cuv. Obere Schneidezähne gefurcht. Schädel oben leicht convex, hinten mehr oder weniger abgerundet; Jochbogen senkt sich bis zum Niveau der obern Backzahnflächen. Kronenfortsatz des Unterkiefers sehr kurz oder fehlt. — Arten: G. p y r a m i d u m F. Cuv. Aegypten. G. p y g a r g u s F. Cuv. Nord-Africa. G. o t a r i u s F. Cuv. Ost-Indien. u. a.

22. Gatt. **Meriones** Illig. Obere Schneidezähne gefurcht. Schädel hinten mehr oder weniger gerade abgestutzt. Jochbogen bleibt oberhalb der Backzahnreihe. Unterkiefer am Ende der Schneidezahnhöhle mit einem äussern Höcker. — Arten: M. t a m a r i c i n u s (Pall.) Illig. Caspi-See. M. m e r i d i a n u s (Pall.) Lichtst. Ebendaher. u. a. — A. Wagner bringt die Arten mit rautenförmigen Schmelzlamellen und weniger breiten Zwischenscheitelbein (die genannten u. a.) zur Gattung R h o m b o m y s Wagn., während er Meriones und Gerbillus vereint.

Malacothrix Wagn. (*Otomys* A. Smith) ist in Bezug auf den Zahnbau noch nicht genau bekannt; sonst schliesst sie sich völlig an Meriones an.

23. Gatt. **Psammomys** Rüpp. Schneidezähne nicht gefurcht, nur am Innenrande eine Andeutung einer Furche. Unterkiefer ohne den Höcker. Sonst mit Meriones übereinstimmend. — Art: Ps. o b e s u s Rüpp. Aegypten.

24. Gatt. **Euryotis** Brants (*Otomys* F. Cuv.). Schneidezähne mit einer oder zwei Furchen; Backzähne mit ziemlich parallelen Lamellen; der untere hinterste mit zwei oder drei Lamellen (bei den vorigen nur mit einer); oben ist der hintere der grösste. Ohren gross, fast rund, behaart. Schwanz von halber Körperlänge. — Arten: E. i r r o r a t a Lichtst. u. a. Sämmtlich von Süd-Africa.

5. Unterfamilie. **Hydromyes** Brdt. Körper gestreckt. Schnauze stumpf. Beine kurz, zwischen den hintern Zehen Schwimmhäute. Hintere Krallen viel stärker als die vorderen. Schwanz fast von Körperlänge, dicht kurz behaart. Backzähne nur $\frac{2}{2}$, mit ovalen Schmelzfalten; die vordern viel grösser als die hintern. — Australien.

Einzige Gatt. **Hydromys** Geoffr. Character der Familie. — Arten: H. c h r y s o g a s t e r Geoffr. und H. l e u c o g a s t e r Geoffr.

Im Süsswasserkalke von Puy en Velay hat Aymard einen Unterkiefer mit nur einem Backzahn, der an die beiden der Gattung *Hydromys* erinnert, gefunden. Er gründet darauf die Gattung **Elomys**.

c) Backzähne mit einfachem, buchtig eingebogenem Schmelzsaume.

6. Unterfamilie. **Sminthi** (s. *Hystrichomyes*) Brdt. Schädel im Hirntheil convex. Untere Wurzel des Jochfortsatzes dünn, nicht plattenartig; Infraorbitalloch sehr gross, grösser als die Nasenöffnung. Oberlippe nur ausgerandet. Schnauze zugespitzt. Tasthaare in zwei Horizontalreihen. Backzähne $\frac{4}{3}$, der erste und letzte oben sehr klein, unten der erste.

Einzige Gatt. **Sminthus** Keys. Blas. Character der Familie. — Art: Sm. v a g u s (Pall.) Keys. (*Mus betulinus* und *subtilis* Pall., *lineatus* Lichtst., *Sminthus Nord-*

manni Keys. Blas., *Sm. loriger* Nordm.) Von Ungarn, Finnland und Schweden durch Russland, die Krim bis zum Irtisch und Jenisei und in die Bucharei.

2. Familie. Arvicolina Waterh. (Brdt., Geuv. al., *Lemmus* Fisch.). m ⅔, wurzellos (zuweilen beständig nachwachsend, zuweilen sich an der Basis wurzelartig schliessend), aus dreiseitigen alternirenden Prismen gebildet, so dass der ganze Rand von tief einspringenden winkligen Schmelzfalten eingefasst ist. Schädel im Stirntheil sehr verengt. Am vordern Rand der Schläfenbeinschuppe eine Leiste. Jochbogen weit abstehend. Gaumen vor den Backzähnen leicht aufsteigend. Infraorbitalloch unten weiter, als bei den Mäusen. Unterkieferwinkel höher als eine durch die Backzahnoberfläche gelegte Linie. Schnauze kurz und breit.

1. Gatt. Hypudaeus Illig., Keys. Blas. Ohren gross, aus dem Pelze vorragend, von halber Kopflänge. Ränder nicht eingebogen. Vorderfüsse ungefähr halb so lang als die hintern. Sohle nackt mit sechs Schwielen. Schwanz beträchtlich länger als der Kopf, an der Basis kürzer, an der Spitze lang behaart. Zwei pectorale und zwei inguinale Zitzenpaare. Erster unterer Backzahn mit sieben Schmelzschlingen, Zähne zum Theil gewurzelt. — Arten: H. glareolus Wagn. (*Mus glareolus* Schreb.). Ganz Mittel-Europa bis zum Ural. H. Gapperi (*Arvicola Gapperi* Vig.) Baird. Nord-America.

2. Gatt. Arvicola (Lacép. p. p.) Keys. Bl. Baird (*Hypudaeus* p. p. Illig.). Ohren kürzer, zuweilen kaum aus dem Pelze vorragend. Hinterfüsse etwas stärker im Verhältniss zu den vordern als bei *Hypudaeus*. Die nackte Hintersohle mit fünf oder sechs Wülsten. Schwanz gleichmässig behaart. Backzähne wurzellos. Untergattungen:

a) Paludicola Blas. (*Hemiotomys* Selys p. p.). Rattenartig. Erster unterer Backzahn mit nur sieben Schmelzschlingen. — Arten: A. amphibius Desm. (*Mus amphibius* und *terrestris* L., *A. Musignani* Selys, *A. destructor* Savi). Körper 8—9", Schwanz 3". Ganz Europa und Nord-Asien. u. a.

b) Agricola Blas. Erster unterer Backzahn mit neun Schmelzschlingen, der zweite obere mit fünf, aussen und innen mit drei Leisten; acht Zitzen (zwei vordere und zwei hintere Paare). — Arten: A. agrestis Selys, Blas. (*Mus agrestis* und *gregarius* L.). Körper 4", Schwanz 1½". Schweden. A. riparia Ord. Oestliches Nord-America. u. a. (Dies ist wohl die Gattung *Mynomes* Rafin.)

c) Arvicola s. str. Blas. Erster unterer Backzahn mit neun Schmelzschlingen, zweiter oberer mit vier, aussen mit drei, innen mit zwei Leisten. Hintere Sohle mit sechs Wülsten. Acht Zitzen. — Arten: A. arvalis Selys (*Mus* sp. Pall.). Ganz Europa bis Sibirien.

d) Microtus (Schrank) Blas. (*Pinemys* Less., *Pitymys* McMurtie). Zähne wie Arvicola c; aber nur vier inguinale Zitzen und die Hintersohle mit fünf Wulsten. Ohren im Pelz versteckt. — Arten: A. subterraneus Selys, Blas. Mittel-Europa, nicht jenseits der Alpen und Pyrenäen.

Baird unterscheidet noch zwei Untergattungen Chilotus und Pedomys, welche mit *Microtus* in den angeführten Characteren übereinstimmen, aber Abweichungen in Bezug auf den Bau des Ohres und auf die relative Länge der Hinterfüsse und des Schwanzes darbieten. Sämmtlich nord-americanisch.

3. Gatt. Myodes Pall. (*Lemmus* Linck, Desm.). Ohren kurz; Schädel sehr breit, Jochbein hoch. Vorderfüsse stark, ihre starken Sichelkrallen länger als die hintern. Sohlen behaart. Erster unterer Backzahn mit fünf Schmelzschlingen. Schwanz kürzer als die Hinterfüsse. — Arten: M. lemmus Pall. (*Mus lemmus* L.), Lemming. Scandinavien. Wandert zuweilen in ungeheueren Schaaren südwärts. M. torquatus Keys. Blas. (incl. *M. hudsonius* [Pall.] Wagn., *groenlandicus* Wagn., *ungulatus* Baer). Nord-Asien und Nord-America. u. a.

4. Gatt. Fiber G. Cuv. (*Ondatra* Waterh.). Schwanz so lang als der Körper, seitlich comprimirt und spärlich behaart. Hinterfüsse mit kurzen Schwimmhäuten; Zehen mit Haaren gewimpert. Schmelzschlingen der Backzähne durch eine mittlere Längsleiste verbunden. — Art: F. zibethicus Cuv. (*Castor zibethicus* L.), Zibethratte. Nord-America.

3. Familie. **Spalacoidea** Brdt. (*Cunicularia* Illig. e. p.). Körper mausartig, aber kürzer und gedrängter. Vorderfüsse stärker als die hintern, mit fünf Zehen, Daumen meist rudimentär, mit Nagel. Hinterfüsse kaum länger als die vordern, fünfzehig. Sohlen behaart. Schwanz kurz oder fehlt. Aeussere Ohren fehlen. Schädel hinten breit, nach hinten abschüssig. Infraorbitalloch wechselnd. Jochfortsatz stets mit zwei Wurzeln. Schneidezähne breit und flach. Backzähne $\frac{3}{3}$, $\frac{4}{4}$ oder $\frac{5}{5}$, gefaltet und mit Wurzeln oder prismatisch wurzellos.

1. Unterfamilie. **Rhizodontes** (s. *Spalacoides muriformes*) Brdt. Backzähne mit Wurzeln und Schmelzfalten. Harter Gaumen hinten meist nicht ausgeschnitten.

1. Gruppe. Spalacina Brdt. Gaumen zwischen den Backzähnen breiter als eine Alveole. Infraorbitallöcher so gross oder grösser als die Nasenöffnung. Unterkieferwinkel aus dem Unterrand hervorgehend.

1. Gatt. Spalax Güldsr. (*Talpoides* Lacép., *Aspalax* Desm., *Aspalomys* Waterh. olim.). Maulwurfartig. Ohne Ohren und Schwanz. Augen von der Haut überzogen. Beine kurz; Füsse breit mit kurzen Krallen. Schneidezähne glatt. — Art: Sp. typhlus Pall. Russland und Sibirien. (Dem Grade der Abnutzung der Zähne und der Färbung nach sind die Individuen zuweilen so verschieden, dass Nordmann eine besondere Gattung *Ommatostergus* aufstellen konnte, deren Unhaltbarkeit aber Brandt nachwies.)

2. Gatt. Rhizomys Gray (*Nyctocleptes* Temm., *Tachyoryctes* Rüpp.). Schneidezähne glatt. Jochbein ausserordentlich weit abstehend. Schädel hinten senkrecht abgeschnitten. Ohren sehr kurz, nackt. Augen klein. Schwanz halb so lang als der Rumpf, nur an der Wurzel behaart. — Arten: Rh. Decan (Temm.) Wagn. (Rh. sumatrensis Gray). Malacca. Rh. splendens Rüpp. (*Bathyerges* s. *Tachyoryctes* spl. Rüpp.). Abyssinien. u. a.

3. Gatt. Heterocephalus Rüpp. Fast haarlos. Schwanz ein Viertel so lang als der Körper. Vorderdaumen verkürzt, aber nicht rudimentär. Ohrmuschel fehlt. Knöcherner Gaumen leicht ausgebogt. — Art: H. glaber Rüpp. Schoa.

2. Gruppe. Georhychina (s. *Spalaces subhystriciformes*) Brdt. (*Bathyergidae* e. p. Waterh.). Gaumen zwischen den Backzähnen schmäler als eine Alveole. Infraorbitallöcher kaum so gross als die kleine Nasenöffnung. Das Eckstück des Unterkiefers gross, aus der aussern Seite des Zahnstücks des Unterkiefers hervorgehend. Backzähne $\frac{4}{4}$ oder $\frac{5}{5}$.

4. Gatt. Bathyergus Illig. (*Orycterus* F. Cuv.). Obere Schneidezähne mit einer Furche, m$\frac{4}{4}$, breiter als lang, der hinterste ist der grösste. Ohrmuschel fehlt. Auge klein. Tasthaare lang und steif. Vorderdaumen kurz mit gekrümmtem Nagel; die Krallen der andern Finger sehr lang und comprimirt; die der Hinterfüsse kürzer und breit. — Art: B. suillus Wagn. Cap.

5. Gatt. Georhychus Illig. (*Bathyergus* Waterh.). Schneidezähne ohne Furche. Backzähne $\frac{4}{4}$, breiter als lang, der hinterste ist der kleinste. Tasthaare kurz und weich. Krallen schwach, die der Hinterfüsse etwas stärker. — Arten: G. capensis Wiegm. (*Mus capensis* Pall.). Cap. u. a.

6. Gatt. Heliophobius Pet. (*Georhychus* Gray e. p.). Schneidezähne ohne Furche. Backzähne $\frac{5}{5}$, meist nur fünf entwickelt, die drei ersten nach hinten an Grösse zunehmend. Ueberall fünf Zehen, mit platten schwachen Nägeln. Auch an den Hinterfüssen die zweite Zehe die längste. Augen sehr klein. Ohren bilden nur einen wulstigen Rand. Schwanz sehr kurz. — Art: H. argenteocinereus Pet. Mozambique.

2. Unterfamilie. **Prismatodontes** (s. *Spalacoides arviculaeformes*) Brdt. Backzähne $\frac{3}{3}$, wurzellos mit Prismen. Knöcherner Gaumen zwischen den letzten Backzähnen ausgeschnitten.

7. Gatt. Ellobius G. Fisch. (*Chthonoergus* Nordm.). Schneidezähne ohne Furche. Kopf nicht abgesetzt. Infraorbitalloch spaltenförmig. Schnauze rund, behaart, gespalten. Auge verhältnissmässig gross. Vorderdaumen eine benagelte Warze. Vorderfüsse stärker als die hintern. — Arten: E. talpinus Fisch. und luteus Wagn. Südöstliches Russland.

8. Gatt. Myospalax (Laxm.) Brdt. (*Siphneus* Brts.). Schneidezähne ohne Furche.

Kopf kaum abgesetzt, platt. Schnauze nackt. Augen klein. Ohren nur einen Rand um die Ohröffnung bildend. Die drei mittleren Vorderfinger mit langen starken Sichelkrallen. Hinterfüsse schwächer. — Art: M. aspalax Bndt. (*Mus aspalax* Pall., *Lemmus zokor* Desm.). Der Zokor. Altai.

5. Unterordnung. **Hystrichida** Watern., Baird (*Hystrichomorpha* Bndt.). m $\frac{4}{1}$, mit oder ohne Wurzeln, mit Falten oder Prismen. Schnauzenspitze kurz behaart. Untere Wurzel des Jochfortsatzes nie senkrecht plattenförmig. Infraorbitalloch gross, einen Theil des Masseter durchlassend. Unterkiefereckstück aus der äussern Seite des Zahnstücks hervorgehend. Tibia und Fibula getrennt.

1. Familie. **Hystrichina** Wagn. (*Aculeata* v. d. Hoev.). Körper mit Stacheln oder Borsten bedeckt. Schwanz kurz oder verlängert, mit Borsten oder Stacheln oder Greifschwanz. Jochbogen ohne Fortsatz am untern Rande. Schläfengruben eingezogen. Stirnbeine breit. Vier oder fünf Zehen. Schlüsselbeine hängen nur mit dem Brustbein durch einen Knorpelstreifen zusammen.

1. Unterfamilie. **Hystrichina** s. str. Watern. (*Philogaea* Bndt.). Backzähne bilden erst später Wurzeln, die länger ungetheilt bleiben und in tieferen Alveolen stehen. Orbitalfortsatz des Stirnbeins (Vorderrand der Orbita) über dem dritten Backzahn. Sohlen gefurcht, sonst glatt. Oberlippe bis zu der queren die Nasenlöcher verbindenden Furche gespalten. Oestliche Hemisphäre.

1. Gatt. Hystrix L. (*Hystrix* et *Acanthion* F. Cuv., et *Acantherium* Gray). Schwanz kurz, nie greifend; der Hinterrücken mit langen, cylindrischen Stacheln. Hinterfüsse fünfzehig. — Arten: H. cristata L. Hinterkopf und Nacken mit langen Borsten. Nasenbeine auffallend breit. Südwestliches Europa und Nord-Africa. H. javanica Watern. (*Acanthion jav.* F. Cuv.). Ohne Borstenkamm am Hinterkopf. Rücken mit platten, gefurchten Stacheln. Java, Sumatra, Borneo. u. a.

2. Gatt. Atherura G. Cuv. (*Hystrix* aut.). Schwanz fast so lang als der Körper, nicht greifend, cylindrisch, schuppig, an der Spitze mit einem Büschel langer glatter Borsten. Nasenhöhle mässig. — Arten: A. fasciculata Watern. (*Hystrix fasciculata* Shaw). Siam und die malayische Halbinsel. u. a.

2. Unterfamilie. **Cercolabina** Gray, Watern. (*Philodendra* Bndt.). Kopf kurz, vorn abgestutzt. Backzähne mit kürzeren, getheilten Wurzeln. Vorderrand der Orbita über dem ersten Backzahn. Sohlen warzig. Schwanz meist greifend. Westliche Hemisphäre.

3. Gatt. Erethizon F. Cuv. Schwanz kurz, dick, platt, an der Spitze der Unterseite mit Borsten. Nasenlöcher sehr genähert. Vorderfüsse vier-, Hinterfüsse fünfzehig, aber mit langen gekrümmten Krallen. — Art: E. dorsatus F. Cuv. (*Hystrix dorsata* L.) und E. epixanthus Bndt. Nord-America. Eine neue Art, rufescens Gray, wird die Untergattung Echinoprocta Gray.

4. Gatt. Cercolabes Bndt. (*Synetheres* und *Sphingurus* F. Cuv.). Körper mit Stacheln und Haaren, unten nur mit steifen Haaren bedeckt. Schwanz ein langer Greifschwanz. Füsse vierzehig mit langen Krallen, am Hinterfuss noch ein nagelloses Rudiment der innern Zehe. Backzahnreihe nach vorn convergirend, Backzähne subquadratisch. — Arten: C. prehensilis Bndt. (*Hystrix prehensilis* L., *Synetheres prehensilis* F. Cuv.), auch die untere Körperseite mit stachligen Borsten bedeckt (*Synetheres* Cuv.); nördliches Süd-America. u. a. — C. villosus Watern. (*C. insidiosus* Bndt., Wagn., *Sphingurus villosus* F. Cuv.). Unterseite mit weichem Haar (*Sphingurus* Cuv.). Brasilien. u. a.

5. Gatt. Chaetomys Gray (*Plectrochoerus* Pictet). Backzähne länger als breit. Jochbein mit oberem Postorbitalfortsatz, dem ein gleicher des Stirnbeins entgegenkommt. Körper durchaus mit dünnen cylindrischen Stacheln, der lange Greifschwanz mit kurzen Haaren bedeckt. — Art: Ch. subspinosus Gray (*Hystrix subspinosa* Lichtst.). Brasilien.

110   1. Mammalia.   A. Monodelphia.

2. Familie. **Caviina** Waterh. Backzähne prismatisch, wurzellos, die obern Reihen vorn convergirend und sich fast treffend. An den Vorderfüssen vier, an den hintern drei Zehen. Nägel gross, oben gekielt, hufähnlich. Schwanz ist rudimentär oder fehlt. Oberlippe ungetheilt. Unterkieferwinkel tiefer als das Zahnstück. Aussenfläche des Unterkiefers mit einer Leiste. Schlüsselbeine fehlen.

1. Gatt. Dolichotis Desm. (*Mara* Less.). Hasenartig. Hinterbeine lang. Ohren halb so lang als der Kopf, an der Basis breit. Schwanz kurz; Sohlen nackt. Backzähne im Verhältniss klein. — Art: D. patagonica Wagn. (*Cavia patagonica* Shaw). Patagonien bis zum Plata.

2. Gatt. Cavia Klein. Füsse und Ohren kurz. Schwanz fehlt. Sohlen nackt. Backzähne gleich gross, jeder mit zwei Hauptloben. — Untergatt.: a) Cerodon F. Cuv. Die beiden Loben der Backzähne gleich gross, der hintere der obern ohne einspringende Schmelzfalte: C. rupestris Prz. Neuw. Nägel kurz, stumpf, kaum aus dem Zehenpolster vorragend. Brasilien. u. a. (hierher auch *Galea* Meyen). — b) Cavia prop. Waterh. (*Anoema* F. Cuv.). Der hintere Lobus der Backzähne grösser als der vordere; der der obern aussen mit einer ziemlich tiefen Schmelzfalte: C. aperea (L.) Wagn. Brasilien. C. cobaya Schreb. (*Mus porcellus* L.), Meerschweinchen.; in Europa überall domesticirt. u. a.

3. Gatt. Hydrochoerus Briss. Obere Schneidezähne mit Furche; der hinterste Backzahn ist der grösste. Ohren klein. Schwanz fehlt. Füsse kurz und breit, mit halben Schwimmhäuten; Nägel breit und platt. — Art: H. capybara Erxl. (*Sus hydrochoerus* L.). Nördliches Süd-America.

3. Familie. **Dasyproctina** Waterh. Schädel verlängert. Backzähne halbwurzelt, parallele Reihen bildend. Jochbein ohne untern Fortsatz; am Stirn- und Schläfenbein ein Postorbitalfortsatz. Schlüsselbeine fehlen. Hinterfüsse drei- oder fünfzehig; Nägel nur wenig gekrümmt. Schwanz rudimentär.

1. Gatt. Coelogenys F. Cuv. Jochbogen enorm entwickelt, sehr hoch, Jochbein höher als lang, Oberkieferwurzel mit einer untern Höhle. Backentaschen treten in diese Erweiterungen ein. Backzähne mit vier bis fünf Schmelzfalten. Zehen überall fünf. — Art: C. paca Wagn. (*Mus paca* L.). Süd-America. Kommt auch fossil in den americanischen Knochenhöhlen vor.

2. Gatt. Dasyprocta Illig. (*Platypyga* Illig., *Chloromys* F. Cuv.). Beine lang und gracil, die vordern mit fünf, die hintern mit drei Zehen. Backzähne rundlich, mit einer einzigen einspringenden Schmelzfalte und mehreren Schmelzinseln. Haare des Hinterrückens grob und lang. — Arten: D. aguti Wagn. (*Mus aguti* L.). Guiana. D. acouchy Desm. (*Cavia acouchy* Erxl.). West-Indien, Guiana, Brasilien. u. a.

4. Familie. **Echimyina** Waterh. (*Psammoryctina* e. p. Wagn., *Spalacopodoides rhizodontes* Brdt. p.). Backzähne schmelzfaltig, meist mit Wurzeln. Jochbein mit Fortsatz am untern Rand. Vorn und hinten meist fünf Zehen. Schlüsselbeine entwickelt. Tibia und Fibula getrennt. Meist südamericanisch.

1. Gatt. Capromys Desm. (*Jsodon* Say). Backzähne wurzellos, die obern aussen mit einer, innen mit zwei tiefen Schmelzfalten. Oberlippe gefurcht. Schwanz mittellang, schuppig, spärlich behaart. Sohlen nackt, warzig. Krallen gross, gekrümmt. — Arten: D. pilorides Desm. und C. prehensilis Poepp. Beide von Cuba.

2. Gatt. Plagiodontia F. Cuv. Backzähne wurzellos, die oberen jederseits mit einer tief schräg eindringenden Schmelzfalte. Ohren klein. Schwanz kurz, haarlos, schuppig. — Art: Pl. aedium F. Cuv. S. Domingo.

3. Gatt. Myopotamus Geoffr. (*Myocastor* Kerr, *Hydromys* Illig., *Potamys* Desm., *Mastonotus* Wesm., *Guillinomys* Less.). Backzähne halbwurzelt; der hinterste ist oben und unten der grösste, die obern jederseits mit zwei Schmelzfalten. Gaumen zwischen den vordern Backzähnen sehr eng. Hinterfüsse mit Schwimmhäuten. Schwanz mittellang, sparsam behaart. — Art: M. coypus Geoffr. (*Mus coypus* Molina). Süd-America. (*Myopotamus antiquus* Lund aus brasilianischen Knochenhöhlen entspricht der lebenden Art.)

4. Gatt. Cercomys F. Cuv. Backzähne rundlich, gleich gross, die obern innern mit einer Schmelzfalte und drei queren Schmelzareolen, die untern umgekehrt. Schwanz lang, schuppig. Ohren mittelgross. — Art: C. cunicularis F. Crv. Süd-Amerika.
5. Gatt. Petromys A. Smith. Backzähne ziemlich gleich gross, gewurzelt, quadratisch, innen und aussen mit einer Schmelzfalte. Schneidezähne comprimirt, glatt. Ohren klein, behaart. Vorderdaumen klein, aber mit Nagel. Schwanz so lang als der Körper, behaart, an den Spitzen am längsten. — Art: P. typicus A. Smith. Am Orange-Fluss.
6. Gatt. Dactylomys Is. Geoffr. Backzahnreihen nach vorn convergirend, sich fast treffend, Zähne relativ gross; jeder aus zwei Loben bestehend, die nach innen spitz, nach aussen breit und mit einer tiefen Schmelzfalte versehen sind. Vorderfüsse mit vier Zehen mit kurzen conischen Nägeln. — Art: D. typus Is. Geoffr. (*Echimys dactylinus* Geoffr.). Brasilien (?). u. a.

Pictet führt eine Gattung Poecilomys als mit Dactylomys verwandt an.

7. Gatt. Loncheres Illig. (*Nelomys* Jourd., *Isothrix* Wagn.). Ohren klein. Füsse kurz und breit. Backzähne gross, länger als breit, die obern mit zwei, den Zahn zuweilen ganz theilenden Falten, die untern aussen mit einer, innen mit zwei. Gaumen vorn am schmälsten. — a) Loncheres Wagn. Oberer Theil des Körpers mit platten Stacheln zwischen den weichen Haaren. — Arten: L. cristata Waterh. (*L. paleacea* Lichtst., *Echimys cristatus* Desm.). Guiana und Para. u. a. — b) Isothrix Wagn. (*Lasiuromys* Deville). Pelz ohne Zumischung von Stacheln. Gebiss wie bei a). — Art: L. picta Waterh. (*Nelomys pictus* Pictet). Brasilien.

Hierher gehören die fossilen Gattungen Phyllomys und Lonchophorus Lund aus den brasilianischen Knochenhöhlen.

8. Gatt. Echimys Desm. (*Echinomys* Wagn.). Füsse schmal und lang. Obere Backzähne mit einer inneren und einer oder zwei äusseren Schmelzfalten. Schnauze länger als bei Loncheres; Gaumen breiter und kürzer. — Art: E. cayennensis Desm. Guiana und Brasilien. u. a.

Die Gattung Mesomys Wagn. (Zähne von *Echimys*, Körper mit starken Stacheln. Ohne Schwanz. M. ecaudatus Wagn. Brasilien) bedarf noch weiterer Untersuchung.

Pictet erwähnt eine Gattung Platythrix als mit *Echimys* verwandt.

9. Gatt. Carterodon Waterh. Obere Schneidezähne am Aussenrande mit einer Furche. Backzähne abgerundet quadratisch, die obern aussen mit zwei, innen mit einer Schmelzfalte, unten umgekehrt. Ohren klein, abgerundet. Daumenwarze mit Nagel, die übrigen Nägel convex, von straffen Haaren bedeckt. Dünne Stacheln dem Pelze zugemischt. Schwanz mittel. — Art: C. sulcidens Reinh. Brasilien (wurde zuerst von Lund fossil aufgefunden).

10. Gatt. Holochilus Brdt. (nec Wagn.). Schwanz so lang oder länger als der Körper. Obere Backzähne aussen mit drei Schmelzfalten oder -feldern; die untern umgekehrt. Oberlippe kaum ausgerandet. — Arten: H. leucogaster Brdt. und H. Anguya Brdt. Beide aus Brasilien.

11. Gatt. Aulacodus Temm. Schwanz kurz, Hinterfüsse vierzehig. Obere Schneidezähne mit drei Längsfurchen. Obere Backzähne aussen mit zwei, innen mit einer Schmelzfalte. Schädel kurz und breit, Occipitalleiste sehr erhoben. An der untern Jochfortsatzwurzel eine senkrechte Platte. — Art: A. Swinderianus Temm. Südwest-Africa.

5. Familie. **Octodontina** Waterh. (*Psammoryctina* c. p. Wagn., *Spalacopodoides rhizodontes* Brdt. p.). Backzähne $\frac{4}{4}$, selten $\frac{3}{3}$, wurzellos, jederseits nur mit einer, selten innen mit zwei einspringenden Schmelzfalten. Jochbogen am untern Rande eckig oder mit Fortsatz. Schlüsselbein entwickelt. Füsse mit fünf, selten mit vier Zehen.

1. Gatt. Octodon Benn. (*Dendrobius* Meyen). Backzähne $\frac{4}{4}$, mit einfacher Einbiegung jederseits. Kronfortsatz des Unterkiefers dreieckig. Füsse fünfzehig. Ohren mässig gross. Schwanz fast so lang als der Körper, mit langen Haaren an der Spitze. Im Infraorbitalloch eine Deckplatte für den Nerven. — Art: O. degus Waterh. (*O. Cumingii* Benn.). Chile. u. a.

2. Gatt. Ctenomys de Blainv. Backzähne $\frac{4}{4}$, mit einfacher Falte jederseits, der hin-

I. Mammalia. A. Monodelphia.

terste ist der kleinste. Schneidezähne sehr gross und breit. Schädel kurz und breit. Kein Nervencanal im Infraorbitalloch. Ohren und Augen klein. Schwanz kurz. Vordernägel länger als die Zehen. Zwei Reihen kammartiger Borsten decken die Hinternägel. — Arten: Ct. brasiliensis DE BL. Süd-America. Ct. magellanicus BENN. Magelhaen's Strasse. u. a.

3. Gatt. Ctenodactylus GRAY. Backzähne $\frac{4}{4}$, mit einfacher Falte jederseits, die untern nach hinten grösser. Schädel breit, Eckfortsatz des Unterkiefers lang, Kronfortsatz nur randförmig. Ohren klein. Alle Füsse vierzehig, hinten mit eigenem Borstenapparat. Schwanz stummelartig mit einem Büschel Borsten. — Art: Ct. Massonii GRAY. Nord-Africa.

Hierher die Gattung Pectinator BLYTH.; wie *Ctenodactylus*, aber oben und unten ein kleiner Zahn mehr. Ohren und Schwanz entwickelt. P. Spekei BL. Somaliland.

4. Gatt. Spalacopus WAGL. (*Poephagomys* F. CUV., *Psammoryctes* POEPP.). Backzähne $\frac{4}{4}$, nach hinten kleiner; Oberfläche achterförmig. Ohren rudimentär. Schwanz kurz, mit kurzen Haaren besetzt. Nägel kürzer als die Zehen. — Art: Sp. Poeppigii WAGL. (*Poephagomys ater* F. CUV., *Psammoryctes noctivagus* POEPP.). Chile.

5. Gatt. Schizodon WATERH. Backzähne $\frac{4}{4}$, mit achterförmigen Schmelzfalten, der hinterste mit kleinerem hinteren Lobus. Ein besonderer Nervencanal am Infraorbitalloch. Ohren mässig. Schwanz kurz, durchaus kurz behaart. Vorderfüsse stark, Nägel so lang als die Zehen. — Art: Sch. fuscus WATERH. Ost-Abhänge der Anden.

6. Gatt. Habrocoma WATERH. Backzähne $\frac{4}{4}$, die oberen jederseits mit einer den Zahn in zwei Lobi theilenden Einbucht, die untern innen mit einer, aussen mit zwei Faltungen, die scharf einspringend an einen lamellösen Bau erinnern. Schneidezähne sehr schmal. Vorderfüsse vierzehig. Sohlen nackt mit kleinen fleischigen Warzen. Schwanz mittellang, durchaus anliegend kurz behaart. — Arten: H. Bennettii WATERH. und H. Cuvierii WATERH., beide in Chile.

Während diese Familie lebende Arten jetzt meist nur in Süd-America besitzt, sind aus dem Miocen und tertiären Süsswasserbildungen Frankreichs mehrere Nagerreste als hierhergehörig bestimmt worden; so Archaeomys und Theridomys JOURD.

6 Familie. **Chinchillina** WATERH. (Gatt. *Callomys* Is. GEOFFR.). Backzähne wurzellos, mit zwei bis drei ziemlich parallelen Schmelzlamellen, die Reihen beider Seiten nach vorn convergirend. Die Schläfengruben flacher, als bei den vorigen. Jochbogen ohne untern Fortsatz. Schlüsselbeine vollständig. Schwanz lang oder mittellang, nach oben gekrümmt. Ohren mässig oder lang. Pelz dicht, weich, wollig.

1. Gatt. Chinchilla BENN. (*Eriomys* LICHTST.). Backzähne aus drei schmalen Schmelzlamellen gebildet. Ohren gross, abgerundet; Schwanz lang, buschig. Vorderfüsse mit fünf, Hinterfüsse mit vier Zehen. Tarsen unten nackt, Zehennägel kurz. Gehörbullen gross. — Art: Ch. lanigera BENN. Peru und Chile.

2. Gatt. Lagidium MEYEN (*Lagotis* BENN.). Zähne u. s. f. wie bei Chinchilla. Ohren lang, Vorderfüsse mit vier Zehen. — Arten: L. Cuvierii WAGN. Anden von Chile, Bolivia und Peru; und L. pallipes WAGN., nördlicher, bis Ecuador.

3. Gatt. Lagostomus BROOKES. Backzähne mit zwei, nur der obere hinterste mit drei Lamellen. Oberlippe mit senkrechter Furche. Schnauzenspitze breit. Vorderfüsse mit vier Zehen, Nägel kurz, spitz, gekrümmt. Hinterfüsse mit drei Zehen; Nägel lang, comprimirt, scharfspitzig. — Art: L. trichodactylus BROOKES. Viscacha. Ebenen von La Plata. (Eine fossile Art fand LUND in Knochenhöhlen Brasiliens.)

Megamys D'ORB. aus Tertiärbildungen Patagoniens hatte eine über 1' lange Tibia, war also einer der grössten Nager, ist aber noch zu unvollständig bekannt, um seine Stellung mit Sicherheit angeben zu können.

6. Unterordnung. **Leporida** (*Lagomorpha* BRDT.). Gebiss $i\frac{2}{1}$ $m\frac{6}{5}$ oder $\frac{5}{5}$, wurzellos; der äussere Schneidezahn hinter dem grössern innern. Hirntheil des

5. Prosimii.

Schädels gestreckt; Foramina optica in der Mitte vereint. Jochfortsatz des Oberkiefers mit einer Wurzel. Infraorbitalloch klein. Vorderfläche des Oberkiefers von einer grösseren (Lagomys) oder zahlreichen kleineren Oeffnungen (Lepus) durchbrochen. Knöcherner Gaumen sehr kurz, nur eine Brücke zwischen den mittleren Backzähnen bildend, Foramina incisiva gross, herzförmig. Schlüsselbeine verschieden entwickelt. Tibia und Fibula im untern Theil anchylosirt. Innenfläche der Backen eine Strecke lang behaart. Blinddarm gross, colonartig.

Einzige Familie. **Leporina** WATERH. (*Duplicidentata* WAGN.). Character der Gruppe.

1. Gatt. Lagomys F. Cuv. $m\frac{5}{5}$. Schwanz sehr kurz, äusserlich nicht sichtbar. Ohren kurz, gerundet. Schlüsselbeine vollständig. Hinterfüsse kurz. Pfeifhasen. — Arten: L. alpinus F. Cuv. (*Lepus alpinus* PALL.). Sibirien. L. princeps RICHARDS. Felsengebirge, Nord-America. u. a.

Fossil sind Reste mehrerer Arten in europäischen pleistocenen Formationen gefunden worden. Die Gattung Titanomys H. v. MEY. steht *Lagomys* am nächsten.

2. Gatt. Lepus L. $m\frac{5}{5}$. Schwanz kurz, buschig. Ohren gross und lang. Schlüsselbeine rudimentär. Hinterfüsse lang, stärker als die vordern. — Arten: L. timidus L., Hase. Süd- und Mittel-Europa bis nach Persien (fehlt Scandinavien und Sibirien). L. variabilis PALL. Irland, Schottland, Scandinavien, Sibirien, Schweizer und bayerische Alpen. L. cuniculus L., Caninchen. Südwest-Europa und Nord-Africa. In zahlreichen Rassen gezüchtet; neuerdings häufig mit dem Hasen gekreuzt (Lièvre-Lapin); — und andere zahlreiche Arten aus Asien, Africa und besonders Nord-America.

5. Ordnung. Prosimii (BRISS.) ILLIG.

(*Strepsirrhina* GEOFFR., *Lemurida* GRAY, V. D. HOEV. cet.)

Schneidezähne jederseits $\frac{2}{2}$, $\frac{1}{2}$ oder $\frac{1}{1}$, Backzähne spitzhöckerig, einfach. Innenzehen meist gegenüberstellbar; der vierte Finger ist vorn und hinten der längste. Endglieder der Zehen mit Nägeln, der zweite hinten, selten alle mit Krallen. Augenhöhlen nach den Schläfengruben offen. Zitzen pectoral oder abdominal. (Clitoris häufig von der Urethra durchbohrt, Uterus zweihörnig.)

Diese ganz auf die heissen Theile der östlichen Hemisphäre beschränkte Gruppe wurde bisher stets mit den *Primaten* vereinigt. Doch ist die Unhaltbarkeit des Grundsatzes, die Stellung einer Thiergruppe nach einem Merkmal ausschliesslich zu bestimmen, nirgends so in die Augen fallend als hier. Die Gegenüberstellbarkeit der Innenzehe, welche bei den meisten hierhergehörigen Formen vorhanden ist, scheint im Ganzen den Ausschlag bei der Einordnung derselben in das System gegeben zu haben. Von den Affen weichen aber, wie es bereits früher wiederholt ausgesprochen worden ist[*], die *Lemuriden* in allen übrigen Beziehungen wesentlich ab. Wir betrachten sie, wie

---

[*] »Deze dieren staan in de natuur zeker verder van elkander dan in onze dierkundige stelsels« VAN DER HOEVEN. l. i. c. p. 14.

es neuerdings auch HAECKEL hervorgehoben hat, als die älteste Gruppe discoplacentaler Säugethiere, welche in ihren vier Familien, wenn nicht die directen Ausgangspuncte, doch sicher die Vorläufer der höheren vier Ordnungen darbietet.*)

Die wesentliche anatomische Verschiedenheit der *Lemuriden* von den Affen und ihre Uebereinstimmung mit niedern Formen der Discoplacentalen wird am deutlichsten aus einer kurzen Schilderung der Hauptzüge ihres Baues hervorgehen. An dem gestreckten, im Hirntheil nur wenig, nur im Occipitaltheil nach hinten gewölbten Schädel ist die Orbita nie durch die grossen Keilbeinflügel von der Schläfengrube getrennt. Dieselben erreichen die Jochbeine nur bei *Tarsius*. Das Jochbein bildet durch eine Verbindung seines Stirnfortsatzes mit dem Jochfortsatz des Stirnbeins einen ringförmigen Schluss des meist aufgeworfenen Orbitalrandes, welcher indess bei *Galeopithecus* fehlt, aber keinen Verschluss der Seitenwand der Augenhöhle. Das Thränenbein liegt fast ganz ausserhalb der Orbita, die Thränenöffnungen finden sich stets vor den Orbiten auf der Gesichtsfläche (wie bei den meisten *Marsupialien*). Die Nasenbeine sind oft verlängert und bilden mit den Zwischenkiefern ein knöchernes Nasenrohr. Die beiden Unterkieferhälften bleiben fast stets getrennt. An der Schädelbasis ist das Foramen rotundum fast ganz mit der Sphenoidalspalte vereint. Am Zungenbein sind die vordern Hörner die längeren, die hintern (bei den *Primaten* die längern) fast zu Fortsätzen des Körpers reducirt. Der Stammtheil des Skelets schliesst sich enger an die niederen Gruppen an. Bei *Galago*, *Tarsius* und *Chiromys* sind die Dornfortsätze der hinteren Halswirbel rudimentär. Die Zahl der Dorsolumbarwirbel schwankt zwischen 19 und 24, die der Rippen zwischen 12 und 16. Die Fortsätze der hintern Rücken- und der Lendenwirbel sind häufig nach vorn gerichtet. Das Brustbein besteht aus acht bis zehn einzelnen Stücken. Das Becken ist durch die Schmalheit und Verlängerung der Darmbeine ausgezeichnet, die nur mit zwei Wirbeln direct in Verbindung stehen (das Kreuzbein zählt selten drei bis fünf Wirbel). Ueberall ist ein Schlüsselbein vorhanden. Die Ulna ist nur bei *Galeopithecus* rudimentär. In der Handwurzel fehlt das Centrale nur *Lichanotus* und *Galeopithecus*. Vorn und hinten ist der vierte Finger der längste; der Zeigefinger wird vorn zuweilen rudimentär. Der Daumen ist fast überall gegenüberstellbar. Auch bei *Galeopithecus* ist sein Metacarpale kurz, in der Articulation von den andern einander genäherten abgerückt. An der Hinterextremität wird die Fibula bei *Tarsius* im unteren Theile rudimentär. Besonders ist die Verlängerung des Calcaneus und Naviculare bei *Tarsius* und *Galago* bemerkenswerth. Bei *Microcebus* ist auch das Cuboideum (doch hier alle drei nur mässig) verlängert. Es findet sich zuweilen eine Unterzunge. Ueberall ist ein Blinddarm vorhanden, wogegen ein Processus vermiformis fehlt. Die Oberarm- und Schenkelarterien (letztere bei *Tarsius* allein) und die entsprechenden Venen lösen sich wunder-

---

*) Ich würde daher die vier Gruppen, in welche die *Prosimii* naturgemäss sich trennen, *Pithecomorpha*, *Theridiomorpha*, *Gliromorpha* und *Nycteromorpha* zu nennen vorschlagen, wenn nicht die Einführung neuer Namen für bereits anderwärts sicher umgrenzte Gruppen unzweckmässig wäre.

5. Prosimii.

netzartig in ein Büschel kleinerer, den Hauptstamm umgebender Aeste auf (ähnlich wie bei Faulthieren). Der Uterus hat zwei Hörner, die sich bei *Stenops* getrennt in die Scheide, bei den andern in einen mittleren Uterus öffnen. Die Urethra mündet bei *Chiromys* in den untern Theil der Scheide, bei andern an der Spitze der Clitoris, die häufig in einem besonderen Vestibulum liegt. Meist sind mehrere Paare Zitzen vorhanden; die hintern liegen in der Nabelgegend oder inguinal. Die Hoden liegen in einem Scrotum; der Penis, zuweilen mit einem Knochen, ist freihängend. Häufig kommen grosse Vesiculae seminales vor.

Das Haarkleid ist meist wollig locker; das Gesicht ist behaart, nur die Nasenspitze nackt oder vorn mit äussert kurzen dünnen Härchen bedeckt. Die Nasenlöcher sind nierenförmig mit der Convexität nach aussen und hinten. Die Ohren sind in der Regel gross, die Augen verhältnissmässig sehr gross. Das Gehirn ist glatt und nähert sich in seiner allgemeinen Form dem der *Carnivoren*. Besonders ist dies ersichtlich aus der Kürze des Hinterlappens, welcher das Kleinhirn unbedeckt lässt. Die Sylvi'sche Spalte ist angedeutet; von dem Stammlappen (der Reil'schen Insel) ist nur bei *Lemur* eine Spur vorhanden. Der Pons ist nur wenig, der Flocculus meist sehr stark entwickelt.

Das Gebiss der *Lemuriden* ist ziemlich verschieden. Gemeinsam ist allen die Einfachheit der Backzähne, welche im nicht abgenutzten Zustand mehr oder weniger spitze Höcker tragen. Die untern Schneidezähne sind meist fast horizontal nach vorn gerichtet, ebenso der untere Eckzahn. Die oberen Schneidezähne sind häufig paarweise aus einander gerückt, oder der innere fehlt. Bei *Galeopithecus* sind sie eigenthümlich kammartig eingeschnitten; bei *Chiromys* werden sie Nagezähnen, das ganze Gebiss durch das Ausfallen der Eck- und Lückzähne dem der Nager ähnlich.

Die meisten Arten leben auf Madagascar und den benachbarten Inseln, so *Lemur*, *Chirogaleus*, *Lichanotus*, *Propithecus*, andere kommen auf den ostindischen Inseln vor, *Stenops*, andere auf dem africanischen Festlande östlich und westlich. Fossile Reste sind nicht bekannt.

FISCHER, GELF., Anatomie der Maki und der ihnen verwandten Thiere. Bd. 1. (einz.) Frankfurt a. M., 1804. 4.
VROLIK, W., Article »Quadrumana«, in TODD's Cyclopaedia of Anat. Vol. 4. 1847. p. 214--224.
VAN DER HOEVEN, J., Bijdragen tot de Kennis van de Lemuridae of Prosimii, in: Tijdschrift voor nat. Gesch. en Phys. D. 11. 1844. p. 1—48.
GRAY, J. E., Revision of the species of Lemuroid Animals, in: Proceed. Zool. Soc. 1863. p. 129—152.
MIVART, ST. GEORGE, Notes on the crania and the dentition of the Lemuridae. ebenda 1864. p. 611—648. — Contributions towards a more complete knowledge of the axial skeleton in the Primates. ebenda. 1865. 545—592.

1. Familie. **Lemurida** Is. GEOFFR. (*Pithecomorpha* n.). Gebiss: $i\frac{2}{2}$ oder $\frac{2}{1}$ (selten $\frac{0}{2}$), die oberen von denen der andern Seite durch eine Lücke getrennt, die untern nach vorn gerichtet, $c\frac{1}{1}$, $p\frac{2}{2}$ oder $\frac{3}{3}$, $m\frac{3}{3}$. Finger und Zehen frei, die Hinterextremitäten etwas länger, Tarsus zuweilen verlängert. Vierte Zehe vorn und hinten die längste; nur an der zweiten hintern ein Krallennagel.

I. Mammalia. A. Monodelphia.

1. Unterfamilie. **Indrisina** Miv. (Gray e. p.). Gebiss: $i\frac{2}{2}$, $c\frac{1}{1}$, $p\frac{2}{2}$, $m\frac{3}{3}$. Schnauze wenig gestreckt, Ohren klein, Schwanz verschieden. Madagascar.

1. Gatt. Lichanotus Illig. (*Indri* Geoffr., *Pithelemur* Less.). Kopf gross, Ohren klein, rund, Schnauze kurz. Tarsus kürzer als die Tibia, Schwanz kurz. Zwei pectorale Zitzen. — Art: L. Indri Illig. (*Lemur indri* Gm., *Indri brevicaudatus* Geoffr.).
2. Gatt. Propithecus Benn. (*Macromerus* A. Sm.). Die innern obern Schneidezähne verbreitert und convergirend. Die kleinen Ohren ganz im Pelz versteckt. Tarsus kürzer als die Tibia. Vorderhände lang. Daumen kurz, nach hinten gerückt. Zeigefinger verkürzt. Schwanz lang. — Art: P. diadema Benn. (*Habrocebus diadema* Wagn.).
3. Gatt. Microrhynchus Jourd. (*Habrocebus* Wagn., *Avahis* Is. Geoffr., *Semnocebus* Less.). Obere Schneidezähne gleich. Unterkieferwinkel sehr breit und verlängert. Ein starker Paroccipitalfortsatz. Schwanz lang. Ohren versteckt. — Art: M. laniger Gray (*Lemur laniger* Gm., *Indri longicaudatus* Geoffr., *Lichanotus avahi* v. d. Hoev.).

2. Unterfamilie. **Lemurina** Miv. (Gray e. p.). Gebiss $i\frac{2}{2}$ (ausnahmsweise $\frac{0}{2}$), $c\frac{1}{1}$, $p\frac{3}{3}$, $m\frac{3}{3}$. Mastoidaltheil des Schläfenbeins nicht aufgetrieben. Dorsolumbarwirbel nie über 20. Schwanz wenigstens zwei Drittel so lang als der Körper. Hinterbeine beträchtlich länger als die vordern. Tarsus nicht verlängert, oder mit gleich langen Naviculare und Cuboideum. Sämmtliche Arten auf Madagascar.

4. Gatt. Lemur (L.) Geoffr. (*Prosimia* Briss., *Varecia* Gray). Schnauze verlängert. Tarsus kurz. Die obern Schneidezähne gleich, beide vor dem grossen Eckzahn. Erster oberer Praemolar kürzer als der zweite, dritter beträchtlich kleiner als der erste Molar. Unterkieferwinkel nicht nach unten verlängert. Ohren kurz. Schwanz sehr lang. — Arten: L. catta L., L. macaco L., L. Mongoz L. — u. a.
5. Gatt. Hapalemur Is. Geoffr. Schnauze kurz, Tarsus desgleichen. Der äussere obere Schneidezahn steht nach innen von dem kleinen Eckzahn. Erster oberer Praemolar länger als der zweite, der dritte wie ein Molar geformt. Unterkieferwinkel sehr gross, nach unten, innen und hinten verlängert. — Art: H. griseus Sclater (*Lemur griseus* Geoffr., *Lepilemur griseus* Is. Geoffr., *Chirogaleus griseus* v. d. Hoev.).
6. Gatt. Microcebus Geoffr. (*Chirogaleus* Wagn., Dahlb. e. p., *Myscebus* und *Gliscebus* Less.). Tarsus verlängert, Astragalus normal, Calcaneus ein Drittel so lang als die Tibia. Der innere Schneidezahn viel grösser, etwas nach vorn gerichtet; der dritte falsche kleiner als der erste wahre Backzahn. Gaumen über die Backzahnreihen nach hinten verlängert, mit grossen hintern Löchern. Zwischenkiefer sehr entwickelt. Unterkieferwinkel nicht verlängert. — Arten: M. myoxinus Pet., M. pusillus Miv. (*Lemur pusillus* Geoffr., *Otolicnus madagascariensis* v. d. Hoev.). — u. a.
7. Gatt. Chirogaleus Geoffr. (*Myspithecus* F. Cuv., *Cebogale* und *Myoxicebus* Less.). Tarsus mit verlängertem Astragalus und Calcaneus. Innerer oberer Schneidezahn grösser; dritter oberer Praemolar nur mit einem äussern Höcker. Unterkieferwinkel nicht verlängert. — Art: Ch. Milii Geoffr.
8. Gatt. Lepilemur Is. Geoffr. (*Galeocebus* Wagn.). Schwanz kürzer als der Körper; obere Schneidezähne fehlen; Gaumen nicht verlängert. — Art: L. mustelinus Is. Geofr.

3. Unterfamilie. **Nycticebina** Miv. (*Lorisina* und *Pterodicticina* Gray). Gebiss: $i\frac{2}{2}$, $c\frac{1}{1}$, $p\frac{3}{3}$, $m\frac{3}{3}$. Vorder- und Hintergliedmaassen ziemlich gleich lang; Schwanz stets kürzer als der halbe Körper oder fehlt. Tarsus kurz. Dritter oberer Praemolar beträchtlich kürzer als der erste Molar. Zitzentheil des Schläfenbeins aufgetrieben. Dorsolumbarwirbel 21 oder mehr (14+7). Africa und Asien, nicht in Madagascar.

9. Gatt. Nycticebus Geoffr. (*Stenops* v. d. Hoev. e. p., *Bradycebus* Cuv. et Geoffr., *Bradylemur* Less.). Körper und Extremitäten gedrungen; kein Schwanz. Innerer oberer Schneidezahn grösser; letzter oberer Molar dreihöckerig. Gaumen und Zwischenkiefer nicht verlängert. 16 Dorsal-, 7 oder 8 Lendenwirbel. — Arten: M. tardigradus Gray

(v. d. Hoev.) (*Lemur tardigradus* L.). Bengalen, Siam, Borneo, Java, Sumatra. N. javanicus Geoffr. (*Stenops kukang* Fisch.). Java.

10. Gatt. Stenops Illig. (*Loris* Geoffr., *Arachnocebus* Less.). Gliedmaassen gracil, länger. Zeigefinger kurz. Kein Schwanz. Obere Schneidezähne sehr klein und gleich gross; letzter oberer Molar vierhöckerig. Gaumen etwas verlängert. Zwischenkiefer weit vorspringend. Orbiten genähert. Dorsalwirbel 14 oder 15, Lendenwirbel 9. — Art: St. gracilis v. d. Hoev., Ceylon, Pondicherry.

Schroeder van der Kolk, J. L. C., et W. Vrolik, Recherches d'Anatomie comparée sur le genre Stenops d'Illiger, in: Bijdragen tot de Dierkunde, uitgeg. door het K. zool. Genootsch. Natura artis magistra. D. 1. vergl. Ontleedk. p. 29—52.

11. Gatt. Pterodicticus Benn. Zeigefinger rudimentär, nagellos. Schwanz sehr kurz, aber distinct. Obere Schneidezähne ziemlich gleich, gross; letzter oberer Backzahn zwei-, letzter unterer vierhöckerig. Dorsalwirbel 14 oder 15, Lendenwirbel 7 oder 8. — Art: Pt. Potto v. d. Hoev. (*Pt. Geoffroyi* Benn., *Lemur Potto* Gm.). Sierra Leone.

van Campen, F. A. W., Ontleedkundig Onderzoek van den Potto van Bosman, uitgeg. door J. van der Hoeven. Amsterdam, 1863. (Verhdlg. d. Akad. D. 7.)

12. Gatt. Arctocebus Gray. Zeigefinger rudimentär, nagellos. Schwanz rudimentär. Letzter oberer Backzahn dreihöckerig, letzter unterer fünfhöckerig. — Art: A. calabarensis Gray (*Pterodicticus calabarensis* A. Smith). Old Calabar.

Huxley, Th. H., On the Angwántibo (Arctocebus calabarensis Gray), in: Proceed. Zool. Soc. 1864. p. 314—335.

4. Unterfamilie. Galaginina Miv. (Gray e. p.). Gebiss wie Stenops; dritter oberer falscher Backzahn [mit zwei äussern Höckern, fast so gross wie der erste wahre. Hintergliedmaassen viel länger als die vordern. Tarsus sehr lang. Calcaneus länger als ein Drittel der Tibia., Naviculare viel länger als das Cuboideum. Schwanz länger als der Körper. Zitzentheil des Schläfenbeins aufgetrieben. Ohren gross. Dorsolumbarwirbel 19 (13+6).

Einzige Gatt. Galago Cuv. et Geoffr. (*Chirosciurus* Cuv. et Geoffr., *Scartes* Swains.). Character der Familie. — Untergatt.: a) Otolemur Coquerel (incl. *Callotus* Gray). Thiere gross. Erster oberer Praemolar nicht eckzahnähnlich. Schnauzentheil des Schädels länger als der Durchmesser der Orbita. G. crassicaudatus Geoffr. Ost- und West-Africa. u. a. — b) Otogale Gray. Erster oberer Praemolar eckzahnähnlich. Schnauzentheil kürzer als der Durchmesser der Orbita. [G. pallidus Gray. (Fernando Po. — c) Otolicnus Illig. (incl. *Hemigalago* Dahlb.). Thiere kleiner. Erster Praemolar nicht eckzahnähnlich. Schnauzentheil wie Otogale. Tarsus sehr lang. G. senegalensis Geoffr. (*Otolicnus galago* Illig.). West-Africa. G. Peli Temm, Guinea. — u. a.

Hoekema Kingma, P., Eenige verglijk.-ontleedkund. Aanteekeningen over den Otolicnus Peli. Leyden, 1855. 8.

2. Familie. Tarsida Gray (*Macrotarsi* Illig. e. p., *Theridiomorpha* n.). Gebiss: $i\frac{2}{2} c\frac{1}{1} p\frac{3}{3} m\frac{3}{3}$. Die Schneidezähne vertical gestellt; die obern innern verlängert, gross, die untern klein, schmal. Finger und Zehen frei; vorn ist der dritte, hinten der vierte Finger der längste. Die zweite und dritte Hinterzehe tragen Krallennägel. Unterfläche der Finger, besonders die Endglieder mit breiten Polstern. Tarsus sehr verlängert; Calcaneus fast halb so lang als die Tibia, Astragalus normal. Augen sehr gross. Kopf kurz. Schwanz sehr lang, dünn behaart. Zwei Brust- und zwei abdominale Zitzen.

Einzige Gatt. Tarsius Storr (*Macrotarsus* Cuv. et Geoffr., *Cephalopachys* Swains., *Hypsicebus* Less.). Character der Familie. — Art: T. spectrum Geoffr. Borneo, Celebes.

Burmeister, H., Beiträge zur nähern Kenntniss der Gattung Tarsius. Berlin, 1846. 4.

3. Familie. **Chiromyida** Bonap. (*Leptodactyla* Illig., *Daubentoniada* Gray, *Glirisimiae* Dahlb., *Gliromorpha* n.). Gebiss. $i\frac{1}{1}$ $c\frac{0}{0}$ $p\frac{1}{0}$ $m\frac{3}{3}$ (Milchgebiss: $i\frac{2}{2}$ $c\frac{1}{0}$ $p\frac{3}{2}$); die Schneidezähne gross, comprimirt, nagezahnähnlich, wurzellos, die untern rückwärts bis unter den Kronforsatz reichend; dann folgen auf eine weite Lücke (die von den Milchzähnen ausgefüllt wird) die Backzähne. Finger und Zehen frei; hinten und vorn der vierte der längste. Vorderdaumen breit, dritter Finger sehr dünn; alle Finger ausser den Daumen mit krallenartigen Nägeln. Schwanz lang, mit starren Haaren. Zwei inguinale Zitzen.

Einzige Gatt. Chiromys Cuv. (*Aye-Aye* Lacép.). Character der Familie. — Art: Ch. madagascariensis Desm. (*Lemur psilodactylus* Schreb.). Madagascar.

Owen, R., On the Aye-Aye (Chiromys madagascariensis Desm. etc.), in: Transact. Zool. Soc. Vol. 5. P. 2. p. 33—101.

Peters, W., Ueber die Säugethiergattung Chiromys. Aus den Abhdlg. d. Berl. Akad. 1865. (p. 79—100.) Berlin, 1866. 4.

4. Familie. **Galeopithecida** Gray (*Dermoptera* Illig., *Ptenopleura* v. d. Hoev., *Nycteromorpha* n.). Gebiss: $i\frac{1}{2}$ $c\frac{1}{1}$ $p\frac{2}{2}$ $m\frac{1}{1}$, der obere Schneidezahn dem zweiwurzeligen (falschen) Eckzahn genähert, mit gelappter Kante, die untern nach vorn geneigt, in 8 — 10 Spitzen kammartig eingeschnitten. Backzähne breiter als lang, nach innen schmal ausgehend. Vom Halse an erhebt sich eine die Vorderextremitäten bis auf die Fingerspitzen einhüllende, an den Seiten des Körpers herabgehende und ebenfalls die Hinterextremitäten und die Schwanzwurzel breit, den ganzen Schwanz dreieckig umsäumende, auf beiden Seiten dicht behaarte, fallschirmartig ausgespannte Hautfalte. Vorderzehen nicht verlängert. Zehen alle mit Krallen. Fibula nach unten spitz auslaufend. Schwanz mittellang.

Einzige Gatt. Galeopithecus Pall. Character der Familie. — Art: G. volans Pall. (*Lemur volans* L., *Galeopithecus variegatus* Geoffr., *G. Temminckii* Waterh.). Java, Borneo, Sumatra, Siam. Schläft wie die Fledermäuse an den Hinterzehen hängend, den Kopf nach unten. — ? G. philippinensis Waterh. Ob verschieden?

6. Ordnung. **Carnivora** Cuv.

(*Ferae* L., *Falculata* Illig. p., *Carnivora genuina* Cuv.)

Schneidezähne jederseits $\frac{3}{3}$, Eckzähne gross, vorspringend; unter den Praemolaren meist einer als Reisszahn scharf schneidend, seitlich comprimirt. Endglieder der Zehen mit Krallen; die Extremitäten zum Gang, die vorderen zum Ergreifen geschickt.

Wenn die bis jetzt abgehandelten Ordnungen nicht bloss in dem Besitz einer scheibenförmigen Placenta übereinstimmten, sondern unter einander so zahlreiche Annäherungen darboten, dass wir ohne eine äusserst natürliche Reihe zu unterbrechen nicht eine ihnen fremde Ordnung zwischen sie einschieben durften, so stellen auf der andern Seite die *Carnivoren* und *Pinnipidier* durch ihre gürtelförmige Placenta, ihr Gebiss, ihre äussere Form und

6. Carnivora.

Lebensweise ebenso scharf characterisirte Zweige des sich von den *Marsupialien* aus immer differenter entwickelnden Säugethierstammes dar.

Gegenüber dem stets kleinen gedrungenen, nur selten leichter beweglichen Körper der *Insectivoren* sind die *Carnivoren* von stärkerem kraftvollen Körperbau, welcher entweder durch seine Schmiegsamkeit und Behendigkeit oder durch Stärke vorzüglich der Extremitäten, oft durch beides, die Thiere zum Ergreifen lebendiger Beute befähigt. Bei den *Insectivoren* waren die Backzähne der Form und Bildung nach am constantesten, während Schneide- und Eckzähne mannichfachen Schwankungen unterlagen. Hier sind umgekehrt die Schneide- und Eckzähne ausnahmslos gleich entwickelt, nur in ihrer relativen Grösse geringen Differenzen ausgesetzt. Die Schneidezähne sind durchschnittlich klein, an ihrem schneidenden Rande zuweilen eingeschnitten; wenn Grössenverschiedenheiten unter ihnen vorkommen, so sind die äusseren stets die grösseren, während bei den *Insectivoren* es die inneren waren. Ueberall sind die Eckzähne stark, spitz, hakig, echte Hau- oder Hundszähne. Die Backzähne variiren nur insofern, als bei den nicht ausschliesslich von animaler Kost lebenden Gruppen diejenige Form, welche durch ihre breite höckerige Oberfläche auf ein wirkliches Kauen und Zermahlen der Nahrung hinweist, gegenüber der seitlich comprimirten scharf schneidenden in der Mehrzahl auftritt. Bei den am meisten den carnivoren Character tragenden Familien sind die vorderen Backzähne, von vorn nach hinten an Grösse zunehmend, scheerenblattartig auf einander greifende zermalmende Werkzeuge. Der letzte und grösste von ihnen heisst Reisszahn oder Fleischzahn (dens sectorius, carnassière); die vor ihm stehenden nennt man gewöhnlich Praemolaren. Hinter ihm stehen dann häufig noch Backzähne mit breiter Oberfläche (tuberculosi, arrière-molaires). Bei Bestimmung des Gebisses nimmt man daher sowohl die Entwickelungsart als die functionelle Bedeutung der Zähne in Betracht. (So ist z. B. das Gebiss des Hundes: $i\frac{3}{3}$, $c\frac{1}{1}$, $p\frac{4}{4}$, $m\frac{2}{3}$ [$p\frac{4}{4}$, $s\frac{1}{1}$, $m\frac{2}{2}$], das der Katze: $i\frac{3}{3}$, $c\frac{1}{1}$, $p\frac{3}{2}$, $m\frac{1}{1}$ [$p\frac{3}{2}$, $s\frac{1}{1}$, $m\frac{1}{1}$] u. s. f., aus welcher Formel dann sogleich ersichtlich wird, welcher Zahn der Fleischzahn ist.) Mit der Form des Gebisses steht die Form und Gelenkverbindung des Unterkiefers in Beziehung. Der quer cylindrische Condylus liegt fast stets in gleicher Höhe oder selbst tiefer als die Oberfläche der Backzahnreihe, nie beträchtlich oberhalb derselben, wie es meist bei Pflanzenfressern der Fall ist. Die Gelenkverbindung wird dadurch noch fester, als zuweilen am Vorderrande der Gelenkgrube eine Knochenplatte den Condylus von vorn umfasst, so dass die Bewegung ginglymusartig, ein Ausweichen nach der Seite unmöglich wird. Der meist im Stirntheil zusammengezogene Schädel bietet durch die geschweiften Jochbogen, sowie durch Entwickelung von Knochenleisten der Insertion der grossen Kaumuskeln reichlichen Raum. Dagegen sind die Ossa pterygoidea mit ihren Flächen, von denen die, eine seitliche mahlende Bewegung des Unterkiefers bewirkenden Muskeln entspringen, nur bei den nicht ausschliesslich von animaler Kost lebenden Formen stärker entwickelt. An der Unterfläche des Schädels fallen bei den *Feliden*, *Viverriden* und *Caniden* die starken Bullae osseae in die Augen, welche den *Ursiden* fehlen. Die Hinterhauptfläche ist eben und häufig nach hinten geneigt, spitzwinkelig gegen die Schädeloberfläche abgesetzt. Die oft in einem starken Sagittalkamm zusammenstossenden Stirnbeine haben nach aussen einen Orbitalfortsatz; die Augenhöhlen sind aber nie geschlossen. Nasenbeine und Zwischenkiefer sind gross, entsprechend der Entwickelung der Geruchsorgane bedeutend entwickelt. An der Wirbelsäule ist zunächst das Auftreten grosser Querfortsätze am Atlas und der lange, kammartig erhobene Dornfortsatz des *Epistropheus* bemerkenswerth. Die Dornfortsätze der vordern Rückenwirbel sind nach hinten geneigt, die der hintern wie die der Lendenwirbel kürzer, öfters, wie die Querfortsätze der Lendenwirbel leicht nach vorn geneigt. Meist sind die accessorischen Muskelfortsätze entwickelt. An der Kreuzdarmbeinfuge nehmen bei den *Hyaeniden* mit schwachen Extremitäten nur zwei bis drei Kreuzbeinwirbel Theil, bei den Bären, welche sich auf den Hinterbeinen aufrichten fünf bis sechs, bei den *Feliden* und *Caniden* drei bis vier. Die Länge des Schwanzes ist sehr wechselnd. Ein Schlüsselbein fehlt sehr allgemein oder findet sich nur als kleine knöcherne Quereinlagerung im Musculus masto-cleido-humeralis. Die Extremitätenknochen zeichnen sich durch stark entwickelte Insertionsleisten aus. Die Knochen des Unterarms und Unterschenkels sind stets getrennt, die des Vorderarms meist einer ziemlich freien Pronation fähig. Bei den Sohlengängern sind meist die Hand- und Fusswurzelknochen im Verhältniss zu den Phalangen kürzer, bei den Zehengängern umgekehrt. Die Nagelglieder sind besonders bei den *Feliden* zur elastischen Befestigung der hier zurückziehbaren kräftigen Krallen hakenförmig gekrümmt. — Das Gehirn ist auch hier bei kleineren Formen windungsarm; wo Windungen auftreten, folgen sie einem besonderen Typus, der nur bei den *Pinnipediern* wiederkehrt. Um die Sylvi'sche Spalte ziehen sich zwei bis drei bogenförmige Windungen, von denen die oberste seitlich die Längsspalte begrenzt. Bei grösseren Formen, und vorzüglich bei domesticirten tritt eine Complication durch Uebergangswindungen auf. Das kleine Gehirn ist nur theilweise bedeckt; Pons und Vierhügel sind entwickelt. — Der Magen ist einfach, rundlich, Cardia und Pylorus meist genähert. Der Darm ist verhältnissmässig kurz; ein sehr kurzer Blinddarm findet sich bei den *Feliden, Caniden*, fehlt aber den *Ursiden* und *Musteliden*. Den meisten *Carnivoren* fehlen Samenblasen; oft ist ein Os penis vorhanden, durch welches der nach vorn gerichtete, der Bauchhaut angeheftete Penis gestützt wird. Die Hoden liegen in einem Scrotum. Meist ist ein Uterus masculinus vorhanden. Auch die Clitoris hat häufig einen Knochen. Der Uterus ist zweihörnig. Zitzen sind abdominal, in ziemlich abwechselnder Zahl vorhanden. Bei der Entwickelung des Embryo bildet die Allantois einen vollständigen Sack, so dass die Umbilicalgefässe nicht auf die gürtelförmige Placenta beschränkt bleiben. Eine Reflexa fehlt; die Omphalomesenterialgefässe erreichen das Chorion nicht. — Eigenthümlich sind die vielen *Caniden* und *Viverriden* zukommenden Anal- oder Schwanzdrüsen, welche einen häufig scharf und höchst unangenehm riechenden Saft secerniren. Hierher gehören die Stinkdrüsen der *Mephitis*, die Zibethdrüsen der *Viverren*, die Violdrüsen der *Caniden*.

Die jetzt über die ganze Erde verbreitete (in Australien vielleicht spät erst eingewanderte) Ordnung, welche in den wärmeren und heissen Zonen die Höhe ihrer Entwickelung erreicht, tritt bereits in den eocenen und miocenen Tertiärbildungen in characteristischen Formen auf. Die ältesten Arten waren nur von mittlerer Grösse; auch weist ihr Gebiss noch auf eine gemischte Kost hin. Zur Diluvialzeit aber lebten echte, der Grösse nach unsere grössten jetzt lebenden Formen übertreffende *Carnivoren*, von denen einige vielleicht als die Vorläufer der jetzigen Arten zu betrachten sind.

BELL, TH., Article »Carnivora«, in: TODD's Cyclop. of Anat. Vol. 1. 1836. p. 470—482.
WATERHOUSE, G. R., On certain characters in the crania and dentition of the Carnivora, which may serve to distinguish the subdivisions of the order, in: Proceed. Zool. Soc. 1839. p. 135—137.
TURNER, H. N., Observations relating to some of the foramina at the base of the skull in Mammalia, and on the classification of the order Carnivora, in: Proceed. Zool. Soc. 1848. p. 63—88.

1. Familie. **Felida** aut. (GRAY, WATERH., WAGN., v. d. HOEV. etc.). Gebiss: $m\frac{4}{3}$ ($p\frac{3}{2}$ $m\frac{4}{4}$ oder $p\frac{3}{2}$ $s\frac{4}{4}$ $m\frac{4}{4}$), Schneidezähne klein, eingeschnitten, Eckzähne gross, kegelförmig mit vorderer und hinterer Leiste, häufig gefurcht; die drei vordern Backzähne seitlich comprimirt, mit scharf schneidender Kante, der dritte grösste ist Reisszahn und zwar der obere mit einem grösseren mittleren und einem kleinen vordern und hintern Zacken und kleinem Innenhöcker, der untere mit zwei gleich grossen Zacken ohne Innenhöcker. Der obere allein vorhandene kleine Mahlzahn steht quer etwas nach innen vom Reisszahn. Schädel mit verhältnissmässig kurzem Gesichtstheil, rundlich, ohne Alisphenoidcanal, Canalis caroticus undeutlich, Bullae osseae ungetheilt, Paroccipitalfortsatz platt, den Bullae osseae angelehnt. Unterkieferrand gerade. Vorderfüsse fünfzehig, mit kürzerem, den Boden nicht berührendem Daumen, Hinterfüsse fünfzehig. Die kräftigen Krallen meist durch elastische Bänder zurückziehbar. Zehengänger. Zunge mit starken, hornigen, rückwärts gerichteten Papillen.

Die typischsten, am reinsten carnivoren, am schärfsten umschriebenen Formen der Ordnung, welche in Asien, Africa, Europa und America, am zahlreichsten zwischen den Tropen vorkommen. Sie leben ungesellig, springen auf ihre Beute, die sie meist nicht verfolgen, wenn der erste Sprung mislang.

JARDINE, SIR WILL., The natural history of the Felinae. Edinburgh, 1834. (The Naturalist's Library. Mammalia. Vol. II.) 8.
SEVERTZOW, N., Notice sur la classification multisériale des Carnivores, spécialement des Félidés, in: Revue et Mag. de Zool. T. 9. 1857. p. 387, 433. T. 10.. 1858. p. 3, 145, 193, 241, 385.

Einzige Gatt. Felis L., aut. Character der Familie. — Die zahlreichen Arten sind von verschiedenen Autoren nach verschiedenen Principien in mehrere Gruppen, selbst Gattungen vertheilt worden. Is. GEOFFROY ST. HILAIRE nimmt deren drei an: Felis s. str., Lynx und Tigris (incl. *F. leo, tigris, concolor* etc.) LEACH hatte schon früher den Löwen zur Gattung Leo erhoben; GRAY führte noch die Gattungen Leopardus, Chaus u. a. ein. Am weitesten geht neuerdings SEVERTZOW (a. a.; O.), der fast für jede geographische isolirte Art eine Section einer Untergattung einführt. Seine zahlreichen neuen Namen (Jaguarius, Urolynchus [caracal], Oncoides, Pardofelis, Catopuma u. s. w.) können vorläufig noch nicht berücksichtigt werden. Jedenfalls ist aber die geographische Sonderung äusserst wichtig. Unter Annahme der drei Hauptgruppen Felis s. str., Cynailurus und Lynx ordnen sich die Arten folgendermaassen.

1. Untergatt. Felis s. str. Krallen völlig zurückziehbar, Schwanz in der Regel fast so lang als der Rumpf, Beine niedrig, keine Ohrpinsel. a) Altcontinentale Formen: α) Leonina WAGN. (Gatt. *Leo* LEACH, *Tigris* Is. GEOFFR.). Ungefleckt, gross, mit Mähne,

Schwanz mit Endquaste. — Art: F. leo L. (*Leo africanus*, *arabicus*, *guzeratensis* u. s. f.), falbbraun, ungefleckt, mit langer oder kürzerer bis rudimentärer falber oder schwarzer Mähne. Ganz Africa, West-Asien; fehlt in Hinter-Indien, China und den Sunda-Inseln. — β) Tigrina WAGN. Mit Streifen, gross, mähnenlos. Eine Art: F. tigris L., Tiger, Königstiger. Gelbbraun bis rostroth mit schwarzen queren Streifen. Schwanz dünner oder dicker, glatt oder rauher behaart. Ganz Asien, westlich bis Kaukasus, südlich bis Sumatra und Java (fehlt auf Borneo), östlich bis zur Küste, nördlich bis zum Altai und Amur*). γ) Pardina GIEB. Grosse Arten, mit vollen oder geringelten Flecken und runder Pupille: F. pardus L. (*F. leopardus* SCHRED., *variegata* WAGN., *melas* PÉRON, *chalybeata* HERRM., *nimr* EHRG., *panthera* ERXL.). Panther, Pardel, Leopard. Africa und Süd-Asien, Ceylon. u. a. — δ) Servalina WAGN., kleiner, mit vollen Flecken: F. serval SCHREB. Süd-Africa. u. a. — ε) Cati WAGN. Klein, ungefleckt, zuweilen gestreift, mit senkrecht elliptischer Pupille: F. manul PALL., mittleres Asien. F. catus L., Wildkatze, Kuder. Mittleres Europa. F. maniculata RÜPP., Nubien und Kordofan. Aller Wahrscheinlichkeit nach die Stammart unserer Hauskatze, F. domestica L., welche zuerst in Aegypten eingeführt und von dort weiter verbreitet worden ist. — b) Neucontinentale Formen, erreichen nicht die Grösse der altcontinentalen: α) Leonina: (*Puma* JARD.) Ungefleckt, mähnenlos: F. concolor L., Cuguar, Puma. Vom nördlichen Patagonien bis Nord-America. F. Yaguarundi DESM. u. a. — β) Pardina: F. onca L., Jaguar. Süd-America, von Paraguay bis Mexico. u. a.

2. Untergatt. Cynailurus WAGL. (*Guepardus* DUVERN.). Krallen nicht ganz zurückziehbar, daher sich abnutzend und in der Spur sichtbar. Höher auf den Beinen; mähnenartig verlängerte Haare am Nacken und Vorderrücken. Eckzähne nur mit Leisten; Oberer Reisszahn ohne Innenhöcker. — Art: F. jubata SCHREB. (*F. guttata* HERRM., *jubata* TEMM.), Jagdleopard, Gepard, Cheetah. Africa und Süd-Asien.

3. Untergatt. LynxIs. GEOFF., KEYS. u. BL. (*Lynchus* GRAY). Hochbeinige Thiere mit Ohrpinsel, kurzem Schwanz und häufig fehlendem ersten Lückzahn. — a) Altcontinental: F. lynx L. (*F. cervaria* TEMM. etc.), Luchs. Mittel- und Nord-Europa und Süd-Asien. F. caracal SCHREB., Furanik. Africa und West-Asien. u. a. — b) Neucontinental: F. canadensis DESM. (*F. borealis* TEMM.), Polarluchs. Canada und nördliche Staaten. F. rufa GÜLDST. Vereinigte Staaten und Mexico. u. a.

Fossil treten *Feliden* erst in der Miocenzeit auf; ihre Arten mehrten sich bis zur Diluvialzeit, in welcher allein Arten lebten, welche an Grösse den jetzt lebenden nicht nachstanden oder diese übertrafen. Mit dem Tiger verwandt, aber durch die breite flache Stirn, den durch das Backzahnniveau tretenden Unterkiefercondylus und die stark gekrümmten untern Eckzähne ausgezeichnet, war der Höhlentiger, Felis spelaea GOLDF., aus den diluvialen Knochenhöhlen Mittel-Europa's und Englands. Tertiäre Arten sind auch aus America (*F. protopanther* LUND u. a.) und Indien (*F. cristata* FALC. u. CAUTL.) bekannt geworden.

Gatt. Machairodus KAUP, aus dem Miocen Deutschlands, Frankreichs, dem Pliocen der Auvergne, dem Diluvium Englands, unterscheidet sich von *Felis* durch den langen säbelförmigen, bei geschlossenem Munde bis zum Kinn reichenden obern Eckzahn. (*Steneodon* CROIZ., *Megantereon* CROIZ., *Trepanodon* NESTI); M. cultridens GERV. u. a. — Hierher gehört wahrscheinlich auch die americanische diluviale Gattung Smilodon LUND, und die im Miocen von Sansan gefundene, unten mit einem Praemolar mehr versehene: Pseudailurus GERV.

2. Familie. **Hyaenida** WAGN. Gebiss: $m \frac{2}{3}$ oder $\frac{3}{4}$ oder $\frac{4}{4}$, in beiden Gattungen sehr verschieden. Rücken von der Schultergegend nach dem Kreuze hin stark abfallend, mit mähnenartig verlängerten Haaren. Vorderfüsse vier- oder fünfzehig, Hinterfüsse vierzehig. Zehengänger. Krallen nicht zurückziehbar. (Schädel im All-

---

*) Vergl. BRANDT, J. F., Untersuchungen über die Verbreitung des Tigers und seine Beziehungen zur Menschheit, in: Mém. Acad. St. Pétersbg. 6. Sér. T. 10. (Sc. nat. T. 8.) p. 145—239. 1859. (1856.)

gemeinen dem der Feliden ähnlich, der übrige Knochenbau sowie die gesellige Lebensweise nähern sie den Caniden.) Alte Welt.

1. Gatt. Hyaena Briss. $m\frac{4}{4}$ ($p\frac{4}{4}$ $m\frac{1}{4}$ oder $p\frac{3}{3}$ $s\frac{1}{1}$ $m\frac{1}{1}$). Innere Schneidezähne dicker, der hintere Querwulst getheilt; Eckzähne kürzer als bei den *Feliden* mit scharfen Seitenleisten. Vordere Backzähne mit breit kegelförmigen Zacken, der erste obere zuweilen kleiner, die untern gleichförmiger; der obere Reisszahn mit stark gewölbter Mittelzacke und innerem Höcker, unterer mit zwei Zacken (zuweilen noch ein dritter innerer) und innerem Höcker. Der obere fünfte Backzahn ein kleiner oft hinfälliger querer Kornzahn, welcher unten fehlt. Alle Füsse vierzehig. Pelz langhaarig, Mähne aufrichtbar. Schnauze kurz. (Penis ohne Knochen, grosse Afterdrüsen.) — Arten: H. striata Zimm. (*vulgaris* Desm.). Nord-Africa, West-Asien bis zum Kaukasus und Altai. H. crocuta Zimm. (*maculata* Temm.). Der kleine obere Höckerzahn fehlt meist. Süd-Africa. H. brunnea Thunb. Süd-Africa. Fossile Arten im Diluvium, H. spelaea Goldf., und Pliocen.

2. Gatt. Proteles Geoffr. $m\frac{4}{5}$, oft $\frac{4}{4}$. Die Backzähne sind nur kleine comprimirte stumpfkegelförmige Höckerzähne, ohne Reisszahn, abweichend von allen *Carnivoren*, und stehen durch Lücken von einander getrennt. Schnauze spitz. Am Schädel fehlt der Sagittalkamm; Gaumen nach hinten verlängert. Bullae osseae ausserordentlich aufgetrieben. Vorderfüsse fünfzehig. Im übrigen mit *Hyaena* übereinstimmend. — Art: P. Lalandii Geoffr. (*Viverra hyaenoides* Desm.). Süd-Africa.

3. Familie. **Canida** Wagn., Waterh. Gebiss: $m\frac{6}{6}$ (doch auch $\frac{5}{5}$, $\frac{7}{7}$ und $\frac{8}{8}$, normal: $p\frac{4}{4}$ $m\frac{2}{3}$ oder $p\frac{3}{3}$ $s\frac{1}{1}$ $m\frac{2}{2}$). Schneidezähne mit eingeschnittenem Rand, so dass oben ein grösserer mittlerer und zwei kleinere seitliche Lappen entstehen, unten zweilappig, äusserer Schneidezahn grösser. Oberer Fleischzahn aussen mit zwei Zacken, der vordere stärker, an seiner inneren Seite ein Höckeransatz, der untere mit zwei äusseren und einem rudimentären inneren Zacken und breitem zweihöckerigen Ansatz. Schädel gestreckt, Jochbogen mässig gewölbt; Orbitalfortsatz des Stirnbeins entweder abwärts gebogen oben convex, oder fast horizontal, oben mit flacher Vertiefung. Ein Alisphenoidcanal; der Canalis caroticus mündet nochmals auf der Basis cranii. Paukenknochen ungetheilt. Unterkiefer gestreckt, niedrig. Füsse meist vorn fünf-, hinten vierzehig, Krallen stumpf, nicht retractil. Zehengänger. Zunge glatt; ein kurzer Blinddarm. Keine Afterdrüsen, häufig an der Schwanzwurzel eine Drüse. Schwanz meist lang, dicht, zuweilen buschig behaart.

Smith, Ch. Hamilton, The natural history of Dogs, Canidae or genus Canis of Authors. Vol. 1. 2. Edinburgh, 1839, 40. (The Naturalist's Library. Mammalia. Vol. IX. X.)

1. Gatt. Canis L. $m\frac{6}{6}$ oder $\frac{5}{5}$ ($p\frac{4}{4}$ $m\frac{2}{3}$ oder $p\frac{3}{3}$ $s\frac{1}{1}$ $m\frac{2}{2}$). Character der Familie; in der Körperform, Behaarung, Habitus u. s. f. sehr schwankend, besonders in den domesticirten aus Kreuzungen mehrerer wilden Arten hervorgegangenen Rassen. Zwischen vielen Arten (fast den meisten) sind fruchtbare Bastarde gebildet worden.

a) Lupina Baird. Orbitalfortsatz des Stirnbeins abwärts gebogen, convex, ohne obere Vertiefung. Pupille rund, selten senkrecht elliptisch.

1. Untergatt. Lycaon H. Smith, Habitus hyänenartig; Gebiss der Hunde; Schnauze abgestutzt. Ohren gross, oval aufrecht. Pupillen rund, Nacken zottig. Vorn und hinten vier Zehen. Schwanz dünn, bis zur Ferse reichend. — C. pictus Desm. Süd-Africa.

2. Untergatt. Lupus aut. Kopf breit, Schnauze kurz zugespitzt. Ohren breit, spitz, aufrecht; Augen meist etwas schräg stehend. Pupille rund; Zehen vorn fünf, hinten vier. Meist ziemlich hochbeinig. Schwanzdrüse (Violdrüse). Zehn Zitzen. — C. lupus L. Wolf. (*Lupus orientalis* Wagn. und *L. occidentalis* Richards. mit deren Varietäten.) Graugelb ins Schwärzliche oder Hellgelbe ziehend. Vorderbeine mit schwarzen Streifen. Nördliche Hemisphäre; in Europa an vielen Orten ganz vertrieben; Russland, Sibirien bis Japan (*C. hodophylax* Temm), Nord-America bis Mexico.

124 I. Mammalia. A. Monodelphia.

3. Untergatt. Canis s. str. Kopf und Schnauze sehr variirend; Gebiss wechselt ebenfalls (zuweilen nur $m\frac{2}{3}$). Ohren kürzer oder länger, rund oder zugespitzt, meist hängend. Augen voll, gross, horizontal. Pupille rund. Hinterfüsse zuweilen mit rudimentärer Innenzehe. Pelz äusserst verschieden, zottig, schlicht, kurz- oder langhaarig, wollig oder fast fehlend. Schwanz verschieden, aufrecht (»sinistrorsum recurvata« L.). Verbreitung wie die des Menschen, dessen intimstes Hausthier der Hund durch die Entwickelung seiner psychischen und gemüthlichen Fähigkeiten geworden ist. Eine scharfe Eintheilung der Rassen oder der diesen als Ausgangspuncte dienenden speciellen Formen ist vor einer durchgreifenden vergleichend anatomischen Bearbeitung nicht möglich. Wir führen nur einige der wichtigsten an: C. terrae novae Sm., Neufundländer, C. sagax L. Gm., Jagdhund, C. avicularius L. Gm., Hühnerhund, C. aquaticus L. Gm., Pudel, C. terrarius Sm., Pinscher, C. fricator L. Gm., Mops, C. vertagus L. Gm., Dachs, C. grajus L. Gm., Windspiel, C. aegyptius L. Gm., nackter s. g. türkischer Hund, C. anglicus L. Gm., Dogge. Wilde Hunde kommen zwar hie und da vor, wie z. B. der C. dingo Shaw in Australien, C. nippon Temm. in Japan, C. simensis Rüpp. in Ost-Africa; sie sind aber höchst wahrscheinlich nur verwilderte Formen domesticirter Rassen. — Unübertroffen ist die Linné'sche Characteristik des Hundes. s. Syst. nat. ed. Gmelin. ed. XIII. I. p. 69.

4. Untergatt. Chrysocyon H. Sm. Aguara-Wolf. Habitus wolfähnlich. Kopf klein. Beine lang, dünn. Nacken und Rücken mit Mähne. Sechs Zitzen. — C. jubatus Desm. Brasilien.

5. Untergatt. Sacalius H. Sm. (incl. Thous H. Sm.) Schakale der alten Welt. Im Habitus den Füchsen sich nähernd, niedrig. Schädel dem der Wölfe entsprechend. Schnauze etwas länger, spitz. Pelz rauh. Ohren spitz. Schwanz buschig. — C. aureus Briss. (incl. C. syriacus Hpr. u. Ehrb., C. barbarus Shaw u. a.) Schakal. Nord-Africa, West-Asien und Süd-Europa; C. mesomeles Schreb. Süd-Africa.

6. Untergatt. Lyciscus H. Sm. Nordamericanische Schakale. Beine länger, Kopf breit, Schnauze spitz. Pelz kurzhaarig, glatt. — C. latrans Sm. (Lyciscus latrans und cajotis Sm.). Prairiewolf von Nord-America.

7. Untergatt. Chrysaeus (s. Cuon) Hodgs. Schakalhunde Asiens. Kopf breit, Schnauze weniger spitz. Körper lang; Schwanz gerade, ohne Bürste. — C. primaevus Hodgs. (subgen. Dinocyon Gieb.) der Buansu, Nepal. u. a.

8. Untergatt. Lycalopex Burm. (Cerdocyon und Dusicyon p. p. H. Sm.). Fuchsartige Schakale Süd-America's (Aguara-Füchse H. Sm.). Pupille rund. Am vierten unteren Lückenzahn fehlt der hintere Zacken, oberer Fleischzahn kürzer als die beiden Höckerzähne zusammen. Schwanz fast bis auf den Boden reichend. — C. vetulus Lund (C. Azarae Wied.).

9. Untergatt. Pseudalopex Burm. Aguara-Wölfe, Süd-America. Pupille senkrecht elliptisch. Schädel wolfsartig. Vierter unterer Lückenzahn mit hinterem Zacken; oberer Fleischzahn kaum kürzer als die beiden Höckerzähne zusammen. — C. Azarae Rengg., C. magellanicus Gray.

10. Untergatt. Megalotis Ill. (Fennecus Desm.). Sehr klein. Schädel convex, ohne Sagittalkamm. Ohren sehr gross, breit, aufrecht. Pupille rund. Schwanz buschig. Africa. — C. cerdo Skjöldebrand. Fennek. Nord-Africa.

b) Vulpina Baird. Orbitalfortsatz des Stirnbeins nur schwach gebogen, fast horizontal, am Vorderrand oben eine schwache Vertiefung. Pupille senkrecht.

11. Untergatt. Vulpes Briss. Schädel verlängert, Schnauze spitz; Temporalleisten bilden einen schwachen Sagittalkamm. Pupille senkrecht elliptisch. Schwanz buschig, ohne steifhaarige Bürste. — C. vulpes L. (Vulpes vulgaris Wagn. u. a.) Fuchs, Rothfuchs, Kreuzfuchs u. s. w. Alter Continent. C. lagopus L. Nördliche Hemisphäre in hohen Breiten. C. fulvus Desm. Nord-America in zahlreichen Farbenvarietäten — u. a.

12. Untergatt. Urocyon Baird. Schnauze kürzer, Temporalleisten weit von einander abstehend. Unterer Fleischzahn mit accessorischem Höcker. Unterkiefer mit winkligem Ausschnitt am Unterrande. Schwanz mit einer obern Bürste aus steifen Haaren. — C. virginianus Erxl. (et cinereo-argentatus Erxl.). — u. a.

13. Untergatt. Nyctereutes Temm. Habitus marderähnlich; Körper gestreckt, Beine niedrig. Ohren sehr kurz; Schwanz bis zur Ferse, buschig behaart. — C. procyonoides Gray (und kaum davon verschieden C. viverrinus Temm.). Ost-Asien.

6. Carnivora.

2. Gatt. Icticyon Lund (*Cynalicus* Gray, *Melictis* Schinz). Gebiss: $m\frac{6}{6}$ ($p\frac{4}{4}$ $m\frac{1}{2}$ oder $p\frac{3}{3}$ $s\frac{1}{1}$ $m\frac{1}{1}$); ist wohl kaum mehr als eine Untergattung von Canis (b, *Vulpina*). Pupille? Zehen vorn fünf, hinten vier, durch Schwimmhäute verbunden. — Arten: I. **venaticus** Lund. (*Cynalicus melanogaster* Gray). Brasilien. Auch fossil in brasilianischen Knochenhöhlen.

3. Gatt. Otocyon Lichtst. (*Agriodus* H. Sm.). Gebiss $m\frac{6}{7}$ ($p\frac{4}{4}$ $m\frac{3}{4}$ oder $p\frac{3}{3}$ $s\frac{1}{1}$ $m\frac{4}{4}$), durch den Besitz eines vierten wahren Backzahns von allen übrigen placentalen Säugethieren unterschieden; der obere Fleischzahn gleicht mehr den Höckerzähnen, der innere Ansatz mittelständig, stumpf; der untere ist denen der Viverren ähnlich. Habitus fuchsähnlich. Ohren gross, aufrecht. Füsse vorn fünf-, hinten vierzehig. Schwanz lang, dickbuschig. — Art: O. **caffer** Lichtst. (*Canis megalotis* Cuv. *Megalotis Lalandii* Smith oliin) Cap.

Unter den fossilen Caniden sind, meist nur nach der Form der Zähne, zunächst mehrere Arten der Gattung Canis im weitern Sinne bestimmt worden, welche vom Eocen an bis zu den Diluvialbildungen beider Continente je jünger desto zahlreicher auftreten. In den Knochenhöhlen Europas kommen Ueberreste eines Wolfes und eines Fuchses vor, die sich von den lebenden nur durch bedeutendere Grösse unterscheiden. Durch das Gebiss, besonders die Form und Stellung der Zähne in typischer Zahl vorhandenen Zähne abweichend sind die Gattungen Cynodon (incl. *Elocyon, Cyotherium, Cynodictis*) Aymard und Galecynus Owen, erstere aus dem Miocen der Auvergne, letztere aus Oeningen. Der Untergattung *Lycaon* nahe stehend ist eine von Lund in den brasilianischen Höhlen gefundene Gattung Protocyon Gieb. (*Palaeocyon* Lund, nec Blainville); ebenda wurde die Gatt. Speothos Lund gefunden.

4. Familie. Viverrida Waterh. Wagn. Gebiss: $m\frac{6}{6}$ ($p\frac{4}{4}$ $m\frac{2}{2}$ oder $p\frac{3}{3}$ $s\frac{1}{1}$ $m\frac{2}{2}$; in seltenen Fällen ist der erste Praemolar nicht entwickelt). Eckzähne kleiner als bei den vorhergehenden, glatt. Lückzähne mit schneidenden Zacken auf der breiten Basalwulst, zuweilen mit Nebenzacken; oberer Fleischzahn mit starkem Hauptzacken, vorderer und hinterer Nebenzacken häufig rudimentär, Innenhöcker stark; der untere mit drei starken Zacken und breitem innern Ansatz. Oberer Mahlzahn breit mehrhöckrig, unterer eckig oder rundlich, höckrig. Schädel gestreckt; Orbitalfortsätze des Stirnbeins oft stark entwickelt, zuweilen einen Orbitalring schliessend. Jochbogen weniger abstehend. Alisphenoidcanal; Bullae osseae durch eine Furche getheilt; Canalis caroticus deutlich. Körper gestreckt, schmächtig, selten gedrungen. Beine kurz. Füsse fünf-, oder vierzehig. Krallen zurückziehbar oder unbeweglich. Sohle behaart oder nackt. Ein kurzer, einfacher Blinddarm. In der After- und Genitalgegend meist stark entwickelte Drüsen. Fast ausschliesslich der östlichen Hemisphäre eigen.

Gray, J. E., A revision of the genera and species of Viverrine Animals (Viverridae), founded on the collection of the British Museum, in: Proceed. Zool. Soc. 1864. p. 502—579. — s. auch ebend. 1832. p. 63—64.

1. Section. Ailuropoda Gray. Krallen retractil. Zehen dicht behaart, an der Basis meist durch Haut verbunden. Orbitalfortsätze in der Regel äusserst kurz. Pelz weich elastisch.

1. Gatt. Bassaris Lichtst. Kopf kurz, Schnauze spitz; Ohren gross; Rücken ohne Kamm; Füsse fünfzehig. Zehengänger; Sohle behaart. Gebiss normal. Orbitalfortsätze nur angedeutet. Schwanz von Körperlänge, buschig. — Art: B. **astuta** Lichtst. Die einzige Art der Familie in der neuen Welt, Mexico.

2. Gatt. Viverra L. Kopf verlängert, Schnauze spitz. Rücken mit einem mehr oder weniger deutlichen Kamm. Zehengänger. Füsse fünfzehig, Innenzehe sehr hoch. Schwanz lang, kann nicht gerollt werden. Zwischen After und Genitalien noch eine Drüsentasche ausser den Analdrüsen. — Arten: V. **civetta** Schreb. Schwanz schwarz. Africa. V. **zibetha** L. Schwanz geringelt. Süd-Asien, China. V. **rasse** Horsf. (subg. Viverricula Hodgs.)

I. Mammalia. A. Monodelphia.

mit vertical oblonger Pupille). Süd-Asien. V. genetta L. (subg. Genetta Cuv., Gray. Fusssohle mit einem nackten Streif bis zur Ferse. — Hierher wohl auch Fossa Gray). — u. a.
3. Gatt. Prionodon Horsf. (*Linsang* Gray). Der obere letzte Backzahn fehlt meist. Körper sehr gestreckt, Beine kurz, Zehengänger. Füsse fünfzehig. Pelz sehr weich, die Haare aufrecht. Schwanz sehr lang. Pupille rund. — Art: Pr. gracilis Horsf. Asien (? Nord-Africa). (Hierher noch Poiana Gray).
4. Gatt. Cynogale Gray. (*Lamictis* Blainv., *Potamophilus* S. Müll.). Subplantigrad; untere Seite der Zehen und des Tarsus behaart. Schnauze verlängert, Unterseite ohne Längsfurche. Schwanz sehr kurz. Innerer Ansatz des oberen Reisszahns mittelständig, die Backzähne überhaupt mehr höckrig, sich denen der Ursiden nähernd. — Art: C. Bennettii Gray. Borneo.
5. Gatt. Galidia Is. Geoffr. Körper sehr gracil. Subplantigrad, Füsse fünfzehig, die Zehen ungleich, die innere den äussern wenig nachstehend; Tarsus oben behaart; Zehen nackt. Schwanz buschig behaart. Nasenkuppe verlängert, unten mit medianer Furche. — Arten: G. elegans I. Geoffr. u. a. madecassische.
6. Gatt. Paradoxurus F. Cuv. (*Platyschista* Otto) Subplantigrad; hinterer Theil des Tarsus nackt, callös. Schwanz cylindrisch, lang, meist ein Rollschwanz. Perineum meist nackt mit einer absondernden Drüse. Orbitalring nicht geschlossen. Pupille aufrecht linear. — Untergatt.: 1. Paradoxurus s. str. Gray. (Sect.: *Bondar, Platyschista* und *Macrodus* Gray). Kopf conisch, Schnauze glatt, Hirntheil vorn stark und plötzlich eingeschnürt; hintere Oeffnung des Gaumens weit, in einer Linie mit dem Hinterrand der letzten Backzähne. Fleischzahn schmal mit kleinerem inneren Höcker (*Paradoxurus* Gray) oder kurz, quer dreieckig (*Paguma* Gray). Perineum nackt. — Arten: P. hermaphroditus Gray (*P. typus* F. Cuv., *Platyschista Pallasii* Otto). Ost-Indien. P. Grayi Benn. (*Paguma Grayi* Gray, *Amblyodon* Jourd.). Indien, Nepal. u. a. — 2. Arctogale (Pet.) Gray. Schädel länglich, Hirntheil breit, nach vorn eingeschnürt; Stirntheil nach hinten breit; Orbitalring fast geschlossen; hinterer Theil des Gaumens schmal protrahirt, vorn mit einem tiefen Einschnitt. Zähne klein; Reisszahn schmal; dreieckig mit langem inneren Höcker. Perineum behaart. — Art: P. trivirgatus Gray. Sunda-Inseln, Malacca. — Sehr nahe verwandt ist Nandinia Gray. (*P. Hamiltonii* Gray). — 3. Hemigalea Jourd. Ferse und Seiten des Tarsus behaart; Krallen nicht völlig zurückziehbar. Perineum behaart. — Art: P. derbianus Gray (*Viverra Hardwickii* Gray). Malacca, Borneo.
7. Gatt. Cryptoprocta Benn. Ferse nackt, callös. Schwanz lang, gleichmässig mittellang behaart. Füsse fünfzehig, die Zehen bis zur Spitze vereinigt. Krallen völlig retractil. Ohren gross. Perineum behaart. Eine den After umgebende Drüsentasche. — Art: C. ferox Benn. Madagascar.

2. Section. Cynopoda Gray. Krallen vorstehend, stumpf, nicht retractil; Zehen verlängert, getrennt, behaart. Sohle nackt oder dünn behaart. Orbitalring fast vollständig.

8. Gatt. Herpestes Ill. (*Mangusta* Oliv., *Ichneumon* Geoffr.). Körper gestrekt, Pelz mit starren Haaren. Beine niedrig, digitigrad. Erster Lückzahn zuweilen verkümmert, die übrigen Zähne meist gross, Nebenhöcker entwickelt. Keine Perineal-, aber Analdrüsen. — Untergatt.: [a] Schnauze kurz, unten glatt, mit mittlerer nackter Furche. 1. Herpestes s. str., alle vier Füsse fünfzehig, Schwanz mit Endquaste. H. ichneumon Wagn. (*Viverra ichneumon* L.), Pharaonsratte. Nord- und Süd-Africa. H. Widdringtonii Gray. Spanien. u. a. (Zu dieser Abtheilung gehören noch, durch Verschiedenheiten in der Stärke des Gebisses, der Form und Behaarung des Schwanzes u. s. f. ausgezeichnet die Untergattungen: Athylax F. Cuv., Calogale, Calictis und Ariela Gray, Ichneumia Is. Geoffr., Lasiopus Is. Geoffr., Taeniogale und Onychogale Gray. Ichneumia hat die Hintersohle behaart und im Verhältniss längere Beine. I. leucura [Ehrg.] Geoffr. Ost-Africa. u. a. Helogale Gray hat constant einen Lückzahn weniger, nackte Sohlen, kurze Nase. H. parvula Gray. Süd-Africa. u. a. — Endlich gehört noch Urva Hodgs. [*Mesobema* Hodgs.] hierher, durch längere Nase, hohe Stellung der vordern und hintern Innenzehe characterisirt. U. cancrivora Hodgs., Ost-Indien.) — 2) Cynictis Ogilby. Vorn fünf, hinten vier Zehen, Kopf kurz, aufgetrieben. Schwanz nach den

Seiten verbreitert. Orbitalring geschlossen. C. penicillata GRAY (*Mangusta penicillata* CUV., *Steedmanii* OGILBY). Süd-Africa. u. a. (Der Zahl der Zehen nach stimmt die Untergattung Galerella GRAY mit Cynictis überein: C. ochraceus GRAY. Abyssinien.) — 3) Bdeogale PET., vorn und hinten vier Zehen. Sohle behaart. Orbitalring meist geschlossen. Bd. crassicauda PET., Mozambique. — b) Schnauze vorspringend, Unterseite ohne mediane Furche, behaart. Hinten und vorn fünf Zehen. 4) Mungos (OGILBY) GRAY. H. fasciatus DESM., Süd-Africa bis Abyssinien. (Hierher noch Rhinogale GRAY.) Verwandt ist die Gattung Galidictis Is. GEOFFR. (zwei Arten von Madagascar). 9. Gatt. Crossarchus F. CUV. Nase verlängert, Unterseite ohne Furche, behaart. Plantigrad; Sohle nackt, hinten und vorn fünf Zehen, die beiden mittleren die längsten, die hintere Innenzehe klein. Krallen comprimirt, spitzhackig. Orbitalring nicht geschlossen. Kein freier Hodensack. Erster Lückenzahn fehlt. Pelz rauhhaarig. — Art: Cr. obscurus CUV. West-Africa.

10. Gatt. Rhyzaena ILLIG. (*Suricata* DESM.). Nase verlängert, mit nackter Spitze, Unterseite convex, ohne Furche, behaart. Beine länger als bei den *Mangusten*, Schwanz conisch. Die plantigraden Füsse vorn und hinten vierzehig; Vorderkrallen stärker als die hintern. Erster Lückenzahn fehlt. Orbitalring geschlossen. — Art: Rh. tetradactyla ILLIG. (*Suricata capensis* DESM.). Süd-Africa bis zum Tschad-See.

Hierher: Eupleres DOYÈRE (von DOYÈRE für ein Insectivor gehabten, von BLAINVILLE als Viverride nachgewiesen). E. Goudotii DOY., Madagascar.

Ausser einigen tertiären Arten von Viverra sind nach Unterkieferfragmenten noch folgende Gattungen aufgestellt worden: Palaeonyctis BLAINV., eocen, Soricictis (*Amphichneumon*) POMEL, miocen, und Galeotherium WAGN., diluvial.

5. Familie. **Mustelida** WAGN., WATERH., BAIRD. Gebiss: $m\frac{4}{1}$, $\frac{4}{1}$, $\frac{3}{1}$, $\frac{4}{1}$ oder $\frac{3}{1}$ ($p\frac{3}{1}$ oder $\frac{3}{1}$ oder $\frac{4}{1}$, $m\frac{4}{1}$ oder meist $\frac{1}{2}$; der Fleischzahn höckerig, klein gegen den sich stark entwickelnden, oben und unten nur einfach vorhandenen Höckerzahn). Körper gestreckt, Beine kurz, digitigrad oder plantigrad, Füsse meist fünfzehig; Krallen zurückziehbar oder unbeweglich. Schädel gestreckt, Schnauzentheil abgerundet, kürzer als der gestreckte breitere Hirntheil; Paroccipitalfortsatz frei, nicht platt; kein Alisphenoidcanal. Unterkiefergelenk durch eine vordere Knochenplatte gedeckt, Condylus quer cylindrisch. Kein Blinddarm.

GRAY, J. E., Revision of the genera and species of Mustelidae, contained in the British Museum, in: Proceed. Zool. Soc. 1865. p. 100—154.

1. Section. **Acanthopoda** GRAY. Zehen kurz, mehr oder weniger durch Schwimmhäute verbunden, letzte Phalanx nach oben gebogen. Krallen kurz, comprimirt, scharf, retractil.

1. Unterfamilie. **Martina** WAGN., BAIRD (*Mustelina* GRAY). Letzter oberer Backzahn kurz, klein, quer verlängert; die Backzähne der Zahl nach ungleich in beiden Kiefern. Zehen wenig verbunden. Schwanz cylindrisch.

1. Gatt. Mustela L. s. str. (*Mustelae subgen. Martes* WAGN., gen. *Martes* CUV., GRAY). $m\frac{2}{3}$, unterer Fleischzahn mit kleinem inneren Höcker. Digitigrad; Sohlen der Hinterfüsse dicht behaart, so dass die vier kahlen Flecken fast bedeckt sind. Schwanz von halber Körperlänge, lang behaart. Analdrüsen. — Arten: M. martes L., Baum- oder Edelmarder. Ganz Europa bis West-Asien. M. zibellina L., Zobel. Nord-Europa und Asien. M. foina BRISS., Steinmarder. — u. a. Arten aus Asien und America.

Fossile Mustelen sind aus dem Miocen und Pliocen Deutschlands und Frankreichs bekannt. Diluvialreste sind kaum von den jetzt lebenden Formen zu trennen. Plesiogale, Plesictis POMEL und Palaeogale H. v. M. sind wohl nur Untergattungen.

2. Gatt. Putorius CUV. (*Foetorius* KEYS. u. BL.). $m\frac{4}{2}$, unterer Fleischzahn ohne innern Höcker. Digitigrad; Sohlen wie vorhin. Schädel kürzer, gedrungen. Schwanz von Kopfes- bis halber Körperlänge. Analdrüsen. — a) Putorius WAGN. (incl. *Gymnopus*

GRAY), Illisse. Die grösste Verengung der Stirnbeine liegt in der hintern Hälfte des Schädels. Unterseite dunkel. P. foetidus GRAY (*Mustela foetida* KLEIN, *M. putorius* L.). Nord-Europa und Asien bis in die Polargegenden. (Nur als Albino ist die Varietät *M. furo* L., Frettchen, in Europa bekannt.) P. Richardsonii BONAP., Nord-America. u. a. — b) Gale WAGN. (subgen. *Mustela* GRAY). Wiesel. Die grösste Verengung der Stirnbeine liegt in der vordern Hälfte des Schädels. Unterseite heller. P. ermineus OWEN (*Mustela erminea* L.). Hermelin. Von Spanien und Nord-Italien durch ganz Europa bis nach Sibirien. P. vulgaris RICH. (*Mustela vulgaris* BRISS.). Nördliche Hemisphäre. u. a. — c) Lutreola WAGN. (*Vison* GRAY). Die grösste Verengung der Stirnbeine unmittelbar vor der Mitte des Schädels. Sohlen weniger behaart. Färbung oben und unten gleich. P. lutreola KEYS. u. BL. (*Mustela lutreola* L.). Nörz. Europa. P. vison GAPPER (*Mustela lutreocephala* HARLAN). Nord-America. — u. a.

Putorius vulgaris und ermineus kommen in Knochenhöhlen vor, ebenso Reste anderer den lebenden nahe verwandter Arten. Aus dem Miocen der Auvergne wird Putoriodus POMEL nach einem Zahn beschrieben.

3. Gatt. Gulo STORR. $m\frac{4}{5}$, unterer Fleischzahn ohne inneren Höcker. Schädel ziemlich convex, mit starkem Sagittalkamm. Subplantigrad;) Sohlen dicht behaart, mit sechs kahlen Stellen. Schwanz von Kopfeslänge, buschig. Keine Analdrüsen. Körper bärenartig, gedrungen. — Arten: G. borealis NILSS. (*G. arcticus* DESM., *G. luscus* RICH., *Ursus luscus* L., *Mustela gulo* L.), Fjellfras, »Vielfrass«. Nördliche Hemisphäre. (Gulospelaeus GOLDF. aus den deutschen Knochenhöhlen.)

4. Gatt. Galictis BELL (*Eirara* LUND, *Eira* H. SMITH, *Grisonia* und *Galera* GRAY). $m\frac{4}{5}$. Körper marderähnlich. Sohlen ganz nackt, plantigrad. Analdrüsen. — Arten: G. barbara WAGN. (*Mustela barbara* L.); G. vittata BELL. (*Viverra vittata* SCHREB.); beide aus Süd-America. (Eine Art fand LUND in Knochenhöhlen.)

2. Unterfamilie. **Lutrina** WAGN., GRAY. Letzter oberer Backzahn gross, quadratisch. Backzähne der Zahl nach meist gleich in beiden Kiefern. Zehen verbunden. Schwanz platt, spitz zugehend.

5. Gatt. Lutra STORR. $m\frac{5}{5}$ $(p\frac{4}{3} m\frac{1}{2})$. Schädel gestreckt, mit fast horizontalem Profil; die Verengung der Stirnbeine, die vor der Schädelmitte liegt, sehr schlank. Schwanz mässig lang, conisch sich verjüngend. Die einander sehr ähnlichen Arten scheidet GRAY nach Beschaffenheit der Sohle und Schnauze in einzelne Gruppen: — a) Sohlen zwischen den Schwielen kahl; nur der Rand der Nasenlöcher kahl: Barangia GRAY. L. barang F. CUV. (*B. sumatrana* GRAY). Sumatra. — Schnauze zwischen den Nasenlöchern behaart, oberer vorderer Winkel der letztern kahl: Lontra GRAY (*Suricoria* LESS.). L. brasiliensis GRAY. Brasilien. — Schnauzenspitze mit einem kahlen bandförmigen Streifen oberhalb und zwischen den Nasenlöchern: α) Krallen scharf, Kopf verlängert: Lutra s. str. GRAY. L. vulgaris ERXL., Fischotter. Europa. L. macrodus GRAY. Brasilien. u. a. — β) Krallen scharf, Kopf breit, kurz: Nutria GRAY. L. felina MOLINA (*L. platensis* WATERH.). Westküste America's von Chiloe bis Kamtschatka. — γ) Krallen stumpf, oft fehlend: Aonyx LESS. (*Leptonyx* LESS.). L. Lalandii LESS. (*L. inunguis* F. CUV., *L. poensis* WATERH.). Süd-Africa. — b) Sohlen zwischen den Schwielen leicht behaart, Schnauzenspitze quer kahl: Hydrogale GRAY. L. maculicollis LICHTST., Süd-Africa. — c) Sohlen zwischen den Schwielen behaart, Schnauzenspitze zwischen den Nasenlöchern und winklig nach oben kahl: Latax GRAY (*Lataxina* olim): L. canadensis SABINE, Nord-America.

Die miocenen und pliocenen Otterreste sind nicht sicher bestimmbar.

6. Gatt. Pteronura GRAY (*Pterura* WIEGM.). Otterähnlich. Zehen distinct, mit breiten Schwimmhäuten. Schwanz lang, platt, in der hintern Hälfte mit einer seitlichen flossenartigen Verbreitung. — Art: Pt. Sanbachii GRAY. Süd-America.

7. Gatt. Enhydra F. CUV. $m\frac{4}{5}$ $(p\frac{3}{3} m\frac{1}{2})$. Robbenähnlich. Schneidezähne früh ausfallend. Schädel kurz, breit. Nase stumpf mit nackter Spitze und drei Reihen steifer, horniger Bartborsten. Vorderfüsse flossenartig, Zehen sehr kurz, Sohlen nackt, körnig. Hinterfüsse nach hinten gerichtet, flossenartig, Zehen von der äussern nach der innern an Grösse abnehmend. Sohle behaart bis auf die Schwielen. Schwanz kurz, cylindrisch. — Art: E. marina F. CUV. (*Lutra marina* STELL.). Nördliche Küsten des stillen Oceans.

6. Carnivora.

Die Gattung Thalassictis Nordm. mit $m_{\frac{2}{3}}$ (miocen) ist nach Gervais eine Mittelform zwischen den *Musteliden* und *Hyaeniden*. Durch den Besiz eines zweiten obern Höckerzahns weicht das gleichfalls miocene Potamotherium Geoffr. (*Lutrictis* Pomel, *Stephanodon* H. v. M.) von den echten Ottern ab.

2. Section. **Platypoda** Gray. Füsse länger; Zehen gerade, Krallen stumpf vorstehend, nicht retractil.

3. Unterfamilie. **Mellivora** Wagn. Plantigrad; oberer Höckerzahn quer bandförmig, unterer fehlt, harter Gaumen wenig nach hinten verlängert; Fleischzahn mit kleinem innern einhöckerigen Anhang. Analdrüsen.

8. Gatt. Mellivora Storr (*Ratelus* Sparm., Swains. *Lipotus* Sund., *Ursitaxus* Hodgs., *Melitonyx* Gloger). Character der Unterfamilie; $m\frac{4}{4}$ ($p\frac{3}{3} m\frac{1}{1}$). Dachsähnlich, äusseres Ohr fehlt; Zunge mit scharfen Papillen. — Arten: M. indica Blainv. (*Ursus indicus* Shaw). Ost-Indien. M. capensis F. Cuv. (*Gulocapensis* Desm.). Südost-Africa.

4. Unterfamilie. **Melina** Wagn. Oberer hinterer Höckerzahn sehr gross, quadratisch oder dreieckig; oberer Fleischzahn mit grossem mittlern innern Höcker. Backzähne der Zahl nach ungleich in beiden Kiefern. Sohlen häufig nackt. Vorderkrallen lang, comprimirt, zum Graben geeignet.

9. Gatt. Helictis Gray (*Melogale* Is. Geoffr., *Rhinogale* Glog.). $m\frac{5}{5}$, innerer Ansatz des oberen Fleischzahns der ganzen Länge nach angesetzt, mit zwei durch eine Grube geschiedenen kegelförmigen Höckern, oberer Höckerzahn quer, aussen und innen gleich lang. Schnauze spitz, conisch, die nackte Spitze schräg abgestutzt. Beine sehr kurz, Krallen stark gebogen, die vordern länger. Ohren kurz, Schwanz buschig. — Arten: H. orientalis Gray (*Gulo orientalis* Horsf.). Java. H. moschata Gray (*Melogale personata* Is. Geoffr.). China. — u. a.

10. Gatt. Mephitis Cuv. $m\frac{4}{5}$, zuweilen $\frac{3}{5}$; oberer Höckerzahn gross, fast quadratisch mit vier Höckern, so lang oder länger als der Fleischzahn; vorderer oberer Praemolar fällt zuweilen aus. Kopf klein mit nacktem spitz vorragenden Schnauzenrande. Stark entwickelte Analdrüsen, deren Secret durch seinen fürchterlichen Gestank die beste Vertheidigungswaffe dieser Thiere ist. — a) Zorilla Gray (*Ictonyx* Sund., *Rhabdogale* Wagn.). $m\frac{4}{5}$. Fleischzahn länglich, der innere Höckeransatz vorn. M. zorilla v. d. Hoev. (*M. africanus* Lichtst., *Mustela zorilla* Cuv.). Süd- und Ost-Africa. u. a. — b) Conepatus Gray (*Thiosmus* Lichtst., *Marputius* Gray, *Lyncodon* d'Orb., *Ozolictus* Glog.). $m\frac{3}{5}$, oberer Fleischzahn kurz und breit, Schwanz kurz, buschig; Nasenlöcher unterständig. M. nasuta Benn. (*M. mesoleuca* Lichtst.). Südliches Nord-America. — c) Mephitis s. str. (Lichtst.) Gray. $m\frac{4}{5}$, innerer Ansatz des obern Fleischzahns vorn, conisch. Hinterschle mit drei vorderen Schwielen. Schwanz lang. M. varians Gray (*M. mesomelas* Lichtst., *americanus* De Kay.). Nord-Amerikanisches Stinkthier. — d) Spilogale Gray. $m\frac{4}{5}$, wie *Mephitis*, Hintersohle mit vier Schwielen, Schwanz kurz, buschig. M. interrupta Raf. Nord-America.

Palaeomephitis Jaeger aus dem Miocen ist noch nicht hinreichend bekannt. Eine diluviale Art Mephitis fand Lund in Knochenhöhlen Brasiliens.

11. Gatt. Mydaus F. Cuv. $m\frac{4}{5}$, wie *Mephitis*. Schnauze rüsselförmig verlängert. Ohren im Pelz versteckt, Schwanz sehr kurz. — Art: M. meliceps F. Cuv. Java.

Arctonyx F. Cuv. weicht von Mydaus durch die Verlängerung des harten Gaumens, dessen Hinterrand in einer Linie mit dem Unterkiefergelenk liegt, und den längeren Schwanz ab. A. collaris F. Cuv. Ost-Indien.

12. Gatt. Meles Storr (*Taxus* Cuv.). $m\frac{5}{6}$ ($p\frac{4}{4} m\frac{1}{2}$), der erste obere Praemolar sehr klein, meist ausfallend; oberer Fleischzahn höckerig mit innerm Ansatz, kleiner als der sehr grosse Höckerzahn, der untere kleine Höckerzahn oft später ausfallend. Schädel im Scheiteltheil am höchsten. Schwanz kurz, mit Drüse. Körper niedrig, breit. Pelz lang- und steifhaarig. Schnauze zugespitzt. Hintere Oeffnung des harten Gaumens in einer Linie mit der Mitte der Jochbogen. — Art: M. taxus Pall. (*Ursus meles* Schreb., *M. vulgaris* Desm.). Dachs. Europa, Nord-Asien. (Fossile Arten im Diluvium.)

13. Gatt. Taxidea WATERH. Gebiss dem von Meles ähnlich; doch fällt meist der erste Praemolar oben und unten aus; der obere Fleischzahn dreieckig mit grossem Höcker auf dem innern Ansatz, oberer Höckerzahn kleiner als der Fleischzahn, dreieckig, die Höcker auf ihm weniger entwickelt als bei Meles, unterer Höckerzahn mit zwei Höckern. Occipitaltheil des Schädels so breit als der Abstand der Jochbogen und so hoch als der Scheiteltheil. — Art: T. americana BAIRD (*Meles americanus* BODD. *M. labradorius* MEYER). Ganz Nord-America.

6. Familie. **Ursida** WAGN., WATERH. $m\frac{2}{3}$, $\frac{6}{6}$ oder $\frac{6}{7}$ ($p\frac{4}{4}$, $\frac{4}{4}$ $m\frac{2}{3}$ oder $\frac{2}{3}$), der sonst sogenannte Fleischzahn ist hier meist nicht wie bei den übrigen Carnivoren schneidend, sondern durch immer stärkere Entwickelung seiner Höcker den Mahl- oder Höckerzähnen gleicher geworden, so dass eine Theilung der Backzähne in Lück-, Fleisch- und Höckerzähne nicht mehr möglich ist. Körper häufig gedrungen, zuweilen massig. Plantigrad. Sohlen meist ganz nackt. Schädel gestreckt; Bullae osseae nach dem Gehörgang zu abgeflacht; meist ein Alisphenoidcanal; Paroccipitalfortsatz wie bei den Musteliden; harter Gaumen meist hinter die Zahnreihen verlängert. Zunge glatt, kein Blinddarm. Ein gekrümmtes Os penis.

GRAY, J. E., A Revision of the genera and species of Ursine Animals (Ursidae), founded on the Collection in the British Museum, in: Proceed. Zool. Soc. 1864. p. 677—709.

1. Unterfamilie. **Cercoleptina** GIRARD (*Dendropoda* GRAY). Zehen kurz, gekrümmt, Krallen mehr oder weniger retractil. Schwanz lang.

1. Gatt. Cercoleptes ILLIG. (*Potos* F. CUV., *Caudivolvulus* DESM.). $m\frac{5}{5}$ ($p\frac{3}{3}$ $m\frac{2}{2}$), die vordern beiden conisch, die hintern drei tuberculös, die untern länglich, die obern mehr quer, der letzte klein. Schnauze kurz, spitz; Gesichtstheil abgerundet. Zunge vorstreckbar. Schwanz ein langer behaarter Wickel- oder Greifschwanz. Sohlen nackt. Zwei ventrale Zitzen. — Art: C. caudivolvulus ILLIG. (*Ursus caudivolvulus* CUV.), Kinkajou. Nördliches Süd-America.

2. Gatt. Arctictis TEMM. (*Ictides* VALENC.). $m\frac{5}{5}$ oder (in Folge des fast constanten Ausfallens des vordern Lückzahns) $\frac{5}{5}$ ($p\frac{3}{3}$ $m\frac{2}{2}$), wie vorhin. Ohren mit Haarpinseln. Schnauze kurz, spitz. Augen klein. Schwanz fast von Körperlänge, conisch, lang behaart, Roll- und Greifschwanz. Körper schlank, gestreckt. — Art: A. binturong TEMM., Binturong. Hinter-Indien, Sumatra, Java, Borneo.

3. Gatt. Ailurus F. CUV. $m\frac{5}{5}$, wie vorhin; oben der vorderste conisch, die hintern vier tuberculös, unten die beiden hintern Höckerzähne. Ohren klein, gerundet. Kopf rundlich, kurz, dicht behaart. Unterkiefer stark gebogen mit dornigem Eckfortsatz, gross. Jochbogen weit abstehend. Körper gedrungen. — Art: A. fulgens F. CUV., Panda. Ost-Indien.

2. Unterfamilie. **Subursina** BLAINV. (*Procyonida* GIRARD, GRAY olim. *Brachypoda* GRAY e. p.). $m\frac{6}{6}$ ($p\frac{4}{4}$ $m\frac{2}{2}$). Zehen gerade, Krallen stumpf, nicht retractil. Körper gedrungen. Gliedmaassen mittellang. Schwanz lang.

4. Gatt. Procyon STORR. Occipitalgegend sehr breit, Schädel gewölbt; Jochbogen weit, Schnauze kurz, spitz. Ohren gross, abgerundet. Oberer Fleischzahn mit breitem, innern conischen Ansatz, der untere dick, oblong, einem Höckerzahn ähnlich; die obern Höckerzähne quer, nach innen schmäler, die untern länger. Drei ventrale Zitzen. — Art: P. lotor DESM. (*Ursus lotor* L.), Waschbär, Schuppe, Raccoon. Nord-America.

5. Gatt. Nasua STORR. Körper schlanker, Beine kürzer, Füsse breiter als bei Procyon. Schädel länger und schmäler. Gebiss wie Procyon, die Zähne nur schmäler. Schnauze rüsselartig verlängert, Unterseite behaart ohne Furche. Ohren kurz, rund. — Arten: N. socialis PRZ. WIED. (*Viverra nasua* L.). Coati mondi. Brasilien, Guiana. N. solitaria PRZ. WIED. Brasilien.

Hierher gehört wahrscheinlich die miocene Gattung Tylodon GERVAIS.

3. Unterfamilie. **Ursina** Gray, Girard (*Brachypoda* e. p. Gray). $m\frac{6}{6}$ ($p\frac{4}{4}$ $m\frac{2}{3}$), die vorderen Backzähne klein, conisch, oft ausfallend, die hintern breit höckerig, kein Fleischzahn; oben ist der letzte, unten der vorletzte der grösste, beide enorm im Verhältniss zu den andern. Schädel lang. Beine kurz, völlig plantigrad; Krallen stumpf, nicht retractil. Schwanz sehr kurz. Die Gruppe umfasst die grössten Carnivoren, welche aber, wie ihr Gebiss zeigt, nicht rein carnivor, sondern omnivor sind, was mehr oder weniger für die ganze Familie gilt. Die meisten halten einen Winterschlaf.

6. Gatt. **Ursus** L. Character der Unterfamilie. — Arten: a) Fusssohlen behaart mit ein paar kahlen Schwielen, Hals lang (*Thalassarctos* Gray): **U. maritimus** Desm., Eisbär. Nördliches Polarmeer (nur das Weibchen schläft im Winter). — b) Sohlen nackt. Ohren rund, behaart. Nasenlöcher mit mässiger Klappe (*Ursus s. str.* Gray): **U. arctos** L., der braune oder schwarze Bär. Pelz zottig. Kopf zwischen den Augen gewölbt. Mittel- und nördliches Europa bis Mittel-Asien und Sibirien. Der Schädel, die Krallen, Färbung und Grösse, Nahrung variiren sehr. (Eine constante Varietät ist U. formicarius Eversm. U. arctos var. beringiana Middend., welche Gray zu einer besonderen Gattung *Myrmarctos* [*Eversmanni*] erhebt.) U. syriacus Hpr. u. Ehbg., Libanon. U. thibetanus F. Cuv., Indien, Nepal, Ost-Sibirien. — Americanische Arten mit viel längeren vorderen als hinteren Krallen (Untergatt. *Danis* Gray): **U. cinereus** Desm. (*U. horribilis* Ord, *U. ferox* Is. Geoffr.). Grizzly Bear. Nord-America, Californien. — Die vorderen Krallen nur wenig länger als die hinteren (*Euarctos* Gray): **U. americanus** Pall., Barribal. Nord-America. — Arten mit sehr kurzer, als langer Nase, mit breitem flachen Gaumen, kurzem straffem Pelz (*Helarctos* Horsf.): U. malayanus Raffl. u. a. — U. labiatus Desm. (*Bradypus ursinus* Shaw) mit zeitig ausfallenden inneren Schneidezähnen, sehr beweglichen, dehnbaren Lippen, grossen mit knorpliger Klappe versehenen Nasenlöchern (aus Ost-Indien) bildet die (früher zu den Edentaten gerechnete) Untergatt. Prochilus Illig. (*Melursus* Gray). — Der fossile U. spelaeus Goldf. aus den mitteleuropäischen Knochenhöhlen und Diluvialbildungen übertraf unter andern diluvialen Arten an Grösse noch den Eisbären.

In älteren Tertiärschichten hat man Reste carnivorer Säugethiere gefunden, welche der Zahl und Form der Backzähne nach eine Uebergangsstellung zwischen den Caniden und Ursiden einnehmen. Sie stimmen meist in dem vollständigen monodelphen Backzahngebiss überein, weichen aber dadurch zum Theil von den Ursiden ab, dass ihre hintern Molaren keine Höckerzähne sind, sondern scharfkantige Leisten haben. Giebel vereinigt sie zur Familie Arctocyonina. Es gehören hierher die Gattungen: Hyaenodon Laizer et Parieu (*Taxotherium* Blainv., *Pterodon* Pomel). $m\frac{7}{7}$, die hintern schneidend. Im Miocen Frankreichs. — Arctocyon Blainv. (*Palaeocyon* Blainv., nec Lund). $m\frac{7}{7}$, die hintern Tuberkelzähne; alttertiär. — Amphicyon Lartet. $m\frac{7}{7}$, der Fleischzahn dem der Caniden ähnlich, aber noch mit einem dritten kleinen Höckerzahn. Miocen von Sansan, grösser als die grössten Bären. — Hyaenarctos Cautley u. Falconer (*Agriotherium* Wagn., *Sivalarctos* und *Amphiarctos* Blainv.). $m\frac{6}{6}$, die hintern höckerig. Aus den Sivalik-Bergen. — Der Stellung nach zweifelhaft sind die auf einzelne Zähne gegründeten Gattungen Acanthodon und Harpagodon H. v. Mey.

7. Ordnung. **Pinnipedia** Illig.

(Gatt. *Phoca* L., *Mammifera Amphibia* Desm., *Phocida* Gray.)

Schneidezähne verschieden, $\frac{3}{2}$, $\frac{3}{2}$, $\frac{2}{1}$ jederseits, zuweilen bald ausfallend; Eckzähne nicht vorragend, selten ausserordentlich entwickelt. Extremitäten kurz flossenartig.

Schwimmfüsse, die hintern nach rückwärts gerichtet. Zwei oder vier ventrale Zitzen.

Die Robben schliessen sich zwar durch die Natur ihres Gebisses, ihren Skeletbau, ihr Haarkleid, sowie durch die gürtelförmige Placenta eng an die *Carnivoren* an, weichen aber durch die Entwickelung der Gliedmaassen, die Form der Zähne, die plumpe Gestalt des Körpers und die übrigen mit der rein aquatischen Lebensweise in Verbindung stehenden Eigenthümlichkeiten ihrer Organisation so wesentlich von jenen ab, dass sie als besondere Ordnung aufgefasst werden müssen. Am nächsten sind sie mit den *Musteliden* verwandt, an welche sie sich durch *Enhydra* eng anschliessen.

Während bei den *Carnivoren*, in Folge der Bildung der Gliedmaassen zu Locomotionsorganen und gleichzeitig zu Greif- und Fangwerkzeugen, das Gebiss ausschliesslich zur Zermalmung und Zerkleinerung der von den Vorderextremitäten festgehaltenen Nahrung dienen konnte, ist bei den *Pinnipedien* durch die flossenförmige, für andere als locomotive Leistungen untaugliche Bildung der Extremitäten die Function des Ergreifens und Festhaltens der Nahrung vorzüglich den Zähnen übergeben. Die Schneidezähne sind meist klein, die obern zahlreicher als die untern, die äussern oben häufig eckzahnähnlich verlängert; die Eckzähne selbst ragen verhältnissmässig weniger als bei den *Carnivoren* vor; nur bei dem Walross sind sie ausserordentlich verlängert. Eine Unterscheidung der Backzähne in Lückenzähne, Fleischzähne und Höcker- oder Mahlzähne fällt weg; sie sind sämmtlich entweder einfach conisch spitz, oder platt, oder seitlich comprimirt, gelappt, mit mehreren gleichen oder einem grösseren Haupt- und vordern und hintern kleinern Nebenzacken, dabei einwurzelig oder zweiwurzelig. Der Zahnwechsel findet häufig schon während der Embryonalzeit statt, wie die Jungen überhaupt sehr weit entwickelt geboren werden. Der Schädel zeichnet sich durch die starke Einschnürung im Stirntheil aus, wodurch der mehr oder weniger gewölbte Hirntheil scharf vom fast ebenso grossen Gesichtstheil abgesetzt wird. Die kleinen Flügel des Keilbeins sind dabei zuweilen so nahe aneinander gerückt, dass die Foramina optica fast zusammenfallen. Die Augenhöhlen sind sehr gross, die Jochbogen weit abstehend und aufwärts gerichtet; ein Postorbitalfortsatz des Stirnbeins findet sich nur bei den Ohrrobben, bei welchen allein auch der Mastoidfortsatz distinct ist, während er bei den übrigen von den Bullae osseae kaum getrennt ist. Der Unterkiefer hat einen queren Condylus und stark entwickelten Kronenfortsatz, selten einen Winkelfortsatz. Die Wirbelsäule erinnert an die der *Carnivoren*; Atlas und Epistropheus gleichen denen der letztern. Die einzelnen Stücke des Brustbeins sind cylindrisch und bleiben getrennt. Der Schwanz ist kurz und ohne Endflosse. Schlüsselbeine fehlen. Die Knochen der Extremitäten zeichnen sich durch grosse Kürze aus. Die Vorderarm- und Unterschenkelknochen bleiben stets getrennt. Hand- und Fusswurzel sind normal, nur der Calcaneus kurz, platt, mit kurzem Hackenfortsatz; die Länge der Vorder- und Hinterzehen ist verschieden bei den einzelnen Gattungen. Sie sind von der straffen Haut ganz eingehüllt und bilden platte breite Flossen. Krallen sind vorhanden; zuweilen tragen die Spitzen der Flossen noch den Zehen entsprechende Hautanhänge (Ohrrobben). Nur in einzelnen Fällen können sich die Robben auf dem Lande mittelst der Extremitäten bewegen, die nur selten im Stande sind, den plumpen, nach hinten conisch verjüngten Körper zu tragen. Das Gehirn ist verhältnissmässig entwickelt, das kleine Gehirn vom grossen zum Theil bedeckt. Die Windungen sind ziemlich zahlreich, aber sonst nach dem Typus der *Carnivoren* angeordnet. Die Augen sind wenig convex, mit grossen, fast kugligen Linsen, und haben eine Nickhaut. Die äussere Ohröffnung ist klappenartig verschliessbar; das äussere Ohr nur in einer Familie mit einer deutlichen, kurzen Muschel versehen. Die Nasenöffnung wird durch die Elasticität der knorpligen Wandungen geschlossen und durch Muskelthätigkeit geöffnet. Die Nasenhöhlen sind gross und weit, die Muscheln bedeutend entwickelt. Der Magen ist einfach, fast darmartig; der Blinddarm sehr kurz. Das Gefässsystem besitzt in den wundernetzartigen Adergeflechten an den Extremitäten sowie an der untern Fläche der Wirbelsäule besondere Eigenthümlichkeiten. Auch findet sich hier, wie bei andern tauchenden Thieren, eine Erweiterung an der untern Hohlvene. Der Uterus ist zweihörnig; Scheide und Afteröffnung liegen in einer gemeinsamen durch eine perineumartige Falle getrennten Grube. Zitzen sind zwei oder vier ventrale vorhanden. Samenblasen fehlen; dagegen findet sich meist ein kurzes Os penis.

Die Robben finden sich zwar in allen Meeren, doch häufiger in den gemässigten und Polarzonen, als zwischen den Wendekreisen, wo sie verhältnissmässig nur selten angetroffen werden. Dagegen kommen einzelne Formen in Binnenseen vor, so im Caspi-See und im Baikal-See, wie auch manche Arten weit in Flüssen aufsteigen. Fossile Formen kommen bereits vom Miocen an vor.

    Cuvier, Fr., De quelques espèces de Phoques et des groupes génériques, entre lesquels ils se partagent. in: Mémoir. du Muséum. T. 11. 1824. p. 174—214.
    Nilsson, L., Entwurf einer systematischen Eintheilung und speciellen Beschreibung der Phoken. Aus dem Schwedischen (K. Vet. Akad. Handl. 1837 p. 235.) übersetzt von W. Peters. in: Wiegmann's Arch. f. Naturgesch. 1841. p. 301—333.
    Gray, J. E., Catalogue of the specimens of Mammalia in the collection of the British Museum. P. II. Seals. London, 1850. 8.
    Gavere, Cornelis de, Het Gebit der viuvoetige Zoogdieren. Groningen, 1864. 8.

    1. Familie. **Trichechina** Turner (Gray e. p.). Der obere Eckzahn ausserordentlich gross, wurzellos. Schädel ohne Postorbitalfortsatz; ein deutlicher Alisphenoidcanal. Mastoidfortsatz stark, vorspringend, seine Oberfläche aber mit der Bulla ossea continuirlich.

    Einzige Gatt. T r i c h e c h u s L. (*Rosmarus* Storr, Pall., *Odobaenus* Steenstr. u. Sund.)*). Das Gebiss schwankt sehr; $i\frac{2}{4} c\frac{1}{0} m\frac{4}{4}$ (Owen), oder $i\frac{1}{0} c\frac{1}{1} m\frac{3}{3}$ (Malmgren), $m\frac{1}{4}$ (Gray). Durch

---

    *) Es nannten allerdings Linné und Brisson das Walross Odobenus; beide aber vor Einführung der binären Nomenclatur. Brisson rechnete zu seinem »Genre« Odobenus das Walross und den Lamantin, wie umgekehrt Linné bei Einführung der binären Nomenclatur Walross und Lamantin zur Gattung T r i c h e c h u s zog, worin ihm Cuvier noch im Tableau élémentaire folgte. Nun hätte allerdings Cuvier bei der generischen Trennung des Manati vom Walross ersterem die Bezeichnung T r i c h e c h u s lassen können, die Artedi für das Thier aufgestellt hatte. Doch stand ihm § 246 der Philosophia botanica zur Seite: »Si genus

die Entwickelung der grossen Eckzähne rücken die Backzähne nach innen von den Alveolen jener. Das Milchgebiss ist: $i\frac{3}{3}\ c\frac{1}{1}\ m\frac{4}{4}$ (WIEGMANN) $m\frac{4}{4}$ (MALMGREN), wobei die Backzähne nach Analogie mit den anderen Robbenarten in $d\frac{3}{3}\ m\frac{1\ (oder\ 2)}{1}$ zu theilen sind. Schnauze sehr breit, mit starren, weissen, comprimirten, am Ende abgerundeten Tastborsten. Vorderfüsse kleiner als die hinteren. Das Thier ist im Stand, sich auf die Füsse zu stellen. Zehen mit Hautlappen; hinten ist die innere und äussere die längsten; Sohlen schwielig. Aeussere Ohren fehlen. Schwanz rudimentär. — Art: Tr. rosmarus L. Walross, Morse. Wird 12' lang und darüber und 8' im Umfang. Nördliche Polarmeere.

VON BAER, C. E., Anatomische und zoologische Untersuchungen über das Walross, in: Mém. Acad. St. Pétersb. 6. Sér. T. 4. (Sc. natur. T. 2.) 1838. p. 97—256.

2. Familie. **Arctocephalina** TURNER (*Otariae* PET.). Eckzähne normal; $i\frac{3}{2}$ $c\frac{1}{1}\ m\frac{6}{5}$ oder $\frac{5}{5}$. Aeusseres Ohr mit einer distincten kleinen Ohrmuschel. Schädel mit Postorbitalfortsatz und Alisphenoidcanal. Hinterzehen ziemlich gleich lang, die vordere von innen nach aussen an Grösse abnehmend, von lappenartigen Hautanhängen überragt; Sohlen kahl, längs gefurcht.

PETERS, W., Ueber die Ohrenrobben (Seelöwen und Seebären), Otariae. in: Monatsber. d. Akad. d. Wiss. zu Berlin 1866. p. 261—281.

Einzige Gatt. Otaria PÉRON. Character der Familie. — Arten: a) $m\frac{6}{5}$. 1. Untergatt. Otaria s. str. (*Platyrhynchus* F. CUV.). Ohren kurz, 15—20 mm, keine Unterwolle. Gaumen bis zu den Flügelfortsätzen reichend. O. jubata DESM. (*Phoca jubata* FORSTER), O. leonina PÉRON. Antarctische Meere u. a. — 2. Phocarctos PET. Ohren sehr kurz; keine Unterwolle; Gaumen vorn den Flügelfortsätzen entfernt. O. Hookeri PET. (*Arctocephalus Hookeri* GRAY). Süd-America. — 3. Arctocephalus F. CUV. (*Halarctos* GILL). Ohren 25—45 mm; Unterwolle. Gaumen hinten winklig oder bogig ausgeschnitten. O. pusilla DESM., O. cinerea PÉR. Südliche Meere. u. a. — 4. Callorhinus GRAY. Ohren länger; dichte Unterwolle; Backzähne ohne Nebenzacken. Gaumen hinten flach, winklig ausgeschnitten. O. ursina PÉR. Nördlicher stiller Ocean (Grönland, FABRICIUS). — b) $m\frac{5}{5}$ ohne Nebenzacken. 5. Eumetopias GILL. Ohren länger; keine Unterwolle. Gaumen hinten flach, tief eingebuchtet. O. Stelleri LESS. Nördlicher stiller Ocean. — 6. Zalophus GILL. Nur in der Jugend Unterwolle (GRAY). Backzähne gelappt. Gaumen flach concav, hinten bogig, tief eingebuchtet. O. lobata PET. (*Arctocephalus lobatus* GRAY). Australien. — 7. Arctophoca PET. Ohren länger; dichte Unterwolle. Backzähne gelappt. Gaumen vorn schmal, tief concav, hinten breit und abgeflacht, tief winklig eingebuchtet. Hinterer Unterkieferfortsatz nach innen gebogen. O. Philippii PET. Juan Fernandez.

3. Familie. **Phocina** TURNER. Aeusseres Ohr fehlt. Eckzähne normal; Schneidezähne $\frac{3}{2}$, oder $\frac{2}{2}$ oder $\frac{2}{1}$; Backzähne ein- oder zweiwurzlig. Schädel ohne Postorbitalfortsatz und Alisphenoidcanal; Mastoidfortsatz geschwollen, fast wie ein Theil der Bulla ossea. Die Vorderzehen von innen nach aussen an Grösse abnehmend, hinten die innere und äussere die grössten, die mittleren klein; die ganze Sohle und Schwimmhaut behaart.

1. Gatt. Cystophora NILSS. (*Macrorhinus* und *Stemmatopus* F. CUV., *Morunga* GRAY). $i\frac{2}{1}$, spitz, kegelförmig, $m\frac{5}{5}$ (p 4, m 1), klein, getrennt, mit geschwollener einfacher Wurzel. Schädel oval tief ausgebuchtet, Orbiten sehr gross. Nasenspitze behaart, einen kurzen Rüssel oder eine runzlichte, bis zur Stirn reichende Klappe darstellend, die aufgeblasen werden kann. Krallen vorn zuweilen verkümmert. — Arten: C. proboscidea NILSS. (*Phoca elephantina* MOLINA, *Ph. leonina* L., BLAINV., *Morunga elephantina* GRAY), See-Elephant. Nase bil-

---

receptum (und das war ohne allen Zweifel nur Trichechus) secundum jus naturae et artis in plura dirimi debet, tum nomen antea commune manebit vulgatissimae et officinali plantae«, was, auf das Thierreich und den vorliegenden Fall übertragen, jedenfalls auf das Walross anzuwenden war.

det einen kurzen Rüssel; Tasthaare rund gewellt. Vorderkrallen verkümmert. Wird 25—30' lang. Südsee. C. cristata NILSS. (*Phoca cristata* FABR., *Stemmatopus* F. CUV.). Klappmütze, Blasenrobbe. Das Männchen mit einer runzligen, in der Mitte gekielten Haut an der Nase, welche aufgeblasen werden kann, das Weibchen nur mit dem Kiel. Tasthaare platt, gewellt. Krallen deutlich. Nördlicher atlantischer Ocean.

2. Gatt. Halichoerus NILSS. $i\frac{3}{2}$, $m\frac{5}{5}$, die zwei hintersten mit zwei Wurzeln, alle einspitzig, mit einer Kante vorn und hinten. Schädel im Gesichtstheil höher als im Hirntheil. Schnauzenspitze gross, breit, abgestutzt; Nasenspitze behaart. Krallen entwickelt. — Art: H. grypus NILSS. Grau mit schwarzen Flecken. Norden von Europa.

3. Gatt. Stenorhynchus F. CUV. (*Stenorhynchina* subfam. GRAY). $i\frac{2}{2}$, $m\frac{5}{5}$, stets mehrere zweiwurzlig. Nasenkuppe am Rande und zwischen den Nasenlöchern behaart. Vorderzehen nach aussen kürzer werdend, Handwurzel sehr kurz. Hinterkrallen mehr oder weniger verkümmert. — Untergattungen: a) Lobodon GRAY; die drei vordersten oben und der vorderste untere Backzahn einwurzlig, die andern zweiwurzlig; dreieckig mit einem kleinen abgerundeten Zacken vor und drei gleichen hinter deren mittleren Zacken. Unterkiefersymphyse sehr lang. St. serridens OWEN (*L. cancriphaga* GRAY, *Phoca cancriphaga* HOMBR. u. JACQ.) Antarctisch. — b) Stenorhynchus s. str.; nur die ersten Backzähne einwurzlig, die übrigen alle zweiwurzlig (wie bei den folgenden), mit einem vordern und einem hintern rundlichen Nebenzacken. Unterkiefersymphyse sehr kurz. St. leptonyx F. CUV. (*St. leopardinus* WAGN.) See-Leopard. Antarctisch. — c) Leptonyx GRAY; Backzähne mit grossem mittleren-conischen Höcker und einem sehr kleinen hinteren; Unterkiefer mit kurzer Symphyse und ohne Winkel. L. Weddellii GRAY. Antarctisch. — d) Monachus FLEM. (*Pelagius* F. CUV., *Heliophoca* GRAY) Backzähne mit sehr kleinen vorderen und hinteren Nebenzacken; obere Schneidezähne mit querem Ansatz. M. albiventer GRAY (*Pelagius monachus* F. CUV.). Mittelmeer. — e) Ommatophoca GRAY; Backzähne wie bei Monachus. Schädel mit sehr grossen Orbiten und kurzem breiten Schnauzentheil. O. Rossii GRAY. Antarctisch.

4. Gatt. Phoca L., NILSS. (*Phocina* subfam. GRAY). Schädel oval; $i\frac{3}{2}$, $m\frac{5}{5}$, die ersten einwurzlig, die übrigen mit zwei Wurzeln, sämmtlich mit drei bis vier in einer Reihe stehenden Zacken. Schnauzenspitze kahl zwischen den Nasenlöchern, mit medianer Furche. Handwurzel länger, Finger fast gleich lang; alle Krallen wohl entwickelt. — Untergattungen: a) Callocephalus F. CUV. Schnauze ziemlich schmal; Finger nach innen wenig kürzer werdend. Gaumenrand winklig eingeschnitten. Unterwolle dünn. Schwimmhaut zwischen den Zehen behaart. Ph. vitulina L. Nördliche Meere. Caspi-See. Baikal. Ph. annellata NILSS. (*Ph. foetida* O. F. MÜLL., subgen. *Pagomys* GRAY). Ebenda. Ph. caspica NILSS. Caspi-See. u. a. — b) Pagophilus GRAY. Schnauze länglich. Finger nach innen kürzer werdend. Gaumenrand abgestutzt. Keine Unterwolle. Schwimmhaut zwischen den Zehen fast kahl. Ph. groenlandica NILSS. Nördlicher atlantischer Ocean. — c) Phoca s. str. GRAY. Schnauze breit und kurz; Stirn convex. Tasthaare glatt. Der dritte Finger ist der längste, der 1. und 5. am kürzesten, fast gleich lang. Gaumenrand halb kreisförmig. Ph. barbata FABR. Nördliche Meere. u. a. (Für eine Robbe von Australien hat GRAY noch eine Untergattung aufgestellt: *Halicyon Richardii* GRAY. s. GRAY, J. E., Notes on Seals. in: Proceed. Zool. Soc. 1864. p. 27—34.)

8. Ordnung. Lamnunguia ILLIG.

(Gatt. *Hyrax* HERM. L. GM.)

Schneidezähne $\frac{1}{1}$ jederseits, keine Eckzähne; Backzähne $\frac{6}{6}$ oder $\frac{7}{7}$, deren Kronen mit zwei am Aussenrande von einer sie überragenden Leiste verbundenen Höckern. Endglieder der Zehen mit flachen, platten Hufen, das der hinteren Innenzehe mit Krallen.

Die vier jetzt zunächst zu schildernden Ordnungen der *Lamnunguia*, *Proboscidea*, *Artiodactyla* und *Perissodactyla* wurden früher in eine Ordnung, die der *Ungulata*, später von ILLIGER in die drei Ordnungen der *Multungula*, *Solidungula* und *Bisulca* zusammengestellt, von welcher Gruppe wieder die ersten beiden die *Pachydermata*, die letztere die *Ruminantia* der neueren Systematiker bildeten. Die hier als Vertreter einer besonderen Ordnung betrachtete Gattung *Hyrax* (Klippschiefer, Daman, Saphan der Bibel) war von PALLAS zu den Nagern, von CUVIER zu den Pachydermen gebracht worden und bildete bei ILLIGER eine eigene Familie, *Lamnunguia*. CUVIER's systematischer Anordnung folgten die meisten Zoologen, indem sie *Hyrax* zu den Perissodactylen entweder als besondere Familie oder einfach als Gattung neben *Rhinoceros* stellten, dessen Verwandtschaft mit *Hyrax* besonders CUVIER hervorgehoben hatte. Während aber bereits WAGNER darauf hingewiesen hatte, wie sehr CUVIER die Verwandtschaft des Klippschiefers mit den Pachydermen übertrieben hatte, nur um die Differenzen zwischen ihnen und den Nagern um so auffälliger zu machen, hat vorzüglich HUXLEY mit Recht an die Placentarbildung von *Hyrax* erinnert, welche in Verbindung mit den andern Eigenthümlichkeiten der Gattung dazu drängen, dieselbe von den sogenannten Pachydermen zu trennen.

Der Körper des Daman ist gestreckt, zierlich, von dichtem, weichem Pelz bekleidet, welcher auch die kurzen gerundeten Ohren bedeckt; die Schnauze ist kurz, die Oberlippe gespalten, der Schwanz äusserst kurz, höckerartig. Die Füsse haben vorn vier, hinten drei, bis an die Endglieder durch Haut verbundene Zehen; nur die hintere Innenzehe ist frei und hat eine Kralle, während die übrigen Zehen platte nur oben aufliegende Kuppennägel haben. Die Sohlen sind ganz nackt. Dem innern Bau nach steht zwar *Hyrax* den Perissodactylen näher als den Nagern, kann aber mit keiner dieser Ordnungen verbunden werden. Was das Skelet betrifft, so übertrifft *Hyrax* in der Zahl der Dorsolumbarwirbel alle Perissodactylen. Während beim Rhinoceros höchstens 25 vorhanden sind, hat *Hyrax* 21 oder 22 rippentragende Rücken- und 8 oder 9 Lendenwirbel. Die Zahl der Kreuzbeinwirbel ist bei jenen 2 bis 4, beim Daman fünf bis sieben, die der Schwanzwirbel dort über 20, hier nur 5 bis 10. Der Schädel spitzt sich nach vorn zu, hat ein flaches beinahe gerades Dach; die Orbita liegt beinahe vor der Mitte der Schädellänge. Der Jochbogen wird vom Jochbein gebildet, welches einen dem Stirnbeinfortsatz entgegenkommenden Fortsatz nach oben schickt, so dass Schläfen- und Augenhöhle durch eine fast vollständige Knochenbrücke getrennt werden. Die Nasenbeine biegen sich an ihren äusseren Rändern nach unten und stossen an die Zwischenkiefer, oben und hinten an den Oberkiefer. Der Gaumen ist in der Höhe der letzten Backzähne bogig ausgeschnitten. Der Unterkiefer, dessen beide seitliche Hälften median völlig verwachsen, ist in seinem Eckstück und aufsteigenden Aste sehr breit, nach aussen etwas gewölbt; der Gelenkkopf ist quer und articulirt an einer seichten Vertiefung des Schläfenbeins. Die Gliedmaassen sind gracil; Schulterblatt und Darmbein sind gestreckt, schmal; der Oberschenkel hat einen dritten Trochanter; Ulna und Fibula sind getrennt, stark entwickelt. Das Gebiss ist sehr eigenthümlich. Die oberen bleibenden Schneidezähne (welche an der äusseren Seite der Milchzähne durchbrechen) sind dreiseitig-prismatisch, fast halbkreisförmig gebogen und haben eine in Folge der Abnutzung zugeschärfte Spitze. Die unteren Incisiven sind gerade und liegen fast horizontal im Unterkiefer, mit ihren Alveolen bis hinter den Anfang der Backzahnreihe reichend. Eckzähne fehlen; zwischen den Schneide- und Backzähnen findet sich eine Lücke. Backzähne sind jederseits oben und unten sieben vorhanden; es sind $4p$ und $3m$. Der vorderste Praemolar ist ein einfacher comprimirter Höckerzahn; die anderen nehmen von vorn nach hinten an Grösse zu. Sie sind im Ganzen ziemlich viereckig und haben zwei quere Höcker, welche aussen von einer diese überragenden Leiste verbunden werden. Der Magen wird durch eine mittlere Scheidewand in eine grössere Cardia- und eine kleinere Pylorusabtheilung geschieden. Der Blinddarm ist sehr gross. Der anfangs enge Dickdarm erweitert sich in der Mitte seiner Länge und trägt hier jederseits einen kurzen zipfelförmigen Anhang (an den doppelten Blinddarm mehrerer Bruta erinnernd). Die in mehrere Lappen zerfallende Leber hat keine Gallenblase. Die Harnleiter öffnen sich oben in den Grund der Blase, welche dadurch ein zweihörniges Ansehn erhält. Der Uterus ist zweihörnig; die Anhangsdrüsen der männlichen Genitalorgane sind stark entwickelt. Die Hoden liegen im Abdomen, dicht hinter den Nieren. Der Penis ist ohne Knochen. Bei der Entwickelung des Eies im Uterus entwickelt sich eine echte deciduirte gürtelförmige Placenta.

Klippschiefer kommen in Africa vom Cap der Ostküste entlang bis an die Küstenländer des rothen Meeres, dann in Arabien und Syrien vor. Sie bilden eine

Einzige Familie, **Hyracina**, mit den Characteren der Ordnung, welche eine

Einzige Gattung, Hyrax HERM. enthält. Es sind kleine, 1 bis höchstens $1\frac{1}{2}$ Fuss lange, ziemlich niedrige Thiere, die durch ihr Aeusseres, ihren Pelz, Gebiss u. s. f. mehr an Nager erinnern. — Arten: H. capensis SCHREB. (*abyssinicus* EHBG., wohl auch *arboreus* SMITH). Cap bis Abyssinien. H. syriacus SCHREB. (*ruficeps* EHBG.). Küsten des rothen Meeres bis nach Syrien. Die Verschiedenheiten zwischen beiden Arten welche meist in Färbungserscheinungen, zum Theil in abweichenden Wirbelzahlen bestehen sollen, sind noch schärfer zu begründen.

9. Ordnung. **Proboscidea** ILLIG.

Schneidezähne: nur jederseits ein sehr verlängerter im Zwischenkiefer (seltner im Unterkiefer oder in beiden); keine Eckzähne. Backzähne mit queren Schmelzhöckern oder faltig zusammengesetzt. Zehen vollständig verwachsen, mit platten Hufen. Nase in einem langen Rüssel ausgezogen.

Die Ordnung der *Proboscidea* enthält insofern echte »Pachydermen«, als die Haut der meisten hierhergehörigen Thiere sehr dick und derb und nur selten von einem dichten Haarkleid bedeckt ist. Doch sind im Bau so viele wichtige Verschiedenheiten zwischen ihnen und den in der ungleichen Zehenzahl mit ihnen übereinstimmenden *Perissodactylen* vorhanden, dass wir sie, besonders mit Hinblick auf die auch bei ihnen echt deciduirte Placenta zu einer besondern Ordnung erheben müssen, wie es zuerst, und zum Theil auf gleiche Gründe gestützt, OWEN gethan hat.

Der Körper der *Proboscidea* ist verhältnissmässig kurz zur Höhe der nur wenig winklig gebogenen, säulenartigen Gliedmaassen; der Kopf ist hoch, der Hals kurz, der Rücken- und Lendentheil länger. Die Haut der lebenden Formen ist nur spärlich mit einzeln stehenden Haaren besetzt; es gab aber jetzt ausgestorbene Arten, deren Haut ein dichtes Kleid von Woll- und Grannenhaaren trug (*Elephas primigenius*). Das auffallendste Merkmal bildet der, die Verlängerung der Nasenöffnungen enthaltende und daher durch eine innere Längsscheidewand getheilte Rüssel, welcher durch den Besitz zahlreicher Muskeln einer allseitigen freien Beweglichkeit fähig und durch einen am oberen Rand seiner Oeffnung vorhandenen fingerförmigen Fortsatz zu einem handartigen Greiforgan geworden ist. — Der S c h ä d e l der *Proboscidea* nähert sich in mehreren seiner Eigenthümlichkeiten dem der Nager, wie bereits CUVIER hervorgehoben hat. Er ist sehr kurz und hoch; dies hängt besonders von der bedeutenden verticalen Entwickelung der die enormen Stosszähne aufnehmenden Zwischenkiefer und davon ab, dass die Stirn- und Scheitelbeine durch Entwickelung grosser luftführender Zellen in ihrem Innern stark aufgetrieben sind, so dass der Schädel nach den Nasenöffnungen hin concav ist, im Schädeltheil aber eine grosse, in keinem Verhältniss zur eigentlichen Hirnhöhle stehende Abrundung zeigt (dies ist besonders bei *Elephas*, weniger bei *Mastodon* der Fall). Das Hinterhaupt steht senkrecht oder biegt sich selbst nach hinten über. Mit dem der Nager stimmt der Schädel der *Proboscidea*, besonders *Elephas*, überein: in der Grösse der Zwischenkiefer und der in ihnen enthaltenen Alveolen, der bogenartigen Lücke zwischen den Schneide- und Backzähnen, in dem sehr grossen Infraorbitalloch, welches wie dort in der Wurzel des Jochfortsatzes des Oberkiefers liegt, in dem Umstand, dass das Jochbein den mittleren und zum Theil hinteren Theil des Jochbogens bildet, und endlich darin, dass zwar die Nasenbeine wie bei *Tapirus* sehr kurz sind, aber sich wie bei den Nagern und anderen Säugethieren (aber nicht bei *Rhinoceros* und *Tapirus*) mit dem Zwischenkiefer berühren. Der Unterkiefer ist kurz, in seinem Eckstück und aufsteigenden Ast sehr dick, der Symphysentheil ist furchenartig ausgehöhlt, vorn zuweilen zugespitzt. Die Halswirbel haben sehr niedrige Körper, der ganze Halstheil ist daher verkürzt; nur die beiden ersten haben stärkere Fortsätze. Es sind 23 Dorsolumbarwirbel vorhanden (nur 22 bei *Mastodon*), von denen die zwanzig ersten (19 bei *Mastodon*) Rippen tragen. Die Dornfortsätze der vorderen sind sehr hoch und stark nach hinten geneigt. Die Rippen sind breit, eigenthümlich gerade und werden bei *Elephas* in ihrem Sternal-Ende breiter (bei *Mastodon* sind sie umgekehrt oben breiter, nach unten spitz). Auf das aus vier Wirbeln bestehende Kreuzbein folgt noch ein aus schnell kleiner werdenden Wirbeln bestehender Schwanz, welcher nicht bis auf die Ferse reicht und am Ende ein Borstenbüschel trägt. Der Gelenkkopf des Oberarms sitzt dem Körper fast ohne Hals auf; vom äusseren Condylus des unteren Endes erhebt sich eine, in einen Dornen ausgehende Leiste. Die Unterarmknochen sind stark und von einander getrennt. Der Oberschenkelhals ist äusserst kurz, ein dritter Trochanter fehlt. Die Unterschenkelknochen sind getrennt. Hand- und Fusswurzelknochen sind vollzählig vorhanden. Die fünf Mittelhand- und Mittelfussknochen sind ebenso wie die in einer Reihe nebeneinanderstehenden Phalangen der fünf Finger und Zehen kurz, gedrungen und bis auf die Hufe, die in der Zahl nicht immer der der Finger entsprechen, in Haut eingehüllt. Am Gebiss der *Proboscidea* fallen zunächst die zu enormen Stosszähnen entwickelten Zähne auf, welche zufolge ihrer Einpflanzung in die Zwischenkieferknochen den Schneidezähnen der übrigen Säugethiere entsprechen. Ausser diesen bei *Elephas* allein vorhandenen entwickelten sich bei *Mastodon*, bei jungen Thieren und zwar bei beiden Geschlechtern, auch im Unterkiefer Schneidezähne, von denen sich indess nur bei den Männchen einer stosszahnförmig erhielt, während sie bei Weibchen früh abgeworfen wurden. (Bei dem in vielen Beziehungen mit den Proboscideern übereinstimmenden *Dinotherium* waren nur im Unterkiefer zwei nach abwärts gerichtete Stosszähne vorhanden.) Diese das »Elfenbein« liefernden Stosszähne sind wurzellos und haben an ihrem in der Alveole steckenden unteren Ende eine grosse von der Zahnpulpe erfüllte Höhle, von welcher ihr Wachsthum ausgeht. Die Backzähne der Ordnung zeigen eine Zusammensetzung aus querstehenden Abschnitten, welche entweder breiter sind und auf der Kronenfläche zitzenförmige Höcker tragen (wonach die Gattung *Mastodon* ihren Namen erhielt) oder schmale Lamellen bilden mit glatten oder verschieden gefalteten Schmelzrändern. Im ersten Falle sind die einzelnen Abtheilungen auf der Kronenfläche nicht von Cement verbunden, im letzteren wird die Kaufläche durch Erfüllung der Lücken zwischen den Schmelzlamellen mit Cement eben. Doch finden sich zwischen beiden Formen Uebergänge; die erstere characterisirt *Mastodon*, die letztere *Elephas*. Je nachdem zwei, drei oder vier Höckerquerreihen vorhanden sind, bezeichnete man die Thiere als *Bilophodon*, *Trilophodon*, oder *Tetralophodon* FALCONER. Die Zahl der Backzähne ist sieben jederseits oben und unten; doch sind nie mehr als drei gleichzeitig entwickelt. Nach OWEN sind es drei Milchbackzähne, von welchen einer durch einen ihm vertical folgenden ersetzt wird, und drei wahre Molaren. Hiervon werden alle mit Ausnahme des vorletzten abgestossen, ehe der letzte das Zahnfleisch durchbohrt. Die Zähne folgen daher von hinten nach vorn aufeinander und nehmen dabei an Grösse und Zahl der Schmelzquerreihen zu. Die Verdauungsorgane der Elephanten zeichnen sich durch einen einfachen Magen und einen enormen Blinddarm aus. Die Gallenblase fehlt. In den rechten Vorhof des Herzens münden wie bei den Nagern und wenig anderen Placentalen zwei obere Hohlvenen. Das grosse Gehirn bedeckt das kleine nicht; die Augen sind verhältnissmässig klein, die äusseren Ohren sehr entwickelt. Der Uterus ist zweihörnig; die zwei Zitzen sind pectoral. Die Hoden liegen im Abdomen hinter den Nieren; der ausserordentlich lange und sehr weit vorn sich öffnende Penis entbehrt eines Ruthenknochens. Während der Entwickelung des Eies bildet sich eine wahre deciduirte Placenta, welche gürtelförmig das Ei umgiebt, während die beiden freibleibenden Pole desselben mit lockeren Zotten besetzt sind. Schon hiernach weichen die Elephanten von allen übrigen sogenannten Pachydermen ab.

Während die einzige jetzt noch lebende Gattung auf die alte Welt beschränkt ist, haben sich fossile Reste der Ordnung sowohl in Europa und Asien als in Nord- und Süd-America gefunden. Sie treten hier von den mittleren Tertiärschichten an auf.

Einzige Familie. **Elephantina.** Character der Ordnung.

1. Gatt. Elephas L. Nur zwei Stosszähne in den Zwischenkiefern; Backzähne mit zahlreichen queren Lamellen, deren Kronenenden mit Cement verbunden sind; meist nur ein einziger oder zwei in jedem Kiefer oben und unten vorhanden. — Arten: E. asiaticus BLUMENB. (indicus CUV.; Untergatt. Elasmodon F. CUV. LINNÉ vereinigte beide lebende Arten zu einer: *E. maximus*). Lamellen der Backzähne schmal, bandförmig, mit parallelen, fein gefalteten Rändern; Kopf hoch, Stirn concav, Ohren klein. Höhe 10—12'. Festland von Indien und Ceylon. (Hiervon soll *E. sumatranus* TEMMINCK verschieden sein, mit dickeren, weniger zahlreichen Schmelzplatten.) E. primigenius BLUMENB., Mammuth oder Mammout. Die Schmelzplatten mit nur leicht gebogenen, nicht fein gefalteten Rändern. Die Haut war, wie im Eise des nördlichen Sibirien erhaltene Exemplare lehren, mit dichtem Pelze bedeckt. Diluvium von Europa und Asien. E. africanus BLUMENB. (Untergatt. Loxodon F. CUV.). Lamellen der Backzähne bilden auf der Kaufläche eine rautenförmige Figur, indem sie in der Mitte ihrer Breite sich stark verdicken; dabei sind sie weniger zahlreich, als bei der ersten Art. Schädel niedriger, Stirn gewölbt; Ohren ausserordentlich gross. Höhe 10—12'. Africa, von der Sahara bis zum Cap. E. priscus GOLDF., dem africanischen ähnlich. Diluvium von Mittel-Europa. — u. a. fossile A., von denen einige in ihren Zähnen einen Uebergang zu den Mastodonten bilden (Gatt. Stecodon FALCONER).

2. Gatt. Mastodon CUV. Bei jungen Thieren finden sich Stosszähne im Ober- und Unterkiefer; die letzteren sind kürzer und gerader (*Tetracaulodon* GODMAN); in der Regel erhält sich nur ein unterer, der rechte. Backzähne mit Querreihen zitzenförmiger (von Cement unverbundener) Höcker, von welchen drei bis sechs an einem Zahn vorkommen. Im Skelet den Elephanten vielfach ähnlich; Körper ebenso hoch, nur länger. Fossil in Tertiärschichten Europa's und Asiens, im Diluvium Nord-America's. — Arten: M. giganteum CUV. (*Harpagmotherium canadense* FISCHER, *Tetracaulodon mastodontoideum* GODM.). Nord-Americanisches Diluvium. M. longirostre KAUP (*M. angustidens* CUV. p. p.). Miocen Mittel- und Süd-Europa's. — u. a. A.

Wir führen hier noch die Gattung Dinotherium KAUP auf, deren Stellung zwar ohne Kenntniss der Extremitäten nicht ganz sicher ist, welche aber in ihrem Schädel ausserordentlich viel Anschlüsse an die Proboscidea darbietet und wenigstens eine Mittelform zwischen den Sirenien und den echten Rüsselträgern darstellt. Man kennt nur den Schädel, welcher durch das Fehlen der Schneidezähne im Oberkiefer, dagegen durch das Vorhandensein zweier grosser nach unten gekrümmter Stosszähne im Unterkiefer ausgezeichnet ist. Die Backzähne haben zwei und drei quere Schmelzhöckerreihen und sind zu $\frac{5}{5}$ jederseits vorhanden. Die Form des Gehörlabyrinths spricht nach CLAUDIUS entschieden für die Verwandtschaft des Dinotherium mit den Proboscideern. — D. giganteum KAUP. Mitteltertiärschichten Mittel- und Süd-Europa's.

II. Indeciduata.

10. Ordnung. **Artiodactyla** OWEN.

(*Pachydermes à doigts paires* CUV. [*Zygodactyla* WAGN.] et *Ruminantia* aut.)

Schneidezähne bald in beiden Kinnladen vorhanden, bald nur in der untern; Eckzähne häufig fehlend; Backzähne zusammengesetzt oder schmelzfaltig. Die Gliedmaassen mit paarigen Zehen, die innere und äussere sind oft Afterzehen. Zitzen inguinal. (Stets normal 19 Dorsolumbarwirbel. Magen häufig zusammengesetzt, Blinddarm einfach.)

Mit dieser Ordnung beginnt die Reihe derjenigen Säugethiere, deren Embryonen zwar durch die Entwickelung einer Placenta mit der Uteruswand verbunden sind, deren Placenta aber ohne Bildung einer Decidua sich von dem Uterus bei dem Geburtsact ohne Substanzverlust und Blutung löst. Sie sind daher Indeciduata. Die hier vereinigten paarzehigen Dickhäuter und Wiederkäuer schliessen sich durch die ersteren den beiden zuletzt characterisirten Ordnungen an, mit denen sie die Behufung gemein haben, weichen aber in mannichfachen Beziehungen, so besonders in der typischen Zahl der Dorsolumbarwirbel, von ihnen ab.

Die Körpergestalt der *Artiodactyla* ist sehr verschieden; es sind plumpe, gedrungene, niedrige, aber auch leicht gebaute, gracile, hochbeinige Formen. Die Haut ist bei den einen sehr dick und nackt, bei den andern mit Borsten, bei den übrigen mit dichtem, strafferem oder weicherem Pelz bedeckt. Der Schädel ist im allgemeinen gestreckt, mit stark entwickeltem Kieferapparat; Muskelkämme sind sehr entwickelt. An der untern Fläche sind die Hinterhauptcondylen bei den Wiederkäuern einander sehr nahe gerückt (bei den Kameelen berühren sich die innern Ränder), etwas von einander entfernter sind sie bei den nicht wiederkauenden Paarzehern. Der Paroccipitalfortsatz liegt den Condylen sehr nahe und ist von ihnen durch eine Grube oder eine etwas weitere Vertiefung getrennt; er ist meist länger als das Mastoid, nur beim Kameel und einigen andern kürzer. Der knöcherne Gaumen ist sehr lang, so dass die hintern, vertical beträchtlichen Nasenöffnungen hinter dem letzten Backzahn liegen. Bei den *Ruminanten* haben die Gaumenbeine jederseits einen tiefen Einschnitt, während bei den nicht wiederkauenden die Backzahnreihe der Wand des Nasencanals dicht anliegt. Es findet sich kein, die Carotis externa in einem Theil ihres Verlaufs schützender Alisphenoidcanal. Das Foramen ovale ist bei den *Ruminanten* vollständig, bei den andern am hintern Rande nicht geschlossen. Die Augenhöhle ist von der Schläfengrube meist durch eine knöcherne Brücke zwischen Jochbein und Postorbitalfortsatz des Stirnbeins getrennt; nur bei den Schweinen und *Anoplotherien* ist der Orbitalring nicht geschlossen. Die Thränenbeine erscheinen in bedeutender Ausdehnung auf der Schädeloberfläche und haben bei vielen Wiederkäuern hier eine beträchtliche Grube zur Aufnahme grösserer Talgdrüsen der Haut (sogenannte Thränengrube). Die meisten Wiederkäuer haben an den Stirnbeinen symmetrisch stehende Hörner (*Camelus* und *Moschus* machen eine Ausnahme). Dieselben bestehen entweder aus einem bleibenden, oft mit sehr breiter Basis entspringenden und auch Verlängerungen der Stirnbeinhöhlen aufnehmenden Knochenzapfen, welcher von einer Hornscheide (dem eigentlichen Horn) umhüllt wird (Cavicornia); oder sie stellen selbst eine Verknöcherung dar (Geweihe). Am untern Ende des kurzen Zapfens tritt von einem meist wulstrandigen Absatz, dem sogenannten Rosenstock, aus eine periodisch wuchernde Periostverknöcherung auf. Das Geweihe wird jährlich abgeworfen und erneuert.*) Die Nasenbeine sind bei den Wiederkäuern häufig vorn eingeschnitten und berühren oft die Zwischenkiefer nicht. Zwischen Nasen-, Thränenbeinen, Ober- und Zwischenkiefer findet sich oft eine schlitzförmige Lücke. Während bei den nicht Wiederkauenden die Zwischenkiefer Schneidezähne tragen, sind sie bei Wiederkäuern zahnlos (wenigstens im erwachsenen Zustand). Die Wirbelsäule zeigt bei allen *Artiodactylen* eine grosse Constanz in der Zahl der Wirbel. Die sieben Halswirbel sind bei den *Ruminantia* meist durch Gelenkkopf und Pfanne mit einander verbunden und zwar so, dass die sechs hintern Wirbel vorn eine kugelige Gelenkfläche, hinten eine Höhle tragen. Die Querfortsätze sind für die Vertebralarterie durchbohrt, nur ist bei den Wiederkäuern der des siebenten undurchbohrt; und bei den *Cameliden* sind die sechs hintern undurchbohrt, indem die Arterie innerhalb des Rückenmarkcanals verläuft. Dorsolumbarwirbel sind überall 19 vorhanden, nur bei einigen Culturrassen des Schweins und Schaafes kommt eine Vermehrung vor. Von diesen Wirbeln sind rippentragend die vordern 12 (*Camelus*) oder 13 (*Bos*, *Ovis*, *Sus*) oder 14 (*Camelopardalis*, *Cervus*, *Dicotyles*, *Sus*) oder 15 (*Hippopotamus*, *Sus*). Das Kreuzbein wird aus vier bis sechs Wirbeln gebildet, von denen die hintern schnell an Grösse abnehmen. Der Schwanz enthält eine sehr schwankende Zahl, bald nur noch aus dem Körper bestehender Wirbel. Am Schultergürtel fehlt das Schlüsselbein vollständig; das Schulterblatt ist lang und schmal, die Spina scapulae zuweilen zu einem kurzen Acromialfortsatz ausgezogen. Das Becken ist gestreckt, die Hüftbeine schmal; an dem ventralen Verschluss nehmen auch die Sitzbeine Theil, so dass eine Scham-Sitzbeinsymphyse gebildet wird. Von den Extremitätenknochen ist meist Oberarm und Oberschenkel kürzer, als der untere Abschnitt, nur bei *Hippopotamus* und den *Suina* gleichen sich beide in der Länge. Das Femur hat keinen dritten Trochanter, wie bei den *Perissodactylen*; das Eintrittsloch für die ernährende Arterie liegt bei den meisten *Artiodactylen* vorn und oben, der von ihm ausgehende Canal verläuft nach unten; nur bei den *Cameliden* liegt das Loch auf der hintern Seite in der Mitte der Länge, wie bei den meisten *Perissodactylen*. Radius und Ulna sind bei den Wiederkäuern meist völlig mit einander verwachsen, so dass die Ulna nur am Olecranon und dem kurzen untern stilförmigen Fortsatz zu erkennen ist. Distincter bleiben beide Knochen bei den *Suina*, doch tritt auch hier bei *Dicotyles*, wie bei *Hippopotamus* eine mehr oder minder vollständige Verwachsung ein. Dasselbe gilt für Tibia und Fibula. Bei den Wiederkäuern ist die Fibula nur durch ihr unteres Ende repräsentirt (Os malleolare), bei *Hippopotamus* fehlt ihr oberes Ende, bei *Sus* bleibt die dünne Fibula getrennt. Characteristisch für die *Artiodactylen* ist, wie in ihrem Namen ausgedrückt ist, das Vorhandensein paariger Zehen. Bei *Hippopotamus* sind vorn und hinten vier Zehen vorhanden, von denen die beiden mittleren (die dritte und vierte) die stärksten sind. Bei *Sus* werden die innere und äussere kürzer und erreichen den Boden nicht mehr. In beiden Fällen sind aber die Mittelhand- und Mittelfussknochen getrennt, bei *Sus*

---

*) BARTLETT hat beobachtet, dass bei Antilocapra das scheidenförmige Horn gleichfalls periodisch erneuert wird. Proceed. Zoolog. Soc. 1865. p. 718.

schon etwas verlängert. *Dicotyles* hat hinten nur drei Zehen, indess wird diese Zahl nicht durch eine Abweichung vom Artiodactylentypus sondern dadurch erreicht, dass die äussere, schon bei *Sus* verkleinerte (After-) Zehe ganz fehlt bis auf ein Rudiment des Metatarsus. Der Gang erfolgt auch hier auf den gleichmässig stark entwickelten dritten und vierten Fingern. Bei den Wiederkäuern sind die Metacarpen und Metatarsen des dritten und vierten Fingers zu einem einzigen, verlängerten Knochen verwachsen (Os du canon), dessen unteres getheiltes Gelenkende die beiden Finger trägt. Bei *Moschus aquaticus* bleiben jedoch beide Knochen getrennt. Am innern und äussern Rande des untern Endes hängen in der Form kleiner griffelförmiger Knochen die Rudimente der Mittelhand- und Mittelfussknochen der zweiten und fünften Zehe, deren Phalangen klein, meist den Boden nicht berührend höher oben articulirt sind und die Afterklauen darstellen. Sie fehlen den *Cameliden*. Die letzten Phalangen sind einzeln von kleinen Hufen bedeckt, wodurch bei der Entwickelung von nur zwei Hauptzehen der Fuss gespalten erscheint (*Bisulca*). Bei manchen Wiederkäuern findet sich eine an der vordern Fläche des Fusses mündende eigenthümliche schlauchförmige Drüse, der sogenannte Klauenschlauch. Wie überall ist auch hier das Gehirn bei kleinen Formen windungsärmer, als bei den grösseren, welche zum Theil sehr windungsreiche Gehirne besitzen. Die Windungen folgen einem besondern, durch mehrere Eigenthümlichkeiten von dem der *Perissodactylen* abweichenden, aber mit ihm verwandten Typus. Neben der Längsspalte der Hemisphären liegen zwei schmale, nur bis etwa vor die Mitte der Länge der Spalte und zuweilen in diese selbst hineinrückende Streifen von grauer Substanz, welche nach aussen von zwei andern von vorn bis hinten reichenden, hinten häufig breitern und durch Querfalten abgetheilten Streifen begrenzt werden. Noch weiter nach aussen und unten folgen endlich noch zwei, häufig mit welligen Rändern versehene Windungen, welche in der Mitte eine seichte Querfurche als Andeutung einer Sylvi'schen Spalte haben. — Was die Verdauungsorgane betrifft, so zeigen sie eine ziemliche Mannichfaltigkeit, welche jedoch auf wenig Grundformen zurückzuführen ist. Die Zähne sind häufig in der den placentalen Säugethieren typischen Anzahl ($i\frac{3}{3} c\frac{1}{1} p\frac{4}{4} m\frac{3}{3}$) vorhanden. So ist es der Fall bei *Anoplotherium*, *Dichodon*, *Hippopotamus*, *Sus* im erwachsenen Zustande, wobei zu bemerken ist, dass bei der erstgenannten Gattung und einigen andern fossilen die Zahnreihe geschlossen ist, ohne Lücke zwischen Eckzahn und Schneidezähnen, oder Eck- und Backzähnen. Eine der typischen annähernde Zahl hat man auch bei mehreren Wiederkäuern im Embryonalzustande beobachtet; doch gehen hier später die oberen Schneidezähne meist verloren; auch die Eckzähne erhalten sich nur selten im Oberkiefer. Die Backzähne der *Artiodactylen* haben ziemlich feste Charactere. Sie haben eine im Allgemeinen quadratische Krone mit vier pyramidalen, mehr oder weniger deutlich dreieckigen Haupthöckern, welche durch tiefe, nicht mit Cement erfüllte, aber in manchen Gattungen durch kleinere Nebenhöckerchen und Leisten unterbrochene Thäler von einander getrennt werden. Die Praemolaren sind stets einfacher und kleiner als die Molaren, bei nicht wiederkauenden Artiodactylen oft ein- oder zweihöckerig, bei Wiederkäuern meist nur die Hälfte eines wahren Backzahns darstellend. Zuweilen erfolgt auch mit dem Durchbruch der echten Backzähne ein Abstossen der Praemolaren, so dass dann nur wenige Zähne auf einmal in Function sind. Der Darmcanal ist von ziemlicher Länge, welche bei den eine rein pflanzliche Kost nehmenden Formen bedeutender ist, als bei den omnivoren. Einen wichtigen Unterschied bieten der Magen und Blinddarm dar, verglichen mit dem der *Perissodactylen*. Der **Magen** ist hier stets in geringerem oder bedeutenderem Grade in Abtheilungen geschieden, welche in der entwickeltsten Form den zusammengesetzten Magen der Wiederkäuer bilden. Am einfachsten ist er wohl noch bei *Sus*, wo die einzelnen Abtheilungen nur insofern angedeutet sind, als der Oesophagus in der Mitte der kleinen Curvatur mündet und der hierdurch schärfer abgesetzte Cardiasack ebenso wie der Pylorustheil durch tiefe, von der Oesophagealmündung ausgehende Falten begrenzt werden. Schon bei *Dicotyles* und *Hippopotamus* sind aber die Abtheilungen deutlich von einander abgesetzt. Bei den Wiederkäuern endlich zerfällt der Magen in vier Abtheilungen, den grossen, am meisten nach links gelegenen **Pansen** oder **Wanst**, Rumen, den dicht an der Cardia mit diesem in Communication stehenden **Netzmagen** oder die **Haube**, Reticulum s. ollula, den **Blättermagen**, **Buch**, Psalterium s. omasus, und den **Labmagen**, Abomasus. Den *Camelen* und *Traguliden* fehlt die dritte Magenabtheilung. Beim Fressen tritt das Futter durch den offenen Oesophagus in den Pansen und aus diesem in den mit wabenähnlichen Schleimhautvorsprüngen versehenen Netzmagen. Aus diesem gelangt das nun erweichte Futter durch eine Rinne des Oesophagus nochmals in die Mundhöhle, um wiedergekaut zu werden, und tritt dann sofort in den wegen der den Blättern eines Buchs vergleichbaren Schleimhautfalten sogenannten Blättermagen oder bei den genannten Thieren ohne solchen in den Labmagen. Im Gegensatz zu der complicirten Form des Magens ist der Blinddarm bei den *Artiodactylen* einfach, häufig sehr kurz, nie mit colonartigen Divertikeln versehen. Eine Gallenblase fehlt zuweilen, so *Dicotyles* und *Cervus*. In der Scheidewand des Herzens findet sich zuweilen eine Ossification. — Der Uterus ist zweihörnig, die Zitzen sind abdominal oder inguinal. Die Hoden bleiben in einzelnen Fällen im Inguinalcanal oder liegen zwischen den Schenkeln oder in einem zuweilen sehr entwickelten Scrotum. Die Placentarverbindung der Frucht mit der Mutter geschieht entweder durch Entwickelung einer diffusen Placenta, wo die rings auf den Eihäuten zerstreut stehenden Zotten in schlauchförmigen Vertiefungen der Uterinschleimhaut eingesenkt sind, oder die Zotten sind zu sogenannten Cotyledonen gesammelt, d. i. in büschelförmige Gruppen von Zotten, welche in becherförmige Vorsprünge der Uterusschleimhaut eintreten. In beiden Fällen lösen sich aber die Zotten leicht und ohne Zerreissung und Blutung aus dieser Verbindung.

Die **geographische Verbreitung** der lebenden *Artiodactylen* weist auf ein Zurückgehen der nicht wiederkauenden Formen hin. Mit Ausnahme der Gattung *Sus*, welche vielleicht zum Theil in Folge der Domestication in alle Climate versetzt ist, sind alle andern nicht wiederkauende Paarzeher den Tropen eigen. Doch haben auch hier die alte und die neue Welt besondere Formen. *Hippopotamus* und *Phacochoerus* sind africanisch, *Dicotyles* americanisch;

die Gattung *Sus* und die verwandten *Porcula*, *Porcus* sind altcontinental. Auch unter den Wiederkäuern, von welchen einige nördliche Formen beider Continente vielleicht specifisch identisch sind, haben America und der alte Continent besondere Formen. *Camelopardalis* und *Camelus* sind altcontinental, *Auchenia* südamericanisch. *Bovina* fehlen im südlichen, *Ovina* wohl (ursprünlich) in America, wogegen *Cervina* in allen Welttheilen mit Ausnahme von Africa (und natürlich mit Ausnahme von Australien, welches überhaupt keine *Artiodactylen* hat) vorkommen. Geologisch kommen nicht wiederkauende Formen schon in alttertiären Schichten vor; an die hier auftretenden Gattungen *Anoplotherium*, *Anthracotherium* u. a. schliessen sich in mitteltertiären Formationen Thiere, welche einerseits direct in *Suina* übergehen, andererseits mit *Ruminantien* schon viel näher übereinstimmen, wie schon *Anoplotherium* selbst, *Dichobune* u. a., bis dann im Diluvium die meisten Arten theils sogenannte Pachydermen sind, theils der traditionellen Definition der Wiederkäuer entsprechen. Der Riesenhirsch, Schelch, *Cervus megaceros*, hat sicher noch mit dem Menschen zusammen Europa bewohnt. — Die *Artiodactylen* enthalten die nutzbarsten Hausthiere, von denen die meisten äusserst lange Zeit domesticirt worden sind. Es haben sich in Folge dessen bei mehreren die ursprünglichen Arten völlig verloren und die jetzt so verbreiteten und vielfach abweichenden Formen sind nur artlose Rassen.

OWEN, RICH., Description of teeth and portions of jaws etc., with an attempt to develop CUVIER's idea of the classification of Pachyderms by the number of their toes. in: Quart. Journ. Geolog. Soc. Vol. IV. 1848. p. 103.

1. Unterordnung. **Artiodactyla non-ruminantia** Ow. *(Pachydermes à doigts paires* Cuv., *Choeromorpha* HAECK. e. p.). Alle drei Arten von Zähnen vorhanden; Aussenzehen nur zuweilen zu Afterzehen verkürzt; Astragalus am Vorderende mit zwei Gelenkrollen. Haut haarlos oder borstig behaart. Magen ohne die das Wiederkauen ermöglichende Rinne an der Oesophagealöffnung, aber doch zusammengesetzt. Keine Hörner, dagegen zuweilen die Eckzähne zu mächtigen Stosszähnen oder Hauern entwickelt. Placenta diffus.

JONES, T. RYMER, Article »Pachydermata«, in: TODD's Cyclopaedia of Anat. Vol. III. 1846. p. 858.

1. Familie. **Obesa** ILLIGER. Gestalt plump, niedrig; Schnauze stumpf; $\frac{3}{2}$ (oder $\frac{3}{2}$ bei mehreren fossilen), die untern mittleren gross, eckzahnähnlich, fast horizontal; die untern Eckzähne sehr stark, bogig gekrümmt, die obern ähnlich, aber viel kleiner; Backzähne $\frac{7}{7}$, durch Verlust des vordersten Praemolars im Alter zuweilen $\frac{6}{6}$, die vordern kleiner, der vierte bis sechste mit vier Höckern, deren Kaufläche bei Abnutzung kleeblattähnliche Zeichnungen erhalten, der siebente mit einem hintern accessorischen Höcker. Haut fast nackt, dick. Füsse mit vier Zehen, welche alle nach vorn gerichtet sind und den Boden berühren.

Einzige Gattung. Hippopotamus L. Character der Familie. — Die Arten trennen FALCONER und CAUTLEY nach dem Vorhandensein von zwei oder drei Schneidezähnen jederseits oben und unten in die Untergattungen Tetraprotodon und Hexaprotodon. Zu der erstern gehört die einzige jetzt lebende Art: H. amphibius L., bis 11' lang. In der Nähe der Flüsse und Seen im ganzen südlichen Africa, von Abyssinien, dem Cap bis nach Senegambien. (Die Formen *H. australis* Duv. und *H. liberiensis* MORTON sind nur Varietäten); auch war der *H. major* Cuv. aus dem Diluvium des mittleren und südlicheren Europa nur wenig von dem jetzt lebenden verschieden.) Den Tertiärbildungen Ost-Indiens gehören mehrere Arten der Untergattung Hexaprotodon an, so H. sivalensis F. et C., H. irawadicus F. et C. u. s. w.

Die Gattung Potamohippus Jaeger ist zu wenig scharf characterisirt.

2. Familie. **Suina** Gray, Pictet (*Setigera* Illig.). Körper im Ganzen kleiner, weniger plump. Schnauze zugespitzt oder stumpf rüsselförmig. Schneidezähne von gewöhnlicher Form, Eckzähne zuweilen verlängert; die Zahnreihe nicht geschlossen, sondern stets mit Lücken zwischen den einzelnen Zahnarten. Füsse mit zwei mittleren, den Körper tragenden Hauptzehen, die zweite und vierte Zehe sind Afterzehen. Haut mit mehr oder minder dichtem Borstenkleid.

1. Gatt. Sus L. $i\frac{3}{3} c\frac{1}{1} m\frac{7}{7}$, die untern Schneidezähne nach vorn gerichtet, Eckzähne zu vorspringenden Hauern entwickelt; Kaufläche der Backzähne durch Entwickelung accessorischer Höcker in den Furchen zwischen den Haupthöckerpaaren complicirt. Füsse vierzehig; Schwanz kurz. Haut dicht borstig behaart, den Rücken entlang ist ein Kamm aufrechter Borsten. — Arten: S. scrofa L. (*S. europaeus* Pall.), Wildschwein. Europa, Nord-Africa, Festland von Indien. Stammform von einer Anzahl domesticirter Varietäten, deren Schädel, ursprünglich lang, schmal und niedrig, allmählich kürzer und höher geworden ist. Constant sind die Thränenbeine lang, länger als hoch, die Backzahnreihen parallel. Die Rassen dieser Stammform verschwinden im höheren Culturzustand der Landwirthschaft allmählich. Sie werden durch Formen ersetzt, welche von einer östlichen Form, S. indicus Pall., ausgehen, welche nicht mit Sicherheit wild bekannt, vielleicht in dem S. vittatus Müll. u. Schleg. von Java und Sumatra (*S. timoriensis* M. u. S., *S. leucomastyx* Temm., Jugendformen) gegeben ist. Der Schädel dieser letzteren Rassen zu denen auch das langohrige japanesische Maskenschwein gehört, welches Gray als besondere Untergattung Centuriosus pliciceps aufführt) ist von dem der ersteren verschieden: die Thränenbeine sind kurz, höher als lang, die Backzahnreihen nach vorn divergirend. — Als selbständige Art ist vielleicht noch S. verrucosus M. u. S. von Java anzusehen. — Von dem in den diluvialen Knochenhöhlen Europa's gefundenen S. scrofa fossilis v. Meyer an finden sich fossile Arten von Sus bis in die miocenen Schichten, deren Arten Lartet zum Theil zur Gattung Choerotherium vereint.

Nathusius, Herm. v., Die Racen des Schweines. Eine zoologische Kritik u. s. w. Berlin, 1860.

——— ——— Vorstudien für Geschichte und Zucht der Hausthiere zunächst am Schweineschädel. Mit Atlas. Berlin, 1864.

2. Gatt. Potamochoerus Gray. $i\frac{3}{3} c\frac{1}{1} m\frac{6}{6}$; Gestalt im Ganzen die der Schweine; Schädel kurz, Jochbein rechtwinklig abstehend, weit; am Oberkiefer eine vorragende Wulst für das Ende der Eckzahnalveole; Nasenbeine und oberer Theil der Zwischenkiefer mit starker, rauher Protuberanz zur Befestigung einer warzigen Anschwellung zwischen Auge und Schnauzenspitze. Schwanz dick, hoch angesetzt. — Arten: P. africanus Gray (*Sus africanus* Schreb., *S. larvatus* F. Cuv.), Warzenschwein; S. penicillatus Gray (*Sus penicillatus* Schinz, *P. pictus* Gray olim); beide von Südwest-Africa (Madagascar?).

3. Gatt. Porcus Wagl. (*Babyrussa* F. Cuv.). $i\frac{2}{3} c\frac{1}{1}$, die obern halbkreisförmig nach oben und hinten gekrümmt, $m\frac{5}{5}$ ($p\frac{2}{2}$ $m\frac{3}{3}$). Körper gracil, Beine länger, als bei Sus. — Art: P. babyrussa Wagl. (*Sus babyrussa* L.), Hirscheber. Molukken.

4. Gatt. Porcula Hodgson. Schneidezähne rudimentär, die Kiefer nicht verlassend, Eckzähne klein, meist vorragend, nur $\frac{6}{6}$ Backzähne. Vierte Zehe an allen Füssen klein und ungleich. Schwanz sehr kurz, aber deutlich. — Arten: P. Salvania Hodgs., Saul Forest, Indien. 10" hoch, 20" lang, 7—10 Pfund schwer. P. taivana Swinhoe. Insel Formosa.

5. Gatt. Dicotyles Cuv. $i\frac{2}{3} c\frac{1}{1}$, nicht vorragend, $m\frac{6}{6}$. Ohren sehr klein; Schwanz verkümmert. Die Aussenzehe der Hinterfüsse fehlt, daher diese nur dreizehig. Auf dem Rücken eine mit weitem Gang sich öffnende Drüse. — Arten: D. torquatus Cuv. und D. labiatus Cuv.; beide als Pecari und Tayazu, Nabel- oder Bisamschwein bezeichnet. Süd-America, die erstere Art auch in den südlichen Theilen Nord-America's. — Fossile Arten

10. Artiodactyla.

finden sich im Diluvium Brasiliens, ebenso in dem Nord-America's, woher LEIDY mehrere Formen als Dicotyles, Platygonus (*Hyops* LE CONTE), Protochoerus und Euchoerus generisch verschieden aufführt.

6. Gatt. **Phacochoerus** Cuv. $i\frac{1}{4}$ oder fehlen bei den erwachsenen Thieren, $c\frac{1}{4}$ wie bei *Sus* gekrümmt und vorragend, $p\frac{2}{2}$ $m\frac{3}{3}$, es werden aber hier sowohl die vordern Praemolaren als die vordern Molaren abgestossen, so dass zuletzt nur p 4 und m 3, endlich nur m 3 oben und unten übrig bleibt, welcher sehr lang und eigenthümlich aus anfangs offenen, sich später an der Wurzel schliessenden Röhren zusammengesetzt ist und auf der Kaufläche 6—14 Höckerpaare trägt. Jederseits unter dem Auge eine Warze oder ein Fleischlappen. Gestalt gedrungen; Schnauze breit. Alle Füsse vierzehig. — Arten: Ph. Pallasii v. D. HOEV. (*Sus aethiopicus* Cuv., PALL.). Ohne bleibende Schneidezähne. Südspitze von Africa. Ph. Aeliani Rüpp. (*Sus africanus* L. GM.), von Abyssinien und Mozambique bis Guinea und Senegal.

OWEN, RICH., On the development and homologies of the molar teeth of the Wart-Hogs (Phacochoerus). Philos. Transact. 1850. II. p. 481.

In der Molasse von Chaux-de-Fonds sind Eckzähne gefunden worden, auf welche die nach PICTET mit Phacochoerus verwandte Gattung Calydonius H. v. MEYER gegründet ist.

Den Character der Suinen tragen noch mehrere, zum Theil nur in ihrem Gebiss gekannte fossile Gattungen, deren Characteristik ohne Detailbeschreibung der Zähne kaum zu geben ist. Soweit man Gliedmaassenknochen entdeckt hat, sind sie vierzehig gewesen. Ihre Grösse war sehr verschieden; von Thieren, welche dem Hippopotamus an Körpergestalt nahe standen (Entelodon), finden sich Formen abwärts bis zur Grösse eines Hasen (Hyracotherium). Die meisten gehören miocenen Tertiärbildungen an. Es sind: Palaeochoerus (POMEL) GERVAIS (incl. *Cyclognathus* CROIZET, *Brachygnathus* und *Synaphodus* POMEL), Miocen der Auvergne; Choeromorus LARTET, oberes Miocen, Sansan; Entelodon AYMARD und Elotherium POMEL, unteres Miocen des Puy und der Gironde, nur in der Abnutzungsfläche der Molaren abweichend; Choeropotamus Cuv., wie alle genannten mit $\frac{7}{7}m$, die Eckzähne platter, dreieckig, carnivorenartig; unteres Miocen, Paris, Ile of Wight, Madrid. Rhagatherium PICT., mit $\frac{7}{7}$ Backzähnen, Eck- und vordere Backzähne schneidig, carnivorenartig. Tertiär, Schweiz. Hippohyus CAUTL. u. FALC. Tertiärschichten der Sivaliks. Hyotherium H. v. M. Miocen und pliocen. Bothriodon AYMARD (*Ancodus* POMEL), im ganzen Schädel bekannt; Körperform erinnert an *Sus*; ihm sehr nahe steht Hyopotamus OWEN, während Bothriodon crispus GERV. (Gatt. *Abothrion* AYMARD) nach PICTET vielleicht ein Anoplotherioid ist. Anthracotherium Cuv., eine schon länger, aber nicht vollständig bekannte Gattung, mit kürzerem Diastem vor den Backzahnreihen als bei den vorigen Gattungen; miocen. — Die von PICTET provisorisch hier noch aufgeführten Gattungen Acotherulum GERV. (in dessen Nähe wohl auch *Cebochoerus* GERV. gehört) und Heterohyus GERV. sind zu unvollständig gekannt, um ihre Stellung mit Sicherheit bestimmen zu können.

2. Unterordnung. **Anoplotherioidea** (GRAY) PICTET. Alle drei Arten von Zähnen vorhanden; sie bilden eine ununterbrochene Reihe, ohne Diastema ; die Eckzähne sind meist den Praemolaren oder Schneidezähnen ähnlich; nicht vorragend. Die zwei äusseren Zehen sind kurze, nie den Boden berührende, zuweilen verkümmernde Afterzehen. Die Mittelhand- und Mittelfussknochen verwachsen indess nicht mit einander.

Anoplotherioiden kommen nur fossil in den älteren und mittleren Tertiärschichten vor. Sie bilden in ihrer Skeletbildung und Bezahnung die Vorläufer der Wiederkäuer, haben aber in beiden so viel mit den andern Artiodactylen Uebereinstimmendes, dass wir ohne Kenntniss der Weichtheile sie wenigstens jetzt schon als Wiederkäuer anzusehen uns nicht entschliessen können. Sie bilden eine

Einzige Familie. **Anoplotherina** GRAY, mit dem Character der Unterordnung.

Gatt. Anoplotherium Cuv. Knöcherner Orbitalring nicht geschlossen, Nasenbeine reichen bis zum vordern Schneidezahnrand, Eckzähne den Schneidezühnen ähnlich, $\frac{7}{7}$ Backzähne, die untern mit halbmondförmigen Prismen, die obern mit äussern Leisten und accessorischen Höckern. Schwanz lang und kräftig. Füsse zweizehig, die zweite (innere) Zehe zuweilen im Rudiment vorhanden. — Arten: A. commune Cuv. u. a. Tertiär. — Aus den Arten, deren Zeigefinger im Metacarpal- und Metatarsalstück stärker entwickelt ist, bildet Gervais die Gattung Eurytherium: A. secundarium Cuv.

Die Gattung Chalicotherium Kaup hatte nur $\frac{6}{6}$ Backzähne (die Zähne sind die einzig bekannten Theile), die von denen der Anoplotherium abweichen. Mehrere Arten bis zur Grösse des Rhinoceros; miocen. Der Stellung nach unsicher ist Tapinodon H. v. M., aus dem Miocen Solothurns.

Gatt. Xiphodon Cuv. Gebiss wie Anoplotherium, die obern Backzähne mit innern accessorischen Höckern; Füsse zweizehig. X. gracile (Anopl. Cuv.). Pariser Gyps. — u. a.

Gatt. Dichobune Cuv. Gebiss wie bei vorigen. Füsse dreizehig, indem die fünfte (äussere) Zehe zur Afterzehe entwickelt ist. Kleine Thiere. D. cervinum Ow., D. leporinum Cuv. u. a. Eocen. — Nahe verwandt, aber nur in einem Unterkiefer bekannt ist Aphelotherium Gerv.

Gatt. Hoplotherium Laizer et Parieu (Cainotherium Bravard). $i\frac{3}{3}$, der obere innere eigenthümlich vergrössert, $c\frac{1}{1}$, etwas über die Zahnebene vorragend, $m\frac{7}{7}$, die vordern scharfhöckrig, die hintern wiederkäuerartig. Füsse vierzehig, d. i. mit zwei Afterzehen. Die Arten noch nicht sicher gestellt. Die Gattungen Microtherium H. v. M., Hyaegulus Pomel, Zooligus und Diplocus Aymard sind vielleicht nur einzelne Hoplotherienformen, ebenso Amphimeryx Pomel.

Die Gattung Adapis Cuv. hat die ununterbrochene Zahnreihe der Anoplotherien, etwas vorspringende Eckzähne, aber die Backzähne haben quere Höckerreihen und nähern sich hierdurch denen der Tapire. Die Gattung Dichodon Owen weicht von den Anoplotherien durch den Mangel der äussern Schmelzleisten an den Molaren ab; ähnlich sind die Backzähne von Merycopotamus Cautley u. Falc., deren Eckzähne indess hauerartig entwickelt waren, wie von Choeromeryx Pomel (Anthracotherium silistrense Pentl.), welche Gattung Owen mit den beiden genannten vergleicht.

3. Unterordnung. **Ruminantia** (Vicq d'Azyr) Cuv. (Pecora L., Bisulca Blumenb.). Meist $i\frac{0}{8}$ und $c\frac{0}{1}$, nur selten beide auch im Oberkiefer, $m\frac{6}{6}$ oder $\frac{6}{8}$ oder $\frac{7}{7}$, durch ein Diastem von den Eckzähnen getrennt mit platten Kronen und daraufstehenden halbmondförmigen Schmelzleisten, an den Praemolaren ein Paar, an den Molaren zwei, zuweilen noch accessorische Höcker und verticale Leisten. Innen- und Aussenzehe sind Afterzehen, fehlen zuweilen ganz. Metacarpal- und Metatarsalstücke der beiden Hauptzehen fast stets verwachsen. Astragalus am Vorderende mit zwei Gelenkrollen. Häufig ein symmetrisches Hörnerpaar. Haut straff oder wollig behaart. Magen aus drei oder meist vier Abtheilungen zusammengesetzt; es findet Wiederkauen statt. Placenta in der Form von Cotyledonen oder diffus.

Sundevall, C. J., Methodisk öfversigt af idislande djuren, Linné's Pecora, in: K. Vetensk. Akad. Handl. 1844. p. 121—240. — Deutsch in Hornschuch's Archiv skandinav. Beiträge etc. Th. 2. 1847. p. 78 und 261. (auch apart).

Gray, J. E., Catalogue of the specimens of Mammalia in the British Museum. P. III. Ungulata Furcipeda. London, 1852.

Cobbold, T. Spencer, Article »Ruminantia«, in: Todd's Cyclopaedia of Anatomy etc. Supplement. 1859. p. 506—545.

1. Familie. **Cavicornia** Illig. Nur im Unterkiefer Schneide- und Eckzähne, $m\frac{6}{6}$. Bleibende Hörner, welche knöcherne Fortsätze der Stirnbeine scheidenartig umgeben, häufig in beiden Geschlechtern. Meist mit Afterzehen. Die Allantois bildet Cotyledonen.

10. Artiodactyla.

1. Unterfamilie. Bovina (GRAY) BAIRD. Körper gross, robust. Hörner nach aussen gewandt und wenigstens an der Spitze rund, mit cavernösen Stirnzapfen. Keine Thränengruben und Klauendrüsen. Die Schnauzenspitze meist in ziemlicher Breite nackt (Muffel); Oberlippe ohne Furche. Backzähne mit accessorischen Schmelzsäulchen zwischen den Sichelfalten. Beine mässig hoch, Schwanz meist lang. Vier Zitzen.

1. Gatt. Bos L. aut. Die nackte Muffel breit, zwischen den Nasenlöchern bogig begrenzt. Hufe breit, beide zusammen breiter als lang. Schwanz lang.

1. Untergatt. Bos s. str. Stirn lang und flach, Hörner am Grunde nur wenig dicker, dicht vor der nach hinten abfallenden Scheitelfläche des Schädels entspringend; meist 13 Rippenpaare. Schwanzende mit Haarbüschel. Arten: B. primigenius BOJAN. Der in historischer Zeit erst ausgestorbene, noch zu Cäsar's Zeit in Deutschland und England lebende »Urus«, der Ur des Nibelungenliedes. Von ihm stammt das halbwilde Rind in den Parks von Millingham u. a. ab, ebenso wie mehrere grosse domesticirte Rassen, wie das Holsteiner, Friesland-Rind u. s. f. Aus einer anderen auch in Diluvialschichten und in Pfahlbautenresten vorkommenden Art, B. longifrons Ow. (B. *brachyceros* Ow. olim) rührt das sogenannte Braunvieh der Schweiz u. a. Rassen her. Noch andere Rassen sind auf B. frontosus NILSS., gleichfalls diluvial, zurückzuführen. Unser jetziges Hausrind bildet keine wirkliche natürliche Species, sondern stellt eine Menge durch Kreuzungen vielfach modificirter Formen dar, welche, irrthümlich unter einem specifischen Namen Bos taurus vereint, zwar als Rassen unterschieden werden können, aber durch ihre nur den Bedürfnissen des Menschen folgende Zucht ihre ursprünglichen Verschiedenheiten ganz verloren haben. Gleichfalls nur als locale Rassen sind die ostindischen Formen anzusehen, B. banteng RAFFL. (*B. sondaicus* MÜLL. u. SCHL.), der Banteng, B. frontalis LAMB., der Gayal, und B. gaurus H. SM., der Gaur. (Subgenera *Probos* und *Bibos* HODGS.). Vollkommen fruchtbare Kreuzungen sind nicht blos mit den verschiedenen domesticirten Rassen, sondern auch mit dem americanischen Wisent, ebenso mit dem dem Hausrind noch näher stehenden Buckelochsen gemacht worden. Dieser, B. indicus L., der Zebu, weicht vom Hausrind in mehreren osteologischen Eigenthümlichkeiten, in seiner Lebensweise, Stimme, durch verschiedenen Habitus, Richtung der Hörner u. s. w. ab. Er ist characterisirt durch einen am Widerrist sitzenden oder durch hinterennaher am Vorderrücken befestigte Höcker. Das Zeburind findet sich auf dem ostindischen Festland und in Ost-Africa (von wo er als *Bos Dante* LINK aufgeführt wird).

2. Untergatt. Bubalus H. SM., A. WAGN. Stirn kurz, convex; die Hörner sind den Seitenecken der Frontoparietalleiste aufgesetzt, treten nach rückwärts mit nach vorn gebogener Spitze; ihre Basis erweitert sich zuweilen im Alter; Behaarung spärsam. — Arten: B. buffelus L. (subgen. *Buffelus* RÜTIM.), Büffel. Stammt aus Indien, ist aber in Nord-Africa und Süd-Europa (Italien) als Hausthier eingeführt. (Eine indische Varietät mit colossalen Hörnern ist *B. arni* SH.) — B. caffer SPARRM. L. (subgen. *Bubalus* RÜTIM.). Hörnerbasis bei alten Männchen so verbreitert, dass nur eine schmale Linie zwischen ihnen freibleibt. Abyssinien, Sudan und weiter im Innern von Africa. — B. (*Hemibos* FALC.) triquetricornis FALC. aus dem Pliocen der Sivalik-Berge. Von ihm weicht nur durch unbedeutendere Grösse die sogenannte Celebes-Antilope ab, *Anoa depressicornis* H. SM. (*Bubalus depressicornis* TURNER, subgen. *Probubalus* RÜTIM.).

3. Untergatt. Bison (H. SM.) SUND. BAER. (*Bonassus* A. WAGN.). Stirn breiter als lang; Hörner vor der Frontoparietalleiste aufgesetzt. Körper an den Schultern höher als am Kreuz. Stirn, Kopf und Hals mit langer wolliger Mähne/Kinn mit langem Bart. Wamme fehlt. — Arten: B. europaeus Ow., SM. (*B. urus* NORDM.), der Wisent, häufig auch europäischer Auerochs genannt, welche Bezeichnung indess, um die Verwechselung mit dem »Urus« der Alten zu vermeiden, aufgegeben werden sollte. Früher in Mittel-Europa verbreitet, jetzt im Walde von Bialowicza gehegt und wild im Caucasus. Ihm steht der Bos priscus BOJAN. aus dem Diluvium nahe. Von ihm specifisch verschieden ist B. americanus GM., der amerikanische Wisent, auch wohl Büffel genannt.

4. Untergatt. Poephagus A. WAGN. Stirn kurz, etwas convex. Hörner höher als bei

150   I. Mammalia.   A. Monodelphia.

Bonassus angesetzt. Körper vorn und hinten gleich hoch. Schwanz lang behaart, rossschweifartig. — Art: P. grunniens L. (*B. poephagus* Hodgs.) der Yak; mit lang herabhängendem, vliessartigem Haarkleid; Stimme grunzend. Wild an den Abhängen des Himalaya; in Tibet, der Mongolei u. a. O. domesticirt.

2. Gatt. Ovibos Blainv. Schnauzenspitze behaart, nur ein kleiner nackter Fleck zwischen den Nasenlöchern; Oberlippe nicht gefurcht. Stirn flach, Hörner mit der breiten Basis zusammenstossend, nach abwärts gekrümmt, mit aufgerichteter Spitze; Schwanz kurz, im Pelz versteckt; Haarkleid lang. — Art: O. moschatus Blainv. (*Bos moschatus* Zimm.) der Bisamochse Nord-Americas. Von 60° n. Br. nordwärts, so weit das Land reicht; auch im Diluvium des alten Continents verbreitet.

Zu Ovibos gehören Reste eines ochsenartigen Thieres, welche Leidy als Bootherium beschreibt (*Ovibos priscus* Rütim.).

Rütimeyer, L., Versuche einer natürlichen Geschichte des Rindes, in: Denkschr. d. Schweiz. naturf. Gesellsch. Bd. 22 u. 23.

2. Unterfamilie. **Ovina** Baird (*Caprina* Sund. e. p., Gatt. *Aegoceros* Pall., A. Wagn., *Capra* Blumenb.). Körper allgemein kleiner. Hörner nach hinten oder der Seite gerichtet, mehr oder weniger zusammengedrückt, winklig und runzlig. Schnauzenspitze behaart, selten ein kleiner nackter Fleck zwischen den Nasenlöchern. Backzähne ohne accessorisches Schmelzsäulchen. Afterklauen kurz, abgerundet. In der Regel nur zwei entwickelte Zitzen.

Wie die Wiederkäuer im Allgemeinen leicht zu domesticiren sind und wie hierdurch die Grenzen der einzelnen, durch allmähliche Divergenz der Charactere sich scheidenden Formen häufig wieder undeutlich werden, so ist es auch für die Gruppe der schaf- und ziegenartigen Wiederkäuer kaum möglich, durchgreifend unterscheidende Merkmale aufzustellen. Die Schafe haben meist Thränengruben, dem Mähnenschaf und Tragelaphus und dem Nahoor fehlen sie. Den Ziegen sollen die Klauendrüsen fehlen; doch führt Hodgson an, dass die Mehrzahl der Ziegen des Himalaya solche an den Vorderfüssen hat. Auch Isid. Geoffroy-St.-Hilaire gibt an, dass sie, indess sehr selten, bei Hausziegen vorhanden sind, während sie umgekehrt bei mehreren Schafrassen fehlen. Nach Godron haben mehrere Ziegenböcke den nach Gray ganz characteristischen Gestank verloren. Endlich sind nicht allein alle Schafrassen unter sich und alle Ziegenrassen unter sich, sondern auch Schaf und Ziege mit einander, ebenso wie deren hybride Nachkommen fruchtbar (Cuvier).

1. Gatt. Ovis L. An der Basis der Hörner ist der Querdurchmesser der grössere, die Hörner quer wellig gerunzelt, nach hinten und der Seite spiral gekrümmt. Stirn flach oder concav. Kinn bartlos. Schnauzenspitze völlig behaart. Meist Thränengruben und Klauendrüsen. Hufe hinten niedriger als vorn. — Arten: Wie bei dem Rinde ist es auch hier wahrscheinlich, dass unser zahmes, in zahlreiche Formen auseinandergehendes Schaf, Ovis aries L., keine natürliche Species, sondern eine Menge artloser Rassen darstellt, deren Ausgangsquellen zu bestimmen freilich sehr schwer ist. Die wilden Schafe (*Caprovis* Hodgs.) sind dadurch ausgezeichnet, dass die Hörner beim Männchen stark, schwer, sich in einem Halbkreis über den Nacken krümmen und dass der Schwanz kurz ist. Bei den Mufflons sind die Hörner vorn convex ohne Kante (*O. Vignei* Blyth, das Sha oder Koh von Tibet; *O. orientalis* Gm., der armenische Mufflon; *O. musimon* Schreb., auf Sardinien und Corsica); bei den Argalis sind die beiden Ränder des Hornes gleich kantig vorspringend (*O. argali* Pall., *ammon* L. e. p., nördlich vom Himalaya bis Sibirien; *O. nivicola* Eschsch., von Kamtschatka, und *O. montana* Cuv., das Bighorn Nord-America's scheinen nur besondere locale Formen des Argali zu sein). O. nahoor Hodgs. (Subgen. *Pseudois* Hodgs.) hat keine Thränengruben, mässiger Schwanz, glatte Hörner. Nepal. O. tragelaphus Desm. (Gatt. *Ammotragus* Blyth) hat ebenfalls keine Thränengruben, einen flachen Nasenrücken, Klauendrüsen und einen mit Endquaste versehenen Schwanz; das Kopf- und Halshaar bildet eine Mähne.

2. Gatt. Capra L. An der Basis der Hörner ist der in der Längsebene des Kopfes liegende Durchmesser der grössere. Hörner comprimirt, mit Querhöckern und starker Krümmung nach hinten; Innenseite glatt. Stirn leicht convex. Schnauzenspitze mit sehr kleinem nackten Fleck zwischen den Nasenlöchern; Kinn meist mit Bart. Hufe hinten kaum niedriger. Thränengruben und Klauendrüsen fehlen in der Regel. Schwanz kurz, aufrecht. — Arten: Untergatt. Ibex A. Wagn. Hörner vorn abgeplattet, ohne Kiel, mit knotigen Querwülsten. C. ibex L. *(Ibex alpinus* Gray), der Steinbock der europäischen Alpen. Der Form der Hörner nach sind der Steinbock der Pyrenäen und der der Sierra Nevada (*C. pyrenaica* Schinz und *C. hispanica* Schimper) verschieden. Man kennt Steinböcke noch vom Sinai (*C. Beden* A. Wagn.), vom Caucasus (*C. caucasica* Güld. und *Aegoceros Pallasii* Rouill.), aus Sibirien und Kaschmir. Auch sind Reste in diluvialen Höhlen gefunden worden (*C. cebennarum* Gerv. und *C. Rozeti* Pomel). — Untergatt. Hircus A. Wagn. Hörner seitlich comprimirt, vorn mit Kiel. C. ᴁegagrus L., Gm., die Bezoarziege. Caucasus und Gebirge Persiens. Diese sowie die C. Falconerii (Hügel) A. Wagn., aus dem westlichen Gebirgstheile Ost-Indiens sind aller Wahrscheinlichkeit nach Stammformen der Hausziege, C. hircus L., welche in äusserst zahlreichen Varietäten, mit und ohne Hörner, mit glattem und langem wolligem Haar, mit kurzen und langen hängenden Ohren fast überall hin verbreitet ist. (Als den Uebergang zu den Antilopen vermittelnd scheidet Hodgson zwei indische Arten unter dem Namen *Hemitragus* generisch ab.)

Einzelne Schaf- und Ziegenreste sind im Diluvium gefunden worden; sie weichen kaum von den lebenden Formen ab.

3. Unterfamilie. **Antilopina** Baird (Sund. e. p., Pictet e. p., *Antilope* L., A. Wagn. e. p.). Körper meist schlank, gracil. Hörner drehrund oder conisch, gerade oder verschieden gekrümmt, glatt oder mit Querwülsten oder runzlig. Schnauze zugespitzt, mit nackter Muffel oder behaart. Oberlippe gefurcht oder glatt. Das Vorhandensein der Thränengruben und Klauendrüsen; Inguinaldrüsen, der Afterzehen ist inconstant. 2—4 Zitzen. Mit Ausnahme zweier Arten, welche in Nord-America vorkommen, ist die ganze formenreiche Gruppe auf den alten Continent beschränkt; die meisten Arten sind africanisch.

1. Gatt. Colus Wagn. (*Saïga* Gray). Nasenbeine äusserst kurz; Nase blasig-knorplig aufgetrieben, hoch und comprimirt. Hörner kurz, leierförmig, geringelt. Weibchen hornlos. — Art: C. tataricus (Forster sp. *A. Saïga* Wagn.). Mittleres und nördliches Asien.

2. Gatt. Pantholops Hodgs. (*Kemas* H. Sm.). Nasenbeine etwas länger; Nasenhöhle mit einem sackartigen Anhang jederseits. Hörner lang, leierförmig; ♀ hornlos. — Art: P. Hodgsonii (Abel) Hodgs. Die Chiru-Antilope. Tibet.

3. Gatt. Antilope Wagn. Nase einfach, zugespitzt; mit kleiner oder ohne Muffel. Hörner verlängert, leierförmig. Inguinaldrüsen. Statur klein, gracil. — a) Gazella Blainv. Hörner in beiden Geschlechtern. Thränengruben vorhanden. Art: A. dorcas Licht. (*A. corinna* Pall. ist das ♀) die gemeine Gazelle. Nord-Africa und Arabien. — u. a. — b) Tragops Hodgs. Hörner in beiden Geschlechtern. Keine Thränengruben. Zuweilen Kniebüschel; Klauendrüsen. Art: A. Bennettii Sykes. Indien. — c) Antidorcas Sund. ♀ mit kleinen Hörnern, dies des ♂ kurz leierförmig. Thränengruben. Rücken mit beweglicher Hautfalte. Art: A. euphore Forster sp. Springbock. Südliches Africa. — d) Leptocerus Wagn. Hörner in beiden Geschlechtern, lang, geringelt, parallel, wenig nach hinten gekrümmt. Art: A. leucotis Wagn. (*A. leptocerus* F. Cuv.). Nord-Africa. — e) Antilope Blainv. (nec Temm.). Hörner nur bei ♂. α) ohne Thränengruben und Kniebüschel (*Procapra* Hodgs. et *Aepyceros* Sund.). Art: A. gutturosa Pall. Central-Asien. β) mit grossen Thränengruben und kleinen Kniebüscheln (*Cervicapra* Gray). Art: A. cervicapra Pall. Vorderindien.

4. Gatt. Tetracerus Leach. Zwei über den Orbiten stehende kurze, conische und zwei hintere gerade Hörner, das ♀ hornlos. Muffel deutlich. Thränengruben. Scheitel glatt. — Art: T. quadricornis (Blainv.) H. Sm. Ost-Indien; Tibet.

5. Gatt. Calotragus Sund. Hörner nur bei dem ♂, kurz, gerade oder an der Spitze etwas gebogen. Muffel deutlich. Thränengruben quer gestellt. — a) Calotragus Gray.

Muffel breit; keine Kniebüschel. Afterklauen klein oder fehlen. Art: C. tragulus (Forster) Sund. Süd-Africa. u. a. — b) Scopophorus Gray. Muffel schmäler; Afterklauen und Kniebüschel deutlich. Art: C. scoparius (Schreb.) Wagn. Süd-Africa. Sc. hastatus (Peters) Wagn. Mozambique. u. a. — c) Oreotragus Sund. Muffel breit. Hufe hoch, vorn abgerundet, comprimirt. Afterzehen gross, stumpf. Art: O. saltatrix Sund. Klippspringer. Vom Cap bei Abyssinien.

6. Gatt. Nanotragus (Sund.) Wagn. (incl. *Neotragus* H. Sm. [*Madoqua* Og.] et *Nesotragus* v. Düben). Sehr kleine Thiere. Hörner wie bei voriger Gattung. Thränengruben und Afterzehen sehr klein oder fehlen. — Art: N. spiniger (Temm.) Sund. 16¼″ lang, 9¼″ hoch. Küste von Guinea. u. a.

7. Gatt. Cephalolophus H. Sm. (*Sylvicapra* Og.). Hörner klein, gerade, meist in beiden Geschlechtern. Muffel gross; eine kahle Furche zwischen Augen und Nase; ein Haarbüschel auf dem Scheitel. — Arten: C. mergens (Blainv.) Wagn. Der Ducker. Süd-Africa. C. Ogilbyi (Wat.) Wagn. Fernando Po. u. a.

8. Gatt. Cervicapra Sund. (*Redunca* H. Sm.). Hörner nur bei den Männchen, zurückgelegt, die Spitze nach vorn gebogen. Keine Thränengruben. Muffel deutlich. — a) Schwanz ganz oder nur an der Spitze lang behaart; ohne Mähne (*Eleotragus*, *Pelea* und *Adenota* Gray). C. eleotragus (Schreb.) Sund. Süd-Africa. C. redunca (Pall.) Sund. Nordwest-Africa. u. a. — b) Schwanz mit Haarpinsel am Ende; mit Mähne (*Kobus* H. Sm.). C. ellipsiprysunus Sund., der Wasserbock. Süd-Africa. (Hierher die zweifelhafte Gatt. Raphicerus H. Sm.)

9. Gatt. Hippotragus (Sund.) Wagn. Hörner in beiden Geschlechtern; keine Thränengruben; Hals mit Mähne; hintere Backzähne mit accessorischen Säulchen. — a) Hippotragus Sund. (*Aegoceros* Desm.). Hörner verlängert, geringelt, einfach rückwärts gebogen. Ueber den Thränengruben ein Haarbüschel; Nacken mit einer geraden aufrechten Mähne. H. equinus (Geoffr.) Sund., der Blaubock. Süd-Africa. u. a. — b) Oryx Blainv. Hörner sehr lang, gerade oder wenig gebogen. Keine Thränengruben. H. capensis Sund. (*A. oryx* Blainv.). Süd-Africa. u. a. — c) Addax Raf. Hörner lang, leicht leierförmig. Keine Muffel. Stirn und Kehle mit langem Haar, keine eigentliche Nackenmähne. H. nasomaculatus Gray (*A. addax* Wagn.). Nordöstliches Africa.

10. Gatt. Oreas Desm. (*Taurotragus* Wagn., *Boselaphus* H. Sm., *Damalis* Sund.). Hörner gerade oder leicht gebogen mit spiral um sie laufendem Kiel. Keine Thränengruben. Muffel klein, schmal. Backzähne mit Schmelzsäule. — Art: O. canna Gray (*A. oreas* Pall.) Die Elenn-Antilope. Süd-Africa. u. a.

11. Gatt. Tragelaphus Blainv. Hörner nur beim ♂; gekielt und spiral gedreht. Keine Thränengruben; Backzähne ohne Schmelzsäulchen. — a) Strepsiceros H. Sm. (*Calliope* Og.). Schnauze behaart, bis auf einen kleinen nackten Streif zwischen den Nasenlöchern. Art: Str. Kudu Gray (*A. strepsiceros* Pall.). Kudu. Africa südlich von der Sahara. — b) Tragelaphus Sund. Schnauze mit deutlicher Muffel; Gliedmaassen gracil, Hufe klein. Art: Tr. scriptus Sund. (*A. scripta* Wagn.). Senegambien. u. a.

12. Gatt. Bubalis Licht. (*Alcelaphus* Blainv., *Acronotus* Gray). Hörner in beiden Geschlechtern, doppelt gebogen. Muffel klein; Thränengruben klein. Schultern höher als die Kruppe. Hufe gross. Körper gross, robust. — a) Alcelaphus (*Boselaphus*) Gray. Hörner an der Basis dick, genähert. Ein Haarbüschel über den Thränengruben. Art: B. mauretanica Og., Sund. (*Ant. bubalis* Pall.). Kuh-Antilope. Nord-Africa. B. Caama Sund. (*Ant. caama* Cuv.). Haarte Beest. Südliches Africa. u. a. — b) Damalis (H. Sm.) Gray. Hörner gracil, leierförmig. Thränengruben unbedeckt. Art: B. lunata Sund. (*Ant. lunata* H. Sm.). Der Sassayby oder Sassabey. Süd-Africa. B. pygarga Sund. (*A. pygarga* Pall.). Buntbock. Süd-Africa. u. a.

13. Gatt. Catoblepas Gray (*Connochetes* Gray. Ungul. furc.). Hörner in beiden Geschlechtern, stark, nach den Seiten gekrümmt. Nase breit, schwammig, rauhhaarig; Nasenlöcher wie gedeckelt; ein drüsiger Höcker statt der Thränengruben. Schwanz lang. Schultern höher als die Kruppe. — Art: C. gnu Sund. (*A. gnu* Wagn.). Der Gnu. Süd-Africa. u. a.

14. Gatt. Portax H. Sm. (*Hippelaphus* v. d. Hoev. ex Aristot.). Hörner in beiden Geschlechtern, kurz, conisch, mit undeutlich spiralem Kiel. Thränengruben lang, longitudi-

nal, schmal. Muffel deutlich. Hufe breit. Schultern höher als die Kruppe. Backzähne ohne accessorische Säulchen. — Art: P. picta (PALL.) WAGN. (*P. tragocamelus* SUND.). Das Nylgau. Ost-Indien.

15. Gatt. Budorcas HODGS. Nase schafähnlich, behaart; Schwanz ziegenähnlich, kurz, behaart. Kopf gross, schwer. Hörner rund, glatt, im unteren Theil sich fast berührend, keine Thränengruben', Inguinal- und Klauendrüsen. 4 Zitzen. — Art: B. taxicola HODGS. Der Takin. Oestlicher Theil des Himalaya.

16. Gatt. Capricornis OG. (*Hemitragus* V. D. HOEV.). Hörner in beiden Geschlechtern, kurz, conisch, nach hinten geneigt. Muffel klein; Klauendrüsen deutlich. — a) Capricornis GRAY. Thränengruben gross, Muffel schmal. C. Thar (HODGS.) WAGN. (*Nemorhedus bubalinus* SUND.). Nepal. u. a. — b) Nemorhedus GRAY. Muffel fehlt fast, keine Thränengruben. C. Goral (WAGN., *Antil. Goral* HARDW.). Sub-Himalaya.

17. Gatt. Haplocerus H. SM. (*Mazama* RAF.). Hörner klein, conisch, aufrecht, an der Spitze umgebogen, an der Basis geringelt. Keine Muffel. Keine Thränengruben. Unterhaar wollig. — Art: H. americanus (BLAINV., *Ant. lanigera* H. SM.), die nordamericanische weisse Bergziege.

18. Gatt. Rupicapra H. SM. (*Capella* KEYS. & BL.). Hörner klein, fast senkrecht, an der Spitze hakig. Nase behaart, keine Muffel; neben den Hörnern zwei Drüsenbälge (Brunftfeige). Keine Thränengruben. Vier Zitzen. — Art: R. rupicapra SUND. (*Ant. rup.* GOLDF., *R. tragus* GRAY). Gemse. Schweiz, Pyrenäen, Griechenland.

19. Gatt. Antilocapra OW., GRAY (*Dicranoceros* H. SM.). Hörner aufrecht, direct über den vorspringenden Orbiten, vorn mit einem glatten Fortsatz. Nase behaart; keine Muffel. Keine Thränengruben, keine Afterzehen. — Art: A. americana OW. (*Dicr. furcifer* H. SM.). Die Prong-horn-Antilope. Im mittleren Nord-America bis 53⁰ n. Br. Wie oben angeführt wurde, werden hier die Hörner, die auf einem Rosenstockartigen Knochenzapfen sitzen, regelmässig gewechselt. Die Gattung macht damit eine Annäherung an die Hirsche. Eine besondere Familie für sie zu bilden, wie es SCLATER vorschlägt[*]), tragen wir doch Bedenken.

Wie zu erwarten war, sind in Europa und Asien Antilopenreste tertiär und diluvial gefunden worden; Palaeotragus, Palaeoryx, Tragocerus und Palaeoreas GRAY sind hierhergehörige, noch näher zu untersuchende Gattungen. Merkwürdig aber ist es, dass LUND in Brasilianischen Höhlen Reste von Antilopen, die jetzt Süd-America völlig fehlen, gefunden hat: Antilope maquinensis und Leptotherium majus und minus.

2. Familie. **Cervina** GRAY. Geweihe nur beim ♂ (mit einer Ausnahme, seltner auch bei alten Weibchen); es wird periodisch abgestossen und wächst dann vom Rosenstock und dessen wulstigem Rande, der Rose, aus sehr schnell wieder nach (aufsetzen), anfangs mit Haut (Bast) überzogen, welche indess bald wieder abgeworfen (gefegt) wird. Es ist meist wiederholt gablig getheilt, der unterste nach vorn gerichtete Ast heisst Augensprosse. Oberlippe fast überall nicht gefurcht. Schneidezähne fehlen im Oberkiefer, wo sich auch nur selten Eckzähne finden; Backzähne $\frac{6}{6}$. Thränengruben vorhanden, auch am Schädel auffallend. An der Aussenseite der Hinterfüsse meist Haarbürsten. Afterklauen vorhanden. Allantois mit Cotyledonen.

GRAY, J. E., Synopsis of the species of Deer (Cervina). Proceed. Zoolog. Soc. 1850. p. 222. Ann. of nat. hist. 2 Ser. Vol. IX. 1852. p. 413.

PUCHERAN, Monographie du genre Cerf. Archiv. du Muséum. Tom. 6. 1852. p. 265.

1. Gatt. Alces H. SM. Schnauze sehr breit, behaart. Hals kurz und dick, an der Kehle mit einer Art Mähne. Vordertheil bedeutend stärker als das Hintertheil. Nasenbeine sehr kurz, so dass die knöcherne Nasenhöhle bis jenseits der ersten Backzähne reicht. Geweihe subcylindrisch, ohne Augensprosse, der obere Theil breit schaufelförmig. — Art: A. palmatus (KLEIN) GRAY (*A. antiquorum* RÜPP., ROUILL., *Cervus Alces* L.). Das Elch oder

---

[*]) Report of the 36. Meet. British Assoc. 1866. Trans. Sect. p. 77.

Elenn, das americanische Moose. Nord-Europa und Nord-America. (Eine nahe verwandte fossile Form findet sich im Diluvium Ober-Italiens, der Schweiz u. a. O.)

2. Gatt. Rangifer H. Sm. (*Tarandus* Og., Gray). Schnauze behaart. Vordertheil stärker als das sich abflachende Hintertheil. Kehle mit langer Mähne. Knöcherne Nasenhöhle bis halbwegs zwischen Spitze und Backzähnen offen. Geweih in beiden Geschlechtern, subcylindrisch, das Ende, sowie der Augensprosse schaufelförmig verbreitert. — Art: R. tarandus Sund. (*Cervus tarandus* L.). Das Rennthier. In den hohen nordischen Breiten des alten und neuen Continents. Das Caribou Nord-America's (*R. caribou* Aud. und Bachm., *Cervus hastalis* Og.), welches man wieder in das »Woodland-« und »Barren-Ground-Caribou« (*R. groenlandicus* Baird) trennen will, ist vom europäischen specifisch nicht verschieden. (Mehrere Arten fossil im Diluvium.)

3. Gatt. Dama H. Sm., Sund. (*Platyceros* Wagn. olim, *Dactyloceros* Wagn.). Geweih mit runder Stange und Augensprosse, oben schaufelförmig mit Sprossen am hinteren Rande. Nasenkuppe nackt; Thränengruben deutlich. Schwanz nicht so kurz wie beim Edelhirsch. Pelz im Sommer gefleckt. — Art: D. vulgaris Brookes (incl. *D. maura* Fisch.). Damhirsch. Kleinasien und Mittelmeerländer (auch in Algier); jetzt vielfach halb domesticirt. (*C. somonensis* Desm. ist der diluviale Damhirsch.) — Nach Pucheran gehört Cervus frontalis McClell. (*Panolia* Gray) hierher.

Hierher gehört auch Megaceros Owen, der Riesenhirsch. M. hibernicus oder euryceros der mitteleuropäischen Diluvialbildungen ist der Schelch des Nibelungenliedes, der nach Hibbert noch im 12. Jahrhundert in Irland gelebt haben soll.

4. Gatt. Cervus L. s. str. (*Elaphus* H. Sm., Wagn.). Geweih rund, mehrfach verästelt, mit oder ohne Augensprossen. Muffel nackt. Thränengruben und Haarbürsten an den Hinterfüssen vorhanden. Bei alten Thieren treten zuweilen Eckzähne auf. — a) Elaphus A. Wagn. s. str. Muffel durch einen behaarten Streifen von der Oberlippe getrennt. Geweihe mit dicht am Rosenstock sitzenden Augensprossen, mit mehrfachen runden Aesten. C. elaphus L., Edelhirsch. C. canadensis Briss. (*Strongyloceros* Gray), der Wapiti. Nord-America. u. a. — b) Rusa H. Sm. (*Rucervus* Hodgs.). Muffel von der Oberlippe nicht getrennt. Geweih schlank, dünn, rund, dreiästig, ohne Mittelsprossen. C. Aristotelis Cuv. Ost-Indien; C. hippelaphus Cuv., Java. u. a. — c) Axis Hodgs. (incl. Hyelaphus Sund.), den vorigen ähnlich, mit grösseren, zugespitzten Ohren und stets geflecktem Pelz. C. axis Erxl., Ost-Indien; C. porcinus Schreb., ebenda; u. a. — d) Blastoceros Gray incl. Macrotis A. Wagn.). Geweih dem der vorigen ähnlich, nur ist die zweite Sprosse direct rückwärts gerichtet; innen am Fersengelenk ein Haarpinsel. C. paludosus Wagn. Süd-America. u. a. — e) Elaphurus A. Milne Edw. Geweih ohne Augensprossen, Stange mit einem horizontal nach hinten abgehenden, am äusseren Rande mehrere Sprossen tragenden Aste. Schwanz lang, am Ende mit langen, bis über die Ferse hinabreichenden Haaren. — Art: C. Davidianus A. M. Edw. Norden von China. — f) Reduncina A. Wagn. (*Cariacus* Gray c. p., *Mazama* H. Sm.). Geweih mit kurzem nach oben gerichteten Augensprossen, Stange nach vorn umgebogen mit zwei Sprossen. C. virginianus Gmel. Nord-America; C. mexicanus Gm., Mexico; u. a. — g) Capreolus Sund. Thränengruben fast ganz abortirt; Schwanz äusserst kurz. Geweih kurz, aufrecht, an der Spitze gegabelt. C. capreolus L. Reh. Europa. — h) Furcifer Wagn. Thränengruben gross; Geweihe kurz, bis zur Basis einfach gegabelt. C. antisiensis d'Orb. Bolivia, Peru. u. a. — i) Subulo H. Sm. (*Coassus* Gray). Geweihe bildet einfache kurze leicht nach hinten geneigte Spiesse. Schwanz kurz. An der Stirn ein Haarbüschel; an der inneren Seite der Ferse ein Haarpinsel. Thränengruben klein. C. rufus Cuv. Süd-America. u. a. (Für eine eigenthümliche Form aus Chili, deren Stellung noch nicht sicher ist, stellt Gray die Gattung *Pudu* auf.)

5. Gatt. Cervulus Blainv. (*Prox* Sund., *Styloceros* H. Sm.). Beständig mit grossen Eckzähnen. Der das kurze, unverästelte, nur mit kurzen Basalsprossen versehene Geweihe tragende Rosenstock sehr lang. Kein Haarbüschel an den Hinterfüssen. Thränengruben gross. Schwanz mittellang mit Endquaste. — Arten: C. muntjac Zimmer. Sumatra, Java, Borneo. — u. a.

Fossile Hirscharten finden sich vom Miocen an (Gattungen Micromeryx Lartet und Palaeomeryx H. v. Meyer) bis in die Alluvialbildungen überall, wo jetzt noch Hirscharten leben. Ihre specifische Unterscheidung ist zum Theil noch sehr unsicher.

10. Artiodactyla.

Den Moschidae nähert sich in der Form der Backzähne Dromotherium GEOFFR., ihm fehlt aber der grosse obere Eckzahn. Dorcatherium KAUP besitzt zwar den Eckzahn, scheint aber auch ein Geweihe besessen zu haben. Die Gattung Poebrotherium LEIDY mit $\frac{7}{7}$ Backzähnen vermittelt den Uebergang zu dem Anoplotherium. — Orotherium AYMARD vom untern Miocen ist nur zweifelhaft zu den Hirschen zu bringen.

3. Familie. **Devexa** ILLIG. Keine Schneide- und Eckzähne im Oberkiefer, Backzähne $\frac{6}{6}$. Auf der Naht zwischen Stirn- und Scheitelbein findet sich jederseits ein dem Rosenstock der Hirsche entsprechender Knochenzapfen, welcher ursprünglich als selbständiger Knochen auftretend beständig von der Haut überzogen bleibt. Vor ihnen liegt auf dem Nasenrücken eine dritte knöcherne Erhöhung. Hals aussergewöhnlich lang und hoch getragen, steil auf Schultern und Becken abfallend. Schultern viel höher als das Becken. Schwanz lang mit Endquaste. Klauendrüsen und Afterklauen fehlen. Allantois mit Cotyledonen.

Einzige Gattung. Camelopardalis SCHREB. (*Giraffa* STORR, *Cervus* L.). Character der Familie. Oberlippe behaart, verlängert, nicht gefurcht. — Art: C. Giraffa SCHREB., Giraffe. 15—18′ Höhe, Schulterhöhe 8—10′. (Das Gehirn ist dem der Hirsche gleich. Eine Gallenblase fehlt gleichfalls; nur bei einem Weibchen fand OWEN eine solche.) Vom Cap bis zur Südgrenze der Sahara. (Eine fossile auf einen Unterkiefer gegründete Art wurde bei Issoudun gefunden, *C. biturigum* DUV.)

Meist wird in die Nähe der Giraffe eine Gattung gestellt, welche aus den Sivalikbergen nur im Schädel und einigen Extremitätenknochen bekannt ist, Sivatherium FALC. u. CAUTL: Der Grösse des Schädels nach, welcher dem eines Elephanten entspricht, muss das Thier in seiner Figur von der Giraffe bedeutend abgewichen haben. Zwei Hörner entsprangen dicht über den Augenbrauen, während am hintern Ende der Stirnbeine zwei andere Höcker auf den Besitz zweier hinterer Hörner deuten. — Auf der Insel Perim sind Kieferfragmente gefunden worden, welche FALCONER zu einer muthmaasslich mit Sivatherium verwandten Gattung bringt, Bramatherium, die aber im übrigen noch nicht weiter gekannt ist. Zwischen Giraffen und Antilopen steht nach GAUDRY die Gattung Helladotherium aus Griechenland (tertiär?).

4. Familie. **Moschidae** A. M. EDW. (*Moschina* GRAY e. p.). Kein Geweihe. Gebiss: $i\frac{0}{8} c\frac{1}{1} m\frac{6}{6}$, die obern Eckzähne des Männchen hauerartig vorragend. Magen in vier Abtheilungen geschieden. Das Männchen mit einem Moschus absondernden Apparat zwischen Nabel und Penis in der Bauchhaut. Placenta in Cotyledonen getheilt. (Eine Gallenblase vorhanden; kein Herzknochen. Metacarpal- und Metatarsalknochen der dritten und vierten Finger verwachsen, für die zweiten und fünften Finger fehlen die Metacarpen, die Metatarsen rudimentär.) Die kleinsten Wiederkäuer, von der Grösse eines Hasen bis zu der kleiner Rehe, finden sich in dieser und der folgenden Familie, die, von LINNÉ zu einer Art vereinigt, durch scharfe Charactere von einander abweichen.

Einzige Gattung. Moschus.L. (e. p.). Character der Familie. — Einzige Art: M. moschiferus L. Von Tibet und China bis Sibirien.

5. Familie. **Tragulidae** A. M. EDW. Kein Geweihe. Gebiss wie bei voriger Familie. Magen in drei Abtheilungen geschieden, da der Blättermagen fehlt. Kein Moschus absondernder Apparat beim Männchen. Placenta diffus. (Eine Gallenblase vorhanden. Kein Herzknochen.)

1. Gatt. Tragulus BRISS. (*Tragulus* et *Meminna* GRAY). Metacarpal- und Metatarsalknochen der dritten und vierten Finger verwachsen, die der zweiten und fünften entwickelt und so lang als die mittleren. Zwischenkiefer verbinden sich mit den Nasenbeinen. — Arten: Tr. javanicus PALL. Klein. Braun, nach dem Rücken schwärzlich, Kehle mit drei weissen Binden. Java, Penang und die Sunda-Inseln. Tr. napu (RAFFL.) A. M. EDW.

Grösser. Braun, nach oben schwärzlich, an den Seiten mit grau gestrichelt, Kehle mit fünf weissen Binden. Sumatra. Tr. meminna (Erxl.) A. M. Edw. Ceylon. u. a.

2. Gatt. Hyacmoschus Gray. Metacarpalknochen der dritten und vierten Finger bleiben beständig getrennt; die entsprechenden Metatarsen verwachsen später; die Metacarpen und Metatarsen der zweiten und fünften Finger entwickelt und so lang als die mittleren. Zwischenkiefer erreichen die Nasenbeine nicht. Placenta unbekannt (wahrscheinlich diffus). — Arten: H. aquaticus Gray (*Moschus aquaticus* Ogilby). Körper gross, lang, niedrig. Westküste von Africa. H. crassus (Lartet) Pomel. Fossil im Miocen von Sansan.

Vergl. über diese beiden Familien: Milne-Edwards, Alphonse, Recherches anatomiques, zoologiques et paléontologiques sur la famille des Chevrotains. (Mit 11 Taf.), in: Ann. d. scienc. natur. 5. Sér. Zool. T. 2. 1864 (5). p. 49—167.

Die Gattung Amphitragulus Croizet hatte die grossen Eckzähne; bei der Unbekanntschaft mit dem übrigen Skelet ist ihre Stellung noch unsicher.

6. Familie. **Tylopoda** Illig. (*Camelidae* aut.). Keine Hörner und kein Geweihe. Gebiss: $i\frac{1}{3} c\frac{1}{1} m\frac{6}{6}$, der eine äussere Schneidezahn im Oberkiefer eckzahnähnlich, die beiden innern nur im Milchgebiss vorhanden; der kleine eckzahnähnliche vordere Praemolar des Oberkiefers oft ausfallend. Füsse nicht mit den Hufen, sondern mit der schwieligen, alle drei Phalangen deckenden Sohle auftretend (daher *Digitigrada* von Sundevall, *Phalangigrada* von Sclater, A. Milne-Edwards u. a. genannt). Afterklauen fehlen. Hals lang; Oberlippe behaart und tief gefurcht. Zwischenkiefer legen sich an die verkürzten Nasenbeine an. (Am Pansen liegen mehrere Reihen grosser zellenartiger Räume, die fälschlich als Wasserzellen bezeichnet werden. Der Blättermagen, ebenso die Gallenblase fehlt.)

1. Gatt. Camelus L. Sehr grosse, schwere Thiere. $m\frac{6}{6}$. Die Hufe sind nicht gespalten, es bildet vielmehr der aus zwei Zehen bestehende Fuss eine Sohle, während die kleineren Hufen den Endgliedern der Zehen oben aufliegen. Klauendrüsen fehlen. Hals gebogen. Schwanz kurz mit Endquaste. Rücken mit einem oder zwei Höckern. Ohren klein, abgerundet. — Arten: C. dromedarius Erxl., Dromedar. Mit nur einem Höcker. Vom westlichen Asien bis über einen grossen Theil Africa's verbreitet, überall domesticirt. C. bactrianus Erxl., Kameel oder Trampelthier. Mit zwei Höckern, die sich häufig umlegen. Central-Asien. (Eine fossile Art aus den Sivalikbergen steht dem Dromedar sehr nahe.)

Eine Anzahl vermuthlich in Sibirien gefundener Backzähne veranlassten zur Aufstellung der Gattung Merycotherium Bojanus, welche den Kameelen äusserst nahe verwandt gewesen zu sein scheint.

2. Gatt. Auchenia Illig. (*Lama* Cuv., Gray). Körpergrösse geringer. Die Zehen sind getrennt, jede einzeln mit einer schwieligen Sohle versehen. Klauendrüsen sind vorhanden. Der obere vordere Milch-Praemolar wird durch keinen bleibenden ersetzt, ebenso der vorderste untere. Hals gehoben. Schwanz kurz, lang behaart. Rücken ohne Höcker. Ohren lang, spitz. — Arten: A. huanaco H. Sm. Das Huanaco ist vermuthlich die wilde Form des domesticirten Lama, A. lama (Desm.) (Glama), ebenso wie A. vicunna Desm. die des Alpaco, A. pacos (L.) Tschudi ist. Alle vier Formen sind auf die Westküste Süd-America's beschränkt. (Doch hat Lund diluviale Reste in brasilianischen Höhlen gefunden.)

11. Ordnung. **Perissodactyla** Owen.

(*Pachydermes à doigts impaires* Cuv. [*Anisodactyla* A. Wagn.] et *Solidungula* aut.)

Schneidezähne in beiden Kinnladen (fallen zuweilen später aus); Eckzähne fehlen zuweilen; Backzähne zwei- oder

mehrhöckrig mit äusserer die Höcker verbindenden Criste
oder ohne solche. Zehen zu 5, 3 oder 1, vorn zuweilen vier.
Zitzen inguinal. (Stets 22 oder mehr Dorsolumbarwirbel,
Femur mit einem dritten Trochanter; Magen einfach, Blinddarm gross; sacculirt.)

Während die in der vorigen Ordnung vereinigten Säugethiere durch
Eigenthümlichkeiten des Skeletes, Gebisses, Magens u. s. w., sowie besonders durch die Structur der die lebenden Formen verbindenden fossilen Gattungen zu einer Gruppe nahe verwandter Formen abgerundet wurden, bieten
die *Perissodactylen*, welche den Rest der alten Classe der *Pachydermen* im
weitern Sinne enthalten, eine von jener scharf geschiedene, unter einander
aber wieder vielfache Uebereinstimmung zeigende Ordnung dar, welche durch
Ausscheidung der *Lamnunguia* und *Proboscidea* eine sehr natürliche Umgrenzung erhalten hat.

Die *Perissodactylen* sind meist grosse, plumpe und massige Thiere, deren
Gestalt nur selten leichte Beweglichkeit ermöglicht. Die Haut ist meist nackt,
zuweilen ausserordentlich verdickt und bretartig hart, seltner nur ist sie mit
Haaren bekleidet. Am Schädel überwiegt auch hier der Gesichtstheil mit
den Kiefern den Hirntheil, zuweilen enorm. Die Form und Gelenkflächen des
Hinterhauptbeines sind denen der *Artiodactylen* ähnlich, doch ist seine untere
Fläche flacher, und quer convex. Der Paroccipitalfortsatz ist überall entwickelt. Der vor ihm liegende Mastoidfortsatz verhält sich aber verschieden.
Während er sich beim Pferd zwischen die Oeffnung des Gehörgangs und den
Paroccipital-(Paramastoid-)fortsatz einschiebt, verschwindet er beim Tapir
fast und völlig beim Rhinoceros; hier wird die Gehörgangsöffnung von einem
Fortsatz der Schläfenschuppe (*Posttympanic* Owen) begrenzt. Die Gelenkfläche
für den Unterkiefer wird nach hinten von einem breiten nach unten ragenden
Fortsatz (Paraglenoidfortsatz Owen, Wurzel des Jochfortsatzes der Anthropotomie) abgegrenzt, welcher mässig beim Pferd, sehr gross beim Rhinoceros und
Tapir ist. Der knöcherne Gaumen reicht nur bis zum vorletzten oder letzten
Backzahn; auch fehlt wie bei den nichtwiederkauenden *Artiodactylen* der Einschnitt am hintern Rande desselben. Der Pterygoidfortsatz ist an seiner breiten und dicken Basis durchbohrt zum Durchtritt der Carotis externa. Ueberall
ist auch ein Alisphenoidcanal vorhanden. Die Augenhöhle ist von der Schläfengrube nur beim Pferd und *Macrauchenia* durch einen Knochenbogen getrennt; bei den übrigen steht die kleine Schläfengrube in weiter offener Verbindung mit der Orbita. Wenn bei *Perissodactylen* Hörner vorkommen, so
stehen sie in der Mittellinie; und sind deren mehrere, so stehen sie nicht
symmetrisch, sondern hinter einander; auch werden sie von keinen Knochenhöckern getragen. Die Querfortsätze der Halswirbel sind mit Ausnahme des
siebenten, an welchem die vordere Wurzel nicht entwickelt ist, durchbohrt.
Nur bei *Macrauchenia* tritt die Arterie wie beim Kameel in den Spinalcanal
und liegt in einem knöchernen, der inneren Fläche der obern Bogenstücke
angehefteten Canale. Der Dornfortsatz des zweiten Wirbels ist meist plattenförmig entwickelt. Die Zahl der Dorsolumbarwirbel beträgt nie weniger als

22, doch ist sie nicht constant; es finden sich bei Tapirus 18 dors., 5 lumb., bei Rhinoceros 19 d., 3 l., beim Pferd 19 d., 5 l., beim Quagga 19 d., 6 l., beim Zebra 18 d., 6 l., beim Esel 18 d., 5 l. Die Dornfortsätze der vordern Rückengegend sind am höchsten, die hintern werden niedrig und ziemlich gleich, viereckig. Die starken Querfortsätze der Lendenwirbel sind rippenähnlich und der erste zuweilen geradezu als frei bewegliche accessorische Rippe gelöst. Kreuzbeinwirbel sind 5—6, Schwanzwirbel 13 (Tapir) bis 22 (Rhinoceros) vorhanden. Das Schulterblatt ist lang und schmal, die Spina scapulae entwickelt kein Acromion und ist nur bei *Macrauchenia* in einen Fortsatz ausgezogen; der Coracoidfortsatz ist überall klein und stumpf. Ein Schlüsselbein fehlt stets. Der Humerus hat stark entwickelte Muskelleisten und ist verhältnissmässig kurz. Am Unterarm ist der Radius der constantere Theil. Beim Tapir und Rhinoceros sind beide Knochen gleich gut entwickelt und bleiben auch getrennt, nur bei ersterem anchylosiren sie zuweilen am obern und untern Ende; bei *Macrauchenia* verwachsen sie mit einander; beim Pferd ist die Ulna nur durch das starke Olecranon repräsentirt, an welches sich das nach unten zuspitzende und mit dem Radius verwachsende Mittelstück schliesst. Im Carpus sind überall die beiden Reihen Knochen vorhanden; die äusseren und inneren Elemente verhalten sich aber in ihrer Entwickelung verschieden je nach der Zahl der functionell entwickelten Finger. Das Femur ist überall durch das Vorhandensein eines dritten Trochanters characterisirt; es ist beim Pferd kürzer, beim Tapir länger als die Tibia. Die Knochen des Unterschenkels sind bei Rhinoceros und Tapir getrennt; die Tibia ist hier der stärkere Knochen, welcher beim Pferd das kleine nur in der obern Hälfte entwickelte Rudiment der Fibula mit sich anchylosirt trägt. Von den Knochen der Fusswurzel, welche sich in ihrer Entwickelung ähnlich wie die der Handwurzel verhalten, ist nur der Astragalus zu erwähnen, welcher vorn zwei ungleiche Gelenkflächen trägt, so dass er nicht wie bei den *Artiodactylen* einer gleichhälftigen Rolle ähnlich ist. Sehr characteristisch für die *Perissodactylen* ist die Zahl und Entwickelung der Finger und Zehen. Ueberall ist nämlich der dritte Finger der mittlere und symmetrische; an ihn schliessen sich beim Rhinoceros, Palaeotherium und Tapir die gleich entwickelten zweiten und vierten Finger mit Metacarpal- und Metatarsalknochen an. Beim Tapir und Acerotherium ist ausserdem am Vorderfuss noch der fünfte Finger entwickelt, ohne jedoch hierdurch den Fuss zu einem paarzehigen zu machen im Sinne der *Artiodactylen*. Bei *Hipparion* sind diese beiden, an der innern und äussern Seite des starken Mittelfingers befindlichen Finger schon sehr verkleinert und stellen Afterklauen dar; beim Pferd endlich gehen die Phalangen ganz verloren und die Elemente der Mittelhand und des Mittelfingers hängen als kleine griffelförmige Rudimente an den obern Seiten des einzig völlig entwickelten mittleren Knochens. — Das Gehirn der *Perissodactylen* ist ihrer bedeutenderen Grösse entsprechend meist verhältnissmässig windungsreich. Der Typus der Windungen entspricht, wie bereits früher erwähnt, dem des Artiodactylengehirnes; doch finden sich mehrere Differenzen, welche indess in Folge der nur noch selten angestellten Untersuchungen solcher Gehirne nicht scharf zu definiren sind. Das Pferdegehirn ist nicht wie das vieler *Artio-*

dactylen vorn und hinten ungleich breit, sondern in der ganzen Länge von gleichem Querdurchmesser, besonders in Folge einer stärkeren Entwickelung der äussern Windungen am vordern Theile. Das Gehirn des Tapirs ist merkwürdig kurz und im vordern Theil hoch. — Auch im Bau der Verdauungsorgane spricht sich eine grosse Uebereinstimmung der zu dieser Ordnung gerechneten Säugethiere aus. Was zunächst das Gebiss betrifft, so sind die Eckzähne nie hauerartig vorragend, sondern klein; zuweilen fehlen sie auch. Von den Backzähnen sind die Prämolaren nicht, wie bei den *Artiodactylen*, halb so gross als die Molaren, sondern die drei hintersten sind gleich complex mit den echten Backzähnen; dagegen ist der letzte Milchprämolar zweihöckrig. Die Krone der Backzähne trägt meist schräge Leisten, welche die hier nicht symmetrisch angeordneten Höcker verbinden. Oft sind die Thäler zwischen den Schmelzfalten mit Cement erfüllt. Die Länge des Darmcanals ist gemäss der Pflanzennahrung sehr bedeutend. Der Magen ist stets einfach, nie, wie bei allen *Artiodactylen*, mehr oder weniger getheilt. Dagegen ist der bei jenen nur kleine Blinddarm hier sehr entwickelt, zuweilen ausserordentlich und wie ein Colon sacculirt. Eine Gallenblase fehlt. In der Scheidewand des Herzens findet sich beim Pferd ein im Alter zuweilen verknöchernder Knorpel. Der Uterus ist zweihörnig; die Zitzen sind inguinal. Die Hoden sind bei Rhinoceros abdominal, beim Pferd in einem Scrotum. Die Placenta ist bei allen jetzt lebenden Gattungen diffus.

Die geographische Verbreitung der *Perissodactylen* bietet mehrere nicht unwichtige Puncte dar. Das Rhinoceros ist in seinen verschiedenen Arten völlig auf die alte Welt beschränkt, was sowohl für die jetzt lebenden, wie für die fossilen gilt. *Tapirus* dagegen lebt sowohl in Asien, als (in einer Art) im südlichen America, wo auch Reste fossiler Arten gefunden worden sind. Die Gattung *Equus* fehlt im wilden Zustande dem neuen Continent jetzt ganz; doch sind Reste diluvialer Pferde in Süd-America gefunden worden. Geologisch sind die *Toxodontia* vielleicht zu den ältesten Formen zu rechnen; sie sind südamerikanisch. Ebenso sind die *Lophiodonten* nur eocen. Im Miocen erscheinen dann die *Palaeotherien*. Für die Entwickelung der *Solidungula* schliessen sich an die eocenen *Anchitherium* die miocenen *Hipparion*, denen dann in Pliocen und Diluvium die echten *Equus*-Arten folgen. Die Rhinoceros treten im untern Miocen auf.

1. Familie. **Equidae** GRAY (*Solidungula* s. *Solipeda* aut.). Füsse mit einer einzigen entwickelten und mit einem Hufe bekleideten Zehe (der dritten), zuweilen noch Rudimente der zweiten und vierten. Schädel gestreckt, Kinnlade sehr lang, hinten hoch. Gebiss: $i\frac{3}{3}$, mit einer queren Grube an der Kaufläche, $c\frac{1}{1}$, klein, conisch, $m\frac{7}{7}$ oder $\frac{6}{6}$, im Milchgebiss ist dann noch der vorderste Praemolar sehr klein vorhanden (Wolfszahn); die Krone der Backzähne haben vier gewundene Schmelzfalten, die obern noch eine innere accessorische Schmelzsäule; eigentliche Wurzeln sind äusserst kurz im Verhältniss zur grossen Länge der Kronen; Nacken mit Mähne; Schwanz mässig lang, mit langen Haaren von der Basis an oder nur an dem Ende. Zwei inguinale Zitzen. (Cardiaöffnung mit spiralem, klappenartig wirkendem Sphincter; an der Innenseite der Hand- und Fusswurzelgegend oder

nur an ersterer finden sich die sogenannten Kastanien, haarlose, hornig verdickte Platten.)

D'ALTON, E., Naturgeschichte des Pferdes. Weimar, 1812—16. 2 Thle. qu. Fol.
JONES, T. RYMER, Article »Solipeda«, in: TODD's Cyclopaedia of Anatomy. Vol. IV.
1848. p. 713—745.

1. Gatt. **Equus** L. Füsse einzehig, von der zweiten und vierten Zehe sind nur griffelförmige Mittelfussrudimente vorhanden; $m\frac{6}{6}$. Die Arten haben in der Nuancirung der Färbung sehr viel Uebereinstimmendes. Ist auch beim Hauspferd eine Streifung selten deutlich ausgeprägt und nie zebraartig entwickelt, so erscheinen doch Schulter-, Bein- und Rückenstreifen häufig. Die Mähne ist bei vielen Pferderassen aufrecht wie bei Eselarten; die Kastanien, welche bei Eseln typisch nur an den Vorderfüssen vorhanden sind, sollen auch zuweilen bei Pferden hinten fehlen. — a) Schwanz von der Basis an mit langen Haaren, Kastanien an Vorder- und Hinterfüssen vorhanden: **Equus** L., GRAY, H. SM. E. caballus L., Pferd. Nur domesticirt bekannt; findet sich auch diluvial (*E. fossilis*, *priscus* u. a.). Dies letztere Vorkommen erschwert die Entscheidung der Frage nach der ursprünglichen Heimath des domesticirten, in so zahlreiche sich spaltenden Rassen ausserordentlich. Verwildert kommen Pferde reichlich vor, so in Central-Asien (Tarpan) und in Süd-America. — b) Schwanz nur an der Spitze mit langen Haaren, Kastanien nur an den Vorderfüssen: **Asinus** GRAY, H. SM. E. hemionus PALL., Dschiggetai oder Kiang. Einfarbig isabellen oder grau mit dunkler Mähne und Rückenstreifen; stets ohne Querstreifen; wiehert wie ein Pferd. Tibet bis in die Mongolei. E. onager BRISS., SCHREB., der Kulan, Wildesel. Einfarbig, hellröthlichbraun, mit dunkler Mähne und Rückenstreifen, häufig mit Schulterstreifen; yant wie ein Esel. Im südöstlichen Asien, Mesopotamien, Indusmündungen u. a. O. E. taeniopus HEUGL. Silber- oder dunkelgrau mit Rückenstreifen und Schulterkreuz, queren Schulter- und Beinstreifen; yant. Ursprünglich in Abyssinien zu Hause ist diese Art höchst wahrscheinlich die Stammform des domesticirten Esels: E. asinus L. Die Bastarde zwischen Esel und Pferdestute sind Maulthiere, E. mulus, die von Pferd und Eselin Maulesel, E. hinnus. E. zebra L. (subgen. *Hippotigris* H. SM.). Hell gelblichweiss mit zahlreichen schwarzen Querstreifen am Körper und an den Beinen, dunkle Streifen an den Wangen, um die Augen und Ohren. Süd-Africa. Hierher noch E. quagga GMEL. und E. Burchellii GRAY; beide südafricanisch. — Fossile Arten von **Equus** sind sowohl in Asien als in Nord- und Süd-America gefunden worden.

2. Gatt. **Hipparion** CHRISTOL (incl. *Hippotherium* KAUP). Füsse dreizehig, die zweite und vierte Zehe bilden Afterklauen, von der fünften sind vorn griffelförmige Metacarpalreste vorhanden. Die accessorische Schmelzsäule der obern Backzähne bildet auf der Abnutzungsfläche eine von dem vielfach gewundenen Schmelzsaume der schrägen Sichelfalten völlig getrennte Schmelzinsel (beim Pferde nur Halbinsel). — Arten: H. prostylum H. aus pliocenem Süsswassermergel der Vaucluse (u. a. nur in Zähnen und wenig Skeletresten bekannte). H. gracile (*Hippotherium*) KAUP, mittlere Tertiärschichten Deutschlands und Griechenlands.

3. Gatt. **Anchitherium** H. v. MEYER (*Hipparitherium* CHRISTOL). $m\frac{7}{7}$, der erste viel kleiner als die andern, die obern zweihöckrig mit gefalteten Schmelzrändern, der hintere kleiner. Füsse dreizehig wie vorhin. — Arten: A. Dumasii GERV., eocen. A. aurelianense GERV. (*Palaeotherium aurel.* CUV.), miocen. — u. a.

Die Backzähne der Gattung **Elasmotherium** FISCH. v. WALDH. sind denen der Equiden durch die vielfach gekräuselten Ränder der halbmondförmigen Schmelzfalten sowie durch die fast völlige Wurzellosigkeit sehr ähnlich. Ausser den Zähnen sind nur Kiefer- und Schädelreste bekannt, welche die Stellung der gewöhnlich zur folgenden Familie gerechneten Gattung durchaus nicht sichern.

2. Familie. **Nasicornia** ILLIG. Füsse dreizehig, alle drei Zehen auftretend und mit Hufen bekleidet; zwischen ihnen eine an der hintern Fläche mündende Drüse. Schädel gestreckt, breit; Nasenbeine breit gewölbt. Gebiss: $i\frac{3}{2}$, hiervon bleiben entweder nur oben die innern, unten die äussern, oder sie durchbrechen das

11. Perissodactyla.

Zahnfleisch nicht oder fallen zeitig aus; Eckzähne fehlen; $m\frac{7}{7}$, die obern besitzen zwei schräge Höcker mit unregelmässig gebogenen Rändern, welche am Aussenrand verbunden sind, die unteren kleineren haben zwei nach aussen convexe halbmondförmige Höcker, welche in der Mitte mit einander zusammenstossen. Haut schwartig verdickt, derb, zuweilen durch Falten in Platten abgetheilt (selten behaart). Auf dem Nasenrücken und der Stirn steht ein einfaches oder doppeltes Horn, welches keinen Knochenkern enthält, sondern nur aus Hornsubstanz besteht.

Einzige Gattung. Rhinoceros L. Character der Familie. — Arten: Rh. indicus Cuv. Nase mit einem Horn; Hautpanzer faltig, die einzelnen Epidermisschildchen unregelmässig rundlich. Festland von Indien. Rh. javanus Cuv. Ein Horn, Epidermisschildchen polygonal; Haut faltig. Java. Rh. sumatranus Cuv. Zwei Hörner; Haut faltig. Sumatra. Alle drei Arten haben Schneidezähne. Rh. africanus Camp. Zwei Hörner; Haut glatt; keine bleibenden Schneidezähne. Südspitze von Africa. Rh. tichorhinus (Fisch. v. W.) Cuv. Zwei Hörner, Schneidezähne, Nasenscheidewand knöchern; Haut behaart. Diluvial über ganz Europa und Asien bis Sibirien, in dessen Eise ganze Cadaver gefunden worden sind. — u. a. — Aus einer Art ohne Horn mit zwei Schneidezähnen oben und unten, Rh. incisivus Cuv., macht Kaup die Untergattung Acerotherium. Mittlere Tertiärschichten Deutschlands. (Bei dieser und einigen verwandten Arten, Rh. tetradactylus Lartet, Rh. tapirinus Pomel, war an den Vorderfüssen noch ein Rudiment der äussern Zehe vorhanden.) Fossile Arten treten im Miocen auf und finden sich im Pliocen und Diluvium Europa's, Asiens und zwar in Europa unter Breiten, denen die Ordnung jetzt fremd ist.

3. Familie. **Tapirina** Gray. Füsse vorn vierzehig, hinten dreizehig. Schädel am Nasentheil hoch in Folge der Selbständigkeit der kurzen gewölbten Nasenbeine, welche nur die Basis der weiten Nasenöffnung von oben bedecken. Gebiss: $i\frac{3}{3}$, $c\frac{1}{1}$, $m\frac{7}{7}$, die obern mit vier Höckern in zwei Querjochen, welche am Aussenrande verbunden sind, die untern mit selbständig bleibenden Querjochen, alle mit starken Basalwülsten; der letzte Praemolar oben mit vier Höckern, den Molaren gleich. Nase mit kurzem beweglichen Rüssel. Haut mit kurzen dicht anliegenden Haaren. Schwanz kurz.

Einzige Gattung. Tapirus L. Character der Familie. — Arten: T. americanus L. Ganz Süd-America bis an den Fuss der Andes. T. Roulini Fisch. (T. villosus Wagn., Pinchaque Roulin), auf den höheren Theilen der Cordilleren. Schädel durch Breite der Stirn, Grösse der Nasenbeine u. a. dem der Palaeotherien sich nähernd. T. indicus Desm. Grösser, besonders länger als der americanische; auf dem Rücken ein breiter weisser Fleck. Hinter-Indien, südliches China, Sumatra. (Mehrere Arten fossil im Diluvium Europa's, Brasiliens und Süd-Asiens.)

Ein Unterkieferfragment, von Harlan als Sus americanus beschrieben, sieht Owen als Reste einer Tapiroiden-Gattung Harlanus an.

4. Familie. **Palaeotherina** (Pict.) Ow. Füsse dreizehig, die vordern mit einem Rudimente der äussern Zehe. Schädel dem der Tapire sehr ähnlich. Gebiss: $i\frac{3}{3}$, $c\frac{1}{1}$, $m\frac{7}{7}$, $\frac{7}{7}$ oder $\frac{6}{6}$, die obern vierhöckrig, mit einer von innen her eindringenden gewunden verlaufenden Falte, so dass eine ähnliche Abnutzungsfläche entsteht wie bei Rhinoceros (und Tapir); die untern Backzähne mit zwei von vorn nach hinten aneinanderstossenden halbmondförmigen Höckern (der Zahn besteht aus zwei hintereinander stehenden Halbcylindern). Der letzte Praemolar den Molaren gleich, die vordern ähnlich zusammengesetzt oder einfach. Die Nase war vermuthlich in einen kurzen Rüssel verlängert.

1. Gatt. Palaeotherium Cuv. $m\frac{7}{7}$; erster Praemolar oben und unten einfach, häufig einhöckrig, die übrigen den Molaren gleich, der letzte untere mit drei Höckern. Eckzähne

vorragend. Eocen und unteres Miocen. — P. magnum Cuv. von der Grösse des Pferdes (erster unterer Praemolar zweihöckrig, subgen. Palaeotherium Aymard) u. a. — P. medium Cuv. von der Grösse des Schweines (erster unterer Praemolar einhöckrig: Monacrum Aymard). u. a.

2. Gatt. Paloplotherium Owen (*Plagiolophus* Pomel). Eckzähne klein, $m\frac{7}{7}$, der letzte untere mit drei Höckern, der vorletzte und drittletzte mit einem accessorischen kleinen Schmelzhöcker am hintern Haupthöcker. Erster und zweiter unterer Praemolar einhöckrig. — P. annectens Owen. Eocen. England.

Für einige Arten Palaeotherium hat Gervais noch die Gattung Propalaeotherium aufgestellt, die im Gebiss zwischen den Palaeotherien und Lophiodonten steht. — Hierher auch noch Titanotherium Leidy. Nebraska, pliocen.

3. Gatt. Macrauchenia Owen. $m\frac{8}{8}$, die drei ersten Praemolaren einfach, der letzte untere Molar nur mit zwei Höckern (Hals lang, die Wirbel wie bei den Cameliden). — M. patagonica Owen. Süd-America; pliocen.

5. Familie. **Lophiodontia** Owen. Füsse perissodactyl, im Detail nicht genügend bekannt. Das Gebiss, mit allen drei Zahnarten und Diastemen zwischen ihnen, weicht von dem der vorhergehenden Formen dadurch ab, dass die Praemolaren einfacher sind, als die Molaren, dabei verhältnissmässig länger als bei jenen. Sie erinnern daher an Artiodactylen und entsprechen, wie Owen bereits bemerkt hat, embryonalen Formen. Die untern Backzähne haben entweder quere Höckerpaare oder quere Höckerjoche. Nur auf dem alten Continent gefunden.

1. Gatt. Coryphodon Owen. $m\frac{7}{7}$, letzter unterer Molar ohne dritten accessorischen Höcker; obere Praemolaren mit zwei gekrümmten Höckerjochen. — C. anthracoideum Owen (Blainv.). Eocen von der Grösse eines Tapirs.

2. Gatt. Lophiodon Cuv. $m\frac{7}{7}$ oder $\frac{6}{6}$, die beiden letzten oberen Praemolaren haben nur anderthalb Höckerpaare, indem der hintere innere Höcker fehlt; ihr äusserer Rand ist langgestreckt, das quere Thal zwischen den Höckern nicht tief. Die oberen Molaren erinnern an Rhinoceros. Die untern Backzähne haben quere verbundene Joche. Vom übrigen Skelet ist wenig bekannt. Die Arten sind ausschliesslich eocen. L. isselense Cuv., L. parisiense Gerv. u. a. — Nach untergeordneten Verschiedenheiten der Zahnbildung sind aus einzelnen Arten besondere Gattungen gebildet worden, so die folgenden: Tapirotherium Blainv., Lophiotherium Gerv., Pachynolophus Pomel, Anchilopus Gerv., Tapirulus Gerv. und Listriodon H. v. Meyer.

3. Gatt. Pliolophus Owen. $m\frac{7}{7}$, die unteren Backzähne mit ähnlichen Höckerpaaren wie die oberen, der vierte Praemolar oben und unten mit nur drei Höckern (der hintere innere fehlt). Nasenöffnung von den Nasenbeinen und Praemaxillaren umgeben am Vorderrande des oben geradlinigen Schädels. — Pl. vulpiceps Owen. Eocen (London Clay).

4. Gatt. Hyracotherium Owen. $m\frac{7}{7}$, die zwei vordersten Praemolaren einfach kegelförmig, der dritte und vierte mit anderthalb Höckerpaaren. Orbita gross. — H. leporinum Owen. London Clay, von der Grösse eines Hasen.

Mit den Perissodactylen in der allgemeinen Anordnung des Gebisses und im Schädelbau (grosser Postglenoidfortsatz, starke Krümmung des Jochbogens, freier Zusammenhang der Orbiten mit den Schläfengruben) sehr nahe übereinstimmend und nur in einzelnen Details abweichend (harter Gaumen reicht bis hinter den letzten Backzahn, doch aussen nur in Folge der Verlängerung der Oberkiefer, nicht wie bei den Artiodactylen der Gaumenbeine) ist die Gruppe der

Toxodontia Owen hier noch anzuführen, welche nicht als älteste Formen der Perissodactylen, sondern wohl als aberrante Gruppe der ältern Ungulaten zu betrachten ist. Es gehören hierher die beiden Gattungen Nesodon und Toxodon Owen. Bei Nesodon ist die Zahnreihe nicht unterbrochen, die $\frac{7}{7}$ Backzähne haben sehr lange fast wurzellose Kronen, welche oben aussen von einer Leiste begrenzt, innen mit tiefen Schmelzfalten, die bei der Abnutzung inselartige Stellen bilden, versehen sind, während die untern quer comprimirte Kronen haben, die in zwei ungleiche Höcker getheilt sind. Toxodon hatte erwachsen keine Eck- und äussere Schneidezähne, Backzähne lang, wurzellos, gekrümmt, die obern sehr stark und nach aussen convex, die untern mit Ausnahme des erstern schwächer, Kaufläche von einem, seichte Einfaltungen bildenden Schmelzsaume umgeben. Sämmtliche Arten stammen aus älteren Tertiärschichten Süd-America's, deren Alter nicht scharf bestimmt ist. Toxodon erinnert in seiner Schädelbildung an die Sirenia, in den Zähnen an die Bruta.

12. Ordnung. **Natantia** Illiger.

(*Cetacea* aut.)

Gebiss sich an die typischen Formen anschliessend oder sehr unregelmässig (monophyodont) oder durch Barten (elasmia) ersetzt. Hinterextremitäten fehlen völlig, die vordern ruderartig, die Zehen ganz in derbe Haut eingehüllt. Schwanz mit horizontaler Flosse

Ist auch die äussere Gestalt der walfischartigen Säugethiere von der der typischen sehr vershhieden, so ist doch ihr anatomischer Bau ein solcher, dass wir sie nicht allen andern *Placentalen* gegenüber stellen dürfen, sondern sie den *Ungulaten* anschliessen müssen, zu welchen sie ihrer Organisation nach im Verhältniss eines eigenthümlich entwickelten Seitenzweigs stehen. Dabei weichen die pflanzenfressenden *Sirenia* von den fleischfressenden *Cete* oder echten Walen so beträchtlich ab, dass beide nicht bloss als Familien sondern als Unterordnungen neben einander gestellt werden müssen. Die Oeffnung der Nasenlöcher am Vorderende des Kopfes, das Vorhandensein von Speicheldrüsen, von wechselnden Zähnen, von einer Nickhaut u. a. sind Merkmale, welche die *Sirenia* den *Pachydermen* im ältern Sinne viel näher rücken. Sie mit ihnen ganz zu vereinigen, wie man neuerdings vorgeschlagen hat, wird durch die ganze Form des Körpers und die mit dem Leben im Wasser zusammenhängenden Adaptationserscheinungen unmöglich.

Der Körper der Seesäugethiere wird von einer meist völlig haarlosen Haut bedeckt. Bei den echten Walen finden sich an der Oberlippe entweder zeitlebens oder nur im Embryonalzustand mehrere borstenartige Haare; bei den pflanzenfressenden *Sirenien* trägt auch der Rücken noch kurze einzeln stehende Borsten. Ausgezeichnet ist die Haut durch die ausserordentliche Dicke der Epidermis und den grossen Fettgehalt des Corium und des Unterhautzellgewebes, wogegen Fettansammlungen an innern Theilen meist fehlen. Von der Haut geht auch wesentlich die Bildung der horizontalen Schwanzflosse und der bei den echten Walen vorhandenen verticalen Rückenflosse aus. Das Skelet ist im Bau der einzelnen Knochen dadurch reptilienähnlich, dass den langen Knochen die Markhöhle fehlt, dass vielmehr alle Knochen spongiös mit flüssigem Fett in den Maschenräumen des Knochennetzes durchdrungen sind. Der Schädel hat nur wenig beiden Unterordnungen Gemeinsames. So verschmelzen die beiden Parietalia schon früh, häufig mit einem gleichfalls paarig ossificirenden Interparietale zu einem unpaaren Knochen; die Hinterhauptsleiste bildet einen queren Kamm, von welchem aus der Schädel nach vorn und hinten mehr oder weniger steil abfällt; die knöcherne Nasenhöhle ist durch die starke Längenentwickelung der Intermaxillaren auf die obere Fläche des Schädels gerückt und wird am Hinterrand von zwei kleinen Nasenbeinen eingefasst. Bedeutender sind die Differenzen. Bei den *Sirenia* ist der Schädel im Verhältniss zum übrigen Skelet kürzer, als bei den Walen; Schädel und Hinterhauptsfläche bilden eine mässige Wölbung; der Schädel ist am schmälsten am hintern Theil der Stirnbeine; vom Schläfenbein geht ein sehr breiter Jochfortsatz aus, an welchen sich ein kräftiger, vorzüglich vom Jochbein gebildeter Jochbogen anschliesst. Die Stirnbeine sind an der Schädeloberfläche völlig frei und bilden die hintere bogenförmige Begrenzung der Nasenöffnung, an ihrem Vorderrand die kleinen Nasenbeine tragend. Die Zwischenkiefer sind beim *Dugong* zur Aufnahme der grossen stosszahnartigen Schneidezähne stark geschwollen, beim *Manati* mässig verlängert und bilden in leichtem Bogen die Seitenränder der Nasenöffnung. Das Felsenbein ist nur durch Naht mit den umgebenden Knochen verbunden. Der Unterkiefer ist kurz; mit hohem Gelenkstück und entwickeltem Kronenfortsatz. Ober- und Unterkiefer tragen Zähne. Der Schädel der *Cete* beträgt häufig bis ein Drittel der ganzen Körperlänge, wovon jedoch das Meiste auf die sehr verlängerten Kiefer kommt. Meist ist er in seinen medianen Partien unsymmetrisch. Während bei den Bartenwalen der Oberkieferapparat einen nach oben gewölbten Bogen bildet, fällt bei den *Delphinen* das Profil des Schädels von der Hinterhauptsleiste steil nach vorn ab. Die Hinterhauptsfläche steht ziemlich senkrecht, die Hinterhauptscondylen sind nach hinten gerichtet, zuweilen ausserordentlich nahe gerückt. Die Scheitelbeine bilden an der Oberfläche nur einen schmalen queren Saum, an welchen sich die entweder nur in der Mitte und am Seitenrande sichtbaren oder mit den hintern Enden der Oberkiefer verbunden pfeilerförmig nach aussen tretenden Stirnbeine legen. Die nach hinten und aussen gerückten Schläfenbeine tragen an ihrem vordern Ende (Jochfortsatz) die bei den Bartenwalen sehr kurzen, bei den *Delphinen* längern dünnen Jochbogen, welche die Orbita von unten begrenzen. Die Oberkiefer sind stark bogenförmig entwickelt, decken bei den *Delphinen*, wo sie sich sehr verbreiten, die obere Fläche selbst der Stirnbeine, um fast bis an die Hinterhauptsleiste zu reichen, und nehmen die stark verlängerten, fast ebenso weit nach hinten reichenden Zwischenkiefer zwischen sich. Dicht vor der Gehirnkapsel weichen die letztern bogenförmig aus einander, um die knöcherne Nasenöffnung zu bilden, in deren Grund der Vomer erscheint. Den hintern Rand derselben begrenzen die kleinen Nasenbeine. An der hintern Wand der vertical nach der Schlundhöhle hinabführenden Nasenhöhle liegt das nur wenig grössere Oeffnungen tragende Siebbein. Thränenbeine scheinen nicht überall vorhanden zu sein; wo sie sich finden, sind sie undurchbohrt. Die Unterkiefer sind entweder bogenförmig nach aussen geschweift oder gerade, und haben vor ihrem, ohne aufsteigenden Ast direct am obern Rand ihres hintern Endes sitzenden Gelenkkopfe kaum eine Andeutung eines Kronenfortsatzes. Die wie überall zu sieben vorhandenen Halswirbel sind bei den *Sirenien* frei, bei den *Cete* in verschiedenem Grade (entweder nur die vordern, oder nur die hintern, oder sämmtlich) unter einander anchylosirt. Der übrige Theil der Wirbelsäule ist wegen des Mangels eines entwickelten Beckens nur in Rücken- und Lendenschwanzwirbel zu theilen; nirgends ist ein Kreuzbein durch Verwachsung mehrerer Wirbel gebildet, sondern nur durch die lockere Befestigung der rudimentären Beckenknochen angedeutet. Rippentragende Wirbel sind von dreizehn (*Cete*) bis neunzehn (*Dugong*) vorhanden. Sämmtliche Wirbel sind dadurch ausgezeichnet, dass die bei andern Säugethieren oft so complicirten Fortsätze sich äusserst einfach gestalten. Die Rippen, von denen oft nur die erste sich durch ein knorpliges unteres Stück mit dem Brustbein verbindet, stehen vorn durch Köpfchen und Tuberkel mit dem Wirbel, zuweilen sogar mit zweien in Verbindung, die hintern rücken wie bei Reptilien an die Spitze der verlängerten Querfortsätze. Die hintern Gelenkfortsätze der obern Wirbelbogen verschwinden sehr bald (bei den *Sirenien* weiter hinten), die vordern werden kurze Muskelfortsätze, so dass die Wirbel nur durch die Zwischenkörperligamente verbunden werden. Die Dornfortsätze neigen sich leicht nach hinten und bilden mit den Querfortsätzen die einzigen Fortsätze der Wirbel. An den hinter den Beckenrudimenten gelegenen Wirbeln treten noch untere V-förmige Bogenstücke auf. Gegen das Ende der Wirbelsäule verschwinden aber diese wie die andern Fortsätze, so dass die letzten Wirbel nur aus dem Körper bestehen. Das Brustbein besteht bei den *Sirenien* und *Delphinen* aus mehreren hinter einander liegenden, zuweilen später völlig verschmelzenden Stücken; bei den Walen stellt es ein einziges Stück dar, zuweilen mit einer centralen Perforation oder einem tiefen Ausschnitt am Vorderrand. Das S c h u l t e r b l a t t ist flach dreieckig, bei den *Sirenia* am innern vordern Winkel abgerundet, bei den Walen ohne Spina, aber mit einem Acromialfortsatz am Vorderrande, bei den *Sirenia* mit einer Spina, welche beim *Manati* in ein dünnes Acromion ausgeht. Der Humerus articulirt durch ein wirkliches Kapselgelenk mit der Scapula, ist aber bei den Walen kurz, dick und am untern Ende durch Syndesmose mit den beiden Vorderarmknochen verbunden. Der Humerus der *Sirenia* ist dem der übrigen Säugethiere ähnlicher, mit Muskelleisten und Gelenkhöcker und Gelenkrolle am untern Ende. Die Vorderarmknochen, von denen die Ulna bei mehreren Walen ein rückwärts und abwärts gebogenes, bei den *Sirenia* ein wie bei den übrigen Säugethieren gerichtetes Olecranon hat, sind mit den in zwei Reihen angeordneten, bei den *Sirenia* deutlicher unterscheidbaren Carpalelementen, den kurzen den Phalangen ähnlichen Metacarpalen und den Phalangen selbst durch Bandmasse mehr oder weniger unbeweglich verbunden. Die ganze Extremität steckt bis an das Ellbogengelenk in der Muskelmasse des Rumpfes, der übrige als Flosse hervorragende Theil ist von straffer Haut eingehüllt ohne Abtheilungen für die Finger. Etwas freier beweglich sind diese Theile bei den *Sirenia*, wo wirkliche Gelenke die einzelnen Knochen verbinden. Die Finger haben bei letztern nur drei Phalangen, während bei den *Cete* die Phalangenzahl häufig bedeutend vergrössert ist. Das B e c k e n wird bei dem *Dugong* durch ein kurzes völlig rippenähnliches Darmbein dargestellt, welches mit dem kurzen Querfortsatz des dritten auf den letzten Rippen-tragenden folgenden Wirbel verbunden ist und am untern Ende ein mit dem der andern Seite zu einer kleinen Symphyse zusammentretendes kurzes Schambein trägt. Ein Sitzbein und Extremitätenknochen fehlen völlig. Beim *Manati* findet sich nur ein nicht mit der Wirbelsäule verbundenes Sitzbein. Bei mehreren Walen kommt zu diesem Elemente noch ein kürzeres vorderes, dem Schambein entsprechendes Stück; an der Verbindungsstelle beider ist bei *Balaena mysticetus* ein rudimentäres Femur, an dessen Ende ein knopfförmiges Tibialstück hängt, befestigt. — Mit dem Wegfall des Beckens erleidet auch die untere Hälfte der Rumpfmusculatur insofern eine Veränderung, als der Bauchtheil der Schwanzmusculatur continuirlich sich bis an das hintere Ende der Rumpfhöhle fortsetzt. — Das Gehirn ist im Verhältniss zu dem bedeutenden Körperumfang klein, aber windungsreich; die Windungen scheinen sich an den Ungulatentypus anzuschliessen. Vom Auge ist zu erwähnen, dass die echten *Cete* nur zwei Augenlider haben, während den *Sirenia* das allgemein den Säugethieren eigene dritte Lid, die Nickhaut zukömmt. Thränendrüsen sind vorhanden, doch fehlt der Thränencanal. Die Sclerotica ist bei den *Cete* sehr dick. Die Cornea ist überall flach, die Linse bei den *Cete* fast kuglig, die Pupille quer oval. Das Gehörorgan ist in das nur locker mit den übrigen Schädelknochen verbundene Felsenbein eingeschlossen, dessen Form systematisch verwerthbar ist. Characteristisch für die *Cetaceen* ist das Ueberwiegen der Schnecke gegen das Vestibulum und die halbkreisförmigen Canäle. Ein äusseres Ohr fehlt; die Oeffnung des äusseren Gehörgangs liegt ziemlich tief an den Seiten und ist sehr eng. — In auffallender Weise weicht das Gebiss der *Natantia* von dem der *Ungulaten* ab. Bei *Manatus* findet sich als Rest eines Milchgebisses nur jederseits im Zwischenkiefer ein, von keinem bleibenden Zahn ersetzter Incisor. Eckzähne fehlen. Die Backzähne werden alle nur einmal gebildet, nicht gewechselt; es sind jederseits oben und unten 8 — 10 vorhanden, die obern dreiwurzlig, die untern zweiwurzlig. Ihre Kronen haben zwei Querjoche mit je drei Höckern; die hintern untern haben noch einen grossen hintern Höcker. Beim *Dugong* treten im Unterkiefer jederseits drei, später nicht ersetzte Milchschneidezähne auf; im Zwischenkiefer ist jederseits ein Schneidezahn vorhanden, welcher beim Männchen durch einen bleibenden stosszahnartigen Hauer ersetzt wird. Backzähne sind jederseits oben und unten fünf vorhanden mit einfach conischen, bei der Abnutzung flachen Kronen; die vordern fallen früher aus, so dass bei älteren Thieren nur zwei vorhanden sind. Bei den *Cete* bilden sich in Längsgruben der Kieferschleimhaut Zahnkeime, welche indess nur bei den *Delphinen* zu bleibenden Zähnen, welche nicht gewechselt werden, weiter entwickeln. Bei den Bartenwalen verschwinden sie, und es entwickelt sich ein diesen Thieren eigenthümlicher Besatz der Oberkiefer- und Gaumenflächen. In queren Furchen entstehen nämlich hornige frei in die Mundhöhle herabhängende Platten, von denen die äusseren am Oberkiefer befestigte die längsten, die an der Gaumenfläche stehenden die kürzesten sind. Ihr innerer Rand ist in Fäden aufgelöst. Dies sind die Elasmia, welche das Fischbein bilden. Als verkümmerte Formen solcher Barten sind die hornigen Vorsprünge an der Gaumenfläche des *Hyperoodon* anzusehen. Von Speicheldrüsen findet sich nur beim *Dugong* eine Parotis, bei den übrigen Gattungen fehlen sie. Der Magen der pflanzenfressenden *Sirenia* ist durch eine seichte Einschnürung in einen weitern Cardia- und engern Pylorustheil geschieden. Am blinden Ende des Cardiasacks hängt ein drüsenartiger Blindsack, dessen drüsenreiche Schleimhaut durch eine vorspringende Falte einen spiralen Hohlraum umkleidet. An der Einschnürungsstelle finden sich zwei blinde Magenanhänge. Der Magen der fleischfressenden *Cete* ist scheinbar noch zusammengesetzter und werden vier, fünf, selbst sieben Abtheilungen angeführt. Doch stehen dieselben nicht wie bei den Wiederkäuern sämmtlich mit der Oesophagusöffnung in Verbindung, sondern die auf die weitere Cardia-Abtheilung folgenden Abschnitte sind einzelne durch trichterförmig durchbohrte Scheidewände communicirende Abschnitte des Pylorustheils des Magens. Den *Cete* und *Rhytina* fehlt die Gallenblase, welche bei den *Sirenia* vorhanden ist. Der Circulationsapparat der *Cete* ist durch das Vorhandensein grosser arterieller Plexus an der Rückenwand der Brusthöhle ausgezeichnet, welche den *Sirenia* fehlen. Bei denselben ist ferner die Stellung des Kehlkopfs eigenthümlich. Die auf dem Rücken des Schädels liegende Nasenöffnung, das sogenannte Spritzloch führt senkrecht in die Nasenhöhle und durch diese auf den Kehlkopf, welcher conisch in die Rachenhöhle hinaufragt und hierdurch den Speiseweg in zwei seitliche Zweige theilt. Bei dem Mangel einer eigentlichen Epiglottis wird das Schlucken dadurch ermöglicht, dass die Speisen nicht über die Glottis hinweg, sondern zu beiden Seiten neben ihr in den Oesophagus treten. Das sogenannte Blasen der Wale besteht nicht in einem Ausstossen von Wasser, sondern in dem Ausathmen mit Wasser gesättigter Luft, welche besonders in höhern Breiten durch den sich verdichtenden Dampf weithin sichtbare Hauchsäulen bildet. Die Nieren sind gelappt, die Hoden abdominal. Der Uterus ist zweihörnig. Die Zitzen sind bei den *Cete* inguinal, bei den *Sirenia* pectoral oder axillär. Die Placenta ist diffus.

Die Seesäugethiere bewohnen ausschliesslich, wie schon ihre ganze Organisation nachweist, das Wasser; sie kommen in Meeren aller Zonen vor und stellen häufig regelmässige an Jahreszeiten gebundene Wanderungen an, wobei manche Formen auch in Flüssen aufsteigen. Auch hier sind einzelne Formen auf gewisse Bezirke beschränkt; so kommt *Manatus* in westlichen, *Halicore* in östlichen Meeren vor; *Inia* ist americanisch, *Platanista* asiatisch u. s. w.; doch finden sich auch kosmopolitische Gattungen, wie *Delphinus*. Eine Gattung ist seit dem vorigen Jahrhundert ausgestorben, *Rhytina*. Fossil erscheinen *Cetaceen* in ältern Tertiärschichten.

HUNTER, J., Observations on the structure and oeconomy of Whales, in: Philos. Transact. 1787. Observations on the animal oeconomy ed. R. OWEN. 1837. p. 331.

CUVIER, F., Histoire naturelle des Cétacés. Paris, 1836. — Article »Cetacea«, in: TODD's Cyclop. of Anat. Vol. I. 1836. p. 562.

ESCHRICHT, D. F., Zoologisch-anatomisch-physiologische Untersuchungen über die nordischen Walthiere. Leipzig, 1849. Fol.

GRAY, J. E., On the Cetacea which have been observed in the Seas surrounding the British Islands, in: Proceed. Zool. Soc. 1864. p. 195—248. — Catalogue of Seals and Whales in the British Museum. 2. ed. London, 1866. 8.

FLOWER, W. H., Notes on the Skeletons of Whales in the principal collections of Holland and Belgium, in: Proceed. Zool. Soc. 1864. p. 384—426.

168   I. Mammalia.   A. Monodelphia.

1. Unterordnung. **Sirenia** ILL. (*Cetacea herbivora* CUV., *C. phytophaga* F. CUV.). Kopf vom Rumpf abgesetzt. Lippen mit Borsten. Nasenlöcher an der Schnauzenspitze. Backzähne mit breiter Krone. Zitzen pectoral.

Einzige Familie **Halitherida** n. Character der Unterordnung.

1. Gatt. Manatus CUV. Gebiss $i\frac{1}{6}$, nur im Milchgebiss, $m\frac{5-10}{5-10}$, nicht wechselnd, mit zwei dreihöckrigen Querjochen; die unteren mit drittem Höcker. Vorderextremitäten mit vier Nagelrudimenten. Schwanzflosse abgerundet. Lamantine. — Arten: M. senegalensis DESM. (*M. Vogelii* OWEN, *M. nasutus* WYMAN). Westküste des tropischen Africa. M. americanus DESM. (*M. australis* TILES., *M. latirostris* HARLAN). Ostküste America's vom Amazonenstrom bis Florida. Die letzte Art hat deutlich in einer Grube der Stirnbeine befestigte Nasenbeine, welche bei der ersten Art fehlen oder nur locker in der Haut liegen.

Tertiär bis in die Pliocenbildung hat man Reste der Gatt. Halitherium KAUP (*Halianassa* H. v. M., *Metaxytherium* CHRISTOL) gefunden. Obere Schneidezähne wie beim Dugong, unten kleine Incisoren. Backzähne tuberculirt, oben drei- unten zweiwurzlig. Es sind mehrere nicht scharf characterisirte Arten beschrieben. — Ob die auf einen Backzahn gegründete Gatt. Trachytherium GERV. hierher gehört, ist unsicher.

2. Gatt. Halicore ILLIG. Jederseits oben ein stosszahnartiger Schneidezahn, unten nur kleine im Milchgebiss. Backzähne $\frac{5}{5}$, nicht wechselnd, jedoch meist nur zwei oder drei gleichzeitig functionirend. Keine Nagelrudimente. Schwanzflosse breit, halbmondförmig. — Art: H. dugong QUOY et GAIM. (*Trichechus dugong* L., *H. cetacea* ILL., *H. indica* DESM.). Dugong. Indischer Ocean.

3. Gatt. Rhytina ILL. (*Stellerus* DESM.). Keine Schneidezähne; jederseits oben und unten eine hornige Zahnplatte. Haut sehr dick, borkig, ohne Haare. Vordergliedmaassen mit einer schwieligen Callosität, da sich das Thier darauf stützte. Schwanzflosse halbmondförmig. — Art: Rh. Stelleri CUV. (*Rh. gigas* GRAY). Seit 1768 ausgerottet. Bewohnte die Nordküste von Sibirien, Kamtschatka u. s. w.

2. Unterordnung. **Zeuglodontia** PICT. Kopf kaum abgesetzt. Schnauze verlängert, schmal, Nasenbein lang, Nasenöffnung normal. Im Zwischenkiefer einfach conische, im Oberkiefer zweiwurzlige, comprimirte mehrzackige Zähne. Tertiär in America und Europa.

Gatt. Zeuglodon OWEN (*Basilosaurus* HARLAN, *Hydrarchos* KOCH, *Dorudon* GIBBES, *Saurocetus* AG.). Kopf gestreckt, Hinterhauptsfläche steil abfallend; Schnauze dünn. Oben jederseits drei einwurzlige und ein zweiwurzliger einfach conischer, unten vier einwurzlige Vorderzähne, jederseits oben und unten fünf zweiwurzlige mehrzackige Backzähne. Wirbelkörper verlängert. — Z. macrospondylus und brachyspondylus J. MÜLL. (*Z. cetoides* OWEN). Nord-America.

Auf unvollständig gekannten Kieferfragmenten mit ähnlichen Zähnen beruht die Gattung Squalodon GRATELOUP (*Crenodelphinus* LAURILLARD, *Phocodon* AG.). Miocen Mittel-Europa's. Nur nach Zähnen hat man die Gattung Balaenodon OWEN in die Nähe der Zeuglodonten gestellt. Noch unsicherer ist die Stellung der Gattung Smilocamptus GERV.

3. Unterordnung. **Cete** L., GRAY (*Cetacea carnivora. zoophaga* CUV.). Kopf nicht vom Rumpf abgesetzt, mässig oder ungeheuer gross. Lippen ohne Borsten, selten Haarwarzen auf dem Oberkiefer. Nasenlöcher (Spritzlöcher) auf der obern Fläche des Kopfes. Kiefer mit conischen Zähnen oder zahnlos oder mit Barten. Zitzen abdominal.

1. Tribus. **Dendicete** GRAY. (*Cete dentigera* s. *dentata* A. WAGN.). Zähne in beiden oder nur in einem Kiefer, selten ausfallend, nicht wechselnd. Gaumen ohne Barten, höchstens mit leistenförmigen Warzen. Felsenbein meist klein. Thränenbein deutlich.

12. Natantia.

1. Familie. **Delphinida** Duv. Beide Kiefer in ihrer ganzen Länge oder in einem Theil derselben mit nahezu gleichen conischen Zähnen besetzt. Nasenlöcher bilden meist ein einziges queres halbmondförmiges, nach vorn concaves Spritzloch.

1. Unterfamilie. **Phocaenina** Gray. Kopf vorn abgerundet, ohne eigentlichen Schnabel. Zwischenkiefer flach. Schnabeltheil des Schädels kaum so lang als der Gehirntheil. Brustflossen ganz seitlich, ziemlich hoch.

1. Gatt. Orca Gray. Rückenflosse sehr hoch; Oberkiefer horizontal über die Orbiten ausgebreitet; Stirn schräg ansteigend, nicht senkrecht. Zähne wenig zahlreich, kräftig, 6—8 jederseits. — Arten: O. gladiator Gray. (*Delph. gladiator* Bonnat.). 20' lang; sarcophag. Nordsee. u. a.

Aus Orca crassidens Gray bildet Reinhardt die Gattung Pseudorca. Delphinus griseus Cuv. mit breiterem Zwischenkiefer und früh ausfallenden Zähnen erhebt Gray zur Gattung Grampus (*Cuvieri*). Beide in der Nordsee.

2. Gatt. Phocaena Cuv. Rückenflosse dreieckig, mässig, central; Stirn schräg. Oberkiefer wölbt sich abwärts über die Orbita. Zähne comprimirt, scharfkantig. — Arten: Ph. communis Less. Braunfisch, Tümmler. 4—5' Nordsee. Ichthyophag.

3. Gatt. Beluga Gray. Keine Rückenflosse. Zähne conisch, früh ausfallend. — Art: B. leucas Gray. Weissfisch. Teuthophag nach Eschricht, wie die folgende Gattung.

Hierher noch die Gattung Neomeris Gray.

2. Unterfamilie. **Globiocephalina** Gray. Kopf und Schädel den vorigen ähnlich. Brustflossen weit nach unten, der Mittellinie nahe gerückt. Rückenflosse vor der Mitte des Körpers, kurz. Kopf geschwollen. Zwischenkiefer breit, oben die Oberkiefer bedeckend. Zähne 12—14 jederseits.

4. Gatt. Globiocephalus Gray. Character der Unterfamilie. — Art: Gl. globiceps (*Delphinus globiceps* Cuv., *Globiocephalus svineval* Gray, *Delph. melas* Traill). Grindeval. 20—22' lang. Nordatlantisch. u. a. — (Hierher noch Sphaerocephalus Gray.)

3. Unterfamilie. **Delphinina** Gray. Kopf mit schnabelförmig verlängerter Schnauze, der Schnabel so lang oder länger als der Gehirntheil. Brustflossen ganz seitlich. Zähne conisch, zahlreich, bleibend. Ichthyophagen.

5. Gatt. Steno Gray (*Stenodelphis* Gerv.). Schnabel des Schädels höher als breit; Unterkiefersymphyse verlängert. Rückenflosse in der Mitte. — Arten: St. rostratus Gray (*Delph. rostratus* Cuv.). Nordsee. u. a.

Verwandt ist Champsodelphis Gerv. aus dem Miocen.

6. Gatt. Delphinus (L.) Gray (*Rhinodelphis* Wagn.). Schnabel glatt, oben convex. Wirbel zahlreich. Zähne mässig gross. Rückenflosse fast in der Mitte. — Arten: D. delphis L. Zähne gracil, 21—25 jederseits oben und unten; Schwanz oben und unten gekielt. Bis 8' lang. Meere der nördlichen östlichen Halbkugel. D. tursio Fabr. Zähne kräftiger, 21—24 jederseits; 10—11' lang. Nordatlantisch. u. a. — (Wagner trennte die Delphine in *Delphini* und *Tursiones*, Gray früher in die Abtheilungen *Delphinus*, *Clymene* [D. Holbölli Eschr.] und *Tursio* (*Tursiops* Gerv.). — Hierher die Untergatt. Pontoporia, Tursio und Sotalia Gray. — Formen ohne Rückenflosse sollen die Gattung Delphinapterus Gray bilden; der Name ist aber, ebenso wie Delphinorhynchus für Arten der verschiedensten Gruppen benutzt worden und daher besser aufzugeben.)

7. Gatt. Lagenorhynchus Gray. Schädel dem der Phocaenen ähnlich; Schnabel breiter als bei Delphinus. Zähne klein, spitz. — Arten: L. leucopleurus (Rasch) Gray. Nordsee. L. albirostris Gray. ebenda.

8. Gatt. Inia d'Orb. Schnabel schmal, lang, mit kurzen Haaren besetzt; Rückenflosse am hintern Drittel; Brustflossen gross, in der Mitte breit. Zähne $\frac{24}{25}$ jederseits, kurz kegelförmig, runzlig, an der Basis geschwollen. — Art: J. boliviensis d'Orb. (*Delph. amazonicus* Spix u. Mart.) bis 6' lang. Amazonenstrom.

4. Unterfamilie. **Platanistida** Gray. Schnabel lang, dünn, mit fast gleichem

Querdurchmesser von Anfang an. Die Oberkiefer bilden einen nach vorn vorragenden Kamm jederseits, der die Spritzlöcher umgibt; diese linear, parallel.

9. Gatt. **Platanista** Cuv. (*Susu* Jard.). Character der Unterfamilie. — Art: Pl. gangetica Cuv. Gangesdelphin; 6—7' lang.

Als fossile Delphine sind ausser einigen miocenen Arten von Delphinus noch aus der Molasse die Gattungen Stereodelphis Gerv. (Hérault) und Arionius H. v. M. (Württemberg), ferner Rhizoprion Jourd., obermiocen, beschrieben worden.

2. Familie. **Monodontia** Duv. Nur ein grosser, nach vorn gerichteter, spiral gefurchter Stosszahn im Oberkiefer meist der linken Seite, der der rechten verkümmert, wie beim ♀ beide; die anderen kleinen Zähne beider Kiefer abortiren früh. Schädel asymmetrisch, dem der Delphine ähnlich.

1. Gatt. Monodon L. (*Ceratodon* Briss., Pall.). Character der Familie. — Art: M. monoceros L. Narwall. 20—22' lang. Nördliches Eismeer.

3. Familie. **Hyperoodontina** Gray (*Rhynchoceti* Eschr., *Ziphioidea* Gerv., *Heterodontia* Duv.). Nur ein oder zwei Zähne jederseits im Unterkiefer; ausserdem höchstens noch rudimentäre Zähne im Zahnfleisch. Schnauze mehr oder weniger schnabelförmig ausgezogen. Ein halbmondförmiges, nach vorn concaves Spritzloch.

1. Gatt. Berardius Duv. Zwei Zähne am vordern Drittel des Unterkiefers und zwei an der Spitze. Zwischenkiefer und Nasenbeine symmetrisch. — Art: B. Arnouxii Duv. New-Zealand.

2. Gatt. Ziphius Gray (*Micropteron* Eschr., *Mesoplodon* Gerv., *Mesodiodon* Duv., *Heterodon* Less.). Nur zwei Zähne im Unterkiefer, seitlich comprimirt, beim ♂ gross, beim ♀ klein. Zwischenkiefer lassen bis zur Schnabelspitze eine schmale Lücke, in welcher der nicht bis zur Spitze reichende, oben rinnenförmig vertiefte Vomer sichtbar wird. — Art: Z. Sowerbiensis Gray (*Physeter bidens* Sow., *D. micropterus* Cuv. ♀. Nordsee, Mittelmeer. Z. Layardii Gray (subg. Dolichodon Gray). Vom Cap.

3. Gatt. Dioplodon Gerv. (*Mesodiodon* Duv. e. p., *Aodon* Less., *Nodus* et *Diodon* Wagl.). Zwei grosse conische Zähne am Anfang des zweiten Drittels des Unterkiefers; Gesicht symmetrisch; Vomer schmal, an der Schnabelbasis nicht ein Drittel der Gesichtsbreite bildend und nicht bis zur zweikeuligen Schnabelspitze reichend. — Art: D. densirostris Huxl. (*D. sechellensis* Gray, *Ziphius densirostris* Blainv.). Südsee.

4. Gatt. Belemnoziphius Huxl. Vomer an der Schnabelbasis ein volles Drittel der Gesichtsbreite ausmachend und bis zur Spitze reichend, welche daher nicht bifid, sondern abgerundet ist. — Arten: B. longirostris Hxl. (*Ziphius longirostris* Cuv.), B. compressus Hxl., beide aus dem Crag.

5. Gatt. Choneziphius Duv. Rechtes Zwischenkieferbein an der Schnabelbasis viel grösser als das linke; beide vor der Nasenöffnung in eine nach vorn gerichtete trichterförmige Oeffnung ausgehöhlt und in den vordern vier Fünfteln verbunden, symmetrisch und eine abgerundete, gewölbte Rinne bildend. — Art: Ch. planirostris Duv. (*Ziphius planirostris* Cuv.) aus dem Crag.

6. Gatt. Epiodon Raf., Gray (*Ziphius* Duv., *Aliama* Gray p.). Schnabelbasis breit und tief ausgehöhlt; rechter Zwischenkiefer viel grösser als der linke, beide concav; Vomer tritt breit gewulstet zwischen ihnen vor; Nasenöffnung und Nasenbein nach links gedrängt. — Art: E. cavirostris Cuv. (*E. Desmarestii* Gray). Mittelmeer und halbfossil aus dem südlichen Frankreich. (Duvernoy will die lebende Form zu *Hyperoodon* bringen, was aber schon, wie Huxley bereits bemerkt hat, der Bezahnung wegen nicht möglich ist.)

7. Gatt. Petrorhynchus Gray (incl. *Aliama* Gray p.). Vomer reicht bis zur Schnabelspitze und schwillt nach hinten zwischen den Zwischenkiefern keulig an; diese bilden hinten ein geschweiftes Becken um die Nasenöffnung, die rechte grösser als die linke; Oberkiefer ohne Knochenleiste. — Art: P. capensis Gray. Südspitze von Africa.

8. Gatt. Hyperoodon Lac. (*Uranodon* Ill., *Heterodon* Blainv., *Cetodiodon* Jacob, *Hypodon* Haldem., *Chaenodelphinus* et *Chaenocetus* Eschr., *Anarnacus* Lac., *Ancylodon* Ill.). Die

Oberkiefer bilden am hinteren Theil des Schnabels hohe Knochenkämme, fallen dann herab, um dann wie gewöhnlich an den Schädel zu treten. Nasenbeine und Zwischenkiefer sehr asymmetrisch. Im Unterkiefer zwei Zähne an der Spitze, nach vorn gerichtet, dahinter kleine vom Zahnfleisch bedeckte. Alle Halswirbel mit einander anchylosirt, ihre Seitenfortsätze am unteren Rande. — Arten: H. butzkopf Thomps. (*H. bidens* Flem.). Dögling, Anarnak, Entenwall. 20—25' lang. Nördlicher atlantischer Ocean. H. latifrons Gray (Gatt. *Lagenocetus* Gray); die Kieferknochenkämme nicht dünn und weit auseinander, wie bei ersterer Art, sondern sehr dick und nahe an einander. Nordsee.

4. Familie. **Catodontida** Gray (*Physeterida* Duv.). Kopf sehr gross, bis ein Drittel der Körperlänge, nicht zugespitzt, sondern bis zum Schnauzenende hoch aufgetrieben durch Anhäufung der an den vorderen Schädelconcavitäten liegenden Masse flüssigen, an der Luft erhärtenden Fettes, des Wallraths, Sperma ceti. Spritzlöcher getrennt, longitudinal, oft ungleich. Keine Zähne im Oberkiefer; die Aeste des Unterkiefers im grössten Theil ihrer Länge an einander gelegt und mit einer Reihe conischer fast gleich grosser Zähne besetzt. Atlas nicht verwachsend; die Seitenfortsätze der Halswirbel nehmen die ganze Breite der Wirbelkörperseiten ein. Pottfische, Pottwale. Teuthophagen.

1. Unterfamilie. **Catodontina** Gray. Kopf höher als breit, vorn gerade abgestutzt, Spritzlöcher an der vorderen Fläche; die Concavitäten der vorderen Schädelfläche jederseits einfach, ungetheilt. Eine abgerundete Rückenflosse.

1. Gatt. Catodon Gray. Character der Unterfamilie. — Art: C. macrocephalus Lac., Cachelot, Spermaceti-Walfisch des Nordmeers, über 60' lang. (*C. Krefftii* Gray aus den Australischen Meeren wird von Gray zum Typus einer Gattung, Meganeuron Gray, erhoben.)

2. Unterfamilie. **Physeterina** Gray. Kopf breiter als hoch, vorn abgerundet; Spritzlöcher dadurch mehr nach oben gerückt; eine aufgerichtete Rückenflosse. Concavität der Schädelfläche jederseits durch eine vorspringende Knochenleiste in zwei Zellen oder Räume getheilt.

2. Gatt. Physeter L. Character der Unterfamilie. — Art: Ph. tursio Gray. Nordatlantisch. (Die Arten vom Cap und von Australien werden von Gray zu besonderen Gattungen erhoben, welche durch die Form der erwähnten Knochenleiste characterisirt werden: Kogia Gray und Euphyseter Mac Leay.)

Fossil sind Physeter-Reste im Pliocen gefunden worden. Muthmasslich gehören Megistosaurus Godm. und Nephrosteon Raf. hierher.

2. Tribus. **Mysticete** Gray (*Cete edentata* A. Wagn.). In beiden Kiefern keine Zähne, dagegen oben Barten. Kopf sehr gross, breit. Spritzlöcher getrennt, longitudinal. Schlund eng. Felsenbeine gross, keine Thränenbeine.

Gray, J. E., Notes on Whalebone-Whales. in: Ann. of nat. hist. 3. Ser. Vol. XIV. 1864. p. 345.

1. Familie. **Balaenida** Gray (*Leiobalaena* Eschr.). Glattwalle. Keine Rückenflosse; Brustflossen breit, abgestutzt. Keine Hautfurchen auf der Bauchseite. Barten lang und schmal. Halswirbel anchylosirt. Felsenbein rhombisch. Schulterblätter höher als breit.

1. Gatt. Balaena L. Kopf beim Erwachsenen beinahe zwei Fünftel der Körperlänge; Barten gleich schmal, mit einer Reihe feiner mittlerer Fasern. 13 Rippen, die erste den folgenden gleich. — Arten: B. mysticetus Cuv. Grönland Wal. Nordatlantisch. u. a.

2. Gatt. Eubalaena Gray. Kopf beim Erwachsenen ungefähr ein Viertel der Körperlänge. Barten an der Basis breit, mit mehreren Reihen centraler Fasern. 15 Rippen, die erste den folgenden gleich. — Art: E. australis Gray. Südsee, Cap. — Die erste von den

15 Rippen mit zwei Köpfen characterisirt die im übrigen ähnliche Gattung **Hunterus** Gray (*H. Temminckii* Gray, *B. mysticetus australis* Schleg.). Südsee, Cap. Die abweichend, unregelmässig rhombische Form der Felsenbeine mit kleiner Oeffnung veranlasst Gray zur Aufstellung der Gattung **Caperea**; *C. antipodarum* Gray. New-Zealand. — Auf eine Halswirbelreihe mit nicht anchylosirtem Atlas gründet Gray die Gattung **Macleayius**, Neu-Süd-Wales. — Hierher die Form **Palaeocetus Sedgwickii** Seeley, aus dem Crag.

2. Familie. **Balaenopterida** Gray (*Ogmobalaena* Eschr.). Röhrenwale. Rückenflosse vorhanden; Brustflossen lanzettlich. Bauchfläche mit Längsfurchen. Halswirbel häufig frei. Felsenbeine oval, oblong. Barten kurz und breit. Schulterblatt breiter als hoch.

1. Unterfamilie. **Cyphobalaena** Eschr. (*Megapterina* Gray). Rückenflosse breit, niedrig, buckelförmig.

1. Gatt. **Megaptera** Gray. Brustflosse sehr lang, fast ein Fünftel der Körperlänge. Halswirbel oft verwachsen, der zweite mit zwei kurzen gleichen Seitenfortsätzen. 14 Rippen, alle gleich. 54—55 Wirbel. — Arten: M. longimana Gray (*Balaena longimana* Rud.). Nordsee. Schulterblatt ohne Acromialfortsatz; die Anwesenheit eines solchen characterisirt die Untergattungen **Poescopia** und **Eschrichtius** Gray.

2. Unterfamilie. **Pterobalaena** Eschr. (*Physalina* und *Balaenopterina* Gray). Rückenflosse hoch, comprimirt; Brustflosse mässig.

2. Gatt. **Benedenia** Gray. Rückenflosse am letzten Viertel der Körperlänge. Halswirbel frei; der zweite mit zwei Seitenfortsätzen. — Art: B. Knoxii Gray. Nordmeere.
3. Gatt. **Physalus** Gray. (*Horqualus* F. Cuv. e. p.). Rückenflosse ähnlich. Halswirbel frei; der zweite mit einem breiten, an der Basis durchbohrten Seitenfortsatz. Erste Rippe mit einfachem oberen Ende, 14—16 Rippen. — Arten: Ph. antiquorum Gray. Nordmeere. u. a. — Hierher die Gattung **Cuvierius** Gray.
4. Gatt. **Sibbaldius** Gray. Flossen und Halswirbel denen der vorigen ähnlich, die erste und zweite Rippe mit zwei Köpfen. Unterkiefer comprimirt, hoch, mit deutlichem Kronenfortsatz. — Art: S. Schlegelii Gray (*Balaenoptera* aus Java Schleg.). u. a.
5. Gatt. **Balaenoptera** Gray. Rückenflosse am zweiten Drittels der Körperlänge. Halswirbel zuweilen anchylosirt; 11 Rippen, die erste mit einem Kopf. Unterkiefer mit hohem Kronenfortsatz. — Art: rostrata Gray (*Balaena rostrata* Fabr.). Nordmeer.

Fossile Walfische sind in einzelnen nicht sicher bestimmten Arten aus dem Miocen und Pliocen bekannt geworden. Noch unsicherer sind die Gattungen **Cetotherium** Brandt und **Hoplocetus** Gerv. Fossile Felsenbeine von Walfischen werden als **Cetolithi** beschrieben.

13. Ordnung. **Bruta** L.

(*Edentata* Cuv.)

Die wurzel- und schmelzlosen Zähne werden nur einmal erzeugt, wechseln nicht; Schneidezähne fehlen fast stets, ebenso Eckzähne; zuweilen fehlen alle Zähne. Endglieder der Zehen von grossen seitlich comprimirten Krallen bedeckt. Haut mit Haaren, Schuppen oder Knochenschildern bedeckt. Zitzen pectoral oder abdominal (Uterus fast stets einfach).

Diese vom Miocen an auftretende Ordnung, welche die Höhe ihrer Entwickelung vor der Jetztzeit erreicht zu haben scheint, bietet in ihrem ganzen

Bau viele merkwürdige Eigenthümlichkeiten dar. Die schmelzlosen, nur einmal erzeugten Zähne, die grosse Zahl von Rücken- und Schwanzwirbeln bei mehreren Formen, die zuweilen grössere Zahl von Halswirbeln, die Verbindung des Sitzbeins mit den Sacralwirbeln, die Verbindung der Harn- und Geschlechtswege bei den Weibchen zu einem Sinus urogenitalis, wie die zuweilen auftretende Spaltung des Penis bei den Männchen, — alles dies sind Charactere, welche mit denen der übrigen placentalen Säugethiere verglichen auf eine entschieden niedere Stellung hinweisen. Doch ist es unrichtig, hieraus auf eine nähere Verwandtschaft mit Vögeln oder Reptilien schliessen zu wollen. Die beiden jetzt ziemlich getrennt dastehenden Unterordnungen werden durch mehrere fossile Formen näher verbunden.

Die Körpergestalt zeigt bei den *Bruta* beträchtliche Verschiedenheiten. Auf der einen Seite haben die Faulthiere einen kurzen abgerundeten Kopf, fast keinen Schwanz und sehr lange Extremitäten, auf der andern finden sich die Gürtelthiere und Ameisenfresser mit lang vorgezogenem spitzem Kopf, zuweilen sehr langem Schwanz und mittleren oder kurzen Gliedmaassen. Die Haut ist überall eigenthümlich entwickelt. Haare finden sich bei *Bradypus*, *Myrmecophaga* und *Orycteropus*; sie sind hier starr, häufig platt mit einer Längsrinne oder längsgefurcht; die Oberhaut deckt hier eine ausserordentlich dicke Lederhaut. Bei *Tamandua* wird die Schwanzspitze schuppig. Die Gattung *Manis* ist am ganzen Körper mit grossen hornigen sich dachziegelförmig deckenden Schuppen bekleidet. Die merkwürdigste Hautform haben die Gürtelthiere und die sich ihnen anschliessenden fossilen *Glyptoden*, *Hoplophorus* u. a. Es liegen bei diesen Thieren in der Lederhaut Verknöcherungen, welche entweder zu einem unbeweglichen, aus einzelnen aneinanderstossenden Tafeln zusammengesetzten Hautpanzer werden (*Hoplophorus* z. B.) oder beweglich mit einander verbundene Knochenringe um den Rumpf bilden (*Dasypus*). Theile des inneren Skelets treten regelmässig mit der inneren Fläche des Hautskelets in Verbindung. Der Schädel ist bei den Insectivoren lang, nach vorn mehr oder weniger zugespitzt. Die Hinterhaupt- und Scheitelgegend ist abgerundet, die Stirn- und Gesichtstheile gehen geradlinig oder fast so in einander über. Die Oberkiefer sind lang und bilden die obere Seitenwand der langen Mundhöhle; die Zwischenkiefer sind äusserst klein oder deutlicher. Bei den Gürtelthieren findet sich meist ein Paar besonderer Praenasalknochen. Der Jochbogen ist nur bei *Dasypus* i. w. S. geschlossen, bei *Myrmecophaga* und Verwandten fehlt fast selbst der Jochfortsatz des Schläfenbeins. Bei den blätterfressenden Faulthieren ist der Schädel kurz, der Jochbogen bei den lebenden Formen offen, das Jochbein aber mit einem grossen nach oben gerichteten und einem unteren ähnlichen Fortsatz versehen. Bei den *Megatheriden* ist der Jochbogen vollständig und sehr stark, massiv. Die Zwischenkiefer sind nur mit ihrem unteren Gaumentheil entwickelt und schicken keine Fortsätze nach oben zur seitlichen Begrenzung der Nasenöffnung. Bei *Choloepus* ist ein Praenasalknochen vorhanden. Der Unterkiefer, welcher bei den Insectenfressern lang und dünn und nur selten mit einem kurzen Kronenfortsatz versehen ist, hat bei den Faulthieren eine grosse, gedrungene Gestalt, ist in der Gegend der fortwährend nachwachsenden Backzähne hoch, bei den *Megatheriden* zu diesem Behufe nach unten verbreitert, hat einen kräftigen Kronenfortsatz und ist an dem Winkel zuweilen in einen starken Fortsatz ausgezogen. Die Verhältnisse der Wirbelsäule der *Bruta* weichen von dem der andern Säugethiere in merkwürdiger Weise ab. Bei den Ameisenfressern sind 7 Hals-, 13—18 Rücken-, 5—8 Lenden-, und 3—6 Kreuzbeinwirbel vorhanden. Die Halswirbel sind frei, die Querfortsätze der mittleren sind meist undurchbohrt, indem die Arterie im Wirbelcanal verläuft. Die Rippen bieten in ihren oberen und unteren Gelenkverbindungen nichts ungewöhnliches dar; die des zweizehigen Ameisenfressers sind breit und decken sich von vorn nach hinten dachziegelförmig. Schon an den hinteren Rückenwirbeln erhalten die Quer- und Muskelfortsätze eine eigenthümliche Entwickelung und vermitteln das Auftreten seitlicher, neben den eigentlichen Gelenkfortsätzen sich findender Gelenkverbindungen an den Lendenwirbeln, wie solche in analoger Weise nur bei den *Ophidiern* wieder vorkommen. Die Schwanzwirbel (25—35) sind durch ziemliche Grösse und beträchtliche Entwickelung der Quer- und Muskelfortsätze ausgezeichnet. Bei den Gürtelthieren tritt sehr häufig ein Verwachsen einzelner Wirbelgruppen unter einander auf, wie es auch bei *Glyptodon* vorkömmt. Meist ist der Epistropheus, dessen grosser Dornfortsatz die folgenden niedrigen Wirbel überragt, mit mehreren derselben anchylosirt. Bei *Glyptodon* und *Hoplophorus* folgen auf den freien Atlas zwei aus mehreren unbeweglich mit einander verbundenen Wirbeln bestehende Stücke, das os mesocervicale (4 oder 5 Wirbel) und os metacervicale (*Serres*, letzteres aus 3 oder 4 Wirbeln bestehend). Bei *Dasypus* treten am Rückentheil accessorische Gelenke an den Muskelfortsätzen auf, welche sich im hinteren Theil zu grossen den Knochenpanzer unterstützenden Pfeilern entwickeln. An den bei *Dasypus* ausserordentlich kräftigen Schwanzwirbeln tritt bei *Glyptodon* gleichfalls eine Verwachsung ein. Unter den Faulthieren hat *Choloepus Hoffmanni* nur 6 Halswirbel, dagegen 23 oder 24 Rücken- und 2—4 Lendenwirbel. Bei *Bradypus tridactylus* kommen umgekehrt 9 Halswirbel vor; die beiden letzten tragen kurze, freie, das Sternum nicht erreichende Rippenrudimente. Ueberall ist der Schwanz kurz. Am Schultergürtel der *Bruta* ist die Scapula mit starkem, zuweilen sehr verlängertem Acromion versehen, die unter der starken Spina liegende Fläche zuweilen durch eine accessorische Spina nochmals getheilt. Meist ist die Clavicula vollständig entwickelt, nur zuweilen (*Bradypus tridactylus*) ist sie ein kurzer Anhang am Acromion. In einer characteristischen Weise ist das Becken der *Bruta* entwickelt. Ueberall nämlich verwachsen nicht nur die einzelnen Theile des Beckens sehr bald mit einander, sondern die Sitzbeine verbinden sich auch stets mit den stark nach aussen tretenden Querfortsätzen der hinteren Kreuzbeinwirbel. Die Vorderextremitäten sind bei den Faulthieren sehr verlängert; der Humerus ist gestreckt, ohne stark vorspringende Muskelleisten; Radius und Ulna sind, wie bei allen *Bruta*, frei beweglich und einer Rotation fähig. Bei den andern wird der Humerus kürzer, mit starken Leisten, zuweilen fast platt. Die Zahl der Handwurzelknochen, welche meist discret bleiben, wird durch starke Sesambeine zuweilen scheinbar vermehrt. Das Femur ist nur bei den Faulthieren gestreckt und ohne scharfe Muskelfortsätze; sonst (*Dasypus, Orycteropus* u. a.) trägt es am äusseren Rande eine starke breit vorspringende Leiste, einen dritten Trochanter, und wird bei den gigantischen fossilen Formen fast so breit als lang. Die Unterschenkelknochen bleiben bei den Faulthieren und *Myrmecophaga* getrennt; bei den andern verwachsen beide am oberen oder am unteren Ende (*Chlamyphorus*) oder an beiden (*Dasypus*). In der Fusswurzel treten häufig Verwachsungen zwischen den einzelnen Knochen ein, wodurch die Bewegungen zuweilen nur in einer Ebene möglich werden (z. B. bei *Bradypus* nur Ab- und Adduction). Die Zahl der Finger und Zehen ist fast überall fünf; doch sind häufig nur die mittleren stark entwickelt und ihre Endphalangen (die ersten und zweiten verwachsen dabei zuweilen) zur Aufnahme der starken Krallen eingeschnitten oder tief gefurcht. So hat *Dasypus gigas* vorn und hinten fünf Zehen, bei *D. peba* fehlt der Daumen; bei *Orycteropus* hat der Daumen nur eine rudimentäre Phalanx; bei *Myrmecophaga didactyla* sind die Metacarpen des 1. und 5. Fingers unter der Haut verborgen und tragen keine Phalangen; ebenso sind die Metacarpen derselben Finger bei *Bradypus*, *Choloepus*, *Megatherium* klein oder rudimentär oder mit denen des 2. und 4. Fingers verwachsen, was bei diesen Thieren auch für die Metatarsen gilt, welche bei den ersterwähnten distinct und wohl entwickelt sind. — Das Gehirn der *Bruta* scheint in seinen Windungsverhältnissen denen der Ungulaten nahe zu stehen, ist aber noch einfacher und häufig, bei den meist kleineren Formen, völlig glatt. Von den Sinnesorganen ist zu erwähnen, dass bei *Manis* nach Hyrtl der Steigbügel in eine Columella verwandelt ist, wie er auch nach Rapp bei *Bradypus* und *Choloepus* durch Ausfüllung des Lochs zwischen seinen Schenkeln mit Knochenmasse dieser Form sich nähert. — Das Gebiss der *Bruta* weicht von dem der anderen Säugethiere in mehrfacher Beziehung ab. Einmal bestehen die Zähne nur aus Zahnbein und Cement, wobei der grösste Theil der ersten Substanz sogar gefässhaltig ist, während der Schmelz völlig fehlt,; es vereinigen sich dann bei *Orycteropus* mehrere Prismen solchen Zahnbeins zur Bildung eines zusammengesetzten Zahns. Das untere Ende der Zähne und der einzelnen prismatischen Zahnstücke bei *Orycteropus* ist nicht wurzelartig geschlossen, sondern von einer Höhle eingenommen, welche die, das beständige Nachwachsen des Zahnes vermittelnde Pulpa einschliesst. Es lassen sich ferner die Zähne in ihrer Zahl und Stellung nicht ohne weiteres auf die Zähne der übrigen Säugethierordnungen zurückführen. Die meisten von ihnen entsprechen Backzähnen; doch ist die Form, welche seitlich oder von vorn nach hinten zusammengedrückt ist, meist mit einer mittleren Leiste und vorderer und hinterer Abdachung (da ein Zahn des Oberkiefers zwischen je zwei des Unterkiefers greift), bei allen gleich, auch wenn sie im Zwischenkiefer stehen, was z. B. bei *Dasypus sexcinctus* der Fall ist. Wenn der vordere Zahn, wie bei *Choloepus didactylus*, grösser und vorspringend ist, so ist er doch einem Eckzahn nur analog, nicht homolog, da er im Oberkiefer steht und nicht hinter, sondern vor den entsprechenden Zahn des Unterkiefers greift. Die Zahl beträgt zuweilen nur 18 bis 20 (*Bradypus*), zuweilen bis 100 (*Prionodontes*). Die Zähne werden endlich nicht gewechselt, sondern nur einmal gebildet, die *Bruta* sind Monophyodonten. Bei *Manis* und *Myrmecophaga* ist der Mund völlig zahnlos, dafür ist bei diesen Gattungen die Zunge mit kleinen hornigen Stachelchen besetzt. Meist sind die Speicheldrüsen sehr stark entwickelt, nur bei *Bradypus* kleiner; bei *Dasypus* und *Chlamydophorus* hat sogar der Ausführungsgang der Unterkieferdrüse eine blasenartige Anschwellung. Der Magen der *Bruta* zeichnet sich dadurch aus, dass überall der Pförtnertheil, welcher bei *Manis* und *Myrmecophaga* kaum, bei den Dasypodiden merklich von dem übrigen Magen abgesetzt ist und bei den Bradypodiden die dritte Magenabtheilung bildet, stark muskulöse Wandungen besitzt; bei *Bradypus* ist auch das Epithel derselben verhornt. Bei den Faulthieren findet sich ein an die Wiederkäuer erinnernder Magen. Die Cardia führt zunächst in einen weiten, dem Pansen vergleichbaren Magen; aus diesem führt eine weite Oeffnung in die zweite Magenabtheilung, deren Schleimhaut durch hoch vorspringende Falten zellenartige Räume bildet; an diese schliesst sich der muskulöse Pylorustheil. Von der Cardia führt eine Rinne direct aus dem ersten in den dritten Magen. Der Darm ist zwar zum Theil Dünndarm, zum Theil Dickdarm, doch ist letzterer nur bei den Bradypoda sacculirt. Denselben fehlt auch der Blinddarm, ebenso mehreren Dasypoden. Bei *Myrmecophaga didactyla* und *Dasypus sexcinctus* kommen zwei kleine einander gegenüberstehende Blinddärme vor. Am Gefässsystem sind die bedeutenden Wundernetze merkwürdig, welche besonders an den Extremitäten, aber auch an Aesten der Carotis interna und an mehreren Arterien und Venen des Unterleibs vorkommen. Die Hoden liegen in der Bauchhöhle, zuweilen in der Lendengegend, aber in kein Scrotum eingeschlossen. Bei *Bradypus tridactylus* ist der Penis gespalten, so dass sich die Urethra nicht an seiner Spitze, sondern an seiner Wurzel öffnet. Ein Os penis fehlt. Der Uterus ist meist einfach, dickwandig, der Muttermund bei *Bradypus* und *Myrmecophaga* doppelt; bei *Orycteropus* führt jede dieser beiden Oeffnungen in einen besondern dickwandigen Uterusabschnitt. Die Urethra mündet in die Scheide, welche daher in ihrem weiteren Verlauf einen Sinus urogenitalis darstellt. Die Placenta ist, so viel bis jetzt bekannt, scheibenförmig oder in Cotyledonen zerfallen; in beiden Fällen aber ohne Decidua. Milchdrüsen kommen an der Brust oder am Bauche vor.

Während die jetzt lebenden *Bruta* klein sind (von 6″ an) oder nur mittlere Grösse (3′—4′ ohne Schwanz) erreichen, waren einige der ausgestorbenen Formen von Rhinoceros- und Ochsengrösse und selbst darüber. Die Thiere graben sich entweder Höhlen, oder klettern, wobei sie zuweilen durch einen Wickelschwanz unterstützt werden, oder leben ganz auf Bäumen, ihre starken Krallen dabei als Klammer- und Haftorgane benutzend; manche fossile Formen werden Bäume haben entwurzeln können. Was ihre geographische Verbreitung betrifft, so sind nur *Manis* und *Orycteropus* in Africa und Asien zu Hause, alle übrigen Formen sind auf Süd-America beschränkt. Fossil hat man Reste, welche auf *Bruta* zu beziehen sind, in Europa in jüngeren Tertiärschichten gefunden (*Macrotherium*). Mit dieser einzigen Ausnahme sind aber alle andern ausgestorbenen Formen americanisch und gehören dem Diluvium an.

BELL, TH., Article »Edentata«, in: TODD's Cyclopaedia of Anatomy. Vol. II. 1836. p. 46.
RAPP, WILH. VON, Anatomische Untersuchungen über die Edentaten. Mit 10 Taf. 2. Aufl. Tübingen, 1852.
GRAY, J. E., Revision of the Genera and Species of Entomophagous Edentata, in: Proceed. Zoolog. Soc. 1865. p. 359.

13. Bruta.

1. Familie. Entomophaga WAGN. (*Effodientia* ILLIG.). Kopf zugespitzt, im Kiefertheil verlängert. Hinterbeine länger als die vordern; Krallen stark, zum Graben dienlich. Zähne alle von gleicher Form oder fehlen ganz. (Magen einfach, nur mit Pförtnerabtheilung.)

1. Gatt. Manis L. Keine Zähne. Mundspalte klein, Zunge rund, weit vorstreckbar. Aeusseres Ohr sehr klein, klappenartig. Körper mit dachziegelig sich deckenden Schuppen bekleidet. Schwanz lang, kräftig. Vorn und hinten fünf Zehen. Alte Welt. — 1. Untergatt. Manis SUND. Schwanz viel länger als der Körper; Vorderfüsse borstig behaart; Innenkralle kleiner und hinter die äussern zurückgebogen. M. longicaudata SHAW. Körper 14—15'', Schwanz noch einmal so lang. Westküste des mittleren Africa. u. a. — 2. Untergatt. Pholidotus BRISS., SUND. Vorderfüsse beschuppt. Schwanz von Körperlänge oder kürzer, viel schmäler als der Rumpf. Innenkralle den äussern gleich. Von den 15—19 Reihen von Schuppen sind die untern seitlichen gekielt. M. javanica DESM. Körper bis 2', Schwanz 1½'. Java, Sumatra, Borneo. u. a. — 3. Untergatt. Phatages SUND. Vorderfüsse beschuppt; Schwanz so lang und an der Wurzel so breit als der Körper. Innenkralle den äussern gleich. Schuppen in 11 Längsreihen, nicht gekielt. M. laticaudata ILLIG. (*M. pentadactyla* L.). Mit dem Schwanz 4'. Indien. M. Temminckii SMUTS (Untergatt. Smutsia GRAY). Kopf kurz; Schwanz so dick als der Körper und sich nur wenig verschmächtigend. Schuppen gross; Mittelreihe nicht bis zur Schwanzspitze reichend. Körper 1', Schwanz ebenso. Tropisches Africa.

2. Gatt. Myrmecophaga L. Keine Zähne, Mundspalte klein; Zunge rund, weit vorstreckbar. Aeusseres Ohr deutlich, abgerundet. Körper mit Haaren bedeckt. Schwanz lang. Treten vorn mit dem äussern Fussrand auf, wobei die Krallen nach Innen gebogen sind. Süd-America von Guiana bis La Plata. — 1. Untergatt. Myrmecophaga s. str. (incl. *Uroleptes* WAGL. und *Tamandua* LESS., GRAY). Vorderfüsse mit 4, Hinterfüsse mit 5 Krallen, die vordern viel stärker (Rippen nicht verbreitert; harter Gaumen von den Gaumenbeinen und Pterygoidplatten gebildet und weit nach hinten reichend). M. jubata L. Schwanz (wenigstens im Alter) kein Greifschwanz, Rücken mit hoher Mähne langer borstiger Haare, die sich bis auf den Schwanz fortsetzt. Mit dem Schwanz bis über 7' lang. M. tetradactyla L. (*M. tamandua* DESM.). Schwanz ist ein Greifschwanz, nur an der Basis behaart, nach der Spitze mit wirteligen Hautschuppen. 3—4'. — 2. Untergatt. Cyclothurus GRAY (*Myrmidon* WAGL.). Vorderfüsse mit zwei starken Krallen; ein Greifschwanz (Rippen verbreitert, harter Gaumen mit tiefem Einschnitt zwischen den Pterygoidplatten und in den Gaumenbeinen). M. didactyla L. 1—1½' mit dem Schwanz. Tropisches Süd-America.

3. Gatt. Orycteropus GEOFFR. Kiefer mit zusammengesetzten gleichhöckrigen Zähnen; Mundspalte klein. Zunge lang, platt. Aeusseres Ohr lang. Körper mit Haaren bedeckt. Schwanz kurz. Vorderfüsse mit 4, Hinterfüsse mit 5 grossen, breiten, hufartigen Krallen. Südhälfte von Africa. — Arten: O. capensis GEOFFR. Vom Cap bis zum Senegal. O. aethiopicus SUND. Sennaar.

4. Gatt. Dasypus L. Kiefer mit einfachen kleinen cylindrischen und comprimirten Zähnen, ohne Vorderzähne. Mundspalte mässig, Zunge spitz, nicht weit vorstreckbar. Aeussere Ohren gross. Rücken von einem Panzer bedeckt, der in der Mitte bewegliche Knochengürtel hat; zwischen den Schildern derselben einzelne Haare; oft auch Kopf und Schwanz mit Schildern. Humerus über dem innern Condylus durchbohrt; Krallen wenig gekrümmt, vorn grösser als hinten. — 1. Untergatt. Prionodontes Cuv. (*Cheloniscus* WAGL.). Zahlreiche kleine, seitlich zusammengedrückte Zähne, keine im Zwischenkiefer. Vorderfüsse mit fünf Krallen: D. gigas Cuv. 12—13 bewegliche Knochengürtel; Schwanz mit rhombischen Schuppen bedeckt. 4—5' lang. — 2. Untergatt. Xenurus WAGL. Jederseits 8—9 Zähne oben und unten, cylindrisch, keine im Zwischenkiefer. Knochengürtel 12—13, Schwanz fast unbedeckt. Die äussern drei der fünf Vorderkrallen am stärksten: D. gymnurus ILLIG., etwas über 2'. — 3. Untergatt. Euphractus (WAGL.) WAGN. Jederseits 8—9 cylindrische Zähne oben und unten, keine im Zwischenkiefer. Kopf platt, breit. Nase verlängert. 6—7 Knochengürtel; Rücken ziemlich behaart; alle Füsse fünfzehig: D. villosus DESM. 1½' lang. u. a. — 4. Untergatt. Dasypus Cuv. Jederseits oben und

unten 9—10 Zähne, der obere vorderste im Zwischenkiefer; 6—8 Knochengürtel. Kopf mit breiten Schildern; alle Füsse fünfzehig. D. setosus Prz. Neuw. (*D. sexcinctus* L., *Encoubert* Cuv.), bis 2′ lang. — 5. Untergatt. Tolypeutes Illig. Zähne verhältnissmässig gross, 6—8, keine im Zwischenkiefer; 3 Knochengürtel; Füsse vorn mit fünf oder vier Krallen, auf deren Spitzen die Thiere vorn auftreten. Schwanz sehr kurz, deprimirt. Die Thiere können sich zusammenkugeln: D. tricinctus L. und D. conurus Is. Geoffr. — 6. Untergatt. Tatusia F. Cuv. (*Praopus* Burm.). Jederseits oben und unten 8 Backzähne; 5—8 Knochengürtel. Füsse vorn mit 4 Krallen, von denen die mittleren die grössten, hinten mit 5, die drei mittleren die grössten: D. peba Desm. (*Hyperoambon* Pet.). Sämmtlich sind americanisch, von Paraguay bis nach Texas reichend. — u. a.

5. Gatt. Chlamydophorus Harl. Zähne $\frac{8}{8}$, keine im Zwischenkiefer. Alle Füsse fünfzehig. Aeussere Ohren fehlen fast ganz. Ueber dem Haarkleid des Rückens liegt eine von der Rückenmitte herabhängende, aus queren Schildreihen bestehende biegsame Panzerplatte. Hinterende abgestutzt, mit einer Knochenplatte, die mit den Beckentheilen verwachsen ist. — Art: Ch. truncatus Harl. Chile. (Aus einer zweiten Art mit einem bis auf die Seiten befestigten Rückenschild macht Gray die Gattung Burmeisteria.)

In den brasilianischen Knochenhöhlen sind Reste verschiedener Arten von Dasypus gefunden worden; andere Fragmente werden von Lund zu extincten Gattungen erhoben: Euryodon und Heterodon Lund. Ob einzelne in der Molasse Europa's gefundene Knochenplatten zu den Dasypoden gehören ist noch sehr zweifelhaft.

Zur Gruppe der Dasypoden, aber bereits einen Uebergang zu der folgenden bildend, ist die Gattung Glyptodon Ow. (*Hoplophorus* Lund) zu rechnen. Sie hat den eigenthümlichen Jochfortsatz nach unten, wie die Bradypoden, kein Loch im Humerus; die Halswirbel sind anchylosirt und bilden ein auf den Atlas folgendes Os meso- und metacervicale; die Rückenwirbel sind in ihren Körpern zu dünnen Cylinderabschnitten reducirt und anchylosirt; die Dornfortsätze der Rücken-, Lenden- und Kreuzbeinwirbel standen wie die breiten Darmbeine direct mit dem grossen aus sechsseitigen Facetten zusammengesetzten Panzer in Verbindung. Schwanz kurz, breit, die Wirbel zum Theil verwachsen. Die Vorderfüsse denen der Dasypoden ähnlich, die Endphalangen kürzer, die Hinterfüsse plump, breit. Gl. clavipes Ow. u. a. Aus Knochenhöhlen Brasiliens. — Chlamydotherium Lund ist Glyptodon ähnlich, hat aber die vordern Zähne im Zwischenkiefer. Hierher noch die nicht hinreichend bekannte Gattung Pachytherium Lund. — Wohin das meist zu den Ameisenfressern gebrachte Macrotherium Lartet gehört, ist noch unsicher. Als diesem nahe stehend beschreibt Gaudry eine Gatt. Ancylotherium, tertiär aus Griechenland.

2. Familie. **Gravigrada** Owen (*Megatheriida* Pict.). Die Megatheriden verbinden mehrere Charactere der Bradypoden mit denen der Entomophagen und füllen daher die zwischen beiden so auffällige Lücke aus. Sie haben den kurzen, mehr oder weniger abgerundeten Kopf der erstern, der Jochbogen ist geschlossen mit dem starken abwärts gerichteten Fortsatz. Die Füsse sind kurz wie bei den Fodientia und äusserst stark, gedrungen, vorn vier- oder fünfzehig, hinten drei- oder vierzehig, die äussern Zehen mit kurzen Nägeln, die mittleren mit starken Grabkrallen. Schlüsselbeine vollständig. Schwanz mittellang, breit, stark, als Fulcrum brauchbar. Das Gebiss besteht meist aus $\frac{5}{4}$ Zähnen, von denen keiner in den Zwischenkiefern steht, dieselben sind wie die aller andern Bruta schmelzlos und mit offenem untern Ende. Die Formen sind sämmtlich americanisch.

1. Gatt. Megalonyx Jefferson (*Onychotherium* Fischer). Zähne mit in der Mitte ausgehöhlter Krone. Vorderfüsse länger als Tibia und Fibula discret; Fersenbein lang, comprimirt, hoch. Krallen gross, comprimirt. M. Jeffersoni Cuv. Höhlen Nord-America's.

2. Gatt. Megatherium Cuv. Zähne $\frac{5}{4}$, in ununterbrochener Reihe, vierseitig mit quergefurchter Krone. Vorderfüsse mit 4, Hinterfüsse mit 3 Zehen, Krallen gross, besonders die mittelste. Oberschenkelkopf ohne rundes Band (was die folgenden besitzen); Tibia und Fibula oben und unten verwachsen. Fersenbein lang, dick; Sprungbein vorn oben aus-

gebühlt. M. Cuvieri Desm. (*M. americanum* Blumenb., *Bradypus giganteus* Pand. u. d'Alt.). Von mittlerer Elephantengrösse. Südamericanisches Diluvium.

3. Gatt. **Mylodon** Ow. (*Orycterotherium* Harlan). Zähne $\frac{5}{4}$, discret, die vordern elliptisch, die hintern dreiseitig. Füsse gleich, die vordern mit 5, die hintern mit 4 Zehen, vorn und hinten die beiden äussern Zehen ohne Krallen, die Krallen der übrigen gross, ungleich. Tibia und Fibula discret. Sprungbein vorn oben eben. M. Darwinii Ow. Süd-America. M. Harlani Ow. Knochenhöhle in Kentucky. M. robustus Ow. Diluvium Süd-America's.

4. Gatt. **Scelidotherium** Ow. (incl. *Platyonyx* Lund). Zähne $\frac{5}{4}$, sich berührend oder discret stehend, die obern dreiseitig, die untern mittleren seitlich comprimirt, der letzte zweilappig, gross. Tibia und Fibula getrennt. Sprungbein vorn mit zwei Vertiefungen. Sc. leptocephalum Ow., Sc. Cuvieri Ow. u. a., sämmtlich im Diluvium Süd-America's.

Bei den beiden noch hierher gehörigen Gattungen ist die Zahl der Zehen eine andere: **Coelodon** Lund hat $\frac{4}{3}$, **Sphenodon** Lund $\frac{4}{4}$ Zehen. Süd-America.

Glossotherium Ow., welches Owen mit Orycteropus, H. v. Meyer mit Mylodon für nahe verwandt hält, ist nur in einem Hinterhauptfragment bekannt.

3. Familie. **Bradypoda** Blumenb. (*Tardigrada* Illig.). Kopf kurz, vorn mehr oder weniger abgerundet; Jochbogen nicht geschlossen, Jochbein mit starkem abwärts'gerichteten Fortsatz. Gliedmaassen lang, gracil, die vordern länger; Vorderfüsse zwei- oder dreizehig, die hintern dreizehig. Schwanz äusserst kurz oder fehlt. Körper mit grobem Haar bedeckt. Aeusseres Ohr rudimentär. (Magen zusammengesetzt.)

1. Gatt. **Bradypus** L., Illig. (*Acheus* F. Cuv.). Zähne $\frac{5}{5}$, die vordern klein. Vorderfüsse dreizehig. Schwanz äusserst kurz oder fehlt. — 1. Untergatt. Bradypus Gray. Schädel oberhalb der Stirn abgeplattet, Pterygoidfortsätze blasig aufgetrieben: Br. torquatus Illig. (Subgen. *Scaeopus* Peters). Nördliches Süd-America. — 2. Untergatt. Arctopithecus Gray. Schädel oben abgerundet, Pterygoidfortsäte einfach, dünn: Br. cuculliger Wagl. Guiana. Br. pallidus Wagn. (*tridactylus* Prz. Neuw.). Brasilien. u. a.

2. Gatt. **Choloepus** Illig. (*Bradypus* F. Cuv.). Zähne $\frac{5}{4}$, der vordere lang, stark, eckzahnartig, aber nicht im Zwischenkiefer und vor den entsprechenden des Unterkiefers greifend; die übrigen mit abgedachter Krone. Vorderfüsse zweizehig. Schwanz fehlt. — Art: Ch. didactylus Illig. '*Bradypus didactylus* L.), der Unau. Nördliches Süd-America.

B. Didelphia d. Bl.

14. Ordnung. **Marsupialia** Illig.

Entwickelung ohne Placentarbildung, wird in einer von Beutelknochen gestützten Bruttasche vollendet, welche beim Männchen nach aussen gestülpt die vor dem Penis liegenden Hoden enthält. Die Vagina fast stets in zwei Gänge gespalten. Gebiss vom typischen der Monodelphia abweichend, aber wechselnd. Winkel des Unterkiefers nach innen gebogen. Zitzen im Brutbeutel.

Die unter der vorstehenden Diagnose vereinigten Beutelthiere bieten sowohl in ihrer äussern Erscheinung als in manchen Puncten ihres Baues unter einander eine grosse Verschiedenheit dar, so dass man sich berechtigt hielt, für sie und die implacentalen Säugethiere überhaupt eine der placentalen parallele und coordinirte Unterclasse mit den entsprechenden Ordnungen anzunehmen. Carnivore und herbivore Formen, Raubthieren, Nagern und Wiederkäuern ähnliche Thiere werden hier durch eine in den Hauptzügen sehr übereinstimmende Structur zu einer Gruppe vereinigt, welche zwar allen mit einer Placenta versehenen Säugethieren gegenüber gestellt werden muss, aber wie sich später zeigen wird kaum mehr als den Rang einer Ordnung beanspruchen kann. Es tritt hier recht auffallend zu Tage, dass man durch einfaches Nebeneinanderstellen der Gruppen ohne Hinweis auf ihre zeitige Entwickelung und gegenseitige genealogische Beziehungen keine der Natur entsprechende systematische Anordnung geben kann.

Der Körper der *Marsupialien* sinkt in seiner Grösse bis zur Kleinheit der zwerghaften Mäuse herab, erreicht bei den jetzt lebenden nur selten Manneshöhe, bietet indess bei mehreren extincten Formen (z. B. *Diprotodon*) colossale Verhältnisse dar. Er ist von einem meist weichen, anliegenden Haarkleide bedeckt, welches nur selten grob und derb wird. Die merkwürdigste Eigenthümlichkeit des Hautsystems ist die Bildung des später noch zu erwähnenden Brutbeutels. Der S c h ä d e l ist allgemein conisch verlängert mit hinterer fast verticaler Basis; sein Profil ist meist sehr abgeplattet, geradlinig; der Hirntheil ist im Verhältniss zum Gesichtstheil und zur Nasenhöhle kleiner, als bei den meisten Placentalen. Die einzelnen Knochen verwachsen in der Regel nicht so früh und innig als bei den höhern Säugethieren, namentlich sind die Theile des Hinterhaupt- und Schläfenbeins in der Regel bleibend discret. Der Jochbogen ist vollständig geschlossen; die Weite seiner Spannung ist verschieden und steht zum Theil mit der Entwickelung der bei carnivoren Formen auftretenden Muskelleisten an der Schädelfläche im Verhältniss. Das Thränenbein ist mehr oder weniger auf die Gesichtsfläche gerückt, die Thränenöffnung stets auf dieser. Characteristisch ist ferner die Anwesenheit zweier oder mehrerer Löcher im harten Gaumen, theils in den Oberkiefern theils in den Gaumenbeinen. Der Unterkiefer bildet in seinem Gelenkkopf ähnliche Verschiedenheiten dar, wie der der Placentalen, da die Gelenkverbindung bei den fleischfressenden Arten eine festere ist als bei den herbivoren. Constant ist aber der Unterkieferwinkel nach innen gebogen. Die W i r b e l s ä u l e der *Marsupialia* zeigt im Stammtheil sehr constante Zahlenverhältnisse. Wie gewöhnlich sind auch hier 7 Halswirbel vorhanden; die Spitzen der durchbohrten Querfortsätze, die rudimentären Halsrippen, bleiben in seltenen Fällen frei; der untere Bogen des Atlas ist häufig nur knorplig oder durch Bandmasse geschlossen; die Dornen der Halswirbel sind besonders bei den *Didelphys* merkwürdig hoch und vierkantig. Die Zahl der Dorsolumbarwirbel ist fast stets 19, von denen meist die vordern 13 Rippen tragen; doch kommen auch 12 Rückenwirbel (*Petaurista*) und 15 (*Phascolomys*) vor. Die Dornfortsätze der Dorsolumbarwirbel zeigen bei den langschwänzigen Formen einen Wechsel in der Richtung ihrer Neigung; doch kommen Formen vor (*Phalangista*, *Phascolarctus*, *Phascolomys*), bei welchen sie sämmtlich leicht nach hinten geneigt sind. Zur Bildung eines Kreuzbeins anchylosiren 2—7 Wirbel, aber auch im letztern Falle (*Phascolomys*) sind nur vier mit den Darmbeinen in Verbindung. Oft sind die hintern Sacralwirbel durch grosse Breite ihrer Querfortsätze ausgezeichnet. Schwanzwirbel sind zuweilen äusserst wenig vorhanden, so dass ein äusserer Schwanz völlig fehlt oder stummelartig ist (*Phascolomys*, *Phascolarctus*, *Choeropus*); bei andern ist er sehr lang und kräftig und wird entweder als fünfter Fuss beim Kauern (*Macropus* u. a.), oder als Greif- und Wickelschwanz bei Bewegungen auf Bäumen benutzt (*Didelphys*, *Phalangista* u. a.). Mit Ausnahme von *Perameles* und *Choeropus* ist überall ein Schlüsselbein vorhanden, am stärksten bei den grabenden Formen, am schwächsten und kürzesten bei *Macropus*. Am Becken ist zunächst die Länge der Schambeinsymphyse characteristisch, vor allem aber die jederseits neben der Symphyse mit den Schambeinen articulirenden Beutelknochen, welche in beiden Geschlechtern vorhanden in engster Beziehung zum Cremaster stehen und Ossificationen in der Sehne des Obliquus externus darstellen. Die Vorderextremitäten sind bei den *Macropodiden* sehr klein im Verhältniss zu den hintern, sonst aber entsprechend gebaut. Am Humerus ist die äussere Condylusleiste zuweilen hakenförmig ausgezogen, zuweilen der Raum zwischen den Condylen durchbohrt. Die Vorderarmknochen sind distinct und einer Rotation fähig; überall ist das Olecranon entwickelt. Von den Fingern ist der innere zwar kein gegenüberstellbarer Daumen, doch können die innern den äussern halbwegs gegenübergestellt werden, am deutlichsten die zwei innern den drei äussern bei *Phascolarctus*. Am Femur fehlt das Ligamentum teres bei *Phascolomys* und *Phascolarctus*; bei ersterer ist eine vom Trochanter ausgehende Leiste zu einer Art dritten Trochanters entwickelt. Eine Patella fehlt zuweilen. Tibia und Fibula sind stets discret, bei den springenden Formen eng an einander liegend, bei den kletternden einer ähnlichen Rotation fähig wie die Vorderarmknochen. Das obere Ende der Fibula trägt häufig einen dem Olecranon zu vergleichenden Fortsatz. Von den Zehen ist häufig die innere daumenartig gegenüberstellbar. Wird die Zahl der Zehen reducirt, wie bei *Perameles* und am meisten bei *Macropus*, so fällt die innere, und dann die zweite und dritte Zehe weg oder werden rudimentär, so dass das Thier (bei *Macropus*) auf den stark entwickelten, scharfe Hufe tragenden beiden äussern Zehen ruht. Das **Gehirn** der Beutelthiere ist durch die geringe Entwickelung der fast völlig platten Hemisphären ausgezeichnet; dieselben lassen nicht blos das kleine Gehirn, sondern oft auch die Vierhügel unbedeckt. Wegen der grossen Ausdehnung des Hippocampus major nach vorn zur Bildung der Innenwände der Seitenventrikel sind die das Corpus callosum darstellenden obern queren Commissurfasern nur rudimentär entwickelt; dagegen ist die untere (vordere) Commissur gross. In Bezug auf die Sinnesorgane ist besonders bemerkenswerth, dass bei *Perameles* der Steigbügel eine einfache Columella bildet; auch ist hier der Ambos mit dem Hammer verwachsen. Das **Gebiss** der *Marsupialia* ist nur in dem Puncte mit dem der Placentalen zu vergleichen, dass die Zähne zum Theil gewechselt werden, indem nämlich auch hier die hintern wahren Backzähne es sind, welche nur einmal gebildet werden. Wie aber schon früher erwähnt wurde, kommen hier ganz andere Zahlenverhältnisse vor, vorzüglich sind die Beutelthiere durch grössere Zahl sämmtlicher Zahnarten (mit Ausnahme natürlich der Eckzähne) ausgezeichnet. Die Zahl der Schneidezähne ist (mit Ausnahme von *Phascolomys*) in beiden

Kinnladen ungleich; während bei den von Pflanzenkost sich nährenden die Schneidezähne nur zu $\frac{1}{1}$, $\frac{2}{3}$ oder $\frac{3}{1}$ jederseits vorhanden sind, wobei sie wie bei den Nagern ein offenes unteres Ende haben, von dem der beständige Nachwuchs ausgeht, finden sich bei den Insectenfressern und Raubthieren $\frac{4}{4}$, $\frac{5}{3}$ und $\frac{5}{4}$ jederseits. Die bei den carnivoren Formen sehr kräftig und characteristisch entwickelten Eckzähne werden bei den pflanzenfressenden sehr reducirt und fehlen bei vielen dieser letztern. Die meist zu 3 vorhandenen Praemolaren sind zweiwurzlig; bei *Amphitherium* waren 6 in der Unterkinnlade vorhanden, bei Pflanzenfressern sinkt die Zahl. Die Zahl der wahren Backzähne ist meist $\frac{4}{4}$ jederseits, doch kommen auch $\frac{6}{6}$ (*Myrmecobius*, *Amphitherium*) und $\frac{3}{3}$ (*Petaurus*) vor. Sie sind bei den carnivoren Formen spitzhöckrig, bei den pflanzenfressenden mit verschiedenartig gewundenen Schmelzfalten, welche bei der Abnutzung eine häufig ganz platte Kronenfläche bilden. Die Art und Weise des Aufeinanderfolgens ist bei *Macropus* dadurch merkwürdig, dass hier (wie bei manchen ungulaten Placentalen) die hintern Zähne gewissermaassen die vordern wegschieben, so dass zuletzt nur zwei oder drei an Stelle und Function sind. Der Magen bietet je nach der Natur der Nahrung verschiedene Modificationen in seinem Bau dar. Bei den Fleisch, Insecten und Früchte fressenden Formen ist er einfach, rundlich, nicht viel breiter als hoch; *Phascolomys* und *Phascolarctus* haben bei gleicher Magenform links neben der Cardia eine ziemlich entwickelte Drüse. Bei den Känguruhs ist der Magen darmähnlich verlängert und einem Colon ähnlich sacculirt. Die Länge und die Entwickelung der Längsmuskelbänder variirt in den einzelnen Formen. Da die Cardia sich nicht am obern Ende dieses zuweilen Körperlänge erreichenden Magens findet, so bildet sich ein besonderer linker Abschnitt, dessen blindes Ende zuweilen in zwei kurze blinde Säcke sich theilt. Aehnliche Verschiedenheiten bietet der Blinddarm dar; bei den entomophagen Gattungen ist er kurz, keulenförmig und einfach, bei den Carpophagen ist er lang (zuweilen von mehrfacher Körperlänge), beim Wombat kurz, weit, mit einem Processus vermiformis, während er bei den carnivoren Formen ganz fehlt. Characteristisch ist die Bildung eines einfachen den Darm vom Pylorus bis zum Rectum wie bei den Reptilien anheftenden Mesenterium, welches nur bei den pflanzenfressenden Formen bei grösserer Länge des Darms verwickelter wird. Ueberall ist eine Gallenblase vorhanden. Am Herzen fehlt die Fossa ovalis in der Vorkammerscheidewand; das rechte Herzohr ist in zwei Zipfel gespalten. Ueberall sind zwei obere Hohlvenen vorhanden. Beim Gefässsystem ist der getrennte Ursprung der Ischiadica interna und Femoralis für die Beutelthiere characteristisch. Die Hoden liegen in dem vor dem Penis sich findenden Scrotum; der Leistencanal bleibt durchgängig; der Bulbus urethrae ist gespalten, häufig auch die Glans penis. Samenblasen fehlen stets. Der Penis liegt in einer Cloake, welche von einem Sphincter umschlossen wird. Die Ovarien sind klein und einfach bei den Känguruhs, traubig und ausserordentlich entwickelt beim Wombat. Vom vordern Ende des gemeinsamen Sinus urogenitalis, dessen Oeffnung in der Cloake liegt, gehen die getrennten Vaginae ab, welche sich henkelartig nach vorn und aussen und dann nach innen und rückwärts biegen; hier stossen sie zuweilen zusammen und bilden dann einen zwischen den Vaginen in der Mitte liegenden, von einem Septum vollständig oder nur theilweise durchzogenen Blindsack. An den vordern Umbiegungsstellen mündet jederseits getrennt der verhältnissmässig kurze Uterus, in welchem die Jungen ohne Placentarbildung (die Allantois bleibt ein kleines gestieltes Bläschen) entwickelt und dann schon früh geboren werden. Zuweilen nur mehrere Linien lang gelangen sie in den Beutel, der bei manchen Formen nur aus zwei Hautfalten besteht (*Didelphys*) und heften sich fast geradezu mit dem Mund und Schlund an die Zitzen.

Die in der Jetztzeit mit Ausnahme zweier in America vorkommenden Gattungen auf Australien, Neu-Guinea, mehrere Molukken beschränkte Gruppe der Beutelthiere gieng in Europa der Entwickelung der placentalen Säugethiere voraus. Es finden sich Fossilreste in Trias, Oolith und in Tertiärschichten Europa's, sie fehlen aber von da an hier gänzlich und machen Placentalen Platz. Dagegen kommen in Diluvialschichten Australiens, dem gegenwärtigen Mittelpunct der Verbreitung der *Marsupialien* mehrfache Reste vor. Mit Ausnahme des wahrscheinlich erst später eingeführten wilden Hundes und einiger Nager machen Beutelthiere die ganze Säugethierbevölkerung Australiens aus; und hieran sowie an den Umstand, dass innerhalb dieser Gruppe Formen erscheinen, welche in manchen äussern Beziehungen Placentalordnungen wiederholen, hat sich die Frage geknüpft, ob die *Marsupialien* eine Ordnung der Säugethiere überhaupt oder eine Parallelclasse zu den Placentalen bilden. Besonders war es OWEN, welcher die Implacentalen den andern Säugethieren gegenüberstellte, und im Anschluss hieran hat man den einzelnen Familien der erstern den Rang von Ordnungen vindiciren wollen. Wenn man aber bedenkt, dass wir hier in den allgemeinen wesentlichen Characteren völlig übereinstimmende Formen vor uns haben, welche, besonders in Verbindung mit einer verschiedenen Ernährungsweise, in einer Weise von einander abweichen, welche der Differenz der Placentalordnungen höchstens analog ist, wenn wir ferner in Betracht ziehen, dass wir es hier mit den zeitlich ältesten Formen zu thun haben, deren Differenzen sich natürlich auf einem vergleichsweise viel gleichförmigeren Grunde erheben, so können wir in Bezug auf die Anordnung der Beutelthiere und ihre Stellung zu den übrigen Säugethieren nur zu dem Schlusse gelangen, dass wir, sie als den ältesten Zweig des Säugethierstammes betrachtend, sie an den Anfang der ganzen Reihe stellen und ihre verschiedenen Untergruppen nur als Unterordnungen auffassen dürfen, wie sie ja der Bildung von Ordnungen im weitern Entwickelungsgang der Säugethierreihe gewissermaassen versuchsweise vorausgiengen. Wenn es daher als absolut widernatürlich anzusehen ist, will man die Beutelthiere als Ordnung mitten zwischen die andern Säugethierordnungen einreihen (was sich nur dann rechtfertigen liesse, wenn man im Thiersystem nichts als ein Mittel zur Bestimmung von Einzelnformen sehen dürfte), so darf man ebensowenig da, wo im Verlauf der Wirbelthierentwickelung zuerst Säugethierformen auftreten, bereits an Gruppen denken, die den Ordnungen der weiter entwickelten Placentalen gleichwerthig wären.

OWEN, RICH., Article »Marsupialia«, in: TODD's Cyclopaedia of Anatomy. Vol. III. 1842. p. 257—331.

184   I. Mammalia. B. Didelphia.

WATERHOUSE. G. R., A natural history of the Mammalia. Vol. I. Marsupiata or Pouched Animals. London, 1846.

1. Unterordnung. **Rhizophaga** OWEN. Ein meiselförmiger Schneidezahn jederseits oben und unten, keine Eckzähne, $p\frac{1}{1}$, $m\frac{4}{4}$; am Magen eine besondere Drüse, Blinddarm kurz und weit, mit Processus vermiformis.

1. Familie. **Phascolomyida** (GRAY) OWEN (*Glirina* A. WAGN.). Character der Unterordnung.

Einzige Gatt. Phascolomys GEOFFR. (*Amblotis* ILLIG.). Körper dick, plump, niedrig; Füsse fünfzehig mit starken Grabkrallen; Schwanz warzenförmig, rudimentär. — Art: Ph. Wombat PÉR. u. LES., der Wombat. Ueber 2' lang. Neu Süd-Wales. In Knochenhöhlen Australiens hat man eine zweite Art, Ph. platyrhinus OWEN, gefunden. Eine dritte, Ph. latifrons OWEN, bildet die Untergattung Lasiorhinus (GRAY) MURIE.

.2. Unterordnung. **Poëphaga** OWEN. Untere Schneidezähne (einer jederseits) meiselförmig, horizontal, von den obern (meist 3) der vordere am grössten, Eckzähne zuweilen vorhanden. Magen zusammengesetzt (colonartig), Blinddarm lang.

2. Familie. **Macropodida** OWEN. Gebiss: $i\frac{3}{1}$, $c\frac{0}{0}$ oder $\frac{1}{0}$, $p\frac{1}{1}$, $m\frac{4}{4}$; meist deutliche Augenwimpern; Vorderextremitäten kleiner als die hintern, meist in einem auffallenden Grade. Brutbeutel entwickelt; vier Zitzen in der Regel.

1. Gatt. Macropus SHAW (*Halmaturus* ILLIG.). Der hinterste Schneidezahn gefurcht, breit; oberer Eckzahn, wenn vorhanden, äusserst klein; Vorderbeine sehr klein; die zweite und dritte Hinterzehe verbunden, mit kleinen distincten Krallen. — Untergatt. 1. Macropus WATERH. · Muffel behaart, hinterer oberer Schneidezahn sehr breit, mit doppelter Furche. M. giganteus SHAW. Riesenkänguruh. Körper über 5', Schwanz 4' lang. Neu-Süd-Wales, Van Diemensland. — 2. Onychogalea GRAY. Muffel behaart; hinterer oberer Schneidezahn so breit wie der vordere, mit einer Furche; Schwanzende mit nagelartiger Hornspitze. M. unguifer GOULD. Nordwestküste Neu-Hollands. u. a. — 3. Lagorchestes GOULD. Muffel behaart; hinterer oberer Schneidezahn klein, mit einer Furche; von Hasengrösse. M. leporoides GOULD. Süd-Australien. u. a. — 4. Halmaturus WATERH. (*Osphranter* e. p. GOULD). Muffel nackt; in den übrigen Characteren die vorigen Abtheilungen wiederholend. M. antilopinus (GOULD) WATERH. Von der Grösse des M. giganteus. Nord-Australien. M. Bennetti WATERH. Körper bis 3' lang. Van Diemensland. u. a. — 5. Petrogale GRAY (*Heteropus* JOURD.). Muffel nackt; Hinterfüsse kurz und robust. Schwanz an der Basis nicht verdickt, daher cylindrisch. Hinterer Schneidezahn schmäler als der vordere. M. penicillatus GRAY. Neu Süd-Wales. u. a. — In neueren Tertiärlagern und Knochenhölen Australiens sind fossile Känguruh-Reste gefunden worden: M. titan Ow., M. Atlas Ow. u. a.

2. Gatt. Dorcopsis MÜLL. u. SCHLEG. Schädel verlängert; obere Schneidezähne klein, der hintere ohne Furche, ein oberer Eckzahn vorhanden; Praemolar sehr breit. Nasenbeine in der Mitte verschmälert. Vorderbeine kräftig. Schwanz conisch, an der Spitze nackt. — Art: D. Brunii SCHLEG. u. MÜLL. Der Filander. Neu-Guinea.

3. Gatt. Hypsiprymnus ILL. Der vordere obere Schneidezahn länger als die anderen, obere Eckzähne deutlich, der erste Backzahn (p) viel grösser als die folgenden, beiderseits gefurcht. Paukenknochen gross, aufgeblasen. Bis Hasengrösse. — Untergatt.: 1. Hypsiprymnus (Sect. 1.) WATERH. Muffel fast völlig mit Haaren bedeckt; Tarsen lang. H. rufescens GOULD (*Bettongia rufescens* GRAY). Neu-Süd-Wales. — 2. Bettongia GRAY, WATERH. Muffel nackt, Tarsen lang. Schwanz zum Greifen geschickt, aber nicht fähig, das Gewicht des ganzen Thieres zu halten. H. cuniculus OGILBY. Van Diemensland. H. penicillatus (GRAY) WATERH. Süd-Neu-Holland. u. a. — 3. Potorous DESM. Kopf verlängert, Tarsen kurz, Schwanz schuppig, sparsam behaart; Muffel nackt. H. murinus ILL. (*Macropus minor* SHAW.). — (Eine diluviale Art aus Australien.)

14. Marsupialia.

4. Gatt. Dendrolagus Müll. u. Schleg. Vorderextremitäten im Verhältniss nur wenig kürzer als die hinteren, grosse, spitze, gekrümmte Krallen. Nasenbeine in der Mitte verschmälert. Obere Schneidezähne fast gleich, der hintere ohne Furche; erster Backzahn gross; ein kleiner oberer Eckzahn deutlich (der Magen entspricht der Unterordnung). — Arten: D. ursinus Müll. Neu-Guinea. D. inustus Müll. ebenda; etwas grösser (2¼' lang).
Fossil: Diprotodon Owen. Gebiss i$\frac{3}{4}$, c$\frac{0}{0}$, p$\frac{1}{1}$, m$\frac{4}{4}$; der vorderste obere Schneidezahn viel grösser, meiselförmig; Gliedmaassen robust, die vorderen lang. Der Schädel misst 3' in Länge. D. australis Owen. Pleistocen, Australien. — Bei Nototherium Owen (Zygomaturus McLeay) fehlen die unteren incisiven Stosszähne; neben entschiedener Verwandtschaft mit Macropus hat die Gattung auch Charactere des Phascolarctos. N. Mitchelli Ow., ebendaher. — Nach neueren Funden scheint Dinotherium hierher zu gehören.
Ohne Zweifel mit den Macropodiden verwandt sind die beiden auf Zähne und Kieferfragmente gegründeten Gattungen Microlestes Plieninger und Hypsiprymnopsis Dawkins, erstere aus dem oberen Trias (Keuper) Deutschlands und Englands, letztere aus den Rhaetischen Schichten England's. Die Gattung Plagiaulax Falc. ist in Unterkiefern zweier Arten bekannt und schliesst sich der Form der Zähne nach den Hypsiprymnen an Oolith (dirt-bed) von Purbeck.

3. Unterordnung. **Carpophaga** Owen. Vordere Schneidezähne gross, mit geschlossenen Wurzeln, die unteren (jederseits einer) meiselförmig, Eckzähne oben stets vorhanden. Magen einfach; Blinddarm sehr gross und weit. Hinterfüsse fünfzehig, die innere Zehe ist ein Daumen, die beiden folgenden stecken in einer gemeinsamen Scheide.

3. Familie. **Phascolarctidae** Owen. Gebiss i$\frac{3}{4}$, c$\frac{1}{0}$, p$\frac{1}{1}$, m$\frac{4}{4}$; Magen mit einer besonderen Drüse neben der Cardia. Von den fünf Zehen der Vorderfüsse sind die beiden inneren den drei äusseren gegenüberstellbar; Hinterdaumen ohne Nagel. Schwanz rudimentär.
Einzige Gatt. Phascolarctus de Blainv. (*Lipurus* Goldf.) Character der Familie. — Art: Ph. cinereus Gray (*Lipurus cin.* Goldf.) der Koala. 2' lang. Neu Süd-Wales.

4. Familie. **Phalangistidae** Owen. Gebiss i$\frac{1}{4}$, c$\frac{1}{1}$, p$\frac{2}{2}$ (oder $\frac{2}{3}$ oder $\frac{3}{3}$), m$\frac{4}{4}$, die Zähne zwischen den Schneidezähnen und functionirenden Backzähnen klein und nicht ganz constant. Magen einfach, ohne Drüse. Ein langer Greifschwanz.
1. Gatt. Phalangista Cuv. (*Balantia* Ill.). Phalanger ohne fallschirmartige Hautausbreitung zwischen Vorder- und Hinterextremitäten. — Untergatt. 1. Cuscus Lacép. (*Ceonyx* Temm.). Schwanz nur am Basaltheil mit Haaren bekleidet; Ohren kurz; Pupille vertical. Einige indische Inseln. Ph. ursina Temm. 20". Celebes. u. a. — 2. Trichosurus Less. Schwanz dicht behaart, mit Ausnahme eines kleineren oder grösseren Theils der unteren Fläche. Ohren deutlich. Pupille rund. Australien. Ph. vulpina Desm. (*Tapoa* Gray) 18—20". Schwanz 13" (auch fossil). u. a. — 3. Pseudochirus Ogilby (*Hepoona* Gray). Schwanz kurz behaart mit Ausnahme der unteren Fläche der Spitze. Die zwei inneren Finger den drei äusseren gegenüberstellbar. Ohren kurz, abgerundet. Ph. Cookii Desm. Neu-Süd-Wales. — 4. Dromicia Gray. Oben und unten nur drei Molaren, oben und unten drei Praemolaren. Schwanz an der Basis so wie der Körper behaart, weiterhin mit kurzem anliegenden Haar, unter der Spitze nackt. Ohren fast nackt, gefaltet. Ph. nana Desm. 4" lang. Van Diemensland. u. a.
2. Gatt. Petaurus Shaw. Phalanger mit fallschirmartiger Hautausbreitung an den Seiten des Körpers zwischen Vorder- und Hinterextremitäten. Schwanz meist sehr lang, durchaus behaart. — Untergatt. 1. Petaurista (Desm.) Waterh. Ohren kurz und breit, aussen lang behaart; Flughaut reicht nur bis zum Elnbogen; $\frac{7}{7}$ Backzähne. P. taguanoides Desm. Körper 20". Neu-Süd-Wales. — 2. Belideus Waterh. Ohren lang, fast nackt, Flughaut reicht bis zu den äusseren Fingern $\frac{7}{7}$ Backzähne. Ph. australis Shaw. Neu-Süd-Wales. u. a. — 3. Acrobata Desm. Ohren mässig, aussen mit feinen Haaren beklei-

det, Schwanz oben und unten kürzer, an den Seiten lang behaart. Flughaut kaum bis zum Handgelenk reichend. $\frac{6}{6}$ Backzähne. P. **pygmaeus** Desm. $3\frac{3}{4}''$. Neu Süd-Wales.

4. Unterordnung. **Rapacia** A. Wagn. (*Entomophaga* et *Sarcophaga* Owen). Alle drei Arten von Zähnen in beiden Kinnladen. Magen einfach (ohne besonderen Drüsenapparat); Blinddarm fehlt oder ist klein oder nur mässig.

5. Familie. **Edentula** A. Wagn. Zähne sehr klein, getrennt stehend: $i\frac{2}{1}$, die unteren grösser, nach vorn geneigt, $c\frac{1}{1}$, $m\frac{3}{3}$ oder $\frac{4}{4}$, klein, spitz, inconstant. Schnauze sehr lang, spitz. Zunge lang, dünn. Ohren abgerundet, klein. Hinterfüsse fünfzehig, mit nagellosem Daumen, zweite und dritte Zehe verwachsen mit spitzen geraden Krallen, vierte und fünfte mit platten Nägeln. Greifschwanz (Blinddarm fehlt).

Einzige Gatt. **Tarsipes** Gerv. Character der Familie. — Art: T. **rostratus** Gerv. Körper $3\frac{3}{4}''$, Schwanz $3\frac{1}{2}$—$4''$ lang. King George's Sound.

6. Familie. **Saltatoria** Owen (*Peramelidae* Waterh. *Syndactylina* A. Wagn.). Gebiss: $i\frac{5}{3}$, $c\frac{1}{1}$, $p\frac{3}{3}$, $m\frac{4}{4}$. Schnauze spitz, Muffel nackt. Hinterbeine viel länger als die vorderen; an den vorderen die äusseren Zehen rudimentär, an den hinteren die innere, die zweite und dritte verwachsen, vierte Zehe sehr gross. Eingang in den Brutbeutel nach hinten gerichtet (Blinddarm mässig).

1. Gatt. **Perameles** Geoffr. (*Isoodon* Desm.). Bandikut. Vorderfuss mit fünf Zehen, die beiden äusseren rudimentär und nagellos, die anderen mit gespaltenen Nagelphalangen, Hinterfuss mit rudimentären, zuweilen unter der Haut verborgener Innenzehe, zweite und dritte dünn, bis zur Spitze verwachsen, vierte und fünfte wohl entwickelt. — Untergatt. 1. **Macrotis** Reid (*Perogalea* Gray). Ohren sehr gross, Schwanz langbehaart, innere Hinterzehe fehlt. P. **lagotis** Reid. West-Australien. — 2. P e r a m e l e s s. str. Waterh. Ohren und Schwanz verhältnissmässig kurz, letzterer kurz anliegend behaart. Hinterfuss mit rudimentärer Innenzehe. P. **macroura** Gould. Nord-Australien. P. **obesula** Geoffr. Süd-Australien und Van Diemensland. u. a.

2. Gatt. **Choeropus** Ogilby. Beine zart; Vorderfüsse nur mit zwei kleinen, gleichen Zehen; am Hinterfusse nur die vierte Zehe ordentlich entwickelt, die äussere nur warzenförmig, die inneren verbundenen kurz und klein, aber alle mit Nägeln. - Art: Ch. **castanotis** Gray. Süd-Australien.

7. Familie. **Scansoria** Owen (*Didelphidae* Waterh., *Pedimana* A. Wagn.). Gebiss: $i\frac{5}{4}$, $c\frac{1}{1}$, $p\frac{3}{3}$, $m\frac{4}{4}$; Füsse fünfzehig, plantigrad, am Hinterfuss ist die Innenzehe ein gegenüberstellbarer Daumen. Schwanz lang, häufig nackt. Die Familie ist auf America beschränkt.

1. Gatt. **Didelphys** L. (*Philander* Briss., Gray p.). Alle Zehen frei (von keiner Schwimmhaut verbunden). — Arten: a) mit wohlentwickelter Bruttasche: D. **virginiana** Shaw, Nord-America. D. **cancrivora** Gmel. L. Nördliche Theile von Süd-America. u. a. — b) mit rudimentärer oder ohne Bruttasche: D. **dorsigera** L., Surinam, D. **murina** L., Guiana, Brasilien, Peru, Mexico. u. a. In brasilianischen Knochenhöhlen finden sich Reste mehrerer extincter Arten Didelphys. In Europa hat Cuvier ein vollständiges Skelet einer **Didelphys** in eocenen Tertiärschichten von Paris beschrieben; ähnlichen Alters sind mehrere bekannt.

2. Gatt. **Chironectes** Ill. Hinterfüsse gross, ihre Zehen durch Schwimmhäute verbunden; Vorderfüsse mässig mit ungewöhnlich verlängertem Os pisiforme, welches wie eine sechste Zehe aussieht. — Art: Ch. **variegatus** Ill. (*Ch. Yapock* Desm.). Guiana und Brasilien.

Ein didelphysähnliches Beutelthier mit einem Praemolaren mehr und einem Molaren weniger beschreibt aus mittleren Tertiärschichten Gervais unter dem Namen Galethylax Blainvillei.

8. Familie. **Dasyuridae** Waterh., Owen. Gebiss: $i\frac{4}{3}$, $c\frac{1}{1}$, p und m der Zahl nach wechselnd; Hinterfüsse vierzehig, alle Zehen frei, Daumen höchstens rudimentär. Schwanz behaart, nicht greifend. Kein Blinddarm.

1. Gatt. **Myrmecobius** Waterh. Gebiss: $i\frac{4}{3}$, $c\frac{1}{1}$, $p\frac{3}{3}$, $m\frac{6}{6}$, die Backzähne mit scharfen Spitzen. Zunge sehr lang und dünn. Eine Bruttasche fehlt dem Weibchen. — Art: M. fasciatus Waterh. Süd- und West-Australien.

2. Gatt. **Phascogale** Temm. (rectius *Phascologale* v. d. Hoev.). Die vordersten Schneidezähne oben und unten grösser als die anderen; $p\frac{3}{3}$, $m\frac{4}{4}$; letzter oberer Backzahn schmal und quer. Am Hinterfuss ein kleiner, nagelloser greifender Daumen. — Untergatt. 1. Phascogale s. str. Waterh. Die terminale Hälfte des Schwanzes lang und buschig behaart; mittlere Schneidezähne länger als die anderen. Ph. penicillata Temm. (*Didelphys penicillata* Shaw.). Süd- und West-Australien. u. a. — 2. Antechinus McLeay. Schwanz durchaus kurz behaart; mittlere Schneidezähne nicht grösser. Ph. apicalis Gray. Körper $6\frac{3}{4}''$, Schwanz $4''$. West-Australien. Ph. minutissima Gould. Körper $2\frac{3}{4}''$, Schwanz ebenso. Ostküste Australiens. u. a. (aus den Arten dieses Subgenus mit verdicktem Schwanze bildet Gould die dritte Untergattung Podabrus Gould.)

3. Gatt. **Dasyurus** Geoffr. Gebiss: $i\frac{4}{3}$, alle gleich, $c\frac{1}{1}$, $p\frac{2}{2}$, $m\frac{4}{4}$; Schwanz lang, langbehaart. — Untergatt. 1. Sarcophilus F. Cuv. (*Diabolus* Gray). Körper gedrungen, robust, Kopf kurz, breit, Schwanz kürzer als der Körper; kein Hinterdaumen. (D. ursinus Geoffr. (*Didelphys ursina* Harris). Van Diemensland. — 2. Dasyurus s. str. auf. Körper schmächtig, gracil, Schwanz länger, meist eine Hinterdaumenwarze. D. viverrinus Geoffr. (*Didelphys viv.* Shaw.). Van Diemensland und Neu Süd-Wales. — u. a. (Eine diluviale Art aus Australien: D. laniarius Owen.)

4. Gatt. **Thylacinus** Temm. (*Peracyon* Gray). $i\frac{4}{3}$, die äusseren grösser als die anderen, $c\frac{1}{1}$. $p\frac{3}{3}$, $m\frac{4}{4}$. Hinterfuss ohne Daumen. Beutelknochen sind nur durch zwei Faserknorpel repräsentirt. — Art: Th. cynocephalus A. Wagn. (*Didelphys cynocephala* Harris). Van Diemensland. Th. spelaeus Owen aus diluvialen Knochenhöhlen Australiens.

Fossil: Thylacoleo Owen. Von der Grösse des Löwen. Der Fleischzahn (letzte Praemolar) über $2''$ lang; nur im Schädelfragment aus dem Pleistocen Australiens bekannt.

Aus dem Oolith von Purbeck sind nach Unterkieferfragmenten die beiden Gattungen Spalacotherium Ow. und Triconodon Ow. beschrieben worden, welche insectivore Beutelthiere darstellten mit spitzhöckrigen, zahlreichen Backzähnen. Der untere Oolith von Stonesfield hat die Nachweise für das frühere Auftreten der Marsupialien vermehrt. Phascolotherium Broderip, mit $p\frac{3}{3}$ $m\frac{4}{4}$, wie bei Didelphys, aber mit verschiedener Krone; Amphilestes Owen mit ähnlichen Zähnen. Amphitherium de Blainv. (*Thylacotherium* Ow., *Amphigonus* Agass.). $p\frac{?}{?}$ $m\frac{?}{?}$. fast sämmtlich zweiwurzlig; die grosse Zahl der Zähne liess anfangs an Reptilien denken; das Thier war Myrmecobius verwandt. Stereognathus Owen war nach einem Unterkieferfragment mit höchst eigenthümlichen Molaren ein herbivores Beutelthier. Endlich hat Emmons in einem Kohlenbett America's, der Trias oder dem Lias angehörig, einen Unterkiefer gefunden mit $i\frac{3}{3}$, $c\frac{1}{1}$, $m\frac{7}{10}$, Dromatherium Em., welcher gleichfalls an Myrmecobius erinnert, und mit den oben erwähnten triassischen Formen zu den ältesten Säugethierresten gehört.

C. Ornithodelphia de Bl.

15. Ordnung. **Monotremata** Geoffr.

Die untern, zu Uteris erweiterten Enden der Oviducte münden getrennt in den Urogenitalcanal, der sich mit dem Endstück des Darms zu einer wahren Cloake vereint. Aehnlich münden die Ausführungsgänge der stets abdominal bleibenden Hoden. Zahnlos oder nur mit Hornplatten statt wahrer Zähne. Unterkieferwinkel nicht eingebogen. Coracoid, zwar mit dem Schulterblatt verwachsen, verbindet sich mit dem Sternum.

Die *Monotremen*, welche mit den *Marsupialien* in der Art ihrer Entwickelung ohne Placenta, in der rudimentären Bildung des Balkens und in dem Vorhandensein von sogenannten Beutelknochen übereinstimmen, weichen von diesen durch den Mangel des Brutbeutels und Scrotum, die Abwesenheit von Zähnen, die Einfachheit der Vierhügel und in mehreren, zum Theil in der obigen Diagnose angeführten Puncten ab. Haben wir es hier auch nur mit zwei Gattungen zu thun, so rechtfertigt ihr ganzer Bau, der in mehrfacher Hinsicht an die Verhältnisse bei niedern Wirbelthieren erinnert, doch hinreichend ihre Aufstellung als besondere Ordnung, wie es zuerst der ältere GEOFFROY-SAINT-HILAIRE gethan hat.

Die Haut dieser, $1^{1}/_{2}$ bis $2'$ Länge nicht überschreitenden Thiere ist mit einem Haarkleid versehen, welches bei *Ornithorhynchus* ausser den Wollhaaren noch längere, steife, spitze, abgeplattete Haare enthält, während bei *Echidna* zwischen den Haaren des Rückens und der Seiten Stacheln stehen, welche denen des Igels ähnlich, nur grösser sind. Der Schädel ist abgerundet, glatt, ohne Muskelleisten; die einzelnen Knochen erhalten sich bei *Echidna* länger getrennt, als bei *Ornithorhynchus*, wo sie früh mit einander verwachsen. Das Hinterhauptbein, aus vier distincten Knochen zusammentretend, hat wie überall bei Säugethieren einen doppelten Condylus. Einen Theil der Seitenwand der Schädelkapsel bildet die Schuppe des Schläfenbeins, an dessen unterer, dem Petrosum angehörigen Fläche die von dem fast horizontal liegenden Trommelfell geschlossene flache Trommelhöhle liegt. Der Jochbogen ist geschlossen, bei *Echidna* ist er schlank und dünn, bei *Ornithorhynchus* stärker, eine niedrige verticale Platte bildend. Er wird nur von den Jochfortsätzen des Schläfenbeins und Oberkiefers gebildet, da ein eigentliches Jochbein fehlt. Die Grenze zwischen Augenhöhle und Schläfengrube wird bei *Echidna* nur durch eine schwache leistenförmige Vorragung auf dem grossen Keilbeinflügel, welcher die innere Wand der ganz offenen Grube darstellt, angedeutet; bei *Ornithorhynchus* markirt ein Orbitalfortsatz des Oberkiefertheils des Jochbogens den hintern Rand der nur zum Theil knöchern begrenzten Orbita. Der Gaumen reicht sehr weit nach hinten; bei *Echidna* stossen Gaumenfortsätze des Felsenbeins an die Pterygoidfortsätze, hierdurch die Ausdehnung des Gaumengewölbes bedingend. An der untern Schädelfläche sind bei *Ornithorhynchus* das Foramen condyloideum und jugulare vereinigt, das ovale Loch sehr gross, nach innen von ihm eine häutig begrenzte Lücke in der Schädelbasis. Die Zwischenkiefer bilden bei *Echidna* die vordere Spitze des Schnauzenendes, bei *Ornithorhynchus* weichen sie zangenartig aus einander. Der Unterkiefer, welcher am Jochtheil des Schläfenbeins articulirt, besteht aus zwei Hälften, welche bei *Echidna* dünn griffelförmig sind und vor dem Gelenkkopf eine tuberkelförmige Andeutung des Kronenfortsatzes tragen; am vordern Ende stossen sie spitz zusammen. Bei *Ornithorhynchus* ist der Unterkiefer viel stärker entwickelt, mit querem Gelenkkopf und deutlichem Kronenfortsatz; die beiden Aeste stossen vor der erwähnten Platte zur Aufnahme der hintern Hornzähne in eine kurze Symphyse zusammen, weichen aber nach vorn winklig abbiegend wieder auseinander. An den sieben Halswirbeln bleiben die Rippen rudimentär, bei *Echidna* länger distinct. Der Dornfortsatz des Epistropheus ist hoch und lang. Auch hier sind 19 Dorsolumbarwirbel vorhanden, bei *Echidna* 16, bei *Ornithorhynchus* 17 Rippen tragende Rückenwirbel, bei ersteren 3, bei letzteren 2 rippenlose Lendenwirbel. Die Körper sämmtlicher Wirbel sind vorn und hinten leicht concav und sind mit einander durch einen Faserring, in der Mitte durch eine Synovialkapsel verbunden. Die Fortsätze sind überall mässig entwickelt. Kreuzwirbel sind bei *Ornithorhynchus* zwei, bei *Echidna* drei vorhanden; sie haben starke breite Querfortsätze. Der Schwanz besteht bei *Echidna* aus 13, bei *Ornithorhynchus* aus 20—22 Wirbeln, von denen die ersten 6—7 mit allen Fortsätzen versehen sind, während bei den folgenden die Querfortsätze allein vorhanden sind und nur den beiden letzten fehlen. Am Schultergürtel der *Monotremen* tragen das Schulterblatt und Coracoid gleichmässig zur Bildung der Gelenkhöhle für den Oberarm bei; sie sind hier anfangs durch Knorpel, später durch Verknöcherung mit einander verbunden. Das Schulterblatt hat keine Gräte, doch ist sein oberer und vorderer Rand in einen Acromialfortsatz ausgezogen, an welchem sich das Schlüsselbein ansetzt. Das Coracoid ist mit dem Sternum verbunden. Vor dieser Verbindungsstelle liegt ein starker Knochen, dessen oberes Ende in zwei seitliche Fortsätze ausgezogen ist, das Episternum; den Fortsätzen liegt die Clavicula auf, welche vor dem Coracoid liegend sich mit dem Schulterblatt verbindet. Das Becken besteht wie gewöhnlich aus drei Knochen, welche lange unverwachsen bleiben. Die Pfanne für den Oberschenkelkopf ist bei *Echidna* im Grunde offen. Die Schambeinsymphyse ist ziemlich lang; dem Vorderrand der Schambeine ist jederseits der sogenannte Beutelknochen angeheftet. Der Humerus ist kurz, an beiden Enden verbreitert. Die Vorderarmknochen distinct, aber in der ganzen Länge ziemlich dicht an einander liegend, die Ulna hat ein starkes Olecranon; die Vorderfüsse haben fünf Zehen, der Daumen ist verkürzt bei *Echidna*, bei *Ornithorhynchus* fast von gleicher Länge wie die andern Finger. Das Femur ist bei *Ornithorhynchus* kurz, an beiden Enden verbreitert, länger und schlanker bei *Echidna*. Tibia und Fibula sind distinct, letztere trägt am obere Ende einen starken olecranonartigen Fortsatz. Am Tarsus findet sich ein dem Astragalus verbundener kleiner Knochen, welcher den durchbohrten Sporn bei den Männchen beider Gattungen trägt; doch finden sich beim Weibchen Rudimente. An den fünfzehigen Füssen ist die Innenzehe bei *Echidna* gleichfalls verkürzt. Am Gehirn sind die Hemisphären des Grosshirns bei *Ornithorhynchus* glatt, bei *Echidna* mit einigen Windungen versehen; vom Corpus callosum finden sich nur Spuren als quere Commissurfasern zwischen den vordern schmäleren Enden des Hippocampus. Die Vierhügel haben sowohl eine seichte Querfurche, als auch eine Längsfurche; sie sind im Verhältniss zu den Hemisphären wenig entwickelt. Am kleinen Gehirn sind die Seitenlappen wenig entwickelt; die Brücke besteht nur in einem schmalen Querfaserzug. Die kleinen Augen haben ausser den beiden, oberen und unteren, Augenlidern noch eine Nickhaut. Ein äusseres Ohr fehlt; der Steigbügel ist undurchbohrt, columellenartig, die Schnecke niedrig. — *Echidna* ist zahnlos, trägt aber am Gaumen, wie am hintern Theil der langen dünnen exsertilen Zunge rückwärts gerichtete Hornstacheln. *Ornithorhynchus* besitzt jederseits zwei Paar horniger, auf Erweiterungen der Kieferknochen stehender Zähne; die hintern sind breit mit zwei flachen Vertiefungen, die vordern auf den wieder auseinanderweichenden Aesten der Kiefern stehenden Zähne sind schmäler, ihr äusserer Rand ist schneidend erhaben. Die Zunge ist breit, der hintere Theil besonders gegen den vordern schmälern abgesetzt und mit zwei Hornspitzen versehen. Speicheldrüsen sind besonders bei *Echidna* ausserordentlich entwickelt. Der Magen ist einfach, Cardia und Pylorus sind ziemlich genähert; in der Nähe des letztern trägt das Epithelium bei *Echidna* scharfe hornige Papillen. An der Grenze zwischen Dünn- und Dickdarm liegt ein kurzer drüsiger Blinddarm und ein Processus vermiformis. Das Rectum mündet in die Cloake. Die in vier Lappen getheilte Leber hat eine grosse Gallenblase. Am Herzen bietet die Tricuspidalklappe insofern eine Vogelähnlichkeit dar, als sie in zwei membranöse und zwei fleischige Portionen getheilt ist. Auch bei den *Monotremen* sind zwei obere Hohlvenen vorhanden; an der untern findet sich bei *Ornithorhynchus*, wie bei andern tauchenden Säugethieren eine Erweiterung. Die Nieren sind einfache compacte Drüsen; die Ureteren münden in den Blasenhals, die Blase selbst in den Urogenitalcanal, welcher sich vor dem Rectum in die Cloake öffnet. Die Hoden sind beständig im Abdomen gelegen; ausser der Brutzeit von Erbsengrösse schwellen sie in dieser Zeit um das drei- bis vierfache an. Der vielfach geschlängelte Samenleiter jeder Seite mündet dicht hinter der Blasenöffnung in das obere Ende des Urogenitalcanals. In der Cloake liegt, ohne beständige Communication mit dem Urogenitalcanal und in eine praeputiale Scheide eingeschlossen der vom Samengang durchbohrte Penis, welcher an seiner hintern, der Glans vergleichbaren Hälfte in zwei (*Ornithorhynchus*) oder vier (*Echidna*) mit Papillen und weichhornigen Fortsätzen versehene und vom Samencanal durchbohrte Zipfel getheilt ist. Von den Ovarien ist das rechte viel kleiner als das linke; zur Zeit der Brunst wird das linke traubig. Die mit weiten Ostien beginnenden Eileiter erweitern sich in ihrer untern Hälfte zu uterusartigen Theilen, welche aber getrennt in das obere Ende des Urogenitalcanals münden. An der Vorderwand des letztern liegt eine kleine Clitoris. Von Anhangsdrüsen sind nur Cowper'sche beim Männchen, und diesen entsprechende bei dem Weibchen vorhanden. Samenblasen und Prostata fehlen dem Männchen. Die Milchdrüsen liegen in der Abdominalhaut; Zitzen fehlen. Auf welche Weise die sich ohne Placentarbildung entwickelnden und sehr unreif geborenen Jungen gesäugt und gepflegt werden, ist noch nicht bekannt.

Die beiden Gattungen der *Monotremen* sind auf Neu-Holland (südöstlicher Theil und Neu-Süd-Wales) und Van Diemensland beschränkt. Fossile Reste sind weder von ihnen, noch von nahe verwandten Formen gefunden worden.

OWEN, R., Article »Monotremata«, in: TODD's Cyclopaedia of Anatomy Vol III. 1843. p. 366—407.

II. Aves.

Einzige Familie. Monotremata Geoffr. Character der Ordnung.

1. Gatt. Ornithorhynchus Blumenb. (*Platypus* Shaw, *Dermipus* Wiedem.). Die Schnauze bildet einen platten, von nackter horniger Haut überzogenen Schnabel, an dessen Grunde die nackte Haut einen vorspringenden Saum bildet; die Seitenränder des schmäleren Unterkiefers sind mit queren lamellösen Leisten besetzt, welche nach hinten grösser werdend an die Schnabelbildung der Lamellirostren erinnern. Hinter den hintern Zähnen führt eine Oeffnung der Wangenhaut jederseits in eine geräumige Backentasche. Der Schwanz ist abgeplattet. Die Zehen von einer Schwimmhaut verbunden, welche indess vorn nicht bloss zwischen denselben entwickelt ist, sondern noch frei über die stumpfen und kleinen Nägel hinausragt; die Nägel der Hinterzehen sind grösser und stellen gekrümmte spitze Krallen dar. — Arten: O. paradoxus Blumenb. (*Platypus anatinus* Shaw). Körper 17—22″, Schwanz 5″ lang. Neu-Süd-Wales und Van Diemensland.

2. Gatt. Echidna Cuv. (*Tachyglossus* Illig.). Schnauze lang zugespitzt, nackt; Mund sehr klein am Vorderende. Kiefer zahnlos; keine Backentaschen. Schwanz sehr kurz, am Ende abgestutzt. Zehen frei; die Vordernägel mässig, gleich lang, platt, an der Spitze abgerundet; am Hinterfuss ist der Nagel der zweiten Zehe sehr gross, lang, die der äussern Zehen allmählich kleiner. Haut mit Haaren und Stacheln bedeckt. — Arten: E. hystrix Cuv. (*Myrmecophaga aculeata* Shaw, *Tachyglossus aculeatus* Illig.). Stachelkleid reichlich, mit geringerer Entwickelung des Haares zwischen ihnen. Ungefähr von der Grösse des Igels, 1′ lang. Neu Süd-Wales. E. setosa Cuv. Stachelkleid fast von dem reichlich entwickelten Haarkleid verdeckt. 14—17″ lang. Van Diemensland.

II. Classe. Aves, Vögel.

Haut mit Federn bekleidet; Vordergliedmaassen sind Flügel; Fusswurzel und Mittelfuss zu einem Stück verschmolzen; Hinterhaupt mit einfachem Condylus; Kinnladen mit Hornscheiden, bilden einen Schnabel; der Unterkiefer besteht aus mehreren Stücken und articulirt mit dem beweglich mit dem Schädel verbundenen Quadratbein. Herz mit doppelter Kammer und doppelter Vorkammer. Mit den Lungen stehen meist Luftsäcke in Verbindung, das Skelet mehr oder weniger lufthaltig. Zwerchfell unvollkommen. Becken meist offen. Legen mit einer Kalkschale versehene Eier.

Die Classe der Vögel ist eine der am schärfsten abgegrenzten von allen Classen des Thierreichs. Die Bedeckung der Haut mit Federn und die Entwickelung der Vordergliedmaassen zu Flügeln sind Merkmale, welche zwar in etwas verschiedener Weise ausgeprägt sein können, aber nie ganz fehlen. Sind auch die Flügel zuweilen so verkümmert, dass der Flug unmöglich wird, so verschwinden die Vorderextremitäten doch nie, wie es z. B. die Hinterextremitäten der Wale thun. Auch sind die mit dem Flugvermögen zusammenhängenden Einrichtungen des Körperbaues, wenn auch dem Grade nach verschieden, doch überall vorhanden. Wie bei den Insecten die Luft das Blut aufsucht und durch die Tracheen in alle Theile und Organe des Körpers eindringt, so tritt bei den Vögeln ausser den Lungen noch ein System mit diesen zusammenhängender Luftsäcke in verschiedener Entwickelung auf, wodurch sowohl der Körper specifisch leichter als auch die in Folge der mit dem Fluge verbundenen anhaltenderen Muskelthätigkeit ungleich energischere Athmung des Blutes möglich gemacht wird. Ueberhaupt ist der ganze Bau der Vögel ein in allen Einzelheiten so markirter und bestimmter, wie er in keiner andern Wirbelthierclasse wieder angetroffen wird.

Die Vögel haben mit den Reptilien so viel Uebereinstimmendes, dass sie fast nur als einseitig weiter entwickelte Ordnung jener aufgefasst werden können. Vorzüglich ist es das, im anatomischen Detail bei den Reptilien vorbereitete Flugvermögen, welches die Vögel scharf characterisirt. Mit dem Flugvermögen hängen eine Menge Erscheinungen zusammen, welche in gleicher Weise die Vögel auszeichnen. So sind die Unbeweglichkeit des Rumpftheils der Wirbelsäule, die Lufthaltigkeit der Knochen, der Ersatz kalkhaltiger den Kopf schwer machender Zähne durch einen leichten hornigen Schnabel und die damit zusammenhängende Entwickelung eines Kaumagens, das Absetzen der Eier vor ihrer weitern Entwickelung und die dadurch ersparte Anhäufung von Knochensubstanz am Becken Einrichtungen, welche nur durch das Flugvermögen ihre Erklärung finden. Diese bedingen aber nun wieder andere, wie den längeren beweglichen, allgemein im Verhältniss zur Länge der Hinterbeine stehenden Hals, die eigenthümliche Entwickelung des Sternum, die Stellung und Bildung der Hinterextremitäten u. s. w.

Die Haut der Vögel erreicht nie einen solchen Grad von Dicke und Festigkeit, wie sie sie bei vielen Säugethieren besitzt. Die characteristischen Anhänge derselben sind die, den Haaren in ihrer Bildungsweise entsprechenden Federn. Auch sie entstehen auf gefässhaltigen Papillen, welche aber ursprünglich an der Oberfläche der Haut liegend allmählich in Einsenkungen der Cutis aufgenommen werden. Die Papillen haben auf ihrer vordern Fläche eine tiefe Furche, von welcher rechts und links seichtere Furchen abgehen, welche, wieder mit kleineren seitlichen Furchen versehen, um die Papille herumziehen, um auf der hintern Fläche derselben flach auszulaufen. Die Epidermis, welche die Papille mit allen ihren Unebenheiten bedeckt, wuchert und verhornt vom Grunde der Papille aus. Das Verhornte wird nach aussen geschoben und stellt die den Furchen der Papille in ihrer Form entsprechende Feder dar; der tiefern vorderen Furche entspricht der Schaft oder Kiel, Scapus, die seitlichen Furchen dem Barte, Barba, Vexillum, mit seinen Fasern und Fäserchen, Radii, Radioli. Hat das Wachsthum eine Zeit lang bestanden, so schwinden die Furchen der Papille, der Schaft schliesst sich zu einem cylindrischen Rohre, das man nun Spule, Calamus, nennt zum Unterschied von dem lockern zelligen Schaft, Rhachis, der freien Feder. Die in die Spule hinein verlängerte Papille vertrocknet allmählich und bildet die Federseele. Zuweilen fehlt der Bart fast völlig, die Federn sind dabei entweder dünn, fadenartig verlängert, filoplumae, oder kürzer und borstenartig steif, wie die Bartborsten, Vibrissae. Sehr häufig bildet sich am Grunde der vordern

Papillarfurche oder am Beginn der Spulenbildung eine zweite accessorische Feder, Hyporhachis Nitzsch, Afterschaft, welche den grossen Federn häufig fehlt, meist sehr klein bleibt, beim Emeu aber der Hauptfeder gleich wird. Wie die Haare am Körper der Säugethiere eine zweifache Form zeigen, so bedecken auch bei den Vögeln kürzere, lockere Federn ohne oder nur mit sehr kurzer weicher Spule die Haut unmittelbar, Dunen, Plumulae, während die steiferen, längeren, die Färbung des ganzen Federkleides bedingenden Contourfedern, Pennae, darüber hinausragen. Die Anordnung der Federn bezeichnet man als die Pterylose; die Contourfedern stehen meist in regelmässig geordneten Gruppen, Fluren, Pterylae (Nitzsch), zwischen denen durch die Bedeckung der angrenzenden Contourfedern von aussen wenig sichtbar, federlose oder nur mit Dunen bedeckte Züge, Raine, Apteria (Nitzsch) liegen. Selten ist die Befiederung eine ununterbrochene. Die grossen starken Contourfedern, welche dem Hinterrande der Flügelknochen angeheftet sind und den hintern Theil des Flügels bilden, heissen Schwungfedern oder Schwingen, Remiges, und zwar die an der Hand inserirten Schwingen erster Ordnung, oder Handschwingen, die am Unterarm befestigten (welche im Falle einer besondern Zeichnung beim zusammengelegten Flügel den sogenannten Spiegel bilden) Schwingen zweiter Ordnung oder Armschwingen; die, welche den Schwanz bilden, sind die Steuerfedern, Rectrices. Die an beiden Stellen die Wurzeln der grössern Federn bedeckenden kleinen Contourfedern nennt man Deckfedern, Tectrices. Die am Oberarm befindlichen Federn, welche den eingelegten Flügel von oben her bedecken, heissen Schulterfedern, Parapterum; das Büschel kleiner vom Daumen getragener Contourfedern am Flügelbuge ist der Eckflügel, Alula oder Ala spuria. Die Federn werden jährlich erneuert, Mauser; dieselbe beginnt im Spätsommer oder Herbst und findet entweder ganz allmählich oder mehr oder weniger plötzlich statt, wo dann alle Federn ausfallen und der Vogel nackt wird und nicht fliegen kann (einige Wasservögel). Das so gebildete Winterkleid färbt sich meist im nächsten Frühjahr mit eintretender Brunstzeit noch vollkommener aus und bildet dann das Hochzeits- oder Sommerkleid. Die meisten Vögel erhalten bereits im ersten Jahre nach ihrer Geburt ihre definitive Färbung, einige erst im zweiten Jahre; das Jugenkleid ist dann wie das vieler Weibchen meist viel einfacher gefärbt. Meist sind die Fusswurzeln und Zehen, zuweilen auch die Schienen mit hornigen Schuppen oder Platten bedeckt, die entweder regelmässig, klein, polygonal oder unregelmässig halbkreisförmig, oder gekörnt, oder zu langen Schienen verwachsen sind. In letzterem Falle nennt man den Fuss gestiefelt. Die Endglieder der Zehen tragen Nägel, welche entweder platt oder krallenartig gekrümmt sind. Auch am Daumen kommt zuweilen eine Kralle vor; der Flügel heisst dann Ala calcarata. — Schweissdrüsen fehlen den Vögeln; und von Talgdrüsen kommt nur eine hierher zu rechnende über dem Schwanze liegende Drüse vor, die Bürzel- oder Oeldrüse, deren öliges Secret besonders bei Schwimmvögeln zum Wasserdichtmachen der Federn benutzt wird.

Das Skelet der Vögel ist durch den sehr schnell verlaufenden Verknöcherungsprocess ausgezeichnet. Die Knochensubstanz ist viel dichter, spröder, weisser als bei Säugethieren. Vor allem merkwürdig ist die Lufthaltigkeit, Pneumaticität, vieler Knochen. Das in der Jugend vorhandene bluthaltige Mark wird allmählich resorbirt und später durch einen mit der Lunge in Communication stehenden Luftsack ersetzt. Bei manchen Vögeln sind nur die Kopfknochen pneumatisch; dann am häufigsten Oberarm und Wirbel, seltener Oberschenkel. Bei anderen sind dagegen alle Knochen bis auf die Nagelphalangen der Zehen lufthaltig. Die Eintrittstelle des Luftsacks bezeichnet gewöhnlich ein weites Loch. Bei nicht pneumatischen Knochen ist die Marksubstanz des Knochens ein weitmaschiges, schwammiges Gerüst zarter Knochenbälkchen. An der Wirbelsäule unterscheidet man den sehr frei beweglichen Hals und, meist unbeweglich mit einander verbunden, den Brust-, Lenden- und Beckentheil, an welch' letzteren sich der kürzere mit einem characteristisch geformten Endwirbel aufhörende Schwanztheil ansetzt. Nur bei dem merkwürdigen *Archaeopteryx* ist derselbe länger, saurierartig. Die Wirbelkörper sind nicht durch Faserscheiben sondern wie bei den Reptilien durch wirkliche Gelenke mit einander verbunden. Die hintere Fläche derselben trägt einen starken Gelenkkopf, der in die an der Vorderseite des nächst folgenden Wirbels gelegenen Gelenkhöhle eingefügt ist. Nur in einzelnen Fällen sitzt an den hinteren Rumpfwirbeln der Gelenkkopf vorn. Die Gelenkflächen der beweglichen Halswirbel sind meist sattelförmig. Ihre Zahl schwankt zwischen 9 und 24. Auch hier sind Rippenrudimente, die häufig stiletförmig verlängert sind, mit den Wirbelkörpern und Querfortsätzen so verwachsen, dass zwischen beiden der Canal für die Arteria vertebralis offen bleibt. An der unteren Fläche tragen die Körper, besonders der hinteren Halswirbel, häufig Dornfortsätze. Obere Dornen sind meist nur an den hinteren Halswirbeln vorhanden. Die Stellung der Gelenkflächen der Körper sowie der Anhänge bedingt bei langen Hälsen deren S-förmige Krümmung. Einzelne Abschnitte können auch meist nur in einer Richtung, der nach hinten concave Abschnitt nur bis zur geraden Linie bewegt werden. Der Atlas ist ein ringförmiger Knochen, der die Gelenkfläche für den Condylus des Hinterhaupts und nach innen die ringförmige Gelenkfläche für den Zahnfortsatz des Epistropheus trägt. Die Zahl der **Rückenwirbel**, welche auch hier durch den Besitz freier Rippen als solche characterisirt sind, schwankt zwischen 6 und 10. Da die Sicherheit und Energie des Fluges wesentlich durch Festigkeit des ganzen Stammtheils der Wirbelsäule unterstützt wird, ist bei den meisten Vögeln die Reihe der Rückenwirbel, besonders häufig die vorderen 4—5, mit einander verwachsen. Ihre Körper sind meist seitlich comprimirt; die oberen Dornen bilden einen zusammenhängenden Kamm, ebenso zuweilen die an der unteren Fläche sich findenden unteren Dornen. Die Querfortsätze stossen an einander, so dass auch die seitliche Bewegung aufgehoben wird. Wo der Flug unmöglich ist, wie bei den Straussen und Pinguinen, bleiben die Rückenwirbel beweglich. Wenn auch hinter den Rückenwirbeln meist ein oder zwei Wirbel vorhanden sind, welche keine Rippen tragen, so haben sie doch ihre Eigenthümlichkeit als **Lendenwirbel** dadurch verloren, dass sie mit den zwischen den grossen, sich besonders von hinten nach vorn entwickelnden Darmbeinen gelegenen Wirbeln verwachsen und so mit in die Bildung des Kreuzbeins gezogen sind. An dieser hat meist eine grössere Zahl Wirbel Theil (9—17 nach Owen). Die mit einander anchylosirten Körper derselben sind breit und flach; der auf ihnen liegende nach dem Schwanzende zu nur von einer Knochenlamelle bedeckte Rückenmarkscanal zeigt eine Erweiterung für die Lendenanschwellung des Marks. Die beiden Wurzeln der Nerven treten durch getrennte Löcher aus. Die Querfortsätze, welche nur an den vorderen und hinteren vorhanden sind, verschmelzen nicht, sondern stemmen sich an die innere Fläche der Darmbeine. Dornfortsätze sind besonders an den vorderen Wirbeln entwickelt; sie breiten sich seitlich zu Knochenplatten aus, welche an die Darmbeine stossen und die Querfortsätze bedecken. Die kurze Reihe der beweglichen Schwanzwirbel ist dadurch ausgezeichnet, dass sie nicht in immer rudimentärer werdende Wirbelkörper ausläuft, sondern mit einem characteristisch geformten, wenn auch in einzelnen Familien untergeordnete Differenzen zeigenden Wirbel endet. Meist sind 8—10 Schwanzwirbel vorhanden; diese Zahl mindert sich aber dadurch, dass ein selbst zwei Wirbel mit dem letzten verwachsen. Dieser stellt ursprünglich einen kurzen Cylinder ohne Rückgratscanal dar, an dem sich statt der Dornen eine obere und untere senkrechte Platte zur Insertion der Steuerfedern erhebt. Durch Verwachsung mit vor ihm liegenden Wirbeln, welche meist Dornen und Querfortsätze tragen, wird seine Gestalt vielfach modificirt. Die vordersten Rippen sind häufig nur durch Bänder mit dem Brustbein verbunden. Bei den übrigen tritt an das untere Ende ein Sternocostalknochen, der an Stelle der bei Säugethieren in der Regel vorhandenen Rippenknorpel die Rippen mit dem Brustbein verbindet. Am hinteren Rande der meisten Rippen ungefähr in der Mitte ihrer Länge finden sich längliche platte Knochenstücke, Processus uncinati, welche sich nach hinten auf die äussere Fläche der nächst folgenden Rippe auflegen. Sie sind zuweilen durch Bandmasse den Rippen angefügt, zuweilen mit ihnen verwachsen. Das Brustbein ist nach aussen schildförmig gewölbt und trägt mit Ausnahme der Vögel, deren Flügel verkümmert sind (Strausse u. a.), eine hohe zur Insertion der starken Brustmuskeln bestimmte senkrechte Knochenplatte, Brustbeinkamm, Crista sterni. Bei einigen Vögeln tritt eine Windung der langen Trachea in die Basis der Crista. Während der obere Rand des Sternum zur Befestigung des Schultergürtels abgestutzt erscheint, der äussere die doppelten Facetten zur Articulation der Sternocostalknochen trägt, ist der hintere häufig durch Ausschnitte unterbrochen, welche bei hühnerartigen Vögeln sehr tief werden, bei gut fliegenden Vögeln dagegen meist fehlen. Bei anderen trägt das Sternum statt der Ausschnitte nur mit einer Faserhaut überzogene Lücken in seinen Seitentheilen. Der Schultergürtel der Vögel besteht jederseits aus dem langen, schmalen, der Wirbelsäule parallel auf den Rippen liegenden Schulterblatt, welches sich vorn mit dem überall vorhandenen, fälschlich sogenannten hinteren Schlüsselbeine, dem Coracoid, zur Bildung des Schultergelenkes verbindet, häufig unter Zutritt eines besonderen in der Kapselhaut des Gelenkes auftretenden os humero-capsulare. Die Coracoide sind starke, zuweilen mit den Schulterblättern verwachsende Knochen, welche mit breiten Gelenkenden dem oberen Sternalrande aufsitzen. Die vorderen oder eigentlichen Schlüsselbeine verschmelzen mit ihrem unteren Ende zu einem unpaaren Knochen, dem Gabelknochen, furcula, welcher, häufig unter Aufnahme einer mittleren unpaaren als Rest des Episternalapparates anzusehenden Knochenplatte, dem vorderen Ende der Crista sterni durch Bandmasse oder Verknöcherung angeheftet ist. Das obere Ende legt sich der Scapula an. Bei manchen Vögeln fehlt es ganz oder ist durch Bandmasse ersetzt. Die das Becken der Vögel bildenden Knochen sind jederseits untereinander, später mit dem Kreuzbein und denen der anderen Seite so verwachsen, dass das Becken dann nur einen Knochen darstellt. Die Darm- oder Hüftbeine sind besonders von hinten nach vorn stark verlängert, so dass sie häufig die letzten Rippen von aussen bedecken, nach hinten sind sie breit gewölbt zur Aufnahme der Nieren. Auf ihrer Form beruht die des ganzen Beckens, welches meist länger als breit, selten gleich breit und lang ist. Seitlich von ihnen vom Pfannengrunde aus nach hinten liegen die Sitzbeine, welche häufig mit ihrem hintern Innenrande mit den Darmbeinen verwachsen. Die vor dieser Verwachsung liegende Oeffnung ist das foramen ischiadicum. Die Sitzbeine verwachsen in manchen Fällen auch mit ihren hinteren Rändern unter einander. Die Schambeine sind die vorderen dünnen von der Pfannengegend aus nach hinten sich an die Sitzbeine anschliessenden Knochen. In der Regel legen sie sich hinten an die Sitzbeine an zur Bildung eines foramen obturatorium. In der Mittellinie treffen sie sich nie zur Bildung einer wirklichen, einen unteren Beckenverschluss bildenden Symphyse. Bei den Straussen nur sind die beiden freien Spitzen durch Bandmasse locker verbunden. Die von allen drei Beckenknochen gebildete Pfanne für den Oberschenkel ist im Grunde stets offen und nur mit Bandmasse geschlossen. Die Vorderextremität ist in ganz characteristischer Weise zum Flügel umgebildet; es sind aber an ihr dieselben Abschnitte vorhanden, wie bei den Säugethieren. Der Oberarm, in der Regel fast so lang oder etwas kürzer als der Unterarm enthält nur einen Knochen, den humerus. Derselbe trägt oben einen starken quer länglichen Gelenkkopf, neben welchem zwei starke Muskelhöcker vorhanden sind. Das untere Ende hat zwei Gelenkflächen, eine grössere innere fast kugelförmige für die Ulna und eine kleinere äussere längliche für den Radius. Von den beiden Knochen des Unterarms ist die Ulna stets stärker, häufig etwas gebogen; ein Olecranon ist nicht vorhanden, dagegen liegt in der Strecksehne des Unterarms ein Sesamknochen. Der Radius ist schwächer als die Ulna, nie einer Drehung, Pronation, um die Ulna fähig. In der Bildung der Handwurzel nähern sich die Vögel den Crocodilen, in so fern auch ihnen, wie jenen, nur zwei Carpalknochen zukommen, einem radial und einem ulnar gelegenen. Von den drei vorhandenen Fingern sind die Metacarpalknochen des zweiten und dritten verlängert, an ihren Enden mit einander verwachsen; der Metacarpalknochen des kleinen nur aus einer höchstens zwei Phalangen bestehenden Daumens ist dem Basalstück der anderen angewachsen. Der zweite Finger hat zwei oder drei, der dritte nur eine Phalanx. In dieser Verkümmerung der Ulnarhälfte der Hand liegt eine wichtige Characteristik der Vögel. Eine Bewegung der Hand ist nur in ihrer Längsebene möglich; Beugung, Streckung und Drehung fehlen. Sie wird beim Einlegen des Flügels nach der Ulna hin adducirt. Die Hinterextremität ist ausschliesslich zum

Tragen des ganzen Körpers bestimmt. Der Oberschenkelknochen ist meist etwas nach vorn gebogen; sein Kopf sitzt ohne Hals rechtwinklig dem Schafte an, der sich aussen und oben neben dem Kopfe zu einem starken Trochanter erhebt. Sein unteres Ende trägt einen doppelten Condylus, den inneren für die Tibia, den äusseren für die Tibia und Fibula zusammen. An letzterem findet sich zuweilen eine halbkreisförmige Vorragung, die in Verbindung mit den elastischen Seitenbändern ein Federgelenk zur grösseren Befestigung des Knies sowohl bei extendirter als flectirter Tibia herstellt. Von den Unterschenkelknochen ist die Tibia stets der stärkere Knochen, dem nur oben die kleinere nach unten spitz auslaufende Fibula anliegt. Das nun folgende Knochenstück am Fusse der Vögel ist der sogenannte Lauf, der aus Verwachsung der Tarsal- und Metatarsalknochen hervorgegangen ist. Doch ist es nicht der ganze Tarsus, welcher darin enthalten ist, sondern nur die zweite Reihe; die obere verwächst schon früh mit dem unteren Ende der Tibia. Das Fussgelenk ist daher ein Tarso-tarsalgelenk, wie bei den Sauriern, Schildkröten und Crocodilen. Sind nur drei Zehen vorhanden, so articuliren sie mit den drei unteren Gelenkrollen des Laufes, welcher die drei Metatarsalknochen enthält. Ist noch eine vierte Zehe vorhanden, so wird sie höher oder tiefer dem Laufe angeschlossen. Die Phalangenzahl ist bei drei Zehen für die innere Zehe drei, für die mittlere vier, die äussere fünf; die innere vierte Zehe hat nur zwei Phalangen. Diese Zahlen entsprechen also den bei den meisten Lacertinen vorhandenen.

Der Schädel der Vögel unterscheidet sich von dem der Säugethiere und stimmt darin mit dem der Reptilien überein, dass seine Verbindung mit der Wirbelsäule nur durch einen einzigen Condylus hergestellt wird, dass der Unterkiefer aus mehreren Stücken besteht und nicht direct mit dem Schädel, sondern mit dem beweglich am Schädel befestigten Quadratbein (dem Ambos der Säugethiere) articulirt, dass endlich meist die Flügelknochen (die bei den Säugethieren die processus pterygoidei darstellenden Theile) eine directe Verbindung zwischen dem Oberkiefergaumenapparate und dem Quadratbein herstellen. Besonders ausgezeichnet ist der Schädel der Vögel durch die schnelle Ossification und Anchylose seiner einzelnen Knochen, so dass besonders der eigentliche Schädeltheil schon sehr früh eine einfache ungegliederte Gehirnkapsel bildet. Ein die Schädelbasis von unten deckendes Parasphenoid fehlt auch den Vögeln. Das Hinterhauptbein wird von den vier Stücken, dem Basilartheil, den beiden Seitentheilen und der Schuppe zusammengesetzt. Den Condylus bildet meist der Basilartheil, zuweilen, wie bei den Schildkröten, die beiden Seitentheile (Strauss, Pinguin). Nach vorn setzt sich an den Basilartheil das verbreiterte hintere Keilbein, mit welchem das schmale verlängerte vordere Keilbein sehr früh verwächst. An das erstere schliessen sich seitlich die, die hintere Wand der Orbita bildenden grossen Keilbeinflügel, denen nach oben zur Bildung des mittleren Theils des Schädeldachs die beiden Scheitelbeine angefügt sind. Zwischen die beiden Keilbeinflügel und die Seitentheile des Hinterhaupts ist jederseits ein Knochen eingefügt, welcher das Felsenbein mit dem inneren Ohr, die Schläfenschuppe und den Zitzenfortsatz repräsentirt. Die vorderen Keilbeinflügel sind nur in dem das mediane Austrittsloch der Sehnerven umgrenzenden Knochensaume enthalten, wogegen die Stirnbeine, welche als obere Deckstücke zu dem betreffenden Schädelabschnitte gehören, den grössten Theil des Schädeldachs und den vorderen Theil des Augenhöhlendachs bilden. Die knöcherne Nasenscheidewand bildet der vorn an das Keilbein stossende Vomer, nach hinten und oben die senkrechte Platte des Siebbeins, welches die Schädelhöhle vorn schliesst und mit einem kleinen horizontalen Stück auf der äusseren Schädelfläche sichtbar wird. Neben diesem liegen jederseits die Nasenbeine. An deren vorderes meist breiteres Ende und an einen Orbitalfortsatz der Stirnbeine legen sich die Thränenbeine, welche mit einem unteren Fortsatz den unteren Orbitalrand bilden. Vervollständigt wird der Orbitalring nur zuweilen durch Verbindung dieses Thränenbeinfortsatzes mit einem hinteren Fortsatz des Stirnbeins oder durch Einschaltung eines besonderen Infraorbitalknochens. An den Vomer heften sich seitlich die Gaumenbeine, welche nach hinten mit den Flügelbeinen (ossa omoidea s. pterygoidea interna) verbunden sind. Diese articuliren zuweilen noch mit einem jederseits vom hinteren Keilbeinkörper entspringenden Fortsatz, dem Basipterygoidfortsatz. Nach aussen liegen den Gaumenbeinen die schmalen, von vorn nach hinten verlängerten Oberkiefer an, welche vorn von den Oberkieferfortsätzen des Zwischenkiefers umfasst werden. Dieser schickt noch einen dritten mittleren Fortsatz nach oben und hinten zwischen die Nasenbeine und bestimmt durch seine Gestalt die des Oberschnabels. Die Flügelbeine articuliren mit dem Quadratbein, ebenso die stabförmigen nach hinten an den Oberkiefer grenzenden Jochbeine mittelst der meist getrennt bleibenden Stücke der Quadratjochbeine, welche den Jochbogen vervollständigen. Durch eine Bewegung der den Schläfenbeinen angefügten Quadratbeine wird daher der ganze Oberkieferapparat, wenn auch dessen Theile unter einander verwachsen sind, doch gebogen und einigermassen beweglich. Der Unterkiefer besteht jederseits aus einem Gelenkstück, einem Eckstück und einem, dem zahntragenden Stück anderer Classen entsprechenden vorderen Stück, welches mit dem der anderen Seite in der Mitte verwächst. Die innere Fläche des Schädels, welcher das Gehirn dicht anliegt, zeichnet sich dadurch aus, dass die Grube für das kleine Gehirn durch eine hervorspringende Knochenleiste von dem Grosshirnraume abgetrennt ist. Der äussere Umfang des Schädels überwiegt häufig den des Gehirns dadurch bedeutend, dass seine Knochen lufthaltig geworden sind.

Das Muskelsystem der Vögel zeichnet sich besonders durch die deutlichere Faserung, die tiefe Röthe seiner Bündel und das schärfere Abstechen derselben von den häufig verknöchernden Sehnen aus. Nur bei den schlechtfliegenden Formen unter den Schwimmvögeln werden die Muskeln blass. Die anatomische Anordnung des Muskelsystems entspricht dem Mechanismus des Fluges. Seine grössten Massen sind unterhalb des Schwerpunctes, am Sternum, Becken und den Oberschenkeln angebracht. Häufig ist der den Oberarm herabdrückende, also für den Flug wichtigste Muskel, der Pectoralis major so schwer oder selbst schwerer als alle übrigen Muskeln zusammen; meist ist er der grösste Muskel. Von den Stammmuskeln sind besonders die des Halses entwickelt, wogegen die des Rückentheils, der Unbeweglichkeit desselben entsprechend, verkümmert sind, aber nicht ganz fehlen. Die Extremitätenmuskeln haben ihre Bäuche meist in der Nähe des Rumpfes, von welchen aus dann lange Sehnen die Bewegungen der einzelnen Abschnitte ausführen. Von Hautmuskeln giebt es drei verschiedene Formen; grössere plattenartig ausgebreitete, wodurch das ganze Federkleid bewegt wird, ferner kleine in der Haut selbst entspringende Bündel, welche sich an die Federspulen heftend diese aufrichten, endlich Muskeln, welche von Skelettheilen entspringend sich an die Federn heften, so die beiden als Quadratus coccygis und Pubo-coccygeus beschriebenen Muskeln, welche sich an die Basen der Steuerfedern setzen. — Wie sich in dem oben erwähnten Federgelenk am Knie eine Vorrichtung zum stärkeren Fixiren dieses Gelenkes besonders bei längerem Stehen auf einem Beine findet, so bietet die Anordnung gewisser Fussmuskeln einen Mechanismus dar, durch welchen der Vogel beim Sitzen auf Zweigen die Zehen krümmt und den Zweig umklammert, ohne dazu einer Muskelthätigkeit zu bedürfen. Der Gracilis (Rectus femoris MECKEL) geht nämlich mit seiner Sehne über das Knie, wendet sich nach aussen um die Fibula herum, geht dann über die Convexität der Ferse und inserirt sich an dem langen Zehenbeuger. Letzterer wird daher die Zehen mechanisch krümmen, sobald das Knie- und Fussgelenk gebeugt werden, was beim Niedersetzen schon durch das Gewicht des Körpers geschieht. Die Bewegung auf dem Lande geschieht entweder durch abwechselndes Vorstrecken und Aufsetzen der Beine, also ein wirkliches Gehen, oder wie bei vielen Singvögeln hüpfend. Die meisten Raubvögel besitzen eine Vorrichtung zum Zurückziehen ihrer Krallen beim Gehen. Die straussartigen Vögel unterstützen das Laufen durch Schlagen mit den Flügeln. Das Klettern wird durch besondere Stellung oder Beweglichkeit der Zehen erleichtert, wobei dann zuweilen der Schnabel oder auch die als Stützorgane wirkenden steifen Steuerfedern des Schwanzes benutzt werden. Das Schwimmen, was fast jeder Vogel eine Zeit lang kann, geschieht durch ruderartige Bewegung der Füsse, welche bei Schwimmvögeln durch Schwimmhäute besonders dazu geschickt gemacht sind. Beim Schwimmen unter Wasser dienen zuweilen die Flügel als Ruder (Pinguine). Die Vögel sind dann Schwimmtaucher; andere stürzen sich fliegend unter das Wasser, Stosstaucher; das Untertauchen mit dem Kopf, Hals und Vorderkörper bei senkrecht aus dem Wasser vorstehendem Hinterkörper nennt man Gründeln. Beim Schwimmen werden zuweilen die ausgebreiteten Flügel als Segel benutzt (Schwäne). Die bei den genannten Bewegungsarten benutzten Beine zeigen an Stellung, Befiederung, Beschaffenheit und Richtung der Zehen u. a. mehrfache Verschiedenheiten. Bei den vorzüglich auf dem Lande lebenden Vögeln sind die Beine in der Mitte der Körperlänge angebracht, so dass der Körper im Gleichgewicht horizontal auf ihnen ruht, während bei den Schwimmvögeln die Beine mehr oder weniger dem Hinterende nahe gerückt sind (Pedes aversi). Der Körper muss hier beim Gehen mehr oder weniger senkrecht gehalten werden, der Gang selbst wird watschelnd. Beine, welche nur bis zur Hälfte der Schienen befiedert sind, heissen Wadbeine, Pedes vadantes; ist die Schiene bis zur Fussbeuge mit Federn bekleidet, so sind es Gangbeine, Pedes gradarii. Wadbeine, deren Lauf so lang oder länger als der Rumpf ist, heissen Stelzenbeine, Pedes grallarii.

Wadbeine mit zwei oder drei Vorderzehen ohne Hinterzehe heissen Lauffüsse, P. cursorii, Gangbeine mit nach vorn gerichteter Hinterzehe Klammerfüsse, P. adhamantes. Stehen zwei Zehen nach vorn, zwei nach hinten, wobei zuweilen die äussere abwechselnd nach vorn oder nach hinten gerichtet werden kann (Wendezehe, Digitus versatilis), so sind die Füsse Kletterfüsse, P. scansorii. Beim Vorhandensein von drei Vorderzehen und einer Hinterzehe sind die Vorderzehen entweder alle bis zum Grunde frei, Spaltfüsse, P. fissi, oder sie haben am Grunde alle drei eine kurze Bindehaut; sind es Gangbeine, so nennt man sie in diesem Falle Sitzfüsse, P. insidentes, sind es Wadbeine, so heissen sie geheftete Füsse, P. colligati (findet sich hier die Bindehaut nur zwischen den äusseren Zehen, so sind es halbgeheftete Zehen, P. semicolligati). Sind bei Gangbeinen die zwei äusseren Zehen nur am Grunde des ersten Zehengliedes verwachsen, so sind es Gangfüsse, P. ambulatorii, sind sie dagegen bis über die Mitte verwachsen, so heissen sie Schreitfüsse, P. gressorii. Schwimmfüsse sind im Allgemeinen solche, deren Zehen hautartige Säume tragen (sind diese ganzrandig, heissen die Füsse Spaltschwimmfüsse, P. fissopalmati, sind sie oben gelappt: Lappenfüsse, P. lobati) oder durch Schwimmhäute unter einander verbunden sind. Hierbei sind entweder nur die Vorderzehen (ganz, P. palmati, oder nur bis zur Hälfte, P. semipalmati) durch Schwimmhäute verbunden oder auch die Hinterzehe, Ruderfüsse, P. totipalmati oder stegani (Steganopodes). Die dem Vogel eigenste Bewegungsart, welche durch die mannichfachsten anatomischen Eigenthümlichkeiten des Vogelkörpers erleichtert wird, ist der Flug. Er wird ausgeführt durch die zu Flügeln entwickelten Vorderextremitäten. Es sind hierbei nicht blos die einzelnen Abschnitte verlängert und, wie oben erwähnt, nur in einer Ebene gegen einander beweglich, sondern es finden sich einerseits zwischen Oberarm und Rumpf, andererseits zwischen Ober- und Unterarm Flughäute ausgespannt, während am innern Rande des Unterarms und der Hand Federn inserirt sind, deren reihenförmige Ausbreitung die beim Fliegen benutzte Fläche vervollständigen hilft. Am Rande der Flughäute sind elastische Bänder ausgespannt, von denen das zwischen Ober- und Unterarm befindliche die Sehne eines der Clavicularportion des Deltoideus vergleichbaren Muskels darstellt. Will ein Vogel fliegen, so springt er in die Luft oder stürzt sich von einem hohen Puncte in dieselbe; letzteres ziehen alle Vögel mit kurzen Beinen und langen Flügeln vor, da sie meist nicht hoch genug springen können, um für ihre Flügel Platz zu haben. Der Oberarm wird dabei erhoben und sofort Unterarm und Hand gestreckt. Der hierdurch ausgebreitete Flügel wird nun nach unten geschlagen, dann Unterarm und Hand adducirt und der Flügel wieder gehoben. Beim Vorwärtsfliegen wird der Flügel nicht gerade nach unten, sondern nach unten und hinten geschlagen. Das Lenken nach rechts und links bewirkt die stärkere Bewegung des gegenseitigen Flügels, wogegen der Schwanz das Heben und Senken des Vorderkörpers, damit die verticale Bewegung, gleichzeitig aber auch die Geschwindigkeit des Flugs beeinflusst. Die Ausdauer beim Fliegen ist eine zuweilen ausserordentlich grosse; manche Vögel leben fast nur auf dem Fluge. Es wird dies dadurch ermöglicht, dass der Vogel einmal durch Erwärmung und Ausdehnung der in seinen Luftsäcken enthaltenen Luft sehr leicht gemacht wird, und dass er oft mit ausgebreiteten Flügeln in der Luft schweben kann, wodurch die Muskeln Ruhezeiten erhalten. Die Schnelligkeit des Fluges ist ebenfalls sehr bedeutend, durchschnittlich 40—60 Fuss in der Secunde.

Von den Centraltheilen des Nervensystems ist das Rückenmark zwar an Durchmesser und Gewicht dem Gehirn noch nachstehend, doch ist es im Vergleich mit dem der Säugethiere länger im Verhältniss zum Gehirn. Auch ist es nur um ein Unbedeutendes kürzer als der Rückgratcanal, so dass die Cauda equina nur aus wenig Nervenstämmen besteht. Die Nacken- und Lendenanschwellungen sind im Verhältniss zur Locomotionsweise entwickelt, so dass z. B. beim Strausse die vordere der hinteren bedeutend nachsteht. An der Lendenanschwellung erweitert sich die hintere Furche durch Auseinanderweichen der hinteren Stränge und bildet eine bis auf den Centralcanal reichende rautenförmige Vertiefung, den Sinus rhomboidalis. Das kleine Gehirn besteht wesentlich nur aus dem bei Säugethieren den Wurm darstellenden Mittelstück, welches auf der Oberfläche vielfach quer eingeschnitten ist und auf dem Durchschnitt einen ähnlichen Arbor vitae zeigt, wie bei den Säugethieren. Die Seitentheile, die eigentlichen Hemisphären des Cerebellum sind nur als kleine stumpfe Anhänge vorhanden. Ein Pons Varolii fehlt. Die das Mittelhirn darstellenden Corpora quadrigemina (Lobi optici der Autoren) ragen als seitliche Anschwellungen jederseits an der untern Fläche neben der Medulla oblongata hervor und setzen sich nach vorn in das Chiasma der Sehnerven fort. Zwischen diesem und dem Vorderrand des verlängerten Marks findet sich die Hypophysis cerebri. Die Corpora quadrigemina sind hohl und steht ihre Höhle mit dem Aquaeductus Sylvii und der dritten Hirnhöhle in Communication. Die Wandungen des dritten Ventrikels bilden die Sehhügel, über welche sich die verhältnissmässig grossen, aber dünnwandigen und auf ihren Oberflächen völlig glatten Grosshirnhemisphären wölben. Ihre nach innen gewendeten Oberflächen stehen durch eine Commissur mit einander in Verbindung, von welcher streifenförmig einige Fasern in die Hemisphären ausstrahlen, die einzigen Andeutungen eines Fornix und Corpus callosum. Die Höhle der Hemisphären hat weder ein unteres noch hinteres Horn. Die Spitze derselben setzt sich nach vorn in die Riechlappen fort, aus denen die einzelnen Nerven direct in die Nasenschleimhaut eintreten. Die Verbreitung des peripherischen Nervensystems schliesst sich im Allgemeinen eng an die Verhältnisse bei Säugethieren an; nur weicht der Sympathicus durch die Lage seines Halstheils im Canalis vertebralis und durch das Unpaarwerden seines hintern Theils von jenen ab. Als Träger des Gefühlsinnes kann man nur den Schnabel bezeichnen. Die sonst zur Vermittelung von Tasteindrücken benutzten Extremitäten sind hier, die vorderen durch ihre Umwandlung zu Flugwerkzeugen, die hinteren durch ihre hornige Bekleidung und Nervenarmuth nicht dazu geeignet. Der Schnabel erhält stets zahlreiche Nerven und dient entweder als Sonde oder durch Entwickelung eines weichen Ueberzuges, wie bei den *Lamellirostren*, als Gefühlsorgan. Die Wachshaut und die weichhäutigen Anhänge am Hals und Kopf mancher Vögel können gleichfalls als Gefühlseindrücke vermittelnd angesprochen werden. Wenn auch den Vögeln nicht allgemein der Geschmacksinn abgesprochen werden kann, so lasst sich doch nur in wenig Fällen ein Träger derselben angeben. Als solcher ist auch bei den Vögeln die Zunge zu bezeichnen, doch ist hier ihre Function wesentlich eine die Nahrungsaufnahme erleichternde. Meist ist ihre Epithelialbekleidung verhornt und es finden sich nur am Grunde, selten auf der vorderen Fläche weiche nervenhaltige Papillen. Letzteres ist bei vielen Wasservögeln, besonders aber bei den eine fleischige Zunge besitzenden Papageyen der Fall. Die mannichfache Bildung der Zunge wird bei den Verdauungsorganen geschildert werden. Auch der Geruchsinn der Vögel steht an Schärfe dem der Säugethiere weit nach. So finden nach AUDUBON's Versuchen Geier ihre Nahrung durch das Auge und nicht durch die Nase, trotzdem dass ihnen SCARPA einen feinen Geruch zuschrieb. Die Nasenlöcher liegen an den Seiten des Oberschnabels, nie von beweglichen Knorpeln, aber häufig von steifen Borsten zum Schutz gegen das Eindringen fremder Körper umgeben; bei den hühnerartigen Vögeln sind sie zuweilen von einer Schuppe bedeckt. Bei den *Ramphastiden* liegen sie am Rücken der Schnabelbasis, bei *Apteryx* an der Schnabelspitze; bei den *Procellarien* (*Tubinares*) finden sie sich an der Spitze zweier auf den Oberschnabel liegenden röhrigen Verlängerungen. Die Nasenhöhlen sind durch eine hinten knöcherne (Vomer), vorn knorplige Scheidewand von einander getrennt. Bei einigen Schwimmvögeln ist der knorplige Theil, häufig in der Höhe der äusseren Nasenlöcher, durchbohrt (Nares perviae). Nach hinten öffnen sie sich durch zwei, nur zuweilen in eine verschmelzende Oeffnungen in die Rachenhöhle. Von den auch hier vorhandenen drei Muscheln, welche indessen hier selten verknöchern, meist knorplig bleiben, ist die obere und mittlere stärker entwickelt, die unterste in der Regel einfach leistenartig. Die luftführenden Hohlräume der benachbarten Knochen stehen nur selten mit der Nasenhöhle in Communication. So wird selbst der colossale Oberschnabel der *Ramphastiden*, an deren Basis die Nasenhöhle senkrecht durchtritt, nicht von dieser, sondern von der Diploe des Schädels aus mit Luft erfüllt. Auch den Vögeln kommt sehr verbreitet eine (JACOBSON'sche) Nasendrüse zu, welche entweder auf den Stirnbeinen oder unter dem Stirnbeinrand oder unter den Nasenbeinen liegt und ihren Ausführungsgang in die äussere Wand der Nasenhöhle schickt. Sind auch am Gehörorgan der Vögel dieselben drei Abschnitte, inneres, mittleres und äusseres Ohr, vorhanden, wie bei Säugethieren, so sind sie doch in anderer, entschieden einfacherer Weise entwickelt. Das Labyrinth, welches auch hier, wie früher erwähnt, im Felsenbein eingeschlossen ist, besteht aus dem Vorhof mit den relativ sehr entwickelten halbzirkelförmigen Canälen und der windungslosen, nur einen gebogenen, an dem einen Ende in eine Erweiterung, Lagena, ausgehenden Schlauch darstellenden Schnecke, welche wie bei den Säugethieren mit einer Oeffnung in den Vorhof, mit einer zweiten in das mittlere Ohr mündet. Die Paukenhöhle, welche relativ geräumiger ist, als bei Säugethieren, steht mit luftführenden Zellen der Schädelknochen und durch die Tuba Eustachii, welche mit der der anderen Seite vereinigt mit einer gemeinsamen Oeffnung mündet, mit der Rachenhöhle in Communication. An dem den Verschluss der Paukenhöhle nach aussen vermittelnden Trommelfell ist ein stabförmiges Gehörknöchelchen befestigt, Columella, welches sich andererseits in das Schneckenfenster einfügt. Es entspricht dasselbe dem Steigbügel der Säugethiere, während die dort zum Ambos werdende Abtheilung des ersten Visceralbogens zum Quadratbein wird. Der äussere Gehörgang ist sehr kurz; eine einfache häutige Klappe, deren äussere Fläche wie der Rand mit Federn besetzt ist, ersetzt bei manchen Vögeln (Eulen, Falken u. a.) das äussere Ohr, während sonst in der Regel die äussere Ohröffnung nur von etwas dünnen bebarteten Federn umgeben ist. Die Sehorgane fehlen keinem Vogel. Sie stehen meist seitwärts, nur bei den Eulen sind sie nach vorn gerichtet. Je nach ihrer Lage zum Schnabel heissen sie genähert oder entfernt (Oculi propinqui und remoti). Die Grösse der Augen ist relativ bedeutender als bei Säugethieren, am bedeutendsten bei den Raubvögeln. Die Form der Augen ist dadurch ausgezeichnet, dass der hintere Abschnitt kugelig, der vordere sich conisch erhebend ist, wodurch die vordere Augenkammer verhältnissmässig geräumiger wird. Diese Form wird gewahrt durch einen im vorderen Rand der Sclerotica liegenden Kranz von (12—30) dünnen Knochenplatten, welche länglich viereckig sich mit ihren Rändern dachziegelartig decken und zuweilen (Eulen) bis an den hinteren Abschnitt des Bulbus reichen. Von der inneren Fläche dieser Knochenplättchen entspringen Muskelfasern, welche sich an den Cornearand ansetzen, der sogenannte Crampton'sche Muskel. Aehnliche Stützplättchen finden sich bei mehreren Vögeln auch am Eintritt des Opticus an der hinteren Scleroticalabtheilung. Die Chorioidea des Vogelauges ist durch den Besitz quergestreifter Muskelfasern ausgezeichnet, wie auch die Iris dergleichen hat. An der Eintrittstelle des Sehnerven erhebt sich durch eine Spalte der Retina in den Glaskörper eindringend und zuweilen bis an die hintere Linsenwand reichend ein gefalteter Fortsatz der Gefässhaut, Fächer, Pecten oder Marsupium, welcher nur bei *Apteryx* fehlt und sowohl in seiner Form als der Zahl seiner kammförmigen Falten zahlreiche Modificationen zeigt. Von brechenden Medien ist der in der geräumigen vorderen Augenkammer enthaltene Humor aqueus in relativ beträchtlicher Menge vorhanden; die Linse ist meist sehr stark abgeplattet, nur bei Eulen und besonders bei Wasservögeln mehr kugelig; die relative Grösse des Glaskörpers ist geringer als bei Säugethieren. Die Bewegungen des Augapfels bewirken die vier geraden und zwei schiefen Augenmuskeln. Das obere Augenlid hat in der Regel keinen Stützknorpel, wogegen das untere ausser einem Knorpel- oder Knochenplättchen noch einen besonderen Muskel zum Herabziehen besitzt. Die überall vorhandene Nickhaut, Membrana nictitans, wird von zwei an der hinteren Oberfläche des Bulbus entspringenden Muskeln bewegt, d. h. über die vordere Fläche des Auges nach aussen gezogen, tritt aber durch ihre Elasticität wieder zurück. Auch den Vögeln kommt allgemein eine am äusseren Augenwinkel liegende Thränendrüse zu; ausser ihr findet sich aber noch am inneren Rande der Orbiten die sich mit ihrem Ausführungsgang unter der Nickhaut öffnende Harder'sche Drüse*).

---

*) Vergl.: Ueber den Scleroticalring, den Fächer und die Harder'sche Drüse im Auge der Vögel. (Nach C. L. Nitzsch's Materialien.) Von C. G. Giebel, in: Zeitschr. für die gesammt. Naturwiss. Jahrg. 1857. Bd. 9. p. 388.

Zeigen auch die **Verdauungsorgane** der Vögel je nach der Art der Nahrung eine gewisse Mannichfaltigkeit des Baues, so sind sie im Allgemeinen doch viel einfacher als die der Säugethiere. Wesentliche Charactere sind die hornigen, den Schnabel darstellenden Scheiden der Kiefer, der Mangel eines Gaumensegels und das Vorhandensein eines Muskelmagens als Ersatz für die fehlenden Zähne. Die nie von weichen Lippen umgebene **Mundöffnung** wird spaltenförmig von den Schnabelrändern umgrenzt. Der **Schnabel** wird von dem Ober-, Zwischen- und Unterkiefer gebildet, welche statt der Zähne mit einer mehr oder weniger derben hornigen Scheide umgeben werden*). Die Härte und Form des Schnabels steht in directem Verhältniss zur Nahrung. Allgemein unterscheidet man am Oberschnabel den Schnabelrücken, Firste, Culmen, welcher zuweilen jederseits von dem Seitentheil, Paratonum, durch eine Furche abgesetzt ist. Die Spitze desselben ist zuweilen zu einer Kuppe, Dertrum, gewölbt. Am schneidenden Rande, Tomium, findet sich zuweilen ein zahnartiger Vorsprung, oder er ist seiner ganzen Länge nach sägeartig gezähnt. Am Unterschnabel nennt man die Spitze, welche durch Vereinigung der beiden Kinnladenäste gebildet wird, Dille, Myxa, den Winkel, in welchem jene Aeste zusammenstossen, Kinnwinkel, den Rand von diesem zur Dille Dillenkante, Gonys. Seine Ränder sind entweder ganz oder an der Spitze ausgerandet oder in ganzer Länge gezähnt. Die Schnabelwurzel ist zuweilen von einer weichen Haut bedeckt, Wachshaut, Cera, Ceroma. Bei den *Lamellirostren* sind die ganzen Kiefer von weicher, empfindlicher Haut überzogen, welche an den Rändern blättrige oder zahnartige Vorsprünge bilden, zwischen denen das Wasser abfliesst, nachdem der Vogel mittelst des hier als Sonde im Wasser oder Schlamm wirkenden Schnabels die Nahrung erfasst hat. Häufig ist der Grund der Wachshaut mit Federn bedeckt. Der zuweilen unbefiederte, zuweilen verschieden gefärbte Streifen zwischen Schnabelwurzel und Auge heisst Zügel, Lorum. Der unverhältnissmässig grosse Schnabel der Pfefferfresser verdankt seine Grösse der Entwickelung bedeutender von einem zierlichen Knochennetzwerk ausgesetzten pneumatischen Höhlen, welche wie erwähnt von den Lufträumen der Schädelknochen aus mit Luft erfüllt werden. Meist überragt der Oberschnabel den untern etwas; doch giebt es auch viele gleich lange, und bei *Rhynchops* ist sogar der untere Schnabel länger. Ist auch, wie früher erwähnt der Oberkieferapparat durch das Quadratjochbein einer gewissen Bewegung fähig, so ist dieselbe doch meist nur auf ein elastisches Federn beschränkt, zuweilen ist sie ganz aufgehoben. Die in der Regel den Raum zwischen den Unterkieferhälften ausfüllende **Zunge****) kann nur höchst selten als Geschmacksorgan angesprochen werden, da das dieselbe überdeckende Epithel meist mehr oder weniger verhornt. Ihre Form ist im Allgemeinen spitz dreieckig, zuweilen vorn ausgerandet, der Hinterrand meist in zwei seitliche Spitzen verlängert. Bei den Raubvögeln

---

*) Die vom ältern Geoffroy-St.-Hilaire beschriebenen Zähne bei Papagey-Embryonen waren nur Papillen der Schnabelmatrix; Blanchard beschreibt aber Dentinscherbchen an Zahnpapillen bei den Embryonen eines andern Papageys.

**) Vergl.: Die Zunge der Vögel und ihr Gerüst. Aus C. L. Nitzsch's Nachlass mitgetheilt von C. G. Giebel in d. angef. Zeitschr. 1858. Bd. 11. p. 19.

und Papageyen ist sie breiter, gleichzeitig auch weicher, bei Insecten und Körner fressenden ist sie härter und schmäler. Zuweilen ist sie wie bei den Colibris an der Spitze pinselförmig, oder die Seitenränder sind mit Borsten, oder die ganze Oberfläche ist mit rückwärts gerichteten Papillen besetzt. Letzteres ist häufig am Hinterrande der Fall; bei einigen Vögeln, wie beim Specht, trägt die Spitze hornige Hakenzähne. Nur bei den erwähnten Formen weicher Zungen kann man in den Papillen den Sitz des Geschmacks vermuthen, bei den andern sind die Papillen entweder durch hornige Plättchen ersetzt oder sie sind von Hornscheiden überzogen. Wie die Oberfläche der ganzen Zunge häufig zu einer hornigen Scheide wird, so ist auch ihre Substanz nicht immer rein muskulös, sondern häufig aus elastischem und Bindegewebe bestehend. Da sie in Folge dessen ihre Form nicht verändern, nur höchst selten dem zu zerkleinernden Nahrungsgegenstand angepasst werden kann, ist sie nicht im Stande, wie bei den Säugethieren, das Kauen und die Bissenbildung zu unterstützen, sondern fungirt nur als ein die Nahrungsaufnahme erleichterndes Organ. Zu diesem Behufe kann sie zuweilen plötzlich hervorgestossen und zurückgezogen werden. Auch sind ihre Seitenränder, sowie ihr hinterer Rand, der sich zuweilen epiglottisartig über die Stimmritze legt, häufig mit Drüsen besetzt. In einzelnen Fällen ist sie völlig rudimentär und liegt als kleiner Wulst am Boden der Mundhöhle (z. B. beim Pelican). Der Körper des Zungenbeins, an welches sich die Zunge befestigt, ist ein kurzer cylindrischer oder länglich platter Knochen, an welchem sich nach hinten noch ein längerer an der Spitze knorpliger Fortsatz, Kiel (Urohyal GEOFFROY und OWEN) ansetzt. Von seinem vordern Ende geht ein spitzes, gablig getheiltes oder doppeltes, an der Spitze zuweilen noch einen knorpligen Anhang tragendes Stück in die Substanz der Zunge ein (Os entoglossum), als dessen hornige Scheide zuweilen die ganze Zunge erscheint. In manchen Fällen (Pelican) wird auch der ganze Zungenbeinapparat rudimentär. Von den beiden bei Säugethieren vorhandenen Hörnerpaaren findet sich bei Vögeln nur das hintere, das vordere ist höchstens rudimentär anwesend. An das Ende der knöchernen Hörner setzen sich häufig noch Knorpelstücke. Befestigt sind die Hörner an der hintern Fläche des Schädels; zuweilen krümmen sie sich von hinten und unten über den ganzen Schädel, um sich an die Wurzel der Oberkiefer anzusetzen (Spechte, Colibris). Bei dem Vorstossen der Zunge gleiten dann die Hörner wie in Sehnenscheiden auf der Schädelfläche abwärts. Der hintere Theil der Mundhöhle, der eigentliche Schlund, Fauces, ist durch keinen häutigen Gaumenvorhang vom vordern getrennt. In manchen Fällen zeigt sich die ganze Mund- und Schlundhöhle einer ausserordentlichen Ausdehnung fähig, wie beim Pelican und im geringeren Grade beim Cormoran. Zuweilen steht mit ihr ein mehr oder weniger weit am Halse hinabreichender Blindsack, eine Art oberer Kropf in Verbindung; so bei *Otis*, *Cypselus*, *Corvus*. Der Oesophagus ist der Länge des Halses entsprechend gewöhnlich sehr lang. Seine Weite hängt, wie es scheint, von der Art der Nahrung ab; so ist er bei Körner fressenden Vögeln enger, als bei Raub- und Seevögeln, welche letztere von Fischen leben, die sie ganz verschlucken. Da die Nahrung nicht gekaut und dadurch zerkleinert wird, ist die Speiseröhre meist einer beträchtlichen Erweiterung fähig. Sie befördert übrigens nicht blos die Nahrung hinab in den Magen, sondern dient auch in manchen Fällen zum Ausbrechen unverdauter Reste, wie Knochen, Federn, Samenkörner u. dergl. bei Raubvögeln (das sogenannte Gewöll). Man hat sogar (beim Tucan) beobachtet, dass ein so heraufgebrachter Bissen nochmals von dem Schnabel zu zerkleinern versucht und dann wieder verschluckt wurde, dass also eine Art Wiederkäuen statt fand. Sehr häufig trägt die Speiseröhre an ihrem untern Ende oder in dessen Nähe eine Erweiterung, den sogenannten Kropf (Ingluvies), der entweder nur als seitliche Ausbuchtung oder als ein besonderer gestielter Anhang erscheint, selten (wie bei den Tauben) paarig ist. Er dient dazu, die nicht sofort in den Magen eintretende Nahrung aufzubewahren und in dem Secret der hier zahlreich vorhandenen Drüsen aufzuweichen. Bei Tauben secernirt der Kropf zur Brütezeit nach Hunter's Entdeckung eine milchartige Flüssigkeit, mit welcher die Jungen in den ersten Tagen nach der Geburt aus dem Ei ernährt werden. An dem Magen, welcher als eine endständige Erweiterung des Oesophagus erscheint, sind zwei fast überall deutlich erkennbare Abtheilungen zu unterscheiden: ein vorderer oder oberer durch seinen Drüsenreichthum ausgezeichneter Vormagen, Proventriculus, dessen Länge nicht unbeträchtlich ist und meist in umgekehrtem Verhältniss zur Dicke seiner Wandung steht, und ein blindsackartig angeschlossener, durch Entwickelung zweier grossen seitlichen Muskelmassen zu einem secundären Kauorgan gewordener Muskelmagen. Der Vormagen ist zuweilen durch die ringförmig angeordneten Drüsen, die seine an und für sich schwächeren Wandungen dicker machen, scharf vom Oesophagus abgesetzt. Die Anordnung der je nach der Nahrung einfach oder verästelt schlauchförmigen Drüsen ist entweder dicht und gleichmässig oder kreisförmig oder gruppenartig. Die Muskeln des Muskelmagens entspringen von einer auf jeder der beiden Hälften vorhandenen Sehnenscheibe; sie sind am stärksten bei den Körner fressenden Vögeln entwickelt, während der ganze Magenabschnitt bei Vögeln mit animaler, besonders Fischnahrung zuweilen fast ganz einfach häutig wird. Die Pylorusöffnung, die zuweilen klappenartig verschliessbar wird, zuweilen auf einem kurzen Vorsprung in der Duodenalhöhle liegt, findet sich dicht neben der Cardiaöffnung oder der Einmündungsstelle des Vormagens. Die Bedeutung der beiden Magenabschnitte ist die, dass der Vormagen in seinen Drüsen den Magensaft absondert, während der Muskelmagen die Zerkleinerung der Nahrung besorgt. Unterstützt wird die letztere durch das bei Körnerfressern regelmässige, häufig nothwendige Verschlingen von Sand und kleinen Steinchen. Die Länge des Darms, der auch bei Vögeln in einen längeren Dünndarm und einen im Verhältniss noch kürzeren Enddarm zerfällt, richtet sich auch hier nach der Nahrung. Bei Pflanzen fressenden Vögeln ist er am längsten (Strauss 9 mal so lang als der Körper), kürzer bei Körnerfressern (Huhn 5 mal), am kürzesten bei Fleischfressern (Adler 3 mal). Wie einige Säugethiere besitzen auch mehrere Vögel (Strauss, Emeu, Casuar) unmittelbar neben dem Pylorus eine Erweiterung des Duodenum. Am untern Ende des Dünndarms, am Anfang des Dickdarms finden sich in der Regel zwei in ihrer Länge gleichfalls sehr variirende blinde Anhänge, von denen zuweilen einer verkümmert (*Ardea*) oder ganz fehlt (*Ciconia*). Selten sind drei vorhanden, indem höher oben am Darm noch ein kleiner blinder Anhang vorkömmt, vielleicht ein Rudiment des Nabelbläschens. Bei manchen Vögeln fehlt der Blinddarm ganz (z. B. *Phalaropus*). Der Mastdarm mündet nicht getrennt an der Oberfläche des Körpers, sondern mit den Urogenitalorganen vereint. Sein Endstück bildet eine Erweiterung, die Cloake, in welche der eigentliche Darm mit einer durch einen Sphincter verschliessbare Oeffnung mündet. Ausser den bereits erwähnten Drüsen an den Zungenrändern kommen den Vögeln auch wirkliche S p e i c h e l d r ü s e n zu, die allerdings bei den ihre Nahrung im Wasser nehmenden Vögeln sehr rudimentär, bei andern jedoch völlig entwickelt sind. Die constantesten am Boden der Mundhöhle gelegenen Drüsen dürften den Sublingualdrüsen der Säugethiere entsprechen. Seltner kommen in der weichen Haut am Grunde des Schnabelspaltes noch Drüsen vor. Beim Specht verlängern sich die Sublingualdrüsen bis auf das Hinterhaupt, dem Laufe der Zungenbeinhörner entsprechend. Kleine Gruppen von Drüsenbälgen in der Nähe der Choanen hat man den Tonsillen verglichen. Die L e b e r der Vögel ist zweilappig, wobei der linke Lappen häufig etwas kleiner als der rechte ist. Eine Gallenblase fehlt nur dem Strauss, den Tauben, Perlhuhn, den meisten Papageyen und dem Kuckuck. Das P a n c r e a s ist verhältnissmässig gross und mündet mit zwei, auch drei Ausführungsgängen in der Nähe der Gallengangöffnung in das Duodenum. Endlich kommen auch bei den Vögeln in der Darmwand absondernde und Peyer'sche Drüsen vor. Die Befestigung des Darms geschieht auch hier durch Mesenterien, doch fehlen Netze; dagegen umschliesst das Peritoneum einzelne Eingeweide in Form distincter Säcke.

Die R e s p i r a t i o n s o r g a n e der Vögel bestehen zwar auch aus den im Thorax gelegenen Lungen, doch tritt mit ihnen ein System lufthaltender Räume in Communication, welche häufig selbst in die Knochen eintretend (vergl. das über die Pneumaticität des Skelets mitgetheilte) das zu respirirende Medium nicht blos in den eigentlichen Athmungsorganen sondern an anderen Stellen noch mit dem Blute in Berührung bringt, so dass Cuvier sagen konnte, die Vögel seien Wirbelthiere mit doppelter Respiration. Dabei können die dem Zwerchfell entsprechenden, aber keine vollständige Scheidewand zwischen Brust- und Bauchhöhle darstellenden Muskeln, welche die Lungen theilweise bedecken, die Luftsäcke gegen die Lunge hin abschliessen. Das durch die äusserst active Bewegungsweise gesteigerte Athembedürfniss wird hier durch eine Einrichtung gedeckt, welche gleichzeitig das Flugvermögen durch Minderung des Körpergewichtes erleichtert. Die Lungen sind mit ihrer hinteren Fläche an die Rückenwand des Thorax angeheftet und zeigen den Intercostalräumen entsprechende Wülste, sind dagegen nicht in Lappen getheilt. Von den in sie eintretenden Bronchen, welche jederseits Aeste abgeben, sich nicht vom Mittelpunkt der Lunge aus regelmässig dichotom verästeln wie bei den Säugethieren, treten mehrere Aeste an die Vorderfläche und münden hier in die mit den Lungen in Verbindung stehenden Luftsäcke. Von diesen liegen zwei jederseits am Halse, ein dritter im Winkel des Schlüsselbeins, zwei erfüllen die Abdominalhöhle, während noch zwei jederseits (cellulae diaphragmaticae) in den hinteren Seitentheilen des Thorax liegen. Aus den ersten treten Verlängerungen in die Halswirbel und von dort in die Schädelknochen; aus den beiden Abdominalzellen werden Wirbelsäule, Becken und Hinterextremitäten mit Lufträumen versorgt, während der Schultergürtel und die Vorderextremitäten von der Clavicularzelle aus ihre Lufträume mit Luft gefüllt erhalten. Die Luftwege zeigen auch bei den Vögeln einen oberen dem der Säugethiere entsprechenden Kehlkopf, welcher aus denselben drei häufig in mehreren Stücken ossificirenden Knorpeln wie bei jenen besteht. Die Stimmritze wird hier aber von den freien oberen Rändern der vorn an den Schildknorpel angehefteten Giessbeckenknorpel gebildet. Ein der Epiglottis entsprechendes Knorpelstück ist nur selten vorhanden. Die Trachea, welche häufig länger ist als der Hals und daher Schlingen bildet, die oberflächlich gelegen oder in das Sternum eingelagert sind, wird von vollständigen oft verknöchernden Knorpelringen offen gehalten, ist bald rund bald abgeplattet und zeigt bei einigen Vögeln (besonders Schwimmvögeln) Erweiterungen in ihrem Verlauf. Sie theilt sich bei ihrem Eintritt in den Thorax, höchst selten (Colibri) höher oben. Zuweilen ist sie im Innern durch eine Scheidewand vollständig (*Procellaria*, *Aptenodytes*) oder unvollständig (*Clangula*) in zwei Gänge getheilt. Die Theilungsäste der Trachea werden von Knorpelhalbringen gestützt, welche die äussere Hälfte umfassen, während die innere membranös geschlossen wird. Die Stimme wird bei den Vögeln in den meisten Fällen durch einen an der Theilungsstelle der Trachea gelegenen Apparat, den sogenannten unteren Kehlkopf gebildet. Das untere Ende der Trachea selbst betheiligt sich dadurch daran, dass ihre Ringe entweder seitlich abgeplattet werden oder verschmelzen, zuweilen sich zu Resonanzapparaten erweitern. Man nennt dies untere Ende Trommel. Der zwischen den beiden Abgangsstellen der Bronchen einspringende Rand wird häufig knöchern, zuweilen verbreitert und heisst Steg. Zwischen den letzten Tracheal- oder den ersten Bronchalringen oder -halbringen liegt die faltenartig nach innen vorspringende äussere Paukenhaut, welcher von der Innenwand des Bronchus, vom Steg aus, die innere Paukenhaut gegenübertritt. Die freien häufig verbreiterten inneren Ränder dieser beiden bilden eine innere Stimmritze, welche durch eine Anzahl besonderer am unteren Kehlkopf angebrachten Muskeln erweitert und verengert wird*). Hierbei lassen sich drei Modificationen unterscheiden: 1. Der Kehlkopf der eigentlichen Sänger, an dem die Muskeln, auch wenn sie in der Zahl reducirt werden vorn und hinten liegend auf die Enden der Bronchalhalbringe wirken; 2. der Kehlkopf der Macrochires, Coccygomorphae, Pici und Psittaci (Picarii Joh. Müller), an welchen die Muskeln zu einem bis drei Paaren nicht auf vorn und hinten vertheilt sind, sondern in demselben Plan seitlich über oder hinter einander liegen; und 3. der Luftröhrenkehlkopf der sogenannten Tracheophonen, wo das Stimmorgan nur vom unteren Theil der Luftröhre gebildet wird, deren Ringe sich in zarte vordere und hintere Halbringe lösen.

---

*) Vergl. besonders: J. Müller, Ueber die bisher unbekannten typischen Verschiedenheiten der Stimmorgane der Passerinen, in: Abhandl. d. Berlin. Akad. 1845. p. 321. u. 405.

Das Herz der Vögel besteht noch wie das der Säugethiere aus vier vollständig von einander getrennten Abtheilungen, zwei Kammern und zwei Vorkammern. Es ist conisch, bald spitzer, bald breiter. Der dünnwandigere rechte Ventrikel hüllt den sehr dickwandigen linken Ventrikel zur Hälfte ein, reicht jedoch nicht bis zur Herzspitze. Characteristisch für das Vogelherz ist das (andeutungsweise noch bei den Monotremen vorkommende) Verhalten der rechten Atrioventricularklappe, welche aus einer grossen muskulösen Lamelle besteht, durch deren Contraction im Momente der Systole die Oeffnung verschlossen wird. Am Aortenursprung finden sich drei Semilunarklappen. Die Aorta bildet einen über den rechten Bronchus tretenden Bogen und setzt sich dann an der unteren Fläche der Wirbel nach hinten fort. Bei den stark fliegenden Vögeln erscheint der Aortenstamm in Bezug auf seinen Durchmesser als Ast des Aortenbogens, da hier die Subclavien die stärksten Arterien sind, wogegen bei den schlecht oder gar nicht fliegenden Vögeln (Strauss z. B.) die nach vorn abgehenden Zweige der Aorta selbst nachstehen. Auch bei den Vögeln bietet der Ursprung der grossen vorderen Arterien aus dem Aortenbogen mehrere Verschiedenheiten dar. Bald entspringen beide Subclavien und Carotiden symmetrisch aus zwei Trunci brachiocephalici (Raubvögel, Tauben, Strauss, Huhn etc.), bald entspringen beide Carotiden vom linken Truncus brachiocephalicus (die meisten Singvögel, Rhea etc.). Beim Specht, der Elster, Podiceps u. a. bleiben die Carotiden bis in die vordere Halsgegend in einem Stamm vereint, während sie umgekehrt zuweilen getrennt entspringen, aber später in einen Stamm zusammentreten. Dieselben wenden sich nach ihrem Ursprunge an die vordere Fläche der Halswirbel, wo sie dicht neben einander liegend, die eine zuweilen dünner als die andere, nach dem Kopfe zu laufen. Auch bei den Subclavien tritt zuweilen der Fall ein (besonders bei Vögeln, die einen entwickelten Brütfleck besitzen), dass ihre Fortsetzung, die Axillaris, als Ast der vorher abgehenden Art. thoracica erscheint. Das Venensystem mündet mit einer unteren und zwei oberen, aus dem Zusammentritt der Arm- und Iugularvenen jeder Seite gebildeten Hohlvenen in die rechte Vorkammer. Die Venen der Hinterextremitäten und des Beckens liegen der Nierensubstanz nicht bloss dicht an, sondern senden Zweige in die Niere, die sich in ihr von neuem verästeln (also ein Nierenpfortadersystem), während die Venen der Baucheingeweide zur Leberpfortader zusammentreten*). Vor ihrem Eintritt in das Herz zeigt auch hier die untere Hohlvene bei den Tauchern eine gegen das Herz hin abschliessbare Erweiterung. Wundernetze kommen an Aesten der Carotis, im Pecten des Auges, an den Tibialarterien vor. Eine den Wundernetzen ähnliche Bildung zeigt sich auch an den Extremitätenvenen, welche die sie begleitenden Arterien netzförmig einhüllen. Das Lymphgefässsystem der Vögel mündet mit zwei aus dem Abdominalplexus entspringenden Ductus thoracici in die Iugularvenen. Ausserdem findet sich aber noch am hinteren Beckenrande jederseits ein Lymphherz, d. h. ein Bläschen, in welches Lymphgefässe eintreten und welches selbst seinen Inhalt in die

---

*) Vergl. S. JOURDAIN, Recherches sur la veine porte rénale. Ann. d. scienc. nat. 4. Sér. T. 12. 1859. p. 134.

seitlichen Schwanzvenen ergiesst. Beim Strauss, Casuar, Storch u. a. ist es durch die muskulösen Wandungen contractil und pulsirt, und es sind die Oeffnungen der zu- und ausführenden Gefässe mit Klappen versehen; bei anderen (Gans, Schwan u. s. w.) wird es dünnhäutig. Lymphdrüsen im Verlauf der Gefässe sind nur wenig vorhanden, so am unteren Ende des Halses. Constant ist aber die Milz, und die hier paarig vorhandenen Thymus und Thyreoiden.

Die Urogenitalorgane sind bei den Vögeln in der schon früher erwähnten Weise durch ihre Ausführungsgänge mit einander verknüpft. Sie münden hier in den in die untere Hälfte der Cloake aufgenommenen Sinus urogenitalis, und zwar die Ureteren nach hinten innerhalb der Mündungsstellen der Genitalorgane. Die Nieren liegen an der Hinterwand des Beckens, eng in die Gruben zwischen den Fortsätzen und Flügeln der Kreuzbeinwirbel eingefügt, bestehen meist aus drei Lappen, die sich zuweilen vor den Wirbelkörpern verbinden, und senden ihre Ureteren, welche ohne Erweiterung aus den kleineren Ausführungsgängen zusammentreten, nach hinten. Eine Harnblase kommt nirgends vor. Dagegen findet sich constant, jedoch im Alter häufig verkümmernd ein an der hinteren unteren Cloakenwand mündender blinder Anhang, dessen drüsige Wandungen ihm vielmehr die Bedeutung eines Absonderungsorganes beilegen, die sogenannte *Bursa Fabricii*.

Die Geschlechter der Vögel sind auffallender als in anderen Wirbelthierclassen äusserlich verschieden. Die Männchen zeichnen sich entweder durch den Besitz besonderer Gebilde, wie der Sporen, Kämme, Lappen, oder durch ein viel glänzenderes, farbenreicheres Gefieder vor den Weibchen aus. Doch nehmen auch hier zuweilen alte Weibchen die Tracht der Männchen an. Die weiblichen Genitalorgane sind dadurch merkwürdig, dass während der Entwickelung des Vogels der ursprünglich gleichmässig angelegte rechte Eierstock meist mit dem Oviduct, der nur als Hydatide übrig bleibt, verkümmert. Nur bei mehreren Tagraubvögeln bleibt das rechte Ovarium constant, bei anderen (Papageyen, Tauben) ausnahmsweise bestehen. Das Ovarium ist in einer vor der Niere gelegenen Peritonealfalte eingeschlossen, ist anfangs sehr dünn und platt und wird mit der allmählichen Grössenzunahme der voluminösen Eier höckerig, dann traubig, indem die einzelnen Eier in förmliche Follikel eingeschlossen nur durch einen Stiel mit dem übrigen Stroma zusammenhängen. Der Oviduct beginnt mit einer schrägen weiten Oeffnung, die in den Trichter führt. Dieser ist von dem nächsten, längsten, mit Längsfalten besetzten Abschnitt, dem eigentlichen Eileiter, häufig durch eine quere streifenartige Leiste abgesetzt. Im Eileiter erhält die Dotterkugel ihre Umhüllung von Eiweiss. Der nächste Abschnitt ist weit mit zottiger oder faltiger Oberfläche. Hier erhält das Ei seine Schalenhaut und seine Kalkschale. Es ist dies der sogenannte Uterus, Eihalter. An ihn schliesst sich endlich ein engerer kurzer zuweilen gewundener Ausführungsgang, die sogenannte Vagina, an, welche links aussen vom Ureter in die Cloake mündet. Die Hoden sind stets paarig vorhanden und liegen oberhalb der Nieren der Rückenwand der Bauchhöhle an; doch ist auch hier zuweilen der linke viel grösser als der rechte. Ihr Umfang hängt sehr von der Jahreszeit ab, da sie bei manchen Vö-

geln (ein bekanntes Beispiel ist der Haussperling) ausser der Brunstzeit zu kleinen stecknadelkopfgrossen Gebilden verkümmern, während sie zur Zeit der Brunst voluminöse Organe darstellen. Die beiden **Samenleiter** laufen vielfach gewunden über die Nieren nach abwärts und münden in die Cloake getrennt ein, häufig auf gefässhaltigen Papillen. Ihr unteres Ende ist oft zu einer Art Samenblase erweitert. Besondere, von den Wandungen der Ausführungsgänge getrennte Anhangsdrüsen fehlen in beiden Geschlechtern. Eigentliche **Begattungsorgane** fehlen den meisten Vögeln. Die Begattung erfolgt in der Regel so, dass die Samenleitermündungen durch Hervorpressen der Cloacalwand der gleichfalls vorgedrückten Oviductöffnung angelegt und dabei der Samen in den Oviduct ejaculirt wird. Nur bei mehreren im Wasser sich begattenden und wenigen anderen Vögeln, besonders den Straussartigen kommen Copulationsorgane und zwar nach verschiedenen Typen gebaut vor. Die Raubvögel haben nur eine kleine Penispapille; bei vielen Anatiden (*Anas, Anser, Cygnus, Cereopsis*), ferner bei *Rhea, Casuarius, Dromaius*, den *Penelopiden*, den *Tinamus* u. a. stellt das männliche Copulationsorgan einen hohlen, in der Ruhe zur Hälfte eingestülpten Cylinder dar, welcher von zwei an der Vorderwand der Cloake gelegenen fibrösen Körpern befestigt in einer Tasche der Cloacalwand liegt. Bei der Erection bildet der ausgestülpte Theil mit seiner unteren Fläche eine Verlängerung der zwischen jenen Faserkörpern gelegenen, von den Samenleiteröffnungen ausgehenden Rinne. Beim africanischen Strauss (und wenig andern, wie z. B. *Otis*) ist der Penis nicht vorstülpbar. Die beiden Faserkörper liegen der Länge nach neben einander und haben auf ihrer Rückenfläche eine von Schwellgewebe umkleidete Rinne, welche vorn an das Ende eines dritten unpaaren unter den ersten beiden gelegenen Schwellkörpers führt. Eine Clitoris kommt nur bei den Weibchen derjenigen Vögel vor, deren Männchen Copulationsorgane besitzen.
— Zu erwähnen sind noch die bei vielen weiblichen Vögeln vorkommenden Brütorgane oder Brütflecke. Es sind dies Stellen der Bauchdecken, welche zur Zeit des Brütens federlos werden und eine sehr reiche Gefässentwickelung unter der Haut enthalten (vergl. das oben über die art. thoracica gesagte, die diese Stellen versorgt). Dass die Secretion des Kropfes der Tauben als Analogon der Milch dient, wurde erwähnt; dasselbe gilt von einigen Papageyen und vermuthlich auch vom Ibis.

Die Lösung der Eier ist von einem Congestivzustand des ganzen Ausführungsapparates begleitet, dessen Wandungen dann stark turgesciren. Die Brunst und Paarung tritt im Allgemeinen im Frühjahr ein. Sie ist jedenfalls von der eintretenden Wärme mit abhängig, was diejenigen europäischen Vögel beweisen, welche in Australien eingeführt dort im October (zur Zeit des dortigen Frühlings) zu nisten und zu legen beginnen. Nur selten erfolgen zwei oder mehrere Bruten in einem Jahre; doch wirkt Domestication hier oft modificirend. So legen z. B. Hennen (die Rasores gehören überhaupt zu den fruchtbarsten Vögeln) oft das ganze Jahr durch und es beträgt das Gewicht der während eines Jahres gelegten Eier das Mehrfache ihres Körpergewichts. Die Zahl der bei jeder Brut gelegten Eier richtet sich nicht immer nach der Grösse des Vogels. Im Allgemeinen legen zwar kleine Vögel die meisten Eier; so

Meisen und Zaunkönige mehr als die meisten Singvögel, diese mehr als grössere Raubvögel, die nur 2—4 legen. Aber umgekehrt legt das Straussenweibchen 15—20, es legen Pfauen und Truthennen 10—15, Tauben und Colibris nur 2—3 Eier. Auch die Grösse der Eier hängt nicht ausschliesslich von der Grösse des Vogels ab, obgleich im Allgemeinen grössere Vögel auch grössere Eier legen. Ein wichtiges hierbei in Berücksichtigung zu ziehendes Moment ist der Zustand, in welchem der junge Vogel das Ei verlässt. Der schon mehrfach bei der Systematik benutzte Unterschied besteht darin, dass die einen sofort nach dem Ausschlüpfen sehend und activ für sich selbst zu sorgen im Stande sind (Nestflüchter, *Autophagae*), während die anderen blind und unbehülflich geboren von ihren Eltern in den ersten Tagen gefüttert und gewartet werden (Nesthocker, *Insessores*). Zum Durchbrechen der Eischale dient bei vielen jungen Vögeln ein sich an der Spitze des Oberschnabels entwickelnder zahnartiger Fortsatz, der sogenannte Eizahn, der in gleicher Weise auch bei mehreren Reptilienordnungen vorkommt. Das Ausbrüten der Eier, welches bekanntlich auch durch künstliche Wärme zu erzielen ist, besorgt meist das Weibchen, zuweilen wechselt das Männchen mit ihm ab.

Die Lebensweise der Vögel ist der im Ganzen sehr gleichförmigen Organisation entsprechend wenig verschieden. Die Modificationen hängen aufs innigste mit der Entwickelung der die ganze Classe so scharf characterisirenden Flugkraft zusammen. Während gute Flieger oft fast nur auf dem Fluge leben, verkümmert bei den Wasser- und Landvögeln mit dem seltneren Fliegen auch der Flugapparat (Pinguin, Strausse). Die schon bei der jährlichen Erneuerung des Federkleides bemerkte Periodicität im Leben der Vögel zeigt sich auch in ihrem oft regelmässigen Wechsel des Aufenthaltsortes. Man nennt die Vögel Standvögel, welche in Folge der gleichbleibenden Ernährungsverhältnisse jahraus jahrein in einer Gegend bleiben. Strichvögel sind solche, die zwar im Allgemeinen einem Klima und selbst einem Lande bleibend angehören, aber in Folge des Wechsels äusserer Verhältnisse ihren Standort, oft meilenweit, verlegen. Die Zug- oder Wandervögel ziehen vom Instinct bestimmt regelmässig vor Eintritt der kalten, ihnen auch wenig oder keine Nahrung bietenden Jahreszeit in wärmere Klimate, wozu sie sich meist (doch ziehen einige auch einzeln) in grosse Züge sammeln (Staare, Lerchen, Gänse, Schwalben u. a.). Zuweilen ziehen nur die Weibchen mit den Jungen, oder die Männchen eilen bei der stets im nächsten Frühjahr stattfindenden Wiederkehr den Weibchen um Tage voraus. Den Zugvögeln unserer Breiten rücken noch nördlichere Formen nach. Während die mitteleuropäischen nach Südeuropa und über das Mittelmeer nach Africa ziehen, treffen bei uns Formen des höheren Nordens nicht selten ein. Die Zeiten der Ankunft und des Verlassens der Zugvögel sind bis jetzt gewöhnlich meteorologischen Thatsachen gleich geachtet und wie andere Momente der physischen Geographie notirt worden. Den ersten Versuch, die sehr zerstreuten Materialien zu sammeln und übersichtlich zu ordnen, hat MIDDENDORFF gemacht, welcher die Tage gleicher Ankunft derselben Art an verschiedenen Orten zu Linien verband und diese, vielfach mit den Isochimenen ähnlich laufend, in Karten eintrug. Seine bis jetzt nur für wenig Arten entworfenen »Isepiptesen« verdeutlichen graphisch die Zugzeiten und Zugrichtungen. — Die meisten Vögel schlafen des Nachts, nur wenige den Tag über, um Nachts zu jagen. Einen regelmässigen Winterschlaf hält kein Vogel; die Fälle, wo man Schwalben in grösserer Menge erstarrt gefunden hat, sind wohl nur abnorme Erscheinungen, obschon man sie häufig als Beispiele von Winterschlaf anführt. Die merkwürdigsten Erscheinungen im Leben der Vögel bieten die sexuellen Verhältnisse dar, von denen auch die meisten psychischen Aeusserungen, Kunsttriebe u. s. f. bedingt werden. Die meisten Vögel leben monogamisch, auch wenn sie ausser der Brunstzeit in Schaaren auftreten. Einige paaren sich beständig und treu (Tauben, was das Züchten sehr erleichtert); einige leben polygamisch (Hühnerartige). Die Männchen zeichnen sich nicht bloss vor den Weibchen durch ihr Colorit u. s. f. aus, sondern sie allein haben einen Gesang, den sie besonders zur Paarungszeit in Folge der sexuellen Concurrenz erschallen lassen. Dass bei den Vögeln sich das Gedächtniss zu entwickeln beginnt, beweist ihre Fähigkeit, ihnen fremde Melodien zu erlernen, ihre Abrichtbarkeit zu kleinen Diensten, sowie das Wiederbeziehen im Frühling ihrer im Herbst verlassenen Wohnungen. Am bekanntesten sind die auf den Nestbau gerichteten instinctiven Aeusserungen, sowie die mit der Pflege und Sorge um die Brut verbundenen Thätigkeiten. Am bequemsten macht sich's der Kuckuck, der seine Eier in fremde Nester legt und von Andern ausbrüten lässt. Andere Vögel benutzen verlassene Nester oder legen ihre Eier in kunstlos abgegrenzte Nester auf die Erde. Die meisten Vögel verwenden mehr oder weniger Kunst auf ihren Nestbau und unterscheidet man hier nach dem Material und nach der Bauart Maurer, Cementirer, Weber- und Schneidervögel, Dombauer u. s. w.

Es sind zwischen 7—8000 Formen als Arten beschrieben, von denen die fossilen nur einen verschwindend kleinen Bruchtheil ausmachen. Bei der noch unbedeutenden Kenntniss fossiler Formen lässt sich kein sicherer Schluss auf die Succession der Formen im Einzelnen und das wechselnde Verhältniss der verschiedenen Ordnungen zu einander ziehen. Für die geographische Verbreitung gelten die nämlichen allgemeinen Gesetze wie überhaupt, dass die Zahl der Gattungen und Arten nach den Polen hin abnimmt, dass die circumpolaren Länder und Meere mehr Arten mit einander gemein haben, und dass die Formen je näher man dem Aequator rückt, desto verschiedener werden. Erhalten wir hierdurch neucontinentale und altcontinentale Formen, so sehen wir auch arctische und antarctische sich einander ersetzen (*Alca* arctisch, *Aptenodytes* antarctisch u. a.). Kosmopolitische Arten kennt man nicht, doch sind einzelne sehr weit verbreitet. Dagegen kommen einige Gattungen in allen Welttheilen vor (*Falco, Astur, Columba, Anas* und viele andere); einige sind nur auf die Tropen aller Welttheile beschränkt, wie *Psittacus, Parra, Trogon* u. a. (doch kommen Psittaciden bis 43° n. Br. vor). Die alte Welt hat mehrere ihr eigene Familien, die entweder nur hier (*Pterocliden*) oder doch zum grössten Theil hier vorkommen (*Phasianiden*). Dem neuen Continent sind die Familien der *Penelopiden, Alectoriden, Trochiliden, Anabatiden* eigen, die Paradiesvögel Neu-Guinea. Vielfach kommen stellvertretende Formen vor, so vertreten *Cathartes* und *Neophron* in America die östlichen *Vulturinen* im engern Sinne, die americanischen *Tanagrinen* die nur einzeln auf dem neuen Continent vorkommenden *Fringillen*, *Rhea* vertritt *Struthio* und *Casuarius*, *Meleagris* die Phasianiden u. s. w. Ganz eigenthümlich zeichnet sich Neu-Seeland durch seine ausgestorbenen Riesenvögel aus. Geologisch kommen die ersten Spuren von Vögeln als Fährten (*Ornithichnites*) im neuen rothen Sandstein Connecticut's vor (*Brontozoum* HITCHCOCK). Ausser den wenigen, den lebenden Formen nahe stehenden Fossilien aus der eocenen, miocenen und pliocenen Tertiärzeit sind die wichtigsten, auf die genealogischen Beziehungen der ganzen Abtheilung das hellste Licht werfenden Formen ein mit einem verlängerten, an beiden Seitenrändern Federn tragenden Schwanze versehener Vogel (*Archaeopteryx*) und gewisse mit völlig vogelartigen Vorder- und Hinterextremitäten versehene sogenannte *Saurier* aus dem (jurassischen) Solenhofner Kalkschiefer. Als fremdartige Erscheinungen aus der Vorzeit in die Jetztzeit hineinragend treten uns die eben erwähnten flügellosen Riesenvögel Neu-Seelands entgegen, von welchen zwei, verschiedenen Familien zuzuweisende Arten (*Apteryx* und *Notornis*) noch leben, aber dem Aussterben nahe sind. Auch bei den Vögeln können wir das Verschwinden einiger Formen in historischer Zeit anführen. Ausser den eben angeführten sind der Dodo oder die Dronte (*Didus*) und der Solitaire (*Pezophaps*), vielleicht auch der *Psittacus mauritianus*, von den Mascarenen-Inseln innerhalb der letzten Jahrhunderte vernichtet worden; ebenso der auf die Philipps-Insel beschränkt gewesene *Psittacus Nestor*. Ein gleiches Geschick hat die *Alca impennis*, den nordischen Geirfugl, erfasst oder droht ihn zu erfassen, von welchem früher sehr verbreitet gewesenen Vogel (selbst in Dänemark) jetzt nur noch einzelne Exemplare in Island gesehen worden sein sollen. Ob das orientalische Märchen vom Vogel Ruck auf eine vorhistorische Coexistenz des Menschen mit Riesenvögeln (ich erinnere an *Aepyornis*) zu beziehen ist, die sich in der Tradition erhalten hat, muss dahin gestellt bleiben; eine solche Vermuthung ist jedoch sicher nicht ganz abzuweisen.

Die Vögel bieten eine so scharf begrenzte einseitige Weiterentwickelung des Reptilientypus dar, dass HUXLEY mit vielem Rechte beide Classen zu einer weitern Gruppe, *Sauropsida* zu vereinigen vorschlagen konnte. Ihre Systematik ist ziemlich schwierig, da wir nicht im Stande sind, bei ihnen ähnliche grosse genetische Momente herbeizuziehen, wie bei den Säugethieren, und auch die geologische Entwickelung uns keinen Anhalt bietet. In Folge des Umstandes, dass man die als Ordnungen aufgeführten Gruppen der Vögel mit den Ordnungen der andern Wirbelthierclassen für gleichwerthig ansehen zu können meinte, und besonders von der Idee geleitet, eine Reihe aufstellen zu können, welche, wenn auch nicht in ununterbrochener Folge doch jedenfalls in Formen gipfelt, welche je nach der Wahl bestimmter, für ausschlaggebend gehaltener Merkmale als höchste oder als den Vogeltypus am schärfsten ausdrückende zu betrachten sein dürften, hat man bald die Raubvögel (LINNÉ, TEMMINCK, SWAINSON, G. R. GRAY), bald die Papageyen (ILLIGER, BONAPARTE), bald die Singvögel (SUNDEVALL, CABANIS) an die Spitze der ganzen Classe gestellt. LINNÉ theilte die Vögel in die sechs Ordnungen: *Accipitres*, *Picae*, *Anseres*, *Grallae*, *Gallinae*, *Passeres*. CUVIER löste die unnatürliche Gruppe der *Picae* auf und stellte die *Scansores* dafür hin. Dies und die Einführung der Namen *Rapaces* und *Palmipedes* (letzterer zuerst von LATHAM in weiterem Sinne angewendet) waren die wesentlichen Veränderungen, welche CUVIER im Allgemeinen vornahm, während er innerhalb der einzelnen Ordnungen vielfach besserte. Die Entwickelung benutzte zuerst OKEN 1816 als Eintheilungsmoment, indem er die Vögel in Nesthocker und Nestflüchter eintheilte. Diesen Gruppen entsprechen die *Aves altrices* und *praecoces* OWEN's, die *Sitistae* und *Autophagae* BURMEISTER's, die *Gymnogena* und *Hesthogena* NEWTON's, die *Paedotrophae* und *Autophagae* HAECKEL's. Es ist indessen nicht wohl möglich, nach diesen Verschiedenheiten die Vögel in zwei, etwa den Säugethierunterclassen gleichwerthige Gruppen zu theilen. Der Zustand des jungen Vogels unmittelbar nach dem Verlassen der Eischale ist nicht bei allen Nesthockern gleich. Einige sind völlig hülflos und blind, andere sind nur deshalb auf die Hülfe ihrer Eltern bei der Ernährung angewiesen, weil sie bei dem noch nicht entwickelten Flugvermögen das hochgelegene Nest nicht verlassen können. Es werden auch durch eine solche Spaltung sonst nahe verwandte Formen weit von einander getrennt, so die nestflüchtenden *Anatiden* von den nesthockenden *Steganopoden*, die *Kraniche* von den *Rallen* u. s. w. Im Jahre 1835 stellte SUNDEVALL ein System auf, welches unter Berücksichtigung der Entwickelung, der Form des Gefieders und der Laufbekleidung die Classification wesentlich umgestaltete. Für die grosse Gruppe der *Passerinen* waren vorzüglich JOH. MÜLLER's Untersuchungen über das Stimmorgan, sowie CABANIS's gleichzeitige Untersuchungen über die, schon von Graf KEYSERLING und BLASIUS eingehender berücksichtigten Verhältnisse der Laufbekleidung und Schwingenzahl von der grössten Bedeutung. Neuerdings hat HUXLEY eine Eintheilung der gesammten Vögel auf den Bau des Schädels, vorzüglich des knöchernen Gaumens zu gründen versucht. Er nimmt zunächst die drei Ordnungen der Saururae, Ratitae (MERR.) und Carinatae (NITZSCH) an und theilt letztere nach der Beschaffenheit des Gaumens in Dromaeognathae, Schizognathae, Desmognathae und Aegithognathae. Können wir uns auch nicht damit einverstanden erklären, dass die Gesammtheit der übrigen Vögel der Gruppe der straussartigen coordinirt sei, so sind HUXLEY's Untersuchungen für die Ermittelung der Verwandtschaft einzelner Formen, besonders der allgemein verbreiteten zu starken Betonung rein adaptiver Merkmale, von grosser Wichtigkeit. In vollster Würdigung der von ihm gegebenen Aufschlüsse, sowie unter Berücksichtigung der Arbeiten SUNDEVALL's, NITZSCH's, CABANIS's u. a. gelangen wir zur Annahme des folgenden Systems. Da in einer beschreibenden Schilderung die einzelnen Gruppen doch nur immer nach einander aufgeführt werden können, haben wir eine Reihe gewählt, aus welcher das gegenseitige Verhältniss jener am übersichtlichsten hervorzugehen scheint, ohne jedoch damit die etwaige genealogische Folge ausdrücken zu wollen. Die ersten sieben Ordnungen gehören in der Mehrzahl ihrer Formen zu den Nesthockern, die übrigen enthalten vorwiegend Nestflüchter.

Ordnungen der Vögel.

1. Ordnung. *Psittaci* Sundev., Bonap. Oberschnabel stark (halbkuglig) gekrümmt, kürzer als hoch, an der Basis mit einer Wachshaut, in einem queren Einschnitt mit dem Schädel beweglich verbunden; Unterschnabel abgestutzt. Zunge dick, fleischig. Schienen bis zur Ferse befiedert. Lauf mit netzförmig verbundenen Täfelchen. Mittelzehen an der Basis geheftet; die äussere wie die innere nach hinten gewandt.

2. Ordnung. *Coccygomorphae* Huxl. Schnabel verlängert, verschieden gestaltet, zuweilen beweglich mit dem Schädel verbunden. Zunge klein, flach. Flügeldeckfedern lang. Schienen meist bis zur Ferse befiedert. Lauf genetzt und getäfelt, beide Formen in verschiedenem Verhältniss zu einander auftretend. Mittelzehen am Grunde geheftet oder frei; die äussere eine Wendezehe, oder stets nach vorn oder nach hinten gewandt, oder die zweite mit der innern nach hinten gewandt, oder die innere eine Wendezehe.

3. Ordnung. *Pici* Sund. Schnabel gerade, conisch verlängert, ohne Wachshaut. Zunge dünn, vorstreckbar. Flügeldeckfedern kurz. Schienen bis zur Ferse befiedert. Lauf vorn mit einer Reihe querer Schilder. Mittelzehen am Grunde verbunden; die nach hinten gerichtete Innenzehe klein, die äussere nach hinten gewandt.

4. Ordnung. *Macrochires* (Nitzsch) Cabanis. Schnabel entweder flach, über doppelt so breit als lang mit weitem Spalt, oder dünn, röhrenförmig verlängert. Vorderarm und Hand viel länger als der Oberarm. Flügeldeckfedern die Armschwingen bedeckend. Schienen und oberer Theil des Laufs befiedert; Schilder des Laufs obsolet oder ganz fehlend. Füsse schwach, kaum zum Gehen tauglich, die Innenzehe nach hinten oder nach vorn gerichtet oder Wendezehe.

5. Ordnung. *Passerinae* Nitzsch. Schnabel verschieden gestaltet, ohne Wachshaut. Flügeldeckfedern kurz. Schienbein bis zur Ferse befiedert. Lauf vorn stets mit grösseren (meist 7) Tafeln, die zuweilen mit denen der Laufseiten zu einem Stiefel verwachsen, seltener an der Seite mit Körnern. Füsse gracil; Innenzehe nach hinten gerichtet, stärker und länger als die zweite Zehe; die beiden äussern Zehen im ganzen ersten Glied mit einander verbunden. An der Theilungsstelle der Trachea ein Singmuskelapparat.

6. Ordnung. *Raptatores* Illig. Schnabel mehr oder weniger gekrümmt, mit hakenförmig übergreifendem Oberschnabel, an seiner Basis mit einer die Nasenlöcher enthaltenden Wachshaut. Schienen bis zur Ferse befiedert. Lauf zuweilen theilweise befiedert, meist mit Tafeln oder Schildern bedeckt. Innenzehe nach hinten gerichtet, in gleicher Höhe mit den übrigen, die Zehen geheftet, selten frei. Krallen kräftig, spitz, gekrümmt.

7. Ordnung. *Gyrantes* Bonap. Schnabel gerade, comprimirt, nur an der gewölbten Kuppe mit einer hornigen Scheide; Schnabelränder nicht übergreifend; die Basis mit einer weichen Haut bedeckt, in welcher unter einer Klappe die Nasenlöcher liegen. Zunge weich. Schienen und zuweilen der obere Theil des Laufs (selten dieser ganz) befiedert. Lauf vorn meist mit kur-

zen Quertafeln, selten mit kleinen Täfelchen, hinten netzförmig oder nackt. Die nach hinten gerichtete in gleicher Höhe mit den andern stehende Innenzehe kleiner; die beiden äussern zuweilen geheftet, zuweilen frei. Nägel stumpf, comprimirt.

8. Ordnung. *Rasores* ILLIG. Schnabel selten länger als der halbe Kopf, an der Spitze mit einem kuppenförmig abgesetzten Nagel, Ränder übergreifend; Basis mit einer harten Nasenklappe und kleinen weichen Wachshaut. Flügel kurz, gewölbt. Schienen in der Regel ganz befiedert. Lauf vorn mit kurzen Halbringen, hinten mit sechseckigen Tafeln, zuweilen befiedert. Hinterzehe klein, oft höher als die vordern stehend, fehlt zuweilen. Nägel platt, stumpf.

9. Ordnung. *Brevipennes* DUM. Schnabel verschieden, meist platt; Oberschnabel vorragend, mit seitlicher Furche, in welcher weit nach vorn die Nasenlöcher liegen. Hals lang. Flügel rudimentär, Schwingen weich, zum Flug untauglich. Schienen im obern Theil dick, nur hier befiedert. Lauf verlängert, vorn mit Halbringen, hinten mit kleinen Schildern, seitlich mit Körnern. Zehen verhältnissmässig kurz, vier, drei oder zwei; Nägel breit, platt.

10. Ordnung. *Grallae* BONAP. (incl *Gruibus*). Schnabel schlank, vom Kopf deutlich abgesetzt, oder dick und kürzer als der Kopf, am Grunde von weicher Haut, nur an der Spitze mit einer Hornkuppe bedeckt. Zügel meist dicht befiedert, selten nackt oder abweichend befiedert. Hals meist im Verhältniss zu den Beinen verlängert. Flügel entwickelt, mässig oder sehr lang. Schienen verlängert, im untern Theil nackt (selten befiedert). Lauf verlängert, vorn und hinten mit Querschildern oder vorn quer, hinten sechseckig getäfelt, selten hinten oder vorn und hinten genetzt. Hinterzehe klein, nicht auftretend oder fehlend, oder sehr lang und auftretend. Vorderzehen geheftet oder mit gelappten Hautsäumen oder ganz frei.

11. Ordnung. *Ciconiae* BONAP. Schnabel an der Basis meist so hoch und breit und länger als der Kopf, bis an die Basis hornig, ohne Wachshaut. Augengegend, Zügel, zuweilen der ganze Kopf nackt oder mit eigenthümlichen Federn. Hals und Beine in der Regel sehr verlängert. Flügel mässig lang, zweilappig. Schienen verlängert, der untere Theil nackt und wie der verlängerte Lauf vorn und hinten genetzt oder vorn quer getäfelt. Hinterzehe auftretend, lang; Vorderzehen mit breiter Bindehaut.

12. Ordnung. *Lamellirostres* Cuv. Schnabel von Kopflänge, weichhäutig, nur an der Spitze hart, die Ränder mit quer vorspringenden Hornplättchen; Zunge fleischig, meist am Rande quer gezähnt. Flügel mässig lang, aber mit zahlreichen Schwingen. Schienen (mit einer Ausnahme) mässig lang und bis zum nacktbleibenden Fersengelenk befiedet. Lauf meist kurz, mit körniger Haut bedeckt. Vorderzehen durch ganze Schwimmhäute verbunden; Innenzehe nach hinten gerichtet, klein, zuweilen häutig gesäumt.

13. Ordnung. *Steganopodes* ILLIG. Schnabel verschieden gestaltet; Oberschnabel mit einer Furche am Rande, in welcher die kleinen Nasenlöcher liegen. Flügel mässig, mit langen spitzen Schwingen. Schienen bis zum Fersengelenk befiedert; Lauf körnig. Innenzehe nach innen gerichtet, mit den übrigen durch vollständige Schwimmhäute verbunden (Ruderfüsse).

14. Ordnung. *Longipennes* Cuv. Schnabel seitlich zusammengedrückt und mit mehr oder weniger hakiger Hornkuppe. Nasenlöcher spaltförmig oder in Röhren verlängert. Flügel lang, spitz; Armschwingen kurz. Schienen bis zum Fersengelenk befiedert. Lauf ziemlich hoch, mit körniger Haut oder mit Schildern (selten selbst mit Stiefelschienen). Vorderzehen durch Schwimmhäute verbunden. Innenzehe nach hinten gerichtet, klein oder fehlend.

15. Ordnung. *Urinatores* Cuv. Schnabel comprimirt, hart und spitz. Flügel kurz, eingeschlagen kaum bis zur Schwanzwurzel reichend, sichelförmig, zuweilen statt der Federn mit kleinen Schuppen bedeckt, herabhängend. Beine sehr weit am Körper nach hinten inserirt, die Körperhaltung daher aufrecht; Schienen bis nahe an's Fersengelenk in der Körperhaut eingeschlossen. Lauf kurz, kräftig, mit körniger Haut oder theilweise getäfelt. Vorderzehen durch Schwimmhäute verbunden; Innenzehe nach hinten gerichtet, fehlt zuweilen.

16. Ordnung. *Saururae* Haeck. Becken zwar mit vogelhaften, verlängerten Darmbeinen, aber die Wirbelsäule in einen freien Schwanz von Körperlänge darüber hinaus verlängert. Extremitäten sich völlig an die Bildung derer der lebenden Formen anschliessend.

Literatur.

Zeitschriften.

Naumannia. Archiv für die Ornithologie u. s. w. herausgegeben von Ed. Baldamus. Leipzig, 1849—1858.
Journal für Ornithologie. Herausgegeben von J. Cabanis. Jahrgang 1—15. (vom 8ten an als Fortsetzung der Naumannia). Cassel, 1853—1867.
The Ibis. A Magazine of general Ornithology. Edited by P. L. Sclater. Vol. I—VI. London, 1859—1864. — New Series. Edited by Alfr. Newton. Vol. I—III. ebenda, 1865—1867.

Terminologie und Systematik.

Illiger, Prodromus. S. Literatur der Säugethiere.
Moehring, P. H. G., Avium Genera. Bremae, 1752. 8.
Bonaparte, C. L., Conspectus Generum Avium. Tom. I. II. Lugd. Bat., 1850, 57. — Index von O. Finsch. ibid. 1865. 8.
Gray, G. R., Catalogue of the Genera and Subgenera of Birds contained in the British Museum. London, 1855. 8.
Sundevall, C. J., Ornithologiskt System. in: K. Vetensk. Akad. Handling. Stockholm, 1835. p. 43—130.
Cabanis, J., Ornithologische Notizen. I. II. in: Archiv für Naturgeschichte. 1847. Bd. 1. p. 186. 308.
Huxley, Th. H., On the Classification of Birds; and on the taxonomic value of the modifications of certain of the cranial bones observable in that class. in: Proceed. Zoolog. Soc. 1867, 415—472.

Sammel- und Kupferwerke.

Brisson, M. J., Ornithologia sive Synopsis methodica sistens Avium dispositionem etc. 6 Voll. et Suppl. Paris, 1760. 4.
Latham, J., A General History of Birds. 11 Voll. Winchester, 1821—28. 4. — Index ornithologicus. London, 1790. 4. Allgemeine Uebersicht der Vögel. Aus dem Engl. (nach der 1. Ausgabe) von J. M. Bechstein. 4 Bde. zu 2 Thln. Nürnberg, 1793—1813. 4.

Encyclopédie méthodique (Panckoucke). Oiseaux par (MAUDUYT et) VIEILLOT. 3 Voll. Paris, 1784—1820. 4.
Nouveau Recueil de Planches coloriées d'Oiseaux par C. J. TEMMINCK et MEIFFREN LAUGIER. 102 Livr. Paris, 1820—1839. fol.
LESSON, R. P., Traité d'Ornithologie. 2 Vols. (dont un de 120 pl.). Paris, 1831. 8.
SWAINSON, WILL., On the Natural History and Classification of Birds. (Lardener's Cabinet Cyclopaedia). 2 Vols. London, 1836—1837. 8.
GRAY, G. R., The Genera of Birds, comprising their generic characters etc. with plates by D. W. MITCHELL. 3 Vols. London, 1847—1849. Fol.
REICHENBACH, L., Die vollständigste Naturgeschichte. Vögel. (Das natürliche System der Vögel mit 100 Taf. Handbuch der speciellen Ornithologie.) Dresden, 1848—54. 4.

Anatomie, Skelet, Pterylographie.

TIEDEMANN, F., Anatomie und Naturgeschichte der Vögel. 2 Thle. Heidelberg, 1810—1814. 8.
OWEN, R., Article »Aves« in: TODD's Cyclopaedia of Anatomy. Vol. I. p. 265—358. London, 1835.
EYTON, T. C., Osteologia Avium or a Sketch of the Osteology of Birds. (mit 115 Taf.) London (1858—) 1867. 4.
NITZSCH, C. L., System der Pterylographie. Nach seinen Untersuchungen herausgeg. von H. BURMEISTER. Mit 10 Taf. Halle, 1840. 4. — Dasselbe Englisch von PH. L. SCLATER. London, 1867 (Ray Society).

Oologie.

THIENEMANN, F. A. L., Fortpflanzungsgeschichte der gesammten Vögel. Mit 100 Taf. 10 Hefte. Leipzig, 1845—56. 4.
DES MURS, O., Traité général d'Oologie ornithologique au point de vue de la classification. Paris, 1860. 8.

Geographische Verbreitung und Faunen.

ILLIGER, J. C. W., Tabellarische Uebersicht der Vertheilung der Vögel über die Erde. in: Abhandlg. der Berlin. Akad. 1812—13. p. 221—236.
SCLATER, P. L., On the general geographical distribution of the class Aves. in: Journ. Proceed. Linn. Soc. Zool. Vol. II. p. 130. 1858.
TEMMINCK, C. J., Manuel d'Ornithologie, ou tableau systématique des Oiseaux qui se trouvent en Europe. 2. éd. 4 Pts. Paris 1820—40. 8.
NAUMANN, J. A., Naturgeschichte der Vögel Deutschlands. Herausgeg. von J. F. NAUMANN. 13 Thle. Leipzig und Stuttgart, 1822—1853. 8.
BURMEISTER, HERM., Systematische Uebersicht der Thiere Brasiliens. 2. und 3. Theil. Vögel. Berlin, 1855. 8.
BAIRD, SP. F., (Report of Explorations and Surveys etc. for a Railroad Route. Vol. XI.) Birds (of North America) with the cooperation of J. CASSIN and G. N. LAWRENCE. Washington, 1858. 4.
Hierher auch die Prachtwerke von GOULD, sowie die Schriften von HARTLAUB, HORSFIELD u. a. (s. CARUS-ENGELMANN, p. 1143 und GÜNTHER's Records).

1. Ordnung. **Psittaci** SUNDEV., BONAP.

(*Psittacidae* aut., *Psittacomorphae* HUXL.)

Oberschnabel stark (halbkuglig) gekrümmt, kürzer als hoch, an der Basis mit einer Wachshaut, in einem queren Einschnitt beweglich mit dem Schädel verbunden; Unterschnabel abgestutzt. Zunge dick, fleischig. Schienen bis zur Ferse befiedert. Lauf mit netzförmig verbundenen Täfelchen. Mittelzehen an der Basis geheftet; die äussere wie die innere nach hinten gewandt.

Die Papageyen bilden eine der am schärfsten characterisirten Gruppen der Vögel, deren auszeichnende Merkmale selbst unter den ihnen näher verwandten Formen nicht in derselben Vereinigung vorkommen. Wenn auch ein Kletterfuss in ähnlicher wenn auch nicht gleicher Form bei mehreren der nächsten Ordnungen sich findet, so ist doch die Bildung ihres Oberkiefers eigenthümlich; auch ist die Form ihrer Gaumenbeine ihnen ausschliesslich eigen, wenn sie auch die desmognathe Structur des Gaumens (nach Huxley) mit mehreren andern Ordnungen gemein haben.

Die Befiederung der Papageyen ist durch die verhältnissmässig geringere Zahl grosser, zerstreut stehender Contourfedern characterisirt, welche an der hintern Seite einen grossen Afterschaft besitzen. Zwischen ihnen finden sich häufig Dunenfedern, zuweilen (jedoch nur bei solchen, denen die Oeldrüse fehlt) sogenannte Staub- oder Puderdunen, von deren pulverförmig sich abstossenden obern Enden der die Haut bedeckende puderartige Beleg herrührt. Die Pterylose scheint nicht unbeträchtliche Verschiedenheiten darzubieten. Die Rückgratflur gabelt sich in der Höhe der Schulterblätter; auch die Unterflur theilt sich höher oder tiefer am Halse, worauf sich an der Brust beide Aeste mehr oder weniger verbreiten und als parallele Fluren bis nach dem After hin reichen. Meist ist eine doppelte Schulterflur jederseits vorhanden. Um das Auge herum findet sich oft eine nackte Stelle. Eine Oeldrüse fehlt zuweilen; wo sich eine solche findet, ist sie von einem Kranz aufrechter Federchen umgeben. Die Farbe der Federn ist meist gleichmässig, intensiv; häufig herrscht grün vor, mit regelmässiger Vertheilung von Gegenfarben an den obern und untern Theilen des Körpers. Was die Schwingenzahl betrifft, so finden sich 20—24, von denen stets 10 an der Hand stehen (nur bei *Stringops* sind 4 vorhanden); im Eckflügel sind stets vier Federn vorhanden. Die Armschwingen sind länger als der Rumpf, die Flügeldeckfedern gleichfalls lang. Der Schwanz hat zwölf Steuerfedern. Diese bieten mannichfache Verschiedenheiten dar; zuweilen überragen die Schwanzdeckfedern dieselben. Der Lauf ist mit kleinen netzförmig verbundenen Täfelchen bedeckt, welche auf dem Rücken der Zehen grösser werden. Die Haut ist an den Füssen sehr lax. Die Zehen haben unter der Spitze einen Ballen. — Mehrfache Eigenthümlichkeiten bietet das Skelet dar. Mit gelegentlicher Ausnahme des Tarsometatarsus sind alle Knochen pneumatisch. Der Schädel ist gleichmässig gewölbt ohne Längsvertiefung. Die Augenhöhlen sind nach vorn zuweilen knöchern begrenzt, ihr Septum ist vollständig. Die Nasenbeine sind mit den Zwischen- und Oberkiefern verwachsen und articuliren in einem queren Einschnitt mit den Stirnbeinen; ebenso articuliren an der untern Fläche die Joch- und Gaumenbeine mit dem Oberschnabel. Die Gaumenfortsätze der Oberkiefer verbinden sich in der Mitte mit einander und mit der Nasenscheidewand. Die Gaumenbeine sind nur vorn horizontal ausgebreitet, verlängern sich dagegen nach hinten in verticale Platten, welche über die Verbindungsstelle der

Gaumenbeine mit den Flügelbeinen hinausragen und am hintern Ende einen oder zwei dornige Fortsätze tragen. Basipterygoidfortsätze (*Pterapophysen* OWEN) fehlen. Das Quadratbein ist in Bezug auf den Gelenkkopf für den Unterkiefer ganz eigentlich characteristisch; derselbe ist nämlich nicht quer, sondern von vorn nach hinten länglich. Die Unterkieferäste sind sehr hoch; die äussere Platte erhebt sich über die Gelenkstelle für das Quadratbein, so dass die längliche Gelenkgrube an die Innenfläche des Unterkiefers zu liegen kommt. Es sind 10—12 (*Stringops* 14) Halswirbel, 8—9 (selten 10) Rücken-, 10—13 Kreuzwirbel und 5—7 Schwanzwirbel vorhanden. Die Rippen sind im obern Theil auffallend breit. Das Brustbein ist meist vorn und hinten gleich breit und hat einen im Verhältniss zur Breite des horizontalen Theils sehr hohen Kamm (bei *Stringops* rudimentär). Das Hinterende ist ganzrandig und hat höchstens zwei Löcher. Am Schultergürtel sind Scapula und Coracoid kräftig entwickelt, letzteres trägt am äussern Rande seines untern, mit dem Sternum verbundenen Endes einen starken Fortsatz, oben dicht unter der Verbindungsstelle mit dem Schlüsselbein meist einen knopfartigen Fortsatz. Die Schlüsselbeine sind stets verhältnissmässig schwach, vereinigen sich zuweilen nicht in der Mitte (WAGNER, OWEN, HUXLEY), erreichen auch da, wo sie sich verbinden, nie das Sternum, und fehlen zuweilen. Die Flügelknochen sind nicht gross; der Vorderarm ist stets länger als der Oberarm; die Metacarpalknochen des zweiten und dritten Fingers sind am obern und untern Ende mit einander verwachsen. Das Becken ist im hintern Theile verhältnissmässig breit; die Incisura obturatoria in der ganzen Länge ziemlich gleich breit. Das Femur besitzt schwache Trochanteren; die Fibula ist am obern Ende nicht mit der Tibia verwachsen. Der Tarsometatarsus ist im Verhältniss zur Tibia sehr kurz, breit und platt; der untere äussere Gelenkkopf ist durch eine Grube in zwei Gelenkflächen geschieden; die hier articulirte äussere Zehe ist beständig nach hinten gekehrt. Die Basalphalangen der drei äussern Zehen sind kürzer als die vorletzte. Die Krallen sind mässig gross, stumpf, nicht zurückziehbar. — Der fast kuglig gewölbte Oberschnabel hat an seiner Basis in der Regel eine schmale Wachshaut, in welcher nach oben die runden oder länglichrunden Nasenlöcher liegen; seine Ränder haben zuweilen einen zahnartigen Vorsprung; die Spitze ist hakig nach unten gekrümmt; an deren hinterer Fläche finden sich meist quere Leisten, die »Feilkerben« FINSCH. Unter den Kiefermuskeln sind einige den Papageyen eigenthümlich. Die Zunge ist kurz, fleischig, meist ziemlich beweglich; oben ist sie platt, zuweilen mit Längsfurchen, nach der Spitze zu mit einer Hornplatte; bei den *Trichoglossinen* ist die obere Fläche mit zahlreichen, fadenförmigen verhornten Papillen bedeckt, welche oft einen förmlichen Pinsel bilden; bei *Microglossus* bildet sie einen eichelartigen vorstreckbaren Körper. Der Zungenform entsprechend ist auch der Zungenkern (Os entoglossum) in der Regel kurz und breit. Die Zungenmuskeln sind schwach, aber in mehrere discrete Muskelchen zerfallen. Der Gaumen hat quere, nach vorn winklig gebogene Leisten. Die Speiseröhre erweitert sich nach unten zu einem scharf abgesetzten oder nur bauchig erweiterten Kropf. Der Drüsenmagen ist vom Muskelmagen durch eine drüsenlose Stelle (Zwischenschlund NITZSCH) getrennt. Der Muskelmagen ist im Allgemeinen dünnwandig, mit fast zottiger Innenfläche, selten dick und musculös. Der Darm ist ungefähr zwei bis vier Mal so lang als der Körper, Blinddärme fehlen; ebenso fehlt meist die Gallenblase und zuweilen die Bursa Fabricii. Vom Gefässsystem ist zu erwähnen, dass entweder beide Carotiden dicht neben einander an der Unterfläche der Halswirbel verlaufen, oder die linke liegt seitlich der Oberfläche nahe, während die rechte an der Wirbelfläche bleibt, oder endlich es ist nur eine linke Carotis vorhanden (*Cacatus* Nitzsch). Der obere Kehlkopf hat keine Spur einer Epiglottis; der untere erhält durch die merkwürdige Depression des Luftröhrenendes und die halbmondförmige Gestalt der ersten zwei freien und fünf verwachsenen Bronchialringe, wobei ein eigentlicher Steg völlig fehlt, eine eigenthümliche Gestalt. Derselbe besitzt drei seitliche Bronchotrachealmuskeln; die Sternotrachealmuskeln sind äusserst schwach. Das Gehirn ist relativ bedeutend entwickelt; die Grosshirnhemisphären sind platt, oval, nicht nach vorn verschmälert, wie bei den übrigen Vögeln. Die Augen sind nicht gross, seitwärts gerichtet; die Nickhaut fehlt fast völlig. Die Ohren sind von den Federn bedeckt, schräg nach vorn gerichtet. Das Fortpflanzungssystem bietet nichts Eigenthümliches dar. Von Begattungsorganen findet sich nichts, es sind nur die die Samenpapillen umgebenden Gefässkörper vorhanden. Die Zahl der gelegten Eier ist bei den grösseren Formen meist nur zwei, selten drei bis vier; auch brüten die Papageyen meist nur einmal des Jahres. Die Eier sind rundlich, weiss und glatt. Die psychischen Anlagen der *Psittacinen* sind nicht gering; sie sprechen und singen ihnen Eingelerntes nach. Doch darf man eine aus ihrer ganzen Lebensart gefolgerte Aehnlichkeit mit den Affen für nichts anders als eine ganz allgemeine Analogie halten, wodurch weder die Stellung der Ordnung noch ihre Beziehung zu den andern bestimmt werden kann.

Die geographische Verbreitung der Papageyen ist im Ganzen auf die Tropen beschränkt; doch kommen sowohl nördlich, als besonders südlich von den Wendekreisen mehrere Formen vor. In Nord-America gehen sie bis zum 43° n. Br., in Süd-America bis gegen den 55° s. Br. In Asien überschreiten sie den 27° n. Br. nicht. Die grösste Zahl der Arten bewohnt America, nächst diesem sind sie auf den Molukken und in Australien am zahlreichsten; weniger Formen finden sich in Neu-Seeland, Polynesien und Asien mit den Sunda-Inseln. Ebenso arm ist verhältnissmässig Africa, wo sie in noch engeren Grenzen zu beiden Seiten des Aequators vorkommen. Fossil sind nur einzelne Reste aus südamericanischen Knochenhöhlen und eine Art im Diluvium von Mauritius gefunden worden. Neuerdings ausgestorben ist *Nestor productus* Gould und *N. norfolcensis* v. Pelz. von der Philipps- und Norfolks-Insel.

Levaillant, Franç., Histoire natur. des Perroquets. Vol. I. II. (und von Bourjot Saint-Hilaire;) Vol. III. (mit 244 pl.). Paris, 1801—1838. Fol.

Kuhl, H., Conspectus Psittacorum. in: Nova Acta Acad. Leop. Carol. T. X. P. I. 1820. p. 4.

Wagler, J., Monographia Psittacorum. in: Abhandlgn. d. K. Bayer. Akad. Bd. I. 1832. p. 463.

Nitzsch, Ch. L., Zur Anatomie der Papageyen. Nach seinen Untersuchungen zusammengestellt von C. Giebel. in: Zeitschr. f. d. gesammt. Naturwiss. Bd. 19. 1862. p. 133.

SOUANCÉ, CHARL. DE, Iconographie des Perroquets non figurés dans les publications de LAVAILLANT etc. Livr. 1—12. Paris, 1857—58. Fol.

FINSCH, O., Die Papageyen, monographisah bearbeitet. Bd. 1. Leiden, 1867. 8.

1. Familie. Plictolophinae BONAP. (*Cacatuinae* GRAY). Kopf meist mit aufrichtbarem Federbusch. Schnabel äusserst kräftig, meist so hoch als lang, seitlich zusammengedrückt, die Firste abgeflacht oder gekielt, selten abgerundet. Oberschnabel mit Ausbuchtung hinter der Spitze und Feilkerben. Flügel lang, spitz, die Hälfte oder mehr des Schwanzes deckend. Schwanz meist breit, kürzer oder so lang als der Oberflügel, gerade, selten abgerundet oder ausgerandet (selten mit steifen nackten Schaftspitzen). — Auf den indischen Archipel, Australien und Neu-Guinea beschränkt.

1. Gatt. Callipsittacus (*Calopsitta* LESS.) AG. (*Nymphicus* WAGL. p., *Leptolophus* SWAINS.). Schnabel wie bei Plictolophus, doch schwächer, Firste kantig. Flügelspitze so lang als der Oberflügel. Schwanz kürzer als der Flügel, keilförmig, die mittelsten zwei Federn vorragend (Schlüsselbein sehr dünn, Sternum mit grossen seitlichen Oeffnungen). — Art: C. Novae-Hollandiae GRAY (*Psittacus N. Holl.* L. GM., *Platycercus N. Holl.* SCHLEG.). Olivengraubraun, Kopf und Haube gelblich, Ohrfleck saffranroth, Flügeldecken weiss.

2. Gatt. Plictolophus VIG. (p. p.) (*Cacatua* BRISS., VIEILL.). Schnabel sehr kräftig, Firste mit breit abgerundeter Fläche. Flügelspitze halb so lang als der Oberflügel. Schwanz meist kürzer als die Hälfte des Flügels und am Ende gerade (Schlüsselbein stark entwickelt, Sternum ohne Oeffnungen). — Arten: a) Nasenlöcher nackt, Schnabel schwarz (*Cacatua* et *Plictolophus* BONAP.). Pl. leucolophus LESS. (*Psittacus cristatus* KUHL). Ganz weiss, nur die Innenfahne der Schwingen und Steuerfedern am Rande gelblich. Ternate, Gilolo u. a. — b) Nasenlöcher befiedert, Schnabel hell (*Ducorpsius*, *Lophochroa*, *Eolophus* BONAP., *Licmetis* WAGL.). P. sanguineus GOULD. Weiss, Zügel roth. Nord-Australien u. a.

3. Gatt. Nasiterna WAGL. (*Micropsitta* LESS., *Micropsites* Is. GEOFFR.). Schnabel kurz, dick, viel höher als lang, Spitze sehr lang, Firste gekielt; Feilkerben undeutlich. Haube fehlt. Flügel lang, spitz, Spitze so lang als die Hälfte des Oberflügels. Schwanz nicht ganz so lang als die Hälfte des Flügels; Steuerfedern mit spitz vorragenden steifen Schäften (Schlüsselbeine fehlen, Sternum mit seitlichen Oeffnungen). — Arten: N. pygmaea WAGL. (*Psittacula pygmaea* QUOY et GAIM.). 3" lang; grün, Kopf ockergelbbraun. Neu-Guinea. (Ausserdem noch *N. pusio* SCLAT. von den Salomons-Inseln).

4. Gatt. Calyptorhynchus VIG. et HORSF. (*Callocephalon* LESS., *Banksianus* LESS., *Cal.* et *Corydon* WAGL.). Schnabel an der Basis dick, Spitze kurz, Firste gekielt, Feilkerben fehlen. Flügelspitze so lang als die Hälfte des Oberflügels. Schwanz so lang als der Oberflügel, breit, stark abgerundet (Schlüsselbein entwickelt, Sternum ohne, selten mit Oeffnungen). — Arten: C. galeatus VIG. et HORSF. (*Psittacus galeatus* LATH.). Schieferschwarz, Federränder weiss, Kopf und die zerschlissene Haube (bei Erwachsenen) roth. Van Diemensland. u. a.

5. Gatt. Microglossus GEOFFR. (*Probosciger* KUHL, *Solenoglossus* RANZ., *Eurhynchus* LATR.). Schnabel colossal, viel länger als hoch; Spitze dünn, weit vorragend; die Feilkerben bilden parallele Querleisten. Ober- und] Unterschnabel berühren sich nur an Spitze und Basis (sperren). Flügelspitze sehr kurz, kaum 1/3 so lang als der Oberflügel. Schwanz lang, aber kürzer als der Oberflügel, Federn sehr breit, abgerundet; Ferse unbefiedert (Schlüsselbein entwickelt, Sternum mit fast geschlossenen Oeffnungen). — Art: M. aterrimus WAGL. (*Psittacus aterrimus* L. GM., *Ps. goliath* KUHL, *M. alecto* BONAP.). Einfarbig schwarz, grau gepudert. Australien, Neu-Guinea, Aru-Inseln u. a. O.

2. Familie. Sittacinae FINSCH (*Platycercinae* GRAY, BONAP., et *Arainae* GRAY, BONAP., et *Palaeornithinae* GRAY, BONAP., et *Pezoporinae* et *Anodorhynchidae* BONAP.). Schwanz lang, keilförmig oder abgestuft. Schnabel meist kräftig, in seiner Gestalt verschieden, mit in der Regel deutlichen Feilkerben; Flügel mässig spitz, selten abgerundet.

1. Gatt. Sittace (WAGL.) FINSCH (*Ara* BRISS., *Macrocercus* VIEILL., *Arara* SPIX). Schnabel enorm gross; Oberschnabel comprimirt mit stark überhängender Spitze, mit Zahnausschnitt und Feilkerben; Unterschnabel höher als der obere. Zügel und Augenkreis meist nackt. Flügel lang, spitz, meist kürzer als der Schwanz, häufig bis 12 Armschwingen. Steuerfedern alle stufig verkürzt. (Schlüsselbeine entwickelt, Sternum ohne Oeffnungen). Americanisch. — Arten: a) Schwanz länger als die Flügel, Wangen befiedert (*Anodorhynchus* SPIX, *Cyanopsitta* BP.). S. hyacinthina WAGL. (*Psitt. hyacinthinus* LATH.). Einfarbig dunkelcobaltblau. Brasilien. u. a. — b) Schwanz länger als die Flügel, Wangen nackt. (*Ararauna* et *Aracanga* BP.) S. militaris WAGL. (*Psitt. militaris* L.). Grün, Stirn roth. Nordwestliches Süd-America, Mexico. u. a. — c) Schwanz so lang oder kürzer als der Flügel, Zügel und Wangen befiedert. (*Sittace*, *Psittacara* et *Rhynchopsitta* BP.). S. severa WAGL. '*Psitt. severus* L.). Grün, Schwanz und untere kleine Flügeldecken roth. Südliches Brasilien bis Panama. u. a.

2. Gatt. Henicognathus GRAY (*Leptorhynchus* SWAINS., *Stylorhynchus* LESS.). Schnabel viel länger als hoch, Firste wenig gebogen, mit fast horizontal vorragender Spitze, mit Zahnausschnitt und Feilkerben. Unterschnabel so hoch als der obere. Zügel befiedert. Flügel lang, spitz, 2. und 3. Schwingen am längsten, den halben Schwanz deckend, 10 Armschwingen; Schwanz kürzer als die Flügel, alle Federn gleichmässig verschmälert, spitz zulaufend. — Art: H. leptorhynchus GRAY (*Psitt. leptorhynchus* KING). Grün, Stirnrand, Zügel und Schwanz roth. Chile.

3. Gatt. Conurus (KUHL p.) FINSCH (*Aratinga* SPIX, *Guarouba* LESS.). Schnabel so hoch als lang, Firste stumpf abgesetzt, leicht gefurcht, mit Zahnausschnitt und Feilkerben. Zügel befiedert. Flügel länger als der Schwanz, dessen Hälfte deckend. 10, selten 11 Armschwingen. Schwanz kürzer als die Flügel, keilförmig abgestuft. (Schlüsselbeine vorhanden, Sternum wie *Sittace*.) — Arten: a) ohne Roth an Schwanz, Kopf und Flügelbug und ohne Blau auf den Flügeln (*Cyanolyseos*, *Heliopsitta* et *Ognorhynchus* BP., *Gnathosittaca* CAB.) C. patagonus GOULD (*Psitt. patachonicus* VIEILL.). Chile, Paraguay, nördliches Patagonien. u. a. — b) ohne Roth am Schwanz und Blau auf den Flügeln, aber mit Roth am Kopf und Flügelbug (*Evopsitta* BP.) C. pavua GRAY (*Psitt. pavua* BODD., *Sittace guianensis* WAGL.) sehr weit durch Süd-America verbreitet. u. a. — c) ohne Roth am Schwanz, mit Blau auf den Flügeln (*Naudayus* et *Eupsittula* BP.) C. solstitialis LESS. (*Psitt. solstitialis* L.). Nördliches Süd-America. u. a. — d) mit Roth am Schwanz (*Microsittace* et *Pyrrhura* BP.) C. smaragdinus GRAY (*Psitt. smaragdinus* L. GM.). Patagonien, Chile. u. a.

4. Gatt. Palaeornis VIG. (*Psittinus* BLYTH, *Belocercus* MÜLL. u. SCHL., *Belurus* BP.). Schnabel so hoch als lang, oben verbreitert und abgerundet; Unterschnabel kurz, breit, mit seichter Einbucht vor der Spitze, Dille mit erhabener Längskante. Aussenfahne der 2.—4. Schwingen in der Mitte verbreitert, 10 Armschwingen. Schwanz lang, gestuft, die mittelsten zwei Federn viel länger. — Arten: P. Alexandri VIG. (*Psittacus Alexandri* L.). Grün, mit rothem Halsband, Kehle und Streif zwischen den Augen schwarz, ein Fleck auf den Flügeln roth. Ceylon. — u. a.

5. Gatt. Brotogerys VIG. (*Tirica* et *Psittovius* BP.). Schnabel länglich, comprimirt; Oberschnabel mit stark vorragender, aber wenig abwärts gekrümmter Spitze, Feilkerben schwach; Unterschnabel kürzer, kaum ausgerandet, Flügel spitz, über die Hälfte des Schwanzes deckend, 10—12 Armschwingen. Schwanz mässig, abgestuft. — Arten: Br. pyrrhopterus VIG. (*Psitt. pyrrhopterus* LATH.). Grün, Kehle und Halsseite weisslich grau, untere Flügeldecken roth. Sandwichs-Inseln. u. a.

Hierher noch die durch den fast kegelförmigen abgerundeten Schnabel characterisirte Gattung Bolborhynchus BP. (incl. *Myiopsitta* BP.) mit Psittacus monachus BODD. u. a. A.

6. Gatt. Melopsittacus GOULD. Schnabel mässig, Firste gekrümmt, vor der Spitze haben die Seitenwände 2—3 kleine Zähnelungen. Zügel befiedert, nackter Augenring klein. Flügel ziemlich lang, die Hälfte des Schwanzes deckend, 2. Schwinge am längsten. Schwanz lang abgestuft. — Art: M. undulatus GOULD (*Psitt. undulatus* SHAW). Australien.

7. Gatt. **Pezoporus** ILLIG. Schnabel mässig, Firste gekrümmt, mit ganzrandiger Spitze, Dillenkante gekielt. Zügel befiedert. Flügel mässig, kaum ein Drittel des Schwanzes deckend. Schwanz länger als die Flügel, mit zugespitzten Steuerfedern. — Arten: P. formosus ILLIG. (*Psitt. formosus* LATH.). Australien (ebendaher noch *P. occidentalis* GOULD).

8. Gatt. **Euphema** WAGL. (*Nanodes* VIG., *Lathamus* LESS.). Schnabel kurz, mit abgerundeter und gekrümmter Firste, vor der Spitze mit Zahnausschnitt. Zügel befiedert. Flügel lang, die drei ersten Schwingen die längsten. Schwanz lang, keilförmig — Arten: E. pulchella WAGL. (*Psittacus pulchellus* SHAW) u. a. australische Arten.

9. Gatt. **Platycercus** VIG. (*Aprosmictus* et *Psephotus* GOULD, *Purpureicephalus*, *Barnardius*, *Cyanoramphus*, *Prosopeia* BONAP., *Pyrrhulopsis* RCHB., *Polytelis* WAGL.). Oberschnabel meist kurz, kräftig, gekrümmt, an der Basis breit, mit abgerundeter, stark gekrümmter Spitze; Unterschnabel kürzer als gewöhnlich, Spitze stark nach innen gekrümmt, Dillenkante stark convex. Flügel abgerundet, erste Schwinge kürzer als die zweite, an der 2.—4. ist die Aussenfahne in der Mitte ausgerandet; 10 Armschwingen. Schwanz lang, breit, meist leicht stufig abgerundet. — Arten: Pl. Pennantii VIG. (*Psittacus Pennantii* LATH.). Kopf und Unterseite carmoisinroth, Rückenfedern schwarz, roth gerändert, Flügel, Schwanz und Kinnwinkel blau. Australien. — u. zahlreiche andere australische Arten.

3. Familie. **Psittacinae** FINSCH (GRAY p.). Schwanz nie verlängert, wie bei der vorigen Familie, gerade oder abgerundet, die Steuerfedern nicht abgestuft. Wangen und meist auch die Zügel befiedert. Schnabel mässig. Füsse lang, spitz, aber selten über den Schwanz hinausragend. (Fehlen in Australien.)

1. Gatt. Psittacus (L. p.) SWAINS., FINSCH. Schnabel kurz, höher als lang, Firste abgerundet, Spitze stark gekrümmt. Wachshaut, Zügel und ein nicht grosser Augenkreis nackt. Flügel spitz, verlängert, fast so lang als der Schwanz, 2. und 3. Schwinge am längsten; 12 Armschwingen. Schwanz gerade oder leicht abgerundet. Africa, Madagascar. — Arten: Ps. erithacus L. Grau mit rothem Schwanz. West-Africa und Madagascar. Ps. niger L. (*Vaza* LESS.). Rauchschwarz, Schwingen, Steuerfedern und Unterseite des Schwanzes grau. Süd-Africa und Madagascar. u. a.

2. Gatt. Dasyptilus WAGL. (*Psittrichas* LESS.). Kopf theilweise mit starren, fahnenlosen Federn bedeckt; Schnabel länger als breit, stark gekrümmt, nicht sehr dick, comprimirt, Unterschnabel kurz, unten gekielt, vor der Spitze jederseits tief ausgerandet, Flügel spitz, bis über die Hälfte des Schwanzes reichend. Schwanz mässig, breit, abgerundet. Neu-Guinea. — Arten: D. Pecquetii WAGL. (*Psitt. Pecq.* LESS.). Schwarz, Unterseite und Flügeldecken roth (noch eine zweite Art).

3. Gatt. Eclectus WAGL. (*Psittacodis* WAGL. p., *Tanygnathus* WAGL. p., *Mascarinus* LESS.), Schnabel gross; stark, höher als breit, Oberschnabel stark gekrümmt, Firste abgerundet, Dillenkante convex, gekielt. Nasenlöcher in der dicht befiederten Wachshaut. Flügel lang und spitz. Schwanz meist mittellang, breit, abgerundet oder gerade. — Arten: E. Linnaei WAGL. Kopf, Hals, Brust und Epigastrium roth, Bauch, Augenkreis und Flügelrand blau, Rücken mit den Flügeldecken purpurn. Ost-Indien. u. a.

4. Gatt. Pionus WAGL. (*Poeocephalus* SWAINS., *Geoffroyus* et *Caïca* LESS., *Tanygnathus* WAGL. p., *Prioniturus* WAGL., *Urodiscus* BP.). Schnabel comprimirt, Oberschnabel mit stark gekrümmter Spitze, Firste an der Basis kantig abgesetzt, Wachshaut mit einzelnen borstenartigen Federn oder dicht sammtartig befiedert; Augenkreis fehlt oder ist vorhanden. Schwanz mit fast gleich langen, nicht spitzen, zuweilen stumpf gerundeten Federn. — Arten: P. menstruus WAGL. (*Psittacus menstr.* L.). Kopf, Hals und Brust blau, Augenkreis grau, Steiss- und Schwanzfedern roth, das andere grün. Süd-America. u. a. P. cyanogaster FINSCH (*Psitt. cyanog.* VIEILL., *Triclaria cyanogastra* WAGL.). Augenkreis fehlt, Wachshaut nur am Nasenloch bemerkbar. Grün, Schwingen und Schwanz himmelblau. Süd-America. P. accipitrinus FINSCH (*Psitt. accip.* L., *Deroptyus accip.* WAGL.). Das Nackengefieder bildet eine bewegliche Holle; Wachshaut geschweift vortretend, Augenkreis breit; Schwanz ziemlich lang, abgerundet.

5. Gatt. Chrysotis SWAINS. (*Androglossus* VIG., *Amazona* LESS., *Oenochrus* BP., *Psittacus* BURM.). Schnabel gross, stark gebogen, Firste kantig abgesetzt, gefurcht; Dillenkante

breit, convex, gekielt, die Seiten zuweilen kantig; Wachshaut bogig um die Nasenlöcher vortretend. Zügel befiedert. Flügel verhältnissmässig kurz, die Flügelspitzen fast ganz von den Armschwingen bedeckt. Schwanz länger als die Flügel, mit abgerundeten Steuerfedern. — Arten: Chr. festiva SWAINS. (*Psitt. fest.* L.). Grün, Stirn und Hinterrücken roth, Schwanz roth gefleckt, Zügel und Backen blau. Brasilien. Chr. amazonica SWAINS. (*Psitt. amazon.* L.). Inneres von Brasilien. — u. a.

6. Gatt. Psittacula (BRISS.) KUHL (*Agapornis* SELBY, *Cyclopsitta* HOMBR. et JACQ., *Poliopsitta* BP.). Schnabel mässig comprimirt, hoch, mit kurzer, hakenförmiger Spitze, aber deutlichem Randzahn und Feilkerben. Flügel spitz, die ersten drei Schwingen gleich lang, bis an den Schwanz oder selbst darüber hinausreichend, 9—11 Armschwingen. Schwanz kurz, breit, gerade. (Schlüsselbeine fehlen zuweilen.) — Arten: Ps. Swindereni KUHL. Grün, Halsband schwarz, Bürzel und Schwanzdecken blau, Schwanz roth. Mittel-Africa. Ps. passerina KUHL (*Psittacus pass.* L.). Grün, grosse Flügeldecken, Schwingenrand und Unterrücken blau. Gemein in Brasilien. — u. a.

7. Gatt. Loriculus BLYTH (*Coryllis* FINSCH). Schnabel mit leicht geschwollenen Seitenrändern, Spitze wenig gekrümmt, Zahnausschnitt undeutlich, Feilkerben deutlich. Unterschnabel länger als hoch. Flügel spitz, erste Schwinge am längsten, bis über die Mitte des Schwanzes reichend. Schwanz kurz, abgerundet, die Steuerfedern zuweilen ganz von den in der Regel verlängerten Schwanzfedern bedeckt. — Arten: L. galgulus BL. (*Psittacus galg.* L., *Psittacula galg.* WAGL.). Grün; Schnabel, Hals, Unterrücken, Bürzel und Schwanzdecken roth. Malacca, Sunda-Inseln. L. Culacissi BL. (*Psittacula culac.* WAGL.). Philippinen. — u. a.

4. Familie. **Trichoglossinae** FINSCH (*Lorinae* G. R. GRAY p., *Trichoglossinae* et *Loriinae* BONAP.). Schnabel mässig gekrümmt, comprimirt, Spitze hakig, Schneiden des Ober- und Unterschnabels ganzrandig ohne Zähne und Feilkerben; Dillenkante schräg aufsteigend. Zungenspitze pinselförmig mit zahlreichen, fadigen, hornig bekleideten Papillen. Schwanz kurz, abgerundet oder verlängert, keilförmig, abgestuft

1. Gatt. Domicella WAGL. (*Lorius* BRISS., *Eos* WAGL., *Chalcopsitta* BP.). Flügel mässig lang, spitz, die zwei ersten Schwingen die längsten, zuweilen bis an's Schwanzende reichend. Schwanz kürzer als die Oberflügel, abgerundet, mit breit abgerundeten Steuerfedern. — Arten: D. garrula WAGL. (*Psittacus garrulus* L.). Roth, Schwingenspitzen grün, Flügelbug gelb. Molukken (Java). u. a. Bei mehreren Arten der Gatt. Coriphilus WAGL. sind die Papillen an der Zungenspitze sternförmig angeordnet: D. taitiana FINSCH (*Coriphilus sapphirinus* WAGL., *Psittacus taitianus* L.). Otaheiti. u. a.

2. Gatt. Trichoglossus VIG. et HORSF. (*Trichogl.* et *Pyrrhodes* SWAINS., *Psittapous* LESS., *Charmosyna* WAGL., *Psitteuteles* et *Glossopsitta* BP.). Flügel kurz, spitz, die ersten drei Schwingen gleich lang, die Schulterfedern sehr entwickelt und lang. Schwanz lang, keilförmig, mit zugespitzten Steuerfedern; von denen zuweilen die beiden mittelsten sehr verlängert sind. — Arten: Tr. haematodes WAGL. (*Psitt. haem.* L.). Grün, die ganze Unterseite orangeroth mit grünem Fleck am Bauch, Gesicht violett. Schwanz keilförmig. Molukken. Tr. papuensis FINSCH (*Psittacus pap.* L. GM., *Charmosyna pap.* WAGL., *Pyrrhodes pap.* SWAINS.). Die zwei mittelsten Steuerfedern sehr verlängert. Neu-Guinea. u. a.

3. Gatt. Nestor WAGL. (*Centrurus* SWAINS.). Oberschnabel mit sehr langer, abwärts gekrümmter Spitze. Wachshaut mit einzelnen borstenartigen Federchen; Nasenlöcher mit wulstigem Rande. Flügel bis zur Mitte des Schwanzes reichend. Schwanz mit geradem Ende, Steuerfedern mit nackten, gebogenen Schaftenden. — Arten: N. productus GOULD. Oberseite braun, Unterseite roth, Brust, Kehle und Wangen gelb, Schwanzfedern braun gebändert. Philippsinsel (neuerdings ausgestorben). N. meridionalis FINSCH (*N. hypopolius* WAGL., *Psittacus meridion.* L. GM.). Neu-Seeland. u. a.

5. Familie. **Strigopinae** BONAP. Schnabel kurz, dick, höher als lang, Firste abgerundet; Spitze kurz, Dillenkante mit vier Längsfurchen, Unterschnabelränder ohne Ausbuchtung. Nasenlöcher frei mit wulstigen Rändern. Flügel kurz, bis zur

Schwanzwurzel reichend, abgerundet, fünfte Schwinge die längste; 9 Hand- und 10 Armschwingen. Schwanz so lang als der Oberflügel, abgerundet. Lauf so lang als die äussere Vorderzehe. (Schlüsselbeine fehlen.)

Einzige Gatt. **Strigops** G. R. GRAY (*Stringops* FINSCH). Character der Familie. — Arten: **Str. habroptilus** GRAY. Grün, mit gebänderter Zeichnung, Federschäfte gelblich, Stirn, Backen, Schenkel und After gelblich. Neu-Seeland. **Str. Greyi** GRAY. Aehnlich, Stirn, Backen u. s. w. fast weiss; ebenda.

2. Ordnung. Coccygomorphae HUXL.
(*Coccyges* SUNDEV. p., *Levirostres* REICH.)

Schnabel verlängert, verschieden gestaltet, zuweilen beweglich mit dem Schädel verbunden. Zunge klein, flach. Flügeldeckfedern lang. Schienen meist bis zur Ferse befiedert. Lauf genetzt und getäfelt, beide Formen in verschiedenem Verhältniss zu einander auftretend. Mittelzehen am Grunde geheftet oder frei; die äussere eine Wendezehe oder stets nach vorn oder nach hinten gewandt, oder die zweite mit der innern nach hinten gewandt, oder die innere eine Wendezehe.

Wir fassen diese Ordnung in dem Umfang, welchen ihr HUXLEY gegeben hat, schliessen die *Caprimulgiden* aus und vereinigen die *Upupiden* und *Musophagiden* mit ihr, welche SUNDEVALL, der die Zusammengehörigkeit der meisten hier eingeordneten Formen zuerst angedeutet hat, noch in andere Ordnungen untergebracht hatte. Sie enthält den Rest der *Picariae* NITZSCH's, unter welcher Bezeichnung derselbe die ersten vier Ordnungen der hier befolgten Anordnung umfasst hatte, wie es ähnlich, nur in noch etwas weiterer Ausdehnung auch JOH. MÜLLER that. Die *Coccygomorphen* gehören nach HUXLEY zu den *Desmognathae*, d. i. zu denjenigen Vögeln, bei welchen die Gaumenfortsätze der Oberkiefer sich in der Mittellinie entweder direct oder durch Vermittelung einer Ossification der Nasenscheidewand verbinden, wie es schon bei den *Psittaciden* der Fall war.

In Bezug auf das Gefieder bieten die *Coccygomorphen* kaum etwas allen hierher gerechneten Formen Gemeinsames dar. Die Contourfedern haben entweder einen Afterschaft (*Trogon*, *Musophaga*, *Coracias*, *Colias* u. a.) oder es fehlt derselbe (die echten *Cuculiden*, *Capitoniden*, *Ramphastiden* u. a.). Meist fehlt eine Dunenbefiederung auf den Federrainen und den Fluren, doch findet sich eine solche z. B. bei *Alcedo*; bei *Podargus* sind am hintern Ende des Rumpfes zwei Puderdunenhaufen vorhanden. Auch die Pterylose bietet wenig allgemein Characteristisches dar; nur sind die Fluren wenigfedrig; auch ist nur eine einzige Schulterflur vorhanden. Die Oeffnung der Oeldrüse hat entweder einen Federkranz (*Amphibolae, Lipoglossae, Bucconidae, Ramphastidae*) oder sie ist nackt (die meisten *Cuculidae, Coracidae, Meropidae, Galbulidae, Capitonidae*). Die Zahl der Schwingen schwankt gewöhnlich von 20 bis 25, doch findet sich bei *Buceros* bis 27 oder 28. Die Zahl der Steuerfedern ist constanter, indem entweder 10 oder 12 vorhanden sind, doch beides in keiner als typisch nachzuweisenden Vertheilung (12 haben *Trogon*, *Coracias*, *Merops*, *Alcedo*, *Galbula*, *Capito* u. a.; 10 haben *Cuculus*, *Centropus*, *Bucco*, *Ramphastus*, *Buceros*, *Upupa*, *Colias* u. a.). Ausnahmsweise kommen 8 bei *Crotophaga* vor. Die Laufbekleidung ist nicht durchgreifend constant; grössere Tafeln an der Vorderseite kommen nur selten vor (*Musophagidae*, *Coliidae*); meist ist der Lauf mit kleinen Schildern oder Schuppen bedeckt oder genetzt oder mit warziger, fester anliegender Haut bekleidet. Zuweilen reicht die Befiederung eine grosse Strecke weit auf den Lauf herab. — Der Schädel bietet besonders durch die häufig auftretende Entwickelung des Schnabels zu einem, dem Schädel an Umfang gleichen oder selbst überlegenen Gebilde äusserst merkwürdige Gestalten dar. Bei *Ramphastus* articulirt der Schnabel fast so frei am Schädel wie bei den Papageyen. Bei allen sonstigen Verschiedenheiten des Schädels stimmen die *Coccygomorphen* darin überein, dass (mit Ausnahme von *Trogon*) Basipterygoidfortsätze fehlen, dass der Vomer rudimentär oder sehr klein ist und dass die Gaumenfortsätze der Oberkiefer mehr oder weniger spongiös sind und sich entweder untereinander oder mit der verknöcherten Nasenscheidewand oder in beider Weise verbinden. Die Körper der Oberkiefer bilden häufig mehr als die Hälfte des Munddaches. Die Gaumenbeine haben keine verticale hintere Platte, sondern sind wie gewöhnlich horizontal ausgebreitet; ihr hinterer äusserer Winkel ist häufig in einen mehr oder weniger deutlichen Fortsatz ausgezogen. Das untere Ende des Quadratbeins hat die gewöhnliche Form. Es sind 10—13 Hals-, 7—8 Rücken-, 9—13 Kreuzbein- und 5—8 Schwanzwirbel vorhanden. Das Brustbein hat meist auf jeder Seite zwei Einschnitte (doch kommt auch jederseits ein Loch vor, *Upupa*, und das Sternum von *Buceros* hat weder Einschnitte noch Löcher); es fehlt aber der sonst gewöhnlich gablig gespaltene Manubrialfortsatz (mit Ausnahme von *Merops*). Die Schulterblätter und Coracoide bieten nichts besonderes dar; die Schlüsselbeine, welche sich nie in einem spitzen Winkel treffen, haben keinen von ihrer Symphyse nach hinten sich entwickelnden Fortsatz. Bei den *Ramphastiden* bleiben sie getrennt (Eyton). Das Becken ist kurz und breit; bei einigen bildet das Vorderende der Schambeine einen stumpfen oder längeren spitzen nach vorn gerichteten Fortsatz (*Cuculiden*, *Ramphastiden*). Das Foramen obturatorium ist durch eine Brücke zwischen Scham- und Sitzbeinen in einen vordern kleineren und hintern grösseren Abschnitt getheilt. Die Hinterextremitäten, welche zuweilen die vordern bedeutend an Länge übertreffen, sind nie im Tarsometatarsaltheil auffallend verlängert. Die Stellung der Zehen bietet eigenthümliche Verschiedenheiten dar. Bei den *Lipoglossae*, *Meropidae*, *Momotidae* und *Coracidae* ist die innere Zehe nach hinten, die drei andern nach vorn gewandt und entweder frei oder geheftet. *Colias* hat Klammerfüsse, wobei die innere Zehe gleichfalls nach vorn gewandt ist. Die *Trogoniden* haben zwei Zehen nach vorn und zwei nach hinten gewandt; es sind aber nicht, wie gewöhnlich bei den Kletterfüssen und wie auch bei den *Cuculiden*, *Bucconiden*, *Ramphastiden* u. s. f., die erste und vierte nach hinten gerichtet (oder letztere eine Wendezehe), sondern die erste und zweite, während die beiden äussern nach vorn gerichtet sind. Die Krallen sind nie besonders stark; ausnahmsweise verlängert sich eine derselben spornartig. — Der Schnabel ist meist ziemlich gross, zuweilen ausserordentlich entwickelt und bei den *Ramphastiden* nicht selten fast von Länge des Rumpfes. Seine Gestalt ist verschieden, conisch, seitlich oder von oben nach unten zusammengedrückt, mit ganzen oder zackigen oder gezähnten Rändern. Eine Wachshaut fehlt; ebenso fehlen zuweilen die Bartborsten, welche in andern Familien der Ordnung in eigenthümlicher Weise vorhanden sind. Die Zunge ist entweder schmal, verlängert, den Raum zwischen den Unterkieferästen mehr oder weniger erfüllend, dabei fleischig oder hornig, mit faserigen Rändern oder faseriger Spitze, oder sie ist kurz, fast so breit als lang, der Hinterrand gezähnt, ausgeschnitten u. s. w. Der Oesophagus ist nur selten bauchig erweitert und hat keinen eigentlichen Kropf. Der Magen ist zuweilen dünnhäutig muskulös, zuweilen derbfleischig. Blinddärme fehlen den *Ramphastiden* und *Alcediniden*, sind aber bei den *Cuculiden*, *Trogoniden*, *Bucconiden* vorhanden. Eine Gallenblase fehlt den *Ramphastiden*, *Trogoniden*, *Bucconiden*, *Cuculiden*, ist aber bei andern, z. B. den *Alcediniden*, vorhanden. Was die Halsarterien betrifft, so sind entweder beide Carotiden getrennt im ganzen Verlaufe vorhanden (*Coracias*, *Galbula*, *Cuculus*, *Alcedo*) oder nur die linke (*Pteroglossus*, *Merops*, *Upupa*). Der untere Kehlkopf hat nur ein, höchstens zwei Paare seitlicher Muskeln. Das Nervensystem und die Sinnesorgane bieten nichts gemeinsam Characteristisches dar. Das Auge ist verschieden in seiner relativen Grösse; die Augenlider sind zuweilen nackt, zuweilen borstig gesäumt. In Bezug auf das Fortpflanzungsgeschäft ist zu erwähnen, dass einige *Cuculiden* nicht selbst brüten, sondern ihre Eier andern Vögeln in die Nester legen. Im Allgemeinen sind die Eier der *Coccygomorphen*, welche nur einmal jährlich brüten, weiss, selten grünlich oder anders gefärbt; doch variiren die Kuckuckseier in ziemlichen Grenzen.

Coccygomorphe Vögel finden sich auf allen Continenten, zahlreicher gegen den Aequator, nur wenig gegen die Polarkreise hin. Am verbreitetsten sind die *Cuculiden* und *Alcediniden*, von denen sich Formen auf allen Continenten finden. Andere Familien sind auf bestimmte Continente beschränkt; so sind die *Upupiden*, *Musophagiden*, *Meropiden*, *Upupiden* altcontinental, einige davon nur africanisch, die *Galbuliden*, *Prionitiden* sind nur americanisch. Bei andern tritt eine Art Vertretung ein; so entsprechen die americanischen *Ramphastiden* den altcontinentalen *Bucerotiden*, *Harpactes* in Asien den *Trogonen* America's. Fossil kennt man eine Form der *Alcediniden* aus dem eocenen Thon von Sheppy und *Cuculiden*-Reste aus brasilianischen Knochenhöhlen.

1. Familie. **Ramphastidae** Vig. Schnabel sehr gross, von anderthalb Kopflänge bis Rumpflänge. Mundwinkel ohne Bartborsten. Zunge schmal, bandartig, hornig, am Rande gefasert. Flügel abgerundet, nur bis an den Anfang des Schwanzes reichend, 10 Hand- und 13 Armschwingen. Schwanz gross, breit oder verlängert, keilförmig, mit 10 Steuerfedern. Läufe vorn und hinten mit tafelförmigen Gürtelschildern (Schlüsselbeine ohne Symphyse, verbinden sich einzeln mit dem Vorderende des Brustbeinkammes). Americanisch.

Gould, J., A Monograph of the Ramphastidae or family of Toucans. 3 Parts and Suppl.

London (1833—35) 1854, 55. Fol. Eine deutsche, mit Zusätzen vermehrte Ausgabe hiervon haben J. H. C. F. und J. W. Sturm begonnen. Nürnberg, 1841 u. folg.

1. Gatt. **Ramphastus** L. (*Tucanus* Briss., incl. *Tucaius* Bp.). Schnabel sehr gross, am Grunde höher und breiter als der Kopf, nach vorn comprimirt, mit scharfer Firste. Nasenlöcher verborgen, hinter dem verdickten Stirnrande des Schnabels. Verschiedene Färbungen auf schwarzem Grunde. — Arten: R. toco L. Schwarz, Kehle und Bürzel weiss, Stirn roth, Schnabel orange; Rücken feuerroth. Von Krähengrösse. Brasilien. — u. a.

2. Gatt. **Pteroglossus** Ill. (*Aracari* Less., incl. *Pyrosterna* et *Beauharnaisius* Bp.). Schnabel kleiner, Basis nicht höher als der Kopf, rundlicher. Nasenlöcher sichtbar, auf der oberen Fläche des Schnabels nahe dem zuweilen aufgeworfenen Stirnrand. In der Färbung herrscht mehr oder weniger Grün vor. — Arten: a) Pteroglossus s. str. Gould. Schnabel lang, am Grunde mit aufgeworfenem Rande; hinterer Rand des Unterschnabels schräg nach hinten gezogen. Schwanz keilförmig, verlängert. Pt. Aracari Ill. (*Ramphastus aracari* L.). Rücken grün, Unterseite gelb mit rother Bauchbinde, Schnabelseiten weiss. Brasilien. u. a. — b) Aulacoramphus Gray (*Aulacorhynchus* Gould). Oberschnabel der Länge nach gefurcht, Unterschnabel wie bei a. Schwanz etwas kürzer. Pt. sulcatus. Swains. Schwanz ganz grün. — u. a. — c) Andigena Gould (incl. *Ramphomelus* Bp.). Schnabel kleiner, ohne aufgeworfenen Rand, Unterschnabel am Hinterende fast senkrecht; Schwanz spitz keilförmig, von Rumpfeslänge oder länger. Pt. Bailloni Wagl. Oben bräunlich grün, unten goldgelb, Bürzel roth. Schnabel gelbgrün. Brasilien. u. a. — d) Grammatorhynchus Gould. Schnabelrücken gewölbt, Kinnwinkel nicht bis zur Unterschnabelmitte reichend. Schwanz kürzer als der halbe Rumpf. Pt. Humboldtii Wagl. Amazonenstromgebiet. u. a. — e) Selenidera Gould (incl. *Piperivorus* Bp.). Schnabel kürzer, Schnabelrücken gerade, Kinnwinkel bis zur Unterschnabelmitte reichend. Schwanz nur von halber Rumpflänge. Pt. Gouldii Natt. Oberschnabel schwarz mit grüner Spitze. Brasilien. u. a.

2. Familie. **Capitonidae** Gray (*Megalaemidae* Newt., *Bucconinae* Bonap.). Schnabel mittellang, bis Kopflänge und darüber, an der Basis breit, die Ränder meist ausgeschweift, nach der Spitze comprimirt. Nasenlöcher seitlich an der Schnabelwurzel, von mehr oder weniger zahlreichen Borsten bedeckt. Flügel mässig, abgerundet oder spitz, die ersten beiden Schwingen stets kürzer als die folgenden. Schwanz meist kurz, gerade, oder abgerundet und dann länger. Lauf meist so lang als die Mittelzehe, vorn mit breiten Tafeln. Aussenzehe nach hinten gewandt. Tropen beider Hemisphären.

1. Gatt. **Tetragonops** Jard. Schnabel stark, an der Basis viereckig, Unterschnabelspitze gablig eingeschnitten zur Aufnahme der leicht gekrümmten Oberschnabelspitze. — Art: T. ramphastinus Jard. Ecuador.

2. Gatt. **Capito** Vieill. (nec Temm., Burm.) (*Bucco* Cuv., *Micropogon* Temm., *Nyctactes* Glog.). Schnabel comprimirt, an der Basis verbreitert, aber wegen der zwischen den Nasenlöchern erhobenen Firste höher als breit. Oberschenkel mit der gekrümmten Spitze über den gerade zugespitzten Unterschnabel reichend. — Arten: a) grössere, düster gefärbte: Capito s. str. Scl. C. erythrocephalus Gray. Schwarz, gelb gefleckt, Stirn und Kehle roth, Unterleib blass gelb. Brasilien. u. a. — b) kleinere, lebhafter gefärbte: Eubucco (Bp.) Scl. C. Richardsonii Gray. Neu-Granada. u. a.

3. Gatt. **Trachyphonus** Ranz. (*Cucupicus* Less., *Polysticte* Smith, *Promepicus* Lafr.). Schnabel schlank, auf der Firste leicht gewölbt, Ränder nicht geschweift; Läufe länger als die Mittelzehe. Schwanz so lang als die Flügel, abgerundet. — Arten: Tr. margaritatus (*Capito*) Rüpp. Ost-Africa. Tr. Vaillanti Ranz. (*Picus cafer* Gm.). Süd-Africa. u. a.

4. Gatt. **Psilopogon** S. Müll. (*Pseudobucco* Des Murs, *Buccotrogon* Rchb.). Schnabel kräftig, comprimirt, an der Basis erweitert, Firste nach der Spitze gekrümmt, Borsten um die Nasenlöcher zahlreich, an der Schnabelbasis nur einzeln. Schwanz ziemlich lang, abgestuft. Asiatisch. — Arten: Ps. pyrolophus S. Müll. Sumatra. u. a.

5. Gatt. **Megalorhynchus** Eyt. (*Caloramphus* Less., *Xylopogon* et *Psilopus* Temm.).

Schnabel gross, an der Basis höher als breit, nach vorn plötzlich comprimirt, Firste nach der Spitze zu gekielt. Schwanz mittellang, abgerundet. Asiatisch. — Art: M. fuliginosus Eyt. (*Micropogon fulig.* Temm.). Malacca.

6. Gatt. Pogonorhynchus v. d. Hoev. (*Pogonias* Ill., *Laemodon* Gray, incl. *Buccanodon* et *Tricholaema* Verr.). Schnabel hoch, comprimirt, an der Basis breit; Oberschnabel jederseits mit einem oder zwei Zähnen. Bartborsten lang. Schwanz kurz, abgerundet. Africanisch. — Arten: P. dubius v. d. Hoev. (*Bucco dubius* Gm.). u. a.

7. Gatt. Megalaema Gray (incl. *Chotorea*, *Cyanops* et *Xantholaema* Bp.). Schnabel lang, comprimirt, an der Basis breit, Bartborsten sehr lang und stark. Schwanz kurz, an den Seiten abgerundet. Lauf kürzer als die Mittelzehe. Asiatisch. — Arten: M. grandis v. d. Hoev. (*Bucco grandis* Gm.). Grün, Kopf graublau, Schwanzwurzel unten roth. Indien. u. a.

Für einige africanische Arten sind noch die Gattungen Barbatula Less. (*Pogoniolus* Lafr., incl. *Xylobucco* Bp.) und Gymnobucco Bp. errichtet worden.

3. Familie. **Galbulidae** Gray. Schnabel lang, stark, meist gerade, zuweilen deprimirt, breit und gekrümmt; am Grunde von Borsten umgeben. Flügel mässig, abgerundet, vierte Schwinge meist die längste, Schwanz in der Regel lang. Läufe sehr kurz, fast stets befiedert. Die Innenzehe fehlt zuweilen, sonst ist sie mit der äussern nach hinten gewandt; die mittleren geheftet.

Sclater, P. L., Remarks on the arrangement of the Galbulidae, in: Proceed. Zool. Soc. 1855. p. 13—16.

1. Gatt. Galbula Moehr. Schnabel lang, gerade, vierseitig, Firste gekielt, Dillenkante gekielt, gerade. Vier Zehen, vordere Aussenzehe die längste. — Arten: G. viridis Lath. Oberseite goldgrün, Kehle weiss, Unterseite mit goldgrüner Binde, dahinter rostroth. Süd-America. u. a.

Hiervon trennt Bonaparte die beiden Gattungen: Urogalba (*Urocex* Cab.), die zwei mittleren Steuerfedern verlängert (*C. paradisea* Lath.), nördliches Süd-America, und Brachygalba (*Brachycex* Cab.), mit dreiseitigem Schnabel und kurzem Schwanz (*G. inornata* Scl. [*albiventris* Bp.]) ebendaher.

2. Gatt. Jacamaralcyon Cuv. (*Cauax* Cab.). Wie Galbula, aber nur dreizehig, alle drei Zehen nach vorn gerichtet. — Arten: J. tridactyla Cuv. (*Galbula tridact.* Vieill.). Süd-America.

3. Gatt. Jacamarops Cuv. (*Lamprotila* Swains., — *ptila* Ag.). Schnabel an der Basis breit, deprimirt und gekrümmt, mit leicht gekielter Firste; die Ränder geschweift, Dillenkante leicht gekielt; Schwanz stufig. Vier Zehen $\frac{2}{2}$. — Arten: J. grandis Cuv. Oben goldgrün, unten braun, Schwingen schwärzlich. Guiana. u. a.

4. Gatt. Galbalcyrhynchus Des Murs (*Jacamaralcyonides* Des Murs postea, *Cauacias* Cab., *Alcyonides* Rchb.). Schnabel lang, gerade, höher als breit, Firste kaum gekrümmt, zugespitzt, comprimirt. Vier Zehen. — Art: G. leucotis Des Murs. Columbia.

4. Familie. **Trogonidae** Gray. Schnabel kurz, kräftig, gewölbt, an der Basis breiter als hoch, dreieckig, die Ränder meist gezähnt; Mundspalte weit, mit Borsten umgeben. Flügel kurz, abgerundet. Schwanz lang, stufig; Schwanzdecken zuweilen sehr lang. Läufe kurz, meist befiedert. Füsse schwach; die Innen- und zweite Zehe nach hinten, die beiden äussern nach vorn gerichtet. Gefieder weich, grossfedrig, dunig, prachtvoll metallisch glänzend; das der Weibchen trüber oder grau.

Gould, J., A Monograph of the Trogonidae. London, 1835—38. Fol.

1. Gatt. Harpactes Swains. (*Hapalurus* Rchb., *Pyrotrogon*, *Duvaucelius* et *Orescius* Bp.). Schnabel kräftig, sehr gebogen, an der Spitze ausgebuchtet, aber glattrandig. Läufe nur halb befiedert. — Arten: H. fasciatus Blyth (*Trogon fasc.* Gm.). Oben röthlichbraun, unten scharlachroth, Kopf schwarz, Kehlstreif weiss, äussere Steuerfedern schwarz und weiss. Ceylon. u. a.

2. Gatt. Hapaloderma Swains. (incl. *Hapalarpactes* Bp.). Schnabel kräftig, gewölbt, Ränder mit fast obsoleten Zähnelungen. Aeussere Steuerfedern kurz und schmal. Vorder-

zehen getrennt. — Arten: H. narina Swains. (*Trogon narina* Le Vaill.'. Oberseite und Hals goldgrün, Unterseite rosenroth, Flügeldecken grau, schwarz gebändert, äussere Steuerfedern mit weisser Aussenfahne. Süd-Africa. u. a.

3. Gatt. Priotelus Gray (*Prionotelus* Rchb., *Temnurus* Swains.). Schnabelränder gezähnt, Spitze ausgerandet. Schwanz lang und breit, die Spitzen der Steuerfedern divergirend, ab- und ausgeschnitten. — Arten: P. temnurus Gray (*Trogon albicollis* Gould). Süd-Africa. u. a.

Hierher noch die Gatt. Temnotrogon Bp. (*Tmetotrogon* Cab. u. Heine).

4. Gatt. Trogon Moehr. (*Trogonurus* Bp.). Schnabel stark, kurz, Firste stark gekrümmt, Spitze ausgerandet, Ränder gezähnt; Läufe ganz befiedert; Vorderzehen ungleich, im ersten Gliede geheftet. Schwanz lang, stufig. — Arten: T. curucui L. Oben goldgrün, Kopf und Kehle schwarz, Unterleib scharlachroth; Steuerfedern goldgrün und schwarz. Brasilien. u. a.

Die gelbbäuchigen Arten mit längerem oder mit breiterem Schnabel trennen Cabanis und Heine als Gattungen ab: Pothinus und Aganus, ebenso bilden die rothbäuchigen Arten mit blauem Kopf die Gattung Hapalophorus Cab. u. H. und die schwarzschwänzigen und rothbäuchigen die Gattung Eutroctes Heine (*Troctes* Cab. u. H. olim, *Curucujus* Bp.).

5. Gatt. Calurus Swains. (*Cosmurus* Rchb., *Pharomacrus* de la Llave, *Tanypeplus* Cab. u. H.). Schnabelränder ungezähnt, gebogen, Spitze ausgerandet; Flügeldecken verlängert und kraus; Schwanzdecken mehr oder minder verlängert, Schwanz mittellang, stufig; zuweilen eine Federkrone auf dem Kopfe. — Arten: C. resplendens Sws. (*Trogon resplendens* Gould, *Pharomacrus mocinno* Llave). Central-America. u. a.

Hierher noch die Gatt. Leptuas Cab. u. H. mit verlängerten Ohrfedern; L. neoxenus C. u. H. (*Trogon neoxenus* Gould). Mexico.

5. Familie. **Bucconidae** (Le Vaill.) Gray. Schnabel verschieden lang, kräftig, an der Basis breit und hoch, die Spitze gekrümmt, zuweilen mit überragendem Endhaken. Mundwinkel von Bartborsten umgeben. Flügel ziemlich lang, meist die ersten Schwingen kürzer als die dritte bis fünfte. Schwanz mässig. Innen- und äussere Zehe nach hinten gewandt, die vordere äussere länger als die innere.

1. Gatt. Bucco L. (*Capito* Temm., *Tamatia* Cuv.). Schnabel kegelförmig, gerade, Firste abgerundet, Spitze stark hakig, Dillenkante bogig. Flügel bis zum Anfang des Schwanzes reichend. Schwanz ziemlich lang. — Die Arten werden in die vier Untergattungen: Bucco L., Tamatia Cuv. (*Nyctactes* Strickl.), Chaunornis Gray und Cyphos Spix (*Argicus* Cab. u. H.) getheilt, welchen als Gattungen Cabanis und Heine noch folgende zufügen: Nystalus, Hypnelus, Nothriscus und Notharchus. B. collaris Lath. (*B. capensis* L.). Oben rothgelb, schwarz gewellt, Bauch weiss, über der Brust eine schwarze im Nacken schmäler werdende Binde; Schnabel roth. Brasilien. B. macrorhynchus Gm. (*Tamatia* Scl.). Schnabel, Füsse, Oberseite und ein Fleck auf dem Bauche schwarz, Unterseite, Halsband und Stirn weiss. Süd-America. u. a. B. tamatia Gm. (*Chaunornis* Scl.). Nördliches Süd-America. u. a. B. macrodactylus Gray (*Cyphos* Scl.). ebenda.

2. Gatt. Malacoptila Gray. Schnabel schlank, ohne Endhaken. Bartborsten sehr lang. Schwanz länger als die Flügel, äussere Steuerfedern stark verkürzt. — Arten: M. fusca Gray (*Bucco fuscus* Gm.). Nördliches Süd-America. u. a. — Aus den zarteren und mehr passerinen Formen bildet Sclater die Untergatt. Nonnula: N. rubecula Scl. (*Bucco rubecula* Spix). Brasilien. u. a.

3. Gatt. Monasa Vieill. (*Lypornix* Wagl., *Scotocharis* Glog., *Monastes* Nitzsch). Schnabel schlank, ohne Endhaken, Bartborsten sehr kurz. Schwanz fast so lang als der Rumpf. — Arten: M. atra Gray (*Cuculus ater* Bodd.). Schwarz, Flügeldeckfedern weiss gerändert; Schnabel roth. Süd-America. u. a.

4. Gatt. Chelidoptera Gould (*Brachypetes* Sws.). Schnabel kurz, gekrümmt, comprimirt; Flügel lang, zweite Schwinge am längsten; Schwanz sehr kurz. — Art: Ch. tenebrosa Gould (*Cuculus tenebrosus* Pall.). Süd-America. u. a.

6. Familie. **Cuculidae** Leach (*Coccyginae* v. d. Hoev.). Schnabel mittellang, kräftig oder schlank, ganzrandig, aber an der Spitze zuweilen ausgerandet. Mund-

spalte weit, häufig bis unter das Auge reichend. 10 Handschwingen, von denen die erste meist kurz ist oder auch fehlt; 9—13 Armschwingen. Schwanz mit 8—12 Steuerfedern. Läufe getäfelt; entweder nur vorn oder vorn und hinten, zuweilen oben befiedert. Aeussere Zehe nur selten ganz nach hinten gerichtet, meist mehr Wendezehe.

CABANIS und HEINE, Museum Heineanum. IV. Theil. 1. Heft. Halberstadt 1862—63. p. 1—122.

1. Unterfamilie. **Indicatorinae** GRAY. Körper gedrungen; Schnabel kürzer als der Kopf, gerade, an der Spitze hakig gekrümmt. Flügel mit 9 Hand- und 13 Armschwingen, lang und spitz. Schwanz eher kurz, mit 12 Steuerfedern, leicht ausgerandet. Läufe kürzer als die Aussenzehe. Africanisch.

1. Gatt. Indicator VIEILL. (*Prodotus* NZSCH., incl. *Melignostes* CASS.). Character der Familie. — Arten: I. Sparmanni STEPH. (*Cuculus indicator* L.). Oben bräunlich, unten weisslich, mit verschiedenen weisslichen Zeichnungen. Süd-Africa. u. a.

Die Arten mit schlankem, spitzem Schnabel, mit bogiger Firste und deutlicher ausgerandetem Schwanz bilden die Gatt. Prodotiscus SUND., Pr. regulus SUND. Kaffernland.

2. Unterfamilie. **Cuculinae** (GRAY) CAB. Schnabel von Kopflänge, meist schlank, leicht gebogen, an der Basis breit; Flügel mit 10 Handschwingen, lang und spitz; Schwanz lang keilförmig zugespitzt oder abgerundet, mit 10 Steuerfedern. Alter Continent und Australien.

Die meisten Arten brüten nicht selbst, sondern legen ihre Eier in fremde Nester, daher Heteroscenjnae CAB. u. H.

1. Gatt. Chrysococcyx BOIE (*Chalcites* LESS., *Lampromorpha* VIG.). Schnabel mittellang, schlank, leicht gekrümmt, Flügel lang, spitz; Schwanz lang abgerundet; Gefieder metallisch glänzend, grossfedrig. Läufe kurz, im oberen Theil befiedert. — Arten: Ch. cupreus GRAY. Kaffernland. u. a.

Nach Verschiedenheiten in der Schnabelform, Länge der Flügel und des Schwanzes und anderen Merkmalen sind folgende Untergattungen getrennt worden: Lamprococcyx CAB. u. H. (*Lampromorpha* BP.), Chalcococcyx und Misocalius CAB. u. H. Durch metallischen Glanz des Gefieders sich an die Goldkuckucke anschliessend, aber durch etwas kräftigeren Schnabel u. a. von ihnen abweichend bilden die Gattungen Penthococcyx CAB. u. H., Surniculus LESS. (*Pseudornis* HODGS., *Cacangelus* CAB. u. H.) und Cacomantis S. MÜLL. (*Polyphasia* und *Gymnopus* BLYTH) eine besondere auf Ost-Indien und Australien beschränkte kleine Gruppe, welche durch die gleichfalls australischen Heteroscenis CAB. u. H. (*Cuculus inornatus* VIG. u. HORSF.) und die östlichen Hiracococcyx S. MÜLL. und Caliechthrus CAB. u. H. (*Simotes* BLYTH) den Uebergang zu den echten Kuckucken vermittelt.

2. Gatt. Cuculus L. p. (*Nicoclarius* BP.). Schnabel mittellang, schlank, leicht gebogen, an der Basis breit, die runden Nasenlöcher in einer Grube, von nackter Haut umgeben. Flügel lang, spitz, 5. Schwinge die längste; Schwanz lang, abgerundet. Läufe kürzer als die Mittelzehe, oben befiedert. — Arten: C. canorus L. Oben aschgrau, Bauch weisslich mit braunen Querstreifen, Schnabelwurzel und Füsse gelb, Schwanz oben mit weissen Flecken. Europa. — u. a. altweltliche Arten.

3. Gatt. Coccystes GLOG. (*Edolius* LESS., *Oxylophus* SWS., *Coccyzus* RÜPP.). Schnabel kopflang, an der Basis breit, seitlich stark comprimirt, leicht gebogen; Nasenlöcher oval; Flügel spitz, 3. Schwinge die längste; Schwanz lang, stark spitz abgerundet keilförmig; Füsse kräftig; Läufe vorn oben befiedert. Auf dem Kopf meist eine Federhaube. — Arten: C. glandarius GLOG. (*Cuculus gland.* L.). Südliches Europa. — u. a. aus Ost-Indien und Africa.

4. Gatt. Eudynamis VIG. u. HORSF. Schnabel dick, Firste rund gebogen, mit ausgerandeter Spitze; Nasenlöcher oval, schräg eindringend; 4. Schwinge die längste; Schwanz

lang abgerundet; Laufe nackt, kräftig. — Arten: E. orientalis V. u. H. *Cuculus orient.* L.). Ost-Indien u. a. ebendaher.

5. Gatt. Scythrops LATH. Schnabel über kopflang, höher als breit; Oberschnabel stark gekrümmt, mit der Spitze über den Unterschnabel überragend, mit Längsrinne jederseits; Nasenlöcher halb von nackter Haut bedeckt; Flügel lang, 3. Schwinge die längste; Schwanz nur mittellang, flach abgerundet; Läufe kürzer als die Mittelzehe, getäfelt. — Art: S. Novae-Hollandiae LATH. Neu-Holland und Celebes.

3. Unterfamilie. **Leptosominae** BONAP. Schnabel kürzer als der Kopf, an der Basis breit und niedrig, nach vorn seitlich comprimirt, Spitze gebogen; Nasenlöcher schräg in der Mitte der Schnabellänge; Läufe kurz, dick, von Länge der Mittelzehe, vorn mit zwei Reihen Tafeln; dritte und vierte Schwinge (nach RCHB. die fünfte) die längsten; Schwanz kurz, gerade abgestutzt, mit 12 Schwanzfedern.

Einzige Gatt. Leptosomus VIEILL. (*Crombus* RCHB.). Character der Unterfamilie. — Art: L. discolor CAB. u. H. (*Cuculus discolor* HERM., *Cuc. afer* GM.). Madagascar.

4. Unterfamilie. **Phoenicophainae** (GRAY) CAB. Schnabel im Allgemeinen etwas länger als bei den Cuculinen; Nasenlöcher meist linear, der Basis genähert, seltner weiter nach vorn gerückt. Vierte bis siebente Schwinge die längsten; Schwanz lang; Läufe meist länger als die Mittelzehe (die äussere vordere). Tropen der alten Welt.

1. Gatt. Rhinortha VIG. (*Bubutus* LESS., *Anadaenus* SWS., *Idiococcyx* BOIE). Schnabel lang, gerade, Spitze plötzlich gebogen, Nasenlöcher an der Schnabelbasis, linear. 6. und 7. Schwinge die längsten. — Art: R. chlorophaea VIG. Java, Sumatra, Malacca.

2. Gatt. Zanclostomus SWS. Schnabel mittellang, in seiner ganzen Länge stark comprimirt, Unterschnabelspitze und Dillenkante leicht nach unten gekrümmt, Basaltheil des Oberschnabels stark verbreitert; 5—7. Schwinge die längsten; Läufe so lang als die Mittelzehe. — Art: Z. javanicus SWS. (*Phoenicophaes javanicus* HORSF.). Java. — Die übrigen indischen Arten trennen CABANIS und HEINE als Gatt. Rhopodytes (*Melias* BLYTH) und die africanische, Z. aereus HARTL., als Ceuthmochares (*Zanclostomus* BP.); beide stimmen auch in der Lebensweise sehr mit einander überein.

3. Gatt. Ramphococcyx CAB. u. H. (*Phoenicophaes* VERR.). Schnabel gross angeschwollen; Gesicht mit einem nackten Ring um die Augen. — Arten: R. calorhynchus CAB. u. H. (*Phoenicophaes calorh.* TEMM.). Macassar. u. a. indische.

4. Gatt. Phoenicophaes STEPH. (*Malcoha* CUV., *Melias* GLOG., *Alectorops* VERR.). Schnabel von Kopfeslänge, gross, dick, breit, nach vorn comprimirt, Firste gekrümmt, hakig übergebogen; an der Schnabelbasis über den länglichen seitlichen Nasenlöchern aufrechte Borsten; Flügel sehr kurz, 4. und 5. Schwinge die längsten; Schwanz lang, gerundet; Läufe länger als die Mittelzehe. Eine nackte Stelle um die Augen. — Art: Ph. pyrrhocephalus STEPH. (*Cuculus pyrrhoceph.* FORSTER). Ceylon.

5. Gatt. Dasylophus SWS. Schnabel lang, comprimirt, Dillenkante leicht winklig; die Stirnfedern nach vorn niederliegend und die Nasenlöcher deckend; Flügel kurz, 5. u. 6. Schwinge die längsten. Schwanz lang; Lauf von Länge der Mittelzehe. Ein nackter Augenkreis; die Federn darüber zu einem Kamm erhoben. — Art: D. superciliosus SWS. Philippinen.

Hierher noch die Gatt. Lepidogrammus RCHB. mit nackten Stellen um die Augen und eigenthümlich schuppenartig verbreiterten Federn an der Kehle. L. Cumingi BP. Philippinen.

6. Gatt. Carpococcyx GRAY (*Calobates* TEMM.). Schnabel von Kopfeslänge, stark, comprimirt, Dillenkante gerade; Nasenlöcher in der Mitte des Schnabels, schräg eindringend, daher wie unter eine Platte; Flügel kurz, 6. Schwinge die längste; Läufe sehr lang, Zehen kurz. — C. radiatus TEMM. Borneo.

5. Unterfamilie. **Sericosominae** CAB. u. H. Schnabel nur mittellang, comprimirt; an den Seiten des Gesichtes nackte Stellen; Läufe länger als die Mittelzehe, Zehen ungleich; Schwanz etwas länger als die Füsse. Madagascar.

1. Gatt. Sericosomus Cab. u. H. (*Serisomus* Sws., *Coua* Cuv., *Corydonyx* Gray). Character der Familie. S. **gigas** Cab. (*Cuculus gigas* L.). Die **Coua caerulea** Gray mit einfarbig blassem Gefieder ist **Geococcyx** Cab. u. H., die **Coua Delalandei** Gray mit grossen nackten Backen und dickem Schnabel: **Cochlothraustes** C. u. H.

6. Unterfamilie. **Coccyginae** Cab. u. H.

Schnabel kuckucksartig, Zügel befiedert, dagegen häufig nackte Stellen an den Backen; Flügel eher kurz, abgerundet; Schwanz lang, stets mit 10 Steuerfedern. Läufe verlängert, mindestens so lang als die Mittelzehe. America.

1. Gatt. Coccygus Vieill. (*Cureus* Boie, *Erythophrys* Sws.). Schnabel fast so lang als der Kopf, gekrümmt, Unterschnabel fast gerade, schlank, nach vorn verschmälert; Flügel bis auf die Schwanzmitte reichend; Läufe kaum so lang als die Mittelzehe. — Arten: C. **americanus** Bp. Nord-America. u. a. (*C. ferrugineus* Gould von den Cocos-Inseln ist **Nesococcyx** Cab. u. H.). Hierher noch die beiden Gattungen **Hyetornis** Scl. (*Ptilolephis* Bp., *Hyetomantis* Cab.) und **Morococcyx** Scl. beide von Central-America.

2. Gatt. Piaya Less. (*Coccycua* Less., *Pyrrhococcyx* Cab.). Schnabel mittellang, dick, bauchig, hellgefärbt; Ränder ganz, Dillenkante fast gerade; 5.—7. Schwinge die längsten; Schwanz lang keilförmig; obere Schwanzdecken länger als die ruhenden Flügel, aber nicht bis zur Mitte des Schwanzes reichend; Lauf ungefähr von Länge der Mittelzehe, aber viel kräftiger. — Arten: P. **mexicanus** Cab. (*Cuculus mex.* Sws.). u. a.

3. Gatt. Saurothera Vieill. Schnabel länger als der Kopf, schlank, Spitze plötzlich hakig, comprimirt, Dillenkante gerade; Läufe so lang als die Mittelzehe. — Arten: S. **vetula** Steph. (*Cuculus vet.* L.) Jamaica, und S. **Merlini** d'Orb. Cuba.

4. Gatt. Neomorphus Glog. (*Cultrides* Pucher.). Schnabel an der Basis hoch, stark gekrümmt; Nasenlöcher mit halbmondförmiger Oeffnung; Läufe länger als die Mittelzehe, kräftig; Flügel kurz, 7.—9. Schwinge die längsten. — Art: N. **Geoffroyi** Glog. Süd-America.

5. Gatt. Diplopterus Boie. Schnabel kurz, hoch, comprimirt, Spitze herabgebogen; Flügel über die Basis des Schwanzes hinabreichend, 5. Schwinge die längste; obere Schwanzdecken bis über die Schwanzmitte reichend. Läufe von Länge der Mittelzehe, schlank. — Arten: D. **naevius** Gray (*Cuculus naev.* L.). Bahia. u. a.

6. Gatt. Dromococcyx Pr. Wied. (*Macropus* Spix, *Geotacco* Verr.). Schnabel fein und dünn, kürzer als der Kopf; Nasendecke nackt; 5. Schwinge die längste; obere Schwanzdecken bis über die Schwanzmitte reichend; Läufe dünn, Krallen »auffallend klein« (Burm.). — Art: Dr. **phasianellus** Pr. Wied. (*Macropus phas.* Spix). Brasilien.

7. Gatt. Geococcyx Wagl. (*Leptostoma* Sws.). Kopf mit Federkrone; Schnabel mindestens so lang als der Kopf, stark, leicht comprimirt; Zügelfedern borstig; Augenring nackt; Flügel sehr kurz, Schwanz länger als Kopf und Rumpf; Läufe länger als die Zehen. — Arten: G. **californianus** Baird. (*Saurothera calif.* Less.) Nord-Mexico, und G. **mexicanus** Strickl. (*G. velox* Gray, *G. affinis* Hartl.).

7. Unterfamilie. **Crotophaginae** (Gray) Cab. u. H.

Schnabel kürzer oder so lang als der Kopf, sehr hoch, gewölbt, stark seitlich comprimirt; Zügel nackt; Schwanz wenig stufig mit acht Steuerfedern. Süd-America bis Mexico.

1. Gatt. Octopteryx Kaup (*Guira* Less., *Ptiloleptus* Sws.). Schnabel hoch mit abgerundeter Firste, aber ohne Kamm; Nasenlöcher spaltenförmig, horizontal; Flügel lang und spitz, 4. und 5. Schwinge die längsten; Schwanz breit abgerundet. Läufe stark, nicht verlängert. — Art: O. **Guira** Cab. u. H. (*Cuculus guira* Gm.). Brasilien.

2. Gatt. Crotophaga L. Schnabel von Kopfeslänge, hoch, Oberschnabel mit kammartig erhobener Firste, die sich auf die Stirn verlängert; Spitze stark herabgebogen; Flügel wie bei Octopteryx; Schwanz von Rumpflänge, breit abgerundet; Läufe stark. — Arten: Cr. **major** L., Cr. **ani** L. Süd-America. u. a.

8. Unterfamilie. **Centropodinae** Cab. u. H.

Schnabel kürzer als der Kopf, kräftig, stark gebogen, comprimirt; Flügel mittellang, vierte bis sechste Schwinge die längsten; Schwanz lang, stufig; Läufe länger als die Mittelzehe; die Kralle der Innenzehe meist in einen langen geraden Sporn ausgezogen.

1. Gatt. Centropus ILL. Schwanz relativ kürzer; Färbung vorherrschend rothbraun. — Arten: C. aegyptius AUD. (*Cuculus aegypt.* L.). Nord-Ost-Africa. — Die vorherrschend schwarzen Centropodinen mit längerem stufigen Schwanz, welche auf Indien und die Molukken beschränkt sind, vereinigen CABANIS u. HEINE zur Gattung Centrococcyx, während die madecassische Art von den genannten den VIEILLLOT'schen Namen Corydonyx erhält. Andererseits wird die gleichartig rothbraune Art: C. bicolor Cuv. von Celebes nun Pyrrhocentor. Die insularen Formen, die sich durch ungewöhnlich entwickelte lange und breite Schwänze auszeichnen, bilden die Gatt. Nesocentor CAB. u. H. (*C. melanops* GRAY. Java. u. a.).

2. Gatt. Polophilus LEACH. Schnabel kurz, dick, stark gekrümmt; Schwanz länger als Rumpf mit Kopf. Grössere australische Formen. — Arten: P. phasianus LEACH. (*Cuculus phasianus* LATH.). Neu-Süd-Wales.

Eine Anzahl indischer Arten schliessen sich im Bau des Schnabels, der Füsse u. s. w. so wie im Habitus an die Centropodinen an, besitzen aber den spornartig verlängerten Nagel der Innenzehe nicht. Sie bilden die Gatt. Acentetus CAB. u. H. A. sirkee C. u. H. (*Centropus sirkee* GRAY). Bengalen. u. a.

7. Familie. **Musophagidae** Sws. Schnabel kräftig, hart, hoch, nicht lang, meist mit gekielter Firste; Oberschnabel nach der Spitze zu gekrümmt, sein Rand meist gezähnelt; Flügel mittellang, erste Schwingen kürzer bis zur vierten oder fünften, welche die längsten sind. Schwanz lang, breit, mit 10 Steuerfedern. Läufe lang, kräftig, getäfelt. Africanisch.

1. Gatt. Turacus Cuv. (*Corythaix* ILL., *Opaethes* VIEILL., *Gallirex* LESS., *Spelectes* WAGL.). Schnabel kurz, hoch, comprimirt; Oberschnabelspitze übergreifend; Augengegend nackt; Kopf mit beweglichem Federkamme; Flügel kurz, abgerundet, 5. Schwinge die längste; äussere Zehe eine Wendezehe. — Arten: T. leucotis (*Corythaix*) RÜPP. Grün, oben grünviolett, unten grau, ein Fleck vor den Augen und ein halbmondförmiger Streif jederseits am Halse weiss. Abyssinien. T. persa Cuv. (*Cuculus persa* L.). Guinea. u. a.

Turacus giganteus VIEILL. hält HARTLAUB als Turacus, HEINE als Corythaeola von den anderen bei Corythaix gelassenen Arten generisch getrennt.

2. Gatt. Musophaga ISERT (*Phimus* WAGL.). Schnabel mittellang, hoch mit nackter Basis, die nach vorn abschüssige Firste ist über der Stirn in eine convexe Scheibe verlängert; Augengegend nackt; 4. Schwinge die längste; Läufe lang; äussere Zehe eine unvollkommene Wendezehe. — Arten: M. violacea ISERT, West-Africa. u. a.

3. Gatt. Schizorhis WAGL. (*Chizaerhis* WAGL. antea). Schnabel kurz, mit höckriger, meist gekielter Firste; Flügel lang, 4. Schwinge die längste; Kopffedern zuweilen in einen Kamm erhoben; alle drei äussere Zehen nach vorn gerichtet. Färbung matt, grau oder braun. — Arten: Sch. africana HARTL. (*Phasianus africanus* LATH.). West-Africa. u. a. (*Corythaixoides* s. *Coliphimus* SMITH gehört nach GRAY wohl als Synonym zu Schizorhis.)

8. Familie. **Coliidae** GRAY. Schnabel mässig, Firste an der Basis erhoben, Seiten comprimirt, Spitze leicht gebogen, länger als der Unterschnabel; Nasenlöcher in einer grossen häutigen Grube; Flügel kurz, gerundet; Schwanz viel länger als der Körper, sperrig gestuft; Läufe kräftig; sowohl die kurze innere als die gleichfalls kurze äussere Zehe sind Wendezehen, so dass entweder alle vier Zehen nach vorn oder nur die beiden mittleren nach vorn, die innere und äussere nach hinten gerichtet werden können. Africanisch.

Einzige Gatt. Colius BRISS. Character der Familie. — Arten: C. capensis GM. u. a. (aus denen BONAPARTE die Untergattungen Urocolius und Rhabdocolius macht).

9. Familie. **Bucerotidae** LEACH. Schnabel meist länger als der Kopf, gross, dick, Ober- und Unterschnabel nach abwärts gekrümmt, ersterer mit hornartigen

2. Coccygomorphae.

Verdickungen oder Aufsätzen; Nasenlöcher an der Schnabelbasis der Firste genähert; Augengegend, zuweilen noch mehr Theile des Kopfes und Halses nackt; Flügel mittellang; vierte und fünfte Schwingen die längsten; Schwanz mit 10 oder 12 Federn, mittel- oder sehr lang. Oestliche Hemisphäre.

1. Unterfamilie. **Eurycerotinae** Bonap. Schnabel mit hoch gewölbter Firste, die einen breiten abgerundeten Fortsatz nach der Stirn abgibt, so dass das Kopfgefieder zu beiden Seiten der Firste bis nach den spaltförmigen Nasenlöchern sich hinzieht; Schwanz mit 12 Steuerfedern, deren Schaftspitzen nackt vorragend.

Einzige Gatt. Euryceros Less. Character der Unterfam. — Art: E. Prevostii Less. Madagascar.

2. Unterfamilie. **Bucerotinae** Bonap. Schnabel mit leistenartiger oder in einem Aufsatz erhobener oder nur am Grunde stark gewulsteter Firste; Schnabel nach vorn stark comprimirt; 10 Steuerfedern.

1. Gruppe. Läufe kurz, höchstens so lang als die Mittelzehe.

1. Gatt. Toccus Less. (*Rhynchaceros* Glog., *Grammicus* Rchb., *Lophoceros* Hemp. u. Ehrg.). Schnabelfirste comprimirt, aber nicht in ein eigentliches Horn erhoben; Schwanz mittellang. — Arten: T. erythrorhynchus Bp. (*Buceros* sp. Gm.). Africa. u. a.

2. Gatt. Anorrhinus Rchb. (incl. *Penelopides* Rchb.). Schnabelfirste bildet einen durch eine Furche markirten Kamm; an der Kehle oben eine nackte Stelle; Schwanz mittellang. — Arten: A. galeritus Rchb. (*Buceros* sp. Temm.). Sumatra, Borneo. A. Panini n. (*Buceros Panini* Bodd., *B. sulcirostris* Wagl., *Penelopides* Rchb.). Kamm vorn senkrecht abgeschnitten, hohl. Schnabelbasis seitlich gefurcht; Philippinen.

3. Gatt. Rhyticeros Rchb. (*Calao* p. et *Cassidix* Bp., *Aceros* Hodgs., *Cranorrhinus* Cab.). Schnabel ohne Horn, am Grunde mit mehreren queren Hornwülsten; über dem ausdehnbaren Kehlsack eine nackte Haut; Schwanz nur mittellang. — Arten: Rh. plicatus Rchb. *Buceros plic.* Lath.). Java. u. a.

4. Gatt. Buceros L. p. (*Caryocatactes* et *Tragopan* Moehr.). Auf der Schnabelfirste ein durch eine Furche getrennter, verschieden gestalteter, hornartiger Aufsatz. — Arten: a) Buceros Rchb. Horn breit, das vordere Ende mehr oder weniger bogig nach oben gekrümmt. B. rhinoceros L. Sumatra. b) Hydrocorax (Briss.) Rchb. (*Platyceros* Cab.). Horn niedrig, lang, mit platter, scheibenförmiger oberer Fläche. B. planicornis Merr. (*B. hydrocorax* L.). Philippinen. c) Dichoceros Glog. (*Homraius* Bp.). Horn lang, hinten abgestutzt, oben gefurcht, vorn in zwei Spitzen ausgehend. B. bicornis L. Süd-Asien, Sumatra. d) Anthracoceros Rchb. (*Hydrocissa* Bp.). Horn mit gewölbter Oberfläche, lang, hinten breit abgestutzt, vorn comprimirt, mit der Spitze leicht überhängend. B. monoceros Shaw. Ost-Indien, Sumatra. — u. a. (Hierher noch die Gattungen Sphagolobus und Bycanistes Cab. Zu a) gehört wohl auch Ceratogymna Bp.)

5. Gatt. Berenicornis Bp. Schnabel mit niedrigem, weit nach vorn ragendem Horn; Kopffedern bilden eine Holle; Schwanz sehr lang, mit stark stufig verkürzten Steuerfedern. — Arten: B. macrourus Bp. (*Buceros albicristatus* Temm.). West-Africa.

6. Gatt. Rhinoplax Glog. (*Buceroturus* Bp., *Cranoceros* Rchb.). Schnabel kurz, fast gerade; der Schnabelgrund erhebt sich fast senkrecht in ein gewölbtes, nach hinten unter die Stirnbefiederung sich abflachendes Horn; Hals nackt; Schwanz lang, die zwei mittleren Steuerfedern ausserordentlich verlängert. — Art: Rh. galeatus Gl. (*Buceros galeatus* Gm.). Malacca, Sumatra, Borneo.

2. Gruppe. Läufe viel länger als die Mittelzehe.

7. Gatt. Bucorvus Less. (*Tmetoceros* Cab., *Bucorax* Sund.). Schnabel lang, gekrümmt, am Grunde mit einem hohen, kurzen, längsgefalteten, nach vorn senkrecht abgeschnittenen, offenen Aufsatz; Läufe vorn mit zwei Reihen grösserer, hinten mit viel kleineren Tafeln. — Arten: B. abyssinicus Bp. (*Buceros abyss.* Gm.). Ost- und West-Africa. u. a.

10. Familie. **Alcedinidae** Bonap. Schnabel lang, meist gerade, eckig mit ge-

kielter Firste; Hals kurz; Flügel höchstens mittellang; Flügeldecken lang; Schwanz in der Regel kurz, mit zwölf (ausnahmsweise zehn) Steuerfedern; Läufe sehr kurz, vorn mit Tafeln, zuweilen genetzt; die beiden äusseren Zehen verbunden, nur im letzten Gliede frei. — Die meisten Arten in den wärmeren Theilen der östlichen Hemisphäre.

1. Unterfamilie. **Alcedininae** Gray. Schnabel lang, gerade, schlank; Firste bis zum spitzen Vorderende geradlinig abfallend; seitlich sehr comprimirt; Dillenkante lang, gerade oder von einem winkligen Vorsprung schräg aufsteigend; Täfelung der Läufe häufig obsolet.

1. Gatt. Alcedo L. p. Schnabelränder gerade; Nasenlöcher am Schnabelgrunde von einer befiederten Schuppe gedeckt; Flügel kurz, erste Schwinge wenig kürzer als die 2. u. 3., welche die längsten sind; Füsse vierzehig; Krallen einfach. (Die Rückenmitte meist durch besondere Färbung schildförmig ausgezeichnet.) — Arten: A. ispida L. Rückenmitte himmelblau, Flügel bläulich grün, Hinterleib rostbraun, Kehle weiss. Europa und Nord-Africa. u. a. Die Arten mit verlängerten Schopffedern bilden die Gatt. Corythornis Kaup: C. cristata Kaup (Alcedo cr. L.). Cap. — Hierher noch Ispidina Kaup, Schnabel kürzer, oben abgeplattet, ohne Rinnen neben der Firste. I. picta Rchb. Africa.

2. Gatt. Alcyone Sws. Gleicht Alcedo, doch finden sich nur drei Zehen und von der vorderen Innenzehe ein Rudiment. — Arten: A. diemensis Gould. Van Diemensland. u. a. australische Arten.

3. Gatt. Ceryle Boie (Ispida Sws. p.). Die durch Seitenfurchen abgesetzte Firste des langen, geraden Schnabels springt etwas in das Stirngefieder ein; Dillenkante schräg aufsteigend. Schwanz länger, abgerundet; Läufe relativ sehr kurz. — Arten: C. rudis Gray (Alcedo rudis L.). Africa. u. a.

4. Gatt. Chloroceryle Kaup (Amazonis Rchb.). Körper schlank; Schnabel lang, spitz, dünn, Firste abgerundet, durch Furchen abgesetzt; Dillenkante stumpf; Füsse gracil, Hinterzehe kurz. Süd-America. — Arten: Ch. americana Rchb. (Alcedo americ. Gm.): Brasilien. u. a.

5. Gatt. Megaceryle Kaup (Ispida Sws. p.). Schnabel stark, hoch, Firste nach hinten abgeplattet; Dillenkante schräg aufsteigend, weit nach hinten reichend; Lauf sehr kurz; Zehen kräftig, Krallen leicht zweispitzig. Hinterkopf mit Schopf. — Arten: M. torquata Rchb. (Alc. sp. L.). Süd-America. (Diese und andere südamericanische Arten bilden die Gattung Streptoceryle Bp., während Megaceryle für die asiatischen, Ichthynomus für die africanischen Arten aufgestellt wird.

2. Unterfamilie. **Halcyoninae** Gray. Schnabel im Allgemeinen am Grunde breiter, nach vorn comprimirt; Firste weniger scharf durch Furchen abgesetzt; Seitenränder gerade; Dillenkante verlängert; Flügel und Füsse im Allgemeinen kräftiger; Läufe öfter mit Tafeln; Schwanz meist kurz.

6. Gatt. Ceyx La Cép. Schnabel lang, an der Basis breit, Firste geradlinig, Seitenränder gerade, Dillenkante lang, aufsteigend, Flügel mässig, 2. und 3. Schwinge die längsten, Schwanz kurz; die vordere Innenzehe fehlt. — Arten: C. tridactyla Cuv. (Alcedo tridactyla L.). Ost-Indien, Borneo. u. a.

7. Gatt. Halcyon Sws. (Cancrophaga Bp.). Schnabel stark, Firste am Grunde gewölbt, Seiten des Oberschnabels ohne Furche, Dillenkante lang, schwach aufsteigend; 3. und 4. Schwinge die längsten. — Arten: H. cancrophaga Rchb. (Alcedo cancr. Lath.). West-Africa. u. a. — Die Arten, bei denen vom Nasenloch aus eine schmale Furche sich bis zur Schnabelmitte erstreckt, bilden die Gatt. Entomothera (Horsf.) Rchb. (Entomobia Cab.), H. smyrnensis Sws. Klein-Asien. u. a. Bei Callialcyon Bp. ist diese Furche von der Breite des schrägen Nasenloches: H. coromandeliana Gray (Alcedo corom. Scop.). Java.

8. Gatt. Pelargopsis Gloc. (Ramphalcyon et subgen. Hylcaon Rchb.). Schnabel unförmlich gross, am Mundwinkel klaffend, Firste platt, ohne Nasenlochfurche, aber mit einer Rinne dicht unter der Firste. — Arten: P. capensis Cab. (Alcedo cap. L.). Süd-Africa. u. a.

3. Unterfamilie. **Daceloneae** RCHB. Schnabel breit, Seitenränder des Oberschnabels mehr oder weniger nach oben geschweift, selten gerade oder gezähnt; Unterschnabel meist kahnartig erweitert; Schwanz kurz oder verlängert.

9. Gatt. Todiramphus LESS. (*Coporamphus* et *Sauropatis* CAB., *Cyanalcyon* VERR.). Schnabel mehr oder weniger stumpf, breit und kurz, Dillenkante aufsteigend, aber abgerundet; 2. Schwinge fast so lang als die 3.; Schwanz kurz. — Arten: T. sacer BP. (*Alcedo sac.* GM.). Otaheiti. u. a.

10. Gatt. Paralcyon (GLOG.) CAB. (*Dacelo* LEACH, *Nycticeyx* GLOG.). Schnabel breit, Oberschnabel mit Kiel, spitz, vor der gebogenen Spitze schwach ausgerandet; Dillenkante leicht bogig aufsteigend; 3. und 4. Schwinge die längsten; Schwanz kurz; Läufe äusserst kurz. — Arten: P. gigas GLOG. (*Alcedo gig.* BODD.). Süd-Ost-Australien. u. a. Die Arten mit nicht gebogener Oberschnabelspitze und ungebändertem Schwanze bilden die Gatt. Chelicutia RCHB. (*Pagurothera* CAB.). — Melidora LESS. hat die Schnabelfirste mit doppeltem Kiel, die Oberkopffedern schuppenartig gerundet und den Schwanz gleichfalls nicht gebändert. M. Euphrosiae LESS. Neu-Guinea.

An Paralcyon schliessen sich durch Schnabelbildung und relativ kurzen Schwanz an: Sauromarptis CAB., Monachalcyon RCHB. und Carcineutes CAB. (*Lacedo* RCHB.), welch' letztere beide durch ihr weiches buccoartiges Gefieder von den verwandten Formen abweichen.

11. Gatt. Caridagrus CAB. (*Paralcyon* BP.). Kopf rundlich, dick, breit, Schnabel ziemlich breit, Schwanz auffallend kurz. — Art: C. concretus CAB. (*Dacelo concreta* TEMM.). Borneo.

12. Gatt. Syma LESS. Schnabel lang, mit gewölbter Firste und gesägten Rändern; Schwanz mittellang. — Arten: S. torotoro LESS. Neu-Guinea. u. a.

13. Gatt. Astacophilus CAB. (*Actenoides* HOMBR. et JACQ.). Schnabel weit schwächer als bei den vorigen Formen; Schwanz lang, stufig; Gefieder weich. — Art: A. Lindsayi CAB. (*Dacelo Lindsayi* VIG.). Philippinen. — Verwandt hiermit ist Cittura KAUP (C. *cyanotis* KAUP). Sumatra. Einen gleichfalls langen Schwanz mit einem breiten, kräftigen Schnabel hat Caridanax CAB.; C. fulgidus CAB. Lombok.

14. Gatt. Tanysiptera VIG. Schnabel (wie *Ceyx*) schmäler, comprimirt, Firste abgerundet, Dillenkante leicht aufsteigend; 4. Schwinge die längste; Schwanz mit zehn Steuerfedern, von denen die beiden mittelsten den Schwanz um mehr als dessen Länge überragen. — Arten: T. dea VIG. Ternate und Neu-Guinea. u. a.

II. Familie. **Meropidae** GRAY. Körper gestreckt; Schnabel länger als der Kopf, am Grunde stark, Ober- und Unterschnabel nach unten gekrümmt, comprimirt, zugespitzt, der Oberschnabel etwas länger als der untere, aber nicht hakig; Nasenlöcher basal, zum Theil von Borsten bedeckt; Flügel mittellang, spitz, erste Schwinge kürzer; Flügeldecken lang; Schwanz mittellang; Läufe sehr kurz; Zehen lang, $\frac{3}{4}$, die äusseren bis zum zweiten, die inneren bis ans erste Glied verbunden.

1. Unterfamilie. **Meropinae** CAB. (nec v. D. HOEV.). Schnabel allgemein gracil; Flügel lang, spitz, zweite oder dritte Schwinge die längsten; Schwanz gerade oder ausgerandet oder mit verlängerten Mittelfedern.

1. Gatt. Merops L. p. (*Apiaster* BRISS., *Blepharomerops* RCHB.). Schnabel relativ lang, Dillenkante lang, nach abwärts bogig; 2. Schwinge die längste, die Spitzen der beiden mittleren Steuerfedern verlängert. — Arten: M. apiaster L. Stirn weiss, Vorderkopf grün, Hinterkopf und Nacken rothbraun, Rücken grünlich gelb, Brust und Bauch grünlich blau. Europa, West-Asien und Nord-Africa. u. a. — Auf verschiedene relative Entwickelung des Schnabels, der Flügel und auf andere Färbungsweise gründen sich die im Habitus kaum von Merops abweichenden Gattungen: Aërops, Melittotheres, Phlothrus und Melittophas RCHB., von denen die beiden ersten africanisch, die letzte ostindisch, Phlothrus africanisch und ostindisch ist.

2. Gatt. Coccolaryux RCHB. (*Sphecotax* CAB.). Schnabel dünn, gracil, Schwanz

mittellang, gerade abgeschnitten. — Arten: C. frenatus (*Merops frenatus* HARTL.). Ost-Africa. u. a. — Hierher gehört noch die Gattung Melittias CAB. (*Urica* Bp.): M. quinticolor CAB. (*Merops quint.* VIEILL.). Ceylon, Java.

3. Gatt. Melittophagus BOIE (*Sphecophobus* RCHB.). Schnabel mittellang, Dillenkante fast gerade, dritte Schwinge die längste, Schwanz seicht ausgerandet. — Arten: M. erythropterus BOIE. Nord-Ost-Africa. u. a. — M. hirundinaceus RCHB. (*Merops hirund.* VIEILL.) mit gablig ausgeschnittenem Schwanz bildet die Gattung Dicrocerus CAB.: D. hirundinaceus CAB. Süd-Africa. Einen mittellangen, gleichfalls tief gegabelten Schwanz und lange spitze Flügel hat Cosmaërops CAB., eine auf Australien und Neu-Guinea beschränkte Gattung; C. ornatus CAB. (*Merops orn.* LATH.).

2. Unterfamilie. **Nyctiornithinae** CAB. Schnabel mittellang, stark, gebogen; Flügel abgerundet, vierte Schwinge die längste, Schwanz gerade oder zugespitzt; mit einem lang- und breitfedrigen Kehlbart.

4. Gatt. Nyctiornis Sws. (*Alcemerops* GEOFFR., *Bucia* und *Napophila* HODGS.). Schwanz seicht ausgerandet. — Arten: N. amictus Sws., Süd-Indien und indischer Archipel. u. a. — Nahe verwandt ist Meropogon Bp. (*Pogonomerops* CAB.). Schwanz wie *Merops*. — An Melittophagus erinnert die kleinere Formen enthaltende Gattung Meropiscus SUNDEV.: M. gularis SUND. (*Merops gularis* SHAW). Africa. u.a.

12. Familie. **Upupidae** BONAP. Schnabel dünn, höher als breit, oben flach gewölbt, seitlich zusammengedrückt, gebogen, spitz, Schneiden ungezähnt, Ober- und Unterschnabel berühren sich mit platten Flächen; Zunge sehr kurz; Flügel mässig, Flügeldecken kurz, erste Schwinge kürzer als die folgende. Schwanz mit 10 oder 12 Steuerfedern; Läufe kurz, vorn mit Schildern; die zwei äusseren Zehen nur an der Basis verbunden.

1. Unterfamilie. **Upupinae** STRICKL. Kopf mit Federbusch; Schwanz mittel, gerade, mit 10 Steuerfedern: Seitenzehen ziemlich gleich, die äussern fast ganz frei; die Kralle der Hinterzehe länger, fast gerade.

1. Gatt. Upupa L. Character der Unterfamilie. — Arten: U. epops L. Wiedehopf. Federbusch zweizeilig von bräunlichen schwarzgefleckten Federn, Schwanz und Flügel schwarz mit weissem Querstreif, Kopf, Hals und Brust fuchsigbraun. Europa, Nord-Africa. u. a.

Ob Fregilupus madagascariensis RCHB. hierher gehört, ist wegen der langen fadig getheilten Zunge noch bedenklich.

2. Unterfamilie. **Irrisorinae** STRICKL. Kopf ohne Busch, Schwanz lang, stufig, mit zwölf Steuerfedern; äussere Zehe viel länger als die innere, mit der mittleren im ganzen ersten Gliede verbunden; alle Krallen scharf, gekrümmt.

2. Gatt. Irrisor LESS. (*Falcinellus* VIEILL., *Promerops* BOIE). Schnabel vom Grunde plötzlich bis zur Spitze zusammengedrückt; Firste gekielt, vorn mit einer durch eine niedrige Leiste in zwei getheilten Furche, Nasenlöcher basal, oval; 4. und 5. Schwinge die längsten, Hinterzehe sehr lang. — Arten: I. capensis LESS. (*Upupa erythrorhyncha* LATH.). Kaffernland. u. a. — (Hierher gehört noch *Lamprolophus* DES MURS.)

3. Gatt. Rhinopomastes SMITH. Schnabel von der breiten spitzwinklig vereinten Kinndille an sehr schmal und comprimirt, Nasenlöcher länglich; 5. Schwinge die längste; Lauf halb befiedert. — Arten: Ph. cyanomelas LESS. Cap. u. a.

Hierher gehören noch Scoptelus CAB. (*Sc. aterrimus* CAB. für *Promerops aterr.* STEPH. Africa) und Falculia GEOFFR. (*F. palliata* GEOFFR.) von Madagascar.

13. Familie. **Coraciadae** CAB. (BONAP. et V. D. HOEV. p.). Schnabel so lang oder kürzer als der Kopf, am Grunde breit, mit scharfen Rändern und übergebogener Oberschnabelspitze; Flügel breit, abgerundet; Schwanz mit 12 Steuerfedern,

2. Coccygomorphae.

mittellang, gerade oder ausgerandet oder abgerundet; Läufe kurz, vorn getäfelt, hinten gekörnt.

1. Unterfamilie. **Coracianae** Cab. Schnabel mittellang, mit abgerundeter Firste, zweite Schwinge die längste.

1. Gatt. Coracias L. Schnabel kräftig, Firste leicht gebogen, comprimirt; Lauf kürzer als die Mittelzehe; äussere Zehen frei; die beiden äusseren Schwanzfedern häufig verlängert. — Arten: C. garrula L. Blauracke. Blaugrau, Rücken braun, Schnabel schwarz, Füsse gelb. Europa, West-Asien und Nord-Africa. u. a. Die Arten ohne verlängerte seitliche Schwanzfedern bilden die Untergatt. Galgulus (Briss.) Rchb.
Ob Brachypteracias Lafr. (*Chloropygia* Sws.) und die davon getrennte Gatt. Atelornis Pucher. hierher gehören, oder in die Nähe der Leptosominen ist zweifelhaft.

2. Gatt. Eurystomus Vieill. (*Colaris* Cuv. p.). Schnabel kurz, an den Seiten breit, starkhakig gebogen; Flügel lang; Schwanz abgeschnitten oder abgerundet; Lauf halb so lang als die Mittelzehe; äussere Zehen am Grunde geheftet; Gefieder mit hellem Spiegelfleck auf dem Flügel. — Arten: E. orientalis Steph. Süd- und Ost-Asien. u. a.

3. Gatt. Colaris (Cuv.) Rchb. (*Cornopio* Cab. u. H.). Der vorigen Gattung ähnlich, aber der Schwanz ist ausgerandet, die Läufe noch kürzer und der Spiegelfleck fehlt. — Art: C. afra Cuv. (*Coracias afra* Gm.). West-Africa.

2. Unterfamilie. **Podarginae** Scl. Schnabel breiter als lang, mit stark hakiger Spitze; Nasenlöcher basal, von Borsten oder Federn bedeckt; Flügel allgemein lang, spitz oder abgerundet. Läufe meist länger als die Mittelzehe; Kralle dieser nicht gekämmt; Aussenzehe fünfgliedrig. (Der Gaumenbildung nach sich völlig hier anschliessend. s. Huxley, a. a. O. p. 445, und Sclater, in: Proceed. Zool. Soc. 1866. p. 582.)

4. Gatt. Nyctibius Vieill. (*Nyctornis* Nitzsch.). Schnabel schwach, Endhaken gross, Ränder gekrümmt, vor der Spitze mit grossem, stumpfem Zahne; Flügel lang, 3. Schwinge die längste; Schwanz etwas länger als die Flügel; Lauf sehr kurz, befiedert. — Art: N. grandis Vieill. (*Caprimulgus gr.* Gm.). Brasilien. u. a.

5. Gatt. Aegotheles Vig. et Horsf. Schnabel klein, stark deprimirt; Firste comprimirt und hakig gekrümmt, Ränder ganz; Schnabelgrund von vorspringenden Federn und Borsten bedeckt; Flügel mässig, 3. und 4. Schwinge die längsten; Schwanz lang, stufig; Lauf lang, getäfelt. — Arten: Ae. Novae Hollandiae Vig. et Horsf. (*Caprimulgus cristatus* White). Neu-Süd-Wales. u. a. australische.

6. Gatt. Batrachostomus Gould (*Bombycistomus* Hay). Schnabel sehr breit, deprimirt, Oberschnabel hakig, der Rand fast ganz von feinen Borsten bedeckt, Ränder ganz, Flügel lang, gerundet, 6. Schwinge die längste; Schwanz leicht abgerundet; Lauf so lang oder kürzer als die Mittelzehe. — Arten: B. javanensis Gould. Hinter-Indien und Sunda-Inseln. u. a. — Hierher gehört Otothrix G. R. Gray.

7. Gatt. Podargus Cuv. Schnabel sehr breit, deprimirt, hakig gekrümmt, Ränder ganz, Wurzel von kurzen Federn und Borsten bedeckt; Flügel lang; 4. und 5. Schwinge die längsten; Schwanz lang, meist stufig; Lauf länger als die Mittelzehe. Australien. — Arten: P. humeralis Vig. u. Horsf. Neu-Süd-Wales. — u. a.

3. Unterfamilie. **Eurylaeminae** Cab. Schnabel kurz, breit, niedrig, Oberschnabelfirste gekielt, Mundspalte weit; Flügel mittellang, dritte bis fünfte Schwinge die längsten; Läufe etwas länger als die Mittelzehe, die äussern Zehen bis zum zweiten Gliede verbunden (gehören nach Wallace und Sclater in die Nähe der Cotingidae).

8. Gatt. Calyptomena Raffl. Schnabel kurz, niedrig, am Grunde breit, mit gekrümmter Firste und Seiten, Spitze ausgerandet; Flügel lang, 4. Schwinge die längste; Schwanz sehr kurz, leicht abgerundet; Lauf so lang als die Hinterzehe, äussere Zehe länger als die innere, bis über das zweite Glied mit der mittleren verbunden. — Art: C. viridis Raffl. Ost-Indien, Festland u. Sumatra.

9. Gatt. **Eurylaemus** Horsf. (*Platyrhynchus* Vieill.). Schnabel ausserordentlich breit, mit gebogener Firste. Spitze ausgerandet; Nasenlöcher basal, in der Schnabelsubstanz, rund; 4. und 5. Schwinge die längsten; Schwanz lang, abgerundet; Lauf kürzer als die Mittelzehe, unter der Ferse befiedert. — Arten: E. javanicus Horsf. Sumatra, Java. u. a.

Hierher noch Corydon Less.; ferner Psarisomus Sws. (*Crossodera* Gould und Serilophus Sws.

10. Gatt. **Cymbirhynchus** Vig. (*Erolla* Less.). Schnabel ähnlich, Firste höher gewölbt, Nasenlöcher länglich in einer Furche in der Mitte des Schnabels; Borsten sehr lang. — Art: C. macrorhynchus Gray (*Todus macrorhynchus* Gm.). Ost-Indien, Sumatra.

14. Familie. **Momotidae** (Gray) Scl. (*Prionitidae* Cab.). Schnabel länger als der Kopf, wenig gekrümmt, meist comprimirt, Spitze wenig übergebogen, die Ränder gesägt, Mundwinkel mit Borsten; Nasenlöcher klein, basal; Flügel kurz, abgerundet, vierte bis sechste Schwingen gleich und am längsten; Schwanz mit 10 oder 12 meist abgestuften Steuerfedern, die äussern sehr kurz; die mittleren meist sehr lang und durch Wegfallen eines Theils der Fahnen am Ende spatelförmig, Läufe kurz, vorn mit Schildern bekleidet; äussere Zehe lang, mit der mittleren bis zur Mitte verbunden. Aequatoriales America.

Sclater, Ph. L., Review of the species of the Fissirostral family Momotidae. Proceed. Zool. Soc. 1857. p. 248.

1. Gatt. **Momotus** (Briss.) Lath. (*Prionites* Ill., *Baryphonus* Vieill.). Schnabel verlängert, comprimirt, Ränder stark gesägt, Schwanz verlängert. — Arten: a) mit 12 Steuerfedern, die mittleren gespatelt: M. brasiliensis Lath. Guiana, Peru. u. a. (Hierher Crybelus Cab. u. H.) — b) mit 10 Steuerfedern, die mittleren nicht gespatelt (*Baryphthengus* Cab. u. H.). M. cyanogaster Scl. (*Baryphonus cyanog.* Vieill.). Paraguay, Brasilien.

2. Gatt. **Hylomanes** Licht. Schnabel schwächer, fast gerade, nicht comprimirt, erweitert, Ränder dicht gesägt; Schwanz kurz mit 10 Steuerfedern, die mittelsten nicht gespatelt. — Arten: H. momotula Licht. Mexico u. a.

3. Gatt. **Prionirhynchus** Scl. (*Crypticus* Sws.). Schnabel verlängert, erweitert, gekielt, Ränder dicht gesägt, 10 Steuerfedern, die mittelsten verlängert und gespatelt. — Arten: P. platyrhynchus Scl. (*Momotus platyrh.* Leadb.). Peru und Bolivia.

4. Gatt. **Eumomota** Scl. (*Spathophorus* Cab. u. H.). Schnabel wie bei Prionirhynchus, aber weniger breit und weniger gekielt, nur der mittlere Theil der Ränder gesägt; 10 Steuerfedern, die fünf äusseren stark gestuft, die mittleren um das doppelte länger, meist nackt und am Ende gespatelt. — Art: E. superciliaris Scl. (*Crypticus superciliaris* Sandbach). Central-America.

3. Ordnung. **Pici** Sundev.
(*Sagittilingues* Illig., *Celeomorphae* Huxl.)

Schnabel gerade, conisch verlängert, ohne Wachshaut; Zunge dünn, vorstreckbar; Flügeldeckfedern kurz; Schienen bis zur Ferse befiedert; Lauf vorn mit einer Reihe querer Schilder; Mittelzehen am Grunde verbunden; die nach hinten gerichtete Innenzehe klein, die äussere Zehe nach hinten gewandt.

Mit Sundevall und Huxley nehmen wir eine besondere Ordnung an für die Familie der Spechte und Wendehälse, welche von früheren vielfach als

Repräsentanten einer nur auf Adaptivmerkmale sich gründenden Ordnung *Scansores* oder Klettervögel angesehen wurden, aber weder mit den Papageyen noch mit den kuckucksartigen Vögeln in einer und derselben Gruppe vereint werden können. Dem widerspricht sowohl die Form des Gefieders als die Bekleidung des Laufs, die Form der Gaumenbeine und andere Merkmale. Sie stehen in ihrer Gaumenbildung (nach Huxley's Bezeichnung) den aegithognathen *Passerinen* näher als den desmognathen *Psittacinen*.

Wie die jungen Spechte kein Nestdunenkleid erhalten, sondern nackt bleiben, bis die Contourfedern gewachsen sind, so finden sich überhaupt bei den Vögeln dieser Ordnung Dunen nur sehr selten auf den Federrainen oder zwischen den Contourfedern. Letztere haben einen kleinen dunigen Afterschaft; sie sind am Kopf klein, länglich und dicht, häufig zu einer Haube verlängert, am Rumpfe breit, kurz und nicht gedrängt stehend. In Bezug auf die Pterylose ist ein verticaler, von der Schnabelbasis bis zum Hinterhaupt reichender federloser Rain und eine meist vorhandene zweite innere Schulterflur auf der Höhe der Schulter zu erwähnen. Die Rückenflur läuft meist ungetheilt bis zu den Schulterblättern; entweder theilt sie sich hier und es gehen die beiden seitlichen Züge bis zur Oeldrüse, verbinden sich wohl auch in andern Fällen am Kreuzbein, um als Schwanzflur bis zu jener Drüse zu reichen, oder die Rückenflur setzt sich, nachdem zwei dicht neben der Mittellinie liegende seitliche Federfelder in der Mitte des Rückens jene unterbrechend dazwischen getreten sind, ungetheilt als Schwanzflur fort. Die Oeldrüse hat eine stark befiederte Oeffnung. Ueberall sind zehn ziemlich lange Handschwingen vorhanden, von denen die erste kürzer, zuweilen äusserst kurz ist; die Armschwingen, 9—12 an der Zahl, sind nicht sehr gekürzt, die Deckfedern dagegen ziemlich kurz. Der Schwanz hat stets zwölf Steuerfedern, von denen die äussersten oder jederseits die zwei äussersten schwächer und zwischen den folgenden verborgen sind. Meist sind die Schäfte der mittelsten steif, nackt endigend und zum Stemmen geschickt, die folgenden sind schwächer, aber immer noch resistenter als bei andern Ordnungen. Der Lauf ist vorn von queren Schildern bedeckt und trägt an der hintern Fläche eine netzförmig granulirte Haut. — Der Schädel ist mässig gross, Scheitel sehr convex, das Interorbitalseptum von einer einzigen Oeffnung durchbohrt. Von der Basis der Nasenbeine an erhebt sich eine jederseits am Schädel nach hinten ziehende Leiste, an deren äusserer Seite eine die Zungenbeinhörner aufnehmende Rinne sich findet. Der Vomer besteht aus zwei neben einander liegenden, zuweilen getrennt bleibenden stabförmigen Knöchelchen. Die Gaumenbeine verschmälern sich nach hinten bis zur Einlenkung der Flügelbeine, über welche Stelle sie nicht hinausragen; nach vorn legen sie sich als dünne Knochenstreifen an die Oberkiefer und haben am innern Rande ein ovales Loch oder statt dessen nur eine Einkerbung, wenn die medianen das Loch schliessenden Fortsätze nicht entwickelt sind. Die Gaumenfortsätze der Oberkiefer sind in der Regel nur schwach angedeutet. Basipterygoidfortsätze fehlen. Das Quadratbein ist auffallend kurz. Die Zahlen der Wirbel sind beim Specht: 12 Halswirbel, 8 Rücken-, 10 Kreuzbein- und 7 Schwanzwirbel, der letzte Schwanzwirbel ist zugespitzt verlängert mit einer scheibenförmigen Erweiterung unter dem Querfortsatz. Die Rippen reichen weit nach hinten, die mittleren sind ziemlich lang. Das Brustbein ist quer convex, hinten breiter als vorn oder gleich breit, am hintern Rand jederseits mit zwei Einschnitten; der Manubrialfortsatz ist gablig gespalten. Der Brustbeinkamm reicht bis zur Spitze dieses Fortsatzes und ist am Vorderrande kaum ausgeschweift. Die Scapula steht am Schultergelenk mit einem conischen Humeroscapularknochen (Scapula accessoria) in Verbindung. Die Coracoide sind kräftig; die Schlüsselbeine sind schwach, ohne medianen Fortsatz, ihr oberes Scapularende aber ist verbreitert. Die Knochen der Vorderextremität sind relativ kurz, der Radius platt. Das Becken ist mässig lang und breit; die Darmbeine springen winklig über die Pfanne vor; das Foramen obturatorium ist durch einen Fortsatz in eine kleine vordere und grössere hintere Partie getheilt. Der obere hintere (Fersen-) Fortsatz des Tarsometatarsalknochens hat zum Durchtritt der Beugesehnen eine Anzahl Canäle; der untere äussere Gelenkkopf ist in zwei Facetten getheilt, da die vierte Zehe nach rückwärts gerichtet ist. An den drei äusseren Zehen ist die Basalphalanx kürzer als die vorletzte. Die Krallen sind gross, stark gebogen, scharf und spitz. — Der Schnabel ist gerade, meist verlängert, meiselartig oben und unten zugeschärft, zuweilen sehr hart, ohne Wachshaut; die Nasenlöcher sind von einer Schneppe des Stirngefieders bedeckt; an den Mundwinkeln finden sich keine Borsten. Die Zunge ist schmal, platt, hornig mit rückwärts gerichteten Pfeilspitzen oder glatt. An das lange, gerade, von einer musculösen Scheide umgebene Zungenbein setzen sich hinten die beiden Zungenbeinhörner an, welche in einem starken Bogen selbst an die Seiten des Halses rückend von hinten nach vorn über das Hinterhauptbein bis auf die Oberfläche des Schädels an die Schnabelbasis reichen. Durch einen besondern Muskelapparat kann die Zunge aus der elastischen Zungenscheide mehrere Zoll weit vorgeschnellt werden, wobei die Zungenbeinhörner am Schädel hingleiten. Speicheldrüsen sowie besondere Schleimdrüsen sind reichlich entwickelt. Der Oesophagus hat keinen Kropf, der Vormagen ist weit, der Kaumagen musculös. Blinddärme fehlen oder sind papillenartig klein. Eine Gallenblase ist vorhanden. Von Halsarterien ist nur die linke Carotis primaria entwickelt. Eine Epiglottis fehlt; am untern Kehlkopf findet sich nur ein einziges Paar Bronchotrachealmuskeln. Das Nervensystem mit den Sinnesorganen bietet ebensowenig wie die Fortpflanzungsorgane besondere, die *Pici* auszeichnende Eigenthümlichkeiten dar. Sie legen einmal des Jahres mehrere (Specht 3—8, Wendehals 7—11) zartschalige reinweisse Eier in Höhlen, welche sie in alten Bäumen gebaut haben. Da sie selbst fast nur von Insecten leben und nur kranke Bäume angreifen, dabei aber durch nur einmalige Benutzung ihrer Nisthöhlen dem Brutgeschäft der kleinen Höhlenbrüter Vorschub leisten, so sind sie im Haushalt der Waldungen von grossem Nutzen.

Spechte finden sich in allen Welttheilen und kommen sowohl innerhalb als ausserhalb der Tropen bis gegen den 50° n. Br. vor. Die Gattung *Picus* selbst ist cosmopolit, auch von *Dryocopus* kommen Arten in Europa und America vor; andere Arten sind auf bestimmte Continente beschränkt. So sind *Gecinus*, *Dendrobates*, *Iynx* u. a. altcontinental, *Centurus*, *Melanerpes*, *Chrysonerpes* u. a. neucontinental. Auf den Molukken, den oceanischen Inseln,

Neu-Guinea finden sich Arten; es fehlen aber solche auf Australien und Madagascar. Fossil sind Reste eines Spechtes in sardinischen Knochenhöhlen gefunden worden.

> MALHERBE, ALFR., Monographie des Picidés ou Histoire naturelle générale et particulière de ces Oiseaux Grimpeurs Zygodactyles. 2 Vols. de texte et 2 Vols. de (125) pl. Paris, 1859. Fol.
> SUNDEVALL, C. J., Conspectus avium Picinarum. Stockholm, 1866. 8.
> KESSLER, K., Beiträge zur Naturgeschichte der Spechte. in: Bullet. Soc. Imp. des Naturalistes de Moscou. 1844. p. 285—362.
> CABANIS, J., und FERD. HEINE, Museum Heineanum. IV. Theil. 2. Heft. Spechte. Halberstadt, 1863. 8,

1. Familie. **Iyngidae** (*Yuncinae*) GRAY. Schnabel kürzer als der Kopf, gerade, kegelförmig, spitz; Flügel kaum über die Schwanzwurzel reichend, erste Schwinge sehr kurz, dritte die längste; Schwanz mässig, abgerundet, mit weichen biegsamen Steuerfedern; Lauf so lang als die Mittelzehe, vorn und hinten mit Tafeln; Vorderzehen an der Basis geheftet. Gefieder locker, weich.

Einzige Gatt. Iynx (*Yunx*) L. Character der Familie. — Arten: 1. torquilla L. Der Wendehals. Europa, Nord-Asien und Nord-Africa. u. a.

2. Familie. **Picumnidae** GRAY, CAB. (-nae). Kleine Vögel. Schnabel höchstens von Kopflänge, gerade, kegelförmig, höchstens mit sanft gebogener Firste, comprimirt, Dillenkante verlängert, aufsteigend; Schwanz kurz, die Spitzen der Steuerfedern weich und breit; Gefieder locker, weich.

1. Gatt. Sasia HODGS. (*Comeris* HODG. postea, *Microcolaptes* GRAY, *Picumnoides* MALH.). Schnabel so lang als der Kopf, an der Basis breit, die Seiten stark nach der Spitze hin comprimirt; Flügel lang, bis zum Schwanzende reichend, 4. und 5. Schwinge die längsten; Schwanz kurz, gerundet; Lauf kürzer als die Mittelzehe, die innere Hinterzehe fehlt. — Arten: S. abnormis GRAY (*Picumnus abnormis* TEMM.). Indien und indischer Archipel. u. a. Hierher noch die Gattungen Vivia HODGS. (*Pipiscus* CAB. u. H.), ostindisch, und Verreauxia HARTL. (*Nannopipo* CAB. u. H.), africanisch.

2. Gatt. Picumnus TEMM. (*Asthenurus* SWS., *Piculus* GEOFF.). Schnabel kürzer als der Kopf, am Grunde höher als breit, Firste fast gerade, gekielt, Spitzentheil comprimirt; Flügel bis zur Schwanzmitte reichend, 5. u. 6. Schwinge die längsten; Lauf kürzer als die Mittelzehe, äussere Hinterzehe am grössten, innere am kleinsten. Südamericanisch. — Arten: P. cirratus TEMM. Brasilien. u. a.

Hierher noch als Vertreter einer eigenen Unterfamilie: Hemicercus SWS. (*Micropicus* MALH.) mit meiselförmigem, geradem, scharfkantigem Schnabel und äusserst kurzem, geradem, abgerundetem Schwanze, dessen Federn kaum rigide Schaftspitzen haben.

3. Familie. **Picidae** n. Schnabel meist so lang oder länger als der Kopf, meiselförmig zugeschärft, kantig, gekielt und mit Leisten; Schwanz keilförmig, Steuerfedern mit steifen spitzen Schaftenden.

1. Unterfamilie. **Dendrotomae** n. (*Piceae* BONAP., *Picinae genuinae* RCHB. p.). Baumspechte (Bunt- und Schwarzspechte). Schnabel stark, kräftig, Oberschnabel mit scharfer Firste, steil abgedacht: Schnabelspitze scharf meiselförmig. Kopfgefieder oft in eine Haube verlängert. Gefieder fast stets schwarz mit mehr oder weniger weiss und bestimmt auftretenden rothen oder gelben Zeichnungen.

1. **Gruppe.** Dryocopinae CAB. u. H. Grosse, kräftige Vögel mit ausserordentlich entwickeltem Meiselschnabel und meist ausgebildeter Haube. Mit wenig Ausnahmen americanisch.

1. Gatt. Campophilus (*Campeph.*) Gray (*Megapicus* Malh.). Schnabel länger als der Kopf, am Grunde breiter als hoch, nach vorn comprimirt, jederseits der Firste eine Leiste; 3. bis 5. Schwinge die längsten; äussere Hinterzehe die längste, die innere kaum halb so lang. — Arten: C. principalis Gray. Central-America und südliche Theile von Nord-America. u. a.

2. Gatt. Phloeotomus Cab. u. H. (*Dryotomus* Sws., Malh., *Hylatomus* Baird). Schnabel wie Campophilus, doch etwas kürzer; 4. und 5. Schwinge die längsten; äussere Hinterzehe kürzer als die vordere und wenig länger als die innere hintere, diese sehr kurz, mit dem Lauf gleich lang. — Arten: Phl. pileatus Cab. u. H. (*Picus pil.* L.). Nord-America. u. a. — Aus mehreren hierher gehörigen oder sehr nahe verwandten Arten haben Bonaparte und Cabanis und Heine Gattungen gebildet: Ceophloeus Cab., Scapaneus Cab. u. H., Phloeoceastes Cab., Ipocrantor Cab. u. H., sämmtlich wie die vorhergehenden americanisch.

3. Gatt. Dryocopus Boie. Schnabel über kopflang, wie vorher; die Befiederung springt jederseits mit einer Spitze in die Unterschnabelbasis ein; äussere Vorderzehe die längste; Lauf länger als diese. — Art: D. martius Boie (*Picus martius* L.). Europa und Nord-Asien.

4. Gatt. Hemilophus (Sws.) Rchb. Schnabel kopflang oder länger, Unterschnabel mit sehr langen Laden, die Spitze etwas kürzer und niedriger als die obere; Lauf wenig länger als die Mittelzehe; äussere Hinterzehe wenig kürzer als die vordere, innere hintere fast halb so lang als die vordere. Indien und indischer Archipel. — Arten: a) mit Schopf, Macropicus Malh. (*Thriponax* Cab. u. H.). H. javanensis Gray. Indien, Java, Sumatra. u. a. — b) ohne Spur von Schopf; Alophonerpes Rchb. (*Alophus* Malh., *Lichtensteinipicus* und *Mülleripicus* Bp.). H. fulvus Gray, Macassar, Celebes. u. a.

Hierher noch Reinwardtipicus Bp. (*Xylolepes* Cab. u. H.) und den Uebergang zu den Grünspechten vermittelnd Blythipicus Bp. (*Lepocestes* Cab. u. H., *Pyrrhopicus* und *Plinthopicus* Malh.), beide ostindisch.

2. Gruppe. Dendrocopinae Cab. u. H. Mittelgrosse Arten; Schnabel etwa so lang als der Kopf, an der Basis so breit als hoch, mit scharfkantiger Firste. Repräsentanten auf beiden Continenten.

5. Gatt. Apternus Sws. (*Tridactylia* Steph., nec Bp., *Picoides* Lacép., *Pipodes* Glog.). Borsten am Schnabelgrunde sehr stark, innere Hinterzehe fehlt, alle Zehen kürzer als der Lauf. Scheitel der Männchen gelb. — Arten: A. arcticus Sws. Nord-America, A. tridactylus Gould (*Tridactylia hirsuta* Steph.). Nord-Europa und Nord-Asien. u. a.

6. Gatt. Dendrocopus Koch (*Dryobates* Boie, incl. *Leuconotopicus* Malh., *Dendrodromas* Kaup [*Pipripicus* Bp.], *Dendrocoptes* Cab. u. H.). Die Leisten auf den Schnabelseiten den Rändern näher als der Firste; Schnabel so hoch als breit, kantig, kaum comprimirt; hintere äussere Zehe länger als die vordere, diese unbedeutend länger als die innere. — Arten: D. major Koch (*Picus major* L.). Ganz Europa und Asien. D. leuconotus n. (*Dendrodromas leuconotus* Gray). Oestliches Europa. D. medius Koch (*Picus medius* L.). Nördliches Europa. u. a. — Bei einigen Arten tritt am Scheitel Gelb auf neben dem Roth: Leiopicus Bp. (*Liopipo* Cab. u. H.). Asiatische hierher gehörige Formen bilden die Gattungen Dendrotypes Cab. u. H. und Hypopicus Bp. (*Xylurgus* Cab. u. H.). Auch der kleinste der europäischen Buntspechte (D. minor Koch) ist einer besonderen Gattung zugewiesen worden: Piculus Brehm (*Xylocopus* Cab. u. H.*). Endlich gehört hierher noch eine Anzahl kleiner Zwergformen aus Ost-Indien und dem indischen Archipel, welche die Gattung Yungipicus Bp. (*Baeopipo* Cab. u. H.) bilden. Sämmtliche hier aufgeführte Formen (Untergattungen oder Gruppen) sind altcontinental.

7. Gatt. Dryobates Boie (incl. *Trichopicus* Br., *Phrenopicus* Bp. [*Threnopipo* et *Xylocopus**) Cab. u. H., *Pyroupicus* Malh.], *Cactocraugus* Cab. u. H., *Xenopicus* Baird [-*craugus* Cab. u. H.], *Dictyopicus* Bp.). Schnabel am Grunde wenig höher als breit, vor der Mitte schon comprimirt; die Leisten auf den Seiten der Firste näher als den Rändern; äussere Hinter-

---

*) Der Name wird zweimal neu vergeben innerhalb zwanzig Seiten, s. Museum Heineanum p. 51. und p. 71. Anm.

3. Pici.

zehe die längste; Flügel bis zur Schwanzmitte reichend, 4. und 5. Schwinge die längsten. Americanisch. — Arten: D. pubescens u. (*Picus pubescens* L.). Nord-America. D. cactorum u. (*Picus cactorum* d'Orb.). Peru, Bolivia, Chile. u. a.

8. Gatt. Sphyrapicus Baird (*Pilumnus* Bp., *Cladoscopus* Cab. u. H.). Die Leisten auf den Schnabelseiten den Rändern näher; Schnabel in der Mitte rundlich, die Spitze aber deutlich meiselförmig; Flügel sehr lang; Spitzen der Steuerfedern linear, nicht zugespitzt keilförmig. Americanisch. — Arten: S. varius Baird (*Picus varius* L.). Nord-America, Mexico, Cuba. — u. a.

2. Unterfamilie. **Chrysoptilinae** Cab. u. H. Schnabel scharfkantig, gerade, aber häufig schon mit gebogener Firste; Schäfte der Steuerfedern häufig glänzend, zuweilen auch die der Schwingen; Färbung stets zu grünlich oder olivenfarben neigend. Meist tropisch, südlich in die gemässigte Zone übergreifend.

a) Africanische:

9. Gatt. Dendropicus Malh. (*Dendrobates* Sws., *Ipophilus*, *Ipoctonus* et *Thripias* Cab. u. H.). Schnabel so lang oder kürzer als der Kopf, am Grunde breit; die Leisten an den Seitenflächen den Rändern näher; 2—4. Schwinge gleich und am längsten; Schwingen- und Steuerschäfte häufig gelb; äussere Hinterzehe länger als die vordere; innere Hinterzehe kurz und dünn. — Arten: D. cardinalis Bp. (*Picus cardinalis* Gm.). Süd-Africa. D. Lafresnayi Bp. West-Africa. u. a.

10. Gatt. Chrysopicus Malh. (sect. I., *Ipagrus*, *Ipopatis*, *Cnipotheres* Cab. u. H., et *Stictocraugus* Heine, *Campothera* Gray, *Dendromus* Sws.). Schnabel allgemein lang und stark, am Grunde breit, Firste leicht gekrümmt, Seiten nach der Spitze zu comprimirt; Leisten der Firste sehr genähert; 4. und 5. Schwinge die längsten. Schwingen- und Steuerschäfte unten meist citronengelb. — Arten: Chr. nubicus Malh. (*Picus nubicus* Gm.). Nord-Ost-Africa. Chr. gabonensis Malh. (*Dendrobates gab.* Verr.). West-Africa. u. v. a.

Die Arten, deren Schwingen- und Steuerschäfte nicht gelb, sondern von Farbe der Fahne sind, bilden die Gattung Scolecotheres Rchb. (*Mesopicus* Malh. p., incl. *Camponomus* Cab. u. H.).

b) Americanische:

11. Gatt. Chloronerpes Sws., Rchb. (*Mesopicus* Malh. p., *Chloropicus* Bp. p., *Lampropicus* Malh., *Capnopicus*, *Eleopicus*, *Callipicus* Bp., *Phaeonerpes* et *Erythronerpes* Rchb., *Campias* et *Craugasus* Cab. u. H.). Schnabel kürzer als der Kopf, Seitenleisten ungefähr in der Mitte zwischen Firste und Rändern, Firste gerade; äussere Hinterzehe kürzer als die vordere, oder gleich; 4—6. Schwinge gleich. Gefieder vorwaltend olivengrün mit rothem dunklem oder goldigem Anfluge oder solchen Zeichnungen. — Arten: Chl. rubiginosus Rchb., Chl. fumigatus Rchb. u. a. südamericanische.

12. Gatt. Chrysoptilus Sws. (*Chloropicus* Bp.). Schnabel gestreckt, am Grunde breiter als hoch, Firste seicht gebogen, scharf gekielt, Seitenleisten der Firste genähert, Unterschnabelladen am Grunde mit einspringender Fiederschneppe; Lauf länger als die äussere Vorderzehe; diese länger als die hintere; Schwingen- und Steuerschäfte gelb. Gefieder bräunlich mit grünem Anfluge oder punktirt oder gezeichnet. — Arten: Chr. punctigula Gray. Nördliches Süd-America. u. a.

3. Unterfamilie. **Chrysocolaptinae** Cab. u. H. Schnabel scharfkantig, gerade, oder gebogen und mit abgerundeter Firste; innere Hinterzehe klein, rudimentär oder fehlt. Färbung der Oberseite stets olivengrün goldig schillernd mit rothem Unterrücken; Kopf roth, rother Bartstreifen fehlt den ♂. Ost-Indien.

13. Gatt. Chrysocolaptes Blyth (*Indopicus* Malh.). Vier Zehen, äussere Hinterzehe die längste, innere Hinterzehe klein; Leisten des Schnabels ziemlich in der Mitte, vor der Spitze in die Ränder übergehend; Haube sehr kurz; 5. und 6. Schwinge die längsten. — Arten: Chr. sultaneus Gray. Vorder- und Hinter-Indien; Chr. aurantius Gray (*philippinarum* Gray antea, Malh.). Philippinen. u. a.

14. Gatt. Brachypternus Strickl. (*Brahmapicus* Malh.). Aeussere Vorderzehe die

längere (Malh.), innere Hinterzehe rudimentär, aber mit Kralle; Schnabelleisten der Firste näher; 4. Schwinge die längste. Haube kurz. — Arten: Br. aurantius Strickl. (Picus aurantius L.). Bengalen. u. a.

15. Gatt. Tiga Kaup (Chrysonotus Sws., Chloropicoides Malh.). Schnabelfirste leicht gekrümmt; Schnabel am Grunde relativ breit, nach der Spitze zu comprimirt; Seitenleisten nur wenig angedeutet, der Firste näher; 4. und 5. Schwinge die längsten; innere Hinterzehe fehlt. — Arten: T. javanensis Bp. (Picus javanensis Lyngb.). Molukken und Sunda-Inseln. u. a. — Die Arten ohne Haube, mit sehr kurzen Füssen und geradem Schnabel bilden die Gattung Gecinulus Blyth (Geciniscus Cab. u. H.). G. grantia Blyth. Ober-Indien. u. a.

4. Unterfamilie. **Picinae** Cab. (Gecininae Gray, Bonap.). Körper gestreckt; Schnabel schwach keilförmig, undeutlich vierseitig, leicht gebogen, Leiste der Firste genähert; vierte und fünfte Schwinge die längsten; Flügel bis auf die Schwanzmitte reichend; keine oder eine sehr lange seidenartige Haube. Färbung stets lebhaft grün auf der Oberseite. Ameisenfressend. Altcontinental.

16. Gatt. Picus L., Koch (Gecinus Boie, Brachylophus Sws., Chloropicus Malh. p.). Character der Unterfamilie. — Arten: a) ohne Haube: P. viridis L. Oberseite lebhaft olivengrün, Bürzel und Schwanzdecken citrongelb überlaufen; Unterseite weisslich; Gesicht schwarz, Oberkopf und Nacken roth. Europa und Klein-Asien. P. canus Gm. Olivengrün, Kopf aschgrau, Unterseite grünlich grau. Nord-Osten von Europa. u. a. — b) mit langer Haube (Chrysophlegma Gould): P. flavinucha Gould. Ost-Indien. u. a.

5. Unterfamilie. **Centurinae** (Bonap.) Cab. Mittelgross, kräftig, kurzhalsig und grossköpfig. Schnabel am Grunde breit, gerade oder leicht gebogen; Seitenleisten sehr undeutlich; Flügel lang und spitz, vierte oder vierte und fünfte Schwinge die längsten, ohne Haube, nur sind die Nackenfedern zuweilen etwas länger. Zimmern nicht. Americanisch.

17. Gatt. Melanerpes Sws. (Melampicus Malh., Linnaeipicus Bp.). Schnabel gerade, spitz, Firste gewölbt; jederseits auf der Schnabelseite eine flache in die Ränder auslaufende Hohlleiste; Nasenlöcher dicht von Borsten bedeckt; Lauf so lang wie die äussere Hinterzehe, diese der vorderen gleich oder wenig kürzer; Gefieder schwarz mit Roth oder Weiss, ohne quere Bänderung. — Arten: M. torquatus Sws. Nord-America. M. meropirostris Bp. Brasilien. u. a. — Bei der Gattung Leuconerpes Sws. (Picus dominicanus Vieill., Brasilien) ist die äussere Vorderzehe viel länger als die hintere; sonst wie Melanerpes.

18. Gatt. Centurus Sws. (incl. Tripsurus Sws., Zebrapicus Malh., Xiphidiopicus et Hypoxanthus Bp.). Schnabel am Grunde breiter als hoch; Firste sehr seicht gebogen, jederseits eine in die Ränder auslaufende Furche; Kinnlade mit langen Borsten; Lauf wenig länger als die äussere Hinterzehe, diese kaum länger als die Vorderzehe. Gefieder quer gebändert. — Arten: C. superciliaris Bp., Cuba. C. ornatus Less. Mexico. u. a.

6. Unterfamilie. **Celeinae** Cab., Bonap. Schnabel im Allgemeinen schwächer; Firstenkänte mehr oder weniger gebogen; meist ist die Dillenkante kurz, der Kinnwinkel lang; Seitenleisten fehlen häufig; Kopf gross, zuweilen mit entwickelter Haube; Flügel lang. Ameisenfresser. America und Ost-Indien.

19. Gatt. Celeus Boie (Celeopicus Malh., incl. Cerchneipicus Bp.). Schnabel an der Basis stark, gleichförmig abnehmend; Spitze meiselförmig; äussere Vorderzehe länger als die hintere; innere Hinterzehe gut entwickelt; Nacken mit einer Haube, die Federn zugespitzt, aber nicht zerschlissen. Gefieder gelb und schwarz, bunt gefärbt. Süd-America. — Arten: C. tinnunculus Gray. Brasilien. u. a.

20. Gatt. Moiglyptes Sws. (Phaeopicus Bp., incl. Micropternus Rchb.). Schnabel am Grunde dick, Firste beträchtlich gebogen, Seiten gerundet; Seitenleisten fehlen; Aussenzehen gleich lang, kürzer als der Lauf. Gefieder düster gefärbt, meist gebändert. Ost-Indien. — Arten: M. tristis Gray (Picus tristis Temm.). Java, Sumatra. u. a. — Micro-

p t e r n u s nennt REICHENBACH die Arten, deren innere Hinterzehe sehr klein ist mit verkümmertem Nagel.

7. Unterfamilie. Colaptinae BONAP., CAB. Schnabel gestreckt, am Grunde breit, leicht gekrümmt; Firste scharf gekielt; vierte und fünfte Schwinge die längsten: Lauf länger als die äussere Vorderzehe. Keine Haube; Schwingen- und Steuerschäfte gelb oder roth. Laufen oft auf der Erde. Americanisch, eine Art südafricanisch.

24. Gatt. Colaptes Sws. (*Geopicus* MALH., *Pituipicus* et *Malherbepicus* BP.). Character der Familie. — Arten: C. auratus Sws. Nord-America. C. rupicola D'ORB. Bolivia. u. a. — Geocolaptes BURCHELL hat kürzere Flügel und etwas längere Läufe, erdfarbiges Gefieder, Kopf ohne Roth. G. arator BP. (*Picus arator* CUV.). Cap.

4. Ordnung. **Macrochires** (NITZSCH) CAB. (»Strisorum« tribus.)

(*Cypselomorphae* HUXLEY.)

Schnabel entweder flach, über doppelt so breit als lang, mit weitem Spalt, oder dünn, röhrenförmig verlängert. Vorderarm und Hand viel länger als der Oberarm. Flügeldeckfedern die Armschwingen bedeckend. Schienen und oberer Theil des Laufs befiedert; Schilder des Laufs obsolet oder ganz fehlend. Füsse schwach, kaum zum Gehen tauglich; die Innenzehe nach hinten oder nach vorn gerichtet oder Wendezehe.

Die hier vereinigten Familien der *Caprimulgiden*, *Cypseliden* und *Trochiliden* hat bereits CABANIS als Tribus zusammengefasst. Dass die *Hirundiniden* nicht mit den *Caprimulgiden* vereinigt oder neben einander gestellt werden können, hat bereits JOH. MÜLLER hervorgehoben. Beide Gruppen haben nur analoge Beziehungen zu einander und stimmen nur in einigen Adaptivmerkmalen überein. Die *Macrochires* gehören mit den *Passerinen* zu den *Aegithognathae* HUXLEY's, welche characterisirt werden durch einen verhältnissmässig breiten Vomer, der vorn quer abgestutzt ist und hinten gespalten die Spitze des Keilbeinschnabels umfasst, ferner durch die fortsatzartige Verlängerung der hintern äussern Ecken der Gaumenbeine und durch die in der Mittellinie sich weder unter einander noch mit dem Vomer verbindenden Gaumenfortsätze der Oberkiefer.

Die Contourfedern haben einen deutlichen Afterschaft, der bei den *Caprimulgiden* und *Trochiliden* klein ist. Dunen kommen nur bei den *Cypseliden* auf den Rainen vor. Die bei den *Trochiliden* durch ein Nackenfeld unterbrochene Rückenflur spaltet sich an den Schulterblättern und nimmt ein mehr oder weniger breites Spinalfeld zwischen ihre Aeste; bei *Caprimulgus* hängen die beiden vorderen Spaltäste nur durch eine einzelne Reihe von Contourfedern mit den hintern Aesten zusammen. Die Unterflur ist, zuweilen vom Kinn an, getheilt und hat keinen innern Kehlast. Die Oeldrüse ist zwar klein, doch bei den *Trochiliden* im Verhältniss zum Körper gross, und besitzt keinen Federkranz. Handschwingen sind stets 10 vorhanden, und zwar vollständig ausgebildet; dagegen schwankt die Zahl der Armschwingen zwischen 6—8 (*Trochiliden* und *Cypseliden*) und 12—13 (*Caprimulgiden*). Steuerfedern sind constant 10 vorhanden. Die Armschwingen sind bei den erst genannten Familien kurz und gleich lang, bei den *Caprimulgiden* bedecken sie in der Ruhe mehr als die Hälfte der Handschwingen. Die Deckfedern sind bei den *Caprimulgiden* und *Trochiliden* kürzer als bei den *Cypseliden*, wo die Handdecken bis zur neunten und achten Schwinge hinabreichen und auch die Armdeckfedern länger sind. Der Lauf ist zuweilen völlig nackt ohne alle Hornbekleidung oder mit obsoleten von den Zehen aus auf ihn übergehenden Schildern oder zum grössten Theil befiedert. — Der Schädel ist von mässiger Grösse, mit einer tiefen Depression zwischen den Augenhöhlen, welche sich bei den *Trochiliden* bis auf das Hinterhaupt fortsetzt und dort theilt. Die Gaumenbeine verschmälern sich bei den *Cypseliden* nach hinten, sind dagegen bei den *Caprimulgiden* hinten sehr breit; ihr vorderes Ende ist bei *Caprimulgus* und *Trochilus* weit getrennt. Basipterygoidfortsätze sind nur bei *Caprimulgus* vorhanden. Merkwürdig ist die Theilung jeder Unterkieferhälfte in zwei hintereinander liegende, mit einander durch ein Gelenk verbundene Stücke. Es sind 12—13 Hals-, 7 Rücken-, 9—10 Kreuzbein- und 6—7 Schwanzwirbel vorhanden. Das Sternum ist breit, selten länger als breit, häufig nach vorn schmäler; sein Hinterrand ist ganz oder mit zwei Ausschnitten jederseits versehen. Der Kamm ist hoch, der Vorderrand desselben geschweift. Die Scapula ist mit ihrem freien verbreiterten Ende abwärts gebogen. Das Coracoid articulirt bei den *Trochiliden* mit dem Sternum durch ein Kugelgelenk, dessen Kopf am Sternum, dessen Pfanne am Coracoid ist (Eyton). Die Schlüsselbeine haben an ihrer Symphyse keinen nach hinten gerichteten medianen Fortsatz oder nur einen rudimentären; ihr oberes Ende ist nicht verbreitert. Von den Armknochen ist immer der Humerus kürzer als der Unterarm, bei den *Cypseliden* und *Trochiliden* sehr bedeutend; die Hand ist länger als der Vorderarm. Bei *Caprimulgus* haben der Zeigefinger und Daumen einen, oft äusserst kleinen Nagel. Das Becken der *Trochiliden* und *Cypseliden* ist sehr kurz und breit, aber eng; Sitz- und Schambeine sind schräg nach unten und hinten verlängert, die Oeffnungen zwischen beiden sind mässig. Die Knochen der Hinterextremität sind im Allgemeinen schwach, die Läufe nie verlängert. Die Zehen haben bei den *Trochiliden* die gewöhnliche von innen nach aussen um je eins zunehmende Phalangenzahl (2, 3, 4, 5); bei den echten *Cypselus* haben die drei vordern sämmtlich nur drei Phalangen; bei den *Caprimulgiden* hat die Aussenzehe in der Regel nur vier Phalangen. Während bei den *Trochiliden* und *Cypseliden* die drei äussern Zehen nach vorn, die Innenzehe nach hinten gerichtet und bei den *Cypseliden* zuweilen eine Wendezehe ist, ist bei den *Cypselus* s. str. und *Caprimulgiden* die letztere nach vorn gestellt und bei letztern mit der nächsten am Grunde verbunden; sie sind dabei fast völlig plantigrad. Die Krallen sind überall nicht lang und stark, aber gebogen und sehr spitz. — Der Schnabel ist bei den *Cypseliden* und *Caprimulgiden* breit, verhältnissmässig kurz, aber weit gespalten; der der *Trochiliden* ist lang, zugespitzt, von Länge des Kopfes oder selbst länger als der Rumpf. Borstenfedern am Mundrande fehlen den *Trochiliden*, während solche bei den *Caprimulgiden* eine Art Bart bilden. Die Zunge ist bei *Cypselus* von gewöhnlicher Form, vorn zweispitzig, hinten pfeilartig; bei *Caprimulgus* ist sie vorn breit abgerundet, an den Rändern sägezähnig. Bei erstern sind die Zungenbeinhörner kurz und dick, bei letztern sehr lang und dünn und in einen Knorpelfaden ausgehend, der an den Schädel tritt. Die Zunge der *Trochiliden* besteht aus zwei am Grunde verbundenen, am Ende freien und abgeplatteten Fäden; der hintere Rand ist etwas dicker mit glatten Ecken. Der fleischige, in der Ruhe faltige Zungenkörper theilt sich am Glottiseingang in die beiden um das Hinterhaupt bis an die Schnabelbasis herumreichenden Hörner. Aehnlich wie bei den Spechten kann die Zunge vorgeschnellt und zurückgezogen werden. Der Oesophagus ist stets ohne Kropf; der Magen ist bei den *Trochiliden* klein, verhältnissmässig dünnwandig, bei den *Cypseliden* schwach fleischig, bei den *Caprimulgiden* flach kuglig, fleischig verdickt. Blinddärme fehlen den *Trochiliden* und *Cypseliden*; eine Gallenblase fehlt den *Trochiliden*. Bei *Caprimulgus* sind zwei Carotiden, bei *Cypselus* und *Trochiliden* nur die linke vorhanden. Der untere Kehlkopf hat nur ein seitliches Muskelpaar oder jederseits zwei über einander liegende Muskeln (*Trochiliden*); im letztern Falle fehlt der Musculus sternotrachealis. Das Auge ist bei den *Cypseliden* und *Caprimulgiden* relativ gross; die Lider bei ersteren ohne, bei letzteren mit kurzen, dicken Wimpern. Um das Auge der *Trochiliden* findet sich ein nackter Hautkreis, die Augenlidränder sind mit kleinen schuppenartigen Federn bedeckt. Die Eier sind meist weiss, selten (*Trochiliden*) gefärbt. Bei den *Colibris* ist die Grösse der Eier im Verhältniss zu der des Körpers enorm, daher ist auch der linke Oviduct auffallend gross und weit.

Macrochiren kommen nur einzeln in kalte Klimate; der Hauptformenreichthum entfaltet sich nach dem Aequator hin. Während sich *Cypseliden* und *Caprimulgiden* auf beiden Erdhälften finden, kommen *Trochiliden* nur in America vor, indess nicht nur unter den Tropen, wo sie allerdings ihre grösste Pracht entfalten, sondern auch nördlich bis nach Californien und selbst Labrador. Fossil sind *Cypselus* und *Caprimulgus* aus dem Diluvium Süd-America's beschrieben worden.

1. Familie. **Caprimulgidae** GRAY. Schnabel sehr kurz, dreieckig, Firste zuweilen kaum ein Sechstel der Breite der Mundspalte lang; äussere Zehe so lang oder kürzer als die innere oder sehr kurz, innere über halb nach vorn gewendet, meist am Grunde mit der innern vordern durch Haut verbunden; die Kralle der Mittelzehe meist mit Kamm. Kopf breit, flach; Gefieder grossfedrig, lax, weich.

CASSIN, J., Catalogue of the Caprimulgidae in the Collection of the Acad. natur. Scienc. Philadelphia, 1851.

SCLATER, PH. L., Notes on the American Caprimulgidae in: Proceed. Zool. Soc. 1866. p. 123—145, 581—590.

1. Unterfamilie. **Caprimulginae** (BONAP.) SCL. Schnabel fein, zierlich, ohne Zahn an der Randspitze; äussere Zehe sehr kurz und nur mit vier Phalangen; Kralle der Mittelzehe sehr lang, mit Kamm; die Zehen oben mit kurzen Halbgürteln, wie der Lauf.

1. Gruppe. Setirostres Scl. (*Caprimulginae* Cab. u. H.). Schnabelrand von steifen Borsten mehr oder weniger dicht eingefasst.

1. Gatt. Caprimulgus L. (*Nyctichelidon* Rennie). Mundspalte bis unter die Augen reichend; Borsten lang, stark, Schnabelspitze hakig, ausgerandet. Flügel lang, zweite Schwinge die längste, Schwanz kurz, gerade abgestutzt. Altcontinental. — Arten: C. europaeus L. Europa und West-Asien. u. a.

2. Gatt. Scotornis Sws. Schnabel sehr deprimirt, Spitzentheil der Firste gekrümmt und comprimirt; Nasenlöcher theilweise vom Stirngefieder bedeckt, mit einer häutigen Schuppe. Flügel lang und spitz, 2. u. 3. Schwinge die längsten; Schwanz sehr lang, breit und gestuft. Africanisch. — Arten: Sc. longicauda Cass. (*Sc. climacturus* Sws.). West-Africa. u. a.

3. Gatt. Macrodipteryx Sws. Schnabel wie Scotornis, ebenso die Nasenlöcher; Flügel lang bis an die Schwanzspitze reichend, 1. und 2. Schwinge die längsten, die innerste ausserordentlich verlängert und zuweilen nur an der Spitze mit Fahnenstrahlen versehen; Schwanz gerade oder leicht ausgerandet. Africanisch. — Arten: M. longipennis Gray. — Bei Cosmetornis Gray ist ausser der innersten noch die vorletzte und drittletzte Schwinge abgestuft verlängert.

4. Gatt. Antrostomus Gould. Schnabel sehr kurz, Borsten zuweilen mit kammartigen Anhängen; Flügel abgerundet, 2. Schwinge die längste, Handschwingen ausgerandet; Schwanz abgerundet. Americanisch. — Arten: A. vociferus Wils. Whip-poor-will. Nord-America. — u. a. Arten aus Guiana, West-Indien und Nord-America. — Die Arten mit weisser Binde auf den Handschwingen, relativ längerem Schwanz, deren mittelste Federn abweichend gezeichnet sind, bilden die Gattung Stenopsis Cassin.

5. Gatt. Hydropsalis Wagl. Schnabel gestreckt, länger als bei den vorhergehenden; Nasenlöcher weiter nach vorn gerückt; Mundrand mit 8—9 sehr steifen Borsten; vorderste Schwinge etwas gekerbt; Schwanz gabelförmig mit sehr langen äusseren Federn, Lauf oben befiedert, unten getäfelt. Süd-America. — Arten (von Sclater in die Untergattungen Diplopsalis, Hydropsalis und Macropsalis vertheilt): H. torquata Cass. (*Caprim. torq.* Gm.). Brasilien. u. a.

6. Gatt. Heleothreptus Gray. Schnabel wie Hydropsalis, mit starkem Haken, Flügel und Schwanz kurz; letzterer etwas länger als die ruhenden Flügel; Handschwingen ziemlich breit, die vorderen eingebuchtet, bis zur 7. alle gleich lang. — Art: H. anomalus Gray (*Amblypterus anomalus* Gould). Brasilien.

7. Gatt. Nyctidromus Gould. Schnabel kurz, das Stirngefieder kaum überragend; Borsten steif, aber schwächer; Auge sehr gross; Flügel schmal, 2. und 3. Schwinge die längsten; Schwanz nicht kürzer als die Flügel; Lauf nicht befiedert, vorn mit Halbgürteln. — Art: N. guianensis Burm. (*Caprimulgus guian.* Gm.). Süd-America. u. a.

Hierher noch Siphonorhis Scl. mit merkwürdig verlängerten röhrigen Nasenlöchern, abgerundetem Schwanz und verlängerten getäfelten Läufen: S. americana Scl. (*Caprimulgus americanus* L.).

2. Gruppe. Glabrirostres Scl. (*Chordedilinae* Cab. u. H.). Schnabelrand nicht mit rigiden Borsten eingefasst, nackt oder mit weichen Fadenfedern.

8. Gatt. Eurystopodus Gould. Schnabel kurz, breit, Ränder mit kurzen, weichen Haaren eingefasst, Spitze comprimirt, hakig; Flügel sehr lang und spitz, 2. Schwinge die längste; Schwanz lang, breit, abgerundet. — Arten: E. albogularis (Vig. u. Horsf.) Gould, Australien; E. macrotis (Vig.) Gould. Philippinen. u. a.

Hierher die Gattung Lyncornis Gould (*L. cerviniceps* Gould). Ost-Indien.

9. Gatt. Chordeiles Sws. Schnabel sehr kurz, mit wenig sehr kurzen Haaren, Spitze hakig und ausgerandet; Flügel lang und spitz, 1. und 2. Schwinge fast gleich lang. Schwanz derb und kräftig, meist kürzer als die ruhenden Flügel, gablig oder ausgerandet; die äusseren Steuerfedern verlängert. Americanisch. — Arten: Ch. rupestris Bp. Brasilien. u. a. auch nordamericanische. (Nach der Verschiedenheit der Laufbekleidung unterscheidet Sclater die Untergattungen Chordeiles und Podochaetes Scl.) — Die Arten

welche einen gerade abgestutzten Schwanz ohne längere Aussenfedern haben, bilden die Gattung **Lurocalis** Cass. (*Urocolus* Cab. u. H.): Ch. semitorquatus Burm. (*Caprimulgus* p. Gm.). Brasilien. u. a.

10. Gatt. **Podager** Wagl. (*Proithera* Sws.). Starke, kräftige Vögel; Kopf sehr breit; Schnabel stark, aber kurz; Spitze sanft gebogen; Flügel bis über die Schwanzspitze reichend, 1. Schwinge die längste, Armschwingen sehr lang, ebenso die Deckfedern; Schwanz leicht abgerundet, kurz; Lauf äusserst kurz, ganz befiedert. — Art: P. nacunda Gray. Süd-America.

2. Unterfamilie. **Steatornithinae** Cab., Scl. Schnabel länger als breit, vor der comprimirten und stark hakigen Spitze mit einem Zahn; Nasenlöcher in der Mitte des Oberschnabels, schräg; Flügel lang, bis über die Schwanzspitze reichend, dritte und vierte Schwinge die längsten; Schwanz lang, breit, stufig. Lauf kürzer als die Mittelzehe, vorn dünn befiedert, hinten gekörnt; Kralle der Mittelzehe nicht gekämmt.

11. Gatt. **Steatornis** Humb. Character der Familie. — Art: St. caripennis Humb. der Guacharo. Höhlen Central-America's. (Soll von Früchten leben und ist durch die ausserordentliche Entwickelung von Fett unter der Haut und in der Bauchhöhle merkwürdig. Der untere Kehlkopf ist doppelt, da dessen Bildung erst an den Bronchien nach der Theilung eintritt.)

2. Familie. **Cypselidae** Gray. Schnabel kurz, deprimirt, am Grunde breit, nach der Spitze zu plötzlich comprimirt; Ränder eingebogen; Flügel sehr lang, säbelförmig, erste oder zweite Schwinge die längste, 7—8 Armschwingen, kurz, von den Deckfedern fast bedeckt; Schwanz kurz oder mässig; Lauf kurz, Zehen kurz und dick.

Sclater, Ph. L., Notes on the genera and species of Cypselidae. in: Proceed. Zoolog. Soc. 1865. p. 593.

1. Unterfamilie. **Cypselinae** Scl. Läufe befiedert; Vorderzehen mit nur drei Phalangen; Innenzehe nach vorn oder seitwärts gerichtet.

1. Gatt. **Cypselus** Illig. (*Apus* Scop., *Micropus* et *Brachypus* Meyer u. Wolf). Läufe befiedert, Zehen nicht befiedert; Innenzehe nach vorn gerichtet oder Wendezehe. — Arten: C. apus Illig. (*Hirundo apus* L.) braunschwarz mit weisser Kehle. Europa, Nord- und Mittel-Asien, Africa. C. melba (*Hirundo melba* L.) braun mit weisser Kehle und weissem Bauche. Süd-Europa, Süd-Asien und Africa. u. a. Die americanischen Arten bilden die Gatt. **Tachornis** Gosse.

2. Gatt. **Panyptila** Cab. Läufe und Zehen befiedert; Innenzehe nur seitwärts gerichtet. — P. cayanensis Cab. (*Hirundo cayanensis* Gm.) nördliches Süd-America. u. a. central-americanische.

2. Unterfamilie. **Chaeturina** Scl. Läufe nicht befiedert; äussere Zehen mit normaler Phalangenzahl, Innenzehe nach hinten gewendet, zuweilen Wendezehe.

3. Gatt. **Chaetura** Steph. (*Acanthylis* Boie, *Hemiprocne* Nitzsch, *Pallene* Less., *Hirundapus* Hodgs.). Läufe länger als die Mittelzehe, Schwanz gerade oder leicht abgerundet, Steuerfedern mit scharfen, spitzen, vorragenden Schaftenden. — Arten: Ch. gigantea Scl. (*Cypselus gig.* Temm.). Ost-Indien und Sunda-Inseln. Ch. zonaris Scl. (*Hirundo zonaris* Shaw). Westliches Süd-America. u. a.

4. Gatt. **Cypseloides** Streub. (*Nephaectes* Baird). Läufe länger als die Mittelzehe, Schwanz abgerundet oder gerade oder gablig, Steuerfedern scharf, spitz, aber ohne vorragende Schaftspitzen. — Arten: C. senex Scl. (*Cypselus senex* Temm.). Brasilien. u. a.

5. Gatt. **Collocallia** Gray (*Salangana* Streub.). Läufe länger als die Mittelzehe, Steuerfedern nicht zugespitzt, Schwanz gerade oder leicht ausgerandet. — Arten: C. esculenta Gray (*Hirundo esculenta* L.). Die aus dem Secret der hier wie bei allen Cypseliden

sehr entwickelten Speicheldrüsen gebauten Nester sind die berühmten essbaren Nester Indiens. Malayischer Archipel, Molukken u. a. indische und polynesische.

6. Gatt. **Dendrochelidon** Boie (*Macropteryx* Sws., *Pallestre* Less., *Chelidonia* Streub.). Läufe kürzer als die Mittelzehe; Flügel sehr lang, Schwanz gegabelt. — Arten: D. mystacea Gould (*Cypselus mystaceus* Less.). Malaisien. u. a. indische u. s. f.

3. Familie. **Trochilidae** Less. Schnabel lang, dünn, Ränder des Oberschnabels meist den Unterschnabel scheidenförmig überragend; keine Borsten; Zunge lang, gespalten; Flügel lang, spitz, mit meist 10 (selten 9) Hand- und 6 sehr kurzen von den Deckfedern fast ganz bedeckten Armschwingen. Füsse sehr klein, dünn und schwach, Lauf meist kürzer als die Mittelzehe, befiedert oder mit obsoleten Tafeln vorn bedeckt; die beiden äusseren Zehen in der Regel am Grunde verbunden. Insectenfressend. Americanisch, von Patagonien bis Labrador.

Lesson, R. P.; Histoire naturelle des Oiseaux-Mouches. Paris, 1829. — — des Colibris. ib. 1831. Les Trochilidées. ib. 1832—33. 8.
Gould, J., A Monograph of the Trochilidae or Humming Birds. London, 1850—59. Fol.
Cabanis und Heine, Museum Heineanum. 3. Th. Halberstadt, 1860.
Mulsant, E. et Jules et Ed. Verreaux, Essai d'une classification méthodique des Trochilidés. Paris, 1866. 8.

1. Unterfamilie. **Polytmina** Cab. u. H. (*Glaucidinae* Rchb. p.). Schnabel kräftig, gerade oder gebogen, mit an der Spitze zahnartig gekerbten Rändern; Zehen kurz, Krallen lang; Flügel fast so lang als der abgerundete Schwanz. Gefieder nicht auffallend.

1. Gatt. Ramphodon Less. (*Grypus* Spix). Schnabel gerade, stark, über doppelt so lang als der Kopf; Firste am Grunde leistenartig erhaben, Spitze kurzhakig gebogen; Schäfte der ersten Schwingen nach unten verdickt, äussere Schwanzfedern verkürzt. — Art: R. naevius Less. Brasilien.

2. Gatt. Eutoxeres Rchb. (*Myiaëtina* Bp.). Schnabel lang, spitz, sichelförmig nach unten gebogen; Firste am Grunde erhaben. Steuerfedern zugespitzt. — Arten: E. aquila Gould. Neu-Granada. u. a.

Hierher noch Glaucis Boie (*G. hirsuta* Gray), Androdon Gould, Threnetes Gould und Duophera Heine.

3. Gatt. Polytmus Briss., Gray p. (*Smaragditis* Boie, Rchb. p., *Thaumantias* et *Chrysobronchus* Bp.). Schnabel länger als der Kopf, sehr sanft gebogen, an der Spitze unbedeutend verdickt. Flügel etwas kürzer als der Schwanz; dessen beide äussere Federn etwas verkürzt. — Art: P. Thaumantias Gray (*Trochilus thaumantias* L., *Ornismya viridis* Less.). West-Indien und Süd-America. u. a.

Hierher noch: Dolerisca Cab. u. H. (*Doleromyia* Bp., *Leucippus* Gray) und Leucolia Muls. et Verr.

2. Unterfamilie. **Phaëthornithinae** Rchb., Cab. u. H. Schnabel schwächer, nur leicht, selten stärker gebogen, mit nicht gekerbten Rändern; Flügel schmal, spitz abgerundet; Schwanz lang, kielförmig, mit verlängerten mittleren Federn.

4. Gatt. Phaëthornis Sws. (incl. *Ptyonornis* Rchb.). Character der Unterfamilie; Schnabel nur leicht gebogen. Die grössten Arten (*Ph. superciliosus* Sws. Brasilien, 7") bleiben nach Reichenbach u. A. bei Phaëthornis, die kleineren, auch in der Färbung verschieden, werden Pygmornis Bp. (*Eremita* Rchb., subgen. *Momus* Muls. et Verr.) und Ametrornis Rchb. (*Orthornis* Bp.).

5. Gatt. Toxoteuches Cab. u. H. (*Guyornis* Bp., subgen. *Mesophila* Muls. et Verr.). Schnabel über doppelt so lang als der Kopf, bogenförmig gekrümmt, die beiden mittleren Steuerfedern in ihrem verlängerten Theile verschmälert. — Art: T. Guyi Cab. u. H. Oestliches Süd-America. u. a.

3. Unterfamilie. **Campylopterinae** Cab. u. H. (Rchb. p.). Schnabel stark, hoch, comprimirt, Ränder ohne Kerben an der Spitze; Flügel breit, die ersten Schwingen gekrümmt, ihre Schäfte stark verdickt; Schwanz lang, abgestutzt oder gerundet oder gablig oder mit verlängerten Mittelfedern.

6. Gatt. Campylopterus Sws. (*Saepiopterus* et *Platystylopterus* Rchb., *Phlogophilus* Gould). Schnabel nur wenig gebogen; Schwanz nur wenig länger als die ruhenden Flügel, breit gerundet. — Arten: C. latipennis Cab. Guiana; C. hemileucurus Cab. Mexico. u. a.

Hierher gehören noch: Sphenoproctus Cab. u. H. (*Pampa* Rchb.), Loxopterus Cab. u. H., Sternoclyta Gould, Aphanthochroa und Phaeochroa Gould, Agapeta Heine und vielleicht Urochroa Gould.

7. Gatt. Eupetomena Gould (*Prognornis* Rchb.). Schnabel nur wenig länger als der Kopf, am Grunde breit; Schwanz gablig, äussere Federn viel länger. — Art: E. macrura Bp. (*E. hirundinacea* Gould). Brasilien.

Hierher Coeligena Less. (*Delattria* Bp., *Lamprolaema* Rchb.), Chariessa Heine und Oreotrochilus Gould.

8. Gatt. Topaza Gray (*Lampornis* Rchb.). Schnabel leicht gekrümmt, spitz; Schwanz fast gerade, die zweitmittelste Feder jederseits verlängert, meist anders gefärbt. — Arten: T. pella Gray. Guiana, Martinique. u. a.

Hierher noch Eulampis Boie.

4. Unterfamilie. **Lampornithinae** Cab. u. H. Schnabel gerade oder sanft gebogen, abgeplattet, mit feinen Kerben am Rande vor der Spitze; Schäfte der vordersten Schwingen nicht verbreitert; Schwanz breit, abgerundet oder ausgeschnitten. Colorit der Geschlechter sehr verschieden.

9. Gatt. Lampornis Sws. (*Anthracothorax* Boie, *Margarochrysis* Rchb., *Sericotes*, *Floresia* und *Hypophania* Bp.). Schnabel viel länger als der Kopf, gebogen, in seiner ganzen Länge flach; Schwanz kürzer als die Flügel, die inneren Federn verkürzt. — Arten: L. mango Sws. Brasilien. — u. a. auf Portorico, Jamaica und in Guiana.

Hierher noch: Chalybura Rchb. (et *Cyanochloris* Rchb.), Hypuroptila, Eugenes und Eugenia Gould, Endoxa Heine (*Floresia* Rchb.).

10. Gatt. Chrysolampis Boie. Schnabel etwas länger als der Kopf, sanft gebogen, flach, Spitze gerade, Grund befiedert; Schwanz breit, abgerundet, so lang als die Flügel. — Arten: Ch. moschita Gray. Guiana. u. a.

Hierher gehören noch: (?) Microchera Gould, Heliodoxa Gould (*Leadbeatera* Bp.), Aspasta Heine, Thalurania Gould (*Mellisuga* Boie, *Glaucopis* Less.), Sporadinus Bp. (*Riccordia* Rchb.).

11. Gatt. Petasophorus Gray. Schnabel etwas länger als der Kopf, fein, nicht so flach als Chrysalampis; Flügel schlank; Schwanz breit, die innersten und äussersten Federn wenig verkürzt. — Arten: P. serrirostris Gray (*Trochilus crispus* Spix). Brasilien. u. a.

Hierher noch: Telesilla Rchb. (*Delphinella* Bp.).

5. Unterfamilie. **Florisuginae** Burm. (*Heliotrichinae* et *Florisuginae* Cab. u. H.). Schnabel stark, gerade, ohne Kerben an der Spitze, mehr oder minder flach; Schwanz mindestens den ruhenden Flügeln gleich lang, bei ♂ häufig länger. Colorit der Geschlechter sehr verschieden.

12. Gatt. Heliothrix Boie. Schnabel am Grunde breit und flach, Spitze pfriemenförmig; Flügel lang, schmal, Schwanz des ♂ keilförmig schmalfedrig, der des ♀ abgerundet, breitfedrig. — Arten: H. aurita Gray. Guiana; Brasilien. u. a.

Hierher: Schistes Gould.

13. Gatt. Florisuga Bp. (*Orthorhynchus* Illig., *Lampornis* Less.). Schnabel stark, gerade, am Grunde flach, Spitze höher als breit, kuppig verdickt; Schwanz breit, seicht ausgebuchtet, — Arten: F. fusca Rchb. (*Trochilus ater* Pr. Wied.). Brasilien. u. a.

Hierher noch die Gattungen: **Lamprolaema** Rchb., **Clytolaema** (*Heliodoxa* Rchb.) und **Jonolaema** Gould, **Polyplancta** Heine und **Phaeolaema** Rchb.

6. Unterfamilie. **Hylocharinae** Cab. u. H. (*Thaumatiadae* Burm.). Schnabel sehr flach, ohne Kerben an der Spitze. Erzgrün, Geschlechter wenig verschieden.

14. Gatt. **Agyrtria** Rchb. (*Thaumatias* Gould, *Leucochloris* Rchb, s.-g. *Elvira* Muls. u. Verr., *Leucippus* Bp.). Schnabel länger als der Kopf, gerade oder sanft gebogen, am Grunde flach, an der Spitze drehrund mit leicht verdickter und scharfer Spitze; Schwanz breit, die mittelsten Federn etwas verkürzt, die seitlichen stufig länger. — Arten: A. albicollis Cab. u. H. Brasilien. u. a.

Hierher gehören noch: **Pyrrhophaena** Cab. u. H. (*Amazilis* Less., *Hemistilbon* Gould), **Phaeoptila** Gould, **Eranna** und **Eratina** Heine, **Eupherusa** Gould, **Hemithylaca** Cab. u. H. (*Saucerottia* Bp., *Erythronota* Gould), **Eratopsis** und **Erasmia** Heine, **Ariana** Muls. et Verr., **Damophila** Rchb. (*Juliamyia* Bp.), **Polyerata** Heine, **Lepidopyga** Rchb., **Uranomytra** Rchb. (*Cyanomyia* Bp.), **Chrysurisca** Cab. u. H. (*Chrysuronia* Bp.), **Eucephala** Rchb., **Panterpe** Cab. u. H., und **Oreopyra** Gould.

15. Gatt. **Hylocharis** Boie (*Saphironia* Bp., *Circe* Gould). Schnabel in der ganzen Länge gerade und flach, am Grunde breit, etwas länger als der Kopf, meist roth, Schwanz ausgeschnitten, Steuerfedern gerundet. — Arten: H. sapphirina Gray. Brasilien. u. a.

Hierher noch die nach der Form des Schwanzes, der Stärke oder Schwäche des Schnabels u.'s. w. abgesonderten Gattungen: **Basilinna** Boie (*Klais* Rchb., *Guinnetra* Bp., *Heliopaedica* Gould), **Urostiste** Gould, **Augastes** Gould (*Lamprurus* Rchb., *Lumachellus* Bp., **Chlorestes** Rchb., **Chlorostilbon** Gould (*Chlorophaea* Rchb.), **Chlorolampis** Cab. u. H. (incl. *Emilia* und *Halia* Muls. et Verr.), **Chlorauges** Heine, **Smaragdochrysis** Gould, **Prasitis** Cab. u. H., **Panychlora** Cab. u. H. (*Smaragditis* Rchb. p., *Chlorostilbon* Bp. p.).

16. Gatt. **Aïthurus** Cab. u. H. Schnabel kurz, stark, an der Spitze gebogen; Schwanz kurz, leicht gegabelt, Aussenfedern sehr verlängert; ♂ mit Ohrbüscheln. — Art: A. polyturus Cab. u. H. (*Ornismyia cephalatra* Less.). Jamaica.

7. Unterfamilie. **Trochilinae** n. (*Trochilinae, Orthorhynchinae* et *Lesbiinae* Cab. u. H.). Die zahlreichen Glieder dieser Gruppe, welche trotz ihres Formenreichthums in den Hauptzügen viel Uebereinstimmendes darbietet, sind characterisirt durch ihren kurzen, oder langen, auch sehr langen aber dabei stets dünnen, runden, spitzen, nur am Grunde und zuweilen vor der Spitze etwas abgeplatteten, meist ganzrandigen Schnabel, durch ihr wie in keiner andern Gruppe prächtiges, häufig über und über metallisch glänzendes Gefieder, ein fast überall vorhandenes, aus schuppenartigen Federn gebildetes Kehlschild, zu dem häufig noch besondere, aus eigenthümlich gebildeten Federn bestehende Zierden am Kopf, Schwanz, den Füssen u. s. w. treten; die ♀ sind meist ohne diese Auszeichnungen und einfacher gefärbt.

17. Gatt. **Sparganura** Cab. u. H. (*Cynanthus* Tsch., *Cometes* Gould, *Sappho* Rchb.). Schnabel lang, cylindrisch, sehr sanft abwärts gekrümmt, Schwanz gross, stark gegabelt, mit breiten abgestutzten Federn; Läufe unbefiedert. — Arten: S. sappho C. u. H. (*Trochilus sparganurus* Shaw). Bolivia. u. a.

Hierher: **Eutima** C. u. H. (*Calothorax* Gray, *Lafresnaya* Bp.), **Euclosia** Muls. et Verr., **Polyonymus** Heine, **Psalidoprymna** C. u. H. (*Lesbia* Gould).

18. Gatt. **Heliomaster** Bp. (et *Ornithomyia* Bp., *Trochilus* Sws., *Lepidogaster, Calliperidia* et *Lepidolarynx* Rchb.). Schnabel lang und gerade; Schwanz breit, abgerundet oder ausgeschnitten; Kehlschild an den Seiten zipfelartig verlängert. — Arten: H. squamosus C. u. H. (*Calothorax mesoleucus* Burm.). Brasilien. u. a.

Hierher noch: **Callopistria** Bp. und **Rhodopis** Rchb. (*Ith. vespera* Rchb.).

19. Gatt. **Calothorax** Gray (*Lucifer* Rchb., *Cyanopogon* Bp.). Schnabel lang, schlank und sanft gekrümmt; Flügel mässig; Schwanz gablig, die äusseren Federn kürzer, die zwei

nächsten jederseits viel länger, die mittleren viel kürzer; Kehlschild mit bartartig herabhängenden Schuppen. — Art: C. lucifer Gray. Mexico.

20. Gatt. Atthis Rchb. *(Calypte Gould)*, und s.-g. *Stellura* Muls. et Verr.). Schwanz ausgerandet oder tief gablig; erste Schwinge nicht verschmälert; Kopf oben mit metallisch glänzenden grossen Schuppenfedern. — Arten: A. Annae Rchb. Californien. — u. a.

21. Gatt. Selasphorus Sws. Schnabel dünn und gerade; Schwanz abgerundet oder keilförmig; Steuerfedern schmal; Flügel zart. — Arten: S. platycercus Bp. Mexico. — u. a.

22. Gatt. Trochilus L. p. *(Colubris Rchb., Archilochus Rchb., s.-g. Ornismyia* [Less.] Muls. et Verr.). Seitenfedern des Halsschildes nur wenig vergrössert; Schwanz gegabelt, seitliche Steuerfedern nur wenig schmäler als die anderen. — Arten: Tr. colubris L. Nord-America. — u. a.

23. Gatt. Calliphlox Boie *(Tryphaena Bp.)*. Schnabel fein, spitz, an der Spitze etwas kolbig verdickt; Flügel kurz, klein; Schwanz bei den ♂ gegabelt, Steuerfedern schmal, spitz, nach aussen stufig, bei den ♀ gerade. — Arten: C. amethystina Rchb. Brasilien. — u. a.

Hierher noch: Tilmatura Rchb., Thaumastura Bp. (et *Cora* Bp.), Myrtis Rchb. *Doricha* Rchb., *Elisa* Bp., *Telamon* Muls. et Verr.), Zephyritis Muls. et Verr. (s.-g. *Dyrinia* Muls. et Verr., *Stellura* Gould), Amathusia M. et V.

24. Gatt. Chaetocercus Gray *(Calothorax* et *Lucifer* p. Rchb.). Schnabel lang, dünn, leicht gebogen; Flügel mittellang; Schwanz gegabelt, Steuerfedern schmal, steif, die äusseren zuweilen bartlos. — Arten: Ch. Helidori C. u. H., Peru; Ch. Mulsanti C. u. H. Neu-Granada. u. a.

Hierher noch: Acestrura Gould, Polymnia, Osalia, Egolia, Manilia, Philodice Muls. et Verr.

25. Gatt. Orthorhynchus Cuv. *(Cephalolepis Lodd.)*. Schnabel kaum so lang wie der Kopf, pfriemenförmig, Unterschnabelspitze etwas kuppig; Gefieder des Scheitels beim ♂ in einen, zuletzt in eine Feder ausgehenden Zopf verlängert; Schwanz breitfedrig. — Arten: O. cristatus Gray. Barbados. — u. a.

26. Gatt. Lophornis Less. *(Bellatrix Boie)*. Schnabel von Kopflänge, Spitze sanft zugespitzt, vorher etwas verdickt. Hals beim ♂ mit sehr langen oder breiten Federn; Flügel klein; Schwanz lang, breitfedrig, rund oder ausgeschnitten. — Arten: L. magnifica Bp. Brasilien. — u. a.

Hierher noch: Bellona Muls. et Verr., Paphosia M. et V., Polemistria C. u. H.

27. Gatt. Heliactin Boie. Schnabel länger als der Kopf; Kopfgefieder beim ♂ über jedem Auge einen Lappen bildend; Flügel lang und schmal; Schwanz keilförmig, stark stufig, die Federn schmal und scharf zugespitzt. — Arten: H. cornuta Bp. Brasilien. — u. a.

Hierher noch: Prymnacantha C. u. H. *(Gouldia Bp., Popelairia Rchb.)*, Tricholopha Heine, Discura Rchb. *(Platurus Less., Ocreatus Gould p.)*, Loddigesia Gould *Thaumatoessa Heine)*, Steganura Rchb. *(Spathura Gould)*, Uralia Muls. et Verr.

28. Gatt. Oxypogon Gould. Schnabel kürzer als der Kopf, schwach, gerade; Wangen ober- und unterhalb des Schnabels mit verlängerten Federn; Schwanz lang, gegabelt; Läufe unbefiedert. — Arten: O. Guerini Gould. Neu-Granada. — u. a.

Ferner gehören hierher: Chalcostigma Rchb. *(Lampropogon Bp. et s.-g. Eupogonus Muls. et V.)*, Urolampra C. u. H. *(Metallura Rchb.)*.

29. Gatt. Metallura Gould. Schnabel gerade, mittellang; Gefieder weich, seidenartig; Schwanz gross, abgerundet; Kehle und untere Schwanzfläche glänzend wie Metall; Läufe unbefiedert. — Arten: M. opaca C. u. H. *(M. cupreicauda Gould)*. Peru. — u. a.

30. Gatt. Aglaïactis Gould. Schnabel kurz, gerade, am Grunde etwas flach; Flügel verlängert, kräftig, erste Schwinge sichelförmig; Schwanz mässig, leicht gablig; an dem unteren Brusttheil eine Gruppe verlängerter Federn. — Arten: A. cupripennis Gould. Neu-Granada. — u. a.

Verwandte Gattungen: Ramphomicrus Bp., Agaclyta C. u. H. *(Lesbia Gould)*, Lesbia Less. *(Cynanthus Sws.)*, Adelomyia Bp. *(Adelisca C. u. H., Anthocephala C. u. H.)*, Baucis Rchb. *(Abeillia Bp.)*.

31. Gatt. Eriocnemis Rchb. *(Eriopus Gould, Engyetes, Threptria* et *Phemonoe Rchb.*,

Eriocnemis, Alina, Mosqueria, Luciania et *Derbomyia* Bp.). Schnabel gerade, mässig verlängert; Schwanz leicht gablig; Läufe dicht mit wolligen Dunen befiedert, die einen dichten Muff um den Fuss bilden. — Arten: E. Alinae Bp. Neu-Granada. — u. a.

Verwandte Gattungen: Erebenna M. et V., Panoplites Gould (*Boissoneaua* Bp., s.-g. *Galenia* M. et V.), Callidice M. et V., Heliotryphon Gould (*Parzudakia* Rchb.).

32. Gatt. Heliangelus Gould (*Anactoria* et *Diotima* Rchb.). Schnabel gerade, etwa von Kopflänge, cylindrisch; Flügel ziemlich kräftig, erste Schwinge sichelförmig. Kehle von äusserstem Glanze, zuweilen von einer weissen Binde begrenzt. — Arten: H. mavors Gould. Venezuela und Neu-Granada. — u. a.

Hierher gehören noch: Eustephanus Rchb. (*Sephanoides* Less., *Thaumaste* Rchb., *Stokesiella* Bp.), Strebloramphus C. u. H. (*Avocettula* Rchb.), Opisthoprora C. u. H.

33. Gatt. Docimastes Gould (*Mellisuga* Gray). Schnabel von Körperlänge, leicht aufwärts gebogen, Flügel kräftig; Schwanz gablig. Gefieder düster, mit metallischem Lustre. — Art: D. ensifer Gould. Peru, Neu-Granada.

Ferner sind noch als Gattungen aufgestellt worden: Doryphora (et *Hemistephania* Rchb.), Lampropygia Rchb. (*Coeligena* Bp.), Homophania Rchb., Polyaena Heine (*Bourcieria* et *Conradinia* Bp.), Helianthea Bp. (*Hypochrysia* Rchb.), Diphlogaena Gould, Lepidosia M. et V., Oreopyra Gould, Pterophanes Gould.

34. Gatt. Patagona Gray (*Hypermetra* C. u. H.). Die grösste Form bis 8", unter den Trochiliden. Schnabel lang, gerade, kräftig; Flügel gross, bis über den Schwanz reichend; Schwanz gablig. Gefieder düster. — Art: P. gigas Gray. Südliches West-America; Zugvogel.

5. Ordnung. †**Passerinae** Nitzsch.

(*Volucres* Sundev., *Coracomorphae* Huxl.)

Schnabel verschieden gestaltet, ohne Wachshaut; Flügeldeckfedern kurz; Schienbein bis zur Ferse befiedert; Lauf vorn stets mit grösseren (meist 7) Tafeln, die zuweilen mit denen der Laufseiten zu einem Stiefel verwachsen, seltener an der Seite mit Körnern; Füsse gracil, Innenzehe nach hinten gerichtet, stärker und länger als die zweite Zehe; die beiden äussern Zehen im ganzen ersten Gliede mit einander verbunden; an der Theilungsstelle der Trachea ein Singmuskelapparat.

Die vorliegende, bereits von Nitzsch in dem jetzigen Umfang characterisirte Ordnung umfasst den nach Ausschluss der vorigen Ordnung noch übrigen Rest der Linné'schen *Passeres*, der spätern *Passerinen* neuerer Systematiker, der *Insessores* anderer Systeme. Nach Entfernung der durch eine besondere Form der Fuss- und Flügelbildung und andere Merkmale ausgezeichneten Gruppen wird die Ordnung eine natürliche, welche nach der Bildung ihres Singapparats in weitere Abtheilungen zerfällt. Sie gehören, wie bei der vorigen Ordnung erwähnt wurde, zu den *Aegithognathae* Huxley's.

Die Contourfedern haben einen kleinen dunigen Afterschaft, wogegen Dunen zwischen ihnen und auf den Federrainen nur selten und dann einzeln (je eine zwischen je vier Contourfedern stehend) vorkommen. Die Zahl der Contourfedern ist im ganzen gering. Characteristisch ist das Verhalten der

5. Passerinae.

Rücken- und Unterflur. Am dicht befiederten Kopfe findet sich oft schon eine nackte Stelle in der Schläfengegend. Die Rückenflur bildet stets einen handförmigen Streifen, welcher an den Schultern nicht unterbrochen wird, sondern hinter demselben zu einem rhombischen oder elliptischen Sattel sich erweitert. Diese Verbreiterung schliesst zuweilen ein spaltförmiges oder ovales Feld ohne Federn ein. Von der verbreiterten Stelle geht in manchen Fällen jederseits eine Reihe einzelner Federn zu der Schwanzflur, und auch diese Reihen fehlen in seltenen Fällen (*Hirundo*). Die Unterflur theilt sich vor der Halsmitte in zwei ziemlich divergirende, zuweilen einen äusseren stärkeren Ast abgebende Züge, welche bis vor den After reichen. Die Oeldrüse hat eine kurze fast cylindrische Spitze und ist völlig federlos; nur bei *Cinclus* trägt sie kleine Dunen. Die Zahl der Handschwingen ist constant 10 oder 9, und ist es im letzteren Falle die erste, auch sonst schon häufig sehr kurz werdende Schwinge, welche dann völlig fehlt. Armschwingen kommen meist 9, selten mehr (bis 14) vor. Steuerfedern sind in der Regel (10 oder meist) 12 vorhanden. Characteristisch ist das Verhalten der Deckfedern. Bei den *Oscines* sind die Armdecken kurz und lassen mindestens die Hälfte der Schwingen unbedeckt; es findet sich nur eine einfache Reihe grösserer Deckfedern, die Handdecken, und daran stossen die kleinen Federn, welche am Buge und dem Rande der Flughaut sitzen. Die Flughaut selbst bleibt sowohl oben als unten (zwischen Brust und Oberarm, der sogenannte Oberarmfittig Nitzsch's) unbefiedert. Die Deckfederreihe bildet daher bei geschlossenem Flügel einen tief einspringenden Winkel. Der Lauf hat auf der Vorderseite entweder grosse Tafeln, während die Laufsohle nackt oder körnig ist, oder er ist (*Oscines*) vorn und an den Seiten zuweilen mit völlig verwachsenen Schienen (Stiefelschiene, Caligula Illig.) bedeckt, welche nur an der äussern Seite eine Reihe kleiner Schilder noch frei lassen. — Der Schädel, dessen allgemeine Configuration ziemliche Verschiedenheiten darbietet, besitzt in der gleichen Entwickelung des Vomer, der Gaumenfortsätze der Oberkiefer und der Gaumenbeine viel Uebereinstimmendes. Der Vomer ist vorn abgeschnitten, hinten tief gespalten und die Keilbeinspitze umfassend. Die Gaumenfortsätze des Oberkiefers (*Partes conchales* Nitzsch, *Maxillopalatines* Huxley) sind dünn, lang, zuweilen breiter, und biegen sich nach innen und hinten über die Gaumenbeine und enden unter dem Vomer mit verbreiterten, muschelartig ausgehöhlten Enden (bei *Menura* fehlen diese Fortsätze ganz). Die Gaumenbeine sind meist breit und hinten flach; bei den *Fringilliden* aber (im weitern Sinne) entwickeln sie sich zu einer verticalen Platte mit ausgeschweiftem hintern Rande (entfernt an die Bildung bei den *Psittaciden* erinnernd). Mit Ausnahme der Loxien findet sich am Unterkiefergelenk hinten ein besonderes Knöchelchen (*Metagnathium* Nitzsch). Alle *Passerinen* haben ferner nach Nitzsch eine besondere knöcherne Röhre (*Siphonium*), welche die Luft aus der Paukenhöhle in die Lufträume des Unterkiefers führt. Die Wirbelzahlen schwanken in engen Grenzen: Halswirbel 10—14, Rückenwirbel 6.—8, Kreuzbeinwirbel 6—13, Schwanzwirbel 6—8 (nach Eyton). Das Brustbein hat einen gabelförmigen Manubrialfortsatz; der Kamm ist am Vorderrande ausgeschweift; am Hinterrande findet sich jederseits (mit seltener Ausnahme) ein Ausschnitt. Am Vorderende der Scapula ist ein stark entwickeltes Os humeroscapulare (*Scapula accessoria*) vorhanden von der Form eines zusammengedrückten Kegels. Die Symphyse der Schlüsselbeine ist durch die Entwickelung eines nach hinten gerichteten lamellösen Fortsatzes ausgezeichnet, während ihr oberes Ende hammerförmig verbreitert ist. Der Vorderarm ist etwas länger als der Oberarm, aber er sowohl als die Hand sind nie auffallend verlängert. In der Strecksehne des Vorderarms findet sich constant ein Sesambein (*Patella brachialis*). Das Becken bietet keine auszeichnenden Charactere dar. Von den Knochen der Unterextremität ist zu erwähnen, dass der Tarsometatarsus am hintern obern Ende eine Tuberosität besitzt, welche geschlossene Canäle zum Durchtritt der Beugesehnen durchbohren. Die Zahl der Phalangen ist die gewöhnliche, von innen nach aussen um je eine zunehmend. Die Basalphalangen sind nicht länger als die vorletzten, an den Vorderzehen gewöhnlich viel kürzer. Die Innenzehe ist stets nach hinten gerichtet; die Krallen sind verhältnissmässig gross und spitz. — Der S c h n a b e l ist in seiner Form sehr verschieden und häufig bei der Classification berücksichtigt worden. Er ist stets ohne Wachshaut. Die Z u n g e entspricht in Form und Grösse meist dem Schnabel; ihr horniger Ueberzug ist oft am Rande und an der Spitze gezahnt, auch zerfasert, ihr Hinterrand bogig gekrümmt. Der Zungenkern besteht aus zwei, nicht median verwachsenden Stücken; der Zungenbeinkörper ist abgeplattet; die Hörner sind gracil, fadenartig auslaufend. Eine Gaumenleiste fehlt fast gänzlich, ebenso die sonst häufig vorhandene Drüsenmasse im Kinnwinkel; dagegen ist eine langgestreckte Parotis vorhanden. Ein Kropf fehlt. Der Magen ist fleischig, zwar in verschiedenem Grade, aber nie häutig. Blinddärme und Gallenblase sind constant vorhanden. Das Pancreas besteht in der Regel aus zwei oder drei getrennten Massen. Ueberall ist nur die linke Carotis vorhanden. An der Theilungsstelle der Luftröhre findet sich ein Stimmapparat in verschiedener Entwickelung (s. auch das p. 209 Angeführte). Bei den echten Sängern ist unter Theilnahme des untern Luftröhrenendes und der Bronchenanfänge ein mit zwei Stimmritzen versehener unterer Kehlkopf entwickelt, welcher eine Anzahl (2—5) besonderer, auf die vordere und hintere Fläche vertheilter Muskeln besitzt; bei den *Clamatoren* sind entweder die Bronchen von der Bildung des Stimmorgans ganz ausgeschlossen (daher der J. Müller'sche Name *Tracheophones*), oder die auch die Bronchen bewegenden Muskeln sind, wie auch bei den *Tracheophonen*, nur seitlich zu einem bis drei Paaren angebracht. — Das Gelege besteht meist aus mehreren, oft buntgefärbten Eiern, welche von beiden Eltern bebrütet werden. Es werden jährlich einmal, zuweilen auch zwei- oder dreimal Eier gelegt. Die meisten *Passerinen* bauen, und zwar zuweilen sehr kunstvolle Nester. Sie sind Nesthocker im gewöhnlichen Sinne des Wortes.

Was die g e o g r a p h i s c h e V e r b r e i t u n g der *Passerinen* betrifft, so sind zunächst die tracheophonen Familien der *Cotingiden* (*Ampeliden*) und *Anabatiden* (Joh. Müller und Cabanis) und die *Colopteriden* (Cab.) americanisch. Von den echten Sängern vertheilen sich einzelne Familien auf gewisse Continente, andere sind vorwaltend in einem Continent heimisch und nur durch einzelne Formen in anderen vertreten. So sind die *Sylvicolinen*, *Tanagrinen* (incl. der *Euphoninen*) und ebenso die *Dacnidinen* americanisch, während deren nächste Verwandte, die *Drepaninen* und *Nectarininen* africanisch und asiatisch sind. Die *Ploceiden* sind altcontinental, ebenso die *Sturniden*; die *Icteriden* dagegen sind americanisch. Die *Orioliden* sind auf den alten Continent, die *Paradiseinen* auf Australien angewiesen. Ebenda findet sich auch die Mehrzahl der *Meliphagiden*. — Fossil kennt man *Passerinen* nur aus dem Diluvium und zwar nur in, zu jetzt noch lebenden Gattungen gehörenden Formen.

NITZSCH, CHR. L., Ueber die Familie der Passerinen s. den Artikel: Passerinen mit Zusätzen von BURMEISTER, in: ERSCH und GRUBER, Allgemeine Encyclopädie. 3. Section. 13. Theil. 1840. p. 139. — Derselbe Artikel, etwas vollständiger aus NITZSCH's Nachlass mitgetheilt von GIEBEL, in: Zeitschr. für die gesammten Naturwiss. Bd. 19. 1862. p. 389—408.
Ferner s. man die oben angeführten wichtigen Abhandlungen von JOH. MÜLLER in den Abhandl. d. Berlin. Akademie 1845, und von J. CABANIS in WIEGMANN's Archiv für Naturgeschichte. 1847.

1. Unterordnung. **Clamatores** A. WAGN. (s. str.). Die erste der zehn Handschwingen lang (nur selten kurz oder fehlend) ; meist 10 — 12 Armschwingen, selten mehr; Lauf vorn stets mit Tafeln, die Seiten zuweilen mit langen Stiefelschienen oder Körnern, Laufsohle nackt oder mit Körnern oder kleinen Schuppen bedeckt; unterer Kehlkopf entweder nur von der Luftröhre gebildet (*Tracheophones* J. MÜLL.) oder einfach nur mit seitlichen Muskeln. Tracheophon sind im Allgemeinen die Familien der Dendrocolaptinen, Synallaxinen, Furnariinen, Formicariiden, Pteroptochiden und wohl auch die Menuriden.

1. Familie. **Phytotomidae** GRAY. Schnabel kurz, kräftig, an der Basis breit, nach der Spitze comprimirt, Ladenränder fein gesägt, vor der Spitze ein Einschnitt, Firste gewölbt; die ersten beiden Schwingen gestuft, die dritte bis fünfte gleich lang; Schwanz gerade; Lauf kürzer als die Mittelzehe, Hinterzehe lang. — Süd-America.

Einzige Gatt. P h y t o t o m a MOLINA. Character der Familie. — Arten: P h. r a r a MOL. Peru, Chile. u. a.

2. Familie. **Cotingidae** (BP.) SCL. (*Ampelidae* CAB. p., *Colopteridae* CAB. p. antea). Schnabel ziemlich gross, bald breit, bald mehr kegelförmig, mit kurzer hakiger Spitze, vor welcher ein kleiner Einschnitt; Nasengrube am Grunde des Schnabels, rund, oft mit Borsten umgeben, deren sich häufig auch am Zügelrande finden; Flügel lang, spitz, oft über den Schwanz hinausragend, meist die dritte Schwinge am längsten; 12 Steuerfedern. — Süd-America.

1. Unterfamilie. **Coraciinae** Sws., CAB. (incl. *Querulinae* Sws., *Lipauginae* et *Gymnoderinae* BP.). Schnabel gewölbt, aber breiter als hoch; Schwingen normal; Lauf kürzer als die Mittelzehe. Laufsohle mit Körnern oder kleinen Schüppchen ; Aussen- und Mittelzehe am Grunde nicht oder äusserst wenig verbunden.

1. Gatt. Coracina VIEILL. (incl. *Pyrodera* GRAY). Schnabel am Grunde platt, nach vorn fast rund; Nasenlöcher von dichten Federn überdeckt; an der Schnabelcommissur wenig steife Borsten; Flügel bis auf die Mitte des ziemlich langen Schwanzes reichend; Laufsohle dicht mit feinen Warzen bekleidet. — Arten: C. s c u t a t a TEMM. Brasilien. — u. a. —

Die Arten, deren Stirnfedern einen den Schnabel überragenden Kamm bilden, sind Gatt. Cephalopterus GEOFFR.

2. Gatt. **Gymnocephalus** GEOFFR. (*Calvifrons* DAUD.). Schnabel stark; Wurzel, Zugel, Kehle, Stirn und Scheitel nackt; Flügel breit; Schwanz kürzer als bei Coracina, Lauf höher. — Art: G. calvus GEOFFR. Brasilien, Guiana.

3. Gatt. **Querula** VIEILL. (*Threnoedus* GLOG.). Schnabel lang, am Grunde breit, nach der ausgerandeten Spitze zu comprimirt; Nasenlöcher basal, von Federn und kleinen Borsten bedeckt; Flügel sehr lang, abgerundet; Schwanz lang, breit, gerundet; Läufe vorn mit queren Tafeln. — Arten: Qu. cruenta GRAY. Tropisches America. — u. a.
Hierher noch: Haematoderus BP.; ferner Arapunga LESS.

4. Gatt. **Chasmarhynchus** TEMM. (*Averanus* RAF., *Procnias* GRAY, *Eulopogon* GLOG.). Schnabel niedrig, breit, sehr weit gespalten; Nasengrube weit nach vorn gerückt; Zügel, Wangen und Kehle im Alter nackt; Laufsohle genetzt. Geschlechter verschieden. — Arten: Ch. nudicollis TEMM. Brasilien. — u. a.
Hierher noch Gymnodera GEOFFR.

5. Gatt. **Lipaugus** BOIE (*Lathria* SWS., *Laniocera* LESS., *Turdampelis* LESS., *Poliochrus* RCHB., *Aulea* et *Lathriosoma* BP.). Schnabel mässig, am Grunde breit und platt, nach der ausgerandeten Spitze comprimirt; Nasenlöcher seitlich, theilweise von Federn und steifen Borsten bedeckt; Kinn- und Mundrandfedern in Borsten verlängert; Flügel kaum über den Anfang des Schwanzes reichend, dieser lang, breit, abgestutzt; Aussen- und Mittelzehe am Grunde sehr wenig verbunden. — Arten: L. cineraceus CAB. Brasilien. u. a.

2. Unterfamilie. **Cotingine** n. (*Ampelinae* CAB. p.). Schnabel gestreckter, Firste leicht abgeplattet, Spitze comprimirt; eine oder die andere der ersten Schwingen zuweilen kürzer oder verschmälert; Lauf meist kurz, Laufsohle mit kleinen Tafeln; Aussen- und Mittelzehe am Grunde meist leicht geheftet.

6. Gatt. **Cotinga** BRISS. (*Ampelis* L. p., CAB.) Schnabel am Grunde breit, bis zum Nasenloch dicht befiedert, Firste leicht gekrümmt, Spitze abfallende lang, schräg aufsteigend; die ersten Schwingen meist verschmälert, zweite und dritte die längsten; Schwanz mässig lang, abgestutzt; Aussenzehe wenig länger als die Innenzehe. Geschlechter verschieden. — Arten: C. cayana GEOFFR. Cayenne. — u. a.
Nahe verwandt sind: Xipholena GLOG., Ampelion CAB. (*Caprornis* GRAY), Carpodectes SALV., Heliochera FIL.; auch gehört Procnias ILL. (*Tersa* VIEILL.) wohl hierher.

7. Gatt. **Phibalura** VIEILL. (*Chelidis* GLOG., *Amphibolura* CAB.). Schnabel kürzer, hoch und breit; erste Schwinge wenig verkürzt; Schwanz lang, gabelförmig ausgeschnitten. — Art: Ph. flavirostris VIEILL. Süd-America.
Hierher noch: Euchlorornis FIL. (*Pipreola* SWS., *Pyrrhorhynchus* BP.), Chrysopteryx SWS. (*Tijuca* LESS.).

8. Gatt. **Ptilochloris** SWS. (*Laniisoma* SWS., *Collurampelis* LESS.). Schnabel wenig breiter als hoch, Firste kantig abgesetzt; Nasenlöcher von borstigen Federn bedeckt; Schwingen spitz, die dritte die längste. — Arten: Pt. squamata BURM. Brasilien. u. a. — Hierher Heteropelma (SCHIFF) BP. (mit der Untergatt. *Neopelma* SCL.).

3. Unterfamilie. **Pipriuae** GRAY. Schnabel kurz, hoch, am Grunde breit, keine Borsten am Zügelrande; Flügel ziemlich kurz, mit einzelnen eigenthümlich geformten Schwingen; Laufsohle mehr oder minder nackt, zuweilen befiedert; Aussen- und Innenzehe meist bis zum zweiten Glied verbunden.

9. Gatt. **Rupicola** BRISS. (*Orinus* NITZSCH). Schnabel hoch, Firste abgesetzt, Spitze kaum abwärts gebogen; Endtheil der ersten Schwinge verschmälert; die vierte die längste; Schwanz kurz, abgestutzt, fast von den langen Bürzelfedern bedeckt; ♂ mit hohem Scheitelkamm. — Arten: R. crocea BP., nördliches Süd-America. — u. a.
Hierher: Metopia SWS. (*Antilophia* RCHB.), Phoenicocercus SWS. (*Carnifex* SUND.).

10. Gatt. **Pipra** L. (*Manacus* BRISS., *Dixiphia* et *Ceratopipra* BP., *Lepidothrix* et *Dasyncetopa* SCHIFF, BP.). Schnabel kurz, Spitze schmal, hoch, Firste scharf; Mundrand mit spär-

lichen Borsten; erste Schwingen verschmälert und stufig verkürzt; Schwanz abgestuzt oder keilförmig. ♀ stets grün. — Arten: P. aureola L. Cayenne. — u. a. — Untergattungen sind: Ilicura Rchb. (*P. militaris* Shaw), Chiroxiphia Rchb. (*Chiroprion* et *Cercophaena* Schiff für P. caudata Shaw u. a.), Chiromachaeris Cab. (*P. manacus* L.), Cirrhipipra Bp. (*Teleonema* Rchb.), Coropipo Schiff.

Auch gehören hierher noch: Metopothrix Scl. u. Salv., Anticorys Cab. (*Masius* Bp.), Chloropipo und Xenopipo Cab. und Metopothrix Salv. — Den Tyranniden nähern sich:

11. Gatt. Calyptura Sws. Kleinere Vögel; Schnabel kurz, schmal; Kopf mit einer Holle; Schwingen nicht verschmälert; Schwanz sehr klein und kurz; Laufsohle mit einer Reihe Warzen; Aussenzehen nur am Grunde verbunden. — Art: C. cristata Sws. Brasilien.

Verwandt hiermit sind Piprites und Hemipipo Cab., sowie Jodopleura Less.

4. Unterfamilie. **Tityrinae** Gray, Scl. (*Psarinae* Cab.). Schnabel kürzer als der Kopf, an der Basis verbreitert, nach der Spitze comprimirt, Firste leicht gebogen, Dillenkante aufsteigend; Nasenlöcher nackt, fast rund, Mundränder nackt oder mit wenig Borsten; dritte und vierte Schwinge die längsten, die zweite beim erwachsenen ♂ sehr kurz, sichelförmig oder abgestutzt; 9 Armschwingen; Schwanz mässig, breit; Laufsohle mit zahlreichen ovalen Schildern bedeckt; Aussen- und Innenzehe am Grunde leicht verbunden, erstere etwas länger als die mittlere, die hintere lang.

Sclater, P. L., Review of the Species of the South American Subfamily Tityrinae. in: Proceed. Zool. Soc. 1857. p. 67—80.

12. Gatt. Tityra Vieill. (*Psaris* Cuv., *Becardia* Raf., *Erator* Kaup, *Exelastes* Bp.). Schnabel stark, breit, Spitze comprimirt, hakig; Schnabelspalte ohne Borsten; zweite Schwinge des ♂ klein, sichelförmig. Geschlechter wenig verschieden. — Arten: a) Tityra Scl. Zügel nackt. T. cayana Vieill., nördliches Süd-America. u. a. — b) Erator Scl. Zügel befiedert. T. inquisitrix Cab. Brasilien, Bolivia, Cayenne. u. a.

13. Gatt. Pachyramphus Gray (*Pachyrhynchus* Spix, *Bathmidurus*, *Zentetes* und *Hadrostomus* Cab., *Chloropsaris* Kaup, *Platypsaris* und *Callopsaris* Bp.). Im Ganzen kleinere Formen. Schnabel mehr conisch, weniger breit am Grunde und comprimirt an der Spitze; Schnabelspalt mehr oder weniger mit Borsten; zweite Schwingen des ♂ kurz, an der Spitze breit, ausgerandet und spitz endend. Geschlechter sehr verschieden. — Arten: P. niger Scl. (*nigrescens* Cab.). Cayenne, Jamaica. — u. a.

3. Familie. **Tyrannidae** Gray. Schnabel etwa von Kopfeslänge, so breit als hoch, rund, Spitze hakig mit einer Einkerbung; Nasenlöcher rund, nur von Borsten überragt; Mundrand mit Borsten; Flügel lang und spitz, erste Schwinge nur wenig kürzer, andere zuweilen verschmälert oder verkümmert; Beine stark; die Tafeln des Laufs greifen nach hinten und aussen herum, so dass nur ein schmaler nackter oder mit kleinen Schüppchen besetzter Raum innen übrig bleibt. Amecanisch.

1. Unterfamilie. **Tyranninae** Cab. (*Tyranninae* et *Elaininae* Cab. postea). Schnabel stark, so lang oder fast so lang als der Kopf, breit; Flügel mittellang, ziemlich spitz, häufig einzelne Schwingen verkümmert; Lauf kurz, Laufsohle nur oben und unten mit Warzen, Aussenseite zuweilen mit einer Reihe Tafeln.

1. Gatt. Tyrannus Cuv. (*Drymonax* Glog.; *Dioctes* Rchb.). Schnabel am Grunde platt, Firste stumpf, Seiten etwas bauchig, Spitze stark hakig, Nasenlöcher und Zügelränder mit Borsten; vorderste Schwingen verschmälert abgestutzt, Schwanz gablig; Lauf kurz, Zehen fein. — Arten: T. carolinensis Temm. Nord-America. u. a. — Hiervon wurden abgetrennt: Melittarchus Cab. mit grossem stark aufgeschwollenem Schnabel, ausgerande-

tem Schwanz und wenig verschmälerten Schwingen (*M. magnirostris* Cab. Cuba); Milvulus Sws. (*Despotes* Rchb.) mit kürzerem Kopf, kürzeren Flügeln und scharf zugespitzten vorderen Handschwingen des ♂, stark gabligem Schwanze (*M. tyrannus* Bp., Brasilien); ferner Laphyctes (incl. *Satellus*) Rchb., Empidonomus Cab., Sirystes Cab. (mit mässig langen, unverengten Schwingen und einer Haube ; *S. sibilator* Cab. Brasilien).

2. Gatt. Myiarchus Cab. (*Onychopterus* Rchb., *Despotina* Kaup, *Kaupornis* Bp.). Schnabel platter gedrückt, als bei Tyrannus, mit abgesetzter Firste, Endhaken fein, Basis und besonders Zügelränder mit starken Borsten; Flügel stumpfer, erste Schwingen nicht abgesetzt oder ausgerandet, mit abgerundeten Spitzen; Lauf höher, Seiten mit kleinen Tafeln. — Arten: M. ferox Cab. Brasilien. u. a. — Nahe verwandt sind: Myionax Cab. (grössere Formen mit weniger niedergedrücktem, oben mehr gewölbtem Schnabel, kräftigeren Flügeln und Schwanz: *M. crinitus* Cab. Nord-America) und Myiodynastes Bp.; Contopus Cab. (Flügel lang, spitz, Schwanz ausgerandet, Läufe kurz) und Myiochanes Cab. (südliche Formen mit weniger kräftigen Flügeln); ferner Empidonax Cab. (zwischen *Myiarchus* und *Contopus* vermittelnd), Blacicus Cab., Mitrephorus und Empidochanes Scl.

3. Gatt. Myiobius Gray (*Tyrannula* Sws., incl. *Pyrrhomyias* Cab. und *Myiophobus* Rchb.). Schnabel kurz, platt, nach der hakigen Spitze zu comprimirt; Dillenkante lang, Ränder mit langen Borsten; erste Schwinge lang, zweite und dritte die längsten; Schwanz mässig, ausgerandet; Lauf schlank, so lang als die Mittelzehe. — Arten: M. barbatus Gray; tropisches Süd-America. — u. a.

Durch schwächeren, schmalen Schnabel sind die Gattungen Pyrocephalus Gould, Aulanax, Theromyias und Empidias Cab. ausgezeichnet, durch sehr flachen, fast löffelförmigen Schnabel die Gattung Muscivora Cuv. (*Onychorhynchus* Fisch., *Megalophus* Sws., *Terpsichore* Glog.), welcher Phoneutria Rchb. (*Hirundinea* d'Orb. u. Lafr.) sehr nahe steht.

4. Gatt. Megarhynchus Thunb. (*Platyrhynchus* Temm., *Scaphorhynchus* Pr. Wied, *Megastoma* Sws.). Schnabel gross, so lang oder länger als der Kopf, sehr breit, mit scharfer Firste und Spitze, Nasenlöcher weit vorn, Schnabelgegend mit langen Borsten; Flügel spitz, bis zur Schwanzmitte reichend, erste Schwinge schmäler und etwas kürzer als die längste dritte; Schwanz breit, stumpf, leicht ausgerandet. — Arten: M. pitaugua Thunb. (*Lanius pitaugua* L.). Brasilien. — u. a.

5. Gatt. Saurophagus Sws. (*Pitaugus* Sws., *Apolites* Sund.). Schnabel so lang als der Kopf, höher als breit, Firste abgerundet, Spitze kräftig hakig mit feiner Einkerbung; Nasenlöcher dem Mundrand näher, dieser mit Borsten; Flügel und Schwanz länger; Lauf stärker und höher als bei Megarhynchus. — Arten: S. lictor Gray. Brasilien, S. sulphuratus Sws. Brasilien, Guyana. u. a.

Hierher gehört Attila Less. (*Dasycephala* Sws., *Dasyopsis* Rchb.) und Casiornis Bp. Einen Uebergang zur folgenden Gattung vermitteln Conopias Cab. (*C. superciliaris* Cab. Brasilien) und Myiozetetes Scl. (*M. cayennensis* Scl.).

6. Gatt. Elaïnea Cab. (*Paroides* Less.). Schnabel kürzer als der Kopf, flach gewölbt, am Grunde breit, mit scharfem Endhaken, Grund mit wenig kurzen, Zügelrand mit längeren Borsten; nur die erste Schwinge stark verkürzt; Lauf nur von den weit herumgreifenden vorderen Tafeln bedeckt. — Arten: E. pagana Gray, nördliches Süd-America. — u. a. — Hiermit sind sehr nahe verwandt: Tyrannulus Vieill., Legatus Scl., Myiopatis und Empidagra Cab., Camptostoma Scl. (mit höherem comprimirtem Schnabel ohne Zügelrandborsten), Phyllomyias, Tyranniscus Cab., und Ornithium Hartl.

7. Gatt. Rhynchocyclus Cab. (*Cyclorhynchus* Sund.). Schnabel gross, flach, an den Seiten aufgeworfen, die Ränder vom Grunde an einander genähert, Mundborsten lang, zahlreich; Augengegend bis zum Zügel nackt; Flügel bis etwas über die Schwanzbasis reichend; Schwanz schmalfedrig, zugerundet. — Arten: Rh. olivaceus Cab. Brasilien. u. a. — Nahe verwandt: Capsiempis Cab.

8. Gatt. Mionectes Cab. (*Pipromorpha* Schiff). Schnabel kaum so lang als der Kopf, breiter als hoch, wenig kurze und schwache Bartborsten; zweite Schwinge verkümmert und spitz auslaufend, oder mehrere Schwingen verschmälert. — Arten: M. oleagineus Cab. Brasilien. — u. a.

5. Passerinae.

Einen Uebergang zu den Todinen vermittelt Leptopogon Cab. (mit einem zwar längeren aber ohnfirstigen Schnabel und kurzen Läufen).

2. Unterfamilie. **Todinae** Cab. *(Platyrhynchinae* Cab. antea*).* Schnabel plattgedrückt, gegen die Spitze mehr abgerundet, mit starken Bartborsten; Flügel kurz, erste Schwinge zuweilen auffallend kurz und schmal: Schwanz kurz; Läufe hoch, dünn.

9. Gatt. Todus L. Schnabel länger als der Kopf, Spitze wenig gebogen, fast ohne Einschnitt; die zwei ersten Schwingen verkürzt und verschmälert; Schwanz kurz, gerade; äussere Zehen zum grossen Theile verwachsen. — Arten: T. viridis L. Jamaica, Süd-America. — u. a.

10. Gatt. Platyrhynchus Desm. Schnabel sehr breit und kurz; Flügel länger; Schwanz fast gerade. — Arten: P. cancroma Temm. Brasilien. u. a.

11. Gatt. Triccus Cab. *(Muscipeta* Temm., *Todirostrum* Less., *Todiramphus* Kaup). Schnabel kürzer als bei Todus, Spitze stark abwärts gebogen, mit deutlichem Einschnitt; Schwanz stufig; äussere Zehen wenig verwachsen. — Arten: T. cinereus Cab. Cayenne, Brasilien. u. a. — Hierher Oncostoma Scl.

12. Gatt. Euscarthmus Pr. Wied. Schnabel schmäler, Firstenkante deutlich, Spitze kaum gebogen, Borsten am Zügelrande; erste Schwinge stark verkürzt; Schwanz lang, dünn, schmalfedrig; äussere Zehen mehr oder minder verwachsen. — Arten: E. nidipendulus Pr. Wied. Brasilien. u. a. — Hiervon wurden getrennt: Hapalocercus Cab. (*Lepturus* Sws., *Myiosympotes* Rchb.), Serphophaga Gould, Pogonotriccus und Leptotriccus Cab., Orchilus Cab. (mit mehr dreieckigem Schnabel), Sternura Cuv. (*Culicivora* Sws., *Hapalura* Cab.), Habrura und Hemitriccus Cab. und Anaeretes Rchb.

13. Gatt. Colopterus Cab. (*Vermivora* Less.). Schnabel kurz und breit; die drei bis vier ersten Schwingen bedeutend verkürzt, sehr schmal und fast gleich lang. — Arten: C. pilaris Cab., nördliches Süd-America. u. a.

14. Gatt. Cyanotis Sws. (*Tachuris* d'Orb. u. Lafr.). Schnabel weniger platt, lang, mehr pfriemenförmig, keine Zügelborsten; Flügel kurz, Schwanz ziemlich kurz; Lauf hinten nackt; Füsse gross. — Arten: C. Azarae Gray (*C. omnicolor* Sws.). Bolivia, Chile. u. a.

3. Unterfamilie. **Fluvicolinae** Cab. (*Taeniopterinae* Bp.). Kräftigere Vögel, mit grossem, mehr kegelförmigem Schnabel ohne eigentlichen Haken; am Schnabelgrund einzelne grössere Borsten; erste Schwingen nur wenig kürzer; Beine kräftig, Lauf hoch, Zehen voll und derb, Aussenzehen nur wenig verbunden.

15. Gatt. Fluvicola Sws. (*Entomophaga* Pr. Wied., *Myiophila* Rchb.). Schnabel flach, breit, Firste scharf abgesetzt; Mundrandborsten sehr lang; erste Schwingen verkürzt; Schwanz abgerundet, Steuerfedern schmal, die äusseren kürzer. — Arten: Fl. mystacea Pr. Wied., Brasilien, Fl. climacura Gray. u. a.

Die Gatt. Ochthoeca Cab. hat längere Flügel und geraden, etwas ausgerandeten Schwanz (*O. oenanthoides* Cab., westliches Süd-America). Verwandt sind ferner: Ochthodiaeta Cab. und Mecocerculus Scl., Centrites Cab. (*Lessonia* Sws., *Centrophanes* Cab. antea, *Auchmalea* Rchb.) mit spornartig verlängerter Kralle der Hinterzehe, Ptyonura Gould (*Muscisaxicola* d'Orb. u. Lafr.), in dessen Nähe wohl auch Ochthites Cab. (*Muscigralla* d'Orb. u. Lafr.) gehört. — Einen fast kegelförmigen Schnabel mit wenig Borsten am Ziegelrand, breite runde Flügel und lange Läufe hat Lichenops (Comm.) Cab. (*Ada* Less., *Perspicilla* Sws.).

16. Gatt. Cnipolegus Boie. Schnabel gerade, kegelförmig, nicht bauchig, mit stumpfer Firstenkante und leichtem Endhaken; Nasenlöcher mehr seitlich, Mundborsten mässig lang; Scheitelfedern eine Holle bildend; Schwingen breit, stumpf, die erste nur wenig verkürzt; Schwanz lang, abgerundet. — Art: C. comatus Gray. Brasilien; Rio Grande. — Hierher gehört: Sericoptila Bp. (*Ada* Less.).

17. Gatt. Taenioptera Bp. (*Tyrannus* Vieill., *Xolmis* Boie, *Nengetus* Sws., *Orsipus* Nordm., *Blechropus* Sws., *Pepoaza* d'Orb. u. Lafr.). Schnabel stark, Firste anfangs gerade, dann sanft gebogen ohne Kante, Endhaken kurz; Nasenlöcher mehr nach innen; Mundrand-

borsten kurz, steif; Flügel bis über die Mitte des Schwanzes reichend, spitz, erste Schwinge nur wenig kürzer; Schwanz gerade abgestutzt; Laufsohle seitlich mit Tafeln; Aussenzehen nur wenig verwachsen. — Arten: T. nengeta Gray. Brasilien. u. a. — Hiervon sind abgetrennt: Pyropa Cab., Agriornis Gould (*Tamnolanius* Less., *Dasycephala* Gray p.), Machetornis Gray (*Chrysolophus* Sws.), Sisopygis Cab. (*Suiriri* d'Orb.), Hemipenthica Cab. (*Arundinicola* Rchb.).

18. Gatt. Alectrurus Vieill. (*Gallita* Vieill. antea, *Xenurus* Boie). Schnabel kegelförmig mit bauchigen Rändern, feinem Endhaken und steifen Borsten; erste Schwinge stark verkürzt, spitz, ebenso die zweite, die folgenden gerundet; Schwanz kurz, die mittleren Federn sehr breit. — Art: A. tricolor Vieill. Brasilien. — A. guirayetepa Vieill., mit langen breiten äusseren Steuerfedern, bildet die Gatt. Psalidura Glog. (*Yetapa* Less.).

Hierher gehören noch die Gattungen: Gubernetes Such, Ictiniscus Cab. (*Muscipipra* Less., *Milvulus* Rchb., Burm.). Copurus Strickl. und Arundinicola d'Orb. u. Lafr. (*Dixiphia* Rchb.).

4. Familie. **Anabatidae** Cab. (*Dendrocolaptidae* Scl.). Schnabel verschieden, Spitze stets comprimirt; Flügel mit 10 Handschwingen, von denen die erste nicht auffallend verkürzt ist; Deckfedern kurz; Lauf vorn mit queren Tafeln, welche nach hinten und innen herumgreifen, sodass aussen nur ein schmaler nackter oder mit Schüppchen bedeckter Streif frei bleibt. — Americanisch.

1. Unterfamilie. **Dendrocolaptinae** Cab., Bp. Schnabel meist länger als der Kopf, gebogen, Spitze gerade und scharf; Flügel über die Mitte des Schwanzes hinabreichend, steiffedrig; Schwanz lang und steif, mit nackten Schaftspitzen; Aussenzehen gleich lang, am Grunde verwachsen.

1. Gatt. Xiphorhynchus Sws. Schnabel sehr lang, stark gebogen, schlank, comprimirt; Beine zierlich, Lauf nicht viel länger als die Mittelzehe, aussen mit Tafeln bedeckt. — Arten: X. trochilirostris Gray. Brasilien, Venezuela. u. a.

2. Gatt. Picolaptes Less. (*P. et Lepidocolaptes* Rchb., et *Dacryophorus* Bp., *Thripobrotus* Cab.). Schnabel niedriger, am Grunde flacher; Nasenlöcher schmal, spaltenförmig, randsländig; Lauf aussen mit Warzen; Zehen sehr fein. — Arten: P. squamatus Lafr. Brasilien. u. a.

Hierher gehören noch: Dendroplex Sws. (*Dendrocopus* Sund.), Dendrornis Eyton (*Premnocopus* Rchb.), Xiphocolaptes Less. (*Dendrocopus* Rchb.).

3. Gatt. Dendrocolaptes Herm. (*Dendrocopus* Vieill. et Sws., *Orthocolaptes* Less., *Premnocopus* Cab., *Nasica* Less.). Schnabel länger als der Kopf, höher als breit mit stumpfer Firstenkante; Flügel und Schwanz ziemlich kurz; Beine kräftig im Verhältniss zum Schnabel. — Arten: D. picumnus Licht. (*platyrhynchus* Rchb.). Brasilien. u. a.

Hierher gehören noch: Dendrexetastes Eyton (*Cladoscopus* Rchb.), Dendrocincla Gray (*Dryocopus* Pr. Wied), Pygarrhichus Burm. (*Dendrodromus* Gould, *Dromodendron* Gray).

4. Gatt. Sittasomus Sws. Schnabel kürzer als der Kopf, zierlich, Firste gerundet, leicht gebogen, Spitze mit feinem Häckchen; Schwingen etwas verschmälert; Schwanz lang, Steuerfedern abgestutzt, Hinterzehe mit langem, wenig gekrümmtem Nagel. — Arten: S. erithacus Lafr. Brasilien. — u. a. (S. flammulatus Less bringt Reichenbach als Gatt. Siptornis zu den Synallaxinen.)

Hierher noch: Margarornis Rchb. und Glyphorhynchus Pr. Wied (*Sittacilla* Less., *Zenophasia* Sws.).

2. Unterfamilie. **Anabatinae** Burm. Schnabel stark, kaum kopflang, Spitze etwas herabgebogen; Schwanz etwas kürzer, weichfedrig und wenn die Spitzen steifer, doch kein Stemmschwanz; Aussenzehe kürzer als die Mittelzehe; Laufsohle aussen mit ganz nacktem Streifen.

5. Gatt. Xenops Illig. (*Neops* Vieill.). Schnabel klein, Firste gerade, aber die Dillenkante nach aufwärts gekrümmt; Nasengrube weit nach aussen gerückt; Schwanz klein,

weichfedrig; Zehen lang. — Arten: X. rutilus Licht. Brasilien. u. a. — Hiervon ist kaum zu trennen: Xenicopsis Cab. (*Anabasitta* Lafr., *Anabazenops* Lafr., *Anabatoides* Des Murs, Burm., *Cichlocolaptes* et *Syndactyla* Rchb.). Nächst verwandt ist Ipoborus Cab. (*Automolus* Rchb.).

6. Gatt. Oxyrhynchus Temm. (*Oxyramphus* Strickl.,. Schnabel ganz gerade, kegelförmig, ohne alle Biegung; Nasenlöcher spaltförmig, borstenspitzige Federn vor dem Auge und am Kinnwinkel; Schwanz kurz, weichfedrig; am Laufe greifen nach Burmeister die vorderen Tafeln von aussen her um die Sohle (wie bei den Tyranniden). — Art: O. flammiceps Temm. Brasilien.

7. Gatt. Anabates Temm. (*Philydor* Spix, *Dendroma* Sws., *Sphenura* Licht. p., *Homorus* Rchb.). Schnabel mit sanft gegen die kleine abwärts gerichtete Spitze gebogener Firste, Dillenkante schwach aufsteigend; borstenspitzige Federn nur vor dem Auge; Flügel kurz; Schwanz breitfedrig, mit weichen Schäften, die Spitzen etwas vorstehend; Sohlenstreif nackt. — Arten: A. cristatus Spix, A. superciliaris Burm., beide aus Brasilien. u. a. Hierher: Otipne Cab. (*Pseudocolaptes* Rchb.), Heliobletus Rchb. u. Sphenopsis Scl.

3. Unterfamilie. **Synallaxinae** Cab. Schnabel stark comprimirt, zierlich; Firste sanft gebogen, mit leicht hakiger Spitze; borstenspitzige Federn vor dem Auge; Flügel kurz; Schwanz lang, steiffedrig; Schäfte zum Stemmen, aber weich, zuweilen mit nackten Spitzen; Laufsohle mit Tafeln oder Warzen; Aussenzehe wenig länger als die Innenzehe.

8. Gatt. Thripophaga Cab. Schnabel von Kopflänge, sanft zugespitzt; Nasengruben hinten befiedert; Nasenlöcher fast ganz von Membran bedeckt, spaltförmig; erste Schwinge bedeutend verkürzt, vierte die längste; Schwanz sehr lang; Laufsohle mit Warzenschildern. — Art: Th. striolata Cab. Brasilien.

9. Gatt. Anumbius D'Orb. u. Lafr. (*Sphenopyga* Cab., *Phacellodomus* und *Malacurus* Rchb.). Schnabel kürzer, Firste stärker gebogen, Nasengrube ganz befiedert; Stirnfedern zugespitzt, erste Schwinge wenig verkürzt; Steuerschäfte ohne vortretende Spitze; Füsse höher mit kleinen Zehen; Laufsohle aussen mit einer Reihe viereckiger Tafeln. — Arten: A. frontalis D'Orb. Brasilien. u. a.

10. Gatt. Synallaxis Vieill. (*Anabates* Temm. p., *Parulus* Spix, *Anabacerthia* Lafr.). Schnabel fein, sanft gebogen, Nasengrube klein, Oeffnung spaltförmig; Flügel kurz, zugerundet, erste Schwinge sehr verkürzt; Steuerfedern mit steifen, scharf zugespitzten Enden; Lauf hoch, aussen mit einer Warzenreihe, Hinterzehe mit grosser, wenig gebogener Kralle. Arten: S. albescens Temm. Brasilien. u. a. — Kaum generisch zu trennen ist Leptoxyura Rchb. — Nahe verwandt sind: Leptasthenura Rchb., Oxyurus Sws., Coryphistera, Cranioleuca, Asthenes und Melanopareia Rchb.; endlich noch Phleocryptes Cab.

11. Gatt. Schizura Cab. (*Sylviorthorhynchus* Gray). Schnabel fast kopflang, gerade, am Grunde comprimirt; Nasengrube halb bedeckt; Flügel stumpf; Flügel über doppelt so lang als der Leib, die sechs mittelsten Steuerfedern verlängert mit haarförmig abstehenden Fahnen. — Art: S. Desmursii Rchb. Chile.

4. Unterfamilie. **Furnariinae** Cab. (Töpfervogel). Schnabel kurz, bis von Kopfeslänge, comprimirt, gerade oder sanft gebogen; Nasengrube vortretend, Nasenloch gross, spaltenförmig; Flügel und Schwanz nur mittellang; Laufsohle nackt oder flach warzig; Aussenzehe ziemlich kurz, Hinterzehe wie deren Kralle stärker und länger.

12. Gatt. Sclerurus Sws. (*Tinactor* Pr. Wied, *Oxypyga* Ménétr.). Schnabel schlank, Firste nach der ausgerandeten Spitze zu gebogen; Dillenkante lang, aufsteigend; Nasenlöcher halbmondförmig, klein; dritte bis fünfte Schwinge die längsten; Schwanz breit, abgerundet, Steuerschäfte leicht vorstehend, steif; Aussenzehen verbunden; Hinterzehe lang. — Arten: Scl. caudacutus Gray. Brasilien. u. a.

13. Gatt. Lochmias Sws. (*Picerthia* Geoffr.). Schnabel so lang als der Kopf, höher

als breit, sanft gebogen, Spitze gerade; Nasenloch spaltförmig; Flügel kurz, rund, erste Schwinge stark verkürzt; Schwanz kurz, die Schäfte in steife Spitzen verlängert; Hinterzehe minder lang. — Arten: L. nematura Cab. Brasilien. u. a.

Verwandt Cillurus Cab. (*Opetiorhynchus* Kittl., *Cinclodus* Gray, Coprotretis Cab. (*Upucerthia* Geoffr.), Henicornis Gray '*Eremobius* Gould), Ochetorhynchus Meyen. limnornis Gould (*Cinnicerthia* Lafr.).

14. Gatt. **Furnarius** Vieill. (*Opetiorhynchus* Temm., *Figulus* Spix, *Ipnodomus* Glog.). Schnabel kaum länger als der Kopf, vorn höher als breit, leicht gebogen; keine Borstenspitzen; Flügel stumpf, nicht gerundet; Schwanz weich, gerundet; Lauf hoch. — Arten: F. rufus d'Orb. Brasilien. u. a.

15. Gatt. **Geositta** Sws. (*Certhilauda* d'Orb., *Euthyonyx* Rchb.). Schnabel schlank, stark comprimirt; Nasenlöcher theilweise membranös bedeckt; erste Schwinge kaum verkürzt; Schwanz kurz, gerade; Lauf hoch, viel länger als die Mittelzehe; Aussenzehe länger als die innere. — Arten: G. cunicularia Gray. Patagonien. u. a. — Hiervon kaum zu trennen ist Geobates Sws. — Bei Geobamon Cab. ist der Schnabel ganz gerade, seitlich nicht zusammengedrückt.

5. Familie. **Pteroptochidae** Scl. (*Rhinomydeae* d'Orb. u. Lafr., *Scytalopidae* J. Müll.). Schnabel mittelgross, kräftig, mässig gewölbt, Firste sanft gebogen, zuweilen vor der Spitze ein Einschnitt am Oberschnabel, Dillenkante gerade; Flügel kurz, die drei ersten Schwingen stufig, die vierte meist die längste; Schwanz kurz, mit 12 oder 14 Steuerfedern, abgerundet; Läufe kräftig, etwas länger als die Mittelzehe, vorn mit queren Tafeln, Laufsohle mit einer Reihe Schildern; Zehen kräftig, dick, mit comprimirten spitzen Krallen. — Süd-Americanisch.

1. Gatt. **Scytalopus** Gould (*Platyurus* Sws., *Sylviaxis* Less.). Schnabel gestreckt, Spitze fein hakig mit schwacher Kerbe; Zügelfedern zuweilen steifer; Schwanz lang, stufig, mit breiten Mittelfedern; Aussenzehen etwas verwachsen. — Arten: a) Sarochalinus Cab. (*Merulaxis* Less., *Malacorhynchus* Ménétr.). Zügelfedern verlängert, abstehend (14 Steuerfedern?). Sc. ater Burm. Brasilien. u. a. b) Scytalopus Cab. Zügelfedern nicht verlängert, weich. Sc. indigoticus Cab. Brasilien. u. a.

Hierher: Agathopus Scl., Triptorhinus Cab. mit Acropternis Cab. (*Triptorhinus* antea) und Rhinomya Geoffr. (*Rhinocrypta* Gray).

2. Gatt. **Pteroptochus** Kittl. (*Leptonyx* Sws., et subg. *Liosceles* Scl.). Schnabel mittelgross, gerade, mit stumpfer, gebogener Firste; Nasenlöcher seitlich, von einer Hornschuppe bedeckt; Borsten am Schnabelgrund; Flügel und Schwanz eher klein; Füsse kräftig. Lauf etwas länger als die Mittelzehe, Hinterzehe verlängert, Krallen stark. — Arten: Pt. rubecula Kittl. Chile. u. a.

3. Gatt. **Hylactes** King (*Megalonyx* Less.). Schnabel kurz, Firste gekrümmt, Spitze comprimirt, ausgerandet; Nasenlöcher basal, von einer Membran bedeckt; Flügel kurz, mit 10 Armschwingen; Schwanz mit 14 Steuerfedern; Läufe länger als die Mittelzehe, Krallen lang. — Arten: H. megapodius Gray, H. Tarni King, beide aus Chile. u. a.

6. Familie. **Menuridae** Bp. Schnabel mittellang, gekielt, am Grunde breit; Nasenlöcher in einer länglichen, von einer Membran bedeckten Grube; Augengegend nackt; Flügel kurz, die ersten fünf Schwingen stufig, siebente bis neunte die längsten; Schwanz verlängert, beim ♂ mit 16 aufrechten, laxen, beim ♀ mit 12 keilförmig stufigen Steuerfedern; Läufe hoch, hinten und aussen oben mit Schildern, unten genetzt; Krallen kräftig, die der Hinterzehe länger.

Einzige Gatt. Menura Davies. Charakter der Familie. — Arten: M. superba Davies, äussere Steuerfedern leierartig nach aussen geschwungen. Neu-Holland; ebendaher die zweite Art: M. Alberti Gould.

7. Familie. **Formicariidae** Gray, Scl. (*Myiotheridae* Ménétr., Bp. p., *Eriodoridae* Cab. p.). Schnabel kürzer oder kaum länger als der Kopf, gerade oder

schwach gekrümmt, mit Endhaken und Zahn; Dillenkante gerade oder sanft aufsteigend; Nasenlöcher basal, nackt oder theilweise membranös bedeckt; Flügel kurz, gerundet, mit 10 Hand- und 9 Armschwingen, erste Schwinge kurz, oft vierte bis sechste die längsten; Schwanz mit 12 oder 10 Steuerfedern; Bürzelfedern lax, verlängert, das ganze Gefieder einförmig, fein verlängert, die Rückenfedern eigenthümlich wollig; Lauf kräftig, Aussenzehen mehr oder weniger verwachsen. — Süd-Americanisch.

SCLATER, P. L., Synopsis of the American Ant-Birds (Formicariidae), in: Proceed. Zool. Soc. 1858. p. 202—224. 232—254. 272—289.

1. Unterfamilie. **Thamnophilinae** (CAB. p.) SCL. Schnabel kräftig, hoch, comprimirt, mit Endhaken und Zahn; Nasenlöcher nackt; Lauf vorn mit Tafeln, hinten mit kleinen Schildern; Schwanz verlängert, breitfedrig, gerundet. Körper gross; Geschlechter verschieden.

1. Gatt. Thamnophilus VIEILL. (*Taraba* LESS., *Diallactes* RCHB., *Lochites* CAB. [*Nisius* et *Othello* RCHB.], *Hypoedalius*. *Percnostola*, *Erionotus*, *Hypolophus* et *Rhopochares* CAB.). Von mittler oder kleiner Gestalt; Schnabel kürzer als der Kopf, hakig, in seiner Stärke verschieden; vierte bis sechste Schwinge die längsten; Schwanz mehr oder weniger verlängert. — Arten: Th. major VIEILL., Th. ambiguus SWS., beide von Brasilien. u. a.
Hierher noch: Batara LESS. (*Thamnarchus* CAB., die grösste Form), Cymbilanius GRAY, Thamnistes und Pygiptila SCL. und Biastes RCHB. (*Biatas* CAB.).

2. Gatt. Dysithamnus CAB. (*Dasythamnus* BURM.). Schnabel kurz, gerade, comprimirt, weniger hoch als bei Thamnophilus; Flügel kurz; Füsse schwächer, Läufe kürzer; Schwanz kurz, wenig gerundet. — Arten: D. guttulatus CAB., Brasilien, Bolivia. u. a.

Die Gatt. Thamnomanes CAB. hat am Mundspalte zahlreiche Borsten und einen abgekürzten, hakigen Schnabel.

2. Unterfamilie. **Formicivorinae** SCL. (*Eriodorinae* et *Hypocnemidinae* CAB. p.). Habitus graciler, Gestalt kleiner; Schnabel dünn, mehr pfriemenförmig; Läufe schlank, Hornbekleidung der Vorderseite zuweilen, die der Hinterseite meist ungetheilt.

3. Gatt. Herpsilochmus CAB. Den Thamnophilus ähnlich, aber kleiner und bunter; Schnabel am Grunde breiter als bei Formicivora; Lauf kurz, vorn und hinten mit Schildern. — Arten: H. pileatus CAB. Brasilien, Bolivia. u. a.

4. Gatt. Myrmotherula SCL. (*Myrmotherium* CAB., *Rhopoterpe* p., *Thamnias* [*Rhopias* olim] et *Myrmophila* CAB.). Schnabel dünn, pfriemenförmig, nicht viel höher als breit; Schwanz kurz, zuweilen sehr kurz, mit zwölf, zuweilen nur zehn Steuerfedern; Lauf mit Schildern. — Arten: M. pygmaea SCL. nördliches Süd-America, M. gularis SCL. Brasilien. u. a.

5. Gatt. Formicivora SWS. (incl. *Ellipura* et *Terenura* CAB., *Taenidiura* RCHB.). Schnabel ähnlich; Steuerfedern stark abgestuft, zwölf oder zehn; Lauf meist geschildet. — Arten: F. grisea CAB. Brasilien, Guyana. u. a.

Hierher: Psiloramphus SCL. (*Leptorhynchus* MÉNÉTR.) und Ramphocaenus VIEILL. *Acontistes* SUND., *Scolopacinus* BP.), welche beide Gattungen durch membranös gedeckte Nasenlöcher ausgezeichnet und den Pteroplochiden nahe verwandt sind.

6. Gatt. Cercomacra SCL. Kräftigere Gestalt; Schnabel am Grunde verbreitert; Schwanz lang mit meist zehn abgestuften Steuerfedern; Laufsohlen ungetheilt. — Arten: C. coerulescens SCL. (*Ellipura* CAB.) Brasilien. u. a.

7. Gatt. Pyriglena CAB. Schnabel dünn, verlängert, comprimirt, an der Spitze gekrümmt; Schwanz mässig lang, mit zwölf Steuerfedern; Läufe kräftig, Laufsohle ungetheilt. Gefieder schwarz. — Arten: P. leucoptera SCL. (*P. domicella* CAB.). Brasilien. u. a.

Hierher: Heterocnemis SCL. (*Holocnemis* STRICKL.).

8. Gatt. Myrmeciza Gray (*Drymophila* Sws., *Myrmonax* Cab.). Schnabel gerade, mehr oder weniger verlängert; Flügel kurz; Schwanz stark stufig mit zwölf Steuerfedern; Läufe gracil, mit ungetheilter Hornbekleidung. — Arten: M. loricata Scl. (*Myiothera loricata* Licht.). Brasilien. u. a.

9. Gatt. Hypocnemis Cab. (incl. *Myrmoborus* Cab.). Schnabel ziemlich kräftig, am Grunde breit, nach der Spitze comprimirt, mit deutlichem Endzahn; Schwanz kurz, wenig gerundet, mit zwölf Steuerfedern; Lauf vorn mit Tafeln. — Arten: H. cantator Scl. (*H. tintinnabulata* Cab.), Guyana, Amazonenstromgebiet, Peru. u. a.

3. Unterfamilie. **Formicariinae** Scl. (*Hypocnemidinae* et *Myiotherinae* Cab. p.). Habitus drosselartig; Schnabel pfriemenförmig, ziemlich kräftig, gerade, an der Spitze gekrümmt, mit Zahn; Flügel kurz; Schwanz kurz oder sehr kurz, kaum gerundet, meist quadratisch; Füsse gross, Läufe lang oder sehr lang. Geschlechter meist ähnlich.

10. Gatt. Pithys Vieill. (*Dasyptilops* et *Anoplops* Cab., *Gymnopithys* Bp.). Schnabel mässig, Flügel ziemlich verlängert; Füsse mässig stark, Hornbekleidung ungetheilt, Aussenzehen bis zum zweiten Gliede verbunden; Schwanz länglich. — Arten: P. albifrons Cab. Cayenne, Neu-Granada. u. a.

Hierher noch: Gymnocichla und Myrmelastes Scl. und Rhopoterpe Cab.

11. Gatt. Phlogopsis (*Phleg.*) Rchb. Schnabel ziemlich kräftig, zusammengedrückt; Nasenlöcher klein, rund, nach vorn gerückt, von borstigen Federn umgeben; Augengegend nackt; Laufbekleidung fast ungetheilt; Hinterzehe auffallend klein. — Arten: Ph. nigromaculata Scl. nördliches Süd-America. u. a.

12. Gatt. Formicarius Bodd. (*Myrmornis* Herm., *Myrmecophaga* Lacép., *Myiothera* Illig., *Myrmothera* Vieill., *Myiocincla* Sws.). Schnabel ziemlich dick, Augengegend befiedert; Flügel länger, dritte bis fünfte Schwinge die längsten; Läufe mit Tafeln; Hinterzehe lang, gracil. — Arten: F. cayanensis Bodd. nördliches Süd-America. u. a.

Hierher: Chamaeza Vig. (*Chamaezosa* Cab.) mit kurzem Schnabel und sehr kurzen Flügeln.

13. Gatt. Grallaria Vieill. (*Myioturdus* et *Myiotrichas* Boie, *Colobathris* et *Hypsibemon* Cab.). Schnabel kräftig, mässig lang, comprimirt; Firste sehr gekrümmt; Flügel kurz, vierte bis sechste Schwinge die längsten; Läufe sehr lang, vorn mit Tafeln. — Arten: Gr. varia Gray, Cayenne, Peru. u. a. — Hiervon trennt Sclater die Gattung Gralleriicula.

14. Gatt. Conopophaga Vieill. (*Myiagrus* Boie, *Urotomus* Sws.). Schnabel kurz, geschwollen, breit abgerundet; Flügel ziemlich kurz, vierte bis siebente Schwinge gleich und längste, die dritte kaum kürzer; Hinterzehe kurz. — Arten: C. aurita Gray, Cayenne, C. lineata Gray, Brasilien. u. a.

15. Gatt. Corythopis Sund. Schnabel schwächer, länglich; Flügel mässig lang, dritte und vierte Schwinge die längsten; Schwanz ziemlich lang, wenig abgerundet; Lauf ziemlich lang, Hornbekleidung fast ungetheilt, Hinterzehe lang. — Arten: C. calcarata Cab. Brasilien. u. a.

8. Familie. **Pittidae** Bp. (*Eucichlidae* Cab.). Schnabel etwa von Kopfeslänge, kräftig, dick, mit gerader, nur an der Spitze leicht gekrümmter Firste, Dillenkante lang, aufsteigend; Nasenlöcher seitlich in einer häutig halbbedeckten Grube; Schwingen kurz, erste Schwinge wenig kürzer; Schwanz sehr kurz, abgestutzt; Läufe hoch, meist zwei- bis dreimal so lang als die Mittelzehe, vorn mit queren Tafeln, seitlich mit Schienen bedeckt; Aussenzehen am Grunde verbunden. — Africa, Australien, Indien und indischer Archipel.

Wallace, A. R., Remarks on the habits, distribution and affinities of the genus Pitta, in: Ibis, 1864. p. 100—114.

Einzige Gatt. Pitta Vieill. (*Eucichla* Rchb., *Coloburis* et *Phoenicocichla* Cab., *Brachyurus* Thunb., *Myiothera* Cuv., *Citta* Wagl., *Gigantipitta*, *Melanopitta*, *Iridopitta* et *Erythropitta* Bp.,

Hydrornis Blyth, *Heleornis* et *Paludicola* Hodgs.), Character der Familie. — Arten: P. coerulea Vig. Malacca, Sumatra, P. novae Guineae Müll., Neu-Guinea und Papua-Inseln. u. a. — Die Gattung Philepitta Geoffr. hat kürzere Läufe, nur von der Länge der Mittelzehen (*Ph. sericea* J. Geoffr., Madagascar). Hierher Brissonia Hartl.

2. Unterordnung. **Oscines** Sund. Von den zehn Handschwingen ist die erste kurz, oder rudimentär oder fehlt; selten mehr als neun Armschwingen; Lauf gänzlich gestiefelt oder an den Seiten mit einer ungetheilten Schiene versehen. Unterer Kehlkopf vollständig unter Theilnahme der Trachea und Bronchen gebildet, meist mit fünf paar auf vorn und hinten vertheilten Muskeln.

1. **Gruppe.** Spizognathae n. (*Passeres* Sund.). Aeussere Lamelle der Gaumenbeine in eine verticale Platte entwickelt mit mehr oder weniger ausgeschnittenem Hinterrande; der vordere Gaumenbeinfortsatz ist breit und verbindet sich in einem abgestutzten Rande mit dem hohen und breiten Oberschnabel.

1. Familie. **Ploceidae** Sund. Zehn Handschwingen, die erste kleiner, zuweilen rudimentär; Schnabelfirste breit, zwischen das Stirngefieder einspringend, nach der Spitze zu gewölbt; Schnabel stark, conisch, nach der Basis zu abgeplattet; Lauf vorn mit Tafeln, an den Seiten geschient; Schwanz meist kurz, abgerundet, zuweilen mehr oder weniger verlängert. Bauen meist künstliche beutelförmige Nester. — Süd-Asien, Indien, indischer Archipel, Australien, Africa.

1. Unterfamilie. **Ploceinae** Cab. Schnabel meist kräftig, mittellang, schlank; erste Schwinge meist länger als bei den folgenden; Flügel lang; Schwanz mittellang, abgestutzt oder leicht abgerundet. Gefieder meist gelb oder röthlich mit Schwarz oder Roth. — Africanisch.

1. Gatt. Textor Temm. (*Alecto* Less., *Bubalornis* Smith, *Dertroides* Sws.). Schnabel dick kegelförmig, an der Basis zuweilen geschwollen, die Ränder buchtig, Dillenkante lang, aufsteigend; Flügel abgerundet, etwas über die Schwanzwurzel reichend, zweite bis vierte Schwinge die längsten, Schwanz abgerundet. — Arten: T. érythrorhynchus A. Smith. Süd-Africa. u. a.

Verwandte Gattungen: Sycobius Vieill. (*Malimbus* et *Ficophagus* Vieill. olim), Sycobrotus Cab. (*Symplectes* Sws., *Eupodes* Jard.), Hyphanturgus Cab.

2. Gatt. Hyphantornis Gray. Schnabel so lang oder kürzer als der Kopf, am Grunde breit, nach der Spitze comprimirt, Firste breit, glatt und abgerundet; Flügel etwas über die Schwanzwurzel reichend, dritte bis fünfte Schwinge ziemlich gleich lang, die vierte die längste; Schwanz kurz, gerade oder leicht abgerundet; seitliche Zehen gleich lang, Krallen stark gekrümmt. — Arten: H. textor Gray. West-Africa. u. a.

Nach Cabanis gehört auch Sitagra Rchb. hierher.

3. Gatt. Ploceus Cuv. (incl. *Nelicurvius* Bp.). Schnabel stark kegelförmig, seicht gebogen; Flügel mässig lang, bis über die Schwanzdecken reichend; erste Schwinge sehr klein, dritte bis fünfte Schwinge die längsten; Innenzehe kürzer als die äussere; Krallen lang, schlank, leicht gekrümmt. — Arten: Pl. philippinus Cuv. Ost-Indien. u. a.

Hierher gehören noch: Ploceolus und Xanthophilus, Fondia Rchb. Nigrita Strckl. (*Aethiops* olim), Hyphantica Cab. (*Quelea* Rchb.), Philagra Cab. (*Plocepasser* Smith, *Agrophilus* et *Leucophrys* Sws.), Sporopipes Cab. (*Pholidocoma* Rchb.) und Coryphegnathus Rchb. (steht vielleicht *Pyrenestes* näher).

4. Gatt. Philetaerus Smith. Schnabel stärker comprimirt als bei Ploceus, Firste vom Grunde an leicht gewölbt, Seitenränder buchtig; Flügel bis zur Schwanzmitte reichend, erste Schwinge (fehlt nach Cabanis, oder) rudimentär, zweite bis vierte gleich lang und die längsten; Schwanz abgerundet; Seitenzehen ziemlich gleich lang; Krallen stark gekrümmt und spitz. — Art: Ph. socius Gray. Süd-Africa.

2. Unterfamilie. **Viduinae** Cab. Schnabel kurz, kegelförmig, am Grunde auf-

getrieben, nach der Spitze comprimirt; Flügel mittellang; Schwanz bei den ♂ während der Brunstzeit mit eigenthümlich verlängerten Federn; Gefieder am Rücken stets schwarz, weiss oder roth gezeichnet. — Africanisch.

5. Gatt. Penthetria Cab. (*Coliuspasser* Rüpp.). Schnabel gestreckt, nach der Spitze leicht gebogen; Flügel mittellang, erste Schwinge rudimentär, zweite bis fünfte gleich lang; Schwanzfedern des ♂ sehr lang, an der Spitze breiter als am Grunde; nach der Mitte stark gestuft. — Arten: A. macrocerca Cab. Abyssinien. u. a.

Hierher noch: Orynx Rchb. (*Xanthomelana* Bp.), Euplectes Sws. *Pyromelana* Bp.), Chera Gray.

6. Gatt. Vidua Cuv. Schnabel mehr oder weniger verlängert, conisch, comprimirt, Dillenkante lang und aufsteigend; Flügel mittellang, erste Schwinge verkümmert, dritte bis fünfte die längsten; einige der Schwanzdecken und Steuerfedern beim ♂ verlängert und von verschiedener Form, Lauf kürzer als die Mittelzehe; Krallen alle lang. — Arten: V. regia Cuv., V. principalis Cuv., beide von West-Africa. u. a.

Hierher (zum Theil als Untergattungen): Steganura et Tetraenura Rchb., Urobrachya Bp., Coliostruthus Sund., Videstrelda Lafr., Hypochera Bp.

3. Unterfamilie. **Spermestinae** Cab. Schnabel kurz, dick, conisch, ohne Endhaken; Flügel mittellang, erste Schwinge kurz; Schwanz kurz, meist stufig, Mittelfedern zuweilen verlängert; Lauf so lang als die Mittelzehe. Gefieder meist schön gefärbt.

7. Gatt. Amadina Sws. (*Sporothlastes* Cab.). Schnabel stark, so lang als breit und hoch, Firste am Grunde platt, Unterschnabel breit; zweite bis vierte Schwinge die längsten, Schwanz kurz, abgerundet, die beiden mittleren Federn zuweilen in eine vorragende Spitze verlängert; Hinterzehe lang, mit langer, gekrümmter Kralle. — Arten: A. fasciata Gray. Africa. u. v. a.

Hierher gehören: Spermestes Sws., Erythrura Sws., Lonchura Sykes (*Uroloncha* Cab.), Dermophrys Hodgs. (*Munia* Hodgs., *Maja* Rchb.), Donacola Gould (*Weebongia* Less.), Poephila Gould, Chloebia Rchb., Chlorura Rchb., Emblema et Xerophila Gould.

8. Gatt. Padda Rchb. (*Oryzornis* Cab.). Schnabel gross, stark, kegelförmig, mit der Firste rechtwinklig in die Stirn tretend, vor den Nasenlöchern ein Leistchen; zweite und dritte Schwinge die längsten; Schwanz kurz, abgerundet, Steuerfedern breit. — Art: P. oryzivora Rchb. Süd- und Ost-Africa.

9. Gatt. Pyrenestes Sws. Schnabel gross, stark, völlig conisch, Unterschnabel dicker als der obere, an der Basis der Seitenwände ein obsoleter Zahn; Dillenkante lang; vierte und fünfte Schwinge die längsten, erste relativ lang; Schwanz länglich, abgerundet. — Arten: P. ostrina Gray. West-Africa. u. a.

[Hierher (als Untergattungen): Ortygospiza und Amblyospiza Sund. — Gehört Trichogrammoptila Rchb. hierher?

10. Gatt. Pytelia Sws. (*Zonogastris* Cab.). Schnabel verlängert, schlank, conisch; Schwanz kurz, gerade; Füsse sehr klein. — Arten: P. phoenicoptera Sws. West-Africa. u. a.

Hierher noch: Neochmia Hombr. et Jacq., Stagonopleura Rchb., Spermospiza Gray.

11. Gatt. Estrelda Sws. (*Habropyga* Cab.). Schnabel kräftig, conisch am Grunde breit, nach der leicht ausgerandeten Spitze abnehmend, Dillenkante lang; Flügel kurz, erste Schwinge sehr kurz, zweite beinahe so lang als die dritte und vierte, welche die längsten sind; Schwanz ziemlich kurz, stufig oder abgerundet; Lauf kürzer als die Mittelzehe; Hinterzehe lang und schlank. — Arten: E. astrild Sws. Süd-Africa. u. v. a.

Hierher als Untergattungen: Sporaeginthus, Aegintha, Zonaeginthus (beide in Australien), Uraeginthus und Lagonosticta Cab.

2. Familie. **Fringillidae** Sund. Schnabel rings mit einem mehr oder minder deutlichen basalen Wulst; Stirngefieder bildet keine Schneppen; Kieferschneiden

5. Passerinae.

bis an den Mundwinkel eingezogen; nur neun Handschwingen, die ersten drei meist die längsten; Lauf hinten mit ungetheilten Schienen.

1. Unterfamilie. **Emberizinae** GRAY. Schnabel conisch, spitz, comprimirt, Oberschnabel schmäler und meist niedriger als Unterschnabel; Gaumen mit einer wulstigen Erhöhung; Flügel mässig zugespitzt; Hinterzehe länger als die innere.

1. Gatt. Plectrophanes MEYER (*Hortulanus* LEACH, incl. *Centrophanes* KAUP, *Leptoplectron* RCHB.), Schnabel kurz, Firste abgerundet, etwas in die Stirn verlängert; Gaumenhöcker mit einer Mittelleiste; die erste Schwinge der zweiten und dritten fast gleich lang, welche die längsten sind; Hinterzehe mit langer fast gerader Kralle. — Arten: Pl. nivalis MEYER, Nord-Europa, Pl. lapponica SELBY (*Centrophanes* KAUP) Lappland. u. a.

2. Gatt. Emberiza L. Schnabel kurz, conisch; Gaumenhöcker ohne Mittelleiste, von den vorderen Längsleisten etwas abgesetzt; die vier ersten Schwingen bilden die Flügelspitze, zweite und dritte die längsten, Aussenfahnen der ersten Schwingen verengt; Kralle der Hinterzehe kürzer als die Zehe. — Arten: E. citrinella L., E. cirlus L., E. miliaris L., E. schoeniclus L., Gold-, Zaun-, Grauammer, Rohrsperling. u. a. altcontinentale und americanische. Die Gattung wurde von BOIE, KAUP, BONAPARTE, CABANIS aufgelöst oder mit Untergattungen versehen; es sind folgende: Citrinella, Orospina, Spina, Cirlus und Cia KAUP, Miliaria BREHM (*Crithophaga* CAB., *Spinus* GRAY, *Cynchramus* BP.), Glycyspina CAB., Fringillaria Sws. (*Polymitra* CAB.), Cynchramus BOIE (*Hortulanus* VIEILL., *Schoenicola* BP., *Buscarla* BP.), Euspiza BP. (*Melophus* Sws.), Onychospina BP. (*Hypocentor* CAB.), Granativora BP., Ocyris HODGS., Gubernatrix LESS. (*Lophocoryphus* GRAY).

2. Unterfamilie. **Loxiinae** GRAY. Schnabel ziemlich lang, breit, nach der Spitze comprimirt; die gekrümmte Oberschnabelspitze kreuzt sich zuweilen mit der des Unterschnabels oder überragt dieselbe; Flügel ziemlich lang, spitz und abgerundet; Schwanz mässig, ausgerandet oder stufig; Läufe und Zehen mittelgross.

3. Gatt. Loxia L. (*Curvirostra* SCOP., *Crucirostra* CUV.). Schnabel mässig schlank, mit stark gekrümmter Firste und Spitze, letztere stark, spitz, die Spitzen des Ober- und Unterschnabels kreuzen sich (und zwar tritt der Oberschnabel zuweilen rechts, zuweilen links am Unterschnabel vorbei); die ersten drei Schwingen die längsten; Schwanz kurz, ausgerandet; Seitenzehen gleich, die Hinterkralle besonders lang und stark. — Arten: L. pityopsittacus BECHST., L. curvirostra GM., beide europäisch. — u. a. auch asiatische und americanische.

Hierher noch: Loxops CAB. (*Byrseus* RCHB., *Hypoloxia* LICHT.) und Psittacopis NITZSCH (*Psittirostra* TEMM.).

4. Gatt. Paradoxornis GOULD (*Bathyrhynchus* MCCLELL., *Heteromorpha* HODGS.). Schnabel so lang als hoch, mit stark gekrümmter Firste, papageyenartig; Flügel kurz, gerundet, vierte bis sechste Schwinge die längsten; Schwanz verlängert, stufig; Lauf länger als die Mittelzehe; Innenzehe kurz; Hinterzehe lang, stark, mit breiter Sohle. — Arten: P. flavirostris GOULD. Ost-Indien. u. a.

3. Unterfamilie. **Pyrrhulinae** (GRAY) CAB. Schnabel sehr kurz, stark, mehr oder weniger comprimirt, ganzrandig; Firste gewölbt und convex; Flügel mittellang, etwas abgerundet, Schwanz mässig, leicht ausgerandet; Lauf kurz, Seitenzehen ungleich.

5. Gatt. Pinicola VIEILL. (*Strobilophaga* VIEILL. postea, *Corythus* CUV., *Densirostra* WOOD). Schnabelgrund so breit als hoch, Firste stark gekrümmt, Spitze zuweilen hakig verlängert; erste Schwinge länger als die fünfte, zweite und dritte die längsten; Schwanz kürzer als der Körper. — Arten: P. enucleator CAB. Europa. u. a.

Hierher: Propyrrhula HODGS. (*Spermopipes* CAB.), Pyrrhospiza BLYTH, Haematospiza BLYTH.

6. Gatt. Pyrrhula CUV. Schnabel kurz, am Grunde breiter als hoch, Firste am Grunde

platt, nach vorn comprimirt und gekrümmt, Seiten leicht geschwollen, Dillenkante verlängert und plötzlich nach oben gebogen; zweite bis vierte Schwinge die längsten; Lauf so lang als die Mittelzehe; Seitenzehen ungleich. — Arten: P. rubicilla Pall. Dompfaff. Europa. u. a. Hierher: Uragus Blas. u. Keys., und Pyrrhoplectes Hodgs.

7. Gatt. Carpodacus Kaup (*Erythrina*, später *Erythrothorax* Brehm, *Erythrospiza* Bp., *Haemorrhous* Sws., *Pyrrhulinota* und *Propasser* Hodgs.). Aehnlich Pyrrhula, Flügel spitzer, erste Schwinge etwas kürzer als die zweite und dritte, welche die längsten sind; Schwanz mittellang, leicht gegabelt; Lauf stark, kürzer als die Mittelzehe. — Arten: C. erythrina Gray. Europa und West-Asien. u. a. Arten aus Africa und America.

Verwandte Gattungen: Bucanetes Cab., Crithagra Sws. (*Serinus* und *Buserinus* Bp.). Crithologus Cab. (*Alario* Bp.), Serinus Koch (Boie, Brehm, *Dryospiza* Bl. u. K.).

4. Unterfamilie. **Fringillinae** Cab. Schnabel verschieden, meist schlank, kegelförmig, Firste meist gerade, Spitze ohne Kerbe, Nasenlöcher seitlicher; Zügelrand in der Regel ohne Borsten; Flügel lang, erste Schwinge länger als die zweite, die mit der dritten die längste ist; Schulterfittig kürzer als die Handschwingen; Schwanz mittellang.

8. Gatt. Coccothraustes Briss. Schnabel am Grunde sehr breit, Firste leicht bis zur Spitze gekrümmt, rund und glatt; Seitenränder am Grunde winklig, eingebogen; Unterschnabel etwas schmäler als der obere, Dillenkante sehr lang; erste Schwinge etwas kürzer als die zweite; Schwanz kurz, gablig, Schwingen und Steuerfedern breit ausgeschnitten; Lauf kürzer als die Mittelzehe; Hinterzehe stark. — Arten: C. vulgaris Briss. u. a. in Europa, Asien und Nord-America.

Hierher; Hesperiphona Baird, Mycerobas Cab., Chaunoproctus Bp., Eophonia Gould, Callacanthis Rchb., Pyrrha Cab. (*Procarduelis* Hodgs.).

9. Gatt. Fringilla L. Schnabel kurz, aber länger als hoch, conisch, am Grunde breit, Firste gerade, nur an der Spitze schwach abwärts gebogen; Dillenkante gerade aufsteigend; am Oberschnabelgrunde gefiederte Borsten; zweite und dritte Schwinge die längsten, Schwanz leicht gegabelt; Lauf kürzer als die Mittelzehe; Hinterzehe lang, ihre Kralle lang, gekrümmt. — Arten: a) Schnabel gegen die Mitte stärker verschmälert, Spitze stark ausgezogen: Fr. carduelis L. Stieglitz. u. a. (Hierher die Untergattungen: Carduelis Ctv. [*Acanthis* Bechst., *Spinus* Koch], Astragalinus Cab. [*Spinus* Boie], Chrysomitris Boie [*Spinus* Brehm, *Acanthis* Blas. u. K.], Pyrrhomitris Bp., Hypacanthis Cab.) — b) Schnabel allmählich verschmälert, erste Schwinge grösser als die fünfte, die ersten vier oder fünf Schwingen verengt: Fr. cannabina L. Hänfling. u. a. Hierher die Untergattungen: Aegiothus Cab. [*Linaria* Cuv., *Linota* Bp. p., *Acanthis* Bp.]. Catamenia Bp., Cannabina Brehm [*Linaria* Bechst., *Linota* Blas. u. K.]). — c) Erste Schwinge kleiner als die dritte und grösser als die vierte: Fr. citrinella L. Europa. u. a. (Untergattungen: Citrinella Bp. [*Serinus* Boie, *Chlorospiza* Bl. u. K.], Ligurinus Koch [*Chloris* Cuv., *Chlorospiza* Bp.]). — (Hierher gehören wohl auch: Sporagra Rchb., Poliospiza Schiff., Metoponia Bp., Melanodera Bp.) — d) Die vier ersten Schwingen wenig verschieden, zweite und dritte aber am längsten; Fr. coelebs L. Buchfink. (Untergattung Fringilla Bl. u. K. [*Coelebs* Cuv., *Struthus* Boie]). — e) Zweite Schwinge die längste, die erste länger als die dritte: Fr. nivalis L. Nord-Europa. (Untergattungen: Montifringilla Brehm [*Chionospina* Kaup, *Orites* Bl. u. K., *Geospiza* Glog.], Oriturus Bp., Leucosticte Sws.).

10. Gatt. Passer L. (*Pyrgita* Cuv., *Pyrgitopsis* Bp.). Schnabel länger als hoch, Firste der ganzen Länge nach abwärts gekrümmt, Dillenkante aufwärts gekrümmt, zweite und dritte Schwinge etwas länger als die erste; Seitenzehen nahezu gleich. — Arten: P. domesticus L. Spatz. u. a.

Verwandte Gattungen und Untergattungen sind: Corospiza Bp. (*Pyrgita* Boie), Chrysospiza Cab. (*Auripasser* Bp.)', Xanthodina Sund., Gymnorhis Hodgs., Petronia Kaup (*Pyrgita* Bl. u. K.), Rhodopechys Cab.

5. Unterfamilie. **Spizellinae** Baird (*Geospizinae* Cab. olim p. nec Bp., *Passerellinae* Cab. p.). Schnabel meist schlank kegelförmig, wenig gekrümmt; Flügel mittellang, die äussern Schwingen nicht gerundet, Armschwingen meist lang; Füsse

5. Passerinae.

gross, Lauf meist länger als die Mittelzehe; Gefieder fast stets streifig. — Americanisch.

11. Gatt. Passerculus Bp., Schnabel kurz, kegelförmig, mit gerader Firste und geschweiften Seiten; Flügel ungewöhnlich lang, bis über die Schwanzmitte reichend, erste Schwinge die längste, Schulterfittig sehr lang; Schwanz sehr kurz, mit schmalen spitzen Federn; Lauf von Länge der Mittelzehe, Seitenkrallen viel kleiner als die mittlen; Hinterzehe länger als die seitlichen. — Arten: P. savanna Bp. Nord-America. u. a.
Verwandte Gattungen: Centronyx Baird, Poocaetes Baird.

12. Gatt. Coturniculus Bp. Schnabel geschwollen, convex; Flügel kurz, gerundet, die äusseren vier Schwingen leicht stufig; Schwanz sehr klein, schmal, leicht gestuft; Zehen sehr kurz. — Arten: C. manimbe Cab. Brasilien. u. a.
Hierher: Ammodromus Sws. (mit sehr langem, schlankem Schnabel und langen Beinen), Chrysopoga Bp., Peucaea Aud., Chondestes und Haemophila Sws.

13. Gatt. Zonotrichia Sws. Schnabel schlank, kegelförmig, Firste gerade, Spitze mit obsoleter Kerbe, Ränder eingebogen, Flügel bis ans Ende der oberen Schwanzdecken reichend; Armschwingen lang; Schwanz nicht kurz, schmalfedrig; Füsse kräftig, Seitenzehen gleich, Hinterzehe länger als diese. — Arten: Z. leucophrys Bp. Nord-America, Z. matutina Gray, Brasilien. u. a.
Hierher gehören: Melospiza Baird, Spizella Bp. (*Spinites* Cab.), Junco Wagl. (*Niphaea* Aud., *Struthus* Bp.), Phrygilus und Haplospiza Cab., Rhopospina Cab., und Hedyglossa Cab. (*Diuca* Rchb.).

14. Gatt. Poospiza Cab. Schnabel schlank kegelförmig, Firste etwas gebogen, Spitze gerade mit Spur einer Kerbe; die drei ersten Schwingen stufig verkürzt; Schwanz mittellang. — Arten: P. lateralis Cab. Brasilien. u. a.

15. Gatt. Passerella Sws. Schnabel conisch, gerade, beide Kiefer gleich; Flügel bis über die Schwanzmitte reichend; Zehen und Krallen sämmtlich stark, die seitlichen bis über die Hälfte der mittleren reichend. — Arten: P. iliaca Sws. Nord-America. u. a.

6. Unterfamilie. Pitylinae Cab. p. (*Spizinae* Baird p.). Schnabel verschieden, aber stets gross, meist mit stark gekrümmter Firste, Unterschnabel am Grunde hinterwärts gezogen, oft breiter als der Oberschnabel, Nasenloch klein, aber exponirt; Flügel etwas über die Basis des Schwanzes hinabreichend, erste Schwinge meist verkürzt; Schwanz lang; Beine stark, Lauf ziemlich hoch; Hinterzehe besonders gross, äussere Vorderzehen am Grunde verbunden.

16. Gatt. Goniaphea Bowd. (*Coccoborus* Sws., *Guiraca* Sws., *Cyanoloxia* Bp.). Schnabel sehr gross und stark, beide Kiefer für sich gewölbt, Unterschnabel so hoch als der Oberschnabel, Spitze ohne Haken und Kerbe; Zügelrand mit einigen Borsten; erste Schwinge der kurzen Flügel merklich verkürzt; Schwanz sehr lang, stufig; Lauf dünn, Krallen kurz, aber gekrümmt. — Arten: G. cyaneus Cab. Brasilien, Mexico. u. a.
Hierher noch: Hedymeles Cab. (*Habia* Rchb.) und Pheucticus Rchb.

17. Gatt. Oryzoborus Cab. Schnabel weniger gewölbt; Firste gerade; Unterkiefer noch höher; Flügel länger, Schwanz relativ kürzer. — Arten: O. torridus Cab. Brasilien. u. a.

18. Gatt. Sporophila Cab. (*Spermophila* Sws.). Schnabel im Ganzen kleiner, Firste mehr gewölbt, Spitze etwas hakig, Unterschnabel am Grunde bauchig vortretend; erste Schwinge kaum verkürzt; Schwanz kurz, schmalfedrig; Aussenzehe kaum länger als die innere. — Arten: Sp. hypoleuca Cab., Sp. plumbea Cab. beide brasilianisch. u. a.
Hierher: Melopyrrha Bp., Gyrinorhynchus Rchb., Callirhynchus Gould, Catamblyrhynchus Lafr.

19. Gatt. Paroaria Bp. (*Calyptrophorus* Cab.). Schnabel schlanker, gerade, nicht hakig; Nasenloch frei; die ersten drei Schwingen stufig verkürzt; Armschwingen lang; Schwanz lang; Krallen der Hinterzehe klein. — Arten: P. cucullata Bp. Brasilien. u. a. — Hierher Coccopsis Cab.
Verwandte Gattungen: Coryphospingus Cab. (*Lophospiza* Bp.), Tiaris Sws., Eue-

18*

thia Rchb., Phonipara Bp., Sycalis Boie, Volatinia Rchb., Amaurospiza Cab., Cyanospiza Baird (*Spiza* Bp., *Passerina* Vieill.).

20. Gatt. Cardinalis Bp. Schnabel kernbeisserartig, sehr gross, Firste leicht convex; Flügel abgerundet, viel kürzer als der breite stufige Schwanz; Lauf höher als die Mittelzehe. — Art: C. virginianus Bp. Südliches Nord-America.

Verwandte Gattungen: Calamospiza Bp. (*Corydalina* Aud.), Euspiza Bp. (*Euspina* Cab.). Pyrrhuloxia Bp.

21. Gatt. Pipilo Vieill. (*Kieneria* Bp. p.). Schnabel kräftig, Firste sanft gekrümmt, Unterschnabel niedriger als der obere, nicht so breit als die fast gerade Dillenkante lang ist; Flügel abgerundet, Handschwingen länger als die anderen, die ersten vier stufig; der stufige Schwanz länger als die Flügel; Füsse kräftig, alle Krallen comprimirt und gekrümmt. — Arten: P. erythrophthalmus Bp. Nord-America. u. a.

Verwandte Gattungen: Atlapetes Wagl., Melozone Cab., Pyrgisoma Puch. (*Meloxene* Rchb.), Limnospiza Cab. (*Embernagra* Less.), Tardivola Sws. (*Emberizoïdes* Temm., *Chlorion* Temm.), Donacospiza Cab., Coryphospiza Gray (*Leptonyx* Sws.).

Eine besondere Unterfamilie Geospizinae bildet Bonaparte aus den vier auf die Galapagos-Inseln beschränkten Gattungen: Geospiza Gould (nec Gloc.), Camarhynchus Gould (*Piezorhina* Lafr.), Cactornis Gould und Certhidea Gould, welche Cardinalis und Calamospiza nahe zu stehen scheinen.

3. Familie. **Tanagridae** Gray, Scl. (Sund. p., *Thraupinae* et *Pitylinae* p. Cab.). Schnabel am Grunde mehr oder weniger dreieckig, Firste stets mehr oder weniger gekrümmt, im Oberschnabel ein Zahn oder Einschnitt, zuweilen feine Sägezähne; Flügel mittellang, etwas zugespitzt; Lauf und Zehen kurz und schlank; Hinterzehe stark und lang, Krallen gekrümmt. Americanisch.

1. Gatt. Pitylus Cuv. (*Cissurus* Rchb., *Periporphyrus* Rchb. p., *Caryothraustes* Rchb.). Schnabel sehr gross, hoch und breit, kernbeisserartig, Oberschnabelränder stark buchtig und den Unterschnabelrand deckend, Firste stark gekrümmt; dritte bis fünfte Schwinge die längsten, Schwanz verlängert, meist abgerundet; Läufe stark. — Arten: P. grossus Gray, nördliches Süd-America. u. a.

Verwandte Gattungen: Orchesticus Cab., Schistochlamys Rchb. (*Diucopsis* Bp.).

2. Gatt. Saltator Vieill. Schnabel stark, verlängert, gekrümmt, kaum gebuchtet, aber die Spitze gezähnt; Flügel gerundet, dritte bis fünfte Schwinge fast gleich und die längsten; Schwanz lang und rund. Geschlechter gleich. — Arten: S. atriceps Less. Mexico, Yucatan, S. magnus Gray, nördliches Süd-America.

Hiervon ist getrennt: Saltatricula Burm. — Verwandt: Psittospiza Bp. (*Chlorornis* Rchb.), Lamprospiza Cab., Cissopis Vieill. (*Bethylus* Cuv.). Oreothraupis Scl.

3. Gatt. Arremon Vieill. Schnabel gerade, kurz, hoch, conisch, an der Spitze kaum gezähnt; Flügel kurz, vierte bis sechste Schwinge die längsten, Schwanz ziemlich kurz, abgerundet. — Arten: A. sileus Gray. Brasilien, Cayenne. u. a.

Hierher Phoenicophilus Strickl. (*Dulus* Vieill. p.).

4. Gatt. Buarremon Bp. (*Chrysopoga* Bp. p., *Pipilopsis* Bp., incl. subg. *Carenochrous* Scl.). Schnabel gerade, verlängert, conisch, kaum gezähnt; Flügel länger, vierte bis sechste Schwinge die längsten; Schwanz lang, stark gerundet; Geschlechter gleich. — Arten: B. torquatus Bp. Bolivia, B. albinuchus Bp. Cartagena. u. a.

Chlorospingus Cab. (incl. *Hemispingus* Cab., sec. Scl.) nähert sich in der Dünne des Schnabels den Mniotiltiden. — Hierher gehört ferner Pyrrhocoma Cab.

5. Gatt. Nemosia Vieill. (*Hemithraupis* et *Thlypopsis* Cab.). Schnabel zart, verlängert, gekrümmt, spitz, kaum gezähnt; Flügel lang, erste Schwinge lang, die drei nächsten wenig länger und längsten; Schwanz mässig, abgestutzt. Geschlechter verschieden. — Arten: N. pileata Vieill. Oestliches Süd-America. u. a.

Verwandt: Leucopygia Sws. (*Cypsnagra* Less.).

6. Gatt. Tachyphonus Vieill. (*Pyrrota* Vieill., *Camarophaga* Boie). Schnabel leicht conisch, comprimirt, Spitze gekrümmt, spitz, gezähnt; Flügel mässig, wenig gerundet, dritte bis fünfte Schwinge die längsten, die zweite kürzer als die fünfte; Schwanz verlän-

gert, abgerundet; Geschlechter verschieden. — Arten: T. melaleucus Scl. (*Tanagra nigerrima* Gm.). Oestliches Süd-America. u. a.

Verwandte Gattungen: Trichothraupis Cab., Eucometis Scl., Pogonothraupis Cab. (*Lanio* Vieill.), Creurgops Scl., Phoenicothraupis Cab., Lamprotes Sws. (*Sericossypha* et *Erythrolanius* Less.), Orthogonys Strickl.

7. Gatt. Pyranga Vieill. (*Phoenicosoma* Sws.). Schnabel ziemlich gerade und conisch, cylindrisch, Firste mässig gekrümmt, Spitze gezähnt, Mitte des Oberschnabels zackig ausgebogen. Flügel verlängert, die ersten vier Schwingen fast gleich, doch die zweite und dritte etwas länger; Schwanz mässig. Gefieder des Männchens roth, das des Weibchens gelblich. — Arten: P. rubra Sws. Nord-America und Antillen. u. a.

Hierher noch Ramphocelus Desm. (*Ramphropis* Vieill., *Jacapa* Bp.), Spindalis Jard., Dubusia Bp.

8. Gatt. Tanagra L. (*Thraupis* Boie). Schnabel leicht gebogen, kegelförmig, so hoch als breit, comprimirt, mässig verlängert, mit Endzahn, Dillenkante wenig aufsteigend; Flügel mässig, zweite bis vierte Schwinge die längsten, erste wenig kürzer. Geschlechter meist ähnlich. — Arten: T. episcopus L. Guiana. u. a.

Hierher: Compsocoma Cab , Buthraupis Cab., Stephanophorus Strickl., Poecilothraupis Cab. (*Anisognathus* Rchb.), Iridornis Less. (*Poecilornis* Hartl., *Euthraupis* Cab.).

9. Gatt. Calliste Boie (*Aglaia* Sws., *Callospiza* Gray; incl. subgen. *Tatao, Chrysothraupis, Ixothraupis, Chalcothraupis* Bp., *Gyrola* Rchb., *Procnopis* Cab., *Euschemon* et *Eupreptiste* Scl.). Schnabel gerade, dünn, kurz, leicht comprimirt, Firste gekrümmt, Dillenkante wenig aufsteigend, Endzahn deutlich; Flügel verlängert, zweite bis vierte Schwinge die längsten, die erste kürzer; Schwanz mässig, abgestutzt; Füsse schwach. Gefieder äusserst glänzend; Geschlechter meist ähnlich. — Arten: C. tatao Gray, Guiana; C. tricolor Gray, Brasilien. u. v. a. (s. Sclater, Monograph of the genus Calliste. London, 1858).

Verwandte Gattungen: Diva Scl., Piprid'ea Sws. (*Procnopis* Bp. p.), Chlorochrysa Bp. (incl. *Callipareia* Bp.), Tanagrella Sws. (*Hypothlypis* Cab.), Glossiptila Scl. (*Neornis* Hartl.), Chlorophonia Bp. (*Triglyphidia* Rchb.), Acrocompsa Cab.

10. Gatt. Euphonia Desm. (*Cyanophonia, Pyrrhuphonia* et *Ypophaea* Bp., *Acroleptes* Schiff., *Phonasca* Cab., *Iliolopha* Bp.). Schnabel kurz, hoch, erweitert, Firste gekrümmt, Dillenkante aufsteigend, Ränder gesägt und an der Spitze gezähnt; Flügel lang, die ersten vier Schwingen fast gleich, die zweite und dritte meist wenig länger; Schwanz kurz, abgestutzt. Geschlechter verschieden. — Arten: E. musica Gray, S. Domingo, Cuba; E. chlorotica Licht. Cayenne. u. a.

2. Gruppe. Coracognathae n. (*Oscines* Sund. p.). Gaumenbeine breit und hinten verhältnissmässig platt mit verlängerten äusseren Ecken, in keine verticale Platte ausgezogen: Schnabelgrund im Allgemeinen schmäler.

4. Familie. **Mniotiltidae** Gray p. (*Sylvicolinae* subfam. Cab., Baird). Schnabel eher schlank, conisch oder deprimirt; Firste gerade oder convex; neun Handschwingen, Schulterfittig nicht länger als die Armschwingen; Lauf vorn mit deutlichen Tafeln; Hinterzehe meist kürzer als die mittlere. Krallen sehr gekrümmt. — Americanisch.

1. Unterfamilie. **Mniotilteae** Baird. Schnabel mit deutlichem Einschnitt hinter der Spitze, Schnabelspalt ohne Borsten; erste Schwinge fast so lang als die zweite. Flügel lang, zugespitzt; Schwanz gerade, Steuerfedern mit weissen Flecken; Hinterzehe länger als die seitlichen, Kralle länger als die Zehe.

1. Gatt. Mniotilta Vieill. (*Oxyglossus* Sws.). Schnabel kürzer als der Kopf, aber länglich, comprimirt, mit sehr kurzen Randborsten und seichter Kerbe; Flügel länger als der Schwanz; erste Schwinge kürzer als die zweite und dritte; Zehen lang, die mittlere dem Lauf gleich, Hinterzehe fast ebenso lang, die Kralle kürzer. — Arten: M. varia Vieill. Nord- u. Central-America. u. a.

Hierher noch. **Pachysylvia** Bp., **Parula** Bp. (*Chloris* Boie, *Sylvicola* Sws., *Compsothlypis* Cab.) und **Protonotaria** Baird.

2. Unterfamilie. **Geothlypeae** Baird. Schnabel mit deutlichem Einschnitt, aber ohne Borsten; Hinterzehe beträchtlich länger als die seitlichen; Füsse stark und lang; untere Schwanzdecken sehr lang.

2. Gatt. **Geothlypis** Cab. (*Trichas* Glog.). Schnabel etwas platt, Borsten fehlen oder sind äusserst kurz; Flügel abgerundet, kaum länger als der Schwanz, erste Schwinge kürzer als die vierte, Schwanz lang, abgerundet; Lauf so lang als der Kopf. — Arten: G. trichas Cab. Nord-America. u. a. — Hierher: **Myiothlypis** Cab. u. **Oporornis** Baird.

3. Unterfamilie. **Icterieae** Baird. Schnabel kürzer als der Kopf, ohne Einschnitt, sehr kräftig, stark comprimirt, die scharfe Firste und Commissur stark gekrümmt, die Dillenkante fast gerade, Unterkieferunterrand convex; Flügel abgerundet, die untere Schwinge länger als die Armschwingen; Schwanz stufig; Lauf länger als die Zehen; Täfelung obsolet; seitliche Zehen gleich, kürzer als die hintere.

3. Gatt. **Icteria** Vieill. Character der Unterfamilie. — Arten: 1. viridis Bp. u. a. aus Nord-America bis Mexico.

4. Unterfamilie. **Vermivoreae** Baird. Schnabel gänzlich ohne Einschnitt, conisch, schlank, schwach, scharf zugespitzt, ohne Borsten.

4. Gatt. **Helminthophaga** Cab. Schnabel verlängert, die Conturen fast gerade, zuweilen leicht gekrümmt, ohne Spur eines Einschnittes; Flügel lang und spitz; erste Schwinge fast die längste; Schwanz kurz, eben oder leicht ausgerandet; Lauf länger als die Mittelzehe. — Arten: H. chrysoptera Cab. Nord-America. u. a.
Hierher noch: **Helmitherus** Rafin. (*Vermivora* Sws., *Helinaia* Aud.).

5. Unterfamilie. **Sylvicoleae** Baird. Schnabel mit deutlicher Kerbe, Borsten am Schnabelspalt klein oder fehlen; Hinterzehe kurz, die seitlichen gleich, Zehe so lang als die Kralle; erste Schwinge kaum kürzer als die längste.

5. Gatt. **Seiurus** Sws. (*Henicocichla* Gray). Schnabel comprimirt, Dillenkante aufsteigend, Spaltborsten sehr kurz; Flügel etwas länger als der Schwanz; Steuerfedern zugespitzt; Lauf länger als die Mittelzehe, so lang als der Kopf; untere Schwanzdecken bis einen halben Zoll vor das Schwanzende reichend. — Arten: S. aurocapillus Sws. Mexico und östliches Nord-America. u. a.

6. Gatt. **Dendroeca** Gray (*Sylvicola* Sws. p., *Rhimamphus* Rafin.). Schnabel conisch, verschmächtigt, am Grunde platt, aber kaum breiter als hoch, von der Mitte an comprimirt; Firste bis zur Mitte gerade, dann plötzlich abwärts gekrümmt, Dillenkante leicht convex, aufsteigend; Spaltborsten meist vorhanden; Lauf länger als die Mittelzehe, diese länger als die Hinterzehe, deren Kralle fast so lang als die Zehe. — Arten: D. virens Baird, Mexico bis Grönland, D. Auduboni Baird, westliches Nord-America, D. aestiva Baird, Nord-America von der Ost- bis Westküste. u. a. — Hiervon trennt Baird die Gatt. **Perissoglossa** (*Dendroeca tigrina*).

6. Unterfamilie. **Setophageae** Baird. Schnabel meist mit Kerbe, am Grunde breiter als hoch, aber dick, Spalt mit Borsten, deren längste von Schnabellänge; Schwanz den Flügeln gleich oder länger; erste Schwinge ziemlich der vierten gleich.

7. Gatt. **Myiodioctes** Aud. (*Wilsonia* Bp., *Myioctonus* Cab.). Schnabel platt (fliegenfängerartig), erste Schwinge deutlich kürzer als die vierte; Flügel sehr wenig länger als der abgerundete oder leicht gestufte Schwanz. — Arten: M. mitratus Aud., Mittel-America von Guatemala bis zum Missouri. u. a.
Hierher: **Euthlypis** Cab., **Basileuterus** Cab. (incl. subgen. *Idiotes* Baird), **Setophaga** Sws. (*Sylvania* Nutt., incl. subgen. *Myioborus* Baird), **Granatellus** Dubus. —

5. Passerinae. 279

Die Gattung Cardellina Dubus (mit der Untergattung Ergaticus Baird) bildet eine Uebergangsform zu den Tanagriden).

5. Familie. **Motacillidae** (Gray p.) Baird, Scl. Schnabel schlank, kürzer als der Kopf, mit Einschnitt an der Spitze, keine Spaltborsten; Flügel lang, zugespitzt: neun Handschwingen; erste Schwinge fast die längste, Federn des Schulterfittigs beträchtlich länger als die Armschwingen; Schwanz ausgerandet; Lauf länger als die Mittelzehe, so lang als die Hinterzehe.

1. Gatt. Motacilla L. Schnabel gerade und schlank, comprimirt, Firste leicht gekrümmt, Dillenkante lang und aufsteigend, zweite und dritte Schwinge die längsten; Schwanz sehr lang, meist gerade, zuweilen gablig; Hinterzehe lang mit langer Kralle. — Arten: M. alba L. Europa, M. capensis L. Süd-Africa. u. a.

Hierher: Budytes Cab., Calobates Kaup (*M. sulphurea* Bechst.), Nemoricola Blyth.

2. Gatt. Anthus Bechst. Schnabel schlank, Firste fast gerade oder leicht gekrümmt, Dillenkante lang; die drei ersten Schwingen gleich und die längsten; Schwanz mässig, ausgerandet; Lauf länger als die Mittelzehe, Aussenzehen leicht am Grunde geheftet; Hinterzehe lang, ihre Kralle sehr lang und spitz. — Arten: A. pratensis Bechst. Mittel-Europa; A. ludovicianus Licht., Nord-America, A. australis Vig. u. Horsf. Australien. u. a.

Hierher: Spipola Leach, Corydalla Vig., Pipastes und Leimonipterus Kaup, Agrodomus und Macronyx Sws., Notiocorys und Pediocorys Baird, Cynaedium Sund.

6. Familie. **Alaudidae** (Gray) Cab. Schnabel mittellang, gerade; Stirnfedern auf die Schnabelseiten tretend, neun oder zehn Handschwingen; Schulterfittig bedeutend länger als die Armschwingen; Lauf nach hinten von Tafeln bedeckt, daher hinten nicht scharfkantig, sondern rund; Kralle der Hinterzehe fast gerade und lang.

1. Unterfamilie. **Calandritinae** Cab. Nur neun Handschwingen; Schnabel breiter, platter, am Grunde gerader, Nasengruben länglich, mehr oder weniger den Schnabelrändern parallel, Nasenlöcher nicht von Federn verdeckt.

1. Gatt. Otocorys Bp. (*Eremophila* Boie, *Phileremos* Brehm, *Philammus* Gray). Schnabel kaum höher als breit, Nasengrube etwas schräg, Nasenlöcher rund. — Arten: O. alpestris Bp. Europa, O. cornuta Cab. Nord-America. u. a.

Hierher noch: Calandritis Cab. (*Calandrella* Kaup, *Coryphidea* Blyth) und Neocorys Scl.

2. Unterfamilie. **Alaudinae** Cab. Zehn Handschwingen; Schnabel kurz, stark, conisch; Nasengruben quer, völlig von einem Büschel borstiger Federn bedeckt.

1. Gatt. Melanocorypha Boie (*Calandra* Less., *Saxilauda* Less., *Londra* Syk., *Corydon* Glog.). Schnäbel mässig, Firste am Grunde erhaben und nach der Spitze gekrümmt, Seiten stark comprimirt, Dillenkante sehr lang; Nasenlöcher bedeckt; Lauf kürzer als die Mittelzehe. — Arten: M. calandra Boie. Europa. u. a.

Verwandt: Coraphites Cab. (*Megalotis* Sws., *Pyrrhulauda* Smith).

3. Gatt. Alauda L. Schnabel mässig, conisch, Firste leicht gekrümmt, Seiten comprimirt, Flügel verlängert, meist die dritte Schwinge die längste; Schwanz mässig, leicht ausgerandet; Lauf länger als die Mittelzehe. Alte Welt. — Arten: A. arvensis L. Europa. u. a.

Nahe verwandt: Galerita Boie (*Lullula* Kaup, *Calendula* Sws., *Erana* Gray, *Heterops* Hodgs.), Ammomanes Cab.

4. Gatt. Megalophonus Gray. Schnabel schlank, Firste etwas gekrümmt, Nasenlöcher nur von einer Haut bedeckt; Flügel sehr kurz, dritte Schwinge die längste; Schwanz mittellang; Lauf länger als die Mittelzehe. — Arten: M. apiatus Gray. Süd-Africa. u. a.

Das im älteren Eocen von Glarus gefundene Skelet des Protornis glarniensis v. Mey. entspricht am meisten dem der Lerchen.

Hierher gehören noch: Geocoraphus CAB. (*Mirafra* HORSF., *Ploceolauda* HODGS.) Chersomanes CAB. (*Corydalis* TEMM., *Certhilauda* SWS.), Alaemon BLAS. u. K. (*Thinotretis* GLOG.), Ramphocorys BP. (*Jerapterhina* DES MURS).

7. Familie. **Sylviidae** CAB. Schnabel schlank, dünn, pfriemenförmig; Firste bis zur leicht ausgerandeten Spitze gekrümmt; Flügel mittellang, meist gerundet, stets zehn Handschwingen, die erste kurz, Schwanz verschieden. Läufe vorn mit getheilten Schildern; Aussenzehe meist länger als die innere; Gefieder seidenartig weich.

1. Unterfamilie. **Accentorinae** CAB. Schnabel mittellang, kegelförmig; Ränder eingezogen, Nasenlöcher spaltförmig; meist die dritte und vierte Schwinge die längsten, Schwanz kurz, mässig breit.

1. Gatt. Accentor BECHST. (*Laiscopus* GLOG.). Schnabel an der Wurzel breiter als hoch, ziemlich stark, Firste am Grunde eingedrückt; Flügel über die Mitte des Schwanzes reichend, dritte Schwinge die längste; Schwanz ausgerandet; Füsse und Zehen kräftig. — Arten: A. alpinus BECHST. Europäische Alpen. u. a.
Hierher noch: Tharraleus KAUP (*Prunella* VIEILL., *Spermolegus* KAUP) und Epthianura GOULD (*Cynura* BREHM).

2. Unterfamilie. **Sylviinae** CAB. Schnabel schwach, schlank, gerade, nach vorn comprimirt; Dillenkante lang und aufsteigend; Flügel abgerundet; Füsse mittelhoch; Krallen comprimirt, gekrümmt, spitz. Leben in Gebüschen und Laubwaldungen.

2. Gatt. Phyllopneuste MEYER (*Ficedula* aut., *Asilus* MOEHR., *Phylloscopus* BOIE, *Sibilatrix* KAUP). Körper gestreckt. Schnabel schwach, am Grunde etwas verbreitert; Flügel bis über den Anfang des Schwanzes reichend; dritte und vierte Schwinge die längsten; Schwanz mittellang, ausgerandet; Füsse schwach. — Arten: P. trochilus BP. MittelEuropa. u. a.
Verwandte Genera: Geobasileus und Phyllobasileus CAB. (*Reguloides* BLYTH), Cephalopyrus BP., Nitidula JERD. u. BL., Abrornis u. Horornis HODGS., Tickellia JERD. u. BL. — Hierher gehören ferner Hypolais BREHM (*Chloropeta* SMITH) und Stiphrornis HARTL.

3. Gatt. Regulus CUV. Schnabel gerade, dünn, spitzig, mit hoher Firste, Ränder eingebogen, Dillenkante lang, am Spalte wenig schwache Borsten; Nasenlöcher halbmondförmig, von einer häutigen Schuppe bedeckt; vierte und fünfte Schwinge die längsten, Schwanz leicht ausgerandet; Füsse mittelgross. — Arten: R. cristatus KOCH. MittelEuropa. u. a.
Verwandte Gattungen: Acanthiza VIG. u. HORSF., Sericornis und Gerygone GOULD (*Psilopus* GOULD olim), Pyrrholaema GOULD, Polioptila GOULD (*Culicivora* SWS. p.), Melizophilus LEACH, Sterparola BP.

4. Gatt. Pyrophthalma BP. Schnabel ähnlich; Flügel sehr kurz, stark abgerundet, dritte bis fünfte Schwinge die längsten; Schwanz kurz, gestuft; Gefieder zerschlissen. — Arten: P. melanocephala BP. Süd-Europa und Nord-Africa. u. a.
Hierher noch: Thamnodus KAUP, Tribura HODGS.; ferner Epilais KAUP. (*Monachus* KAUP, *Adornis* GRAY).

5. Gatt. Sylvia LATH. (*Adophoneus*, *Erythroleuca*, *Alsoecus* KAUP, *Nisoria* BP., *Curruca* KOCH). Schnabel conisch, schlank, am Grunde so hoch als breit; Spitze kaum ausgerandet, Dillenkante lang, am Spalt wenig Borsten; Flügel mässig, dritte und vierte Schwinge die längsten; Schwanz breit, abgerundet; Lauf kurz. Gefieder grau oder bräunlich. — Arten: S. curruca BECHST. Europa, S. nisoria BECHST. Süd- und Mittel-Europa. u. a.

3. Unterfamilie. **Calamoherpinae** CAB. Körper sehr schlank, Kopf mit gestreckter schmaler Stirn; Schnabel kegel- oder pfriemenförmig; Flügel kurz, abge-

5. Passerinae.

rundet, zweite und dritte Schwinge die längsten; Schwanz verschieden; Füsse kräftig. Färbung grau, gelblich. Leben am Wasser, im Schilf, Rohr, u. s. w.

6. Gatt. **Acrocephalus** Naum. *(Calamoherpe* Boie, *Calamodyta* Meyer, *Salicaria* Selby, *Muscipeta* Koch, *Agrobates* Jerd., *Dumeticola* Blyth*)*. Schnabel klein, gerade, Firste sehr leicht gekrümmt, Seiten comprimirt; Flügel kurz, erste Schwinge sehr kurz, dritte und vierte gleich und am längsten; Schwanz mittellang, keilförmig zugespitzt; Füsse stark. — Arten: A. turdoides Cab. Fast ganz Europa. u. v. a.
Hierher die Gattungen: Iduna Blas. u. Keys., Calamodus Kaup (*Calamodyta* Bp.), Arundinax Blyth.

7. Gatt. **Locustella** Kaup (*Psithyroedus* Glog., *Pseudoluscinia, Lusciniopsis* Bp.). Schnabel am Grunde breit, nach der Spitze zu pfriemenförmig; Flügel kurz, abgerundet, zweite und dritte Schwinge die längsten, Schwanz breit, mittellang, abgestuft; Füsse ziemlich hoch und langzehig. Leben mehr zwischen den Pflanzen auf dem Boden. — Arten: L. Rayi Gould. Europa. u. a.
Hierher noch: Ptenoedus Cab. (*Cincloramphus* Gould), Aedon Boie (*Agrobates* Sws.), Thamnobia Sws. p. (*Erythropygia* Smith), Pentholaea Cab., Cercotrichas Boie, sämmtlich der alten Welt und Australien angehörend.

8. Familie. **Maluridae** Gray. Schnabel mässig, schlank und gerade, Oberschnabelspitze gekrümmt, zuweilen ausgerandet; Nasenlöcher frei, in einer häutigen Grube; Flügel kurz und abgerundet; Schwanz meist verlängert, abgerundet, gestuft; Füsse mittellang, stark. Leben auf und zwischen Pflanzen, fliegen schlecht; bauen kunstvolle Nester, weben und nähen.

1. Gatt. Malurus Vieill. Schnabel sehr kurz, leicht deprimirt, an der Basis breit, Firste gekrümmt, nach vorn comprimirt; am Spalt kurze, starke Borsten; Nasenlöcher länglich, frei; Flügel sehr kurz, erste Schwinge halb so lang als die zweite, vierte bis sechste gleich lang und am längsten; Schwanz stufig, Spitzen der Steuerfedern breit abgestutzt. Lauf so lang als die Mittelzehe, schlank. Australien. — Arten: M. cyaneus Vieill. u. a.
Hierher: Stipiturus Less., Amytis Less., Sphenura Licht., Sphenoeacus Strickl., Dasyornis Vig. u. Horsf., Chaetornis Gray, Atrichia Gould, Poodytes Cab.

2. Gatt. Drymoeca Sws. Schnabel kurz, kräftig, Firste gekrümmt; Dillenkante lang; vierte und fünfte Schwinge am längsten; Schwanz lang, breit, die Enden der Federn zuweilen spitz; Lauf etwas lang als die Mittelzehe, stark; Hinterzehe lang mit langer Kralle. — Arten: D. macrura Sws. Süd-Africa. u. a.
Hierher gehören: Bradypterus Sws. (*Cettia* Bp., *Hapalus* Ag., *Potamodus* Kaup, *Tiltria* Rchb.), Horeites und Nivicola Hodgs., Suya und Decura Hodgs., Phlexis Hartl., Catriscus Cab., Ellisia Hartl., Hemipteryx Sws.

3. Gatt. Cisticola Less. Schnabel kurz, zart, leicht gebogen, Firste gerundet, vierte Schwinge die längste, Schwanz kurz, wenig gerundet; Lauf hoch, Zehen lang. — Arten: C. schoenicola Bp. Süd-Europa und Nord-Africa. u. a.
Verwandte Gattungen sind ferner: Oligocerca Cab. (*Oligura* Rüpp., *Sylviella* Lafr., *Baeocerca* Heine), Heterurus Hodgs., Eurycercus Blyth, Tesia und Pnoepyga Hodgs., Pycnoptilus Gould.

4. Gatt. Orthotomus Horsf. (*Edela* Less.). Schnabel ziemlich lang, am Grunde deprimirt; Flügel kurz, rund, erste Schwinge verkümmert, vierte bis achte gleich lang und am längsten; Schwanz lang, stufig, mit schmalen Federn; Läufe mit obsoleten Schildern. — Arten: O. sepium Horsf. Ost-Indien. u. a.
Hierher gehören noch: Syncopta Cab. (*Camaroptera* Bp.), Eroessa Hartl., Daseocharis Cab. (*Prinia* Hodgs.), Megalurus Horsf.

9. Familie. **Turdidae** Bp., Scl. (*Rhacnemididae* Cab. p.). Körper kräftig, mit grossem Kopf und kurzem Hals; Schnabel gerade, comprimirt, mit seichter Kerbe vor der in der Regel nicht übergebogenen Spitze; Flügel mittellang, stets mit zehn

Handschwingen, die erste kurz; Schwanz verschieden; Läufe ziemlich hoch, mit ungetheilten Stiefelschienen oder obsoleter Täfelung oder getheilten Schildern.

1. Unterfamilie. **Cinclinae** CAB. Körper schlank, aber dick befiedert; Schnabelfirste am Grunde deprimirt und nach der Stirn aufsteigend, nach vorn gekrümmt, die Spitze gerade oder hakig, comprimirt; Nasenlöcher von einer Membran verschliessbar; Flügel kurz, abgerundet; Aussenzehen am Grunde stark verwachsen: Läufe gestiefelt.

1. Gatt. Cinclus BECHST. (*Hydrobata* VIEILL.). Schnabel schlank, Spitze herabgebogen; Flügel kurz, dritte Schwinge die längste, aber die zweite bis fünfte ziemlich gleich lang; Schwanz äusserst kurz. — Arten: C. aquaticus BECHST. Europa. u. a.

2. Gatt. Henicurus TEMM. Schnabel kräftiger mit gerader Spitze; Flügel länger, vierte bis sechste Schwinge die längsten; Schwanz lang, tief gegabelt. — Arten: H. velatus TEMM. Java. u. a. — Hierher noch Eupetes TEMM. (mit *Ajax* LESS.) und Grallina VIEILL. (*Tanypus* OPP.).

2. Unterfamilie. **Luscininae** CAB. Körper relativ schlank, Augen gross; Schnabel pfriemenförmig; Flügel kurz, meist die dritte Schwinge die längste; Schwanz mittellang; Lauf kürzer als die Mittelzehe, gestiefelt. Gefieder meist düster gefärbt.

3. Gatt. Luscinia BREHM (*Daulias* BOIE, *Philomela* SELBY, *Lusciola* BLAS. u. KEYS.). Schnabel spitz, pfriemenförmig; zweite Schwinge länger als die sechste; Aussenfahnen der dritten und vierten kaum merklich verengt; Schwanz gerundet. Gefieder braun oder röthlichgrau. — Arten: L. philomela BP. (*Motacilla luscinia* L.) Nachtigall. Europa, L. major BREHM (*Sylvia philomela* BECHST.) Sprosser; Europa. u. a.

Hierher: Erythacus CUV. (*Dandalus* BOIE, *Rubecula* BREHM), Calliope GOULD (*Melodes* BLAS. u. K.), Bradybates HODGS. (*Hodgsonius* BP.), Cyanecula BREHM (*Pandicilla* BLYTH).

4. Gatt. Rubicilla BREHM (*Ficedula* BOIE, *Phoenicurus* SWS.). Schnabel pfriemenförmig, mit kleinem Haken; Flügel ziemlich lang, dritte Schwinge am längsten; Schwanz mittellang, gerade abgeschnitten; Füsse hoch, schwach. — Arten: R. phoenicura BP., R. tithys BECHST. u. a. aus Europa und Asien.

Verwandte Gattungen: Pogonocichla CAB., Callene BLYTH (*Cinclidium* BL. antea), Chaemarrhornis HODGS., Nemura HODGS. (*Janthia* BLYTH, *Tarsiger* HODGS.), Larvivora HODGS.

3. Unterfamilie. **Saxicolinae** CAB. Kleine, buntgefärbte Vögel; Schnabel am Grunde breiter als hoch, nach vorn conisch oder schlank pfriemenförmig; Flügel mittellang, dritte und vierte Schwinge die längsten; Schwanz kurz, schmalfedrig, gerade; Läufe hoch, dünn, gestiefelt; Zehen lang.

5. Gatt. Sialia SWS. Schnabel kurz, dick, nach der leicht gekerbten Spitze comprimirt; Spalt mit kurzen Borsten; Flügel länger als der Schwanz; erste Schwinge nicht ein viertel so lang als die längste; Schwanz leicht gablig; Lauf so lang als die Mittelzehe. — Arten: S. sialis BAIRD (*S. Wilsoni* SWS.). Nord-America. u. a.

6. Gatt. Monticola BOIE (*Petrocincla* VIG., *Petrocossyphus* BOIE). Körper gross, schlank; Schnabel stark, pfriemenförmig, Firste leicht gekrümmt, Spitze überragend; Flügel lang, dritte Schwinge die längste; Schwanz kurz, ausgerandet; Lauf hoch, stark, Zehen lang. — Arten: M. saxatilis CAB. Süd-Europa. u. a.

Verwandte Gattungen: Orocetes GRAY (*Petrophila* SWS.), Myrmecocichla, Thamnolaea CAB. (*Thamnobia* SWS. p.), Grandala und Myiomela HODGS., Bessornis SMITH (*Cossyphus* VIG., *Petrocincla* SWS.), Copsychus WAGL. (*Gryllivora* SWS., *Cittacincla* GOULD), Gervaisia und Poeoptera BP.

7. Gatt. Dromolaea CAB. Schnabel länger, am Grunde breiter, nach der Spitze stärker comprimirt und stärker hakig gebogen als bei Saxicola; Flügel lang und spitz. — Arten: D. monticola CAB. Süd-Africa. u. a.

5. Passerinae.

8. Gatt. Saxicola Bechst. Schnabel schlank, an der Wurzel breiter als hoch, nach der Spitze pfriemenförmig, comprimirt, Firste kantig; Flügel etwas stumpf, Schwanz ziemlich kurz; Füsse hoch und dünn. — Arten: S. oenanthe Bechst. Europa. u. a.
Hierher: Origma Gould, Agricola Verr., Oreicola und Adelura Bp., Irania de Fil., Campicola Sws.

9. Gatt. Pratincola Koch (*Fruticicola* Macgill, *Rubetra* Gray). Körper etwas plump; Schnabel kurz, rund, dick, am Grunde breiter; Flügel mittellang; dritte und vierte Schwinge die längsten; Schwanz kurz, schmalfedrig; Lauf hoch und schlank. — Arten: P. rubetra Koch, Europa; P. Hemprichi Cab., Nord-Ost-Africa. u. a.
Verwandte Gattungen: Petroeca Sws., Melanodryas, Amaurodryas, Poecilodryas, Erythrodryas, Drymodes Gould, Miro Less. (*Myioscopus* Rchb.), Myiomeira Rchb., Bradyornis Smith (*Sigelus* Cab.), Cichladusa Peters.

4. Unterfamilie. **Turdinae** Cab. Körper im Allgemeinen grösser, gestreckter; Schnabel mittellang; Firste sanft gebogen, vor der Spitze eine seichte Kerbe; Flügel bis zur Hälfte des Schwanzes reichend, erste Schwinge sehr kurz, dritte und vierte die längste; Schwanz mittellang; Lauf mittelhoch, schlank, gestiefelt.

10. Gatt. Catharus Bp. (*Malacocichla* Gould). Schnabel kürzer als der Kopf, gerade, mit gekielter Firste; vierte Schwinge die längste; Läufe mit obsoleten Schildern; Mittel- und Hinterzehe sehr lang. — Arten: C. melpomene Scl. Central-America. u. a. americanische Arten.

11. Gatt. Turdus L. (*Merula* Leach, *Planesticus* Bp.). Schnabel schlank, Firste am Grunde nicht deprimirt; dritte Schwinge die längste, zweite gleich der fünften, alle bis zur fünften an der Aussenfahne eingeschnürt; Schwanz mittellang. — Untergattungen: a) Turdus Scl. (*Arceuthornis, Cichloides, Ixocossyphus* Kaup, *Thoracocincla, Anepsia* Rchb.) Unterseite mehr oder weniger gefleckt; Geschlechter gleich: T. viscivorus L., T. musicus L., T. pilaris L. u. a. europäische, T. mustelinus Gm. östliche vereinigte Staaten, Cuba. u. a. americanische. — b) Planesticus Scl. Unterseite gleichfarbig, Kehle schwarz gestreift oder punctirt; Geschlechter gleich: T. phaeopygus Cab. nördliches Süd-America, T. migratorius L. Ganz Nord-America. u. a. — c) Semimerula Scl. Einfarbig, düster und schwarz; Geschlechter ähnlich: T. gigas Fras. Neu-Granada, Ecuador. u. a. — d) Merula Scl. Geschlechter verschieden: ♂ schwarz oder schwarz gefleckt, ♀ bräunlich: T. merula L. Europa, T. flavipes Vieill. Brasilien. u. a. — e) Psophocichla Cab. Färbung ähnlich wie Turdus, Innenfahnen der Schwingen rothgelb oder röthlich; Schwanz auffallend kurz: T. strepitans Smith, Süd-Africa. u. a.
Hierher gehören ferner: Zoothera Vig., Geocichla Kuhl, Hodoeporus Hodgs., Cichloselys, Myiocichla Bp., Dulus Vieill. p., Myiophonus Temm. (*Arrenga* und *Myiophaga* Less.). — Die australische Gattung Oreocincla Gould zeichnet sich durch den Besitz von vierzehn Steuerfedern aus.
Die beiden noch hierher zu zählenden Gattungen: Cichlerminia Bp. und Margarops Scl. (*Cichlalopia* Bp.) mit drei bis vier Arten von den Antillen, haben die erste Schwinge länger, die Bekleidung der Läufe viel deutlicher getheilt, so dass sie einen directen Uebergang zu der nächsten Unterfamilie bilden.
Nach Baird gehören auch die bis jetzt zu den Muscicapiden gestellten Gattungen: Myiadestes Sws., Cichlopsis Cab. und Platycichla Baird zu den Turdiden.

5. Unterfamilie. **Miminae** Baird. Schnabel im Allgemeinen länger, abwärts gekrümmt; Flügel kurz, erste Schwinge meist so lang als die zweite; Schwanz lang, stufig; Vorderseite der Läufe mit getheilten Schildern.

12. Gatt. Mimus Boie (*Orpheus* Sws., *Mimetes* Glog.). Schnabel kürzer als der Kopf, mit deutlicher Kerbe an der Spitze; Flügel abgerundet, Schwanz mässig lang; Lauf länger als die Mittelzehe, Seitenzehen kürzer als die Hinterzehe. — Arten: M. polyglottus Boie. Nord-America. u. a.
Hierher gehören, durch Verschiedenheiten im Schnabel, Schwanz und Gefieder characterisirt, noch folgende Gattungen: Galeoscoptes Cab. (*Felivox* Bp., *Spodesilaura* Rchb.,

Myioturdus Sund. p., *Mimocichla* Scl., *Mimocitta* Bryant, Melanoptila Scl., Melanotis Bp., Ramphocinclus Lafr. (*Legriocinclus* Less., *Cinclops* Bp.), Cinclocerthia Gray (*Stenorhynchus* Gould, *Herminierus* Less.), Harporhynchus Cab. (*Harpes* Gambel, *Toxostoma* Wagl., *Methriopterus* Rchb.), Oreoscoptes Baird.

6. Unterfamilie. **Brachypodinae** Finsch (*Pycnonotinae* Rchb. p., *Ixodinae* Bp. p., *Brachypodidae* Cab. p.). Schnabel mehr oder weniger gekielt, mit Kerbzahn, meist starke Bartborsten; Flügel abgerundet, erste Schwinge kürzer als die zweite, aber nicht verkümmert; Schwanz mittellang, abgerundet; Füsse und Zehen kurz und schwach. Gefieder locker, weich. Indo-Africanisch.

13. Gatt. Hypsipetes Vig. (*Microscelis* Gray, *Galgulus* Rchb., *Ixocincla* Rchb.). Schnabel schwach, wenig gekrümmt, Spitze leicht ausgerandet; wenig nicht sehr steife Bartborsten; Flügel verlängert, zweite und siebente, dritte und sechste, vierte und fünfte Schwinge gleich lang, letztere die längsten; Füsse sehr kurz, Schwanz lang gablig, Steuerfedern nach aussen gebogen. — Arten: H. paroides Vig. Himalaya.
Hierher gehören: Tylas Hartl., Iole Blyth, Bernieria Bp., Macrosphenus Cass., Andropadus Sws. (*Polyodon* Lafr.), Ixonotus Verr.

14. Gatt. Criniger Temm. (*Trichophorus* Temm., *Trichas* Glog., *Trichophoropsis* Bp., *Xenocichla*, *Hemixos* et *Pyrrhurus* p. Cass., *Hypotrichas*, *Baeopogon* et *Trichites* Heine jr.). Schnabel kürzer als der Kopf, am Grunde breit, nach vorn comprimirt, Firste gerade, Spitze hakig übergreifend, mit Kerbzahn, am Mundwinkel 4—5 Borsten; Flügel länger als der Schwanz, vierte bis sechste Schwingen die längsten, dritte bis siebente an der Aussenfahne verengt; Schwanz breit, abgerundet, kürzer als die Flügel; Zehen auffallend kurz. — Arten: Cr. gularis Blyth. Java. u. a. africanische und asiatische.

15. Gatt. Ixos Temm. (*Pycnonotus* Kuhl, *Brachypus* Sws., *Haematornis* Sws., *Rubigula*, *Ixidia*, *Brachypodius* Blyth, *Meropizus* Bp., *Alcurus* Hodgs., *Crocopsis*, *Loedorusa* Rchb., *Otocompsa* Cab., *Microtarsus* Eyton). Schnabel mittellang, Firste sanft gebogen, mit überragender Spitze; fünfte Schwinge die längste; Schwanz lang, ausgerandet; Gefieder sehr locker, auf dem Rücken zerschlissen. — Arten: I. obscurus Bp. Nord-Africa, I. haemorrhous Temm. Ost-Indien. u. a.
Verwandte Gattungen: Trachycomus, Sphagias Cab., Prosecusa Rchb. (*Micropus* Sws.), Pyrrhurus Cass. (*scandens*), Phyllastrephus Sws. (*capensis*), endlich Phyllornis Boie (*Chloropsis* Jard. Selby). — An letztere Gattung schliessen sich noch, einen Uebergang zu den Zosteropinen vermittelnd, an: Jora Horsf., Myzornis Hodgs., Yuhina Hodgs. (*Polyodon* Hodgs., *Ixulus* Hodgs., *Odonterus* Cab.).

10. Familie. **Caerebidae** Gray (*Dacnidinae* Cab.). Schnabel ziemlich stark, kürzer oder so lang und länger als der Kopf, gerade oder gekrümmt, am Grunde breit, nach vorn comprimirt, Spitze meist ausgerandet; Nasenlöcher meist unter einer harten Schuppe; Flügel lang, nur neun Handschwingen; Schwanz kurz, weich; Füsse zart, Hinterzehe kurz. (Zunge vorn in zwei gefranste Lappen getheilt.) — Americanisch.

1. Gatt. Caereba Vieill. (*Arbelorhina* Cab.). Schnabel länger als der Kopf, dünn, erste bis dritte Schwinge gleich lang und am längsten; Schwanz mässig; Tafeln des Laufs sehr lang; Hinterzehe mit sehr kleiner Kralle. — Arten: C. cyanea Vieill. Brasilien. u. a.
Hierher die Gattungen: Chlorophanes Rchb., Conirostrum d'Orb. u. Lafr., Spodiornis Scl., Certhiola Sund.

2. Gatt. Diglossa Wagl. (*Campylops* Licht., *Serrirostrum* d'Orb. u. Lafr., *Agrilorhinus* Bp., *Uncirostrum* Lafr., *Anchilorhinus* Bp., und die Untergattungen: *Tephro-*, *Pyrrho-*, *Cyano-*, und *Melanodiglossa* Cass.). Schnabel kürzer als der Kopf, stark comprimirt, Spitze hakig übergreifend, jederseits mit drei Zehen; dritte und vierte Schwinge die längsten; Schwanz mittellang; Lauf kürzer als die Mittelzehe, mit breiten Tafeln, Hinterzehe fast so lang als die Mittelzehe. — Arten: D. baritula Wagl. Mexico. u. a.
Hierher die Gattungen: Diglossopsis und Oreomanes Scl.

5. Passerinae.

Zu den Dacnididen bringt CABANIS noch die australische Gruppe der Drepanidae, welche gleichfalls meist neun Handschwingen, aber einen oft verschieden geformten Schnabel besitzt. Hierher die Gattungen: Dicaeum Cuv., Prionochilus STRICKL. (mit zehn Handschwingen), Anaemus und Phenacistes RCHB., Pardalotus VIEILL., Smicrornis GOULD, Drepanis TEMM. (*Vestiaria* FLEM.), Himatione CAB., Hemignathus LICHT. (*Heterorhynchus* LAFR.), Pachyglossus HODGS., Piprisoma BLYTH.

11. Familie. Meliphagidae GRAY. Schnabel mehr oder weniger verlängert, gekrümmt, meist spitz endend; Nasenlöcher in einer weiten Grube, meist von einer Schuppe bedeckt; Flügel mittellang, meist 10 Handschwingen, die erste kurz; Schwanz lang und breit; Läufe kurz und stark; Aussenzehen am Grunde verbunden. (Zunge vorstreckbar, an der Spitze mit einem Pinsel feiner fadenartiger Fortsätze.) — Africanisch, asiatisch und australisch.

1. Unterfamilie. **Zosteropinae** BP. Schnabel mittellang, gerade, conisch, mit pfriemenförmiger Spitze, oder leicht gekrümmt, kaum ausgerandet; Spaltborsten fehlen fast ganz; Flügel bis zur Schwanzmitte reichend, neun Handschwingen, zweite und dritte die längsten; Schwanz mässig, gerade oder ausgerandet; Lauf länger als die Mittelzehe; Hinterzehe kräftig, mit langer gekrümmter Kralle. (Ein weisser aus steifen Federchen gebildeter Ring um das Auge bei sämmtlichen Arten.)

1. Gatt. Zosterops VIG. Character der Unterfamilie. — Arten: Z. capensis SUND., Z. lateralis TEMM., Java und Sumatra. u. a. — Als Untergattungen gehören hierher: Oreosterops, Malacirops, Cyclopterops BP., Speirops RCHB., Heleia HARTL.

2. Unterfamilie. **Melithreptinae** GRAY. Schnabel kurz, ziemlich conisch, Firste leicht gekrümmt, Seiten comprimirt, Spitze zuweilen ausgerandet; Flügel lang, mit zehn Handschwingen, vierte bis siebente die längsten; Lauf kurz und stark; Aussenzehen am Grunde verbunden.

2. Gatt. Melithreptus VIEILL. (*Haematops* et *Plectrorhynchus* GOULD, *Plectroramphus* GRAY, *Gymnophrys* et *Eidopsarus* SWS.). Schnabel kurz, sehr spitz, Firste und Seitenränder leicht gekrümmt, vor der Spitze eine seichte Ausrandung; dritte Schwinge wenig kürzer als die vierte und fünfte, welche die längsten sind; Schwanz ausgerandet, Hinterzehe lang und stark. — Arten: M. lunulatus VIEILL., M. gularis GOULD. u. a. australische A.
Verwandte Gattungen: Psophodes VIG. u. H. und Sphenostoma GOULD.

3. Gatt. Manorhina VIEILL. (*Myzantha* VIG. u. H., *Philanthus* LESS.). Schnabel kurz, Firste und Ränder gekrümmt, Spitze gekrümmt und ausgerandet; Flügel mässig, erste Schwingen gestuft; vierte und fünfte gleich und am längsten; Schwanz lang, an den Seiten gerundet, Lauf etwas länger als die Hinterzehe. — Arten: M. melanophrys GRAY. u. a. australische A.

3. Unterfamilie. **Meliphaginae** GRAY. Schnabel mehr oder minder verlängert, schlank, Ende meist spitz und ausgerandet; Flügel mässig, gerundet, vierte bis sechste Schwinge gewöhnlich die längsten; Lauf meist kurz und stark; Aussenzehen am Grunde verbunden, Hinterzehe stark.

4. Gatt. Meliphaga LEWIN (*Xanthomyza* und *Ptilotis* SWS.). Schnabel lang, schlank, an der Basis breit und erhoben, Dillenkante lang und gekrümmt; vierte und fünfte Schwinge die längsten; Schwanz lang, in der Mitte ausgerandet, an den Seiten gestuft; Lauf so lang oder länger als die Mittelzehe (Gefieder oft durch besondere Zeichnungen oder verlängerte Federgruppen an einzelnen Theilen ausgezeichnet). — Arten: M. phrygia LEWIN, M. auricornis SWS., u. a. australische A.
Verwandte Gattungen: Stomioptera RCHB., Lichenostomus CAB., Meliornis GRAY, Lichmera CAB., Prosthemadera GRAY, Anthochaera VIG. u. HORSF., Fulchaio RCHB. (*Sarcogenys* GRAY), Acanthogenys GOULD, Anthornis und Pogonornis

Gray, Anellobia Cab., Tropidorhynchus Vig. u. H. (*Philemon* Vieill., *Philedon* Cuv., *Leptornis* Hombr. u. J.), Entomyza Sws. und Xanthotis Rchb.

4. Unterfamilie. **Myzomelinae** Gray. Schnabel ähnlich, Flügel aber kürzer, dritte und vierte Schwinge meist die längsten; Schwanz kurz; Füsse und Zehen ziemlich schwach.

5. Gatt. Myzomela Vig. u. Horsp. (*Phylidonyris* Less.). Schnabel ziemlich lang, am Grunde breit, Firste gekielt, Ende Spitz; Schwanz kurz, ausgerandet; Lauf schlank, kürzer als die Mittelzehe, Hinterzehe kräftiger. — Arten: M. sanguinolenta Gould. u.a. australische. — Hierher: Cittocincla Bp.

6. Gatt. Acanthorhynchus Gould (*Leptoglossa* Sws.). Schnabel sehr lang, spitz; Flügel ziemlich kurz; Schwanz ausgerandet; Lauf etwas länger als die Mittelzehe. — Arten: A. tenuirostris Gould. u. a. australische.

Verwandte Gattungen: Glycyphila Sws., Entomophila Gould, Conopophila Rchb., Lichnotentha Cab., Acrulocercus Cab. (*Moho* Less. p.).

12. Familie. **Nectariniidae** Cab. (*Cinnyridae* Bp., *Promeropidae* Gray p.). Körper klein, gedrungen; Schnabel lang, dünn, gebogen, spitz; Flügel mit zehn Handschwingen, ziemlich kurz, Schwanz verschieden; Lauf ziemlich lang, Zehen schlank. (Zunge vorstreckbar, röhrenförmig, tief gespalten.) Alte Welt.

1. Unterfamilie. **Chalcomitrinae** Rchb. Mit metallglänzendem Scheitel und Kehle, abgestutztem Schwanze und ohne Federbüschel unter den Flügeln.

1. Gatt. Chalcomitra Rchb. Schnabel länger als der Kopf, gebogen, am Grunde breiter als hoch, Firste kielartig; Flügel lang, dritte und vierte Schwinge die längsten; Lauf anderthalbmal so lang als die Mittelzehe. — Arten: Ch. amethystina Rchb. Süd-Africa. u. a.

Hierher gehören noch: Leptocoma Cab. (*Nectarophila* Rchb.), Chromatophora, Cosmeteira, Aidemonia, Angaladiana und Hermotimia Rchb.

2. Unterfamilie. **Cinnyrinae** Rchb. Meist oder ganz metallglänzend, viele mit rothem Brustgürtel, alle mit gelben Schmuckbüscheln unter den Flügeln.

2. Gatt. Nectarinia Ill. (*Cinnyris* Cuv.). Schnabel über kopflang, gekrümmt, Ränder fein kerbzähnig; erste Schwinge verkümmert; Schwanz zehn- oder zwölffedrig; Lauf länger als die Mittelzehe. — Arten: a) Cinnyris Cab. Schwanz zwölffedrig: C. splendida Cuv. Süd-Africa. u. a. — b) Nectarinia Cab. Schwanz zehnfedrig: N. famosa Ill. Süd-Africa.

Hierher: Chalcostetha Cab., Cyanomitra, Elaeocerthia Rchb., Adelinus, Mangusia Bp., Anthodiaela, Arachnechthra Cab., Carmelita Rchb., Panaeola und Anthobaphes Cab.

3. Unterfamilie. **Aethopyginae** Rchb. Lebhaft, aber nicht metallisch glänzend gefärbt, ohne Brustbüschel, Schwanz pfeil- oder keilförmig zugespitzt.

3. Gatt. Hedydipne Cab. Schnabel kaum kopflang, wenig gebogen, Ränder nur nach der Spitze zu gekerbt; zweite bis fünfte Schwinge gleich und am längsten; Schwanz gekerbt, beide Mittelfedern stark verlängert. — Arten: H. platura Cab. West-Africa. — u. a.

Verwandte Gattungen: Aethopyga Cab., Ptilotarus Sws. (*Falcinellus* Vieill., *Ptilurus* Strickl., *Promerops* Gray, Briss. p.).

4. Unterfamilie. **Anthreptinae** Rchb. Gefieder meist glanzlos; Schwanz bei beiden Geschlechtern abgerundet oder abgestutzt.

4. Gatt. Anthreptes Sws. Schnabel kopflang, sanft gebogen, am Grunde breiter als hoch; Ränder eingezogen, ganzrandig; vierte und fünfte Schwinge die längsten, Lauf fast doppelt so lang als die Mittelzehe. — Art: A. malaccensis Sws. Ost-Indien.

5. Passerinae.

Hierher: Cinnyrocincla Less., Chalcoparia Cab., Cyrtostomus Cab., Arachnoraphis Rchb.

5. Gatt. Arachnothera Temm. Schnabel etwa anderthalbmal so lang als der Kopf, am Grunde doppelt so breit als hoch, eigentliche Spitze kurz; Schneiden des Oberschnabels nach der Spitze zu sägerandig; Schwanz zwei Drittel so lang als die Flügel. — Arten: A. affinis Blyth. Ost-Indien. u. a.

Hierher noch: Arachnocestra und Hypogramma Rchb.

13. Familie. **Hirundinidae** Cab. (Gray p.). Schnabel ziemlich kurz, deprimirt, mit sehr weiter Spalte, nach vorn comprimirt; Nasenlöcher seitlich am Grunde, rundlich; Flügel verlängert (Oberarm verkürzt, Unterarm und besonders die Hand verlängert, nicht so stark wie bei den Cypseliden), nur neun Handschwingen, deren erste die längste ist; Schwanz mehr oder weniger gegabelt; Läufe kurz, vorn mit getheilten Schildern, selten befiedert; Zehen gewöhnlich lang und schlank.

1. Gatt. Hirundo L. Schnabel kurz, dreiseitig; Nasengrube und Nasenlöcher klein, theilweise von einer Membran bedeckt; erste und zweite Schwinge gleich lang; Schwanz gegabelt; Läufe kurz, Zehen lang, Lauf nackt, Aussenzehe kaum länger als Innenzehe. Cosmopolit. — Arten: H. rustica L. Europa, H. rufa Vieill. America. u. a. — Baird trennt hiervon die Untergattung Callichelidon.

Bei Petrochelidon Cab. (*Herse* Less.) ist der Schwanz nur schwach gegabelt oder nur ausgerandet; Tachycineta Cab. hat sehr lange, den nur ausgerandeten Schwanz merklich überragende Flügel; beide americanisch, erstere auch in Australien. — Hierher gehört noch: Cecropis Boie, Ost-Indien.

2. Gatt. Atticora Boie. Schnabel sehr klein, Nasenlöcher vom Stirngefieder bedeckt; Flügel lang, erste Schwinge die längste; Schwanz gegabelt; Lauf nackt; Zehen kurz; Aussenzehe kaum länger als Innenzehe. — Arten: A. fasciata Boie. Süd-America. u. andere, auch africanische Arten. — Hierher als Untergattungen: Notiochelidon und Pygochelidon Baird.

Verwandte Gattungen sind ferner: Psalidoprocne und Cheramoeca Cab.

3. Gatt. Progne Boie. Schnabel kräftig, hoch, Firste am Ende hakig; Nasenlöcher frei; Flügel bis an das Schwanzende reichend; Schwanz breit, gabelförmig; Füsse stark, Zehen dick. — Arten: P. purpurea Boie. Brasilien. u. a. americanische. — Hierher Phaeoprogne Baird als Untergattung.

4. Gatt. Cotyle Boie (*Biblis* Less.). Schnabel viel flacher, Spitze nicht gewölbt, fein; Nasenlöcher frei; Flügel über das Schwanzende reichend; erste Schwinge kaum länger als die zweite; Schwanz wenig ausgeschnitten; Füsse zierlich. — Arten: C. riparia Boie (*Hirundo riparia* L.). Europa. u. a. in der alten und neuen Welt. — Hierher die Untergattung Stelgidopteryx Baird.

5. Gatt. Chelidon Boie. Schnabel kräftig, Firste am Grunde erhaben, nach der Spitze sanft gekrümmt; Flügel lang, erste Schwinge die längste; Schwanz mässig, gegabelt; Lauf länger als die Mittelzehe, befiedert. — Art: Ch. urbica Boie. Europa.

Verwandt: Hylochelidon und Lagenoplastes Gould; ferner gehört hierher die an Coraciiden erinnernde Form: Pseudochelidon Hartl. West-Africa.

14. Familie. **Ampelidae** Scl. (*Bombycillinae* Cab.). Schnabel relativ kurz, etwas deprimirt, Firste leicht gebogen, Dillenkante aufsteigend; Flügel ziemlich lang, zehn Handschwingen, die erste sehr kurz; Schwanz verschieden; Läufe an den Seiten nicht mit Stiefelschienen, sondern mit getheilten Schildern.

1. Gatt. Ampelis L. (*Bombycilla* Vieill., *Bombycivora* Temm.). Vor der Schnabelspitze ein kleiner Ausschnitt, Dillenkante aufwärts gekrümmt; Flügel lang, spitz, zweite und dritte Handschwinge die längsten, Armschwingen mit rothen hornigen Spitzen; Schwanz ziemlich kurz, gerade; Lauf kürzer als die Mittelzehe; Kopf mit einer Holle; Gefieder seidenweich.

— Arten: A. garrula L. Seidenschwanz. Europa u. Nord-America; A. cedrorum Gray. America.

2. Gatt. Ptilogonys Sws. (*Hypothymis* Licht., *Lepturus* Less.). Schnabelspitze hakig, ausgerandet; Flügel mittellang, die ersten Schwingen gestuft, vierte und fünfte gleich lang und die längsten; Schwanz lang, breit, leicht gablig; Lauf so lang als die Mittelzehe. — Arten: Pt. cinereus Sws. Central-America. u. a.

Hierher noch: Phaenopepla Scl. (*Ph. nitens* Sws.) und Hypocolius Bp.

15. Familie. **Muscicapidae** Scl. Schnabel stark, kurz, an der Basis breit, niedergedrückt, nach vorn comprimirt, Spitze hakig, mit Ausschnitt: zehn Handschwingen, erste kurz; Schwanz mittellang, zuweilen mit verlängerten Steuerfedern; Laufsohle gestiefelt.

1. Unterfamilie. **Muscicapinae** Cab. Dritte Schwinge am längsten; Schwanz gerade oder seicht ausgeschnitten; Färbung einfach.

1. Gatt. Muscicapa L. Schnabelfirste stark deprimirt, die Seiten nach vorn stark comprimirt, Dillenkante lang, aufsteigend; Spalte mit Borsten; Flügel ziemlich spitz, dritte und vierte Schwinge die längsten; Schwanz gerade; Lauf ziemlich so lang als die Mittelzehe; Hinterzehe lang. — Arten: M. atricapilla L. Europa. u. a.

Hierher gehören: Butalis Boie, Microeca Gould, Alseonax Cab., Erythrosterna Bp., Charidhylas Bp., Chasiempis Cab., Metabolus Bp., Hemichelidon Hodgs.

2. Gatt. Dimorpha Hodgs. (*Siphia* Hodgs. olim., *Menetica* Cab.). Schnabel kurz, gerade, Ende plötzlich umgebogen; Flügel abgerundet, erste Schwinge länger, zweite relativ kürzer; Schwanz ziemlich breit, Aussenfahnen der Aussenfedern weiss, die mittleren einfarbig. — Arten: D. strophiata Hodgs., Ost-Indien. u. a.

Verwandte Gattungen: Chaitaris Hodgs. (*Niltava* Hodgs. olim.), Eumyias, Glaucomyias Cab., Cyanoptila Blyth, Cynornis, Ochromela Blyth, Baenopus Hodgs. — ?Anthipes Blyth.

3. Gatt. Drymophila Temm. (*Monarcha* Vig. u. Horsf.). Schnabel stark, etwas länger, Firste gekielt, am Grunde breit, deprimirt, starke Spaltborsten; Flügel mittellang, abgerundet, vierte Schwinge die längste, Aussenfahnen der dritten bis sechsten etwas in der Mitte verbreitert; Schwanz gerade; Zehen ziemlich kurz. — Arten: D. carinata Temm. Australien. u. a. Hierher gehört Arses Less., Symposiachrus und Pomarea Bp.

Verwandte Gattungen: Xenogenys Cab., Prosorinia Hodgs. (*Cochoa* Hodgs., *Oreias* Temm.), Melanopepla Cab., Melaenornis Gray (*Melasoma* Sws.).

Hierher gehört auch Xanthopygia Blyth. — Zu den Muscicapiden gehört nach Strickland auch Pycnosphrys Strickl., welche Bonaparte zu den Accentorinen bringt.

2. Unterfamilie. **Myiagrinae** Cab. Schnabel in der Regel breiter, Borsten entwickelter; vierte und fünfte Schwinge die längsten; Schwanz ziemlich lang, oft gestuft, mittlere Steuerfedern zuweilen beim ♂ verlängert; Zehen schwächer. Färbung bunter, auffallend.

4. Gatt. Myiagra Vig. u. Horsf. Schnabel gerade, an der Basis viel höher als breit, Dillenkante sehr lang und aufsteigend; Flügel mässig, abgerundet; Schwanz lang, breit, zuweilen leicht gablig; Lauf länger als die Mittelzehe. — Arten: M. nitens Gould. Australien. u. a.

Hierher gehört noch: Elminia Bp. — Verwandte Gattungen: Culicipeta Blyth, Hypothymis Boie, Scisura Vig. u. H., Piezorhynchus Gould, Sauloprocta Cab., Leucocerca Sws.

5. Gatt. Rhipidura Vig. u. Horsf. Schnabel ziemlich kurz, Firste deprimirt, nach der Spitze gekrümmt, lange Spaltborsten; Flügel leicht zugespitzt; Schwanz lang, breit, gestuft, fächerartig sich ausbreitend; Lauf länger als die Mittelzehe, Zehen kurz. — Arten: Rh. albiscapa Gould (*flabellifera* Vig. u. H.). Süd-Australien. u. a.

5. Passerinae. 289

Verwandte Gattungen: Trochocercus Cab., Chelidorynx Hodgs., Cryptolopha Sws.

6. Gatt. Terpsiphone Glog. (*Muscipeta* Cuv. p., *Tchitrea* Less., *Xeocephus* Bp., *Philentoma* Eyton). Flügel lang, die ersten Schwingen gestuft, vierte und fünfte gleich; Schwanz lang, keilförmig, breit, die mittleren beiden Steuerfedern verlängert; Lauf so lang wie die Mittelzehe. — Arten: T. paradisi Cab. Ost-Indien. u. a. africanische und indische.

Hierher gehören noch folgende Gattungen: Bias Less., Megabyas Verr., Platystira Jard. u. Selby (*Diaphorophyia* Bp.), Lanioturdus Waterh., Sthenostira Bp., Todopsis Bp. (*Muscitodus* Hombr. u. Jacq.), Muscitrea Blyth, endlich Machaerirhynchus Gould und (nach Gray) Artemyias Verr.

16. Familie. **Campephagidae** Cab. (*Ceblepyrinae* Sws.). Körper mittelgross oder klein; Schnabel mässig lang oder kurz, am Grunde breiter, Firste gewölbt, nach vorn gebogen, Spitze schwach hakig, zahnlos; vierte bis fünfte Schwinge die längsten; Schwanz ziemlich lang, abgerundet oder gestuft; Füsse schwach. Gefieder des Rückens meist mit eigenthümlich steifen Schäften. — Africa, Süd-Asien, Australien und polynesische Inseln.

1. Gatt. Pericrocotus Boie (*Phoenicornis* Boie, *Acis* Less.). Schnabel mässig kurz, am Grunde breit, Firste leicht gewölbt, nach vorn stark comprimirt; Nasenlöcher und Schnabelspalte völlig ohne Borsten; dritte bis fünfte Schwinge fast gleich und die längsten; Schwanz lang, die Seiten stark gestuft, die mittleren Federn gerade abgestutzt; Lauf kürzer als die Mittelzehe; Krallen stark gekrümmt; Rückenfedern nur wenig härter. — Arten: P. peregrinus Gray, Ost-Indien, P. miniatus Gray, Java. u. a.

Verwandte Gattungen: Graucalus Cuv. (*Coracina* Vieill. p.), Pteropodocys Gould.

2. Gatt. Campephaga Vieill. (*Ceblepyris* Cuv., *Edolisoma* Pucher., *Ptiladela* Puch., *Cyanograucalus* Hartl.). Schnabel kurz, deprimirt, gekielt, schwach comprimirt, fast gerade; Nasenlöcher fast frei; Flügel mässig, bis über die Schwanzmitte reichend; dritte bis fünfte Schwinge die längsten; Schwanz gerade, abgerundet; Füsse schwach. — Arten: C. plumbea Gray, Neu-Guinea, Borneo; C. morio Temm. Celebes. u. a.

Hierher: Oxynotus Sws. (*Acanthonotus* Sws.), Lalage Boie (*Notodela* Less., *Pseudolalage* Blyth.

3. Gatt. Volvocivora Hodgs. Schnabel zart, klein, gekielt, Firste bogen; Dillenkante kaum aufsteigend; Flügel ziemlich kurz, die Hälfte des Schwanzes nicht erreichend; fünfte Schwinge kürzer; Schwanz lang, stufig. -- Arten: V. fimbriata Bp., Java, Borneo, Malacca. u. a.

Hierher gehören noch: Symmorphus Gould, Artamides Hartl., Lanicterus Less. (*Lobotos* Rchb.).

17. Familie. **Dicruridae** (Gray p.) Cab. Schnabel von verschiedener Länge, am Grunde breit, Firste gekielt, nach vorn gewölbt, Spitze gebogen, ausgerandet; Nasenlöcher von Federn bedeckt; Schnabelspalt mit starken Borsten; Flügel lang, vierte und fünfte Schwinge die längsten; Schwanz lang, häufig gablig, mit zehn Steuerfedern; Füsse klein.

1. Gatt. Dicrurus Vieill. (*Edolius* Cuv., *Balicassius* Bp., *Musicus* et *Dicranostrephus* Rchb.). Schnabel mässig, Firste mehr oder minder erhaben, gekielt, Seitenränder gekrümmt; erste drei Schwingen stufig; Schwanz lang und gablig, die Aussenfedern zuweilen verlängert; Lauf sehr kurz, kürzer als die Mittelzehe; Aussenzehen bis zum zweiten Gliede verbunden; Hinterzehe stark. — Arten: D. malabaricus Gray, Ost-Indien. u. a. indische und africanische Arten. — Hierher Dissemurus Glog.

Verwandte Gattungen: Melisseus Hodgs. (*Bhringa* Hodgs.), Trichometopus Cab. *Criniger* Tick., *Chibia* et *Cometes* Hodgs.), Propopterus Hodgs. (*Chaptia* Hodgs.). — Stimmt Irena Horsf., welche hierher gebracht wird, in der Zahl der Steuerfedern?

18. Familie. **Oriolidae** Cab. Schnabel länger oder kürzer, mehr kegelförmig,

abgerundet, ohne Kiel, Spitze schwach übergebogen; Flügel lang, mit zehn Handschwingen, von denen die erste kürzer ist; Schwanz mittellang; Lauf kurz, mit Schildern, Zehen kräftig. — Altweltlich.

1. Unterfamilie. **Artaminae** Bp. Schnabel kurz, fast kegelförmig, mit leichtem Einschnitt vor der Spitze; zweite Schwinge die längste; Schwanz gerade oder ausgerandet. Färbung düster.

1. Gatt. Artamus Vieill. (*Ocypterus* Cuv., *Leptopteryx* Horsf.). Schnabel von der breiten Basis aus allmählich gekrümmt, Firste dick, convex, ohne Kiel; starke Zügelborsten, Nasenlöcher frei, im Schnabel; Flügel sehr lang und spitz; Schwanz gerade. — Arten: A. leucorhynchus Vieill. Manilla. u. a.

Hierher stellt Bonaparte noch seine beiden Gattungen Cyanolanius und Tephrolanius.

2. Gatt. Analcipus Sws. (*Artamia* I. Geoffr., *Philocarpus* S. Müll., *Psarolophus* Jard. u. Selby, *Erythrolanius* Less.). Schnabel mehr conisch, ohne Borsten, Dillenkante aufwärts gekrümmt; dritte bis fünfte Schwingen die längsten, erste sehr kurz; Schwanz kurz, gerade; Zehen schwach. — Arten: A. sanguinolentus Sws. Java. u. a.

Hierher gehören noch: Anais Less. von Borneo und Oriolia I. Geoffr. von Madagascar.

2. Unterfamilie. **Orioliuae** Bp. Schnabel lang, kegelförmig, Endhaken äusserst schwach; zweite Schwinge kürzer als die dritte, Schwanz mittellang, gerade abgestutzt. Färbung entweder sehr lebhaft oder durch Glanz erhöht.

3. Gatt. Oriolus L. (*Galbula* Scop.). Schnabel so lang als der Kopf, am Grunde breit, Spitze mit Einschnitt; dritte Schwinge die längste; Schwanz gerade; Lauf länger als die Hinterzehe. — Arten: O. galbula L. Pirol; Europa, O. auratus Vieill. Africa. u. a.

Hierher gehören: Mimeta Vig. u. Horsf., Sericulus Sws., Melanopyrrhus Bp. (?), Sphecotheres Vieill.

4. Gatt. Chlamydodera Gould (*Calodera* Gould). Schnabel mässig lang, mit gebogener Firste und einem Einschnitt vor der leicht gebogenen Spitze; dritte und vierte Schwinge die längsten; Schwanz lang, leicht ausgerandet. Ein Nackenband von verlängerten Federn. — Arten: Ch. nuchalis Gould, Australien. u. a.

Verwandte Gattungen: Ptilonorhynchus Kuhl (*Kitta* Temm. p.), Ailuroedus Cab.

19. Familie. **Laniidae** Cab. Schnabel kräftig, comprimirt, Spitze stark hakig, hinter ihr ein deutlicher Zahn, Unterschnabelspitze aufgebogen, hinter ihr ein Einschnitt; zehn Handschwingen, erste kurz, selten fehlend; Schwanz verschieden, Lauf länger als die Mittelzehe, vorn geschildert.

1. Unterfamilie. **Vireouinae** Cab. Schnabel mässig, wenig comprimirt, fast cylindrisch; Flügel lang, spitz, erste Schwinge fehlt zuweilen; Schwanz kurz, fast gerade; Laufsohle an den Seiten mit ungetheilter Hornbekleidung. — America.

1. Gatt. Vireo Vieill. Schnabel ziemlich kurz, stark, gerade; Spalt mit wenig schwachen Borsten, Nasenlöcher frei; äussere Schwingen etwas gestuft; Schwanz kurz; Hinterzehe etwas kürzer als die Mittelzehe. — Arten: V. noveboracensis Gray. u. a.

Bei Vireosylvia Bp. (*Phyllomanes* Cab.) fehlt die erste Schwinge. — Hierher noch: Vireolanius Dubus und Laletes Scl., ferner Hylophilus Temm. und Cyclorhis Sws. (*Laniagra* d'Orb. u. Lafr.).

2. Unterfamilie. **Pachycephalinae** Cab. Körper gedrungen; Schnabel sehr kräftig, am Grunde breit, nach vorn comprimirt, Flügel abgerundet; Schwanz gerade oder ausgerandet. Hinterzehe höchstens so lang als die Mittelzehe.

2. Gatt. Pachycephala Sws. Schnabel kräftig; Firste gerundet, gewölbt, wenig schwache Bartborsten; Flügel mässig, vierte und fünfte Schwinge die längsten, deren Aussen-

5. Passerinae.

fahnen etwas verbreitert; Schwanz fast gerade, kaum gablig. — Arten: P. gutturalis Vig. u. Horsf. Australien. u. a.

Verwandte Gattungen: Eopsaltria Sws., Malacopteron Eyton (*Trichastoma* Blyth, *Alcippe* Blyth, *Turdinus* Blyth), Merulanthus Blyth, Hyloterpe Cab. (*Hylocharis* Müll.), Hylophorba Scl.

3. Gatt. Falcunculus Vieill. Schnabel kurz, breit, Haken und Zahn klein; Flügel mässig; Schwanz ausgerandet; Hinterzehe verlängert; Krallen breit, gekrümmt. — Arten: F. frontalis Lewin, u. a. aus Australien.

Hierher gehören: Oreoica Gould, Pteruthius Sws., Pucherania Bp., Allotrius Boie, Timixos Blyth, Psaltricephus Bp., Rectes Rchb.

4. Gatt. Colluricincla Vig. u. Horsf. (*Collurisoma* Sws., *Pnigocichla* Cab.). Schnabel lang, stark comprimirt, Haken und Zahn klein; Flügel lang, mehr zugespitzt, dritte und fünfte Schwinge am längsten; Schwanz gerade. — Arten: C. cinerea Vig. u. H. (*Turdus harmonicus* Lath.), Australien. u. a.

Verwandte Gattungen: Bulestes Cab., Cracticus Vieill. (*Barita* Cuv.), Pityriasis Less., Vanga Vieill., Xenopirostris Bp., Artamia Lafr., Eurocephalus Smith (*Chaetoblemma* Sws.).

3. Unterfamilie. **Malaconotinae** Cab. Schnabel im Allgemeinen länger, weniger deutlich gezahnt; Flügel meist länger, spitzer, die ersten Schwingen kürzer bis zur dritten und vierten; Schwanz verschieden. Gefieder des Unterrückens besonders entwickelt.

5. Gatt. Tephrodornis Sws. (*Kerula* J. E. Gray, *Tentheca* Hodgs., *Creurgus* Hodgs., *Fraseria* Bp.). Schnabel gerade, comprimirt, mit sehr kleinem Häkchen, Schnabelgrund und Nasenlöcher mit Borstenfedern bedeckt; Flügel leicht abgerundet; Schwanz gerade; Hinterzehe länger als der Lauf. — Arten: T. superciliosus Sws. Java. u. a.

Hierher gehören: Myiolestes Cab., Prionops und Sigmodus Temm., Dryoscopus Boie (*Hapalophus* Gray), Nilaus Sws. (*Entomovora* Less.), Calicacicus et Rhynchastatus Bp., Chaunonotus Gray.

6. Gatt. Malaconotus Sws. (*Laniarius* Vieill., *Pelecinius* Boie). Schnabel kräftig, stärker hakig, Dillenkante aufsteigend; Flügel kurz, abgerundet; Schwanz leicht abgerundet; Innenzehe viel kürzer als die Aussenzehe. — Arten: M. barbarus Sws. u. a. aus dem tropischen Africa. — Hierher Tschagra Less.

Verwandte Gattungen: Pomatorhynchus Boie, Harpolestes Cab. (*Psalter* Rchb., leicht sichelförmiger Schnabel, lockeres kleines Gefieder), Telephonus Sws., Thamnocataphus Tick., Chlorophoneus Cab. (kürzerer Schnabel, kürzerer Lauf, längerer Schnabel), Archolestes Cab. (mit starkem, hohem, stark comprimirtem und hakigem Schnabel).

4. Unterfamilie. **Laniinae** Cab. Schnabel sehr kräftig, comprimirt, mit starkem Zahn; Flügel etwas abgerundet: Schwanz lang, stufig; Laufsohle meist mit einzelnen Schildern.

7. Gatt. Lanius L. (*Collyrio* Moehr.). Schnabel ziemlich lang, Nasenlöcher zum Theil vom Stirngefieder bedeckt; Flügel gerundet, vierte Schwinge die längste; Schwanz lang, schmal, stufig; Lauf länger als die Mittelzehe, Hinterzehe mit breitem Sohlenballen. — Arten: L. excubitor L. Europa. u. a. altcontinentale.

Verwandte Gattungen: Urolestes Cab. (*Basanistes* Licht.), Corvinella Less., Fiscus, Otomela et Leucometopon Bp.

8. Gatt. Enneoctonus Boie (*Phoneus* Kaup). Dem Lanius ähnlich; Flügel kürzer, spitzer, dritte Schwinge die längste; Schwanz kürzer, stark abgerundet. — Arten: E. collurio Gray, Europa. u. a.

Hierher noch: Laniellus Sws. (*Crocias* Temm.).

20. Familie. **Timaliidae** Gray. Schnabel mässig, Firste gebogen, Seiten comprimirt, Spitze meist ganzrandig, Grund mit Borsten; Nasenlöcher mehr oder

weniger frei; Flügel kurz und abgerundet: Schwanz verschieden, abgerundet, gestuft; Lauf verlängert, meist gestiefelt: Zehen lang und stark, besonders die Hinterzehe; Krallen lang und spitz.

1. Gatt. Timalia Horsf. (*Napodes* Cab.). Schnabel ziemlich lang, am Grunde breit, Firste stark gebogen, Spitze ganzrandig, Ränder gebogen, Dillenkante lang; am Spalt wenig Borsten; Nasenlöcher theilweise von einer harten Schuppe bedeckt; Flügel mässig, fünfte bis siebente Schwinge die längsten; Schwanz verlängert, seitlich gerundet; Lauf länger als die Mittelzehe, vorn fast gestiefelt; Hinterzehe sehr lang und stark. — Arten: T. pileata Horsf. u. a. Indien u. Java. — Hierher gehören Mixornis Hodgs. und Turdirostris Hay '*Bessethera* Cab.).

Verwandte Gattungen: Stachyrhis, Erpornis und Chrysomma *Pycloris* olim Hodgs., Dumetia und Schoenicola Blyth.

2. Gatt. Pomatorhinus Horsf. (*Xiphoramphus* Blyth). Beide Kiefer gebogen, stark comprimirt, Spitze ganzrandig; fünfte und sechste Schwinge die längsten; Schwanz lang, stark gerundet; Lauf so lang als die Mittelzehe, meist vorn gestiefelt. — Arten: P. montanus Horsf. Java. Die australischen Arten bilden die Gatt. Pomatostomus Cab. Hierher gehört: Orthorhinus Bp., Argya Less., Chaetops Sws., Gampsorhynchus Blyth, Malacocercus Sws.

3. Gatt. Crateropus Sws. Schnabel von Kopflänge, stark comprimirt, Spitze obsolet eingeschnitten, Stirnfedern rigid; Flügel kurz, abgerundet; vierte Schwinge fast so lang als die fünfte und sechste, welche die längsten sind; Schwanz lang, breit, weich, gestuft. — Arten: Cr. Reinwardii Sws. Africa. u. a.

Hierher Hypochloreus Cab. (*Hypergerus* Rchb.), Ischyropodus Rchb.

4. Gatt. Cinclosoma Vig. u. Horsf. Schnabel ziemlich schlank, gerade, Firste und Dillenkante ziemlich gleichmässig zur Spitze geneigt, diese leicht ausgeschnitten; Flügel kurz, dritte bis fünfte Schwinge ziemlich gleich verlängert; Schwanz lang, stufig, Steuerfedern nach der Spitze verschmälert. — Arten: C. punctatum Vig. u. H. Australien. u. a.

Verwandte Gattungen: Ianthocincla Gould, Garrulax Less., Pterocyclus Gray, Trochalopteron Hodgs, Leucodiophron Schiff, Pellorneum Sws. '*Cinclidia* Gould), Keropia Gray (*Turnagra* Less., *Otagon* Bp.).

5. Gatt. Cissa Boie (*Corapica* Less., *Chlorisoma* Sws., *Kitta* Temm.). Schnabel kräftig mit erhabener und gebogener Firste, Spitze leicht hakig und eingeschnitten; Flügel mässig, gerundet, fünfte und sechste die längsten: Schwanz verlängert, stufig; Lauf länger als die Mittelzehe, mit Schildern; Zehen lang und kräftig. — Arten: C. sinensis Gray. Ost-Indien. u. a.

Hierher gehört noch: Urocissa Cab. (*Callocitta* Gray).

6. Gatt. Actinodura Gould (*Leiocincla* Blyth, *Ixops* Hodgs.). Schnabel mässig, Firste und Ränder gebogen; Spitze ausgerandet; Nasenlöcher frei; fünfte und sechste Schwinge die längsten; Schwanz lang, gerundet; Lauf vorn gestiefelt. — Arten: A. Egertoni Gould. Ost-Indien. u. a.

Hierher gehören: Sibia Hodgs. *Alcopus* Hodgs., *Heterophasia* Blyth), Malacias Cab., Lioptilus Cab. (*Leioptila* Blyth?).

7. Gatt. Leiothrix Sws. (*Furcaria* Less., *Bahila* et *Calipyga*, *Minla*, *Proparus* et *Certhiparus*, *Siva*, *Hemiparus* et *Joroparus*, *Mesia*, *Philocalyr.* et *Fringilliparus* Hodgs.). Schnabel so lang als der Kopf oder kürzer, Firste gebogen, Spitze eingekerbt, Ränder leicht gebogen; Flügel mässig gerundet, fünfte und sechste Schwinge die längsten; Schwanz mässig, gablig oder gerade oder gerundet; Lauf viel länger als die Mittelzehe, mit Schildern; Hinterzehe fast so lang als die Mittelzehe. — Arten: L. sinensis Strickl. u. a. Ost-Indien.

Verwandte Gattungen: Macronus Jard. u. Selby, Brachypteryx Sws., Alcippe Blyth, Napothera Boie, Alethe Cass., Cuphopterus Hartl., Drymocataphus Blyth.

21. Familie. **Troglodytidae** Cab. Kleine oder mittelgrosse Vögel: Schnabel schlank, comprimirt, mit gebogener Firste, pfriemenförmig zugespitzt, Spalte meist

5. Passerinae.

ohne Borsten, Flügel kurz, gerundet, meist die vierte oder fünfte Schwinge die längste; Schwanz kurz oder mittellang; Lauf lang, geschildert.

1. Gatt. Troglodytes VIEILL. *(Anorthura* RENNIE). Schnabel kurz, wenig gekrümmt, Flügel länger als der Schwanz, dieser kurz, abgerundet, Seitenfedern gestuft; Kralle der Hinterzehe kürzer als die Zehe. — Arten: Tr. parvulus KOCH, Europa. u. a. alt- und neucontinentale.

Nahe verwandte Gattungen: Cistothorus CAB., Telmatodytus CAB.

2. Gatt. Thryothorus VIEILL. Schnabel fast von Kopflänge, bis zur herabgebogenen Spitze gerade; Flügel so lang oder kürzer als der Schwanz, dieser gerade, nur die Seitenfedern gestuft; Hinterzehe ziemlich der mittleren gleich, Seitenzehen gleich. — Arten: Th. ludovicianus BP. u. a. americanische.

Hierher: Thryophilus BAIRD, Hybristes RCHB.

3. Gatt. Campylorhynchus SPIX. Schnabel so lang als der Kopf, comprimirt, ganzrandig; Firste und Ränder leicht gekrümmt; Flügel so lang als der Schwanz; Schwanz eben, Steuerfedern breit, Hinterzehe kürzer als die mittlere. — Arten: C. variegatus GRAY, Brasilien. u. a. americanische.

Hierher die Gattungen: Catherpes BAIRD, Salpinctes CAB.; Malacoedus RCHB. (?

4. Gatt. Cyphorhinus CAB. Schnabel stark, comprimirt, Nasenlöcher ganz offen, von einer Membran umgeben; Flügel kurz, abgerundet, Schwanz kurz, stufig, nur halb so lang als die Flügel; Laufsohle gestiefelt. — Arten: C. thoracicus CAB. Peru. u. a. süd- und centralamericanische.

Hierher: Microcerculus SCL., Heterorhina BAIRD; ferner: Pheugopedius und Presbys CAB., Heleodytes CAB. (*Buglodytes* BP.), Rhodinocichla HARTL. (*Cichlalopia* BP.) und Donacobius SWS. (*Cichla* WAGL.). — In die Nähe der Zaunkönige gehört auch Chamaea GAMBEL.

22. Familie. **Certhiidae** CAB. Schnabel schlank, so lang oder länger als der Kopf, ohne Einschnitt; Flügel mit zehn Handschwingen, die erste kurz, weniger als halb so lang als die zweite; Schwanz mittellang, oft mit rigiden Schaftspitzen; äussere Zehe länger als die innere, Hinterzehe länger als die Mittelzehe und als der getäfelte Lauf.

1. Unterfamilie. **Certhiinae** CAB. Schnabel sehr comprimirt und stark gekrümmt, Dillenkante concav; Schwanz keilförmig; Steuerschaftspitzen steif.

1. Gatt. Certhia L. Schnabel von Kopflänge, schlank, ohne Borsten; erste Schwinge etwas länger als ein Viertel der längsten vierten; Steuerfedern spitz, steif; Lauf so lang als die Aussenzehe, Hinterzehe länger als die Mittelzehe. — Arten: C. familiaris L. Europa. u. a. auch americanische.

Hierher die Gattungen: Caulodromus GRAY. Durch den Mangel eines Kletterschwanzes weichen ab: Climacteris TEMM., Tichodroma ILLIG., Salpornis GOULD.

2. Unterfamilie. **Sittinae** CAB. Schnabel gerade, Dillenkante convex, leicht aufsteigend; Schwanz kurz, gerade, weich.

2. Gatt. Sitta L. (*Orthorhynchus* HORSF.). Schnabel gerade, spitz, etwas comprimirt, nach vorn fast cylindrisch, Spitze nicht gebogen, ganzrandig; Nasenlöcher offen in einer von überliegenden Federn bedeckten Grube; Flügel fast bis an's Schwanzende reichend, erste Schwinge verkümmert, dritte und vierte die längsten. Schwanz kurz, gerade, Hinterzehe länger als die Mittelzehe und dem Lauf gleich. — Arten: S. europaea aut. Europa. u. a. auch americanische.

Hierher: Dendrophila SWS. (mit freien Nasenlöchern), Sitella SWS. (mit leicht ausgeranderter Schnabelspitze, Flügel länger als der Schwanz) und Callisitta GRAY.

3. Unterfamilie. **Orthonycinae** GRAY. Alle Zehen lang und sehr stark, die äussere fast so lang als die mittlere, leicht mit dieser verbunden; Krallen sehr lang.

3. Gatt. **Orthonyx** Temm. Schnabel ziemlich kurz, fast gerade, Firste gebogen, Spitze leicht ausgerandet; Flügel kurz und rund, fünfte und sechste Schwinge die längsten; Schwanz lang, Schaftspitzen der Steuerfedern über die Fahnen verlängert; Lauf länger als die Mittelzehe. — Arten: O. spinicauda Temm. Polynesien.

Hierher: Clitonyx Rchb. (*Mohoua* Less.).

23. Familie. **Epimachidae** Gray. Schnabel mehr oder weniger verlängert, schlank, bis zum spitzen Ende gekrümmt; Nasenlöcher frei in einer von den Stirnfedern überdeckten Grube; Flügel mässig, gerundet; Schwanz verschieden lang; Lauf, Zehen und Krallen kräftig, lang. Stets sind entweder Büschel verlängerter Schmuckfedern an Hals oder Brust vorhanden, oder Flügel- oder Schwanzfedern sind auffallend verlängert, zum Theil eigenthümlich gebildet.

1. Gatt. **Epimachus** Cuv. (*Cinnamolegus* Less.). Schnabel lang, gebogen, Firste, Ränder und Dillenkante bis zur Spitze gekrümmt; Flügel mittellang; an den Brustseiten Büschel verlängerter Schmuckfedern; Schwanz sehr lang, stark gestuft. — Arten: E. speciosus Gray. Neu-Guinea.

Verwandte Gattungen: Seleucides Less. (*Nematophora* Gould), Craspedophora Gray, Ptilorhis Sws., Heteralocha Cab. (*Neomorpha* Gould).

24. Familie. **Paridae** Cab. Schnabel kurz, mehr oder weniger conisch, gerade, meist ohne Einschnitt an der Spitze; Nasenlöcher von Borstenfedern bedeckt; Flügel mittellang, meist die dritte Schwinge am längsten; Schwanz ziemlich lang; Lauf vorn mit Schildern, länger als die Mittelzehe; Vorderzehen im ersten Gliede verbunden.

1. Unterfamilie. **Aegithalinae** Cab. Schnabel conisch mit gerader oder gekrümmter Firste, Dillenkante gerade oder abwärts gebogen; erste Schwinge nicht ein Drittel der zweiten erreichend, von Länge der obern Deckfedern.

1. Gatt. **Panurus** Koch (*Calamophilus* Leach, *Mystacinus* Boie, *Hypenites* Glog.). Schnabelfirste abwärts gekrümmt; Nasenlöcher länglich spaltförmig, vorn unter einer nackten Haut geöffnet; Flügel kurz, Schwanz körperlang, stufig. — Arten: P. biarmicus Koch (*Calomophilus barbatus* Blas. u. K., Nord-Ost-Europa.

2. Gatt. **Aegithalus** Vig. (*Paroides* Koch, *Pendulinus* Brehm). Schnabel mit gerader Firste, Dillenkante vor der Spitze schwach abwärts gebogen, Schnabel nach vorn stark comprimirt; Nasenlöcher rund; Flügel lang, abgerundet; Schwanz kurz ausgeschnitten. — Ae. pendulinus Vig. Europa. u. a.

Hierher gehören Auripasser Baird und Anthoscopus Cab.

2. Unterfamilie. **Parinae** Cab. Schnabel mehr oder weniger gekrümmt. Dillenkante aufwärts steigend; erste Schwinge fast halb so lang als die zweite.

3. Gatt. **Acredula** Koch (*Mecistura* Leach, *Paroides* Brehm, *Orites* Gray). Schnabel kurz, gewölbt, spitz; vierte und fünfte Schwinge die längsten; Schwanz länger als der Körper, stark stufig, in der Mitte ausgeschnitten; Füsse schwach. — Arten: A. caudata Koch, Europa. — u. a.

Hierher gehören noch: Oritisius Bp.; ferner Aegithaliscus Cab. und Cyanistes Kaup.

4. Gatt. **Lophophanes** Kaup. Schnabel kurz, conisch, Firste und Dillenkante gewölbt; Flügel rund; Schwanz mittellang, gerundet; Kopf mit einer Federhaube. — Arten: L. cristatus Kaup, Europa. u. a. auch americanische.

Nahe verwandt: Baeolophus, Machlolophus Cab., Poecile Kaup, Psaltria Temm. (*Psaltriparus* Bp.), Megistina Vieill., Sylviparus Burton.

5. Gatt. **Parus** L. Körper und Kopf dick, gedrungen; Schnabel conisch, schlank, leicht gekrümmt; Flügel kurz, rund; Schwanz mittellang; Lauf nur wenig länger als die Mittelzehe. Kopf ohne Haube. — Arten: P. major L. Europa, u. a. alt- und neucontinentale.

Verwandte Gattungen. Pentheres Cab. (*Melaniparus* Bp.), Melanochlora Less. *Crateronyx* Eyton, *Ptilobaphus* Rchb.).

6. Gatt. Suthora Hodg. (*Temnoris* et *Hemirhynchus* Hodgs.). Schnabel sehr kurz und stark, Firste am Grunde leicht abgeplattet, nach vorn gewölbt; Dillenkante lang, breit; Flügel ziemlich kurz, fünfte bis siebente Schwinge die längsten; Schwanz keilförmig, verlängert; Lauf länger als die Mittelzehe. — Art: S. nipalensis Hodgs. Nepal.

Endlich gehört hierher noch: Certhiparus Lafr. (nec Hodgs.) und Parisoma Sws.

25. Familie. **Icteridae** Cab. Schnabel kopflang oder länger, meist gerade, schlank kegelförmig, spitz, ohne Ausschnitt, Schnabelcommissur am Grunde abwärts gebogen, Dillenkante länger als die halbe Firste; Flügel spitz, neun Handschwingen; Schwanz lang, gerundet; Füsse kräftig, Hinterzehe lang. Gefieder vorherrschend schwarz mit gelb oder orange. Americanisch.

Cassin, J. A., Study of the Icteridae. in: Proceed. Acad. Nat. Sc. Philadelphia, 1866. p. 10—25, 403—417.

1. Unterfamilie. **Icterinae** Cab. (*Cassicinae* Burm.). Schhabel schlank, fein zugespitzt, mit gerader Firste; Nasengrube kurz, das Nasenloch am ganzen Unterrand der Grube; Flügel mittellang; Krallen stark gebogen, hoch.

1. Gatt. Icterus Briss. (*Oriolus* Illig., *Rhyndace* Moehr.). Schnabel am Grunde hoch, Firste abgerundet, Stirnschneppe scharf, Mundwinkel hoch; Flügel bis auf den Anfang des Schwanzes reichend; Schwanz lang, Seitenfedern stufig; Zehen fleischig. — Arten: J. jamacaii Daud. Brasilien. u. a.

2. Gatt. Xanthornus Cuv. (*Pendulinus* Vieill.). Schnabel nicht so hoch und stark, Mundwinkel niedriger; Flügel etwas länger, dritte Schwinge die längste; Schwanz lang, sehr schmalfedrig, seitlich gestuft; Füsse zierlicher. — Arten: X. chrysocephalus Gray, Brasilien, Guiana. u. a.

Verwandte Gattung: Hyphantes Vieill. (*Xanthornis* Sws.)

3. Gatt. Cassicus Cuv. Schnabel spitz, kegelförmig, am Grunde höher als breit, Firste abgerundet, Stirnplatte breit; Flügel ziemlich lang, spitz, die beiden ersten Federn stark verkürzt; Schwanz etwas breitfedriger, stufig abgerundet; Füsse sehr stark, Zehen mit starken Ballen. — Arten: C. haemorrhous Daud. Brasilien. u. a.

Hierher: Archiplanus Cab., Cassiculus Sws., Ocyalus Waterh., Ostinops Cab. (*Psarocolius* Wagl.), Clypicterus Bp.

2. Unterfamilie. **Agelaeina** Cab. Schnabel völlig gerade, Mundwinkel stark abwärts gebogen; Hinterzehe sehr lang, mit spornartiger Kralle.

4. Gatt. Dolichonyx Sws. Schnabel kürzer als der Kopf, Firste fast gerade, Nasenlöcher nur von einer Hautfalte umgeben; Flügel lang, erste Schwinge die längste; Schwanz kürzer als die Flügel, Steuerfedern zugespitzt mit rigiden Schaftspitzen. — Art: D. oryzivorus Sws. Nord-America. — Mit Dolichonyx vereinigt Cassin als Untergattungen: Agelaeoides Cass. und Erythropsar Cass.

Verwandte Gattungen: Agelaeus Vieill. (*Xanthocephalus* Bp.), Agelasticus Cab., welche Cassin so anordnet, dass er Xanthocephalus Bp., Aphobus Cab., Agelasticus Cab. (mit *Neopsar* Scl.), Macroagelaeus Cass. als Untergattungen zu Agelaeus bringt.

5. Gatt. Leistes Vig. Schnabel am Grunde ziemlich hoch, mit schmaler Stirnschneppe, Firste gerade, an der Spitze etwas abwärts gebogen; Nasenlöcher am oberen Rande von einer Hautfalte umgeben; Flügel spitz, erste Schwinge wenig kürzer als die zweite; Schwanz lang, gerundet. — Arten. L. viridis Gray, Brasilien. — u. a. (Hierher nach Cassin die Untergattungen: Leistes, Gymnomystax Rchb., Xanthosomus Cab. [*Chrysomus* Sws.], Pseudoleistes und Curaeus Cass.)

Hierher: Amblyramphus Leach und Amblycercus Cab.

6. Gatt. Trupialis Bp. (*Pezites* und *Pedotribes* Cab.). Schnabel sehr fein zugespitzt,

mit schmaler aber langer Stirnschuppe; Nasenlöcher neben einer horizontal abstehenden Schuppe; Flügel spitz, erste Schwinge fast so lang als die zweite, Armschwingen lang; Schwanz mittellang, die Steuerfedern etwas spitzig; Lauf sehr hoch, Kralle der Hinterzehe fast gerade. — Arten: Tr. militaris Bp. Brasilien. — u. a.

Hierher gehört noch Sturnella Vieill. (*Pedopsaris* Cab.). Zu Sturnella bringt Cassin Trupialis und Amblyramphus als Untergattungen.

3. Unterfamilie. **Quiscalinae** Gray (*Scaphidurinae* Cab.). Schnabel kopflang oder länger, kegelförmig, Firste gebogen; Spitze abwärts gekrümmt; Nasengrube dicht befiedert; Flügel bis zur Schwanzmitte reichend. Gefieder ganz schwarz.

7. Gatt. Molothrus Sws. (*Hypobletis* Glog.). Schnabel kurz conisch, sehr spitz, Firste fast gerade; Mundwinkel hoch; die drei ersten Schwingen gleich lang; Schwanz gerade, abgestutzt, die Federn nach der Spitze verbreitert. — Arten: M. pecoris Sws. Nord-America. — u. a. (Nach Cassin hierher die Untergattungen: Molothrus, Callothrus, Cyanothrus Cass. Cyrtotes Rchb. und Lampropsar Cab.)

Verwandte Gattungen: Psarocolius Bp. (*Aphobus* Cab.), Lampropsar Cab.

8. Gatt. Quiscalus Vieill. (*Chalcophanes* Wagl., *Scaphidurus* Sws. p.). Schnabelfirste mehr gekrümmt, Spitze herabgebogen, Stirnschneppe schmal, kurz; Nasengruben nur hinten befiedert; Flügel ziemlich spitz, dritte und vierte Schwinge die längsten; Schwanz stark zugerundet; Füsse zierlicher, Lauf hoch. — Arten: Qu. versicolor Vieill. Nord-America. — u. a. — Cassin nimmt auch hier Untergattungen an, ausser Quiscalus noch: Holoquiscalus, Megaquiscalus Cass. und Hypopyrrhus Bp.

Hierher gehören noch: Idiopsar Cass., Potamopsar Scl., Solecophaga Sws. (mit den Untergattungen Euphagus und Dives Cass.).

26. Familie. **Sturnidae** Cab. Schnabel kopflang oder länger, Firste gerade oder leicht gekrümmt, Spitze zuweilen gekerbt; Flügel lang und spitz, stets zehn Handschwingen; Schwanz meist lang, gerade oder gestuft; Läufe vorn mit Tafeln, lang, kräftig; Hinterzehe lang und stark.

1. Unterfamilie. **Lamprotornithinae** Cab. Schnabel kräftig, mittellang, comprimirt, Firste gekrümmt, Spitze ausgerandet; Schwanz verschieden. Gefieder prächtig, atlasartig oder metallisch glänzend.

1. Gatt. Lamprocolius Sund. Kopf etwas platt; Schnabel comprimirt, an der Spitze leicht gebogen und eingeschnitten; Flügel mittellang; Schwanz kurz, gerade oder gerundet oder ausgeschnitten; Füsse kräftig, Zehen gross. Africanisch. — Arten: L. nitens Sund. West-Africa. — u. a.

Verwandte Gattungen: Pholidauges Cab. (*Calornis* Gray p.), *Cinnyricinclus* Less., Notauges Cab. (*Spreo* Less.).

2. Gatt. Lamprotornis Temm. (*Calornis* Gray p., *Lamprornis* Nitzsch, *Astrapia* Vieill. p.). Schnabel ziemlich kurz, Firste leicht gebogen; Ränder etwas geschweift; Flügel lang, leicht gerundet; Schwanz auffallend lang, stark gestuft; Füsse hoch, kräftig. — Arten: L. insidiator Cab. Java. — u. a.

Hierher: Juida Less. (*Urauges* Cab., *Megalopterus* Smith), Scissirostrum Lafr., Enodes und Aplonis Gould.

3. Gatt. Amydrus Cab. (*Pyrrhocheira* Rchb., *Naburupus* Bp.). Schnabel schwach, mit deutlicher Kerbe, Flügel kurz, gerundet; Schwanz ziemlich lang, etwas gestuft; Gefieder seidenartig, aber nicht metallisch glänzend. — Arten: A. nabouroup Cab. — u. a.

4. Gatt. Pilorhinus Cab. (*Ptilonorhynchus* Rüpp nec Kuhl). Schnabel relativ kurz, Spitze abgerundet, mit seichter Kerbe; Flügel mittellang, dritte Schwinge am längsten; Schwanz ziemlich lang, quer abgestutzt; Füsse kräftig langzehig. — Art: P. albirostris Cab. Abyssinien.

Hierher gehören noch: Sturnoides Hombr. et Jacq., Lamprocorax Bl., Onychognathus Hartl., Cinnamopterus Bp.; endlich auch Creadion Vieill.

5. Passerinae.

2. Unterfamilie. **Buphaginae** Gray. Schnabel mässig, breit, Firste leicht deprimirt, nach der übergreifenden Spitze gekrümmt: Schnabel nach vorn comprimirt, Dillenkante stumpfwinklig: Flügel bis über den Anfang des Schwanzes reichend; dieser mittellang mit zugespitzten Steuerfedern: Lauf kurz und stark.

5. Gatt. B u p h a g a L. Seiten des Unterschnabels breit, gewölbt; erste Schwinge sehr kurz, zweite fast so lang als die dritte längste. Africa. — Arten: B. a fricana L. Süd-Africa. — u. a.

3. Unterfamilie. **Sturninae** Gray. Schnabel meist lang, gerade, kegelförmig, aber nach der stumpfen Spitze zu etwas abgeplattet: Flügel mässig: Schwanz im Ganzen kurz, gerade oder abgerundet: Läufe lang, stark, mit breiten Schildern; Zehen lang.

6. Gatt. S t u r n u s L. Schnabel lang, spitz conisch, gerade, mit an der Spitze abgeflachter Firste, Seitenränder am Grunde winklig; Flügel lang und spitz, erste Schwinge verkümmert, zweite die längste; dritte fast ebenso lang; Schwanz kurz, gerade; Lauf so lang als die Mittelzehe, Zehen lang. Seitenzehen gleich. — Arten: St. v u l g a r i s. — u. a. alt- und neucontinentale.

Verwandt: S t u r n o p a s t o r Hodgs. (*Psarites* Cab., *Gracupica* Less.).

7. Gatt. P a s t o r Temm. (*Psaroides* Vieill., *Merula* Koch, Blas. u. Keys., *Boscis* Brehm, *Nomadites* Peteniz, *Thremnaphila* Blyth). Schnabel kurz, mit vom Grunde an gekrümmter Firste, spitz, leicht gekerbt; Dillenkante lang, aufsteigend; Flügel lang und spitz, zweite Schwinge die längste, Schwanz mittellang, gerade; Lauf fast so lang als die Mittelzehe; Zehen lang und schlank. — Arten: P. r o s e u s Temm. Europa und Süd-Asien. — u. a. auch africanische.

Verwandte Gattungen: S t u r n i a Less., S a r a g l o s s a Hodgs. (*Hartlaubius* Bp., C u t i a Hodgs., T e m e n u c h u s Cab.

8. Gatt. A c r i d o t h e r e s Vieill. (incl. *Hetaerornis* Gray). Schnabel sehr kurz, stark. Firste wenig gebogen; Flügel lang, etwas spitz, dritte oder vierte Schwinge die längste; Schwanz abgerundet; Füsse und Zehen kräftig. — Arten: A. t r i s t i s Gray, Ost-Indien. — u. a. asiatische und africanische.

Verwandt ist D i l o p h u s Vieill., Süd-Africa.

4. Unterfamilie. **Graculinae** Gray. Schnabel lang, am Grunde breit, Seiten stark comprimirt; Firste bis zur leicht ausgerandeten Spitze gekrümmt: erste Schwinge kurz, dritte und vierte die längsten: Schwanz kurz und gerade oder leicht gestuft: Lauf kurz.

9. Gatt. G r a c u l a L. (*Eulabes* Cuv., *Mainatus, Maina* Hodgs.). Schnabel kopflang oder länger, stark; Nasenlöcher frei, rund; Kopf mit zwei nackten Hautlappen. — Arten: G r. r e l i g i o s a L. Ost-Indien. — u. a.

10. Gatt. G y m n o p s Cuv. (*Mino* Less.). Aehnlich, ein grosser Theil des Kopfes nackt ohne Federn. — Art: G. c a l v a Cuv. Ost-Indien.

Hierher gehören noch: A m p e l i c e p s Blyth, S t r e p t o c i t t a Bp., C h a r i t o r n i s Schleg., Basilornis Temm.

27. Familie. **Paradiseidae** Boie. Schnabel mittellang, gerade oder etwas gebogen, comprimirt, am Grunde mit einer befiederten Haut, unter der die Nasenlöcher liegen: Flügel mittellang, sechste und siebente Schwinge die längsten; Schwanz mittellang, die beiden mittleren Steuerfedern zuweilen ausserordentlich verlängert, als nackte, nur an der Spitze oder gar keine Strahlen tragende Schäfte: Füsse kräftig, grosszehig. Gefieder des ♂ durch Büschel zerschlissener Federn oder Schuppenfedern an den Seiten oder am Kopf, Hals und Brust ausgezeichnet. — Neu-Guinea und benachbarte Inseln.

Lesson, R. P., Histoire naturelle des Oiseaux de Paradis et des Epimaques. Paris, 1835. 8.

1. Gatt. **Paradisea** L. Schnabel von Kopflänge, leicht gewölbt, Ränder leicht ausgerandet; Nasenlöcher in der vordern Hälfte frei; Flügel mittellang, spitz, vierte und fünfte Schwinge die längsten, die Federn am Handgelenk fadig zerschlissen, verlängert, zurücklegbar; die beiden mittleren Steuerfedern fadig verlängert; ♀ und junge ♂ ohne diese Auszeichnung. — Arten: P. apoda L. — u. a.

2. Gatt. **Cicinnurus** Vieill. Von Drosselgrösse; Seitenfedern kaum verlängert, die beiden mittleren Steuerfedern fadig, aber an der Spitze mit aufgerollten Fahnen besetzt. — Arten: C. regius Vieill. — u. a.

Verwandte Gattungen: Diphyllodes Less., Schlegelia Bernst., Lophorina Vieill.

3. Gatt. **Parotia** Vieill. Seitenfedern verlängert, aber nicht, oder kaum zerschlissen; Schwanz ohne verlängerte Mittelfedern, abgestuft; jederseits hinter dem Ohre drei langschäftige, nur an der Spitze kurze Fahnen tragende Schmuckfedern, ausserdem Schuppenfedern an Nacken und Brust. — Arten: P. sexsetacea Vieill. (*Paradisea aurea* L.).

Hierher noch: Xanthomelus Bp., Paradigalla Less. (*Lobopsis* Rchb.), Astrapia Vieill. p., und ? Semioptera Gray.

28. Familie. **Corvidae** Sws. Ziemlich grosse Vögel. Schnabel gross, dick, stark, Firste und zuweilen der ganze Schnabel mehr oder weniger nach vorn gekrümmt, vor der Spitze zuweilen ein schwacher Ausschnitt, am Grunde borstige, die Nasenlöcher deckende Federn: Flügel mittellang, abgerundet, zehn Handschwingen und bis vierzehn Armschwingen; Schwanz mit zwölf (und ausnahmsweise zehn) Steuerfedern, abgestutzt oder stufig; Füsse gross und stark.

1. Unterfamilie. **Glaucopinae** Sws (*Crypsirhinae* Bp.). Schnabel mittellang oder kurz, am Grunde breit, nach vorn comprimirt, Firste stark gewölbt, Spitze hakig, ganzrandig, Commissur gekrümmt; Flügel kurz, abgerundet, fünfte Schwinge die längste; Schwanz lang gestuft oder keilförmig; Füsse kräftig, Lauf länger als die Mittelzehe.

1. Gatt. **Crypsirhina** Vieill. (*Temia* Cuv., *Phrenothrix* Horsf., *Cryptorhina* Wagl.). Schnabel kürzer als der Kopf, kräftig, stark comprimirt, gebogen; Nasenlöcher von Federn überdeckt; Flügel stark abgerundet; Armschwingen fast so lang als die Handschwingen; Schwanz nur mit zehn Steuerfedern; Mittelzehe so lang als der Lauf. — Arten: Cr. varians Vieill. Java. — u. a.

Verwandte Gattungen: Glaucopis Temm. (*Glenargus* Cab.), Temnurus Less.

2. Gatt. **Dendrocitta** Gould. Schnabel kurz, stark comprimirt und gekrümmt, Dillenkante gerade; Flügel kurz, stark abgerundet, fünfte und sechste Schwinge die längsten; Schwanz schlank, die beiden mittleren Federn breit verlängert, die seitlichen kürzer, sich stufig aneinanderlegend. Ost-Indien. — Arten: D. leucogaster Gould. (Aus D. rufa Hartl. bildet Kaup seine Gattung Vagabunda).

Hierher gehören noch: Conostoma Hodgs., Ptilostomus Sws. (*Pica* Boie), Struthidea Gould (*Brachyprorus* Cab., *Brachystoma* Sws., *Callaeas* Forst, *Glaucopis* Gm.'.

2. Unterfamilie. **Garrulinae** Sws. Körpergrösse mässig, weniger kräftig; Schnabel kurz und stumpf, ohne Hakenspitze; Flügel sehr kurz; Schwanz relativ lang, oft abgestuft. Mehr baumlebig als die folgenden.

3. Gatt. **Lophocitta** Gray (*Garrulus* Boie, *Platylophus* Sws.). Schnabel stark comprimirt, Firste leicht gekrümmt, Spitze ausgerandet, Spalt mit Borsten; fünfte bis siebente Schwinge gleich und am längsten; Schwanz mittellang, gerundet; Lauf länger als die Mittelzehe. — Arten: L. galericulata Gray, Java. — u. a.

Nahe verwandt ist: Perisoreus Br. (*Dysornithia* Sws.). Europa und Nord-America.

4. Gatt. **Garrulus** Briss. (*Glandarius* Koch). Schnabel kräftig, kürzer als der Kopf,

Firste fast gerade, an der Spitze plötzlich fein hakig ubergebogen und leicht ausgerandet, Dillenkante ebenso leicht nach oben gekrümmt; Schwanz mittellang, fast gerade; Lauf länger als die Mittelzehe. Alte Welt. — Arten: G. glandarius Vieill. Europa. — u. a. asiatische.

Hierher gehören: Garrulina et Cissilopha Bp., Cyanocitta Strickl. (*Cyanurus* Sws., *Cyanogarrulus* Bp.), Gymnocitta Prz. W. (*Cyanocephalus* Bp.¹, Aphelocoma Cab., Dolometis Cab. (*Cyanopolius* et *Cyanopica* Bp.), Cyanolyca Cab. (*Cyanocitta* Bp. p.), Xanthocitta Bp. (*Xanthoura* Bp.).

5. Gatt. Cyanocorax Boie (*Cyanurus* Sws., *Uroleuca* Bp. p.,. Schnabel kopflang, stark, gerade, nach vorn etwas comprimirt; Firste kantig, leicht gewölbt, der Grund mit Borsten; Flügel reichen nur bis an die Schwanzwurzel, fünfte und sechste Schwinge die längsten; Schwanz verlängert, abgerundet; Lauf länger als die Mittelzehe. — Arten: C. pileatus Gray. Brasilien. — u. a.

Hierher gehören: Lophocorax Kaup, Uroleuca Bp., Coronideus Cab., Callicitta Gray (*Cyanurus* Sws. p.).

6. Gatt. Psilorhinus Rüpp (*Barita* Bp.). Schnabel kräftig, lang, Spitze nicht ausgerandet, Dillenkante lang, aufsteigend; Flügel lang, dritte bis fünfte Schwinge die längsten; Schwanz verlängert, stufig; Lauf kräftig, länger als die Mittelzehe, Hinterzehe lang und stark. — Arten: P. morio Gray, Mexico. u. a.

3. Unterfamilie. **Phonygaminae** Gray. Schnabel verlängert, am Grunde breit, seitlich comprimirt, Firste breit, abgerundet, in die Stirn einspringend, bis zur ausgerandeten Spitze mehr oder weniger gerade, Nasenlöcher frei, spaltförmig; Flügel lang, spitz; Schwanz lang; Füsse kräftig.

7. Gatt. Gymnorhina Gray. Schnabel länger als der Kopf, am Grunde hoch und breit; Nasenlöcher spaltförmig in der Substanz des Schnabels, frei; Flügel sehr lang und spitz, dritte und vierte Schwinge die längsten; Schwanz mittellang, gerade; Lauf länger als die Mittelzehe; Hinterzehe lang und stark. — Arten: G. tibicen Gray, Australien.

Hierher gehören: Strepera Less. (*Coronica* Gould, Australien, und Phonygama Less. (*Chalybaeus* Cuv.). Neu-Guinea.

4. Unterfamilie. **Fregilinae** Sws (*Pyrrhocoracinae* Gray). Schnabel ziemlich lang, schlank, leicht gekrümmt, Firste abgerundet, Vorderende spitz und leicht ausgerandet; Nasenlöcher von Federn überdeckt; Flügel spitz, Schwanz lang; Füsse kurz und kräftig.

8. Gatt. Pyrrhocorax Vieill. Schnabel hell, mittellang, schlank, Firste gekrümmt, Dillenkante gerade; Flügel bis fast ans Schwanzende reichend, spitz, vierte und fünfte Schwinge die längsten; Schwanz lang, gerade; Lauf lang, fast ohne Schilder. — Arten: P. alpinus Vieill. Europäische Alpen. u. a. auch africanische.

Hierher noch: Podoces Fisch., und Cercoronus Cab. (*Corcorax* Less.).

9. Gatt. Fregilus Cuv. (*Graculus* Koch, Gracula Vieill., Coracia Briss. Gray,. Schnabel über kopflang, schlank, gekrümmt, hell; Flügel bis ans Schwanzende reichend, spitz, vierte Schwinge die längste, Schwanz mässig, eben, Lauf etwas länger als die Mittelzehe. — Arten: Fr. graculus Cuv. Europäische Hochgebirge. u. a.

5. Unterfamilie. **Corvinae** Gray. Schnabel dunkel, gross, mittellang, am Grunde breit, Firste bis zur Spitze gekrümmt; Flügel lang und spitz. Schwanz lang, abgerundet oder gestuft; Lauf verlängert.

10. Gatt. Nucifraga Briss. (*Caryocatactes* Koch). Schnabel länger als der Kopf, stark, Firste sanft nach der Spitze zu abfallend, Seitenränder gerade, am Grunde winklig, Dillenkante sehr lang; vierte und fünfte Schwinge am längsten; Schwanz seitlich abgerundet; Lauf länger als die Mittelzehe, äussere Zehe eher kürzer als die innere. — Arten: N. caryocatactes Briss. Europa. u. a., auch asiatische.

Hierher: Picicorvus Bp.

11. Gatt. **Pica** Vieill. *Cleptes* Gambel. Schnabel lang, kräftig, Spitze hakig, leicht ausgerandet; Flügel lang, abgerundet, erste Schwinge sehr kurz, vierte und fünfte fast gleich und am längsten; Schwanz von Körperlänge, keilförmig, stark abgestuft; Lauf viel länger als die Mittelzehe. — Arten: P. caudata Ray, Elster. Europa. u. a. alt- und neu-continentale.

12. Gatt. **Monedula** Brehm *Lycos* Boie. *Colocus* Kaup. Schnabel kurz, stark, Firste fast gerade; Flügel und Schwanz nur mittellang; Füsse kräftig. — Arten: M. turrium Brehm. Europa. u. a., auch asiatische.

Verwandte Gattungen: Amblycorax, Physocorax, Lycocorax et Gazzola Bp.

13. Gatt. **Corvus** L. *Corone* Kaup, *Trypanocorax* Kaup, *Frugilegus* Less., *Cornix* Bp.. Schnabel kräftig, lang, Firste gekrümmt oder mehr gerade, Spitze ganzrandig, Dillenkante lang; Flügel lang und spitz, dritte und vierte Schwinge die längsten; Schwanz mittellang, gerade oder leicht gerundet; Lauf länger als die Mittelzehe, breit getäfelt. — Arten: C. frugilegus L., C. cornix L., C. corax L., sämmtlich europäisch, und noch andere, alt- und neu-continentale.

Verwandte Gattungen: Pterocorax Kaup, Archicorax Glog. *Corvultur* Less., Picathartes Less. (*Galgulus* Wagl., Africa, und Gymnocorvus Less., Neu-Guinea.

6. Ordnung. **Raptatores** Illig.
Accipitres L., *Aëtomorphae* Huxl.

Schnabel mehr oder weniger gekrümmt, mit hakenförmig übergreifendem Oberschnabel, an seiner Basis mit einer die Nasenlöcher enthaltenden Wachshaut. Schienen bis zur Ferse befiedert; Lauf zuweilen theilweise befiedert, meist mit Tafeln oder Schildern bedeckt. Innenzehe nach hinten gerichtet, in gleicher Höhe mit den übrigen, die Zehen geheftet, selten frei. Krallen kräftig, spitz, gekrümmt.

Wir stellen die Gruppe der Raubvögel in die Mitte der ganzen Reihe der Vögel und nicht an das Ende derselben, da sie den Character der Vogelstructur am verhältnissmässig reinsten und typischsten darbieten und keine so einseitige Specialisirungen und Anpassungen zeigen, wie es sowohl die meisten der bis jetzt aufgeführten als die spätern Ordnungen thun. Zu einer derartigen Anordnung halten wir uns für um so mehr berechtigt, als einerseits ein genealogischer Anhaltepunct vorläufig fehlt und andererseits von Cabanis und Sundevall und andern auf den mittleren Werth der *Raptatoren*-Merkmale ausdrücklich, allerdings zunächst, um ihre Stellung an der Spitze der ganzen Classe zu bekämpfen, hingewiesen worden ist. Die Raubvögel sind desmognath nach Huxley, doch mit eigenthümlichen Modificationen in der Bildung des Mundhöhlendaches.

Wenn auch die Befiederung, besonders die Entwickelung der Federfluren manches Gemeinsame zeigt, so finden sich doch zwischen den einzelnen Gruppen der Raubvögel beträchtliche Differenzen in dieser Hinsicht. Die Contourfedern sind meist gross und an Zahl gering, bei den Falken indess kleiner und zahlreicher. Ein Afterschaft an ihnen fehlt bei den Eulen, den Geiern der neuen Welt und *Pandion*. Dunen finden sich in der Form von Staubdunen bei Geiern und den andern Tagraubvögeln entweder über den ganzen Körper zerstreut oder in besondern Zügen vereint, welche dann die Fluren der Contourfedern begleiten oder da vorkommen, wo gewöhnlich Contourfedern fehlen. Zuweilen bleiben einzelne Stellen am Kopf, wie die Zügel, ein Kreis um das Auge oder auch der ganze Kopf nackt; umgekehrt verlängern sich zuweilen hier und an andern Stellen die Federn, so bei Eulen um die Augen herum zu einer strahligen Fläche, dem Schleier, oder am Schenkelgefieder zur Bildung der sogenannten Hose. In der Anordnung der Fluren ist die Gabeltheilung der Rückenflur zwischen den Schulterblättern und ihr Verkümmern unterhalb dieser Stelle auffallend, was nur bei den *Psittaciden* und einigen *Coccygomorphen* ähnlich vorkommt. Die beiden seitlichen Stämme der Unterflur sind weit getrennt, zuweilen enorm verbreitert im vordern Theile, und meist mit einem distincten äussern Aste am Schulterbug versehen. Ein Federkranz um die Oeffnung der Oeldrüse fehlt denselben Formen, deren Contourfedern keinen Afterschaft besitzen, den Geiern der neuen Welt, *Pandion* und den Eulen. Constant sind zehn Handschwingen vorhanden; die Zahl der Armschwingen schwankt zwischen 12 und 27; Steuerfedern sind meist 12, nie weniger, bei den Geiern 14 vorhanden. Die Armschwingen sind lang, die Armdecken gleichfalls nicht verkürzt. Der Lauf ist bei den Eulen befiedert, oft sogar hier auch die Zehen. Bei den übrigen *Raptatoren* ist die Vorderfläche des Laufs von halbrunden Gürtelschildern bedeckt, welche in einzelnen Fällen durch Verwachsung einen Anschein einer Stiefelung veranlassen. Die Laufsohle ist von Körnern, Schuppen oder zwei Reihen Schildern bedeckt. — Der Schädel ist meist im Verhältniss zur Länge sehr breit. Bei den Eulen haben die Schädelknochen eine schwammige Diploe. Die Thränenbeine sind lang und bilden den obern Orbitalrand; sie bleiben entweder frei oder anchylosiren mit den Stirnbeinen und Praefrontalfortsätzen. Die Orbitalscheidewand ist bei alten Vögeln in der Regel geschlossen. Die Oberkiefer bilden nur einen kleinen Theil des Mundböhlendaches. Vor dem stets in eine Spitze ausgehenden Vomer findet sich immer eine Ossification im Septum der Nasenhöhlen, welche bei den Geiern der neuen Welt klein bleibt, bei den andern Formen aber eine bedeutende Ausdehnung erlangt. Die Gaumenfortsätze der Oberkiefer verbinden sich bei den Geiern der alten Welt, den übrigen Tagraubvögeln und *Gypogeranus* mit einander und mit dem nasalen Septum; bei den Eulen, wo sie grosse schwammige Körper bilden, rücken sie sehr nahe an einander, verbinden sich aber nur mit dem Septum; bei den Geiern der neuen Welt treten sie unverbunden als dünne blattförmig gebogene Knochenplatten am vordern Innenrande der Gaumenbeine auf. Diese letzteren stellen schmale horizontale, sich in der Mitte nicht verbindende Platten dar, welche hinten mit dem Basisphenoid und den Flügelknochen sich verbinden. Basipterygoidfortsätze finden sich bei den Eulen, den Geiern der neuen Welt und *Gypogeranus*. Die Gelenkfläche des Quadratbeins ist quer verlängert. Die Zahlen der gedrungenen, oft so breiten als langen Wirbel in den einzelnen Abschnitten des Skelets schwanken nicht unbedeutend; so sind Halswirbel von 9—13, Rückenwirbel 7—10, Kreuzbeinwirbel 10—11, Schwanzwirbel

7—9 vorhanden. Das Sternum ist vorn meist etwas schmäler; es ist entweder fast quadratisch (Eulen) oder länger als breit. Der Kamm ist hoch, sein hinterer Theil gewölbt. Ein Manubrialfortsatz ist bei den Eulen und bei *Gypogeranus* deutlich, bei den Tagraubvögeln weniger entwickelt oder rudimentär. Das Vorderende der Schlüsselbeine ist bei den Tagraubvögeln verbreitert, nach hinten gekrümmt und an der äussern Fläche ausgehöhlt zur Aufnahme der Clavicularfortsätze der starken Coracoide. Das Scapularende der Coracoide ist nur bei den Eulen bis zu den Schlüsselbeinen verlängert. Die Knochen des Flügels sind stark mit entwickelten Muskelleisten, die Handknochen abgeplattet. Das Becken ist gross und breit; das Darmbein ragt über die Pfanne vor, das Sitzbein geht unter ihr fast im rechten Winkel ab. Die Knochen der Unterextremität sind nur bei *Gypogeranus* eigenthümlich verlängert, besonders der Lauf, welcher bei den Eulen sehr kurz und abgeplattet ist. An der Vorderfläche desselben befindet sich bei den Eulen und bei *Pandion* oben eine Knochenbrücke zum Durchtritt der Strecksehnen. Die Einlenkungsstelle der stets nach hinten gerichteten Innenzehe ist bei den Geiern der neuen Welt und bei *Gypogeranus* etwas höher als die der andern Zehen. Die relative Länge der einzelnen Phalangen variirt in den einzelnen Gruppen etwas. Die Aussenzehe ist bei den Eulen und bei *Pandion* eine Wendezehe. Die Krallen sind gross, kräftig, gekrümmt, spitz, an der Unterfläche rinnenartig ausgehöhlt und zurückziehbar. — Der Schnabel der Raubvögel ist kurz, aber kräftig, gekrümmt, mit übergreifender Oberschnabelspitze; der Oberschnabel umfasst den Unterschnabel; die Ränder sind scharf. Am Oberschnabel findet sich kurz hinter der Unterschnabelspitze ein Zahn oder ein Einschnitt. Die Schnabelbasis bedeckt eine Wachshaut, in welcher die Nasenlöcher liegen. Die Zunge ist mässig lang, breit, vorn stumpf oder leicht getheilt. Die Seiten- und Hinterränder sind zuweilen gezähnt, zuweilen glatt. Die Seitenränder können bei den Geiern oben einander genähert werden, so dass die Zunge canalartig ausgehöhlt wird. Der Oesophagus bietet eine seitliche Erweiterung dar, einen Kropf. Seine Wände sind stark musculös; er befördert das Wiederauswerfen der unverdaulichen Theile der ganz verschlungenen Beute, des sogenannten Gewölles. Der Magen ist ein dünnwandiger musculöser Sack. Blinddärme und Gallenblase sind vorhanden. Stets finden sich zwei Carotiden. Wenn ein unterer Kehlkopf vorhanden ist, besitzt er nur ein Paar seitlicher Muskeln. Das Gehirn ist relativ entwickelt: von den Sinnen ist besonders das Gesicht, ebenso wahrscheinlich der Geruchsinn ausserordentlich scharf. Die Zahl der in einer Brut gelegten Eier schwankt je nach der Grösse der Vögel, die grösseren legen kaum mehr als ein oder zwei Eier, bei kleineren kommen bis sieben in einem Gelege vor. Die Form der Eier ist rundlich, die Farbe einfach oder gefleckt.

Raubvögel kommen auf der ganzen Erde und in allen Breiten vor, von der Polarzone bis unter den Aequator. Von den *Falconiden* und *Strigiden* sind manche Gattungen Cosmopoliten, insofern sie wenigstens durch einzelne Arten in allen Welttheilen vertreten sind. Andere Gattungen sind auf bestimmte Continente beschränkt, so sämmtliche *Polyborinen* (mit Ausnahme von *Polyboroides*) auf America, *Ieracidea* auf Australien, *Circaëtus* auf den alten Continent u. s. w. Unter den Geiern sind *Gypogeranus* und *Gypohierax* africanisch, *Cathartes* und *Sarcoramphus* americanisch, die übrigen europäisch und asiatisch. Fossil kennt man Formen von Raubvögeln vom Eocen an (*Lithornis* Ow., *Ulula*) bis zum Diluvium.

1. Tribus. **Strigomorphae** n. (*Strigidae* Huxl.). Körper meist kurz und gedrungen; Kopf relativ sehr gross, oft mit Ohrbüscheln; Schnabel kurz, kräftig, häufig fast ganz von Federn verdeckt; um die grosse, meist von einem häutigen Ohrdeckel geschützte Ohröffnung steht ein Kranz steifer Federn, welcher sich häufig auf das ganze Gesicht und die Kehle ausbreitet und den sogen. Schleier bildet; Augen nach vorn gerichtet; Flügel meist lang, Aussenfahnen der Handschwingen gefranst; Schwanz kurz, klein; Füsse meist kurz, meist ganz befiedert; Lauf äusserst platt, mit dünnen Rändern, Innenzehe länger als die Hälfte der äussern, in gleicher Höhe mit den andern eingelenkt, die äussere ist Wendezehe, ihre drei ersten Phalangen zusammen noch nicht so lang als die vorletzte. (Federn ohne Afterschaft, Oeldrüse ohne Federkranz; Schädel breit, Knochen der Hirnkapsel mit schwammiger Diploe; Basipterygoidfortsätze vorhanden; Gaumenfortsätze der Oberkiefer aufgetrieben, schwammig, von einander durch einen grösseren oder kleineren Spalt getrennt; Thränenbein eigenthümlich schwammig, meist getrennt bleibend, Nasenlöcher niemals durchgehend; Sternum mit Manubrialfortsatz, Schlüsselbein nach der Symphyse zu sehr schlank. Kein Kropf, Blinddärme lang; unterer Kehlkopf mit einem Muskelpaare.)

Einzige Familie. **Strigidae** Leach Character der Tribus.

1. Unterfamilie. **Striginae** Gray. Mittelgross, ohne Ohrbüschel; Kopf gross, breit, Schleier vollständig, dreieckig herzförmig; Schnabel relativ lang; Augen klein; Ohren mit Deckel; Läufe bis zu den Zehen befiedert; Innenrand der Mittelkralle gezähnt.

1. Gatt. **Strix** Sav. (*Aluco* Flem., *Hybris* Nitzsch, *Stridula* Selys, *Eustrinx* Webb u. Berth., incl. subgen. *Glyphidiura* Rchb. [*Strigymnhemipus* Des M.], *Dactylostrix*, *Scelostrix* [*Glaux* Blyth] und *Megastrix* Kp.). Schnabel meist von den Zügelfedern bedeckt; Nasenlöcher gross, oval; Flügel sehr lang, zweite Schwinge die längste; Schwanz kurz, meist gerade oder ausgeschnitten; Lauf viel länger als die Mittelzehe, mit weichen Federn bedeckt, Zehen nackt, fein geschuppt und mit Borsten. — Arten: Str. flammea L. Europa, Str. perlata Licht. Süd-America. Str. praticola Bp. Nord-America. — u. a.

2. Gatt. **Phodilus** Geoffr. Schnabel mittelgross, Nasenlöcher verdeckt, Firste stark gewölbt; Flügel lang, abgerundet, erste Schwinge gleich der zehnten, vierte bis sechste Schwinge die längsten; Lauf länger als die Mittelzehe, dicht befiedert; Zehen nackt, ohne Borsten. — Art: Ph. badius Geoffr. Java.

2. Unterfamilie. **Syrniinae** Gray. Mittel- und sehr gross; Kopf gross, mit grosser Ohröffnung, mit oder ohne Deckel, Schleier meist vollkommen; kleine oder gar keine Ohrbüschel; Flügel meist abgerundet, die ersten Schwingen häufig ausgeschnitten; Schwanz verschieden. Zehen häufig befiedert.

3. Gatt. **Syrnium** Sav. (*Ulula* Cuv., *Aluco* Kp. olim., *Scotiaptex* Sws., *Ptynx* Blyth). Schnabel stark mit breitem Grunde; Flügel lang, gerundet, vierte und fünfte Schwinge die längsten, Aussenfahnen der ersten fünf oder sechs vor der Spitze verengt, die erste und zweite deutlich gezähnelt; Schwanz lang und breit, Zehen dicht befiedert. — Arten: S. aluco Boie. Brandeule. Europa. S. cinereum Bp. Europa und Nord-America. — u. a. (einzelne eocene und diluviale Reste).

Verwandte oder Untergattungen: Ciccaba WAGL., Pulsatrix KAUP (beide ohne Ohrdeckel, erstere mit nackten Zehen), Bulaca (*Meseides* olim.), HODGS., Macabra, Myrtha und Gisella BP.

4. Gatt. Nyctale BREHM (*Scotophilus* Sws.) klein; Kopf mit sehr kleinen aufrichtbaren Ohrbüscheln; Schnabel mässig; Schleier fast vollständig; Flügel eher lang zu nennen, erste bis dritte Schwinge verengt, die zweite und dritte gezähnelt; Schwanz über die Flügelspitze reichend; Zehen dicht befiedert. — Arten: N. funerea BP. Europa; N. Richardsonii BP. Nord-America. — u. a. (Hierher *Nyctalatinus* KP.)

5. Gatt. Otus CUV. (*Asio* Sws., *Aegolius* BLAS. u. KEYS., *Nyctalops* WAGL.). Gross, schlank; Ohröffnung sehr gross; Ohrbüschel mittellang, erectil; Schnabel relativ kurz, am Grunde breit; Flügel lang, bis zur Schwanzspitze reichend, zweite und dritte Schwinge die längsten, zweite vor der Spitze verengt, Aussenfahne der ersten und zweiten gezähnelt; Zehen mit kurzen Federn. — Arten: O. vulgaris FLEM., Europa; O. Wilsonianus LESS. Nord-America.

Hierher: Brachyotus BOIE, Rhinoptynx und Rhinostrix KP., Pseudoscops und Phasmaptynx KP.

3. Unterfamilie. **Buboninae** GRAY. Kopf gross, breit, flach, mit grossen erectilen Ohrbüscheln; Schleier oberhalb der Augen unvollständig; Füsse und Krallen meist sehr kräftig.

6. Gatt. Bubo DUM. Schnabel von der Wurzel an gebogen; Ohrbüschel lang, Flügel lang, nicht bis zur Schwanzspitze reichend, zweite bis vierte Schwinge die längsten, die zwei ersten deutlich gezähnelt, die dritte schwach; Läufe und Zehen dicht befiedert. — Arten: B. maximus SIBB. Europa; B. virginianus BP. Nord-America. u. v. a. (auch diluvial).

Hierher gehören, zum Theil als Untergattungen: Urrua (*Mesomorpha* postea) und Huhua (*Etoglaux* postea) HODGS., Pseudoptynx KP., Nisuella, Megaptynx und Pachyptynx BP., Ascalaphia und Nyctaetus GEOFFR., Heliaplex Sws. — Verwandt ist ferner Lophostrix LESS.

7. Gatt. Ephialtes BLAS. u. KEYS. (*Scops* SAV. incl. *Lempijius* BP.). Schnabelfirste am Grunde platt; Flügel überragen den Schwanz, zweite bis vierte Schwinge die längsten; Läufe dünn und kurz befiedert, Zehen nackt. — Arten: E. scops GRAY. Süd-Europa, Nord-Africa und West-Asien; E. asio GRAY. Nord-America. — Hierher bringt KAUP die Untergattungen: Pisorhina, Megascops (*Asio* SCHLEG.), Acnemis und Ptilopsis KP.

8. Gatt. Ketupa LESS. (*Cultrunguis* HODGS.). Schnabel am Grunde breit, Ränder gebogen; Ohrbüschel mässig; Flügel mittellang, dritte und vierte Schwinge die längsten; Schwanz kurz und fast gerade; Läufe nur am oberen Ende mit Dunen bedeckt, nach unten mit Schuppen, wie die Zehen; Krallen mit Ausnahme der mittleren sichelartig zugeschärft. — Arten: K. ceylonensis GRAY. Ost-Indien. — u. a.

Verwandte Gattung: Scotopelia BP.

4. Unterfamilie. **Surninae** GRAY. Kopf relativ kleiner, Körper schlank; Schleier unvollständig; keine Ohrbüschel (oder äusserst kleine und nur in der Erection sichtbare); Schnabel kurz; Flügel und Schwanz lang. Gefieder weniger locker als bei den vorigen.

9. Gatt. Surnia DUM. Kopf breit, an der Stirn platt; Schnabel kurz, comprimirt, fast ganz von Federn verdeckt; Flügel lang, dritte Schwinge die längste; Schwanz breit keilförmig; Läufe und Zehen dicht befiedert. — Arten: S. ulula BP. (*S. funerea* aut.). Europa. — u. a.

10. Gatt. Nyctea STEPH. (*Noctua* BREHM, *Syrnium* KP.). Kopf klein, schmal; Flügel mittellang, dritte Schwinge die längste; Schwanz breit, abgerundet. Läufe und Zehen dicht befiedert. — Arten: N. nivea GRAY. Europa. — u. a.

Hierher gehört noch: Microptynx KP.

11. Gatt. Athene BOIE (*Carine* KP.). Kopf mittelgross, Schnabel stark gekrümmt; Flügel kurz, gerundet, höchstens zwei Drittel des Schwanzes erreichend, dritte Schwinge die

längste; Läufe relativ hoch, sparsam befiedert; Zehen mit borstigen Federn. — Arten: A. noctua Gray, Europa, A. perlata Gray, Süd-Africa. — u. a.

Hierher: Taenioglaux, Microglaux und Pholeoptynx Kp., Hieracoglaux Sceloglaux, Ctenoglaux (*Ninox* Hodgs.), Spiloglaux und Cephaloptynx Kp.; ferner: Micrathene Coues, Rhabdoglaux und Smithiglaux Bp.

12. Gatt. Glaucidium Boie (*Phalaenopsis* Bp.). Sehr klein; Schnabel kurz, weit, kräftig; fast kein Schleier; Flügel und Schwanz kurz; Läufe völlig befiedert. — Arten: Gl. passerinum Boie, Europa und Nord-Asien. — u. a.

Hierher gehört noch: Taenioptynx Kp.

2. Tribus. **Grypomorphae** n. *(Cathartidae* Huxl.*)*. Schnabel mehr oder weniger verlängert, am Grunde mit weicher Wachshaut, in welcher die grossen oblongen, durchgängigen Nasenlöcher liegen, der Schnabel am Ende der Wachshaut eingeschnürt, Spitzentheil stark gekrümmt, hakig; Kopf und oberer Theil des Halses nackt, ohne Federn; Augen seitlich; Flügel lang, zugespitzt; Schwanz nur mit zwölf Steuerfedern; Läufe und Zehen reticulirt; Läufe dick, kräftig, ohne zugeschärfte Ränder; die Phalangen der Hinterzehe zusammen ungefähr halb so lang als die Aussenzehe, ihre Insertion etwas über der der Vorderzehen; zweite und dritte Phalanx der Aussenzehe zusammen so lang oder länger als die Basalphalanx. (Federn ohne Afterschaft, Oeldrüse ohne Federkranz; Schädel mit Basipterygoidfortsätzen und langem Sphenoidalrostrum; Gaumenfortsätze des Oberkiefers dünn, lamellös, zwischen ihnen eine weite Spalte, über welche sich nur eine schmale Ossification der Nasenscheidewand brückenartig wölbt; Thränenbeine vollkommen anchylosirt; Sternum höchstens mit einem Rudiment eines Manubrialfortsatzes, Hinterrand mit vier Ausschnitten oder jederseits nach innen ein Ausschnitt, nach aussen ein Loch; Schlüsselbeine nach der Symphyse zu stark verbreitert; Hinterrand der Darm- und Sitzbeine mit tiefem Einschnitt; kein unterer Kehlkopf.)

Einzige Familie. **Cathartidae** Bp. Character der Tribus. Americanisch.

1. Gatt. Sarcoramphus Dum. (*Gypugus* Vieill.). Schnabel stark, dick, an der Stirn und am Schnabelgrund ein Fleischkamm, Nasenlöcher und Kinngegend zuweilen mit Fleischlappen; Anfang der Halsbefiederung krausenartig; Flügel lang, ziemlich schmal; Schwanz lang; Läufe hoch, Zehen lang. — Arten: S. papa Dum.; ganz Süd-America bis Mexico; S. condor Less. (*Gryphus* Is. Geoffr.*)*. Süd-America.

2. Gatt. Cathartes Ill. (*Catharista* Vieill. incl. *Coragyps* I. Geoffr.). Schnabel schwächer, am Grunde dünner, kein Fleischkamm, meist ohne Krause; Lauf relativ dünner, Zehen schwächer; Gefieder einfarbig. — Arten: C. aura Ill. Süd-America; C. atratus Baird (*Vultur urubu* Vieill., *V. jota* Molina), Süd-America und südliches Nord-America; C. californicus Gray, Westliches Nord-America.

Hierher wird meist die fossile Gattung Lithornis Owen (Eocen von Sheppy) gestellt; L. vulturinus Ow.

3. Tribus. **Aëtomorphae** (Huxl.) s. str. (*Gypaëtidae* Huxl.). Schnabel allgemein kürzer, am Grunde nicht eingeschnürt, sondern meist hier am höchsten; Nasenlöcher nicht durchgängig; Läufe platt, Innenrand dünn, vorragend; die Phalangen der, ziemlich in gleicher Höhe mit den vordern eingelenkten Hinterzehe zusammen viel länger als die halbe äussere Zehe; Basalphalanx der zweiten und dritten Zehe stets länger als die zweite. (Federn mit Afterschaft, nur *Pandion* ausgenommen; Oeldrüse mit Federkranz; Schädel ohne Basipterygoidfortsätze; Gaumenfortsätze der Oberkiefer mehr oder weniger spongiös, verengern oder obliteriren den zwischenliegenden Spalt, verwachsen unter einander und mit der breit verknöchernden Nasenscheidewand; Thränenbeine bleiben lange distinct; Sternum mit mehr

oder weniger deutlichem Manubrialfortsatz; Hinterrand mit zwei Ausschnitten oder Löchern oder ganz; unterer Kehlkopf mit einem Paar Muskeln.)

1. Familie. **Gypaëtidae** J. E. Gray. Schnabel stark, lang, comprimirt; Flügel lang, spitz, Lauf kürzer als die Mittelzehe; Aussenzehen am Grunde geheftet; Innenzehe etwas höher als die drei vordern inserirt; Kopf und Hals völlig mit Federn bedeckt, Wachshaut ganz von Federn verdeckt.

Einzige Gatt. Gypaëtus Storr (*Phene* Sav., *Gyptus* Dum.). Character der Familie; zweite und dritte Schwinge die längsten; Schwanz keilförmig, verlängert; Läufe sehr kurz, befiedert. — Art: G. barbatus Cuv. Bart- oder Lämmergeier. Alter Continent.

2. Familie. **Vulturidae** Bp. Schnabel lang, höher als breit, stark, Wachshaut über die Hälfte der Schnabellänge einnehmend; Schnabelspitze plötzlich hakig übergebogen; Nasenlöcher schräg, frei; Lauf mit kleinen Schuppen, kürzer als die Mittelzehe. Kopf nur mit Dunen oder nackt. Altweltlich (Reste aus dem Diluvium).

1. Gatt. Vultur L. (*Aegypius* Sav., *Polypteryx* Hodgs., *Lophogyps* Bp., *Caprornis* Kp.). Schnabel gross, comprimirt, an den Seiten abgeplattet, Firste erhoben, stark gewölbt; Nasenlöcher oval; erste Schwinge kurz, dritte und vierte Schwinge am längsten; Schwanz abgerundet, Schäfte stark, über die Fahnen vorragend; Lauf oben befiedert; Innenzehe so lang als die zweite; Kopf dünn mit Dunen bekleidet, eine Halskrause, die bis an den Hinterkopf reicht. — Arten: V. occipitalis Temm. Africa, V. monachus L. Süd-Europa.

Verwandte Gattungen: Otogyps Gray (Befiederung eigenthümlich, Fleischlappen unterhalb der Ohren) Africa und Ost-Indien; Gyps Sav. (Hals lang, Schnabel relativ schwach, Federn der Halskrause und des Nackens in der Jugend lang und flatternd, im Alter zerschlissen und haarartig); ebenda.

2. Gatt. Neophron Sav. (*Percnopterus* Cuv.). Schnabel sehr lang und schlank; Flügel lang, ziemlich spitz, dritte Schwinge die längste; Schwanz lang, gestuft; Lauf so lang als die Mittelzehe, oben befiedert, unten mit reticulirten Schuppen; Hinterzehe so lang als die vordere innere; Kopf und Hals nackt; Gefieder grossfedrig. — Arten: N. pileatus Burch. Mittel- und West-Africa; N. percnopterus Gray; Nord-Africa und Süd-Europa.

3. Familie. **Gypohieracidae** Gray. Schnabel lang, stark comprimirt, Wachshaut nur ein Drittel der Schnabellänge einnehmend; Flügel lang und spitz, dritte und vierte Schwinge die längste; Schwanz kurz, abgerundet; Lauf so lang als die Mittelzehe, oben befiedert, Krallen kräftig; Zügel, Augenkreis und zwei Streifen unter dem Unterkiefer nackt.

Einzige Gatt. Gypohierax Rüpp. (*Racama* J. E. Gray). Character der Familie. — Art: G. angolensis Rüpp. West-Africa.

4. Familie. **Falconidae** Leach. Schnabel relativ kürzer, am Grunde am höchsten, Wachshaut stets frei, die ganze Firste gleichmässig gebogen, die Spitze nicht besonders gewölbt; Augen seitlich unter vorragenden Orbitalrändern; Kopf mit kleinen, in das übrige Gefieder übergehenden Federn, Nackenfedern zuweilen eine Haube bildend; Flügel lang und spitz, die ersten Schwingen an der Innenfahne meist mit einem Ausschnitt; Läufe nicht sehr hoch, zuweilen befiedert; äussere Zehen meist geheftet (nur bei *Pandion* ist die äussere eine Wendezehe); Sohlenballen gross; Krallen stark gebogen, kräftig, spitz.

1. Unterfamilie. **Polyborinae** Gray. Schnabel am Grunde gerade, ziemlich lang, Spitze schwach hakig, Ränder geschwungen; Nasenlöcher neben dem obern Rande der Wachshaut, mit aufgeworfenen Rändern; Flügel relativ kurz, dritte bis fünfte Schwinge die längsten; Schwanz lang und breit; Lauf hoch, dünn, unregel-

mässig getäfelt; Zehen schwach, kurz; Krallen weniger gebogen. Zügel meist nackt. Americanisch.

1. Gatt. Ibycter VIEILL. Schnabel mässig schlank, Firste allmählich zur leicht hakigen Spitze gekrümmt; Flügel lang, nicht bis zur Schwanzspitze reichend, zweite bis sechste Schwinge leicht ausgeschnitten; Lauf im oberen Theil befiedert, der nackte grobschuppige Theil kürzer als die Mittelzehe; äussere Zehe länger als die innere. — Arten: I. aquilinus GRAY, Brasilien. — u. a.

Nahe verwandt sind: Daptrius VIEILL. (*Gymnops* SPIX); Milvago SPIX (*Parasifalco* LESS.), Senex J. E. GRAY (*Aëtotriorches* KP.).

2. Gatt. Phalcobaenus D'ORB. Dem vorigen ähnlich; Flügel überragen die Spitze des verlängerten Schwanzes; Läufe länger als die Mittelzehe. — Art: P. montanus D'ORB. Süd-America.

3. Gatt. Polyborus VIEILL. (*Caracara* Cuv.). Schnabel höher als breit, gross, gestreckt; Nasenlöcher im vorderen oberen Winkel der Wachshaut; Flügel lang und kräftig, fast bis ans Schwanzende reichend, dritte Schwinge die längste; Schwanz von Rumpflänge, leicht gestuft; Lauf doppelt so lang als die Mittelzehe. — Art: P. brasiliensis Sws. Süd-America.

2. Unterfamilie. **Polyboroididae** BP. Kopf relativ klein, Schnabel gestreckt mit grosser Wachshaut, Nasenlöcher senkrecht spaltförmig; Flügel sehr lang mit breiten Schwingen, von denen die zweite bis sechste an der Innenfahne stumpf ausgeschnitten; Schwanz über körperlang; Lauf doppelt so lang als die Mittelzehe; äussere Zehe kürzer als die innere. Gefieder zerschlissen. Gesicht nackt.

4. Gatt. Polyboroides SMITH (*Gymnogenys* LESS.). Character der Unterfamilie. — Art: P. radiatus GRAY, Süd-Africa.

3. Unterfamilie. **Circinae** BP. Körper klein, schmächtig; Schnabel relativ klein, stark gekrümmt; Flügel ziemlich schmal, lang, dritte und vierte Schwinge die längsten; Schwanz mittellang, breit; Lauf hoch, Zehen kurz. Gesichtsfedern bilden zuweilen eine Art Schleier.

5. Gatt. Strigiceps BP. Schnabel schwach, vom Grunde an gebogen; Flügel nicht ganz bis zur Schwanzspitze reichend; Schwanz lang, breit; Schleier sehr entwickelt. — Arten: Str. cyaneus BP. Nord-America, Nord-Europa. — u. a. — Hiervon trennen KAUP und BONAPARTE: Glaucopteryx KP., Spilocircus, Pterocircus, Spiziacircus KP.

6. Gatt. Circus LACÉP. (*Pygargus* KOCH). Schnabel stärker, kräftiger, gerader; Flügel bis zur Schwanzspitze reichend; Lauf kräftiger, Zehen länger; Schleier nur angedeutet. — Arten: C. rufus GRAY, Europa, Asien, Nord-Africa. — u. a.

4. Unterfamilie. **Accipitrinae** Sws. Schnabel kurz, am Grunde breit, Firste von der Stirn an gebogen, Spitze ziemlich lang, hakig, Nasenloch klein, offen, dem Oberrande näher; Flügel bis zur Mitte des Schwanzes reichend, selten länger; Lauf länger als die Mittelzehe; Krallen sehr spitz, die innere der hintern gleich, die mittlere mit einer vorspringenden Kante am Innenrande.

7. Gatt. Herpetotheres VIEILL. (*Macagua* LESS., *Cachinna* FLEM.). Schnabel sehr hoch, kurz, stark comprimirt, Haken kurz, dick, Rand ganz gerade, Unterschnabelspitze zweizackig; Nasenloch gross, kreisrund, Wachshaut dick, Augenkreis nackt; Flügel bis zur Schwanzmitte reichend, vordere Schwingen stark verschmälert, dritte und vierte die längsten; Schwanz ziemlich lang, gestuft; Füsse fleischig, Krallen kurz, dick. — Art: H. cachinnans VIEILL. Süd-America.

8. Gatt. Nisus Cuv. (*Accipiter* GRAY, *Hierax* LEACH). Schnabel zierlich, scharfhakig, ein undeutlicher stumpfer Zahn; Flügel bis zur Schwanzmitte reichend, vierte und fünfte Schwinge die längsten; Schwanz lang, stumpf gerundet; Läufe viel länger als die Mittelzehe;

Krallen stark gekrümmt, spitz. Sperber. — Arten: N. communis Cuv. (*Falco nisus* L.). Europa, Asien. u. v. a. alt- und neu-continentale (auch eine fossile Art aus französischen Knochenhöhlen).

Hierher gehören: Melierax und Micronisus Gray, Urospiza Kp., Sparvius Bp., Tachyspiza, Scelospiza und Hieraspiza Kp. — Geranospiza Kp. (*Ischnoscelis* Strickl.) hat auffallend lange Läufe und eine merkwürdige kleine Aussenzehe. G. gracilis Kp. Brasilien.

9. Gatt. Astur Bechst. (*Daedalion* Sws.). Schnabel länger, stark gekrümmt, mit stumpfem Zahn; Flügel bis zur Schwanzmitte reichend, dritte und vierte Schwinge die längsten; Schwanz ziemlich kurz; Lauf nicht viel länger als die Mittelzehe, Zehen relativ länger. Habichte. — Arten: A. palumbarius Bechst. Alter Continent. — u. v. a.

Hierher gehören: Cooperastur Bp., Lophospiza und Leucospiza Kp., Asturina Vieill. (nec Burm.), Rupornis Kp.

5. Unterfamilie. **Milvinae** Bp. Gestreckt, gracil; Kopf klein; Schnabel schwach, vom Grunde an gebogen, langhakig; Flügel lang, spitz; Schwanz meist lang, oft gegabelt; Lauf und Zehen kurz; Krallen kurz, spitz. (Puderdunengruppen.)

10. Gatt. Ictinia Vieill. Schnabel kurz, so breit wie hoch, mit einfachem Randzahn; Flügel lang und spitz, etwas über den Schwanz hinausragend, dritte Schwinge die längste; Schwanz ziemlich lang, abgestutzt oder leicht ausgeschweift; Lauf so lang wie die Mittelzehe, schwach, Zehen relativ kurz, Krallen scharf gebogen. — Arten: I. mississipensis Wils. Nord-America. — u. a.

Hierher: Nertus Boie und Poecilopteryx Kp.

11. Gatt. Elanus Sav. Schnabel kurz, relativ hoch, stark gekrümmt, langhakig; Zügel mit langen Borstenfedern, Ohröffnung gross, weit; Flügel lang, über den kurzen leicht ausgeschnittenen Schwanz hinausreichend; zweite Schwinge die drei längsten vor der Spitze abgesetzt verschmälert; Lauf kürzer als die Mittelzehe, Aussenzehe kürzer als die Innenzehe. — Arten: E. melanopterus Leach, Africa, Asien; E. axillaris Gray, Australien, E. leucurus Vieill. Süd-America.

Verwandte Gattungen: Gampsonyx Sws., Chelictinia Less. (*Chelidopteryx* und *Cypselopteryx* Kp.).

12. Gatt. Nauclerus Vig. Schnabel ziemlich lang, niedrig, starkhakig, ohne Zahn; Nasenlöcher oval, schief, Schnabelrand nach hinten aufgeworfen; Flügel länger als die mittleren Federn des langen gabelförmigen Schwanzes, dritte Schwinge die längste; Füsse klein und kurz, Krallen am Grunde breit. — Art: N. furcatus Vig. Süd-America.

Verwandte Formen sind: Odontotriorches Kp. (*Leptodon* Sund., *Cymindis* Cuv.), Regerhinus Kp., Rostrhamus Less., Avicida Sws., Baza Hodgs. (*Lophotes* Less., *Lepidogenys* Gray, *Hyptiopus* Hodgs., *Lophastur* Blyth), Machaeramphus Westerm.

13. Gatt. Milvus Cuv. Schnabel ziemlich schwach, Firste am Grunde gerade; Flügel sehr lang, dritte und vierte Schwinge die längsten; Schwanz sehr lang, breit, mehr oder weniger gegabelt; Lauf sehr kurz, am Grunde leicht befiedert; Krallen lang, gekrümmt Altweltlich. — Arten: M. regalis Cuv. Europa. — u. a.

Hierher gehört: Hydroictinia, Lophoictinia und Gypoictinia Bp.

14. Gatt. Pernis Cuv. Schnabel lang, niedrig, Spitze scharf gekrümmt; Zügel mit kurzen steifen Federn; Flügel lang, dritte Schwinge die längste; Schwanz lang; Lauf kurz, Krallen schwach. — Arten: P. apivorus Gray, Europa. — u. a.

15. Gatt. Harpagus Vig. (*Bidens* Spix, *Diodon* Less., *Diplodon* Nitzsch, incl. *Spiziapteryx* Kp.). Schnabel stark bauchig, Firste ziemlich scharf; Oberschnabel mit einem doppeltgezahnten Fortsatz, Schnabelspalt kurz; Flügel spitz, etwa bis zur Schwanzmitte reichend; dritte Schwinge die längste; Schwanz lang; Lauf ziemlich kurz, so lang als die Mittelzehe. — Arten: H. bidentatus Vig. Süd-America. — u. a.

6. Unterfamilie. **Buteonidae** Sws. Körper etwas plumper; Kopf dick, breit, flach; Schnabel kurz, comprimirt, vom Grunde an gekrümmt, ohne Zahn; Flügel lang, meist dritte und vierte Schwinge die längsten; Schwanz meist kurz; Lauf ziemlich hoch, nackt oder befiedert; Zehen kurz, schwach.

6. Raptatores.

16. Gatt. Buteo BECHST. Schnabel kurz, hoch, am Grunde breit, stark comprimirt, Wachshaut nur zwischen den Naseulöchern nackt; Flügel ziemlich spitz, dritte bis fünfte Schwinge die längsten; Schwanz kurz; Vorderzehe am Grunde geheftet. Bussarde. In allen Welttheilen (auch diluvial). — Arten: B. vulgaris BECHST. — u. v. a.
Hierher gehören: Craxirex GOULD (*Poecilopternis* KP.), Ichthyoborus KP. (*Buteogallus* LESS.), Tachytriorches KP., Leucopternis KP.

17. Gatt. Archibuteo BREHM (*Triorches* KP., *Butuëtes* LESS., *Butaquila* und *Hemiaëtus* HODGS.). Gleicht Buteo, doch sind die Läufe lang und völlig befiedert. — Arten: A. lagopus GOULD. Europa. — u. a.
Zu den Bussarden gehören noch: Poliornis KP. (*Butastur* u. *Bupernis* HODGS., *Pernopsis* DUBUS), Kaupifalco BP.

7. Unterfamilie. Aquilinae SWS. Gross oder sehr gross; Kopf mittelgross, durchaus befiedert; Schnabel hoch, am Grunde gerade, ohne Zahn, aber ausgebuchtet; Wachshaut frei; Flügel bis zur Wurzel oder zum Ende des Schwanzes reichend, abgerundet, meist die vierte und fünfte Schwinge die längsten; Schwanz gross, lang und breit; Lauf mittellang, kräftig, nur oben oder völlig befiedert, häufig von dem lockern Schenkelgefieder (Hosen) verdeckt; Krallen stark, gekrümmt und spitz.

18. Gatt. Aquila MOEHR. (*Aëtus* NITZSCH). Schnabel gross und lang, Firste schon unter der Wachshaut gebogen, Ränder stark ausgebuchtet, Flügel bis zum Schwanzende reichend; Schwanz mittellang, breit; Lauf mittelhoch, sehr kräftig. — Arten: A. chrysaëtus BP. Nördliche Hemisphäre. — u. v. a. Arten, welche auf die folgenden Gattungen oder Untergattungen vertheilt worden sind: Uraëtus, Pteraëtus KP., Pseudaëtus HODGS. (*Tolmaëtus* und *Eutolmaëtus* HODGS.), Onychaëtus KP. (*Heteropus* et *Neopus* HODGS.), Hieraëtus KP.

19. Gatt. Spizaëtus VIEILL. (*Pternura* und *Lophaëtus* KP., *Plumipeda* FLEM.). Schnabel hoch, kräftig, mit einer Ausbuchtung hinter der Spitze, ein schmaler Schopf; Flügel bis zur Schwanzmitte reichend, fünfte Schwinge die längste, vierte und sechste kaum kürzer; Schwanz lang und breit; Lauf hoch, kräftig, bis zu den Zehen befiedert. — Arten: Sp. ornatus VIEILL. Africa, Sp. tyrannus GRAY, Brasilien. — u. a. — Hierher gehören: Limnaëtus VIG. (*Nisaëtus* HODGS.), Spizastur HODGS.

20. Gatt. Morphnus CUV. (*Urubitinga* LESS., *Hypomorphnus* CAB., *Spizageranus* KP.). Schnabel schwächer, niedriger, Nasenlöcher dem Oberrand genähert, Flügel über die Schwanzmitte reichend; Schwanz lang und breit; Lauf über doppelt so lang als die Mittelzehe, getäfelt. — Arten: M. urubitinga CUV. Süd-America. — u. a.
Verwandte Gattungen: Thrasaëtus GRAY (*Harpyia* VIEILL.), Harpyhaliaëtus LAFR.

21. Gatt. Circaëtus VIEILL. Kräftig, gestreckt, Hals kurz, Kopf gross, Schnabel stark hakig, mit geraden Rändern; Flügel breit, lang, fast bis zur Schwanzspitze reichend, dritte und vierte Schwinge die längsten; Schwanz mittellang, breit; Lauf viel länger als die Mittelzehe, oben befiedert, nach unten stark geschildert; Krallen kurz, stark gekrümmt. — Arten: C. gallicus BOIE, Europa. — u. a., in allen Welttheilen.
Hierher: Spilornis GRAY (*Haematornis* VIG., *Ophaëtus* JERD.).

22. Gatt. Pandion SAV. Schnabel niedrig, kurz, bauchig gewölbt, mit sehr langer Hakenspitze, Wachshaut kurz, Nasenlöcher schief elliptisch; Augen nicht sehr tief liegend; Flügel überragen den kurzen Schwanz etwas, spitz, zweite und dritte Schwinge die längsten; Lauf kurz, mit reticulirten Schuppenwarzen; äussere Zehe ist eine Wendezehe. — Arten: P. haliaëtus CUV. Ganze nördliche Erdhälfte, bis Brasilien. — u. a. — Hierher gehört Poliaëtus KP. (*Ichthyaëtus* LAFR.).
Aus dem Eocen von Paris sind Knochenreste beschrieben, welche auf eine in die Nähe von Pandion zu stellende Gattung bezogen werden.

23. Gatt. Haliaëtus SAV. Schnabel sehr hoch, Seiten flach abfallend, Nasenlöcher schräg, länglich, weit unter dem oberen Rand; Zügel nackt; Flügel lang und spitz, dritte bis fünfte Schwinge fast gleich lang und am längsten; Schwanz so lang als die Flügel, leicht ausgeschweift; Lauf oben dicht befiedert, nach unten vorn und hinten mit Tafeln, seitlich mit Warzen; Krallen sehr flach, scharfkantig. — Arten: H. albicilla GRAY, Europa. — u. a., alt- und neu-continentale.

Hierher gehören: Thalassoaëtus KP., Cuncuma HODGS. *Pontoaëtus* KP., Geranoaëtus und Heteroaëtus KP., Haliastur SELBY (*Dentiger* HODGS., *Ictinaëtus* KP., *Milvaquila* BURM.).

24. Gatt. Helotarsus SMITH (*Terathopius* LESS.). Kräftig, gedrungen; Schnabel hoch, dem von Haliaëtus ähnlich, Zügel nackt; Flügel sehr lang und spitz, zweite Schwinge die längste, überragen den sehr kurzen abgestutzten Schwanz; Lauf kräftig, geschildert, Krallen wenig gebogen, stumpf. — Art: H. ecaudatus GRAY (*H. typus* SMITH), Süd-Africa.

8. Unterfamilie. **Falconinae** Sws. Körper gedrungen, proportionirt, Kopf gross, Hals kurz; Schnabel relativ kurz, kräftig; Firste stark gerundet, spitzhakig, mit einem mehr oder weniger deutlichen Zahn; Unterschnabel kurz ausgebuchtet, Flügel lang und spitz, zweite Schwinge die längste; Schwanz mittellang; Läufe gross und kräftig. Augenkreis nackt.

25. Gatt. Falco VIG. (*Rhynchodon* NITZSCH, *Ichthierax* KP.). Schnabel mit einem scharfen Eckzahn; Wachshaut ziemlich breit; Flügel lang und spitz, zweite und dritte Schwinge die längsten; Schwingen und Steuerfedern hart, elastisch; Schwanz lang, abgerundet; Aussenzehe etwas länger als die innere. In allen Welttheilen. — Arten: F. Gyrfalco L., F. peregrinus L., F. subbuteo L. — u. v. a.

Hierher als Untergattungen: Aesalon BP., Hypotriorches BOIE (*Dendrofalco* GRAY, Gennaia KP., Hierofalco CUV., Chiquera BP.

26. Gatt. Tinnunculus VIEILL. (*Cerchneis* BOIE, *Falcula* HODGS.). Stimmt mit Falco vielfach überein; Schwingen und Steuerfedern weniger hart, Schwanz häufig fächerförmig ausgebreitet; Mittelzehe so lang oder kürzer als die Läufe; Seitenzehen gleich. — Arten: T. alaudarius GRAY (*Falco tinnunculus* L.), Europa, u. a. alt- und neucontinentale. — Hierher die Untergattungen: Polihierax KP., Erythropus BREHM (*Panychestes* KP., Poecilornis u. Tichornis KP.

Verwandte Gattungen sind: Hierax VIG. (Ost-Indien) und Hieracidea GOULD (Australien und Neu-Seeland).

4. Tribus. **Oestuchomorphae** n. (*Gypogeranidae* HUXL.). Körper schlank, Hals lang, Kopf breit, kurz, flach; Schnabel kürzer als der Kopf, stark, vom Grunde an gebogen, seitlich gewölbt, nach vorn comprimirt, Wachshaut fast den halben Schnabel deckend; Flügel lang, die ersten fünf Schwingen gleich lang, an der Innenfahne verschmälert; Schwanz lang, stark gestuft; Beine und besonders die Läufe sehr verlängert; Zehen kurz, Krallen wenig gekrümmt, stumpf. (Federn mit Afterschaft, Oeldrüse mit Federkranz; Schädel mit Basipterygoidfortsätzen; die schwammigen Gaumenfortsätze der Oberkiefer völlig vereinigt, die mittlere Spalte obliterirend; Thränenbeine distinct; Nasenscheidewand mehr oder weniger verknöchert, die Nasenlöcher daher durchgängig oder nicht; Sternum schildförmig, Hinterrand convex mit zwei kleinen Ausschnitten, Manubrialfortsatz deutlich; vorderes Ende der Schlüsselbeine nicht verbreitert, kaum ausgehöhlt, ein medianer Fortsatz der Symphyse anchylosirt mit dem Sternum; der hinter der Pfanne gelegene Theil des Darmbeins nicht nach unten und vorn gebogen, wie bei den andern Raubvögeln; Basalphalanx der Aussenzehe länger als die zweite und dritte zusammen, diese kürzer als die vierte; die Phalangen der Hinterzehe zusammen nur halb so lang als die Aussenzehe; am Handgelenk stumpfe spornartige Fortsätze.)

Einzige Familie. **Gypogeranidae** BP. (*Serpentariidae* SELYS). Character der Tribus. — Africanisch.

Einzige Gatt. Gypogeranus ILL. (*Sagittarius* Vosm., *Serpentarius* Cuv., *Ophiotheres* Vieill.) — Art: G. serpentarius ILL.

7. Ordnung. Gyrantes Bonap.

(*Pullastrae* Liljeb., nec Sund., *Columbae* Br., *Peristeromorphae* Huxl.)

Schnabel gerade, comprimirt, nur an der gewölbten Kuppe mit einer hornigen Scheide; Schnabelränder nicht übergreifend; die Basis mit einer weichen Haut bedeckt, in welcher unter einer Klappe die Nasenlöcher liegen. Zunge weich. Schienen und zuweilen der obere Theil des Laufs (selten dieser ganz) befiedert. Lauf vorn meist mit kurzen Quertafeln, selten mit kleinen Täfelchen, hinten netzförmig oder nackt. Die nach hinten gerichtete in gleicher Höhe mit den andern stehende Innenzehe kleiner; die beiden äussern zuweilen geheftet, zuweilen frei. Nägel stumpf, comprimirt.

Die taubenartigen Vögel schliessen die Reihe der vorzugsweise nesthockenden Vögel, indem sie zugleich den prägnantesten Fall der Aezung der Jungen darbieten. Im Bau schliessen sie sich eng an die *Rasores* an, bieten jedoch auch mannichfache Beziehungen zu den Eulen und Geiern dar. Nach Huxley's Bezeichnung sind sie schizognathe Vögel, welche characterisirt sind theils durch das völlige Getrenntbleiben der Gaumenfortsätze des Oberkiefers sowohl von einander als von dem Vomer, theils durch die schlanke und nach vorn meist spitz auslaufende Gestalt des Vomer.

Das Gefieder der *Columbiden* ist völlig ohne Dunen zwischen den Contourfedern, auch fehlen solche auf den meisten Rainen, die Contourfedern haben keinen Afterschaft. Auch die Jungen haben kein Dunenkleid, sondern den Spitzen der Contourfedern hängen nur Büschel gelber fadiger Borsten an. Am Kopf springt das Gefieder der Stirn schneppenartig auf die Schnabelfirste vor, von wo aus die Federn schräg nach hinten zur Mundspalte zurückweichen. Aus dem fast ununterbrochenen Gefieder des Halses löst sich in der untern Hälfte die scharf markirte Rückenflur, welche sich in der Höhe der Schulterblätter gablig theilt und sich in eine viel schwächere, breite, indess von der Oberschenkelflur abgesetzte befiederte Fläche fortsetzt. Die vom Rückentheil durch seitliche Halsraine geschiedene Unterflur ist breit und theilt sich im unteren Theile des Halses in zwei breite, jederseits wieder einen äussern Ast abgebende Züge. Die Oeldrüse ist klein und vollständig nackt, ohne Federkranz. Es sind constant 10 Handschwingen und circa 11—15 Armschwingen vorhanden; die Steuerfedern zählen von 12 bis 16 (in künstlichen Rassen zuweilen mehr). Die Deckfedern sind nicht verkürzt. Der Lauf ist vorn mit (meist 9) queren Tafeln bedeckt, während seine hintere Fläche gekörnt oder genetzt ist; zuweilen reicht die Befiederung bis zu den Zehen. — Der Schädel ist im Scheiteltheil ziemlich convex mit einer an jenen sich anschliessenden ebenen

Occipitalfläche. Die Orbiten sind gross, ihr Septum ist mit einem bis drei Löchern versehen. Die Gaumenfortsätze der Oberkiefer sind von vorn nach hinten verlängert, spongiös und erreichen den sehr schlanken, abgestutzt endenden Vomer nicht. Der äussere hintere Winkel der Gaumenbeine ist abgerundet, die innere Lamelle weiter vorragend als die äussere, mit Ausnahme von *Didunculus*, wo sie beinahe ganz fehlt. Ein Basipterygoidfortsatz fehlt nur bei *Didus*. Der Gelenkkopf des Quadratbeins für den Unterkiefer steht fast quer, nur bei *Didunculus* ist er von vorn nach hinten verlängert, ähnlich wie bei den Papageyen. Es finden sich 11—13 Halswirbel, 5—6 Rückenwirbel, 12—13 Kreuzbein- und 6—7 Schwanzwirbel. Das Brustbein besitzt einen hohen, vorn ausgeschweiften Kamm; am dünnen Hinterrande finden sich jederseits zwei Ausschnitte, von denen die beiden innern zuweilen zu Löchern geschlossen werden, da die sie begrenzenden Fortsätze T-förmige Enden haben. Die äussern dieser Fortsätze sind viel kürzer und weit nach vorn gerückt. Die Schlüsselbeine haben an ihrer Symphyse keinen Fortsatz. Die Knochen der Vorderextremität bieten nichts characteristisches dar, die Flügel sind lang und spitz; nur bei *Didus* ist der ganze Flügel reducirt. Das Becken ist sehr breit und verhältnissmässig kurz. Die Innenzehe ist in gleicher Höhe mit den andern eingelenkt und nach hinten gerichtet; ihr kurzes Metatarsalstück ist eigenthümlich gedreht. Die Vorderzehen haben meist keine Bindehaut (eine solche tritt nur selten, besonders mit der Befiederung der Läufe bei einigen künstlichen Rassen, auf). Die Krallen sind kurz und stumpf, auch bei *Didus*; doch suchen diese Vögel ihre Nahrung nicht durch Scharren. — Der Schnabel der *Columbiden* ist sehr characteristisch; nie auffallend verlängert ist sein Basaltheil schlank und mit einer nackten Haut bedeckt (ähnlich wie bei *Cathartes*). Der Horntheil ist kurz, der Oberschnabel gewölbt, höher als breit, zuweilen hakig über die Unterschnabelspitze nach abwärts gekrümmt (*Treron*, *Didus*) (vor der Spitze gezähnt bei *Didunculus*); die Ränder greifen aber nicht über (nur bei *Didunculus*). In der weichen Haut, dem Horntheil und dem unteren Rande nahe gerückt liegen die Nasenlöcher, welche schräg die Haut durchbohren und daher von der Haut oben schuppenartig bedeckt sind. Die Zunge ist weich, schlank, spitz, mit eingebuchtetem Hinterrand, lanzenspitzenförmig. Der knorplige, gestreckt pfeilförmige Zungenkern besteht aus einem Stücke; am Körper ist der Stiel gelenkig verbunden; sämmtliche Theile, auch die Hörner sind schlank und dünn. Der Oesophagus trägt ungefähr in der Mitte seiner Länge einen meist paarigen Kropf, dessen drüsenreiche Wandungen ein in den ersten Tagen nach dem Ausschlüpfen der Jungen zur Nahrung dienendes milchartiges Secret liefern. Der Magen ist sehr stark musculös. Die Blinddärme sind kurz; eine Gallenblase fehlt. Am unteren Kehlkopf findet sich nur ein Muskelpaar. Es sind zwei Carotiden vorhanden. Meist werden zwei Eier gelegt (Eyton nennt daher die Tauben *Bipositores*), und zwar in der Regel mehr als einmal im Jahre. Die zur Brütezeit streng monogam lebenden Vögel vereinigen sich zur Zeit der Wanderungen, welche indessen nur die Formen der gemässigten und nördlichen Breiten unternehmen, zu häufig ungeheueren Zügen.

Taubenartige Vögel kommen in allen Theilen der Erde vor; die grösste

7. Gyrantes.

Entwickelung erreicht jedoch die Gruppe zwischen den Wendekreisen und zwar vorzüglich auf den grösseren und kleineren Inseln der Inselgruppen der Südsee. Die nördlichen Formen sind Zugvögel und ist in dieser Beziehung die americanische Wandertaube berühmt, welche in Zügen von vielen Millionen von der Gegend der Seen südwärts bis nach Mexico wandert. Fossile Taubenreste sind aus Knochenhöhlen England's und Frankreich's beschrieben worden.

TEMMINCK, ;C. J., et FL. PRÉVOST, Histoire naturelle générale des Pigeons. av. fig. peintes par Mme KNIP. Tom. I. II. Paris, 1808—1843. fol.

BONAPARTE, C. L., Iconographie des Pigeons, non figurés par Mme KNIP. Paris, 1857. fol.

1. Tribus. **Inepti** BP. Flügel und Schwanz verkümmert; Schnabel lang, stark, hakig, glattrandig.

Einzige Familie. **Dididae** GRAY. Schnabel viel länger als der Kopf, die basalen zwei Drittel von einer weichen nackten Haut bedeckt, nur die Spitze mit einer gewölbten, hakigen Hornscheide versehen; Dillenkante kurz, nach aufwärts gekrümmt; Nasenlöcher im vordern Theil des membranösen Abschnittes, den Seitenrändern nahe, frei; Flügel und Schwanz rudimentär; Lauf kurz, unregelmässig getäfelt, Seitenzehen gleich lang, Hinterzehe lang und stark. (Schädel ohne Basipterygoidfortsätze; Schlüsselbeine median kaum anchylosirt.)

Einzige Gatt. Didus L. (*Pezophaps* STRICKL., *Ornithaptera* BP.). Der Dodo oder die Dronte, D. ineptus L., und der Solitaire D. (*Pezophaps*) solitarius STRICKL., ersterer von Mauritius, letzterer von Rodriguez, sind schon im siebzehnten Jahrhundert ausgerottet worden.

STRICKLAND, H. E., und A. G. MELVILLE, The Dodo and its kindred, or the history, affinities and osteology of the Dodo, Solitaire etc. London, 1848. Fol.

OWEN, RICH., Memoir on the Dodo. London, 1866. 4.

2. Tribus. **Pleiodi** BP. Flügel und Schwanz entwickelt, erstere flugfähig; Schnabel kurz, comprimirt, Unterschnabel stark gezähnt.

Einzige Familie. **Didunculidae** GRAY. Schnabel fast so lang als der Kopf, Firste von der abwärts geneigten Stirn an gewölbt ausgehend, Spitze hakig übergreifend; Unterschnabel mit zwei starken Zähnen; Nasenlöcher im häutigen Basaltheil, schräg; Flügel mässig; Schwanz kurz; Lauf mittellang, gross, stark, Seitenzehen gleich lang; Krallen lang, gekrümmt.

Einzige Gatt. Didunculus PEALE (*Gnathodon* JARD., *Pleiodus* RCHB.). Flügel bis zum Ende der Schwanzdecken reichend, Flügelbug mit einem stumpfen Höcker, zweite bis vierte Schwinge fast gleich lang, letztere die längste; Eckflügel sehr entwickelt; Schienen zum Theil nackt; Lauf so lang als die Mittelzehe. — Art: D. strigirostris GOULD, Upolu, Navigator-Insel, Sawai.

3. Tribus. **Columbae** BP. Schnabel verschieden, stets mit glatten Rändern; Flügel flugfähig.

1. Familie. **Treronidae** BP. Schnabel stark, geschwollen, Schnabelspalte weit; Füsse kurz, dick, tief herab befiedert, Zehen fleischig, Krallen stark, gekrümmt; Schwanz mit vierzehn Steuerfedern. Gefieder weich, matt, grün, meist mit gelben Flügelbinden. Warme Climate der alten Welt.

1. Unterfamilie. **Treroninae** BP. (*Vinagineae* RCHB.). Vordertheil des Schnabels kuppig gewölbt und knochenhart.

1. Gatt. **Phalacotreron** Br. Schnabel niedergedruckt, am Grunde nackt, zweite Schwinge die längste. — Arten: Ph. calva Br. West-Africa. — u. a. africanische.

2. Gatt. **Vinago** Cuv. Schnabel kurz, am Grunde kaum nackt, comprimirt, dritte Schwinge die längste. — Art: V. australis Cuv. Madagascar.

3. Gatt. **Sphenocercus** Gray (*Sphenurus* Sws.). Schnabel mässig, nur an der Spitze hornig; Augenkreis ziemlich nackt; Sohlen schmal; dritte Schwinge nicht ausgerandet; Schwanz keilförmig, Steuerfedern spitz, die mittleren verlängert. — Arten: Sph. oxyurus Blyth, Java, Borneo, Hinter-Indien. — u. a. asiatische.

Hierher gehört noch **Butreron** Br.

4. Gatt. **Treron** Vieill. (*Toria*, *Romeris* Hodgs.). Schnabel kräftig, hoch, fast vom Grunde an hornig, Augenkreis nackt, dritte Schwinge ganzrandig; Schwanz kaum abgerundet. — Arten: Tr. psittacea Br., Java, Timor; Tr. nepalensis Blyth, Vorder- und Hinter-Indien. — u. a.

Verwandt sind noch **Crocopus** und **Osmotreron** Br. (*Treron* Gray p.).

2..Unterfamilie. **Ptilopodinae** Br. Schnabel gracil, Füsse sehr kurz, stark befiedert, Zehen verlängert, Schwanz mit 12, 14 oder 16 Steuerfedern.

1. Section. **Ptilopodeae** Br. Erste Schwinge an der Spitze plötzlich pfriemenförmig zugespitzt.

5. Gatt. **Leucotreron** Br. Schnabel sehr kurz; Füsse sehr kurz, dick, Zehen verbreitert, Krallen stark; zwölf Steuerfedern. — Arten: L. cincta Br. Timor. — u. a.

Verwandt: **Thouarsitreron** Br., **Ramphiculus** Br., **Lamprotreron** und **Drepanoptila** Br., **Sylphitreron** Verr., **Laryngogramma** Rchb.

6. Gatt. **Ptilopus** Sws. (*Ptilotreron* Br. olim). Schnabel mässig, Füsse klein, Flügel kurz, erste Schwinge kurz, mit pfriemenförmiger Spitze, dritte die längste; Brustfedern zweispaltig, Schwanz kurz, gerundet. — Arten: Pt. purpurata Br., Vanikoro, Pt. Swainsoni Br. Australien. — u. a.

Hierher noch: **Cyanotreron** Br.

2. Section. **Chrysoeneae** Br. Erste Schwinge den andern gleich gebildet.

7. Gatt. **Iotreron** Br. Schnabel sehr kurz, klein, gekrümmt, Füsse kurz, Zehen verlängert, Flügel verlängert, ziemlich spitz, dritte und vierte Schwinge die längsten; Schwanz kurz; Brustfedern weich, gerundet. — Arten: I. viridis Br. Amboina. — u. a.

Hierher noch: **Kurutreron** Br., **Omeotreron** Br., **Phapitreron** et **Chrysoena** Br.

3. Unterfamilie. **Alectroeninae** Br. Ziemlich grosse Vögel; Läufe befiedert; Gefieder schwarz und roth.

8. Gatt. **Alectroenas** Gray (*Chlamydoena* Br.). Federn des Kopfes, Halses und der Brust verlängert, schmal, pfriemenförmig zugespitzt, an der Spitze knorplig, glänzend; Schwanz abgestutzt. — Art: A. nitidissima Br. Süd-Africa und Isle de France.

Verwandte Gattungen: **Funingus** Des Murs und **Erythroena** Br.

4. Unterfamilie. **Carpophaginae** Br. Schnabel lang, dünn, nur an der Spitze hornig, Unterschnabel am Grunde flaumig; Füsse weniger befiedert, Sohlen breit, Krallen kräftig; Flügel breit, kräftig; Schwanz mit vierzehn Steuerfedern. Flügel- und Schwanzrücken metallisch glänzend. Legen nur ein Ei.

9. Gatt. **Carpophaga** Selby. Erste Schwinge spitz, länger als die fünfte, ganzrandig, sammtlich mit abgerundeter Spitze, nicht gelappt. — Arten: C. aenea Gray, Molukken, Java, Sumatra, Borneo. — u. a. (Als Untergattung hierher; Phaenorhina Gray.)

Hierher gehören noch: **Globicera**, **Serresius**, **Ptilocolpa** Br., **Ducula** Hodgs., **Myristicivora** Rchb.

10. Gatt. **Zonoenas** Rchb. Schnabel gracil, Farben glänzend; Schwanz mit heller Binde (Br.). — Arten: Z. Mülleri Rchb. Neu-Guinea. — u. a.

Verwandte Gattungen: **Hemiphaga** Br. und **Megaloprepia** Rchb.

2. Familie. **Columbidae** Bp. Lauf kurz, mit befiederten Fersen; Schnabel nur an der Spitze hornig; Schwanz mit zwölf Steuerfedern.

1. Unterfamilie. **Lopholaeminae** Bp. Ziemlich grosse Vögel; Kopf mit einer Haube, der sich auf dem Grunde der Schnabelfirste stehende Federn anschliessen.

1. Gatt. Lopholaemus Gray (*Lophorhynchus* Sws.). Dritte und vierte Schwinge die längsten; Steuerfedern gleich lang; Lauf weit nach unten befiedert. — Art: L. antarcticus Gray. Australien.

2. Unterfamilie. **Columbinae** Bp. (*Palumbinae* Rchb.). Mittelgross, ohne Haube.

1. Section. **Palumbeae** Bp. Lauf sehr kurz, ziemlich befiedert; Vorderzehen am Grunde leicht geheftet; Schwanz lang, gerundet. Baumlebend. Altweltlich.

2. Gatt. Palumbus Kp. Zweite und dritte Schwinge die längsten; Schwanz ziemlich lang, abgestutzt; bei den Alten jederseits am Halse eine weisse Binde, Flügel mit weissem Vorderrand. — Arten: P. torquatus Kp. Ringeltaube. Europa, Nord-Asien und Nord-Africa. — u. a.

Verwandte Gattungen: Dendrotreron Hodgs., Alsocomus Tickell, Leucomelana Bp., Janthoenas Rchb., Trocaza et Turturoena Bp. (*Polioenas* Rchb.).

2. Section. **Columbeae** Bp. Lauf etwas länger, weniger befiedert; nur die äussern Zehen am Grunde geheftet; Schwanz mässig. Leben mehr auf der Erde.

3. Gatt. Columba (L.) Bp. — Die zahlreichen Arten sind in verschiedene, kaum den Werth von Untergattungen besitzende Abtheilungen gebracht worden. Den Namen Columba behalten zunächst die beiden auf Felsen und Ruinen u. s. w. (*Lithoenas* Rchb.), nicht auf Bäumen nistenden Arten: C. leuconota Vig., mit einer weissen Schwanzbinde, und C. livia L. (incl. *affinis* Blyth, *turricola* Bp., *rupestris*, *Schimperi* Bp. und *intermedia* Strickl., sämmtlich nur Localrassen), die Fels-, Feld-, Haustaube, Stammart sämmtlicher Haus- und Liebhaberrassen, nach deren Kreuzung sehr häufig das ursprüngliche Gefieder der C. livia, mit den Flügel- und Schwanzbinden, durchschlägt. Ferner noch: C. oenas L., Holztaube, welche auf Bäumen nistet und nicht zahm wird; sie bildet die Untergattung Palumboenas Bp. Es gehören dann noch hierher: Taenioenas, Strictoenas, Chloroenas Rchb. (*Picazurus* Des Murs), Patagioenas, Lepidoenas Rchb. und Crossophthalmus Bp.

3. Section. **Macropygieae** Bp. Kopf sehr klein, Füsse sehr kurz, Flügel kurz; Schwanz sehr lang, keilförmig.

4. Gatt. Macropygia Sws. (incl. *Coccygura* Hodgs.). Flügel gerundet; dritte Schwinge die längste; Schwanz lang, stufig, breitfedrig, fächerförmig. — Arten: M. phasianella Gould, Neu-Süd-Wales. — u. a.

Hierher noch: Turacoenas und Reinwardtoenas Bp.

5. Gatt. Ectopistes Sws. Flügel länger, zugespitzt, zweite Schwinge die längste; Schwanz lang, stufig, Steuerfedern nach der Spitze verschmälert. — Art: E. migratorius Sws. Nord-americanische Wandertaube.

3. Unterfamilie. **Turturinae** Bp. Körper kleiner, schlank, Kopf klein; Flügel lang, spitz, Schwanz länglich, abgerundet. Meist mit einem Nackenbande.

6. Gatt. Turtur Selby. Schnabel schlank, Lauf nackt. — Arten: T. auritus Bp. Turteltaube; Süd-Europa, West-Asien und Nord-Africa. — T. (*Streptopelia* Br.) risorius Sws. Lachtaube. West-Asien, nördliches Africa. — u. a.

Hierher die Untergattungen: Haplopelia Bp., Tympanistria Rchb., Chalcopelia Bp., Oena Selby (incl. *Coturnicoenas* Des Murs).

4. Unterfamilie. **Zenaidinae** Bp. Leib kräftig; Flügel kurz; Läufe lang, kräftig. Leben auf der Erde. Americanisch.

1. Section. Zenaideae Bp. Kleine zierliche Vögel; Schnabel schlank; Flügel länglich; Schwanz kurz, abgerundet, oder mehr oder weniger verlängert.

7. Gatt. Chamaepelia Sws. Bp. (*Pyrgitoenas* Rchb.). Lauf ringsum nackt, untere Flügeldecken braunroth. — Arten: Ch. passerina Sws. Nord-America, Antillen. — u. a.
Hierher: Talpacotia Bp. (*Chamaepelia* Rchb.), Columbula Bp. (*Columbina* Spix), Metriopelia, Melopelia, Uropelia, Scardafella, Zenaidura Bp.

8. Gatt. Zenaida Bp. (*Stenuroena* et *Platypteroena* Rchb. s.-g.). Schwanz ziemlich kurz, abgerundet-keilförmig. — Arten: Z. amabilis Bp. Südliches Nord-America. — u. a.

2. Section. Peristereae Bp. Körper gedrungen; Flügel mässig zugespitzt, erste Schwinge nach der Spitze zu pfriemenförmig verschmälert.

9. Gatt. Peristera Sws. Character der Section. — Arten: P. cinerea Sws. Brasilien. — u. a. — Die gedrungeneren Arten bilden die Gattung Leptoptila Sws., südamericanisch.

3. Section. Starnoenadeae Bp. (*Geotrygoninae* Rchb.). Körper gedrungen, dick; Flügel kurz; Füsse sehr entwickelt, lang, kräftig.

10. Gatt. Geotrygon Gosse (incl. *Oreopelia* Rchb.). Füsse sehr kräftig; Flügel kurz, alle Schwingen breit. — Arten: G. montana Gosse, Süd-America. — u. a.
Starnoenas Bp. hat die zweite bis sechste Schwinge an der Aussenfahne geschweift; S. cyanocephala Bp. Antillen. — Osculatia Bp. mit erster schmaler, sichelförmiger Schwinge, O. sapphirina Bp. Rio-Napo.

5. Unterfamilie. Phapinae Bp. Füsse sehr entwickelt, Zehen meist kürzer als der Lauf, Hinterzehe kurz. Süd-Asien, Australien und Oceanien.

1. Section. Phapeae Bp. Schnabel kräftig; Flügel kurz; Schwanz mit 14—16 Steuerfedern.

11. Gatt. Phaps Selby. Schnabel fast kopflang; zweite und dritte Schwinge die längsten; Schwanz kürzer als die Flügel, mit 16 Steuerfedern. — Arten: Ph. chalcoptera Selby, Australien. — u. v. a.
Hierher die Gruppen: Pampusana Bp., Phlegoenas Rchb., Geophaps, Petrophassa und Leucosarcia Gould, Trugon Hombr. et Jacq.

2. Section. Chalcophapeae Bp. Flügel weniger kurz; Schwanz mit zwölf Steuerfedern; Läufe kürzer, Hinterzehe entwickelter.

12. Gatt. Chalcophaps Gould (*Monornis* Hodgs.). Character der Section. — Arten: Ch. indica Gray, Süd-Asien, Ceylon bis China. — u. a. (Hierher: Henicophaps Gray.

3. Section. Geopelieae Bp. Flügel verlängert, erste Schwinge an der Spitze pfriemenförmig zugespitzt; Schwanz sehr lang, keilförmig, mit 14 Steuerfedern.

13. Gatt. Geopelia Sws. (incl. *Tomopelia*, *Stictopelia* Rchb. et *Erythrauchoena* Bp.). Flügel mittellang, abgerundet; Schwanz breitfedrig, gestuft. — Arten: G. striata Gray, Java, China, Mauritius. — u. a.
Hierher noch: Ocyphaps Gould; am Hinterkopf ein nach hinten abstehender Kiebitzschopf. O. lophotes Gould, Australien.

3. Familie. Caloenadidae Bp. Körper gedrungen; Schnabel ziemlich lang, stark; die Wachshaut bildet vor der Stirn eine kugelige Warze; Flügel lang, dritte und vierte Schwinge die längsten; Schwanz mit zwölf Steuerfedern; Hals- und Nackenfedern verlängert, schmal, eine Mähne bildend; Fuss kräftig; Lauf hoch, Zehen kräftig.

Einzige Gatt. Caloenas Bp. Character der Familie. — Art: C. nicobarica Gray, Süd-westliches Asien und Inseln.

4. Familie. **Gouridae** Bp. Körper hühnergross, plump; Schnabel kurz, wenig gewölbt; eine Krone mit zerschlissenen Federn; Flügel mässig lang, vierte bis siebente Schwinge die längste, Armschwingen länger als die Handschwingen, Schwanz lang, abgerundet, mit sechszehn Steuerfedern; Lauf noch einmal so lang als die Mittelzehe, kräftig.

Einzige Gatt. Goura FLEM. (*Lophyrus* VIEILL., *Megapelia* KP., *Ptilophyrus* SWS.). Character der Familie. — Arten: G. coronata FLEM. Banda-Inseln, Java, Neu-Guinea. G. Victoriae BP. Neu-Guinea.

8. Ordnung. Rasores ILLIG.

(*Gallinae* L. p., *Alectoromorphae* HUXL.)

Schnabel selten länger als der halbe Kopf, an der Spitze mit einem kuppenförmig abgesetzten Nagel, Ränder übergreifend; Basis mit einer harten Nasenklappe und kleiner weichen Wachshaut; Flügel kurz, gewölbt. Schienen in der Regel ganz befiedert. Lauf vorn mit kurzen Halbringen, hinten mit sechseckigen Tafeln, zuweilen befiedert. Hinterzehe klein, oft höher als die andern stehend, fehlt zuweilen. Nägel platt, stumpf.

Die Ordnung der Scharrvögel umfasst mehrere in einzelnen Puncten zwar von einander abweichende, im Allgemeinen aber viel Uebereinstimmendes darbietende Gruppen, welche deutlich zeigen, wie misslich es ist, nach einzelnen Characteren eine Trennung oder Verbindung vornehmen zu wollen. Während die Pterylose, Form der Flügel, das Verhalten der Carotiden, des Darmcanals und der Bau des Schädels in den meisten hier vereinigten Familien fast völlig übereinstimmen und jedenfalls so weit, dass ihre Vereinigung gerechtfertigt wird, bietet die Insertion der Innenzehe und die Entwickelung der Begattungsorgane beträchtliche Differenzen dar, welche indessen gegenüber ähnlichen Verschiedenheiten in andern Ordnungen vorläufig wenigstens nur als Familiencharactere angesehen werden können. Die *Rasores* sind schizognathe Vögel, wie die Tauben, welchen sie sich überhaupt in mancher Hinsicht anschliessen, von denen sie aber durch den Zustand der Jungen beim Ausschlüpfen aus dem Ei und Anderes wesentlich abweichen.

Die Contourfedern haben einen entwickelten, aber dunigen Afterschaft. Auch der Schaft der Hauptfedern trägt an seinem untern Theil mehr dunige Strahlen, als steife, und ist häufig hier sehr verdickt. Echte Dunen sind selten; sie finden sich einzeln auf den Rainen und gehen nach den Fluren zu meist in Fadenfedern über. Puderdunen fand NITZSCH nur bei *Crypturus*. Die Fluren sind in der Regel dicht befiedert. Ist der Kopf befiedert, so sind die Stirnfedern durch das hintere Ende des Schnabelrückens gewissermaassen gescheitelt. Die Rückenflur verläuft vom Nacken an entweder einfach und ungetheilt bis zur Oeldrüse, oder sie weicht in der Gegend der Schulterblätter zum Einschluss eines ovalen Feldes in zwei, hinter diesem sich wieder vereinigende Aeste auseinander; sie ist dabei von gleichmässiger Stärke oder wird von der Gabeltheilung an im hintern Abschnitt schwächer (*Numida*, *Penelope*). Die Lendenfluren sind ungewöhnlich stark, mit langen, meist dunigen Federn. Die Unterflur, welche sich höher oder tiefer unten am Halse in zwei die Brustfläche deckende und nur den Brustbeinkamm frei lassende Aeste theilt, gibt jederseits einen äusseren, der Achselflur parallel gehenden Ast ab. Die beiden Hauptäste vereinigen sich am Bauche in der Regel zu einem einzigen medianen Streifen, welcher bis zum After reicht. Hiervon machen nur einige, weniger typische Formen eine Ausnahme (*Meleagris*, *Pterocles*, *Crypturus*). Die meist platt herzförmige, bei *Argus* fehlende Oeldrüse ist mit Ausnahme von *Pterocles* von einem Federkranz umgeben. Es sind zehn oder elf Handschwingen und 12—20 Armschwingen vorhanden. Von den Handschwingen sind die vierte bis sechste gewöhnlich die längsten; die elfte Feder ist die kürzeste (sie ist bei *Phasianus* die letzte Hand-, bei *Tetrao* die erste Armschwinge) und fehlt häufig (*Numida*, *Polyplectron*, *Cracidae*, *Crypturus*). Der Eckflügel hat stets vier Federn. Die Armschwingen sind zuweilen ausserordentlich verlängert. Die grösste Verschiedenheit bieten die Schwanzfedern dar. Es fehlen entweder echte Steuerfedern ganz, oder sie kommen zu 10—12 vor, wobei sie oft eine bedeutende Längenentwickelung erhalten (bei den Männchen). Am Kopf und Hals kommen oft nackte Stellen, Hautkämme, Lappen und dergleichen vor. Zu bemerken ist noch, dass bei keiner andern Ordnung der Unterschied zwischen dem Gefieder und den andern Hautanhängen bei Männchen und Weibchen so gross ist, als hier, dass aber trotzdem unter gewissen Verhältnissen, wie bei Erkrankung oder Functionseinstellung der Genitalorgane, mit zunehmendem Alter u. s. w. die secundären Charactere des einen Geschlechts nicht selten am andern zur Entwickelung kommen. Der Lauf ist entweder befiedert (*Tetraonidae*) oder nur vorn mit flaumigen Dunen bekleidet (*Pterocles*); oder er hat vorn und hinten je zwei Reihen grosser Schilder (*Phasianiden*, *Meleagriden*), oder vorn eine Reihe grosser Tafeln, hinten zwei Reihen Schilder (*Pavo*). Häufig ist an der Hinterseite des Laufs ein von einem Knochen gestützter Sporn entwickelt, welcher, höher oder tiefer angesetzt, den um die Weibchen kämpfenden Männchen eine Waffe bietet, mit welcher sie den Gegnern eine oft tödtliche Wunde beizubringen im Stande sind. — Der Schädel ist in seinem Hirntheil mässig gewölbt; der Schnabel ist meist nicht länger als der Hirntheil. Die Gaumenfortsätze der Oberkiefer sind stets lamellenartig, zuweilen sehr klein. Die Gaumenbeine sind verhältnissmässig lang und schmal; ihre innere Platte ist verkümmert, die hintere äussere Ecke ist abgerundet. Ueberall sind äusserst kurze Basipterygoidfortsätze vorhanden, meist zu Gelenkfortsätzen reducirt. Das Schädelende des Quadratbeins ist bei den typischen Formen (*Phasianiden*, *Tetraoniden*) weniger entschieden in zwei Gelenkköpfe gespalten als bei den *Craciden*, *Megapodien* und *Hemipodien*. Der Unterkieferwinkel ist in einen nach oben gekrümmten Fortsatz ausgezogen. Von dieser Schädelbildung weicht die der Gattung *Tinamus* eigenthümlich ab, indem hier, wie bei den Straussen, der Vomer hinten breit ist und sich mit dem hintern Ende der Gaumen- und vordern Ende der Flügelbeine verbindet, während die Gaumenfortsätze der Oberkiefer sich an das vordere gleichfalls verbreiterte Ende des Vomers setzen. (Ueber kleinere Verschiedenheiten der Gaumenfortsätze der Oberkiefer bei den *Craciden* und *Opisthocomus* siehe diese Familien.) Es finden sich 12—15 Hals-, 6—8 Rücken-, 12—17 Kreuzbein- und 5—6 Schwanzwirbel. Das Brustbein hat einen mässig hohen (bei *Pterocles* taubenähnlich sehr hohen), vorn ausgeschweiften Kamm und jederseits in der Regel zwei sehr tiefe Einschnitte; die äusseren der hierdurch entstehenden Fortsätze sind kürzer als die inneren. Die Schlüsselbeine haben an ihrer Symphyse einen von beiden Seiten comprimirten, an das Vorderende des Brustbeins gehefteten Fortsatz, während der Körper selbst leicht abgeplattet ist. Die Knochen der Vorderextremität sind stets kürzer als die der hintern. Das Becken ist besonders in dem hinter der Pfanne gelegenen Theil relativ breit. Vor der Pfanne gibt meist das Darmbein einen nach vorn gerichteten Fortsatz ab. Die relativ grössere Länge der Hinterextremität bestimmt vorzüglich die Tibia, insofern der Tarsometatarsus nicht auffallend verlängert ist. Die Innenzehe mit ihrem kurzen rudimentären Metatarsus ist entweder in gleicher Höhe mit den drei vordern, oder etwas höher eingelenkt; letzteres ist bei den auf der Erde, ersteres bei den auf Bäumen lebenden Formen der Fall. Bei den erstern verkümmert zuweilen die Innenzehe bis auf die Kralle. Sehr bedeutend ist die Entwickelung der Zehen bei den *Megapodien*. Die Krallen sind meist breit und stumpf und, wenn auch schmäler und länger, doch nicht stark gekrümmt. In der Regel sind die Vorderzehen am Grunde durch eine Haut verbunden. — Der Schnabel ist nur selten (*Rhynchotus*) länger als der Kopf. Der Basaltheil ist von weicher Haut überzogen, zuweilen befiedert, zuweilen mit einer kleinen Wachshaut versehen; in ihr liegt das Nasenloch, schräg eindringend, so dass es von einer häutigen Schuppe überwölbt zu sein scheint. Der eigentliche hornige Schnabel ist selten schlank und abgeplattet, in der Regel hoch, breit und gewölbt, nach Art eines gegen den weichen Basaltheil abgesetzten Nagels. Die Ränder des Oberschnabels greifen über die des untern seitlich über. Die Zunge ist ziemlich vielgestaltig, im Allgemeinen weich, platt, dreiseitig, nach vorn mehr oder weniger zugespitzt, der Hinterrand zuweilen mit zwei hinter einander liegenden Zahnreihen. Der Zungenkern ist einfach, mit ausgezogenen seitlichen Hinterecken, vorn knorplig, hinten knöchern, sich in dieser Hinsicht wie der dünne, bewegliche Stiel verhaltend. Der Oesophagus erweitert sich zu einem häufig gestielten unpaaren Kropf; der Drüsenmagen ist gestreckt, der eigentliche Magen sehr musculös. Blinddärme sind stets vorhanden, von ziemlicher Länge oder kürzer, dann zuweilen mit engerem Anfangs- und weiterem Endstück. Eine Gallenblase ist vorhanden. An der Theilungsstelle der Luftröhre fehlt der Muskelbeleg meist; doch findet sich bei *Talegalla*, *Syrrhaptes* ein Paar Muskeln. Es sind überall zwei Carotiden vorhanden. — Während bei den typischen *Rasoren* die Samengänge auf Papillen münden, welche nur einen Gefässkörper, kein cavernöses Gewebe enthalten, bieten die *Craciden* und *Tinamiden* (*Crypturus*) eine Penisbildung dar, welche an die der dreizehigen Strausse und die der Enten und Gänse sich anschliesst. An der vordern Wand der Cloake haftet ein von zwei fibrösen Körpern, die eine mit cavernösem Gewebe bekleidete Rinne tragen, gebildeter Schlauch, welcher theilweise ausgestülpt werden kann und hierdurch die Rinne nach aussen bringt. Elastisches Gewebe stülpt den Schlauch wieder ein, während der ganze Apparat von zwei Muskelpaaren vor- und zurückgezogen wird. Meist werden viele Eier in jeder Brut gelegt; sie sind entweder einfarbig, getüpfelt oder punctirt. Die Jungen verlassen das Ei in einem activen, mit Dunen reichlich befiederten Zustand. Die meisten *Rasores* sind polygam.

Sind auch die Scharrvögel über die ganze Erde verbreitet, so hat die Ordnung doch ihre Hauptentwickelung in der alten Welt gefunden. So ist die Gruppe der *Phasianiden* ursprünglich ganz auf Asien und den süd-asiatischen Archipel beschränkt gewesen; jetzt ist sie vielfach bis nach Europa verbreitet worden. Die *Numidinen* sind africanisch, mit Ausschluss von Madagascar. Dagegen sind die *Craciden*, *Meleagris*, und *Tinamiden* americanisch. Die *Megapodien* endlich sind auf Neu-Holland, Madagascar und einige andere Inseln beschränkt. Hühnerartige Vögel haben bereits zur Eocenzeit gelebt (ein wachtelartiger Vogel aus dem Pariser Gyps); ihre Reste werden im Diluvium häufig, dann meist identisch mit jetzt lebenden Formen (so *Crypturus* in brasilianischen Knochenhöhlen u. a.).

PARKER, W. K., On the Osteology of Gallinaceous Birds and Tinamous (mit 9 Taf., in: Transact. Zool. Soc. Vol. V. (1864). p. 149—241.

1. Familie. **Pteroclidae** BP. Körper gedrungen, kurz; Kopf klein; Schnabel kurz, Firste leicht zur Spitze gebogen; seitlich wenig comprimirt; Flügel und Schwanz verlängert; erste Schwinge die längste; 14—18 Steuerfedern, von denen die mittelsten beiden meist verlängert; Lauf kurz, meist befiedert; Zehen sehr kurz, Hinterzehe sehr klein oder ganz fehlend; Aussenzehe nur mit vier Phalangen. (Sphenoidalrostrum gross und breit, Basipterygoidfortsätze als Facetten; Sternum taubenartig, ebenso die Knochen der Vorderextremitäten und die Pterylose.) Altweltlich.

1. Gatt. Pterocles TEMM. (*Oenas* VIEILL.). Erste und zweite Schwinge gleich lang und längste, die folgenden abnehmend; Lauf hinten nackt; Vorderzehen am Grunde geheftet; Hinterzehe klein, rudimentär. — Arten: Pt. arenarius TEMM.; Pt. alchata GRAY; Süd-Europa, Nord-Africa, Süd-West-Asien. — u. a.

Hierher: Pteroclurus BP. und Psammoenas BLYTH.

2. Gatt. Syrrhaptes ILLIG. (*Nematura* FISCH., *Heteroclitus* VIEILL.). Flügel sehr spitz, erste Schwinge die längste, spitzenwärts verschmälert zugespitzt, Lauf ringsum von zerschlissenen dunenartigen Federn bekleidet; Füsse überhaupt klein und verkümmert, Hinterzehe fehlt, Vorderzehen stark verbunden und an der Sohle mit breiten Hornwarzen bedeckt. — Art: S. paradoxus ILLIG. Steppenhuhn. Asien, neuerdings wiederholt nach Europa, selbst bis nach Irland und West-Frankreich gekommen.

2. Familie. **Turnicidae** GRAY. Grösse gering; Körper gestreckt; Schnabel mittellang, gerade, dünn, comprimirt, Spitze leicht überhängend; Nasenlöcher seitlich, von einer Schuppe bedeckt; Flügel mittellang, gerundet, Schwanz kurz, mit 10—12 Steuerfedern, von den Deckfedern fast ganz bedeckt; Lauf mässig hoch, nackt; drei, selten vier Zehen, am Grunde geheftet. äussere Vorderzehe länger als die innere. (Sphenoidalrostrum dick, in der Hinterhauptschuppe über

8. Rasores.

dem Foramen magnum eine Fontanelle; der obere Gelenkkopf des Quadratbeins doppelt; Sternum sich dem der Hühner nähernd.) Altweltlich.

1. Gatt. **Turnix** BONN. VIEILL. (*Tridactylus* LACÉP., *Ortygis* ILLIG., *Hemipodius* REINW., *Ortygodes* VIEILL.). Schnabel mittellang, gerade, Firste erhöht, gekrümmt, comprimirt; erste bis dritte Schwinge die längsten; Schwanz kurz, gestutzt; Lauf kürzer als die Mittelzehe, vorn mit queren Tafeln, Hinterzehe fehlt. — Arten: T. africanus DESFONT. (*T. andalusicus* aut.), Süd-Europa, Nord-Africa, West-Asien; T. Dussumieri GRAY, Süd-Asien. — u. a.

Hierher noch: Ortyxelos VIEILL. (*Helortyx* BP.). — Eine kleine, schlanke Hinterzehe hat **Pedionomus** GOULD (*Turnicigralla* DES MURS).

3. Familie. **Tetraonidae** LEACH (p.). Leib gedrungen, relativ zu den Füssen gross; Hals kurz, Kopf klein; Schnabel kurz, am Grunde dick; Flügel eher kurz, gerundet; Schwanz mittellang, gerade oder ausgeschweift; Läufe mittelhoch, kräftig; Hinterzehe steht höher als die vordern. (Der ganze hintere Theil der Schädelbasis sehr breit, das Quadratbein völlig von der Begrenzung der knöchernen Gehörblase ausgeschlossen, nur mit einem obern Schenkel, sein Orbitalfortsatz lang und zart.)

1. Unterfamilie. **Tetraoninae** GRAY. Schnabel kurz, am Grunde breiter als hoch, nach der Spitze zu comprimirt; Nasengruben völlig mit kleinen Federn ausgefüllt; Flügel mittellang, abgerundet; Schwanz breit, verschieden; Lauf mehr oder weniger befiedert, ohne Sporn; Zehen lang, zuweilen befiedert.

1. Gatt. **Tetrao** L. (p.) (*Urogallus* SCOP., *Lagopus* BRISS.). Zehen mit Hornschildern, am Rande mit stummelartigen Federrudimenten gefranst. —

a) **Tetrao** RCHB. CASS. Schwanz abgerundet, mit 18 Steuerfedern, Kehlfedern verlängert. — Arten: T. urogallus L. Auerhahn. Europa und West-Asien.

b) **Canace** RCHB. Schwanz fast gerade, mit 16 Steuerfedern; Kehlfedern nicht verschieden. — Arten: T. canadensis L. Nord-America. — u. a.

c) **Lyrurus** SWS. Schwanz mit 18 Federn, von denen die äusseren beim ♂ verlängert und leierförmig nach aussen gebogen. — Art: T. tetrix L. Birkhuhn. Europa.

d) **Dendragapus** CASS. Schwanz breit, abgerundet, mit 20 Steuerfedern; mit Kehlsäcken. — Art: T. obscurus SAY (*T. Richardsonii* DOUGL.). Nord-America.

e) **Centrocercus** SWS. Schwanz mit 20 spitz lanzettlichen Federn, stark gestuft, keilförmig; Brust- und Seitenfedern sehr rigid. — Art: T. urophasianus BP. ebenda.

f) **Pediocaetes** BAIRD. Schwanz lang, keilförmig mit 18 Federn, an den Seiten des Halses zwei nackte Stellen. — Art: T. phasianellus L. Nord-America. — u. a.

g) **Cupidonia** RCHB. Schwanz kurz, abgestutzt, mit 18 Steuerfedern; an den Seiten des Halses zwei nackte Stellen, von unterliegenden Kehlsäcken ausdehnbar, über welchen jederseits eine Gruppe verlängerter Federn steht. — Art: T. cupido L. Prairie-Huhn. Nord-America.

h) **Falcinellus** CASS. Schwanz mit 16 Federn; die Handschwingen, besonders die zweite bis fünfte durch Verschmälerung der Innenfahne sichelförmig zugespitzt. — Art: T. falcinellus HARTL. (*F. Hartlaubi* CASS.). Sibirien.

2. Gatt. **Bonasa** STEPH. (*Tetrastes* BLAS. u. KEYS.). Schwanz mit 16 oder 18 Steuerfedern, welche weich und breit sind; nackte Stellen an den Halsseiten mit einem Büschel breiter weicher Federn bedeckt; Lauf im unteren Theile nackt; Zehen an den Rändern gefranst. — Arten: B. sylvestris BREHM, Haselhuhn (Schwanz 16federig). Nördliches Europa. B. umbellus L. (Schwanz mit 18 Federn). Nord-America.

3. Gatt. **Lagopus** VIEILL. (*Oreias* KP.). Schwanz mit 16 oder 18 Federn; Läufe und Zehen dicht befiedert; Arten im Winter schneeweiss. — Arten: L. mutus LEACH (*L. alpinus* NILSS., *Tetrao lagopus* L.) Schneehuhn. Nord-Europa. L. scoticus GRAY. — u. a.

2. Unterfamilie. **Odontophorinae** GRAY (*Ortyginae* BP.). Schnabel kurz, dick,

mit hoher Firste, comprimirt, Unterschnabel jederseits mit zwei Zähnen; Nasengrube ohne Federn, Nasenlöcher unter einer Schuppe; Läufe mit Schildern. — Americanisch.

4. Gatt. Odontophorus Vieill. Schnabel sehr hoch, Oberschnabel mit starkem Endhaken; Augengegend nackt, mit kleinen Federn; Hinterkopffedern schopfartig verlängert; Flügel decken die Schwanzwurzel, fünfte bis sechste Schwinge die längsten; Schwanz gerundet. — Arten: O. guianensis Gray, O. dentatus Gray; beide u. a. aus Süd-America.

Hierher: Dendrortyx Gould und Strophiortyx Bp.

5. Gatt. Cyrtonyx Gould. Schnabel kräftig; Hinterkopf mit einem kurzen Schopf; Flügel lang und breit, Deckfedern und Schulterfittig stark entwickelt, so dass sie die Handschwingen fast verdecken; Schwanz sehr kurz und weich; Füsse kräftig; Lauf lang, Zehen kurz, Krallen lang. — Art: C. massena Gould, Nord-America.

6. Gatt. Ortyx Steph. (*Colinus* Less., *Philortyx* Des Murs). Kopf ohne Schopf; Schnabel dick; Flügel normal; Schwanz kurz; Seitenzehen kurz, gleich. — Arten: O. virginianus Gould, Nord-America. — u. a.

Verwandte Gattungen sind noch: Eupsychortyx, Ptilortyx Gould. Callipeplia Wagl., Oreortyx Baird, Lophortyx Bp.

3. Unterfamilie. **Perdicinae** Gray. Unterschnabel ganzrandig; Nasengrube nackt; Läufe lang, vorn mit Schildern versehen; zuweilen Sporen.

7. Gatt. Caccabis Kp. (*Chacura* u. *Pyctes* Hodgs., incl. *Alectoris* Kp., *Ammoperdix* Gould). Schnabel kurz, Firste gewölbt; in der Nasengrube stehen noch kurze Federchen, welche die Schuppe freilassen; zweite bis fünfte Schwinge gleich und längste; Schwanz kurz, leicht abgerundet; Lauf kürzer als die Mittelzehe, am Hinterrand ein stumpfer Höcker. — Arten: C. rufa Gray (*Perdix rubra* Temm.), Europa. — u. a.

8. Gatt. Tetraogallus Gray (*Megaloperdix* Brandt, *Chourtka* Motsch., *Oreotetrax* Cab.). Schnabel mässig, am Grunde breit; Nasengruben nackt; zweite und dritte Schwinge die längsten; Schwanz breit, abgerundet; Lauf kürzer als die Mittelzehe; Zehen lang, Hinterzehe sehr kurz. — Art: T. caucasicus Gray (*himalayensis* Gray ol.). Hochgebirge West- und Süd-Asiens.

Hierher noch: Lerwa Hodgs. (*Tetraoperdix* Hodgs.), Oreoperdix Swinhoe, Bambusicola Gould.

9. Gatt. Cryptonyx Temm. (*Liponyx* Vieill., *Rollulus* Bonn.). Schnabel kurz, kräftig, Spitzentheil gewölbt, Nasenöffnung spaltförmig in einer nackten Haut; Flügel kurz; Schwanz kurz, fast von den Deckfedern verhüllt; Lauf viel länger als die Mittelzehe, ohne Sporn; Hinterzehe ohne Nagel. — Arten: C. cristata Temm. — u. a. Indischer Archipel.

10. Gatt. Francolinus Steph. (*Attagen* Blas. u. Keys., *Hepburnia* Rchb.). Schnabel kräftig, ziemlich lang, hakig; Flügel mässig, abgerundet, dritte bis fünfte Schwinge die längsten; Schwanz mit 14 Federn, kurz, zuweilen von den Deckfedern verdeckt; Lauf kurz, stark, mit einem Sporn beim ♂. — Arten: Fr. vulgaris Steph. Süd-Europa, West-Asien; u. a. asiatische und africanische.

Verwandte hierher gehörige Gattungen sind: Ithaginis Wagl. (*Plectrophora* Gray). Galloperdix Blyth, Peliperdix Bp., Ortygornis Rchb., Chaetopus Sws. (*Scleroptila* Blyth, *Didymacis* Rchb.), Clamator Blyth, Pternistes Wagl., Rhizothera Gray, Ptilopachys Sws. (*Petrogallus* Gray).

11. Gatt. Perdix Illig. (*Starna* Bp.). Schnabel kurz, am Grunde breit, comprimirt, Spitzentheil gewölbt, dritte bis fünfte Schwinge die längsten; Schwanz kurz, unter den Deckfedern fast verborgen; Läufe mittellang, vorn und hinten mit je zwei Reihen Schildern, ohne Spornwarze; Innenzehe länger als die äussere, Hinterzehe kurz. — Arten: P. cinerea Lath. Rebhuhn. Europa. — u. a.

Hierher noch: Arboriphila Hodgs., Margaroperdix Rchb.

12. Gatt. Coturnix Moehr. (*Ortygion* Blas. u. Keys.). Schnabel kurz, am Grunde erhöht; Flügel relativ lang, zweite bis vierte Schwinge die längsten; Schwanz kurz, ganz von den überhängenden Deckfedern verborgen; Lauf kurz, ohne Sporn; Vorderzehen ge-

heftet: Hinterzehe sehr kurz. — Arten: C. communis Bonn. (*C. dactylisonans* Meyer). Wachtel. Europa.

Wohl nur als Untergattungen zu betrachten sind: Perdicula Hodgs., Synoecus Gould und Excalfactoria Bp.

4. Familie. **Phasianidae** Vig. Körper gestreckter; Schnabel mittellang, Firste nach der Spitze zu gewölbt, zuweilen hier verlängert oder verbreitert, seitlich comprimirt; Flügel mittellang, stark gerundet, Armschwingen zuweilen verlängert; Schwanz mehr oder weniger verlängert und breit, Läufe mittelhoch, fast stets beim ♂ mit Sporen, Vorderzehen am Grunde geheftet, Hinterzehe mehr oder weniger höher. Häufig nackte Stellen am Kopf; das Gefieder durch Verlängerungen häufig ausgezeichnet. (Schädelbasis im hinteren Theile breit, wie bei den Tetraoniden; wie dort ist das Quadratbein, welches auch hier nur einen obern Schenkel hat, von der Trommelhöhle ausgeschlossen, sein Orbitalfortsatz weniger schlank als bei jenen, das Becken viel schmäler.) Altweltlich.

1. Unterfamilie. **Phasianinae** Gray. Kopf befiedert, häufig mit Büscheln, Kämmen, Fleischlappen u. dergl., Schwanz mehr oder weniger verlängert, breit und eben oder dachförmig comprimirt, dann zuweilen mit verlängerten obern Deckfedern. Gefieder ohne Augenflecke, aber glänzend.

1. Gatt. Lophophorus Temm. (*Monaulus* Vieill., *Impeyanus* Less.). Schnabel lang, stark, am Grunde breit, Oberschnabel stark hakig über den untern hinweggekrümmt; Nasenlöcher zum Theil von einer befiederten Haut bedeckt; vierte und fünfte Schwinge die längsten; Schwanz nicht lang, breit, abgerundet; Kopf mit einer Krone dünnschaftiger, nur an der Spitze bärtiger Federn. — Art: L. impeyanus Vieill. (*L. refulgens* Temm.). Himalaya. Hierher gehört: Pucrasia (*Eulophus* Less., *Lophotetrax* Cab.).

2. Gatt. Phasianus L. Schnabel mässig, stark, an der Spitze gewölbt; Flügel kurz und abgerundet, vierte und fünfte Schwinge die längsten; Schwanz verlängert, keilförmig, Federn an der Spitze verschmälert. — Arten: Ph. colchicus L. Gemeiner Fasan; stammt von den Ufern des Caspi-Sees. — u. a. Hierher die Untergattungen: Syrmaticus Wagl., Catreus Cab., Lophophasianus und Graphephasianus Rchb. — Bei Thaumalea Wagl. (*Chrysolophus* Gray, *Epomis* Hodgs.) ist eine Federkrone und eine Art Nackenmähne vorhanden (*Ph. Amherstiae* Leadb. Tibet und China), Ph. pictus L. Goldfasan, Daurien. Hierher die Gatt. Crossoptilon Hodgs.

3. Gatt. Gallophasis Hodgs. Gray (*Euplocamus* Temm., *Lophura* Flem., *Lophalector* Cab., *Alectrophasis* Gray). Schnabel mittellang, kräftig, am Grunde erhöht, Spitzentheil gewölbt; Flügel stark gerundet, vierte bis siebente Schwinge fast gleich und die längsten, Armschwingen breit und lang; Schwanz und Deckfedern gross, dachförmig oder gerade und eben; Lauf viel länger als die Mittelzehe. Die Seiten des Kopfes nackt und Fleischlappen. — Untergattungen: a) Diardigallus Bp. G. praelatus n., Siam; b) Macartneya Less. (*Euplocamus* Scl.). M. ignita Gray, Sumatra. — u. a. c) Alectryon Cab. (*Acomus* Rchb.). G. erythrophthalmus Gray, Sumatra. — u. a. — d) Gennaeus Wagl. (*Nycthemerus* Sws., *Grammatoptilus* Rchb.). G. nycthemerus Gray, Silberfasan. Süd-China. — e) Gallophasis Scl. G. lineatus Gray. Ost-Indien. — u. a.

4. Gatt. Gallus L. (*Alector* Merr.). Schnabel ähnlich, Flügel kurz und gerundet, vierte bis siebente Schwinge die längsten; Rückenfedern verlängert; Schwanz dachförmig zusammengelegt, mit 14 Steuerfedern, beim ♂ von einem langen Sichelfedern der Schwanzdecken überragt; Lauf höher als die Mittelzehe, Hinterzehe kurz. — Arten: G. bankiva Temm. Das Jungle-Huhn. Stammform unserer Haushuhnrassen; Nord-Indien, Java, Sumatra, Burma, Assam, Philippinen, Timor; ferner: G. Stanleyi Gray, Ceylon, G. Sonnerati Temm., Vorder-Indien, G. varius Gray, Java.

Hierher die durch ihre grosse Unterkieferlappen und aufrichtbaren hornartigen Fortsätze an den Ohren, sowie durch den kurzen, breiten, 18-fedrigen Schwanz ausgezeichnete

Gattung Ceriornis Sws. (*Satyra* Less., *Tragopan* Cuv., *Ceratornis* Cab.), vom Abhange des Himalaya und China.

2. Unterfamilie. **Pavoninae** Gray. Hals lang, Kopf klein; keine Lappen und andere Anhänge; Armschwingen oder Schwanzdeckfedern ausserordentlich verlängert; Gefieder mit Augenflecken. Süd-Asien.

5. Gatt. Pavo L. Schnabel mässig, Firste am Grunde erhöht, Spitzentheil gewölbt; Flügel kurz und gerundet, sechste Schwinge am längsten; Schwanz lang, abgerundet; die oberen Deckfedern ausserordentlich verlängert, mit Spiegelflecken, aufrichtbar; Lauf länger als die Mittelzehe, Kopf mit Federbusch. — Arten: P. cristatus L. Ost-Indien und Ceylon, P. muticus Horsf. Burma, Java, Sumatra (diese Art wurde wegen der ährenähnlichen Anordnung der Kopfbuschfedern zur Gattung *Spiciferus* Bp. erhoben).

6. Gatt. Polyplectron Temm. Schnabel schlank, gerade, an der Spitze gewölbt; Flügel stark gerundet, fünfte und sechste Schwinge die längsten, Armfedern und Decken lang, aber die Handschwingen nicht überragend; Schwanz dachförmig, lang, obere Decken bis auf die Hälfte der Schwanzlänge reichend. — Arten: P. chinquis Temm. Assam, Silhet u. s. w., P. bicalcaratum Gray, Malacca, Sumatra. — u. a. (Hierher die Untergattungen: Emphania Rchb. und Chalcurus Bp.)

7. Gatt. Argus Temm. (*Argusianus* Raf.). Flügel kurz, abgerundet, siebente und achte Schwinge die längsten, Armfedern ausserordentlich verlängert, viel länger als die Handschwingen; Schwanz lang, dachförmig, die beiden mittleren Federn sehr verlängert. — Art: A. giganteus Temm. Malacca, Siam, Borneo.

3. Unterfamilie. **Numidinae** Scl. Körper gedrungen, kräftig; Hals kurz; Schnabel mässig, comprimirt, hakig gewölbt; Flügel kurz, gerundet; Schwanz kurz, Unterrücken- und Schwanzdeckfedern so verlängert, dass der Schwanz fast ganz verdeckt wird; Lauf mittelhoch, meist ohne Sporn; Zehen kurz. Kopf mehr oder weniger nackt, mit Kamm, Horn, Lappen u. dergl. — Africa und Madagascar.

8. Gatt. Numida L. Character der Unterfamilie. — Arten: a) Numida Scl. (incl. *Querelea* Rchb.). N. meleagris L. Perlhuhn; Nord- und West-Africa, u. a. — b) Guttera Wagl.: N. cristata Pall. Süd-Africa: c) Acryllium Gray. N. vulturina Hardw. Madagascar.

Hierher noch die beiden Gattungen: Phasidus Cass. und Agelastus Temm., beide von West-Africa.

5. Familie. **Megapodiidae** Sws. Kopf klein; Schnabel kräftig; Flügel mittelgross, stark gerundet; Schwanz kurz, breit oder dachförmig; Füsse sehr gross; Läufe lang, kräftig, Zehen lang, gross; Hinterzehe in gleicher Höhe mit den vordern. (Schädelbasis im Ganzen etwas schmäler; Quadratbein mit doppeltem oberen Kopf, von denen der hintere in der Trommelhöhle liegt: Thränenbein bildet den vordern obern Augenhöhlenrand, ohne untern Fortsatz; Gaumenfortsätze der Oberkiefer sind dünne, convergirende, dann zurückbiegende Platten; Ethmoidalseptum viel stärker ossificirt als bei Hühnern; das ganze Skelet solid, schwer. Legen sehr grosse Eier, welche sie in Erdhaufen ausbrüten lassen.) Australien und Oceanien.

1. Unterfamilie. **Talegallinae** Gray. Schnabel mässig, kräftig, Firste am Grunde erhöht, nach der stumpfen Spitze zu gekrümmt; Flügel kurz; Schwanz dachförmig comprimirt. Nackte Stellen am Kopf und Hals.

1. Gatt. Talegalla Less. (*Catheturus* Sws., *Alectura* Lath.). Kopf und Hals nur mit einzelnen haarartigen Federn; Schnabel kräftig, Ränder gekrümmt; Schwanz 18-fedrig, in der Mitte ausgerandet; Lauf an der Ferse befiedert, länger als die Mittelzehe; Zehen lang, Seitenzehen fast gleich. — Arten: T. Lathami Gray. Neu-Süd-Wales. — u. a.

2. Gatt. Megacephalon Temm. Kopf und Hals borstig befiedert; Kopf mit einem gros-

sen nackten Höcker, welcher sich jederseits in eine die Nasenlöcher überdeckende Platte fortsetzt; Schnabel kräftig, Ränder gerade; Armschwingen lang; Schwanz 18-fedrig; Läufe an den Fersen nackt; Bindehaut am Grunde der Zehen gross. — Arten: M. rubripes Gray (*M. maleo* Temm.). Celebes.

2. Unterfamilie. **Megapodiinae** Gray. Schnabel im Allgemeinen schwächer; Firste am Grunde deprimirt; Schwanz kurz, breit, abgerundet; Augenkreis und zuweilen andere Stellen am Kopfe nackt.

3. Gatt. Megapodius Quoy et Gaim. (*Alecthelia* Less.). Schnabel am Grunde breit, Spitze gewölbt; Flügel kurz, gerundet; fünfte Schwinge die längste, Schwanz zehnfedrig; Lauf kürzer als die Mittelzehe, Zehen sehr gross, lang, stark. — Arten: M. Duperreyi Less. Neu-Guinea. — u. a. oceanische.

Hierher noch die Gattungen: Leipoa Gould und Mesoenas Rchb. (*Mesites* I. Geoffr.).

6. Familie. **Cracidae** Vig. Körper gross, gestreckt; Schnabel ziemlich lang, mehr oder weniger gewölbt; Flügel kurz, gerundet; Schwanz verschieden; Lauf verlängert, robust, ohne Sporn; Zehen mässig, schlank. Häufig am Kopf und Hals nackte Stellen. (Das ganze Skelet sehr pneumatisch; Quadratbein mit einem deutlichen, aber nicht scharf getrennten zweiten, in der Trommelhöhle liegenden Kopf; Thränenbein spongiös, pneumatisch. Gaumenfortsätze der Oberkiefer gross, rollenförmig, zuweilen mit einander oder mit einer kleinen Ossification im Ethmoidalseptum median verbunden.) Americanisch.

1. Unterfamilie. **Cracinae** Gray. Schnabel relativ lang, hoch, an der Spitze gewölbt; Nasenlöcher zum Theil von einer Haut bedeckt, halbmondförmig oder abgerundet; die Wachshaut am Schnabelgrunde bedeckt meist die Zügel und den häufig vorhandenen Höcker auf der Schnabelwurzel; Armschwingen in der Regel die Handschwingen bedeckend.

1. Gatt. Crax L. Schnabel hoch, Firste und Seitenränder stark gekrümmt, Vordertheil eine zusammengedrückte Hornkuppe bildend; Gefieder des Oberkopfs zu einer hohen kammförmigen Haube verlängert; Handschwingen etwas länger als die Armschwingen, die vorderen drei bis vier stufig verkürzt, zugespitzt; Schwanz lang, steif, zwölffedrig; Hinterzehe sehr lang. — Arten: Cr. alector L. (im Alter entwickelt sich ein Fleischhöcker am Schnabelgrunde.) Süd-America. — u. a. (Sectionen: Crax, Mituporanga, Crossolaryngus und Sphaerolaryngus Rchb.)

2. Gatt. Urax Cuv. (*Pauxi* Temm., *Lophocerus* Sws., incl. *Mitu* Less., *Nothocrax* Burm.). Schnabel kürzer, Hornkuppe selbständig gewölbt; Wachshaut sehr kurz; Nasenlöcher senkrecht oval; Schwanz im Ganzen etwas kürzer. — Arten: U. tuberosa Burm., U. galeata Cuv. — u. a. Süd-America.

2. Unterfamilie. **Penelopinae** Gray. Schnabel länger, gestreckt, schlank, hoch; Augenkreis und häufig die Kehle nackt; Kopfgefieder bildet wohl eine Haube, aber keinen aufrichtbaren Kamm.

3. Gatt. Penelope Merr. (*Salpiza* Wagl., *Aburria* Rchb., *Penelopsis* und *Penelopina* Rchb, *Pipile* Bp.). [Schnabel kürzer als der Kopf; der von der Wachshaut bedeckte Basaltheil länger als die Hornkuppe; die vorderen Handschwingen abgesetzt zugespitzt und in eine schmale Spitze auslaufend; Schwanz lang, stark gestuft. — Arten: P. pipile Gm., P. cristata Gm. — u. a. süd-americanische.

Die Gattung Ortalida Merr. (incl. *Chamaepetes* Wagl.) hat keine abgesetzt zugespitzten, sondern im ganzen gleich breit bleibende Schwingen.

4. Gatt. Oreophasis Gray. Schnabel lang gestreckt, der Grund mit sammtartigen Dunen bekleidet, zwischen denen die Nasenlöcher liegen; Flügel kurz, sechste und siebente Schwinge die längsten; Schwanz lang, seitlich verkürzt; Lauf kürzer als die Mittelzehe,

Zehen lang. Auf der Stirn ein kurzes stumpfes Horn; zwei Streifen am Unterkiefer und eine halbkreisförmige Stelle an der Kehle nackt. — Art: O. Derbyanus GRAY, Guatemala.

3. Unterfamilie. **Meleagrinae** SCL. Schnabel kurz, stark, oben gewölbt; Kopf nackt, warzig, mit Fleischlappen am Oberschnabelgrunde und der Kehlhaut; Flügel kurz, gerundet, dritte Schwinge die längste; Schwanz breit, 18-fedrig, aufrichtbar; Lauf länger als die Mittelzehe, nackt, mit einem stumpfen Spornhöcker.

5. Gatt. Meleagris L. (*Gallopavo* BRISS.). Character der Unterfamilie. — Arten: M. gallopavo L. Nord-America; M. mexicana GOULD, Mexico, wahrscheinlich Stammform des zahmen Truthuhns; M. ocellata TEMM. Guatemala.

7. Familie. **Opisthocomidae** GRAY. Schnabel Crax-ähnlich, hoch, aber sanft abwärts gebogen, Kinnwinkel eckig vorspringend; Zügel, Augengegend und Wangen nackt; erste Schwinge sehr klein, fünfte und sechste die längsten; Schwanz lang, breit, zehnfederig; Lauf kurz, Zehen lang, frei. Federn des Hinterkopfs bilden einen Schopf. (Vomer vorn verbreitert und gablig sich spaltend; Gaumenfortsätze der Oberkiefer breit, sehr entfernt von einander bleibend.) Süd-Americanisch.

Einzige Gatt. Opisthocomus HOFFM. (*Orthocorys*, postea *Sasa* VIEILL.). Character der Familie. — Art: O. cristatus ILL. Brasilien, Guyana.

8. Familie. **Tinamidae** GRAY (*Crypturidae* BP.). Schnabel von mehr als halber Kopflänge; Firste ziemlich gerade, platt, Spitze den Unterschnabel überhängend; Flügel kurz und rund, reichen nur bis auf den Unterrücken; Schwingen schmal, spitz, meist die vierte und fünfte die längste; Schwanz äusserst kurz, entweder ohne Steuerfedern, oder mit 10—12 solcher, von den Deckfedern völlig bedeckt; Lauf lang, Hinterzehe sehr hoch, den Boden nicht berührend. (Schädel straussenähnlich; Vomer sehr breit, vorn mit den Gaumenfortsätzen der Oberkiefer verbunden, hinten mit den Gaumen- und Flügelbeinen articulirend, welche sich also nicht an das Sphenoidalrostrum setzen; Basipterygoidfortsätze vom Keilbeinkörper, nicht vom Rostrum ausgehend; Quadratbein mit einem oberen Kopf.) Americanisch.

1. Gatt. Tinamus LATH. (*Crypturus* ILL., *Pezus* SPIX). Schnabel kürzer als der Kopf, ohne abgesetzte Endkuppe; Nasenlöcher reichen ziemlich weit nach vorn; Kopf und Hals taubenartig; Flügel sehr kurz, erste Schwinge sehr klein; eigentliche Steuerfedern fehlen, Hinterzehe sehr klein und bloss mit dem Nagel repräsentirt. — Arten: T. cinereus LATH., T. major GRAY. — u. a. brasilianische.

Bei Trachypelmus CAB. sind Steuerfedern vorhanden, ragen aber kaum unter den Deckfedern vor.

Verwandte Gattungen: Nothura WAGL., Rhynchotus SPIX.

2. Gatt. Tinamotis VIG. (*Eudromia* D'ORB.). Schnabel kürzer als der Kopf, am Grunde breit, flach; Nasenlöcher basal; Flügel kurz, dritte und vierte Schwinge die längsten, in seitwärts gekrümmte Spitzen endigend; der kurze Schwanz von den verlängerten und herabhängenden Deckfedern verdeckt; Lauf kräftiger, kürzer; Hinterzehe fehlt. — Arten: T. elegans D'ORB. Süd-America.

9. Ordnung. Brevipennes DUM.
(*Ratitae* MERR., *Proceri* ILLIG., *Platysternae* NITZSCH.)

Schnabel verschieden, meist platt; Oberschnabel vorragend, mit seitlicher Furche, in welcher weit nach vorn die

Nasenlöcher liegen. Hals lang. Flügel rudimentär; Schwingen weich, zum Flug untauglich. Schienen im oberen Theil dick, nur hier befiedert. Lauf verlängert, vorn mit Halbringen, hinten mit kleinen Schildern, seitlich mit Körnern. Zehen verhältnissmässig kurz, vier, drei oder zwei, Nägel breit, platt.

Wenn auch nicht übersehen werden kann, dass die hier vereinigten Formen zu anderen Gruppen einzelne ziemlich nahe Beziehungen darbieten, so sind doch die Merkmale, welche ihnen gemeinsam sind, durchaus nicht alle bloss als adaptive Modificationen anzusehen; vielmehr kommt ihnen ein, für sie characteristischer typischer Bau zu. Sie einzeln anderen Ordnungen zuzuweisen, wie es neuerdings R. Owen vorschlägt, scheint ohne genauere Kenntniss ihrer genealogischen Beziehungen zu den anderen Vögeln auf keinen Fall ausführbar zu sein. Viel wahrscheinlicher dürfte sich ihre Stellung an das Ende der ganzen Reihe der Vögel als die naturgemässe ergeben. Die bei allen in gleicher Weise, aber in ungleichem Grade erfolgte Verkümmerung der Flugorgane scheint indess auf eine länger dauernde Adaptation als auf Ausgangsformen sämmtlicher Vögel hinzuweisen, wenngleich hiermit manches an Reptilien erinnernde schärfer hervortritt und die ganze Gruppe sich als eine sehr alte characterisirt.

Die Federn der Kurzflügler sind in einer eigenthümlichen Weise von denen aller anderen Vögel verschieden. Die Bärte der Fahnen hängen nämlich, da den secundären Aestchen der Strahlen die hakenförmigen Anhänge fehlen, nicht zusammen, sondern bilden fast Faserbüschel, statt flächenartig angeordnet zu sein. Die Contourfedern haben nur bei *Dromaeus*, *Casuarius* und *Dinornis* einen, zuweilen dem Hauptschaft gleichen, zuweilen sogar doppelten Afterschaft; derselbe fehlt bei *Struthio*, *Rhea* und *Apteryx*. Die Befiederung ist ferner hier eine ununterbrochene, indem ausser nackten Stellen am Kopf und Hals, am Brustbeinkiel und bei *Struthio* an den Seiten des Rumpfes keine federlosen Raine vorkommen. Ueberall fehlt die Oeldrüse. Schwingen und Steuerfedern sind nicht vorhanden; anstatt der ersteren sind beim Casuar steife Borsten vorhanden. Flügel- und Bürzelfedern sind dagegen zuweilen verlängert. Die Befiederung erstreckt sich nur bis auf den oberen Theil der Schienen, der untere ist von nackter Haut bedeckt. Der Lauf ist verlängert, entweder vorn und hinten mit einer Reihe von Schildern oder vorn mit halbringförmigen Schildern, hinten mit kleinen Tafeln, seitlich mit Körnern bedeckt. — Unter den vom Skelet dargebotenen Merkmalen sind der Mangel eines Kammes am Sternum und die Verkümmerung der Vorderextremitäten mit dem Schultergürtel zwar die augenfälligsten; doch ist auch der Bau des Schädels eigenthümlich, und erinnern auch noch andere Verhältnisse an die den Reptilien eigenen. Während bei den übrigen Vögeln die Verknöcherung ausserordentlich schnell verläuft, so dass der Hirntheil des Schädels sehr früh schon eine ungetheilte Knochenkapsel bildet, erhalten sich bei den Brevipennes sowohl die Knochen des Schädels lange getrennt, als auch die Halsrippen z. B., welche sonst sehr früh zur Bildung der an der Wurzel durchbohrten Querfortsätze mit den Körpern der Halswirbel verwachsen, hier längere Zeit beweglich bleiben. Die Oberfläche des Schädels ist glatt, die Scheitelfläche von der Hinterhauptsebene, ebenso von der Depression in der Schläfengegend durch niedrige Leisten getrennt. Eine Supraorbitalleiste fehlt bei *Apteryx* völlig, so dass der obere Theil der Orbita eine glatte convexe Knochenfläche darbietet. An der Schädelbasis markirt sich die Eigenthümlichkeit des Struthionidenschädels am schärfsten in dem Vorhandensein starker, vom breiten Körper des Basisphenoid entspringender Basipterygoidfortsätze, an welche sich die Flügelbeine mit einer an ihrer Innenseite befindlichen Gelenkfacette anlegen. Der Vomer ist bei *Struthio* kurz; die verbreiterten inneren Enden der Gaumenfortsätze der Oberkiefer articuliren bei dieser Gattung, bei *Casuarius*, *Dromaeus* und *Apteryx* mit dem Vomer, bleiben aber bei *Rhea*, wo sie dünne, durchbrochene Platten darstellen, vom Vomer getrennt. Wegen der Kürze des Vomer legen sich bei *Struthio* die Flügelbeine an das Basisphenoid und die langen Gaumenbeine articuliren nur mit den Pterygoiden. Bei den übrigen Gattungen ist der Vomer länger, hinten breit und gespalten und tritt mit diesem Ende in Gelenkverbindung mit den Gaumen- und Flügelbeinen. Das obere (Schädel-) Ende des Quadratbeins ist nicht in zwei Köpfe getheilt. Zwischen Schädel und Kreuzbein sind 24—26 Wirbel vorhanden; unter diesen sind an den ersten 15—18 die Rippen mit den Querfortsätzen anchylosirt, die Rippen der letzten 5—6 erreichen das Sternum. Letzteres ist überall platt, breit und ohne Kamm. Characteristisch ist die Betheiligung einer grossen Wirbelzahl an der Kreuzbeinbildung, wodurch 16—20 Wirbel unbeweglich gemacht werden. Schwanzwirbel finden sich 7—9. Die Knochen des Schultergürtels verwachsen bei den straussartigen Vögeln zu einem einzigen Knochen. Die Schlüsselbeine, welche nur beim Strauss in der Jugend das Brustbein erreichen, bleiben nur bei *Dromaeus* selbständige Knochen, stellen dagegen bei den übrigen convergirende, aber sich nicht vereinigende Fortsätze des einzigen, aus Scapula und Coracoid gebildeten Knochens dar. Ferner bilden die Axen der letztgenannten beiden Knochen keinen mehr oder weniger spitzen Winkel mit einander, sondern stossen geradlinig oder nur in einen äusserst stumpfen Winkel an einander. Die Knochen der Vorderextremität fehlten bei *Dinornis* wie es scheint ganz; bei *Casuarius* und *Dromaeus* ist der Oberarm kürzer als die Scapula, bei *Apteryx* etwas länger, halb so lang als die Entfernung zwischen Schultergürtel und Darmbein, bei *Rhea* und *Struthio* dieser Entfernung gleich oder etwas länger. Der Vorderarm ist höchstens halb so lang als der Oberarm. Bei *Struthio* und *Rhea* sind wie gewöhnlich drei Finger entwickelt; der Daumen und Zeigefinger tragen je einen Nagel; bei *Casuarius*, *Dromaeus* und *Apteryx* findet sich nur ein Metacarpalknochen und ein nageltragender Finger. Das Becken ist durch die bedeutende Entwickelung der oben dachförmig gegen einander geneigten Darmbeine sehr verlängert. Scham- und Sitzbeine verlaufen dem Darmbeine parallel nach hinten mit weit offner Incisura ischiadica, welche bei *Casuarius* hinten dadurch geschlossen wird, dass sich das Ende des Sitzbeins an das Hinterende des Darmbeins anlegt. Bei *Struthio*-verbinden sich die Sacralwirbelkörper mit den Vorderenden der Sitz- und Schambeine; die Schambeine sind durch eine knorplige Symphyse median verbunden. Bei *Rhea* verbinden sich die Sitzbeine vor den

Kreuzbeinwirbelkörpern in ziemlicher Ausdehnung, während die Schambeine, bei den *Casuarinen* beide Knochen, frei bleiben. Die Hinterextremitäten sind stets kräftig entwickelt. *Apteryx* hat vier, *Rhea*, *Casuarius*, *Dromaeus* und *Dinornis* haben drei, *Struthio* nur zwei Zehen. Nach der Zahl der Phalangen, welche die gewöhnlich bei Vögeln vorkommende ist (von innen nach aussen 2, 3, 4, 5) fehlen beim Strauss die inneren zwei Zehen, da die grössere innere bei ihm vier, die kleinere äussere fünf Phalangen hat. Die Krallen sind bei den Straussen kurz, stumpf, bei den Casuaren und besonders bei *Apteryx* länger, comprimirt, spitzer. — Der Schnabel ist nie gewölbt, sondern flach, kurz oder (bei *Apteryx*) sehr verlängert; seine Firste ist durch eine Furche jederseits von den Seitentheilen abgesetzt. In dieser Furche liegen (bei *Apteryx* sehr weit vorn) die Nasenlöcher. Die Zunge ist rudimentär, dreiseitig, kurz, klein, selten länger als breit (Casuar). Der Zungenkern ist nur ein kurzer Knorpel. Die Zungenbeinhörner bestehen nur aus einem Knochenstück mit breit knorpligem Anhang. Eine kropfartige Erweiterung des Oesophagus kommt nur bei den Casuaren vor. Der musculöse Kaumagen besitzt gegen die Pylorusöffnung eine halbmondförmige Klappe. Blinddärme sind vorhanden; bei *Struthio* münden sie vereint, sind sehr lang und innen mit einer Spiralklappe versehen. Eine Gallenblase fehlt bei *Struthio* und *Rhea*. Bei *Rhea* und *Apteryx* ist nur die Carotis sinistra vorhanden, bei *Dromaeus* ist die linke die kleinere von beiden. Kehlkopfartige Bildungen an der Luftröhrentheilung fehlen. Die straussartigen Vögel sind die einzigen, welche uriniren. Die Begattungsorgane sind nach einem doppelten Typus entwickelt. Der Penis der dreizehigen Strausse ist dem der Craciden ähnlich, wie oben beschrieben, bei *Struthio* tritt zu den beiden fibrösen, die Rinne begrenzenden Körpern ein dritter elastischer, im Innern cavernöser Körper hinzu, welcher das der Glans penis zu vergleichende Ende bildet. Die in grösserer Zahl gelegten Eier, welche meist vom Männchen, und zuweilen abwechselnd vom Weibchen bebrütet werden, sind bei *Struthio* und *Rhea* weiss oder werden so, auch wenn sie anfangs gelblich oder leicht marmorirt waren; bei den australischen Formen sind sie grünlich.

Die Brevipennen sind auf die warmen Zonen beschränkt und kommen auf dem alten wie dem neuen Continent und in Australien und Neu-Seeland vor. Altcontinental ist die Gattung *Struthio*; americanisch die Gattung *Rhea*, welche bis nach Patagonien hinabreicht, während *Casuarius* auf Australasien, *Dromaeus* auf Australien, *Apteryx* und *Dinornis* auf Neu-Seeland beschränkt ist. Die *Dinornithinen* stellen eine, in einzelnen Formen vielleicht erst vor kurzem ausgestorbene, halb diluviale Gruppe dar, ebenso wie *Aepyornis* wohl hier seine richtige Stellung findet.

1. Familie. **Struthionidae** Bp. Schnabel breit, niedergedrückt, Firste abgeplattet; Spitze abgerundet, über die Unterschnabelspitze übergreifend; die ovalen Nasenlöcher ziemlich in der Mitte der Schnabellänge; Flügel ohne steife Schwingen, mit langen, weichen, gekrümmten Federn; Schwanz ohne steife Steuerfedern, mit gekrümmten, hängenden Deckfedern; Läufe sehr lang, robust, mit sechseckigen Schildern bedeckt, nur vorn in der Nähe der Zehen mit queren Schildern;

zwei Zehen, kurz und kräftig, innere länger mit stärkeren Sohlenballen; Krallen kurz, breit, platt. (Vomer sehr kurz, articulirt hinten weder mit den Gaumen- noch mit den Flügelbeinen; Kieferfortsätze der Gaumenbeine nach vorn in das Mundhöhlendach verlängert; Gaumenfortsätze der Oberkiefer am Innenrande verdickt und an Facetten des Vomer articulirend; Praefrontalfortsätze des Primordialcranium kaum ossificirt; Sternum jederseits mit zwei seichten Einschnitten; Federn ohne Afterschaft. Die übrigen Charactere s. oben.) Alter Continent.

Einzige Gatt. Struthio L. Character der Familie. — Art: St. camelus L. Strauss. Ganz Africa und West-Asien. (Die süd-africanische und arabische Form sind entweder Localrassen oder selbständige Arten; ebenso soll im Inneren von Africa eine viel kleinere Art leben.)

2. Familie. **Rheidae** (HUXL.) n. Schnabel dem der Strausse ähnlich; Nasenlöcher gross, oval, in der Mitte der Schnabellänge in einer grossen häutigen Grube; Flügel verkümmert ohne weiche Federn, Schwanz nicht sichtbar; Läufe sehr lang, vorn mit breiten queren Schildern; drei Zehen, kurz, Seitenzehen kürzer als die mittlere, die innere die kürzeste; Krallen mittellang, comprimirt. (Vomer so lang wie gewöhnlich bei Vögeln, hinten mit den Gaumen- und Flügelbeinen articulirend; Kieferfortsätze der Gaumenbeine kurz, verbinden sich mit den innern und hintern Rändern der Gaumenfortsätze der Oberkiefer; diese letzteren sind dünne, gefensterte Platten, welche nicht durch Facetten mit dem Vomer articuliren; Praefrontalfortsätze wenig ossificirt; Sternum mit einem Einschnitt in der Mitte des Hinterrandes; Federn ohne Afterschaft.) Süd-America.

Einzige Gatt. Rhea MOEHR. Character der Familie. — Arten: Rh. americana LATH., die nördlichere, Rh. Darwinii GOULD, die südlichere Art, zu denen neuerdings noch Rh. macrorhyncha SCL. gekommen ist (Proc. Zool. Soc. 1860. p. 207).

3. Familie. **Casuarinae** (HUXL.) n. Schnabel mit am Grund erhobener Firste oder comprimirt und gekrümmt; Schwanz nicht sichtbar; Füsse dreizehig. (Vomer lang, hinten mit Gaumen- und Flügelbeinen articulirend; Kieferfortsätze der Gaumenbeine kurz, wie bei *Rhea*; Gaumenfortsätze der Oberkiefer flache, undurchbohrte Platten, welche sich fest mit dem Zwischenkiefer und Vomer verbinden; Praefrontalfortsätze gross und gut ossificirt; Sternum schildförmig, hinten in eine Spitze endigend; Federn mit Afterschaft, der so lang wie der Hauptschaft ist.) Oceanien und Australien.

1. Gatt. Casuarius L. Schnabel lang, comprimirt, mit gekrümmter Firste; Nasenloch oval in der Mitte der Schnabellänge; am Flügel fünf steife Borsten (strahlenlose Schwingenschöfte); innere Zehe kürzer als die äussere, mit einer langen Kralle bewehrt. Kopf und Grund der Schnabelfirste mit einem comprimirten helmartigen Aufsatz; Hals und Kopf ohne Federn, ersterer vorn mit zwei Fleischlappen. — Arten: C. galeatus VIEILL. (C. emu LATH.). Ceram, Neu-Guinea; C. Bennettii GOULD, New Britain (und noch drei andere Arten).

2. Gatt. Dromaeus VIEILL. (*Dromiceius* VIEILL. antea, *Tachea* FLEM.). Schnabel mittellang, breit, Firste am Grunde erhöht; Flügel ohne Schwingen, nicht sichtbar, wie der Schwanz; Läufe fast durchaus mit reticulirten Schuppen bekleidet; Kopf ohne Helm. — Arten: D. novae Hollandiae GRAY, östliches Australien; D. irroratus BARTL., westliches Australien.

4. Familie. **Dinornithidae** GRAY. Schädel mit hohem gewölbtem Schnabel und vorspringendem Hinterhauptcondylus; Gaumenfortsätze der Oberkiefer sind flache undurchbohrte Platten, welche sich fest mit dem Zwischenkiefer und wohl

auch mit dem Vomer verbinden; Sternum mit zwei Einschnitten am Hinterrand; Becken casuarin; Schultergürtel rudimentär, wie es scheint ohne Extremitätenknochen; Füsse dreizehig; Federn mit Afterschaft.

Hierher die diluvialen, sämmtlich in Neu-Seeland gefundenen Genera: Dinornis Ow. (*Anomalopteryx*, *Movia*, *Moa*, *Emeus*, *Syornis* und *Cela* Rchb.), Palapteryx Ow. (*Owenia* Gray), Aptornis Mant., Cnemiornis Ow.

Mit den Dinornithiden stimmt die Gattung Aepyornis I. Geoffr. (diluvial aus Madagascar) darin überein, dass auch sie drei Zehen besass; vor weiteren Aufschlüssen über das Skelet, und besonders den Schädel lässt sich über die richtige Stellung derselben nichts angeben. Bianconi will sie zu den Raubvögeln bringen. Der Grösse der Eier nach zu schliessen übertraf der Vogel (der Ruk der orientalischen Märchen?) alle bis jetzt aufgefundenen an Grösse.

5. Familie. **Apterygidae** Gray. Schnabel lang und sehr schlank; Grund mit einer verknöcherten Wachshaut, breit, etwas platt; Seiten allmählich comprimirt und gefurcht; Nasenlöcher neben der Spitze, schmal; Flügel mit ganz verkümmerten Schwingen, nicht sichtbar wie der Schwanz; Lauf so lang wie die Mittelzehe, sehr robust, mit unregelmässigen Schuppen bekleidet; drei grosse Zehen nach vorn, Hinterzehe sehr kurz, dem Lauf angeheftet, mit langer Kralle. (Vomer lang, sich hinten mit Gaumen- und Flügelbeinen verbindend; Gaumenbeine kurz und breit, sich durch eine schräge Naht mit den verbreiterten Gaumenfortsätzen der Oberkiefer verbindend; diese sind flache undurchbohrte Platten, die sich mit Zwischenkiefer und Vomer verbinden; Praefrontalfortsätze sehr gross und spongiös. Sternum breit, hinten mit zwei Ausbuchtungen: Sitz- und Schambeine nicht durch Knochen verbunden; kein Afterschaft.) Neu-Seeland.

Einzige Gatt. Apteryx Shaw. Character der Familie. — Arten: C. australis Shaw, Kiwi.

10. Ordnung. **Grallae** (L. p.) Bonap.

(incl. *Gruibus*; *Charadriomorphae* et *Geranomorphae* Huxley.)

Schnabel schlank, vom Kopfe deutlich abgesetzt, oder dick und kürzer als der Kopf, am Grunde von weicher Haut, nur an der Spitze mit einer Hornkuppe bedeckt. Zügel meist dicht befiedert, selten nackt oder abweichend befiedert. Hals meist im Verhältniss zu den Beinen verlängert. Flügel entwickelt, mässig oder sehr lang. Schienen verlängert, im untern Theil nackt (selten befiedert). Lauf verlängert, vorn und hinten mit Querschildern, oder vorn quer, hinten sechseckig getäfelt, selten hinten oder vorn und hinten genetzt. Hinterzehe klein, nicht auftretend oder fehlend; oder sehr lang und auftretend; Vorderzehen geheftet oder mit gelappten Hautsäumen oder ganz frei.

Die hochbeinige Gestalt reiht die Wadvögel in ihrem Habitus nahe den vorigen an; doch sind hier, abgesehen von andern Eigenthümlichkeiten die

Flügel stets gut entwickelt mit kräftigen Schwungfedern, wie denn auch Steuerfedern constant vorhanden sind und zwar bei einer Form (*Gallinago stenoptera*) in grösserer Zahl als bei irgend einem andern Vogel. Berücksichtigt man die anatomischen Verhältnisse, besonders des Schädels, so treten manche Verschiedenheiten bei den Wadvögeln im alten Sinne entgegen. So sind die Regenpfeifer, Schnepfen, Kraniche und Rallen schizognath, die Störche und Reiher desmognath im Sinne Huxley's. Auch bietet die Pterylose wenig Gemeinsames dar. Wie daher schon Blasius und Graf Keyserling die Hühner- und Schnepfenformen den Reihern gegenüberstellten und ersteren die Kraniche zutheilten, wie ferner Huxley die *Charadriomorphae* und *Geranomorphae* als Glieder der Schizognathae von den *Pelargomorphae* (völlig den Reiherformen Blasius und Keyserling's entsprechend, mit Ausnahme des *Phoenicopterus*) scheidet, so vereinigen wir hier die ersteren als *Grallae* (wie nach Ausschluss der Kraniche der Prinz von Canino diesen Ausdruck fasste) und stellen als zweite Gruppe die auch oologisch verschiedenen *Ciconiae* Bp. (Tribus seiner *Herodiones*) neben sie. Hierdurch hoffen wir, die einzelnen sogenannten Ordnungen etwas gleichwerthiger zu machen.

Das Gefieder zeigt in seiner Anordnung mehrfache Verschiedenheiten. Die Contourfedern haben stets (mit Ausnahme von *Podoa* nach Nitzsch) einen Afterschaft. Dunen (gleichfalls mit Afterschaft) kommen überall auf den Federrainen und mit Ausnahme von *Otis* auch zwischen den Contourfedern vor, jedoch verschieden hinsichtlich der Menge und Dichtheit der Stellung. Ueber die Anordnung der Fluren lässt sich im Allgemeinen nur angeben, dass die Rückenflur in eine vordere stärkere, auf den Schulterblättern sich gabelnde und viel schwächere, ein mehr oder weniger deutliches Feld einschliessende hintere Partie getheilt ist. Die Unterflur theilt sich am Halse, gibt am Vorderende des Rumpfes einen äusseren Ast ab und lässt nur einen schmalen, dem Brustbeinkamm entsprechenden Zug in der Mitte frei, wendet sich dann mit ihren beiden Aesten weiter am Bauche nach aussen und convergirt dann gegen den After hin. Bei *Otis* tritt die Theilung erst auf der Brust ein und verlängert sich der äussere Ast hier zu einem zweiten äusseren parallelen Zug. Eine Oeldrüse fehlt nur bei *Otis*; sie trägt, ausgenommen bei *Dicholophus* an ihrer Oeffnung einen Federkranz. An der Hand sind stets zehn Schwingen, am Arm 15—23, welche meist sehr lang sind und den Handschwingen nicht nachstehn; der nur selten verlängerte Schwanz hat in wenig Fällen nur zehn, häufig 12, zuweilen bis 20 (in einem Falle 26) Steuerfedern. Die bei anderen Vögeln mehr oder weniger vollständig vom Rumpfgefieder bedeckten und an den Rumpf gezogenen Schienbeine treten hier aus dem Rumpfe hervor, sind in verschiedenem Grade verlängert und im unteren Theile nackt. Die Befiederung reicht jedoch zuweilen bis nahe ans Fersengelenk oder ganz an dasselbe. Der gleichfalls verlängerte Lauf ist in der Regel in verschiedener Weise getäfelt, vorn mit grossen Schildern, hinten an jeder Seite mit einer Reihe grösserer Schilder; selten ist er hinten und noch seltener vorn und hinten granulirt oder genetzt. Die Phalangen der Zehen nehmen von der basalen bis zur vorletzten an Länge ab. Die Zehen variiren im Uebrigen beträchtlich; sie sind entweder gespalten oder geheftet oder halbgeheftet oder gelappt, kurz oder sehr lang, die Innenzehe ist entweder höher eingelenkt und dann meist klein, höchstens mit dem Nagel den Boden berührend, oder fehlt ganz, oder steht in gleicher Höhe mit den anderen. — Der Schädel ist stets vom Schnabel abgesetzt, mehr oder weniger gewölbt, die Hirnhöhle aber verhältnissmässig nicht gross. Zwischen der knöchernen Ohrkapsel und dem Schuppentheil des Hinterhauptbeins bleibt bei den *Gruinen*, *Charadriiden* (*Tringa*. *Oedicnemus*) und wahrscheinlich auch bei *Otis*, jederseits eine grosse Fontanelle offen, wie schon NITZSCH erwähnt und neuerdings PARKER anführt. Der Gaumen ist schizognath. Die sowohl von einander als vom Vomer getrennt bleibenden Gaumenfortsätze des Oberkiefers sind concav-convex und lamellös. Der Vomer ist hinten tief gespalten und umfasst die Keilbeinspitze. Die Gaumenbeine sind am inneren und äusseren Rand in Lamellen erhoben, von denen die äussere tiefer herabreicht und mit dem hinteren Rand winklig zusammenstösst. Der innere hintere Winkel ist in einen Pterygoidfortsatz verlängert, welcher mit dem Flügel- und dem Keilbein articulirt. Das vordere Ende der Gaumenbeine verwächst mit dem Oberkiefer und Zwischenkiefer seiner Seite. Basipterygoidfortsätze sind bei den *Scolopaciden*, *Parriden* und *Charadriiden* (ausnahmsweise noch bei *Grus antigone*) vorhanden. Der Unterkieferwinkel ist bei den genannten Formen in einen schlanken zurückgebogenen Fortsatz ausgezogen, bei den anderen abgestutzt. Es sind 11—15 Hals-, 6—8 Rücken-, 12—15 Kreuzbein und 5—7 Schwanzwirbel vorhanden. Das Brustbein ist in der Regel länger als breit; sein Hinterrand ist entweder ohne Ausschnitt (*Psophia*) oder besitzt einen oder zwei Ausschnitte jederseits. Im letzteren Fall ist der äussere der beiden, den äusseren Ausschnitt begrenzenden Fortsätze kürzer. Ein Manubrialfortsatz ist meist deutlich, häufig leicht gablig eingeschnitten. Die Schlüsselbeine sind meist platt, stark gekrümmt und haben häufig an der Symphyse einen nach hinten gerichteten medianen Fortsatz. Der Daumen trägt bei *Parra hoploptera* einen dornförmigen Nagel. Das Becken ist meist im vorderen Theile verschmälert, die geschweiften Darmbeine berühren fast die Reihe der Kreuzbeindornfortsätze. Das Schambein ist meist länger als das Ischium. Die Incisura ischiadica und obturatoria ist gross und lang. Auf die Verschiedenheit der Zehen wurde bereits hingewiesen. — Der Schnabel ist überall am Grunde von weicher Haut bedeckt, so dass die Hornscheiden zuweilen nur eine hornige Kuppe bilden. Die Nasenlöcher liegen in der weichen Haut, sind entweder länglich spaltenförmig oder offen und durchgehend. Die Zunge ist allgemein lang und schmal, erreicht aber nur bei *Podoa* Schnabellänge. Sie ist entweder pfeilförmig oder breiter, hat eine ungetheilte oder eingeschnittene oder selbst leicht gefaserte Spitze. Unter ihr öffnet sich bei *Otis* ein nur den Männchen zukommender mit Luft erfüllter (selten und vielleicht nur zufällig Nahrungstheile enthaltender) häutiger Sack. Das Zungenbeingerüst ändert vielfach ab; der Kern ist zuweilen ganz, zuweilen durchbohrt, ganz oder theilweise knorplig oder knöchern, die Hörner meist verlängert, mit oder ohne knorplige Zwischenstücke. Eine kropfartige Erweiterung des Oesophagus kommt bei *Otis* und einigen anderen vor. Der Muskelmagen ist mit dünneren oder dickeren Wandungen versehen. Sehr häufig findet sich an der früheren Verbindungsstelle des Dottersacks ein Divertikel am Darm. Die Blinddärme sind bei *Otis* enorm lang, im Verhältniss kurz bei den übrigen. Eine Gallenblase ist vorhanden. Ueberall finden sich zwei Carotiden. Die Luftröhre macht häufig vor ihrem Eintritt in den Thorax bedeutende Windungen, welche entweder unter der Haut (*Otis*, besonders aber *Psophia*, wo sie bis gegen den After hin reicht) oder dem ausgehöhlten Brustbeinkamm anliegen. Am unteren Kehlkopf, welcher in einigen Fällen ohne Steg ist, findet sich nur ein ihm eignes seitliches Muskelpaar. Ein zungenförmiges Rudiment einer Ruthe besitzt nur *Otis*. Die bis zu 9—10 gelegten Eier sind auf einfarbigem Grunde getupft oder gefleckt. Mit Ausnahme der Kraniche sind die meisten hierher gerechneten Formen Nestflüchter.

Die Grallae haben eine ausserordentlich weite Verbreitung, vom Aequator bis in die kälteren Regionen. Unter ihnen finden sich mehrere cosmopolitische Gattungen, während andere wieder auf einzelne Continente beschränkt sind. So sind *Otis*, *Cursorius* u. a. auf den alten Continent, *Psophia*, *Dicholophus*, *Aramus* u. a. auf America gewiesen, während auch hier Australien zum Theil eigenthümliche Formen besitzt. Fossil kennt man Grallen vom Eocen an; in jüngeren bis diluvialen Bildungen kommen mehrere den jetzt lebenden Gattungen angehörende Formen vor.

1. Familie. **Scolopacidae** Vig. (*Limicolae* Nitzsch p.). Meist kleinere Vögel, mit rundlichem Körper. Schnabel schlank, Stirn nach dem Schnabel verschmälert und abgeflacht; Basaltheil des Schnabels weichhäutig; Nasenlöcher schmal, spaltförmig, im Wurzelwinkel der Mundspalte, Schnabel vor denselben linear ausgezogen, um die Nasenlöcher nicht verengt oder eingedrückt; die Nasengrube läuft in eine schmale spitz ausgehende Rinne aus; Flügel bis zum Schwanzende oder darüber reichend; äussere Schwingen die längsten, Schwanz kurz; Zehen am Grunde geheftet, Hinterzehe klein, fehlt zuweilen.

1. Unterfamilie. **Scolopacinae** Bp. Schnabel bis zur tastenden, verdickten oder verbreiterten Spitze mit weicher Haut bedeckt, nur die Ränder der gewölbten, etwas über den Unterschnabel ragenden Spitze hornig; Füsse kräftig, dick, unbefiederter Theil der Schienen kurz; Hinterzehe meist vorhanden, zwischen den Zehen am Grunde in der Regel Bindehaut.

1. Section. **Scolopaceae** Baird. Schnabel viel länger als der Kopf oder der unbefiederte Theil des Fusses; Oberschnabelspitze verdickt und über die Unterschnabelspitze gebogen; Firste gefurcht; Mundhöhlendach nicht bis zur Spitze ausgehöhlt; Augen sehr hoch stehend, äusseres Ohr unter dem Auge.

1. Gatt. Rhynchaea Cuv. (*Rostratula* Vieill.). Schnabel etwas gekrümmt, comprimirt, leicht hakig; Flügel mittellang, die drei ersten Schwingen gleich; Schulterfittig so lang als die Handschwingen; Lauf so lang als die Mittelzehe, vorn mit schmalen Schildern bedeckt; Hinterzehe lang und schlank; Innenzehe kürzer als die äussere. — Arten: Ch. chinensis Bodd. Süd-Asien, Rh. capensis Cuv. Süd-Africa. — u. a.

2. Gatt. Scolopax L. Schnabel schlank, gerade, comprimirt, Seitenfurche bis nahe zur Spitze reichend, erste Schwinge die längste; Schwanz kurz und abgerundet, mit zwölf Steuerfedern; Lauf kürzer als die Mittelzehe, Schienen bis unter die Ferse befiedert; Hinterzehe lang, Kralle kurz, nicht über die Zehe vorragend. — Art: Sc. rusticola L. Schnepfe. Europa und Asien.

Verwandte Gattungen: Philohela Gray (*Microptera* Nutt.) und Homoptilurus Gray (*Enalius* Kp., *Xylocota* Bp.).

3. Gatt. **Gallinago** Leach (*Telmatias* Boie, *Ascalopax* Blas. u. Keys.). Schnabel lang, gerade, comprimirt, Firste in der Nähe der Spitze abgeplattet und über den Unterschnabel hinabgebogen; erste und zweite Schwinge gleich und die längsten; Schwanz mit 14—26 Steuerfedern; Schienen in einem kurzen Stück über der Ferse nackt; Zehen am Grunde frei; Hinterzehe mit langem, gekrümmtem Nagel. — Arten: G. media Gray (*G. scolopacina* Bp.), Bekassine. (Das »Meckern« derselben wird durch die Schwingungen der Steuerfedern hervorgebracht, nicht durch die Stimme.) Nord-Europa und Nord-America. — u. v. a.

Als Untergattungen gehören hierher: Pelorhynchus Kp., Lymnocryptes Kp. (*Philolimnus* Brehm, *G. gallinula* Gray), und wohl auch Nemoricola Hodgs. und Coenocorypha Gray.

4. Gatt. **Macroramphus** Leach. Gleicht im Allgemeinen Gallinago, hat aber die Läufe länger als die Mittelzehe und zwischen den Vorderzehen Bindehäute, welche das erste Glied einnehmen. — Art: M. griseus Leach, Nord-America.

2. Section. **Tringeae** Bp. Schnabel kürzer als der nackte Theil des Fusses, an der Spitze verbreitert oder löffelartig; Ränder nicht übergebogen, ohne Furche; Mundhöhlendach bis zur Spitze hohl; äusseres Ohr hinter dem Auge.

5. Gatt. **Micropalama** Baird (*Pseudoscolopax* Blyth). Schnabel so lang wie der Lauf, gerade oder sehr wenig geboren, schlank, stark comprimirt; nackter Theil der Schiene so lang wie die Mittelzehe, zwei Drittel des Laufes gleich, Schwanz mit zwölf Steuerfedern, am Grunde der Zehen eine kurze Bindehaut. — Art: M. himantopus Baird. Nord-America.

Hierher noch: Ereunetes Illig. (*Hemipalama* Bp., *Heteropoda* Nutt.).

6. Gatt. **Tringa** L. Schnabel so lang oder länger als der Kopf, länger als der Lauf, stark, gerade, von der Mitte an nach der Spitze sich verbreiternd; erste Schwinge die längste, Schwanz kurz, ausgerandet, aber die mittleren Federn etwas länger; Füsse kurz, dick, Hinterzehe entwickelt, Krallen kurz, stark gekrümmt. — Arten: Tr. canutus L. Nord-Europa, Ost-Küste von Nord-America. — u. a.

Calidris Ill. weicht nur durch den Mangel der Hinterzehe ab; C. arenaria Illig. Europa, Nord-America. — Limicola Koch (*Falcinellus* Cuv.) hat gleichfalls nur drei Zehen, aber einen nach abwärts gekrümmten Schnabel; L. pygmaea Koch (*Falcinellus Cuvieri* Blas. u. Keys.) Europa. — Arquatella Baird ist durch den auffallend verkürzten Lauf (viel kürzer als der Schnabel und die Mittelzehe) ausgezeichnet; A. maritima Baird, Europa und Nord-America. Hierher gehören ferner: Prosobonia Bp., Ancylochilus Kp. (*Erodia* Vieill.), Pelidna Cuv. (*Schoeniclus* Moehr., *Leimonites* Kp.), Actodromus Kp. (incl. subgen. *Heteropygia* Coues). — Verwandt ist endlich: Eurinorhynchus Nilss. (*Platalea pygmaea* L.) Ost-Indien.

7. Gatt. **Machetes** Cuv. (*Philomachus* Moehr., *Pavoncella* Leach). Schnabel kopflang, kürzer als der Lauf, Spitze nur flach erweitert, Gaumen bis zur Mitte gezähnelt, erste und zweite Schwinge die längsten; Hinterzehe kurz. — Arten: M. pugnax Cuv. Europa.

2. Unterfamilie. **Totaninae** Baird. Körper schlanker; Endtheil des Schnabels hart, hornig, mehr oder weniger verdünnt; Hals und Füsse verlängert, schlank; Mundspalte häufig weiter zurück reichend als die Basis der Firste; Zehen meist mit Bindehäuten.

1. Section. **Totaneae** Bp. Schnabel fast gerade, ungefähr so lang als der Lauf, zugespitzt, im Endviertel nicht gefurcht; Lauf vorn und hinten mit queren Schildern, an den Seiten reticulirt.

8. Gatt. **Actiturus** Bp. (*Bartramia* Less., *Euliga* Nutt.). Schnabel nicht länger als der Kopf, Oberschnabel bis zum Endviertel gefurcht; Firste bis in die Nähe der Spitze concav, Raum zwischen den Unterschnabelästen nicht befiedert, Lauf anderthalbmal so lang als die Mittelzehe, äussere Bindehaut etwas länger als die innere; Schwanz stufig, länger als der halbe Flügel. — Art: A. Bartramius Bp. Nord-America.

Hierher noch: Tringites Cab., Tringoides Bp. (*Actitis* Boie', Heteroscelus Baird.

9. Gatt. Totanus Bechst. Schnabel verlängert, stark, Firste gerade oder leicht gekrümmt, Seiten comprimirt, Spitze leicht gekrümmt, spitz; Flügel über das Schwanzende reichend, erste Schwinge die längste; Lauf so lang oder länger als die Mittelzehe, vorn mit zahlreichen kleinen Schuppen bedeckt; Vorderzehen geheftet; Hinterzehe hoch, schlank. — Arten: T. stagnalis Bechst. Europa. — u. v. a. — Hierher die Untergattungen: Ilyornis, Helodromus, Gambetta, Rhyacophilus, Erythroscelus Kp. — Kaum generisch zu trennen sind Glottis Nilss. und Symphemia Raf. (*Catoptrophorus* Bp.).

2. Section. Limoseae Baird. Schnabel länger als der Lauf, das verdickte Ende leicht nach oben gekrümmt, beide Kiefer fast die ganze Länge gefurcht; Mundspalte sehr kurz; Lauf vorn und hinten mit queren Schildern.

10. Gatt. Limosa Briss. (*Actitis* Illig., *Limicula* Vieill., *Fedoa* Steph.). Character der Section. — Arten: L. rufa Briss. (*lapponica* L.), L. aegocephala L. (*Totanus rufus* Bechst.), beide europäisch. — u. a. americanische und asiatische. — Terekia Bp. (*Xenus* Kp., *Simorhynchus* Blas. u. Keys.) enthält die Arten, deren Vorderzehen alle untereinander verbunden sind, während bei Limosa sich nur eine äussere Bindehaut findet.

3. Section. Numenieae Baird. Schnabel länger als der Lauf, spitzenwärts nach unten gekrümmt und verdickt; Seitenfurchen nicht über die Mitte hinausreichend; Lauf nur vorn mit Querschildern, hinten wie seitlich reticulirt.

11. Gatt. Numenius L. (*Cractiornis* Gray, *Phaeopus* Cuv.). Character der Section. — Arten: N. arquatus L. Europa; u. a. aus Asien, Australien und America. Ibidorhynchus Vig. (*Erolia* und *Clorhynchus* Hodgs.) stimmt mit Numenius überein, hat aber keine reticulirte.

Numenius gypsorum Geav. aus dem Pariser Eocen hielt Reichenbach für einen storchartigen Wader und nannte ihn Talantatos Rchb.

3. Unterfamilie. **Phalaropodidae** Gray. Schnabel so lang oder länger als der Kopf, schlank und gerade; Firste nur an der Spitze gekrümmt, Seitenfurchen fast von Schnabellänge; Flügel lang und spitz; Schwanz abgerundet; Lauf kurz und robust, Zehen am Grunde verbunden, an den Rändern gelappt; Hinterzehe kurz, hoch, gesäumt.

12. Gatt. Phalaropus Briss. (*Crymophilus* Vieill.). Character der Unterfamilie. — Art: Ph. cinereus Briss. (*hyperboreus* L.). Schnabel abgerundet. Europa. — Bei Ph. rufescens Briss. ist der Schnabel platt: Untergatt. Lobipes Cuv.; ähnlich bei Ph. lobatus Wils., doch ist hier die Bindehaut nicht gelappt: Untergatt. Steganopus Vieill. (*Holopodius* Bp., *Amblyrhynchus* Nutt.).

4. Unterfamilie. **Recurvirostrinae** Bp. Schnabel lang und zugespitzt, Seitengruben nicht über die Mitte reichend; Füsse ausserordentlich lang; Lauf mit hexagonalen Schuppen, alle Vorderzehen mit Bindehäuten.

13. Gatt. Recurvirostra L. (*Avocetta* Briss.). Schnabel aufwärts gebogen; Hinterzehe vorhanden, Vorderzehe bis zu den Nägeln mit Bindehäuten. — Arten: R. avocetta L. Europa. — u. a. americanische.

14. Gatt. Himantopus Briss. (*Macrotarsus* Lacép., *Hypsibates* Nitzsch). Schnabel gerade; Hinterzehe fehlt; Bindehaut nur zwischen der Mittel- und Aussenzehe am Grunde. — Arten: H. candidus (Bonn.) Gray, Europa. H. nigricollis Vieill. Nord-America. — u. a.

Hierher noch: Cladorhynchus Gray (*Xiphidiorhynchus* Rchb.). Australien.

5. Unterfamilie. **Dromadinae** Gray. Schnabel länger als der Kopf; Firste sanft nach der scharfen und geraden Spitze geneigt, hoch; Dillenkante eckig vortretend; zweite Schwinge die längste, Lauf sehr lang, vorn mit queren Schildern, Vorderzehen mit ausgerandeten Schwimmhäuten, Hinterzehe den Boden berührend.

15. Gatt. Dromas PAYK. (*Erodia* STANLEY, *Corrira* BRISS., *Anuroptila* JERD., *Nerodia* AG.). Character der Unterfamilie. — Art: Dr. ardeola PAYK. Indien und Nord-Africa.

2. Familie. Charadriidae LEACH. Schnabel im ganzen kürzer; Stirn hinter der Schnabelfirste aufgetrieben; Schnabel um die Nasenlöcher verengt, auf der Firste eingedrückt; Nasenlöcher oval bis zum Drittel oder der Hälfte des Schnabels vorrückend; Nasengrube vorn geschlossen; Hals äusserlich so dick wie der Kopf; Hinterzehe fehlt häufig oder ist kurz; Mittelkralle hohl, die andern seicht gefurcht.

1. Unterfamilie. Haematopodinae BAIRD. Schnabel so lang oder noch einmal so lang als der Kopf, comprimirt, Firste wenig eingedrückt; Nasenlöcher basal.

1. Gatt. Haematopus L. Schnabel länger als der Fuss, zweimal so lang als der Kopf, stark comprimirt, an der Spitze abgestutzt; erste Schwinge die längste; Schwanz gerade; Hinterzehe fehlt; eine äussere Bindehaut. — Arten: H. ostralegus L. Europa. — u. a. (aus welchen man die Untergattungen Melanibyx und Ostralegus RCHB. gemacht hat).

2. Gatt. Strepsilas ILLIG. (*Cinclus* MOEHR., *Morinellus* MEYER). Schnabel kürzer als der Lauf; Firste von der Nasengrube bis zur leicht aufgebogenen stumpfen Spitze gerade; Schwanz abgerundet; Hinterzehe ziemlich lang, den Boden berührend; keine Bindehäute zwischen den Vorderzehen. — Arten: Str. interpres ILLIG. Cosmopolit. — u. a.
Hierher noch Pluvianellus HOMBR. u. JACQ. und Aphriza AUDUB.

2. Unterfamilie. Charadriinae BAIRD. Schnabel so lang als der Kopf, Basaltheil stärker eingeschnürt, Spitzentheil dick und gewölbt, am häutigen Theil schärfer abgesetzt; Nasenlöcher weiter nach vorn, oval.

1. Section. Oedicnemeae GRAY. Mundspalte ragt bis unter die Augen, äussere Bindehaut etwas länger als die innere; Schwanz 14-fedrig.

3. Gatt. Oedicnemus TEMM. (*Fedoa* LEACH). Schnabel etwas länger als der Kopf, Spitzentheil gewölbt, seitlich comprimirt; zweite Schwinge die längste, Oberarmfedern so lang als die Handschwingen; Lauf drei- bis viermal so lang als die Mittelzehe. — Arten: O. crepitans TEMM. — u. a. (Hierher Burhinus ILLIG., wohl nur Nominalgattung.)
Verwandt: Esacus LESS., mit am Grunde messerförmig comprimirtem, an der Spitze hakigem Schnabel; ost-indisch. Hierher noch Carvanaca HODGS. (*Pseudops* postea HODGS.).

2. Section. Charadrieae GRAY. Mundspalte ragt kaum bis über die Firste hinaus; keine innere Bindehaut; Schwanz 12-fedrig.

4. Gatt. Vanellus L. Schnabel kürzer als der Lauf, schlank, mit flachgerundeter Firste, vorn bauchig gewölbt; zweite bis fünfte Schwinge die längsten, Schwanz gerade; Lauf vorn mit queren Tafeln, an der Ferse wie an der Hinterseite genetzt; vier Zehen, Hinterzehe kurz. Kopf mit aufrichtbarer Holle. — Arten: V. cristatus MEYER, Kiebitz. — u. a. (Hierher Belonophorus RCHB.).

5. Gatt. Squatarola CUV. (*Vanellus* MOEHR.). Schnabel kiebitzähnlich; erste Schwinge die längste; Schwanz schwach gerundet; Lauf vorn genetzt mit länglichen hexagonalen Schuppen, hinten fein genetzt; Hinterzehe hoch, kurz. — Arten: Sq. helvetica GRAY, Europa und Nord-America. — u. a.
Hierher Zonibyx RCHB.

6. Gatt. Chaetusia BP. Schnabel mittellang, stark, Firste am Grunde deprimirt, Spitze gewölbt, Seiten gefurcht, erste drei Schwingen fast gleich; Schwanz breit, gerade, Lauf viel länger als die Mittelzehe, vorn mit breiten getheilten Tafeln, vier Zehen. — Arten: Ch. gregaria BP. Europa. — u. a.
Hierher gehören: Lobivanellus STRICKL. (*Parra* L.), Sarcogrammus RCHB., Tylibyx RCHB., Defilippia SALVADORI und Erythrogonys GOULD. — Bei Hoplopterus BP. (*Philomachus* GRAY, *Acanthopteryx* LEACH) ist die zweite Schwinge die längste, am Flügelbug findet sich ein Stachel, Lauf vorn und hinten mit zwei Reihen hexagonaler langer

Tafeln (*H. spinosus* Bp.). Hierzu gehören: Stephanibyx, Xiphidiopterus Rcbb. und Sarciophorus Strickl.

7. Gatt. Charadrius L. (*Pluvialis* Briss.). Schnabel relativ kurz und stark, erste Schwinge die längste; Lauf vorn genetzt, 5—6 Tafeln in einer Querreihe; Hinterzehe fehlt; Schwanz quer gebändert. — Arten: Ch. pluvialis L. Regenpfeifer, Europa. — u. v. a. — Bei Eudromias Boie,(*Morinellus* Ray) hat die Vorderseite des Laufs zwei senkrechte Reihen Tafeln, von denen die äussere die grösseren sind; Schwanz ungebändert (*Ch. morinellus* L.). Europa.

8. Gatt. Aegialites Boie (*Hiaticula* Gray). Lauf vorn mit vertical gestellten Tafeln, von denen zwei bis drei in einer Querreihe stehen. Schwanz ungebändert, meist ein Halsband. — Arten: Ae. hiaticula Blas. u. Keys. Europa, Asien, Nord-Africa, America. — u. v. a. — Hierher als Untergattungen: Oxyechus, Ochthodromus, Aegialeus Rchb., Leucopolius Bp., Aegialophilus Gould, Podasocys Coues. Verwandt: Pipis Licht., Thinornis Gray (incl. *Anarhynchus* Quoy u. Gaim.) und Phegornis Gray (*Leptopus* und *Leptodactylus* Fras., *Leptoscelis* Des Murs).

3. Section. **Cursorieae** Gray. Schnabel mittellang, ziemlich schwach, leicht gekrümmt, tief gespalten; Flügel spitz, Fuss hoch, dreizehig, Zehen fast ganz frei.

9. Gatt. Pluvianus Vieill. (*Hyas* Glog., *Ammoptila* Sws., *Cheilodromus* Rüpp.) Schnabel über halbkopflang, comprimirt, mit leicht vorspringendem Kinnwinkel, spitz; erste Schwinge die längste; Schwanz leicht abgerundet; Lauf vorn quer getäfelt. — Art: Pl. aegyptius Vieill. Krokodilwächter.

10. Gatt. Cursorius Lath. (*Tachydromus* Illig.). Schnabel lang, merklich gebogen; die zwei ersten Schwingen die längsten; Schwanz kurz, mit 12 oder 14 Federn, gerade; Lauf hoch, vorn und hinten mit queren Tafeln; drei Zehen, Aussenzehe länger als innere. — Arten: C. gallicus Lath. (*C. isabellinus* Meyer), Nord-Africa und Süd-Europa. — u. a. Verwandte Gattungen: Rhinoptilus Strickl. (*Macrotarsius* Blyth, *Tachydromus* Rchb.), Hemerodromus Hegl., Chalcopterus Rchb. und Oreophilus Gould.

3. Unterfamilie. **Glareolinae** Gray. Schnabel kurz, am Grunde breit; Flügel lang und spitz, erste Schwinge die längste; Schwanz 14-fedrig, tief gegabelt; Lauf vorn getäfelt, Hinterzehe sehr kurz, hoch, nur mit der Spitze den Boden berührend.

11. Gatt. Glareola Briss. (*Trachelia* Scop., *Dromochelidon* Landb.). Character der Unterfamilie. — Arten: Gl. pratincola Pall. Nord-Europa und Asien. — u. a. (Aus zwei andern Arten hat Bonaparte die Gattungen Stiltia und Galachrysia gemacht.)

3. Familie. **Chionididae** Gray. Schnabel mittellang, mit zur Spitze gekrümmter Firste, comprimirt; Nasenlöcher basal, von einer knöchernen oder hornigen Schuppe bedeckt; Flügel lang und spitz; Schwanz mässig; Lauf kurz und kräftig; Zehen lang, Vorderzehen am Grunde verbunden; Hinterzehe hoch, kurz.

1. Gatt. Thinocorus Eschsch. (*Ocypetes*, postea *Ithys* Wagl.). Schnabel kurz, am Grunde breit, nach der Spitze plötzlich comprimirt; Firste leicht gekrümmt; Nasenlöcher in einem weichen Canal, mit halbmondförmiger Oeffnung von einer dicken Membran bedeckt; Flügel lang und spitz, erste Schwinge die längste, Schwanz kurz, abgerundet; Lauf kurz, vorn mit queren Tafeln, sonst genetzt. — Arten: Th. rumicivorus Eschsch. — u. a. süd-americanische.

Verwandt ist Attagis I. Geoffr.

2. Gatt. Chionis Forst. (*Vaginalis* Gm., *Coleoramphus* Dum.). Schnabel kurz, stark comprimirt, am Grunde von einer vorn gezahnten und oben gefurchten Hornscheide bedeckt, in welcher die Nasenlöcher liegen; Wangen und Schnabelgrund nackt; zweite Schwinge die längste; Lauf mit kleinen, rauhen Schuppen; eine äussere kurze Bindehaut. — Arten: Ch. alba Forst. Süd-America und Oceanien. — u. a.

4. Familie. **Parridae** Gray. Schnabel lang, schlank, Firste am Grunde gerade,

10. Grallae.

nach der Spitze gewölbt, Nasengrube lang und schmal, Nasenlöcher in der Mitte der Schnabellänge; Flügel lang und spitz, Schwanz kurz; Lauf lang und schlank, mit queren Tafeln; Zehen sehr lang und schlank, Hinterzehe lang, Krallen lang, besonders die der Hinterzehe. Schnabelgrund und ein Theil des Vorderkopfes carunculirt.

1. Gatt. **Parra** Lath. (*Jacana* Briss.). Am Flügelbug ein starker Dorn; Schwanz sehr kurz, ohne verlängerte Federn. — Arten: P. jacana L. Süd-America. – u. a. auch altcontinentale. (Hierher Mesopidius und Hydralector Wagl.)

Hydrophasianus Wagl. hat keine Carunkeln am Kopfe und die vier mittleren Schwanzfedern sehr verlängert. H. sinensis Wagl. Süd-Asien.

5. Familie. **Otididae** Selys. Ziemlich grosse und schwere Vögel; Schnabel mittellang, am Grunde breit; Firste über der Nasengrube gerade, nach der ausgerandeten Spitze gewölbt; Flügel mässig, spitz, Schwanz mittellang, bis 20 Steuerfedern, breit abgerundet; Lauf lang, klein getäfelt; Hinterzehe fehlt. Altweltlich.

1. Gatt. **Otis** L. Schnabel kurz, am Grunde breit, seitlich comprimirt, Firste hoch, Dillenkante kurz, gerade; zweite bis vierte Schwinge gleich und die längsten, Oberarmfedern so lang als die Handschwingen; Zehen kurz und breit, Krallen kurz, sehr breit und stumpf. — Arten: O. tarda L. Trappe, Europa. O. tetrax L. (Gatt. *Tetrax* Leach) Zwergtrappe, Süd-Europa. (Auch eine fossile Art aus dem Diluvium von Quedlinburg.)

2. Gatt. **Eupodotis** Less. Schnabel länger, schlanker, am Grunde breit, Firste etwas niedergedrückt, Dillenkante lang. — Arten: E. undulata Gray. Hubara, Europa und Asien. — u. a. Hierher die Untergattungen; Choriotis, Afrotis, Lissotis, Lophotis Bp., Sypheotides Less. (*Comatotis* Rchb.), Trachelotis Rchb., Houbara Bp. (*Chlamydotis* Less.).

6. Familie. **Dicholophidae** n. Schnabel mittellang, stark, Spitzentheil hakig gekrümmt, comprimirt; Nasenlöcher in einer befiederten Grube, kurz, oval; Stirnfedern schopfartig verlängert; Flügel kräftig, die vier ersten Schwingen stufig, fünfte bis siebente gleich und am längsten, Oberarmschwingen verlängert; Schwanz lang, gross, breitfedrig, gerundet; Füsse sehr hoch; Lauf mit queren Tafeln; Zehen sehr kurz, besonders die hohe Hinterzehe; Vorderzehen mit Bindehäuten; Krallen kurz, spitz, stark gekrümmt.

Einzige Gatt. **Dicholophus** Illig. (*Cariama* Briss., *Microdactylus* Geoffr.). Character der Familie. — Art: D. cristatus Illig. Süd-America. — Für eine zweite von Burmeister entdeckte Art (*D. Burmeisteri* Hartl.) stellt Reichenbach die Gatt. Chunga auf. — Lund fand Çeriama-reste in brasilianischen Knochenhöhlen.

7. Familie. **Rallidae** Bp. Vögel mit hohem, stark seitlich comprimirtem Körper, mit meist längerem Halse als die vorgehenden; Schnabel mässig lang, stark, comprimirt, höher als breit, vorn fest hornig, der hintere Theil häutig, mit langer Nasengrube und schmalen, mehr oder weniger durchgehenden Nasenlöchern; Flügel meist kaum auf die Basis des Schwanzes reichend, gerundet, die ersten zwei bis drei Schwingen stufig; Schwanz kurz, weich; Zehen sehr lang, meist dünn, mit langen Krallen; Hinterzehe berührt in ganzer Länge den Boden.

1. Unterfamilie. **Rallinae** Gray. Schnabel meist länger als der Kopf, gerade, hoch, comprimirt, Firste nur winklig in das Stirngefieder einspringend, ohne eine nackte Stirnschwiele zu bilden; Lauf lang und schlank.

1. Gruppe. Ralleae Bp. Schwanz kurz.

22*

1. Gatt. **Aramus** VIEILL. (*Notherodius* WAGL.) Schnabel über doppelt so lang als der Kopf, dick, höher als breit, Firste gerundet; Nasenloch in der Mitte der Nasengrube; Flügel über die Basis des Schwanzes hinabreichend, dritte bis fünfte Schwinge die längsten; Schwanz breit, steiffedrig, etwas länger als die ruhenden Flügel; Füsse stark, Lauf vorn und hinten mit kurzen schiefen Halbgürteln. — Arten: A. scolopaceus BURM. Brasilien. — u. a.

Hierher: **Aramides** PUCHER. (*Ortygarchus* CAB.). Süd-America.

2. Gatt. **Rallus** BECHST. Schnabel etwas kürzer, Firste abgerundet, Ränder eingebogen, Kinnwinkel stumpf abgesetzt; Flügel kurz, Schwingen breit einwärts gebogen, dritte die längste; Schwanz sehr kurz und weich; Lauf stark, der Mittelzehe gleich. — Arten: R. aquaticus L. Europa, R. longirostris GM. Süd-America. — u. a.

Verwandte Gattungen: Biensis PUCHER., Rougetius, Canirallus, Lewinia BP., Hypotaenidia RCHB.

3. Gatt. **Crex** BECHST. (*Ortygometra* LEACH). Schnabel kürzer als der Kopf, stark, Firste gekielt, leicht gekrümmt, Spitze leicht ausgerandet; zweite und dritte Schwinge die längsten; Schwanz kurz, stufig; Lauf robust, Zehen schlank, Hinterzehe kurz und schlank. — Arten: C. pratensis BECHST. Europa. — u. a. von fast allen Continenten.

Hierher gehört nach BONAPARTE Gallicrex BLYTH (*Hypnodes* RCHB.).

4. Gatt. **Porzana** VIEILL. Schnabel kürzer als der Kopf, gerade; Flügel mittellang, Handschwingen länger als der Schulterfittig; Schwanz kurz; Füsse kräftig, Lauf so lang als die Mittelzehe. — Arten: P. marmorata (LEACH) (*Rallus porzana* L.). Europa. — u. m. a. auch americanische.

Hierher gehören: Creciscus CAB., Hydrocicca CAB., Coturnicops BP., Zapornia LEACH (*Phalaridium* KP. *Rallites* PUCHER.). — Verwandt ist ferner Corethrura RCHB. (*Rallina* RCHB., Euryzona BP., Laterallus BP.).

2. Gruppe. Ocydromeae BP. Schwanz lang, abgerundet oder gestuft.

5. Gatt. **Ocydromus** WAGL. (*Gallirallus* LAFR.). Schnabel lang und sehr stark, comprimirt, Firste leicht gekrümmt; Nasenlöcher im vorderen Theile der Nasengrube; Flügel sehr kurz abgerundet, fünfte und sechste Schwinge die längsten; Schwanz lang und weich; Lauf kurz, robust, Hinterzehe schlank. — Arten: O. australis STRICKL. Neu-Seeland. — u. a.

Hierher gehören noch: Eulabeornis GOULD, Himanthornis TEMM. und Habroptila GRAY.

2. Unterfamilie. Gallinulinae GRAY. Schnabel allgemein kürzer; Firste in das Gefieder vorspringend und hier eine nackte Stirnschwiele bildend; Nasengrube kurz, Nasenloch im Vorderwinkel derselben; Flügel und Schwanz kurz; Lauf und Zehen lang, schlank oder robust; Hinterzehe lang.

6. Gatt. **Porphyrio** BRISS. Schnabel fast kopflang, hoch, stark; eine breite, längliche Stirnschwiele; Flügel mittellang, zweite bis vierte Schwinge gleich und längste; Schwanz kurz, abgerundet; Lauf kürzer als die Mittelzehe, mit breiten Quertafeln; Zehen sehr lang, schlank, frei; Krallen lang, etwas gekrümmt. — Arten: P. veterum GM. Süd-Europa. — u. v. a. alt- und neucontinentale Arten. — Hierher als Untergattungen: Caesarornis, Jonornis, Glaucestes RCHB., Porphyrula BLYTH.

7. Gatt. **Notornis** OW. Schnabel etwas kürzer als der Kopf, stark seitlich comprimirt, Ränder leicht gesägt, Firste hoch und an der Stirn bis zur Höhe des hintern Augenrandes aufsteigend; Flügel und Schwanz mit weichen Federn, dritte bis siebente Schwinge gleich und die längsten; Lauf sehr kräftig, vorn breit, vorn und an den Seiten mit Schildern, dazwischen reticulirt, Vorderzehen gross und stark, Hinterzehe kurz, etwas höher stehend, mit einem stumpfen hakigen Nagel. — Art: N. Mantelli GOULD, Neu-Seeland.

Hierher gehört noch Tribonyx Du Bus (*Brachypirallus* LAFR.). — Von den flügellosen Vögeln der Mascarenen gehört auch der »oiseau bleu« hierher, Porphyrio (*Notornis*?) coerulescens SCHLEG. (*Apterornis* SELYS, *Cyanornis* BP.). s. SCHLEGEL, H., over eenige reusachtige Vogels. in: Verslagen en Mededel. d. K. Akad. Amsterdam. D. 7. p. 117.

8. Gatt. **Gallinula** Briss. (*Hydrogallina* Lacép., *Stagnicola* Brehm). Schnabel zierlich, kegelförmig, mit Stirnschwiele, Ränder fein gezähnelt; Nasenloch eine schief durchgehende Spalte; Flügel kurz, zweite und dritte Schwinge die längsten; Schwanz kurz, rund; Füsse mit langen, an den Sohlen breiten und gelappten Zehen. — Arten: G. chloropus Lath. Europa. — u. a. alt- und neucontinentale.

Hierher: Amaurornis, Erythra Rchb., Porphyriops Pucher., Limnocorax Pet.; ferner Leguatia Schleg. (a. a. O.).

9. Gatt. **Fulica** L. Schnabel höher und stärker; kürzer als der Kopf, Stirnschwiele dick, geschwollen; Flügel kürzer, Schwanz kurz, Steuerfedern fast verkümmert, Lauf viel kürzer als die Mittelzehe; Zehen lang, am Grunde geheftet, am Rande mit breiten, abgerundeten Hautlappen; Krallen fast gerade, spitz. — Arten: F. atra L. Europa. — u. a. von beiden Continenten.

Hierher: Lupha, Lysca, Phalaria Rchb., Licornis Bp.

10. Gatt. **Podoa** Illig. (*Heliornis* Bonn.). Rumpf breiter und flacher; Schnabel so lang als der Kopf, niedrig, hinterer Theil der Firste breit abgerundet, nicht eigentlich in das Gefieder einspringend; Flügel relativ kurz, über die Schwanzbasis hinausreichend, zweite Schwinge die längste; Schwanz breit abgerundet, länger als die ruhenden Flügel; Füsse sehr kurz, Schienen bis zur Ferse befiedert; Lauf viel länger als die Mittelzehe; alle Zehen mit breiten Randlappen. — Arten: P. surinamensis Illig. Süd-America. (Hierher: Podica Less. [*Rhigelura* Wagl.], Süd-Africa.) — Deania Rchb. ist auf einen nord-americanischen Ornithichniten gegründet und hierher gebracht worden.

s. Brandt, J. F., über Podoa. in: Mém. de l'Acad. de St. Pétersb. 6. Sér. Sc. natur. T. 3. p. 197.

8. Familie. **Psophiidae** Bp. Schnabel etwas kürzer als der Kopf, gewölbt, etwas comprimirt, Nasenlöcher durchgehend, ziemlich weit; Flügel kurz, gerundet, gewölbt, vierte Schwinge die längste, Handschwingen fast ganz von den Armschwingen bedeckt; Schwanz kurz, von den grossen Deckfedern überragt; Lauf lang, vorn und hinten mit halbgürtelförmigen Schildern; Zehen relativ kurz, Hinterzehe sehr kurz, aber den Boden berührend.

Einzige Gatt. Psophia L. Character der Familie. — Art: Ps. crepitans L. Süd-America.

9. Familie. **Rhinochetidae** n. Schnabel lang, schlank, Stirn nach der Firste zu abgeflacht; Nasengrube lang, Nasenlöcher in ihr entweder röhrig oder spaltförmig; Schnabelwurzel und Zügel befiedert. — (Wir vereinigen hier zwei in mehrfacher Hinsicht übereinstimmende Gattungen, welche als Mittelformen zwischen Rallen und Reihern bald den einen bald den andern zugerechnet wurden, aber mit *Psophia* zusammen den Kreis der Grallae am besten gegen die Ciconiae abschliessen.)

1. Gatt. **Rhinochetus** Verr. u. Des M. Schnabel so lang als der Kopf, Firste in den basalen zwei Dritteln abgeplattet, nach der Spitze abgerundet; leicht gekrümmt; Nasenlöcher an der Spitze horniger, in der Nasengrube liegender, von rigiden Borstenfedern überragter Röhren; Schwingen, von denen die fünfte die längste ist, von den Deckfedern überragt; Schwanz kurz, abgerundet; Lauf länger als die Mittelzehe, mit Hornschildern; Mittelkralle die längste, ohne Zähnelung; Hinterzehe hoch, kurz. Federn des Hinterkopfs in einen Schopf verlängert. — Art: Rh. jubatus Verr. u. Des M. Neu-Caledonien.

2. Gatt. **Eurypyga** Illig. (*Helias* Vieill.). Schnabel lang, schlank, gerade; Nasenlöcher am Grunde einer zwei Drittel der Schnabellänge einnehmenden Grube, linear, zum Theil häutig bedeckt, durchgehend; Flügel lang, gerundet, dritte und vierte Schwinge die längsten; Schwanz lang, breit, leicht gerundet; Lauf länger als die Mittelzehe, vorn mit queren Tafeln, Zehen lang, schlank, die äussere mit Bindehaut; Krallen kurz, gekrümmt. — Art: E. helias Illig. Süd-America (Nesthocker).

10. Familie. **Gruidae** Gray. Schnabel lang, um die Nasenlöcher verengt, auf der Firste eingeschnürt, Stirn nach der Firste hin verengt und abgeflacht; Nasengrube nach vorn verflacht; Hals länger als der Lauf; Flügel lang, Armschwingen und Decken verlängert, herabhängend; Schwanz kurz, gerade; Lauf sehr lang; Zehen kurz. Nesthocker. — Altweltlich.

1. Gatt. Grus L. (*Megalornis* Gray). Schnabel länger als der Kopf, beide Kiefer gleich lang mit spitzem Ende; Spitzentheil leicht gewölbt; Flügel lang, dritte und vierte Schwinge die längsten; Schwanz kurz; Lauf sehr lang, mit queren Schildern; Hinterzehe sehr kurz, hoch; Krallen kurz und stark. Kopf theilweise nackt, Flügeldecken verlängert und kraus. — Arten: Gr. cinerea Bechst. (*Ardea grus* L.). Kranich; Mittel-Asien, Europa bis Mittel-Africa. — u. a.
Hierher: Laomedontia und Antigone Rchb.

2. Gatt. Anthropoides Vieill. (*Scops* Moehr., *Tetrapteryx* Thunb., *Bibia* Leach). Schnabel kopflang, rund; Flügel lang, dritte und vierte Schwinge die längsten; Schwanz kurz; Füsse wie bei Grus; Kopf ganz befiedert, jederseits mit einem Schopf am Hinterhaupt, die Flügeldecken verlängert, aber nicht zerschlissen. — Arten: A. virgo Vieill. Süd-Europa bis Mittel-Asien. — Hierher Geranus Bp. (*A. paradisea*) Süd-Africa.

3. Balearica Briss. Schnabel kürzer als der Kopf, kegelförmig, mit gerundeter Firste, dritte Schwinge die längste; Schwanz kurz, gerade; Wangen nackt, Schnabelgrund und Kehle carunculirt; Federn des Scheitels einen kurzen sammtartigen Busch bildend, die des Hinterkopfes aufrecht, borstenartig verlängert, gedreht; Hals und Vorderbrust mit verlangerten Federn; die langen Flügeldecken zerschlissen. — Arten: B. pavonina Gray, Mittel-Asien; B. regulorum Gray, Süd-Africa.

11. Ordnung. **Ciconiae** Bonap.

(*Grallae* aut. p., *Pelargomorphae* Huxl.)

Schnabel an der Basis meist so hoch und breit und länger als der Kopf, bis an die Basis hornig, ohne Wachshaut. Augengegend, Zügel, zuweilen der ganze Kopf nackt oder mit eigenthümlichen Federn. Hals und Beine in der Regel sehr verlängert. Flügel mässig lang, zweilappig. Schienen verlängert, der untere Theil nackt und wie der verlängerte Lauf vorn und hinten genetzt oder vorn quer getäfelt. Hinterzehe auftretend, lang; Vorderzehen mit breiter Bindehaut.

Nach dem oben bei den Grallen Angeführten trennen wir die »Reiherformen«, welche sich dem Habitus nach an die Kraniche anschliessen, von jenen. Sie weichen im Schädel, Schnabel und durch die constant rein hellfarbigen, nur ausnahmsweise weiss gefleckten Eier von den Grallen ab, und sind diejenigen Formen, an welche sich der Begriff der Wadvögel gewöhnlich am schärfsten anknüpft.

Die Contourfedern und Dunen haben einen Afterschaft; die Oeldrüse ist an ihrer Oeffnung mit einem Federkranze versehen. Diese beiden Punkte sind die beiden einzigen, in welchem die hierhergehörigen Formen hinsichtlich ihrer Befiederung übereinstimmen. Die merkwürdigste Eigenthümlichkeit der *Herodiae* ist das Vorkommen von einem oder mehreren Paaren von Puderdunenflecken. Von ihnen geht die Absonderung einer ölig-fettigen Substanz aus, welche wahrscheinlich die sich abstossenden Dunenspitzen selbst oder eine Secretion ihrer Wurzelscheiden ist. Die Flecken kommen sowohl an der Bauch- als Rückenfläche vor und liegen an ersterer zwischen den Aesten der Unterflur auf dem Brustmuskel und in den Weichen ausserhalb der Unterflur-äste. Auf dem Rücken finden sie sich zu beiden Seiten der Rückenflur auf dem hinteren Rumpftheil. Entweder kommen alle drei oder die ersten und letzten Flecken allein vor. Die Reiher zeichnen sich ferner durch grosse Schmalheit der Fluren aus; die Rückenflur ist auch hier in einen vorderen stärkeren und einen hinteren schwächeren Theil getrennt. Die sich meist schon hoch am Halse theilende Unterflur läuft mit ihren sehr nach den Seiten gerückten Aesten bis zum After. Häufig fehlen die seitlichen Halsraine, so dass das Halsgefieder eine ziemliche Strecke lang ununterbrochen ist. Für die Störche, denen sich in der Pterylose die *Hemiglottides* NITZSCH (*Platalea*, *Ibis*) an-schliessen, ist die merkwürdige Verbreitung der beiden Hälften der Unterflur characteristisch, so dass sie die ganze Fläche des grossen Brustmuskels bedecken und nur den Brustbeinkamm frei lassen. Nach hinten verschmälern sie sich und verlaufen bis dicht vor den After. Ferner sind die *Pelargi* noch durch die bedeutende Entwickelung der Paraptera (des Schulterfittigs, der am Humerus inserirten Schwingen dritter Ordnung) ausgezeichnet. Meist sind auch hier zehn Handschwingen vorhanden, nur die Störche haben elf; die Zahl der Arm-schwingen beträgt 16—24, die der Steuerfedern 10—12. Constant ist ein grösserer Theil der Tibia unbefiedert. Diese sowie der verlängerte Lauf sind warzig genetzt, höchstens auf der Vorderfläche mit hornigen schiefen Halb-gürtelschildern. Das Verhalten der Zehenphalangen ist wie bei der vorigen Ordnung. Die verschieden langen Zehen, von denen die innere nie nach vorn gerichtet ist, sind am Grunde schmal oder zuweilen breiter geheftet. — Der S c h ä d e l zeichnet sich vor dem der Grallae dadurch aus, dass der Schnabel weniger oder fast gar nicht vom Hirntheil abgesetzt ist. Die Gaumenfortsätze des Oberkiefers vereinigen sich hier in der Mittellinie; sie sind gross und spongiös und füllen vor der Vomerspalte des Gaumens die Schnabelbasis. Die Gaumenbeine sind verlängert und verbinden sich in grösserer oder sehr geringer Ausdehnung hinter den Choanen und vor ihrer Articulation mit den Flügelbeinen, haben aber an ihrer Verbindungslinie keine senkrechte abwärts steigende Knochenplatte. Basipterygoidfortsätze sind nirgends vorhanden. Das Eckstück des Unterkiefers ist bei den Hemiglottides (ähnlich wie bei den Schnepfen) in einen gekrümmten Fortsatz ausgezogen, bei den anderen For-men abgestutzt. 15—17 Halswirbel, 6—7 Rückenwirbel, 13—15 Kreuzbein-wirbel und 6—7 Schwanzwirbel setzen die Wirbelsäule zusammen. Das Sternum ist viel länger als breit und ist entweder am Hinterrand mit zwei Ausschnitten oder mit vier solchen versehen. Ein Manubrialfortsatz ist ent-weder gar nicht vorhanden oder nur sehr unbedeutend entwickelt. Die Schlüsselbeine sind stark, platt, gekrümmt und haben an ihrer, oft an das Sternum anchylosirten Symphyse einen quer abgeplatteten, nach hinten ge-richteten Fortsatz. Der Vorderarm ist länger als der Oberarm, auch der Meta-carpus ist verlängert. Das Becken ist gedrungen, der von der Pfanne an breite hintere Theil meist nur halb so lang als der vordere. An den Knochen der Hinterextremität ist besonders die Verlängerung des Schienbeins und Tarsometatarsalstücks bemerkenswerth. Die Zehen sind lang, besonders auch die nach hinten gerichtete ganz auftretende Innenzehe. — Der Schnabel der Ciconiae unterscheidet sich von dem der vorigen Ordnung sofort durch seine bis an die Basis reichende Hornbekleidung, ist meist seitlich comprimirt, seltner abgeplattet und dann zuweilen lederartig. Die Zunge ist bei den *Herodiae* lang, spitzig, an der Spitze und den Rändern scharf, sonst aber weich. Verkürzt ist sie bei den Störchen; sie ist hier schmal, vorn spitz, weich und glatt. Am meisten verkümmert ist sie bei *Platalea* und *Ibis*, welche deshalb Nitzsch als »*Hemiglottides*« zusammenfasst; doch gleicht die Zunge von *Tantalus* der der Störche. Der Zungenkern ist bei den Reihern sehr lang, ganz knorplig, hinten mit einem Schlitze; der Körper ist lang und schmal, ebenso die Hörner. Bei den Störchen sind nur die Hörner gleich lang, Kern und Körper sind verkürzt, was noch mehr bei den Hemiglottides der Fall ist. Der Oesophagus besitzt keine kropfartige Ausbuchtung, ist aber einer beträchtlichen Erweiterung fähig. Der eigentliche Magen ist mit verhältnissmässig dünnen Muskelwandungen versehen. Der Dünndarm ist von sehr geringem Durchmesser. Blinddärme sind in der Regel vorhanden (Owen vermisste sie bei *Platalea*), eben so eine Gallenblase. Meist finden sich zwei Carotiden (bei *Ardea stellaris* beobachtete Nitzsch, dass die beiden getrennt entspringenden Carotiden verschmolzen). Die Störche und Reiher haben einen breiten ganz ossificirten Processus epiglotticus. Die sehr lange, durch die Zahl der Ringe ausgezeichnete Luftröhre macht vor ihrem Eintritt in die Lunge meist grössere Windungen, welche entweder im oberen Theil des Brustbeinkamms oder in der Brusthöhle liegen. An der Theilungsstelle der Luftröhre kommt höchstens jederseits ein Bronchotrachealmuskel vor. — Ueberall ist ein zungenförmiges Ruthenrudiment vorhanden, am deutlichsten (wie die Lefze des Kehldeckels) fand es J. Müller bei *Platalea*. Das Gelege besteht aus 3—5 Eiern, welche meist hell einfarbig, nur bei *Platalea* gefleckt sind. Die Jungen sind Nesthocker.

Die Verbreitung der Pelargomorphen ist fast noch allgemeiner als die der Grallae. So kommen sowohl Storch- als Reiherformen auf beiden Erdhälften vor, wie auch die Hemiglottides überall Vertreter haben. Doch kommen dabei gleichfalls Repräsentationen durch verschiedene Formen vor; so ist *Cancroma* americanisch, *Balaeniceps* africanisch u. s. w. Fossil finden sich hierher gehörige Formen vom Miocen an bis ins Diluvium. Es werden zwar auch einige noch ältere Ornithichniten auf Reiherformen bezogen; doch ist deren Bestimmung nicht sicher.

1. Familie. **Ardeidae** Leach (*Herodiae* Nitzsch). Schnabel mit scharfen Rändern, Spitze gebogen; Nasenlöcher länglich, oval, meist von einem Hautsaum umgeben; Kopf- und Halsfedern häufig schopfartig verlängert; Lauf vorn mit Halbgürteln oder Schildern; Zehen lang, dünn, Innenrand der Mittelkralle kammartig gezähnt; Bindehäute klein. (Puderdunenfluren.)

1. Unterfamilie. **Ardeinae** Bp. Schnabel gerade, spitz, scharfkantig, comprimirt, Firste abgerundet, nach hinten abgeflacht, Hals lang, dünn.

11. Ciconiae.

1. Gruppe. Ardeeae Bp. Schnabel viel länger als der Kopf, spitz; Füsse hoch und schlank; Schienen weit über den Lauf hinauf nackt; Halsgefieder anliegend; äussere Vorderzehe länger; Schwanz zwölffedrig.

1. Gatt. **Ardea** L. Nacken- und Unterhalsfedern schopfartig verlängert, Rücken ohne verlängerte weiche Federn. — Arten: A. **cinerea** L. Alter Continent. — u. a. alt- und neucontinentale.

Hierher die Untergattungen **Ardeomega** Bp., **Typhon** Rchb., **Audubonia** Bp. und **Florida** Baird.

2. Gatt. **Herodias** Boie (*Egretta* Bp., *Garzetta* Kp., *Leucerodia* Burm.). Hals anliegend befiedert, Nacken zuweilen mit Schopf; Gefieder rein weiss; am Rücken mehrere, zuweilen bis über den Schwanz reichende verlängerte Federn. — Arten: H. **egretta** Boie. Mittel-Asien, Südost-Europa und Nord-Africa. — u. a.

Die Gatt. **Demiegretta** Blyth hat (nach Baird, welcher für die eventuell generisch zu sondernden americanischen Formen die Gatt. **Hydranassa** vorschlägt) schmale lanzettlich spitze Kopf- und Halsfedern und die Seitenzehen nur von Länge des halben Laufs.

2. Gruppe. Botaureae Baird. Schnabel schlank, meist kürzer, Füsse niedriger, Halsgefieder breitfedrig, abstehend, der Hals daher dick; Schienen bis nahe an die Fersen befiedert; Lauf kürzer als die Mittelzehe; von den Vorderzehen ist zuweilen die innere die längere; Schwanz zehnfedrig.

3. Gatt. **Buphus** Boie (*Ardeola* Boie antea, Bp., *Bubulcus* Pucher.). Innenzehe kleiner als die äussere, zweite bis vierte Schwinge an der Aussenfahne verengt; Schwingen und deren Schäfte weiss. — Arten: B. **russatus** Boie, Africa, zuweilen in Europa. — u. a. — Der von Blasius und Keyserling hierher gerechnete Rallenreiher (*A comata* Pall.) hat nach Bonaparte zwölf Steuerfedern.

4. Gatt. **Botaurus** Steph. (*Butor* Sws.). Schnabel lang, niedrig, ohne verlängerte Nackenfedern; Halsfedern lang und spitz, steifschäftig; Innenzehe länger als die äussere, Zehen und Krallen lang. — Arten: B. **stellaris** Steph. Rohrdommel. Europa, West-Asien, Nord-Africa. — u. a. — Hierher gehört noch **Ardetta** Gray (*Ardeola* Brehm, incl. *Ardeiralla* Verr.).

Verwandt ist ferner: **Tigrisoma** Steph. (*A. brasiliensis* L.) mit der davon getrennten Gatt. **Zebrilus** Bp. (Süd-America) und die ost-indische Form **Gorsachius** Bp.

3. Gruppe. Nycticoraceae Baird. Schnabel kurz, dick, kaum länger als der Kopf, Firste vom Grunde an gekrümmt; unteres Viertel der Schienen nackt; Füsse kurz, dick; Lauf so lang oder so lang wie als die Mittelzehe; Nackenfedern verlängert, eine nackte Stelle am Nacken; Schwanz mit zwölf steifen Federn.

5. Gatt. **Nycticorax** Steph. (*Nyctiardea* Sws., *Scotaeus* Keys. u. Blas.). Schnabel stark, Oberschnabel stark gebogen, Dillenkante gerade; im Nacken einige verlängerte Federn, keine verlängerte Rückenfedern. — Arten: N. **griseus** Strickl. (*N. europaeus* Steph., *A. grisea* L.), Europa, Nord-Africa. u. a.

Verwandte Gattungen, beziehentlich Untergattungen sind: **Butorides** Blyth (*Ocniscus* Cab.), **Agamia** Rchb., **Nycterodius**, **Philerodius** Rchb., **Calerodius** Bp.

2. Unterfamilie. Cancrominae Bp. Schnabel breit, flach gewölbt, löffel- oder kahnförmig; Firste stumpf, Spitze leicht hakig herabgebogen; Hals breitfedrig; Schwanz zwölffedrig; nackter Schienentheil kurz.

6. Gatt. **Cancroma** L. Unterschnabel mit nackter ausdehnbarer Haut zwischen den Aesten, Schnabelränder ziemlich gerade; Nasenlöcher oval, Nacken mit Federschopf, Rückenfedern lang, zerschlissen; Mittelkralle nicht kammartig gezähnt. — Art: C. **cochlearia** L. Süd-America.

7. Gatt. **Balaeniceps** Gould. Schnabel breit und muldenförmig, Firste gekielt, vom Grunde aus etwas eingebogen; Ränder bogig aufwärts gekrümmt; zwischen den Unterschnabelästen nackte lederartige Haut; Nasenlöcher klein, spaltförmig, basal, der Firste nahe; Hinterkopf mit kurzem Schopf; Mittelkralle nicht gekämmt. — Art: B. **rex** Gould. Mittel-Africa.

PARKER, W. K., On the Osteology of Balaeniceps, in: Transact. Zool. Soc. Vol. IV. P. 7 mit 4 Taf. — Wir halten die osteologischen, pterylographischen u. a. Gründe, welche PARKER, BARTLETT u. a. zu Gunsten der Stellung des Balaeniceps bei den Reihern anführen, für ausschlaggebend; eine Verwandtschaft mit Scopus, welche REINHARDT betont, existirt, jedoch auch jedenfalls, weshalb wir diese Gattung hier folgen lassen.

2. Familie. **Scopidae** Bp. Schnabel länger als der Kopf, hoch, comprimirt, Firste gekielt, an der Spitze gekrümmt, Seite gefurcht von der Basis bis zur Spitze; Dillenkante lang, aufwärts gebogen; Nasenlöcher seitlich, basal, spaltförmig; Flügel lang, dritte und vierte Schwinge die längsten; Schwanz kurz, gerade; Lauf reticulirt; Bindehaut zwischen den Vorderzehen, umsäumt dieselben bis zur Spitze; Mittelkralle gezähnt.

Einzige Gatt. Scopus BRISS. (*Cepphus* WAGL., *Umbretta* RAF.). Character der Familie. — Art: Sc. umbretta GM. Africa.

3. Familie. **Ciconiidae** Bp. Körper plumper, Schnabel dicker; Füsse höher, Zehen relativ kürzer, Lauf vorn und hinten reticulirt; die Bindehäute zwischen den Vorderzehen etwas breiter; Krallen stumpf, platt, Mittelkralle nicht gezähnt. Am Kopf und Hals oft nackte Stellen.

1. Gatt. Ciconia L. Schnabel lang, kegelförmig, gerade, gleichmässig verschmälert, Ränder eingezogen; Nasenlöcher basal, in rinnenartigen Gruben; dritte bis fünfte Schwinge die längsten; Schwanz zwölffedrig. — Arten: C. alba L. Europa bis Mittel-Africa. — u. a. — Hierher die Untergattungen: Melanopelargus RCHB. (*C. nigra* BECHST.), Sphenorhynchus HEMPR. (*Abdimia* Bp.).

Fossil ist aus dem Miocen von Wiesbaden ein Storch beschrieben worden, den REICHENBACH generisch sondert, Protopelargus RCHB. Derselbe bringt auch nordamericanische Ornithichniten hierher als Pelarganax und Pelargides RCHB.

2. Gatt. Mycteria L. Schnabel lang, stark, am Grunde höher als breit, leicht nach oben gebogen, Ränder eingezogen; zweite und dritte Schwinge die längsten; Schwanz kurz und breit; Läufe sehr hoch. — Arten: M. americana L. Süd-America. — u. a. auch africanische. — Hierher die Untergattungen: Ephippiorhynchus und Xenorhynchus Bp.

3. Gatt. Leptoptilus LESS. (*Argala* LEACH, *Osteophorea* HODGS). Schnabel sehr gross, kegelförmig, spitz, am Grunde höher als breit, Firste gekielt, Ränder gerade; Kopf und Kehle nackt, runzlig mit einzelnen haarartigen Federn, eine Oesophagealerweiterung liegt in einem nackten herabhängenden Kehlsack; Flügel lang, breit; Schwanz mittellang; Läufe hoch, robust. — Arten: L. argala GRAY. Marabu. Ost-Indien u. a. africanische.

4. Gatt. Anastomus BONN. (*Hians* CUV., *Rhynchochasme* HERM., *Chenoramphus* DUMONT, *Apertirostra* D. PATTE). Schnabel sehr lang, höher als breit; die Ränder berühren sich nach der Spitze zu bei geschlossenem Schnabel nicht, sondern klaffen; die ersten drei Schwingen stufig und die längsten; Hals-, Bauch- und Schenkelfedern bilden kleine hornige Schuppen. — Arten: A. oscitans GRAY, Africa; A. lamelligerus TEMM. (Gatt. Hiator RCHB.). Ost-Indien.

5. Gatt. Tantalus L. (*Tantalides* RCHB.). Schnabel gross, gerundet, am Grunde hoch, nach vorn verschmälert, leicht abwärts gebogen; Nasenlöcher oval, basal, neben der Firste, ohne Furche; Kopf nackt; Flügel lang und spitz, zweite und dritte Schwinge die längsten; Schwanz kurz, gerade; Lauf lang; Innenzehe kürzer als die äussere. — Arten: T. ibis L. Africa; T. loculator L. Süd-America. u. a.

Eine fossile Art aus Knochenbreccien Sardiniens wird die Gatt. Tantaleus RCHB.

4. Familie. **Hemiglottides** NITZSCH. Körper im Ganzen zierlicher; Kopf, Hals und Rumpf gleichmässig dicht befiedert; Zügel, Stirn und Kehle mehr oder weniger nackt; Oberschnabel verschieden, aber stets mit Längsfurchen bis zur Spitze, am Grunde desselben vor dem Stirngefieder das ovale Nasenloch; Lauf hoch; Zehen ziemlich lang; Bindehäute breit. (Zunge klein, s. oben.)

1. Unterfamilie **Ibidinae** Bp. Schnabel ziemlich dünn, comprimirt, stumpf zugespitzt, in der ganzen Länge gebogen.
a) Läufe vorn und hinten reticulirt.
1. Gatt. Threskiornis Gray. Schnabel am Grunde ziemlich dick; Kopf und Hals nackt; Schulterfedern verlängert, zerschlissen; Füsse lang, stark, Lauf wenig länger als die Mittelzehe; Krallen gekrümmt, comprimirt. — Arten: Th. religiosa Gray. Der Ibis der Aegypter. — u. a.
Hierher gehören hoch Nipponia und Carphibis Rchb.
2. Gatt. Geronticus Wagl. (*Pseudibis* Hodgs.). Schnabel zierlicher; Flügel sehr lang, breit, zweite oder dritte Schwinge die längsten; Schwanz ziemlich lang, gerade; Lauf so lang oder kürzer als die Mittelzehe. — Arten: G. calvus Wagl., Süd-Africa. u. a.
Die Arten vertheilen sich geographisch in folgende Untergattungen; altweltlich: Bostrychia, Comatibis, Inocotis, Lophotibis Rchb., Hagedashia Bp. (*Harpiprion* Wagl.); neuweltlich: Molybdophanes Rchb., Theristicus, Harpiprion, Cercibis und Phimosus Wagl.
b) Läufe vorn getäfelt.
3. Gatt. Ibis (Moehr.) Gray (*Eudocimus* Wagl., *Paribis* Is. Geoffr., *Guara* et *Leucibis* Rchb.). Schnabel lang und schlank, Flügel mittellang; Schwanz kurz, abgestutzt. — Arten: I. rubra Vieill., Mittel-America. — u. a.
4. Gatt. Falcinellus Bechst. (*Phegadis* Kp., *Tantalides* Wagl.). Flügel länger, den kurzen Schwanz deckend; Mittelkralle am Innenrande kammartig gezähnt. — Arten: F. igneus Gray. Europa, Africa und West-Asien. — u. a.

2. Unterfamilie. **Plataleinae** Bp. Schnabel am Grunde hoch, Firste breit abgeplattet, schnell nach vorn abfallend, wo der Schnabel eine breite, flach ovale Platte bildet, an deren Rand die Nasenfurche bis zur Spitze verläuft; Lauf reticulirt.
5. Gatt. Platalea L. Character der Unterfamilie. — Arten: a) Ajaja Rchb. Kopf kahl: Pl. ajaja L. Süd-America; b) Platalea Rchb. Kopf befiedert: Pl. leucorodia L. Europa, West-Asien, Africa. u. a. — Hierher noch die Untergattungen: Leucerodia und Spatherodia Rchb. und Plateibis Bp.

12. Ordnung. **Lamellirostres** Cuv.

(*Prionorhynchi* Dum., *Unguirostres* und *Desmorhynchi* Nitzsch, *Anatides* Leach, *Chenomorphae* und *Amphimorphae* Huxl.)

Schnabel von Kopflänge, weichhäutig, nur an der Spitze hart, die Ränder mit quer vorspringenden Hornplättchen; Zunge fleischig, meist am Rande quer gezähnt; Flügel mässig lang aber mit zahlreichen Schwingen. Schienen (mit einer Ausnahme) mässig lang und bis zum nacktbleibenden Fersengelenke befiedert. Lauf meist kurz, mit körniger Haut bedeckt. Vorderzehen durch ganze Schwimmhäute verbunden; Innenzehe nach hinten gerichtet, klein, zuweilen häutig gesäumt.

Die Gruppe der entenartigen Vögel ist im Allgemeinen ausserordentlich übereinstimmend gebaut. Die zwei etwas abweichenden Formen (*Phoenicopterus* und *Palamedea*) schliessen sich in den Hauptzügen doch den übrigen an. Das Vorhandensein von Schwimmhäuten zwischen den Zehen haben sie zwar mit der folgenden Ordnung gemein; doch weichen sie von dieser ebenso ab, wie die verschiedenen mit Kletterfüssen versehenen Gruppen von einander differiren. Einer der Hauptcharactere liegt im Schnabel, nach welchem sowohl CUVIER als NITZSCH u. a. die Ordnung benannten. Die *Lamellirostren* sind desmognath wie die Störche und wie die folgenden *Steganopoden*.

Den Contourfedern fehlt der Afterschaft, dagegen umgeben stets mehrere Fadenfedern jede Contourfeder. Auch finden sich regelmässig Dunen zwischen letzteren und sehr dicht auf den Rainen. Die Federfluren zeichnen sich durch grosse Breite aus. Kopf und Hals sind fast ununterbrochen befiedert, indem sich die breite fast die ganze Brust- und Bauchfläche bedeckende Unterflur im untern Halstheil spaltet und hier nur einen schmalen, den Brustbeinkamm einnehmenden und bis an den After reichenden Raum zwischen sich nimmt. Ziemlich in der Mitte der Brust giebt die Unterflur jederseits eine äussere Schulterflur ab. Aehnlich theilt sich auch die Rückenflur erst in der untern Hälfte des Halses, nimmt einen länglichen schmalen Rain zwischen ihre Aeste und vereinigt sich am hintern verbreiterten Ende wieder. Schulterfluren sind vorhanden; dagegen fehlen Lendenfluren, welche hier mit den Unterfluren vereinigt sind. Hiervon weicht *Phoenicopterus* insofern ab und nähert sich den Störchen, als der hintere Theil der seitlichen Hälfte der Unterflur schmäler ist und bei dem gleichzeitigen Schwächerwerden der Rückenflur in der Höhe der Schulterblätter einen grösseren Theil der Rumpfseiten unbedeckt lässt. Die Pterylose von *Palamedea* ist noch unbekannt. Die sehr entwickelte Oeldrüse der *Lamellirostren* hat an ihrer Oeffnung einen Federkranz. Von den zehn Handschwingen (nur bei *Phoenicopterus* finden sich elf) ist meist die erste die längste; Armschwingen sind 14—24, von den weichen kleinen Steuerfedern 12—24 vorhanden. Die Beine sind in der Regel kurz, die Schienen in den Rumpf versenkt und bis zum nacktbleibenden Fersengelenk befiedert. Hiervon machen *Palamedea* und *Phoenicopterus* eine Ausnahme, insofern beide Gattungen Wadbeine besitzen, und zwar *Phoenicopterus* die längsten unter allen Vögeln, wie auch sein Hals der relativ längste ist. Der Lauf ist mehr oder weniger ausgebreitet genetzt, zuweilen vorn mit queren Schildern, selten vorn mit grösseren Tafeln, noch seltener auch hinten mit solchen. Die Füsse sind vierzehig, die Innenzehe meist etwas höher eingelenkt und kürzer. Mit Ausnahme von *Palamedea* und *Anseranas* sind die Vorderzehen durch eine fast immer vollständige Schwimmhaut verbunden, die Innenzehe oft mit einem Hautlappen gesäumt. Das Verhältniss der Phalangen ist wie bei den vorhergehenden Ordnungen. — Der S c h ä d e l ist im Hirntheil verhältnissmässig klein; er ist höher als breit, in der Gegend vor den Orbiten bis zur Schnabelbasis eigenthümlich verlängert. Ueberall finden sich die bei den *Grallae* erwähnten seitlich neben der Hinterhauptsschuppe gelegenen Fontanellen, welche jedoch nach NITZSCH den Schwänen fehlen. Das Thränenbein hat einen freien absteigenden Fortsatz. Die lamellösen Gaumenfortsätze des Oberkiefers verbinden sich brückenartig über der Gaumenfurche; nur bei *Phoenicopterus* sind sie spongiös. Die Gaumenbeine sind schmal, die innere Lamelle ist fast rudimentär, die äussere hintere Ecke winklig vorspringend. Sie articuliren hinten mit den Flügelbeinen, welche sich durch kurze, die

Basipterygoidfortsätze repräsentirende Facetten mit dem Keilbeinkörper verbinden. Das Eckstück des Unterkiefers ist in einen aufwärts gebogenen Fortsatz ausgezogen. Die Zahl der Halswirbel, welche sich im Allgemeinen auf 14—17 beläuft, ist bei *Cygnus* beträchtlich vermehrt und steigt bis zu 23 an. Rückenwirbel sind 6—8 vorhanden. Dagegen sind bei den Schwänen die sonst zu 16—18 vorhandenen Kreuzbeinwirbel auf 19—21 vermehrt. Schwanzwirbel finden sich 6—8. Das Sternum ist lang, ziemlich gleich breit oder hinten breiter, mit einem Ausschnitt (oder Loch) jederseits am abgestutzten Hinterrande. Der Kamm ist vorn ausgeschweift. Zuweilen ist ein deutlicher Manubrialfortsatz vorhanden. Die Schlüsselbeine sind stark gekrümmt; ihr oberes Ende geht in der Richtung der Schulterblätter spitz aus; ihr hinteres Symphysenende hat nur selten einen kurzen Fortsatz. Der Humerus ist in der Regel etwas länger als der Vorderarm, der Metacarpus viel kürzer als der letztere; der ganze Flügel ist aber kräftig und gut entwickelt. Am Daumen findet sich oft eine mehr oder weniger vollkommene Kralle. Das Becken ist gross, lang, im hintern Theil flach gewölbt. Die Schambeine sind sehr lang, länger als die Sitzbeine, mit dem untern, meist etwas verbreiterten Ende gegen einander gekrümmt. Die im Allgemeinen kürzeren Hinterextremitäten sind durch schmale Läufe und das oben geschilderte Verhältniss der Zehen characterisirt. — Der Schnabel ist meist so lang oder nicht viel länger als der Kopf; die Basis ist von einer weichen Wachshaut bedeckt und nur die Spitze trägt eine meist nagelartig vorspringende Hornschuppe. Die Schnabelränder tragen quer stehende Hornlamellen, welche senkrecht und zwischen oben und unten abwechselnd gestellt sind; daher ist der Schnabel meist platt, selten (*Palamedea*) comprimirt und dann mit sehr kleinen aber zahlreichen Hornlamellen. Die Nasenlöcher sind stets durchgehend. Die Zunge ist meist so gross, dass sie die Mundhöhle fast erfüllt, oben und unten weich, an den Rändern nach hinten mit kurzen Hornzähnen besetzt. Der Hinterrand hat pfeilartig vorspringende Ecken ebenso wie der längliche, vorn und hinten schmälere Zungenkern. Die Zungenbeinhörner sind meist mässig verlängert. Der Oesophagus ist ohne kropfartige Erweiterung; dagegen findet sich bei *Palamedea* zwischen Drüsen- und Muskelmagen eine solche. Der Muskelmagen ist äusserst dickwandig, nur bei *Mergus* schwächer. Die Blinddärme sind meist lang, selten kurz (*Mergus*). In der Mitte des Dünndarms liegt das fast constant vorhandene Divertikel. Die Gallenblase ist immer vorhanden. Am Halse finden sich zwei Carotiden, bei *Phoenicopterus* ist jedoch nur die rechte entwickelt. Die Trachea ist zuweilen durch grosse, dann selten unter der Haut, meist im Brustbeinkamm eingeschlossene Windungen ausgezeichnet. Sehr häufig finden sich an dem untern Kehlkopf die Paukenhöhlen zu grossen knöchernen Blasen erweitert, welche meist asymmetrisch sind, aber eigenthümlicher Muskeln entbehren. Der Penis ist völlig nach dem oben bei den *Rasores* (*Craciden*) beschriebenen Typus gebaut; ihm entspricht wie in andern Fällen eine rudimentäre Clitoris beim Weibchen. Das Gelege besteht meist aus zahlreichen Eiern, welche stets ungefleckt, meist hellfarbig sind. Die Jungen sind Nestflüchter.

Anatiden finden sich äusserst allgemein verbreitet, und wenn sich auch einzelne Gattungen auf den verschiedenen Continenten einander vertreten, so sind doch die Familien überall repräsentirt. Australien fehlt indessen ein Repräsentant der *Phoenicopteriden*, und *Palamedea* ist nur südamericanisch. Reste von *Mergus*, *Anas* und *Phoenicopterus* sind schon aus dem Miocen bekannt geworden. Auch hier werden die fossilen Reste im Diluvium häufiger und gehören jetzt noch lebenden Gattungen an.

NITZSCH, C. L., Artikel »Desmorhynchi«, in: ERSCH und GRUBER, Encyclopädie. 1. Sect. Bd. 24. 1833. p. 206.

1. Unterordnung. **Odontoglossae** NITZSCH (*Amphimorphae* HXL.). Schnabel lang, in der Mitte plötzlich geknickt, Oberschnabel flach, nach vorn breiter, Hornschuppe an seiner Spitze so breit wie diese, flach gewölbt; Unterschnabel hoch; Nasenloch eine lange Spalte am Schnabelgrunde; Beine enorm lang und dünn, Zehen kurz mit ganzen Schwimmhäuten, Hinterzehe kurz, nicht auftretend.

1. Familie. **Phoenicopteridae** GRAY. Die Lamellen am Schnabelrand dicht und niedrig; Schienen und Läufe vorn und hinten mit schiefen Halbgürteln. (Die Pterylose ist storchähnlich, das Skelet dem der übrigen Lamellirostren entsprechend.)

Einzige Gatt. Phoenicopterus L. Character der Familie. — Arten: Ph. ruber L. (*Ph. roseus* PALL., *Ph. antiquorum* TEMM.), Flamingo; Süd-Europa, Nord-Africa und Nord-America. u. a.

2. Unterordnung. **Chenomorphae** HXL. Schnabel mittellang, Ränder gerade; Spitze mit einem hornigen Nagel, Beine kurz, Schienen bis fast zur Ferse befiedert.

1. Familie. **Palamedeidae** BP. Schnabel comprimirt, zugespitzt, Hornlamellen schwach, aber sehr zahlreich; Flügel mit dornigen Krallen; Füsse hoch, unterer Theil der Schienen nackt; diese und die Läufe reticulirt; Zehen lang, nur am Grunde mit kleiner Bindehaut. (Schädel völlig anserin, die Fontanellen neben der Hinterhauptschuppe spaltförmig; Weichtheile anserin, nur der Magen weniger dickhäutig.)

1. Gatt. Palamedea L. Kopf mit einem schlanken cylindrischen Horn; Zügel befiedert; Kopf- und Halsgefieder kurz, weich. — Art: P. cornuta L., Anhima. Süd-America.

2. Gatt. Chauna ILLIG. (*Opistholophus* VIEILL., *Ischyrornis* RCHB.). Kopf ohne Horn, Zügel nackt; Kopf- und Halsgefieder weich mit fadigen Astspitzen; ein Nackenschopf. — Arten: Ch. chavaria ILLIG. Süd-America.

Den Ornithichnites minimus HITCH. bringt REICHENBACH hierher als Hitchcockia RCHB.

2. Familie. **Cygnidae** BP. Schnabel von Kopflänge oder länger, am Grunde höher als breit, Wachshaut bis ans Auge reichend; Schnabel gleich breit, nach vorn platt; Lamellen des Oberkiefers bilden eine Reihe; Hals sehr lang; Läufe länger als die Mittelzehe, reticulirt, vorn mit grösseren, seitlich und hinten mit kleineren Schuppen; Hinterzehe ohne Hautsaum.

Einzige Gatt. Cygnus L. Character der Familie. — Arten: C. olor L. Schnabelgrund mit einem Höcker. Europa und West-Asien. — Nach dem Fehlen des Höckers, Formverschiedenheiten des Kopfes u. s. w. hat man die Gattung aufgelöst in: Cygnus, Olor, Chenopis WAGL. und Coscoroba RCHB. (*Pseudolor* GRAY.)

3. Familie. **Anseridae** Sws. Schnabel kopflang oder kürzer, am Grunde hoch, nach vorn schmäler, Nagel nimmt die ganze Spitzenbreite ein; Lamellen oben ein-

12. Lamellirostres.

reihig; Hals lang; Schienen nur über der Ferse nackt; Läufe reticulirt, länger als die Mittelzehe.

1. Gatt. **Anser** L. Schnabel so lang als der Kopf, die Seiten comprimirt, Lamellen springen über den Rand vor; Nasenlöcher gross, in der Mitte des Schnabels; Flügel lang, erste zwei Schwingen die längsten; Schwanz kurz, abgerundet, mit 16—18 Federn; Spitze der Hinterzehe berührt den Boden. — Arten: A. ferus Naum. (*A. cinereus* Meyer), Wildgans, Stammform der Hausgans. Europa. u. a.

Hierher: Marilochen Rchb. und Chen Boie (*Chionochen* Rchb.). — Bei Cygnopsis Brandt ist der Schnabel etwas länger als der Kopf, die Lamellen des Oberschnabels springen nicht vor, Schnabelgrund nach der Stirn zu mit runzliger Haut; C. canadensis Blas. u. Keys. u. a.

Hierher noch: Eulabeia Rchb. — Verwandt ist ferner: Nettapus Brandt (*Anserella* Sws., *Cheniscus* Eyton, *Microcygna* Gray).

2. Gatt. **Bernicla** Steph. Schnabel kürzer als der Kopf, Lamellen seitlich von den Rändern bedeckt; Flügel lang, zwei ersten Schwingen die längsten; Schwanz 16-federig, kurz; Lauf kürzer als die Mittelzehe mit eingeschnittener Schwimmhaut; Hinterzehe berührt den Boden nicht. — Arten: B. brenta Steph., Nord-Europa. u. a. — Hierher die Untergattungen: Chloëphaga Eyton, Leucopareia, Taenidiestes Rchb., Leucoblepharon Baird, Chlamidochen Bp.

3. Gatt. **Cereopsis** Lath. Schnabel sehr kurz, am Grunde hoch, bis auf das vorderste Viertel gewölbt, Spitze mit grossem breitem Nagel; Nasenlöcher sehr gross in der basalen Wachshaut; Flügel lang, erste Schwinge kurz, Lauf länger als die Mittelzehe. — Art: C. Novae-Hollandiae Lath.

4. Familie. **Plectropteridae** Gray. Schnabel lang, meist durchaus gleich breit; unterer Theil der Schienen nackt, Lauf relativ hoch.

1. Gatt. **Plectropterus** Leach. Schnabel am Grunde so breit als hoch mit einem nackten Höcker; Nasenlöcher in der Mitte, der Firste nahe; Flügelbug mit einer starken dornförmigen Kralle; Lauf etwas länger als die Mittelzehe. — Art: P. gambensis Steph. Africa.

Hierher gehören noch die Gattungen: Sarcidiornis Eyton, Chenalopex Steph. (*Chenonetta* Brdt.); verwandt ist ferner Anseranas Less. (*Choristopus* Eyton).

5. Familie. **Tadornidae** Bp. (subfam.). Schnabel lang, am Grunde höher als breit, Spitze mit starkem Nagel; Flügel lang und spitz; Schienen freier als bei den Enten, im untern Theil (d. h. halb so lang als der Lauf) nackt; Lauf vorn mit hexagonalen Schuppen.

1. Gatt. **Tadorna** Leach (*Vulpanser* Keys. u. Blas., incl. *Casarca* Bp.). Schnabel so lang als der Kopf, am Grunde kaum höher als breit, Firste gerade oder in der Mitte eingedrückt, Nagel nur einen Theil der Spitze einnehmend, häufig hakig gebogen; zweite Schwinge die längste; Schwanz schwach gerundet oder gerade, 14-federig; Lauf wenig kürzer als die Mittelzehe; Flügel mit metallisch glänzendem Spiegel. — Arten: T. vulpanser Flem. Europa. u. a.

Hierher gehört noch: Dendrocygna Sws. (*Leptotarsis* Gould) und Stictonetta Bp.

6. Familie. **Anatidae** Sws. Schnabel kopflang oder kürzer; Nasenloch im Wurzeldrittel des Oberschnabels; Lauf vorn mit queren Schildern, seitlich und hinten mit kleinen eckigen Platten, reticulirt; Schienen kaum vorragend, Lauf meist kürzer als die Mittelzehe; Hinterzehe ohne breit anliegenden Hautlappen.

1. Gatt. **Anas** L. Schnabel länger als der Kopf, in der Wurzelhälfte gleich breit, Vorderende etwas zugespitzt, Nagel nicht ganz ein Drittel der Schnabelbreite einnehmend; Stirn ohne Fleischhöcker; erste und zweite Schwinge die längsten, Schwanz zugespitzt. — Arten: A. boschas L. (mit 16 Steuerfedern), wilde Ente, Stammform der Hausente; A. querquedula (mit 14 Steuerfedern, Schnabellamellen von der Seite sichtbar, Gatt.:

Querquedula Steph., *Cyanopterus* Eyton, *Pterocyanea* Bp.). — Hierher noch die Untergattungen: Dafila Leach (*Trachelonetta* Kp., *Phasianurus* Wagl.), Poecilonetta Eyton, Chaulelasmus Gray (*Chauliodus* Sws., *Ctenorhynchus* Eyton), Nettion Kp., Marmonetta Rchb.

2. Gatt. Aix Boie (*Dendronessa* Sws., *Lampronessa* Wagl., *Cosmonessa* Rchb.). Schnabel kürzer als der Kopf, am Grunde hoch, Nagel die ganze Spitzenbreite einnehmend; Schwanz vorragend, halb so lang als die Flügel. — Arten: A. sponsa Boie, Nord-America, einzeln nach Europa verflogen; A. galericulata Gray, China.

3. Gatt. Spatula Boie (*Rhynchaspis* Leach, *Clypeata* Less.). Schnabel länger als der Kopf, vom Grunde an breiter werdend, vorn doppelt so breit als am Grunde; Lamellen des vordern Drittels in lange feine Spitzen ausgezogen; Schwanz 14-fedrig. — Art: Sp. clypeata Boie, Löffelente. Europa und Nord-America. — Verwandte Form: Malacorhynchus Sws.

4. Gatt. Cairina Flem. (*Moscha* Leach, *Gymnathus* Nutt.). Schnabel kopflang, nach vorn gleich breit, Augenkreis und Zügel nackt, Stirn mit starkem Fleischhöcker; vierte Schwinge die längste; Schwanz 18-fedrig; Beine stärker. — Art: C. moschata Flem. Türkische Ente; Süd-America.

7. Familie. **Fuligulidae** Sws. Kopf gross, Hals kurz und dick; Schnabel mittellang, Lamellen kurz, Grund häufig aufgetrieben, hoch; Flügel mittellang, spitz; Schwanz kurz, meist keilförmig; Füsse ziemlich weit hinten stehend; Lauf stets kürzer als die Mittelzehe; Zehen gross und stark; Hinterzehe mit flügelförmig von der Unterfläche herabhängendem Hautlappen.

1. Gatt. Fulix Sund. (*Fuligula* Steph. p., *Platypus* Brehm). Schnabel länger als der Kopf, gleich breit oder nach vorn erweitert; Nagel bildet nur den mittleren Theil der Spitze; Schwanz kurz, abgerundet; Schnabel einfarbig, Bauch weiss, meist ein weisser Spiegel auf den Flügeln. — Arten: F. marila Baird, Europa und Nord-America. u. a. — Hierher als Untergattungen: Callichen Brehm (*Branta* Boie, *Netta* Kp.: F. rufina Br.), Aythya Boie (*Nyroca* Flem., *Marila* Rchb.: F. ferina), Bucephala Baird (*Clangula* Flem., *Glaucion* Kp.: A. clangula L.), Eniconetta Gray (*Polysticta* Eyton, *Stelleria* Bp., *Macropus* Nutt.: A. Stelleri Pall.).

2. Gatt. Harelda Leach (*Pagonetta* Kp., *Crymonessa* Macgill.). Schnabel kürzer als der Kopf, hoch, Nagel die ganze Spitzenbreite einnehmend, Schulterfedern lang, gerade; Schwanz 14-fedrig, zugespitzt, mittlere Federn verlängert, den Flügeln gleich lang. — Art: H. glacialis Leach, Nord-America.

Verwandte Formen sind: Histrionicus Less. (*Cosmonetta* Kp., *Phylaconetta* Brdt.), Camptolaimus Gray (*Camptorhynchus* Eyton), Micropterus Less., Hymenolaimus Gray (*Malacorhynchus* Wagl.).

3. Gatt. Oidemia Flem. (*Ania* Leach). Schnabel am Grunde stark geschwollen, nach der Spitze platt und sehr breit, Spitzennagel breit, Nasenlöcher vor der Mitte. Färbung schwarz. — Arten: Oi. nigra Gray, nördliche Theile der Erde. u. a. — Hierher als Untergattungen: Melanetta Boie (*Maceranas* Less.), Pelionetta Kp. (*Macrorhamphus* Less.).

4. Gatt. Somateria Leach. Schnabel comprimirt, nach der Spitze zu verjüngt, Spitzennagel sehr gross und stark gekrümmt, Stirngefieder in einer langen Spitze auf den Schnabel vorspringend; Schwanz kurz, zugespitzt, 14-fedrig. — Arten: S. mollissima Leach, Eiderente; Arctisch. — u. a.

8. Familie. **Erismaturidae** Gray. Körper gestreckt, Kopf gross, Hals lang; Schnabel am Grunde seitlich aufgetrieben, vorn flach, Nagel klein, plötzlich nach unten umgebogen, von oben kaum sichtbar; Füsse weit hinten stehend, langzehig; Flügel kurz, gewölbt; Schwanz mit 18 harten, spitzen, wegen der Kürze der Schwanzdecken ganz sichtbaren Steuerfedern.

1. Gatt. Erismatura Bp. (*Cerconectes* Wagl., *Gymnura* Nutt., *Undina* Gould). Schnabel fast so lang als der Kopf, Firste plötzlich vor den Nasenlöchern gekrümmt, nach vorn platt und gerade; erste zwei Schwingen die längsten; Schwanz keilförmig; Lauf halb so

lang als die Mittelzehe. — Arten: E. leucocephala EYTON, Mittelmeerländer u. West-Asien. u. a.

Verwandte Gattungen: Biziura LEACH. (*Hydrobates* TEMM.), Thalassornis EYTON, Nesonetta GRAY.

9. Familie. **Mergidae** BP. Schnabel am Grunde hoch, stark comprimirt; die Hornlamellen rückwärts gerichtet wie Zähnelungen, der Oberschnabel mit zwei Reihen; Spitzennagel hakig, comprimirt; Schwanz kurz, breit abgerundet; Lauf vorn quer getäfelt. (Hinterhauptfontanellen spaltförmig, absteigender Fortsatz der Thränenbeine nur spitz dornförmig.)

1. Gatt. Mergus L. (*Merganser* BRISS., *Lophodytes* RCHB.). Schnabel so lang oder länger als der Kopf, schwarz oder roth; Schwanz 16- oder 18-fedrig; Lauf halb oder zwei Drittel so lang als die Mittelzehe; Kopf mit einem aufrechten oder herabhängenden Schopf. — Arten: M. serrator L., M. merganser L., nördliche Theile beider Continente. u. a.

Verwandte Gattungen: Mergellus SELBY und Merganetta GOULD (*Raphipterus* GRAY).

13. Ordnung. **Steganopodes** ILLIG.

(*Totipalmati* CUV., *Dysporomorphae* HUXL.)

Schnabel verschieden gestaltet; Oberschnabel mit einer Furche am Rande, in welcher die kleinen Nasenlöcher liegen. Flügel mässig, mit langen spitzen Schwingen. Schienen bis zum Fersengelenk befiedert; Lauf körnig; Innenzehe nach innen gerichtet, mit den übrigen durch vollständige Schwimmhaut verbunden (Ruderfüsse).

Die sehr natürliche und scharf begrenzte Gruppe, welche zuerst ILLIGER 1811 in ihrer jetzigen Fassung aufstellte, ist schon äusserlich durch die vollständigen Schwimmfüsse, den kleinen Kopf und gestreckten Körper leicht zu erkennen. Die strenge Zusammengehörigkeit der hierher gezählten Formen hat dann BRANDT aus den Eigenthümlichkeiten des Skelets sicherer begründet, worin ihm HUXLEY gefolgt ist.

Die Contourfedern haben allgemein keinen Afterschaft; sie sind im Ganzen kleiner und weniger geschwungen als bei den *Lamellirostren*, stehen aber doch etwas weitläufiger. Wie bei jenen finden sich Dunen zwischen den Contourfedern und auf den Rainen. Kopf und Hals sind ununterbrochen befiedert. Die Rückenflur schliesst nur in der Schulterhöhe einen kleinen, länglichen schmalen Rain ein, welcher aber bei *Carbo* und *Plotus* fehlt, und geht dann ungetheilt und sich nicht wie bei den *Anatiden* nach hinten verbreiternd bis zur Oeldrüse. Auch an der Unterflur tritt der schmale mediane, dem Brustbeinkamm folgende Rain erst an der Brust auf und reicht bis zum After. Eine Schulterflur ist vorhanden; dagegen fehlt der äussere Ast der Unterflur, welcher die Pectoralflur bildet. Die sehr grosse, zuweilen mit mehreren Oeffnungen in jeder Hälfte versehene Oeldrüse hat einen Federkranz. Handschwingen finden sich 10, Armschwingen 26—30; sie sind spitz und verlängert; stets ist die erste Schwinge die längste. Der Schwanz hat meist 12, 14 oder 16 kräftige Steuerfedern, nur der Pelican hat 24 kleine und schwächere. Die Beine sind niedrig, stets mit kurzen Läufen, aber im Verhältniss zu diesen lange Zehen. Der Lauf ist nur genetzt; die alle in gleicher Höhe stehenden Zehen haben oben leichte Andeutungen querer Schilder. Die Krallen sind kurz, gekrümmt, die Mittelkralle zuweilen unten kammartig eingeschnitten. — Der Schädel ist bei den Cormorans, Anhingas lang und schmal; er wird bei den Pelicanen und Tölpeln kürzer und hinten breit und ist bei dem Tropikvogel am kürzesten. Dabei ist häufig die Hinterhauptleiste sehr hervorragend und an sie setzt sich bei den Cormoranen und dem Anhinga ein besonderer langer, dreiseitiger Knochen nach hinten an. Ober- und Zwischenkiefer sind stark entwickelt und in ihrer ganzen Länge mit einander verschmolzen. Die Nasenbeine verschmelzen fast mit dem Ober- und Zwischenkiefer; die Nasenspalten, welche von der Haut häufig fast ganz bedeckt werden, sind meist sehr klein. Die Gaumenfortsätze der Oberkiefer sind gross und spongiös, vereinigen sich in der Mittellinie und verschmelzen nach vorn mit dem Zwischenkiefer. Die Gaumenbeine verbinden sich hinter den Choanen in grösserer oder geringerer Länge (*Phaëthon* ausgenommen) und begrenzen dadurch die Choanen von hinten. Von ihrer Vereinigungsnaht senden sie eine senkrechte Knochenlamelle nach unten. Die stark nach unten verlängerten Thränenbeine werden durch Bandmasse an die Jochbeine geheftet. Bei *Tachypetes* kommt ein vom innern Rand des Thränenbeins nach dem Gaumenbein herübergehendes Knöchelchen vor, das Ossiculum lacrymo-palatinum Brdt., Ossiculum infraorbitale aut. Das Eckstück des Unterkiefers ist abgestutzt. Wirbel sind am Halstheil 12 (*Phaëthon*) bis 18 (Cormoran, Anhinga), am Rückentheil 6 (Pelican) bis 10 (*Phaëthon*), im Kreuzbein 9 (*Phaëthon*) bis 13 (die meisten andern) und 7, 8 oder 9 im Schwanz vorhanden. Das Brustbein ist breit; sein hinterer abgestutzter Rand ist ganz ohne oder jederseits mit einem seichten Ausschnitt neben der Mittellinie. Der Brustbeinkamm reicht nicht bis zum Hinterrand des Sternum, verlängert sich aber meist nach vorn als spitzer Fortsatz, mit welchem sich die Symphyse der stark gekrümmten Schlüsselbeine häufig durch Anchylose verbindet. Das Coracoid ist verhältnissmässig lang. Von den, zusammengeschlagen ungefähr dem Rumpfe an Länge gleichkommenden Knochen der Vorderextremität ist in der Regel der Oberarm etwas länger als der Unterarm; beim Pelican ist die Ulna länger. Das Becken ist im Vordertheil geschweift und schmal, zuweilen vor der Pfanne eingeschnürt; der hintere Theil ist breiter und kürzer. Das Sitzbein verwächst hinten mit dem Darmbein, so dass ein länglich ovales Foramen ischiadicum gebildet wird. Das meist längere, schmälere und nach innen mit dem der andern Seite convergirende Schambein ist hinten durch Bandmasse an das Sitzbein geheftet. Die Tibia ist stets länger als das Femur. Das Tarsometatarsalstück ist stets verkürzt (so lang wie das Femur oder kürzer), ist von vorn nach hinten comprimirt und vorn mit einer (bei Pelicanen schwachen) Längsfurche versehen. Das obere Ende trägt hinten meist einen starken Fersenfortsatz. Das Verhältniss der Phalangenzahl ist wie bei den vorigen Ordnungen. — Der Schnabel bietet sehr verschiedene Formen dar; er ist entweder höher als breit, oder stark seitlich comprimirt, oder flach, rund, in der Mitte breiter als hoch, an der Spitze mit einer stark abgesetzten Kuppe oder ganz gerade ausgehend, oder endlich breit löffelförmig. Die Schnabelränder sind glatt oder fein gesägt. — Die Zunge ist beim Pelican nur ein von der Kehlsackhaut überzogener Zungenkern; ähnlich bildet bei den Tölpeln die Zunge einen schmalen länglichen Fleischwulst. Der Cormoran hat eine Doppelzunge, indem an der Wurzel der kurzen, breiten, weichen, an der Spitze ausgerandeten Unterzunge eine kleine, oben hornige, an der Spitze gekielte Oberzunge sitzt. Dabei fehlt meist der Zungenbeinkiel und die Hörner stossen an ihrem Ursprung zusammen. Die Mundhöhle bildet bei den Pelicanen eine ausserordentlich weite sackförmige Erweiterung. Der Oesophagus entbehrt eines Kropfes, besitzt aber bei den Cormoranen eine nicht scharf umschriebene Erweiterung. Der Muskelmagen ist dünnhäutig. Blinddärme sind zwar vorhanden, aber meist klein; ebenso findet sich eine Gallenblase. In der Anordnung der Carotiden kommen Verschiedenheiten vor. So hat der Cormoran deren zwei, der Pelican dagegen nur die linke. Die Trachea tritt ohne Windungen in die Brusthöhle ein; die beiden Bronchen sind beim Pelican erweitert. Weder der Pelican noch der Cormoran hat an der Theilungsstelle einen Steg, wie der Pelican auch keine eigenen Singmuskeln besitzt, welche beim Cormoran in einem Paare vorhanden sind. Ein Penis fehlt ganz. Es werden in jeder Brut ein bis zwei Eier gelegt, welche meist von einem kalkigen Ueberzug noch bedeckt sind, darunter eine helle gleichförmige Färbung besitzen. Zuweilen ist die Schale weich beim Legen oder es kleben verschiedene fremde Substanzen dem Ueberzug an. Die *Steganopoden* sind Nesthocker.

Wie die meisten Schwimmvögel haben auch die Ruderfüssler eine ausserordentliche Verbreitung. Die meisten sind zwar auf warme Gegenden gewiesen; doch kommen Cormorane und Tölpel ziemlich weit nach Norden vor. *Phaëthon* hat von seiner Beschränkung auf die Breiten zwischen den Wendekreisen den Vulgärnamen des Tropikvogels erhalten. *Plotus* fehlt in Europa. Manche Formen sind auf die nördlichen, andere auf die südlichen Meere beschränkt. Doch kommen Arten der grösseren Gattungen überall vor. Fossil hat man Reste eines mit der Gattung der Pelicane übereinstimmenden Vogels und des Cormorans in eocenen Tertiärschichten gefunden.

<small>BRANDT, J. F., Beiträge zur Kenntniss der Ruderfüssigen Schwimmvögel in Bezug auf Knochenbau und ihre Verwandtschaft mit anderen Vögelgruppen (in seinen Beiträgen zur Naturgeschichte der Vögel). in: Mémoir. de l'Acad. de St. Pétersbg. 6. Sér. Tom. 5. Scienc. natur. Tom. 3. 1840. p. 91—196.</small>

1. Familie. **Pelecanidae** BAIRD. Körper gestreckt, Hals lang, Kopf klein; Schnabel viel länger als der Kopf; Oberschnabel mit am Grunde gerunderter, nach der stark hakigen Spitze zu abgeplatteter Firste; Unterkieferäste weit gespalten und durch einen grossen weiten Hautsack verbunden; Nasenlöcher klein, linear, am Grunde der Nasenfurche; Flügel mässig, zweite bis vierte Schwinge die längsten; Armschwingen so lang wie die Handschwingen; Schwanz 20—24-federig. (Die verknöcherte Interorbitalscheidewand hat einen plötzlich nach oben aufsteigenden Unterrand, welcher einen Raum frei lässt, der von den verbundenen senkrechten Platten der Gaumenbeine so weit erfüllt wird, dass nur eine vorn breitere, hinten spitz ausgehende, sichelförmige Lücke übrig bleibt.)

Einzige Gatt. Pelecanus L. Character der Familie. — Arten: P. onocrotalus L. Süd-Europa, West-Asien und Nord-Africa. u. a. — Je nach dem Vorhandensein oder Fehlen einer erhabenen Leiste auf der Schnabelwurzel, der verschiedenen Zahl der Steuerfedern u. s. f. ist die Gattung getheilt worden: Pelecanus Bp. (*Catoptropelicanus* et *Onocrotalus* Rchb.). Cyrtopelicanus Rchb., Onocrotalus Wagl. (*Leptopelicanus* Rchb.).

2. Familie. **Sulidae** Baird. Schnabel lang, gerade, Seiten comprimirt, sehr stark, in eine Spitze ausgehend, welche wenig herabgekrümmt ist: Nasenlöcher kaum sichtbar; Flügel sehr lang; Schwanz lang und keilförmig; alle Zehen lang; Kehlsack sehr mässig. (Interorbitalseptum mit fast horizontalem unteren Rand, dem sich der Keilbeinstiel anlegt.)

Einzige Gatt. Sula Briss. (*Morus* Vieill., *Dysporus* Ill., *Piscatrix* und *Plancus* Rchb.). Character der Familie. — Arten: S. bassana Gray, Tölpel; Nördliche Meere. u. a.

3. Familie. **Tachypetidae** Bp. Schnabel sehr lang, stark, an der scharfen Spitze hakig; Firste niedergedrückt und concav; Nasenlöcher basal in der Seitenfurche, kaum sichtbar; Flügel sehr verlängert, erste Schwinge die längste; Schwanz sehr lang, tief gegabelt, zwölffedrig, weit über die Flügel reichend; Lauf kurz, bis zu den Zehen befiedert; Zehen lang, dünn, mit ausgeschweiften Schwimmhäuten. (Schädel dem der Suliden wie der folgenden ähnlich.)

Einzige Gatt. Tachypetes Vieill. (*Atagen* Moehr., *Fregata* Cuv.). Character der Familie. — Art: T. aquilus Vieill. Fregatvogel; Tropische Meere. u. a.

Hierher: Protopelicanus Rchb. aus dem Pariser Eocen (Cuvier, Oss. foss.).

4. Familie. **Phalacrocoracidae** Bp. Schnabel mässig, Firste concav, Spitze hakig, scharf; Nasenlöcher nicht wahrnehmbar; Flügel mässig lang, spitz; Schwanz eher kurz, abgerundet; Lauf sehr kurz, comprimirt; Zehen lang. Ausdehnbarer Kehlsack.

1. Gatt. Phalacrocorax Briss. (*Graculus* Gray, *Carbo* Lacép., *Halieus* Ill., *Hydrocorax* Vieill.). Kehle nackt, zweite Schwinge die längste. — Arten: a) Schnabel dick, 14 Steuerfedern; schwarz; Phalacrocorax Bp.: Ph. carbo Dumont; Cormoran. Alter Continent. u. a. — b) Schnabel mässig, länglich; 12 Steuerfedern; schwärzlich-violett; Graculus Bp.: Ph. cristatus Gould, alter Continent. u. a. — c) Schnabel gracil, am Grunde verdickt; 14 Steuerfedern; schwarz, Unterseite weiss; Hypoleucus Rchb.: Ph. varius (*Pelecanus varius* Gm.). Australien, Neu-Seeland. u. a. — d) ähnlich; hellgrau mit weissen und schwarzen Punkten; Sticticarbo Bp.: Ph. gaimardi Gray, Chile. u. a. — e) kleinere Arten; Schnabel kürzer, nackter Kehlfleck scharf abgegrenzt; Schwanz lang, keilförmig; Halieus Bp.: Ph. pygmaeus Ill., alter Continent. u. a.

2. Gatt. Urile Bp. (incl. *Leucocarbo* Bp.). Schnabel verlängert, äusserst gracil, gleichseitig, fast cylindrisch (fast colibriartig Bp.!), dritte Schwinge die längste; Schwanz kurz, zwölffedrig. Kehle befiedert. — Arten: U. bicristatus Bp., östliche arctische Meere; U. penicillatus Bp. Falkland-Inseln. u. a.

5. Familie. **Plotidae** Bp. Schnabel lang, gerade, Spitze sanft gebogen, aber ohne Spur eines Hakens; Ränder gesägt; Nasenlöcher klein in den kurzen seichten Nasengruben; Zügel, Kehle und Wangen nackt; Kopf klein, Hals sehr lang, schlangenartig; Flügel lang, dritte Schwinge am längsten; Schwanz sehr lang, mit zwölf breiten Steuerfedern; Lauf dick, kurz, Zehen lang. (Hinterhaupt mit einem ähnlichen nach hinten gerichteten Knochen, wie er oben für Phalacrocorax erwähnt wurde.)

Einzige Gatt. Plotus L. (*Ptynx* Moehr., *Anhinga* Briss.). Character der Familie. — Art: Pl. anhinga L., südliches Nord- und Süd-America. u. a., je aus Africa, Asien und Australien.

6. Familie. **Phaëthontidae** Bp. Schnabel stark seitlich zusammengedrückt mit sanft gebogener Firste und gerader Spitze, Ränder eingezogen, gesägt; Nasengruben angedeutet, Nasenloch spaltförmig; Flügel lang und spitz; Schwanz mit 12 oder 14 Steuerfedern, von welchen die beiden mittleren sehr verlängert und fast fahnenlos sind; Lauf sehr kurz.

BRANDT, J. F., Monographie dieser Gattung in den oben angeführten Beiträgen. p. 289 —275.

Einzige Gatt. Phaëthon L. (*Lepturus* MOEHR., *Tropicophilus* LEACH, *Phoenicurus* BP.). Character der Familie. — Arten: Ph. phoenicurus GM. Tropikvogel; östliche Tropenmeere. — u. a.

14. Ordnung. Longipennes Cuv.

(*Longipennes* et *Nasutae* ILLIG., et *Tubinares* NITZSCH, *Gaviae* SUND.)

Schnabel seitlich zusammengedrückt und mit mehr oder weniger hakiger Hornkuppe; Nasenlöcher spaltförmig oder in Röhren verlängert; Flügel lang, spitz; Armschwingen kurz; Schienen bis zum Fersengelenk befiedert; Lauf ziemlich hoch, mit körniger Haut oder mit Schildern (selten selbst mit Stiefelschienen). Vorderzehen durch Schwimmhäute verbunden. Innenzehe nach hinten gerichtet, klein oder fehlend.

Die Vereinigung der Möven und Sturmvögel zu einer grösseren Gruppe, wie sie CUVIER schon vorgenommen hatte, und wie sie SUNDEVALL durch schärfere Characteristik zu begründen gewusst hat, ist natürlicher, als wenn wir die durch Kürze und allmähliche Functionsunfähigkeit der Flügel, sowie durch die weit hinter dem Schwerpunkt des horizontal stehenden Rumpfes stattfindende Insertion der Beine characterisirten Taucher theilweise hier herüberziehen wollten. Die Ordnung gehört mit der folgenden zur Gruppe der *Schizognathae* HUXLEY's.

Die Befiederung zeigt im Ganzen eine ziemliche Uebereinstimmung. Ein Afterschaft fehlt den Contourfedern nur in wenig Fällen, wo die Befiederung eine sehr dichte ist, wie bei *Diomedea*. Dagegen kommen überall Dunen sowohl zwischen den Contourfedern als auf den Rainen vor. Aus der ununterbrochenen Befiederung des Kopfes gehen die beiden durch ziemlich gestreckte Halsseitenraine von einander getrennten Fluren der Ober- und Unterseite hervor. Die sich in der unteren Hälfte des Halses theilende Unterflur lässt in der Mittellinie einen breiteren Rain frei als in der vorigen Ordnung, ist im hinteren Theil bogig gekrümmt, zuweilen verbreitert, im vorderen in verschiedenem Grade verbreitert und gibt nach aussen einen, zuweilen sich erst am Hinterrande des grossen Brustmuskels frei herauslösenden Pectoralast ab. Die Rückenflur schliesst bei den Sturmvögeln, ohne im Schultertheil eine Unterbrechung erfahren zu haben, einen länglichen, sich im hinteren Theile erweiternden Mittelrain ein, wovon jedoch *Diomedea* abweicht, bei welcher Form wie bei den Möven der stärkere Vordertheil in der Höhe der Schulterblätter mit einem freien Gabelende aufhört und hinter diesen mit einem schwächeren gegen das Ende zu an Stärke zunehmenden Theil sich fortsetzt. Die überall sehr stark entwickelte Oeldrüse besitzt einen Federkranz. Ueberall ist die Zahl der Handschwingen zehn; von ihnen ist die erste oder zweite die längste. Die Zahl der stets relativ kürzeren Armschwingen variirt beträchtlich; es kommen von 15 (*Thalassidroma*), 18, 20 bis 40 (*Diomedea*) vor, die grösste Zahl, welche überhaupt bei Vögeln beobachtet worden ist. Die Zahl der Steuerfedern beträgt meist 12, doch finden sich bei *Procellaria* 14 (nach Nitzsch zuweilen selbst 16). Der nicht auffallend verkürzte Lauf ist bei den Sturmvögeln vorn und hinten nur netzförmig granulirt, bei den Möven vorn quergetäfelt, in einzelnen Ausnahmen (*Oceanites*) gestiefelt. Die drei Vorderzehen sind meist vollständig durch Schwimmhäute verbunden, selten nur gesäumt, fast frei. Die Innenzehe ist oft kurz oder fehlt, und wo sie vorhanden ist, ist sie durch keine Schwimmhaut mit den vorderen verbunden. — Der Schädel ist verhältnissmässig gross, hoch und breit, gewölbt, nach der Stirn verschmälert: er wird zuweilen durch bedeutende Entwickelung der Leisten eckig und tritt in den andern Fällen in Folge der Grössenzunahme des Schnabels gegen den Gesichtstheil sehr zurück. Die Stirnbeine, welche zuweilen durch eine tiefe Furche von den Nasenbeinen und Oberkiefern abgesetzt sind, tragen auf der oberen Fläche ihres Orbitalrandes sichelförmig gekrümmte Gruben zur Aufnahme der Nasendrüsen (dieselben kommen in anderen Ordnungen nur einzelnen Formen zu). Die Thränenbeine sind nach unten und innen gekrümmt, erreichen das Jochbein in manchen Fällen und stehen häufig durch ossicula infraorbitalia (lacrymo-palatina Brdt.) mit den Gaumenbeinen in Verbindung, während bei *Sterna* ein an ihrem unteren Ende sich findendes Knöchelchen dem Jochbeine parallel den unteren Orbitalrand bilden hilft. Ober- und Zwischenkiefer sind bei den Möven in ihrem mittleren Theil sehr dünn, so dass die hier sich findenden Nasenöffnungen durchgehend werden; bei den Sturmvögeln sind sie breiter und die seitlichen grubenförmigen Nasenöffnungen werden durch ein knorpliges Ansatzstück röhrenförmig nach vorn verlängert. Die Gaumenfortsätze der Oberkiefer sind concav-convex, gewöhnlich lamellös; sie vereinigen sich in der Mittellinie nicht, sondern lassen zu beiden Seiten des dünn zugespitzten Vomer eine ziemliche breite Oeffnung; bei den *Procellariiden* werden sie spongiös und dann zuweilen so entwickelt, dass in der Mitte nur eine dünne Spalte bleibt (so z. B. bei *Diomedea*). Die Gaumenbeine vereinigen sich hinter den Choanen in einer nicht sehr langen Strecke: vor ihrer Verbindung ist ihr hinterer äusserer Winkel flach abgerundet, die untere Fläche etwas ausgehöhlt, so dass der innere Rand nach unten vorspringt. Die Flügelbeine articuliren nur bei *Procellaria* (*Ossifraga*) *gigantea* mit Basipterygoidfortsätzen; sie sind in einigen Fällen von oben nach unten abgeplattet. Vor der Articulation des Quadratbeins mit dem Schädel findet sich bei *Diomedea* eine kreisrunde Fontanelle. Das Eckstück des Unterkiefers ist abgestutzt, oder wenigstens nicht aufwärts gekrümmt. Die Zahl des Wirbel ist folgende: Hals- 12—13 (Cuvier, 14—14 Eyton), Rücken- 9—10 (Cuvier, 6—8 Eyton), Kreuzbein- 11—12 (Cuvier, 12—13 Eyton) und Schwanzwirbel

7—8 Cuvier, 6—8 Eyton). Das Brustbein ist in der Regel länger als breit, am hinteren Rande mit zwei Ausschnitten jederseits, von denen der innere grösser ist. Bei *Diomedea* ist es dagegen so breit als lang; die seitlichen Hinterecken springen weiter nach hinten vor, als die busenartig eingezogene Mitte; in jener findet sich jederseits ein Loch. Der Manubrialfortsatz ist zuweilen ziemlich entwickelt. Die Coracoide sind sehr kräftig, bei *Diomedea* sehr breit; die Schlüsselbeine sind platt, stark gekrümmt und haben an ihrem mit dem Sternum verbundenen Ende meist einen verticalen Fortsatz, sind auch hier zuweilen mit dem Sternum anchylosirt. Die Vorderextremitäten sind verlängert; bei *Diomedea* sind Ober- und Unterarm gleich lang, bei den übrigen ist der Unterarm länger. An den gleichfalls verlängerten Knochen der Hand ist der hier länger als in irgend einer anderen Ordnung entwickelte Daumen auffallend. Das Becken ist in seinem hinteren Theil mässig verbreitert; die geschweiften Darmbeine convergiren nach den Dornen der vorderen Sacralwirbel. Die Schambeine sind länger als die wie jene nach unten etwas convergirenden Sitzbeine. Das Femur ist meist viel kürzer als die Tibia. Diese besitzt an ihrem oberen Ende einen starken, jedoch nicht über das Knie hinauf verlängerten Fortsatz. Der Tarsometatarsus ist in der Regel verkürzt, doch nicht so bedeutend wie bei einigen Formen der nächsten Ordnung, so dass die Vögel noch ganz gut auf ihren Beinen den horizontal stehenden Rumpf tragen können. Die Innenzehe ist nach hinten gerichtet, zuweilen bis auf den Nagel oder einen spornartigen Fortsatz verkümmert und fehlt in manchen Fällen ganz. — Der Schnabel ist stets seitlich zusammengedrückt, zuweilen (*Rhynchops*) scherenblattförmig dünn und hoch; die Firste ist gewöhnlich abgerundet, mit kräftiger hakenförmig abwärts gebogener Hornkuppe an der Spitze, oder nach vorn allmählich zugespitzt, oder (*Rhynchops*) mit kürzerem spitzerem Oberschnabel und längerem abgestutzt endendem Unterschnabel. Die Zunge zeigt mehrere Verschiedenheiten; einige Möven haben eine oben weiche lange stumpfspitzige Zunge, andere eine breite, vorn hornig scharfe und tief ausgerandete; letztere Form findet sich auch bei *Procellaria*. Die Zunge von *Diomedea* ist nur im vorderen Drittel frei, das übrige am Boden der Mundhöhle angewachsen. Der Kern ist meist einfach knorplig, die Hörner kurz. Der gleichweite, einer ziemlichen Ausdehnung fähige Oesophagus führt zunächst in den geräumigen Drüsenmagen, welcher viel weiter ist als der kleinere, nicht sehr dickhäutige Muskelmagen, dessen innere Fläche häufig mit kleinen harten Tuberkeln besetzt ist. An der Grenze zwischen dem im Durchmesser wenig verschiedenen Dünn- und Dickdarm sind zwei kurze Blinddärme vorhanden; ebenso findet sich eine Gallenblase. Beide Carotiden sind entwickelt. Die letzten Trachealringe vor der Theilung sind bei den Möven verwachsen und platt. Die äussere Paukenhaut ist zuweilen sehr gross; von eigenthümlichen Muskeln ist indess nur ein Paar vorhanden. Ein Penis fehlt. Das aus wenig gelblich- oder grünlich-grauen braungefleckten Eiern bestehende Gelege wird ohne Nestbau in den Sand gelegt. Die Jungen sind Nesthocker.

Die in der Regel nur des Brütens wegen an den Strand kommenden Langflügler sind auf den Meeren der nördlichen und südlichen Halbkugel verbreitet. Es gibt kaum eine der älteren grösseren Gattungen, welche nicht Repräsentanten auf beiden hatte. Bei dem ausserordentlichen Flugvermögen ziehen selbst einige südliche Gattungen weit nordwärts jenseits des Aequators (*Diomedea*). Mövenreste finden sich im Diluvium.

1. Familie. **Procellariidae** Boie. Schnabel mehr oder weniger gestreckt, gerade, leicht comprimirt, tief gefurcht: Spitze gewölbt, stark hakig; Nasenlöcher röhrenförmig an den Seiten oder auf der Firste; Lauf vorn reticulirt, ausnahmsweise gestiefelt; äussere Vorderzehe so lang als die innere; Hinterzehe, wenn vorhanden, nur mit dem Nagel frei erscheinend.

1. Unterfamilie. **Diomedeinae** Gray. Schnabel kräftig, Endstück stark und spitz hakig übergebogen, Unterschnabelspitze kurz abwärts gebogen; Nasenlöcher zu beiden Seiten des breit gerundeten Basaltheils der Firste an der Spitze der kurzen in den Seitenfurchen stehenden Röhren; Lauf kürzer als die Mittelzehe; Hinterzehe fehlt.

1. Gatt. Diomedea L. (*Albatrus* Briss., incl. *Thalassarche, Phoebetria* und *Phoebastria* Rchb.). Character der Unterfamilie. — Arten: D. exulans L. Albatross; südliche Meere. — u. a.

In der Nähe der Albatrosse wurde die Gatt. Cimoliornis Ow. gestellt, auf einen Oberarm aus der Kreide gegründet, welcher jedoch neuerdings als einem *Pterodactylus* zugehörig nachgewiesen wurde.

2. Unterfamilie. **Procellariinae** Gray. Schnabel im Ganzen kürzer, Spitze hakig, Ränder zuweilen mit zahnartigen Lamellen; Nasenlöcher auf der Basis der Firste, durch eine dünne Scheidewand getrennt, nach vorn oder leicht nach oben gerichtet; Hinterzehe meist vorhanden.

1. Gruppe. Fulmareae Bp. Schnabel kurz, dick, etwas platt, Oberschnabel mit wenig kurzen Hornlamellen und zwei Randzähnen; Flügel lang, Füsse kurz.

1. Gatt. Fulmarus Leach (*Wagellus* Gray, *Rhantistes* Kp.). Schnabel sehr kurz und kräftig; Füsse robust; Schwanz abgerundet mit 14 Steuerfedern. — Arten: F. glacialis Steph. Nördliche Halbkugel. u. a.

Hierher gehören noch: Ossifraga Hombr. et Jacq., Daption Steph., Adamastor Bp.; ?Pricella Hombr. et Jacq.

2. Gruppe. Aestrelateae Bp. Kieferränder einfach, ohne Lamellen, mit zwei Randzähnen; Flügel mässig; Füsse relativ gross.

2. Gatt. Aestrelata Bp. Schnabel sehr kurz, kräftig, comprimirt, sofort vor der Nasenöffnung hakig gebogen; Zehen sehr kurz; Schwanz lang gestuft. — Arten: Ae. haesitata Coues (*Proc. haes.* Kuhl), Ostküste Americas. u. a.

Hierher gehören noch: Pterodroma Bp., Cookilaria Bp. (*Rhantistes* Rchb.), Thalassoeca Rchb., Pagodroma Bp.

3. Gruppe. Prioneae Bp. Schnabel kurz, am Grunde breit, nach vorn comprimirt, Nasenlöcher klein; Ränder des Oberschnabels mit zahlreichen Lamellen, Zähne rudimentär; Zunge nur an der Spitze frei.

3. Gatt. Prion Lacép. (*Pachyptila* Ill., *Priamphus* Raf.. Character der Gruppe. — Arten: P. banksi Gould, Temperirte Meere beider Hemisphären. u. a.

Hierher noch: Halobaena Is. Geoffr. und Pseudoprion Coues.

4. Gruppe. Procellarieae Bp. Schnabel kurz, gracil, ganzrandig, ohne Zähne; Schienen im untern Theil nackt; Lauf relativ lang.

4. Gatt. Procellaria L. (*Thalassidroma* Vig., *Hydrobates* Boie). Schnabel kurz, stark nach vorn verschmälert; Flügel kaum über den abgestutzten breiten Schwanz hinaus-

reichend, zweite Schwinge die längste; Lauf der Mittelzehe gleich lang; Krallen comprimirt, spitz. — Arten: Pr. pelagica L. Atlantisches und Mittelmeer.

In der Form der Krallen und relativen Länge des Laufs stimmen überein: Oceanodroma Rchb., Cymochorea Coues (*Thalassidroma* Bp., *Proc. Leachi* Temm.), Halocyptene Coues, Bulweria Bp.

3. Gatt. Oceanites Blas. u. Keys. Schnabel kürzer als der halbe Kopf, schwach; Nasenlöcher völlig horizontal; Flügel sehr lang und spitz, erste Schwinge die längste; Schwanz gerade; Lauf anderthalbmal so lang als die Mittelzehe, vorn und an den Seiten gestiefelt; Krallen breit, platt, stumpf. — Arten: O. Wilsoni Blas. u. Keys. (*Proc. oceanica* Kuhl), Atlantischer und stiller Ocean. u. a.

Hierher noch: Pelagodroma Rchb. und Fregetta Bp.

5. Gruppe. Puffineae Bp. Schnabel mittellang, am Grunde breit; Nasenöffnungen deutlicher getrennt mit breiterer Scheidewand; Flügel relativ kürzer; Schwanz mittellang, aus zwölf abgestuften Federn bestehend, kürzer oder länger; Lauf ungefähr von Länge der Mittelzehe.

6. Gatt. Puffinus Briss. (*Majaqueus* Rchb., *Thiellus* Glog., *Nectris* Forst., *Cymotomus* Macgill., *Ardenna* Rchb., *Priofinus* Hombr. et Jacq.). Character der Gruppe. — Arten: P. anglorum Temm. Nord-Atlantisch. u. a., aus allen Meeren.

6. Gruppe. Halodromeae Bp. Schnabel mittellang, Nasenlöcher basal, Röhren kurz nach oben gerichtet, mit breiterer Scheidewand; Flügel relativ kurz; Schwanz kurz; Füsse hoch.

7. Gatt. Halodroma Ill. (*Pelecanoides* Lacép., *Puffinuria* Less., *Onocratus* Raf.). Character der Gruppen. — Arten: H. urinatrix Ill. Süd-See. u. a.

2. Familie. Laridae Bp. Schnabel meist kürzer als der Kopf, am Grunde gerade, nach der Spitze zu mehr oder weniger gekrümmt; Nasenlöcher spaltförmig; Hals kurz, Körper gedrungen, voll; Flügel lang und spitz; Füsse mittellang, Läufe vorn mit queren Schildern; Hinterzehe wenn vorhanden ganz frei.

1. Unterfamilie. Lestridinae Bp. Schnabel am Grunde von einer häutigen oder hornigen Wachshaut bedeckt, unter welcher sich die Nasenlöcher vor der Schnabelmitte öffnen; Spitze stark gewölbt und hakig; Flügel lang und spitz, erste Schwinge die längste; Schwanz keilförmig, die beiden mittleren Federn zuweilen verlängert; Lauf länger als die Mittelzehe.

1. Gatt. Stercorarius Briss. (*Lestris* Ill., *Cataracta* Leach, *Praedatrix* Vieill., *Labbus* Raf., *Coprotheres* Rchb.). Character der Unterfamilie. — Arten: St. cataractes Temm., St. parasiticus Temm., beide aus nördlichen Meeren. u. a.

2. Unterfamilie. Larinae Bp. Schnabel ohne basale Bedeckung, Firste nach der Spitze beträchtlich gekrümmt und hakig; Körper robust; Schwanz meist gerade, selten gablig. (Die Gattung *Larus* L.)

2. Gatt. Larus L. Grosse und mittelgrosse Arten; Schnabel stark, comprimirt, hakig; Nasenlöcher der Schnabelmitte nahe, spaltförmig; Flügel spitz, erste Schwinge die längste; Schwanz gerade; Lauf fast so lang als die Mittelzehe; Hinterzehe hoch. — Arten: L. glaucus L. Arctische Meere; L. marinus L. Nord-Atlantisch; u. a. Hierher gehören die Untergattungen: Leucus Kp. (*Plautus* Rchb., *Glaucus* Bruch, *Laroides* Brehm), Dominicanus Bruch, Gavina Bp., Blasipus, Adelurus Bruch, Procellarus (*Epitelarus*) Bp., Clupeilarus Bp. — Bei Gabianus Bp. sind die Nasenlöcher rund: L. pacificus Lath. Australien.

3. Gatt. Chroecocephalus Eyton (*Hydrocoloeus* Kp.). Schnabel mittellang, eher schlank, stark comprimirt; Lauf ziemlich schlank; Hinterzehe hoch; Gefieder im Sommer mit einer dunkleren Kopfkappe. — Arten: Chr. ichthyaetus Bruch, Süd-Asien, Africa, Europa. u. m. a. — Hierher die weiteren Untergattungen: Atricilla Bp., Cirrocephalus Bruch, Melagavia Bp., Ichthyaetus Kp. und Leucophaenus Bp.

4. Gatt. Rissa Leach (*Cheimonea* Kp., *Polocondora* Rchb.). Schnabel kräftig, comprimirt, von den Nasenlöchern bis zur Spitze gekrümmt; Schwanz gerade (in der Jugend gegabelt), Hinterzehe rudimentär oder sehr klein. — Arten: R. tridactyla Bp. Nordische Meere. u. a.

Verwandte Formen: Gelastes Bp. (*Gavia* Bruch), Bruchigavia Bp., Pagophila Kp. (*Cetosparactes* Macgill.), Rhodostethia Macgill. (*Rossia* Bp.).

5. Gatt. Xema Leach. Schnabel kurz, schlank, comprimirt, Oberschnabel am Grunde gerade, an der Spitze gekrümmt, Schwanz gegabelt, Hinterzehe kurz. — Arten: X. Sabinii Bruch, Arctische Meere. u. a. — Hierher Creargus Bp.

3. Unterfamilie. **Sterninae** Bp. Schnabel lang, gerade, Firste sehr sanft gebogen bis zur geraden Spitze; Nasenlöcher linear, durchgehend; Handschwingen lang und spitz; Schwanz lang, meist gegabelt; Läufe lang, Schwimmhäute meist ausgerandet; Hinterzehe kurz; Krallen gekrümmt, spitz.

6. Gatt. Sterna L. s. str. Schnabel im Allgemeinen lang; Nasenlöcher basal, das Stirngefieder bis zu ihnen reichend; Schwanz gegabelt; Schwimmhäute ausgerandet. — Arten: a) Gelochelidon Brehm (*Laropis* Wagl.). Schnabel kürzer als der Kopf; Flügel äusserst lang und spitz, die Seitenfedern des Schwanzes nicht besonders verlängert: St. anglica Mont, nördlicher atlantischer Ocean. u. a. b) Thalasseus Boie (*Hydroprogne* Kp., *Sylochelidon* Brehm, *Helopus* Wagl., *Actochelidon* Kp.). Schnabel so lang oder länger als der Kopf; Hinterkopf mit einem Schopf; Flügel mässig; Schwanz mässig kurz, tief ausgerandet: St. caspica Pall., nördliche Hemisphäre. u. a. — c) Sterna s. str. (*Thalassea* Kp., *Hydrocecropis* und *Sternula* Boie). Ohne Schopf, Körper klein, gracil; Schnabel so lang oder kürzer als der Kopf, länger als der Lauf; Schwanz stark gegabelt, Seitenfedern bedeutend verlängert. St. hirundo L., nördliche Hemisphäre. u. a. — Hierher ferner noch: Phaetusa Wagl. (*Thalassites* Sws.), Pelecanopus Wagl., Seena Blyth, Haliplana Wagl. (mit *Planetis* und *Onychoprion* Wagl.).

7. Gatt. Hydrochelidon Boie (*Viralca* Leach, *Pelodes* Kp.). Schnabel kurz, schlank, spitz, Stirngefieder nicht bis zu den Nasenlöchern reichend; Flügel sehr lang; Schwanz eher kurz; Füsse kurz und schlank; Schwimmhäute tief eingeschnitten. — Arten: H. fissipes Gray, Europa und Nord-America. u. a.

Verwandt ist noch: Gygis Wagl.

8. Gatt. Anous Leach (*Megalopterus* Boie, *Stolida* Less.). Schnabel länger als der Kopf, niedrig, schmal, Dillenwinkel weit vorn, abgesetzt; Nasenlöcher weiter nach vorn gerückt, als bei den übrigen; Schwanz lang und stufig; Läufe kurz und schlank; Schwimmhäute ganzrandig; Hinterzehe lang und schlank. — Arten: A. stolidus Leach, Atlantischer und Stiller Ocean. u. a.

Hierher noch: Naenia Less. (*Larosterna* Blyth, *Inca* Jard.) und Procelsterna Lafr.

4. Unterfamilie. **Rhynchopinae** Bp. Schnabel scherenblattartig comprimirt, Oberschnabel kürzer als der untere, zur Aufnahme desselben gefurcht; Flügel sehr lang und spitz; Schwanz gegabelt; Lauf wenig länger als die Mittelzehe; Schwimmhäute eingeschnitten.

9. Gatt. Rhynchops L. (*Rhynchopsalia* Briss., *Anisoramphus* Dum., *Psalidoramphus* Ranz.). Character der Unterfamilie. — Arten: Rh. nigra L. Tropisches America. — u. a.

15. Ordnung. Urinatores Cuv., Sundev.

Plongeurs s. *Brachyptères* Cuv., *Pygopodes* et *Impennes* Ill., *Pygopodes* Nitzsch).

Schnabel comprimirt, hart und spitz, Flügel kurz, eingeschlagen, kaum bis zur Schanzwurzel reichend, sichelförmig, zuweilen statt der Federn mit kleinen Schuppen bedeckt, herabhängend. Beine am Körper sehr weit nach hinten inserirt; die Körperhaltung daher aufrecht; Schienen bis nahe an's Fersengelenk in der Körperhaut eingeschlossen; Lauf kurz, kräftig, mit körniger Haut oder theilweise getäfelt; Vorderzehen durch Schwimmhäute verbunden; Innenzehe nach hinten gerichtet, fehlt zuweilen.

Die Kürze der Flügel, denen zuweilen selbst die Schwingen fehlen, characterisirt mit der ausserordentlich weit nach hinten gerückten Insertion der Füsse diese Ordnung sehr scharf und sondert sie sowohl von den mit ganzen Ruderfüssen versehenen *Steganopoden* als den durch bedeutende Entwickelung der Flügel ausgezeichneten *Longipennen*.

Die Pterylose ist durch die Kleinheit des Gefieders und die dichte Stellung der Federn ausgezeichnet. Sowohl Contourfedern als die auf den Rainen sehr dicht stehenden, auf den Fluren zwischen ersteren vorkommenden Dunen haben einen Afterschaft, welcher selbst den fast schuppenförmigen Contourfedern der Pinguine nicht fehlt. In Bezug auf die Anordnung der Federn zeichnen sich die Pinguine vor den anderen dadurch aus, dass hier die Befiederung eine ununterbrochene ist, indem nirgends, selbst nicht in der Achselhöhle, ein contourfederloser Rain zu finden ist. Die *Colymbiden* schliessen sich insofern an die *Steganopoden*, als den beiden breiten Seitenhälften der Unterflur, welche von der unteren Hälfte des Halses an einen nach hinten breiter werdenden Rain umschliessen, der äussere Pectoralast fehlt, welcher dagegen bei *Uria* und *Alca* vorhanden ist. Ebenso weicht bei beiden Gruppen die Rückenflur ab; bei den erstgenannten endet sie vor den Schulterblättern oder in deren Höhe gablig und setzt sich dann ungetheilt und schwächer, mehr oder weniger breit bis nach der Oeldrüse fort; bei den letzteren schliesst sie, ohne unterbrochen zu sein, einen länglichen Spinalraum ein. Die nirgend fehlende Oeldrüse hat einen Federkranz. Von Schwingen stehen an der Hand 10 oder 11, am Cubitus 15—21, letztere sind kürzer oder höchstens gleich lang mit den letzten Handschwingen. Bei den Pinguinen sind gar keine echten Schwingen entwickelt; der ganze Flügel ist von dichten schuppenartigen Federn bedeckt. Steuerfedern finden sich von 12 (*Uria* u. a.) bis 20; bei manchen *Colymbiden* sind die Schwanzfedern kurz und weich, nicht zu echten Steuerfedern entwickelt, wogegen die Pinguine steife Steuerfedern in mehreren Reihen übereinander haben, so dass die Zahl 32 und darüber beträgt. Die verkürzten Läufe sind vorn und an den Seiten getäfelt, oder vorn wie hinten genetzt. Die drei Vorderzehen sind durch Schwimmhäute verbunden, zuweilen nur breit häutig gesäumt. Die etwas höher eingelenkte Innenzehe ist kurz oder sie fehlt. Die Nägel sind platt oder schlank und höher als breit. — Der im Hintertheil verhältnissmässig kurze, hinten häufig breite Schädel erscheint zwischen den Augenhöhlen ziemlich verengt; bei *Colymbus* werden dagegen die Orbiten oben von einem starken Knochenbogen überwölbt. Das Interorbitalseptum ist über den Keilbeinkörpern meist nicht, am vollständigsten noch bei *Colymbus* geschlossen. Ein nach vorn gerichteter hakenförmiger

Fortsatz des Quadratbeins reicht zuweilen bis in die Orbita. Das Verhältniss der Gaumenbildung schliesst sich eng an das bei der vorigen Ordnung geschilderte an, so dass sich kaum allgemeine Differenzen aufstellen lassen. Basipterygoidfortsätze fehlen. Die Flügelbeine selbst sind meist mehr oder weniger plattgedrückt. Ober- und Zwischenkiefer sind schmal, zugespitzt. Das Thränenbein erreicht bei *Colymbus* und *Aptenodytes* das Jochbein. Ossa infraorbitalia sind nicht vorhanden. Das Unterkiefereckstück ist höchstens in einen kurzen, nicht nach oben gekrümmten Fortsatz verlängert. Halswirbel finden sich von 10 (*Catarrhactes*) bis 19 (*Podiceps*); 9—10 Rückenwirbel, 12—15 Kreuzbeinwirbel und 7—10 Schwanzwirbel (letztere Zahl bei *Alca torda* nach Cuvier). Die Rippen sind sehr lang und reichen bei ihrer winkligen Verbindung mit den Sternocostalknochen sehr weit nach hinten. Das Brustbein ist meist lang und schmal mit wohlentwickeltem Kamm. Sein Hinterrand ist bei *Alca impennis* ganz; bei den anderen Alken und bei *Colymbus* findet sich jederseits ein Ausschnitt, welcher bei *Colymbus* in ein Loch verwandelt wird. Bei *Podiceps* ist zwischen den beiden Ausschnitten in der Mittellinie eine Einbucht. Die Coracoide sind kräftig; die Schlüsselbeine sind an ihren oberen mit den Coracoiden verbundenen Enden am breitesten; sie sind stark geschweift und haben an ihrer an den Brustbeinkamm gehefteten Symphyse zuweilen einen Fortsatz. Die Flügelknochen sind stets nicht sehr lang, der Oberarm bei den Pinguinen platt, die Ulna stets kürzer; am kürzesten ist der Unterarm bei den Pinguinen, wo er wie der Humerus und die Hand platt gedrückt ist. Der Daumen ist kurz und fehlt bei den Pinguinen ganz. Das Becken ist auffallend lang und schmal; die Darmbeine erheben sich auch hinter der Pfanne sehr und stehen bei *Colymbus* und *Podiceps* hier mit ihren oberen Rändern den Dornen der Kreuzbeinwirbel näher als der vor der Pfanne gelegene Theil. Die sehr verlängerten, in der Nähe des Vorderendes durch eine Knochenbrücke mit den Sitzbeinen verbundenen Schambeine sind mit letzteren nach unten gebogen. Bei den Pinguinen bleiben die Beckenknochen mehr oder weniger getrennt. Der Oberschenkel ist kurz; bei *Colymbus* am kürzesten und am stärksten nach vorn gebogen. Die Tibia hat bei *Podiceps* und *Colymbus* an ihrem oberen Ende einen starken nach oben gerichteten Fortsatz, neben welchem nach innen die Kniescheibe liegt. Der Tarsometatarsus ist äusserst kurz und zeigt eine Zusammensetzung aus drei Stücken hier deutlicher als in den andern Ordnungen, indem entweder auf der vorderen, besonders aber hinteren Fläche zwei Furchen die Verschmelzung bekunden oder gar, wie bei den Pinguinen, zwei spaltförmige Löcher in der Mitte des Knochens die ursprünglich getrennten Stücke markiren. Die Phalangenzahl der Zehen ist die gewöhnliche. Die Innenzehe ist meist sehr klein, rudimentär; bei *Uria*, *Alca* und den Verwandten fehlt sie ganz. — Der Schnabel ist überall seitlich comprimirt, zuweilen scheerenblattartig, dabei hoch und gewölbt, im Allgemeinen aber nicht länger als der Kopf. Die Oberränder greifen in der Regel über die Ränder des Unterschnabels über. Die am Grunde der länglich ovalen Nasengruben stehenden Nasenlöcher sind durchgehend. Die Zunge ist weich, fleischig, meist der Schnabelmulde entsprechend, zuweilen lang und schmal; andere Male ist sie höher als breit, vorn abgerundet, oder sie wird verkürzt und breit. Der Zungenkern ist meist knorplig, seltener zum Theil knöchern: der Körper ist breit oder (*Uria*) verlängert mit beweglichem Stiel. Die Hörner haben knorplige Theile zwischen den einzelnen Stücken, oder diese sind selbst knorplig (*Alcae*). Die Speiseröhre ist ohne Kropf, der Muskelmagen dünnhäutig. Bei *Colymbus* ist eine portio pylorica durch eine enge Oeffnung von ihm abgetheilt. Blinddärme sind vorhanden, aber sehr kurz. Die Gallenblase, welche sich bei allen Brevipennen findet, mündet bei den Pinguinen von dem direct aus der Leber in den Darm führenden Gang ziemlich entfernt. Meist sind zwei Carotiden vorhanden, bei manchen *Colymbus* jedoch nur die linke. Merkwürdig ist die Trennung der Luftröhre durch eine fast in der ganzen Länge verlaufende Scheidewand bei *Aptenodytes*. Ein eigentlicher Steg fehlt zuweilen, z. B. bei *Mormon*; doch findet sich auch hier wie bei den andern Formen ein Paar Bronchotrachealmuskeln. Ein Penis ist nicht vorhanden. Das Gelege besteht oft nur aus einem Ei, häufig auf drei bis sechs Eiern. Die Eier sind entweder einfarbig (*Podiceps, Colymbus*) oder es kommen neben einfarbigen auch gefleckte, getüpfelte u. s. w. vor (*Uria* u. a.). Die Jungen sind Nesthocker, doch ist der Grad der Sorgfalt, welcher die Jungen bedürfen, besonders hier auffallend verschieden. Die Steissfüsse werden auf dem Wasser geboren, können gleich schwimmen, lernen aber erst tauchen und werden daher eine Zeit lang gefüttert. Die Alken, Lummen u. s. w. dagegen verlassen das Ei oft hoch über dem Meere, müssen daher, da ohnehin ihr Flugvermögen schlecht ist, auf die Entwickelung ihrer Schwingen warten.

Die geographische Verbreitung der Taucher ist zwar ziemlich weit, doch nicht in dem Maasse, wie bei den anderen Ordnungen. Sie sind alle auf die gemässigten bis polaren Meere und anderen Wässer gewiesen. Am verbreitetsten ist noch *Podiceps*, von dem sich Arten sowohl in Nord-Europa als Süd-America finden. Die *Alken*, *Colymbiden*, *Urien* sind arctisch, die *Aptenodyten* antarctisch. Fossil sind Reste von Kurzflüglern nur aus dem Diluvium bekannt.

1. Familie. **Colymbidae** LEACH. Körper walzig, gestreckt; Schnabel mehr oder weniger verlängert, comprimirt, gerade und spitz; Nasenlöcher in einer seitlichen Grube, linear oder rundlich; Flügel klein und kurz, erste Schwingen die längsten; Schwanz ganz verkümmert oder kurz; Läufe comprimirt; Vorderzehen lang, Aussenzehe am längsten; Hinterzehe frei, kurz, mit lappenartigem Anhang; Krallen breit, platt.

1. Unterfamilie. **Colymbinae** BP. Schnabel stark, Nasenlöcher basal, seitlich, linear und durchgehend; Flügel relativ lang, spitz, erste Schwingen weit über den Schulterfittig hinausreichend; Schwanz äusserst kurz; Zehen mit vollständigen Schwimmhäuten; Zügel befiedert.

 1. Gatt. Colymbus L. (*Urinator* CUV., *Eudytes* ILLIG., *Mergus* BRISS... Character der Unterfamilie. — Arten: C. glacialis L. Arctisch. — u. a.

 2. Unterfamilie. **Podicipinae** BP. Schnabel lang, eher schlank, spitz; Nasenlöcher oblong; Flügel kurz, zweite Schwinge die längste, den Schulterfittig nicht überragend; Schwanz nur durch ein Büschel zerschlissener Federn repräsentirt; Zehen breit lappig gesäumt. Zügel nackt.

 2. Gatt. Podiceps LATH. Schnabel lang, schlank, sich zuspitzend; Nasenlöcher klein,

länglich, äussere Schwingen ausgerandet; Hinterzehe breit gelappt; Kopf im Frühjahr mit Büschen, Krausen u. s. f. — Arten: P. cristatus Latu., Europa und ganz Nord-America; u. a. in folgende Untergattungen gebrachte Arten: Lophaithyia Kp., Pedeaithyia, Proctopus Kp. (*Otodytes* Rchb.), Poliocephalus Selby (*Dasyptilus* Sws.), Sylbeocyclus Bp. (*Tachybaptus* Rchb.).

3. Gatt. Podilymbus Less. (*Hydroca* Nutt.) Schnabel kürzer als der Kopf, stark comprimirt, Firste zur Spitze gekrümmt; Nasenlöcher oval, im vorderen Theil einer breiten Grube; Hinterzehe nur mässig gelappt; keine Federauszeichnungen. — Arten: P. podiceps Lawr. Nord-America. — u. a.

2. Familie **Alcidae** Vig. Schnabel meist kürzer als der Kopf, comprimirt, zuweilen hakig, spitz; das Stirngefieder zieht sich bis in die Nasengruben hinein oder lässt die Nasenlöcher frei; Flügel kurz, concav; Schwanz kurz, stufig; Zehen mit vollständigen Schwimmhäuten; Hinterzehe rudimentär oder fehlt.

1. Unterfamilie. **Alcinae** Bp. Schnabel länglich, stark comprimirt, Spitze hakig, Firste und Dillenkante gekielt, Unterschnabelspitze abwärts gebogen, Oberschnabel, zuweilen auch Unterschnabel mit queren seitlichen Gruben; Schwanz kurz, zugespitzt.

1. Gatt. Alca L. Character der Unterfamilie. — Arten: a) Alca s. str. (*Chenalopex* Moehr.). Flügel rudimentär, flugunfähig, nicht bis auf den Bauch reichend: A. impennis L. Der grosse nordische »Geyrfugl«, welcher auf Island und Grönland vielleicht noch in einzelnen Exemplaren vorhanden ist, früher sowohl nach Europa als an die Ostküste Nord-Americas kam (s. Rich. Owen, Description of the skeleton of the great Auk, in: Transact. Zool. Soc. Vol. IV. 1865. p. 317). — b) Utamania Leach. Flügel mässig entwickelt, bis auf die Schwanzwurzel reichend, flugfähig: A. torda L. Arctisch, Europa und Nord-America.

2. Unterfamilie. **Phaleridinae** Gray (*Simorhynchinae* Gray postea). Schnabel kurz, stark comprimirt, mit stark gewölbter Firste; Nasenlöcher frei.

2. Gatt. Mormon Illig. Körper gedrungen, schwer; Schnabel kurz, fast so hoch als lang, stark comprimirt, Dillenkante und Firste stark gekrümmt, Seiten mit queren Furchen; Wachshaut bildet einen verdickten Wulst am Schnabelgrunde; Flügel schwach, erste Schwinge die längste; Schwanz kurz; nur drei ziemlich lange Zehen mit vollständigen Schwimmhäuten. — Arten: A. Lunda Pall. (*Gymnoblepharum* Brdt., *Cheniscus* (Moehr.) Gray). Furchen im Schnabel nach vorn convex, über dem Augenlid ein Büschel verlängerter Federn: M. cirrata Bp. Arctisch. — b) Fratercula Briss. (*Larva* Vieill., *Ceratoblepharon* Brdt.). Furchen im Schnabel nach hinten convex, über dem oberen Augenlid ein stumpfer horniger Fortsatz, vom Auge zum Scheitel eine Furche: M. arctica Illig. (*M. fratercula* Temm.), Arctisch. — u. a.

3. Gatt. Phaleris Temm. Körper kurz, robust; Kopf gross, zuweilen mit einem nach vorn gerichteten Federbüschel; Schnabel kurz, comprimirt, Ränder gebogen; Nasenlöcher gross, an der Basis mit kurzen Federn; Flügel mässig, spitz; drei Zehen mit vollständigen Schwimmhäuten. — Arten: Ph. tetracula Steph. Arctischer Theil des Stillen Oceans. — u. a. — Hierher die Untergattungen: Simorhynchus Merr., Tyloramphus Brdt., Ciceronia Rchb. und die wohl kaum generisch zu trennenden Formen: Ptychoramphus Brdt. und Ombria Eschscn.

Hierher gehört noch die merkwürdige, mit einem medianen hornigen Fortsatz auf dem Schnabelgrunde versehene Gattung: Cerorhina (*Ceratorhina*) Bp. (*Chimerina* Eschscn.; C. microcerata Cass. Nordwestküste Americas. (*Sagmatorhinus* Bp. ist nach Cassin vielleicht die Jugendform).

3. Unterfamilie. **Uriinae** Bp. Schnabel nur mässig comprimirt, mit abgerundeter Firste und Dillenkante, ohne seitliche Gruben und Basalwülste; Schwanz sehr kurz und breit.

4. Gatt. **Uria** (Moehr.) Lath. *Cepphus* Pall.). Schnabel lang, gerade, etwas comprimirt, Dillenwinkel deutlich, Nasenlöcher basal unter einer mit sammtartigen Federn bedeckten Haut; Flügel kurz; Zehen lang. — U. grylle Lath., U. lomvia Brünn. (*troile* aut.), Arctisch. — u. a. Hierher die Untergattungen: Uria (Moehr.) Cass. (*Grylle* Brdt.), Catarrhactes Cass. (*Lomvia* Brdt.).

Bei Brachyramphus Brdt. ist der Schnabel kurz, am Grunde dicht mit Federn bedeckt, weniger zugespitzt, die Füsse eher klein: Br. marmoratus Brdt. Westküste Nord-America's. (Untergattungen: Apobapton und Synthliboramphus Brdt.)

5. Gatt. Mergulus Vieill. (*Arctica* Moehr.). Kopf gross, Schnabel kurz, dick, relativ hoch, Rand leicht geschwungen; Nasenlöcher rundlich mit grosser Deckhaut; Flügel, Schwanz und Füsse kurz. — Art: M. alle Vieill. (*Alca alle* L.), Europa und Nord-America.

3. Familie **Spheniscidae** Gray (*Ptilopteri* Bp.). Schnabel mehr oder weniger lang, gerade, comprimirt und grubig; Firste abgerundet und nach der Spitze gekrümmt; Nasenlöcher linear; Flügel kurz, herabhängend, nur mit kurzen, schuppenartigen Federn bedeckt; Schwanz kurz mit schmalen steifen oft mehrreihigen Federn; Lauf sehr kurz und comprimirt; Zehen mässig, platt, Vorderzehen mit vollständigen Schwimmhäuten, Hinterzehe dem Lauf angeschlossen. Antarctisch.

Einzige Gatt. Aptenodytes Forst. (*Pinguinaria* Shaw). Character der Familie. — Arten: A. patagonica Forst. mit schlankem, niedrigem Schnabel, vielfedrigem, nur leicht abgerundetem Schwanze. — Andere Arten mit höherem Schnabel, abgeschnittener Unterschnabelspitze und stärker gerundetem oder selbst keilförmigem Schwanze bilden die Untergattungen: Spheniscus Briss., Eudyptes Vieill. (*Catarrhactes* Briss., *Chrysocoma* Steph.), Pyoscelis.Wagl. und Dasyramphus Hombr. et Jacq.

16. Ordnung. †**Saururae** Haeckel.

Becken zwar mit vogelhaften, verlängerten Darmbeinen, aber die Wirbelsäule in einen freien Schwanz von Körperlänge darüber hinaus verlängert. Extremitäten sich völlig an die Bildung derer der lebenden Formen anschliessend.

Den directen Anschluss an die Reptilien vermittelnd ist die hierher zu rechnende fossile Form streng genommen nur durch das Vorhandensein von Federn und die Anchylosirung der Tarsometatarsalstücke als Vogel characterisirt. Denn die Verlängerung der Wirbelsäule über das Becken hinaus zur Bildung eines freien körperlangen Schwanzes sowie die nicht erfolgte Verwachsung der Metacarpalknochen sind ebenso reptilienhaft, wie es bei der Unbekanntschaft mit dem Schädel durchaus nicht ausgeschlossen ist, dass hier die Kinnladen mit Zähnen bewaffnet waren. Der Gattung *Archaeopteryx* gleicht der als Saurier beschriebene *Compsognathus*, auf welchen besonders Gegenbaur aufmerksam gemacht hat, ausserordentlich. Die Vorderextremität namentlich lässt mit der, den Reptilien und Vögeln gemeinsamen Verkümmerung der Ulnarseite und der relativen Länge und Stellung der einzelnen Abschnitte zu einander kaum an etwas anderes als an einen Flügel denken. Doch sind hier die Elemente der späteren Tarsometatarsalstücke noch nicht anchylosirt, wie auch der definitive Nachweis der Federn fehlt. Dies und die Bewaffnung der

Kiefer mit Zähnen sprechen vorläufig noch gegen eine Einordnung dieser merkwürdigen Form in die Classe der Vögel.

Einzige Familie. **Archornithidae** n. Charactere der Ordnung, welche gleichzeitig auch die der

Einzigen Gatt. Archaeopteryx (v. Mey.) Ow. (*Griphosaurus* A. Wagn. sind. — Art: A. lithographica v. M. *A. macrura* Ow., aus dem Oolith von Solenhofen.

Owen, R., On the Archaeopteryx of von Meyer, with the Description of the fossil remains etc. in: Philosoph. Transact. 1863. p. 33—47 (mit 4 Taf.).

III. Classe. Reptilia.

Haut mit Horn- oder Knochenschildern bedeckt; Gliedmaassen sind Füsse, fehlen zuweilen; Sternum fehlt nicht selten; Hinterhaupt mit einfachem Condylus; Kinnladen mit Zähnen oder Hornscheiden; der Unterkiefer besteht aus mehreren Stücken und articulirt mit dem Quadratbein, das beweglich oder unbeweglich mit dem Schädel verbunden ist. Herz mit doppelter Vorkammer und unvollständig getheilter Kammer. Ein musculöses Zwerchfell fehlt bis auf Rudimente. Meist eierlegend.

Die Classe der Reptilien wurde lange Zeit mit der der Amphibien vereint als eine Zwischengruppe zwischen Fischen einer- und Vögeln und Säugethieren andererseits hingestellt und unter dem Namen Reptilien oder Amphibien aufgeführt. Es wurde bereits erwähnt, dass schon Blainville die Trennung beider Classen einführte und dass ihm die meisten neueren Zoologen folgten. Die Charactere, welche nur die lebenden Reptilien von den Amphibien trennen, sind schon der Art, dass man in allen übrigen Abtheilungen des Thierreichs nicht zaudern würde, ihren Werth anzuerkennen. Berücksichtigt man aber, wie es doch zu einer wirklichen Aufklärung der Verwandtschaftsverhältnisse nothwendig ist, auch die fossilen Formen, so wird die Trennung beider Classen noch von anderer Seite her geboten. Es stellt sich nämlich dabei als mehr als wahrscheinlich heraus, dass die Säugethiere in Bezug auf ihre geologische Entwickelung in einem näheren Verhältniss zu den Amphibien stehen, als die Reptilien, welche ihrerseits wieder so viel Beziehungen zu den Vögeln haben, dass man beide wohl als Abtheilungen einer gemeinschaftlichen grösseren Gruppe betrachten muss. In ihrer äusseren Gestalt haben die Reptilien wenig Gemeinsames. Von den wurmförmigen Blindschleichen und Schlangen führt eine ausserordentliche Mannichfaltigkeit der Formen zu den vierfüssigen Sauriern, den colossalen Flugeidechsen der Vorzeit und zu den in ihren Körperbedeckungen so eigenthümlich modificirten

Schildkröten. Alle stimmen aber schon der älteren Bezeichnung nach als beschuppte Reptilien überein.

Der wesentliche Character der Reptilien gegenüber den Amphibien liegt (wie bei den beiden bereits geschilderten Classen) zunächst und vor Allem in der Entwickelung, die hier stets mit der Bildung eines Amnion und einer Allantois verläuft. Während ferner die Amphibien, wir wir später sehen werden, in allen Fällen embryonale Respirationsorgane besitzen, die sich ausnahmslos an den besonders entwickelten Visceral- oder Kiemenbogen bilden, übernimmt bei den Reptilien (wie bei den Vögeln und Säugethieren) die Umbilicalgefässausbreitung der Allantois die Athmung, wogegen sie auf keiner Entwickelungsstufe Kiemen in irgend welcher Form besitzen. Ein weiteres die Amphibien von den Reptilien und den beiden anderen höheren Wirbelthierclassen trennendes embryologisches Moment ist das Auftreten der Kopfbeuge bei letzteren, welche den Fischen und Amphibien fehlt. Sie besteht darin, dass das Kopfende des flach auf dem Dotter liegenden Embryo bei seiner Erhebung vom Dotter sich scharf unter einem Winkel nach der Bauchfläche hin einknickt. Dagegen fehlt den Reptilien der bei Amphibien und Fischen vorhandene Deckknochen der Schädelbasis. Das Hinterhaupt articulirt mittelst eines Condylus mit der Wirbelsäule, wie bei den Vögeln, während bei den Amphibien und Säugethieren deren zwei vorhanden sind. Die Haut ist mit Schuppen oder Schildern bedeckt, und ist hierin eine fast ebenso characteristische Bedeckung gegeben, wie im Haar- und Federkleid. Der Körper zerfällt überall in Kopf, Hals, Rumpf und Schwanz, welch' letzterer häufig den Rumpf an Länge übertrifft. Den Schlangen, Schildkröten u. a. fehlt ein eigentliches Sternum. Alle Reptilien haben in beiden Geschlechtern Copulationsorgane.

Die Haut der Reptilien zeichnet sich im allgemeinen dadurch aus, dass in Folge ausgedehnteren Vorkommens von Hartgebilden sowohl die Papillen als die Drüsen sehr verkümmert sind. Andeutungen oder wenigstens Analoga der ersteren will man hier und da nur als Grundlage der körner- oder höckerartigen kleinen Hautschilder annehmen (*Lacerta, Chamaeleon* u. a.), während letztere nur an einzelnen Stellen vorkommen. Die den Reptilien eigenen Schuppen und Schilder stellen Verdickungen der Cutis dar, welche entweder durch weichere Zwischenräume von einander getrennt sind, oder sich dachziegelartig decken. Ueber denselben liegt dann die entweder nur unbedeutend oder stark verhornte Epidermis, welche bei den Ophidiern und vielen Sauriern periodisch abgestreift wird. Im Allgemeinen unterscheidet man zwischen Schuppen (Squamae) und Schildern (Scuta), welch' letztere meist grössere, mehreckige, mit der ganzen Fläche anliegende, sich nicht deckende Schuppen sind. In den einzelnen Ordnungen zeigen die Hautschilder eine grosse Mannichfaltigkeit. Unter den *Sauriern* haben die *Amphisbaenen* wirtelförmig gestellte, sich nicht deckende schildartige Felder; bei den *Lacertinen* ist der Schwanz häufig mit Wirtelschuppen umkleidet, die *Chamaeleonten* haben chagrinartige Körnchen, die *Scinke* Schindelschuppen (Sq. imbricatae), die zuweilen gekielt sind u. s. w. Die Haut der *Ophidier* ist am Rücken mit Schuppen bedeckt, am Bauche meist mit einer oder mehreren Reihen Schildern. Die später genauer zu bezeichnenden Schilder, welche den Kopf der *Saurier* und *Ophidier* bedecken, haben systematische Bedeutung erlangt. Von den Schuppen der *Saurier* sind die der *Scinke* und einiger *Chalciden* leicht ossificirt. Grosse Knochenschilder haben die *Crocodilier* entlang dem Rücken und am Kopfe, während an der übrigen Haut die sich nicht deckenden Schilder nicht ossificirt sind; ähnliche Formen der Hautbedeckung hatten die *Teleosaurier*. Die merkwürdigste Form der Hautbedeckung zeigen die *Chelonier*, indem hier in der Rücken- und Bauchhaut Knochenplatten auftreten, weche in einzelnen Formen noch in die Cutis eingebettet dieselbe in andern ganz verdrängen und unter Theilnahme der eigenthümlich modificirten Skelettheile einen knöchernen Panzer darstellen, in welchen sich sogar häufig die mit höckrig verdickter Haut versehenen Theile, Hals mit Kopf und Schwanz, verbergen können. Bedeckt sind diese Knochenschilder in den entwickelten Formen von Hornschildern, die das sogenannte Schildpadd liefern. Die *Chamaeleonten* und *Herpetodryas* unter den Schlangen zeigen die eigenthümliche Erscheinung des Farbenwechsels. Derselbe beruht wesentlich auf dem Durchscheinen der in der Schleimhaut der Epidermis und in verschiedenen Tiefen der Cutis liegenden, hellere oder dunklere Pigmente haltenden, häufig sternförmigen contractilen Zellen. Die Contractionen dieser Zellen stehen übrigens unter dem Einfluss des Nervensystems. Zu den epidermoidalen Horngebilden gehören die Nägel und Klauen der Finger und Zehen, und andere horn-, stachel-, tutenförmige Anhänge bei *Cerastes, Phrynosoma, Typhlops, Acanthophis,* besonders auch die Klapper am Schwanzende von *Crotalus*. Drüsenartige Bildungen kommen nur an einzelnen Stellen vor. So führen die bei vielen *Sauriern* vorhandenen sogenannten Pori femorales, anales und inguinales in kleine Schläuche wahrscheinlich drüsiger Natur, ebenso die Poren an der Schwanzwurzel der Schlangen. Aehnliche Poren haben die meisten Hautschilder der *Crocodile* am Hinterrand. Ausser grösseren Analdrüsen haben die *Crocodile* noch in der Nähe der Kieferwinkel mit grossen Poren mündende Drüsen. Aehnliche, ein nach Moschus riechendes Secret liefernde Drüsen haben auch die *Chelonier* (mit Ausnahme der Landschildkröten). Es sind bald zwei, bald vier solcher Drüsen vorhanden, die in den Seitentheilen des Panzers liegen und mit ihren meist etwas gewundenen Ausführungsgängen zwischen den hornigen Randplatten des Panzers münden.

Das Skelet der Reptilien zeigt nicht denselben constanten Character wie das der Vögel, weder in Bezug auf die Grade seiner Entwickelung, noch hinsichtlich seiner Abtheilungen. Da wir unter den Reptilien eine ausserordentlich grosse Reihe verschiedener Entwickelungsstufen desselben Typus antreffen, der nicht wie bei den Vögeln auf bestimmte Beziehungen zu einem gewissen Medium berechnet ist, sondern den verschiedenartigsten äusseren Verhältnissen, dem Wasser-, Land- und Luftleben sich zu accommodiren hatte, so finden wir auch im Skelet Anschlüsse an piscine Eigenthümlichkeiten, während auf der anderen Seite sich Uebergänge zu den Vögeln zeigen. Die an ihrem vorderen Ende den Schädel tragende Wirbelsäule zeigt bei den meisten einen Hals-, Brust-, Lenden-, Becken- und Schwanztheil. Da die

Bestimmungen dieser Abschnitte theils von der Verbindung der Rippen mit einem Sternum, theils von der Anwesenheit hinterer Extremitäten abhängen, so fehlen sie mit Sternum und Hinterextremitäten bei den Schlangen und den *Amphisbaenen*. Die Wirbelkörper sind bei den *Teleosauriern* und *Enaliosauriern* noch wie bei den Fischen amphicoelisch, d. h. sie sind vorn und hinten conisch ausgehöhlt und die Höhlung ist mit dem Rest der Chorda dorsalis erfüllt. Ein ähnliches Verhalten zeigt die Wirbelsäule der *Ascalaboten*, deren einzelne Wirbel nicht durch Gelenke, sondern durch einen continuirlichen, die Chorda umgebenden Intervertebralknorpel mit einander verbunden sind. Bei allen übrigen sind die Körper durch Gelenke mit einander verbunden und zwar ist bei manchen fossilen Crocodilinen (*Cetiosaurus*, *Steneosaurus*, ziemlich flach bei *Poecilopleuron*) der Gelenkkopf vorn, die Gelenkhöhle hinten, während bei den meisten übrigen (*Saurier*, *Ophidier*, *Crocodile*, *Chelonier*) die Wirbel procoelisch, d. h. vorn mit einer Gelenkhöhle versehen sind. Im Halstheil der *Chelonier* tritt meist ein biconvexer Wirbel so zwischen die anderen ein, dass die vorderen umgekehrt opisthocoel werden. Während die oberen Bogen bei den *Sauriern* und *Ophidiern* mit den Körpern verwachsen, bleiben sie bei den *Enaliosauriern*, *Crocodiliern* und *Cheloniern* durch Naht getrennt. Die Zahl der Wirbel schwankt mit der Länge des Körpers ausserordentlich; so gibt Cuvier für einen *Python* 422, für *Trionyx* 34 Wirbel an. Der Hals zeigt nur bei den *Cheloniern* und *Crocodilen* eine ziemliche Constanz in der Zahl seiner Wirbel; während bei den *Cheloniern* die Halswirbel weder deutliche Dorn- noch Querfortsätze, noch Rippen tragen, finden sich Dornen und Rippen bei allen übrigen Ordnungen vom zweiten an (mit wenig Ausnahmen) an allen Halswirbeln, bei den *Crocodilen* sogar Rippen am ersten. Die meisten Halsrippen der *Crocodile* articuliren mit kurzen Querfortsätzen und Höckern der Wirbel und sind in Fortsätze nach vorn und hinten ausgezogen, welche sich einander berührend die Seitenbiegungen des Halses unmöglich machen. Bei manchen *Lacertilien* sind den kurzen Halsrippen Knorpelstücke angeschlossen, die sich nach unten und oben gerichtet den Zwischenmuskelbändern anschliessen. Die untere Fläche der Halswirbelkörper trägt unpaare untere Dornfortsätze oder Leisten, welche (sehr selten discrete Stücke darstellend) sich auf die ersten Brustwirbel fortsetzen. Die beiden ersten Halswirbel, Atlas und Epistropheus, sind in der Regel so gebildet, dass der Atlas ein ringförmiger Knochen ist, welcher seinen eigentlichen Körper, den als Fortsatz oder als discretes Stück erscheinenden Processus odontoideus umfasst. Nur selten (bei mehreren Schildkröten) sind sie wie die übrigen Halswirbel gebildet. Bei den *Ophidiern* folgt auf den rippenlosen Atlas und den einen Zahnfortsatz tragenden Epistropheus die Reihe der nun nicht weiter zu unterscheidenden Rumpfwirbel, welche sämmtlich freie Rippen tragen. Die procoelischen Wirbelkörper tragen mit ihnen continuirlich verbunden obere Bogen, welche einen bei den Eurystomen höheren, bei anderen oft fast verschwindenden Dornfortsatz zwischen sich nehmen. Querfortsätze fehlen oder stellen nur Tuberkel dar zur Articulation der Rippen. Dagegen entwickeln sich an den oberen Bogen accessorische Gelenkfortsätze, deren Ränder häufig accessorische Muskelfortsätze bilden. An der unteren Fläche der meisten Rumpfwirbel finden sich untere Dornfortsätze.

Während die Zahl der rippentragenden Wirbel bei *Ophidiern* selten auf hundert sinkt, sind bei den *Sauriern* von 15 (*Draco* nach Cuvier) bis über 100 Rückenwirbel vorhanden. Die oberen Dornfortsätze sind zuweilen ziemlich lang zum Stützen der in verschiedener Form vorhandenen Rückenkämme (so z. B. bei den *Iguanen, Chamaeleon, Lophura*). Querfortsätze sind an den vorderen nur als Höcker vorhanden, an den hinteren zuweilen entwickelter. Untere vom Körper abgehende Dornen finden sich nur an den vordersten Rückenwirbeln, hier häufig als discrete Stücke. Bei den *Crocodiliern*, welche (lebende Formen) 12—14 Brustwirbel besitzen, tragen die oberen Bogen derselben mässig entwickelte Dornfortsätze und überall Querfortsätze; untere Dornen sind nur an den drei vordersten Brustwirbeln vorhanden. Bei den fossilen Saurierordnungen ist die Zahl der Brustwirbel oft viel bedeutender. Der Brusttheil des Skelets der *Chelonier* ist unter Theilnahme eigenthümlicher in der Haut auftretender Verknöcherungen zu einem mehr oder weniger vollständigen, unbeweglichen oder gewisse Bewegungen noch besitzenden Panzer geworden, dessen Rückentheil (scutum dorsale) von inneren Skelet- und Hautknochen, dessen Bauchtheil (plastron) von Hautknochen gebildet wird. Die Bildungsweise dieses Knochenpanzers wird unten specieller geschildert werden. Lendenwirbel, ausgezeichnet durch den Mangel freier Rippen und den Besitz von Querfortsätzen kommen bei den *Sauriern* nur selten (1—2), bei den *Crocodiliern* constant (4—5) vor, während sie den *Cheloniern* und vielen fossilen Saurierformen fehlen. Kreuzwirbel sind fast constant zu zwei vorhanden (nur die *Dinosaurier* haben mehr). Sie sowohl als Lendwirbel fehlen natürlich den *Ophidiern* und den beckenlosen Saurierformen. Die überall in grösserer Zahl vorkommenden Schwanzwirbel sind bei den *Ophidiern* durch den Besitz von Querfortsätzen von den Rumpfwirbeln verschieden. An der unteren Fläche tragen sie den unteren Dornen der Rumpfwirbel entsprechende, paarige, aber unvereinigt bleibende, von den Wirbelkörpern ausgehende Bogenschenkel. Bei den *Sauriern* dagegen schliessen V-förmige, an niedrige paarige Höcker der Körper sich heftende Bogen einen unteren Wirbelcanal vollständig. Die vordersten Schwanzwirbel haben häufig noch Quer- und Dornfortsätze, von denen die ersteren aber bald verschwinden. Bei den *Crocodiliern* setzt sich die Reihe der Querfortsätze weiter nach hinten fort; im übrigen gleichen ihre Caudalwirbel denen der Saurier. Die Schwanzwirbel der *Chelonier* haben meist keine Dornfortsätze, wohl aber die vordersten Querfortsätze und alle jene V-förmigen unteren Bogen, die nur an den hintersten verkümmern. Die Rippen der *Ophidier, Amphisbaenen*, mehrerer *Scincoiden* und *Chalciden* sind nicht durch ein Sternum vereinigt, dessen Vorkommen hier überhaupt nicht constant ist. Bei den *Ophidiern* sind die Rippen länglich runde Knochen, deren freies Ende häufig einen Knorpelüberzug trägt. Sie wirken beim Mangel der Extremitäten durch die Haut hindurch als Locomotionsorgane. Sie sind an höckerartige Fortsätze am Vorderende jedes Wirbels befestigt. Wie bei den fusslosen *Sauriern* haben mehrere der letzten Rippen sowie die vordersten Querfortsätze der Schwanzgegend am Halstheil einen nach oben abgehenden die Rippenfläche überragenden Fortsatz, unter denen das Lymphherz liegt. Bei den *Sauriern* sind die hintersten Halsrippen schon, länger den echten Rippen entsprechender, erreichen aber das Sternum noch nicht. Sie sind den Körpern der Wirbel angeheftet; die hintersten und vordersten Rippen der eigentlichen Rückengegend sind häufig an die Spitzen der Querfortsätze befestigt. Eigenthümlich sind die hinteren Rippen bei *Draco* verlängert und zu Stützen der Flughaut verwendet. Die Rippen der *Crocodile* haben an ihrem Wirbelende stets ein Köpfchen und ein Tuberculum. Durch die Verbindung des ersteren mit dem Wirbelkörper, des letzteren mit dem Querfortsatze wird am Halstheil der Canalis vertebralis gebildet, der sich auch in gleicher Weise auf die ersten Rückenwirbel fortsetzt; weiter hinten haften aber beide Fortsätze des Rippenendes den Querfortsätzen an. Dem Endabschnitt der eigentlichen Rippen sind hier wie bei den Vögeln processus uncinati angehängt, welche die nächste Rippe von aussen bedecken. Die sogenannten Rippen der *Chelonier* sind Querfortsätze; ihr Verhalten wird unten geschildert werden. Die Verbindung der vordersten Brustrippen mit dem Sternum bei *Sauriern* und *Crocodilen* wird durch knorplige oder knöcherne, den Rippenknorpeln der Säugethiere entsprechende Sternocostalstücke hergestellt. Bei den *Crocodilen* zerfallen dieselben in ein Rippen- und ein Sternalstück. Bei manchen *Sauriern* (*Lacertilia*) treten diese Rippenknorpel der hinteren Rippen bogenförmig an einander; am Bauchtheil wird hier ihre Reihe durch die Inscriptiones tendineae des Rectus abdominis fortgesetzt, während bei den *Crocodilen*, wie bei vielen fossilen *Sauriern* diese Sternocostalstücke frei in den Muskeln des Bauches liegen, gewissermaassen verknöcherte Inscriptiones tendineae, und ohne mit den unteren Enden der falschen Rippen oder den Querfortsätzen der Lendenwirbel in Verbindung zu stehen die sogenannten Bauchrippen darstellen, welche der Zahl der Wirbel entsprechend bis zum Becken reichen. Ein Brustbein fehlt den *Cheloniern*, den Schlangen und denjenigen schlangenartigen *Sauriern*, deren Vorderextremitäten völlig fehlen (*Amphisbaena, Lepidosternon*); es ist rudimentär bei *Anguis*, *Pseudopus*, *Chirotes* vorhanden, wo sich keine Sternocostalstücke mit ihm verbinden. Es besteht bei den *Sauriern* in der Regel aus einem die Coracoidea aufnehmenden Hauptstücke, welches sich nach hinten zuweilen in zwei seitliche die Enden der Sternocostalstücke vereinende Sternalleisten (Brustbeinhörner) fortsetzt. Vorn ist ihm mit Ausnahme der *Chamaeleonten* ein Episternalapparat zur Verbindung der Claviculae aufgelagert, welcher durch zwei seitliche Fortsätze T- oder kreuzförmig gestaltet ist. Den *Enaliosauriern* fehlt das Sternum; doch besitzt *Ichthyosaurus* ein Episternum. Die *Crocodile* haben ein rhomboidales Sternum, welches nach hinten einen sich in zwei Brustbeinhörner theilenden Fortsatz trägt. Eine Verlängerung desselben in die Bauchmuskeln verbindet die Bauchrippen. Dem Episternalapparat fehlen die seitlichen Fortsätze. Der Schultergürtel, welcher nur den *Ophidiern* völlig fehlt, bei den fusslosen *Sauriern* rudimentär ist, besteht aus dem dorsalen Schulterblatt, dem häufig noch ein knorpliger Suprascapularfortsatz angefügt ist, und dem ventralen, zuweilen in zwei am Sternalrande durch Band, Knorpel- oder Knochenbrücken verbundene Schenkel ausgehenden Coracoid. Bei den *Enaliosauriern* stossen die ventralen Enden des Coracoids (beim Fehlen eines Sternum) an einander; bei den *Cheloniern*, wo beide Choracoidfortsätze durch ein

Band (ligamentum acromio-coracoidale STANNIUS) mit einander verbunden werden, wird der untere durch Bandmasse der Innenfläche des Plastron angeheftet. Bei allen übrigen verbinden sich die Coracoide mit dem Sternum, zuweilen schieben sich noch vordere knorplige Zacken der Coracoide beider Seiten über einander. Eine Clavicula fehlt den *Cheloniern*, *Crocodilen*, *Chamaeleonten* und *Sauropterygiern*. Sie liegt nach oben dem vorderen Scapularrande an und verbindet sich ventral mit dem Episternum. Vom Becken finden sich unter den *Ophidiern* nur bei einigen noch Rudimente als kleine, paarige, vor dem After gelegene, den Sitzbeinen entsprechende Knochen. Bei den fusslosen *Sauriern* dagegen sind Rudimente der oberen Beckenknochen, der Darmbeine, an einen Kreuzbeinwirbel angeheftet, vorhanden. Bei den übrigen Reptilien sind überall die drei Knochenpaare vorhanden, Darm-, Sitz- und Schambeine, welche meist alle zur Bildung der Pfanne beitragen; nur bei den *Crocodilen* liegen die Schambeine vor derselben. Die Darmbeine sind den Querfortsätzen eines oder zweier Kreuzbeinwirbel angeheftet. Die Scham- und Sitzbeine stossen in der Mittellinie aneinander und bilden entweder sehnige oder knorplige Fugen. Zuweilen vervollständigt ein medianer Knorpelstreif die beiderseitigen foramina obturatoria. Bei vielen *Sauriern* verlängert sich dieser Streif nach hinten, verknöchert zuweilen und bildet dann das zur Insertion von Cloakenmuskeln bestimmte sogenannte os cloacae. Bei den *Cheloniern* liegt das Becken innerhalb des Panzers nur den Kreuzbeinwirbeln angeheftet; nur bei einer kleinen Abtheilung (den von STANNIUS hiernach benannten *Emydea monimopelyca*) ist es dorsal und ventral an den Panzer geheftet. Die Vorderextremität der Reptilien schliesst sich in ihrer Gliederung der der Vögel an. Sie fehlt den Schlangen, sowie *Amphisbaena* und *Lepidosternon*; verkümmert ist sie bei einigen *Chalciden* und *Scincoiden*. Der Humerus ist bei den *Sauriern* meist kürzer, bei den *Crocodilen* länger als der Vorderarm; bei den *Cheloniern* ist er so gedreht, dass seine Streckfläche vorn, seine Beugefläche hinten liegt. Bei den Seeschildkröten ist er wie bei den *Enaliosauriern* sehr kurz. Von den beiden Vorderarmknochen ist meist die Ulna länger; nur bei den *Cheloniern* überragt das untere Ende des Radius das der Ulna. Letztere hat nur bei vielen *Sauriern* einen olecranonartigen Vorsprung. Nur selten sind beide gegen einander beweglich. Von Handwurzelknochen, welche bei den *Sauriern* von den unteren Enden der Vorderarmknochen zwischen sich genommen werden, sind in der ersten Reihe zwei Knochen vorhanden, zwischen die sich zuweilen ein dritter mittlerer einschiebt. Die der Zahl der Finger ursprünglich entsprechenden Knochen der zweiten Reihe werden bei den *Crocodilen*, die sich auch durch die Verlängerung der Knochen erster Reihe den Vögeln nähern, meist auf drei reducirt. Die typische Zahl von fünf Fingern sinkt bei mehreren *Scincoiden* auf drei und zwei herab. Die Zahl der Phalangen ist beim dritten und vierten Finger am grössten. Eigenthümlich ist die gleichmässige Form und Verbindung der Carpal- und Metacarpalknochen bei den *Enaliosauriern*, an die sich der äusseren Form nach die Handbildung vieler *Chelonier* anreiht. Von Hinterextremitäten haben nur einige *Ophidier* kleine klauentragende Rudimente, die den Beckenknochenrudimenten angeheftet sind. Den beiden genannten Amphisbaenoidengattungen fehlen sie gleichfalls, bei anderen fusslosen *Sauriern* sind sie in verschiedenem Grade verkümmert. Die ausgebildete Form der Extremität bietet ein Femur dar, welches bei den *Sauriern* und *Crocodilen* einen, bei den *Cheloniern* zwei Trochanteren hat. Von den Unterschenkelknochen ist die Tibia meist stärker als die Fibula. Der Tarsus der Reptilien steht dadurch dem der Vögel nahe, dass die erste Reihe in eine festere Verbindung zum Unterschenkel tritt und die Bewegung des Fusses in einem Tarso-tarsalgelenke statt hat. Damit hängt zusammen, dass die Knochen der ersten Reihe häufig zu einem Knochen verwachsen. Nur bei den *Crocodilen*, vielen *Cheloniern* und den *Chamaeleonten* bleiben zwei bestehen. In der zweiten Reihe bleiben bei den *Cheloniern* vier bis fünf Knochen, bei den übrigen tritt auch hier eine in verschiedener Weise bewirkte Reduction ein. Das Verhältniss der Zehenzahl sowie die Gestalt und Form des ganzen Endabschnittes der Extremität bei den *Enaliosauriern* entsprechen den Verhältnissen der Vorderextremität. Eigenthümlich ist die Spaltung der Hand und des Fusses in Gruppen von zwei und drei bis an die Nagelglieder verwachsenen Fingern und Zehen bei den *Chamaeleonten*.

Der Schädel zeigt in vielen Beziehungen eine grosse Uebereinstimmung mit dem der Vögel, von dem er vorzüglich dadurch abweicht, dass, wie es auch bei manchen Vögeln der Fall war, einzelne Stellen der primordialen Knorpelkapsel nicht ossificiren, dass seine einzelnen Knochenstücke länger distinct bleiben und dass er im Verhältniss zu dem weniger voluminösen Gehirn, das ihn indess ganz ausfüllt, weniger oder gar nicht gewölbt ist. Vom Schädel der Amphibien weicht er ab: durch den einfachen Condylus occipitalis, durch den Mangel eines die Keilbeinkörper von unten deckenden oder ersetzenden Belegknochens*) und durch den Besitz einer auf die Kopfbeuge zu beziehenden Sella turcica, unter welcher allein zuweilen eine die Lücke zwischen den primitiven Schädelbalken (die in anderen Fällen durch Auftreten eines vorderen Keilbeins geschlossen wird) von unten deckende corticale Verknöcherung auftritt. Der Hinterhauptabschnitt besteht aus dem Basilarstück, den beiden meist jederseits in einem Querfortsatz ausgezogenen Seitentheilen und der Schuppe. An der Bildung des einfachen Condylus betheiligen sich bei den *Schlangen*, *Crocodilen* und den meisten *Cheloniern* nur die ersten drei Knochen, bei den *Sauriern* meist alle vier, bei den *Chamaeleonten* nur die Schuppe und die Seitentheile. Ein Os mastoideum, welches nur fast allen engmäuligen Schlangen fehlt, ist bei den *Cheloniern*, *Crocodilen* und *Sauriern* dem Schädel unbeweglich angewachsen, bei den *Ophidiern* beweglich mit ihm verbunden. Vor den Seitentheilen des Hinterhauptes, an der Bildung der Schädelhöhle Theil nehmend, liegen die Petrosa. Von den Keilbeinkörpern ist bei den *Cheloniern*, *Crocodilen* und *Sauriern* nur der hintere verknöchert, der vordere perennirt knorplig. Bei den *Ophidiern* bildet derselbe einen dünnen selten fehlenden Knochenstiel. Hintere Keilbeinflügel finden sich nur bei den *Crocodilen*. Bei den *Ophidiern* bildet das unpaare Scheitelbein einen die Schädelhöhle einschliessenden, bis auf den Keilbeinkörper herab-

---

*) Ein solcher nimmt indess nach STANNIUS an der Bildung des Occipitale basilare und des hintern Keilbeinkörpers Theil.

reichenden Ring. In den übrigen Ordnungen vervollständigen häutig-knorplige Platten die Wand der Schädelhöhle. Unpaar ist das Scheitelbein noch bei den *Crocodilen* und den meisten *Sauriern*; paarige Scheitelbeine besitzen die *Chelonier*. Hier gehen von ihnen jederseits Leisten ab, welche an der Schädelwand Theil nehmend bis zum Pterygoideum reichen (ähnlich wie die sogenannte Columella mancher *Saurier*), während sie von oben nach aussen starke die Schläfengrube überwölbende und an das Mastoideum tretende Fortsätze abgeben. Bei vielen *Sauriern* finden sich in den Scheitel- und Stirnbeinen häutige Fontanellen, die von Hautknochen gedeckt werden. Bei den *Chamaeleonten* bleibt unter ihnen die knorplige Schädeldecke bestehen. Der Orbitalabschnitt des Schädels wird bei den *Ophidiern* durch die paarigen Stirnbeine gebildet, die wie das Scheitelbein einen vollständigen Ring bilden. Es sind daher die beiden Augenhöhlen nicht durch ein einfaches Septum getrennt. Bei den übrigen Ordnungen ist die seitliche Schädelwand häutig und bildet ein einfaches Septum interorbitale, welches an der unteren Fläche der Stirnbeine auseinandertretend einen Canal für die Riechnerven bildet. Das Stirnbein ist bei den *Crocodilen* und den meisten *Sauriern* (ausgenommen *Lacerta*, *Varanus* u. a.) unpaar, bei den *Ophidiern* und *Cheloniern* paarig. Zur Begrenzung der Augenhöhlen legen sich an die Stirnbeine nach vorn die Frontalia anteriora, zu welchen bei den *Crocodilen* und meisten *Sauriern* noch Thränenbeine treten und welche nur wenigen Schlangen fehlen, nach hinten die Frontalia posteriora, die den microstomen *Ophidiern* und schlangenähnlichen *Sauriern* fehlen oder nur einen einfachen Processus orbitalis posterior bilden. Die letzteren treten in Verbindung mit dem Os jugale und Quadratojugale. Der Vomer ist meist paarig, häufig den Boden der Nasenhöhle vervollständigend, bei den *Cheloniern* unpaar. Nasenbeine fehlen den letzteren, wo die Frontalia anteriora über der äusseren Nasenöffnung zusammenstossen. Der Oberkiefergaumenapparat ist bei den *Sauriern* und *Ophidiern* beweglich, bei den *Crocodilen* unbeweglich mit dem Schädel verbunden. Das Quadratbein (Os tympanicum) ist bei ersteren beweglich, bei letzteren fest (hiernach trennt Stannius die Reptilien in *Streptostylica* und *Monimostylica*). An das untere Ende (oder in dessen Nähe) des Tympanicum setzt sich das Flügelbein, Pterygoideum, welches bei den *Ophidiern* lang und dünn, bei den *Sauriern* breiter durch ein besonderes Pterygoideum externum (Os transversum) mit dem Oberkiefer in Verbindung tritt. Bei den *Crocodilen* und *Cheloniern* bedeckt das Pterygoideum von unten die Schädelbasis und ist fest mit ihr verwachsen; erstere besitzen ein Pterygoideum transversum. Die vorn den Flügelbeinen angefügten Gaumenbeine bilden bei den *Crocodilen* und mehreren *Cheloniern* ein vollständiges Dach der Mundhöhle, bei den meisten *Cheloniern*, den *Sauriern* und *Ophidiern* sind sie von einander getrennt. Sie sind bei den *Cheloniern*, *Crocodilen* und *Sauriern* fest mit den Flügelbeinen und Oberkiefern verwachsen, bei den *Ophidiern* wie der Oberkiefer beweglich. Die Oberkiefer bilden einen grösseren oder kleineren Theil des Mundrandes. Bei den *Ophidiern* sind sie frei bewegliche leistenartige Knochen, die bei vielen Giftschlangen sehr verkürzt sind und den vorderen Stirnbeinen ansitzen. Die paarigen oder unpaaren Zwischenkiefer (ersteres bei *Crocodilen* und den meisten *Chelomern*, letzteres bei den *Sauriern*) liegen am Voderrande der Oberkiefer fest mit ihnen verbunden, während sie bei den *Ophidiern* den Nasenbeinen angefügt sind ohne Verbindung mit dem Oberkiefer. Während die *Ophidier* keinen Augengrubenbogen oder Joch- und Schläfenbogen besitzen, kommen bei allen übrigen Ordnungen zwei Knochen vor, das Os jugale oder zygomaticum und Os quadrato-jugale, welche entweder direct aneinander stossend einen Bogen vom Oberkiefer zum Quadratbein bilden (*Chelonier* und *Crocodile*) oder das Frontale posterius zwischen sich nehmen, wobei häufig das Jochbein in seinem höheren Theil durch Bandmasse ersetzt ist (*Saurier*). Der Unterkiefer besteht aus Gelenkstück, Eckstück, Complementärstück und Zahnstück, zu denen zuweilen noch zwei andere treten. Seine beiden Hälften sind bei den *Cheloniern* fest mit einander verwachsen, bei den *Ophidiern* sehr dehnbar verbunden. Bei den *Crocodilen* ist der Unterkiefer, wie mehrere hintere Schädelknochen pneumatisch und von der Tuba Eustachii aus mit Luft erfüllbar.

Das Muskelsystem der Reptilien zeigt in seinem Schwanztheil noch eine Annäherung an die Verhältnisse der Fischmuskeln. Bei den *Sauriern* und *Crocodilen* wenigstens finden sich hier noch keine Längsmuskelbündel, sondern eine Reihe hinter eineinder liegender Muskelscheiben, die durch zackig verlaufende Inscriptiones tendineae von einander getrennt am Rumpftheil in distincte Längsmuskeln übergehen. Bei *Chamaeleonten*, *Ophidiern* und *Cheloniern* sind auch die Schwanzmuskeln aus discreten Längsbündeln zusammengesetzt. Ebenso ist die Betheiligung der ventralen Schwanzmuskeln an der Bildung der Femoralmuskeln ein wichtiges Uebergangsmoment. Der Bauchtheil der Seitenrumpfmuskeln fehlt auch hier am Rumpfe und ist nur in einzelnen Muskelpartieen erhalten. Ausser den in der gewöhnlichen Zahl und Anordnung vorhandenen Seitenbauchmuskeln finden sich bei den *Crocodilen* noch eigenthümliche Peritonealmuskeln, wogegen ein musculöses Diaphragma fehlt. — Was die Bewegungsformen betrifft, die bei den Reptilien vorkommen, so können die *Chelonier* nur mühsam gehen, und sich nicht wenden, wenn sie auf den Rücken gelegt sind. Viele schwimmen gut und ist in diesen Fällen der Bau der Füsse ruderartig. Die *Crocodile* können die Last ihres Körpers nicht auf den Beinen tragen, schleppen daher Rumpf und Schwanz auf der Erde. Dagegen schwimmen auch sie geschickt, wobei ihnen der senkrecht comprimirte Schwanz behülflich ist als Hauptpropellor. Lebhafter Bewegungen sind viele *Saurier* fähig, obgleich auch manche von ihnen den Köper am Boden schleppen. Eigenthümlich ist die Anwesenheit von polsterartigen oder lamellösen Haftscheiben an den verbreiterten Fingern vieler Eidechsen. Die *Draconen* haben an den Seiten ihres Rumpfes eine von den verlängerten falschen Rippen gestützte fallschirmartige Hautausbreitung. Grössere flügelartige und durch die verlängerten Knochen des fünften Fingers (bei Vorhandensein der übrigen) gespannt erhaltene Hautfalten haben die Pterodactylen besessen. Der Schwanz ist bei manchen *Sauriern* ein Ringelschwanz. Die *Ophidier* kriechen und klettern durch die Bewegungen ihrer unter der Haut mit freien Köpfchen endenden Rippen. Die Seeschlangen haben einen seitlich comprimirten Ruderschwanz.

Das Rückenmark der Reptilien steht dem Gehirn an Umfang und Gewicht kaum nach. Es besitzt dem Abgange der Extremitätennerven entsprechend eine Hals- und Lendenanschwellung, von denen bei schlangenähnlichen *Sauriern* die der fehlenden Extremität entsprechende gleichfalls fehlt. Bei den *Ophidiern* fehlen beide; doch hat man hier beim Austritt jedes Nerven eine leichte Anschwellung beobachtet. In der Medulla oblongata weichen die hintern Stränge zur Bildung einer vierten Hirnhöhle auseinander. Das kleine Gehirn überragt bei den *Sauriern* und *Ophidiern* dieselbe als dünnes gewölbtes Markblatt, das bei manchen *Sauriern* eine Andeutung einer Sonderung in Mittel- und Seitentheile darbietet. Stärker bei den *Cheloniern* besitzt es bei den *Crocodilen* einen mittleren Theil, den Wurm, und zwei kleinere Seitentheile. Das Mittelhirn, die Corpora quadrigemina (Lobi optici der Autoren) bilden bei den *Sauriern* eine kuglige Erhabenheit über den Aeqaeductus Sylvii, bei den *Ophidern* sind sie getheilt. Am stärksten sind sie bei *Cheloniern* und *Crocodilen* entwickelt. Die den dritten Ventrikel seitlich begrenzenden Thalami optici, Zwischenhirn, an deren Hinterrand vor den Vierhügeln die Epiphysis liegt, sind nur bei den *Cheloniern* von oben sichtbar. Ihr hinteres Ende ist durch eine Commissur verbunden. Zwischen ihnen liegt der Aditus ad infundibulum, dem an der untern Fläche die Hypophysis angefügt ist. Nach vorn stehen sie jederseits mit den Corpora striata in Verbindung, über welche sich die Grosshirnhemisphären wölben. Dieselben sind bei den *Chamaeleonten* gleich gross mit den Vierhügeln, bei allen übrigen übertreffen sie diese an Umfang, am beträchtlichsten bei den *Crocodilen*, sind aber überall glatt. Vorn besitzen sie eine Commissur. Die Seitenventrikel stehen mit dem dritten Ventrikel in weiter Communication. Am Vorderende der Hemisphären setzen sich deren Wandungen in ein hohles Tuberculum olfactorium oder einen grösseren Riechkolben fort, in welchen sich die Seitenventrikel verlängern. Nur bei den *Chamaeleonten* fehlen dieselben. In Bezug auf die Hirnnerven ist zu erwähnen, dass der N. accessorius und hypoglossus hier zum letzten Male als selbständige Hirnnerven auftreten, wie auch der Glossopharyngeus bei den *Crocodilen* mit dem Vagus zusammen entspringt. Nur den Schlangen fehlt ein N. accessorius. Der überall aus der Bahn der Trigeminusäste entspringende Kopftheil des Sympathicus tritt bei den *Sauriern* und *Ophidiern* meist ganz in die Bahn des Vagus über, während bei den *Crocodilen* und *Cheloniern* ein Grenzstrang auch im Rumpfe deutlich bleibt. Bei den *Crocodilen* liegt der Halstheil desselben im Canalis vertebralis. Der Gefühlsinn ist bei den Reptilien nur sehr stumpf, da der Zustand der Hautbedeckungen nur in seltenen Fällen und an einzelnen Stellen eine Perception gestattet. Während bei den *Ophidiern* die ganze Haut bei den Körperbewegungen als fühlend anzusehen sein wird, treten bei vielen *Sauriern* in den Bekleidungen der Sohlenfläche der Finger vielleicht feiner empfängliche Stellen auf. Am häufigsten wird aber wohl die Zunge als Tastorgan gebraucht werden. Ebenso ist der Geschmacksinn nur wenig entwickelt. Denn wenn auch viele Reptilien eine fleischige mit Papillen versehene Zunge besitzen (wie *Crocodile*, *Chelonier*, manche *Saurier*), so verschlingen die meisten ihre Nahrung doch in der Regel ohne sie zu zerkleinern. Ob das Tuberculum palatinum der Schildkröten und die diesem wohl entsprechenden mit einer Höhle versehenen Organe, bei *Ophidiern* und *Sauriern* am Gaumen vor den Choanen gelegen, welche STANNIUS beschrieben hat, mit Geschmacksempfindungen in Beziehung stehen oder dem JACOBSON'schen Organ analog sind, ist zweifelhaft. Die Geruchsorgane sind stets paarig und in die knorplige Nasenkapsel eingeschlossen, von deren Wand sich Schleimhautvorsprünge zur Vergrösserung der Oberfläche, nur bei den *Crocodilen* knorplige, später verknöchernde Muscheln erheben. Die äussere Nasenöffnung ist bei den *Crocodilen* endständig, bei den *Cheloniern*, *Ophidiern* und vielen *Sauriern* führt sie in den vordern Abschnitt, bei andern *Sauriern* ziemlich in die Mitte der Nasenhöhle. Sie wird bei *Cheloniern* und *Crocodilen* durch besondere Muskeln verschliessbar und ist bei einigen Schildkröten rüsselartig verlängert. Der hintere Mündungsgang der Nasenhöhle geht bei den *Ophidiern*, *Sauriern* und *Cheloniern* vom Grunde der Nasenhöhle aus, die hintere Oeffnung liegt vor den Gaumenbeinen, bei den *Crocodilen* verlängert sich der hintere Nasengang und geht über die Flügelbeine nach hinten, wo er sich, durch einen contractilen weichen Gaumenanhang verschliessbar vor der Tuba Eustachii öffnet. Das Gehörorgan schliesst sich zwar insofern an das der Vögel an, als es auch bei den Reptilien eine Schnecke in der Form eines retortenförmigen Blindsacks besitzt. Doch weicht es bei mehreren Ordnungen durch den Mangel eines mittleren Ohres von jenen ab. Die mit vier Ampullen versehenen drei halbzirkelförmigen Canäle münden in das gemeinsame Vestibulum, welches nach hinten und aussen die Schnecke trägt. Deren Höhle ist durch eine auf einem Knorpelrahmen ausgespannte Membran in zwei Abtheilungen, die Scala tympani und Scala vestibuli, getrennt; letztere trägt das runde Fenster nach dem Vorhof hin. Das Schneckenende ist auch hier zur Lagena erweitert. Das ovale Fenster wird überall von einem Gehörknöchelchen bedeckt. Bei den *Ophideren* fehlt die Paukenhöhle, Tuba Eustachii und Trommelfell gänzlich. Das einfache Gehörknöchelchen, Columella, liegt zwischen den Schläfenmuskeln und heftet sich bei den weitmäuligen Schlangen an das Quadratbein; bei den andern ist es kurz, ohne stielförmigen Anhang. Unter den *Sauriern* fehlt den *Amphisbaenoiden* Paukenhöhle und Trommelfell, den *Chamaeleonten* das Trommelfell. Der Stiel der Columella heftet sich bei letztern an die Aussenwand der Paukenhöhle. Die übrigen *Saurier* haben Paukenhöhle und Trommelfell, letzteres bald frei liegend, bald von Muskeln bedeckt. Die Columella ist meist von dem das ovale Fenster deckenden Basalstück, Operculum, getrennt und heftet sich nach aussen an ein drittes im Trommelfell befestigtes Knöchelchen. Bei den *Crocodilen* conmunicirt die Paukenhöhle mit luftführenden Zellen der meisten benachbarten Knochen. Die einfache Columella setzt sich an das Trommelfell, welches äusserlich liegt und von einer musculösen Hautklappe, der ersten Andeutung eines äussern Ohres, bedeckt wird. Bei den *Cheloniern* wird die Paukenhöhle durch eine knöcherne Scheidewand in eine äussere und innere (Antivestibulum) Abtheilung getrennt. Die einfache Columella, welche sich am ovalen Fenster mit dem Operculum verbindet, tritt durch eine Oeffnung der Scheidewand in die äussere Abtheilung, an deren äusserer Wand das Trommelfell liegt, und inserirt sich hier an ein in dem Trommelfell liegendes

Knorpelstückchen. Die Paukenhöhle der *Saurier* mündet mit weiter Oeffnung in die Rachenhöhle, bei den *Chamaeleonten* mit enger. Auch bei den *Cheloniern* ist die mit der äussern Abtheilung der Paukenhöhle in Verbindung stehende Tuba kurz und weit; in die innere Abtheilung mündet die Höhlung des Mastoideum. Bei den *Crocodilen* führt eine hinter den Choanen und dem Gaumen liegende wulstig umgebene Oeffnung in das gemeinsame Endstück der Tuben, welches sich am Basilarstück des Hinterhaupts theilt und zu den Paukenhöhlen jeder Seite führt. In die Tuben münden auch die Lufträume benachbarter Knochen wie die des Unterkiefers. Die Augen fehlen keinem Reptil, obschon ihre relative Grösse sehr verschieden ist. Am kleinsten sind sie bei einigen engmäuligen Schlangen und schlangenförmigen *Sauriern*. Die Form der Augen erinnert an die des Vogelauges. Die Cornea ist am umfänglichsten und am stärksten gewölbt bei den *Ophidiern* und *Crocodilen*; bei den andern ziemlich flach. Die *Chelonier* und *Saurier* besitzen in der Sclerotica einen Kranz von Knochenplättchen. Die Linse, die vorn meist etwas flacher als hinten ist, ist nur bei den *Cheloniern* verhältnissmässig klein. Ein dem Kamm des Vogelauges entsprechender Processus falciformis, den die Chorioidea von der Eintrittsstelle des Sehnerven bis zur Linse schickt, ist den meisten *Sauriern* und rudimentär den *Crocodilen* eigen, fehlt aber den *Ophidiern* und *Cheloniern*. Quergestreifte Muskelfasern in der Chorioidea und Iris sind bei *Sauriern*, *Cheloniern* und *Crocodilen* nachgewiesen. Zu den vier geraden und zwei schiefen Augenmuskeln kommt bei den Reptilien, mit Ausnahme der *Ophidier*, ein Retractor bulbi, der bei den *Sauriern* doppelt ist. Bei den *Ophidiern*, *Amphisbaenoiden*, mehreren *Scincoiden* und *Ascalaboten*, geht die äussere Haut ungespalten aber durchsichtig über den Bulbus weg. Doch liegt zwischen ihr und der Oberfläche der Cornea ein von der Thränenflüssigkeit durchspülter Raum, der nach innen in den Nasengang mündet. Bei den *Chamaeleonten* ist das Augenlid kreisförmig, bei den übrigen *Sauriern*, den *Cheloniern* und *Crocodilen* sind zwei Augenlider vorhanden, zu denen meist noch eine durch einen besondern Apparat bewegliche Nickhaut kommt. Wo eine Nickhaut vorkommt, ist auch eine am vordern Orbitalwinkel gelegene Harder'sche Drüse vorhanden. Fast ohne Ausnahme kommt den Reptilien auch eine Thränendrüse zu, die am hintern Orbitalumfang gelegen, zuweilen unter die Schläfenmuskel reichend, meist mit mehreren Gängen mündet.

Die Verdauungsorgane der Reptilien zeigen im Allgemeinen eine grosse Uebereinstimmung, da die meisten hierhergehörigen Thiere von animalen Stoffen leben; nur wenig *Chelonier* sind pflanzenfressend (wahrscheinlich war es auch *Iguanodon*). Die meist sehr weit gespaltene Mundöffnung wird nur bei den Flussschildkröten von weichen fleischigen Lippen umgeben. Bei den übrigen Reptilien sind die Lippen mit Hornschildern bedeckt oder sie fehlen ganz, wie bei den meisten *Cheloniern*. Zahnlos sind nur die Schildkröten. Ihre Kieferränder sind mit scharfen Hornscheiden versehen, welche dem Vogelschnabel ähnlich scheidenartig auf den Knochen sitzen. Zuweilen ist der innere Rand der Hornscheiden breiter mit einer zum Zerdrücken der Nahrung geeigneten Fläche. Die übrigen Reptilien sind mehr oder weniger reichlich mit Zähnen versehen. Zahntragend sind entweder nur die beiden Kiefer, oder es finden sich auch Zähne am Zwischenkiefer, an den Gaumenbeinen und an den Pterygoiden. Die Form der Zähne ist meist conisch oder hakenförmig, selten mit flacher Krone, häufig seitlich zusammengedrückt und dann meist mit gezackten Rändern. Die Zähne sind entweder solid ohne innere Höhlung (*Pleodonten*) oder mit basaler, von der den Ersatzzahn bildenden Pulpa erfüllten Höhlung versehen (*Coelodonten*). Sie stehen entweder auf dem Kieferrand (direct oder auf besonderen Sockeln) und sind dann meist mit dem Kieferrand anchylosirt, *Acrodonten* (*Emphyodonten*), oder sie liegen mit zugeschrägtem Wurzelrand der äussern Alveolarwand an, während ein innerer Alveolarrand fehlt, *Pleurodonten* (*Prosphyodonten*), oder endlich sie sind in besondere Alveolen oder Alveolarfurchen eingelassen, *Thecodonten*. Die Zahl der Zähne ist nur selten fixirt, meist ziemlich beträchtlich. Ein regelmässiger Zahnwechsel findet nicht statt, vielmehr werden fortwährend unterhalb oder neben den alten Zähnen neue gebildet, *Polyphyodonten*. (Nur bei *Dicynodon* sollen die Zähne nicht gewechselt worden, sondern nachgewachsen sein.) Schon aus der Form der Zähne geht hervor, dass sie nur zum Erfassen und Festhalten der Nahrung dienen. Dieser Function schliesst sich in eigenthümlicher Weise eine Einrichtung bei *Rachiodon scaber* an. Es sind bei dieser colubrinen Schlange die untern Wirbelkörperdornfortsätze der vordern 31 auf der Epistropheus folgenden Wirbel verlängert, mit Schmelz überzogen und durchbohren von hinten den Oesophagus. Die Zunge und der Zungenbein-apparat zeigt darin eine Eigenthümlichkeit, dass die Kehlkopfsöffnung meist sehr weit nach vorn gerückt ist und sogar den hintern Theil der Zunge durchbohren kann. Die Zunge selbst ist bei vielen *Sauriern* breit, kurz, weich papillös, vorn ganzrandig oder leicht ausgerandet. Ihr Hinterrand ist zuweilen eingeschnitten und seitlich in Fortsätze ausgezogen, welche die Kehlkopfsöffnungen seitlich umgeben und sich in einem Falle (*Phrynosoma*) sogar hinter derselben wieder vereinigen. Bei andern wird sie vorn schuppig und bleibt hinten weich. Hier tritt auch schon eine Scheide auf, die wie bei den *Ophidiern* an die untere Wand des Kehlkopfs reicht und in welche die Zunge zurückgezogen werden kann. Dabei ist ihr vorderes Ende mehr oder weniger tief gespalten und in zwei zuweilen fadige Fortsätze ausgezogen. Eigenthümlich vorschnellbar ist die Zunge der *Chamaeleonten*. Bei den *Ophidiern* ist sie lang und dünn, in zwei Spitzen mit horniger Epithelialbekleidung ausgezogen und liegt in der Ruhe in einer Scheide am Boden der Mundhöhle. Bei den *Crocodilen* ist die Zunge ein flacher, fleischiger Wulst, der unbeweglich am Boden der Mundhöhle angewachsen ist. Auch bei den *Cheloniern* ist sie nicht vorstreckbar, aber nur bei den Landschildkröten mit weichen Papillen versehen. Der Zungenbeinapparat der *Ophidier* ist sehr rudimentär und besteht aus zwei einfachen Knorpelleisten, die sich vor der Trachea vereinigen. Das Zungenbein der *Saurier* ist ein stielförmiger dünner Knochen, der sich mit einem Knorpelfaden nach vorn in die Zunge fortsetzt und hinten häufig gablig theilt. Es trägt am hintern Ende zwei Paar Hörner, von denen das hintere sich um die Speiseröhre biegend zuweilen weit nach rückwärts reicht. Das vordere besteht meist aus zwei Stücken, einem kürzeren nach vorn gerichteten und einem langen, welches mit dem ersten einen spitzen Winkel bildend nach hinten bis an die Seiten des Schädels geht, zuweilen sich an ihn heftet. Bei den *Crocodilen* ist nur ein Hörnerpaar vorhanden, welches wie das vordere der *Saurier* aus zwei Stücken besteht und bis zum Schädel reicht. Bei den *Cheloniern* ist der Zungenbeinkörper breit und besteht bei *Trionyx* aus einer Reihe paariger Stücke. Ueberall ist ihm ein Knorpelstück lose angeheftet, welches in die Zunge eintritt. Er trägt zwei Hörnerpaare, welche den Schädel nicht erreichen; zuweilen werden vordere Seitenfortsätze des Körpers discrete Knorpelstücke und bilden dann ein kurzes drittes Hörnerpaar. Einen weichen Gaumen und Tonsillen besitzen nur die *Crocodilier*. Die Länge des ganzen Darmtractus ist der vorherrschenden animalen Nahrung entsprechend meist unbedeutend, kaum zweimal so gross als der Körper. Nur bei pflanzenfressenden Landschildkröten ist er bis über sechsmal so lang. Mit Ausnahme der Speiseröhre ist der Tractus in ein Peritoneum eingehüllt, welches sich bei den *Crocodilen* durch zwei an der Basis des Begattungsgliedes gelegene Mündungen in die Cloake öffnet. Die Speiseröhre, welche im Allgemeinen kürzer als die der Vögel ist, setzt sich noch nicht überall von dem, eine endständige Erweiterung derselben bildenden Magen ab. Sie ist verhältnissmässig weit, bei den *Ophidiern* mit dem Mund und der Rachenhöhle einer grossen Erweiterung fähig und hat auf ihrer innern Fläche bei den *Ophidiern, Sauriern* und *Crocodilen* Längsfalten, bei den Seeschildkröten lange, mit mehr oder weniger derbem Epithel überzogene, nach rückwärts gerichtete Papillen. Der Magen unterscheidet sich vom Oesophagus vorzüglich durch eine grössere Dicke seiner Wandungen, welche zum Theil auf Rechnung der mächtigeren Muskelschicht, zum Theil auf die eines reicheren Drüsenlagers kommt. Meist ist an ihm eine Portio cardiaca von einer Portio pylorica zu unterscheiden. Bei den *Ophidiern* schliesst sich der Cardiatheil des Magens gerade nach abwärts gerichtet dem Oesophagus an und ist wie dieser sehr erweiterungsfähig. Die Portio pylorica ist enger, kurz, darmartig, zuweilen gewunden und geht durch eine klappenartige Vorrichtung von ihm geschieden gerade oder nach einer Krümmung in das Duodenum über. Der Magen der *Saurier* geht gleichfalls ohne Auszeichnung aus dem Oesophagus als dessen endständige Erweiterung hervor. Er ist länglich, meist etwas gekrümmt und in einen weiteren Cardia- und engeren Pylorustheil geschieden, welch' letzterer gerade oder gekrümmt in den Dünndarm eintritt. Die Chelonier sind durch die quere Stellung ihres Magens characterisirt; derselbe ist ziemlich dickwandig, cylindrisch und setzt sich in seiner rechts gelegenen Pylorusabtheilung durch einen kreisförmigen Wulst vom Dünndarm ab. Der Magen der *Crocodile* erinnert sehr an den Magen der Vögel. Er stellt einen rundlichen Blindsack dar, an dem die Cardia und der Pylorus nahe bei einander liegen. An der vordern und hintern Fläche der weiten Cardiaabtheilung findet sich eine Sehnenscheibe. Die Portio pylorica setzt sich meist als kleine abgeschnürte Abtheilung vom Muskelmagen ab und ist durch eine Klappe vom Duodenum geschieden. Der Dünndarm der *Reptilien* ist meist von nur mässiger Länge, bei den *Ophidiern* häufig in enge durch Bindegewebsstränge an einander geheftete Windungen gelegt, bei den übrigen bald nur gekrümmt, bald mehrfach gewunden. Der Afterdarm ist bei den *Crocodilen* einfach, bei den *Cheloniern* zuweilen in einen Blindsack ausgezogen. Auch bei den *Sauriern* ist ein Blinddarm nur zuweilen in der Form eines kurzen taschenartigen Anhanges vorhanden. Bei den *Ophidiern* ist der Afterdarm bisweilen durch kreisförmige Vorsprünge in einzelne Abtheilungen getrennt. Der After ist eine Querspalte bei den *Sauriern* und *Ophidiern*, eine rundliche oder Längsspalte bei *Cheloniern* und *Crocodilen*. Eigentliche Speicheldrüsen fehlen fast allgemein. Nur bei einzelnen Schildkröten kommt eine Unterzungendrüse vor. Ihre Stelle vertreten vielleicht die Lippendrüsen vieler *Ophidier* und *Saurier*. Viele Schlangen sind durch den Besitz einer grossen in der Schläfengegend gelegenen, sich oft viel weiter nach hinten erstreckenden Drüse ausgezeichnet, welche bei den Giftschlangen als Giftdrüse einen musculösen Beleg erhält und sich mit ihrem, zuweilen erst noch blasenartig angeschwollenen, Ausführungsgang in den mit dem Oberkiefer anchylosirten, am Grunde und an der Spitze eine Oeffnung des seine ganze Länge durchlaufenden Canals tragenden hakenförmigen Giftzahn öffnet. Bei den nur gefurchte Zähne besitzenden Schlangen fehlt der Muskelbeleg der Drüsen. Die Leber der Reptilien ist entweder ungetheilt, wie bei den meisten *Ophidiern*, oder durch flache Einschnitte am Rande unvollständig gelappt, wie bei manchen *Sauriern*, oder zweilappig, bei *Crocodilen* und *Cheloniern*. Ueberall ist eine Gallenblase vorhanden, die bei den meisten Reptilien der Leber dicht anliegt, nur bei den *Ophidiern* von ihr getrennt am Duodenum sich findet. Allgemein findet sich ein Pancreas, was mit einem oder zwei Gängen in das Duodenum mündet. Ausser den die Darmabtheilungen fixirenden Mesenterien finden sich bei den *Crocodilen* abgesonderte Peritonealsäcke für einzelne Organe, wie bei Vögeln.

Liegt es auch im Entwickelungsplane der Reptilien, wie in dem aller Wirbelthiere, dass in den Seitenwandungen der Rachenhöhle Visceralbogen und -spalten auftreten, so ist es doch ein den Säugethieren, Vögeln und Reptilien gemeinschaftlicher Character, dass die Bogen nie respiratorische Gefässausbreitungen erhalten und dass die Spalten sich schon früh wieder schliessen. Als Respirationsorgan fungirt stets ein mit einer ventralen Oeffnung in den Rachen mündender Lungenapparat. Die Lungen sind stets häutige Säcke, welche entweder ungetheilt (*Chelonier*, *Crocodile*, *Ophidier*, manche *Saurier*) oder mit Nebensäcken (manche *Saurier*) oder mit endständigen zipfelförmigen Verlängerungen versehen sind (*Chamaeleonten*). Bei den *Cheloniern*, *Crocodilen* und den meisten *Sauriern* sind sie paarig und symmetrisch, bei den *Ophidiern* ist meist die rechte Lunge stärker entwickelt, die linke zuweilen ganz verkümmert. Das hintere Ende der Lunge ist bei manchen *Ophidiern* zu einem einfachen Luftbehälter ohne respiratorische Function geworden. Die innere Fläche ist überall durch vorspringende Falten in zellenähnliche Räume getheilt, die meist im vorderen Abschnitt zahlreicher und dichter sind. Bei den *Cheloniern* wird die Ausathmung durch Compression der Lunge mittels eines von Wirbelkörpern aus über die Lungen weggehenden Muskelbandes bewirkt; bei den *Crocodilen* wirken die Peritonealmuskeln ähnlich. Bei den übrigen werden die geringen Athembewegungen durch die Schlingbewegungen unterstützt. Die Luftwege sind stets in Kehlkopf und Trachea gesondert. Die Trachea ist bei den meisten Reptilien lang, bei *Crocodilen* und *Cheloniern* macht sie ein paar Krümmungen, ehe sie sich theilt und in die Lungen eintritt.

Sie wird durch Knorpelringe oder Knorpelbogen gestützt; bei *Crocodilen* und *Cheloniern* finden sich vorn Knorpelbogen, die sich hinten zu Ringen schliessen, bei *Sauriern* und *Ophidiern* sind umgekehrt vorn Ringe vorhanden, die nach hinten zu Bogen werden. Der häutige Verschluss der Bogen ist bei manchen *Ophidiern* bereits mit gefässreichen Lungenzellen besetzt. Der Kehlkopf wird durch Verschmelzung mehrerer Knorpelstücke gebildet, welche entweder nur eng mit einander verbunden oder ganz verschmolzen einen Kehlkopfknorpel bilden, der auf der Rückseite verbunden oder unverbunden dem Schild- und Ringknorpel entspricht. Den Eingang in den Kehlkopf stützen seitlich zwei Knorpelfortsätze, die zuweilen als getrennte Knorpelstücke erscheinen, Giessbeckenknorpel. Stimmbändern ähnliche Falten kommen nur bei den *Ascalaboten*, *Chamaeleonten* und *Crocodilen* vor. Eine die Stimmritze deckende Epiglottis fehlt den *Crocodilen*, bei den *Cheloniern* ist nur eine häutige Querfalte vorhanden; bei einigen *Ophidiern* und mehreren *Sauriern* erhält die Falte eine knorplige Stütze, Epiglottis.

Die Circulationsorgane der Reptilien weichen dadurch wesentlich von denen der beiden höheren Wirbelthierclassen ab, dass in ihren Gefässen zum Theil gemischtes Blut fliesst. Denn wenn auch die Herzvorkammern überall vollständig getrennt sind, so ist entweder der Ventrikel noch nicht vollständig in einen rechten und linken getheilt, oder es communiciren die beiden Aorten nahe ihrer Ursprungsstelle mit einander. Dieser Umstand wird einerseits erklärt durch das in Folge des langsameren Stoffwechsels geringere Athembedürfniss dieser Thiere, so dass sie mit einer eingeathmeten Menge Sauerstoff länger ausreichen; andererseits macht er die längere Unterbrechung des Athmens selbst möglich, indem die bei ausbleibender Respiration sonst eintretende Ueberfüllung des Lungenkreislaufs mit Blut durch die Möglichkeit eines Abflusses in den grossen Kreislauf stets sofort gehoben und dauernd ausgeglichen werden kann[*]. In Folge der langsameren Vegetation dieser Thiere, vorzüglich der wenig energischen Oxydation ist ihre Körpertemperatur nur wenig höher als die des umgebenden Mediums und schwankt innerhalb gewisser Grenzen mit dieser; sie sind daher »kaltblütig«. Am Herzen der Reptilien markirt sich die Trennung der Vorkammern äusserlich schon durch eine Furche; in die rechte Vorkammer mündet der die Venenstämme des Körpers aufnehmende rhythmisch contractile Sinus venosus, in die linke die Lungenvenen. Die Höhlung des einfachen Ventrikels der *Ophidier*, *Saurier* und *Chelonier* wird durch eine Menge von seinen Wandungen vorspringend und sich unter einander verbindender Muskelbrücken mit einer Anzahl kleiner Nebenhöhlen umgeben. Ein in der Richtung der Vorkammerscheidewand auftretender stärkerer Zug solcher Trabeculae carneae scheidet die Ventricularhöhle unvollkommen in eine nach oben liegende dickwandigere linke Höhle, Cavum arteriosum Brücke (Anlage des linken Ventrikels) und eine weitere dünnwandigere rechte Höhle, Cavum venosum Brücke (Anlage des rechten Ventrikels). In jene münden die Lungenvenen, in diese der Sinus venosus; beide

---

[*] Vergl. E. Brücke, Beiträge zur vergleichenden Anatomie und Physiologie des Gefäss-Systems, in: Denkschr. d. Wien. Akad. Bd. 3. 1852.

III. Reptilia.

Oeffnungen werden bei der Contraction des Ventrikels durch eine grössere innere und eine ihr gegenüberliegende kleinere, leistenartige äussere Klappe geschlossen. Die rechte Höhlung allein giebt Arterienstämme ab und zwar mit drei nebeneinanderliegenden, durch Semilunarklappen verschliessbaren Ostien einen Stamm für die Lungenarterien und zwei Aortenstämme. Von diesen ist stets der rechte der stärkere; von ihm gehen die beiden Carotiden und Subclavien, jede mit einem gemeinsamen Truncus entspringend ab. Der linke Aortenstamm ist bei den *Sauriern* und *Ophidiern* nur Aortenwurzel und vereinigt sich mit dem rechten unter der Wirbelsäule zur Aorta; bei den *Cheloniern* gibt er die Eingeweidearterien ab und schickt nur einen dünnen Communicationszweig zum rechten Hauptstamm. Bei vielen *Sauriern* gehen aus den Carotiden noch Aeste ab, die sich bogenförmig mit der Aorta vereinigen. Bei den *Ophidiern* gibt der rechte Aortenstamm nach Abgabe des gemeinsamen Carotidenstamms noch einen vorderen unpaaren Arterienstamm ab, welcher der Bauchaorta entsprechend unterhalb der Wirbelkörper nach vorn verläuft. Bei den *Crocodilen* ist der Ventrikel vollständig in eine rechte und linke Höhlung getrennt. Aus der linken Kammer entspringt der rechte Aortenbogen, der bald nach seinem Ursprung die mit einem gemeinsamen Bulbus entstehenden Trunci anonymi abgibt, aus der rechten der linke Aortenbogen und der Lungenarterienstamm. Während der linke Bogen wie bei den *Cheloniern* die Eingeweidearterien abgibt und nur durch einen kurzen Ast mit dem rechten communicirt, stehen die Wurzeln beider Bogen dicht über ihrem Ursprung durch eine Oeffnung mit einander in offner Communication, die jedoch nur durchgängig ist, wenn die Semilunarklappen durch das rückstauende Blut gefüllt sind. Eigenthümlich ist den *Crocodilen* das auch bei Vögeln beobachtete Unpaarsein der Carotis, die entweder direct als Truncus caroticus impar oder mit zwei sich vereinigenden Wurzeln aus den beiden Trunci anonymi entspringt. Ueberall sind die drei aus dem Herzen tretenden Arterienstämme mit ihren Wandungen dicht aneinander liegend, zuweilen von einigen Muskelfasern umschlossen. Die Venen sammeln sich in zwei obere, Jugular- oder Cardinalvenen, und eine hintere Hohlvene, welche zur Bildung eines pulsirenden Sinus venosus zusammentreten. Die Venen der Eingeweide bilden die Leberpfortader, während aus den Venenstämmen der Hinterextremitäten und des Schwanzes Aeste in die Nieren treten als Nierenpfortadern. Auch die Nebennieren haben ein Pfortadersystem mit zu- und abführenden Venen. Das Lymphgefässsystem der Reptilien ist dadurch ausgezeichnet, dass es weite, oft die Blutgefässe begleitende oder umhüllende Räume bildet. Es mündet vorn durch Ductus thoracici in die vorderen Hauptvenen und durch hintere Lymphherzen in die Venae iliacae. Von Lymphdrüsen ist nur eine Mesenterialdrüse von Owen am *Crocodil* beobachtet worden. Constant vorhanden ist die Milz, die hier paarige Thymus, die Thyreoidea und Nebennieren.

Die Urogenitalorgane der Reptilien münden mit ihren Ausführungsgängen getrennt in die Cloake. Die Nieren liegen im hinteren Theil der Rumpfhöhle neben der Wirbelsäule und sind länglich platte, nur bei den *Ophidiern* gestreckte und weiter vor der Cloake liegende Körper. Die Ureteren münden auch da, wo eine Harnblase vorhanden ist, in die Cloake. Eine Harnblase ist bei den meisten *Sauriern* und den *Cheloniern* vorhanden, fehlt dagegen den *Ophidiern* und *Crocodilen*. Sie ist eine ventrale Ausstülpung der Cloake, steht also auch hier als weitere Ausbildung des Stiels der Allantois zum Auftreten dieser in Beziehung.

Die beiden stets getrennten Geschlechter der Reptilien sind durch den Besitz von Copulationsorganen ausgezeichnet; die Form der weiblichen entspricht in rudimentärer Gestalt der der männlichen. Sonstige Geschlechtsunterschiede kommen nur bei einigen *Sauriern* in der Form von Hautkämmen vor. Die Eierstöcke der *Saurier* und *Ophidier* sind paarig und meist symmetrisch; sie sind gestreckte Drüsen, in denen sich die Eier zwischen zwei Platten entwickeln. Durch Grössenzunahme und Lösung der Eier aus dem sie umgebenden Stroma werden diese Platten zuweilen zu einem Sacke ausgedehnt, durch dessen Ruptur die Eier frei werden. Bei den *Cheloniern* und *Crocodilen* werden die Eierstöcke mit der Reife der Eier wie bei den Vögeln traubig. Die mit weiter musculöser Abdominalöffnung beginnenden Eileiter haben einen oberen dünnwandigen, einen mittleren mit drüsiger gefalteter Schleimhaut versehenen und einen kürzeren engeren unteren Abschnitt. In dem mittleren Abschnitt des Oviductes erhalten die Eier ihre Eiweissumhüllung und ihre Schale. Letztere ist bei den *Sauriern* und *Ophidiern* lederartig, dünn, bei den *Cheloniern* und *Crocodilen* derber, kalkhaltig. Die Hoden sind bei den *Ophidiern* etwas unsymmetrisch gelagert, indem der rechte weiter nach vorn liegt; gleichzeitig ist der rechte meist etwas grösser als der linke. Die *Saurier*, *Chelonier* und *Crocodile* haben symmetrische Hoden. Die Vasa deferentia, die meist gewunden nach hinten verlaufen, besitzen bei manchen *Sauriern* und den *Crocodilen* vor ihrer Mündung in die Cloake eine kleine blasenartige Erweiterung. Die Begattungsorgane der Reptilien sind nach einem zweifachen Plane gebaut. Bei den *Sauriern* und *Ophidiern* sind es paarige vorstülpbare Hohlkegel, die mit ihrer Mündung in oder an der Cloake liegen. Sind sie durch Contraction eigner Muskeln vorgestülpt, so zeigen sie eine von der Mündungsstelle der Vasa deferentia auf sie übergehende Rinne, welche auch auf das häufig noch gespaltene Ende des Penis sich erstreckt. Zuweilen sind sie auf der äusseren Fläche mit Papillen oder Stacheln besetzt. Zurückgezogen werden sie gleichfalls durch besondere Muskeln. Die *Chelonier* und *Crocodile* haben keinen vorstülpbaren Penis, sondern besitzen (wie der Strauss u. a. Vögel) zwei an der Vorderwand der Cloake gelegene fibröse Schwellkörper, welche eine von einem dritten Schwellkörper getragene Rinne zwischen sich haben. Ihr Ende ist als Glans penis zu betrachten; es ist zuweilen getheilt (manche Schildkröten) und kann erigirt und durch einen besonderen Muskel zurückgezogen werden. Die Eier entwickeln sich bei manchen *Sauriern* und *Ophidiern* bereits im Oviduct (wie es auch bei manchen *Enaliosauriern* der Fall gewesen zu sein scheint). Man nennt die Thiere dann ovovivipar, da sich die Embryonen zwar innerhalb der vom Oviduct abgeschlossenen Eischale entwickeln, die Jungen aber lebendig geboren werden. Die Giftschlangen sollten ovovivipar sein; doch hat es sich herausgestellt, dass viele rein ovipar sind und dass auch umgekehrt viele andere Schlangen ovovivipar sind. Sehr nahe verwandte Formen weichen zuweilen hierin von einander ab. Die *Crocodile* und *Chelonier* sind alle eierlegend. Die Zahl der in einer Brunstzeit gelegten Eier schwankt sehr. Während einige Schildkröten nur 2—3 Eier legen, steigt die Anzahl bei anderen auf 20—30. Bei der Ringelnatter ist die Zahl 30—40, bei anderen Schlangen 10—50. Alle Reptilien entwickeln sich mit Amnion und Allantois; sie besitzen daher eine Nabelöffnung, durch welche der sehr schnell verkümmernde Dottersack aufgenommen wird. Bei der Geburt reissen die Eihäute am Nabel, der noch eine Zeit lang als Narbe zu sehn ist. Das Durchbrechen der Eischale wird auch hier, wenigstens bei *Sauriern* und *Ophidiern*, dadurch erleichtert, dass sich am Zwischenkiefer ein scharfer horniger Fortsatz entwickelt, der sogenannte Eizahn. Die Eier werden meist an geschützte, vorzüglich gern feuchte Stellen gelegt und ihr Ausbrüten, welches in der Regel sehr lange dauert, der Temperatur der umgebenden Luft überlassen. Nur wenig Formen scharren Löcher, um die Eier hineinzulegen (manche Schildkröten) oder bedecken sie mit ihrem Körper (manche Schlangen).

Die Lebensweise und der Aufenthalt der Reptilien ist den verschiedenen Entwickelungsformen der Bewegungsorgane entsprechend ziemlich mannichfaltig. Da alle Reptilien luftathmende Thiere sind, so sind die meisten auch Landthiere und die im Wasser lebenden (wie die Seeschildkröten und einige andere Schwimmer) scheinen (wenn sie nicht ovovivipar sind) sämmtlich ans Land zu kommen, um ihre Eier dort abzusetzen. Während die meisten einen gewissen Grad von Feuchtigkeit zu ihrem Wohlsein bedürfen, gibt es einige Formen (einige *Ophidier* und *Saurier*), welche in heissen trocknen Landstrichen wohnen. Viele *Saurier* und *Ophidier* klettern geschickt und von ersteren leben manche ganz auf Bäumen. Des Flugvermögens der Pterodactylen wurde schon gedacht, ebenso des Fallschirms der Draconen. Im Uebrigen ist der Ausdruck Reptilia für sie sehr bezeichnend, da sie, mag auch ihre Bewegung in manchen Fällen eine sehr behende sein, doch in den meisten Fällen ihren Körper auf der Erde schleppen. Ihr Wachsthum ist ausserordentlich langsam und wie es scheint zeitlebens fortdauernd. Die Körpergrösse ist daher nie scharf zu bestimmen, da man möglicherweise von vielen Formen die Grenzen nicht kennt, bis zu denen sie zu wachsen vermögen. Auch tritt deshalb die Geschlechtsreife erst später ein. In Folge der theilweisen Abhängigkeit ihrer Körperwärme von der des umgebenden Mediums verfallen die meisten der in gemässigten und kälteren Zonen lebenden Reptilien mit dem Eintritt der kälteren Jahreszeit in eine winterschlafähnliche Erstarrung, aus der sie erst mit der wiedererwachenden Wärme erwachen. Umgekehrt halten manche Formen der heissen Tropen einen Sommerschlaf, wenn die Trockniss und die weit über das Maass der von ihrem Körper zu erzeugenden Wärme hinausgehende Lufttemperatur, beim Mangel besonderer Einrichtungen derselben zu widerstehen, ihren Ernährungs- und Athmungsprocess beeinträchtigen. Sie erwachen dann mit dem Eintritt der Regenzeit. Die psychischen Erscheinungen der Reptilien sind äusserst niedrig. Wie sie meist nur beim Eintritt des Nahrungsbedürfnisses (dem z. B. viele Schlangen nur selten, aber dann massenhaft auf einmal genügen) lebhaft und beweglich werden, so sind auch die wenig vorhandenen instinctiven Aeusserungen auf das Erjagen der

Nahrung, dann aber vor allem auf das Geschlechtsleben beschränkt. So gehen *Crocodilier* und viele *Ophidier* wie echte Raubthiere vorzugsweise Nachts auf Raub aus, während sie den Tag träge sich sonnend zubringen. Das Leben der beiden Geschlechter zu einander ist noch wenig bekannt. Meist scheint nur eine Brunstzeit in jedem Jahre einzutreten. Alligatorenmännchen hat man heftig um ein Weibchen kämpfen sehen, was man auch von *Anolis*-Männchen erzählt.

Die Zahl der specifisch benannten Formen der Reptilien beträgt ungefähr 1300 (gegen 1000 lebende, über 300 fossile Arten). Das Verhältniss der einzelnen Ordnungen zu einander hat sich insofern wesentlich gegen früher geändert, als die *Saurier* in allerdings eigenthümlichen Formen die Hauptmasse der ganzen Classe bildeten, zu denen erst später die *Chelonier* und *Ophidier* als Entwickelungszweige zweier auseinandergehender Formengruppen hinzutraten. Die geographische Verbreitung der jetzt lebenden Reptilien ist dadurch eine beschränkte, dass trotz des grossen Widerstandsvermögens der meisten gegen Temperaturwechsel doch keine Form ein anhaltend kaltes Klima zu überdauern im Stande ist. Nur wenig *Ophidier* und *Chelonier* reichen in die kälteren Theile der gemässigten Zonen hinein. Die grösste Entfaltung des formenreichen Reptilienlebens bieten die warmen und heissen Erdstriche dar. Auch hier findet in den einzelnen Ordnungen eine eigenthümliche Ersetzung oder Stellvertretung statt. Während unter den *Crocodiliern* die Gattung *Crocodilus* in beiden Continenten vertreten ist, kommt *Alligator* nur in America, *Gavialis* nur in Asien vor. Von den *Cheloniern* fehlen *Trionychiden* in Europa, Süd-America und Australien, in welch' letzteren Erdtheilen sich auch keine Landschildkröte findet. America eigen sind einzelne Formen, wie *Chelys*, *Emysaurus*. Am characteristischsten ist die Vertheilung der *Saurier*. Während einzelne Familien nur auf den alten Continent beschränkt sind, wie die *Varanen* und *Chamaeleonten*, ersetzen sie in anderen oft äusserst ähnliche Formen, die vorzüglich durch verschiedene Zahnbildung characterisirt sind, in beiden Continenten. So sind *Ameiven* americanisch, *Lacertinen* altcontinental; die *Draconen* und *Calotes* sind altcontinental und werden in America von den *Anolis*, *Iguanen* und *Basilisken* ersetzt, ebenso die *Stellionen*, *Uromastix* und andere *Erdagamen* durch *Doryphorus*, *Tropidolepis*, *Phrynosoma* u. a. Dabei sind constant die Formen des östlichen Continents acrodonte, die der westlichen Hemisphäre pleurodonte. Unter den Schlangen sind die *Hydrophiden* ganz auf den indischen und stillen Ocean angewiesen; *Python* gehört der östlichen Hemisphäre an, die meisten Arten von *Boa* der westlichen, *Crotalus* ebenfalls America an. Was die geologische Aufeinanderfolge der verschiedenen Reptilienformen betrifft, so wird gewöhnlich angeführt, dass die Secundärzeit die eigentliche Periode der Reptilien gewesen sei. Lässt sich nun auch im Allgemeinen nicht verkennen, dass die ganze Gruppe im Schwinden begriffen ist, so sind doch Formen, welche jetzt lebenden nahe stehen, mit Ausnahme der *Lacertinen*, erst später erscheinen. Die genannten erscheinen aber durch ihre Verwandtschaft mit dem ältesten thecodonten *Protorosaurus* aus dem thüringer Kupferschiefer (Perm) als ältester Typus. Auf die Secundärzeit beschränkt sind die *Enaliosaurier* und *Pterosaurier*. Ob sich indessen nicht einzelne Individuen riesiger Flugechsen oder colossale Formen anderer extincter Saurierordnungen bis zum Auftreten des Menschen erhalten und dann mythisch zur Entstehung der so allgemein verbreiteten Sagen von Drachen und Lindwürmern Veranlassung gegeben haben möchten, soll hier andeutungsweise bemerkt werden. *Ophidier* sind in der Tertiärperiode erschienen, *Chelonier* bereits im Jura, und gewisse Fährteneindrücke aus noch älteren Formationen glaubt man sogar auf Schildkröten beziehen zu können.

Was die Classification der Reptilien betrifft, so sind die früher gewöhnlich angenommenen drei Ordnungen der Schildkröten, Eidechsen und Schlangen äusserst ungleichwerthig und deshalb aufzugeben. Unter den Eidechsen begriff man die *Crocodile* mit, welche einen selbständigen Typus darstellend viel weiter von den eigentlichen *Sauriern* sich entfernen als die Schlangen. Letztere sind nur als ein eigenthümlich entwickelter Seitenzweig der *Saurier* zu betrachten und können streng genommen den übrigen Ordnungen kaum coordinirt werden. Nach der beweglichen oder unbeweglichen Verbindung des Quadratbeins mit dem Schädel trennte STANNIUS, wie erwähnt, die *Saurier* und *Ophidier* als *Streptostylica* von den *Monimostylica*, den *Crocodilen* und *Cheloniern*. Bei gleichzeitiger Berücksichtigung der fossilen Formen verliert der Character an Bedeutung. Wir beginnen mit den Formen, deren Entwickelung am meisten ein specifisches Gepräge trägt.

Ordnungen der Reptilien.

1. Ordnung. *Chelonia* BRONGN. Körper in eine mehr oder weniger vollständige Kapsel eingeschlossen, welche von den verbreitert aneinander stossenden und mit Hautknochen sich verbindenden rippenartigen Querfortsätzen gebildet und aussen von Hornschildern bedeckt wird und in welche die Füsse, der Schwanz und meist auch der Kopf zurückgezogen werden können. Kiefer zahnlos mit hornigen Scheiden, selten mit fleischigen Lippen; knöchernes Nasenloch einfach; Trommelfell sichtbar; Augenlider. (Herz mit einer Kammer; Quadratbein unbeweglich; ein einfaches in der Cloake liegendes Begattungsorgan.) Vom Jura an bis in die Jetztzeit.

2. Ordnung. *Anomodontia* OWEN. Wirbel biconcav; vordere Rippen mit gespaltenem oberen Ende; Schädel mit einer Seitenfontanelle; zahnlose Kiefer oder grosse wurzellose stosszahnähnliche Oberkieferzähne oder angewachsene Zähne an Kiefer- und Gaumenknochen; Quadratbein unbeweglich. Nasenlöcher getrennt, seitlich (zuweilen einfach). Palaeozoisch (?) und secundär.

3. Ordnung. *Pterosauria* OWEN. Wirbel hinten convex, vorn concav (procoelisch), von vorn nach hinten auffallend an Grösse abnehmend; vordere Rippen mit gabligem oberen Ende; Kopf gross, Kiefer lang mit conischen Zähnen; Quadratbein unbeweglich; Vorderextremitäten stärker als die hinteren, wie jene mit fünf Fingern. Vorderarm und die fünften Finger ausserordentlich verlängert zur Unterstützung einer Flughaut. Jura und Kreide.

4. Ordnung. *Dinosauria* OWEN. Einige der vorderen Wirbel hinten concav und vorn convex (opisthocoelisch), die übrigen mit flachen oder leicht conca-

ven Gelenkenden; Hals- und vordere Rückenwirbel mit oberen und unteren Querfortsätzen; Rückenwirbel mit plattenförmiger Verbreiterung der oberen Bogen; mehr als zwei Kreuzbeinwirbel; vordere Rippen mit gabligem oberen Ende; vier kräftige, zum Gehen passende Gliedmaassen mit nicht mehr als fünf Fingern. Zähne in beiden Kiefern, in Alveolen. Quadratbein unbeweglich. Secundärzeit.

5. Ordnung. *Crocodilina* Oppel. Haut mit Knochenschildern bedeckt; Trommelfell mit einer häutigen Klappe; Nasenloch einfach; Kiefer mit conischen in distincten Alveolen steckenden Zähnen; vier kurze Füsse mit Schwimmhäuten zwischen den (fünf) Zehen; Schwanz lang, seitlich comprimirt. Wirbel an beiden Enden oder nur vorn oder nur hinten concav, die vorderen mit oberen und unteren Querfortsätzen und oben gablig endenden Rippen; Kreuzbein aus zwei Wirbeln bestehend. (Herz mit doppelter Kammer; Quadratbein unbeweglich; ein einfaches in der Cloake liegendes Begattungsorgan.) Vom Jura an bis zur Jetztzeit.

6. Ordnung. *Sauropterygia* Owen. Körper meist mit einem sehr langen Hals; Füsse zum Schwimmen eingerichtet mit nicht mehr als fünf Fingern; Wirbel mit platten oder leicht concaven Gelenkenden; Kreuzbein mit einem oder zwei Wirbeln; Rippen mit einfachem oberen Ende; kein Postorbital- und Supratemporalknochen; am Dache und den Seiten des Schädels Fontanelle; Nasenlöcher getrennt. Oberkiefer grösser als die Zwischenkiefer; Zähne in distincten Alveolen in den Kieferknochen, selten an den Gaumen und Flügelbeinen. Secundärzeit.

7. Ordnung. *Ichthyopterygia* Owen. Körper fischartig, ohne äusserlich sichtbaren Hals; Schwimmfüsse mit mehr als fünf Fingern; Wirbel zahlreich, kurz, biconcav; kein Kreuzbein; vordere Rippen mit gabligem oberen Ende; Schlüsselbeine und Episternum; Postorbital- und Supratemporalknochen; ein Foramen parietale; Zwischenkiefer grösser als die Oberkiefer; Zähne in einer gemeinsamen Alveolarfurche. Nasenlöcher getrennt, klein, in der Nähe der Orbiten, Augenhöhlen gross mit einem Kreis knöcherner Scleroticalplatten. Haut nackt. Vorwiegend liassisch.

8. Ordnung. *Ophidia* Brongn. Körper gestreckt, fusslos, von Hornschuppen und -schildern bedeckt; keine Augenlider; Nasenlöcher getrennt; keine Trommelhöhle. Zähne den Kiefern angewachsen; After ein Querspalt. (Wirbel zahlreich, procoelisch; Rippen mit einfachem oberen Ende; kein Kreuzbein und Brustbein, kein Schultergürtel; Zungenbein rudimentär; Quadratbein beweglich; Unterkieferäste nur durch dehnbare Bandmasse verbunden; keine Harnblase; zwei ausserhalb der Cloake mündende Begattungsglieder.) Tertiär und lebend.

9. Ordnung. *Sauria* Brongn. Körper gestreckt mit Schuppen oder Schildern, zuweilen knöchernen Platten bedeckt, mit vier Gangfüssen oder fusslos: bewegliche Augenlider; Nasenlöcher getrennt; meist ist eine Trommelhöhle und auch ein Trommelfell vorhanden; Zähne den Kiefern an- oder eingewachsen; After ein Querspalt. (Wirbel procoelisch mit einfachen Querfortsätzen und Rippen mit einfachem oberen Ende; keine oder höchstens zwei Kreuzbeinwirbel; Zungenbein entwickelt; Quadratbein beweglich; Harnblase

vorhanden; zwei ausserhalb der Cloake mündende Copulationsorgane.) Von der Steinkohlenperiode an durch die Trias bis zur Kreide und lebend.

Literatur.

LAURENTI, Jos. NIC., Synopsis Reptilium emendata, etc. c. 5 tabb. Viennae, 1768. 8.
SCHNEIDER, J. G., Historiae Amphibiorum naturalis et litterariae Fasc. I. et II. c. tabb. 4. Jenae, 1799, 1801. 8.
DAUDIN, FRÇ. M., Histoire générale et particulière des Reptiles. 8 Vols. av. 100 pl. Paris, 1802—4. 8.
BRONGNIART, ALEX., Essai d'une classification naturelle des Reptiles. in: Mém. prés. à l'Inst. Sc. phys. Tom. 1. 1805. p. 587.
OPPEL, MICH., Die Ordnungen, Familien und Gattungen der Reptilien. München, 1811. 8.
MERREM, BL., Versuch eines Systems der Amphibien. Mit einer Tafel. Marburg, (1800) 1820. 8.
WAGLER, J., Natürliches System der Amphibien. Mit 1 Taf. und 1 Verwandtschaftstaf. Stuttgart, 1830. 8.
FITZINGER, LEOP. J., Neue Classification der Reptilien nach ihren natürlichen Verwandtschaften. Wien, 1826. 4.
— — Systema Reptilium. Fasc. I. Amblyglossae. Vindobonae, 1843. 8.
DUMÉRIL, A. M. C., et G. BIBRON, Erpétologie générale, ou histoire naturelle complète des Reptiles. Av. Atlas. Tom. I.—IX. Paris, 1834—1854. 8.
SCHLEGEL, H., Abbildungen neuer oder unvollständig bekannter Amphibien (5 Decaden). Düsseldorf, 1837—1844. Fol.
HARLAN, RICH., American Herpetology, or genera of the North American Reptilia. in: Journ. Acad. nat. Sc. Philadelphia. Vol. 5. P. 2. 1827. p. 317.
HOLBROOK, J. E., North American Herpetology, or a description of the Reptiles inhabiting the United States. 5 Vols. With pl. Philadelphia, (1836—) 1843. 4.
GÜNTHER, ALB., The Reptiles of British India. London, 1864. (Ray Society.) Fol.
GOLDFUSS, A., Beiträge zur Kenntniss verschiedener Reptilien der Vorwelt. in: Nova Acta Acad. Leop. Carol. Tom. XV. P. 1. 1831. p. 61.
OWEN, RICH., Monographs on the Fossil Reptilia of the London Clay, of the Cretaceous Formation, of the Wealden Formations and Purbeck Limestones. London, 1849 u. flgde. (Palaeontographical Society). 4.
MEYER, HERM. VON, Zur Fauna der Vorwelt. Frankfurt a. M., 1846 u. flgde. Fol.

1. Ordnung. Chelonia BRONGN.

(*Testudinata* OPP., *Cataphracta* p. GRAY.)

Körper in eine mehr oder weniger vollständige Kapsel eingeschlossen, welche von den verbreitert aneinander stossenden und mit Hautknochen sich verbindenden rippenartigen Querfortsätzen gebildet und aussen von Hornschildern bedeckt wird, und in welche die Füsse, der Schwanz und meist auch der Kopf zurückgezogen werden können. Kiefer zahnlos mit hornigen Scheiden, selten mit fleischigen Lippen; knöchernes Nasenloch einfach; Trommelfell sichtbar; Augenlider.

Die Schildkröten stellen durch die Entwickelung ihres, mit ausgedehnten Hautverknöcherungen sich verbindenden Skelets, welche in anderen Gruppen nur andeutungsweise wieder vorkommt, eine der am schärfsten characterisirten Gruppen der Wirbelthiere dar. Das Verhältniss der Wirbelsäule und selbst des Schädels erinnern noch am meisten an die entsprechenden Theile der *Batrachier*, wenn schon die eigenthümliche Entwickelungsweise sowie das Verhalten der vegetativen Organe beide Abtheilungen streng scheidet.

Die äussere Haut der *Chelonier* bleibt nur am Halse, den Rumpftheilen, dem Schwanze und den Extremitäten frei verschiebbar und lederartig, wird auch hier durch einzelne verdickte Schilder, Körner, Höcker, sowie durch besondere, an einzelnen Stellen auftretende anders geformte hornige Anhänge, wie Sporen, Schuppen, Stacheln u. s. f. in einer den übrigen Ordnungen analogen Weise ausgezeichnet. Am Rumpfe treten sowohl an der Rücken- als Bauchseite in der Lederhaut Verknöcherungen auf, über welchen diese selbst häufig nur als dünne Matrix der die Knochenplatten von aussen deckenden Hornplatten übrig bleibt. Diese, das sogenannte Schildpadd bildenden Hornschilder entsprechen in ihrer Zahl und Lage nicht den darunter liegenden einzelnen Knochenstücken des Rücken- und Bauchschilds. Auf dem Rückenschilde (Carapace) sind constant fünf in der Medianlinie hinter einander liegende, den Rand nicht erreichende Rücken- oder Vertebralschilder, zu beiden Seiten derselben je vier Seiten- oder Costalschilder vorhanden. Umgeben werden dieselben von jederseits elf Marginalschildern, welche am Hinterrand ein meist paariges sogenanntes Caudalschild, am Vorderrand ein zuweilen einfaches oder gleichfalls paariges Nackenschild begrenzen; letzteres fehlt in manchen Fällen oder rückt an den Vorderrand des ersten Vertebralschildes, so dass die vordersten Marginalschilder vor ihm zusammenstossen. Das Bauchschild (Plastron) decken sechs Schuppenpaare, welche von vorn nach hinten als Gular-, Humeral- (oder Brachial- oder Postgular-), Pectoral-, Abdominal-, Femoral- (oder Praeanal-) und Analschild bezeichnet werden. Zwischen das vorderste Paar, dann entweder vor ihm oder hinter ihm liegend schiebt sich zuweilen noch ein unpaares Intergularschild ein. Verwächst das Rückenschild mit dem Bauchschild, so tritt an den vorderen Umschlagwinkel jederseits ein besonderes Axillar-, an dem hinteren ein Inguinalschild auf. Bei den *Cheloniden* liegt aussen neben den Bauchschildern noch eine Reihe seitlicher (sternolateraler) Schilder. Bei den *Trionychiden* und bei *Sphargis* fehlen die Hornschilder, da hier die Knochenplatten des Rücken- und Bauchschildes von der gleichmässig verdickten Lederhaut überzogen werden. Als Anhangsgebilde der Haut sind endlich noch die den Endgliedern der Finger und Zehen angehefteten, bald breit hufförmigen, bald stärker gekrümmten, durch verschiedene Abnutzungsgrade indess vielerlei Uebergangsformen darbietenden Krallen zu erwähnen, welche entweder allen fünf Fingern oder nur einigen derselben zukommen. Bei Schildkröten aller Ordnungen, mit Ausnahme der Landschildkröten, sind der Haut angehörige Drüsen gefunden worden, welche sich an den Verbindungsstellen des Brust- und Rückenschildes durch die Randplatten öffnen. — Der Schädel der Schildkröten ist besonders durch folgende Eigenthümlichkeiten ausgezeichnet. Die Seitenwandungen der Hirnkapsel sind vor dem, den vorderen Theil der Pars petrosa darstellenden Knochen nur knorpelhäutig; absteigende, bis zu den Pterygoiden reichende Fortsätze der Scheitelbeine decken diese Stelle von aussen und schliessen einen von Augenmuskeln eingenommenen Raum ein. Dagegen fehlt der die gleiche Lage bei den *Sauriern* einnehmende besondere, gewöhnlich Columella genannte Knochen. Bei vielen ist durch Entwickelung äusserer Seitenfortsätze der Scheitelbeine, welche sich nach aussen und abwärts wölben und mit den Elementen des Jochbogens und den Mastoiden in Verbindung treten, jederseits ein Schläfengrubendach hergestellt. Das Interorbitalseptum ist nur häutig, die Choanen liegen sehr weit nach vorn; vor ihnen ist am Mundhöhlendach der Vomer sichtbar. Ein den Oberkiefer mit den Pterygoiden verbindendes Os transversum fehlt. Die Seitenwandungen der Nasenhöhlen bilden grosse Frontalia anteriora, welche zuweilen sogar die Stelle der Nasenbeine einnehmen. Das Quadratbein ist fest zwischen das Mastoid, die Schläfenschuppe und den Jochbogen eingekeilt. An ihm ist aussen das Trommelfell befestigt, während es nach innen eine Oeffnung zum Durchtritt des einzigen Gehörknöchelchens, der Columella, hat; seine Innenwand trennt die Paukenhöhle von einer zweiten, vor den Vorhoffenstern gelegenen Höhle, dem Antivestibulum Bojani. Der Unterkiefer besitzt meist ein einfaches, aus einem einzigen unpaaren bogenförmigen Knochen bestehendes Zahnstück. — Halswirbel sind meist acht vorhanden; die vorderen sind hinten concav, die hinteren wie alle folgenden Wirbel vorn concav; zwischen sie ist dann meist ein doppelt convexer Wirbel eingeschoben. Ihnen fehlen Dorn- und Querfortsätze, ebenso Rippen; nur der letzte hat einen Dornfortsatz. Die gleichfalls überall zu acht vorhandenen Brustwirbel besitzen seitlich verlängerte, fälschlich gewöhnlich Rippen genannte Fortsätze, welche jedoch ihrer Entwickelung nach den Querfortsätzen entsprechen. Diese verwachsen innig mit unbeweglich durch Naht mit einander verbundenen Hautknochenplatten, welche sich in den oberen Seitenwandungen des Rumpfes über den Querfortsätzen entwickeln und entweder bis an den Rand des hauptsächlich von ihnen gebildeten Rückenschildes reichen oder die Spitze der rippenartig verlängerten Querfortsätze frei lassen. An dem Ursprunge dieser von den Seiten der Wirbelkörper oder der oberen Bogen überwölben die Seitenplatten dieselben und stossen an median über je zwei Wirbeln liegende mit den Dornfortsätzen verschmelzende Hautknochenplatten, welche mit den Seitenplatten sich durch Naht verbindend das Rückenschild in der Mitte schliessen. Der hierdurch eingeschlossene Raum entspricht nicht dem Canalis vertebralis, sondern enthält Rückenmuskeln. Vervollständigt wird das Rückenschild, mit Ausnahme der *Trionychiden* überall, durch Randknochenplatten, welche an die Spitze der Querfortsätze oder die Seitenplatten stossend das Rückenschild kranzartig umgeben. Das dem Rückenschild ventral entsprechende, dem Sternum aber nur analoge Bauchschild entsteht fast überall aus acht paarigen und einem unpaarigen vorderen Knochenstück, welches letztere (nur bei *Staurotypus* fehlend) zwischen das vordere Paar von hinten her eingeschoben ist. Bei den *Cheloniden* und *Trionychiden* bleiben die Stücke discret; bei allen übrigen verwachsen sie meist sehr früh zu einem einzigen und mit den mittleren Randplatten des Rückenschildes anchylosirenden, zuweilen nur in der Mitte offen bleibenden Stück. Doch tritt hier zuweilen der Fall ein, dass die vordere (*Pyxis*) oder hintere Hälfte (*Staurotypus*, *Cinosternon*, *Terrapene*) des Bauchschildes nur durch elastische Bandmasse mit der anderen Hälfte verbunden und daher beweglich ist. Auf die Brustwirbel folgt ein meist querfortsatzloser Wirbel, meist Lendenwirbel genannt, dessen Dornfortsatz nicht in die Rückenplatte eingeht. Mit dem Darmbein stehen meist zwei Wirbel in Verbindung als Kreuzbeinwirbel. Sie sowohl als die vorderen Schwanzwirbel besitzen gewöhnlich durch Naht mit dem Körper verbundene Querfortsätze, welche am Schwanze nach hinten allmählich rudimentär werden. Die Schwanzwirbel haben meist keine oberen Dornen, dagegen untere Bogen, welche sich zur Bildung eines unteren Canals aneinanderlegen und häufig untere Dornen tragen. Schulter- und Beckengürtel liegen im Panzer eingeschlossen zwischen Rücken- und Bauchschild. Der Schultergürtel besteht aus einem hakenförmig gebogenen Knochen, welcher von den Basen der Querfortsätze abwärts reicht und durch Band- oder Knorpelhaft dem unpaaren Stück des Plastron angefügt ist. Ungefähr in der Mitte trägt er die Gelenkpfanne für den Humerus und hier ist ihm durch Naht ein zweiter unterer nach hinten abgehender Schenkel angeschlossen. Der über der Gelenkhöhle liegende Theil ist Scapula, der hintere Schenkel ist Coracoid; der vordere ist ein diesem durch ein Band, welches oft zum grossen Theil knorplig ist, angefügtes Procoracoid (GEGENBAUR; oft unrichtig als Acromialfortsatz oder gar als Clavicula beschrieben). Die Knochen der Vorderextremität sind meist kurz, gedrungen, die des Unterarms nur bei den *Cheloniden* unten verwachsen, meist in starker Pronation. Der Carpus schliesst sich dem der geschwänzten Amphibien an. In der ersten Reihe finden sich drei Knochen, in der zweiten fünf, zwischen beiden eingeschlossen liegt ein centrales Stück; bei den *Cheloniden* ist an der Ulnarseite der zweiten Reihe noch ein accessorisches Stück (Pisiforme) vorhanden. Von den Fingern haben meist Daumen und kleiner Finger zwei, die übrigen drei Phalangen, doch haben bei den *Testudiniden* alle Finger nur zwei. Beim Becken der Schildkröten nehmen alle drei Knochen an der Bildung der Oberschenkelpfanne Theil. Die Darmbeine sind an die Spitze zweier Querfortsätze geheftet und meist nicht verbreitert. Von den beiden von der Pfanne aus nach unten abgehenden divergirenden Schenkeln ist der vordere, meist breitere das Schambein, der hintere das Sitzbein. Beide sind in der Mittellinie durch Synchondrose verbunden. Das von allen vier Stücken umschlossene Foramen obturatorium wird durch ein von der Scham- zur Sitzbeinfuge gehendes Ligament (*Cheloniden*) oder durch mittlere sich entgegenkommende Fortsätze der Scham- und Sitzbeine getheilt, so dass ein solches Foramen wie gewöhnlich auf jeder Seite vorhanden ist. Das zwischen beiden Platten des Panzers eingeschlossene Becken ist meist in keiner festen Verbindung mit diesem; nur bei den *Chelyden* (*Monimopelyca* STANNIUS) sind sowohl die Darmbeine an ihren oberen Enden als auch die ventralen Enden der Scham- und Sitzbeine mit der inneren Fläche des Rücken- und Bauchschilds durch knorplige oder Bandverbindung unbeweglich geworden. — Das Muskelsystem der *Chelonier* ist in Folge der Unbeweglichkeit des Rumpftheils hier verkümmert, indem nur zuweilen in dem Raume zwischen den Wurzeln der Querfortsätze und den darüber sich wölbenden Seitenplatten Muskelzüge sich finden. Bauch- und tiefere Halsmuskeln bilden einen Verschluss des vorderen und hinteren Eingangs in die Höhle des Panzers. Ein rudimentäres Zwerchfell entspringt von einigen der vorderen Rückenwirbel und legt sich, wie auch der quere

Bauchmuskel, an die Lungen, um als Expirationsmuskel zu wirken. Auf die sich in der Fussbildung ausdrückende Bewegungsart der *Chelonier* hat man bisher bei Classification derselben sehr viel Gewicht gelegt. Doch bieten die Füsse nur zwei, durch Uebergänge vermittelte Formen dar: Gangfüsse, im extremsten Falle mit bis zu den Nagelgliedern verwachsenen Zehen, und Schwimmfüsse mit frei beweglichen, durch Schwimmhäute verbundenen Zehen. Im ersten Falle sind die Thiere digitigrad (fast unguigrad), werden aber selbst plantigrad; im letzteren Falle sind die Füsse entweder mit laxen Schwimmhäuten versehene breite Schwimmfüsse oder platte, fast sichelförmige Ruder. — Am **Gehirn** der Schildkröten fehlen die grossen Quercommissuren ganz (Pons, Balken u. s. f.). Zwischen den windungslosen, nach vorn von den Riechlappen überragten hohlen Hemisphären und den Vierhügeln finden sich, die Wandungen des dritten Ventrikels bildend, die Sehhügel; das kleine Gehirn ist mässig gewölbt, windungslos. In Bezug auf die Sinnesorgane mag erwähnt werden, dass das Auge von zwei horizontalen Augenlidern und einer Nickhaut bedeckt wird. Dem entsprechend findet sich am äusseren Rande eine Thränendrüse, am inneren Augenwinkel eine Harder'sche Drüse. Die Iris hat quergestreifte Muskeln. — Die **Verdauungsorgane** der Schildkröten entbehren aller vorbereitender Organe, indem die Kiefer zahnlos, dagegen mit scharfen Hornscheiden bedeckt sind, und Speicheldrüsen meist gänzlich fehlen. Die Zunge ist kurz, fleischig, angewachsen und trägt nur bei den *Testudiniden* längere weiche Papillen. Der bei den *Cheloniden* mit rückwärts gerichteten hornigen, stachelartigen Fortsätzen versehene Oesophagus führt in den querliegenden Magen, welcher durch eine runde wulstartige Klappe vom Dünndarm abgegrenzt ist. Der ohne besondere Auszeichnung an den Dünndarm sich anschliessende Dickdarm ist bei den *Testudiniden* und *Cheloniden* lang, zuweilen so lang als der Dünndarm, bei den *Trionychiden* und *Chelyden* nur ein kurzes Rectum. Fast ausnahmslos ist eine Gallenblase vorhanden. — In der Luftröhre kommt bei einigen Schildkröten eine ventrale Knorpelleiste vor, welche bei *Sphargis* zu einer förmlichen, die Trachea in zwei Seitenhälften theilenden Scheidewand wird. Trachea und Bronchen machen bei *Cinyxis* mehrfach Krümmungen vor ihrem Eintritt in die Lungen. Die Lungen reichen bis zum Becken. Die drei aus dem ungetheilten Ventrikel des Herzens entspringenden Arterienstämme, Pulmonalis und rechte und linke Aortenwurzel sind zunächst ihrem Ursprunge zuweilen von einer Schicht Muskelfasern umhüllt. Die beiden Aorten vereinigen sich am Rücken zur Körperaorta, doch so, dass diese vorzüglich als Fortsetzung der rechten Aortenwurzel erscheint, da die linke nach Abgabe der Eingeweidearterien zu einem relativ schwachen Communicationsaste reducirt wird. Die Nieren sind relativ nicht gross, compact und liegen weit hinten in der Nähe der Cloake. Ueberall ist eine als ventrale Ausstülpung der Cloake erscheinende Harnblase vorhanden. Die Ovarien sind durch Peritonealfalten an die Wirbelsäule geheftet und werden mit Reife der Eier traubig. Die Eileiter beginnen mit weiten Ostien. Die Eier erhalten in ihnen eine Eiweissumhüllung und eine derbe Kalkschale. Das unpaare, an der vorderen Cloakenwand liegende Copulationsorgan hat bei den *Testudiniden* und *Cheloniden* ein einfaches ungetheiltes Ende; bei den *Trionychiden* spaltet sich der Penis in vier gefurchte Enden. Die Eier werden in vom Weibchen gescharrte Erdhöhlen gelegt und der Sonnenhitze zur Bebrütung überlassen. Die Entwickelung erfolgt meist sehr langsam.

Von den gegen 200 bekannten Arten jetzt lebender *Chelonier* leben die meisten zwischen den Wendekreisen; von aussertropischen Zonen ist die nördliche die reichere. Die östliche und westliche Hemisphäre haben keine gemeinsame Art; doch sind mehrere Gattungen durch verschiedene Arten auf beiden Hemisphären repräsentirt. Die östliche Hemisphäre ist im Ganzen reicher an Schildkröten und herrschen hier die Landschildkröten vor. In Süd-America und Australien prävaliren *Chelyden* und fehlen *Trionychiden*, während Asien und Nord-America durch Vorherrschen der *Emyden* und Vorkommen der *Trionychiden* characterisirt sind. Fossil kommen Schildkröten vom Jura an vor.

SCHNEIDER, J. G., Allgemeine Naturgeschichte der Schildkröten. Leipzig 1783. 8.

SCHWEIGGER, A. F., Prodromi monographiae Cheloniorum sectio 1. et 2. Regiomonti, 1814. 8.

GRAY, J. E., Synopsis Reptilium; or short descriptions of the Species of Reptiles. Part. I. Cataphracta. London, 1831. 8.

— —, Catalogue of Shield Reptiles in the Collection of the British Museum. Part. I. Testudinata. London, 1855. 4.

STRAUCH, ALEX., Chelonologische Studien. in: Mémoir. de l'Acad. de St. Pétersbg. 7. Sér. Tom 5. Nr. 7. 1862.

— —, Die Vertheilung der Schildkröten über den Erdball. ebenda. Tom 8. Nr. 13. 1865.

RATHKE, HNR., Ueber die Entwickelung der Schildkröten. Braunschweig, 1848. 4.

AGASSIZ, L., North-American Testudinata and Embryology of the Turtle. in: Contributions to the Natural History of the United States of America. Vol. 1. und 2. Boston, 1857.

1. Familie. **Chersemydae** STRAUCH. Rückenschild vollständig verknöchert, oval, meist stark gewölbt; Brustschild mit völlig verwachsenen Stücken, welche nur zuweilen einen beweglichen vordern oder hintern Lappen bilden; beide mit Hornschildern bedeckt; Brustschild mit 11 oder 12 Schildern; Kopf und Füsse meist in den Panzer einziehbar; Füsse vorn mit 5, selten mit 4, hinten mit 4, selten 5 oder 3 Krallen. Mund ohne Lippen. Becken nicht mit dem Brustschild verwachsen.

1. Unterfamilie. **Chersinae** WIEGM. Rückenschild hoch gewölbt; Füsse plumpe Gangfüsse mit meist bis zum Nagelgliede unbeweglich mit einander verbundenen Zehen; vorn mit 5 (selten 4), hinten fast ausnahmslos 4 Krallen; Schwanzplatte meist einfach. Terrestrisch.

1. Gatt. Testudo L., aut. (*Chersus* WAGL., *Geochelone* FITZ.). Rückenschild stark gewölbt, aus einem Stück bestehend, Brustschild zuweilen mit einem hintern beweglichen Lappen, stets mit 12 Schildern, Schwanzplatte einfach, zuweilen mit mittlerer Furche; Kopf mit Schildern. — Arten: a) Gularplatten getrennt: 1) Testudo GRAY, vorn 5, hinten 4 Krallen: T. graeca L. Südost-Europa. u. a. aus allen Zonen mit Ausnahme Australiens. — 2. Homopus D. B. vorn und hinten 4 Krallen: T. signata WALB. Süd-Africa. u. a. africanische. — b) Gularplatten verschmolzen: 3. Chersina GRAY: T. angulata DUM. Süd-Africa. — FITZINGER stellte noch die Untergattungen: Chelonoides und Chersobius, Psammobates und Megalochelys auf. Ferner gehört hierher Xerobates AG. — Fossil sind Arten aus dem Eocen (*T. Lamanonii* GRAY) bis in die Diluvialgebilde gefunden worden. Von Testudo trennt WEISS im americanischen Diluvium gefundene Reste als Testudinites.

1. Chelonia.

Colossochelys Falc. u. Cautley, mit Testudo verwandt, von riesiger Grösse, Rückenschild von 12' Länge und 6' Höhe; C. atlas Falc. u. C. Tertiärgebilde des Himalaya. — Agassiz zeigt eine ähnliche colossale Form aus America an: Atlantochelys Ag. und H. von Meyer eine gleiche aus deutschen Tertiärbildungen als Macrochelys (? Colossochelys) mira H. v. M.

2. Gatt. Pyxis Bell. Rückenschild gewölbt, aus einem Stück bestehend, mit Nackenplatte; Brustschild mit 12 Platten; Vorderlappen beweglich; Schwanz mit Endnagel; vorn 5, hinten 4 Krallen. — Art: P. arachnoides Bell, Ost-Indien.

Bei der miocenen Gattung Ptychogaster Pomel war der hintere Lappen des Brustschilds beweglich.

3. Gatt. Cinixys Bell. (incl. Cinothorax Fitz.). Rückenschild gewölbt, mit einem hinteren beweglichen Stücke; Brustschild aus einem Stück, mit 12 Platten. Vorderfüsse mit verwachsenen Zehen und 5 Krallen, Hinterfüsse halb plantigrad mit 4 Krallen. Africanisch. — Arten: C. Homeana Bell. u. a.

4. Gatt. Manouria Gray (Teleopus Le Cte.). Rückenschild gewölbt, aus einem Stück, Schwanzplatte doppelt; Brustschild aus einem Stück, die Pectoralplatte nach aussen gerückt, wie luxirt; vorn 5, hinten 4 (oder 5) Krallen. — Arten: M. fusca Gray, Ost-Indien und Australien. u. a.

2. Unterfamilie. **Emydidae** Gray (Paludines cryptodères D. B.). Rückenschild in der Regel flacher, Füsse dick, die Zehen aber meist freier beweglich, durch Schwimmhäute verbunden; vorn mit 5, hinten mit 4 Krallen; Schwanzplatte doppelt. Amphibiotisch.

5. Gatt. Terrapene Merr. (Cistudo D. B., Cuora, Onychotria und Cistoclemmys Gray, Pyxidemys Fitz.). Rückenschild gewölbt, mit Nackenplatte; Brustschild oval, mit 12 Schildern, mit dem Rückenschild durch Synchondrose verbunden, aus zwei Stücken bestehend, welche in einem zwischen Pectoral- und Abdominalplatten liegenden Knorpelgelenk beweglich und so gross sind, dass sie die Schale völlig schliessen; Axillar- und Inguinalplatten klein oder rudimentär; Kopf mit glatter Haut; Schwanz ohne Nagel; Füsse mit Schwimmhäuten, vorn mit 5, hinten mit 4 oder 3 Krallen. — Arten: T. carinata Str. (Testudo carinata L., Cistudo carolina Gray), Nord-America. u. a.

6. Gatt. Emys Wagl. (Cyclemys Bell., Pyxidea, Lutremys, Notochelys Gray). Rückenschild gewölbt, mit Nackenplatte, Brustschild vorn abgestutzt, mit sehr schmalen Flügeln, die durch Knorpel mit dem Rückenschild verbunden sind, mit 12 Platten, aus zwei Stücken bestehend, welche wie bei Terrapene beweglich, aber zu klein sind, um die Schale zu schliessen; vorn 5, hinten 4 Krallen. — Arten: E. lutraria Bp. (Cistudo europaea, Lutremys europaea Gray), Mittel-Europa, Nord-Africa. u. a. — Fossil kommen Emyden vom oberen Jura (oder Wälderbildungen) an vor.

7. Gatt. Clemmys Wagl. (Emys und Tetraonyx D. B.). Rückenschild flach gewölbt, mit Nackenplatte; Brustschild aus einem Stück bestehend, mit dem Rückenschild knöchern verbunden, mit 12 Platten; Axillar- und Inguinalplatten; Schwanz lang ohne Nagel; vorn 5 (selten 4), hinten 4 Krallen. — Arten: C. caspica Wagl. Südost-Europa. u. v. a. (fehlt in Australien). — Die Arten wurden von Gray in folgende Gattungen vertheilt: Geoemyda, Nicoria, Geoclemys, Rhinoclemys, Emys, Chrysemys, Pseudemys, Batagur (mit den Untergattungen Batagur, Kachuga und Pangshura) und Malaclemys. Zu Clemmys gehören ferner die Gattungen Ptychemys, Trachemys, Graptemys, Malacoclemmys, Deirochelys, Nanemys, Calemys, Glyptemys und Actinemys Agass. — Eine Art, Cl. tectum Str. (Emys tectum Bell) hat in der Miocenperiode gelebt und lebt noch jetzt in Ost-Indien.

Verwandte Gattungen sind: Dermatemys Gray (mit vier) Platysternum Gray (mit drei besonderen Sternocostalplatten, grossem Kopfe und langem Schwanze; P. megacephalum Gray, China) und Macroclemmys Gray (Gypochelys Agass.), Nord-America.

8. Gatt. Chelydra Schweigg. (Emysaurus D. B., Chelonura Flem., Saurochelys Lath., Rapara Gray). Rückenschild flach, mit drei Höckerreihen; Brustschild mit 10 oder 11 Schildern, Gularschild doppelt, Analschild meist fehlend; zwischen Axillar- und Inguinalplatte noch eine Sternocostalplatte; Kopf breit, einziehbar; Schwanz lang mit zackigem Kamm;

vorn 5, hinten 4 Krallen. — Art: Ch. serpentina AG. Nord-America. Fossil kommen zwei Arten in deutschen Pliocenbildungen vor.

Verwandte Gattungen: Staurotypus WAGL., Aromochelys GRAY (*Goniochelys* und *Ozotheca* AG.) und Claudius COPE.

9. Gatt. Cinosternum SPIX (*Thyrosternum* und *Platythyra* AG., *Swanka* GRAY). Brustschild oval mit 11 Schildern (Gularplatte einfach), aus drei Stücken bestehend, von denen das mittlere an den Abdominalplatten gebildete fest, die anderen an diesem beweglich sind; an Kinn und Kehle 4—6 Bartfäden; Schwanz bei den ♂ sehr lang, bei den ♀ kurz, mit Endnagel; Schwimmhäute breit; vorn 5, hinten 4 Krallen. Americanisch. — Arten: C. pensylvanicum WAGL. Oestliches Nord-America. u. a.

2. Familie. **Chelydidae** GRAY (*Paludines pleurodères* D. B.). Rückenschild mit dem Brustschild verwachsen, verknöchert, mit Hornplatten; Brustschild zuweilen aus zwei beweglichen Stücken bestehend, stets mit 13 Hornplatten (mit einer Intergularplatte); Kopf und Füsse meist nicht einziehbar, sondern werden seitlich unter den Rand des Rückenschildes geklappt; Füsse mit 5—4, 5—5, oder 4—4 Krallen. (Atlas und Epistropheus wie die andern Wirbel gebildet, ersterer am Körper mit concaver Gelenkfläche für den Hinterhauptscondylus; Gelenkfortsätze der Halswirbel zu einer queren unpaaren Platte vereint; Becken mit Rücken- und Brustschild unbeweglich verbunden.) Amphibiotisch.

1. Gatt. Peltocephalus D. B. Rückenschild stark gewölbt, ohne Nackenplatte, Schwanzplatte nur oben getheilt; Brustschild aus einem Stück bestehend, ohne Axillar- und Inguinalplatten, Kopf mit grossen sich dachzieglig deckenden Schildern, ohne Bartel; Schwanz mit Endnagel; Schwimmhäute entwickelt, vorn 5, hinten 4 Krallen, am Ballen und der Ferse Horntuberkel. — Art: P. tracaxa SPIX, Brasilien.

2. Gatt. Podocnemis WAGL. (incl. *Chelonemys* GRAY). Rückenschild mässig gewölbt, sein Rand horizontal vorspringend, ohne Nackenplatte mit doppelter Schwanzplatte; Axillar- und Inguinalplatten fehlen; Humeralplatten kaum halb so gross als die Pectoralplatten; Kopf mit grossen sich nicht dachzieglig deckenden Schildern, mit breiter Furche zwischen den Augen, 1—2 Bartel; Schwanz ohne Nagel, Schwimmhäute entwickelt, vorn 5, hinten 4 Krallen. — Arten: P. expansa D. B. Süd-America. — u. a.

3. Gatt. Sternothaerus BELL (*Pentonyx* D. B. p., *Pelusios* WAGL., *Tanoa*, *Notoa* und *Anota* GRAY). Rückenschild ziemlich stark gewölbt, ohne Nackenplatte und mit doppelter Schwanzplatte, Brustschild mit beweglichem Vorderlappen; Pectoralplatten kaum halb so gross als die Humeralplatten; Axillar- und Inguinalplatten fehlen; Kopf platt mit grossen Schildern; Kinn mit 2 Barteln; Schwanz ohne Nagel, vorn und hinten 5 Krallen. — Arten: St. castaneus D. B. Madagascar und Ost-Africa bis zum Cap. u. a.

Verwandte Gattung: Pelomedusa WAGL. (*Sternothaerus* ähnlich, aber mit unbeweglichem Brustschild). \

4. Gatt. Platemys (WAGL.) D. B. (*Emydura* BP., *Rhinemys*, *Platemys* et *Phrynops* WAGL., *Platemys*, *Hydraspis* et *Chelymys* GRAY). Rückenschild flach, mit Nackenplatte und doppelter Schwanzplatte; Brustschild breit, aus einem Stück; Kopf weichhäutig, häufig gefurcht; Hals lang, zuweilen mit Zotten, Kinn mit 2 Barteln; Schwanz kurz, nagellos; Vorderarm und Tarsus aussen mit einem Schilder tragenden Hautsaume; 5—4 Krallen, Schwimmhäute stark. — Arten: Pl. planiceps D. B. Süd-America. u. a. americanische; Pl. macquaria D. B. Australien. — Fossile Arten kommen schon im Wälderthon und Eocen vor.

Verwandte Gattungen: Hydromedusa WAGL. und Chelodina FITZ. (*Hydraspis* WAGL.).

5. Gatt. Chelys DUM. Rückenschild flach mit drei Höckerreihen, mit Nacken- und doppelter Schwanzplatte; Brustschild aus einem Stück, lang, schmal, seitlich gekielt; Kopf platt mit kleinen Schildern; Mundspalte sehr weit, Kiefer mit dünnen Hornscheiden, ohne Lippen; Nasenlöcher in einen platten Rüssel verlängert; über jedem Trommelfell ein dreieckiger Hautlappen; am Kinn 2, an der Kehle 4 geschlitzte Barteln; Seiten des Halses oben

mit einer Reihe ähnlicher Anhänge; Schwanz kurz, nagellos; 5—4 Krallen. — Art: Ch.
fimbriata Schweigg. Matamata. Süd-America.
Zu den Paludinosa im weiteren Sinne werden noch mehrere fossile Formen gerechnet,
welche nach Verschiedenheiten des Rücken- und Brustschildes und dergl. zu verschiedenen
Gattungen erhoben worden sind. Es fehlt aber noch hinreichendes osteologisches Material,
um ihre Stellung bei den Emydidae oder den Chelydidae mit Sicherheit zu erweisen. Hierher gehören die Gattungen: Palaeochelys H. v. Mey. aus dem Miocen, Apholidemys
Pomel aus dem Eocen, Trachyaspis H. v. Mey. aus der Schweizer Molasse, Protemys
Ow. aus der oberen Kreide, Tretosternum und Pleurosternum Ow. aus den Wälder-
schichten, Eurysternum Münster aus dem oberen Jura, Hydropelta, Palaeome-
dusa, Achelonia, Acichelys und Parachelys H. v. Mey. aus dem lithographischen
Schiefer.

3. Familie. **Trionychidae** Gray (*Chilotae* Wiegm., *Potamites* D. B.). Rückenschild oval, sehr flach, unvollkommen verknöchert, nur in der Mitte mit granulir-
ter Knochenscheibe, selten mit einzelnen Knochen; Brustschild mit unverwachsenen
Stücken, beide von weicher Haut bedeckt ohne Hornplatten; Kopf und Füsse nicht
einziehbar; Nasenlöcher in einen weichen Rüssel verlängert; Mund mit weichen
Lippen; Trommelfell nicht sichtbar; Füsse mit grossen Schwimmhäuten und vorn
und hinten nur 3 Krallen. Flussschildkröten.

1. Gatt. Trionyx Geoffr. (*Aspidonectes* Wagl., *Gymnopus* D. B.). Rückenschild sehr
flach, Knochenscheibe mässig, Knorpelrand ohne Randknochen; Brustschild kurz, hinten
schmal, ohne Klappen, keine oder höchstens 4 Sternalcallositäten. — Arten: T. ferox
Schweigg. Südwestliches Nord-America, Tr. aegyptiacus Geoffr. Nil. — u. a. auf
Africa, Südwest-Asien und Nord-America beschränkte Arten. Die Versuche, die (nach
Strauch) 17 Arten dieser Gattung schärfer zu sondern (in welcher Absicht schon Fitzinger
die Untergatt.: Aspidonectes, Potamochelys, Platypeltis, Pelodiscus und
Amyda aufstellte, welche dann Agassiz zum Theil wieder benutzte), haben dazu geführt,
dass Gray nach sorgfältiger Untersuchung der Schädel auf deren Differenzen Gattungen gründet, welche fast ebenso vielen Arten entsprechen. Namentlich ist es die Form des Gesichts,
dessen zuweilen fast geradlinigen, zuweilen stark convexen Profils, und die Form der Alveolarränder der Kiefer, welche als Merkmale benutzt werden. Die Gray'schen Gattungen
sind: Trionyx, Rafetus, Dogania, Aspilus, Potamochelys, Tyrse, Pelo-
chelys und Chitra.

2. Gatt. Cycloderma Pet. (*Cryptopus* D. B. p., *Cyclanorbis* und *Cyclanosteus* (Pet.]
Gray antea, *Heptathyra* Cope, *Aspidochelys*, *Tetrathyra* Gray). Rückenschild mässig gewölbt,
Knorpelrand schmal ohne Randknochen, Knochenscheibe gross; Brustschild breit mit 1—9
Sternalcallositäten, am Hinterrand mit 3 Klappen für den Schwanz und die Füsse. — Arten:
C. frenatum Pet. Central-Africa. — u. a.

3. Gatt. Emyda Gray (*Cryptopus* D. B. p., *Trionyx* Wagl.). Rückenschild gewölbt,
Knochenscheibe gross, Knorpelrand schmal, mit einer Knochenplatte im Nacken und 5—8
jederseits am Hinterrande; Brustschild mit 7 Callositäten, mit 3 Klappen. — Arten: E. gra-
nosa Str. (*Trionyx granosus* Schweigg.), Ost-Indien. u. a.

Fossil kommen Arten von Trionyx (i. e. *Trionychidae*) erst vom Eocen an vor; hierauf
bezogene Reste aus secundären Bildungen sind nur irrthümlich als Fluss-Schildkröten ge-
deutet worden.

Ausser den im Catal. of Shield Reptiles gegebenen Schädel-Abbildungen s. Gray, in:
Proceed. Zool. Soc. 1864. p. 76—98.

4. Familie. **Cheloniadae** Gray (*Thalassites* D. B.). Rückenschild herzförmig,
flach gewölbt; die Seitenplatten lassen die Spitzen der rippenartigen Querfortsätze
frei, welche von den Randplatten bedeckt werden; Knochen des Brustschildes unverbunden; Kopf und Füsse nicht zurückziehbar; Kiefer ohne Lippen; Trommelfell

nicht sichtbar; Füsse sind platte Schwimmfüsse, die vordern grösser als die hintern; Krallen höchstens 2, meist rudimentär. Marin.

1. Unterfamilie. **Sphargidinae** (BELL) BP. Panzer von einer dicken Lederhaut überzogen ohne Hornschilder, Füsse ohne Krallen.

1. Gatt. Dermatochelys BLAINV. *(Sphargis* MERR., *Coriudo* FLEM., *Scytina* WAGL.) *). Rückenschild mit 7 Längskielen. Oberkiefer mit 3 Ausbuchtungen. Vorderbeine doppelt so lang als die hintern. — Art: D. coriacea STR. (*Testudo coriacea* L., *Sphargis coriacea* GRAY), Mittelmeer, atlantischer, indischer und stiller Ocean. — Eine Art glaubt man im Miocen von Hérault erkannt zu haben.

2. Unterfamilie. **Cheloniinae** (BELL) BP. Panzer mit regelmässigen Hornschildern bedeckt; Füsse mit je einer oder 2 Krallen.

2. Gatt. Chelone BRONGN. (*Chelonia* FLEM., D. B., *Caretta* GRAY, *Eretmochelys* FITZ., *Euchelonia* TSCH., *Euchelys* GIRARD). Rückenschild mit 13 Platten, erste Costalplatte grösser als die letzte; Brustschild mit 13 Platten, grosser Intergularplatte, jederseits 4—5 Sternocostalplatten; Kopf oben platt mit 10—12 Schildern. — Arten: Ch. imbricata D. B. Atlantischer, stiller und indischer Ocean; Ch. viridis TEMM. alle Meere der warmen Zonen. u. a.

3. Gatt. Thalassochelys FITZ. (*Caouana* GRAY, *Halichelys*, *Lepidochelys* FITZ.). Rückenschild mit 15 Platten (vor der vordersten Costalplatte noch eine accessorische jederseits); Brustschild schmäler mit oder ohne Intergularplatte; Kopf platt mit 20 Schildern. — Arten: Th. caretta (*Testudo caretta* L.). Mittelmeer und atlantischer Ocean. u. a.

Echte Cheloniden kennt man vom oberen Jura an; in der Kreide (Cimochelys Ow.) und den Tertiärbildungen werden sie zahlreicher. Für näher verwandt mit den Cheloniden als mit den Emyden, zu denen der ursprüngliche Beschreiber die Formen brachte, hält PICTET die Gattungen Idiochelys und Aplax H. V. MEY.

Möglicherweise gehören die von H. VON MEYER als Chelytherium obscurum, aus dem oberen Keuper, beschriebenen fragmentären Knochen zu Schildkröten.

2. Ordnung. **Anomodontia** OWEN.

Wirbel biconcav; vordere Rippen mit gespaltenem oberen Ende; Schädel mit einer Seitenfontanelle; zahnlose Kiefer oder grosse wurzellose stosszahnähnliche Oberkieferzähne oder angewachsene Zähne an Kiefer- und Gaumenknochen; Quadratbein unbeweglich. Nasenlöcher getrennt, seitlich (zuweilen einfach).

Die von OWEN in dieser Ordnung vereinigten Formen sind zwar noch nicht in allen Theilen ihres Skeletes bekannt, zeigen aber im Schädel so viel Uebereinstimmendes, dass sie vorläufig in einer Gruppe vereint bleiben können. Am Schädel (dem bei einigen allein gekannten Skelettheil) finden sich Charactere, welche sowohl auf *Reptilien* als auf *Amphibien* bezogen werden könnten; doch weist der einfache Hinterhauptscondylus, so wie die Trennung der Augenhöhle von der Schläfengrube durch eine von den Postfrontalia nach den Jochbeinen sich erstreckenden Knochenbrücke die Thiere trotz der bedeutenden Contraction des hintern Schädeltheils von den *Amphibien* weg zu den

---
*) Isis. 1828. p. 861.

Reptilien. Den auffallendsten Character bietet die eigenthümliche Entwickelung des Gebisses dar. Während bei einigen Formen die vorgezogenen Oberkiefer und verschmolzenen Zwischenkiefer ebenso wie der hohe Unterkiefer zahnlos sind und von Hornscheiden bedeckt gewesen zu sein scheinen, sind bei andern die Zähne in einer bei *Reptilien* sich nicht wiederholenden Weise entwickelt. Es fanden sich entweder nur grosse wurzellose im Ober- oder Zwischenkiefer stehende, in besonderen Alveolen enthaltene Stosszähne, oder neben grossen, Hauern ähnlichen Vorderzähnen noch angewachsene Zähne an den Kiefern oder auch an den Gaumenbeinen.

Bei der Unvollständigkeit, in welcher einige wohl hierher gehörige Formen bekannt sind, ist die weitere Eintheilung der Gruppe in Familien nur eine vorläufige. Das Alter der Thiere ist ziemlich schwer zu bestimmen. Abgesehen von einer triassischen Gattung gehören die in Süd-Africa, im westlichen Bengalen und westlichen Ural gefundenen Reste Formationen an, welche wie es scheint zwischen Zechstein und Trias liegen. Wenigstens ist der Kupferschiefer Orenburg's jünger als der zum Zechstein gehörige des Gouvernement Perm (s. H. v. Meyer, Palaeontogr. XV. p. 98).

1. Familie. **Dicynodontia** Ow. In jedem Oberkiefer ein langer wurzelloser Stosszahn; Zwischenkiefer verwachsen und wie der Unterkiefer zahnlos.

1. Gatt. Dicynodon Ow. Character der Familie. — Nach der Form des Unterkiefers trennt Owen die Arten in die beiden Untergattungen Dicynodon Ow., mit horizontalem Alveolarrand: D. lacerticeps Ow., D. tigriceps Ow. u. a., und Ptychognathus Ow., der Vordertheil des Unterkiefers fast rechtwinklig nach oben gebogen: Pt. declivis Ow., südafricanisch. Dicynodontenreste kommen nach Huxley auch im westlichen Bengalen vor. — Eigenthümlich ist die Bildung des Beckens bei D. tigriceps Ow., wo das Foramen obturatorium obliterirt ist und Darm- und Sitzbeine, wie bei manchen Bruta, mit Sacralwirbeln verbunden sind.

Die von Owen zur nächsten Familie gerechnete Gattung Oudenodon Bain weicht von Dicynodon nur durch den Mangel der grossen Zähne ab. Die zahnlosen, geradlinigen Alveolarränder waren vermuthlich mit Hornscheiden versehen.

2. Familie. **Cryptodontia** Ow. Ober- und Unterkiefer zahnlos oder mit nicht wahrnehmbaren Zähnen.

1. Gatt. Rhynchosaurus Ow. Schädel vierseitig pyramidal, Hirntheil schmal, Jochbogen weit, Quadratbein lang, Kiefer hoch. — Art: Rh. articeps Ow. Buntsandstein von Shropshire. — Hierher gehört noch die Gatt. Hyperodapedon Hxl., gleichfalls triassisch.

3. Familie. **Cynodontia** Ow. Ober- und Unterkiefer mit dicht stehenden conischen Zähnen, unter denen jederseits einer oben und unten viel grösser und den Eckzähnen der carnivoren Säugethiere ähnlich ist.

1. Gatt. Galesaurus Ow. Schädel platt, vom breiten Jochbogen nach vorn verschmälert; Zähne in ununterbrochener Reihe. — Art: G. planiceps Ow., Süd-Africa. — Die nur im Schnauzentheil bekannte Gattung Cynochampsa Ow. scheint eine verlängerte schmale Schnauze gehabt zu haben und zeigt hinter den Eckzähnen einen zahnlosen Raum zwischen diesen und den folgenden Zähnen. Ebendaher.

4. Familie. **Rhopalodontia** n. Grosse stosszahnähnliche Zähne im Zwischenkiefer und vielleicht auch im Unterkiefer, dahinter eine Anzahl grosser keulenförmiger oder conischer angewachsener Zähne.

1. Gatt. Rhopalodon Fisch. v. W. Character der Familie. — Arten: Rh. Murchi-

sonii und Wangenheimii Fisch. Aus dem Orenburger Kupferschiefer. Die Hierhergehörigkeit dieser Formen ist noch nicht sicher; doch machen schon Eichwald und H. v. Meyer auf die Verwandtschaft mit den Dicynodonten aufmerksam.

Möglicherweise gehört Deuterosaurus Eichw. (*D. biarmicus* Eichw. von gleichem Fundort) hierher; Schädelfragment, Rippen und Wirbel. Zweifelhafter ist die Stellung der an gleichem Ort gefundenen Form, die Fischer Eurosaurus nennt.

3. Ordnung. **Pterosauria** Ow.

Wirbel procoelisch, von vorn nach hinten auffallend an Grösse abnehmend; vordere Rippen mit gabligem obern Ende; Kopf gross, Kiefer lang mit conischen Zähnen; Quadratbein unbeweglich; Vorderextremitäten stärker als die hintern, wie jene mit fünf Fingern, Vorderarm und fünfter Finger ausserordentlich verlängert zur Unterstützung einer Flughaut.

Die *Pterodactylen* bieten in ihrem Skelet Einrichtungen dar, welche sie zum Fluge oder Flattern befähigten, ohne dass dasselbe mit dem der Vögel oder *Chiroptern* in morphologischen Details übereinstimmte. Nur besassen sie wie die Vögel pneumatische Knochen. Die Wirbel haben an jeder Seite des Körpers ein grosses zum Eintritt der luftführenden Fortsätze der Respirationsorgane bestimmtes Loch. Von den 7 oder 8 Halswirbeln, welche die grössten der ganzen Wirbelsäule sind, waren die beiden ersten meist verschmolzen; der Atlas ist sehr kurz, mit zwei schmalen obern Bogen, der Epistropheus mehrere Male länger als der Atlas, mit paarigen Fortsätzen am hintern Rande der Unterfläche, über welchen der Gelenkkopf liegt. Es kommen bis 15 Rückenwirbel vor, welche durch 2 Lendenwirbel von dem aus 3—7 Wirbeln bestehenden Kreuzbein getrennt sind. Der Schwanz war entweder kurz, so dass er beim lebenden Thiere kaum als Stummel vorragen konnte, oder länger, und dann zuweilen steif, zuweilen biegsam. Die vordern Rippen haben ein gablig getheiltes oberes Ende. Der Schultergürtel besteht aus Scapula und Coracoid, welche häufig anchylosirt sind. Letzteres setzt sich an ein breites, mit Kiel versehenes Sternum. Der Unterarm ist über zweimal so lang als der Oberarm. Die Zahl der Phalangen nimmt vom Daumen an nach aussen zu (1, 2, 3, 4); die innern vier Finger tragen Krallen; der fünfte Finger ist ausserordentlich verlängert (bis über Rumpflänge) und endet spitz; er besitzt meist 4 Phalangen. Becken und Hinterextremitäten schliessen sich dem Typus der *Lacertilien* an. — Während der Schädel der *Dicynodonten* eher massig zu nennen ist, ist der der *Pterosaurier* leicht und zart gebaut. Der Hirntheil ist schmal; wie bei vielen *Sauriern* ist die Schläfengrube von einem Knochenbogen überbrückt, welcher vom Postfrontale nach dem Mastoid sich erstreckt, während unter ihm ein Jochbogen an das untere Ende des Quadratbeins tritt. Die Nasenlöcher liegen seitlich vor den Augenhöhlen; zwischen beiden Höhlen bietet der Schädel noch eine mittlere Oeffnung jederseits dar. Die Sclerotica hatte einen Knochenring aus einem ungetheilten oder mehreren einzelnen

Stücken bestehend. Die Kiefer tragen in einzelnen Alveolen conische Zähne, entweder in der ganzen Länge der Kiefer oder nur im hintern Abschnitt.

Die *Pterosaurier* lebten im mittleren Europa von der Zeit des untern Lias bis zur Kreideformation.

1. Gatt. Pterodactylus Cuv. (*Ornithocephalus* Soemm., *Pterotherium* Fisch.). Kiefer bis an die Spitze mit gleichgeformten schlanken Zähnen besetzt; Flugfinger mit 4 Phalangen; Hinterfuss mit 5 oder 4 Zehen; Schwanz kurz. Oberer Jura und Kreide. — Arten: Pt. longirostris (Oken) Cuv. Jura.; Pt. diomedeus Pictet (*Pt. giganteus* Bowerb., *Cimoliornis diomedeus* Ow.). Kreide. — u. a. — Nach der Zahl der Zehen und Zähne trennte man die Untergattungen Macrotrachelus und Brachytrachelus Gieb. von Pterodactylus ab. — Auf eine nur unvollständig bekannte Form mit nur 2 Phalangen im Flugfinger von Solenhofen ist die Gattung Ornithopterus H. v. M. gegründet.

2. Gatt. Rhamphorhynchus H. v. M. Kiefer nur im hinteren Theil mit Zähnen besetzt, nach vorn vielleicht mit einer Hornbekleidung; Flugfinger mit 4 Phalangen; Schwanz lang, mit anchylosirten Wirbeln, daher steif. Lias und Jura. — Arten: Rh. Gemmingii H. v. M. Lithographischer Schiefer. — u. a.

3. Gatt. Dimorphodon Ow. Zähne bis vorn an den Kiefern, aber zweierlei Form: die vorderen gross, lang, spitz, hinter ihnen eine dichte Reihe kleiner comprimirter; Nasenloch weiter nach vorn gerückt, als bei den andern; Schwanz lang mit freien Wirbeln. — Art: D. macronyx Ow. (*Pterodact. macronyx* Bckld.). Lias, England und Deutschland.

4. Ordnung. Dinosauria Ow.

Einige der vordern Wirbel opisthocoelisch, die übrigen mit flachen oder leicht concaven Gelenkenden; Hals- und vordere Rückenwirbel mit obern und untern Querfortsätzen; Rückenwirbel mit plattenförmiger Verbreiterung der oberen Bogen; mehr als zwei Kreuzbeinwirbel; vordere Rippen mit gabligem oberen Ende; vier kräftige zum Gehen passende Füsse mit nicht mehr als fünf Fingern; Zähne in beiden Kiefern, in Alveolen; Quadratbein unbeweglich.

Wir stellen die *Dinosaurier* noch über die *Crocodile*, weil das von ihrem Bau Bekannte auf eine relativ weit geführte Differenzirung hinweist. Vom Schädel kennt man leider nur Bruchstücke, welche noch keinen sicheren Schluss auf die Form des ganzen gestatten. Das übrige Skelet zeichnet sich vorzüglich durch die Markhöhlen der langen Knochen und die verhältnissmässig hohen und kräftigen Gliedmaassen aus, deren einzelne Knochen stark entwickelte Leisten und Fortsätze besitzen. Ferner ist die Bildung des Kreuzbeins aus in der Regel fünf Wirbeln ein diese Gruppe characterisirendes Merkmal. Von den *Sauropterygiern* und *Sauriern* weichen sie durch das gespaltene obere Ende ihrer vordern Rippen und den Besitz der untern Querfortsätze an den betreffenden Wirbeln ab, welches beides sie mit den *Crocodilen* gemein haben. Von diesen trennt sie die in der Diagnose angeführte Bildung der Wirbelbogen, das Kreuzbein und die Extremitäten.

Dinosaurier sind ausschliesslich auf die Secundärzeit beschränkt; sie finden sich von der Trias an bis in die Kreide. Eine Trennung derselben in einzelne Familien ist vorläufig nicht wohl thunlich.

1. Gatt. **Iguanodon** Mantell. Kreuzbein mit fünf, bei alten Thieren mit sechs Wirbeln; Femur mit einem dritten Trochanter; Hinterfüsse mit nur drei entwickelten Zehen; Zähne mit kurzer kegelförmig zugespitzter Wurzel und breiter, flach gebogener, an den Rändern eingeschnittener Krone, welche mit einer dünnen Schicht Schmelz überzogen später zu horizontal abgeplatteten Mahlzähnen abgenutzt werden; sie stecken in Alveolen und sind mit ihrer Aussenfläche der Innenwand des äusseren Kieferrandes angewachsen. — Art: I. Mantelli H. v. M. Im Wealden und der Kreide Englands; es erreichte dieser pflanzenfressende Saurier nach Owen eine Länge von 28 Fuss.

2. Gatt. **Megalosaurus** Buckld. Die grossen comprimirten, spitzen, schwach gekrümmten und am Rande gesägten Zähne stecken in distincten Alveolen des Alveolarrandes, dessen Innenrand niedriger ist. Wirbel, Rippen und das aus fünf Wirbeln bestehende Kreuzbein entsprechen dem Character der Dinosaurier. — Art: M. Bucklandi Mant. Jura und Wealden in England, Frankreich, Deutschland und Schweiz.

Verwandte Gattung: Dimodosaurus Pidancet.

3. Gatt. **Scelidosaurus** Ow. Schädel mit kurzen weiten Schläfengruben, Stirnbeine von der Begränzung der Orbiten ausgeschlossen; Femur mit drittem Trochanter, Hinterfuss mit vier Zehen, die äussere Zehe nur in einem rudimentären Metatarsus vorhanden. — Art: Sc. Harrisonii Ow. Unterer Lias.

Verwandte, jedoch nur unvollständig gekannte Gattungen: Rhysosteus Ow., Euskelesaurus und Orosaurus Hxl., aus Süd-Africa, möglicherweise triassisch.

Es gehören hierher noch die Gattungen: Hylaeosaurus Mant. (*Phytosaurus* Mant. olim) aus dem Wealden, Plateosaurus H. v. M. aus der Trias (oberer Keuper), Pelorosaurus und Regmosaurus Mant., Wealden, Teratosaurus H. v. M., oberer Keuper, endlich Hadrosaurus Leidy und Acanthopholis Hxl. aus der Kreide.

Ob die Gattungen Massospondylus, Pachyspondylus und Leptospondylus Ow., welche in ihren Wirbeln und Extremitäten an Crocodilier und Saurier erinnern, in ihrem Becken aber den Dinosauriern nahe zu kommen scheinen, hierher oder zu den Crocodilinen gehören, ist noch zweifelhaft (Süd-Africa).

5. Ordnung. **Crocodilina** Oppel.

Haut mit Knochenschildern bedeckt; Trommelfell unter einer häutigen Klappe; Nasenloch einfach; Kiefer mit conischen in distincten Alveolen steckenden Zähnen; vier kurze Füsse mit Schwimmhäuten zwischen den (fünf) Zehen; Schwanz lang, seitlich comprimirt; Wirbel an beiden Enden oder nur vorn oder nur hinten concav, die vordern mit obern und untern Querfortsätzen und oben gablig endenden Rippen; Kreuzbein aus zwei Wirbeln bestehend. (Herz mit doppelter Kammer; Quadratbein unbeweglich; ein einfaches in der Cloake liegendes Begattungsorgan.) Vom Jura an bis zur Jetztzeit.

Die *Crocodile* wurden früher häufig mit den Eidechsen zu einer Ordnung vereinigt und den letztern als Panzerechsen gegenübergestellt. Doch weist ihr ganzer anatomischer Bau, so die Bildung ihres Skelets, besonders des Schädels, der Ernährungs-, Circulations- und Generationsorgane u. s. f. auf eine tiefe Trennung beider Gruppen hin.

Die äussere Haut der *Crocodile* bleibt nur an einzelnen Stellen (Achselhöhle, Schenkelbug u. a.) dünn und weich; im übrigen ist sie durch stellenweise Verdickung der Cutis in einzelne Körner oder Schilder getheilt, welche nach aussen von der verhornten Epidermis bekleidet werden. Dadurch dass die Cutisschilder verknöchern, erlangt die Haut den Character eines Panzers. Es sind an ihr zu unterscheiden: Knochenschilder und Hornplatten. Erstere sind bei den jetzt lebenden Formen auf die Rückenfläche beschränkt, mit Ausnahme der Gattungen *Caiman* und *Jacare*, welche auch am Bauche von Hornplatten bedeckte Knochenschilder besitzen. Bei diesen beiden allein sind die Knochenschilder seitlich durch Naht verbunden und der Hinterrand der in Querreihen angeordneten Schilder überragt den Vorderrand der nächstfolgenden, welcher behufs dieser Verbindung eine glatte Facette trägt. Bei den übrigen lebenden Gattungen stossen nur die beiden mittleren Reihen durch Naht zusammen. Die Knochenschilder haben eine grubige Oberfläche, deren Unebenheiten von einer Schicht Cutis und der Matrix für die überliegende Hornplatte ausgefüllt und bedeckt wird. Die Platten haben meist am Hinterrande ein Paar Drüsenöffnungen. Die systematisch verwerthbare Anordnung der Schilder bietet folgende allgemeine Züge dar. Die Haut auf der Oberfläche des Kopfes ist entweder glatt oder in einzelne durch Furchen von einander abgegrenzte Tafeln getheilt; dem darunter liegenden Knochen ist sie hier straff angewachsen. Auf den Hinterrand des Kopfes folgt ein weicheres Hautstück, welches ein oder zwei Querreihen getrennter, meist kleiner Schilder trägt, die Nackenschilder. Den obern Theil des Halses hinter den Nackenschildern nehmen mehrere Querreihen von den Rückenschildern getrennter oder nicht getrennter Schilder ein, die Cervicalschilder. Die Rückenschilder ordnen sich wie erwähnt in Querreihen und reichen entweder mit ihren Aussenrändern bis an die gleichfalls in Querreihen angeordneten, zuweilen aus zwei distincten Stücken bestehenden Bauchschilder oder bleiben von diesen durch eine verschieden breite Strecke weicherer, körniger Haut getrennt. Die Schilder des Schwanzes umgeben denselben wirtelförmig, jede Querreihe entspricht einem Wirbel. Der Oberrand trägt häufig einen gesägten Kamm, indem sich die Medianschilder zackig erheben. An den Extremitäten zeichnet sich der Hinterrand oft durch Besitz gekielter oder blattförmig comprimirter Schilder aus. Zwischen den Zehen der Hinterfüsse ist eine mehr oder weniger vollständige Schwimmhaut entwickelt. Grössere Hautdrüsen finden sich am Unterkieferrande und zur Seite des Afters. — Der Schädel der *Crocodile* ist ausgezeichnet durch bedeutende Längenentwickelung des Kiefertheils, durch vollständige Verknöcherung des Schädeldachs, sowie dadurch, dass die Gaumen- und Flügelbeine weit nach hinten reichen und die Choanen in Folge hiervon dicht vor das Hinterhauptbein rücken. Der Gelenkkopf des Hinterhaupts wird von dem Basaltheil allein gebildet; die Schuppe ist von der Umgrenzung des Hinterhauptloches ausgeschlossen. Es findet sich ein oberer, von den Postfrontalia und den Squamosa gebildeter, die Schläfengrube überbrückender Knochenbogen, welcher dem untern Jochbogen fast parallel liegt. Die grossen Keilbeinflügel sind verknöchert und ziemlich gross. Das Interorbitalseptum ist knorplig und umschliesst eine häutige Lücke. Das Ethmoid und die Nasenscheidewand bleiben knorplig; die Nasenöffnung des Schädels ist daher einfach. Der verlängerte, zuweilen schmal ausgezogene Kiefertheil besteht zum grossen Theile aus den Oberkiefern. Vor den distinct bleibenden Praefrontalen findet sich ein undurchbohrtes Thränenbein. Die hinter den Choanen liegende Oeffnung führt in die zu einem medianen Gang verbundene Eustach'sche Trompete, welche sich dann in eine rechte und linke Tuba theilt; jede derselben tritt mit einem vordern und hintern Ast in die Paukenhöhle. Ausserdem communiciren die Paukenhöhlen beider Seiten durch einen in dem Schuppentheil des Hinterhaupts gelegenen Canal. Das Quadratbein ist dem Schädel unbeweglich angeschlossen. Der Unterkiefer besteht jederseits aus fünf Stücken. Die Verbindung zwischen beiden seitlichen Hälften betrifft zuweilen nur das Zahnstück, zuweilen auch das Operculare. Das Eckstück ist wie bei den Vögeln pneumatisch und communicirt durch eine häutige Röhre mit den Luftzellen der Schädelknochen. Die Zahl der Wirbel zwischen Schädel und Kreuzbein beträgt (bei den jetzt lebenden Formen) 24; hiervon sind meist 9 als Halswirbel, 11—13 als Rückenwirbel, 4, 3 oder 2 als Lendenwirbel entwickelt. Die Wirbel der jetzt lebenden und unter den fossilen die der tertiären und einiger in der Kreide vorkommenden Arten haben vorn eine Gelenkhöhle, hinten einen Gelenkkopf (procoelisch); bei den älteren Formen waren die Wirbel entweder biconcav (*Teleosaurus* u. a.) oder vorn convex und hinten concav, opisthocoelisch (*Streptospondylus* u. a.). Die obern Bogen sind mit den Körpern meist nur durch Naht verbunden. Der Körper des Atlas ist mit dem des Epistropheus verwachsen; der Dornfortsatz bleibt distinct, platt. Er trägt freie Rippenrudimente, und zwar am Körper und an den Bogen. Die Rippen der hintern Halswirbel, welche mit den obern und untern Querfortsätzen verbunden sind und so den sich auch auf den Rückentheil fortsetzenden Canalis vertebralis einschliessen, sind kurz und beilförmig nach vorn und hinten in einen Fortsatz ausgezogen. Der hintere Fortsatz einer vordern deckt den vordern Fortsatz der nächst folgenden Rippe, so dass wie erwähnt die Seitwärtsbewegung des Halses sehr beschränkt wird. Die Rippen der Brustgegend haben ein zweischenkliges oberes Ende und bestehen aus einem oberen knöchernen und unteren knorpligen Theil; dem letztern sind, wenigstens an den vordern acht Rippen, Sternocostalstücke angefügt. Am Hinterrand der mittleren Rippen sind Processus uncinati befestigt. Die Lendenwirbel haben stark verlängerte Querfortsätze, welche überall, wie auch die der zwei Kreuzbeinwirbel dem Körper durch Naht verbunden sind. Die Schwanzwirbel haben vom dritten an untere, ihnen am Hinterrand des Körpers angeheftete Bogen; die Querfortsätze verkümmern sehr schnell. Das Brustbein ist eine längliche Platte, welcher hinten ein sich gablig theilender Fortsatz angeheftet ist; mit den Aesten dieses articuliren die hintern Sternocostalstücke. Vorn liegt auf der Fläche des Sternum und frei über dasselbe hinausragend ein schmales plattes Episternalstück. Auf die Sternocostalstücke folgt nach hinten eine Reihe unter den Bauchmuskeln liegender paariger Bogenstücke, welche bis zum Becken reichend das sogenannte Sternum abdominale darstellen. Der Schultergürtel besteht aus Scapula und Coracoid; erstere hat einen obern knorpligen Rand, eine Andeutung einer Spina und steht durch Knorpel continuirlich mit dem Coracoid in Verbindung; eine Clavicula fehlt. Von den Knochen der Vorderextremität besitzt der Humerus eine starke Spina; sein unteres Ende trägt zwei Gelenkköpfe. Die Ulna ist gekrümmt und länger als der gerade Radius, hat aber kein Olecranon. Die Handwurzelknochen haben in erster Reihe zwei gestreckte, dem Radius und der Ulna entsprechende Stücke, von denen das Ulnare ungleich kleiner ist, in zweiter gleichfalls zwei; doch entspricht das Radiale dem Centrale, indem zwischen ihm und den Metacarpalen noch ein Knorpel sich findet, welcher letztern als Ansatzpunkt dient. Das ulnare Stück dient den drei äussern Metacarpalen zur Einlenkung, von denen die beiden äussern an Grösse sowohl den beiden innern als dem mittleren bedeutend nachstehen. Es tritt also hier eine ähnliche Verkümmerung der ulnaren Seite der Hand ein, wie bei den Vögeln. In Bezug auf die Hinterextremität ist zunächst der innere ziemlich tief abgehende Trochanter des Femur zu erwähnen; die Tibia ist stärker als die Fibula. Von Fusswurzelknochen sind in jeder Reihe zwei vorhanden. Die Bewegung des Fusses geschieht vorzüglich in dem Gelenk zwischen Calcaneus und Astragalus; mit ersterem ist der Fuss, mit letzterem die Tibia weniger frei beweglich verbunden. Vom äussern Finger ist nur ein rudimentäres Metatarsale vorhanden. Was das Muskelsystem und die Locomotion der *Crocodilinen* betrifft, so ist hier der Schwanz das hauptsächlichste Bewegungsorgan für den diesen Thieren adaequaten Aufenthalt im Wasser. Seine Muskeln erinnern noch an die Seitenrumpfmuskeln der Fische, wie bereits oben angeführt wurde. Statt eines hier fehlenden Zwerchfells finden sich eigenthümliche Peritonealmuskeln, welche vom Transversus abdominis oder von der Unterfläche der Wirbelsäule ausgehen oder nur einzelne Peritonealabtheilungen mit einander verbinden und die Athembewegungen unterstützen. — Am Gehirn ist das kleine Gehirn sehr vogelähnlich mit stark entwickeltem Wurm und kleinen Seitentheilen. Die mit einer dünnen Deckschicht die Streifenhügel überwölbenden Hemisphären bedecken hinten die Vierhügel nicht; nach vorn setzen sie sich in die hohlen Riechkolben fort. Ein äusseres Ohr ist durch eine, besondere Muskeln enthaltende Hautklappe dargestellt. In die Tuba Eustachii münden die Gänge, durch welche die pneumatischen Knochen des Schädels mit Luft erfüllt werden. Die Schnecke hat wie bei den Vögeln und Cheloniern eine Lagena. Am Auge sind zwei Augenlider und eine Nickhaut vorhanden. Ein Knochenring in der Sclerotica fehlt; dagegen findet sich ein Rudiment eines Pecten. Die Iris hat hier gleichfalls quergestreifte Muskeln. — Der Mund ist mit Zähnen bewaffnet, welche conisch und wurzellos sind, durch Ersatzzähne erneut werden und in distincten, durch knöcherne Scheidewände von einander getrennten Alveolen der Kieferknochen stecken. Die Zahl der Zähne ist bei den verschiedenen Arten constant. Die Zunge ist platt, dem Boden der Mundhöhle angewachsen, relativ kurz bei den langschnäuzigen Formen. Speicheldrüsen fehlen. Die Mundschleimhaut bildet vor den Choanen eine freie, dem Gaumensegel vergleichbare Falte. Der Magen ist rund, mit musculösen Wandungen und besitzt wie der Muskelmagen der Vögel zwei Sehnenscheiben. Zuweilen findet sich noch eine kleine Pylorusabtheilung, welche durch eine enge Oeffnung vom Duodenum getrennt ist. Ein

Blinddarm fehlt; eine Gallenblase ist vorhanden. Das mit glatter Schleimhaut versehene Rectum mündet in die Cloake. Das Peritoneum bildet wie bei den Vögeln zur Aufnahme der einzelnen Organe getrennte seröse Säcke. Das allgemeine Verhalten der Circulations-, Respirations- und Genitalorgane der *Crocodilinen* wurde oben geschildert. Zu erwähnen ist noch, dass hier wie bei vielen Vögeln ein unpaarer Carotidenstamm an der Unterfläche der Halswirbel zum Kopfe verläuft; doch kommen auch hier wie bei Vögeln Verschiedenheiten im Verhalten der Carotiden vor. Eine Harnblase fehlt; die Harnleiter münden hinter dem Rectum in die Cloake.

Von den jetzt lebenden wenig zahlreichen Arten der Crocodilinen sind die zu *Crocodilus* gehörigen Formen am weitesten verbreitet, indem solche sowohl in Africa und Süd-Asien als in America vorkommen. Alligatoren sind auf America, Gaviale auf Ost-Indien und einige Molukken beschränkt. Fossil kommen crocodilartige Reptilien vom Jura an vor und zwar waren, wie oben erwähnt, die älteren Formen mit biconcaven Wirbeln versehen; an diese schlossen sich solche mit hinten concaven Wirbeln, neben welchen aber von der Kreide an procoelische Arten auftraten, welche von den Tertiärbildungen an allein übrig blieben.

HUXLEY, TH. H., On the dermal armour of Jacare and Caiman, with notes on the specific and generic characters of recent Crocodilia. in: Journ. Proceed. Linn. Soc. Zool. Vol. IV. 1860. p. 1—28.

STRAUCH, ALEX., Synopsis der gegenwärtig lebenden Crocodiliden. in: Mémoir. de l'Acad. de St. Pétersb. T. X. 1866.

GRAY, J. E., Synopsis of the species of recent Crocodilians or Emydosaurians. in: Transact. Zoolog. Soc. Vol. VI. P. 4. 1867. p. 125—169.

RATHKE, HEINR., Untersuchungen über die Entwickelung und den Körperbau der Crocodile. Herausgeg. von W. VON WITTICH. Braunschweig, 1866.

1. **Gruppe.** Procoelia Ow. Wirbel vorn mit Gelenkhöhle, hinten mit Gelenkkopf.

1. Familie. Alligatoridae GRAY. Die hintern Zähne von den vordern in der Form verschieden; das untere vordere Paar und die sogenannten Eckzähne werden in Gruben des Zwischen- und Oberkiefers aufgenommen; die andern Unterkieferzähne bei geschlossenem Munde innerhalb der Oberkieferzähne liegend; Unterkiefersymphyse höchstens bis zum fünften Zahn reichend; Naht zwischen Zwischen- und Oberkiefer gerade oder nach vorn convex; Rücken- und meist Bauchschilder vorhanden, Cervicalschilder von den Rückenschildern getrennt. (Hintere Nasenöffnung weit, nach unten gerichtet, nach vorn im Gaumen liegend.)

1. Gatt. Alligator Cuv. (*Champsa* WAGL.). Schnauze breit, platt, abgerundet; Zähne $\frac{20}{22}$ jederseits, neunter Zahn der grösste; Vorderränder der Augenhöhlen nicht oder nur undeutlich durch eine Leiste verbunden; äussere Nasenöffnung durch ein knöchernes Septum getheilt; nur am Rücken knöcherne Schilder, welche nicht mit einander articuliren; Augenlider nur theilweise knöchern, gerunzelt (Vomer nicht auf der Gaumenfläche sichtbar). — Art: A. mississipiensis GRAY (*Crocodilus miss.* DAUD., *Crocodilus lucius* Cuv.), südöstliches Nord-America.

2. Gatt. Caiman SPIX (*Jacaretinga* SPIX p., *Paleosuchus* und *Aromosuchus* GRAY). Kopf hoch, Orbitalränder ohne Verbindungsleiste, Seiten der Schnauze winklig abfallend; Nasenöffnung ungetheilt; Zähne $\frac{20}{22}$; Rückenschilder articuliren mit einander, ebenso die hier vorhandenen Bauchschilder; Schwimmhäute rudimentär (Vomer nicht am Gaumen sichtbar; obere Schläfengruben obliterirt). — Arten: C. palpebrosus GRAY und C. trigonatus GRAY (*Crocodilus trigon.* SCHNEID.), beide aus dem tropischen America.

5. Crocodilina. 409

3. Gatt. Jacare GRAY (*Jacaretinga* SPIX p., *Melanosuchus* und *Cynosuchus* GRAY). Schnauze breit, platt, abgerundet; Orbitalecken durch eine quere Leiste verbunden, welche nach vorn auf den Oberkiefer tritt und in der Höhe des 9. oberen Zahns aufhört; Schilder wie bei Caiman. (Vomer, mit einer mittleren Längsnaht, erscheint am Gaumen, obere Schläfengrube offen, Zähne 18—20 oben und unten.) — Arten: J. sclerops GRAY (*Crocodilus sclerops* SCHNEID.), J. nigra GRAY (*Caiman niger* SPIX), beide aus Süd-America. — u. a. Alligatorreste finden sich schon im Eocen (England).

2. Familie. **Crocodilidae** HXL. Zähne stark, in der Grösse ungleich, vordere von den hintern beträchtlich verschieden; die vordern Unterkieferzähne werden in Gruben der Zwischenkiefer aufgenommen, die Eckzähne in Ausschnitten des Kieferrandes an der Verbindungsstelle zwischen Ober- und Zwischenkiefer; die hinteren Unterkieferzähne passen zwischen die oberen ein; Unterkiefersymphyse reicht bis zum 7. oder 8. Zahn; nur Rücken-, keine Bauchschilder (höchst selten finden sich solche, besonders bei fossilen Arten); Cervicalschilder von den Rückenschildern meist getrennt; Füsse mit deutlichen Schwimmhäuten. (Vomer nicht auf der Gaumenfläche sichtbar; Choanen nach hinten gerichtet und quer verlängert.)

1. Gatt. Osteolaemus COPE (*Halcrosia* GRAY). Schädel hoch, Stirn abschüssig; Schnauze breit, flach; Nasenbeine nach vorn verlängert, die Nasenöffnung theilend; Augenlider mit zwei knöchernen Platten; 4 oder 6 Nacken- und 2 oder 3 Paar Cervicalschilder; Bauchhaut mit Knochenschildern; Hinterrand des Unterschenkels mit einer Längsreihe gekielter Schilder. — Art: O. frontatus n. (*C. tetraspis* COPE, *Crocodilus frontatus* MURRAY, *Halcrosia nigra* GRAY), Westküste von Africa.

2. Gatt. Crocodilus aut. s. str. Schädel nicht abschüssig, Schnauze meist schmäler, Nasenbeine ragen nicht in die knöcherne Nasenöffnung vor; Augenlider häutig; Nackenschilder fehlen zuweilen, Cervicalschilder von den Rückenschildern getrennt; Hinterrand des Unterschenkels mit blattförmigen, gezähnten Schildern, Zähne $\frac{18-19}{15}$. — Arten: Cr. vulgaris CUV., Nil; Cr. palustris LESS., Süd-Asien, Sunda-Inseln, Molukken; — u. v. a. Arten, welche GRAY in die Untergattungen (später Gattungen) vertheilt: Oopholis, Bombifrons, Palinia und Molinia GRAY.

3. Gatt. Mecistops GRAY. Schädel verlängert, Schnauze schmal, Zähne $\frac{14}{15}$, weniger ungleich als bei den andern; Cervicalschilder stossen an die Rückenschilder; Unterschenkel wie bei Crocodilus. — Art: M. cataphractus GRAY (*Crocodilus cataphractus* CUV.), Westküste von Africa vom Senegal bis zum Gabon.

Fossil kommen echte Crocodiliden von der oberen Kreide an vor, und zwar sowohl auf dem alten als auf dem neuen Continent; bei mehreren auf Crocodiliden zurückführbaren Resten ist es wegen mangelnder Kenntniss der Wirbelsäule nicht möglich, die Stellung der betreffenden Form in einer der freilich nur provisorischen Gruppen zu bestimmen. Die Gattungen Enneodon PRANGER und Orthosaurus GEOFFR., scheinen echte Crocodiliden zu enthalten. Die gleichfalls hierher gerechnete Gattung Plerodon, H. v. M. sollte keine Pulpahöhle in den Zähnen haben. Aus dem Kieslager des Po wird noch die Gattung Eridanosaurus BALS. CRIV. beschrieben; ob hierher gehörig?

3. Familie. **Gavialidae** HXL. Zähne lang und schlank, ziemlich gleich; die beiden vordern Unterkieferzähne passen in Ausschnitte des Zwischenkiefers, die Eckzähne in ähnliche Ausschnitte; Unterkiefersymphyse reicht mindestens bis zum 14. Zahne zurück; Zwischenkiefernaht stark nach hinten convex; Choanen liegen weiter vorn als bei den Crocodiliden; Cervicalschilder continuirlich mit den Rückenschildern den Rückenpanzer bildend, keine Bauchschilder; Füsse mit entwickelten Schwimmhäuten.

1. Gatt. Tomistoma S. MÜLL. (*Rhynchosuchus* HXL.). Schnauze conisch, am Grunde dick, Zähne $\frac{20}{18-19}$, die hinteren Zähne des Oberkiefers und fast alle unteren passen in Gruben zwischen den gegenüberliegenden Zähnen; Zwischenkiefer kaum verbreitert; Zwischen-

kiefernaht nicht bis zum dritten Zahn reichend. — Art: T. Schlegelii Gray, Borneo, Australien.
Dieser Gattung steht die eocene Form Crocodilus champsoides Ow. nahe.
2. Gatt. Gavialis Oppel (*Ramphostoma* Wagl., *Rumphognathus* C. Vogt). Schnauze linear verlängert, Zähne $\frac{27-29}{25-26}$, alle seitlichen Zähne (mit Ausnahme der hintersten) nach vorn und aussen gerichtet, nicht in Gruben aufgenommen; Zwischenkiefer verbreitert, Zwischenkiefernaht bis zum vierten Zahn reichend; Vorderrand der Orbiten aufgeworfen. — Art: G. gangeticus Geoffr. Ost-Indien.

Fossile Gaviale sind in Tertiärablagerungen Indiens gefunden worden; es gehört die Gatt. Leptorhynchus Clift hierher.

2. Gruppe. Opisthocoelia Ow. Wirbel vorn mit Gelenkkopf, hinten mit Gelenkhöhle.

Die Unnatürlichkeit einer Scheidung der verschiedenen fossilen Crocodilinen in Gruppen nach der Form des Gelenktheiles der Wirbelkörper macht sich sowohl bei dieser wie bei der folgenden Gruppe geltend. Doch behalten wir sie vorläufig bei, da sie wenigstens die Wiedererkennung der meist nur in einzelnen Fragmenten bekannten Arten erleichtert. Es ist ihr Werth indess auch in dieser Beziehung nicht zu überschätzen, da die Differenzen in anderen Skeletheilen den Wirbelverschiedenheiten nicht immer parallel gehn und auch die Wirbel der einzelnen Gegenden der Wirbelsäule nicht gleich sind, die hinteren vielmehr häufig biconcav werden. Es gehören hierher nur zwei Gattungen.

Gatt. Streptospondylus H. v. M., Ow. (*Steneosaurus* Geoffr. p., Pict.) aus dem Lias, Jura und Wealden. Es ist dies der »Gavial d'Honfleur à museau plus court« Cuvier's, welcher in der Schädelbildung sich den Gavialen anschliesst, aber convex-concave Wirbel hat. Str. Cuvieri Ow., Lias, Str. major Ow., Wealden.

Die Gatt. Cetiosaurus Ow. aus dem oberen Jura und Wealden ist nur in einzelnen Extremitätenknochen und Wirbeln von ansehnlicher Grösse bekannt. C. brevis Ow., Wealden, C. medius Ow., Oolith; — u. a.

3. Gruppe. Amphicoelia Ow. Wirbel vorn und hinten concav, die Concavität ist zuweilen so flach, dass die Wirbel fast plan erscheinen.

Gatt. Teleosaurus Geoffr. Schädel gavialartig, Augenhöhlen seitlich, Choanen an der Unterfläche des Hinterhaupts, Nasenöffnung terminal, nach oben gerichtet; Hinterextremitäten grösser als die vorderen; Haut- mit Rücken- und Bauchschildern. — T. cadomensis Geoffr., Oolith, T. Chapmanni Ow., Lias; — u. a.

Nahe verwandt sind: Steneosaurus Geoffr. (*Metriorhynchus* H. v. M., *Leptocranius* Bronn?), Staganolepis Ag., Mystriosaurus, Engyommasaurus Kp., Dakosaurus und Macrospondylus H. v. M. Durch Verschiedenheiten der Zahnformen, des Schädels und der Detailverhältnisse der Wirbel werden unter den secundären Crocodilresten, welche man durchaus noch nicht hinreichend kennt, um ihre gegenseitige Beziehungen zu bestimmen, noch folgende Gattungen unterschieden, für welche kurze Characteristiken kaum gegeben werden können: Poeciloplcuron Eud. Deslgch., Pelagosaurus Bronn, Acolodon H. v. M., Geosaurus Cuv., Cricosaurus A. Wagn., Suchosaurus Ow., Goniopholis Ow., Gnathosaurus, Glaphyrorhynchus und Stenopelix H. v. M.

6. Ordnung. **Sauropterygia** Owen.
(*Enaliosauri* de la Beche p.)

Körper meist mit einem sehr langen Hals; Füsse zum Schwimmen eingerichtet, mit nicht mehr als fünf Fingern; Wirbel mit platten oder leicht concaven Gelenkenden; Kreuzbein mit einem oder zwei Wirbeln; Rippen mit einfachem

6. Sauropterygia.

oberen Ende; kein Postorbital- und Supratemporalknochen; am Dache und an den Seiten des Schädels Fontanelle; Nasenlöcher getrennt; Oberkiefer grösser als der Zwischenkiefer; Zähne in distincten Alveolen der Kieferknochen, selten an den Gaumen- und Flügelbeinen. — Secundärzeit.

Schliessen sich auch die *Sauropterygia* in manchen Puncten, so in gewissen Structurähnlichkeiten des Schädels, den oben einfach endenden Rippen u. s. w., an die eidechsenförmigen *Saurier* an, so weichen sie doch wesentlich von diesen ab. Vor den Orbiten findet sich eine einzige Oeffnung jederseits im Schädel, die Nasenöffnung; das Mundhöhlendach ist ausgedehnter ossificirt, der Jochbogen stützt sich auf das unbeweglich mit dem Schädel verbundene Quadratbein; endlich sind die Zähne in distincten Alveolen eingepflanzt. Von den *Ichthyopterygiern*, mit welchen die vorliegende Ordnung häufig zusammen als *Enaliosauria* bezeichnet wurde, weichen die *Sauropterygier* in dem Bau des Schädels, der vordern Rippen, des Sternocostalapparates und der Gliedmaassen in einer Weise ab, dass ihre von OWEN eingeführte Trennung völlig begründet ist.

Die Wirbelsäule der *Sauropterygia* enthält meist zahlreiche Wirbel zwischen Kopf und Becken, vorzüglich am Halse; doch finden sich auch Formen, deren gedrungener breiter Schädel auf einen kürzeren Hals schliessen lässt (*Simosaurus* z. B.). Die Wirbelkörper sind an beiden Enden leicht concav, die Bogen oft mit dem Körper anchylosirt. Der Körper des Atlas behält die Form eines echten Wirbelkörpers bei, verwächst aber mit dem zweiten Wirbel. Die Reihe der Sternocostalknochen setzt sich als abdominales Sternum bis zum Becken fort. Die untern Bogen der Schwanzwirbel sind nicht verwachsen. Am Schultergürtel fehlt das Schlüsselbein. Das Coracoid besteht aus einem mit dem Schulterblatt verwachsenen Procoracoid und einem sehr verbreiterten eigentlichen Coracoid, wodurch eine Annäherung an die bei *Cheloniern* bestehenden Verhältnissen gegeben ist; auch die Beckenbildung erinnert an die jener Ordnung. Die Extremitäten sind kurz, ruderartig, Oberarm und Oberschenkel breit, leicht abgeplattet; die Knochen des Unterarms und Unterschenkels sind kurz und platt; von Hand- und Fusswurzelknochen sind in erster Reihe drei, in zweiter drei bis fünf, Finger stets fünf vorhanden mit grösserer Phalangenzahl als bei lebenden Formen. Hautverknöcherungen fehlen. Auf die Art der Nahrung und den Bau wenigstens des Endstücks des Darms werfen die fossilen Kothballen, *Coprolithi*, einiges Licht. Die in ihnen enthaltenen Fisch- und Weichthierreste weisen auf eine entschieden animale Nahrung, die Form vieler auf das Vorhandensein einer spiralen Schleimhautfalte im Enddarm hin.

Sauropterygier lebten nach den bis jetzt ermittelten Resten nur zur Secundärzeit, von der Trias an bis zum Ende der Kreide. Die weitere Eintheilung derselben gründen wir vorläufig auf die Bildung des Schädels. Derselbe hat bei den triassischen Formen einen relativ schmalen Hirntheil, um welchen die peripherischen Theile in der Form schmaler Knochenspangen angeordnet sind; hiernach nennen wir diese Abtheilung **Porpocrania**; bei den andern bietet der Schädel eine breitere knöcherne Oberfläche dar. Diese Placocrania gehören dem Jura und der Kreide an. Zwischen beide schiebt sich die durch ihre Bezahnung ausgezeichnete triassische Gruppe der Placodontia H. v. M.

1. Gruppe. Porpocrania n. (*Simosauria* Pict.). Hirntheil des Schädels schmal; Quadrat- und Jochbein, Postfrontale, Ober- und Zwischenkiefer bilden weitere oder nähere Umgrenzungen der Schläfengrube, Augenhöhle und Nasenöffnung; Zähne nur in den Kieferknochen, von verschiedener Grösse aber im Ganzen gleicher Form. Triassisch.

1. Gatt. Nothosaurus Münst. (*Dracosaurus* Münst.). Schädel gestreckt, schmal; Nasenlöcher ziemlich weit nach hinten, dicht vor den Orbiten liegend; Hals mit mehr als zwanzig Wirbeln; Vorderextremitäten länger als die hinteren. Muschelkalk. — Arten: N. mirabilis Münst., N. giganteus Münst., mirabilis Münst., sämmtlich im deutschen Muschelkalk, Bayreuth u. a. O.; ausserdem noch andere Arten.

Nahe verwandt ist Lamprosaurus H. v. M.; hierher gehören noch: Pistosaurus und Conchiosaurus H. v. M. Ob die nur in einem Unterkieferfragmente bekannte Gattung Menodon H. v. M. aus dem Buntsandstein hierher gehört, ist zweifelhaft.

2. Gatt. Simosaurus H. v. M. Schädel kurz und breit, Schläfengruben gross und weit, Augenhöhlen rund, Nasenlöcher oben liegend, nicht terminal; Zähne conisch, stark, rund mit äusserer Kante und nach der Spitze zu mit Längsfurchen. — S. Gaillardoti H. v. M. Muschelkalk. — u. a.

Im Ganzen allerdings noch zweifelhaft scheinen doch die beiden Gattungen Tanystropheus H. v. M. und Sphenosaurus H. v. M. (*Palaeosaurus* Fitz.), erstere aus dem Muschelkalke Bayreuth's (nur sehr lange Caudalwirbel bekannt), letztere aus dem Buntsandstein, hierher zu gehören.

2. Gruppe. Placodontia H. v. M. Schädel hinten so breit als lang oder wenig schmäler; Hirntheil mässig breit, Jochbogen sehr stark, Unterkiefer mit hohem Kronenfortsatz; die oberen Zähne bestehen aus einer äusseren Kiefernreihe und einer inneren Gaumenreihe; die dem Zwischenkiefer eingepflanzten Schneidezähne sind meisel- oder bohnenförmig, die des Oberkiefers und besonders der Gaumenbeine breite, abgerundete Platten zum Quetschen und Zermalmen; die unteren Zähne entsprechen der Form nach den obern. — Von andern Skelettheilen ist nichts mit Sicherheit bekannt. Die früher für Fische gehaltenen Thiere wies Owen als Reptilien nach.

Meyer, H. von, in: Palaeontographica. Bd. 11. 1863. p. 175—224.

1. Gatt. Placodus Ag. Schädel etwas länger als breit, Schnauze durch Einschnürung an den Zwischenkiefern abgesetzt, jederseits 2—3 meiselförmige Schneidezähne, 8—10 Backen- und 3 Paar Gaumenzähne, unten 4 Schneide- und 6 Backzähne. — Arten: Pl. gigas Ag., Pl. Andriani Münst. — u. a. sämmtlich aus dem Muschelkalke.

H. von Meyer trennt die Arten mit kürzerem Schädel, nicht abgesetzter Schnauze und bohnenförmigen Schneidezähnen als besondere Gattung, Cyamodus H. v. M., ebendaher.

3. Gruppe. Placocrania n. Schädeloberfläche im Ganzen durch weniger weite Oeffnungen unterbrochen, Scheitelbeine gross, dreiseitig, mit Parietalloch, Postfrontalia breit hinter den Augenhöhlen herabtretend, Stirnbein breit. Jura und Kreide.

1. Gatt. Plesiosaurus Conyb. (incl. *Spondylosaurus* Fisch. v. W.). Schädel im Allgemeinen crocodilähnlich, doch im Verhältniss zum Körper viel kleiner und weniger compact; Unterkiefer im Symphysentheil geschwollen; Zähne zahlreich, conisch, längsgefurcht; Halswirbel sehr zahlreich, die hinteren mit kurzen freien Rippen; Extremitäten kurz, ruderartig. — Arten: Pl. dolichodeirus Conyb., Lias von England; u. v. a., auch aus der Kreide Nord-America's.

Durch kürzeren gedrungeneren Hals weicht die Gatt. Pliosaurus Ow. (Jura) ab; stark gefurchte Zähne, breiten Schädel und grosse, weniger concave Wirbel hat Polyptychodon Ow., aus der Kreide. — Wahrscheinlich hierher gehört die Gatt. Thaumatosaurus H. v. M., aus dem Oolith. Noch zweifelhafter ist die Stellung der beiden Wealden Gattungen Pholidosaurus H. v. M. (mit knöchernen Hautschildern) und

Macrorhynchus Dunker. — Nur nach Zähnen bestimmt sind die Gattungen Ischyrodon, Brachytaenius, Machimosaurus und Sericodon H. v. M., sämmtlich jurassisch. Die sehr genau beschriebene Gatt. Neustosaurus Rasp. macht den Eindruck eines Artefacts.

7. Ordnung. Ichthyopterygia Owen.

Körper fischartig, ohne äusserlich sichtbaren Hals; Schwimmfüsse mit mehr als fünf Fingern; Wirbel zahlreich, kurz, biconcav; kein Kreuzbein; vordere Rippen mit gabligem obern Ende; ein Schlüsselbein und Episternum; Postorbital- und Supratemporalknochen; ein Foramen parietale; Zwischenkiefer grösser als der Oberkiefer; Zähne in einer gemeinsamen Alveolarfurche; Nasenlöcher getrennt, klein, in der Nähe der Orbiten; Augenhöhlen gross mit einem Kreis knöcherner Scleroticalplatten; Haut nackt. Vorwiegend liassisch.

Die *Ichthyosaurier*, welche sich zu den *Plesiosauren* und Verwandten ungefähr so verhalten, wie die Wale zu den Robben, weisen in ihrem Bau noch entschieden auf ein exclusives Leben im Wasser hin. Die kurzen zahlreichen Wirbel, der Mangel eines vom Kopf abgesetzten Halses, die Structur der Extremitäten u. s. f. sind Charactere, welche in dieser Hinsicht nicht misdeutet werden können.

Die Wirbelsäule der *Ichthyopterygier* besteht aus einer grossen Zahl (bis 140) kurzer, biconcaver Wirbel, an welchen die Bogen dem Körper nicht durch Knochennaht, sondern durch Bandverbindung angefügt sind. Atlas und Epistropheus sind mit ihren Körpern verwachsen; jeder derselben trägt indessen seinen oberen Bogen. An der untern Fläche liegen zwischen ihnen wie zwischen den zunächst folgenden Wirbeln keilförmige Schaltknochenstücke. An den vordern Wirbeln sind obere und untere Querfortsätze entwickelt, an welchen die Rippen mit dem obern gespaltenen Ende articuliren; weiter nach hinten vereinigen sich beide Fortsätze zu einem einzigen, und das Rippenende wird einfach. Am Schwanztheil verkümmern die Querfortsätze schnell; die Wirbelkörper des Endstücks werden seitlich comprimirt, wahrscheinlich der Insertion einer verticalen Flosse entsprechend. Für das einstige Vorhandensein einer solchen führt Owen noch den Umstand an, dass das Schwanzende häufig dislocirt gefunden wird, in Folge der mit dem Faulen einer Flosse eintretenden grösseren Disintegration benachbarter Skelettheile. Die vom zweiten Halswirbel an allmählich länger werdenden Rippen tragen in der ganzen Strecke zwischen Vorder- und Hinterextremität knöcherne Sternocostalelemente, welche vorn kurze Sternalstücke zwischen sich nehmen, hinten dagegen nach Art der Elemente des Abdominalsternums der Crocodile sich aneinander legen. An den Schwanzwirbeln sind einfache untere Bogen vorhanden, welche in der Mitte nicht mit einander verschmelzen. Der Schultergürtel besteht aus Scapula, Coracoid und einem sich dem vordern Rande beider Knochen anlegenden Schlüsselbein. Letzteres tritt median an ein T-förmiges zwischen die breitern untern Enden der Coracoide sich schiebendes Episternum. Das Becken besteht aus den sich nur an einen einzigen Wirbel rippenartig anlegenden Darmbeinen, welchen sich unten Sitz- und Schambeine anschliessen. Die Extremitäten sind platte Ruderfüsse, welche wie die der Wale von ungetheilter Haut überzogen waren. Humerus und Femur und noch mehr die Knochen des Unterarms und Unterschenkels sind kurz und platt. Die auf den letzten Abschnitt folgende quere Reihe kurzer platter Knochen enthält deren drei, wie die erste Reihe des Carpus und Tarsus der Amphibien; dann folgt eine Querreihe mit vier Knochen. Dieser schliesst sich endlich eine grössere Zahl kaum mehr als einzelne Finger zu unterscheidender Querreihen von Phalangenelementen an. In jeder derselben liegen nahe der Mitte der Flossenlänge 6—7 Knochen, so dass, will man Finger zählen, die sonst typische Zahl völlig verlassen ist. Der Schädel der *Ichthyopterygier* ist in seiner Form dem der Delphine ähnlich mit lang vorgezogener Schnauze und zahlreichen conischen Zähnen. Zwischen Stirn- und Scheitelbeinen liegt ein Parietalloch, wie sich zwischen den Seitentheilen des Hinterhaupts und den Schläfenbeinen gleichfalls offene Stellen finden. Den hintern und obern Orbitalrand nimmt ein bogenförmiges accessorisches Knochenstück ein (postorbital Owen's), hinter welchem ein zweites ähnliches, das supratemporal Owen's liegt. Die Nasenlöcher sind dicht vor den Augenhöhlen liegende längliche Spalten, welche nach vorn von den grossen, die ganze Länge der Schnauze einnehmenden Zwischenkiefern begrenzt werden. Die Oberkiefer sind schmale, relativ kurze Knochen am untern Rand der Nasenlöcher. Das Quadratbein ist dem Schädel fest angefügt. In den sehr grossen Augenhöhlen findet sich jederseits ein Kreis knöcherner Scleroticalplatten. Die Zähne der *Ichthyosauren* sind conisch, die Krone ist längsgefurcht, die Basis mit einer Cementschicht umgeben und wurzelartig abgerundet. Sie stehen in Alveolarfurchen, welche nicht durch Querscheidewände in einzelne Alveolen abgetheilt sind. Die Nahrung war wie bei den *Sauropterygiern* vorwiegend animalisch; der Enddarm hatte eine Spiralklappe.

Die Gruppe der *Ichthyopterygier* ist vorzüglich liassisch; doch finden sich einzelne Arten noch in der untern Kreide. Ihr Vorkommen ist bis jetzt auf Europa beschränkt. Sie umfasst die

Einzige Gatt. Ichthyosaurus König (*Proteosaurus* Home, *Gryphus* Wagl.). — Arten: I. communis De la Beche und Conyb., Lias Englands und Deutschlands; I. trigonodon Theodori, Lias von Banz; I. campylodon Carter, Kreide Englands. — u. v. a.

8. Ordnung. **Ophidia** Brongn.

Körper gestreckt, fusslos, von Hornschuppen oder -schildern bedeckt; keine Augenlider; Nasenlöcher getrennt; keine Trommelhöhle; Zähne den Kiefern angewachsen; After ein Querspalt. (Wirbel zahlreich, procoelisch, Rippen mit einfachem oberen Ende; kein Kreuzbein und Brustbein, kein Schultergürtel; Zungenbein rudimentär; Quadratbein beweglich; Unterkieferäste nur durch dehnbare Bandmasse verbunden; keine Harnblase; zwei ausserhalb der Cloake mündende Begattungsglieder.) Tertiär und lebend.

Die *Ophidier* stellen nur einen eigenthümlich entwickelten Seitenzweig der *Saurier* dar, von welchen sie in keinen tiefgreifenden Merkmalen abweichen; denn der Mangel eines Schultergürtels und einer Harnblase sind Eigenthümlichkeiten, welche durch das Verhalten mancher *Saurier* vorbereitet sind. Auch das Vorhandensein eines sämmtliche Darmwindungen begleitenden Mesenteriums bei *Sauriern* und das Fehlen eines solchen am dicht aufgewundenen Dünndarm der Schlangen hängt mit der gestreckten Körpergestalt der eltzteren zusammen und ist nur von untergeordneter Bedeutung.

Der Körper der *Ophidier* ist ausserordentlich verlängert, und diese Verlängerung beeinflusst mehr oder weniger die Anordnung und Form der Eingeweide. Verschiedenheiten in der Körpergestalt werden nur dadurch bedingt, dass entweder der Kopf vom Rumpf nicht unterschieden oder breit und vom sehr verjüngten Vordertheil abgesetzt, oder dass der hinter dem After liegende Schwanztheil länger oder kürzer ist und spitz oder abgerundet endet. Zuweilen kann die Haut der Nackengegend im Affect scheibenartig ausgebreitet werden. — Die Haut der *Ophidier* ist durch den Besitz von Verdickungen characterisirt, welche, wenn sie sich dachziegelig decken, im Allgemeinen Schuppen, wenn sie mit ihren Rändern nur aneinanderstossen und durch weichere Stellen von einander getrennt werden, Schilder genannt werden. Sitz der Verdickung ist die Cutis, über welche die an den verdickten Stellen gleichfalls stärkere Epidermis hinweggeht. Die letztere wird jedes Jahr mehrmals abgestreift und erneuert. Die Hautbedeckung des Kopfes besteht aus ziemlich straff dem Schädel aufliegenden Schildern, welche nach ihrer für einzelne Gattungen und Arten characteristischen Anordnung und Lage eine Bezeichnung erhalten haben. Den oberen, von keinerlei Lippen bedeckten Mundrand nehmen die oberen Lippenschilder ein (*Scuta labialia superiora*), deren vorderstes unpaares das Rüsselschild (*Sc. rostrale*) heisst. Hinter letzterem liegen oben die einfach oder zu zwei Paaren vorhandenen Stirnschilder (*Scuta frontalia*), welche mit ihren Hinterrändern meist den Vorderrand des unpaaren Verticalschildes zwischen sich nehmen. Auf dieses folgen dann zwei Occipitalschilder, an welche sich nun die Schuppen der Rückenhaut anschliessen. Seitlich liegen zwischen den Stirn- und oberen Lippenschildern die Nasenschilder mit der äusseren Nasenöffnung und zwischen diesen und dem Auge zuweilen noch ein oder zwei Schilder jederseits, welche als Zügel- und vordere Orbitalschilder (*Scuta loralia et anteorbitalia*) bezeichnet werden. Den oberen und hinteren Augenhöhlenrand nehmen häufig noch besondere Schilder ein (*Scuta supraciliaria et postorbitalia*); hinter diesen führt dann noch eine kleine Zahl von Temporalschildern in die seitlichen Theile der Rückenschuppen über. Den unteren Mundrand besetzen die unteren Lippenschilder, welche meist zwei Paar Kinnschilder (*Scuta mentalia*) zwischen sich nehmen. Zwischen das vorderste Paar Lippenschilder, welche mit den Kinnschildern die den Schlangen characteristische Kinnfurche begrenzen, tritt meist noch ein unpaares mittleres Schild ein. Die glatten oder gekielten oder gekörnten Schuppen des Rückens und der Seiten sind meist in spiralen Zügen angeordnet. Die Bauchfläche nimmt in der Regel eine Reihe breiter aber kurzer, mit dem Hinterrand oft leicht vorspringender Schilder ein, an deren Innenfläche sich Muskelbündel ansetzen und welche dadurch, dass sie an jeder Unebenheit der Unterlage, über welche die Schlange kriecht, hakenartig haften, die Bewegung der Schlangen wesentlich ausführen helfen. Zuweilen findet sich auf der Bauchmitte eine Reihe sechseckiger Schilder; hinter dem After ist die Reihe der ventralen Schilder oft verdoppelt. Einige Schlangen haben, wie erwähnt, eigene hornartige Anhänge am Kopf; in dieselbe Categorie gehört das dornartige Hinterende von *Typhlops* u. a., sowie die aus mehreren locker mit einander verbundenen Hornringen bestehende Klapper am Schwanzende von *Crotalus*. — Das Skelet der *Ophidier* ist durch die ausserordentliche Zahl der Wirbel characterisirt, welche bis gegen 300 betragen kann, wovon auf das Schwanzende von 5 bis gegen 200 kommen. Da Schulter- und Beckengürtel sowie das Sternum fehlen, zerfällt die ganze Wirbelsäule nur in Rumpf- und Schwanztheil. Sämmtliche Rumpfwirbel mit Ausnahme des Atlas tragen Rippen, welche mit einfachem oberen Ende den höckerförmigen Querfortsätzen angefügt sind. Ausser den bereits erwähnten accessorischen Gelenkfortsätzen ist noch zu bemerken, dass die Querfortsätze oder Rippen der ersten und letzten rippentragenden Wirbel zuweilen gespalten sind und mit dem oberen frei endenden Aste das Lymphherz decken. Die nie durch ein Sternum vereinigten Rippen tragen an ihrem untern Ende keine Sternocostalelemente, sondern liegen mit abgerundeten Enden in den Muskeln ziemlich nahe unter der Haut und stellen Locomotionsorgane dar. Während ein Schultergürtel überall vollständig fehlt, finden sich bei einigen Schlangen (*Python*, *Boa*, *Eryx*) dicht vor dem After in den Seitenmuskeln Rudimente der Sitzbeine als einzige Ueberbleibsel des Beckens, an welche sich meist noch kleine nageltragende Fingerrudimente heften. — Der Schädel der *Ophidier* hat einen völlig geschlossenen, keine Fontanelle besitzenden Hirntheil; seine Basalelemente sind verknöchert, auch das vordere Keilbein reicht knöchern bis an die Nasenscheidewand. Ausgezeichnet ist er besonders durch die Beweglichkeit des ganzen Kiefergaumenapparates, indem nicht bloss das Quadratbein, sondern häufig auch das Mastoid (Schläfenschuppe Anderer) beweglich ist und auch der Oberkiefergaumentheil seitlich verschoben werden kann. Der Zwischenkiefer ist dem paarigen Vomer und den Nasenbeinen unbeweglich angeschlossen; dagegen ist der bei Giftschlangen sehr kurze, bei den andern längere Oberkiefer mit den Gaumen- und Flügelbeinen beweglich verbunden. Die beiden Hälften des Unterkiefers sind nur durch Syndesmose mit einander verbunden, und ist so durch die Beweglichkeit des Ober- und Unterkiefers der Mund einer ausserordentlichen Erweiterung fähig. Meist haben die Schlangen am Zahnstück des Unterkiefers ein einziges Foramen mentale jederseits. — Das Gehirn der Schlangen schliesst sich eng an das der *Saurier* an. Auf das die Höhle des verlängerten Markes bogenartig überwölbende kleine Gehirn folgen nach vorn

8. Ophidia.

die Vierhügel, deren Höhle mit dem dritten Ventrikel communicirt. Die Hemisphären, welche die Vierhügel nicht bedecken, setzen sich meist in hohle Riechkolben fort. Zwischen ihnen und den Vierhügeln liegt von oben sichtbar die Epiphysis. Ein Nervus accessorius fehlt ebenso wie ein eigentlicher Grenzstrang des Sympathicus am Rumpftheil. Am Gehörorgane fehlt Trommelhöhle und Eustachische Tuba. Meist ist eine Columella vorhanden, welche sich aussen an das Quadratbein legt. Die Augen sind bei einigen Schlangen äusserst klein, kaum oder gar nicht von aussen sichtbar; Scleroticalverknöcherungen fehlen. — Zähne, welche hier stets den sie tragenden Knochen angewachsen sind, finden sich ausser an dem Ober- und Unterkiefer häufig noch am Zwischenkiefer, den Gaumen- und Flügelbeinen. Sie werden durch neue, hinter oder neben ihnen sich entwickelnde, mit den functionirenden in eine Schleimhautfalte eingeschlossene und später an deren Stelle rückende ersetzt, was in gleicher Weise auch für die grossen durchbohrten Giftzähne gilt. Von systematischer Wichtigkeit ist das Auftreten dieser gefurchten oder von einem Canal durchbohrten grösseren hakenförmigen Zähne, welche das Secret einer oberhalb des Mundwinkels und zur Seite des Nackens liegenden Drüse in die vom Zahn gemachte Wunde treten lassen. Die bei den mit durchbohrten Zähnen versehenen Schlangen von einer Muskelhülle umgebene Drüse entspricht der Lage nach der Parotis, ihr Secret ist aber bei den, gefurchte und durchbohrte Zähne besitzenden Schlangen ein je nach der Grösse der Schlange und der Quantität des Ergusses mehr oder minder kräftig wirkendes Gift. Die Verhältnisse der Verdauungs-, Athmungs- und Kreislaufsorgane der Schlangen wurden bereits oben geschildert. Die wesentlichsten Modificationen dieser Systeme im Vergleich zu denen bei *Sauriern* auftretenden hängen mit der Streckung des ganzen Körpers zusammen, da sich diese Theile gewissermassen nicht neben, sondern hintereinander entwickeln konnten; daher nur eine Carotis impar, nur eine Lunge, oder wo sich zwei finden, die Verkümmerung der einen, die gestreckte Form der Nieren, deren Ausführungsgänge sich bei den Männchen mit den Samengängen, bei den Weibchen neben den Eileiteröffnungen in die Cloake öffnen. Die *Ophidier* legen meist Eier, welche eine lederartige derbe, nur wenig Kalk enthaltende Schale besitzen. Nur einzelne Formen (Süsswasser- und Giftschlangen) sind lebendig gebärend. Ein Ausbrüten der Eier von der weiblichen Schlange ist nur in einzelnen Fällen beobachtet worden. Am Zwischenkiefer der Embryonen entwickelt sich ähnlich wie bei Vögeln und Sauriern ein zum Durchbrechen der Eischale bestimmter zahnartiger Fortsatz, welcher den Crocodilen und Schildkröten fehlt.

Den grössten Reichthum an Schlangen bieten die Tropen dar; doch verbreiten sie sich nach den Polen zu weiter als die Schildkröten. Namentlich sind Giftschlangen vorzüglich auf heisse Climate gewiesen. In kalten Zonen verkriechen sich die Schlangen während des Winters, um dem Einfluss der Kälte zu entgehen und halten einen Winterschlaf; in warmen Ländern fallen sie während der trockenen Sommer theilweise in Erstarrung und entfalten erst während der Regenzeit ein regeres Leben. Vielfach finden hier Vertretungen verwandter Formen statt. So kommen *Crotalus* nur in America, *Halys* und

Trimeresurus nur in Asien, *Boa* in America, *Python* auf dem alten Continente vor, u. s. f. Fossil treten Schlangen zuerst im Eocen auf.

> RUSSELL, PATRICK, An account of Indian Serpents. London, 1796. Fol.
> SCHLEGEL, H., Essai sur la physiognomie des Serpens. La Haye, 1837. 8. mit Atlas.
> DUMÉRIL, A., Prodrome de la classification des Reptiles Ophidiens, in: Mémoir. Acad. Scienc. Paris, T. 23. 1853. p. 399.
> GRAY, J. E., Catalogue of Reptiles in the Collection of the British Museum. Part 3. Snakes (Crotalidae, Viperidae, Hydridae and Boidae). London, 1849. 8.
> GÜNTHER, A., Catalogue of Colubrine Snakes in the Collection of the British Museum. London, 1858. 8.
> — — On the geographical distribution of Snakes, in: Proceed. Zoolog. Soc. 1858. p. 373—389.
> JAN, G., Iconographie générale des Ophidiens. Livr. 1—27. Paris, 1860—1868. Fol. (Fleissiges, aber mit Vorsicht zu benutzendes Werk.)
> Vergl. auch die angeführten Werke von DUMÉRIL and BIBRON und GÜNTHER.

1. Unterordnung. **Viperina** GTHR. (*Serpentes venenosi* SCHLEG., *Solenoglypha* DUM. u. BIBR.). Kopf meist deutlich vom Halse abgesetzt, hinten breit; Zähne in Ober- und Unterkiefer; Oberkiefer sehr kurz, vertical, nur mit durchbohrtem, ungefurchtem Giftzahn, keine anderen Zähne hinter diesem.

> COPE, E. D., Catalogue of the Venomous Snakes in the Museum of Philadelphia, with notes on the families etc., in: Proceed. Acad. Nat. Sc. Philad. 1859. p. 332—847.

1. Familie. **Crotalidae** BP. Körper kräftig; Kopf scharf abgesetzt, oft oben schuppig oder unvollständig beschildet, jederseits zwischen Auge und Nasenloch eine tiefe Grube; Pupille vertical elliptisch; Schwanz mittellang oder kurz, Greifschwanz oder mit Hornanhängen. America und Asien.

> PETERS, W., Ueber die craniologischen Verschiedenheiten der Grubenottern, in: Berlin. Monatsber. 1862. p. 670—673.

1. Gatt. **Crotalus** L. (*Caudisona* LAUR., *Urocrotalon* FITZ., *Uropsophus* WAGL., *Aploaspis* COPE). Oberfläche des Kopfes mit kleinen Schuppen, nur vorn einige grössere Schilder; Schwanz mit Klapper; Subcaudalschilder ungetheilt; Gesichtsgrube tief; Schläfen- und Lippenschilder klein, convex. Klapperschlangen. — Arten: Cr. durissus L., südöstliches Nord-America, Mexico bis Surinam, Cr. adamanteus PAL. DE BEAUV., südliches Nord-America. u. m. a.
Crotalophorus GRAY hat Kopfschilder und die letzten Subcaudalschilder getheilt; Cr. tergeminus HOLBR. u. a. nordamericanisch. — Lachesis DAUD. (*Cophias* MERR. p.) hat die Charactere von Crotalus, aber statt der Klapper eine Anzahl dorniger Schuppenreihen vor dem spitzen hornigen Schwanzende; L. mutus DAUD., Süd-America; eine der grössten Giftschlangen, bis 9'.

2. Gatt. **Trigonocephalus** OPP. (*Scytalus* LATR.). Form der Crotalus, aber der Schwanz spitz, ohne Klapper; Kopf oben mit Schildern, constant ein grosses Verticalschild, Kopfschilder und Körperschuppen gekielt. — Arten: a) Subcaudalschilder zweireihig: Halys GRAY (altcontinental): Tr. Blomhoffii BOIE, Japan; u. a. — b) Subcaudalschilder einreihig: Ancistrodon PAL. DE BEAUV. (*Cenchris* DAUD., *Tisiphone* FITZ., incl. *Toxicophis* BAIRD. u. GIR.): Tr. piscivorus HOLBR., Tr. contortor HOLBR. (*Boa contortrix* L.), beide aus Nord-America. — u. a.
Statt der Stirnschilder zahlreiche kleine Schuppen, zweireihige Subcaudalen und eine kurze conische hornige Schwanzspitze hat Hypnale FITZ. (*Trigonocephalus hypnale* WAGL.), H. nepa COPE, Ost-Indien, Ceylon. — Einen regelmässig beschildeten Kopf, zweireihige Subcaudalia, langes dorniges Schwanzende, aber glatte nicht gekielte Schuppen hat Calloselasma COPE (*Liolepis* DUM. u. BIBR.), C. rhodostoma COPE (*Trigonocephalus* sp. REINW.), Java; eine der giftigsten Schlangen.

3. Gatt. Bothrops WAGL. (*Craspedocephalus* KUHL). Oberseite des Kopfes von kleinen Schuppen bedeckt, nur jederseits ein grosses Supraciliarschild; Kehlschilder nicht gekielt, die übrigen Schuppen gekielt; Subcaudalen zweireihig bis zur Schwanzspitze. — Arten: B. lanceolatus WAGL., Süd-America, Antillen. — u. a.
Verwandte Gattungen: Bothriopsis und Bothriechis PET. (*Teleuraspis* COPE, *Thamnocenchris* SALVIN), beide mittelamericanisch.

4. Gatt. Atropos (WAGL.) COPE. Kopf oben durchaus von kleinen Schuppen bedeckt, indem selbst die Supraciliarschilder fehlen; Kehlschilder glatt, am Körper nur einige Längsreihen am Rücken gekielt. — Arten: A. Darwinii DUM. u. BIBR., A. undulatus JAN, mit hornigen Vorsprüngen über den Augen; Mexico.

5. Gatt. Trimeresurus (LACÉP.) GTHR. (*Parias* GRAY, *Megaera* und *Tropidolaemus* WAGL., *Bothrophis* FITZ., *Cryptelytrops* COPE, *Cophias* MERR. p.). Kopf mit kleinen Schuppen bedeckt mit Ausnahme des Schnauzenrandes und der Augenbrauengegend, welche meist Schilder tragen; Körperschuppen meist deutlich gekielt, in 17—27 Reihen, Subcaudalschilder zweireihig. Asiatisch. — Arten: Tr. gramineus GTHR. (*Coluber gram.* SHAW), Süd-Asien von China an bis in die Sikkim- und Khasya-Gegenden; Tr. Wagleri (*Trigonocephalus Wagleri* SCHLEG., ?*Tropidolaemus Wagleri* WAGL.), Ost-Indien; Tr. trigonocephalus GTHR. (*Megaera trigon.* WAGL.), Ceylon. — u. a.

Bei Peltopelor GTHR. ist der Kopf von grösseren, schildartigen, dachziegig sich deckenden Schuppen bedeckt, Körperschuppen in 12 Reihen: P. macrolepis GTHR., Anamally-Berge.

2. Familie. Viperidae BP. Körper kräftig, Kopf in der Regel scharf abgesetzt, meist oben beschuppt oder unvollständig beschildet, keine Grube zwischen Auge und Nasenloch; Pupille vertical; Schwanz meist kurz, nicht prehensil, ohne Hornanhänge. Altcontinental und australisch.

1. Unterfamilie. Viperinae n. Kopf stark abgesetzt, breit, meist beschuppt; Mundspalte weit, Schuppen gekielt.

1. Gatt. Cerastes WAGL. (*Gonyechis* FITZ.). Kopf hinten sehr breit, vorn stumpf, Scheitel mit warzigen Schuppen bedeckt, die Schuppen über den Augen zu hornartigen Fortsätzen erhoben; Lippen- und Kehlschilder gross, Schuppen stark gekielt. — Art: C. aegyptiacus DUM. u. BIBR. (*C. Hasselquistii* GRAY), Nord-Africa.

2. Gatt. Clotho GRAY (*Echidna* MERR., DUM. u. BIBR. p., incl. *Bitis* GRAY). Kopf länglich, oval, Nasenlöcher auf der Oberseite des Kopfes, einander genähert, Kopf mit kleinen gekielten Schuppen, Subcaudalschilder zweireihig. — Arten: Cl. arietans GRAY, südwestliches Africa. — u. a.

Verwandte Form: Daboia GRAY (*Chersophis* FITZ.). — Bei Echis MERR. (incl. *Toxicoa* GRAY) sind die Subcaudalschilder einreihig; E. carinata WAGL.; ebenso bei Atheris COPE (*Poecilostolus* GTHR., *Vipera chloroechis* SCHLEG.), wo die Nasenlöcher nicht von Schuppen umgeben sind, sondern wie bei Daboia in einem Schilde liegen.

3. Gatt. Vipera LAUR. s. str. Kopf vorn schmal, nach hinten plötzlich verbreitert, platt, oben mit glatten Schuppen bedeckt, Nasenlöcher gross, seitlich, ein glattes Supraciliarschild, Schuppen des Rückens gekielt, Subcaudalschilder zweireihig. — Arten: V. aspis MERR., südwestliches Europa, V. ammodytes DUM. u. BIBR. (*Rhinechis* FITZ.), mit einer weichen, von Schuppen bedeckten hornartigen Verlängerung der Schnauzenspitze; Süd-Europa. — u. a.

4. Gatt. Pelias MERR. Kopf der Viper ähnlich, vorn mit kleineren Schildern, welche ein grösseres centrales umgeben; Nasenlöcher seitlich; das übrige wie bei Vipera. — Arten: P. berus MERR. (incl. *P. chersea* WAGL., *Vip. prester* L., *V. torva* LENZ u. a. Farbenvarietäten), Kreuzotter; südliches und mittleres Europa.

2. Unterfamilie. Atractaspidinae GTHR. Kopf nicht abgesetzt, kurz, breit, mit Schildern, Auge klein; Schuppen klein, glatt; Subcaudalschilder einreihig; Oberkiefer kurz, vertical, mit nicht gefurchtem, durchbohrtem Giftzahne, ohne andere Zähne dahinter.

5. Gatt. **Atractaspis** SMITH. Character der Unterfamilie. — Arten: A. Bibroni SMITH, Süd-Africa. — Die zweite Art, A. corpulentus HALL. von West-Africa, welche nur ein einziges Paar Frontalschilder hat, erhebt COPE zur Gattung Brachycranion.
Zu den Giftschlangen gehörte wahrscheinlich auch Laophis Ow., tertiär von Salonichi.

2. Unterordnung. **Colubrina venenosa** (SCHLEG.) GTHR. (*Proteroglypha* DUM. u. BIBR.). Kopf meist nicht abgesetzt, hinten nicht verbreitert; Oberkiefer horizontal, nach hinten verlängert, vorn Giftzähne tragend mit nicht der ganzen Länge nach geschlossenem Canal, vorn gefurcht, dahinter eine Anzahl kleiner solider Zähne oder ohne solche, Kopf beschildet, kein Zügelschild.

1. Familie. **Elapidae** v. D. HOEV. (*Conocercina* DUM. u. BIBR.). Körper nahezu cylindrisch, Schwanz kurz, spitz ausgehend; Kopfschilder normal; Nasenlöcher seitlich; Giftzähne mit vorderer Furche, die Oeffnung des Canals schlitzförmig an der Spitze. Schwanzwirbel den vordern gleich.

1. Gatt. **Elaps** (SCHNEID.) DUM. u. BIBR. (*Micrurus* WAGL.). Körper schlank, verlängert, Schwanz kurz; Kopf deprimirt; Nasenlöcher zwischen zwei Schildern; Schuppen glatt, meist in 15 Reihen; Subcaudalschilder zweireihig. — Arten: E. corallinus PRZ. WIED, Süd-America. — u. a., auch süd-asiatische. — Nach der Zahl der Schuppenreihen, der Bildung der Nasal- und Augenschilder ist die Gattung gespalten worden in: Callophis (GRAY) GTHR. (*Doliophis* GIR., *Pseudelaps* und *Gongylocormus* FITZ., *Helminthoelaps* JAN), Elaps GTHR., Vermicella GRAY (*Homaloselaps* JAN) und Poecilophis GTHR. (*Homoroselaps* JAN.).

2. Gatt. **Brachysoma** (FITZ.) GTHR. (*Furina* D. u. B. p., *Glyphodon* GTHR. antea). Körper und Schwanz mässig, Kopf platt, Schnauze stumpf, Schuppen glatt, kurz, in 15 oder 17 Reihen, Analschild getheilt; kleinere Zähne hinter den Giftzähnen. — Arten: Br. diadema FITZ. (*Calamaria diadema* SCHLEG.), Australien. — u. a.
Furina (D. u. B.) GTHR. (*Brachysoma* GTHR., Catal. Colubr. Sn.) hat einen kurzen abgesetzten Schwanz und ein grosses zwischen die vordern Frontalschilder einspringendes Rostralschild; F. bimaculata D. u. B., Tasmanien. u. a. — Bei Neelaps fehlen die Zähne hinter den Giftzähnen, Rostralschild leicht abgerundet; F. calonotos D. u. B., Central-America. — Ein centralamericanischer Vertreter von Furina ist Brachyurophis GTHR.

3. Gatt. **Naja** LAUR. (*Uraeus* und *Aspis* WAGL.). Körper und Schwanz mässig, Bauch platt; Kopf hoch, vierkantig, kurz; Hals ausdehnbar, vordere Rippen verlängert; Nasenlöcher gross zwischen zwei Schildern; Schuppen glatt, zahlreich, Analschild ungetheilt, Subcaudalschilder zweireihig; hinter dem Giftzahn ein oder zwei kleine Zähne. — Arten: N. tripudians MERR., Cobra, Brillenschlange; Ost-Indien, Java, Süd-China; N. haje MERR., West- und Nord-Africa.
Verwandt sind: Pseudonaja GTHR., australisch, Cyrtophis SUNDEV. (*Aspidelaps* FITZ.), südafricanisch, und Pseudohaje GTHR., ostindisch. — Als eine Jugendform der Najae gehört auch hierher Tomyris EICHW.

4. Gatt. **Bungarus** DAUD. (*Pseudoboa* SCHNEID., *Aspidoclonion* WAGL., *Megaerophis* GRAY). Körper verlängert, leicht comprimirt, Schwanz kurz, Kopf breit, etwas abgesetzt, Hals nicht ausdehnbar; Schuppen glatt, die der Dorsallinie gross, sechsseitig; Anal- und Subcaudalschilder ungetheilt; hinter den Giftzähnen einige kleinere. — Arten: B. coeruleus DAUD. (*Boa lineata* SHAW), Ost-Indien. — u. a.
Hierher gehört noch: Ophiophagus GTHR. (*Hamadryas* CANTOR, *Dendraspis* und *Elaposoma* FITZ., *Trimeresurus* LACÉP. p.), Hemibungarus PET. (*Brachyrhynchus* FITZ.), Xenurelaps GTHR. und Pseudechis WAGL. (*Hurria* MERR. p.).

5. Gatt. **Sepedon** MERR. Kopf wenig abgesetzt, oberer Mundrand etwas vorspringend; keine Zähne hinter den Giftzähnen im Oberkiefer; Schuppen gekielt, Subcaudalen zweireihig. — Arten: S. haemachates MERR., Süd-Africa.
Die Gatt. Causus WAGL., welche COPE zu einer Unterfamilie erhebt, steht Sepedon sehr nahe, hat aber nur die dem Rücken näheren Schuppen gekielt; C. rhombeatus

8. Ophidia. 421

WAGL. (*Sepedon rhombeatus* LICHTST., *Naja V-nigrum* CUV.), Süd-Africa. — Hierher gehört **Heterophis** PET.

6. Gatt. **Hoplocephalus** CUV. (*Alecto* D. u. B., *Elapocormus* und *Echiopsis* FITZ.). Kopf viereckig, nicht abgesetzt, oben platt, Mundrand abgerundet; Schuppen glatt, in 15 bis 21 Reihen, Anal- und Subcaudalschilder ungetheilt; hinter den Giftzähnen kleinere Zähne. — Arten: H. bungaroides GTHR., Neu-Holland, H. curtus GTHR., Van-Diemen's-Land. — u. a.

Verwandte Gattungen: Tropidechis GTHR., Elapsoidea BOCAGE (nec *Elapoides* BOIE); ferner Ogmodon PET.

7. Gatt. **Acanthophis** DAUD. (*Ophryas* MERR.). Kopf abgesetzt, im hintern Theile beschuppt; Nasenlöcher in einem Schilde liegend; Subcaudalschilder einreihig, vor dem Schwanzende in dachziegelartig sich deckende dornige Schuppen ausgehend. — Art: A. antarctica WAGL. (*Boa antarctica* SHAW), Australien.

8. Gatt. **Diemenia** GRAY (*Pseudelaps* D. u. B., *Aspidomorphus* FITZ., *Maticora* GRAY). Kopf kurz, hoch, mit abgerundeter Schnauze; Rostralschild senkrecht, schmal; Nasenlöcher zwischen zwei Schildern; Schuppen glatt, Anal- und Subcaudalschilder getheilt. — Arten: D. psammophis GTHR., D. Mülleri GTHR. (*Pseudelaps* sp. D. u. B.), u. a. australisch. — Durch den Besitz nur eines Nasenschildes weicht Cacophis GTHR. ab.

9. Gatt. **Dinophis** HALLOWELL (*Dendraspis* SCHLEG., nec FITZ., *Leptophis* HALL. antea, nec BELL, *Dendroechis* FISCHER, *Chloroechis* BONAP.). Körper und Schwanz verlängert, schlank, Bauch platt, Kopf abgesetzt, Schnauze verlängert; Nasenlöcher zwischen zwei Schildern; Schuppen glatt, die der Dorsallinie gross, dreieckig, Anal- und Subcaudalschilder getheilt, keine soliden Zähne hinter den Giftzähnen. — Arten: D. Jamesoni (*D. Hammondi* HALL., *Elaps Jamesoni* TRAILL), West-Africa; u. a. neuerdings als Dendraspis beschriebene Arten, welcher Name indess nicht anwendbar ist, da er von FITZINGER für eine Hamadryas (Ophiophagus GTHR.) aufgestellt wurde.

2. Familie. **Hydrophidae** Sws. (*Hydridae* BP., *Platycercina* D. u. B.). Körper seitlich comprimirt, Bauchfläche im hintern Theile kielförmig zugeschärft, Schwanz hoch, comprimirt; Kopfschilderung dadurch ausgezeichnet, dass die Nasenschilder meist in der Mittellinie oben zusammenstossen und nur ein Paar Frontalschilder vorhanden ist; Nasenlöcher meist nach oben gerichtet in den Nasalschildern; Giftzähne klein. Schwanzwirbel comprimirt, mit verlängerten obern und untern Dornen. — Indischer und stiller Ocean.

FISCHER, J. G., Die Familie der Seeschlangen, mit 3 Taf., in: Abhandl. aus d. Gebiete d. Naturwiss., herausg. vom naturwiss. Verein in Hamburg. 3. Bd. 1856. p. 1—78.

1. Gatt. **Platurus** LATR. (*Laticauda* LAUR.). Körper fast cylindrisch; Kopf mit zwei Paar Frontalschildern, die Nasenlöcher seitlich in einem Nasenschild, welches von dem der andern Seite durch die vordern Stirnschilder getrennt ist; Bauchschilder platt; Subcaudalschilder zweireihig. — Art: Pl. fasciatus LATR. Chinesisches und indisches Meer.

2. Gatt. **Aepysurus** LACÉP. (*Thalassophis* SCHMIDT p., *Tomogaster* GUICH., *Hypotrophis* GRAY, *Stephanohydra* v. TSCHUDI). Körper nicht sehr comprimirt, Kopfschilder meist in kleinere Stücke getrennt; Nasenschilder berühren sich median; Schuppen dachziegig, glatt oder leicht tuberculirt; Bauchschilder mit mittlerer Leiste, Subcaudale breit, ungetheilt. — Arten: Ae. laevis LACÉP. Chinesisches und indisches Meer. — u. a.

Die Gattung Acalyptus D. u. B. hat nur vorn auf dem Kopf Schilder und keine Bauchschilder (nur eine Art in zwei Exemplaren bekannt).

3. Gatt. **Hydrophis** DAUD. s. str. (*Hydrus* SHAW, incl. *Aturia* GRAY). Hinterer Theil des Körpers stark comprimirt; Kopf kurz, oben mit Schildern; Nasenlöcher oben in den sich median treffenden Nasalschildern; Schuppen dachziegelig oder schilderartig an einander stossend, meist tuberculirt; Bauchschilder sehr schmal oder fehlen. — Arten: H. cyanocincta GTHR. (*H. striata* SCHLEG.), H. gracilis SCHLEG. u. v. a. — GÜNTHER theilt (Rept. Brit. India) die Arten in folgende Gruppen: Kerilia GRAY, Hydrus (SHAW) GTHR. (*Astrotia* FISCHER), Hydrophis GTHR. (*Lioselasma* LACÉP., *Polyodontes* LESS.), Liopala

GRAY, Microcephalophis (LESS.) GRAY, Thalassophis (SCHMIDT) GTHR. (*Disteira* D. u. B., *Chitulia* und *Lapemis* GRAY).

Disteira LACÉP. unterscheidet sich nur durch das Vorhandensein zweier kleinen vordern Frontalschilder zwischen den Nasalen. — Enhydrina GRAY hat am vordern Kinnrande eine Längsfurche; H. schistosa SCHLEG.

4. Gatt. Pelamis DAUD. Kopf flach mit langer Schnauze; Schuppen nicht dachzieglig, tuberculirt oder concav, keine oder sehr schmale Bauchschilder; Kinn ohne Furche. — Art: P. bicolor DAUD., von Madagascar bis in den Golf von Panama.

3. Unterfamilie. **Colubrina innocua** n. (*Serpents non vénimeux* SCHLEG. p., *Ophidii colubriformes* GTHR. p., *Aglyphodontia* und *Opisthoglypha* DUM. u. BIBR.). Kein gefurchter oder durchbohrter Giftzahn vorn im Oberkiefer; Mundspalte erweiterungsfähig. (Mastoid bildet keinen Theil der Schädelwand, vorspringend, Ectopterygoid vorhanden.)

1. Familie. **Acrochordidae** BP. Körper von mässiger Länge, rund oder leicht comprimirt, Kopf und Körper von kleinen, sich nicht deckenden, warzigen oder dornigen Schuppen bedeckt, Schwanz prehensil; Nasenlöcher oben auf der Schnauze, dicht bei einander. (Postorbitalknochen oder Frontale posterius oberhalb der Augengegend nach vorn verlängert.)

1. Gatt. Acrochordus HORNSTEDT. Hinterer Theil des Körpers und Schwanz leicht comprimirt, am Schwanz keine kielartige Falte; keine Bauch- und Subcaudalschilder; Schuppen mit dornigem Kiel. Terrestrisch. — Art: A. javanicus HORNST., Java, Pinang, Singapore.

2. Gatt. Chersydrus CUV. Körper ähnlich, Schwanz unten mit einem verticalen Hautsaum, keine Bauch- und Subcaudalschilder, an der ventralen Mittellinie eine kielartige Hautfalte; Schuppen mit höckerigem Kiel. Aquatisch. — Art: Ch. granulatus GTHR. (*Hydrus granulatus* SCHNEID., *Acrochordus fasciatus* SHAW), indische Flüsse und Meere nahe der Küste.

Xenodermus REINH. stimmt in der Beschuppung, hat aber Bauch- und Subcaudalschilder.

2. Familie. **Pythonidae** DUM. u. BIBR. Körper verlängert, Schwanz mässig, prehensil, rund; Kopf langschnauzig; Pupille senkrecht, einige Lippenschilder mit Gruben; Schuppen glatt, Subcaudalen zweireihig; Zähne im Unter-, Ober- und Zwischenkiefer, Gaumen- und Flügelbeinen, keiner gefurcht. Neben dem After rudimentäre Hinterextremitäten.

1. Gatt. Morelia GRAY (*Python* WAGL.). Kopf nur vorn mit Schildern, Nasenlöcher in einzelnen Schildern, Subcaudalschilder einreihig. — Art: M. argus D. u. B. (*Coluber argus* L., *Python Peronii* LESS.), Neu-Holland.

2. Gatt. Python (DAUD.) D. u. B. (*Python* und *Hortulia* GRAY, *Constrictor* WAGL., *Asterophis* FITZ.). Kopf verlängert pyramidal, vierseitig, bis zur Stirn beschildet, Nasenlöcher zwischen zwei Schildern; Subcaudalen zweireihig. — Arten: P. reticulatus GRAY, Ost-Indien, bis gegen 30' lang, P. molurus GRAY, indisches Festland, bis 20' und darüber. — u. a.

3. Gatt. Liasis GRAY. Kopf verlängert, bis hinter die Augen beschildet, Nasenlöcher jederseits in einem Schilde, Subcaudalschilder zweireihig. — Arten: L. amethystinus GRAY, Amboina, Neu-Irland. — u. a.

Hierher gehören noch: Aspidiotes KREFFT, Nardoa GRAY (*Bothrochilus* FITZ.), Loxocemus COPE (*Plastoseryx* JAN).

3. Familie. **Boidae** DUM. u. BIBR. Körper leicht comprimirt, Schwanz in verschiedenem Grade Rollschwanz; Kopf häufig mit Schuppen statt der Schilder; Pupille senkrecht; keine Zähne im Zwischenkiefer, rudimentäre Hinterextremitäten.

8. Ophidia.

a) mit glatten Schuppen, ohne Lippengruben.

1. Gatt. **Boa** WAGL. (*Constrictor* LAUR.). Kopf etwas vom Halse abgesetzt, platt, vorn abgestutzt, nur am Mundrande von symmetrischen Schildern bedeckt; Nasenlöcher seitlich zwischen zwei Schildern, Subcaudalen einreihig. — Arten: B. constrictor L., nördliches Süd-America; B. diviniloqua D. u. B., Antillen. — u. a.
Eine junge Boide ist Acrantophis JAN. — Bei Pelophilus D. u. B. ist die Vorderhälfte des Kopfes mit Schildern bedeckt, sonst wie Boa; P. madagascariensis D. u. B.

2. Gatt. **Eunectes** WAGL. Körper fast cylindrisch; Nasenlöcher oben auf der Schnauzenspitze zwischen drei Schildern, Kopf in der vordern Hälfte mit Schildern. — Arten: E. murinus WAGL., Brasilien, Guyana. — u. a.
Hierher gehört noch Homalochilus FISCHER.

b) mit glatten Schuppen und mit Lippengruben.

3. Gatt. **Xiphosoma** WAGL. (*Corallus* DAUD., GRAY, *Sanzinia* GRAY). Körper comprimirt, Bauchfläche schmal, Lippengruben durch Eindrücke in den Schildern gebildet; nur die Schnauzenspitze mit symmetrischen Schildern, Schnauze hoch, Nasenlöcher seitlich; Subcaudalen einreihig. — Arten: A. caninum WAGL., Süd-America. — u. a.
Verwandte Gattungen: Epicrasius FISCHER und Chrysenius GRAY.

4. Gatt. **Epicrates** WAGL. Körper wenig zusammengedrückt, Lippengruben schwach, Kopf nur vorn beschildet, Nasenlöcher seitlich zwischen drei Schildern. — Arten: E. cenchris WAGL., südliches Nord-America. — u. a.
Hierher gehören noch Chilobothrus D. u. B. und Notophis HALLOW.

c) mit gekielten Schuppen.

5. Gatt. **Enygrus** WAGL. (*Candoia* GRAY). Kopf oben ganz beschuppt, Nasenlöcher jederseits inmitten eines Schildes, keine Lippengruben, Subcaudalschilder einreihig. — Art: E. carinatus WAGL., Java bis Neu-Guinea.
Verwandt: Leptoboa D. u. B. (*Casarea* GRAY), mit sehr gracilem Körper.

6. Gatt. **Tropidolepis** D. u. B. (*Ungalia* GRAY). Körper kräftig, Schwanz sehr prehensil; Kopf oben mit Schildern bedeckt, Nasenlöcher zwischen zwei Schildern; keine Lippengruben. — Arten: Tr. melanurus D. u. B., Cuba.
Hierher gehören noch: Trachyboa PET. und Platygaster D. u. B. (*Uroleptis* FITZ., *Bolyeria* GRAY), welch' letztere Form den Uebergang zu den Eryciden vermittelt.
Zu den Boiden oder Pythoniden gehört die eocene Gattung Palaeophis OW.

4. Familie. **Erycidae** BP. Grösse mittel, Körper cylindrisch, mit kleinen kurzen Schuppen, Schwanz sehr kurz, nicht prehensil, mit einer Reihe von Subcaudalen; Kopf oblong, keine Zähne im Zwischenkiefer, die vordern Zähne am grössten; rudimentäre Hinterextremitäten.

1. Gatt. **Eryx** DAUD. (*Clothonia* GRAY). Kopf kaum abgesetzt, Schnauze stumpf, abgerundet oder scharf abgestutzt, nur der Schnauzenrand mit Schildern; Schwanz sehr kurz. — Arten: E. jaculus WAGL., Süd-Europa, West-Asien und Nord-Africa. — u. a. — Nach dem Vorhandensein einer Kinnfurche, glatter oder gekielter Schuppen und nach andern äussern Merkmalen hat man die Gattungen Gongylophis WAGL., Cu[r]soria GRAY, Lichanura COPE und Rhoptrura PET. (*Eryx Reinwardtii* SCHLEG., Gatt. *Calabaria* GRAY) unterschieden.
Die Gattungen Wenona BAIRD u. GIR. und Charina GRAY (*Pseuderyx* JAN, nec FITZ.), welche häufig noch hierher gebracht werden, haben einen beschildeten Kopf und kurzen, stumpf endenden Schwanz. Ob hierher oder zu den Tortriciden? (Schädel?)
Eine eocene Form hat OWEN als Paleryx beschrieben.

5. Familie. **Lycodontidae** D. u. B. Körper mittel, rund oder leicht comprimirt, Kopf meist oblong, mit platter abgerundeter Schnauze; Schilder regelmässig, meist die hintern Frontalschilder sehr gross; Pupille meist vertical elliptisch; der vorderste Zahn oben und unten verlängert; kein Zahn gefurcht.

1. Gatt. **Lycodon** BOIE (incl. *Eumesodon* COPE). Körper mässig lang, leicht comprimirt, meist eine niedrige Leiste an den Seiten des Bauches und Schwanzes, Kopf platt mit

breiter Schnauze; Zügelschild vorhanden; Nasenloch jederseits im Nasale, Subcaudalen zweireihig. Ost-Indien. — Arten: *L. aulicus* D. u. B. — u. a.

2. Gatt. **Tetragonosoma** Gthr. Nasenloch zwischen zwei Nasalen, kein Zügelschild; die Bauch- und zweireihigen Subcaudalschilder gekielt. — Art: *T. effrene* Gthr. Verwandt sind: Leptorhytaon Gthr., Cyclocorus D. u. B. und Galedon Jan. — Gekielte Schuppen, aber im Allgemeinen die Charactere der Lycodon haben: Ophites Wagl. (incl. *Sphecodes* D. u. B.) mit zweireihigen, und Cercaspis Wagl. mit einreihigen Subcaudalen.

3. Gatt. **Boodon** D. u. B. (und *Eugnathus* D. u. B.). Körper rund, Schwanz eher kurz; Nasenlöcher zwischen je zwei Nasalen, ein Zügelschild, ein oder zwei vordere Augenschilder; Schuppen glatt, klein, in 23—31 Reihen, Subcaudalen zweireihig. — Arten: B. geometricus Gthr. (*Lycodon* sp. Schleg.), West-Africa. — u. a.

Holuropholis A. Dum. hat einreihige Subcaudalen, Schuppen in 25 Reihen, sonst wie Boodon; H. olivaccus Dum., West-Africa. — Hierher gehören noch: Metoporhina Gthr., Alopecion D. u. B., Lycophidium Fitz. und Hormonotus Hallow.

4. Gatt. **Lamprophis** Fitz. Körper gedrungen, rund, Schwanz kurz, nicht abgesetzt; Kopf hinten breit mit kurzer Schnauze; Nasenlöcher zwischen zwei Schildern, zwei Labialia begrenzen unten die Orbita, Schuppen in 23 Reihen, Subcaudalen zweireihig. — Art: L. aurora Fitz. (*Coluber* L.), Süd-Africa.

Hierher gehört noch: Simocephalus Gray (*Heterolepis* A. Smith).

6. Familie. **Scytalidae** (D. u. B.) Gthr. Körper mittel, zuweilen leicht comprimirt, Schwanz nicht abgesetzt, spitz ausgehend; Kopf hinten breit, abgesetzt, platt; Pupille elliptisch; Mundspalte mässig; Nasenlöcher meist zwischen zwei Schildern; Schuppen glatt, die Dorsalen zuweilen grösser; hinterer Oberkieferzahn der längste, gefurcht.

1. Gatt. **Oxyrhopus** Wagl. (incl. *Brachyrhyton* D. u. B., *Erythrolamprus* et *Cloelia* Wagl. p., *Hydroscopus* et *Deiropeda* Fitz.). Kopf kaum abgesetzt; Schnauze nicht kurz, aber breit und platt; Schuppen der Dorsallinie nicht grösser; die vordern Oberkieferzähne gleich lang; Subcaudalen zweireihig. — Arten: O. plumbeus Gthr. (*Coluber plumbeus* Prz. Wied), Süd-America. — u. a.

2. Gatt. **Scytale** Boie. Körper und Schwanz rund, Kopf breit, platt; Schnauze abgerundet, etwas vorgezogen, Subcaudalschilder einreihig, einer der hintern Oberkieferzähne lang, die vordern fast gleich. Arten: Sc. coronatum D. u. B., Süd-America. — u. a. Günther stellt die Gattung Hologerrhum Gthr. hierher, im Habitus an Coronellen oder Calamarien erinnernd, aber mit gefurchtem hintercm Zahn.

7. Familie. **Dipsadidae** (D. u. B.) Gthr. Körper stark comprimirt, schlank oder mittellang; Kopf kurz, meist hinten breit, abgesetzt; Schilder meist normal, zuweilen in der Zahl vermehrt; Nasenlöcher seitlich; Schuppen meist glatt; Gebiss verschieden, nie lange Vorderzähne ohne hintere Furchenzähne.

1. Unterfamilie. **Amblycephalinae** Gthr. Hinterer Theil des Körpers und Schwanz prehensil; Pupille vertical, Nasenlöcher in einem Schilde; Kopfschilder meist zahlreicher, Unterkiefer nicht ausdehnbar, keine Kinnfurche, sondern mediane Schilder; Schuppen der Dorsallinie vergrössert; Oberkiefer sehr kurz mit wenig sehr kleinen Zähnen, kein Furchenzahn.

1. Gatt. **Amblycephalus** Kuhl (*Haplopeltura* D. u. B., *Aspidocercus* Fitz.). Rostrale sehr hoch; zwischen die obern Schilder kleinere eingeschoben, Mundspalte enger als die Lippencommissur, im Gaumen und Unterkiefer vorn ein langer Zahn. — Art: A. boa Kuhl, Süd-Asien.

Hierher gehört noch: Pareas Wagl., von Java, Dipsadomorus D. u. B., von Sumatra, und Asthenodipsas Pet., von Malacca. — Duméril führt noch eine Gattung Dinodon D. u. B. an, unbekannter Herkunft.

8. Ophidia.

2. Unterfamilie. Dipsadinae GTHR. Nächtliche Baumschlangen mit verlängertem comprimirtem Körper, kurzem breitem Kopf, dessen Schilder regelmässig sind; Unterkiefer ausdehnbar mit Kinnfurche, meist mit einem hintern Furchenzahn.

2. Gatt. Leptognathus D. u. B. (incl. *Petalognathus*, *Stemmatognathus* et *Anholodon* D. u. B., *Pholidolaemus*, *Sibynon* et *Sibynomorphus* Fitz.). Körper comprimirt, Kopf hoch, vierseitig, mit stumpfer, abgerundeter Schnauze, mehr oder weniger abgesetzt, Schuppen glatt, in 13 oder 15 Reihen, die der Dorsallinie grösser, Subcaudalen zweireihig; Zähne gleich, glatt. — Arten: L. Catesbyi GTHR., L. nebulatus GTHR., beide süd-americanisch. — u. a.

Verwandte Gattungen: Mesopeltis COPE, Tropidodipsas und Hemidipsas GTHR., alle drei aus Central-America, Dipsadoboa GTHR. aus Central-America und West-Africa, und Chamaetortus GTHR. aus Central-Africa. — Rhinobothryum WAGL. hat gekielte Schuppen und einen langen hintern Furchenzahn, tropisches America; Comastes JAN, ohne Furchenzahn, aus Central-America. — DUMÉRIL und BIBRON beschreiben neben Leptognathus eine südamericanische Schlange als Gatt. Cochliophagus D. u. B. mit kleinem Oberkieferapparat und schwachen Zähnen. Ihre Stellung ist unsicher.

3. Gatt. Dipsas BOIE (*Himantodes*, *Triglyphodon*, *Opetiodon* et *Lycognathus* p. D. u. B., *Dipsadomorphus*, *Siphlophis*, *Cephalophis*, *Megacephalus*, *Gonyodipsas*, *Boiga*, *Eudipsas* et *Tripanurgus* Fitz., *Trimorphodon* COPE, *Eterodipsas* JAN). Körper und Schwanz verlängert und comprimirt, Kopf platt, dreieckig, kurz, scharf abgesetzt, Schnauze kurz; Pupille vertical; Nasenlöcher zwischen zwei Nasalen, Zügelschild vorhanden, Schuppen glatt, die der Dorsallinie grösser, Anale ungetheilt, Subcaudalen zweireihig; hinterer Oberkieferzahn gefurcht. — Arten: D. dendrophila REINW., Süd-Asien, D. trigonatus BOIE, Vorder-Indien; und viele andere Arten, welche zum Theil in die als Synonyme aufgeführten Gattungen vertheilt worden sind.

4. Gatt. Leptodeira Fitz. (*Sibon* Fitz. antea, incl. *Crotaphopeltis* Fitz., *Heterurus* D. u. B. p.). Körper nicht sehr comprimirt, Kopfschilder regelmässig, Schuppen eher klein, in 19 oder 23 nicht sehr schrägen Reihen, die der Dorsallinie nicht grösser; Subcaudalen zweireihig, hinterer Oberkieferzahn gefurcht. — Arten: L. rufescens GTHR. (*Coluber rufescens* GM.), Süd- und West-Africa. — u. a.

Verwandt die südamericanische Gattung Thamnodynastes WAGL. (incl. *Dryophylax* WAGL.). Endlich gehört hierher noch Telescopus WAGL. (*Dipsas* SCHLEG. sp.), africanisch. — Gehört Conophis PET. zu den Dipsadinen?

8. Familie. **Dryophidae** GTHR. (*Oxycephalina* D. u. B.). Körper und Schwanz meist sehr schlank und lang, Kopf schmal und lang, Schnauzenspitze zuweilen in einen beweglichen Hornanhang ausgehend; Mundspalte sehr weit, Nasenlöcher seitlich; Augen klein, Pupille meist horizontal; Schuppen schmal, Subcaudalen zweireihig; der hinterste Oberkieferzahn gefurcht.

1. Gatt. Dryophis BOIE (incl. *Oxybelis* WAGL., *Dryinus* MERR. p.). Schnauze verlängert, spitz, die Spitze aber nicht beweglich, nur vom vorspringenden Rostrale gebildet. — Arten: D. argentea SCHLEG., Süd-America. — u. a. — Andere Arten sind nach dem Habitus und einzelnen Merkmalen in verschiedene Gattungen gebracht worden: Cladophis A. DUM. (Dr. Kirtlandii), West-Africa, Tropidococcyx GTHR. (*Psammophis Perroteti*), Ost-Indien, Tragops WAGL. (Dr. prasinus REINW. u. a.), Ost-Indien.

Bei den beiden übrigen Gattungen trägt die Schnauzenspitze einen beweglichen Anhang; er ist bei Passerita GRAY (*Herpetotragus* Fitz., *Dryinus* BELL p.) spitz, kürzer als ein Drittel des Kopfes, Schuppen glatt (P. mycterizans GRAY, Ost-Indien); bei Langaha BRUG. (*Xiphorhynchus* WAGL.) ist der Anhang fleischig, ein Drittel so lang als der Kopf, von Schuppen bedeckt; Körperschuppen gekielt (L. nasuta SHAW, Madagascar).

9. Familie. **Dendrophidae** GTHR. Körper sehr schlank, Kopf lang, schmal, platt, abgesetzt, Schnauze vorspringend, stumpf abgerundet, Rostrale breit,

niedergedrückt, Mundspalte weit; Pupille rund; Schuppen schmal, in 15 oder 21 Reihen, Bauchschilder meist mit zwei Kielen, Subcaudalschilder zweireihig.

1. Gatt. **Ahaetulla** GRAY (*Leptophis* et *Uromacer* D. u. B.). Schuppen glatt oder gekielt, die der Dorsallinie nicht grösser, gleichseitig lanzettlich, hinterer Oberkieferzahn der längste, glatt; Bauchseiten leicht gekielt. Süd-americanisch und africanisch. — Arten: A. smaragdina GTHR. (Gatt. *Gastropyxis* COPE), West-Africa, A. liocercus GRAY (Gatt. *Thrasops* HALLOW. teste COPE). — u. a. Arten, welche in mehrere Untergattungen (*Philothamnus* A. SMITH und *Uromacer* D. u. B.) getheilt werden.
Verwandt ist Phyllosira COPE und Thamnophis FITZ. (*Eutaenia* BAIRD u. GIR.).

2. Gatt. **Dendrophis** BOIE. Schuppen glatt, die der Dorsallinie viel grösser, die ausseren schmal verlängert; Oberkieferzähne gleich lang, glatt. Indisch und australisch. — Arten: D. picta SCHLEG., Ost-Indien. — u. a.
Hierher gehören: Rhamnophis GTHR. und Chrysopelea BOIE.

3. Gatt. **Gonyosoma** WAGL. (*Tyria* FITZ. p., *Aepidea* HALLOW.). Körper viel höher als breit, Bauch flach, Schwanz sehr verlängert, zwei Nasalschilder; Zähne ungefurcht, gleich lang. — Arten: G. oxycephalum D. u. B., Ost-Indien. — u. a.
Verwandte Formen: Phyllophis GTHR., ost-indisch; Hapsidophrys FISCHER, west-africanisch. Bei Bucephalus SMITH (*Dispholidus* DUVERNOY, *Dryomedusa* FITZ.) ist der Kopf hoch, kurz, sehr stark abgesetzt, Augen sehr gross, Schuppen stark excentrisch gekielt; B. capensis A. SMITH.

10. Familie. **Rhachiodontidae** GTHR. Körper mittelgross, rundlich, Schwanz nicht abgesetzt, Schnauze kurz, abgestutzt, ein Nasale; Schuppen stark gekielt, in 23 oder 25 Reihen; Kieferzähne wenig und sehr klein; die verlängerten untern Dornfortsätze der ersten Rumpfwirbel bilden Schlundzähne im Oesophagus.

Einzige Gatt. Dasypeltis WAGL. (*Anodon* SMITH, *Rhachiodon* JOURD., *Deirodon* OWEN). Character der Familie. — Arten: D. scabra WAGL., Süd-Africa und D. palmarum GTHR. (*inornata* ant.), West-Africa.

Eine verwandte indische Gattung ist Elachistodon REINH.

11. Familie. **Psammophidae** GTHR. Gestalt verlängert oder gedrungen, Kopf kurz oder schmal, eine tiefe Grube in der Zügelgegend, Zügelschild vorhanden; Schuppen nie gekielt, in 15, 17 oder 19 Reihen, Subcaudalen zweireihig; einer der vier oder fünf vordern Oberkieferzähne ist der längste, der hinterste gefurcht.

1. Gatt. Psammophis BOIE (*Tomodon* D. u. B. p., *Macrosoma* GRAY). Körper verlängert, Schnauze spitz und lang, Supraciliarschilder vorspringend, Schuppen lanzettlich, glatt, vierter oder fünfter Zahn länger, unterer Vorderzahn länger als die hintern. — Arten: Ps. crucifer BOIE, Süd-Africa. — u. a.

2. Gatt. Coelopeltis WAGL. (*Malpolon* FITZ., *Rhabdodon* FLEISCHM.). Oberseite des Kopfes mit tiefer Furche, Kopf vierseitig, nach vorn zugespitzt, zwei Zügelschilder, Schuppen mit Längsfurche, in 19 Reihen; hintere Oberzähne gefurcht, vordere gleich lang. — Art: C. lacertina WAGL., Süd-Europa und Nord-Africa.
Verwandte Formen: Taphrometopon BRDT. (*Chorisodon* D. u. B., *Monodiastema* BIBR.), Euophrys GTHR., Rhagerrhis PET. (*Dipsina* JAN) und Psammodynastes GTHR.

12. Familie. **Homalopsidae** JAN. Körper rund oder leicht comprimirt; Kopf dick, breit, nicht stark abgesetzt; Schwanz kräftig, prehensil, häufig bei den Männchen an der Wurzel comprimirt; Bauchschilder schmal, Anale zweitheilig, Subcaudalen zweireihig; Nasenlöcher auf der obern Fläche des Kopfes, klappenartig verschliessbar, Nasenschilder oft auf Kosten der vordern Frontalen vergrössert. Vorwaltend lebendig gebärende Süsswasserschlangen.

8. Ophidia.

a) letzter Oberkieferzahn gefurcht. Südliches Asien.

1. Gatt. **Herpeton** Lacép. Schnauze mit zwei biegsamen, beschuppten Tentakeln, Körper und Schwanz gedrungen, rund; Pupille senkrecht, Nasenlöcher je in einem Schilde; Schuppen stark gekielt. — Art: H. tentaculatum Lacép.

2. Gatt. **Homalopsis** Kuhl s. str. Mundspalte weit, hinten noch oben gebogen, Nasenlöcher je in einem Schilde, die Nasalen beider Seiten berühren sich in der Mitte in einer langen Naht; Schuppen gestreift und gekielt; Anale getheilt, Subcaudalia zweireihig. — Arten: H. buccata Schleg., Ost-Indien. — u. a.

Verwandte Formen: Hipistes Gray (incl. *Bitia* Gray), Ferania Gray (*Trigonurus* D. u. B.).

3. Gatt. **Hypsirhina** Wagl. Weicht von Homalopsis besonders durch die glatten Schuppen ab. — Arten: H. enhydris D. u. B., Ost-Indien. — u. a.

Verwandte Formen: Eurostus D. u. B., Campylodon D. u. B., Cantoria Gray (*Hydrodipsas* Pet.) und Fordonia Gray (*Hemiodontus* D. u. B.).

4. Gatt. **Cerberus** Cuv. (*Hurria* Daud. p.) Kopf eher hoch, Körper rund, Hinterkopf beschuppt, Nasenlöcher zwischen zwei Nasalen, von denen sich die innern median in einer Naht treffen; zwei kleine vordere Frontalia; Schuppen gekielt; Unterkieferzähne von vorn nach hinten kleiner. — Arten: C. rhynchops Gthr. (*C. boaeformis* D. u. B.). u. a. indische.

b) kein Zahn gefurcht, Nasalia berühren sich nicht median. Americanisch.

5. Gatt. **Calopisma** D. u. B. (*Abastor* und *Farancia* Gray). Schwanz sehr kurz und stark, Schuppen glatt, Rostrale bis in die Augenhöhe verlängert, Nasenloch in einem Schilde, ein oder zwei vordere Frontalia; Subcaudalia zweireihig. — Arten: C. erythrogrammus D. u. B., Nord-America. — u. a.

6. Gatt. **Helicops** Wagl. (incl. *Uranops* Gray). Ein vorderes Frontale, Schuppen gekielt; hinterer Oberkieferzahn von den andern etwas entfernt stehend. — Arten: H. carinicauda Wagl., Süd-America. — u. a.

Hierher gehören noch: Hydrops Wagl., Tachynectes Fitz., Hydromorphus Pet. und, den Uebergang zu den Colubriden bildend, die Gattung Tretanorhinus D. u. B.

13. Familie. **Colubridae** Gthr. Körper mittellang, zum Umfang proportional, durchweg biegsam; Kopf abgesetzt, Nasenlöcher seitlich; Zähne zahlreich, an Kiefer- und Gaumenknochen, kein verlängerter Fangzahn vorn oder in der Mitte[*]; Subcaudalen zweireihig; Kehlschilder symmetrisch, mit longitudinaler Kinnfurche.

1. Unterfamilie. **Natriciuae** Gthr. Körper mittel, eher gedrungen, meist deprimirt, Schwanz mehr oder weniger abgesetzt; Mundspalte weit, Nasenlöcher meist zwischen zwei Nasalen; Schuppen meist in 19 Reihen, häufig gekielt; hinterer Oberkieferzahn gleich oder lang, zuweilen gefurcht.

1. Gatt. **Atretium** Cope (*Tropidophis* Gray). Körper cylindrisch, gedrungen; vordere Frontalia verschmolzen, berühren das Rostrale, zwei Nasalia, Schuppen gekielt, in 19 Reihen, Anale getheilt, Subcaudalen zweireihig; Oberkieferzähne nach hinten grösser werdend. — Art: A. schistosum Cope, Ost-Indien.

2. Gatt. **Tropidonotus** Kuhl s. str. (incl. *Amphiesma* D. u. B., *Nerodia* und *Eutaenia* p. Baird. u. Gir.). Körper cylindrisch, Kopf abgesetzt, Nasenlöcher seitlich zwischen zwei Schildern; Schuppen gekielt; Bauchschilder viel weniger als 200; Anale und Subcaudalen

---

[*] Nach dem Verhalten der Oberkieferzähne bezeichnet man die Bezahnung als **isodonte**, wenn die Zähne in ziemlich gleichen Zwischenräumen und gleicher Grösse und Form auf einander folgen, als **syncranterisch**, wenn die letzten Oberkieferzähne grösser, aber durch keinen Zwischenraum von den vordern getrennt sind, endlich als **diacranterisch**, wenn die letzten grösseren Zähne durch einen Zwischenraum von den vordern getrennt sind.

getheilt; Zähne an Kiefern und Gaumen zahlreich, die hintern allmählich grösser, keiner gefurcht. Mit Ausnahme von Süd-America überall. — Arten: Tr. natrix Boie, Europa und West-Asien. — u. v. a.

Verwandte, aber generisch getrennte Formen: Neusterophis (*Natrix*) Gthr., Limnophis und Xenochrophis Gthr. Hierher gehören auch die Genera Leionotus und Leiosophis Jan.

3. Gatt. Xenodon Boie. Schuppen glatt, in sehr schrägen Reihen; Augen gross; sonst wie Tropidonotus. Süd-America. — Arten: X. severus Schleg. — u. a.

Bei Prymnomiodon Cope, durch die gekielten Schuppen sich den Tropidonotus nähernd, werden die Zähne von hinten nach vorn grösser. — Ischnognathus D. u. B. (*Storeria* B. u. G.) hat gleich lange Zähne, kein Zügelschild und gekielte Schuppn in 15—17 Reihen; nord-americanisch.

4. Gatt. Heterodon Pal. de Beauv. (incl. *Anomalodon* Jan). Körper kurz, dick, Kopf kurz, gross, platt, Kopf und Nacken sehr ausdehnbar; Rostrale bildet eine spitze, rückwärts gerichtete gekrümmte dreiseitige Pyramide; Bezahnung diacranterisch. — Arten: H. platyrhinus Latr., Nord-America. — u. a. (Hierher die Gatt. Simophis Pet.)

Hierher gehören noch die Gattungen: Tomodon D. u. B. p. und Grayia Gthr., und vermuthlich Macrophis Bocage.

2. Unterfamilie. **Dryadinae** Gthr. Körper verlängert, nicht stark comprimirt, Schwanz schlank, nicht abgesetzt; Kopf abgesetzt; Zügelschild fehlt zuweilen; Subcaudalen zweireihig, Zähne häufig gleich, zuweilen der hinterste länger oder gefurcht.

5. Gatt. Herpetodryas Boie (incl. *Macrops* Wagl., *Drymobius* p., *Cheronius* und *Tyria* p. Fitz., *Masticophis* B. u. G.). Zähne gleich lang, keiner gefurcht; Körper sehr schlank, Kopf platt, abgesetzt, ein Zügelschild, zwei Nasalia. — Arten: H. fusca D. u. B., H. carinata Boie, Süd- und Central-America. — u. a.

Verwandte Formen: Herpetoreas und Herpetaethiops Pet., Zaocys Cope (mit den Untergattungen Zaocys und Zapyrus Gthr.). — Möglicherweise gehört Eurypholis Hallowell hierher.

6. Gatt. Cyclophis Gthr. (*Chlorosoma* B. u. G., *Leptophis* Holbr., *Opheodrys* Fitz.). Habitus coronellenartig; Kopfschilder regelmässig, ein Nasale, Schuppen glatt, ziemlich gross; Oberzähne gleich lang und glatt. — Arten: C. aestivus Gthr., Nord-America. — u. a.

Dieser Gattung stehen die folgenden sehr nahe: Phragmitophis und Dryocalamus Gthr., Liopeltis Fitz. und Chlorophis Hallow. — Verwandt ist ferner Philodryas Wagl. (incl. *Chlorosoma* Wagl., *Dryophylax* D. u. B.); Ph. viridissima Gthr., Süd-America und West-Indien. — u. a.

7. Gatt. Dromicus Bibr. (*Calophis* Fitz. und *Taeniophis* Hallow.). Körper rundlich, Anale getheilt; Schuppen kurz, in 17—19 (selten in 15 oder 23) Reihen; hintere Oberkieferzähne die längsten, diacranterisch, Süd-America und West-Indien. — Arten: D. ater Gthr., West-Indien, D. melanotus Gthr., ebenda; u. v. andere, welche Cope in die Untergattungen vertheilt: Ophiomorphus Fitz., Lygophis Fitz., Dromicus Bibr., Liophis (Wagl.) Cope und Alsophis Fitz.

Verwandte Formen: Elapochrus Pet. und Jaltris Cope, welch' letztere sich den Psammophiden in der Bezahnung anschliesst.

3. Unterfamilie. **Colubrinae** Gthr. Körper mittel oder verlängert, in allen Theilen proportionirt, Schwanz nicht abgesetzt, Kopf abgesetzt; Mundspalte weit; stets ein Zügelschild, Nasenlöcher zwischen zwei Nasalen; Zähne meist gleich lang, zuweilen nach hinten länger, nie gefurcht.

8. Gatt. Zamenis Wagl. (et *Periops* Wagl.). Körper verlängert, mit 200 oder mehr Ventralschildern; Kopf abgesetzt, platt, Nasenlöcher zwischen zwei Platten; Kopfschilder gern durch Theilung vermehrt; Zügelschild vorhanden, Schuppen glatt oder leicht gekielt;

Anale und Subcaudalschilder getheilt; Bezahnung diacranterisch. — Arten: Z. atrovirens GTHR. (*Coluber* sp. SHAW, Z. *viridiflavus* WAGL.), Mittelmeerländer. — u. a.
Verwandte Formen: Lytorhynchus PET. (*Chatachlein* JAN), Salvadora B. u. G. (*Phimothyra* COPE), Spalerosophis JAN, Xenelaphis GTHR.

9. Gatt. Ptyas FITZ. (*Coryphodon* D. u. B., *Buscanion* B. u. G.). Körper verlängert, comprimirt, Schwanz mindestens ein Drittel der Körperlänge, Kopf abgesetzt, Auge gross, Nasenlöcher zwischen zwei Schildern, zwei bis drei Zügelschilder; Schuppen glatt oder schwach gekielt, in 15 oder 17 Reihen; Oberkieferzähne nach hinten grösser werdend. — Arten: Pt. mucosus COPE, Ost-Indien. — u. a.
Gehört Platyceps BLYTH hierher?

10. Gatt. Spilotes WAGL. (incl. *Zeustes* FITZ.). Körper und Schwanz sehr verlängert, comprimirt, Schnauze abgerundet, Rostrale mittelgross, ein Zügelschild; Schuppen meist glatt; Zähne gleich. — Arten: Sp. variabilis D. u. B., America. — u. a.
Verwandte Gattungen: Compsosoma D. u. B., Cynophis GRAY (*Plagiodon* D. u. B.), Elaphis D. u. B. (*Scotophis* BAIRD u. GIR.), Pliocercus COPE.

11. Gatt. Coluber L. s. str. Körper und Schwanz oben abgerundet, Schwanz höchstens ein Fünftel der Körperlänge; Kopf hoch, rundlich; Nasenlöcher zwischen zwei Schildern; ein Zügelschild, ein vorderes, zwei hintere Augenschilder; Schuppen glatt oder schwach gekielt; Zähne gleich gross. Europa, Asien und Nord-America. — Arten: C. Aesculapii STURM (*C. flavescens* GM.), Europa. — u. a.
In diese Familie gehören noch: Pityophis HOLBR. (*Churchillia* B. u. G.), Arizona KENNICOTT, Lielaphis GTHR., Stegonotus D. u. B., Callirhinus GIR. und Rhinechis MICHAH.

4. Unterfamilie. **Coronellinae** GTHR. Körper mittel, oben und unten platt, klein; Schwanz nicht abgesetzt; Kopf platt, meist ein Zügelschild und zwei Nasalia, Ventralschilder ohne Kiel; Vorderzähne stets kürzer, kein längerer Zahn in der Mitte der Reihe.

12. Gatt. Liophis WAGL. (incl. *Cosmiophis* JAN). Körper und Schwanz mittel, Kopf kurz, platt, ein Zügelschild, ein vorderes und zwei hintere Augenschilder, zwei Nasalia, Schuppen in 17—21 Reihen, Zähne diacranterisch. — Arten: L. cobella WAGL., Süd-America. — u. a.
Verwandte Formen: Megablabes GTHR., Hypsirhynchus GTHR., Erythrolamprus BOIE, Stenorhina D. u. B., Chilomeniscus und Pariaspis COPE. Homalocephalus JAN.

13. Gatt. Coronella LAUR. (*Zacholus* WAGL., *Macroprotodon* GUICH., *Amplorhinus* SMITH, *Glaphyrophis* JAN, *Mizodon* FISCHER, *Heteronotus* HALLOW., *? Osceola* B. u. G. und *Calonotus* JAN). Körper cylindrisch, nicht comprimirt, Kopf länglich, abgesetzt, zwei Paar Frontalia, zwei Nasalia, ein Zügelschild; Schuppen glatt, Subcaudalen zweireihig; Zähne syncranterisch, letztere zuweilen gefurcht. — Arten: C. austriaca LAUR., Europa. — u. v. a.
Verwandt sind Amastridium und Hypsiglena COPE.

14. Gatt. Tachymenis WIEGM. (*Tarbophis* FLEISCHM., *Mesotes* JAN, *Aelurophis* BP., *Trigonophis* FITZ., *Coniophanes* HALLOW.). Körper gedrungen; Schwanz kurz; Kopf kurz, abgesetzt; ein Zügelschild, Schuppen in 19 Reihen; Anale getheilt; hinterer Oberkieferzahn länger, gefurcht. — Arten: T. vivax GTHR., Süd-Europa. — u. a.
Verwandte Formen: Psammophylax FITZ., Nymphophidium GTHR., Toluca KENNICOTT, Odontomus D. u. B. (*Hydrophobus* GTHR.), Styporhynchus PET., Rhadinaea COPE, Xenurophis und Cyclophis GTHR.

15. Gatt. Ablabes D. u. B. (incl. *Trachischium* GTHR., *Henicognathus* DUM., *Ophibolus* BAIRD u. GIR., *Lampropeltis* FITZ. und *Eirenis* JAN). Körper schlank, nicht comprimirt, Kopf mittellang, mit flacher Oberseite, abgesetzt, Schwanz ziemlich lang; zwei Nasalia, ein Zügelschild; Schuppen glatt, in 13, 15 oder 17 Reihen; Anal- und Subcaudalschilder getheilt; Zähne zahlreich, klein, von gleicher Grösse. — Arten: A. modestus GTHR., West-Asien. — u. a.

Hierher gehört noch Diadophis B. u. G. (auch Georgia B. u. G. ?).

14. Familie. **Oligodontidae** Gthr. Körper cylindrisch oder leicht comprimirt, etwas rigid; Kopf kurz, subconisch, nicht abgesetzt; Nasenlöcher seitlich; wenig Zähne im Oberkiefer, zuweilen der letzte der längste, nicht gefurcht, zuweilen keine Zähne an den Gaumenbeinen; Subcaudalen zweireihig; Schuppen glatt in 15, 17, 19 oder 21 Reihen.

1. Gatt. Oligodon Boie. Rostrale vergrössert oder nach hinten verlängert, zwei Paar Frontalia (selten verschmolzen), Nasenlöcher zwischen zwei zum Theil verschmolzenen Nasalen, Schuppen glatt; wenig Zähne am Oberkiefer, keine an den Gaumenbeinen. Ost-Indien. — Arten: O. subgriseus D. u. B. — u. a.

2. Gatt. Simotes D. u. B. Rostrale vergrössert und nach hinten verlängert, vordere Frontalia schmal, quer; Nasenlöcher zwischen zwei Nasalen; Schuppen glatt; wenig Oberkieferzähne, der letzte länger, Zähne an den Gaumenbeinen. — Arten: S. Russellii D. u. B., Ost-Indien. — u. a.

Zu den Oligodonten scheinen noch zu gehören: Rhinochilus und Contia Baird. u. Gir., Taeniophis Gir., Cemophora Cope (*Lamprosoma* Kennicott) und Cryptodacus Gundl.

15. Familie. **Calamariidae** (D. u. B.) Gthr. Körper cylindrisch, rigid; Schwanz kurz; Kopf kurz, nicht abgesetzt, Nasenlöcher seitlich; Zähne meist gleich und glatt, der hinterste zuweilen länger und gefurcht; Subcaudalen ein- oder zweireihig; Schuppen glatt oder gekielt, in 13—17 Reihen; Kopfschilder stets durch Verschmelzung der einen oder der andern in der Zahl reducirt.

1. Gatt. Homalosoma Wagl. Körper mittel, Schwanz kurz, Kopf klein; zwei Paar Frontalia, das vordere kleiner; ein Zügelschild, ein vorderes und zwei hintere Augenschilder, ein Nasale, vom Nasenloch durchbohrt; Anale ganz, Subcaudalen zweireihig; Zähne gleich, glatt. — Arten: H. lutrix (Seba) D. u. B., Africa. — u. a.

Verwandte Formen: Arrhyton Gthr.; auch gehört wohl Virginia B. u. G. hierher.

2. Gatt. Homalocranium D. u. B. (*Scolecophis* Fitz., Tantilla B. u. G., *Lioninia* Hallow.). Kopf platt, zwei Paar Frontalia, Nasenloch in dem einzigen Nasenschild, kein Zügelschild, ein vorderes, ein oder zwei hintere Augenschilder; Zähne gleich gross, letzter gefurcht. — Arten: H. melanocephalum D. u. B., Süd-America. — u. a.

Hierher gehören noch: Carphophis D. u. B. (*Celuta* B. u. G.), Rhegnops Cope, Conocephalus D. u. B. (*Haldea* B. u. G.), Streptophorus D. u. B. (*Ninia* B. u. G.), Chersodromus Reinh. (*Opisthiodon* Pet.), Elapoidis Boie, Tropidoclonium Cope (*Microps* Hallow.) und Haplocercus Gthr.

3. Gatt. Aspidura Wagl. Körper mittelgross, Schwanz ziemlich dick, ein hinteres und zwei vordere Frontalia, zwei sehr kleine Nasalia, Zügelschild mit dem Frontale verschmolzen; Zähne gleich gross, glatt; Anale und Subcaudalia ungetheilt. — Art: A. brachyorrhos Gthr. (*A. scytale* Wagl.), Ceylon.

In die Nähe dieser Formen gehören noch: Elapops Gthr., Brachyorrhos Kuhl, Colobognathus und Geophidium Pet., Adelphicus Jan, Elapotinus Jan, Amblyodipsas Pet., ferner Elapomorphus Wiegm. und die dieser Gattung sehr nahe stehenden Phalotris und Apostolepis Cope, Urobelus Reinh. und Uriechis Pet.

4. Gatt. Geophis Wagl. (incl. *Platypteryx* D. u. B.). Körper cylindrisch, gedrungen oder schlank, Kopf kurz, nicht abgesetzt; zwei Frontalpaare, zwei kleine Nasalia, Zügel- und vorderes Augenschild verschmolzen, ein bis zwei hintere Augenschilder, Anale ganz, Subcaudalschilder getheilt, Zähne gleich. — Arten: G. microcephalus Gthr., Ost-Indien. — u. a.

Verwandte Formen: Stenognathus D. u. B., Oxycalamus, Rhynchocalamus, Macrocalamus und Cercocalamus Gthr.; ferner Rhabdion D. u. B. und Pseudorhabdion Jan.

5. Gatt. Rhabdosoma D. u. B. (*Brachyorrhos* Boie). Zwei Frontalpaare, das vordere

viel kleiner; Rostrale klein, zwei schmale Nasalia, vorderes Augenschild mit dem Zugelschild verschmolzen, (ein oder) zwei hintere Augenschilder; Zähne gleich, glatt; Anale ganz, Subcaudalen zweireihig. — Arten: Rh. lineatum D. u. B., Süd-America. — u. a.
Fernere Gattungen sind: Rhinosimus D. u. B. (einreihige Subcaudalen), Rhinostoma Fitz. (incl. *Rhinaspis* Fitz. postea), Gyalopium Cope, Amblymetopon Gthr. (*Ficimia* Gray), Conopsis Gthr.

6. Gatt. Calamaria Boie (incl. *Changulia* Gray). Körper gedrungen, Schwanz kurz, nur ein Frontalpaar, ein Nasale, kein Zügelschild, ein vorderes und zwei hintere Augenschilder, Zähne glatt, gleich; Anale ganz, Subcaudalen zweireihig. — Arten: C. Linnaei Boie, Java. — u. a.

Nahe verwandt sind Calamelaps Gthr.; Lodia und Sonora B. u. G. — Endlich gehören noch in die Familie der Calamarien die Gattungen: Cheilorhina de Fil., Prosymna Gray, Oxyrhina Jan (nec Gray, Brit. Mus.) und Olisthenes Cope.

Bei der gewöhnlich zur Familie der Tortriciden gerechneten Gatt. Xenopeltis Reinw. (Tortrix xenopeltis Schlg.) bildet, der Angabe Cope's zufolge, das Mastoid keinen Theil der Schädelwand, sondern ist frei. Hierdurch unterscheidet sich der ganze Kieferapparat von dem der folgenden Unterordnung und schliesst sich dem der bis jetzt angeführten (der Eurystomata J. Müller's) an. Die Gattung dürfte daher, wie auch Cope vorschlägt, eine besondere den Uebergang zu den Tortriciden vermittelnde Familie bilden, Xenopeltidae Cope, mit der einzigen Gatt. Xenopeltis Reinw., Körper cylindrisch, Kopf nicht abgesetzt; Schwanz kurz, kein Beckenrudiment, Zähne zahlreich an Kiefern und Gaumen: X. unicolor Reinw., Ost-Indien, Festland und Inseln.

4. Unterordnung. **Angiostomata** J. Müller. Quadratbein am Schädel selbst befestigt; das Mastoid (Schläfenbeinschuppe) klein und Theil der Schädelwand oder fehlt; Augen von dicker, nicht vorspringender Haut bedeckt; Mund nicht erweiterungsfähig; kein Frontale posterius; Bezahnung verschieden, kein Zahn grösser oder gefurcht.

1. Familie. **Tortricidae** J. Müll. Körper cylindrisch; Kopf deprimirt, rund, nicht abgesetzt; Schwanz äusserst kurz, conisch, mit glattem Ende; zu beiden Seiten des Afters kleine Rudimente der Hinterextremitäten; Schuppen glatt, dachziegelig, die Ventralschilder kaum grösser; ein Paar Stirnschilder, Nasalia treffen sich median, sechs obere Labialia; Augen klein, Zähne wenig zahlreich, klein, an Kiefer und Gaumenbeinen; eine Kinnfurche.

1. Gatt. Ilysia Hempr. (*Tortrix* Opp., *Anilius* Oken, *Torquatrix* Haworth). Zwei Zähne im Zwischenkiefer; Augen ohne vordere und hintere Schilder. — Art: I. scytale Hempr., Guyana.

2. Gatt. Cylindrophis Wagl. (*Tortrix*, etc.). Zwischenkiefer zahnlos, Auge von Schildern umgeben. — Arten: C. rufa Gray, ost-indische Inseln. — u. a.

2. Familie. **Uropeltidae** J. Müll. (*Hyperolissa* D. u. B.). Körper cylindrisch, Kopf kurz, schmal und spitz: Schwanz äusserst kurz, meist schräg abgestutzt mit nacktem Schilde oder mit gekielten Schuppen; Schuppen der Bauchmitte etwas grösser; Augen sehr klein; vier obere Labialia; wenig zahlreiche Zähne an den Kiefern, keine Gaumenzähne; meist keine Kinnfurche; kein Beckenrudiment. — Ost-Indien und Ceylon.

Peters, W. C. H., De Serpentum familia Uropeltaceorum. Berolini, 1861.

1. Gatt. Rhinophis Hempr. (*Pseudotyphlops* Schleg. p., *Typhlops* Schneid., Cuv. al., p., *Mytilia* et *Crealia* Gray). Schwanz cylindrisch mit glatten Schuppen, in einem schuppenlosen, rauhen convexen Schilde endend; Kopf conisch; Nasenschilder durch das Rostrale getrennt; Supraorbitalschild mit dem Postoculare verschmolzen. — Arten: Rh. oxyrhynchus Hempr. — u. v. a.

2. Gatt. Uropeltis Cuv. Schwanz schräg nach hinten und unten abgeschnitten, mit planem schuppenlosem Schilde; Nasalia berühren sich median in einer Naht. — Art: U. grandis Gthr. (*U. philippinus* Cuv.), Ceylon.
Hierher gehören noch: Silybura Gray (*Coloburus* D. u. B., *Pseudotyphlops* Schleg. p.), Plectrurus D. u. B. (incl. *Maudia* Gray) und Melanophidium Gthr.

3. Familie. **Typhlopidae** J. Müll. (*Opoterodontia*, *Scolecophidia* D. u. B.). Körper sehr klein (bis auf Regenwurmgrösse), mit kurzem nicht abgesetztem Kopf; Schwanz sehr kurz; Vorderende des Kopfes mit grossem Rostrale und jederseits einem Frontonasale, vier obere Labialia; Augen rudimentär; Mundspalte auf der Unterfläche; Zähne nur im Ober- oder Unterkiefer; keine Kinnfurche.

1. Unterfamilie. **Epanodontia** D. u. B. Nur Zähne im Oberkiefer (Oberkiefer kurz, Gaumen- und Flügelbein verwachsen, kein Praefrontale, Beckenrudiment ohne Schambein).

1. Gatt. Typhlops Schneid. s. str. (incl. *Anilius*, *Argyrophis*, *Meditoria* Gray, *Diaphorotyphlops* et *Anomalepis* Jan). Schnauzenende von grossen Schildern bedeckt; Rostrale vorn abgerundet; ein Praeoculare; Nasenlöcher seitlich am Vorderrande. — Arten: T. nigro-albus D. u. B., Ost-Indien; T. braminus Cuv., Süd-Asien. — u. v. a. — Hierher gehören Rhinotyphlops und Helminthophis Pet. (*Idiotyphlops* Jan).

2. Gatt. Onychocephalus D. u. B. (*Onychophis* Gray). Rostrale mit schneidendem Vorderrande, ein Praeoculare, Nasenlöcher auf der untern Fläche. — Arten: O. acutus D. u. B., Ost-Indien. — u. v. a. auch africanische.
Hierher gehören noch die Gattungen: Cathetorhinus D. u. B., Ophthalmidium D. u. B., Typhlina Wagl. (*Pilidium* D. u. B., *Typhlinalis* Gray) und die durch die Beschuppung des Kopfes ausgezeichnete Gattung Cephalolepis D. u. B.

2. Unterfamilie. **Catodontia** D. u. B. Nur Zähne im Unterkiefer (Oberkiefer länger, Gaumen- und Flügelbein verwachsen, ein Postfrontale, Beckenrudiment mit Schambein).

3. Gatt. Stenostoma D. u. B. (incl. *Glauconia* et *Epictia* Gray). Charactere der Unterfamilie. — Arten: St. nigricans D. u. B., Süd-Africa, St. albifrons D. u. B., Süd-America. — u. a.
Verwandte Formen sind noch die Gattungen Catodon D. u. B. und Sabrina Girard.

9. Ordnung. **Sauria** Brongn.

Körper gestreckt, mit Schuppen oder Schildern, zuweilen knöchernen Platten bedeckt, mit vier Gangfüssen oder fusslos; bewegliche Augenlider; Nasenlöcher getrennt; meist ist eine Trommelhöhle und auch ein Trommelfell vorhanden; Zähne den Kiefern an- oder eingewachsen; After ein Querspalt. (Wirbel procoelisch mit einfachen Querfortsätzen und Rippen mit einfachem obern Ende; keine oder höchstens zwei Kreuzbeinwirbel; Zungenbein entwickelt; Quadratbein beweglich; Harnblase vorhanden; zwei ausserhalb der Cloake mündende Copulationsorgane.)

Die in vorstehender Diagnose zunächst in ihren lebenden Formen characterisirte Gruppe umfasst eine Reihe von Reptilien, welche als der eigentliche

www.ingramcontent.com/pod-product-compliance
Lightning Source LLC
Chambersburg PA
CBHW020537300426
44111CB00008B/700